AF294409

Peter Eyerer (Hrsg.)
Ganzheitliche Bilanzierung

Springer

Berlin
Heidelberg
New York
Barcelona
Budapest
Hongkong
London
Mailand
Paris
Santa Clara
Singapur
Tokio

Peter Eyerer (Hrsg.)

Ganzheitliche Bilanzierung

Werkzeug zum Planen und Wirtschaften in Kreisläufen

Mit 255 Abbildungen

 Springer

Prof. Dr.-Ing. Peter Eyerer
Universität Stuttgart
Institut für Kunststoffprüfung
und Kunststoffkunde
Pfaffenwaldring 32
70569 Stuttgart

Die Deutsche Bibliothek - CIP-Einheitsaufnahme
Ganzheitliche Bilanzierung: [Werkzeug zum Planen und Wirtschaften in Kreisläufen]
Peter Eyerer
Berlin; Heidelberg; NewYork; Barcelona; Budapest; Hongkong; London; Mailand;
Santa Clara; Singapur; Paris; Tokio: Springer, 1996

NE: Eyerer, Peter

ISBN-13: 978-3-642-79808-5   e-ISBN-13: 978-3-642-79807-8
DOI: 10.1007/ 978-3-642-79807-8

Herstellung:PRODUSERV Springer Produktions-Gesellschaft, Berlin
Einband-Entwurf: Künkel + Lopka Werbeagentur, Ilvesheim
Satz: Datenkonvertierung durch Satztechnik Neuruppin GmbH, Neuruppin
SPIN: 10126808   62 /3020 - Gedruckt auf säurefreiem Papier

Geleitwort

Die vor uns liegenden Jahre werden von entscheidender Bedeutung für die Überlebensfähigkeit des Planeten Erde sein. Gelingt es uns, ein neues Wohlstandsmodell zu entwickeln, das den jetzt lebenden Menschen bei Erhalt der genetischen Vielfalt gerechte Entwicklungsmöglichkeiten läßt, schaffen wir auch die Aufgabe, die Entwicklungschancen künftiger Generationen nicht zu beeinträchtigen. Dazu bedarf es zu allererst einer Umkehr von der reinen Durchflußwirtschaft zu einer ökologisch sozialen Marktwirtschaft, die Ressourcen und Senken schont.

In weiten Teilen unserer Gesellschaft ist ein Umdenkungsprozeß in Gang gekommen – weg vom reparierenden, nachsorgenden hin zum vorbeugenden Umweltschutz. Fest steht jedoch: Ein wirklicher Umschwung von einem gedanken- und rücksichtslosen Umweltverbrauch zu einer nachhaltigen Wirtschaftsweise ist bei Rohstoffgewinnung, Produktion, Nutzung und Wiederverwertung von Stoffen und Produkten noch nicht vollzogen. Noch immer bestimmt die Ideologie des quantitativen Wachstums – immer größer, immer schneller, immer mehr – unser Tun. Dabei zeigt uns unsere Umwelt täglich die Unverantwortbarkeit unseres Tuns: Ozonloch, globale Erwärmung, saurer Regen, Artensterben, und zunehmende Gesundheitsgefährdung (Allergien etc.) sind nur einige Stichworte der sich anbahnenden Umweltkatastrophe.

Und dennoch wäre es unverantwortlich zu resignieren und sich allein grenzenloser Zukunftsgläubigkeit in technische Innovationen einerseits und fundamentaler Ablehnung des Industriestaates und Technikfeindlichkeit andererseits hinzugeben. Die Erkenntnis, daß teure, nachsorgende Umweltmaßnahmen – „End-of-Pipe-Technologien" – nicht zu einer nachhaltigen Verbesserung der Umweltsituation führen und gleichzeitig an ökonomische Grenzen stoßen, hat sich inzwischen weitgehend durchgesetzt. Nicht nur die Emissionen und der Abfall müssen reduziert werden, sondern der Materialverbrauch insgesamt. Die Produkte müssen so konzipiert und konstruiert werden, daß sie „entmaterialisiert" werden, stofflich wiederverarbeitet werden können und Schadstoffe vermieden werden. Dazu bedarf es eingehender Stoffstromanalysen, Ökobilanzen und neuer Produktstrategien. Die Arbeit des Instituts für Kunststoffkunde an der Universität Stuttgart „Ganzheiltiche Bilanzierung – Werkzeug zum Planen und Wirtschaften in Kreisläufen" zeigt einen vielversprechenden Weg zur Durchsetzung dieser Ziele auf. Neben einer Analyse des Instruments, seiner Methodik und einer Bewertung enthält das Buch eine Reihe ausgewählter interessanter Beispiele aus der Praxis, ohne die Schwächen des Instruments zu verschweigen. Gerade aber eine Vielzahl praktischer Einzelbeispiele wird hilfreich sein, jenen ganzheitlichen Ansatz auch als Marktvorteil sichtbar zu machen.

Aufgabe der Politik ist es, geeignete Rahmenbedingungen zu schaffen und Leitbilder und Umweltziele zu formulieren. Jedoch allein das Ordnungsrecht, Gebote und Verbote werden dazu keine geeigneten Instrumente sein. Wir brauchen mehr Eigenverantwortung der wirtschaftlich Handelnden und ökonomische Instrumente, die diese Ziele unterstützen.

Es gilt, ein Wohlstandsmodell zu entwerfen, bei dem sich eine ökologisch soziale Marktwirtschaft in kleinräumigeren Produzenten-Nutzer-Wiederverwerter-Zusammenhängen abspielt. Dies wäre der eigentliche Quantensprung unserer notwendigen gesellschaftlichen Entwicklung.

Der Inhalt dieses Buches macht Mut. Er zeugt von jenem Pioniergeist, der notwendig ist, das Überleben zu sichern. Krisenszenarien sind allzu viele gezeichnet worden. Wir benötigen eine Strategie, die die divergierenden Interessen und unterschiedlichen Handlungsansätze von Politik, Industrie, Gewerbe, Handel, Verbrauchern und Umweltschutzverbänden zusammenführt. Wir sind alle aufgefordert, intensiver nach Lösungsszenarien zu suchen. Daran werden uns künftige Generationen messen.

Ernst Schwanhold, MdB,
Vorsitzender der Enquete-Kommission
„Schutz des Menschen und der Umwelt"

Vorwort

Seit einigen Jahren erregt der Begriff „Ganzheitliche Bilanzierung" das Umfeld der produzierenden Industrie, gibt Anlaß zu intensiven Diskussionen, kritischen Bewertungen und oftmals falschen Interpretationen. Das Ergebnis ist ein höchst widersprüchliches Verhalten bezüglich der Akzeptanz eines unter verschiedenen Aspekten höchst nützlichen Instruments. Allein unter diesen Gesichtspunkten ist es lobenswert, den Versuch zu unternehmen, im Rahmen einer umfassenden Darstellung Inhalt, Anspruch, Möglichkeiten und Grenzen eines für die heutige Produktgestaltung nahezu unerläßlichen Hilfsmittels darzulegen.

Das Erkennen der grundsätzlichen Begrenzung unseres technologischen, ökonomischen und ökologischen Handlungsrahmens aufgrund einer natürlichen physikalischen Gegebenheit zwingt in zunehmendem Maße dazu, nach geeigneten Optimierungsmöglichkeiten zu suchen. Die ihnen zugrunde liegende Vision ist der Kreisprozeß, ergänzt um die Erfahrung, daß auch hier die Natur Grenzen gesetzt hat, die zu überwinden nicht möglich sind, denen man sich deshalb nur mehr oder weniger stark annähern kann. Dies ist nicht das Ergebnis menschlicher Unfähigkeit, sondern die Folge des Entropie-Gesetzes, das im 2. Hauptsatz der Thermodynamik seine naturwissenschaftliche Formulierung findet. Nach wie vor wird die Existenz dieses von Albert Einstein als wichtigstes Grundgesetz der Naturwissenschaften bezeichnete Erfahrungsgesetz in oft sträflicher Weise ignoriert. Es ist deshalb im höchsten Maße zu begrüßen, daß mit der Erarbeitung des vorliegenden Kompendiums ein Schritt getan wurde, eine Wissenslücke zu schließen, die bei der Bewältigung vieler anstehender Probleme mehr oder weniger hinderlich war.

Von besonderer Bedeutung und deshalb besonders erwähnenswert ist die ingenieurwissenschaftliche Verantwortung, die der Ganzheitlichen Bilanzierung zugrunde liegt. Der Technikwissenschaft obliegt es nämlich, jede künftige Produktgestaltung von ihren Anfängen her zu prägen und damit das zwischen Technologie, Ökonomie und Ökologie bestehende Spannungsverhältnis maßgeblich mitzugestalten. Auch wenn es noch nicht zum Allgemeingut des Denkens geworden ist, das Primat ingenieurwissenschaftlichen Handelns wird sich im Hinblick auf die der Menschheit natürlicherweise auferlegten Begrenzungen bei der Lösung aller anstehenden Probleme von existentieller Bedeutung als unvermeidbar notwendig herausstellen.

Häufig wird die Ganzheitliche Bilanzierung ausschließlich als Instrument umweltgerechten Handelns fehlgedeutet. Sie ist jedoch wesentlich mehr, als nämlich ein Weg zur technisch-wirtschaftlichen Produktoptimierung. Sie bietet damit die Möglichkeit, unter einem ganzheitlichen Planungsansatz alle konstruktiven und produktionstechnischen Vorentscheidungen unter wirtschaftlichen Gesichtspunkten, aber auch hinsichtlich ihrer umweltrelevanten Auswirkungen zu überprüfen und zu bewerten. Allerdings ist in diesem Zusammenhang besonders anzumerken, daß gerade der Prozeß der Bewertung nach wie vor nicht zu negierende Schwierigkeiten beinhaltet, die zu überwinden ein hohes Maß an Sachkenntnis und besondere Verantwortung voraussetzt. Das Letztere muß davor bewahren, die mit der Ganzheitlichen Bilanzierung gewonnenen Ergebnisse zum Ausgang ideologischer Grundsatzdiskussionen werden zu lassen. Sorgfalt und Sachkenntnis sollten deshalb die Garanten sein für eine sinnvolle Nutzung zum Vorteil aller Betroffenen mit dem Ziel des Wirtschaftens in Kreisläufen.

Die Mitwirkung zahlreicher fachkompetenter Autoren sollte Gewähr dafür sein, daß das Werk als grundlegender Wegweiser eine rasche und vielfache Verbreitung findet. Dies nicht zuletzt unter dem Gesichtspunkt, daß alle Ressourcen endlich sind und Haushalten somit eine unverzichtbare Aufgabe im Rahmen jeder künftigen Lebensgestaltung sein wird.

Claus Razim

Danksagung

Das vorliegende Buch wäre nicht entstanden, ohne die zahlreichen, wertvollen Hinweise und die gute Zusammenarbeit mit vielen Kollegen aus Wissenschaft und Wirtschaft.

Besonders bedanken möchte ich mich bei Herrn Dr. Domke, der mit seinem Vortrag im Rahmen der Vorlesung „Kunststoffe in der Anwendung", das Thema Ganzheitliche Bilanzierung am IKP der Universität Stuttgart stimuliert hat.

Großer Dank gilt insbesondere auch Herrn Ober-Ingenieur (im Ruhestand) G. Walter, Mercedes-Benz, für sein engagiertes Eintreten für unsere Arbeit, trotz heftiger Widerstände zur damaligen Zeit. ,

Darüber hinaus möchte ich mich ausdrücklich bei unseren Partnern in der Wirtschaft bedanken, ohne deren stete Unterstützung und Anregungen die Ganzheitliche Bilanzierung niemals den heutigen Stand erreicht hätte. Besonderer Dank gilt folgenden Damen und Herren:

Dr. Aichinger, VDEh
Altendorf, F., früher PCD, Österreich
Arder, Hydro Aluminium; Norwegen
Balesterini, A., Fiat; Italien
Dr. H.-M. Beyer, Ford
Dr. R. Bischoff, Bosch-Siemens
   Hausgeräte GmbH
Both, A.W., GE Plastics Europe,
   Niederlande
Brenzinger, R., Krupp Hoesch
   Automotive
Buisson, G., Vetrotex; Frankreich
Dr. E. Bürkle, Krauss Maffei
Dr. K. Buxmann, Alusuisse-Lonza;
   Schweiz
Clark, J. P., MIT, USA
Dr. H. Dölling, VAW
Dr. R. Dürrstein, Mann+Hummel
Graser, K., BMW AG
Haldenwanger, Audi AG
Dr. B. Handels, DSM
Dr. Hansen, DLR

Holdack, Thyssen
Dr. R. Huschens, Peguform
Dr. U. Kalla, VDEh
Dr. C. Kaniut, Mercedes-Benz
Dr. H. Kistrup, Daug
Dr. A. O. Klomp, Deutsche Shell AG
Dr. Kohler, Mercedes-Benz
Dr. H. Kraehling, Solvay
Dr. Krusche, Du Pont GmbH
Lanfranchini, J-J., Peugeot; Frankreich
Lecouls, H., elf Atochem; Frankreich
Leroux, L., Renault, Frankreich
Dr. J. Maier, Alusingen GmbH
Maierhofer, L., ÖMV Deutschland
   GmbH
Mathiolon, Renault; Frankreich
Dr. H. J. Markert, Siemens AG
Dr. M. Marsmann, Bayer AG
Dr. R. Milde, früher Akzo Coating
Dr. G.-W. Minet, VAW
Pichant P., Sollac, Frankreich
Prautsch, Du Pont GmbH

Prof. Razim, Mercedes-Benz
Dr. Reichenbach, Continental AG
Reiter, K., Audi AG
Prof. Rubner, Siemens AG
Dr. D. Russell, Dow Europe; Schweiz
Schaer, U., EMS-Chemie AG, Schweiz
Sammet, A., Dynamit Nobel
Dr. S. Schäper, Audi AG
Prof. Seiffert, VW AG
Dr. E. Siegemund, BMW AG
Siehler, U., Mercedes-Benz
Dr. Stark, Continental AG
Stark, B., Mercedes-Benz

Dr. R. Stauber, BMW AG
Sullivan, J. L., Ford; USA
Torres-Peraza, M., Bizerba
Dr. E. Weigand, Bayer AG
Dr. B. Woite, BMW AG
Wutz, M. J., Mercedes-Benz
Dr. D. Zerpner, Hüls AG
Prof. Zimmermeyer, VDA
Frau Dr. B. Geesmann, MCC
Frau Mottin, M-C., Rhône-Poulenc,
Frankreich
Frau Trocherie, I., PSA; Frankreich
u.v.m.

Dann bei unseren Hilfswissenschaftlern, die teilweise in der Zwischenzeit nicht mehr als Hilfswissenschaftler an unserem Institut tätig sind und jetzt im Berufsleben stehen, die uns ein schnelleres Abarbeiten der laufenden Projekte möglich machen: Walter Matuschka, Frank Prüwer, Niels Warburg, Martin Baitz und Jörg Schäfer.

Weiterhin möchte ich mich für die Beiträge der verschiedenen Wissenschaftler von verschiedenen Instituten zu diesem umfangreichen Buch bedanken.

Wie so häufig hat sich die Herausgabe wesentlich länger hingezogen als vorgesehen. Ich danke dem Springer-Verlag für seine Geduld, den Freiheitsspielraum, den er uns gegeben hat und für die konstruktiven Gespräche, die es dann ermöglichten, das Buch doch noch zügig zu veröffentlichen.

Prof. Dr.-Ing. Peter Eyerer

Autoren

Prof. Dr.-Ing. Peter Eyerer
Institut für Kunststoffprüfung (IKP)
Pfaffenwaldring 32
70569 Stuttgart

Prof. Dr.-Ing. Peter Eyerer
Frauenhofer-Institut für chemische
Technologie (FhG/ICT)
Joseph-von-Frauenhofer-Straße 7
76327 Pfinztal (Berghausen)

Dipl.-Ing. Holger Beddies
Institut für Kunststoffprüfung (IKP)
Böblinger Straße 78
70199 Stuttgart

Dipl.-Phys. Michael Betz
Institut für Kunststoffprüfung (IKP)
Böblinger Straße 78
70199 Stuttgart

Dr. Dino Dogan
SEL AG
Lorenzstraße 10
70435 Stuttgart

Prof. Dr. Paul Fink
Tutilostraße 7b
CH-9011 St. Gallen

Dipl.-Ing. Harald Florin
Institut für Kunststoffprüfung (IKP)
Böblinger Straße 78
70199 Stuttgart

Dr.-Ing. habil. Rainer Friedrich
Institut für Energiewirtschaft und
Rationelle Energieanwendung (IER)
Heßbrühlstraße 49a
70565 Stuttgart

Dipl.-Ing. Johannes Gediga
Institut für Kunststoffprüfung (IKP)
Böblinger Straße 78
70199 Stuttgart

Dipl.-Ing. Matthias Harsch
Institut für Kunststoffprüfung (IKP)
Böblinger Straße 78
70199 Stuttgart

Dr. Monika Herrchen
Frauenhofer-Institut für Umwelt-
chemie und Ökotoxikologie
Postfach 1260
57377 Schmallenberg

Dr.-Ing. Jens Hesselbach
SINIS Umwelttechnik GmbH
Kelterstraße 95
73265 Dettingen/Teck

Dr.-Ing. Wolfgang Holley
Frauenhofer-Institut für Lebens-
mitteltechnologie und Verpackung
(FhG/ILV)
Schragenhofstraße 35
80992 München

Prof. Dr. Dipl.-Ing. Helmut Hubeny
Gesellschaft zur Förderung der
Kunststofftechnik
Abt. LKT TGM
Wexstraße 19–23
A-1200 Wien

Dr.-Ing. Martin Kaltschmitt
Institut für Energiewirtschaft und
Rationelle Energieanwendung (IER)
Heßbrühlstraße 49a
70565 Stuttgart

Prof. Dr. Werner Klein
Frauenhofer-Institut für Umwelt-
chemie und Ökotoxikologie
Postfach 1260
57377 Schmallenberg

Dipl.-Ing. Johannes Kreißig
Institut für Kunststoffprüfung (IKP)
Böblinger Straße 78
70199 Stuttgart

Dipl.-Phys. Peter Liebscher
Institut für Energiewirtschaft und
Rationelle Energieanwendung (IER)
Heßbrühlstraße 49a
70565 Stuttgart

Dipl.-Ing. Heiko Lünser
Institut für Werkstoffe im Bauwesen
(IWB)
Pfaffenwaldring 4
70569 Stuttgart

Dr.-Ing. Wolfgang Mauch
Technische Universität (IfE)
Arcisstraße 21 Geb. S6
80333 München

Dipl.-Ing. Ingrid Pfleiderer
Institut für Kunststoffprüfung (IKP)
Böblinger Straße 78
70199 Stuttgart

Prof. Dr.-Ing. Hans-Wolf Reinhardt
Institut für Werkstoffe im Bauwesen
(IWB)
Pfaffenwaldring 4
70569 Stuttgart

Prof. Dr.-Ing. Dr. e.h. mult. Helmut
Schaefer
Technische Universität (IfE)
Arcisstraße 21 Geb. S6
80333 München

Dipl.-Ing. Konrad Saur
PE Product Engineering GmbH
Kelterstraße 95
73265 Dettingen/Teck

Dipl.-Kfm. Uwe Schmid
Betriebswirtschaftliches Institut
Lehrstuhl ABWL und Planung
Keplerstaße 17
Stock 6b
70174 Stuttgart

Dipl.-Ing. Manfred Schuckert
Institut für Kunststoffprüfung (IKP)
Böblinger Straße 78
70199 Stuttgart

Dipl.-Ing. Andreas Seebach
Betriebswirtschaftliches Institut
Lehrstuhl ABWL und Planung
Keplerstaße 17
Stock 6b
70174 Stuttgart

Dipl.-Ing. Thomas Stelzer
Institut für Energiewirtschaft und
Rationelle Energieanwendung (IER)
Heßbrühlstraße 49a
70565 Stuttgart

Dipl.-Inform. Thorsten Volz
Institut für Kunststoffprüfung (IKP)
Böblinger Straße 78
70199 Stuttgart

Prof. Dr.-Ing. Alfred Voß
Institut für Energiewirtschaft und
Rationelle Energieanwendung (IER)
Pfaffenwaldring 31
70569 Stuttgart

Dr.-Ing. Andreas Wiese
Lahmeyer International GmbH
Lyoner Straße 22
60528 Frankfurt

Prof. Dr. rer. pol. Erich Zahn
Betriebswirtschaftliches Institut
Lehrstuhl ABWL und Planung
Keplerstaße 17
Stock 6b
70174 Stuttgart

Inhaltsverzeichnis

1 Die Ganzheitliche Bilanzierung – Definition, Geschichte, Hintergründe

Eyerer, P., Stuttgart; Saur, K., Dettingen/Teck

Unsere moderne Industriegesellschaft steht bereits seit einigen Jahrzehnten einer der größten Herausforderungen der Menschheitsgeschichte gegenüber: zunehmende Rohstoffverbräuche und Umweltbelastungen sind zu einem globalen Problem geworden. Obwohl dieses Wissen in der Gesellschaft sich einer immer breiter werdenden Aufmerksamkeit erfreut, sind wir uns oft der Tragweite des Problems nicht bewußt. Häufig geben wir dem persönlichen (finanziellen) Wohlergehen und der eigenen Bequemlichkeit den Vorzug gegenüber dem Schutz der Umwelt. Doch nicht nur im Privatleben ist diese Denkweise weit verbreitet. Auch in der Wirtschaft vertritt man häufig die Auffassung, daß sich ökologieorientierte Entscheidungen und marktwirtschaftliche Anforderungen und das betriebliche Interesse der Gewinnmaximierung entgegenstehen.

Das vorliegende Buch will aufzeigen, daß kein Konflikt zwischen Ökonomie und Ökologie bestehen muß. Die Ganzheitliche Bilanzierung versteht sich hierbei als ein Werkzeug die beiden vermeintlich so unterschiedlichen Anforderungen zu kombinieren. Sie stellt damit einen Handlungsrahmen vor, der dazu geeignet ist, vorsorgenden, vorausschauenden Umweltschutz zu betreiben. Die Ganzheitliche Bilanzierung hierzu stellt ein aktives Werkzeug zur entwicklungsbegleitenden Betrachtung zur Verfügung.

Im Rahmen dieses Buches, an dessen Erstellung eine Vielzahl renommierter Autoren beteiligt waren, wird die Vorgehensweise der Ganzheitlichen Bilanzierung, der Kombination von technischen, wirtschaftlichen und umweltlich relevanten Kriterien, aufgezeigt. Zunächst wird hierzu in den einleitenden Seiten ein Überblick über die Entwicklung der umweltlichen Produktbeurteilung gegeben. Das zweite Kapitel beschreibt das Umfeld dieser Überlegungen und die dazugehörigen Einschränkungen. Hierbei ist die ethische Komponente und die Wechselwirkung zu wirtschaftwissenschaftlichen Methoden von zentraler Bedeutung. Die Kapitel drei und vier wenden sich dann speziell diesen Methoden der Ökonomie zu. Im Vordergrund steht hierbei die Betrachtung der gesamten Wertschöpfungskette, sowie das Zusammenspiel von Ökonomie und Ökologie.

Die Kapitel fünf und sechs sind speziell der Realisierung umweltbezogener Überlegungen vorbehalten. Zunächst wird ein Modell zur ökologiebezogenen Produktbetrachtung entworfen. Dieses Modell spiegelt sich in zwei Ansätzen wider. Zum einen wird ein Modell vorgestellt, daß sich sehr umfassend mit der Betrachtung produkt- und systembezogener Umweltdaten befaßt. Ein anderer Ansatz wendet sich energiebezogenen Kenngrößen zu. Als Konsequenz dieser Überlegungen werden die Möglichkeiten einer rechnerunterstützen Betrachtung dieser Belange erörtert.

Kapitel sieben wendet sich dann dem Problemfeld der Interpretation und Bewertung umweltbezogener Produktbetrachtungen zu. Auch im Rahmen dieses Kapitels werden zwei unterschiedliche Ansätze zur Realisierung einer möglichen Bewertung aufgezeigt. Dies mündet dann in das Kernstück dieses Buches: Kapitel acht ist eine umfangreiche Sammlung von Beispielen aus der heute gängigen Praxis des Einsatzes Ganzheitlicher Bilanzierungen in einem weiten Anwendungsfeld. Dieses Anwendungsfeld reicht von der Mobilität (PKW, Bahn, Luftfahrt) über die Bereiche Verpackung, Bauwesen, Oberflächentechnik und Wärmedämmstoffe bis hin zur Betrachtung komplexer Systeme wie der Energieversorgung oder dem Güterverkehr. Das Buch schließt mit Überlegungen zu Stärken und Schwächen heutiger Ganzheitlicher Bilanzierungen und einem Ausblick.

1.1
Namensgebung und Definitionen

Die Ganzheitliche Bilanzierung ist definiert als ein Instrumentarium zur Erhebung, Dokumentation und Aufbereitung umweltlicher Parameter von Produkten, Verfahren, Systemen oder Dienstleistungen auf der Basis technischer und wirtschaftlicher Pflichtenhefte [1]. Sie ist vor allem ein zusätzliches Hilfsmittel für entwicklungsbezogene Entscheidungen (Werkstoffwahl, Verfahrenstechnik, Kosten, Fertigungs- und Oberflächentechnik, Recycling, Entsorgung) beim Produkt-Engineering.

Der hohe Anspruch der Ganzheitlichkeit, der als Leitbild und derzeit nicht als realisierbarer Anspruch zu begreifen ist, stellt sich hierbei in dreierlei Hinsicht. Zum einen ergibt sich die Dimension längs des Lebenszyklus eines Produktes oder Systems. Die Ganzheitliche Bilanzierung versteht sich hierbei als ein Werkzeug zur Erfassung aller relevanter Daten entlang des Produktlebenszyklus. Dies schließt alle vor- und nachgelagerten Prozeßschritte von der Rohstoffgewinnung über die Werkstoffgestehung und Bauteilherstellung sowie die Nutzungsphase bis hin zur Entsorgung bzw. zum Recycling ausdrücklich ein. Die zweite Dimension ist die Breite der Untersuchung. Über den gesamten Lebensweg werden alle relevanten Rohstoff- und Energieverbräuche, sowie alle anfallenden Emissionen, Abwasserbelastungen und Abfälle betrachtet. Die Dritte Dimension ist schließlich die Tiefe der Untersuchung. Die bewußte Miteinbeziehung der technischen und wirtschaftlichen Randbedingungen stellt eine entscheidende Erweiterung gegenüber ähnlichen Werkzeugen dar [2].

Der Begriff *Bilanz* wurde in Anlehnung an das Werkzeug Ökobilanz gewählt. Hierbei ist der Begriff nicht im eigentlichen Sinn der wirtschaftswissenschaftlichen Bedeutung zu sehen, wo Bilanz eine Gegenüberstellung von Aktiva und Passiva, des Vermögens und der Schulden bedeutet. Der Begriff Bilanz leitet sich aus dem lateinischen *bilanx* (= Waage) ab. In diesem eigentlichen Wortsinn ist der Begriff auch im Zusammenhang mit der Ganzheitlichen Bilanzierung zu sehen. Auch bei dieser Bilanz wird eine Gegenüberstellung vorgenommen. Hier werden Aufwände, d.h. der Einsatz von Rohstoffen und Energie, einem Ergebnis gegenübergestellt. Das Ergebnis in unserem Fall ist das Erzeugnis und die anfallenden Emissionen und Abfälle während dessen Lebenszyklus. Wie auch bei der betriebswirtschaftlichen Bilanz ist die Ganzheitliche Bilanz stets ausgeglichen. Steht in einem Fall dem Besitz die Schulden gegenüber, so ist wegen der Massen- und Energieerhaltung auch die umweltliche Bilanz stets ausgeglichen. Auch die Tatsache, daß eine Bilanz nur für einen bestimmten Zeitpunkt, nämlich den Stichtag gültig ist, läßt sich auf die Ganzheitliche Bilanzierung übertragen. Heutige Bilanzierungen sind stets Momentaufnahmen, die für die jeweilig gegebenen Rahmenbedingungen gültig sind. Analog den wirtschaftlichen Bilanzen verlieren sie ihre Gültigkeit, wenn sich einzelne Parameter ändern [2].

Das Ziel der Ganzheitlichen Bilanzierung ist es, den Umweltschutz als gleichberechtigtes Kriterium neben die bislang allein ausschlaggebenden Entscheidungsgrößen der technischen und wirtschaftlichen Anforderungen als Produktentwicklung begleitendes Instrument zu stellen. Also ein Instrument neben anderen, das frühzeitig aktiv eingreift und nicht, wie von Ökobilanzen häufig bekannt, nachträglich passiv ergänzt wird. Ganzheitliche Bilanzierungen gestalten das Produkt von Anfang an mit.

Der Begriff *Umweltschutz* wird in diesem Zusammenhang verstanden im Sinne einer Koexistenz von Mensch und Umwelt als

- Schutz des Menschen vor der Umwelt,
- Schutz der Umwelt vor dem Menschen und
- Schutz des Menschen vor dem Menschen und der von ihm belasteten Umwelt.

Der Begriff Umweltschutz wird hierbei auch als der Schutz der Umwelt als Produzent bzw. Lieferant (= *Quelle*) von Gebrauchs- und Einsatzstoffen, aber auch als Aufnahmeort (= *Senke*) der jeweiligen Ausstöße verwandt. Umweltschutz wird daher nicht als ein Aspekt nachsorgenden, d.h. reparierenden Umwelterhaltens, sondern vielmehr als ein vorausschauendes, planendes Verhalten betrachtet. Auch hier gilt der bekannte Lehrsatz vom Vermeiden vor dem Vermindern und dem Reparieren [2].

Die zu schützende *Umwelt* stellt sich somit als die Manifestation der heutigen Lebensbedingungen mit der vom Menschen gestalteten Umwelt und der urwüchsigen Natur. Die so definierte Umwelt entspricht dem griechischen Wort *Oikos* (= Haus), von dem unsere Begriffe Ökonomie und Ökologie abgeleitet sind. Im eigentlichen Wortsinn bedeutet Ökologie die Lehre oder den Geist der Führung des Haushalts, während die Ökonomie als das Regelwerk der Haushaltsführung bezeichnet werden kann. Im eigentlichen Wortsinn stellen Ökologie und Ökonomie also keineswegs einen Widerspruch dar. Dieser vermeintliche Widerspruch ergibt sich rein formal erst in der heutigen Verwendung der beiden Begriffe. Während die *Ökonomie* heute im Sinne einer wirtschaftswissenschaftlichen Lehre verwendet wird, versteht man unter *Ökologie* die Wissenschaft der Beziehung von Organismen zu ihrer Außenwelt.

Somit wird auch der Begriff der *Umweltverschmutzung* in seiner Bedeutung klar. Unter Umweltverschmutzung versteht man alle Handlungen und

Einflüsse, die geeignet sind die Beziehung vor Organismen zur ihrer Umwelt zu stören. Umweltschutz bedeutet in diesem Sinne also die Erhaltung der stabilen Beziehungen zwischen Organismen und ihrer Umgebung.

1.2
Die Ganzheitliche Bilanzierung im Umfeld der Ökobilanz

Durch ein verändertes Umweltbewußtsein in Industrie, Politik und Gesellschaft ist die Basis für Entscheidungen nicht mehr allein technischer und wirtschaftlicher Natur. Als zusätzliche Entscheidungskomponente kommt der Ökologie eine stark wachsende Bedeutung bei. RACHEL CARSON gilt mit ihrem Buch *Silent Spring* [3] als Begründerin der ökologischen Bewegung. Dieses 1962 erschienene Werk wird allgemein als der Startpunkt der Umweltdiskussion betrachtet. Weitere Meilensteine sind in MEADOWS *The Limits of Growth* [4] und dem Bericht *Global 2000* zu sehen, die neue Denkmaßstäbe setzten.

Der Umweltschutz ist mittlerweile als ein Hauptziel der gesellschaftlichen Entwicklung akzeptiert. Umweltbezogene Anforderungen an Produkte und Dienstleistungen haben sich als gleichrangiges Kriterium in Politik, Wirtschaft und Öffentlichkeit etabliert. Bild 1.1 zeigt die Entwicklung der umweltlichen Betrachtung von Werkstoffen und Bauteilen.

Aufgabenstellungen aus dem Ressourcenmanagement sind bereits seit vielen Jahrzehnten ein festes Element der Unternehmens- und Produktplanung, da Kenngrößen wie Energie- und Rohstoffverbrauch einen festen Bestandteil der betrieblichen Kosten- und Wirtschaftlichkeitsrechnung darstellen. SCHÄFER [5] gilt als der Pionier der Betrachtung der energetischen Aufwendungen. Als einer der ersten setzte er sich mit spezifischen Energieaufwendungen auseinander. Seine Arbeiten heben sich aus einer ganzen Reihe von Arbeiten zur Energieproblematik hervor, weil er als erster die Bedeutung der Energieabhängigkeit von einzelnen Prozessen als Kenngröße und Optimierungsgegenstand erkannte.

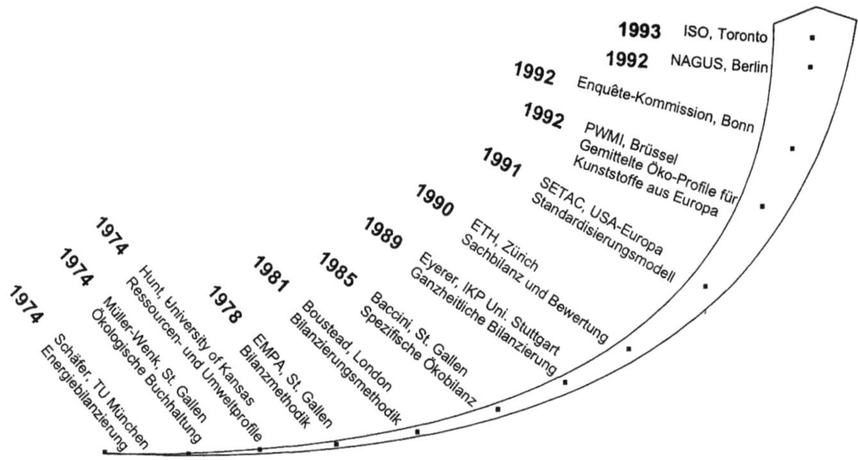

Bild 1.1. Meilensteine der Entwicklung umweltlicher Bilanzen [2]

Erste werkstoff- und produktbezogene Überlegungen hinsichtlich der umweltlichen Relevanz wurden von MÜLLER-WENK [6] in der Schweiz und von HUNT [7] in den USA ebenfalls als Ergebnis der Diskussionen der Energiekrisen in den 70er Jahren angestellt. Beide erweiterten die bereits geführte Diskussion der Quellenverknappung, d.h. die Verknappung der Ressourcen, auf die ebenfalls stattfindende aber bislang unbeachtete Verknappung der Senken. Dadurch wurde erstmals die Problematik der Umweltverschmutzung gleichrangig mit der Beanspruchung von Ressourcen diskutiert, wenngleich noch mit starker Betonung einer energiebezogenen Sicht.

MÜLLER-WENK führte hierzu die Ökologische Buchhaltung in Anlehnung an die Finanzbuchhaltung ein. Über Erfassung physikalisch beschreibbarer Größen, wie insbesondere den Massenstrom und Energiebedarf, schuf er ein Instrumentarium, welches die Vergleichbarkeit dieser meßbaren Größen für Produkte zum Ziel hatte. Das Ergebnis seiner Betrachtungen war eine Art Gradmesser zur Beurteilung des Endproduktes. HUNT führte die sogenannten Ressourcen- und Umweltprofile einzelner Werkstoffe ein. Insbesondere für Polymerwerkstoffe stellte er Betrachtungen, ausgerichtet auf Fragestellung der Ressourcenbelastbarkeit, an.

Im weiteren Verlauf der Diskussion gewinnt die werkstoff- und produktbezogene Umweltproblematik langsam weiter an Bedeutung. Bei Studien der EMPA (Eidgenössische Materialprüfungsanstalt, St. Gallen) [8] taucht erstmals der Begriff „Ökobilanz" auf. Die Ökobilanz definiert die EMPA als einen „objektiven Zahlensatz über Umweltbelastungen" für die Verwendung von Werkstoffen. Erfaßt werden neben dem Rohstoff- und Energieeintrag erstmals auch die anfallenden Schad- und Reststoffe. Die EMPA konzentriert sich hierbei auf die Diskussion von Verpackungsmaterialien. Mit`der Erstellung von Ökobilanzen für Aluminium, Weissblech, Polyethylen (PE), Polyvinylchlorid (PVC) und Polystyrol (PS) stößt die EMPA die europäische Debatte um die umweltoptimierte Verpackung an, die bis heute anhält. Mehr als 50% der heute bekannten umweltbezogenen Bilanzierungen stammen aus dem Verpackungsbereich. Das Thema Verpackung wird als Betrachtungsgegenstand erstmals wieder abgelöst als BOUSTEAD [9, 10] den Vorschlag einer Methodik zur Erstellung von Ökobilanzen am Beispiel Energiesysteme vorstellt. Er wendet sich dann auch dem Verpackungsfeld mit der Problemstellung Einweg versus Mehrweg zu. Neu ist an seinen Überlegungen auch die Berücksichtigung des Recycling.

Die Bilanzierung umweltlicher Parameter als ein zusätzliches Entscheidungskriterium setzt sich im Laufe der frühen 80er Jahre insbesondere in der Schweiz [8] sowie in Skandinavien [11] durch. Maßgeblich für die Entwicklung in Europa bleiben aber die schweizerischen Aktivitäten. Einzelne Unternehmen in Europa, insbesondere der Verpackungsbranche sowie im kundennahen Bereich der Chemischen Industrie, bedienen sich ebenfalls der Ökobilanzmethode.

Mitte der 80er Jahre finden zahlreiche Versuche statt, die reine Produktökobilanz für weiterreichende Fragestellungen zu erweitern. BACCINI [12] wendet die Methode zur Betrachtung anthropogener Stoffströme sowie zur Erstellung regionaler Bilanzen an. Das ÖKOINSTITUT [13] stellt mit der Produktlinienanalyse eine Abwandlung der Ökobilanz vor, die neben den umweltlichen Gesichtspunkten auch soziale Aspekte mit in die Betrachtung einbezieht.

Ende der achtziger Jahre stellt EYERER, IKP Stuttgart [2] einen bauteilbezogenen Ansatz der Ganzheitlichen Bilanzierung, ausgehend von Pflichtenheften, vor. Insbesondere Bauteile aus dem Automobilbereich stehen hierbei zunächst im Vordergrund. Die Bilanz wird als vorausschauendes Planungswerkzeug sowie zur Schwachstellenanalyse eingesetzt. Die Ganzheitliche Bilanzierung stellt die Kombination bisheriger technischer und wirtschaftlicher Entscheidungselemente mit dem zusätzlichen Aspekt Umwelt dar.

HABERSATTER [14] verwendet zu Beginn der 90er Jahre Ökobilanz zur Beurteilung von Alternativen bezüglich ihrer jeweiligen umweltlichen Belastungen. Erstmals wird die reine Sachebene, d.h. die Betrachtung der reinen Stoff- und Energieströme, verlassen. Die Bewertung dieser Ströme wird hier eingeführt. Die Beurteilungskriterien werden für unterschiedliche Belastungsformen in einem Index zusammengefaßt. Die Ökobilanz besteht nach [15] also aus einer Sachbilanz und deren Bewertung.

Mit den 90er Jahren beginnt sich die Ökobilanz und ihre Spielarten breiten Raum in der Anwendung zu schaffen. Hiervon berührt sind auch viele Unternehmen der Grundstoff- und Investitionsgüterindustrie. Besondere Bedeutung genießt die Betrachtung umweltlicher Aspekte aber nach wie vor im Bereich Verpackung. Mit den verschiedenen Ansätzen wird aber auch deutlich, daß die Glaubwürdigkeit des Werkzeuges nur gewährleistet werden kann, wenn einheitliche Modelle bei der Erstellung der Bilanzen zugrunde gelegt werden. In Europa und Nordamerika entwickelt sich im Rahmen der SETAC (Society for Environmetal Toxicology And Chemistry) [16, 17] eine Diskussionsplattform von Wissenschaft und Industrie. Angestrebt wird hierbei eine Harmonisierung bestehender Ansätze sowie die Weiterentwicklung des Werkzeuges. Es wird versucht eine Standardisierung der umweltlichen Bilanzierung zu erreichen. In diesem Umfeld setzt sich auch im deutschen Sprachgebrauch langsam der Begriff „Life-Cycle Analysis" LCA (dt.: Lebensweganalyse), statt dem im eigentlichen Wortsinn falschen Begriff „Ökobilanz", durch. Die Lebensweganalyse wendet sich insbesondere fünf zentralen Parametern zu:

- Verbrauch materieller Ressourcen,
- Verbrauch von Energieträgern,
- Belastungen der Luft durch atmosphärische Emissionen,
- Stoffliche Belastungen des Wassers und
- Belastung des Bodens durch Abfälle und direkte Emissionen.

Produkte und Dienstleistungen werden vor diesem Hintergrund diskutiert. Die Betrachtung der o.g. Parameter wird nun tatsächlich über den Produktlebenszyklus analysiert. Im Allgemeinen können die einzelnen Teilschritte eines Produktlebenszyklus wie folgt beschrieben werden:

- Abbau von Rohstoffen und deren Bereitstellung,
- Herstellung und Verarbeitung von Halbzeugen und Produkten,
- Nutzung der Produkte, ggf. auch Wiederverwendung,
- Wieder- und Weiterverwertung (Recycling) und
- Entsorgung.

Darüber hinaus werden weitere zusätzliche Bereiche mit berücksichtigt:

- Bereitstellung von Energie,
- Bereitstellung von Hilfs- und Zusatzstoffen,
- Transporte und
- Instandhaltung.

Wie stark auch die Wirtschaft das Werkzeug der Ökobilanz für sich nutzt und auch auf diesem Themenbereich nach Außen kommuniziert, zeigt der Ansatz der APME (Association of Plastics Manufacturers in Europe) [18]. Mit Ermittlung von Ökobilanzen für einzelne Polymerwerkstoffe (PE, PP, PS, PVC) als europaweit gemittelte Bilanzen für die europäische Polymerindustrie legt erstmals eine großer Dachverband Zahlenmaterial der Öffentlichkeit vor.

Dem Beispiel folgend, stellt auch die Europäische Aluminiumindustrie ihre Umweltdaten zusammen und überläßt diese ausgewählten Bilanzierern. Darüber hinaus treten viele einzelne Unternehmen entweder direkt oder im Rahmen verschiedener Multi-Client Studien mit ihren firmen- oder branchenspezifischen Umweltinfomationen an die Öffentlichkeit oder ihre Kunden heran.

Das Werkzeug der umweltlichen Bilanzierung hat sich nun endgültig etabliert. Dies zeigt auch die Tatsache, daß sich die „Enquete Kommission des Deutschen Bundestages zum Schutz des Menschen und der Umwelt" [19] intensiv mit dem Thema Ökobilanz beschäftigt. Den bisherigen Endpunkt in der Entwicklung stellt die Einrichtung nationaler wie internationaler Normierungsgremien dar. Im Bereich der Bundesrepublik wird der „Normenausschuß Grundlagen des Umweltschutz" (NAGUS) ins Leben gerufen. Auf globaler Ebene richtet die internationale Normierungsorganisation ISO das Technical Commitee 207 (TC 207) ein, das sich ebenfalls mit der Normierung produktbezogener Umweltschutzaspekte befaßt.

1.3
Die Methode der Ganzheitlichen Bilanzierung

Die Ganzheitliche Bilanzierung, wie sie von P. EYERER und Mitarbeitern am Lehrstuhl für Werkstoffkunde der Metalle und Kunststoffe der Universität Stuttgart entwickelt wird, stellt ein bauteil-, verfahrens- oder systembezogenes Instrumentarium zur Verfügung, mit dem die Ermittlung umweltlicher Parametern vor dem Hintergrund technischer und wirtschaftlicher Anforderungen möglich wird. Der Ansatz der Ganzheitlichen Bilanzierung stellt die umweltlichen Aspekte der betrachteten Produkte oder Systeme in den Vordergrund, weil insbesondere hierfür noch keine geeigneten Methoden zur Erfassung dieser Parameter im Kontext ingenieur- und wirtschaftswissenschaftlicher Methoden gegeben sind. Diese rein technische und wirtschaftliche Betrachtungen haben sich als feste Methoden etabliert, die Bild 1.2 in einer Übersicht darstellt [20].

Grundlegendes Element der Ganzheitlichen Bilanzierung ist eine geeignete Methodik, d.h. ein komplexes Regelwerk zur Erhebung und Verarbeitung der umweltlichen Parameter auf der Basis der technischen und wirtschaftlichen

technisch

	a	b	c
Projektmanagement			x
Werkstoffdatenbanken			x
Konstruktionsmethodik:			
CAE, CAD, CAM			x
Arbeitsvorbereitung (Refa)			x
Qualitätssicherung:			
QFD, CAQ, FMEA, SPC, BDE,			x
Rapid Testing, zerstörende u.			
zerstörungsfreie Prüfung			x
Simulationsmethoden			
(z. B. Füllbildanalysen)			x
Qualitätsaudit			
z. B. Lieferantenbewertung			x
Fertigung:			
CIE, CIM			x
Simultaneous Engineering			x
u. a. Rapid Prototyping			x

wirtschaftlich

	a	b	c
intern:			
Controlling			
Vor- und Nachkalkulation			x
extern:			
Wertanalyse			
(Kosten-Nutzen-Analyse)			x

umweltlich

	a	b	c
Umweltbeauftragter			x
Unternehmensleitlinien			x
Gesetze und Verordnungen:			
– MAK, TRK			x
– Verbote: Asbest, Cd, FCKW			x
– Abfall, Luft, Wasser,			
Altautos, Elektronikschrott,		x	
Verpackungen			x
Umweltverträglichkeits-prüfung		x	
Umwelt-Audit	x		
Lieferantenbewertung	x		
Ganzheitliche Bilanzierung	x		
(Life Cycle Analysis LCA)			
CAB, CIB	x		

Bild 1.2. Ingenieur- und wirtschaftswissenschaftliche Methoden zur Beurteilung von Bauteilen und Systemen

Parameter. Nur eine einheitliche Vorgehensweise stellt sicher, daß die Ergebnisse eindeutig, transparent und nachvollziehbar sind.

Jedes Produkt und jede Dienstleistung verursacht über den gesamten Lebenszyklus betrachtet Stoff- und Energieumsätze, die je nach Art und Menge der verbrauchten bzw. emittierten Stoffe unterschiedliche Umweltbelastungen verursachen. Grundlegendes Ziel einer umweltlichen Betrachtung ist es nun, die jeweiligen Quellen- und Senkenbelastungen zu identifizieren und darzustellen.

Im Rahmen der Ganzheitlichen Bilanzierung von Bauteilen und Systemen werden die Verfahren im gesamten Produktkreislauf der Bauteile aus den verschiedenen Werkstoffen hinsichtlich ihrer Umweltdaten Rohstoffe und Energieverbrauch, Emissionen (Abluft, Abfall, Abwasser) erfaßt. Nur durch die Betrachtung des gesamten Produktkreislaufes läßt sich der Einfluß der verschiedenen Teilschritte auf den gesamten Bauteillebenszyklus erfassen.

Diese Betrachtungsweise erfordert die Berücksichtigung aller technologischen, ökonomischen insbesondere aber der ökologischen Gesichtspunkte. Die Komplexität der Zusammenhänge zeigt Bild 1.3. Hier ist ein Schema zur Ganzheitlichen Bilanzierung einzelner Bauteile aufgezeigt.

Aus dieser Darstellung wird sofort ersichtlich, daß große Datenmengen zu einer Gesamtbeurteilung notwendig werden. Dies scheint jedoch der einzige Weg zu sein, alle relevanten Faktoren mit einzubeziehen. Nur mittels einer umfassenden Betrachtung kann den Entscheidungsträgern in Industrie und Politik eine wirkliche Entscheidungshilfe an die Hand gegeben werden. Alle Untersuchungen, die Teilaspekte außer Acht lassen, sind ungeeignet um zu einer objektiven Urteilsfindung beizutragen. Deshalb profitieren auch alle an

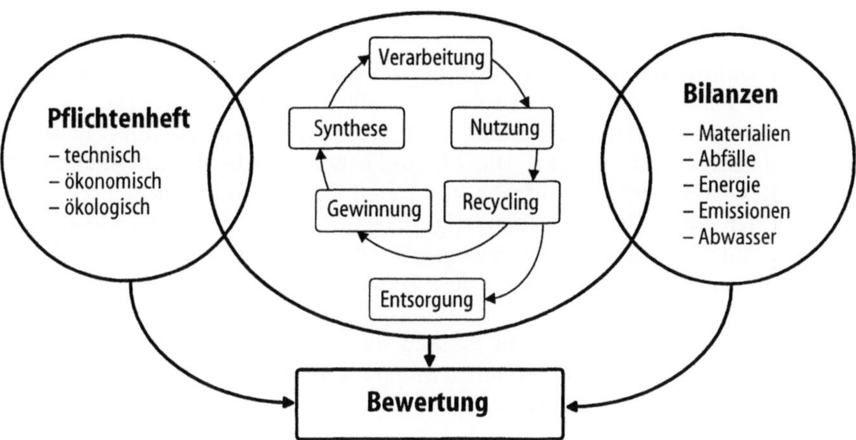

Bild 1.3. Schema zur Ganzheitlichen Bauteilbilanzierung [1]

der Datengenerierung Beteiligten von diesen Untersuchungen. Denn in Zukunft wird es immer wichtiger werden, optimalere Fertigungsprozesse zu finden und diese neuen Wege zu beschreiten. Nur wer wirtschaftlich und umweltbewußt produziert, wird zukünftig am Markt erfolgreich sein können.

Erst die Überlagerung der technischen, wirtschaftlichen und ökologischen Erfordernisse ergibt ein „optimales" Produkt unter Berücksichtigung eines ressourcenminimierten Kreislaufes. Aus diesem Grund kann eine auf reale Ergebnisse ausgerichtete Ganzheitliche Bilanzierung sinnvollerweise nur an konkreten Bauteilen, Verfahren oder Systemen durchgeführt werden.

Der Weg vom erzwungenen, nachsorgenden Umweltschutz, wie er häufig praktiziert wird, muß hin zum präventiv vorausschauenden Umweltschutz gehen. Dies hat besondere Bedeutung, da der nachsorgende, verordnete Umweltschutz häufig in nachgeschalteten Anlagen wie Filtern, Aufbereitungssystemen usw. lediglich zu Problemverlagerungen führt, oder zusätzliche stoffliche wie energetische Aufwendungen erforderlich macht. Aus Luftbelastungen werden zu entsorgende Filterstäube, Abwasserreinigungsanlagen erfordern massiven Einsatz von Energie und Zuschlagstoffen.

Die Ganzheitliche Bilanzierung ist also vor allem ein Werkzeug zur Unterstützung der Planung und Entwicklung neuer Produkte oder Systeme. Hierin inbegriffen ist auch die Aufgabe der Schwachstellensuche mit dem Ziel der Optimierung. Mit Einsatz der Ganzheitlichen Bilanzierung werden folgende Ziele verfolgt:

– die Entwicklung einer Methode als zusätzliche Entscheidungshilfe für industrielle Produktentwickler bei der Werkstoff- und Verfahrensauswahl,
– die Entwicklung einer Methode, auf breiter Anwenderakzeptanz, um somit
– Unternehmen die Möglichkeit einzuräumen, selbständig zu bilanzieren,
– ein Instrument zur Schwachstellenanalyse für firmeninterne Entwicklungen und Entscheidungen zu schaffen.

Systemdefinition

Um bei Ganzheitlichen Bilanzierungen zu korrekten und vergleichbaren Ergebnissen zu gelangen, werden bei der Modellerstellung praxisnahe Daten verwendet, wobei deren Herkunft und die Vorgehensweise ihrer Erhebung nachvollziehbar sein müssen. Die Methodik zur Ganzheitlichen Bilanzierung ist ein Regelwerk mit der Aufgabe, die Daten der unterschiedlichen werkstoffspezifischen Prozeßbäume gleichartig zu verarbeiten. In den Randbedingungen werden Grenzwerte und Bezugsgrößen vereinbart, die durch Bilanzierungsgrenzen festgelegt werden. Diese Definition ist bereits der erste zentrale Schritt.

Ganzheitliche Bilanzierungen müssen die Randbedingungen detailliert beschreiben werden, um das Untersuchungsergebnis transparent zu gestalten. Hierdurch ergeben sich folgende Vorteile:

- Die Randbedingungen (Systemgrenzen) sind vollständig nachvollziehbar.
- Methodische Kriterien werden schon bei der Datenerhebung berücksichtigt.
- Es kann eine permanente Datenpflege durchgeführt werden.
- Bei der stetig steigenden Zahl an Interessenten und Datenlieferanten können standortgültige Mittelwerte gebildet werden. Damit wächst die Aussagekraft der Ergebnisse ständig.

Modellierung des Produktlebenszyklus

Die Ganzheitliche Bilanzierung von Bauteilen und Systemen lehnt sich im Hinblick auf die rein ökologische Betrachtung von Werkstoffen, Produkten und Systemen an die Methode der Ökobilanzierung an. Während die reine Ökobilanzierung aber einen „Bottom-up"-Ansatz darstellt, der ausgehend von einzelnen Modulen, den Lebensweg eines Produktes konstruiert, ist die Ganzheitliche Bilanzierung ein „Top-Down"-Ansatz. Hierbei wird von Bauteil- und Systembeschreibungen in Form von Pflichtenheften ausgegangen, die den Betrachtungsgegenstand und seine Vergleichsalternativen vollständig beschreiben. Im Gegensatz hierzu steht der erste Teilschritt bei der Ökobilanz, die sogenannte Zieldefinition oder Scope, der diese Abgrenzung und Beschreibung vornimmt. Im Gegensatz zur Ökobilanz ist die Systembeschreibung kein zusätzlicher Arbeitsschritt, sondern die Ausgangsbasis einer Ganzheitlichen Bilanzierung.

Aufbauend auf den Pflichtenheften wird die Definition des Bilanzierungsumfangs festgelegt. Dieser Schritt beinhaltet die Definition der einzelnen Module und deren spezifische Randbedingungen. Diese Systembeschreibung legt auch die in der Bilanz zu berücksichtigenden Stoff- und Energieströme fest. Hierbei kann zwischen verschiedenen Hierarchiestufen unterschieden werden. Zuerst wird, rückwärts und beim Endprodukt beginnend, der Lebenszyklus des Untersuchungsgegenstandes mittels Einzelmodulen beschrieben. Zunächst wird in der ersten Hierarchieebene versucht, den Hauptstoffstrom abzubilden. Dies bedeutet, daß bei der Untersuchung von Polymerwerkstoffen die direkte Kette zurück bis zum Erdöl, bei Stahl zurück zum Eisenerz und bei Aluminium zurück zum Bauxit abgebildet wird. Ist dieser Vorgang abgeschlossen, ist

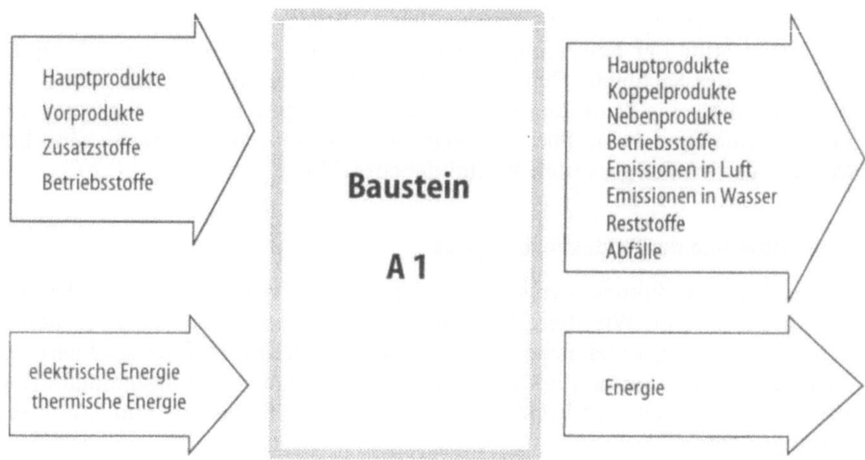

Bild 1.4. Definition einzelner Module

der Stoffstrom erster Ordnung festgelegt. Die Prozeßkette erster Ordnung beinhaltet auch die direkt in der Stoffkette liegenden Recyclingschritte.

In einem zweiten Schritt werden nun die zusätzlich in das System eingebrachten Zusatz- und Hilfsstoffe mit berücksichtigt. Auch diese Stoffströme werden möglichst vollständig abgebildet. Damit ist die direkte Stoffstrombetrachtung beendet. Eine gute Kontrolle, ob die gesamte Stoffstromkette gut abgebildet ist, stellt die Massenbilanz der einzelnen zuvor definierten Module dar.

Im letzten Schritt werden nun ergänzend alle erforderlichen Energieströme zusätzlich zu den Stoffströmem berücksichtigt. Diese Energieströme sind z.B. Strom, Wärme oder Druckluft. Alle Energieströme werden wirkungsgradbehaftet, d.h. unter Berücksichtigung der Bereitstellung und Energiewandlung, betrachtet. Eine gute Kontrolle bietet hier der Energieerhaltungssatz. Für alle Module muß die Energie, die in das System fließt, gleich groß der Energiemenge sein, die das System verläßt. Dies ist nur möglich, wenn die Betrachtung wirkungsgradbehaftet erfolgt. Mit der Betrachtung der Operationen zweiter Ordnung, d.h. unter Berücksichtigung der zusätzlichen Stoff- und Energieströme, kann das Gesamtsystem als vollständig beschrieben gelten. Die Erfahrung zeigt, daß dieser Prozeß als mit einer der Schwierigsten im Gesamtablauf einer Ganzheitlichen Bilanzierung ist. Die Abbildung der gesamten Stoff- und Energieströme erfordert mehrere Iterationsschleifen und ein sehr gutes Verständnis der Anlagen- und Verfahrenstechnik.

Die Frage, welche Emissionen, Abwasserbelastungen und Abfälle betrachtet werden sollen, richtet sich insbesondere an die Anforderungen, wie sie aus der anschließenden Bewertung gestellt werden. Im Gegensatz zur Ökobilanz versteht sich die Ganzheitliche Bilanzierung nicht als ein Werkzeug zur Datensammlung und dem anschließenden Versuch, diese in eine geeignete Bewertung über zu führen. Hier unterscheidet sich der Ansatz der Ganzheitlichen Bilanzierung mit dem gegenläufigen Vorgehen: zunächst werden in einer ersten Stufe der Bewertung diejenigen Parameter identifiziert, die zur Erhebung in der Sachbilanzebene relevant sind. Dieser Ansatz stellt zum heutigen Zeitpunkt eine Neuerung dar, wenngleich die praktische Realisierung erst in den Anfängen steht. Bild 1.4 zeigt die schematische Erfassung einzelner Module als Teil des gesamten Produktlebenszyklus.

Bilanzierung des Produktlebenszyklus

Der gesamte Produktlebenszyklus wird in einzelne, von einander unabhängige Teilschritte zerlegt. Wie diese Teilschritte zu definieren sind, hängt insbesondere auch vom zu untersuchenden System ab. Einzelne Module zeichnen sich durch ein offenes System, im Sinne der thermodynamischen Systemdefinition, aus. Dies beinhaltet insbesondere die Beachtung der Massen- und Energieerhaltungssätze.

Entlang des Produktlebenszyklus wird die gesamte Kette (gradle-to-grave) betrachtet. Es findet eine geschlossene Quellen-Senken Betrachtung statt, d.h. es wird dort begonnen, wo einzelne Ressourcen gefördert werden und endet mit der Entsorgung bzw. Freisetzung. Optimalerweise sind alle in den Wertschöpfungsprozeß einfließende Stoffe und Energien zu erfassen. Dies ist jedoch häufig in der Praxis nicht einzuhalten. In diesem Fall sind dann geeignete Abschneidekriterien zu definieren, die unter Angabe der Bedingungen erlauben, einzelne Stoff- und Energieströme nicht bis an die jeweiligen Quellen zurückzuführen. Häufig ist dies bei kleinen Stoffströmen (z.B. Hilfsstoffe usw.) erforderlich.

Um die einzelnen Stoff- und Energieflüsse genauer unterscheiden zu können, trifft man eine Unterteilung in verschiedene Klassen von Stoff- und Energieströmen, die in nachfolgender Konvention vereinbart werden. Die Energie- und Stoffströme über Systemgrenzen einzelner Bausteine bezeichnet man als Fluß. Man unterscheidet drei Hauptgruppen von Flüssen:

- *Ressourcen* sind diejenigen Stoffe und Energien, die direkt den jeweiligen Quellen entnommen werden. Sie stellen das verfügbare Potential dar.
- *Kreislaufgüter* sind all diejenigen Stoffe und Energien, die in der Wertschöpfungskette auftreten.
- *Entlaß* sind all diejenigen Stoffe und Energien, die an die jeweiligen Senken abgegeben werden.

Bei den Ressourcen unterscheidet man in *materielle Ressourcen*, d.h. den abbaubaren Rohstoffen wie Kohle, Rohöl, Erze usw., die jeweils in ihren Masseneinheiten, in kg oder t angegeben werden. Weiter gibt man die *immateriellen Ressourcen*, wie Wasserkraft, Sonnenenergie oder Fläche, die als Energieträger in MJ und als sonstige Ressourcen in den jeweils speziellen Einheiten an. Bei den materiellen Ressourcen wird nicht zwischen rein rohstofflichen oder energetischen Ressourcen unterschieden. Auch findet keine direkte Differenzierung zwischen nichterneuerbaren und regenerativen Energieträgern statt. Diese Unterscheidung wird erst in einer anschließenden Bewertung von Bedeutung sein.

Kreislaufgüter stellen all diejenigen Stoffe und Energien dar, die im Laufe der Wertschöpfungskette auftreten. Man unterscheidet zwischen *Wertgut*, das sich durch einen positiven Marktwert auszeichnet und *Entsorgungsgut*, das keinen Marktwert mehr besitzt. Die Unterscheidung zwischen beiden Kategorien ist lediglich eine theoretische und stellt eine Momentaufnahme dar. Entsorgungsgüter fallen einem Entsorgungsprozeß anheim, der entweder Entlaß oder wieder Wertgut aus dem Entsorgungsgut macht. Entsorgungsgüter sind z.B. Reststoffe aus der Produktion, verbrauchte Betriebsmittel, Reststoffe nach der Produktnutzung oder Nebenprodukte aus Konversionsprozessen. Wertgüter sind all diejenigen Stoffe und Energien, die sozusagen „nutzbringend" direkt im weiteren Produktionsprozeß oder direkt in anderen Wertschöpfungsketten eingesetzt werden. Hierbei unterscheidet man zwischen *Betriebsmittel*, *Wertstoff*, *Koppelprodukt* und *Energieträger*. Wertstoffe sind all diejenigen stofflichen Produkte, die in direkter Folge den Produktlebenszyklus des betrachteten Systems darstellen. Sie sind stets massenbezogen und werden in kg angegeben. Koppelprodukte sind diejenigen Stoffe und Energien, die im Laufe der Wertschöpfungskette anfallen, häufig aber keine weitere Verwendung im Produktlebenszyklus finden und das Betrachtungssystem verlassen und in anderen Bereichen Anwendung finden.

Energieträger sind alle direkten stofflichen und nichtstofflichen Energieeinträge, die in die Wertschöpfungskette einfließen. Dies sind z.B. Strom, Druckluft oder Dampf. Betriebsmittel sind all diejenigen indirekten stofflichen Einsätze in Laufe des gesamten Produktlebenszyklus, die selbst nicht in die Wertschöpfungskette eingehen. Dies sind z.B. Schmierstoffe, Kühlwasser, Katalysatoren usw.

Der Entlaß stellt all diejenigen Stoffe und Energien dar, die wieder an die Umwelt abgegeben werden, ohne daß sie direkten Potentialcharakter hätten. Hierbei unterscheidet man zunächst zwischen den direkten *Emissionen* und den *Deponiestoffen*. Emissionen sind all diejenigen Stoffe und Energien, die unmittelbar an die Umwelt abgegeben werden. Hierbei unterscheidet man nicht zwischen stofflichen und energetischen Emissionen. Man unterscheidet lediglich zwischen den Medien in die emittiert wird: Emissionen *in Luft*, Emissionen *in Wasser* und Emissionen *in Boden*.

Alle Emissionen sind massenbezogene Größen, d.h. Frachten, die in kg angegeben werden. Expositionspfade werden heute noch nicht berücksichtigt. Energetische Emissionen wie Abwärme oder Strahlung werden in MJ angegeben. Deponiestoffe sind all diejenigen Stoffe, die zum Zweck der Entsorgung in die Erde zurückgegeben werden. Sie unterscheiden sich von den diffusen Emissionen durch die gezielte örtliche Ablagerung im Boden. Deponiestoffe sind Hausmüll, Sondermüll, radioaktive Abfälle, Sonderdeponiestoffe auf Monodeponien, Abraum, Erzaufbereitungsrückstände und Erddeponiestoffe.

Stellen die zuvor definierten Stoffe und Energien die Basis zur Modellierung des Produktlebenszyklus dar, so bedarf es nun der Prozeßschritte im Laufe des Zyklus. Hierbei unterscheidet man:

- Gewinnung,
- Konversion,

- Verarbeitung,
- Nutzung und
- Entsorgung.

Der Prozeß *Gewinnung* stellt den Übergang zwischen den Ressourcen und den Kreislaufgütern dar. Die Gewinnung ist lediglich der Abbau bzw. die Nutzbarmachung der Ressourcen und die in diesem Zusammenhang unmittelbar anfallenden Aufbereitungsschritte. Edukte der Gewinnungsprozesse sind Ressourcen; Produkte sind Kreislaufgüter. Typische Gewinnungsprozesse sind: Rohölförderung, Erzabbau oder die Solarenergiegeneration.

Der Prozeß *Konversion* stellt den Übergang zwischen verschiedenen Kreislaufgütern im Wertschöpfungsprozeß dar. Hierbei verstehen sich nur stoffwandelnde Prozesse als Konversionsprozesse. Typische Konversionsprozesse sind z.B. Elektrolyse (d.h. Reduktion vom Erz zum Metall), Verbrennung (Freisetzung chemisch gebundener Energie) oder chemische Umwandlungsreaktionen.

Die Prozesse zur *Verarbeitung* unterscheiden sich von Konversionsschritten dadurch, daß keine stoffwandelnden Vorgänge ablaufen. Hierunter werden alle technischen Verarbeitungsschritte der Form- und Gestaltsänderung, sowie der Eigenschaftsänderung verstanden. Typische Verarbeitungsprozesse sind z.B. Umformung, spanabhebende Verfahren, Urformen oder auch Lakkierung.

Prozesse der *Nutzung* von Wertstoffen sind hierbei nur diejenigen Prozesse, die dem Gebrauch, der in der Zieldefinition beschriebenen Nutzungseinheit, zuzurechnen sind. Nutzungsprozesse enthalten alle Teilprozesse der Instandhaltung, Wartung und Reparatur. Das Ende der Nutzung stellt der Übergang zu den Entsorgungsprozessen dar.

Prozesse zur *Entsorgung* sind all diejenigen Prozeßschritte, die entweder der Aufarbeitung (Weiter- bzw. Wiederverwendung, d.h. erneute Nutzung) bzw. der Aufbereitung (Weiter- bzw. Wiederverwertung, d.h. Wiedereinbringung in den Wertschöpfungsprozeß) einerseits, bzw. diejenigen Prozeßschritte zur Vorbereitung der Deponierung bzw. Entsorgung andererseits.

Zur Verknüpfung der jeweiligen Prozesse sind Transporte erforderlich. Transporte stellen ebenfalls eine eigene Prozeßkategorie dar. Sie nehmen jedoch eine Sonderstellung ein. Transporte sind Prozesse, bei denen lediglich eine Ortsänderung vorgenommen wird.

Die Bilanz umfaßt nun alle relevanten, quantitativ erhobenen, Systemdaten. Die Datenerhebung umfaßt damit die Stoff- und Energieströme, die in das System eintreten, d.h. die jeweiligen Edukte bis hin zu den einzelnen Rohstoffen, und die aus dem System austretenden Stoff- und Energieströme, d.h. die jeweiligen Produkte, sowie die anfallenden Abfälle und Emissionen. Mit diesem Schritt kann die Betrachtung des umweltlichen Ist-Zustandes, der sogenannten Sachebene, als abgeschlossen betrachtet werden.

Parallel hierzu erfolgt die Betrachtung des Produktlebenszyklus in ökonomischer Hinsicht. Auf diese Betrachtungsweise soll aber hier nicht näher eingegangen werden (siehe Kap. 7). Dennoch stellt diese Dimension der Betrachtung eine maßgebliche Säule der Ganzheitlichen Bilanzierung dar.

Im Anschluß an die Betrachtung des Ist-Zustands kann nun eine Schwachstellenanalyse erfolgen. Alternativ hierzu ergibt sich die Möglichkeit einer direkten Interpretation der Ergebnisse. Beide Vorgehensweisen sind dann sinnvoll, wenn bereits aus dem Ergebnis der Sachbilanz eindeutige Schlußfolgerungen gezogen werden können. Ist dies aber nicht der Fall, bedarf es einer separaten Bewertung der Sachbilanzergebnisse.

Ziel einer Bewertung ist es, ein umfassendes Bild zu einem abschließenden Urteil zusammenzufassen. Die Ganzheitliche Bilanzierungen mit ihren drei maßgeblichen Dimensionen Technik, Wirschaft und Ökologie versucht innerhalb des abschließenden Bewertungsschrittes, diese Einzelaspekte zu kombinieren. Die Bewertung in technischer und wirtschaftlicher Hinsicht erfolgt wieder mit den bekannten Methoden der Ingenieur- und Wirtschaftswissenschaften. Die umweltliche Bewertung erfordert aber eine neues Werkzeug.

Zur Beurteilung umweltlicher Aspekte im Rahmen einer Produktlebenszyklusbetrachtung bedarf es einer zweistufigen Vorgehensweise. Im ersten Schritt wird versucht, die Ergebnisse der Sachbilanzierung auf eine begrenzte Zahl umweltlicher Problembereiche zu fokussieren. Solche Problembereiche sind z.B. Ressourcenschonung, Treibhausproblematik oder die Freisetzung toxisch wirkender Substanzen. Dieser erste Teilschritt teilt sich in drei Unterschritte auf: Definition relevanter Problemfelder, Klassifizierung der Sachbilanzdaten und Ermittlung von Korrelationsfaktoren zwischen Sachbilanzdaten und den definierten Problemfeldern.

Die Definition der Problemfelder beschreibt die Auswahl und die Auflistung der als signifikant erachteten Bereiche hinsichtlich einer Beeinträchtigung der Umwelt aufgrund von Störungen der Umwelt durch die Produktherstellung, -nutzung oder -entsorgung. Die Klassifizierung stellt die Verbindung zwischen den Sachbilanzdaten und den jeweiligen Problembereichen dar, d.h. hier wird ermittelt, welche Emission oder welcher Stoffverbrauch zu welchem spezifischen Problem beiträgt. Im letzten Teilschritt, der Ermittlung der Korrelationsfaktoren, wird der relative Beitrag einzelner Emissionen oder Stoffverbräuche zu einem spezifischen Problem quantifiziert. Letzterer Schritt beschreibt also inwieweit einzelne, in der Sachbilanz erhobene Größen zu einzelnen Umweltproblemen beitragen. Diese drei Teilschritte bezeichnet man in der Ökobilanzliteratur als Wirkungsanalyse oder „Impact Assessment". Diese Wirkungsabschätzung beruht auf naturwissenschaftlichen Erkenntnissen und kann daher als weitgehend objektiv betrachtet werden.

Der zweite Teil der umweltlichen Bewertung umfaßt die Teilschritte Klassifizierung und Wertung. Die Klassifizierung dient der Beziehung der im ersten Schritt ermittelten Einzelfaktoren untereinander. Hierbei wird versucht, die klassifizierten Faktoren über eine einheitliche Kenngröße, wie z.B. Beitrag einer einzelnen Klasse je Einwohner und Jahr, in Bezug zu setzen. Der abschließende Wichtungsschritt versucht nun, die zueinander in Bezug gesetzten Einzelaspekte gegeneinander zu gewichtet. Vor allem letzterer Schritt beinhaltet viel individuelle und daher subjektive Wertmaßstäbe.

Dies stellt aber keineswegs eine Einschränkung der Methode dar, sondern ist vielmehr eine ihrer Stärken, indem sie das gesamte Werkzeug durch eine

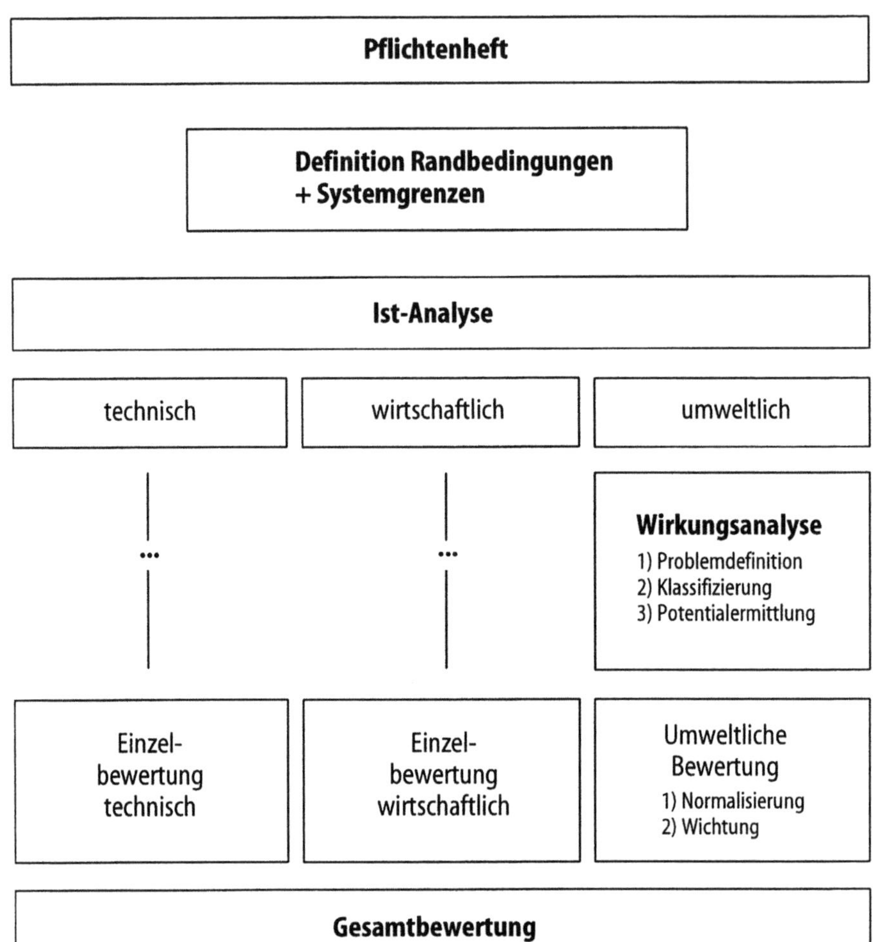

Bild 1.5. Schematischer Aufbau einer Ganzheitlichen Bilanzierung [2]

starre und vorgefaßte Methode nicht einengt, sondern einer freien Entscheidung viel Platz einräumt. Das so ermittelte Ergebnis der umweltlichen Betrachtung wird nun neben die Ergebnisse der parallel durchgeführten technischen und ökonomischen Kennwerte gestellt. In einem abschließenden und wieder subjektiven Schritt wird nun die Gesamtbewertung ermittelt. Bild 1.5 faßt den Aufbau einer Ganzheitlichen Bilanzierung zusammen.

1.4
Die Entwicklung der Ganzheitlichen Bilanzierung

Nicht nur Produkte unterliegen einer stetigen Fort- und Weiterentwicklung, auch wissenschaftliche Methoden werden immer weiter verfeinert und detailliert. Hierin liegt das Ziel wissenschaftlichen Arbeitens. In diesem Sinne ist auch die Entwicklung der Methode zur Ganzheitlichen Bilanzierung einer stetigen Weiterentwicklung unterworfen. Dieses Buch stellt ein Zwischenergebnis in der sechsjährigen Entwicklung dar. Aus diesem Grund kann der Stand dieses Buches nur die heutigen Kenntnisse wiedergeben. Die Forschung auf diesem Gebiet wird weitergehen. Dennoch stellt dieses Buch einen Meilenstein in der Methodenentwicklung dar. Die Autoren sind der Auffassung, daß heute ein Stand erreicht ist, der geeignet ist, die Methode zuverlässig in der praktischen Arbeit einzusetzen.

Begonnen hat die Entwicklung der Ganzheitlichen Bilanzierung als Resultat der Ökobilanzdiskussion um verschiedene Verpackungen [21]. Angestoßen von diesen Überlegungen wurde versucht die Methode aus Ingenieurssicht zu überarbeiten und in den Entscheidungsprozeß der Produktentwicklung einzupassen. Seit über 6 Jahren entwickelt das IKP und die PE Product Engineering GmbH, gemeinsam mit europäischen Unternehmen praxisnahe Methoden zur Ganzheitlichen Bilanzierung. Im Vordergrund stand hierbei insbesondere die Werkstoffauswahl und die Produktnutzungsphase am Beispiel ausgewählter Einzelbauteile. In der Zwischenzeit konnten eine Reihe von Bilanzierungen für verschiedenen Verfahren und Bauteile erfolgreich abgeschlossen werden, Tabelle 1.1 zeigt eine Auswahl von Beispielen.

Besondere Bedeutung darunter hat ein dreijähriges Entwicklungsvorhaben, an dem über 40 deutsche und europäische Firmen aus den Bereichen Stahl, Aluminium, Polymere, Maschinenhersteller, Verarbeiter, Lackfirmen, Entsorger und Automobilhersteller mitgewirkt haben. Ziel des Projektes war es, am

Tabelle 1.1. Grundlagen- und Praxisprojekte zur Ganzheitlichen Bilanzierung

Abgeschlossene Projekte	Werkstoffe, Verfahren, Ziele
PKW-Kotflügel	Stahl, Aluminium, Polymerwerkstoffe – Methoden- und Softwareentwicklung
PKW-Strukturbauteile	Stahl, Aluminium, Polymerwerkstoffe – Methodenentwicklung, Wirtschaftlichkeit
Stahlbeton- und Eisengußrohre	Stahlbeton, Eisenguß – Schwachstellenanalyse
Luft-Ansaugrohre	Sekundär-Aluminium, Polyamid 6.6 GF – Werkstoffvergleich, Verfahrensvergleich
Ölfilter	Stahl, Aluminium, Polyamid 6.6 GF – Kosten-Nutzen Analyse mit Bewertung
PKW-Stoßfängersystem	Stahl, Aluminium, SMC, GMT, PP-EPDM – Werkstoffauswahl und Bewertung
LKW Stoßfängersystem	Stahl, SMC, PPO/PA – Materialvergleich

Tabelle 1.2. Weiterführende Projekte zur Ganzheitlichen Bilanzierung
(IKP, Universität Stuttgart und PE Product Engineering GmbH, Kirchheim/Teck)

Projekte in Arbeit	Werkstoffe, Verfahren, Projektziele
Strukturbauteile	Stahl, Aluminium, Polymere – Zukunftsszenarien in 2005
Lackierverfahren	Wasserlack, Pulverlack, LM-Lack – Verfahrensvergleich, Optimierung
Elektronikbauteile	KFZ-Elektronik, Unterhaltungselektronik, Haushaltsgeräte – Methodenentwicklung, Optimierung
Bauwesen	Werkstoffe, Element, Fenster, Heizsysteme, komplette Gebäude – Methodenentwicklung
Karosseriesysteme	Stahl, Aluminium, Polymere – Methodenentwicklung und Bewertung, Optimierung
Gesamtfahrzeugbilanzen	– Methodenentwicklung und Bewertung
Verkehrssystembilanzen	– Methodenentwicklung

Beispiel eines PKW-Kotflügels aus unterschiedlichen Konstruktionen (Werkstoffe, Verfahren), praxisnahe Modelle Ganzheitlicher Bilanzierungen, sowie ein Softwaremodul zur Unterstützung der Bilanzierung zu erarbeiten.

Hierauf aufbauend wurde damit begonnen, die an einzelnen Bauteilen gewonnen Erkenntnisse auf komplexere Systeme zu übertragen. Darüber ergänzt die bisherige Bilanzierung auf Sachebene eine Bilanzbewertung. Die Erweiterung der Methode erfolgte also in zweierlei Richtung: zunehmende Komplexität der Untersuchungsobjekte und Erweiterung des Bilanzierungsprogrammes. Tabelle 1.2 zeigt einzelne ausgewählte Projekte in diesem Zusammenhang.

1.5
Internationale Aktivitäten

Die Ganzheitliche Bilanzierung ist nicht mehr nur unter einzelnen Aspekten oder Anwendungsbereichen darzustellen. Aufgabe dieses Buches ist es, zentrale Aspekte der Theorie und insbesondere auch der Praxis Ganzheitlicher Bilanzierungen darzustellen. Vor allem anhand der in Kap. 8 ausführlich geschilderten Praxisbeispiele werden die zentralen Anwendungsfelder beschrieben. Hierbei wir auch deutlich welche Möglichkeiten sich mit dieser Methode ergeben, aber auch welche Grenzen gelten. Im weiteren soll nun ein Überblick zum aktuellen Stand der internationalen Aktivitäten gegeben werden, in deren Umfeld sich das vorliegende Buch bewegt. Diese lassen sich in zwei Hauptkategorien aufteilen: Die nationale wie internationale Normung und in der Praxis durchgeführten Arbeiten. Für die Normung sind die Arbeiten in den offiziellen Normierungsgremien wie DIN und ISO, aber auch im Rahmen der SETAC maßgeblich.

1.5.1
Die Internationale Normierung

Die gesamte Diskussion um Methoden und Verfahren im Umfeld umweltbezogener Betrachtungen wird dominiert von den internationalen Normierungsbemühungen auf diesem Gebiet. Allein die Tatsache, daß sich die Internationale Normierungsorganisation ISO des Themenfeldes angenommen hat, zeigt die große Bedeutung die diesem Thema beigemessen wird. Unter der Dachorganisation des TC (Technical Commitee) 207 sind alle umweltbezogenen Normierungsaktivitäten zusammengefaßt. Sechs verschiedene Schwerpunkte werden im Rahmen sogenannter Sub-Committees (SC) bearbeitet. Im einzelnen sind dies Umweltmanagementwerkzeuge, Öko-Audits, Produktkennzeichnung, Bewertung der Umweltleistung von Produkten und Prozessen, umweltliche Bilanzierungen sowie eine Gruppe, die sich übergreifend mit der Auswahl und Definition von Begriffen befaßt. Bild 1.6 zeigt die Struktur des ISO TC 207.

Für den Bereich der Ganzheitlichen Bilanzierung ist insbesondere das SC 5 maßgeblich. Dieses Sub-Committee ist selbst wieder in fünf einzelne Arbeitsgruppen, den sogenannten Working-Groups (WG) gegliedert. In der Arbeitsgruppe 1 wird das Grundlagendokument zur Normierung der Umweltbilanzen erstellt. In diesem Zusammenhang werden alle Anforderungen und Randbedingungen an die Bilanz und den Bilanzierer definiert. Auf diesem Papier aufbauend werden von den jeweils anderen WGs Normpapiere erarbeitet, die sich den im Grundlagenpapier definierten Einzelelementen der Bilanz zuwenden.

Die WGs 2 und 3 befassen sich ausschließlich mit der Sachbilanzebene, d.h. der Beschreibung und Erhebung des Ist-Zustandes. Die Auftrennung in eine allgemeine und eine spezifische Arbeitsgruppe ist hierbei nur theoretischer Natur. Beide Arbeitsgruppen arbeiten gemeinsam an einem Normentwurf. Erst zu einem späteren Zeitpunkt sollen die beiden WGs sich Sonderfällen der Bilanz und Spezialverfahren für einzelne Werkstoffe zuwenden.

In der WG 4 wird der Themenbereich der Erfassung der Umweltwirkungen und deren Bewertung bearbeitet. Diese Arbeitsgruppe beschäftigt sich

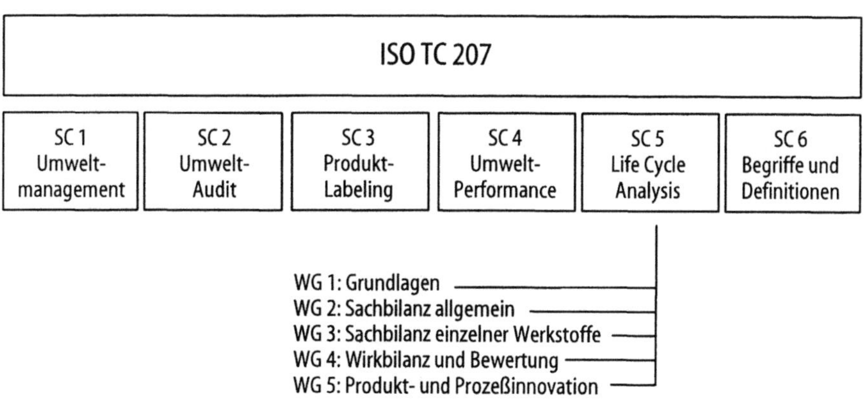

Bild 1.6. Struktur des ISO TC 207

also insbesondere mit der Interpretation und Weiterverarbeitung der Ergebnisse aus der Sachbilanz. Im Gegensatz zur ISO-Struktur, bei der zwischen Wirkungsabschätzung und Bewertung auch rein formal nicht getrennt wird, wird in vielen nationalen Gremien, wie von einzelnen Experten, eine strenge Trennung verlangt.

Schließlich soll sich die Arbeitsgruppe 5 dem Hauptziel umweltbezogener Bilanzen, den möglichen Verbesserungen und Innovationen, zuwenden. Zum heutigen Zeitpunkt ist hier noch nicht mit der Sacharbeit begonnen worden. Diese WG ist im Sommer 1995 noch in ihrer Definitionsphase.

Den großen Einfluß der westlichen Industrienationen auf die Normierung umweltrelevanter Themenbereiche erkennt man an der Vergabe der Verantwortlichkeiten für die einzelnen Themen. Hierin spiegeln sich auch die jeweiligen nationalen Besonderheiten der bisherigen Arbeiten wieder. So zeichnen die USA verantwortlich für die WG 1. Hier wird seit einigen Jahren die Diskussion um den schematischen Aufbau eines solchen Werkzeuges und an die hieran gerichteten Anforderungen sehr intensiv geführt wird. Die WG 2 steht unter der Federführung Deutschlands. Dies zeigt deutlich, daß die vielen Aktivitäten auf diesem Arbeitsgebiet auch international Anerkennung finden. Die Vergabe der WG 3 an Japan ist hingegen als ein politischer Kompromiß zu sehen, denn nach wie vor liegen die Hauptaktivitäten im Bereich Umweltschutz in Nordamerika und Westeuropa. Für das Gebiet der Wirkungsbetrachtung und Bewertung zeichnet Schweden verantwortlich. Hierin zeigt sich die weltweite Anerkennung der skandinavischen Arbeiten zu diesem Thema. Die WG 5 steht unter der Federführung Frankreichs, das sich speziell auf diesem Feld sehr intensiv bemüht.

Die starke Rolle Deutschlands aber zeigt sich besonders in der Tatsache, daß mit Dr. MANFRED MARSMANN von der Bayer AG, einem der bedeutendsten Experten weltweit, Deutschland mit der Führung des SC 5 beauftragt wurde. Die Normungsstruktur in Deutschland ist vor diesem Hintergrund zu beleuchten. Bild 1.7 zeigt diese Struktur.

Wie Bild 1.7 zeigt, versteht sich der Normenausschuß Grundlagen des Umweltschutz (NAGUS) als Spiegelgremium zum ISO TC 207. Vor diesem Hintergrund sind vier Arbeitsausschüsse (AA) gegründet worden. Der Arbeitsausschuß 1 befaßt sich mit Fragestellungen zur Definition von Begriffen und der Festlegung der Terminologie, auch in Abgrenzung zu anderen Normenausschüssen. Er spiegelt damit in der Struktur des ISO das SC 6 wieder. Der Arbeitsausschuß 2 befaßt sich mit dem Themenbereich Umweltmanagement, Umweltaudit. Der AA2 hat damit die Aufgabe zwei ISO SCs gegenüberzustehen. Mit dieser Struktur wird ein Unterschied zur Internationalen Normierung und damit dem Internationalen Verständnis deutlich: während in Deutschland kein prinzipieller Unterschied zwischen Managementsystemen und dem Audit gemacht wird, weil beide Methoden im engen Zusammenhang stehen, wird international eine andere Auffassung vertreten, die insbesondere von Gruppen beeinflußt ist, die die Managementsysteme stark an die Qualitätsmanagementwerkzeuge (ISO 9000 f) anlehnen wollen.

Der AA3 hat nur einen ISO SC als Spiegelbild. Während Deutschland der allgemeine Sprachgebrauch zur Bezeichnung Produktökobilanz geführt hat,

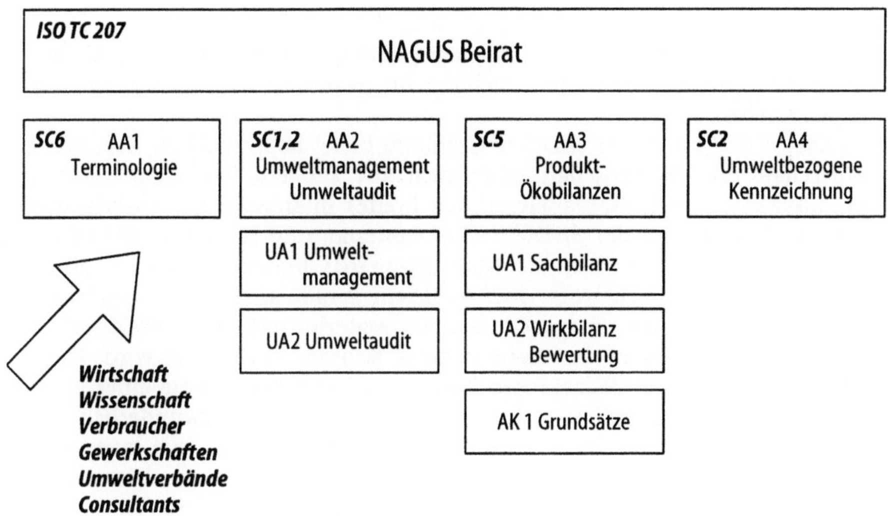

Bild 1.7. Struktur des NAGUS im DIN

fällt international die Produktbezogenheit weg. Hier werden auch Dienstleistungssysteme und Zwischenprodukte ausdrücklich in die Normierung eingebunden. Auch die Verwendung der Begriffe Ökobilanz statt Life-Cycle Assessment (dt.: Lebenszyklus-Betrachtung) und Wirkungsbilanz statt Impact Assessment (dt.: Wirkungsabschätzung) führen zu einer sprachlichen Verwirrung. Ein entsprechender Begriff für das Improvement Assessment (dt.: Verbesserungsabschätzung) ist noch nicht geprägt. Auch fällt auf, daß das ISO Gremium zum Improvement sich im Rahmen des NAGUS nicht widerspiegelt. Dies macht deutlich, daß an dieser Stelle national noch großer Handlungsbedarf besteht. Während man mit Blick auf die internationale Diskussion sagen kann, daß die deutsche Position im Bereich der Sachbilanz von Bedeutung ist, kann dies für die Themen Wirkungsanalyse, Bewertung und Verbesserungsanalyse nur bedingt und in abnehmender Bedeutung der Nennungsfolge gelten.

Den Abschluß im Rahmen des NAGUS bildet der AA4, der sich analog dem ISO SC3 mit der Produktkennzeichnung befaßt. Das SC4 zur Performance Evaluation (dt.: Bewertung des Umweltlichen Verhaltens) wird im NAGUS überhaupt nicht erörtert. Der hauptsächliche Grund hierfür ist wohl in der sehr offenen Frage bezüglich möglicher Inhalte dieses SC zu suchen.

Die Besonderheit des NAGUS und seiner Untergremien ist die starke Beteiligung aller an diesem Gebiet interessierten gesellschaftlichen Gruppen. Angefangen von der Wirtschaft über die Arbeitnehmer, Verbraucher und Umweltverbände bis hin zur Wissenschaft und einschlägigen Beratungsunternehmen, kann der NAGUS ein sehr gute gesellschaftliche Repräsentanz vorweisen. Dies steht in teilweise krassem Gegensatz zu vielen anderen nationalen Gremien, die fast ausschließlich von Vertretern der Wirtschaft und deren Beratungsunternehmen gestellt werden. Dieser Unterschied ist die Basis für eine fundierte nationale Diskussion einerseits, andererseits aber auch für die große Bedeutung, die der deutschen Stellung im gesamten internationalen Prozeß zugeschrieben wird.

Die SETAC als ein inoffizielles Gremium bietet hauptsächlich Experten aus Wirtschaft und Wissenschaft, aber auch aus anderen Bereichen der Praxis produktbezogener Umweltanalysen, ein breites internationales Diskussionsforum. Die bisher von der SETAC in Nordamerika und Europa veröffentlichten Diskussionspapiere können als Quasi-Standards betrachtet werden [16, 17]. Die SETAC bietet auch trotz, oder vielleicht gerade wegen, der angelaufenen internationalen Normierungsbemühungen weiterhin eine gute Diskussionsbasis, in dessen Rahmen ein internationaler Konsens vorbereitet wird. Die SETAC schafft in einer Vielzahl von Tagungen, Workshops sowie einer eigenen Zeitschrift allen Interessierten eine gute Plattform. Nicht verwunderlich ist daher die Tatsache, daß sich die Mitarbeiter in den nationalen wie internationalen Gremien hauptsächlich aus SETAC-Aktivisten rekrutieren. Dies verdeutlicht auch die zentrale Stellung, die die SETAC international einnimmt.

1.5.2
Status der praktischen Arbeiten

Der heutige Stand der praktischen Arbeiten ist in seiner ganzen Breite nicht mehr darstellbar. Zu viele Anwendungsfelder und zu viele Anwender lassen eine Gesamtdarstellung nicht mehr zu. Dies zeigt aber auch deutlich, wie sehr sich das Werkzeug bereits etabliert hat. Als Hauptanwendungsgebiete lassen sich firmen- und branchenbezogene Arbeiten erkennen. Firmenbezogene Arbeiten dienen insbesondere der Schwachstellenanalyse und der Produkt- bzw. Verfahrensoptimierung, wenn sie intern durchgeführt werden. Extern durchgeführte Arbeiten werden verstärkt im Bereich Marketing eingesetzt. Anzumerken ist, daß es natürlich keine der beiden Arbeitsformen in Reinform gibt. Die Praxis zeigt, daß stets Mischformen aus beiden Ansätzen Anwendung finden. Basis für firmenspezifische Untersuchungen sind die firmenspezifischen Gegebenheiten. Häufig stellen einzelne Unternehmen ihre Arbeiten auch für ihre direkten Kunden an. Dies gilt insbesondere für Werkstoffhersteller und Zulieferer, deren Kunden Informationen über die verwendeten Materialien und Produkte abfragen. Branchenbezogene Arbeiten sind im Gegensatz zu den firmenspezifischen Arbeiten eher auf Basis weiträumig gemittelter Daten durchgeführt worden. Die Hauptanwendungsgebiete liegen hier auch im Bereich Marketing und Optimierung von Abläufen.

Im vorliegenden Buch werden insbesondere drei der heute hauptsächlichen Anwendungsfelder besprochen: Automobil, Verpackung, und Bauwesen. Auf den Stand dieser Arbeiten wird in Kap. 8 näher eingegangen. Darüber hinaus gibt es viele weitere Aktivitäten, die den Rahmen dieser Darstellung sprengen würden. Deshalb sei an dieser Stelle beispielhaft auf die einschlägige Fachliteratur verwiesen [22, 27].

Verpackung

Der Verpackungsbereich hat die Ökobilanzierung geprägt. Boustead [9] erstellte ein Handbuch für die wichtigsten Energieverbräuche einzelner in der Verpackungsindustrie verwendeten Materialien. Thalmann, EMPA [28, 29, 30] und Habersatter, ETH [31] erweiterten in der Folge diese bekannten Energieverbrauchszahlen um andere Umweltgesichtspunkte wie Emissionen, Abfälle und Abwasserbelastungen.

Insgesamt ist festzustellen, daß der überwiegende Anteil der heute veröffentlichten Daten und Berichte aus dem Bereich der Verpackungsindustrie stammt. Häufig werden die bei Thalmann und Habersatter verwendeten Zahlen aufgegriffen, um weitere Bilanzen zu erstellen.

Das Deutsche Umweltbundesamt hat die Thematik „Ökobilanzierung in der Verpackungsindustrie" etwa 1990 aufgenommen und in einem eigenen Forschungsprojekt einer Projektgruppe mit dem Fraunhofer Institut für Verpackungstechnologie (ILV), der Gesellschaft für Verpackungsmarktforschung (GVM) und dem ifeu-Institut eine Lebensweganalyse von verschiedenen Verpackungen durchführen lassen [32]. Diese Arbeit prägt die Ökobilanzdiskussion in Deutschland bis heute nachhaltig.

Ein weiterer Meilenstein in der Historie der Ökobilanz ist der Ansatz der APME (Association of Plastics Manufacturers in Europe) [18]. Mit Ermittlung von Ökobilanzen für einzelne Polymerwerkstoffe (PE, PP, PS, PVC), als europaweit gemittelte Bilanzen für die europäische Polymerindustrie, legt erstmals ein großer Industrieverband Daten der Öffentlichkeit vor.

Aus Nordamerika und Skandinavien, sowie im gesamten westeuropäischen Raum sind ebenfalls etliche Studien über Ökobilanzen im Verpackungsbereich bekannt geworden [11, 33, 34, 35]. Weltweit kann der Verpackungsbereich noch immer als Schrittmacher der Ökobilanzdiskussion angesehen werden.

Automobil

Als weiterer großer Industriezweig hat sich die Automobilindustrie des Themas Ganzheitliche Bilanzierung und Lebenszyklusanalyse angenommen. Bild 1.8 gibt eine Übersicht über die weltweiten Aktivitäten.

In Europa sind die laufenden Aktivitäten vielfältiger Natur. Begonnen hat die Entwicklung mit einem Großprojekt am IKP. Im Rahmen dieser Multi-Client Studie, an der neben zahlreichen Automobilherstellern auch Werkstofflieferanten, Systemzulieferer und Verarbeiter vertreten waren, wurden gemeinsame Grundlagen zur Ganzheitlichen Bilanzierung in der Automobilindustrie gelegt. Heute ist die Arbeit von den internen Arbeiten der Fahrzeughersteller und deren Lieferanten dominiert. Alle Automobilhersteller befassen sich intensiv mit dem Themenbereich. Hauptschwerpunkt der Arbeit ist die Analyse und Optimierung der jeweiligen Produkte.

Von besondere Bedeutung ist das EU-Car-Projekt. Im Rahmen dieser Arbeit wollen die Automobilhersteller ihre Methoden abstimmen und sich auf einen gemeinsamen Konsens zur Anwendung produktbezogener Bilanzierungen einigen. Im Projekt vertreten sind fast alle europäischen Automobilisten.

Zulieferanten

Stahl	VdEH, Thyssen, Sollac,...
Alu	EAA, Norsk Hydro, Alcoa,Alcan,...
Polymer	Atochem, BASF, Bayer, DOW,
	Du Pont, EMS, GEP, PCD, EniChem
	Rhone-Poulenc, Shell, Solvay, ...
Sonstige	Vetrotex, Degussa, Metallgesellschaft, ...
Systemz.	Bosch, Siemens, Conti, Mann+Hummel, ...

Hersteller

- **Audi**
  - intern (Energiebilanz)
  - Multi-Client-(FAT)-Projekt mit IKP
  - bilaterale Arbeiten mit IKP

- **BMW**
  - intern
  - Multi-Client-Projekt mit IKP
  - bilaterale Arbeiten mit IKP+PE[1]
  - europaweites Projekt EUCAR

- **Fiat**
  - intern
  - bilaterale Arbeiten mit IKP+PE[1]

- **Ford**
  - intern
  - FAT-Projekt mit IKP
  - bilaterale Arbeiten mit IKP
  - europaweites Projekt EUCAR

Europa

Gemeinschaftsprojekt versch. Hersteller
Ziel: Methodenkonsens
BMW, Fiat, Ford, Mercedes-Benz, Opel, PSA,
Renault, Rover, Volvo

Automobil

- **Mercedes-Benz**
  - intern
  - Multi-Client-Projekt mit IKP
  - bilaterale Arbeiten mit IKP+PE[1]
  - europaweites Projekt EUCAR

- **Opel**
  - Multi-Client-(FAT) Projekt mit IKP
  - europaweites Projekt EUCAR

- **PSA**
  - intern
  - bilaterale Arbeiten mit Ecobilan
  - Multi-Client-Projekt mit IKP
  - europaweites Projekt EUCAR

USA

Geplantes Gemeinschaftsprojekt von
Automobilherstellern und Werkstofflieferanten
Chrysler, Ford, General Motors, AISI, AAA, APC

- **Renault**
  - intern
  - Multi-Client-Projekt mit IKP [1]
  - bilaterale Arbeiten mit IKP+PE
  - bilaterale Arbeiten mit Franklin
  - europaweites Projekt EUCAR

- **Volvo**
  - intern
  - EPS-Modell
  - europaweites Projekt EUCAR

- **Rover**
  - intern
  - bilaterale Projekte mit Boustead
  - europaweites Projekt EUCAR

- **VW**
  - intern
  - Multi-Client-Projekt (FAT) mit IKP
  - bilaterale Arbeiten mit IKP+PE[1]

[1] PE ... Product Engineering GmbH, Kirchheim

Bild 1.8. Übersicht zum Stand der Ganzheitlichen Bilanzierung im Bereich Automobil

Nicht in das Projekt einbezogen sind zum gegenwärtigen Zeitpunkt Werkstofflieferanten und Systemzulieferer.

Inhaltlich wird größtenteils an der Betrachtung einzelner Bauteile oder Baugruppen gearbeitet. In speziellen Projekten arbeiten einige Automobilhersteller bereits an der Betrachtung komplexerer Strukturen, wie z.B. Karosseriekonzepten oder gar ganzen Fahrzeugen.

Während in Europa die Diskussion um die Methode bereits weit fortgeschritten ist, und sich das Werkzeug fest im Entwicklungs- und Entscheidungsprozeß zu verankern beginnt, sind die Aktivitäten in Nordamerika und Japan deutlich eingeschränkt. In Japan beginnen einzelne Unternehmen erst langsam sich mit dem Werkzeug der umweltlichen Bilanzierung zu befassen. Obwohl Presseberichten aus Japan zu entnehmen war, daß innerhalb von zwei Jahren eine vollständige Betrachtung von Fahrzeugen bereits Standard sein soll, ist zum heutigen Zeitpunkt im April 1995 hier keine breite Kenntnis zu erkennen.

Anders verhält sich die Situation in Nordamerika. Geprägt von der Verpackungsdiskussion haben sich die großen Drei (Ford, Chrysler und General Motors) zusammengeschlossen, um gemeinsam mit den Spitzenverbänden der Hauptwerkstoffgruppen Stahl (American Iron and Steel Institute, AISI), Aluminium (American Aliminium Association, AAA) und Polymere (Society of the American Plastics Producers, SPI) ein Großprojekt zur Methodenentwicklung für die Kfz-Industrie zu beginnen. Dieses sog. US-Car-Projekt soll im Sommer 1995 beginnen. Über den Rahmen dieses Projektes hinaus sind einzelne interne Aktivitäten der Automobilisten und Zulieferanten bekannt.

Bauwesen

Im Bauwesen ist das Thema noch relativ jung, trotzdem existieren schon eine ganze Reihe von Arbeiten mit den unterschiedlichsten Zielrichtungen auf diesem Gebiet. Verschiedene Hochschulen und Institute arbeiten an diesem Thema. Im folgenden wird versucht, die uns bekannten Aktivitäten einzuteilen und vorzustellen.

Prof. Kohler vom Institut für Industrielle Bauproduktion, Universität Karlsruhe arbeitet an einem Projekt zur Beschreibung von Energie- und Stoffflüssen von Gebäuden während ihrer Lebensdauer, mit dem Ziel, die Umweltproblematik in den Planungsprozeß einfließen zu lassen. Als Ansatz dient ihm dabei die Elementkostengliederung. Es werden darüber Gebäude erfaßt und als Gesamtes betrachtet. Das Hauptziel ist es dabei nicht, eine Baustoffauswahlentscheidung im Planungsprozess zu ermöglichen, sondern den Umweltgesamteinfluß eines Gebäudes zu quantifizieren. Es sollen möglichst viele verschiedene Gebäude über Simulation erfaßt werden, um dann einen Durchschnitt als Referenz zu haben. Der Planer soll einmal die Möglichkeit erhalten, seine Konstruktion auf diese Weise mit einem Durchschnitt zu vergleichen. Es handelt sich um ein Referenzmodell aus Sicht des Architekten. Die Datenqualität muß dabei nur für einen Vergleich ausreichen, da sich „Schwankungen angeblich ausgleichen". Daten wurden bisher aus ETH-Daten und -Sachbilanzen (s.u.) entnommen [36].

Von der „Ökobilanzgruppe" des Laboratoriums für Energiesysteme der ETH Zürich werden Baustoffe vor allem bilanziert, um Infrastruktur und Bauwerke als Teile von Aufwendungen für Energiesysteme abschätzen zu können. Für diesen Fall genügen relativ ungenaue, weiträumig gemittelte Daten. Seitens der ETH wird darauf hingewiesen, daß die Datenqualität nicht für Untersuchungen ausreicht, die stark von den Werkstoffen abhängen [37].

In einem Verbundvorhaben „Gesunde und umweltverträgliche Baustoffe" werden vom Frauenhofer-Institut für Bauphysik in Stuttgart Methoden zur Emissionsmessung (Emissions- und Expositionskammern), Untersuchungen zu Emissionen aus Bauprodukten und ein Modell zur Vorhersage von Immissionen in Variation des Raumklimas erarbeitet. Hauptaugenmerk ist dabei auf den Schutz der Gesundheit der Menschen in Gebäuden gerichtet. Dies schließt Teilbereiche von Ökobilanzen mit ein.

Am Institut für Werkstoffe im Bauwesen, Universität Stuttgart derzeit eine Forschungsarbeit zur „Ganzheitlichen Bilanzierung von Ingenieurbauten", in deren Rahmen am Beispiel von Brücken Methodenentwicklung betrieben wird. Diese Arbeiten werden in Abschn. 8.4 detaillierter vorgestellt.

Das derzeit größte Projekt im Baubereich wird am IKP, Universität Stuttgart bearbeitet. Gemeinsam mit dem Institut für Werkstoffe im Bauwesen wird in einer große Projektgruppe, die sich aus Verbänden und Unternehmen der gesamten Baubranche gebildet hat, am Beispiel von Gebäuden eine Grundlagenarbeit zur Methodik bearbeitet. In diesem Zusammenhang werden z.B. auch alle relevanten Umweltinformationen für Baustoffe, Elemente und ganze Gebäude erarbeitet. Auch auf diese Arbeiten wird in Abschn. 8.4 näher eingegangen.

Einzelne Unternehmen und Verbände [38, 39] bilanzieren intern, z.T. mit fachlicher Unterstützung von Externen, und erstellen meist gemittelte Werkstoffprofile (z.B. PWMI für manche Kunststoffe). Ein weiteres Ziel sind häufig auch unternehmensinterne Schwachstellenanalysen. Auch das Umweltbundesamt beschäftig sich intensiv mit dem Themengebiet Ökobilanzen im Bauwesen.

2 Ingenieurverantwortung bei Ganzheitlicher Bilanzierung

HUBENY, H., Wien

2.1
Die Ausgangssituation

2.1.1
Die Technik der Neuzeit

Vor dem Übergang in ein neues Jahrtausend erleben wir in unseren bewährten technisch-wirtschaftlichen Systemen bis hin zur gesamten Ökosphäre Unbeständigkeiten. Wir Ingenieure fragen uns, ob diese Entwicklungsschwankungen noch in der gewohnten Bandbreite liegen oder ob sie als Zeichen für tiefgreifende Änderungen zu deuten sind.

Technik – tecne, Kunstfertigkeit – umfaßte seit Menschengedenken die Schaffung von Gegenständen, die dem Menschen nützlich sind. Die Erfinder des Faustkeils, des Pfluges, des Rades, der Mühle, der Dampfmaschine, des Transistors und des Polyethylens hielten ihre Schöpfungen selbstverständlich für nützlich, sonst hätten sie sie nicht geschaffen.

Am Beginn der Neuzeit – der geschichtlichen Periode ab 1500 – änderten sich die geistigen Grundlagen der Technik durch das Entstehen der „exakten" Wissenschaft. Die naturwissenschaftlichen Methoden des Beobachtens, Messens, Aufstellens von Naturgesetzen in Modellen ermöglichten einen historisch neuen Zugang zur Schöpfung. Die Schöpfung wurde zur „Natur". Eine umfassende Wirklichkeit schrumpfte zum extrem vereinfachten Modell, in dessen Gültigkeitsbereich der Natur durch scharfsinnige Versuche systematisch ihre Geheimnisse entrissen wurden. Der Mensch sah sich nicht länger als Verwalter der Schöpfung, sondern als Herr und Bezwinger der Natur. Die wiederholbaren und logischen Zusammenhänge von Meßgrößen wurden als Naturgesetze erkannt. Sie galten als richtig, wenn kein Widerspruch zwischen Experiment und Modell auftrat. Die experimentell messende Vorgangsweise verstand sich als objektiv und wertfrei. Daß ihr das unreflektierte Dogma von der „Wertfreiheit" als höchster Wert zugrunde lag, wird heute erkannt. Gut ist, was wertfrei ist.

Im neuzeitlichen Verständnis ist Technik die systematische Nutzanwendung der naturwissenschaftlichen Erkenntnisse. Der Künstler und Erfinder wird zum „Ingenieur". Stand bei den Künstler-Ingenieuren der Renaissance – wie bei LEONARDO DA VINCI – die Kunst im Vordergrund, wurde später die technische Nutzanwendung wichtiger. Der Ingenieur „ist ein auf einer Hoch- oder Fachschule ausgebildeter Techniker. Das Fachwort ist seit dem 16. Jahrhundert bezeugt ... Als Ersatzwort für Zeugmeister bezeichnete Ingenieur bis ins 18. Jahrhundert den ‚Kriegsbaumeister' ..." [1]. Der Name entlarvt die heute verdeckte Wertschätzung der Kriegstechnik. Neben dem Kriegsbaumeister entwickelte sich im vorigen Jahrhundert der „Zivilingenieur". Diese Berufsbezeichnung hat sich in Österreich bis heute für freischaffende Ingenieure erhalten.

Die rationalen Methoden des modernen Ingenieurs bei der kreativen Umsetzung „wertfreier" naturwissenschaftlicher Erkenntnisse erwecken sehr leicht den Eindruck, daß auch die Tätigkeit des Ingenieurs wertfrei wäre. Doch der Schein trügt. Der Sozialwissenschaftler CHRISTOF GASPARI macht bewußt, daß auch in der Neuzeit die schöpferische Tat des Ingenieurs die – meist unausgesprochene – Wertentscheidung zur Nützlichkeit enthält [2]. Wer Chips immer kleiner macht, hält die Schaffung mächtiger Rechner für gut. Wer Ethylen polymerisiert, hält die Schaffung maßgeschneiderter Werkstoffe für gut. Im übrigen weiß heute jeder, der ein Projekt zur Genehmigung einreicht, daß er nur mit dem Argument der Nützlichkeit Chancen auf Förderung hat. Gut ist, was nützlich ist.

2.1.2
Das Ende der Neuzeit

Die Ingenieure der Moderne stehen heute in der Spannung zwischen dem Erfolg ihrer Projekte und der Kritik an den Folgen ihres Handelns. Sie pflegen stolz auf ihre technischen Fähigkeiten und auf die Anwendung der naturwissenschaftlichen Methoden zu sein. Alles hatte so gut begonnen: „Die moderne Wissenschaft schien in den Augen der Laien lange Zeit das zu erfüllen, was die Religion für das Jenseits versprochen hatte und für das Diesseits nicht erfüllen konnte ... Sieg über die Natur ... Überwindung von Hunger, Krankheit, Not ... angenehmes und sicheres Leben aller ..." schreibt treffend der Psychologe FRANZ EMANUEL WEINERT [3]. Die Dynamik und der Erfolg des technisch-wirtschaftlichen Sektors waren geschichtlich gesehen enorm. Einer 13-fachen Leistungssteigerung seit 120 Jahren, einer 5fachen seit 40 Jahren, steht die Bevölkerungsexplosion als vergleichsweise „langsamer" Vorgang mit einer 6fachen Zunahme seit 120 Jahren und einer 2fachen seit 40 Jahren gegenüber [4]. Alles Wünschenswerte schien machbar!

Der massenhaft gestiegene Verbrauch an Rohstoffen und Energie in den „Industrieländern" nimmt bedrohliche Dimensionen an. Er ist das ökologische Hauptproblem und erst dann der rapide Bevölkerungszuwachs in den „Entwicklungsländern". Das hat zu massiver Kritik an der Technik geführt. Heute stellt sich die Frage, ob alles Machbare wünschenswert ist?!

Der Philosoph ROMANO GUARDINI charakterisierte die Neuzeit mit den Worten: „Gott verliert seinen Ort, und mit ihm verliert ihn der Mensch" [5]. Die Anzeichen verdichten sich, daß sich an der Schwelle des dritten Jahrtausends das „Ende der Neuzeit" ankündigt, das GUARDINI schon 1950 in seinen Grundzügen erkannt hatte. Die „Wendezeit" des Physikers FRITJOF CAPRA mit ihren „ganzheitlichen Ansätzen" und dem „Einführen von Werten in die Wissenschaft" [6] scheint tatsächlich das „Ende des naturwissenschaftlichen

Zeitalters" [7] zu bestätigen. Der Physiker HERBERT PIETSCHMANN sieht darin das Ende der Illusion der „Wertfreiheit" und der Physikochemiker MAX THÜRKAUF bestätigt: „Die Zeiten einer ‚wertfreien' Naturforschung sind endgültig vorbei" [8].

Der aktuellen Technikbeschimpfung stehen nun viele von uns Ingenieuren verängstigt, viele übertrieben forsch gegenüber. Aber fast alle sind ratlos. Wir hätten doch nichts anderes getan, als für den „technischen Fortschritt" zu arbeiten. Und nun würden wir der Umweltverschmutzung und der Strukturprobleme angeklagt? Was haben wir denn falsch gemacht?

2.1.3
Werkstoffe „aus Menschenhand"

Die Entwicklung scheint bedenklich und fragwürdig, also des Bedenkens und der Frage würdig zu sein. Am Beispiel des eigenen Fachgebietes sei näher darauf eingegangen.

Von Anfang an war die Menschheit von natürlichen organischen Polymeren (Holz, pflanzlichen und tierischen Fasern) sowie Stein als Werkstoff begleitet. Die keramischen Werkstoffe sind seit etwa 6000 Jahren bekannt. Ihre Umsetzung zur Massenfertigung dauerte etwa 3000 Jahre. Die metallischen Werkstoffe – zuerst Kupfer, Zink und Eisen – werden seit 4000 Jahren eingesetzt. Bereits nach 1000 Jahren erfolgte ihre Massenfertigung. Die jüngste Werkstoffgruppe – die synthetischen organischen Polymere – wurde seit 150 Jahren entwickelt. Der Beginn ihrer Massenfertigung liegt 50 Jahre zurück. An diesen Zahlen läßt sich die ungeheure Beschleunigung der Werkstoffentwicklung ablesen.

Der Durchbruch der Kunststoffe vom „Ersatzstoff" zum „maßgeschneiderten Werkstoff" erfolgte bekanntlich in der zweiten Hälfte dieses Jahrhunderts. Mit der Begeisterung über die neuen, universell einsetzbaren Werkstoffe kam das Schlagwort vom „Zeitalter der Kunststoffe" auf. Für viele galt die Kunststofftechnik als Spitze des technisch-wirtschaftlichen Fortschritts. Die Qualität und die Vielfalt der synthetischen Polymere „aus Menschenhand" – „human made" – versprachen Zukunftssicherheit und Wachstum. Sie erschlossen völlig neue Anwendungsgebiete bei rationeller Massenfertigung zu ungeahnt niedrigen Kosten und verdrängten dadurch auch herkömmliche Werkstoffe. Am spektakulärsten zeigten sich die neuen Hochleistungswerkstoffe in der Weltraumfahrt und in der Medizin. Unscheinbar aber unersetzlich sind sie in den Langzeitanwendungen des Bauwesen, der Energieversorgung, in den Mittelzeitanwendungen des Transportwesens und der Elektronik aber auch in den Kurzzeitanwendungen der Hygiene oder der heute so umstrittenen Verpackung. Rohre, Deponiefolien, Kabelisolierungen, Fahrzeugteile, Telekommunikationsgeräte, Gefahrgutbehälter und Müllsäcke mögen als Beispiele für Anwendungen dienen, die heute ohne Kunststoffe „undenkbar" wären.

Die synthetischen polymeren Werkstoffe zeichnen sich im Vergleich zu herkömmlichen mineralischen, metallischen und natürlichen polymeren Werkstoffen durch eine historisch neue Eigenschaftskombination aus, wie sie bisher „in der Natur" nicht anzutreffen war. Einfache Molekularstrukturen und zielstrebig ausgewählte Zusatzstoffe, geringe Dichte verbunden mit guten mechanischen Eigenschaften, hoher Beständigkeit und ausgezeichneter Verarbeitbarkeit auf niedrigem Energie- und Preisniveau sind die Kennzeichen der Kunststoffe. In den allgemeinen Sprachgebrauch der Neunzigerjahre übersetzt, hört sich das heute allerdings so an: „Plastik ist unnatürlich, giftig und umweltfeindlich. Es ist leicht und unzerbrechlich, aber unverrottbar. Die meisten Produkte sind Massenware. Ich mag keinen billigen Ramsch. Ich mag das Plastikzeug nicht".

Obwohl also die Kunststofftechnik etwas vorzuzeigen hat, überwiegen die Gefühle der Ratlosigkeit und der Ablehnung. Das ist auch in vielen anderen technischen Bereichen so. Beispielsweise herrschen trotz sichtbarer „Erfolge" gegenüber der Energietechnik, der Biotechnologie oder der Informatik Skepsis und Abwehr vor. Warum?

2.1.4
Technisch-wirtschaftliche Optimierung

Die Erfolge der wirtschaftlich-technischen Entwicklung werden ausschließlich nach Kriterien eben dieses Systems bestimmt. Das ökonomische Prinzip fordert bekanntlich eine möglichst sparsame Verwendung der verfügbaren Mittel bei der Erstellung von Produkten und Dienstleistungen eines Unternehmens. Ergiebigkeit, Produktivität, Wirtschaftlichkeit und Rentabilität sind „klassische" betriebswirtschaftliche Kenngrößen für das Input/Output-Verhältnis. Das betriebliche Rechnungswesen bildet die entsprechenden wirtschaftlichen Vorgänge ab, wobei die Erfassung der Kosten eine wichtige Rolle spielt. Kosten sind der bewertete Verbrauch von Gütern und Dienstleistungen, der zur Erstellung der betrieblichen Leistung erforderlich ist. Die Kostenrechnung als Teil des internen Rechnungswesens ist daher ein wichtiges Instrument der Preisermittlung, der Betriebsüberwachung und der Betriebspolitik (Controlling) [9]. Die Marktwirtschaft bildet den Rahmen für die Kostenrechnung. „But in a crowded world troubled by the problems of pollution it constitutes a serious defect of economic freedom. The problem is that it is not easy to create markets for these ‚bads' (as opposed to ‚goods')" analysiert der Wirtschaftswissenschaftler Donald A. Hay zutreffend die Schwierigkeit, einen Markt für „Schlechte" im Gegensatz zu „Gütern" zu schaffen [10].

Vor der meist nicht ausdrücklich bedachten Wertvorstellung der Nützlichkeit, besteht die methodische Vorgangsweise des Ingenieurs in der Erhebung und Festlegung der technischen Anforderungen an ein bestimmtes Produkt (technisches Pflichtenheft). Das Kriterium der Wirtschaftlichkeit wird dabei stets vorausgesetzt. Durch Veränderung des Standes der Technik („Technischer Fortschritt") und durch Veränderung des wirtschaftlichen Umfeldes (Wettbewerb) ergeben sich stets neue technische Anforderungen.

Die systematische Nutzanwendung „wertfreier" naturwissenschaftlicher Erkenntnisse ermöglicht die Verbesserung der Materialeigenschaften oder deren bessere Ausnützung sowie die Rationalisierung der Umformungsprozesse. Technische Optimierung nach wirtschaftlichen Rahmenbedingungen bedeutet daher Kostenminimierung durch Verringerung des Materialeinsatzes, Erhöhung des Ausstoßes (Automatisierung) und Verbesserung des Ablaufes (Organisation). In der Kunststofftechnik beispielsweise hat die enge Verflechtung von Polymer Engineering, Polymerphysik und Polymerchemie zur technisch erfolgreichen Vielfalt der „Werkstoffe nach Maß" geführt.

Die stetige Umsetzung naturwissenschaftlicher Erkenntnisse wurde an sich als technischer Fortschritt verstanden. Ist dieses Verständnis heute an eine Grenze gelangt?

2.1.5
Fallbeispiel Vinylchlorid-Entgiftung

An der Polemik um das Polyvinylchlorid (PVC) werden die Grenzen der klassischen Auffassung vom technischen Fortschritt erkennbar. „Wertfreie" wirtschaftlich-technische Optimierung hat diesen Werkstoff für nahezu alle Anwendungsbereiche vom Druckrohr über die Schallplatte bis zum Blutbeutel optimiert.

Erst die kritische Beobachtung von Krankheitsfällen und von Umwelteinwirkungen erzwang ein Überdenken des Fortschrittbegriffes. Zuerst mußte die Abgabe von Wirkstoffen und die Erforschung der Wirkungen in die systematische Beobachtung einbezogen werden. Danach war eine Beurteilung der Wirkungen und eine Abwägung der Risiken gefordert. Die „wertfreie" Technik war gezwungen, sich Bewertungen zu unterwerfen. Sie setzte sich mit Berufung auf Sachlichkeit zur Wehr, so gut sie konnte. Doch im Laufe der Auseinandersetzung wurde um so klarer, daß Bewertungsfragen nicht mit naturwissenschaftlich-technischen Methoden lösbar sind.

Bei einem PVC-Hearing wurde versucht, den konfliktreichen Prozeß einer Schadstoffreduzierung am Beispiel des VC-Monomeren als Lösungsansatz einer gelungenen Entgiftung in stimmungsgeladener Atmosphäre darzustellen [11]. Bekanntlich wurde 1974 von vier Ärzten zum ersten Mal im deutschen Sprachraum über zwei Todesfälle von Arbeitern in der PVC-herstellenden Industrie berichtet – eine sachliche wissenschaftliche Information aus dem Bereich der Humanwissenschaften nach den naturwissenschaftlichen Meßmethoden. Darauf sorgten Behörden und Aufsichtsorgane für neue Vorschriften und Unternehmen für Forschungsarbeiten, die Ursachen und Ausmaß des Risikos ermitteln sollten – eine angemessene sachliche Reaktion mit Berufung auf die naturwissenschaftlichen Meßmethoden. Durch einen nervenverschleißenden dreijährigen Prozeß von politischen Anordnungen, wechselweisen Protesten, Zwangsmaßnahmen und Drohungen hindurch wurden die analytischen Meßmethoden systematisch verbessert und die Anlagen durch technische Verfahrensmaßnahmen in kurzer Zeit auf die geforderten neuen Grenzwerte eingestellt. Bild 2.1 zeigt die erstaunliche historische Entwicklung der zulässigen Grenzwerte für Vinylchlorid-Monomer: Anfangs unbegrenzt zulässig, dann MAK-Werte von 500 bis 50 ppm, 1976 TRK-Werte von 20 ppm und seit 1980 TRK-Werte von 2 ppm [12]. Diese Entwicklung ist ein Beleg für die Abhängigkeit der jeweils methodisch korrekt ermittelten Werte von der personalen Entscheidung nach Wertvorstellungen. Sie ist aber auch ein Beweis für die Wirksamkeit geeigneter Methoden, mit denen die personalen Entscheidungen auf

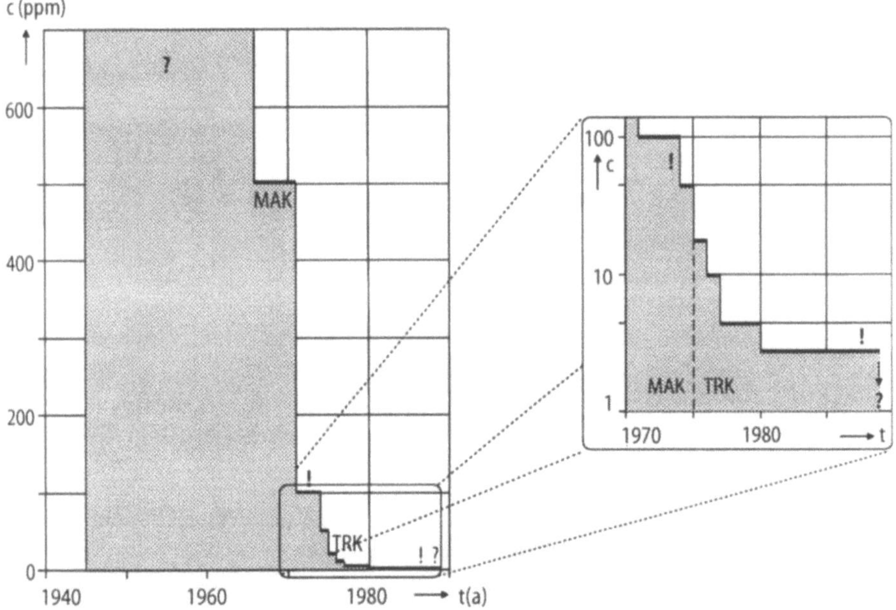

Bild 2.1. Historische Entwicklung zulässiger Grenzwerte am Beispiel des Vinylchlorid-Monomeren

Sachverhalte – „Sachzwänge" – konkret einwirken können. Immerhin haben die Maßnahmen gegriffen. Seit 1982 wurde kein einziger Fall von VC-Berufskrankheit mehr gemeldet. Im Sinne eines kritischen „Plädoyers zur Entgiftung unserer Umwelt" (HANSWERNER MACKWITZ) könnte gerade diese VC-Geschichte ein Modell für weitere politische und technische Lösungen anstehender Umweltprobleme sein.

Die mit dem beschwerlichen Ablauf verbundenen Ängste, Aggressionen und Schuldzuweisungen setzten zwar die rationale Information voraus, lagen aber völlig im Bereich der Personen und wurden ausgelöst durch deren unterschiedliche Leitideen und Wertvorstellungen. Es war keine Lüge, als alle Konfliktpartner behaupteten, nur das Beste zu wollen. Je nach Standpunkt war die oberste Priorität die Gesundheit des Einzelnen ohne Bedingungen, die staatliche Vorsorge für reine Luft, der Unternehmensgewinn bei kalkuliertem Risiko, das Unternehmenswachstum zur Zukunftssicherung ... oder einfach der Wille, sich um jeden Preis politisch durchzusetzen. Es war auch keine Lüge, als die Techniker und Wissenschaftler die Richtigkeit ihrer jeweils korrekt gemessenen Grenzwerte verteidigten – es war nur der Einsatz der für die sachliche Wirklichkeit zutreffenden Methode am falschen Platz. Zwischen Personen dienen Gefühle und Visionen der Orientierung. Zahlen und Fakten können lediglich Entscheidungshilfen sein.

Statt kritischen Vorhalten in den ihnen entsprechenden Wirklichkeitsfeldern der Auseinandersetzung – der „intersubjektiven Kommunikation" – personal zu begegnen, neigen Techniker dazu, die für sie so handlichen Sachargumente bis zum Überdruß zu wiederholen. Sie ignorieren meist die Gefühle ihrer Gesprächspartner und werfen ihnen Unsachlichkeit vor. Dieses Verhalten hat zu einem Vertrauensverlust geführt, unter dem viele Bereiche der Technik leiden.

Bei Technikkritikern hat nicht die sachliche Wirklichkeit, sondern von Anfang an die wertende Wirklichkeit Vorrang. Bei ihnen steht die Kommunikation meist in Form der kämpferischen Agitation und der Polemik vor dem Sachinhalt. Sie neigen dazu, Sachverhalte extrem selektiv wahrzunehmen. Meist versuchen sie nach allen Regeln der Kommunikationstechnik, ihre Leitideen lautstark mit provozierender Ausschließlichkeit so durchzusetzen, „daß durch die Fakten die Vorurteile nicht gestört werden dürfen" (THOMAS CHORHERR). Der Chefredakteur CHORHERR nennt die Fundamentalisten der Kommunikationstechnik treffend die „Mediokraten". Wie läßt sich unter diesen Bedingungen eine faire, auf Konsens ausgerichtete Auseinandersetzung gestalten? Ist sie überhaupt möglich?

2.2
Ganzheitlichkeit

2.2.1
Realität und Wirklichkeit

Um einsichtige Ansätze für diese Fragestellung zu finden, sei der etwas unbekümmerten Versuch unternommen, verschiedene „Bezugssysteme" miteinander zu verknüpfen (Bild 2.2). Im Zentrum steht das Drei-Welten-Modell des Philosophen KARL R. POPPER, das die wahrnehmbare Wirklichkeit im Stufenbau der Welt der Materie („Welt 1"), der Person („Welt 2") und des Geistes („Welt 3") schematisch darstellt und für eine Klärung der Begriffe hilfreich macht [13]. Die drei Welten wirken wechselweise nach den ihnen eigenen Gesetzmäßigkeiten aufeinander: die höheren Stufen setzen die niedrigeren jeweils voraus, um auf sie einwirken zu können, wirklich zu werden. Dem Drei-Welten-Modell wird nun eine Variante eines Klassikers der Psychologie aus dem Jahre 1943, nämlich die Motivationsebenen nach der bekannten „Bedürfnispyramide" von ABRAHAM H. MASLOW samt den ihr entsprechenden unmittelbaren Erfüllungsmöglichkeiten nach WALDEFRIED PECHTL [14] auf einer Seite gegenübergestellt. Diese Seite entspricht schematisch dem personalen Zugang zur „subjektiven" Wirklichkeit. Auf der anderen Seite stehen die entsprechenden Fragewörter, die in diesem Zusammenhang MARJUKKA LULLI-SEPPÄLÄ vom finnischen Verband „Technik für das Leben" [15] zu verdanken sind, und deren rationale Beantwortungsversuche durch die universitären Wissenschaftsbereiche [16, 17]. Diese Seite entspricht schematisch einer rationalen, „objektiven" Wirklichkeitssicht.

In Fortführung des Modells von MASLOW ist die unmittelbare Befriedigung menschlicher Grundbedürfnisse der „nackten Existenz" durch Atmungs-, Nahrungsstoffwechsel und Stimulation die Voraussetzung für jede menschliche Tätigkeit. Das Bedürfnis nach Sicherheit wird durch Sinneswahrneh-

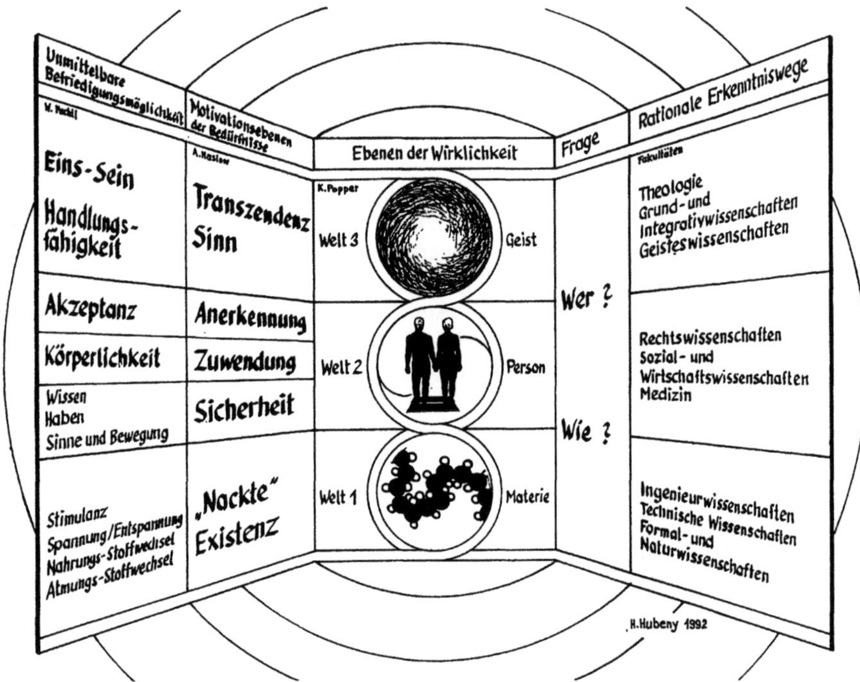

Bild 2.2. Schematische Darstellung der Wirklichkeitsfelder als Ausschnitte einer umfassenden Realität

mung und durch „Haben" unmittelbar erfüllt. Die Sinneswahrnehmungen geben Sicherheit der praktischen Orientierung, des Sich-Zurechtfindens. „Haben" heißt Besitz von Einkommen, Kleidung, Wohnung und Konsumgütern sowie Besitz von Wissen. Das höhere Bedürfnis nach Zuwendung wird erfüllt durch Körperempfinden (Zärtlichkeit), das der Anerkennung durch wertschätzende Zuwendung (Akzeptanz). Sinn erschließt sich durch Erkennen, Mündigkeit und Freiheit – zusammengefaßt in der Handlungsfähigkeit („Selbstverwirklichung"). Das höchste Bedürfnis nach Überschreiten von Begrenzungen (Transzendenz) findet seine Erfüllung im Eins-Sein mit sich und dem Urgrund. In religiöser Sprache ist damit Gott gemeint.

Das handliche Drei-Welten-Modell wirft die Frage auf: „Wie wirklich ist, was wir naiv und unbesehen die Wirklichkeit zu nennen pflegen?" [18]. Der Kommunikationsforscher PAUL WATZLAWICK unterscheidet einen Wirklichkeitsbegriff, der sich auf „Fragen des sogenannten gesunden Menschenverstandes" oder „des objektiven wissenschaftlichen Vorgehens" bezieht und etwa den rationalen Erkenntniswegen unserer wissenschaftlichen Fakultäten entspricht. Der zweite Wirklichkeitsbegriff „beruht ausschließlich auf der Zuschreibung von Sinn und Wert an diesen Dingen und daher auf Kommunikation" [19]. Durch Kommunikation schaffen wir uns selbst eine „abgesprochene Wirklichkeit" (WALDEFRIED PECHTL).

Der übergeordnete Begriff „Realität" wird hier verwendet für alles, was ist. Die Ganzheit der „Realität" ist menschlich nicht erfaßbar. Menschliches Erkennen muß das Ganze, das zu einer einzigen „Realität" verwoben ist, in „Wirklichkeitsfelder" zerteilen. Für jedes Wirklichkeitsfeld gibt es eigene Wahrnehmungsmethoden, die einen Blick durch das entsprechende Fenster ermöglichen. Mit der Wahl eines Zugangs wird aber zugleich der Blick auf das Ganze wie mit einer Kulisse verstellt. Zugleich werden damit für denselben Wahrnehmungsvorgang andere Zugänge ausgeschlossen. Bild 2.2 soll auch diese begrenzende Erfahrung schematisch ausdrücken.

2.2.2
Materie

Das Wirklichkeitsfeld der Materie, die „Welt 1" der Teilchen, Atome, Moleküle und Organismen wird mit den „objektiven" Methoden der Formal-, Natur-, und Ingenieurwissenschaften durch die Antwort auf die Frage nach dem „Wie" – dem „Know-how" – beschrieben. Die physiologischen Funktionen des Menschen können hier bedingt zugeordnet werden.

Die Wirklichkeit dieser „Welt 1" ist Gegenstand der beruflichen Arbeit der Ingenieure/innen. Es wurde bereits aufgezeigt, daß sie ihre Arbeit für wertfrei halten und meist übersehen, daß sich ihre kreative Tätigkeit am Wert der Nützlichkeit orientiert. Und gewöhnt an die Stichhaltigkeit der formalen Logik und an die Überzeugungskraft quantitativer Meßergebnisse neigen sie dazu, die bewußt vereinfachten Modelle der „Welt 1" für die ganze „Realität" zu halten. Wir Ingenieure ignorieren zu gerne, daß unsere Arbeit auf – mit Verlaub – plumpen naturwissenschaftlichen Modellen, auf ganz bescheidenen Ausschnitten – „Scheinbildern" (MAX PLANCK), „Bildern" (HERBERT PIETSCHMANN) oder „Abziehbildern" (WALDEFRIED PECHTL) – der Wirklichkeit von „Welt 1" beruht.

2.2.3
Person und Geist

Die Wirklichkeitsfelder der Person, die „Welt 2" des Ich-Bewußtseins, sind durch unmittelbares Erleben „subjektiv" wahrnehmbar. Die psychischen Bedürfnisse des Menschen gehören dieser „Welt 2" an. In dieser Welt leben alle Menschen, was immer auch Gegenstand ihrer beruflichen Wirklichkeit sein mag. Die Person ist das Zentrum, das in sich den Zugang zu den Wirklichkeiten aller drei Welten vereinigt. Durch den Austausch zwischen Personen – durch „intersubjektive Kommunikation" – lassen sich Vereinbarungen über „abgesprochene Wirklichkeiten" treffen. Sie setzen allerdings einsichtige, „objektive" Begriffe voraus (hier ist die vielfach geforderte Sachlichkeit unabdingbar notwendig). Medizin, Sozial-, Wirtschafts- und Rechtswissenschaften stellen die Frage nach dem „Wer" und liefern ihren methodischen Beitrag zum Verständnis der Person. Sie sind ein wichtiger Beitrag zur Kommunikation.

Die Wirklichkeitsfelder des Selbstbewußten Geistes, die „Welt 3" der geistigen Schöpfungen des Menschen in Sprache, Kunst und Wissenschaft sind das geistige Erbe der Menschheit. In Ergänzung zu POPPER ist die geistige Wirklichkeit Gottes der „Welt 3" zuzuordnen. Seine Offenbarung in JESUS VON NAZARETH gehört zur entscheidenden Grunderfahrung europäischer Kultur, auch wenn sie heute in rationalistischer Verengung gelegentlich als „vormodern" etikettiert wird [20]. In dem reichen geistigen Erbe der „Welt 3" findet sich jede Person vor und entfaltet sich aus ihr zur Persönlichkeit. Theologie sowie Grund-, Integrativ- und Geisteswissenschaften versuchen, einen Teil mit rationalen Antworten auf die Frage nach dem „Warum" systematisch zu erfassen. Die Frage mündet schließlich wieder in der Person, im „Wer". Die höchsten Bedürfnisse des Menschen nach Sinngebung und Transzendenz haben in dieser „Welt 3" ihren Platz. POPPER betont: „Gegenstände der Welt 3 sind abstrakt, aber nichtsdestoweniger wirklich; denn sie sind mächtige Werkzeuge zur Veränderung von Welt 1. Gegenstände der Welt 3 haben nur durch das Eingreifen des Menschen eine Wirkung auf Welt 1 … durch einen psychischen Prozeß, bei dem Welt 2 und Welt 3 in Wechselwirkung treten … Wir müssen daher zugeben, daß sowohl Gegenstände der Welt 3 als auch Prozesse der Welt 2 wirklich sind – auch wenn uns dieses Zugeständnis, etwa mit Rücksicht auf die große Tradition des Materialismus, nicht gefallen mag" [21]. Entscheidend für gelungenes menschliches Leben sind richtunggebende Werte, die geistigen Leitideen menschlichen Denkens und Handelns. Sie gehören durchwegs der Welt 3 an. Wenn sie durch die Personen hindurchklingen – per-sona –, werden sie zur weltverändernden Wirklichkeit. Was geht dabei vor?

2.3
Veranwortlichkeit

2.3.1
Gewissen

Um über die Frage der geistigen Ausrichtung Klarheit zu gewinnen, setzten sich am Anfang der 90er Jahre junge Kunststofftechniker/innen mit den Widersprüchen der Technik und ihren Folgen auseinander [22]. Die Anfangskommentare waren vielstimmig: „Wir nehmen uns als Techniker viel zuwenig Zeit, um über unsere Verantwortung nachzudenken", „Ich empfinde eine große Diskrepanz zwischen den Forderungen meines Gewissens und den Sachzwängen meiner Berufstätigkeit", „Ich halte es nicht mehr aus, die Ergebnisse meiner Arbeit für die Öffentlichkeit hinbiegen zu müssen", „Ich will kein nützlicher Fachidiot und kein käuflicher Opportunist sein" …

Für die Darstellung der Gesprächsergebnisse war das Schema in Bild 2.2 brauchbar. Die Gesprächspartner waren rasch einig, daß die oberste Instanz menschlicher Entscheidungen das Gewissen ist. Verantwortungsvolles Entscheiden ist ur-persönlich und nicht abgebbar, es setzt Handlungsfähigkeit und Sachverstand voraus. Es bestand auch Einigkeit über das Bemühen als Techniker/innen, Sachverhalte methodisch vollständig und richtig zu erfassen. Zugleich wurde aber bewußt, daß eine Gewissensentscheidung niemals im Sachbereich, sondern immer im Personalbereich getroffen werden muß. Es genügt daher auch für Techniker nicht, mit Berufung auf die Sachverständigkeit die verantwortliche Gewissensentscheidung zu verweigern oder abzuschieben!

Bei der ethischen Frage nach den Richtlinien für das Gewissen prallten die Ansichten kräftig aufeinander. Doch alle erachteten eine überschaubare Ethik für das Zusammenleben der Menschen als notwendig; finden sich doch in allen Kulturen Verhaltensvorschriften ähnlich der Goldenen Regel. Volkstümlich ausgedrückt: „Was Du nicht willst, daß man Dir tu, das füg' auch keinem andern zu".

Aus den lebhaften, manchmal kontroversen Gesprächen ergab sich eine neue Frage: Was ist eigentlich Verantwortung? Der Philosoph HANS JONAS sagt: „Das Urbild aller Verantwortung ist die des Menschen für Menschen" [23]. Es gibt die Verantwortung für eine Person – *für wen* – oder für eine Sache – *für was* – und die Verantwortung gegenüber einer oder mehreren Personen – *vor wem*. Voraussetzung für Verantwortung ist die Handlungsfähigkeit. Sie schließt Erkenntnis, Mündigkeit und Handlungsfreiheit ein. Wenn auch nur eines fehlt, gibt es keine Verantwortung. Sie liegt auf der höchsten Motivationsstufe (Bild 2.2).

Der Chemiker und Philosoph HANS SACHSSE schreibt: „Sich verantworten heißt, für die Wirkungen einstehen, die man verursacht" [24]. Ein alter Grundsatz besagt, daß jeder für die Folgen seines Handelns verantwortlich ist. Nach dem Ziviltechniker HEINZ HAUSNER bedeutet dies im einzelnen:

- „Rechenschaft ablegen über seine Handlungen,
- begründen, warum man etwas so und nicht anders getan hat,
- nachweisen, daß man etwas unter aller möglicher Voraussicht letztlich nach bestem Wissen und Gewissen ausführte oder unterließ" [25].

2.3.2
Legale Verantwortung

Das Wissen ermöglicht Ingenieuren die legale Verantwortung. Ein Sachziel, das erreicht werden soll, ist technisch klar ausdrückbar. Zielabweichungen können gemessen werden, der Soll/Ist-Vergleich mit der notwendigen Korrektur setzt Sachkenntnis und Methodensicherheit voraus. Beide gehören zum technischen Rüstzeug. Ingenieure/innen sind es gewohnt, damit unter vorgegebenen betriebswirtschaftlichen Rahmenbedingungen zu optimieren. Beispielsweise war der Siegeszug der technischen Thermoplaste in der Elektronik verursacht durch die ständige Optimierung der Werkstoffe, der Verfahren und der Konstruktion. Je mehr Einzeldaten und Zusammenhänge zur Verfügung standen, je genauer und rascher computergestützt berechnet und simuliert werden konnte, um so verläßlicher und um so billiger konnten Bauteile gefertigt und montiert werden. In Computergehäusen, Telefonapparaten, Tonmöbeln, Monitoren, Recordern, Wiedergabegeräten, Photoapparaten sind nach und nach aus betriebswirtschaftlichen Gründen die anderen Werkstoffe ersetzt worden. Qualitätsmanagement und Qualitätssicherung der Reihe ISO 9000 fassen heute die organisatorischen Rahmenbedingungen legaler Verantwortung zusammen. Produkthaftungs- und Konsumentenschutzgesetze sorgen für deren rechtliche Absicherung.

Im Bereich des Umweltschutzrechtes ist die Situation viel schwieriger. Betriebswirtschaftlich sinnvolle Maßnahmen können volkswirtschaftlich völlig unsinnig sein. Die sattsam bekannten Beispiele, daß es für Unternehmen (noch) billiger ist, weniger für Filter, Reinigungsanlagen, Lärmschutz und Abfallverwertungsmaßnahmen aufzuwenden, um konkurrenzfähig zu bleiben und Arbeitsplätze zu erhalten, stehen oft im krassen Widerspruch zu den erhöhten volkswirtschaftlichen Folgekosten.

Das Fehlen geeigneter volkswirtschaftlicher Berechnungsinstrumente macht auch die wirtschaftliche Bewertung der Daten jeder Umweltschutzrechnung, auch der Ganzheitlichen Bilanzierung, so schwierig. Es gelingt den Wirtschaftswissenschaften (noch) nicht, das Auseinanderklaffen betriebs-, volks-, und weltwirtschaftlicher Rechnung zu überbrücken. Es fehlen daher die Rahmenbedingungen, innerhalb derer die Ingenieure mit ihren Methoden optimieren können. Deshalb gelingt es heute noch nicht, die reiche Erfahrung der Produkt- und Verfahrensoptimierung – also der Versorgungsoptimierung – auf die kreislauforientierte Entsorgungsoptimierung umzulenken. Auch rechtliche Rahmenbedingungen sind noch weitgehend offen. Daher fordert JOACHIM PÖPPEL, ehemaliger Präsident des VDI, klare Rahmenbedingungen für verantwortliches Handeln. „Erst wenn die Frage: Verantwortlich wofür? unmißverständlich beantwortet ist, kann fairerweise die Übernahme von (legaler) Verantwortung gefordert werden" [26]. Abgesehen von der Entwicklung des Umweltschutzrechtes liefern Normen wie British Standards BS 7750:1992 und ISO 14000 über Environmental Management Systems immerhin Ansätze in technisch – organisatorischer Hinsicht. Offen bleibt allerdings die Bewertung von Wirklichkeiten, die sich der Quantifizierung entziehen.

2.3.3
Moralische Verantwortung

Für Wirklichkeiten, die der Berechenbarkeit und der Meßbarkeit nicht zugänglich sind, ist dennoch Verantwortung gefordert. In einer neuen Situation drückt sie sich als *moralische* Verantwortung für die aus. Viele Techniker/innen schalten belästigt ab, wenn davon die Rede ist. HANS JONAS zeigt auf, daß bis heute die ethischen Gesetze der Menschheit die moralische Verantwortung und das Zusammenleben der Menschen in einer unerschöpfbaren Natur regelten. „Die Natur war kein Gegenstand menschlicher Verantwortung ... nicht Ethik, sondern Klugheit und Erfindungsgabe war ihr gegenüber angebracht" [27]. Die Natur galt bis in unsere Zeit als unveränderlich, unverletzlich und unermüdbar.

Erst der eindrucksvolle Erfolg von Naturwissenschaft und Technik in den vergangenen Jahrhunderten hat dazu geführt, daß die Menschheit erstmals in ihrer Geschichte ein technologisches Potential erarbeitet hat, das die unveränderliche Natur verändern kann. Umweltkonferenzen von Oslo über Rio bis Berlin sind politische Signale für diese Tatsache. Die Schöpfung ist erschöpfbar! „Die Katastrophengefahr des Baconischen Ideals der Herrschaft über die

Natur durch die wissenschaftliche Technik liegt also in der Größe seines Erfolges" [28].

Die allmähliche Veränderung der Natur durch enorme industrielle Stoff- und Energieumsetzungen sowie Langzeitwirkungen von Produkten und Verfahren ist beobachtbar. Die Phänomene stehen weitgehend außer Streit. Dazu zwei Beispiele: Der Stand der Technik erlaubt uns, die nicht erneuerbare Kohlenstoffquelle Erdöl leichtfertig und verschwenderisch zu nutzen. Die damit ausgelöste rapide Zunahme der CO_2-Konzentration in der Atmosphäre durch Heizung und Verkehr ist genau dokumentiert, zu erwartende Folgen sind Gegenstand der Kontroverse. Der technisch optimale Weichmacher DEHP (Diethylhexylphthalat), dessen gesundheitsbeeinträchtigende Wirkung noch immer diskutiert wird, ist mittlerweile praktisch ubiquitär, also in Luft, Wasser und Boden nachzuweisen.

Es ist also keine Frage, *daß* Verantwortung für die Schöpfung zu übernehmen ist. Die große Frage bleibt, *wie* das zu geschehen hätte.

2.3.4
Unverantwortbare Verantwortlichkeit

Die geistige Grundhaltung der Neuzeit hat eine paradoxe Situation herbeigeführt, für die hier der Ausdruck der „unverantwortbaren Verantwortlichkeit" geprägt sei. Weil sich die Moderne nach ihrem aufklärerischen Selbstverständnis in ihren Begründungen auf sich selbst bezieht – „Modern ist, was die eigenen Maßstäbe aus sich selbst hervorbringt" [29] – verstößt sie gegen ein Grundprinzip der Kybernetik. Ein System läßt sich nur unter Kontrolle bringen von einer Position aus, die außerhalb dieses Systems gelegen ist [30]. Beim Fehlen dieser Position ist Orientierungslosigkeit und Verlorenheit die logisch zwingende Folge.

Der „mündige Mensch" der Gegenwart wehrt sich mit Berufung auf den Wert der Wertfreiheit auf transzendente Autorität, weil er seine „Mündigkeit" gefährdet glaubt. Er kann sich aber der Einsicht in seine technologische Macht über die Natur nicht verschließen und fühlt sich zurecht verantwortlich für eine Welt, die er eigenmächtig verändert. Nun kann er aber die Verantwortung nicht tatsächlich tragen, weil er – trotz aufklärerischen Diskurses – die Zusammenhänge der komplexen Wirklichkeit nicht zu durchschauen vermag. So bricht er unter der Zentnerlast dieser Verantwortlichkeit fast zusammen, dabei ist er niemand gegenüber wirklich verantwortlich. Er, der sich als gerne Beherrscher der Natur sehen möchte, bekommt zunehmend Angst vor den zerstörerischen Entwicklungen und vor der Undurchschaubarkeit der von ihm geschaffenen Systeme. Die endlosen Diskussionen über aktuelle Themen wie Computernetzwerke, Gen-Technologie, Kerntechnik, Abfallwirtschaft und CO_2-Reduktion verlaufen überwiegend klug, aber orientierungslos.

2.4
Stabilisierung der Ökosphäre

2.4.1
Ökosystem Erde

Die ökologische Frage ist grundsätzlich nicht neu. Bereits JEAN-BAPTISTE LAMARCK und ERNST HAECKEL haben die Biologie in Richtung der Ökologie geführt. KARL HEINZ KREEB betonte ihren ganzheitlichen Charakter [31]. Heute berührt die Ökologie alle Wissenschaftsbereiche, weil der Mensch die große Bedeutung ökologischer Gesetzmäßigkeiten auch für sich selbst erkannt hat. Der Begriff Ökologie bedeutet wörtlich „Lehre vom Haushalt" und nach ERNST HAECKEL „die Wissenschaft von den Beziehungen der Organismen zur umgebenden Außenwelt". Er schließt den Begriff der Ökonomie – die „Regeln des Haushaltens" – widerspruchsfrei und in vollem Umfang ein, auch wenn er heute eigenständig verwendet wird (CHRISTOPH LENGWILER). Ökologie ist die Ökonomie der gesamten Natur (KARL HEINZ KREEB). Wirkungsgefüge aus belebten und unbelebten Komponenten werden als Ökosystem bezeichnet. Die Ökosphäre der Erde – die Gesamtheit aller Ökosysteme – ist ein offenes, stationäres Ungleichgewichtssystem [32]. Das komplexe Zusammenspiel der unzähligen Komponenten bewirkt ständig neue Ungleichgewichte, deren Summe zeitlich unverändert – also stationär – bleibt. Es gibt keine geschlossenen Kreisläufe, weil bei jedem Stoff- und Energieumsatz Verluste unvermeidlich sind. Die Verluste werden nach dem zweiten Hauptsatz der Thermodynamik als Entropievermehrung in Zahlen ausgedrückt und im stationären Fall durch die, in das offene Ökosystem im reichlichen Überfluß einstrahlende, Sonnenenergie ausgeglichen. Darauf und auf seiner Komplexität beruht die Stabilität der Ökosphäre. Jede instationäre, also zeitlich rasch veränderliche Erhöhung des materiellen Stoffwechsels und des Energieumsatzes ist naturgesetzlich mit einer dem System nicht angepaßten Entropieerhöhung verbunden und daher auf lange Sicht ökologisch unverträglich. Die Geschwindigkeit, mit der gegenwärtig die Ökosphäre durch menschliche (antropogene) technisch-wirtschaftliche Tätigkeit verändert wird, ist nach den Maßstäben evolutionärer Schöpfung extrem hoch. Es ist zu befürchten, daß dadurch das stationäre System instationär wird, daß es „umkippt".

2.4.2
„Umweltschutzrechnung"

Alle Lösungsansätze zur Stabilisierung der Ökosphäre zielen im Grunde darauf hin, das drohende Kippen abzuwenden oder wenigstens zu dämpfen und zu verzögern. Die Erfahrung lehrt, daß rein technische Stabilisierungsansätze schon auf der untersten Ebene der Bedürfnispyramide (Bild 2.2) die Probleme nicht lösen, sondern verstärken. Gerade der überzogene technische Anspruch hat heute schon zur Gefährdung der materiellen Grundlagen des Stoffwechsels durch Luft-, Wasser- und Bodenverschmutzung geführt. Mit ausschließlich sachlichen Ansätzen ist das elementarste Grundbedürfnis der nackten menschlichen Existenz in Frage gestellt. Um wieviel mehr müssen derartige Ansätze bei den höheren Motivationsebenen der Bedürfnisse – Zuwendung, Anerkennung, Sinn und Transzendenz – versagen, bei denen ein noch größeres Defizit unseres Systems herrscht.

In Mitteleuropa hat sich seit Jahren eine Forschungsrichtung entwickelt, die sich um vielfältige komplexere Ansätze bemüht. In einer neueren Zusammenfassung wurde bis auf weiteres für die unterschiedlichen Ansätze der Arbeitsbegriff *Umweltschutzrechnung* gewählt [33]. Dieser Arbeitsbegriff meint alle Methoden der systematischen Erfassung, Gewichtung (Bewertung) und Beurteilung von Daten für Produkte, Verfahren und Dienstleistungen, die sich an den Bedürfnissen des Menschen orientieren, sachlich durchführbar sind und gemeinsames Handeln zur Stabilisierung der Ökosphäre nach möglichst verbindlichen Leitideen ermöglichen.

Ohne Anspruch auf Systematik und Vollständigkeit sind damit sowohl die eher sachorientierten als auch die eher entscheidungsorientierten Konzepte gemeint. Die in diesem Buch ausführlich vorgestellte Ganzheitliche Bilanzierung sowie Stoffstromanalysen, Umweltbuchhaltung, Lebenszyklusbestimmung, Ökobilanzierung und viele andere sind den eher sachorientierten Methoden („Welt 1") zuzurechnen. Produktlinienanalyse, Technikfolgenabschätzung, Umweltverträglichkeitsprüfung und ähnliche Konzepte scheinen ihre Schwerpunkte in den Bereichen der Personen („Welt 2") und der Leitideen („Welt 3") zu haben.

Die jeweiligen Autoren sind sich der Spannung zwischen den beiden Polen bewußt und drängen daher auf den interdisziplinären Dialog. Die personenorientierte Projektgruppe *Ökologische Wirtschaft des Öko-Instituts Freiburg* beispielsweise beklagt die Abschottung der Ökonomie gegenüber anderen Wissenschaftszweigen: „Die Naturwissenschaften verstehen zwar mehr von der Natur als die Menschheit von der Natur je verstanden hat, sind aber blind für menschliche Bedürfnisse. ‚Bedürfnis' ist kein naturwissenschaftlicher Begriff. Und die Sozialwissenschaften verstehen zwar etwas von Bedürfnissen und wie man sie weckt, sind jedoch blind für die Natur. Das eigentliche Problem ... fällt also genau in diesen blinden Fleck zwischen den beiden Wissenschaftsgruppen ... Diese Analyse kann deshalb nur interdisziplinär durchgeführt werden, um verschiedene Sichtweisen und Interpretationsmuster zusammenzubringen" [34].

Auf der anderen Seite erkennt beispielsweise die *sachorientierte Arbeitsgruppe Ökobilanzen des Umweltbundesamtes Berlin*: „Die grundlegende Schwäche der gegenwärtigen Fachdiskussion ist auf das Fehlen ‚verbindlicher Normierungen' zurückzuführen. Der methodisch ... kreative Spielraum der Bilanzierer ist zu groß ... so daß häufig der Verdacht geäußert wird, im Rahmen einer Ökobilanz lasse sich jedes gewünschte Ergebnis generieren" [35]. Auch diese Autoren fordern mehrfach das interdisziplinäre Gespräch der Fachöffentlichkeit und der beteiligten Kreise nach dem Offenheitsprinzip [36]. Vielleicht bietet Bild 2.2 eine begriffliche Hilfe für ein derartiges Gespräch?

Letztlich müssen alle handlungsaktivierenden Konzepte beide Voraussetzungen – personales Bedürfnis und sachliche Durchführbarkeit – in dieser Reihenfolge wenn auch mit unterschiedlicher Intensität erfüllen. Die Ganzheitliche Bilanzierung will ihren sachorientierten Beitrag standortbezogen und unternehmensspezifisch dazu liefern. Bewertungen sind unter diesen Rahmenbedingungen von den zuständigen Personen des Unternehmens durchzuführen. Doch wie sind die Fragen der Bewertung zu behandeln?

2.4.3
Bewertung

Der Begriff „Wert" hat in den verschiedenen Wirklichkeiten der Materie, der Personen und des Geistes verschiedene Bedeutungen und sehr unterschiedliche methodische Zugänge. Dementsprechend groß sind auch die Mißverständnisse, wenn in verschiedenartigen Zusammenhängen von *Bewertungen* gesprochen wird.

- Technisch bedeutet „Wert" immer den Zahlenwert einer physikalischen Größe. Er gibt an, wie oft die Einheit in der Größe enthalten ist: die Masse von 500 kg bedeutet, daß in ihr die Einheit von 1 Kilogramm 500 mal enthalten ist. Die Methode der Zahlenwertermittlung heißt Messen. Der Zahlenwert gehört ausschließlich der Wirklichkeit der Materie (Welt 1) an.
- Ökonomisch bedeutet „Wert" den Tauschwert einer Ware oder Dienstleistung. Der Begriff ist bei weitem komplexer als der des Zahlenwertes. Stark vereinfacht kann gesagt werden, daß er die aufgebrachte menschliche Arbeit berücksichtigt. Seine Ermittlung erfolgt vorwiegend monetär nach Angebot und Nachfrage. Der Tauschwert gehört damit der personalen Wirklichkeit (Welt 2) an, auch wenn er in Währungseinheiten ausgedrückt wird.
- Ökologisch bedeutet „Wert" in den meisten Fällen „Rang". Derartige Werte stehen in keinem linearen Zusammenhang wie Zahlenwerte oder Tauschwerte. Ökopunke, Gewichtungen und ähnliche Werteskalen stellen lediglich eine nichtlineare Reihung dar, vergleichbar mit Schulnoten. Bedeutet die Länge von 10 m das Doppelte einer Länge von 5 m, der Betrag von 20 ECU das Doppelte des Betrages von 10 ECU, so ist ein Schüler mit der Note 4 nicht „doppelt so schlecht" wie ein Schüler mit der Note 2. Die ökologische Bewertung erfolgt nach subjektiver Faktenbeurteilung und Risikoabschätzung. Sie gehört ausschließlich der personalen Wirklichkeit der Welt 2 an und hängt unmittelbar von den geltenden Leitbildern der geistigen Welt 3 ab.
- Allgemein philosophisch bedeutet „Wert" eine menschliche Vorstellung über gelungenes Leben. Letztlich folgt jede Person einem von ihr erkannten höchsten Wert, dem sie die einzelnen Lebensziele unterordnet. Von dem alles übersteigenden Wert erwartet die Person die Erfüllung auch ihrer hochstehenden Bedürfnisse. Derartige Leitbilder gehören ausschließlich der Wirklichkeit des Geistes, der Welt 3, an.

2.4.4
Ordnungskriterien

Alle menschlichen Anstrengungen zur Stabilisierung der Ökosphäre bedürfen einer gemeinsamen Problemsicht und einer abgestimmten Vorgangsweise, einer „abgesprochenen Wirklichkeit". In einer pluralistischen Welt ist eine Absprache über eine verbindliche Ordnung aus zwei Gründen sehr schwierig. Erstens scheinen manche Leitideen einander auszuschließen, so daß eine Einigung kaum vorstellbar ist. Zweitens haben die Begriffe aufgrund unterschiedlicher Vorverständnisse selbst bei gleichem Wortlaut mitunter völlig verschiedene Inhalte.

Eine Klärung über die Vorgangsweise der Absprache kann hilfreich sein. Der Moraltheologe GÜNTHER VIRT meint, daß „viele Konflikte durch eine Hygiene des Redens zu vermeiden" wären und bietet folgende Schritte an [37]:

- Geduldige und ehrliche Klärung des Vorverständnisses. Es können nicht alle Vorverständnisse gleich richtig und gleich gültig sein.
- Ermittlung des Sach- und Sinnwissens nach dem jederzeit korrigierbaren gegenwärtigen Stand.
- Ausarbeitung jener Güter und Sinnansprüche, die zum Gelingen des Menschseins beitragen. Dabei kann es oft zu Konflikten kommen.
- Abwägen der ethischen Dringlichkeit nach klaren, rational einsehbaren Kriterien.
- Kritische Offenheit durch Rückwirkungen des gelebten personalen Glaubens auf den rationalen Einsehprozeß.

HEINER HASTEDT geht in seinem „Projekt Aufklärung" nach einer Suchmatrix einer anwendungsorientierten Ethik der Technik vor. Die Matrix beruht auf den fünf normativen Prinzipien: Vereinbarkeit mit Grundfreiheiten, Förderung der Grundfreiheiten, Förderung sozialer Gerechtigkeit, Berücksichtigung zukünftiger Generationen und Gutes Leben. Den Prinzipien gegenübergestellt sind die fünf Verträglichkeitsdimensionen Gesundheit, Gesellschaft, Kultur, Psyche und Umwelt [38]. Aus christlichem Vorverständnis ist der Hinweis wichtig, daß das entscheidende aufklärerische Prinzip des „Guten Lebens" rational nicht begründbar ist. Es erfordert – wie alle anderen Prinzipien auch – eine metarationale Grundentscheidung der Person.

Für den Konfliktfall gibt GÜNTHER VIRT klare, rational erkennbare Vorzugsregeln für die Praxis an [39]:

- Fundierungskriterium: Langfristig haben Wirklichkeiten der Basis Vorrang vor denen, die darauf aufbauen: Ökologie vor Wirtschaft. (Ökologisch sägen wir bereits am eigenen Ast),
- Integrationskriterium: Die weitreichende hat Vorrang vor der schmalen Basis: Ökosystem vor Sozialsystem (Ökologie kann kein Anhängsel der Wirtschaft sein).
- Dringlichkeitskriterium: Die Existenz gegenwärtiger oder kommender Generationen hat Vorrang vor der besseren Existenz einer Minderheit: Lebensrecht vor Lebensqualität.

- Vorsorgekriterium: Billigere Vorsorge hat Vorrang vor teurer Reparatur.
- Verursacherkriterium: Der Verursacher hat vor der Gemeinschaft für Schäden aufzukommen.
- Kooperationskriterium: Zusammenarbeit hat Vorrang vor Einzellösungen.
- Reversibilitätskriterium: Umkehrbare Maßnahmen haben Vorrang vor unumkehrbaren.
- Kreislaufkriterium: Kreislaufsysteme haben Vorrang vor Durchlaufsystemen. Die Einbringung in ökologische Kreisläufe ist anzustreben.
- Regenerationskriterium: Erneuerbare haben Vorrang vor nicht erneuerbaren Quellen.
- Sparsamkeitskriterium: Einsparen hat Vorrang vor allen anderen Maßnahmen.

2.5
Praktische Schritte

2.5.1
Wahl der zutreffenden Methode

Der verantwortungbewußte Leser wird fragen, welche Konsequenzen aus diesem Kapitel zu ziehen sind. Die Antwort wird manche enttäuschen, die nun eine technische Verfahrensanweisung erwarten. Es wurde bereits gezeigt, daß die entscheidenden Wirklichkeiten den naturwissenschaftlich-technischen Methoden nicht zugänglich sind. Daher muß auch der technische Leser die Konsequenzen ziehen und sich mit den Wirklichkeiten der Person und der geistigen Leitbilder intensiv auseinandersetzen. Es mag ihn zwar beruhigen, daß Bewertungen der Welten 2 und 3 die Sachinformationen „seiner" Welt 1 voraussetzen. Es kann aber nicht hartnäckig genug wiederholt werden, daß die darauf beruhenden Entscheidungen nicht nach *technischen*, sondern nach *personalen* Bewertungen erfolgen.

2.5.2
Erhebung des Ist-Standes

Bisher gingen alle technischen Lösungen von konstruktiven Vorstellungen aus, die sich an technisch-wirtschaftlichen Kriterien orientierten (Welt 1). Wenn nun umweltbezogene Gesichtspunkte in der Technik berücksichtigt werden sollen, muß der Konstrukteur Entscheidungen über verschiedene Werkstoffalternativen und deren Verarbeitungsverfahren treffen können. Dazu werden sachliche Informationen über den gesamten Lebenszyklus des Bauteiles einschließlich der Vorgeschichte aller Werkstoffalternativen benötigt. Der erste Schritt ist daher die Erhebung des Ist-Standes über Stoff- und Energieströme, Belastungen und Verbrauch von Luft, Wasser und Boden sowie anderen objektiv feststellbaren Einflüssen innerhalb vereinbarter Systemgrenzen. Dieser Schritt steht grundsätzlich außer Streit, weil alle Daten als physikalische Größen gemessen werden können.

Das Messen gehört zu den bewährten Methoden der Welt 1. Die damit verbundene Wahrnehmung legaler Verantwortung gehört zum beruflichen Grundverständnis des Ingenieurs. Lediglich die Verfügbarkeit der Daten und der Meßaufwand können den ersten Schritt begrenzen. Weiters ist bekannt, daß die Ergebnisse stark von der Wahl des Untersuchungsbereiches (Bilanzierungsraumes) abhängen. Zahlreiche Beispiele der Ganzheitlichen Bilanzierung bestätigen die Richtigkeit und die Wirksamkeit der Methode in allen Bereichen der Technik.

2.5.3
Feststellung der Auswirkungen

Die Feststellung von Auswirkungen von Verlustenergie (Entropie), Emissionen, Wasserbelastungen, Bodenkontaminierung, Landschaftsverbrauch, Lärm und anderen Streßfaktoren ist bereits viel schwieriger. Die Erfassung dieser Daten gehört zwar methodisch noch immer überwiegend der Welt 1 an, ihre Zusammenhänge sind aber wegen ihrer Komplexität und ihrer Langzeitwirkung oft kaum erkennbar. Legale Verantwortung ist aber nicht vollständig wahrnehmbar, wenn die Grundvoraussetzung der Erkenntnis dazu fehlt. Die plausible Abschätzung von Chancen und Risiken und die damit verbundene moralische Verantwortung gehören aber zu den personalen und geistigen Wirklichkeiten der Welten 2 und 3, nicht zur Welt 1. Ingenieure müssen daher auch die Auswirkungen ihres Tuns verstehen lernen, um es verantworten zu können.

2.5.4
Festlegen von Prioritäten

Womit soll nun tatsächlich begonnen werden? Dem Philosophen KARL LEO NOETHLICHS ist weitgehend zuzustimmen: „Was wir heute brauchen, ist keine neue Ethik, sondern, auf der Grundlage der uralten Werte, eine ethische Prioritätenliste mit möglichst hoher Verbindlichkeit ..." [40].

Es scheint, daß die Prinzipien einer solchen Prioritätenliste auch bei sehr unterschiedlichen Vorverständnissen gar nicht so weit auseinander liegen. Der Vergleich mit den Wiederaufbaujahren bietet sich an. Der Mangel an Nahrung, Trinkwasser und Heizmaterial, die Zerstörungen an Gebäuden, Straßen und Bahnlinien erforderte damals keinen akademischen Diskurs über die Notwendigkeit und Bewertung des Wiederaufbaus. Die Leitidee von der Wiederherstellung der Heimat war für alle verbindlich. Die Einsicht in die Notwendigkeit und die Übereinstimmung über die Handlungsrichtlinien ermöglichte eine pragmatische Behebung der Engpässe über alle Anschauungsunterschiede hinweg: Zuerst Wasser, Grundnahrungsmittel und einfache Kleidung, dann die Wohnungen und Heizmaterial, notdürftig die Hauptstraßen und so fort bis zur Wiedereröffnung von Staatsoper und Burgtheater ...

Wäre ein derartiger empirisch bewährter Lösungsansatz nicht auch zur Stabilisierung der Ökosphäre geeignet? Die Leitidee von der Wiederherstellung des Heimatplaneten scheint allgemein verbindlich zu sein. Die Einsicht in die Notwendigkeit einer nüchternen Bestandsaufnahme steht ebenfalls außer Streit, obwohl manche Signale für menschliche Sinnesorgane offenbar noch nicht deutlich genug sind. Wäre es sonst denkbar, daß der gemessene Anstieg der CO_2-Konzentration in der Atmosphäre, die gemessene Abnahme der Ozonkonzentration in der Ionosphäre („Ozonloch"), die gemessene Ausweitung radioaktiv verseuchter Erdoberflächen und andere Daten mit Hinweis auf die Unzuverlässigkeit der Meßergebnisse noch immer bezweifelt werden?

2.5.5
Verantwortliche Bewertung

Es herrscht Einvernehmen darüber, daß für die Bewertung von Lebensbedürfnissen und von ökologischen Zusammenhängen die naturwissenschaftlichtechnischen Methoden unzuständig sind. Erlauben Sie mir aus diesem Grund, von der neutralen technischen Sprache des Berichterstatters zu einer sehr subjektiven persönlichen Sprache aus meinem „vormodernen" – aber zukunftsträchtigen – christlichen Vorverständnis zu wechseln. Nur diese Sprache drückt die persönlichen und geistigen Wirklichkeiten entsprechend aus.

Wir beobachten, daß unsere Mitwirkung an der Schöpfung losgelöst vom Geist des Schöpfers zur Er-schöpfung des Lebens und dessen natürlicher Grundlage führt. „Schöpfung" scheint heute vielfach ein Modewort spiritistischer und „alternativer" Bewegungen geworden zu sein. Ohne die Person des Schöpfers aber bleibt es ein leeres Wort. Der biblische Schöpfungshymnus läßt Gott, den Urheber, fünfmal über seine Schöpfung sagen, „daß sie gut war" und abschließend feststellen: „Es war sehr gut" [41].

Der liebende Gott allein umfaßt alle „Realität". Ihm gehören alle Welten 1, 2 und 3, alle sachlichen, personalen und geistigen Wirklichkeitsfelder seiner Schöpfung. Er hat für uns eine lebens- und liebenswerte Erde bereitet. Er betraut uns mit der Aufgabe des Haushalters über seinen ganzen Erdkreis und Lebenskreis in nüchterner Verantwortung vor ihm. Ver-ant-wort-ung heißt, lebendige Ant-wort zu sein auf sein Wort. „Am Anfang war das Wort – und das Wort war bei Gott, und das Wort war Gott" [42].

So befreit uns der Schöpfer von der Zentnerlast einer untragbaren Verantwortung. Er beruft uns als kreative Öko-nomen und Öko-logen in die Ökumene der Ökosphäre. Welche Bedeutung gewinnt aus dieser Sicht das Wort „Ökologie ist Langzeit-Ökonomie" des Ökologen BERNHARD LÖTSCH [43]! Welche Zukunft kann uns geschenkt werden, wenn wir es zulassen.

2.5.6
Persönliche Reflexion

Bleibt die Frage, wie wir uns verantwortungsbewußt auf verbindliche Handlungsrichtlinien einigen können. Wir Ingenieure sind es gewohnt, bei Problemen mit komplexen Systemen den Urheber des Systems einzubeziehen. Bedienungsanleitungen, Handbücher und Pläne gehören dafür zur Standardausrüstung. In dringenden Fällen greifen wir auf Hot-lines, Servicetechniker und persönliche Kontakte mit den Entwicklungszentren zurück. Wäre es für uns

Ingenieure nicht der vernünftigste Akt von Verantwortlichkeit, uns bei der kreativen und sachverständigen Mitwirkung an der Schöpfung und an der Stabilisierung des Ökosystems vertrauensvoll dem Urheber dieses Systems zuzuwenden? JESUS CHRISTUS sagt: „getrennt von mir könnt ihr nichts vollbringen" [44] – aber mit ihm alles, sachverständig und professionell.

In diesem Schritt mögen manche Leser eine weltfremde Zumutung sehen. Ich lade Sie dennoch herzlich ein, sich konsequent *täglich* ausreichend Zeit zu nehmen, um über die Leitbilder des eigenen Lebens nachzudenken. Wer diesen Weg geht, weiß um dessen unaufdringliche und zuverlässige Orientierung.

3 Umweltschutz im Wertschöpfungssystem

ZAHN, E.; DOGAN, D., Stuttgart

3.1
Von der Durchfluß- zur Kreislaufwirtschaft

Unternehmen sind Orte der Wertschöpfung und damit Träger des Wohlstandes. Sie haben diese Aufgabe nach ihrer Bestimmung in der herkömmlichen Vorstellung von einer Industriegesellschaft hervorragend erfüllt. Eine Leistungsbeurteilung nur nach der isolierten Betrachtung der Güterproduktion und Wohlstandsmehrung beleuchtet allerdings nur die positive Seite des Wirtschaftens. Aus einer umfassenderen Perspektive wird auch die andere, negative Seite deutlich. Sie läßt erkennen, daß der Prozeß des quantitativen Wirtschaftswachstums auf Kosten der natürlichen Umwelt – einer Verknappung der nicht-regenerierbaren Ressourcen (Quellenverknappung) und einer Strapazierung, z.T. bereits auch der Zerstörung ihrer systemimmanenten Regenerationsfähigkeit – abgelaufen ist. Die Industriegesellschaften haben bei der Produktion immer höherer Berge von materiellen Gütern gleichzeitig wachsende Abfallberge geschaffen, die sie nun zu erdrücken drohen (Senkenverknappung). Um den bereits greifbaren „Entsorgungsnotstand" und „Öko-Kollaps" zu vermeiden, wird deshalb eine zügige und konsequente Transformation der Industriegesellschaften von Durchfluß- zu Rückflußwirtschaften dringend gefordert. Dieser Wandel in Richtung eines Systems mit der Fähigkeit zur „nachhaltigen", „selbsterhaltenden", „zukunftsverträglichen" Entwicklung soll der leitbildhaften Vorstellung einer Versöhnung von Ökonomie und Ökologie folgen. Allerdings sind die hinter dieser Vision stehenden ökonomischen und ökologischen Konzepte noch unklar. Das „Prinzip der Nachhaltigkeit" als Leitvorstellung für die wirtschaftliche Entwicklung wurde erstmals 1987 auf der Weltkonferenz für Umwelt und Entwicklung mit dem Begriff „Sustainable Development" umschrieben. Darunter wird eine Entwicklung verstanden, welche die Bedürfnisse der Gegenwart befriedigt, ohne dabei zu riskieren, daß künftige Generationen ihre Bedürfnisse nicht mehr befriedigen können.

3.1.1
Schicksal der Durchflußwirtschaft

Die von Menschen gemachte und betriebene Wirtschaft (Ökonosphäre) ist in eine natürliche Umwelt (Ökosphäre) eingebettet, von deren „non-economic reservoir" [1] sie lebt und zehrt. Die Wirtschaft bezieht aus der Umwelt Ressourcen in Form primärer Materie und Energie, wandelt diese durch Produktion

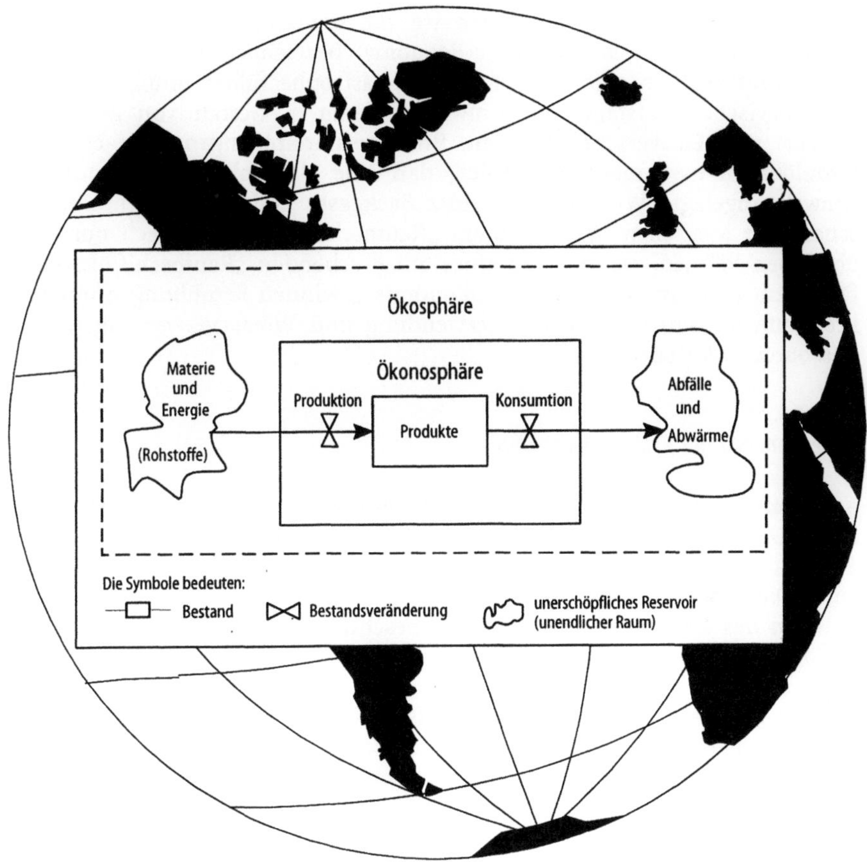

Bild 3.1. Durchflußwirtschaft [3]

in ökonomisch höherwertige Produkte um und gibt diese nach Ge- oder Verbrauch in Form von Rest- oder Abfallstoffen wieder an die Umwelt ab. Durch die Prozesse der Wirtschaft werden außerdem Giftstoffe und Abwärme erzeugt und in die Umwelt transferiert. In diesem Modell der Durchflußwirtschaft (Bild 3.1) wird die Umwelt gleichzeitig als unerschöpfliches Reservoir (Quelle) von Materie und Energie einerseits und als unbegrenzter Abfalldeponieraum (Senke) bzw. Schadstoffabsorptionsmechanismus andererseits betrachtet.

Rationales wirtschaftliches Handeln beschränkt sich auf die in der Ökonosphäre geschaffenen „knappen" Güter. Dagegen sind die natürlichen Reichtümer der Ökosphäre „freie" Güter und als solche lediglich „Gegenstand der Aneignung und des Verbrauchs" [2]. Das Ziel einer Verbesserung der materiellen Wohlfahrt manifestiert sich in der Durchflußwirtschaft mithin in einer Vergrößerung des Flusses von Stoffen aus der Ökosphäre in die Ökonosphäre und wieder in die Ökosphäre. Ökonomisch rationales Handeln verführt hier zu einem wettbewerbsmäßigen Raubbau an der Natur [3].

Daß eine derartige Wirtschaftsweise, die Boulding [1, 4] auch als „Cowboy-Economy" oder als „Crocodile Economy" bezeichnet, in eine ökologische, aber damit auch in eine ökonomische Katastrophe führen muß, ist evident. Die inzwischen entstandenen Umweltprobleme in Gestalt von Müllbergen, Wasser- und Luftverschmutzungen, Bodenverunreinigungen und -erosionen, Ozonlöchern usw. machen deutlich, daß eine als Einbahnstraße durch die Umwelt angelegte Wirtschaft in einer Sackgasse enden muß [5]. Der wirtschaftende Mensch wird auf seinem „Raumschiff Erde" demnach nur länger überleben können, wenn er zu einer entsprechenden „Raumschiffökonomie" fähig sein wird. In einer solchen Ökonomie gewinnen Bemühungen um Stoffkreisläufe im Sinne der Wiederverwendung und Wiederverwertung knapper Ressourcen an Bedeutung.

3.1.2
Potentiale der Kreislaufwirtschaft

Kreisläufe sind in der Ökonomie nicht unbekannt. Der Chirurg und Physiokrat FRANÇOIS QUESNAY entwickelte in seinem 1758 veröffentlichten „Tableau économique" in Analogie zum Blutkreislauf ein Konzept des Wirtschaftskreislaufs. Die Idee des Kreislaufes blieb jedoch bis in die jüngere Zeit auf die Zirkulation des Geldes in der Wirtschaft beschränkt. Die Schließung von Stoffströmen zu Stoffkreisläufen ist dagegen vernachlässigt worden und wird erst heute als eine Notwendigkeit begriffen.

Eine Kreislaufwirtschaft, in der Stoffströme zirkulieren, entspricht offenbar den natürlichen Gegebenheiten des Raumschiffs Erde, die es nicht zulassen, daß Materie in nennenswertem Umfang von außen bezogen und Abfallstoffe nach außen verbracht werden können. In dieser „Spacemen Economy" [1] wird der Mensch eher als Teil eines zirkularen, denn eines linearen ökologischen Systems gesehen. Sie trägt dem Umstand Rechnung, daß die Ressourcen endlich und deshalb knapp sind. Das gesamte Ökosystem ist empfindlich. Jeder Eingriff fordert seinen Preis oder wie es DOLAN [6] sehr treffend zum Ausdruck bringt: „There ain't no such thing as a free lunch".

Das Raumschiff Erde ist, abgesehen von der Energiezufuhr durch die Sonne, aufgrund dieser Tatsache, die DOLAN [6] in abgekürzter Form als „TANSTAAFL"-Prinzip bezeichnet, auf Eigenversorgung angewiesen. Es muß sich aus seinen eigenen Reststoffen versorgen [5]. Im natürlichen Ökosystem sind Rohstoffe und Abfälle ein und dieselbe Materie. Dieses Phänomen entspricht dem „Ersten Hauptsatz der Thermodynamik", demzufolge Energie weder geschaffen noch vernichtet, sondern lediglich umgewandelt wird. Im geschlossenen System geht mithin nichts verloren. Die Summe aus Energie und Materie bleibt konstant. Allerdings vermindert sich mit jedem mechanischen, thermischen, chemischen und biologischen Vorgang die Menge der nutzbaren Materie und der arbeitsfähigen Energie. Diese Konsequenz folgt aus dem „zweiten Hauptsatz der Thermodynamik", dem sogenannten „Entropiegesetz". Nach der auf diesem Gesetz basierenden Theorie von GEORGESCU-ROEGEN [7] lassen sich Ökologie und Ökonomie denn auch nicht wirklich versöhnen. Dem Entropiegesetz entsprechend findet im Wirtschaftsprozeß eine kontinu-

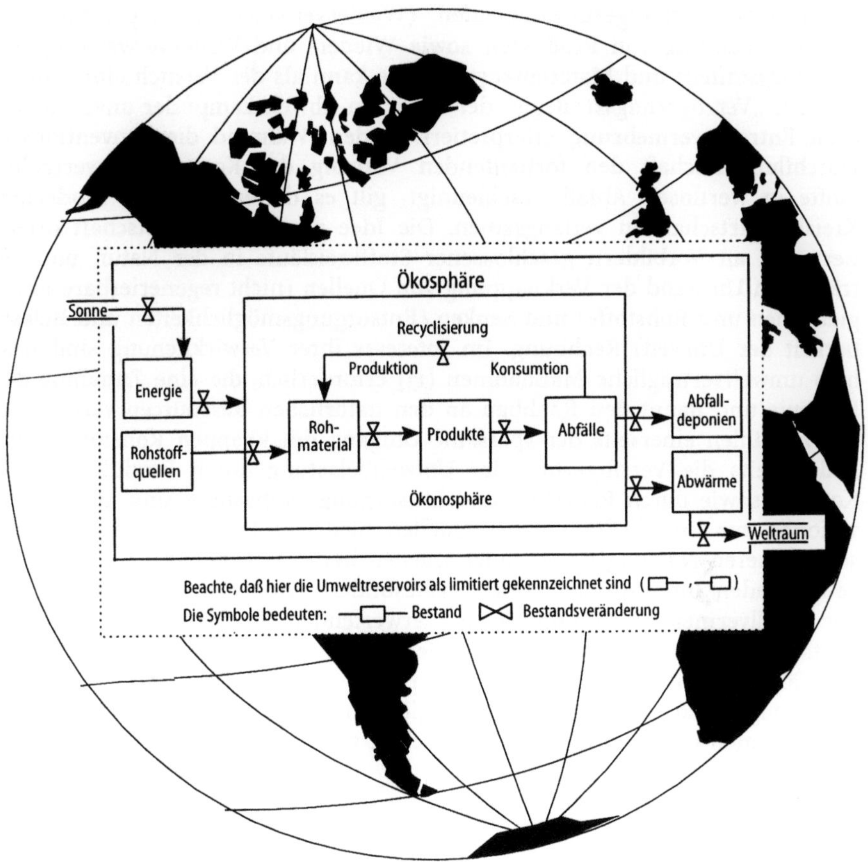

Bild 3.2. Kreislaufwirtschaft

ierliche Umwandlung von nutzbarer Materie und Energie (im Zustand niedriger Entropie) in weniger nutzbare Materie und Energie (im Zustand hoher Entropie), also in nicht verwertbare Reststoffe, statt. Da Entropie und Ordnung negativ korreliert sind, besteht also eine konstante Tendenz zur Unordnung. Benutzt man Entropie gleichzeitig als ein Maß für die Nutzbarkeit und Verfügbarkeit von Materie und Energie [8], dann sind die Unvermeidbarkeit der Erschöpfung nicht-regenerierbarer Ressourcen und die Existenz von Grenzen des quantitativen Wachstums [9–12] eine logische Folge.

Aufgrund der Unlösbarkeit des entropischen Problems – der Unumkehrbarkeit des Naturgeschehens – hat also auch jede Form des Wirtschaftens langfristig einmal ein Ende. Dennoch entspricht die Idee der Kreislaufwirtschaft ökonomischer Vernunft, impliziert sie doch anders als die Durchflußwirtschaft den sparsamen Umgang mit den natürlichen Reichtümern und damit die Schonung der menschlichen Lebensgrundlagen. Die Kreislaufwirtschaft impliziert ein „sich selbstversorgendes System" auf der Grundlage von

Nutzungsdauerverlängerungsschlaufen (Wiederverwendung, Reparatur und Grunderneuerung von Produkten sowie Wieder- und Weiterverwertung von Ausgangsstoffen) und Materialrecycling. Sie kann als der Versuch einer Imitation der „Verzögerungsstrategie" der Natur im Abwehrkampf der unvermeidlichen Entropievermehrung interpretiert werden. Während die konventionelle Durchflußwirtschaft den fortlaufenden Vorgang der Konversion wertvoller Stoffe in wertlosen Abfall beschleunigt, gilt es diesen in einer modernen Kreislaufwirtschaft zu verlangsamen. Die Idee der Kreislaufwirtschaft orientiert sich an Vorbildern geschlossener Stoffkreisläufe in der Natur, und sie trägt dem Umstand der Verknappung von Quellen (nicht regenerierbare Energieformen und Rohstoffe) und Senken (Entsorgungsmöglichkeiten und Belastbarkeit der Umwelt) Rechnung. Im Interesse ihrer Verwirklichung sind deshalb umweltverträgliche Maßnahmen [13] erforderlich, die eine Zunahme der Entropie und damit den Raubbau an den natürlichen Ressourcen verringern. Hierzu zählen einerseits der sparsame Umgang mit knappen Rohstoffen und andererseits die Verringerung der Umweltbelastung durch Produktion und Konsum sowie durch Recycling und Entsorgung. Notwendig sind auch Innovationen zur Erschließung neuer Quellen niedriger Entropie und zur wirtschaftlicheren Nutzung bestehender Quellen hoher Entropie. Zu solchen zeitgewinnenden Innovationen zählen insbesondere Fortschritte auf dem Gebiet der abfallvermeidenden und -wiederverwertenden Stoffwirtschaft – z.B. in Gestalt von recyclingfähigen Werkstoffen, Verbundteilen und Bauteilen, recyclingfähiger Produktkonstruktion, angepaßter Produktions- sowie geeigneter Demontage- und Verwertungstechnologien. In Bild 3.2 ist eine auf Recyclingmechanismen basierende Kreislaufwirtschaft skizziert [3].

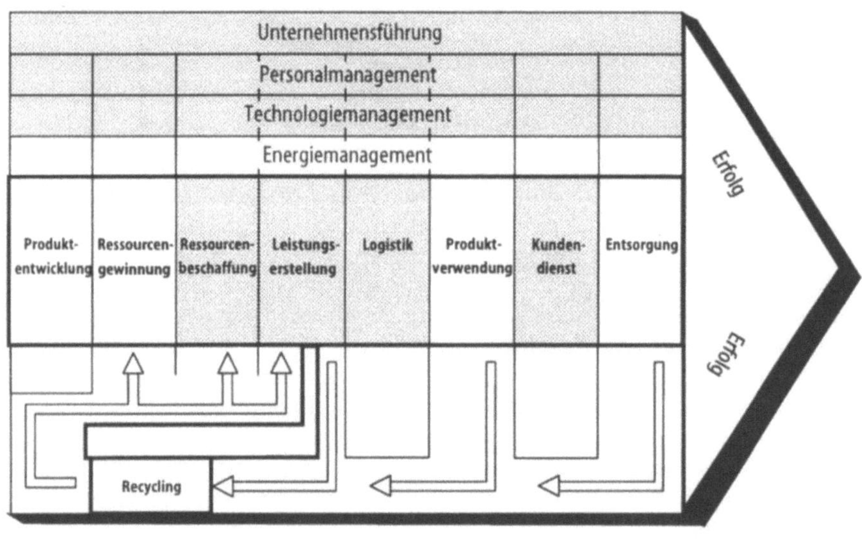

Bild 3.3. Wertschöpfungsring

3.1.3
Gestaltung von Wertschöpfungsringsystemen

Der Übergang von der Durchflußwirtschaft zur Kreislaufwirtschaft bewirkt radikale Veränderungen in der Struktur der wirtschaftlichen Wertschöpfung. Um das Kreislaufprinzip in den Unternehmen zu verwirklichen, müssen Wertschöpfungsketten zu Wertschöpfungsringen geschlossen werden (Bild 3.3).

Das Gestalten von und das Operieren in solchen Wertschöpfungsringen erfordern ein Denken in Systemzusammenhängen und in Kreisläufen sowie das Erweitern des Produktlebenszykluskonzepts um ökologische Aspekte und das Verstehen aller Wert- und Schadschöpfungen [14] über die Gesamtlebenszeit von Produkten. Das Konzept des Wertschöpfungsrings erlaubt es, sämtliche primären (mit Stoffen befaßten) und sekundären (unterstützenden) Aktivitäten im Unternehmen an ökologischen Erfordernissen auszurichten. Es induziert gleichsam die Suche nach ökologiebezogenen Potentialen für Wettbewerbsvorteile [13].

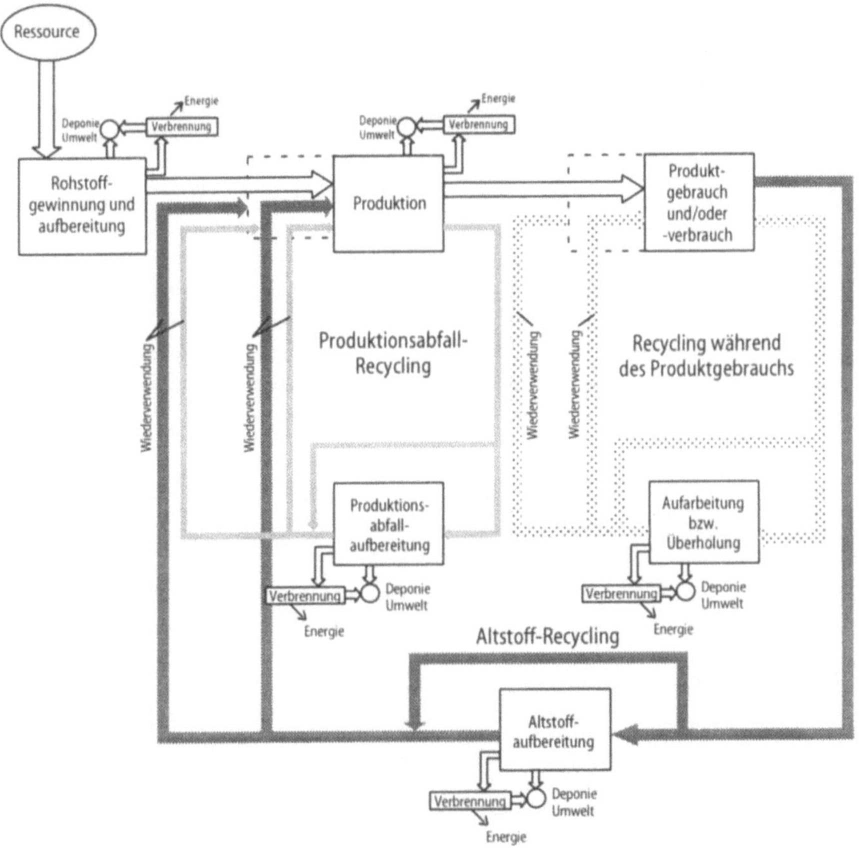

Bild 3.4. Prinzipielle Darstellung der Kreisläufe in einem Recyclingsystem [15]

Die Idee des Wertschöpfungsrings ist nicht auf das Geschehen im Unternehmen reduziert. Sie verlangt vielmehr die Einbeziehung von Lieferanten und Kunden sowie von Aufarbeitern, Aufbereitern und Verwertern in ganze Wertschöpfungsringsysteme. Bild 3.4 skizziert den exemplarischen Aufbau der verschiedenen Stoffkreisläufe in derartigen Systemen. Sie verdeutlicht gleichzeitig, daß Wirtschaften in Kreisläufen einen ganzheitlichen, branchenübergreifenden Ansatz erfordert.

Der Aufbau solcher Stoffkreisläufe in einer Kreislaufwirtschaft stellt hohe Anforderungen an alle involvierten Tätigkeitsbereiche von der (recyclinggerechten) Produktgestaltung über die Produktion bis zur Demontage, Sortierung und Aufbereitung. Beim Zusammenspiel dieser Aktivitäten kommt der Logistik oder besser dem logistischen Denken, das ein Denken in Prozessen ist, eine tragende Rolle zu.

3.2
Die Integration des Umweltschutzes in das Wertschöpfungssystem

Die grundsätzliche Bedeutung der Logistik beim ganzheitlichen Aufbau umweltverträglicher Wertschöpfungssysteme resultiert aus den Aufgaben der Logistik: der unternehmensübergreifenden Integration, Koordination und Gestaltung von Güterströmen und der dazugehörenden Wert- und Informationsflüsse entlang der logistischen Kette vom Zulieferer über das eigene Unternehmen bis zum Kunden.

Die Logistik hat sich inzwischen von einer Hilfsfunktion zu einem zentralen Erfolgsfaktor im Wettbewerb [16, 17] entwickelt. Bei der Bewältigung neuer Herausforderungen, z.B. der „Schnelligkeit", hat sie sich als sehr anpassungsfähig erwiesen (,,just-in-time"-Konzept). Auch bei der erfolgreichen Begegnung der kritischer werdenden Herausforderung „Umweltschutz" dürfen von ihr Lösungshilfen erwartet werden. Dabei wird nicht übersehen, daß logistische Prozesse, vor allem in Gestalt der Transportlogistik, selbst umweltbelastende Vorgänge darstellen und daß gerade die „Just-in-time"-Logistik deswegen in Verruf gekommen ist.

3.2.1
Erfordernis einer ganzheitlichen Logistik

Der Beitrag der Logistik zum Umweltschutz beschränkt sich heute noch auf die Entsorgung: das Sammeln, Lagern, Umschlagen und Transportieren von Reststoffen. Ihr Potential zur Integration des Umweltschutzes in Wertschöpfungssysteme ist jedoch größer.

Die Konzeptionalisierung von Wertschöpfungsringsystemen erfordert ein Denken in zirkularen Kausalitäten und zusammenhängenden Prozessen. Diese Prozesse müssen mit Hilfe einer ganzheitlichen Bilanzierung vollständig erfaßt, auf ein Systemoptimum ausgerichtet und einschließlich ihres Zusammenwirkens umweltverträglich bzw. umweltbewußt gestaltet werden. Der Systemcharakter der Logistik [18] prädestiniert sie für diese Aufgabe. Dazu ist allerdings eine Erweiterung des traditionellen, auf den physischen Versorgungsprozeß reduzierten Logistikverständnisses [19] zu einem umfassenden Prozeßmanagement [17] erforderlich. Ein derartiges Logistikverständnis macht dann Aussagen über „The way we do business" [20]. Es eröffnet den Zugang zu einer ganzheitlichen Behandlung der ökologisch und ökonomisch relevanten Fragestellungen in den verschiedenen Teilprozessen von Wertschöpfungsringen. Logistiksysteme werden danach nicht mehr nur als eine vorwärtsgerichtete Folge von Vorgängen der Güterbewegung betrachtet. Vielmehr wird auch hier die logistische Kette zum logistischen Kreis geschlossen. Dadurch ergibt sich die Möglichkeit, den inversen Güterfluß ebenfalls zu erfassen und die Produktlebenszyklusbetrachtung bis zur Wiederverwertung oder Entsorgung auszudehnen. In einem solchen zyklischen Modell der Logistik müssen die bei logistischen Prozessen entstehenden Emissionen im Interesse der Umweltentlastung auf ein Minimum reduziert werden.

3.2.2
Konzeption einer ganzheitlichen Logistik

Der logistische Kreis, von der Wiege zur Bahre und zurück in einem neuen Wertschöpfungszyklus, besteht aus einem Stoffkreislauf und einem Informationskreislauf. Er läßt sich in fünf Prozeßsegmente einteilen: die Inventionslogistik, die Evolutionslogistik, die Materiallogistik, die Produktionslogistik und die Rücklauflogistik [21, 18].

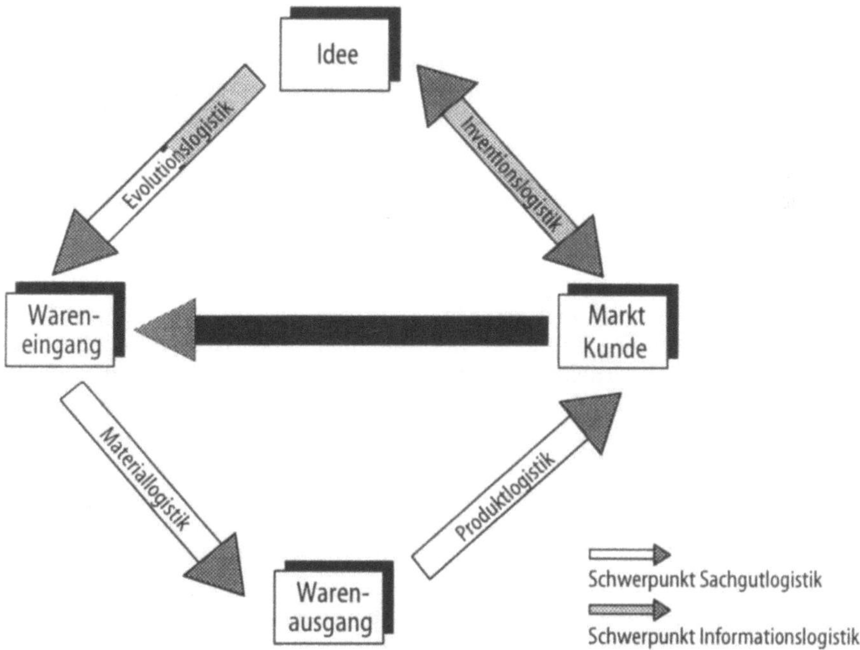

Bild 3.5. Der logistische Kreis

a) Inventionslogistik

Die Inventionslogistik ist eine neue Variante der Informationslogistik und steht am Beginn des Wertschöpfungsprozesses. Bislang konzentriert sich die Informationslogistik auf die Frage nach der Übermittlung von Informationen. Konkrete Aufgabe dieser „Logistik der Information" ist die Planung, Steuerung und Kontrolle des Informationsflusses, der primär der Gestaltung und Steuerung des Güterflusses dient. Dabei wird ein möglichst hoher und rascher Informationsdurchsatz angestrebt. Im Gegensatz dazu beschäftigt sich die Informationslogistik in Gestalt der Inventionslogistik auch mit der Frage nach der Relevanz der übermittelten Informationen für die nachfolgenden Prozesse. Die Verfügbarkeit solcher Informationen hilft auch, natürliche Ressourcen nicht unnötig zu verbrauchen. Konkret handelt es sich bei dieser „Information der Logistik" um interne oder externe Informationen, aus denen sich erfolgversprechende Ideen für neue Produkte und Prozesse oder die Verbesserung bestehender Produkte und Prozesse ableiten lassen. Diese bilden gleichsam die Basis für die effiziente, auch umweltverträgliche Planung und Realisierung nachfolgender Abläufe im Entstehungs-, Verteilungs- und Wiederverwertungsprozeß eines Produktes, und sie erlauben gleichzeitig das rechtzeitige Initiieren adäquater Prozesse zur Reduktion von Risiken oder zur Wahrnehmung von Chancen aufgrund von ökologischen Herausforderungen z.B. durch Frühaufklärung und Vorfeld-Marketing.

Die Inventionslogistik ist gleichsam das bislang fehlende Glied zur Schließung der an der Güterfluß-Steuerung ausgerichteten informationslogistischen Kette (Zulieferer–Unternehmen–Abnehmer) zu einem autonomen informationslogistischen Kreis (Kunde–Idee–Wareneingang–Warenausgang–Kunde). Sie betont die zwischen einem Unternehmen und seinem Aufgabenumfeld bestehenden Informations-Rückkopplungs-Beziehungen, über die reaktive oder proaktive Anpassungen des Unternehmens an tatsächliche bzw. erwartete Umfeldänderungen ausgelöst werden.

b) Evolutionslogistik

Die Evolutionslogistik befaßt sich mit der effizienten Gestaltung, Integration und Koordination der Prozesse, die bis zur Erstellung eines Produktes erforderlich sind. Sie hat ihr Ziel erreicht, wenn der gesamte zur eigenen Wertschöpfung erforderliche Input an Informationen und Sachgütern (Beschaffungslogistik) im Unternehmen bereitgestellt ist. Über die dazu notwendigen Entscheidungen zur Produktentwicklung und Materialbeschaffung erfolgen wichtige Weichenstellungen für alle weiteren Wertschöpfungs- und Schadschöpfungsprozesse. Dabei wird der Handlungsspielraum unternehmensseitig vor allem durch den Aufbau von Kernkompetenzen und die Wahl der Fertigungstiefe bestimmt. Die durch „kollektives Lernen" entstehenden Kernkompetenzen bilden dabei die grundlegende Wissensbasis für Produkt- und Prozeßinnovationen. Mit der Wahl der Leistungstiefe werden gleichzeitig die Fertigungsaufgabe und die für ihre Lösung zu beherrschenden Prozesse sowie Art und Umfang der zu beschaffenden Vorleistungen (Komponenten, Material etc.) definiert.

c) Materiallogistik

Gestaltungsobjekt der Material- oder Produktionslogistik ist der Produktherstellungsprozeß. Kardinale Aufgabe ist hier die effiziente Gestaltung gewöhnlich mehrstufiger Transformationsprozesse. Dazu gehört vor allem die physische Bereitstellung des jeweils benötigten Inputs, (Roh-, Hilfs- und Betriebsstoffe) in der richtigen Menge, in der richtigen (auch umweltverträglichen) Qualität, zur richtigen Zeit und zu möglichst geringen Kosten auf jeder Fertigungsstufe.

Der Produktionsprozeß stellt in bezug auf die Umweltproblematik einen besonders sensiblen Bereich dar, ist er doch zwangsläufig mit einer Belastung der Umwelt verbunden. Diese manifestiert sich im Verbrauch von Ressourcen und im Anfall von Emissionen. Aufgabe der Materiallogistik ist es deshalb auch, einen Beitrag zur Identifikation und Erschließung im Produktherstellungsprozeß inhärenter Umweltschutzpotentiale zu leisten – z.B. durch die Implementierung von Materialkreisläufen.

d) Produktlogistik

Aufgabe der Produkt- oder Distributionslogistik ist die Verteilung der im Produktionsprozeß hergestellten Produkte zu den Kunden. Dabei wird als Ziel die Realisierung eines bestimmten Lieferserviceniveaus (Lieferzeit, Lieferzuverlässigkeit, Lieferbereitschaft, Lieferflexibilität) angestrebt, das entweder vom Unternehmen selbst definiert oder aus den Anforderungen der Kunden abgeleitet wird. Wichtige Entscheidungstatbestände sind die Strukturierung des Warenverteilungssystems, die Festlegung von Belieferungsformen, die Wahl von Transportmitteln, die Gestaltung von Warenumschlagprozessen und nicht zuletzt die Gestaltung von Verpackungen [22].

e) Rücklauflogistik

Das Konzept der Kreislaufwirtschaft impliziert eine räumliche und zeitliche Ausdehnung der produktgebundenen Umwelthaftung über die Grenzen des einzelnen Unternehmens und der Gebrauchsdauer des Produktes hinaus und damit eine ganzheitliche Produktverantwortung. Als Konsequenz daraus werden Produkte und Verfahren vorbeugend umweltfreundlich konzipiert, so daß wenig Abfälle entstehen, diese weitgehend biologisch abbaubar sind oder in Recyclingprozessen weiter- oder wiederverwendet werden können [23]. Voraussetzung dafür ist ein geschlossener Materialkreislauf.

Die Rücklauflogistik stellt das bislang fehlende Glied für das Schließen der materiellen logistischen Kette zum materiellen logistischen Kreis dar. Ihre Aufgabe ist die effiziente Gestaltung der von den Abnehmern über das eigene Unternehmen bis zu den Lieferanten reichenden Redistributionsprozesse. Dabei werden die Produkte und ihre Komponenten an deren Hersteller zur Recyclierung zurückgeleitet. Objekte dieses inversen Güterflusses der Redistribution sind darüber hinaus fehlerhafte Produkte, Leergut und Verpackungen. Über die Redistributions- und Recyclingfähigkeit eines Produkts und seiner Komponenten wird im wesentlichen in den vorangehenden Segmenten des logistischen Kreises, insbesondere der Inventions- und Evolutionslogistik, entschieden. Damit wird deutlich, daß sämtliche Subsysteme des „logistischen Kreises" von der Redistribution irgendwie tangiert werden. Insofern kann die Rücklauflogistik als Spiegelbild der vorwärts gerichteten Teilprozesse der Logistikkette aufgefaßt werden [24].

3.2.3
Umweltschutzaspekte im Wertschöpfungsring

Die Integration von Umweltschutz in das Wertschöpfungssystem erfolgt entweder durch erzwungene oder durch freiwillige Maßnahmen. Erstere werden durch Verordnungen (z.B. die Verpackungsverordnung, die Altauto-Verordnung und die Elektronik-Schrott-Verordnung) und Gesetze (z.B. das Kreislaufwirtschafts- und Abfallbeseitigungsgesetz) veranlaßt. Dagegen müssen für letztere besondere Anreize, vor allem im Sinne erzielbarer Wettbewerbsvorteile gegeben sein. Beide Aspekte werden nachstehend anhand der verschiedenen Teilprozesse im logistischen Kreis diskutiert.

a) Inventionslogistik

Die Planung, Steuerung und Kontrolle von Wertschöpfungsprozessen ist zunächst eine Frage der Verfügbarkeit von Informationen. Dabei sind sowohl externe als auch interne Informationen relevant. Die Beschaffung externer Informationen, z.B. über Umweltgefährdungen durch bestimmte Produktsubstanzen und Produktionsverfahren sowie über Veränderungen im gesellschaftlichen Umweltbewußtsein und daraus resultierende Nachfrageveränderungen und gesetzgeberische Initiativen, kann im Rahmen der Frühaufklärung erfolgen. Diese hat den Zweck, ökologisch bedingte Chancen und Gefahren frühzeitig zu erkennen und diesbezügliche Anpassungsmaßnahmen entsprechend proaktiv auszulösen. So können Unternehmen beispielsweise auf der Basis systematischer Frühaufklärungen umweltgefährdende Produkte ersetzen noch bevor sie dazu durch den Gesetzgeber oder bestimmte Anspruchsgruppen gezwungen werden. Auf diese Weise können wahrscheinliche Umsatzeinbrüche vermieden und vielleicht sogar ins Gegenteil verkehrt werden. Mit Hilfe sorgfältiger Potentialanalysen [25] können u.U. auch Ansatzpunkte für ökologiebasierte Wettbewerbsvorteile und neue Geschäfte entdeckt werden. Bei der Realisierung solcher Potentiale kann ein Vorfeld-Marketing wertvolle Unterstützung leisten. Es eignet sich zum Aufspüren und Überwinden von Akzeptanzfallen sowie zum Aufzeigen von Vorteilen umweltfreundlicher Produkte für den Kunden.

Zur Erfassung der vom Unternehmen ausgehenden ökologischen Wirkungen durch Produkte und Prozesse werden betriebliche Umweltinformationssysteme [25] und Stoffstrombilanzen [26] empfohlen. Sie dienen dem Zweck des Erkennens und Vermeidens von ökologischen Risiken beim Herstellen, Transportieren, Gebrauchen und Entsorgen von Produkten sowie der Suche nach Einsparpotentialen im Energie- und Ressourcenverbrauch. Die zunehmende Anwendung solcher Instrumente erfolgt, trotz noch vorhandener Mängel und auch grundsätzlicher Schwierigkeiten, nicht nur aus ökonomischen Überlegungen. Sie wird auch vom Gesetzgeber erzwungen, so z.B. durch die EG-Richtlinie über „Eco-Auditing" und das Umweltinformationsgesetz zur Umsetzung der EG-Richtlinie.

b) Evolutionslogistik

Die Integration von Umweltschutz in die verschiedenen Unternehmensprozesse bedingt das Vorhandensein entsprechender Fähigkeiten. Ihr Aufbau erfordert nicht unerhebliche Anstrengungen, vor allem im Bereich der Forschung und Entwicklung. Sie dürfen aber grundsätzlich als wichtige Investitionen in die Zukunft betrachtet werden. Wenn es Unternehmen gelingt, in F+E-Projekten spezifisches Know how für den Umweltschutz zu erarbeiten und durch systematische Prozesse des kollektiven Lernens im Unternehmen zu verbreiten, dann kann dadurch eine fruchtbare Wissens- bzw. Fähigkeitenbasis für Produkt- und Prozeßinnovationen entstehen. Mit diesen können sie nicht nur zunehmendem ökologischen Druck ausweichen, sondern auch Wettbewerbsvorteile und Pionierrenten erzielen.

Umweltschutz ist zweckmäßiger und wirksamer, wenn er vor- und nicht nachsorgend durchgeführt wird. Er muß deshalb schon bei der Produktentwicklung Berücksichtigung finden. Die hier zu treffenden Entscheidungen bestimmen in erheblichem Maße den Fortschritt der Schadschöpfung in den nachfolgenden Wertschöpfungsprozessen. Ansatzpunkte zur umweltbewußten Produktentwicklung sind z.B. Entscheidungen der Konstruktion zugunsten der Verwendung umweltfreundlicher Materialien. Umweltbewußte Produktentwicklung impliziert jedoch mehr als solche Maßnahmen. Sie erfordert in den Unternehmen explizite Visionen und Strategien sowie die aktive Kommunikation über Umweltaspekte zwischen den verschiedenen Unternehmensbereichen. Außerdem ist sie sozusagen als Starthilfe auf Unterstützung von außen angewiesen, z.B. in Gestalt von Forderungen der Verbraucher- und Umweltschutzorganisationen, von signifikanten Nachfrageveränderungen, der Entwicklung einer koordinierten, langfristigen und vor allem verläßlichen Umweltpolitik sowie einer besseren Ausrichtung der Technologie- und Wirtschaftspolitik auf Umweltziele.

Im Bereich der Beschaffung kann durch Entscheidungen über die zu beziehenden Vorleistungen (Komponenten, Module oder Systeme), die Anzahl der Lieferanten (multi- versus single-sourcing), die Entfernung der Lieferanten (local versus global sourcing), die Größe und Häufigkeit der Belieferung (sporadisch versus just-in-time), die Wiederverwendung von Verpackungen, die Wahl der Transportwege und Transportmittel sowie die Optimierung von Fahrzeugflottenstrukturen und Transportrouten Einfluß auf die Verringerung von Umweltbelastungen genommen werden. Interessante neuere Ansatzpunkte sind die Verlagerung der Wareneingangskontrolle auf den Hersteller oder Zulieferer, verbunden mit dem elektronischen Zugriff des Abnehmers auf Daten der Qualitätssicherung des Zulieferers, das Fordern von Unbedenklichkeitsbescheinigungen über Produktinhaltsstoffe sowie das Verlangen von Entsorgungsnachweisen [27]. Zur Verbesserung der Informationsgrundlagen für solche Entscheidungen sind ganzheitliche Bilanzierungen Voraussetzung.

c) Materiallogistik

Umweltschädigung ist eine unausweichliche Begleiterscheinung industrieller Produktionsprozesse. Dennoch kann die Produktion durch Reorganisation von Materialflüssen und Prozeßinnovationen umweltverträglicher gestaltet werden. Das Prozeßdenken der Logistik kann dabei helfen, kontraproduktive Entscheidungen im Sinne unbeabsichtigter Umweltbelastungen zu vermeiden. Umweltschutzmaßnahmen im Bereich der Produktion und der Materiallogistik lassen sich in drei Kategorien einteilen:

- in pre-prozessualen Umweltschutz, z.B. durch die Installation emissions- und abfallreduzierender Verfahrenstechnik,
- in prozessualen Umweltschutz, z.B. durch die Einführung von Entsorgungs- und Recyclingtechnologien zur Weiterverwendung von Reststoffen und
- in post-prozessualen Umweltschutz, z.B. durch die Anwendung additiver Technologien zur Reduzierung der im Produktionsprozeß freigesetzten Emissionen.

Daß sich Vorsorge lohnt und daß weniger mehr sein kann, beweist das Beispiel der Firma Peroxid Chemie, der es im Geschäftsjahr '91 gelang, bei gleichbleibenden Umsatzerlösen (=100) die Wertschöpfung auf 105 und den Cash Flow auf 127 zu steigern und die verkauften Mengen auf 94 zu senken. Dieses Ergebnis wurde im wesentlichen durch eine Reduzierung von Inputfaktoren erreicht. Der mengenmäßige Einsparungseffekt kann im Lovinschen Sinne als „Nega-Produkt" bezeichnet werden [27]. Durch solche Steigerungen der „Öko-Produktivität" entlang der Wertschöpfungskette ergeben sich Gewinnpotentiale, die bislang noch kaum Beachtung gefunden haben [27]. Dies wird sich wohl mit zunehmenden allgemeinen Kostendruck einerseits und mit wachsenden Forderungen nach produktionsintegriertem Umweltschutz andererseits ändern.

d) Produktlogistik

Das Konzept der Warenverteilzentren, die von selbständigen Logistikdienstleistern betrieben werden, gewinnt nicht nur nach konventionellen Wirtschaftlichkeitsbetrachtungen, sondern auch aus ökologiebezogenen Effizienzüberlegungen an Bedeutung. Bei entsprechend geeigneter Standortwahl und technischer Ausgestaltung mit Lager- und Transporteinrichtungen sowie der Verbesserung der Schnittstellen zu den verschiedenen Verkehrsträgern und nicht zuletzt der optimaleren Ausnutzung der Transportmittel lassen sich die durch Warendistribution verursachten Umweltbelastungen grundsätzlich mindern. Dies ist umso eher möglich desto schneller integrierte Verkehrssysteme entstehen.

Ein vielversprechender Ansatz für den besseren Umgang mit ökologisch bedenklichen Wirtschaftsgütern sind sog. „Product-Stewardships". Durch die analoge Anwendung der „Least-Cost-Planning" können damit gleichzeitig ökonomische Vorteile erzielt werden [27].

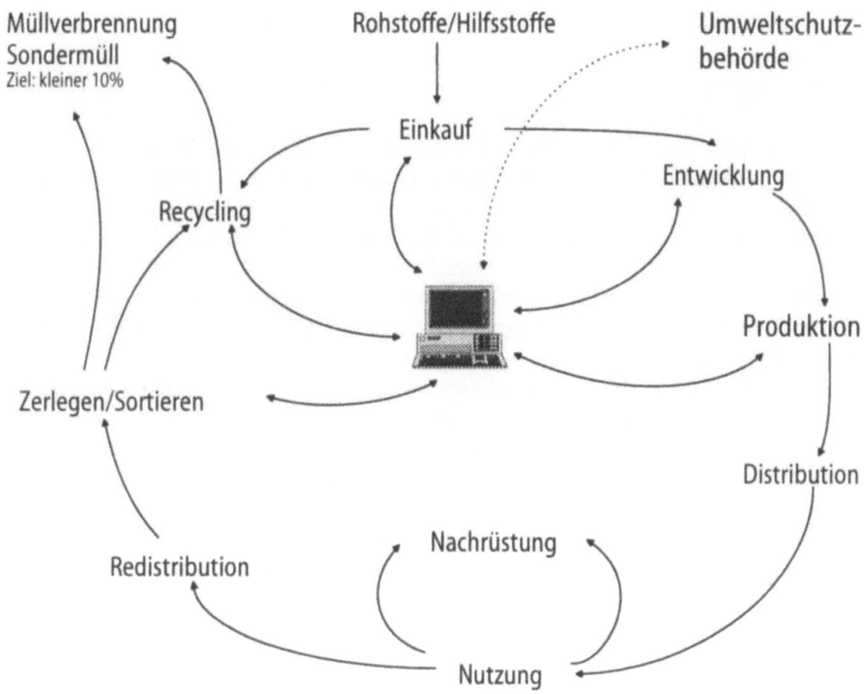

Bild 3.6. Entsorgungslogistik bei Digital Equipment [27]

e) Rücklauflogistik

Das Prinzip der „ganzheitlichen Produktverantwortung" des Herstellers erstreckt sich bei konsequenter Anwendung auf den gesamten Wertschöpfungsring. Es besagt, daß alle abgegebenen Stoffe und Güter nach Ablauf ihrer Nutzungsdauer ökonomisch weiter zu verwenden bzw. ökologisch sinnvoll zu entsorgen sind. Damit entstehen für die Logistik neue Herausforderungen: die
Bewältigung der zur originären Logistikkette gegenläufigen Informations- und
Stoffströme [28]. Ein anschauliches Beispiel dafür ist das „Close Loop Engineering"-Konzept bei Digital Equipment (Bild 3.6).

Produktrücknahmen können nach einer Defensivstrategie zur Erfüllung
gesetzlicher Vorschriften oder nach einer Offensivstrategie zur Erzielung von
Wettbewerbsvorteilen erfolgen. Während sich die erste Variante auf eine Entsorgungslogistik im engeren Sinn reduziert, erstreckt sich die zweite Variante
über den gesamten Rücklauf von Stoffen bis zur Einmündung in einen neuen
Wertschöpfungskreislauf.

Die Rücknahme von Produkten (über eine inverse Produktlogistik oder
Redistributionslogistik) bietet bessere Ansatzpunkte zur zusätzlichen Differenzierung der eigenen Leistungen gegenüber denen der Konkurrenten. Sie
eröffnet außerdem die Möglichkeit zur Erweiterung der Beschaffungsbasis auf

Recyclate. Denkbar sind schließlich auch neue Geschäftsfelder auf der Basis von Recyclaten.

Die vollständige oder teilweise Wieder- oder Weiterverwertung von Produkten erfordert ihre Demontage und die Aufarbeitung noch verwendbarer Komponenten. Die Bewältigung des dabei entstehenden Güterflusses ist Aufgabe der inversen Material- und Demontagelogistik. Ihre Lösung wird durch montagefreundliche Produkte und sortenreine Komponenten erleichtert. Diese Voraussetzungen liegen allerdings selten vor; sie sind auch nicht einfach sicherzustellen, wenn zwischen materialbedingter Produktqualität und Rezyklisierbarkeit ein Zielkonflikt besteht. Bestimmte Materialien, wie Kunststoffe, lassen sich in der Regel nur „runterrecyclen" und anspruchsloseren Wiederverwendungen zuführen.

Die Beseitigung dieses Handicaps bedeutet eine große Herausforderung für die Forschung. Etwas einfacher, aber dennoch anspruchsvoll, ist die Aufgabe von Entwicklung und Konstruktion zur Gestaltung demontage- und redistributionsgerechter Produkte. Wichtig in diesem Zusammenhang (der inversen Evolutionslogistik) ist die Auswahl sortenreiner Materialien.

Zur Unterstützung solcher Bemühungen wird beispielsweise bei Digital Equipment ein Recycling-Informations-System (RIS) entwickelt [27]. Die Verbesserung des Wissenstandes (als Aufgabe der Inventionslogistik) bezieht sich neben neuen technischen Erkenntnissen auch auf Marktinformationen, z.B. über Kundenwünsche und Leistungsprofile von Recyclingspezialisten, sowie auf die Frühaufklärung über Entwicklungstendenzen bei der Produktrücknahme und in der Gesetzgebung. Durch Vorfeld-Marketing können Unternehmen ihrerseits Kunden und weitere Anspruchsgruppen positiv beeinflussen und damit den Boden für umweltverträgliche und erfolgversprechende Wertschöpfungsaktivitäten bereiten.

3.3
Auswirkungen der Kreislaufwirtschaft

Der Weg zum Ideal der Kreislaufwirtschaft, das in der Realität natürlich nur annähernd umgesetzt werden kann, ist lang und beschwerlich. Es gilt, gleichermaßen Potentiale und Hindernisse zu erkennen. Diese können sich in technischen Möglichkeiten sowie in ökonomischen, sozialen und politischen Rahmenbedingungen manifestieren. Recycling ist zwar ein wirksamer, aber letztlich doch begrenzter Bremsmechanismus im unumkehrbaren Prozeß der Entropieerhöhung. Alle Rückhol-, Wiederaufbereitungs- und Wiederverwertungsmöglichkeiten geraten trotz aller technischen Fortschritte früher oder später an einen kritischen Punkt, von dem ab es (kosten-)günstiger wird, die (Schad-)Stoffe in der nicht mehr nutzbaren Unordnung zu belassen, anstatt sie wieder in eine „alte" Ordnung zurückzuführen. Das Wirtschaften in Kreisläufen ist deshalb auch ökologisch nicht unproblematisch.

Der Weg in eine Kreislaufwirtschaft ist als eine Stufenleiter denkbar, die bei der Beseitigung grober Umweltschädigungen durch Abfälle beginnt und über die Reduktion von Abfällen und Emissionen durch Separierung von Abfallstoffen, die interne und externe Wiederverwertung durch Materialrecycling sowie Prozeßänderungen zur effizienten Materialnutzung bis zu Produkt- und Materialänderungen reicht. Um dabei ein mit den Zielen der Kreislaufwirtschaft konformes Vorgehen sicherzustellen, müssen Energie- und Stoffströme systematisch erfaßt und im Rahmen einer ganzheitlichen Bilanzierung bewertet werden.

Das Wirtschaften in einer Kreislaufwirtschaft kann sich, z.B. aufgrund bereits fixierter Rahmenbedingungen und etablierter Stoffkreisläufe, als reaktions- und innovationshemmend erweisen. In Zeiten turbulenter Umweltentwicklung werden aber an Unternehmen gerade hohe Anforderungen an ihre Anpassungs- und Innovationsfähigkeit gestellt. Auch solche Zielkonflikte müssen erkannt und aufgelöst werden. Wenn die Bewegung zur Kreislaufwirtschaft erst einmal in Gang kommt, dann werden tiefgreifende Veränderungen in den Strukturen industrieller Wertschöpfungssysteme stattfinden. Neue Produktions- und Distributionsstrukturen werden sich herausbilden, ein breit gefächertes Netzwerk von Verwertungsbetrieben wird entstehen [5], festgefügte Markt- und Wettbewerbsstrukturen werden aufbrechen, Außenseiter werden nach vorn drängen, und zwar umso mehr, desto anpassungsträger sich die Unternehmen in etablierten Industrien erweisen werden. In den Unternehmen werden sich die Wertschöpfungsaktivitäten und ihr Zusammenspiel, aber auch das Denken wandeln. Daraus ergeben sich für das einzelne Unternehmen, aber auch für die ganze Volkswirtschaft durchaus günstige Perspektiven. Den Unternehmen bietet sich die Chance, den Umweltschutz, insbesondere die Umweltschutztechnik zu einem wichtigen Wettbewerbsfaktor zu machen. Dazu müssen sie allerdings investieren. Wie bei einem Baum müssen zunächst Wurzelwerk, Stamm und Äste entstehen bevor Früchte geerntet werden können (Bild 3.7).

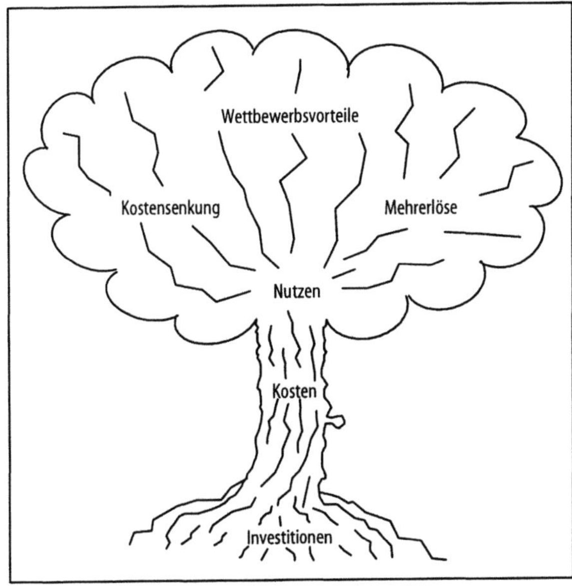

Bild 3.7. Umweltschutz – eine Investition in die Zukunft

Mit der Entwicklung fortschrittlicher Umwelttechnik und mit dem Aufbau einer leistungsstarken Wiederaufbereitungsindustrie hat die deutsche Wirtschaft eine Chance, im globalen Wettbewerb wieder zur Spitze aufzuschließen.

Allerdings gibt es auch hier ohne Schweiß keinen Preis. Bereitschaft zum Umdenken und zur Leistung sind gefragt. Auf der Ebene der Unternehmen müssen die Chancen des Wandels in Richtung Kreislaufwirtschaft erkannt und durch klare strategische Konzeptionen genutzt werden. Eine Voraussetzung dazu ist nicht zuletzt die Ausbreitung eines ganzheitlichen, prozeßorientierten Denkens auf allen Ebenen des Unternehmens und eine intensive Kooperation der Partner in den nach mehr Dezentralisierung tendierenden industriellen Wertschöpfungssystemen. Wissenschaft und Forschung sind aufgerufen, die Recyclingfähigkeit von Materialien zu verbessern und neue Stoffe zu entwickeln, die biologisch oder photochemisch abbaubar sind. Dem Staat fällt die Aufgabe zu, durch eine weitsichtige Umwelt-, Technologie- und Wirtschaftspolitik Voraussetzungen und Anreize für eine sich weitgehend selbstorganisierende Evolution auf den Weg zu einem nachhaltigen Wirtschaften zu schaffen.

4 Zusammenspiel von Ökonomie und Ökologie

ZAHN, E.; SCHMID, U.; SEEBACH, A., Stuttgart

4.1
Falsche Preise setzen falsche Zeichen - Warum das Zusammenspiel von von Ökonomie und Ökologie bislang nicht richtig funktionierte

Die immer drängender werdenden Umweltprobleme sind Ausdruck einer Naturferne im Denken und Tun des wirtschaftenden Menschen, die sich mit der Transformation zur Industriegesellschaft heutiger Prägung vollzog. War der Mensch über Jahrtausende von Jahren hinweg Bestandteil des (globalen) Ökosystems und nahezu problemlos in die natürlichen Kreisläufe integriert, änderte sich dies schlagartig mit dem Beginn der Industriellen Revolution vor rund 200 Jahren. Menschliches Wirtschaften vollzog sich fortan in zwei Kreisläufen: zu dem „natürlichen Regelkreis" gesellte sich der „künstlich geschaffene Wirtschafts- und Produktionskreis" [1]. Lange Zeit wurde ein harmonisches Ineinandergreifen beider Kreisläufe unterstellt; tatsächlich beruhen jedoch ökologische und ökonomische Systeme *in ihrer gegenwärtigen Form* auf unterschiedlichen (System-)Rationalitäten und (Lenkungs-)Prinzipien wie die Gegenüberstellung in Bild 4.1 illustriert. Hoffnungen, wonach eine „unsichtbare Hand" des Marktes das wirtschaftliche Geschehen auch zu einem umweltgerechten Ergebnis lenken würde [2], konnten sich daher gar nicht erfüllen.

Durch Produktion, Konsum und Entsorgung hervorgerufene Umweltbelastungen und -schädigungen werden in der neoklassischen Theorie zuvörderst als Folge negativer externer Effekte ökologischer Art erklärt [3]. Die Umweltökonomie hat sich dieses Problem zueigen gemacht und versucht, auch solche Transaktionen der Wirtschaftssubjekte in ihre Theorien und Modelle zu integrieren, die zu Umweltbeeinträchtigungen führen und bislang weder über den Markt vermittelt werden noch Bestandteil einzelwirtschaftlicher Kalküle sind. Dies unterstellt, daß eine Knappheit an Umwelt(gütern) besteht, die es explizit zu berücksichtigen gilt, da sie in der traditionellen Ökonomie nicht oder nur unzureichend wahrgenommen wird. Die Akteure in marktwirtschaftlichen Systemen sind sich dieser Knappheit nicht bewußt, weil die natürliche Umwelt darin allzu häufig den Charakter eines „freien Gutes" annimmt, für das eine Bepreisung nicht erfolgt. Demzufolge gibt das Preissystem als zentraler marktlicher Lenkungsmechanismus die tatsächlichen ökologischen Knappheiten nicht richtig wieder. Mit anderen Worten: Die (Markt-)Preise werden ihrer Funktion als Knappheitsindikator für Umweltressourcen nur bedingt gerecht. Sie büßen damit ihre Lenkungsfunktion für eine ressourceneffiziente und um-

Bild 4.1. „Zyklische Ökologie" versus „Nicht-zyklische Ökonomie" [51]

weltgerechte Steuerung des Wirtschaftsgeschehens ein. Dies hat zur Folge, daß der Umweltverbrauch bei einzelwirtschaftlichen Entscheidungen nicht oder nur unzulänglich thematisiert wird. Übersteigt dann der Umweltverbrauch die Assimilationsfähigkeit der Natur, so befinden sich Ökonomie und Ökologie im Ungleichgewicht.

Am Beispiel der Energieversorgung können die vielschichtigen Ausprägungen der angesprochenen externen Effekte veranschaulicht werden (siehe auch Abschn. 8.8.1). Eine im Auftrage des Bundesministeriums für Wirtschaft durchgeführte Untersuchung über die „Identifizierung und Internalisierung externer Kosten der Energieversorgung" zeigt [4], welche Kosten durch die Energierechnung heute noch nicht abgedeckt sind, jedoch von den Versorgungsunternehmen gemäß dem Verursacherprinzip strenggenommen zu verantworten wären:

- Materialschäden an Gebäuden und Gegenständen,
- Schäden an Nutztieren und Nutzpflanzen,
- Gefährdungen des Bodens und des Grundwassers, zum Teil als Folge kumulativer Belastungen,
- Klimaveränderungen sowie
- eine Vielzahl weiterer externer Effekte.

Die Abwälzung externer Effekte auf das Ökosystem hat weitreichende Konsequenzen: [5]

- Produktions-, nutzungs- und entsorgungsbedingte Emissionen und Rückstände können zu irreparablen Schädigungen von Ökosystemen führen, wenn die natürliche Aufnahmefähigkeit der Umweltmedien überschritten wird.
- Die Umweltnutzungsmöglichkeiten kommender Generationen werden stark eingeschränkt. Im günstigsten Falle müssen sie „nur" für Reparaturkosten zur Wiederherstellung der Reproduktionsfähigkeit von Ökosystemen aufkommen; im ungünstigsten Falle werden sie vom Konsum nichtregenerierbarer Umweltgüter ausgeschlossen und unter Umständen sogar ihrer Existenzgrundlage beraubt.
- Mit der Beeinträchtigung des öffentlichen Gutes Umwelt werden Kosten auf die Gesellschaft verlagert.

Da die Existenz externer Effekte gleichermaßen umweltbeeinträchtigend und volkswirtschaftlich effizienzmindernd wirkt [6], ist deren Beseitigung erforderlich, was bedeutet, die knappen Umweltreservoirs auch als knapp zu behandeln. Umwelt- und gesellschaftspolitisch gefordert ist also eine Internalisierung dieser externen Effekte, indem beispielsweise eine Belastung der jeweiligen Verursacher mit den entstehenden Kosten erfolgt. „Alle umweltpolitischen Maßnahmen (Instrumente), die sich an diesem Prinzip [i. e. Verursacherprinzip; die Verfasser] orientieren, haben die Aufgabe, die Umweltschäden als ‚*externe Kosten*' bzw. ‚*soziale Zusatzkosten*' von Produktion und Konsum in möglichst großem Maße *in die Wirtschaftsrechnung*, bzw. – allgemeiner – in das Nutzen-Kosten-Kalkül der Umweltbeeinträchtiger einzubeziehen, d.h. diese Kosten zu ‚internalisieren'." [6] Die Umsetzung kann zum einen durch rechtlich-institutionelle Ergänzungen des Wirtschaftssystems [7] sowie zum anderen durch eine freiwillige Integration externer Kosten seitens der Unternehmen oder privaten Haushalte erreicht werden.

Rechtlich-institutionelle Ergänzungen wurden bereits im Jahre 1920 von PIGOU propagiert, der mit seinem konzeptionellen Vorschlag einer internalisierend wirkenden, von staatlicher Seite festzusetzenden Öko-Steuer, der sogenannten Pigou-Steuer, aufhorchen ließ. Etwas anders gelagert waren die Überlegungen von COASE, welcher aus seiner Kritik an Pigou heraus in den 60er Jahren die Idee einer endogenen Internalisierung entwickelte, bei der Umweltschädiger und -geschädigter auf dem Verhandlungswege zu einer Lösung finden sollen (Coase-Theorem). Schließlich ist auch der Leitgedanke von DALES zu nennen, dem eine Lösung des Internalisierungsproblems mittels übertragbarer, handelbarer Eigentumsrechte an Umweltgütern vorschwebte.

In Deutschland wurde seit Beginn der 70er Jahre ein rechtlich-institutioneller Rahmen mit Normen und Zielen zum Schutze des freien Gutes „Umwelt" geschaffen, der sowohl Umweltauflagen (Ge- und Verbote) wie auch Umweltabgaben (Steuern, Gebühren u.ä.m.) vorsieht [8]. Im einzelnen kommt dies in einer immer umfangreicher werdenden Umweltgesetzgebung zum Ausdruck. Rückblickend könnte diese Zeit als „End of Pipe-Periode" charakterisiert werden, in der viele umweltpolitische Maßnahmen lediglich Symptome kurierten und nicht an den Ursachen ökologischer Probleme ansetzten (Stichwort: Problemverlagerung durch den Einbau von Filtern oder Katalysatoren). MECKEL fordert daher, nach der „Phase der Nachsorge" zum Schutze der belasteten Natur nun nicht nur gedanklich, sondern auch operationell zur *Umweltvorsorge* überzugehen. „Die jetzt anstehende und geradezu überlebensnotwendige Phase der Umweltvorsorge scheint nicht mehr allein auf dem Wege über Gesetze und Verordnungen erreichbar zu sein, sondern ist eher mit einem wohlgezielten Mix aus umweltrechtlichen und weiteren, vor allem umweltökonomischen Massnahmen zu bewältigen." [9] Der Biologe und Umweltökonom ERNST ULRICH VON WEIZSÄCKER bringt die Forderung auf den sehr einprägsamen Punkt: *„Steuern statt Verbote*, nicht die Gesetzesflut wird die Umwelt effektiv entlasten, vielmehr müssen die *Preise die ökologische Wahrheit* sagen." [10]

Die Schaffung institutionell-rechtlicher Rahmenbedingungen stellt zwar die Basis für eine Internalisierung negativer externer Effekte ökologischer Art dar. Dies allein reicht aber in Zukunft nicht mehr aus. Der Schritt von der „Umweltnachsorge" zur „Umweltvorsorge" muß entscheidend unterstützt werden, indem von der zweiten Möglichkeit zur Internalisierung externer Kosten, der (freiwilligen) Integration von Umweltaspekten in ökonomische Entscheidungskalküle, Gebrauch gemacht wird. Hierzu sind ökologische Zusatzinformationen insbesondere für einzelne Unternehmen notwendig, da betriebliche Entscheidungsprozesse vielfach auf reinen Kostenüberlegungen basieren, die – wie beschrieben – aus heutiger Sicht eben nicht die „ökologische Wahrheit" sagen. Mit Hilfe solcher Zusatzinformationen können die Auswirkungen betrieblicher Wertschöpfungsaktivitäten auf die natürliche Umwelt besser abgeschätzt werden. Der eindimensionale ökonomische Entscheidungsprozeß wird so zu einer mehrdimensionalen, um die ökologische Dimension erweiterten Entscheidungssituation. Für die Gewinnung dieser Zusatzinformationen im Rahmen eines umweltschutzorientierten Managements sind neue konzeptionelle und methodische Wege zu beschreiten, wie sie z.B. durch den Ansatz der Ganzheitlichen Bilanzierung vorgezeichnet werden.

4.2
Integration von Ökonomie und Ökologie durch umweltschutzorientiertes Management

Der Topos „*Umweltschutzorientiertes Management*" steht für einen Managementansatz, der externe Effekte systematisch in unternehmerische Entscheidungen und betriebliche Abläufe zu integrieren sucht, dabei aber zugleich strategische Wettbewerbsvorteile durch Umweltschutz aufzeigt, ganzheitliche Instrumente zur ökologiebezogenen Informationsbeschaffung einsetzt sowie Umweltkompetenz gesamthaft im Unternehmen verankert und glaubhaft nach außen befördert. Einen ersten Eindruck von den Facetten eines umfassenden Systems „Umweltschutzorientiertes Management" vermittelt das nachstehende Bild.

Daß solch ein Managementkonzept genuin anders gestaltet sein muß und weit mehr beinhaltet als die Behandlung der natürlichen Umwelt mittels der

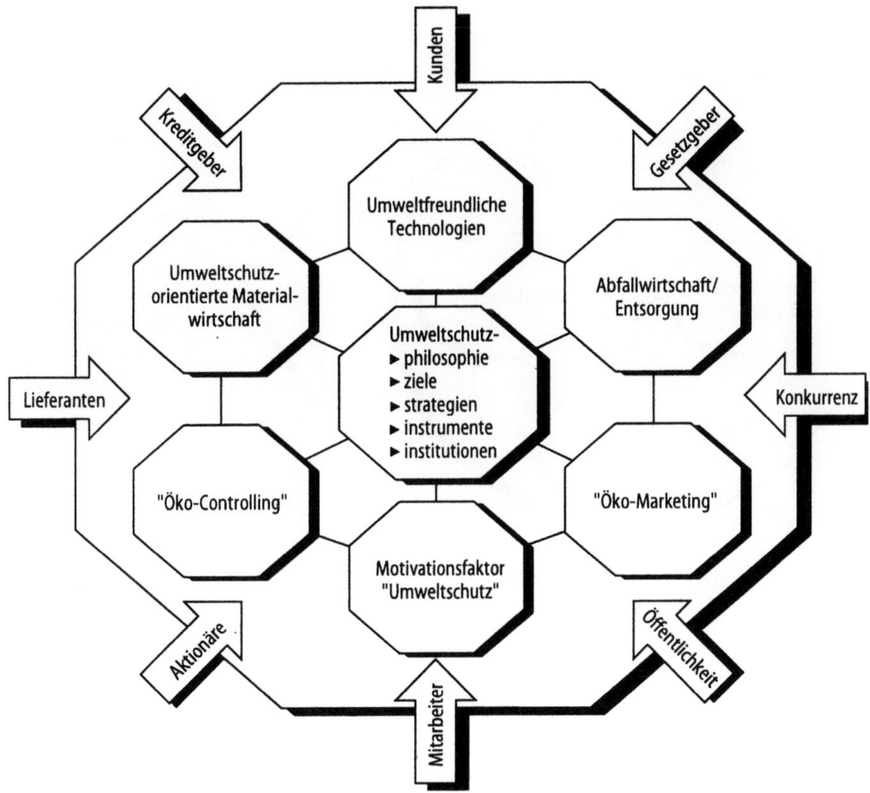

Bild 4.2. System „Umweltschutzorientiertes Management"

bisher verwendeten, gleichsam „altbekannten" Managementtechniken und -instrumente, liegt angesichts der Dimension der unternehmerischen Herausforderung „Umweltschutz" auf der Hand. Für eine umweltschutzorientierte Unternehmensführung kommt die Bewußtmachung ökologischer Zusammenhänge und die (pro-)aktive Auseinandersetzung mit der ökologischen Frage einem Paradigmenwechsel gleich, der über eine bloße Reaktion auf den rechtlichen und/oder ökonomischen Internalisierungsdruck weit hinausgeht. Die Weiterentwicklung einer Unternehmung wird langfristig nur dann gewährleistet werden können, wenn die in Bild 4.1 skizzierten ökologischen Systemeigenschaften und naturbezogenen Gesetzmäßigkeiten Beachtung finden. Eine Schlüsselrolle kommt hier zweifelsohne der Gestaltung und Einrichtung eines umfassenden Umweltinformationssystems zu, in dessen Zentrum beispielsweise das Konzept einer Ganzheitlichen Bilanzierung stehen kann. Diese und andere informationsbezogene Aspekte eines umweltschutzorientierten Managements sind Gegenstand von Abschn. 4.3. Zuvor gilt es, die wichtigsten (unternehmensstrategischen) Tatbestände des Spannungsfeldes „Ökonomie versus Ökologie" auf betriebswirtschaftlicher Ebene zu thematisieren.

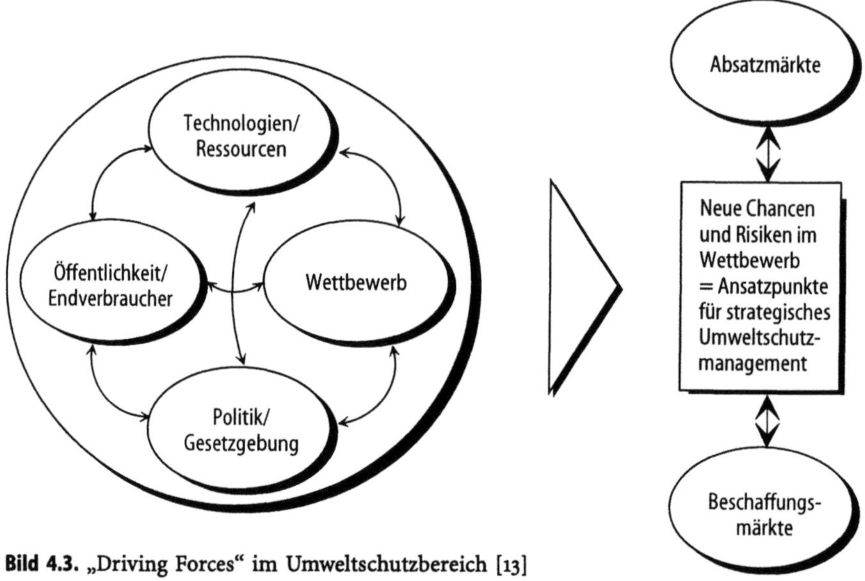

Bild 4.3. „Driving Forces" im Umweltschutzbereich [13]

4.2.1
Die treibenden Kräfte im Umweltschutzbereich

Ein Trend zu mehr Umweltschutz ist in fast allen Branchen zu beobachten. Der Betroffenheitsgrad [11] eines Unternehmens, hervorgerufen durch ökologiebezogene Forderungen verschiedener unternehmensinterner und -externer Anspruchsgruppen, variiert jedoch stark. Nach KIRCHGEORG ergeben sich daraus Sanktionspotentiale, Handlungszwänge und -chancen, die Einfluß auf ein Unternehmen und sein Produktsortiment haben. Unabhängig von der individuellen Markt- und Branchensituation sind dabei – wie in Bild 4.3 gezeigt – generelle Einflußfaktoren und treibende Kräfte zu analysieren und zu bewerten [12].

Öffentlichkeit und Konsumenten

Öffentlichkeit und Konsumenten haben sich in den letzten Jahren zu einer treibenden Kraft im Umweltschutzbereich entwickelt. Die Sensibilisierungsphase für Umweltthemen in den späten 8oer Jahren hat ein Segment der „aktiv umweltbewußten Verbraucher" hervorgebracht, das bis zu' einem Drittel des Gesamtnachfragepotentials auf sich vereinen kann. Diese Kerngruppe verhält sich beim Kauf von Produkten konsequent ökologisch und macht so Umweltschutz umsatz- und marktanteilswirksam. Eine weitaus größere Gruppe von Verbrauchern zeigt sich „aufgeschlossen gegenüber Umweltthemen". Somit sind insgesamt mehr als 60 Prozent der Verbraucher der Kategorie „umweltbewußt" zuzuordnen [13].

Dennoch müssen erhebliche Divergenzen zwischen Werthaltung, ökologischem Wissen und tatsächlichem umweltbewußtem Handeln konstatiert werden. Insofern stellt sich die Frage, ob selbst vergleichsweise gut informierte Verbraucher noch in der Lage sind, die Umweltverträglichkeit von Produkten bei ihren Kaufentscheidungen abzuschätzen; oder werden sie nicht sogar schlicht überfordert, wenn sie die Umweltverträglichkeit von Herstellung, Gebrauch und Entsorgung beurteilen sollen. Ein großes Problem in diesem Zusammenhang resultiert sicherlich aus der Tatsache, daß es keine „objektiven" Informationen über die Umweltverträglichkeit von Produkten gibt. Hier ergeben sich interessante Ansatzpunkte für eine verbesserte und vor allem glaubhafte ökologiebezogene Marketing-Kommunikation [14].

Neben den Konsumenten als treibende Kraft bei der Entwicklung umweltgerechter Produkte und Problemlösungen, muß ein umweltschutzorientiertes Management auch der Allgemeinen Öffentlichkeit als wichtigem Meinungsbildner Beachtung schenken. MEFFERT subsumiert darunter solche ökologiebezogenen Anspruchsgruppen, die sich, durch Umweltprobleme sensibilisiert, zu Umweltschutzgruppen und -organisationen, Bürgerinitiativen und Interessengemeinschaften zusammengeschlossen haben und – zumeist räumlich begrenzt – Druck auf Unternehmungen ausüben [15]. Die Allgemeine Öffentlichkeit versteht sich dabei – wie die meisten anderen Anspruchsgruppen auch – als „Anwalt der Natur" und trägt so zu einem steigenden Umweltbewußtsein in der Gesellschaft bei. Dieses hat sich in der Zwischenzeit als stabiler Wertkomplex etabliert [16]. Vielfach resultiert daraus bei den betroffenen Unternehmen nachgerade ein Innovationszwang zur Entwicklung und Implementierung umweltgerechter Produkt- und Prozeßtechnologien. Bei aller Betonung solcher unternehmungsextern erzeugten „Ökologie-Push-Wirkungen" darf jedoch nicht vernachlässigt werden, daß sich eine Ökologieorientierung auch aus dem Inneren einer Unternehmung heraus entwickeln kann, sei es durch eine entsprechend ausformulierte und (vor-)gelebte Unternehmensphilosophie oder sei es durch aktive und kreative Beiträge einer umweltbewußten Belegschaft.

Politik und Gesetzgebung

Die Änderung der gesetzlichen Rahmenbedingungen und die Verschärfung von Vorschriften hat für die meisten Verursachergruppen national und auch international in den letzten Jahren als Triebfeder für den Umweltschutz gewirkt. Primär wurden Gesetze zur Schadensbegrenzung bei Emissionen in Luft, Wasser und Boden erlassen. Folge dieser gesetzlichen Vorgaben waren erhebliche Investitionen in den Umweltschutz, in erster Linie in „End of the Pipe-Technologien" im Bereich der Luftreinhaltung. In der Bundesrepublik Deutschland belief sich das Investitionsvolumen hier in den letzten 20 Jahren auf mehr als 250 Milliarden DM, ohne Berücksichtigung von prozeß- und produktintegrierten Umweltschutzmaßnahmen [13].

Der Aspekt des vorbeugenden, integrierten Umweltschutzes gewinnt neuerdings immer mehr an Bedeutung. Neue Verordnungen und Gesetzesvorlagen gehen über den derzeitigen (technologischen) Status Quo weit hinaus.

Ankündigungen über Verordnungen zur Verwertung und Rücknahme ausgedienter Produkte stehen für Elektronikerzeugnisse [17] und Altfahrzeuge nach wie vor im Raum [18]. Dies bedeutet starke Einschnitte und Vorgaben für die betroffenen Industrien. So sieht sich beispielsweise die Automobilindustrie aufgrund der Altautoverordnung mit den Problemen konfrontiert, ein flächendeckendes Rücknahmesystem für Altfahrzeuge aufbauen und die ordnungsgemäße Verwertung der Fahrzeuge sicherstellen zu müssen.

Ferner zeigen

- der am 31.3.1993 verabschiedete Entwurf der fünften Novelle des Abfallgesetzes – das sogenannte „Kreislaufwirtschafts- und Abfallgesetz" – auf nationaler Ebene,
- die EG-Richtlinie zum Öko-Audit und Umweltmanagementsystem vom 29.6.1993 auf europäischer Ebene oder
- die laufenden Beratungen zu Fragen eines verschärften Haftungsrückgriffs auf Unternehmungen bzw. deren Verantwortliche bei umweltgefährdenden Aktivitäten,

daß der politische Druck weiter anwächst. Es ist für ein umweltschutzorientiertes Management daher entscheidend, die Signale aus dem öffentlichen und politischen Bereich frühzeitig aufzunehmen, zu prüfen und im Sinne eines integrierten Umweltschutzes in die unternehmerischen Strategien und Entscheidungen einfließen zu lassen.

Dynamik des Wettbewerbs

In den letzten Jahren hat eine „Öko-Welle" unübersehbar an Raum gewonnen. Man muß jedoch kritisch anmerken, daß nicht jede „grün gefärbte" Werbebotschaft dem Anspruch eines umfassenden Umweltschutzmanagements genügt, ja sogar teilweise eher dazu ausgelegt ist, Seriosität und Kompetenz ernsthafter Konzepte zu untergraben. Öko-Marketing sollte nicht inflationär von ökologischen Argumenten, Zeichen, Symbolen und Ideen Gebrauch machen. Ein Verlust an Glaubwürdigkeit mit allen negativen Folgewirkungen für das Image und die Wettbewerbsfähigkeit einer Unternehmung wäre nicht mehr abzuwehren.

Standen umweltinteressierte Konsumenten am Anfang noch einem sehr begrenzten Angebot an umweltgerechten Produkten gegenüber, bietet sich den Nachfragern heute eine reichhaltige Palette von Öko-Produkten. Bei nicht wenigen Konsumgütern sind bereits die Phasen von *Pionieren* und *frühen Folgern* im Hinblick auf umweltgerechte Produktinnovationen durchschritten [15]. Aktuelle Beispiele hierfür sind Wasch- und Reinigungsmittelprodukte. In diesen Produktfeldern wird die ökologische Verträglichkeit der Erzeugnisse mittelfristig nicht mehr als ein besonderer Zusatznutzen, sondern viel eher als eine Selbstverständlichkeit erlebt (z.B. phosphatfreie Waschmittel, Reiniger auf Essigbasis, Sprayprodukte mit Pumpsprühern).

Auch bei langlebigen Konsumgütern erfährt die Umweltverträglichkeit einen höheren Stellenwert. Beim Verkauf von Automobilen beispielsweise verschiebt sich das traditionelle Marketing zusehends von Größen- und Leistungsargumenten hin zu Werbebotschaften, welche die Leichtbauweise, die emissions- und verbrauchsärmeren Motoren oder eine Recycling- und Entsorgungsfreundlichkeit der Fahrzeuge betonen. Bei Haushaltsgeräten, der sogenannten „Weißen Ware", wurden in jüngster Zeit ebenfalls Innovationen auf den Markt gebracht, die neue Umweltstandards gesetzt haben (z.B. FCKW-freie Kühl- und Gefrierschränke, Waschmaschinen mit Öko-Programmen und geringerem Wasser- und Stromverbrauch).

Technologien und Ressourcen

Die allgemeine Entwicklung der Technik, speziell der Meß- und Regeltechnik, hat einen entscheidenden Beitrag dazu geleistet, Umweltbelastungen heute präziser denn je messen zu können. Umweltbeobachtungen aus dem Weltraum, Messungen in den unterschiedlichen Schichten der Atmosphäre und permanente Schadstoffermittlungen zur Überwachung der Umweltmedien liefern heutzutage Umweltinformationen, die – was die Qualität und die Quantität der Daten betrifft – noch bis vor kurzem nicht verfügbar waren.

Die wachsende Erkenntnis der Beschränktheit von Ressourcen stellt eine weitere „Driving Force" zur Etablierung eines umweltschutzorientierten Managements dar. Vor diesem Hintergrund wurde die Effizienz industrieller Prozesse und Abläufe durch den Einsatz hochentwickelter Elektronik, Meß-, Steuer- und Regeltechnik maßgeblich verbessert. Eine bessere Nutzung knapper Ressourcen wurde ferner durch neue oder weiterentwickelte, „umweltsparende" Technologien erreicht, wie auch große Fortschritte bei der Emissionsvermeidung und der Abgasreinigung erzielt werden konnten. Häufig zeigte sich dabei, daß Ökonomie und Ökologie nicht zwangsweise konträrer Natur sein müssen.

4.2.2
Wettbewerbsvorteile durch umweltschutzorientiertes Management

Immer mehr Unternehmen haben erkannt, daß das Thema Umwelt die bekannten strategischen Determinanten wie Käuferverhalten, Produkttechnologie, -innovation und -marketing sowie Zeit und Risiko um eine neue, wettbewerbsentscheidende Dimension erweitert.

Im Käuferverhalten ist das Umweltbewußtsein inzwischen fest verankert. Es steht folglich jedem Strategen offen, diese Sensibilität für seine eigenen Produkte und Dienstleistungen zu nutzen und entsprechend davon zu profitieren.

In Produkttechnologie und -marketing nimmt die ökologische Frage inzwischen einen nahezu gleichberechtigten Platz neben Qualität, innovativer Technik und Kosteneffizienz ein. Die ökologische Dimension bietet somit eine Vielzahl von Differenzierungsmöglichkeiten im Wettbewerbsvergleich. Letztlich gilt es, die Innovationsfreude eines Unternehmens in allen Bereichen zusätzlich auf Umweltverträglichkeit auszurichten.

Zeit als kritische Erfolgsgröße im Wettbewerbsgeschehen ist längst nicht mehr nur ein Modewort von just-in-time-Strategen in der Automobilindustrie.

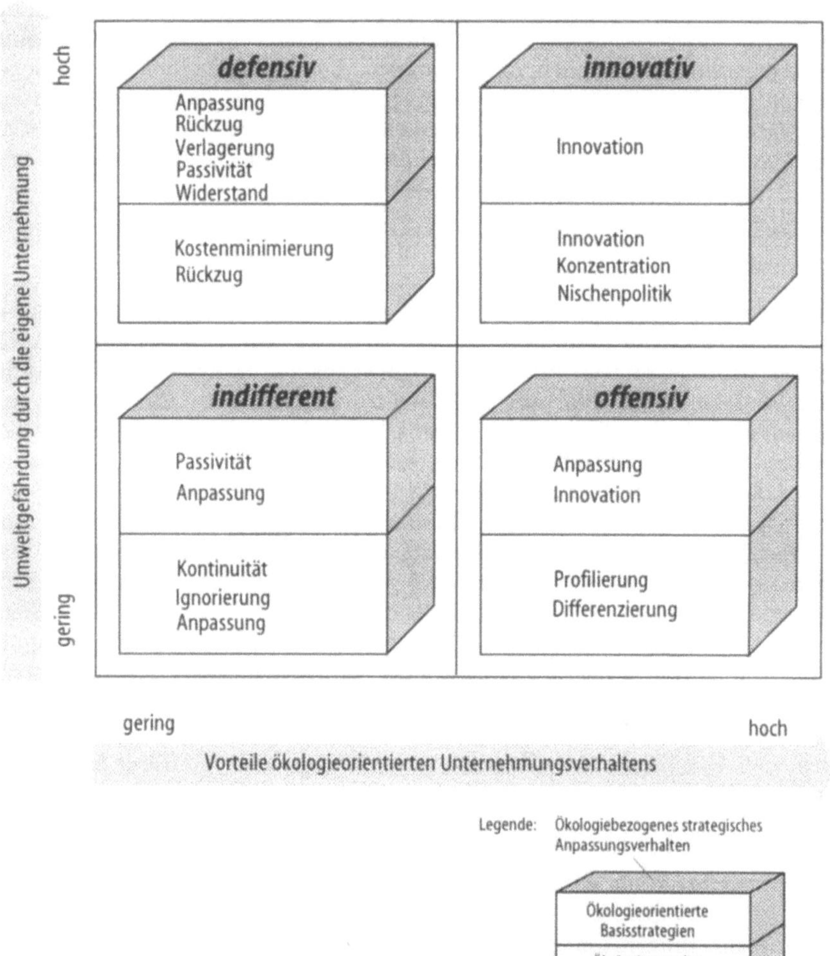

Bild 4.4. Das Ökologie-Portfolio [12]

Besonders in Verbindung mit umweltgetriebenen Innovationen birgt der Wettbewerbsfaktor „Zeit" die einmalige Chance, als Schnellstarter oder Pionier Vorteile abzuschöpfen, bevor Konkurrenten mitziehen oder gesetzliche Vorschriften zu guter Letzt alle Differenzierungspotentiale egalisieren.

Das strategische Risiko, d.h. Potentiale und Gefahren unternehmerischen Handelns, wird durch den Faktor Umwelt unzweifelhaft größer. Schon heute stellen die Konsequenzen des verschärften Umwelthaftungsrechts das Management nolens volens vor die Herausforderung, mögliche Unfälle oder gar Katastrophen im Sinne einer Gefahren*vorsorge* bereits im Keim zu ersticken. Vor allem aber sind Potentiale und Gefahren für Produkt und Image nicht zu unterschätzen. Welches Unternehmen möchte sich schließlich schon bei einem

Öko-Ranking gerne auf den letzten Plätzen wiederfinden, mit den Folgen einer kritischen Umweltberichterstattung in den Medien oder gar eines Aufrufes zum Kaufboykott eigener (umweltbelastender) Produkte.

Demgegenüber bieten sich zahlreiche Chancen, aus den Umwelttrends zu lernen und aus der Analyse ökologierelevanter Einflußfaktoren die strategischen Differenzierungspotentiale herauszufiltern. Die entscheidende Frage für ein Unternehmen lautet dann, wie sich der Faktor „Umwelt" als fester Bestandteil in der Unternehmensstrategie verankern läßt. Eine Antwort hierauf wird durch den Einsatz von *Ökologie-Portfolios* erleichtert, in denen die Umweltgefährdung durch das eigene Unternehmen einerseits sowie die Vorteile eines ökologieorientierten Unternehmensverhaltens andererseits zueinander in Beziehung gesetzt werden.

Werden einzelne Unternehmen mit Umweltschutzforderungen seitens ihrer Anspruchsgruppen konfrontiert, bieten sich eine Reihe von *ökologieorientierten Basisstrategien* zu deren Bewältigung an. Im einzelnen sind dies die Strategien des Widerstands, der Passivität, der Verlagerung, des Rückzugs, der Anpassung sowie der ökologiebestimmten Innovation: [12]

- *Widerstand:* Unternehmen versuchen, gegen umweltschutzbezogene Forderungen zu opponieren, um befürchteten Beschränkungen ihrer Handlungsspielräume entgegenzuwirken.
- *Passivität:* Eine Strategie des „Nicht-Verhaltens", der Isolation, der Ignoranz oder der Indifferenz sind Kennzeichen der Passivität.
- *Verlagerung:* Dem Druck ökologiebezogener Forderungen begegnet das Unternehmen mit der räumlichen Verlagerung seiner Aktivitäten z. B. in Form einer Standortverlegung ins Ausland.
- *Rückzug:* Hier werden die von ökologischen Forderungen betroffenen Geschäftsfelder bewußt aus dem Produktionsprogramm eliminiert.
- *Anpassung:* Die Unternehmung greift die an sie gerichteten Umweltschutzforderungen auf und führt die ökologisch notwendigen Veränderungen durch. Die ökologische Frage wird jedoch als Sachzwang bzw. notwendiges Übel empfunden, dem es mit möglichst geringem Aufwand zu genügen gilt (z.B. das Einhalten von Emissionsauflagen, ohne die vorgeschriebenen Grenzwerte überzuerfüllen).
- *Ökologiebestimmte Innovation:* Diese Strategie kennzeichnet einen proaktiven Umgang mit Fragen des Umweltschutzes sowie eine freiwillige Selbstverpflichtung zur Findung zukunftsorientierter, ökologisch und ökonomisch verträglicher Problemlösungen, die für gewöhnlich über bestehende oder antizipierte Gesetzesvorgaben hinausgehen.

Die Anwendung von Ökologie-Portfolios mit dem Ziel einer Formulierung umweltverträglicher Anpassungsstrategien ist allerdings nicht frei von Kritik. Dem Postulat der Ausgewogenheit folgend, würde der unternehmerische Risikostreuer eine gleichverteilte Positionierung seiner Geschäftsfelder geradezu als Herausforderung für die Pflege und Zementierung defensiver Wettbewerbsstrategien im Umweltbereich ansehen. „Die Umweltferkel werden nicht geschlachtet, sondern man versucht, sie so lange zu melken, bis sie von alleine eingehen." [19]

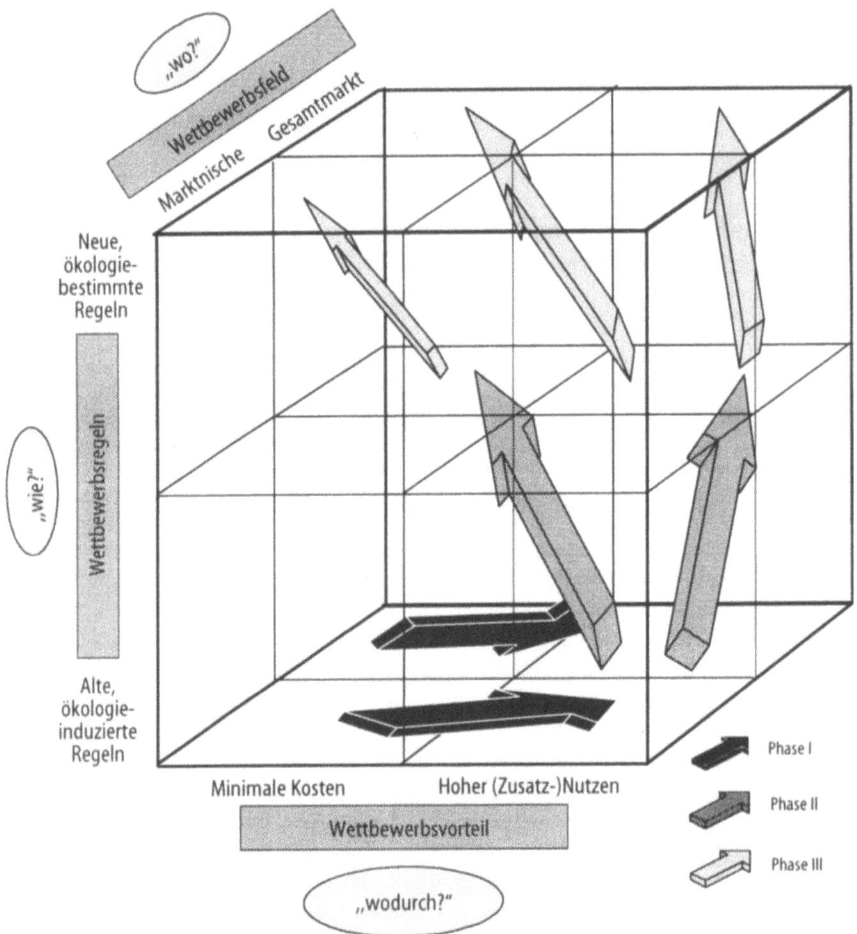

Bild 4.5. Der Strategische Ökologie-Würfel [12]

Eine fehlende Zukunftsorientierung und ausgeklammerte Wettbewerbsregeln führten zu einer konzeptionellen Weiterentwicklung, dem sogenannten
Strategischen Ökologie-Würfel, wie das Bild 4.5 zeigt [12].

Durch die Integration der Achse „Wettbewerbsregeln" findet die Dynamik
unumkehrbarer Evolutionen am Markt – von gegenwärtig ökologie-induzier-
ten Regeln hin zu zukünftig ökologie-bestimmten Regeln – Eingang in unternehmerische Entscheidungskalküle. Die Achsen *Wettbewerbsvorteil, Wettbe-*
werbsregeln und *Wettbewerbsfeld* spannen einen in acht Kuben unterteilten
Raum ökologiebezogener Chancen- und Risikopotentiale auf. „Von der ökologischen Betroffenheit eines Unternehmens wird es abhängen, wie lange es in
der unteren Hälfte des Strategiewürfels verharren kann; von seiner Innovati-
onskraft hängt es ab, wie früh und autonom es den Sprung in die oberen Felder schafft." [19]

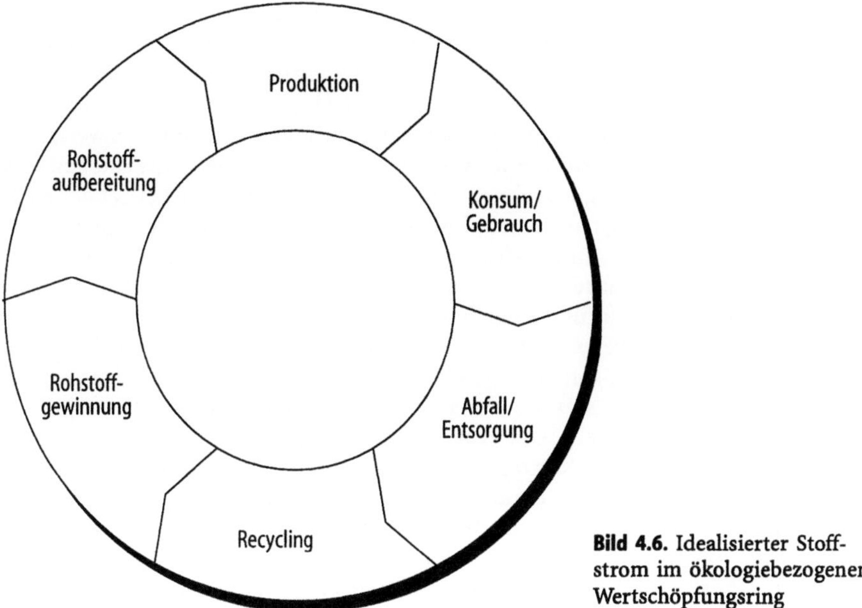

Bild 4.6. Idealisierter Stoffstrom im ökologiebezogenen Wertschöpfungsring

4.2.3
Der Wertschöpfungsring – Die ökologisch erweiterte Wertschöpfungskette

Die bahnbrechende Konsequenz eines umweltschutzorientierten Managements liegt im Konzept des ökologiebezogenen *Wertschöpfungsringes* begründet. Darin wird der Wettbewerbsfaktor Umweltschutz auf allen Stufen der herkömmlichen Wertschöpfungskette in seinen Auswirkungen auf das betriebliche Geschehen analysiert. Hinzu kommt, daß der Lebenszyklus eines Produktes hier umfassend, gleichsam „von der Wiege bis zur Bahre", betrachtet wird, um die ökologischen Folgen der Wertschöpfung von der Ressourcengewinnung und -aufbereitung über Produktion, Konsum und Recycling bis hin zur Entsorgung möglichst vollständig abschätzen zu können. Schematisch ist dieser Gedanke in Bild 4.6 illustriert (s. Kap. 3).

Für den Einsatz einer ökologisch erweiterten Wertschöpfungskette im Rahmen eines umweltschutzorientierten Managements sprechen mehrere gewichtige Gründe: [12]

- Das Instrument unterstützt ein strategisch orientiertes, integriertes Denken und Handeln in ökologiebezogenen Wettbewerbsvorteilen.
- Eine Auseinandersetzung mit den primären Aktivitäten der Leistungserstellung und -verwertung eröffnet die Möglichkeit, den eigentlichen ökologisch bedeutsamen Problemkern unternehmerischen Tuns zu erfassen und zu analysieren: die Nutzung und Transformation von Stoffen und Energie im Zuge der (industriellen) Produktion.
- Die Konzeption zeichnet sich durch ihre Praxisnähe aus.

Eine solch weitgefaßte, stoffstrombezogene Perspektive markiert ein grundlegendes Umdenken in betriebswirtschaftlichen Analysen. Sie erfordert überdies eine umfassende Versorgung der Entscheidungsträger im Unternehmen mit sämtlichen, für ein ökologieverträgliches Wirtschaften benötigten Informationen. Die Informationsgewinnung erstreckt sich dabei notwendigerweise über alle Wertschöpfungsstufen, die in Bild 4.6 ausgewiesen sind, was die gewaltige Dimension dieser Aufgabe erahnen läßt. Mit herkömmlichen betrieblichen Informations(versorgungs)systemen können diese Anforderungen nicht mehr bewältigt werden. Die Entwicklung neuartiger, ökologiebezogener Konzeptionen zur Entscheidungsunterstützung wie beispielsweise der Ansatz einer Ganzheitlichen Bilanzierung ist daher das Gebot der Stunde.

Am Beispiel der Verpackung im Konsumgüterbereich läßt sich die Bedeutung des ökologiebezogenen Wertschöpfungsringes verdeutlichen. Anders als bei dem klassischen Ansatz der PORTERschen Wertschöpfungskette [20], in der jede einzelne Stufe wie z. B. das Produkt- und Verpackungsdesign isoliert optimiert wird, bezieht das Konzept des Wertschöpfungsringes ausdrücklich die umweltrelevanten Wirkungen auch vor- und nachgelagerter Prozesse, beispielsweise auf Einzelhandelsebene, in die Analyse mit ein. So führt erst die Berücksichtigung von Veränderungen in der Leistungspalette des Einzelhandels, aber auch im Logistiksystem, bei den Haushaltsgewohnheiten und in der Abfallentsorgung zu einer wirklich umweltfreundlichen Optimierung der Verpackung.

Damit nimmt das Konzept des ökologiebezogenen Wertschöpfungsringes auch Einfluß auf die Wettbewerbsstrukturen in einer Branche. Wer auch immer – ob Zulieferer, Hersteller, Handel, Wiederaufbereiter oder Entsorger – dieses System beherrschen will, wird über Partnerschaften und langfristige Vereinbarungen den Zugriff auf den gesamten Wertschöpfungsring sicherstellen müssen, um den Faktor Umweltschutz in seiner ganzen Breite strategisch nutzen zu können.

4.2.4
Voraussetzungen für die Implementierung umweltschutzorientierten Managements

Der Weg in die umweltstrategische Offensive beginnt mit einem Schritt, der einfach klingen mag, jedoch häufig der schwierigste ist: vom Vorstand bis zum Pförtner gilt es, Umweltbewußtsein im Unternehmen zu schaffen und Umweltverantwortung als Risiko und Chance gleichermaßen zu begreifen. Dafür ist ein Bewußtseinswandel notwendig, der das *Denken in Systemzusammenhängen*, das *Denken in Kreisläufen* und das *Verstehen ökologiegefährdender Faktoren* vorantreibt und zur gedanklichen Basis umweltschutzorientierten Managens werden läßt.

Das Denken in Systemzusammenhängen

In den letzten Jahren fanden die Paradigmen der Systemtheorie Eingang in nahezu alle Wissenschaftsdisziplinen. Unter einem System wird gemeinhin eine „... geordnete Gesamtheit von Elementen, zwischen denen irgendwelche

Beziehungen bestehen oder hergestellt werden können," verstanden [21]. Das Unternehmen wird somit als Netzwerk [22] oder als ein im Kern produktives, sozio-technisches System aufgefaßt, das Beziehungen zu seiner ökonomischen, technischen, sozio-politischen und ökologischen Umwelt aufweist [23]. Im Sinne der Systemtheorie können Unternehmen als offene Systeme interpretiert werden. Sie entnehmen inputseitig Energie- und Materialressourcen und geben outputseitig Produkte, Energie und unerwünschte Abfallprodukte in ihre Systemumwelt ab. Weiteren Beziehungszusammenhängen zwischen ökonomischen und ökologischen Systemen wurde zumeist keine Beachtung geschenkt. Dieser wirklichkeitsferne Zustand beruhte auf der (Fehl-)Annahme unerschöpflicher Quellen für Energie und Rohstoffe sowie unbegrenzter Senken für Abfall, Schadstoffe und Abwärme.

Begründet wurden dementsprechende Handlungen damit, daß die natürliche Umwelt – wie bereits ausgeführt – zu großen Teilen als freies Gut anzusehen sei, das in ökonomischen Kalkülen definitionsgemäß keine Rolle zu spielen habe. Angesichts der erkennbaren Ressourcenverknappungen und der bereits spürbaren Umweltbelastungen und -schädigungen sind die Grenzen dieser naturfernen Sicht- und Verhaltensweise offensichtlich. Das Denken in Systemzusammenhängen schafft die Voraussetzung für eine erweiterte Systemsicht, indem das Unternehmen als Bestandteil übergeordneter Systeme verstanden wird. Auf diese Weise werden *tatsächliche ökologische Knappheiten* bei unternehmerischen Entscheidungen wahrgenommen und fließen so in das ökonomische Kalkül mit ein.

Das Denken in Kreisläufen

Mit dem Denken in Systemzusammenhängen eng verknüpft ist die Frage, welche Konsequenzen sich aus der Wahrnehmung der tatsächlichen ökologischen Knappheiten ergeben sollten. BOULDING bezeichnet den nach wie vor vielerorts zu beobachtenden heutigen Stand einer offenen Wertschöpfungskette als Durchfluß-Ökonomie [24]. Solche Ökonomien zeichnen sich durch einen hohen Material- und Energiedurchfluß mit den entsprechenden Folgen einer Entropie-Erhöhung und sich beständig vergrößernden Abfallsenken, i.e. wachsende Müllberge und Deponien, aus [25].

Die Wahrnehmung ökologischer Knappheiten erfordert daher eine Abkehr von der Durchfluß- und eine Hinwendung zu einer *Rückflußökonomie*. Dies beinhaltet zweierlei Konsequenzen: „Zum einen bewirken geschlossene Energie- und Materialkreisläufe eine Verzögerung der Ressourcenerschöpfung *und* eine Verminderung der Umweltbelastungen. Zum anderen hat der Kreislauf- bzw. Regelkreisgedanke zur Folge, daß sich das bislang bestehende, den Konsum betonende Fließ-Ungleichgewicht mehr dem ökologischen Gleichgewichtsgedanken nähert." [12] Ein umweltschutzorientiertes Management kann dem Kreislaufprinzip nahekommen, indem es Recyclingstrategien und -maßnahmen ergreift. Allerdings darf der Kreislaufgedanke eo ipso keine alleinige Handlungsmaxime bleiben. Im Sinne einer nachhaltigen Entwicklung ist weiterhin darauf zu achten, daß möglichst geringe Stoff- und Energiedurchsätze bei der Kreislaufführung realisiert werden.

Das Verstehen ökologiegefährdender Faktoren

Haben die Probleme der Ressourcenerschöpfung und der Entropieerhöhung eher längerfristigen Charakter, stellen die umweltbeeinträchtigenden Folgen der Produktion und des Konsums eine unmittelbare und nachhaltige Gefährdung ökologischer Systeme bzw. deren natürlicher Regenerationsfähigkeit dar. Sie sind das gegenwärtig vordringlich zu lösende Problem, da mit ihnen eine Bedrohung der Gesundheit, ja sogar der Existenzgrundlage vieler Organismen in der belebten Natur (einschließlich der des Menschen!) einhergeht. Beispielhaft seien Toxizität, Kanzerogenität, Mutagenität und Persistenz von Schadstoffen oder die vielfach noch nicht wissenschaftlich bestimmten oder bestimmbaren Synergiewirkungen und kumulativen Effekte von Schadstoffeinträgen in Ökosysteme genannt.

Umweltschutzorientiertes Management muß sich zunächst mit den aus den eigenen Wertschöpfungsaktivitäten stammenden Umwelteinwirkungen beschäftigen. Dies bedeutet in erster Linie das Verstehen ökologiegefährdender Faktoren und das Verfügen über entsprechende Umweltinformationen. Unternehmen, die Experten auf dem Gebiet ihrer Produkte und Dienstleistungen sind, müssen dazulernen. Umgekehrt kann damit nicht gemeint sein, daß jedes Unternehmen auch zum Umweltexperten wird. Genausowenig ist nicht jedes Unternehmen in der Lage, zum Beispiel eigene Computersysteme und Software zu entwickeln. Es hat aber gelernt bzw. lernen müssen, aus eigener Kraft oder mit der Hilfe von Fachleuten die Möglichkeiten moderner DV-Anlagen im Unternehmen wertschöpfend einzusetzen.

Ein Prozeß des *ökologischen Lernens* im gesamten Unternehmen ist notwendig. „Es geht dabei in erster Linie um die Förderung *des ökologischen Fachwissens,* das über rein ökonomische Aspekte hinaus auch naturwissenschaftlich-technische Kenntnisse und zusätzliches Wissen im Umweltrecht erforderlich macht. Die Mitarbeiter müssen dazu befähigt werden, mit komplexen Problemen umzugehen, die durch die Verknüpfung von betriebswirtschaftlichen und ökologischen Problemen entstehen." [26] Auch die Kommunikationsfähigkeit sowie die Bereitschaft zur interdisziplinären Zusammenarbeit verkörpern ein neues Element ökologischen Lernens.

Das Erkennen und Verstehen ökologiegefährdender Faktoren stellt die Grundlage für einen effizienten und ökonomisch sinnvollen betrieblichen Umweltschutz dar. Somit kommt der Verfügbarkeit geeigneter Umweltinformationen eine zentrale Bedeutung zu. In Abschn. 4.3, „Das Umweltinformationssystem – Kern eines umweltschutzorientierten Managements" – werden deshalb ausgewählte Instrumente zur Erhebung umweltrelevanter Daten sowie zur Entscheidungsunterstützung des Managements in ökologischen Fragen vorgestellt.

4.2.5
Zur Organisation des betrieblichen Umweltschutzes

Eine wesentliche Voraussetzung für die Implementierung eines integrierten, umweltschutzorientierten Managements ist die Verankerung des Umweltschutzes im Zielsystem der Unternehmung. Dies dokumentiert die Relevanz und den Stellenwert der Thematik für das gesamte Unternehmen und gereicht so für alle Mitarbeiter zur Handlungsmaxime. Dementsprechend sind umweltschutzbezogene Aufgaben, Kompetenzen und Verantwortungen im Unternehmen zu formulieren, aufzubauen und zu verteilen. Die Mitarbeiter vor Ort müssen erfahren, was ein Satz aus den Unternehmenszielen und -leitlinien wie der folgende bedeutet: „Umweltschutz ist für uns ein gleich hohes Ziel wie Wirtschaftlichkeit und Sicherheit." Nur auf diese Weise kann eine weiterreichende Akzeptanz und ein „commitment" in puncto eines umfassenden betrieblichen Umweltschutzes sichergestellt werden.

Die Übersetzung solcher oder ähnlicher Leitlinien in konkrete Handlungsanweisungen läßt den Umweltschutz somit auch zu einer Organisationsfrage werden. Ähnlich wie bei der Qualitätssicherung, kann der Umweltschutz eines Unternehmens nicht allein von einer Person oder Abteilung erbracht werden. Vielmehr muß der Umweltschutz als eine ganzheitlich angelegte, integrierte Aufgabe bezeichnet und realisiert werden. ADAMS spricht daher vom „... *produktintegrierten* oder *produktionsanlagenintegrierten* Umweltschutz. Mit all diesen Bezeichnungen drückt man die Erkenntnis aus, daß Umweltschutz keine Insel im Unternehmen ist, sondern als Querschnittsfunktion das Unternehmen durchzieht, also durchzieht auch die Organisation des Umweltschutzes das ganze Unternehmen." [22]

Um den Gedanken des Umweltschutzes mit allen und durch alle Mitarbeiter(n) umzusetzen, sind die jeweils zuständigen Funktionsträger per Delegation von Aufgaben, Kompetenzen und Verantwortung in die Pflicht zu nehmen. Die Verantwortung für die Umsetzung des Umweltschutzes „vor Ort" muß bei den operativen Einheiten der Linie liegen, da primär dort die Quellen von Umweltbeeinträchtigungen zu finden sind. Beratend stehen ihnen gesetzlich bestellte Umweltschutzbeauftragte wie der Gefahrgutbeauftragte, der Abfallbeauftragte oder der Immissionsschutzbeauftragte, aber auch freiwillig bestellte Umweltreferenten zur Seite.

In Analogie zu Qualitätssicherungssystemen, in denen ein *Systemmanager* für die organisatorische Umsetzung von Qualitätsleitlinien und -standards zuständig ist, übernimmt ein von der Unternehmensleitung einzusetzender *Umweltsystemmanager* die Aufgabe der Definition, der Überwachung und der Optimierung eines betrieblichen Umweltschutzsystems [22]. Mit Leben erfüllt wird das System durch die ausführenden Organisationseinheiten auf allen Hierarchieebenen, in allen Funktionen und in allen Produktlebensphasen (Konstruktion, Produktion, Gebrauch, Entsorgung) [27]. Das Umweltschutzsystem enthält die delegierten Aufgaben, Kompetenzen und Verantwortungen von Linie und Umweltbeauftragten und regelt das Zusammenspiel beider Delegationsketten.

Eine weitere Aufgabe besteht in der permanenten Anpassung des Systems bei Änderungen im externen Umfeld des Unternehmens wie sie z.B. durch neue Umweltgesetze und -verordnungen entstehen. Durch eine zentrale Überwachung und Auswertung aller gesetzgeberischen Aktivitäten werden die einzelnen Unternehmenseinheiten entlastet und auf diese Weise Rationalisierungseffekte erzielt. Mittels einer geeigneten Methodenentwicklung (z.B. Ökobilanzierung, Umwelt-Auditing) und einer problemspezifischen Bereitstellung von Umweltinformationen werden die einzelnen Einheiten ferner in ihren Bemühungen um umweltverantwortliche Entscheidungen unterstützt.

4.3
Das Umweltinformationssystem – Kern eines umweltschutzorientierten Managements

Umweltinformationssysteme (UIS) dienen der funktions- und unternehmensübergreifenden Informationsgewinnung mit Methoden und Instrumenten, die auf die Abbildung und Bewertung der von Unternehmen ausgehenden ökologischen Wirkungen gerichtet sind. Ein solches Informationssystem stellt die Grundlage für ein effektives und effizientes umweltschutzorientiertes Management sowohl in ökonomischer als auch in ökologischer Perspektive dar. Die umweltschutzbezogenen Informationsbedürfnisse in Unternehmen sind vielfältiger Natur. Sie reichen von der Kontrolle und der Einhaltung gesetzlicher Grenzwerte über die Aufdeckung ökologischer Mißstände im Unternehmen bis zur Identifikation von Marktchancen durch Umweltinnovationen.

Zur weiteren Präzisierung des Begriffs „Umweltinformationssystem" wird eine Abgrenzung hinsichtlich verschiedener Aufgaben und Ziele durchgeführt. Danach lassen sich Umweltinformationssysteme in drei Klassen einteilen: [19]

1. *Betriebliche Umweltinformationssysteme (BUIS)* zur Kontrolle und Erfüllung gesetzlicher Vorgaben sowie zur Beurteilung der Umweltverträglichkeit von Produkten und Produktions- bzw. Wertschöpfungsprozessen.
2. *Umweltbezogene Instrumente des Strategischen Managements (USM)* zur Identifikation umweltinduzierter Marktchancen und -risiken.
3. *Umweltbezogene Entscheidungsunterstützungssysteme (UEUS)* zur Früherkennung und Antizipation ökologieinduzierter Strukturkrisen, hauptsächlich basierend auf computergestützten Simulationen. Diese Simulationsmodelle dienen dem Verständnis der dynamischen Wechselwirkungen von Unternehmensentscheidungen, Umweltzuständen und Reaktionen im sozioökonomisch-ökologischen Umfeld.

Der Vollständigkeit halber sei ergänzt, daß einzelne Bestandteile und Instrumente von Umweltinformationssystemen in der einschlägigen Literatur auch unter dem Stichwort „Öko-Controlling" aufgeführt und diskutiert werden [28].

4.3.1
Betriebliche Umweltinformationssysteme (BUIS)

Die Anfänge betrieblicher Umweltinformationssysteme lassen sich auf die in den frühen 7oer Jahren von MÜLLER-WENK entwickelte Konzeption der *Ökologischen Buchhaltung* zurückführen [29]. Sie ist nach dem Vorbild der Finanzbuchhaltung aufgebaut und führt die jeweiligen Belastungs- bzw. Verbrauchsmengen getrennt nach Rubriken wie beispielsweise Energieverbrauch, Material oder Abwasser in einem Kontenrahmen auf. Untersucht werden die

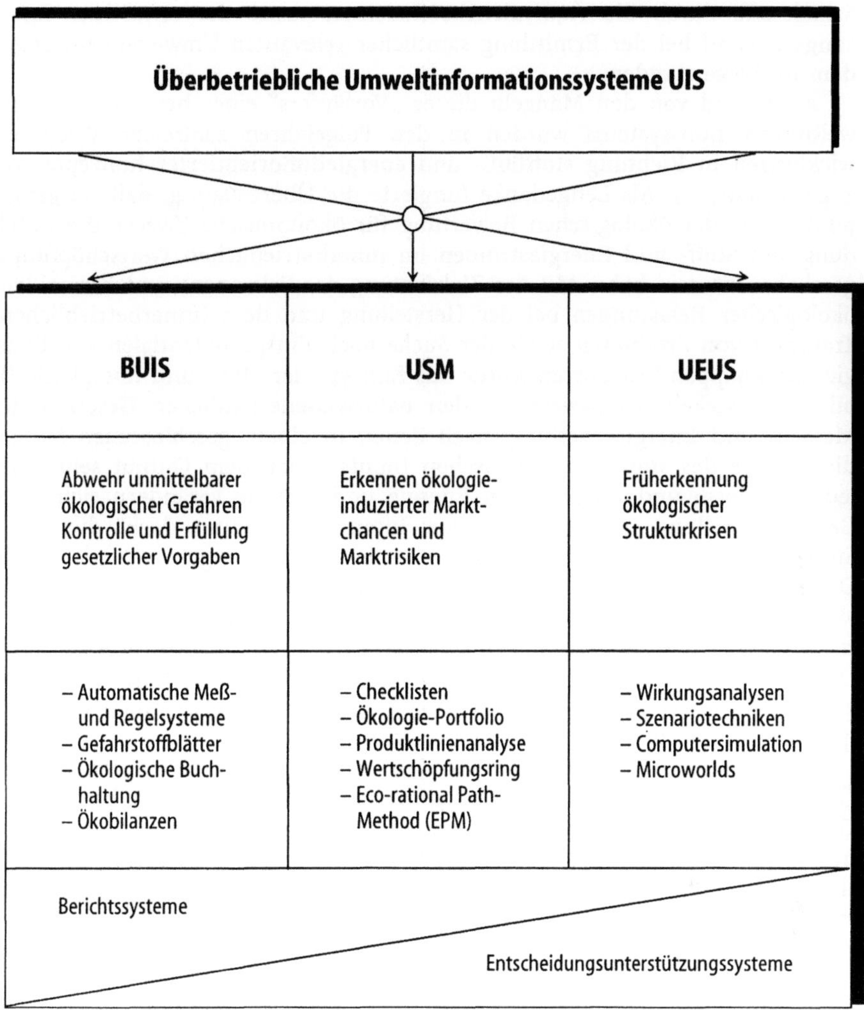

Bild 4.7. Klassifikation von Umweltinformationssystemen (UIS) [19]

Prozesse Produktion, Gebrauch und Entsorgung. Ziel der Ökologischen Buchhaltung ist es, die von einem Betrieb ausgehenden Umweltbelastungen und Inanspruchnahmen von Ressourcen zu ermitteln. Mit Hilfe sogenannter „Äquivalenzkoeffizienten" (AeK), die als „Gradmesser für die ökologische Knappheit" [29] die Wirkungsintensität einer bestimmten Umweltbelastung gewichten, soll ein Vergleich alternativer Herstellungsweisen und Produktformen sowie die intertemporäre Kontrolle der Wirksamkeit von Umweltschutzmaßnahmen ermöglicht werden. Die Ökologische Buchhaltung konnte sich aber in praxi nicht durchsetzen, da methodische Probleme wie z.B. die Nichtbeachtung von Langzeiteffekten oder synergetischen Wirkungen mehrerer

Schadstoffe durch die Äquivalenzkoeffizienten sowie der erhebliche Erfassungsaufwand bei der Ermittlung sämtlicher relevanten Umwelteinwirkungen dem im Wege standen.

Ausgehend von den Mängeln dieses „Vorläufers" eines betrieblichen Umweltinformationssystems wurden in den Folgejahren zahlreiche Weiterentwicklungen in Richtung stofffluß- und energieflußorientierter Konzepte vorangetrieben [30]. Als Leitgedanke fungierte die Überzeugung, daß Ausgangspunkt jedweder ökologischen Bewertung für ökonomische Zwecke die Abbildung von Stoff- und Energieströmen im innerbetrieblichen Wertschöpfungsgeschehen zu sein habe. Mit der Zielrichtung des Erkennens und Vermeidens ökologischer Belastungen bei der Herstellung und dem (innerbetrieblichen) Transport von Produkten sowie der Suche nach Einsparpotentialen von Energie und knappen Ressourcen wurde das Konzept der Stoff- und Energie(fluß)-bilanz entwickelt. Es basiert auf den naturwissenschaftlichen Gesetzen der Massen- und Energieerhaltung, nach denen in einem geschlossenen System die Summe des stofflich-energetischen Inputs gleich dem Output sein muß; lediglich Form und Zustand von Energie und Materie verändern sich. „Die Gegenüberstellung (Bilanzierung) von Input und Output deckt diejenigen Stoff- und Energiemengen auf, die sonst unbewußt abgegeben werden." [31] Dadurch, daß Stoff- und Energiebilanzen nicht den Anspruch erheben, die von der Unternehmung ausgehenden Umweltwirkungen samt und sonders mit Preisen, Äquivalenzkoeffizienten oder Punktesystemen zu erfassen, entfällt die Suche nach einer allumfassenden Gesamtbewertungszahl. Im Vordergrund steht daher vielmehr eine breit angelegte Datenanalyse sowie eine eher qualitative Bewertung betrieblicher Umweltwirkungen [32].

Von hier aus war es nicht mehr weit bis zu den ersten konzeptionellen Überlegungen in Richtung eines das gesamte inner- und zwischenbetriebliche Geschehen umfassenden Umweltinformationssystems namens Öko-Bilanz. Einen ersten Eindruck über die dieser Konzeption zugrundeliegenden Systematik vermittelt Bild 4.8. In einem vierstufigen Verfahrensprozeß sind – auf unterschiedlichen Aggregationsstufen und teilweise zeitgleich – Betriebs-, Prozeß- und Produktbilanzen zu erstellen sowie eine umweltbezogene Substanzbetrachtung durchzuführen. Als Ergebnis erhält man schließlich eine konsolidierte ökologische Betriebsbilanz [32].

Auch wenn das Schema in nachstehendem Bild den Anschein erweckt, als würde eine weitgehend einheitliche Vorstellung dahingehend bestehen, was Öko-Bilanzierung im einzelnen bedeutet und umfaßt, ist die tatsächliche Situation insbesondere in der betrieblichen Praxis durch ein Begriffswirrwarr gekennzeichnet. Mit anderen Worten: der Ausdruck „Öko-Bilanz" wird mit einer Vielzahl unterschiedlicher Instrumente und Methoden in Verbindung gebracht. Gemeinsamkeiten bestehen lediglich darin, daß [30]

- eine Datengrundlage in Form von Stoff- und Energieflüssen vorliegt,
- die Datenerfassung mittels Prozeßanalysen durchgeführt wird und
- eine Gewichtung bzw. Vergleichbarmachung von Umweltwirkungen mit der Absicht einer teilweisen oder vollständigen Aggregation zu einer Gesamtbilanz erfolgt.

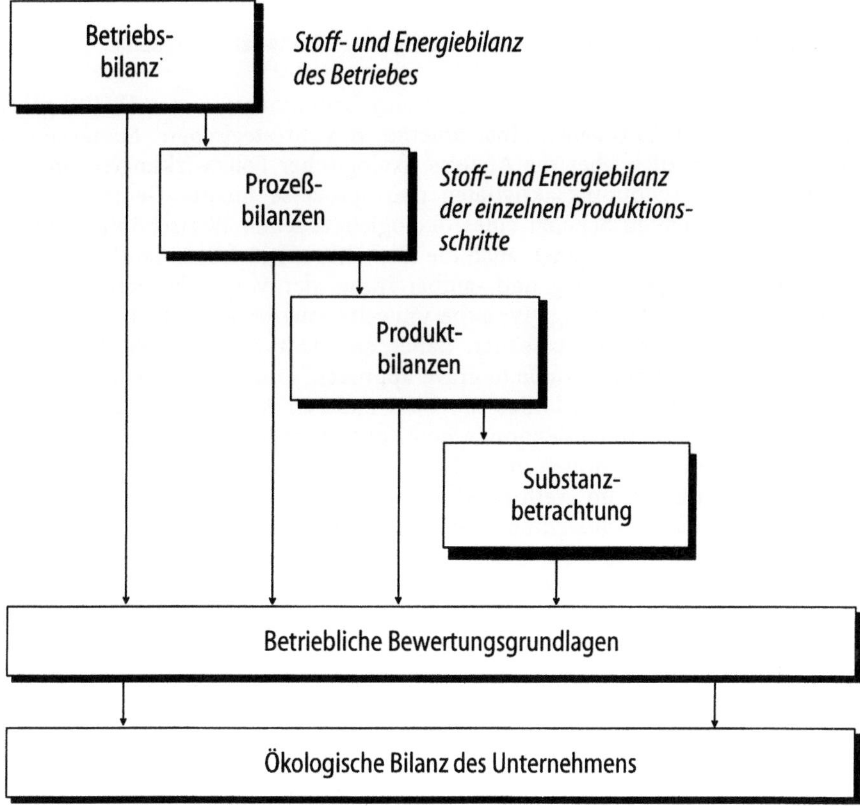

Bild 4.8. Die Ökobilanz-Systematik [46]

Das Erkennen von Schadstoffquellen und Stoffflüssen in den einzelnen Phasen des Produktlebens ist der erste wichtige Schritt im Zuge eines umweltschutzorientierten Managements. Die Frage der ökologischen Gefährdungspotentiale ist damit aber noch nicht beantwortet. Zur Abschätzung der Umweltgefährdung werden in jüngster Zeit die aus der Materialwirtschaft stammenden Instrumente der ABC- und der RSU-Analyse vorgeschlagen [33]. Das Gefährdungspotential wird hierbei durch die Kombination von Eintrittswahrscheinlichkeit und gesetzlicher Überwachungspflicht der Stoffe definiert. Einem ABC/RSU-Tableau lassen sich dann die notwendigen Strategien zur Informationsbeschaffung und -aufbereitung sowie Hinweise für die Gestaltung eines an ökologischen Kriterien ausgerichteten Frühwarnsystems entnehmen [34].

4.3.2
Umweltbezogene Instrumente des Strategischen Managements (USM)

Im Gegensatz zu den betrieblichen Umweltinformationssystemen (BUIS) gehen die umweltschutzbezogenen Instrumente des Strategischen Managements (USM) grundsätzlich über die Analyse ökologischer Folgewirkungen innerbetrieblicher Wertschöpfungsaktivitäten und -prozesse hinaus. Gemäß dem in Bild 4.6 dargestellten Schema eines ökologiebezogenen Wertschöpfungsringes berücksichtigen sie zum einen auch die umweltbeeinträchtigenden Konsequenzen der Rohstoffgewinnung und -aufbereitung, der Vorproduktion, des Konsums sowie der Entsorgung. Typische umweltschutzbezogene Instrumente des Strategischen Managements bauen daher auf dem ökologischen Produktlebenszykluskonzept auf („cradle to grave-approach") und streben eine ganzheitliche Beurteilung von Produkten an. Zum anderen werden diese Zusammenhänge zusätzlich in einen ökonomischen Kontext eingebettet, um die Entscheidungsträger in Unternehmen in die Lage zu versetzen, umweltschutzinduzierte Chancen und Risiken im Wettbewerb besser aufspüren und beurteilen zu können. Entsprechende Konzeptionen wie das *Ökologie-Portfolio*, der *Strategische Ökologie-Würfel* oder der *ökologiebezogene Wertschöpfungsring* wurden bereits an anderer Stelle thematisiert und illustriert (s. Abschn. 4.2.2 und 4.2.3).

Neben den genannten Instrumenten gehört die Gruppe der *produktbezogenen Analysemethoden* ebenfalls zur Rubrik USM. In einer Restrospektive betrachtet haben dabei die Verfahren der *Produktfolgeabschätzung* nach MÜLLER-WITT [35] sowie die vom Öko-Institut [36] vorgelegte Weiterentwicklung zur *Produktlinienanalyse* größere Bedeutung erlangt. Kernstück beider Vorschläge ist eine Produktfolge- bzw. eine Produktlinienmatrix, die als Bewertungsraster für die Umweltverträglichkeit von Produkten fungieren. Mit Blick auf die Auswahl der Bewertungskriterien stehen – je nach Schwerpunktsetzung – verschiedene Teilziele einer erweiterten sozialen bzw. gesellschaftlichen oder aber einer ausschließlich ökologischen Produktbeurteilung im Vordergrund. Über die Weiterentwicklung sowie die Chancen, Grenzen und Perspektiven der Produktlinienanalyse als zentralem Instrument einer ökologischen Produktpolitik gibt die demnächst erscheinende Veröffentlichung von RUBIK UND TEICHERT Auskunft [37]. Ein anderer umfassender „Eigenschaften-Gestaltungs-Ansatz" zur Erfassung und Beurteilung der Lebensphasen und Eigenschaften ökologischer Produkte wurde von TÜRCK entwickelt und zur Diskussion gestellt. Seine Matrix zur ökologischen Produktbewertung hat jedoch eher den Charakter einer Checkliste, mit der im wesentlichen beschreibende und weniger gestaltende Funktionen wahrgenommen werden können [38].

Die neben dem Konzept der Ganzheitlichen Bilanzierung in letzter Zeit interessanteste Neuentwicklung eines ökologiebezogenen Instrumentes zur Fundierung strategischer Managemententscheidungen stammt aus der Schweiz und ist mit den Namen SCHALTEGGER und STURM [30] verknüpft. Ihre Überlegungen zur Ausgestaltung eines handhabbaren Führungsinstrumentes im Zuge eines Öko-Controlling gründen auf dem Konzept der Schadschöpfung [30]. Diese wird – wie der Name bereits vermuten läßt – als Korrelat zur (industriellen) Wertschöpfung angesehen und ist definiert als die Summe aller

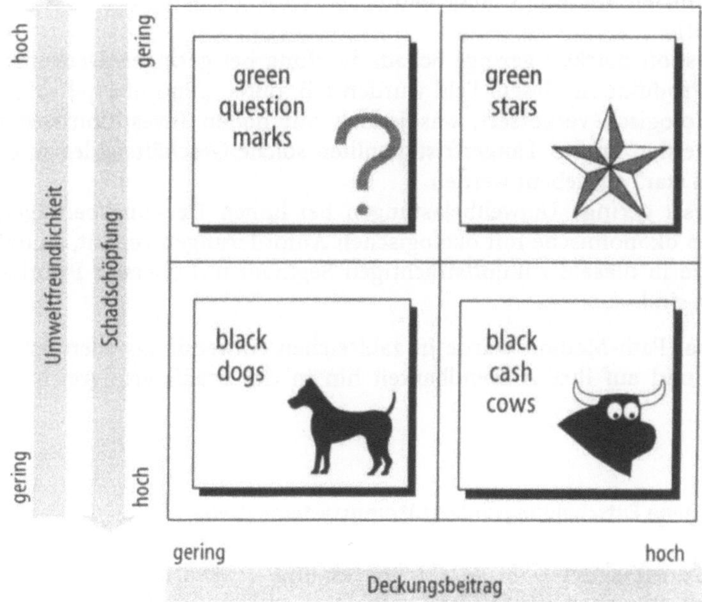

Bild 4.9. Das Eco-rational Path-Method - Portfolio [30]

durch betriebliche Leistungserstellungsprozesse bewirkten und nach deren ökologischer Schädlichkeit beurteilten Stoff- und Energieflüsse in die Ökosphäre. Was diesen Ansatz gegenüber anderen Öko-Bilanzierungs-Konzepten auszeichnet und seine Klassifizierung als USM rechtfertigt, macht das obige Bild deutlich.

Die in mehreren Stufen bilanzierten, ökologiebezogenen Analyseergebnisse der Eco-rational Path-Method (EPM) werden in einem abschließenden Verfahrensschritt zu ökonomischen Kenngrößen wie z.B. Deckungsbeiträgen in bezug gesetzt. Maßgebend für dieses Vorgehen ist die Überlegung, daß ökologisch effiziente Unternehmen nur dann einen positiven Beitrag für die Umwelt leisten können, wenn sie mit ihren vergleichsweise ökologiegerechteren Produkten auch im Wettbewerb bestehen. Das in Bild 4.9 ausgewiesene *EPM-Produktportfolio* ermöglicht folgerichtig eine kombinierte ökonomisch-ökologische Beurteilung, wobei sich vier realtypische Situationen unterscheiden lassen: [39]

–   „Black dogs": hohe Umweltbelastung bei niedrigen oder gar negativen Deckungsbeiträgen. Diese Produkte gilt es, mit höchster Priorität zu eliminieren oder gleichermaßen ökonomisch *und* ökologisch zu verbessern.
–   „Black cash cows": hohe ökologische Negativwirkungen bei einer guten wirtschaftlichen Basis. Hier spiegelt sich das klassische Dilemma zwischen Ökologie und Ökonomie auf einzelwirtschaftlicher Ebene wider. Die entsprechenden Wertschöpfungsträger sind für das Unternehmen (über-)lebensnot-

wendig, bedürfen allerdings einer deutlichen ökologischen Nachbesserung (Kostenfalle!).

- „Green question marks": geringe Schadschöpfung bei geringen Deckungsbeiträgen. Produkte in diesem Feld wurden z.B. durch „End of Pipe"-Maßnahmen ökologisch verbessert, was jedoch mit hohen Investitionskosten „erkauft" werden mußte. Längerfristig sollten solche Geschäftsfelder zu einem „Green star" ausgebaut werden.
- „Green stars": geringe Umweltbelastungen bei hohen Deckungsbeiträgen. Hier werden ökonomische mit ökologischen Anforderungen vereint, so daß die Produkte in diesem zukunftsträchtigen Segment mit oberster Priorität zu forcieren sind.

Die Eco-rational Path-Method wurde in zahlreichen Anwendungsfällen empirisch fundiert und auf ihre Anwendbarkeit hin in der Praxis erfolgreich geprüft.

4.3.3
Umweltbezogene Entscheidungsunterstützungssysteme (UEUS)

Im Gegensatz zum Ziel der USM, Marktchancen und -risiken in einem zunehmend ökologiebestimmten Wettbewerb auszuloten und daraus Strategien und konkrete Handlungsanweisungen abzuleiten, legen die Instrumente der umweltbezogenen Entscheidungsunterstützungssysteme (UEUS) den Fokus auf die Darstellung von Umweltsystemzusammenhängen und die Visualisierung der Auswirkungen ökologisch begründeter Managemententscheidungen über die Zeit.

Zu den Wegbereitern umweltbezogener Entscheidungsunterstützungssysteme zählen *Strukturmodelle*, die das mögliche oder wünschenswerte Verhalten der betrachteten Systeme in ihren komplexen, kybernetischen Ursache-Wirkungs-Zusammenhängen transparent(er) machen [40]. Die Abbildung von Systemen (z.B. Umwelt, Markt, Unternehmen, Gesellschaft und Politik) in einem Wirkungsgefüge, das sich für gewöhnlich aus einer Vielzahl miteinander vermaschter Kausalschleifen zusammensetzt und aus dem die wechselseitigen Abhängigkeiten zwischen den Systemelementen hervorgehen, ist dabei notwendige Voraussetzung für das Erkennen dynamischer Systemverhaltensweisen. Eine modulartige Untergliederung in Teilmodelle erleichtert das Systemverständnis entscheidend und veranschaulicht sowohl die Regelkreise und Störfaktoren innerhalb der Teilmodelle wie auch deren Zusammenspiel auf einer höheren Aggregationsstufe.

Daß Strukturmodelle in der eben beschriebenen Form wertvolle Erkenntnisse für ein umweltschutzorientiertes Management liefern können, zeigt eine Untersuchung von VESTER [41]. Am Beispiel der Automobilindustrie weist er nach, daß eine zu starke eindimensionale Problemorientierung auf Kunden, Produkte und Märkte die Wechselwirkungen des Fahrzeugbaus mit Bereichen wie Umwelt, Infrastruktur und Sozialverträglichkeit außer acht läßt. Grundlage seiner Analysen sind die erwähnten Strukturmodelle, in denen qualitative Daten in Form von Einflußdiagrammen dargestellt werden. VESTER spricht diesen

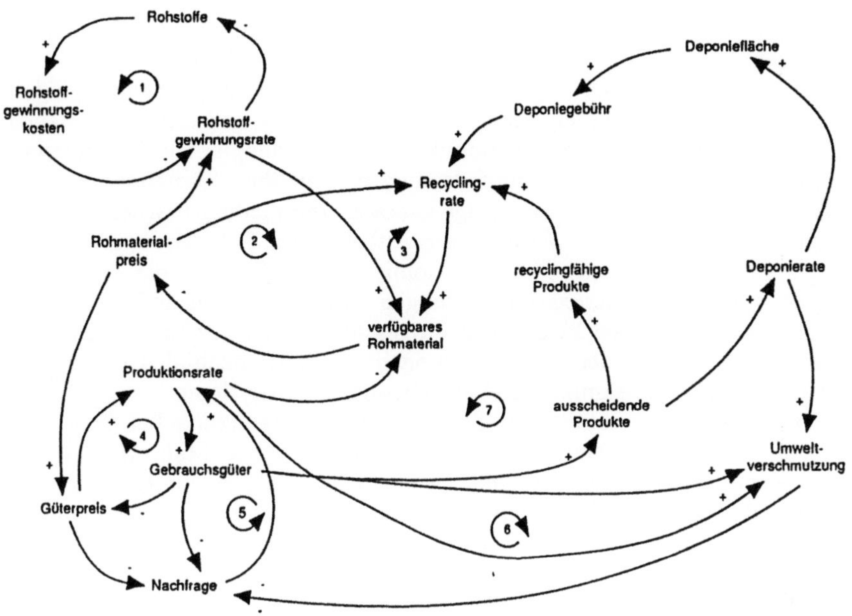

Bild 4.10. Einflußdiagramm für einen Rohstoffkreislauf [54]

Einflußdiagrammen einen hohen Erkenntniswert zu: „Die wichtigsten konkreten, praxisbezogenen Aussagen ... ergeben sich bei der Analyse ihrer Wirkungsgefüge vor allem aus den daraus abzulesenden Regelkreisen. Diese geben Aufschlüsse über das Systemverhalten unter unterschiedlichen Randbedingungen wie auch im Hinblick auf Eingriffe in das System. Sie machen die Abhängigkeit des Systems von Störungen oder auch seine Robustheit deutlich. Sie bestimmen die Eigendynamik bestimmter Systemteile, ihre Tendenz zur Aufschaukelung oder zur Selbststeuerung." [41] Ein Beispiel dafür, welche Kausalbeziehungen und Regelkreise unter anderem die Dynamik eines Rohstoffkreislaufes determinieren, der in ökologischer Hinsicht für ein Unternehmen oder eine Branche von Bedeutung sei, kann Bild 4.10 entnommen werden.

Mit Hilfe von Cross-Impact-Analysen lassen sich solche Strukturmodelle dahingehend analysieren, inwieweit bestimmte Systemelemente mehr oder weniger stark verhaltensbeeinflussend wirken. Verglichen damit geht der *System Dynamics-Ansatz* [42] noch einen großen Schritt weiter, da über die rein qualitative Beschreibung von Systemstrukturen hinaus, die aus der Strukturanalyse abgeleiteten Kausaldiagramme in mathematische Modelle transformiert werden, welche ihrerseits eine computergestützte Simulation bestimmter Entscheidungstatbestände möglich machen. Die in Form von „was wäre, wenn"-Analysen gewonnenen Szenarien zeigen in Abhängigkeit der getroffenen Annahmen mögliche Zukunftsbilder der untersuchten Fragestellungen auf. Das wohl bekannteste Beispiel für eine System-Anwendung dieser Art ist die 1972 erschienene Studie über die „Grenzen des Wachstums" [43], von der entscheidende Impulse für einen ökologischen Bewußtseinswandel weltweit ausgingen.

Schon dieses Beispiel zeigt, daß sich Modelle vom Typ System Dynamics in besonderer Weise eignen, komplexe Sachverhalte – und um solche handelt es sich bei (kombinierten) ökonomischen und ökologischen Systemzusammenhängen – analytisch zu durchdringen und in ihrer Dynamik zu veranschaulichen, da sie auf der Grundlage kausaler *und* mathematischer Beziehungen formuliert werden. Im Rahmen umweltbezogener Entscheidungsunterstützungssysteme bietet diese Methodik somit die Möglichkeit, die Wechselwirkungen von Unternehmensentscheidungen und Umweltzuständen wie auch die dadurch induzierten Reaktionen im gesellschaftlichen, ökonomischen und ökologischen Umfeld der Unternehmung modellhaft abzubilden sowie in ihrem dynamischen Zusammenspiel eingehender zu analysieren.

Ein weiteres Instrument zur Entscheidungsunterstützung bei Fragen des betrieblichen Umweltschutzes ist die *Szenario-Technik* [44]. Methodischer Ausgangspunkt ist auch hier eine Systemanalyse, wie sie bereits vorgestellt wurde. Für alle Einflußfaktoren des daraus abzuleitenden Strukturmodells sind Kenngrößen, sogenannte Deskriptoren, zu formulieren, für die dann Projektionen in die Zukunft vorgenommen werden. Ist eine eindeutige Trendaussage nicht möglich, werden Annahmen für alternative Entwicklungen getroffen, die in sich widerspruchsfrei und stimmig zu sein haben. Gleicht man diese Projektionen gegeneinander ab, so erhält man ein Gerüst möglicher Zukunftsbilder. Daraus lassen sich wiederum Auswirkungen auf das Untersuchungsfeld ableiten und entsprechend auswerten.

Ein Einsatz der Szenario-Technik als UEUS bietet sich insbesondere in Entscheidungssituationen an, die durch große Unsicherheiten gekennzeichnet sind, was für nahezu sämtliche umweltschutzinduzierten Problemstellungen zutrifft. Die noch offenen Umfänge angekündigter Umweltschutzgesetze und -verordnungen wie der Altautoverordnung oder der Elektronikschrottverordnung sind ein beredtes Beispiel hierfür.

Gerade für ein ökologisch verpflichtetes Management, aber auch für alle übrigen, von der Umweltthematik berührten Unternehmen, ist es von wettbewerbsentscheidender Bedeutung, möglichst frühzeitig über Informationen darüber zu verfügen, welche potentiellen ökonomischen Auswirkungen z.B. bereits angekündigte, geplante oder befürchtete Umweltschutzgesetze für die eigene Branche oder die eigene Unternehmung haben könnten. Erst mit diesem Wissen lassen sich zukunftsweisende strategische Optionen entwickeln, die bei Bedarf in konkrete unternehmerische Umweltschutzstrategien transformiert werden können. Umweltbezogene Entscheidungsunterstützungssysteme (UEUS) auf der Grundlage von Simulationen oder Szenarien tragen in diesem Sinne zu einem nicht unerheblichen Teil zu einer – zumindest partiellen – Harmonisierung ökologisch gebotener und ökonomisch vernünftiger Handlungsweisen von und in Unternehmen bei.

4.4 Kapitalbilanzen befruchten Ganzheitliche Bilanzierungen

SAUR, K., Dettingen/Teck

Kapitalbilanzen sind ein bekanntes Instrument aus der Betriebswirtschaft. Wenn sich Ingenieure mit wirtschaftswissenschaftlichen Gegebenheiten befassen sollen, muß zunächst eine gemeinsame Sprache gesucht werden. Der folgende Beitrag stellt den Versuch eines Ingenieurs dar, Inhalte und Erfahrung aus Kapitalbilanzen in umweltbezogene Werkzeuge zu übertragen. Zunächst ist unter einer Kapitalbilanz die Gegenüberstellung von Aktiva und Passiva zu verstehen, d.h. vereinfacht gesprochen eine Gegenüberstellung der Schulden mit dem Vermögen, wie in Kapitel eins bereits ausführlich erläutert. Unter Aktiva versteht man alle Anlage- (Sach- und Finanzanlagen) und Umlaufvermögen (Vorräte, Wertpapiere, Kassenbestand).

Analog den Kapitalbilanzen werden auch bei Ganzheitlichen Bilanzierungen zunächst Sachinformationen zur Beschreibung des Ist-Zustandes erhoben. Im Gegensatz zur Kapitalbilanz, bei der es sich um eine reine Bestandsbeschreibung handelt, die in Form von Soll und Haben erfaßt wird, sind Ganzheitliche Bilanzierungen Flußbetrachtungen. Während Kapitalbilanzen die Veränderungen des Systems, d.h. (monetäre) Flüsse in das Betrachtungssystem hinein und aus dem System heraus, für eine bestimmte Periode und zu einem definierten Zeitpunkt zusammenfassen, stellen Ganzheitliche Bilanzierungen diese Flüsse bezogen auf die Einheit der Bereitstellung der Funktion des betrachteten Systems dar. Vereinfacht gesagt, spiegelt die Ganzheitliche Bilanzierung damit die Aufwände, d.h. die Material- und Energieeinsätze, als Fluß in das System sowie Emissionen, Abfälle und die Erbringung der Funktion als Flüsse aus dem System dar. Dieses System ist zur Vereinfachung der Analyse modular, d.h. in Sub-Systemen aufgebaut. Die Betrachtung der Sub-Systeme erfolgt analog dem Gesamtsystem. Das Gesamtsystem stellt sich als Kombinationsnetzwerk der Einzelelmente dar.

Darüber hinaus wird bei der Kapitalbilanz ein Ertrag einem Aufwand gegenübergestellt. Diese Unterscheidung kann für Ganzheitliche Bilanzierungen nicht streng übernommen werden. Während bei den jeweiligen Eingangsgrößen, den Systemeingängen Stoff- und Energiebedarf, sicherlich von Aufwand gesprochen werden kann, ist es sehr gewagt, neben dem Produkt auch die Emissionen und Abfälle als Ertrag zu bezeichnen. Deshalb ist die Verwendung des Begriffes Bilanz hier im strengen Wortsinn nicht korrekt. Ist man jedoch kein Purist, kann der Begriff wegen seiner Einfachheit und den vielen Parallelitäten ohne Zögern verwendet werden.

Das Ziel einer solchen Kapitalbilanz ist es, Informationen über Vermögens- und Kapitalverhältnisse zu gewinnen. Hierbei unterscheidet man verschiedene Bilanzarten, die sich in der Kriterienwahl voneinander unterscheiden. Kriterien für Kapitalbilanzen sind: Regelmäßigkeit, Länge der Bilanzperiode, Informationsaddressat, Zweck, organisatorische Anforderungen sowie Detailtiefe. All diese Kriterien können sofort auf die Ganzheitliche Bilanzierung übertragen werden. Auch hier sind diese Kriterien von Bedeutung.

Auch bei Ganzheitlichen Bilanzierungen spielt der zeitliche Abstand zwischen einzelnen Untersuchungen oder Datenerhebungen eine große Rolle. Ganze Fertigungsprozesse sind in einer stetigen Umwandlung begriffen, die eine Anpassung an aktuelle Gegebenheiten unabdingbar macht. Diese Überprüfung muß in festen Zeitabständen erfolgen, um große Sprünge in den Resultaten zu vermeiden, die unweigerlich zu Akzeptanzproblemen führen würden. Dasselbe Kriterium trifft auch für die Wahl des Abstandes zweier Untersuchungen zu. Fragestellungen wie Zweck, Detailtiefe oder Adressat der Untersuchung sind ebenfalls leicht zu übertragen. Keine Untersuchung wird ohne Zweck und ohne Beschreibung der Anforderungen durchgeführt. Auch die Anpassung der Aufgabenstellung an das Erkenntnisinteresse des Nachfragenden ist ein selbstverständliches Kriterium.

Die maßgebliche Erkenntnis die sich aus diesen Anforderungen ableiten läßt, ist die Tatsache, daß nur eindeutig beschriebene Aufgabenstellungen zutreffende Ergebnisse erwarten lassen. Eine weitere, und vielleicht wichtigere Feststellung ist, daß Kapitalbilanzen wie Umweltbilanzen nur Momentaufnahmen, bzw. die Detailaufnahme des Betrachtungszeitraums widerspiegeln. Sowohl Kapital- wie auch Umweltbilanzen sind kein Werkzeug das immergültige Wahrheiten produziert. Beide Werkzeuge sind vielmehr in der Lage für einen definierten Zeitraum und ein festgelegtes Untersuchungsobjekt, Sachinformationen zur Verfügung zu stellen, die eine weitergehende Interpretation und Deutung zulassen. Diese Interpretationen und Deutungen sind es dann, die geeignete Schlußfolgerungen auf zukünftige Aktivitäten zulassen. Damit können beide Instrumente als Planungs- und Kontrollmechanismen eingesetzt werden.

Im Zusammenhang mit betriebswirtschaftlichen Bilanzen wird sehr häufig von den Bilanzierungsgrundsätzen gesprochen. Diese Grundsätze, die als eine Art Kodex für Kapitalbilanzen gelten, können wie folgt wiedergegeben werden:

- Prinzip der *Klarheit:* Nur ein überschaubarer Aufbau und eine transparente Darstellung lassen die gewünschte Nachvollziehbarkeit zu.
- Prinzip der *Wahrheit:* Nur eine zutreffende Darstellung der Verhältnisse ist geeignet belastbare Erkenntnisse zu gewinnen (hierbei sind keine belastenden Erkenntnisse im Zusammenhang mit Bilanzfälschungen zu verstehen!).
- Prinzip der *Vorsicht:* Eine Beurteilung der wirtschaftlichen Lage sollt in keinem Fall zu optimistisch oder pessimistisch ausfallen, um Fehlreaktionen zu vermeiden.
- Prinzip der *Stetigkeit:* Nur bei Kongruenz der einzelnen Bilanzen und einer Kontinuität der Methoden kann ein Vergleich zwischen verschiedenen Perioden angestellt werden.
- Prinzip der *Vollständigkeit:* Nur die lückenlose Darstellung sämtlicher Bilanzgegenstände erlaubt geeignete Interpretationen und Schlußfolgerungen.

Alle diese fünf Kriterien können sofort auch für die Ganzheitliche Bilanzierung übernommen werden. Auch hier gilt, daß nur ein gleichbleibender und verständlicher Aufbau des Bilanzierungsgerüsts, vergleichbare Ergebnisse in der gewünschten Qualität produziert. Hieraus leitet sich für die Ganzheitliche

Bilanzierung die Errichtung einer eindeutigen und nachvollziehbaren Vorgehensweise zur Erstellung der Bilanzierung ab. Nur mittels einer solchen zuvor definierten Methodik kann es gelingen, belastbare und rückverfolgbare Ergebnisse zur Verfügung zu stellen.

Auch die Anforderungen an die Wahrheit und Vollständigkeit sind evident. Wenn die Ganzheitliche Bilanzierung als eine Entscheidungshilfe eingesetzt werden soll, kann nur über eine zuverlässige und vollständige Erfassung aller Gegebenheiten eine Entscheidungsbasis geschaffen werden. Auch aus diesem Grund ist es wichtig, eine geeignete Methodik aufzubauen, die es erlaubt diesen Anforderungen gerecht zu werden. Eine sogeartete Methode muß somit Kontrollmechanismen aufweisen. Sie kann daher auch keinen linearen Ablauf darstellen. Erst mittels eines iterativen Vorgehens kann man diesen Anforderung gerecht werden.

Begründungsansatz einer ökologiebezogenen Unternehmenspolitik

Ziel der Unternehmensführung ist es, ein optimales Verhältnis zwischen Aufwand und Ertrag zu erreichen. In diesem Zusammenhang wird der Begriff Effizienz als Verhältniszahl zwischen Input und Output geprägt. Diese Effizient wird heute größtenteils als monetäre Größe (Rentabilität) bzw. als Leistungszahl (Produktivität) betrachtet. Nimmt man jedoch die Beziehung zwischen Aufwand und Resultat, so ergibt sich hinsichtlich der Effizienzbetrachtung ein breiteres Spektrum. Die Verhältniszahl Effizienz verschiebt sich zu immer günstigeren Werten, wenn entweder der Ertrag größer wird, oder der Aufwand kleiner wird. Eine Einsparung beim Verbrauch von Rohstoffen und Energie, bei gleichzeitig konstantem Ertrag, kann daher auch als eine Effizienzsteigerung bezeichnet werden. Erweitert man diese Sichtweise um die Ersparnis der Umweltbelastungen, so ergibt sich eine weitere mögliche Steigerung. Es besteht also eine stete Wechselwirkung zwischen betriebswirtschaftlichen und umweltlichen Betrachtungen. Sie können zwar beide voneinander losgelöst betrachtet werden, haben aber dieselben Ursachen und Abhängigkeiten.

Es bedarf daher einer Erweiterung der gängigen Betrachtung der Wertschöpfungskette. Jedes Produkt und jeder einzelne Prozeß in dieser Wertschöpfungskette ist mitverantwortlich für Kosten der Wertschöpfung und umweltliche Belastungen. In diesem Zusammenhang wurde auch der Begriff Schadschöpfung geprägt. Damit kann man auch den Begriff der Effizienz um die Dimension der ökologischen Effizienz erweitern, indem man die Minimierung der Schadschöpfung als Bezugsgröße einführt.

Vor diesem Hintergrund lassen sich sechs maßgebliche Aspekte zur Begründung einer ökologisch motivierten Unternehmenspolitik angeben:

- Eine eingangsseitige Effizienzsteigerung, die zu einem Sparverhalten bei den Inputgrößen Ressourcen- und Energieverbrauch führt, ist günstig aus ökonomischer wie aus ökologischer Sicht.
- Auch eine ausgangsseitige Effizienzsteigerung, z.B. durch Verringerung der Ausschußquote, Verringerung der Abfallmengen usw., wirkt sich ebenfalls für beide Seiten günstig aus.

- Ein funktionsfähiger Betrieb braucht eine intakte Umwelt. Da die Wertschöpfung zwangsläufig stets auch mit einer Schadschöpfung verbunden ist, trägt ein Unternehmen auch die Verantwortung dafür, daß eine erhöhte Schadschöpfung keine Änderung der Nachfrage und der Grundlagen seiner eigenen Produktion mit sich führt.
- Eine verantwortungsvolle Unternehmensführung bezieht umweltbezogener Aspekte hinsichtlich der Motivation von Mitarbeitern und der Öffentlichkeit (Marketing) ein.
- Das Image eines Produktes bzw. eines Herstellers ist mit ausschlaggebend für den wirtschaftlichen Erfolg. Ein Zitat von ALFRED HERRHAUSEN unterstreicht diesen Aspekt: „Man kann auf Dauer Produkte nur verkaufen, wenn man einen guten Ruf hat".
- Aus strategischen Überlegungen und um Überraschungen vorzubeugen, werden Unternehmen frühzeitig aktiv, um später teuere Anpassungen zu vermeiden (vorsorgender Umweltschutz).

Übertragung des betrieblichen Rechnungswesens auf die Umweltbilanz

Das herkömmliche betriebliche Rechnungswesen teilt sich in zwei zentrale Inhalte: die Kostenrechnung und die Wirtschaftlichkeitsrechnung. Aufgabe der *Kostenrechnung* ist es den Aufbau und den Ablauf des betrieblichen Leistungsprozesses zu erfassen und darzustellen. Der Zweck der Kostenbetrachtung ist die Beurteilung von Produkten und Prozessen. Der Leistungsprozeß wird wertmäßig betrachtet. Grundlage der Kostenrechnung ist die Finanzbuchhaltung. Die Buchhaltung hat die Aufgabe alle Vorgänge im Unternehmen in ihrer Reihenfolge des Auftretens wertmäßig zu erfassen und inhaltlich zu strukturieren. Die *Wirtschaftlichkeitsrechnung* baut auf der Kostenrechnung auf und dient insbesondere der Kontrolle und Planung. Die Wirtschaftlichkeitsrechnung stellt stets Vergleiche an. Hierbei können Vergleiche zwischen unterschiedlichen Handlungsoptionen, also zukunftsgerichtete Untersuchungen, als auch Vergleiche zu Vorgaben, d.h. vergangenheitsbezogene Betrachtungen angestellt werden. Bei der Kostenrechnung selbst wird wiederum zwischen der Kostenarten-, der Kostenstellen und der Kostenträgerrechnung unterschieden.

Die *Kostenartenrechnung* dient der Erfassung und Ordnung sämtlicher anfallender Kosten. Die hier gestellten Fragen lassen sich mit *Was?* und *Wieviel?* angeben. Sie stellt gewissermaßen das Gerüst, die Ist-Zustandserfassung dar. Sie ist daher keine Berechnungsmethode sondern vielmehr ein kostenorientiertes Datenstrukturierungsmodell.

Die *Kostenstellenrechnung* beschäftigt sich mit der Fragestellung wo die Kosten entstehen, die in der Kostenartenrechnung ermittelt werden. Um eine Zuordnung der Kosten auf einzelne Stellen, d.h. Verursacher vornehmen zu können, bedarf es zuvor einer Strukturierung dieser potentiellen Verursacher. Die Trennung möglicher Verursacher erfolgt meist räumlich. Das Hauptproblem der Kostenstellenrechnung liegt in der exakten verursachungsgerechten Zuordnung von indirekten oder nicht detailliert aufgeschlüsselt vorliegenden Aufwendungen. Erfaßbar dagegen sind die direkten Aufwendungen, wie z.B.

der Materialverbrauch. Indirekte Aufwendungen sind z.B. Heizung, Beleuchtung, übergeordnete Dienstleistungen oder der Stromverbrauch, der für eine ganze Halle, nicht aber für einzelne Verbraucher gemessen wird. Die Verteilung der Aufwendungen auf das *Wo?* findet daher über die Aufteilung der indirekten Aufwendungen auf verschiedene Verursacher mittels Verteilungsschlüsseln statt. Verteilungsschüssel sind z.B. die installierte elektrische Leistung einzelner Maschinen je Einheit, Fläche, Mitarbeiterzahl usw. Während die direkten Aufwendungen exakt verursachungsgerecht aufgeteilt werden können, ist dies für die indirekten meist nicht möglich. Häufig finden einmal ermittelte Verteilungsschlüssel über längere Zeit und in verschiedenen Bereichen Anwendung, trotz zwischenzeitlicher Strukturveränderungen.

Die entscheidende Frage des *Wofür?* wird bei der *Kostenträgerrechnung* gestellt. Dieses *Wofür?* kann ein Produkt oder eine Dienstleistung sein. Die Kosten je Leistungseinheit werden ermittelt über die direkte Zuordnung der sogenannten Einzelkosten. Die Einzelkosten sind diejenigen Kosten, die dem Kostenträger direkt zugeordnet werden können. Solche direkten Aufwendungen sind z.B. Materialkosten und Löhne. Die indirekten Kosten können dem Kostenträger nicht direkt zugeordnet werden. Man bezeichnet die indirekt zugeordneten Kosten als Gemeinkosten. Die Gemeinkosten werden in Form von prozentualen Zuschlägen auf die direkten Kosten aufgeschlagen. Sie repräsentieren die Kosten für übergeordnete Teilbereiche wie z.B. Verwaltung, Entwicklung, Raumkosten, Heizung usw. Die Ermittlung der Verteilungsprozentsätze erfolgt ähnlich der Verteilungsproblematik bei der Kostenstellenrechnung. Es gelten dieselben Einschränkungen.

Umweltbilanzierungen bedienen sich ähnlicher Modelle zur Generierung von Daten und Informationen, aber auch der Aufbereitung dieser Informationen. Das Ziel umweltlicher Bilanzen ist es, analog der Kostenträgerrechnung, einzelnen Produkten oder Dienstleistungen die aus der Produktherstellung resultierenden Umweltbelastungen verusachungsgerecht zuzuordnen. Auch hier stellt sich das Problem, die nicht zuordenbaren Kennwerte auf die verschiedenen Produkte zu verteilen. Während es sich bei der Kostenträgerrechnung nur um Geldeinheiten handelt, sind bei den Umweltbilanzen an dieser Stelle komplexere Strukturen zu lösen. Multi-Input und Multi-Output Probleme sind gleichzeitig zu behandeln. Die verschiedenen Ein- bzw. Ausgänge sind zusätzlich nicht einer Flußgröße zuzuordnen. Es handelt sich vielmehr um eine breite Palette von Einsatzstoffen, Emissionen und Abfällen. Verteilungsschlüssel sind an dieser Stelle aber auch Prozentsätze, die auf Basis ausgewählter Verteilungsgrößen, wie Masse, Marktwert, Energieinhalt o.ä., ermittelt werden. An dieser Stelle hat die Umweltbilanz das Verfahren von der Kostenbetrachtung übernommen und weiter verfeinert. Hinsichtlich verursachungsgerechter Verteilungsschlüssen kann die Umweltbilanz heute die Kapitalbilanz befruchten.

Die Basis für alle Untersuchungen ist die Erhebung der Ist-Zustände. Bei der Kostenanalyse erfolgt dies im Schritt der Kostenartenermittlung und der Kostenstellenrechnung. Die Umweltbilanz faßt diese beiden Prozeßschritte formal in der Sachbilanz zusammen. Die beiden von der Struktur her unterschiedlichen Ansätze werden nicht grundsätzlich übernommen. Die Erhebung der Einzeldaten erfolgt möglichst gleich kostenstellenbezogen oder auf einzelne Verfahren oder Produktionsprozesse bezogen, d.h. die Informationen werden optimalerweise gleich anlagen- oder verfahrensspezifisch erhoben. Bei der Umweltbilanz stellt sich aber auch das Problem der Verteilung von direkten und indirekten Aufwendungen. Hierzu bedarf es der Erfassung der vorgelagerten und parallelen Prozeßstufen.

Formal können jedoch einige wichtige Punkte übernommen werden. Zur vollständigen Erfassung der relevanten Umweltdaten bedarf es einer strukturierten Vorgehensweise, wie sie die Kostenartenrechnung darstellt. Anhand von festen Schemata wird versucht, immer dieselben Informationen zu erheben. Nur diese Vorgehensweise stellt sicher, daß vergleichbare und reproduzierbare Ergebnisse erzielt werden können. Hierzu bedarf es in beiden Fällen zunächst der Klärung, welches die relevanten Informationen sind. Diese Diskussion ist für die Umweltbilanzen zum heutigen Zeitpunkt noch offen. Dies bedeutet, daß gegenwärtig eher eine Datensammlung als eine strukturierte Datenerhebung stattfindet. Eine weitere Parallelität ist die Modularisierung in der Betrachtungsweise komplexer Abläufe. In beiden Fällen ist eine strukturierte und nachvollziehbare Darstellung nur möglich, wenn die gesamte Struktur in einzelne, voneinander unabhängige Teilsysteme zulegt werden, die zunächst getrennt betrachtet werden können.

Beide Vorgehensweisen unterscheiden sich in weiten Teilen nur sehr wenig voneinander. In einigen Bereichen überschneiden sie sich sogar. Die Erfassung der Stoff- und Energieverbräuche ist ein Beispiel, bei dem Daten in beiden Einzelbilanzierungen auftreten.

Im Gegensatz zur Kostenrechnung findet bei der umweltlichen Bilanzierung (noch) keine Rückkoppelung zum Analyseobjekt statt. Die Kostenrechnung ergibt die Informationen und stellt in Form der Kostenstellenrechnung Informationen für einzelne Anlagen, Verfahren oder auch größere Bereiche zur Verfügung. Diese Rückkoppelung ist heute noch nicht Teil der Umweltbilanz. Hier wird bei der Gesamtbetrachtung des Untersuchungsgegenstandes und der Summierung der Einzelbeiträge aufgehört. Eine anschließende Analyse über Einzelbeiträge, d.h. woher kommen die Hauptlasten, findet meist nicht statt. Diese Vorgehensweise ist aber für eine Optimierung des Gesamtsystems unerläßlich. Es bedarf daher eines geeigneten Modelles, das die Identifikation von Schwachstellen erlaubt. Die Kostenstellenrechnung stellt ein solches Modell für Anlagen und Verfahren dar. Die Kostenträgerrechnung kann als ein ähnliches Instrument zur Erkennung von Schwachstellen auf der Ebene komplexer Systeme angewandt werden, bei denen signifikante Einzelelemente identifiziert werden müssen.

Die *Wirtschaftlichkeitsrechnung* wird als Instrument eingesetzt, mit dessen Hilfe einzelne Bereiche eines Betriebes, Anlagen oder Verfahren, im Vergleich zu Vorgabewerten oder alternativen Anlagen, Verfahren oder Systemen betrachtet werden. Eine Hauptaufgabe der Wirtschaftlichkeitsrechnung ist die Unterstützung von Investitionsentscheidungen. Sie ist daher als ein Planungs- und Kontrollinstrument zu betrachten. Auch umweltliche Bilanzen können als Kontroll- und Planungswerkzeuge eingesetzt werden. Zum heutigen Zeitpunkt überwiegt jedoch der Einsatz als Analysewerkzeug. Im Laufe der Zeit ist die umweltliche Bilanzierung um diese Aspekte zu erweitern. Umweltbilanzen müssen in der Planungs- und Entscheidungsprozeß integriert werden. Die Ganzheitliche Bilanzierung stellt einen hierzu geeigneten Ansatz dar.

Zusammenfassung

Derzeit bestimmen in der Regel die ökonomischen Kriterien einzelne Unternehmensentscheidungen. Die Erweiterung der ökonomischen Bilanz um die Dimension der ökologischen Bilanzierung stellt eine entscheidende Verbreiterung des Blickfelds dar. Beide Bilanzierungstypen behindern sich nicht gegenseitig, sie ergänzen sich. Werkzeuge wie die Ganzheitliche Bilanzierung schaffen eine Verbindung zwischen bislang getrennten Weltsichten, die sich tatsächlich aber nur durch den Blickwinkel unterscheiden. Die Ermittlung beider Bilanzen parallel stellt keine Zusammenfassung aus beiden Methoden dar, sie stellt vielmehr zusätzliche Entscheidungskriterien zur Verfügung. Die unternehmerische Freiheit bleibt vom Einsatz beider Methoden unberührt. Umweltliche Bilanzierungen stellen eine wesentliche Erweiterung der bisherigen Entscheidungsgrundlage dar. Beide Methoden beeinflussen und ergänzen sich wechselseitig.

5 Methodische Vorgehensweise bei Bilanzierungen

Saur, K., Dettingen/Teck; Eyerer, P., Stuttgart

Produkte und Dienstleistungen verursachen in einzelnen Abschnitten des Lebenszyklus, bzw. zu ihrer Bereitstellung und ihrem Einsatz verschiedenste Rohstoff- und Energieverbräuche sowie unterschiedliche Umweltbelastungen, die von Luft- oder Wasseremissionen bzw. Abfällen herrühren. Das Ziel ist, diese Belastungen der Quellen und der Senken zu minimieren. Hierzu bedarf es geeigneter Modelle, Stoff- und Energieumsätze in einer Ist-Analyse der bestehenden Anlagen und Verfahren systematisch zu erfassen und zu bewerten. Erst hierauf aufbauend ist es möglich, die Grundlagen für Verbesserungen zu schaffen. Der gesamte Produktzyklus ist hinsichtlich möglicher Luft-, Wasser- und Bodenbelastungen zu betrachten, um keine Verlagerung von Problemen in andere Abschnitte der Wertschöpfungskette zu verursachen.

Da es bei der Untersuchung verschiedener Alternativen stets auf einen Vergleich dieser Optionen ankommt, muß ein Werkzeug geschaffen werden, das die Vergleichbarkeit der erstellten Betrachtungen gewährleistet. Grundlegendes Element der Ganzheitlichen Bilanzierung ist daher eine einheitliche Methodik, d.h. ein Regelwerk zur Erhebung und Verarbeitung der Parameter. Nur eine einheitliche Vorgehensweise stellt sicher, daß die Ergebnisse eindeutig, transparent und nachvollziehbar sind [1].

Im Rahmen dieses Kapitels werden methodische Vorgehensweisen zur Erfassung dieser Parameter vorgestellt. Abschn. 5.1 ist der Bestandsaufnahme der bestehenden Methoden und Erkenntnisse gewidmet. In Abschn. 5.2 wird der Ansatz zur Ganzheitliche Bilanzierung von Verfahren, Bauteilen und Systemen, wie er am IKP der Universität Stuttgart entwickelt wurde, näher erläutert. Abschn. 5.3 stellt die Methode des Kumulierten Energieaufwands vor, die am IfE der TU München erarbeitet wurde.

5.1
Ausgangssituation

In der Vergangenheit bestand oftmals die Auffassung, Umweltschutz sei nur Aufgabe des Staates, der durch gesetzliche Regelungen die Unternehmen zur Einhaltung gewisser Umweltschutzauflagen zwingen müsse. Ein solches regulatives Instrumentarium ist aber nicht geeignet, die Möglichkeiten offensiven Umweltschutzes in den Unternehmen auszuschöpfen. Der Weg vom erzwungenen nachsorgenden Umweltschutz, wie er häufig praktiziert wird, muß hin zum präventiven vorausschauenden Umweltschutz gehen. Dies hat besondere Bedeutung, da der nachsorgende, verordnete Umweltschutz häufig in dann erforderlichen nachgeschalteten Anlagen wie Filtern, Aufbereitungsanlagen usw. lediglich zu Problemverlagerungen führt, oder zusätzliche stoffliche wie energetische Aufwendungen erforderlich macht. Aus Luftbelastungen werden zu entsorgende Filterstäube, Abwasserreinigungsanlagen erfordern zusätzlichen Einsatz von Energie und Zuschlagstoffen.

5.1.1
Bestehende Methoden zur umweltorientierten Informationsgewinnung

Unternehmensentscheidungen müssen daher neben der vergleichenden Betrachtung über betriebswirtschaftliche Größen (z.B. Rentabilität) auch hinsichtlich ihrer ökologischen Auswirkungen überprüft werden. Im folgenden werden ausgewählte Informationsmittel vorgestellt, zu denen auch Ökobilanzen und als Erweiterung die Ganzheitliche Bilanzierung sowie die Ermittlung des Kumulierten Energieaufwandes, die in den folgenden Abschn. 5.2 und 5.3 beschrieben werden, zu zählen sind.

Umweltverträglichkeitsprüfung

Die Umweltverträglichkeitsprüfung dient der Abschätzung ökologischer Konsequenzen bei größeren Investitionsprojekten und bei der Standortplanung von Anlagen. Die Kernbestandteile der Umweltverträglichkeitsprüfung sind [2]:

1. Beschreibung des Vorhabens und seiner Alternativen.
2. Analyse der möglichen ökologischen Auswirkungen in ihrer Qualität.
3. Darlegung der gewählten Umweltindikatoren, Gewichtung und Prognose ihrer Veränderung.
4. Aussagen zu eventuellen gesellschaftlichen oder politischen Widerständen gegen das Projekt.

Technologiefolgenabschätzung und umweltorientierte Technikanalyse

Bei der Technologiefolgenabschätzung stehen institutionelle und grundsätzliche Fragen der Forschungs- und Entwicklungspolitik im Vordergrund. Die Technikanalyse und -bewertung dient der Identifizierung und Beseitigung von unerwünschten produkt- bzw. verfahrensbezogenen Auswirkungen [3]. Vom VDI-Ausschuß „Empfehlung zur Technikbewertung" wurde die Technikbewertung als „das planmäßige, systematische, organisierte Vorgehen" definiert [4], das

- den Stand einer Technik und ihre Entwicklungsmöglichkeiten analysiert,
- unmittelbare und mittelbare technische, wirtschaftliche, gesundheitliche, ökologische, humane, soziale und andere Folgen dieser Technik und möglicher Alternativen abschätzt,
- aufgrund definierter Ziele und Werte dieser Folgen beurteilt oder auch weitere wünschenswerte Entwicklungen fordert,
- Handlungs- und Gestaltungsmöglichkeiten daraus herleitet und ausarbeitet,
- so daß begründete Entscheidungen ermöglicht und gegebenenfalls durch geeignete Institutionen getroffen und verwirklicht werden können.

Materialbilanzen und Materialflußrechnungen

In Materialbilanzen wird eine Gegenüberstellung aller stofflichen In- und Outputs im Produktionsprozeß vorgenommen. Es können auch Produktqualitätsaspekte einbezogen werden: Material-Produkt-Bilanzen gehen von der Prozeß- zur Produktbetrachtung [1]. Die Frage nach der Produktlebensdauer ist ein interessanter Aspekt innerhalb dieser Informationsmittel. Eine höhere Lebensdauer läßt nicht unbedingt auf eine höhere Umweltfreundlichkeit schließen. Die Umkehr kann der Fall sein, wenn die Dynamik der technologischen Entwicklung hoch ist und in Abständen, die unterhalb der Gesamtlebensdauer liegen, umweltschutzrelevante Innovationen durchgeführt werden.

Materialflußrechnungen bauen auf der Materialbilanz auf. In den Materialflußrechnungen wird der Produktionsprozeß in seine Einzelstufen zerlegt mit dem Ziel, diejenigen Stellen ausfindig zu machen, welche besonders hohe Umweltbelastungen erzeugen.

Materialbilanzen und Materialflußrechnungen beschreiben Input und Output von Produktionsprozessen und sind damit eine erste Hilfestellung zur Einbindung des ökologischen Pflichtenhefts in den betrieblichen Leistungsprozeß. Sie sind ein Teil von erweiterten Instrumenten, wie z.B. Ökobilanzen oder Produktlinienanalysen, die auf Materialbilanzen und Materialflußrechnungen aufbauen. Allerdings sind sie nicht dazu geeignet, über den Vergleich von Material-Produkt-Bilanzen hinaus Einflüsse wie Standortfragen, Transportfragen, Fragen der Energiebereitstellung oder auch das technische und das wirtschaftliche Pflichtenheft in die Gesamtbilanz einzubeziehen. Dagegen ist die Methode der Ganzheitlichen Bilanzierung, wie sie in Abschn. 5.2 näher vorgestellt, ein Beispiel für ein solch tiefergreifendes Modell.

Energiebilanzen und Energieflußrechnungen

Bei diesen Informationsmitteln wird die Materialmenge durch die eingesetzte Energie als Bewertungsgrundlage ersetzt. Dies ist möglich, da sich die Gesamtmenge an Masse und Energie bei den Produktionsprozessen nicht ändert. Es kommt allein zu einer Änderung der Zustandsformen. Das Materialflußdiagramm wird in ein Energieflußdiagramm transformiert. Als Grundlage müssen sämtliche Ressourceninputs, Transport-, Produktions- und Entsorgungsaufwendungen sowie die Aufwendungen zur Behebung oder Verhinderung von Emissionen energetisch berechnet werden.

Vorteil dieser Methode ist die Wiedergabe der gesamten Systemaktivität und ihre Quantifizierbarkeit mittels einer einzigen Zahl (es können z.B. die energetischen Konsequenzen der Substitution von Rohmaterial festgestellt werden). Unterschiedliche Knappheiten von Ressourcen können mit Hilfe von Gewichtungsfaktoren berücksichtigt werden. Erste Forschungen auf dem Gebiet der Ökobilanzen wurden allein mit Energiedaten als Bilanzierungsgrundlage durchgeführt, weshalb diese auch als Energiebilanzen und Energieflußrechnungen bezeichnet werden konnten [1]. Die in Abschn. 5.3 vorgestellte Methode des Kumulierten Energieaufwandes ist eine sogeartete Methode.

Toxikologische Einzelstoffbeurteilung

Einzelstoffbeurteilungen dienen dazu, die Wirkungen von Einzelstoffen, Stoffgemischen oder Stoffgruppen sowohl auf den Menschen (Humantoxikologie) als auch auf andere Lebewesen (Ökotoxikologie) zu erfassen. Die Stoffbeurteilung dient insbesondere dazu, das jeweilige Gefährdungspotential auf Basis einer Gegenüberstellung darzustellen. Maßgebliche Kennzeichen von Einzelstoffbeurteilungen sind [5]:

- Beurteilung von Einzelstoffen oder Gemischen, nicht von Systemen
- Identifikation des Gefährdungspotentials, nicht des Wirkungspotentials
- Risikomanagementwerkzeug, nicht Optimierung von Systemen
- erfordert Konzentrationsangaben und keine Frachten

5.1.2
Stand der Erkenntnisse

Im folgenden wird eine Darstellung des Diskussionsstandes zur Methodik der Sachbilanzierung gegeben. Diese Darstellung gibt den aktuellen Konsens der internationalen Diskussion wieder [6]. Hierbei wird die Sachbilanz als ein Teilschritt in der gesamten Lebenszyklusbetrachtung angesehen. Die Sachbilanz, auch Life Cycle Inventory (LCI) genannt, ist der zweite Teilschritt innerhalb der Gesamtbetrachtung. Der schematische Aufbau stellt sich wie folgt dar: Das erste Element ist die Zieldefinition (Goal Definition) und die Festlegung der Randbedingungen (Scope). Hierauf aufbauend wird die Sachbilanz (Inventory), d.h. die Beschreibung des Ist-Zustandes erstellt. Im Anschluß an diese Untersuchung wird die Wirkungsanalyse (Impact Assessment) und die Bewertung (Valuation) erstellt. Den Abschluß bildet die Suche nach Schwachstellen und Optimierungsmöglichkeiten (Improvement Assessment). Allgemeiner Konsens ist hierbei, daß der dritte Teilschritt, die Wirkungsabschätzung und die Bewertung, entfallen kann, wenn die Ergebnisse aus der Sachbilanz bereits aussagekräftig genug sind.

Der Ansatz der Lebenswegbetrachtung erstreckt sich über alle Teilschritte des Produktlebens oder einer Dienstleistung. Auch bei der Betrachtung von Dienstleistungseinheiten wird der Begriff Lebenszyklus verwandt. Eine formale Unterscheidung findet international nicht statt. Der gesamte Lebenszyklus wird hierzu unterteilt in die folgenden Teilschritte:

- Rohstoffgewinnung
- Verarbeitung
- Transporte
- Nutzung und Instandhaltung
- Recycling bzw. Entsorgung sowie
- Energiebereitstellung

Für diese Subsysteme werden in der Sachbilanz alle relevanten Größen erfaßt, die zu umweltlichen Belastungen beitragen können. Im einzelnen sind dies Ressourcenverbräuche, Energieverbräuche, Emissionen in Luft, Wasser und Boden sowie Abfälle.

Alle Studien, die entweder nicht den gesamten Lebenszyklus betrachten, nicht alle relevanten Parameter erfassen oder sich speziellen Fragestellungen wie z.B. Arbeitsplatzsicherheit oder Risikoanalysen zuwenden, dürfen somit nicht als Ökobilanz oder Life Cycle Assessment bezeichnet werden. Zwar wird die Notwendigkeit und der Sinn dieser Untersuchungsmethoden anerkannt, dennoch soll mit dieser Einschränkung einer möglichen Überfrachtung des LCA-Werkzeuges und der hieraus möglichen falschen Anwendung und Interpretation vorgebeugt werden.

Im weiteren werden nun die einzelnen Aspekte von Lebenszyklusanalysen detaillierter erörtert. Dies sind im Einzelnen: Zieldefinition (Goal), Randbedingungen und Grenzen (Scope), Systemdefinition (Description of the System), Datenerhebung (Data Collection), Bilanzerstellung (Calculation), Berichterstattung (Reporting) und Überprüfung der Studie (Review) [6]:

Zieldefinition (Goal)

Die Zieldefinition und die Beschreibung der Randbedingungen bildet eine formale Einheit im Ablauf einer Studie. Weil jedoch inhaltlich in beiden Teilelementen unterschiedliche Festlegungen vorgenommen werden, sollen sie voneinander getrennt erörtert werden. Die Zieldefinition dient insbesondere der genauen Beschreibung des Zweckes einer Studie. Sie soll in einer deutlichen Sprache folgende Punkte klären helfen:

- Warum wird die Untersuchung durchgeführt?
- Was soll untersucht werden?
- Welchen Nutzen verspricht man sich von dieser Arbeit?
- Wer sind die Adressaten der Studie?

Daneben werden inhaltliche Tiefe und erforderliche Sorgfalt festgelegt. Im Einzelnen sind dies:

- Benötigte Daten und mögliche Datenquellen,
- Detailtiefe,
- Qualitätsziele (Datenqualität),
- Festlegung der zeitlichen und geographischen Aspekte sowie
- Art und Weise der Überprüfung der Studie.

Darüber hinaus wird an dieser Stelle festgehalten, wer die Studie in Auftrag gibt, wer sie bezahlt, wer mit der Durchführung beauftragt ist und wem über den Fortschritt der Arbeiten Rechenschaft abzulegen ist, bzw. wer in Zweifelsfällen Entscheidungen treffen darf, z.B. wenn einzelne Daten nicht in der gewünschten Form verfügbar sind. Sind all diese Informationen zusammengetragen und dokumentiert, ist die Zieldefinition abgeschlossen.

Randbedingungen und Grenzen (Scope)

Besondere Bedeutung hat hierbei die Festlegung der im Einzelnen zu betrachtenden Teilsysteme, der Beschreibung dieser Systeme, d.h. die Bestimmung, welche Prozesse noch zum Systeme gehören und welche nicht. Es werden die methodischen Regeln fixiert, welche Datentypen zu verwenden sind, welche genauen Informationen zu erheben sind und in welcher Detailtiefe diese Informationen wiedergegeben werden sollen.

Weiterhin ist auch die Festlegung des sogenannten funktionalen Äquivalents Teil des Scope. Das funktionale Äquivalent dient zur Beschreibung der alternativen Systeme, die zu vergleichen sind. Das funktionelle Äquivalent beschreibt die Aufgaben, die das zu untersuchende System erfüllen muß. Es dürfen nur diejenigen Alternativen betrachtet werden, die diese Anforderungen erfüllen.

Im Rahmen der Beschreibung der Grenzen wird bestimmt, welcher Technikstand (z. B. Luftreinhaltetechnik Deutschland TA Luft 1993 o. ä.), welche geographischen Einschränkungen gelten (z. B. Aluminium aus Norwegen auf Basis 100% Wasserkraft) sowie in welchen Einheiten und mit welchen Meßmethoden die Datenaufnahme zu erfolgen hat. Datenlücken, das Vorhandensein unterschiedlicher Datenqualitätslevel für zu vergleichende Prozesse oder Unsicherheiten bei zu treffenden Annahmen sind zu definieren.

Systemdefinition (Description of the System)

Das zu untersuchende System ist beschrieben durch die Verknüpfung einzelner Prozeßschritte mittels Material- und/oder Energieflüssen. Alle zu vergleichenden Systeme sind hinsichtlich einer Mindestanforderung an die zu erfüllende Aufgabe identisch. Das System wird eindeutig beschrieben durch seine Systemgrenzen. Die Systemgrenzen sind diejenigen Stellen, an denen Stoff- und/oder Energieflüsse von ihren jeweiligen Quelle in das System eintreten, oder Stellen, an denen Stoff- und/oder Energieflüsse das System zu den jeweiligen Senken verlassen. Das System beinhaltet somit alle erforderlichen Teilschritte, inklusive der notwendigen Bereitstellung von Materialien, Hilfsstoffen, Energie und Transportleistungen. Optimalerweise sind alle Teilflüsse von Energien und Stoffen bis an deren ursprüngliche Quellen einbezogen. In gleicher Weise sind alle Recycling- und Entsorgungsschritte Teil des Gesamtsystems.

Die Forderung nach einer vollständigen Berücksichtigung aller Stoff- und Energieströme, die in das System eintreten oder es wieder verlassen, ist hypothetisch. Einerseits wird es mit einem vertretbaren zeitlichen und monetären Aufwand nicht möglich sein, alle Ströme zu erfassen. Andererseits ist dies z.T. auch nicht sinnvoll, weil der Einfluß auf das Gesamtergebnis ab einer bestimmten Stufe vernachlässigbar wird. Aus diesem Grund werden Abschneidekriterien vereinbart, die es erlauben, die als nicht relevant eingestuften Ströme zu vernachlässigen. Konsens besteht weltweit, diese Abschneidekriterien zuzulassen. Eine eindeutige Vereinbarung, wie diese aussehen können, gibt es bis zum heutigen Zeitpunkt nicht. Aus diesem Grund werden für einzelne Studien solche Abschneidekriterien definiert und in einer abschließende Überprüfung am Ende der Untersuchung auf ihre Richtigkeit hin untersucht und kommentiert. In jedem Fall sind Abschneidungen zu dokumentieren.

In gleicher Weise erfolgt die Behandlung von ganzen Teilsystemen. Ganze Teilsysteme können bei der Betrachtung des Lebenszyklus als nicht relevant erkannt und als solche eingestuft werden.

Auf diese Weise wird das zu untersuchende System und seine Alternativen genau beschrieben. Ist dieser Prozeß abgeschlossen, beginnt die Datenerhebung.

Datenerhebung (Data Collection)

Daten sind in diesem Zusammenhang alle zur Betrachtung des Lebenszyklus relevanten Informationen. Diese Daten können sein: Informationen zu einzelnen Prozessen, wie Stoff- und Energieflüsse oder produzierte Mengen, aber auch Informationen zur Beschreibung der Untersuchungseinheit, wie Werkstoff, Gewicht, Lieferant, Produktionsstandort usw.

Welche Prozesse und welche genauen Informationen zu untersuchen sind, richtet sich maßgeblich nach dem Erkenntnisinteresse, welches der Studie zugrunde liegt. In den meisten Fällen werden folgende Betrachtungen angestellt:

- Darstellung des Produktionsablaufes entlang der Wertschöpfungskette
- Erhebung der primären Energie- und Stoffströme in der direkten Produktionskette aufgeteilt in:
  - fossile Energieträger
  - mineralische Rohstoffe
  - erneuerbare Rohstoffe
  - Emissionen in Luft
  - Emissionen in Wasser
  - Emissionen in den Boden
  - anfallende Abfälle und Produktionsrückstände
  - Koppel- und Nebenprodukte
  - Eingänge von anderen Prozessen (z.B. Querverknüpfungen innerhalb des Systems, die sich in der Gesamtbetrachtung wieder herauskürzen) sowie
  - Ausgänge in andere Prozesse.
- erforderliche Transporte
- Förderung und Bereitstellung von Energieträgern (Kohle, Erdöl, Erdgas usw.)
- Bereitstellung von direkter Energie (Strom, Dampf, Druckluft)
- Luft- und Wasserreinhalteprozesse
- Entsorgungsprozesse

In speziellen Fällen und insbesondere wenn das Ziel eine Verbesserungsanalyse ist, werden folgende Betrachtungen in Ergänzung zu den o.g. angestellt:

- Verbrauch von Hilfsstoffen (z.B. Schmiermittel usw.)
- Verbrauch an Land
- Erstellung und Instandhaltung der Produktionsmittel und Werkzeuge
- Heizung und Belüftung der Produktionsstätten

Die Datenerhebung beinhaltet neben den o.g. Angaben aber auch weitergehende Informationen bezüglich der Art der zusammengestellten Daten: gemessene, berechnete oder geschätzte Werte; horizontal gemittelte Daten über verschiedene gleichartige Produktionseinrichtungen, vertikal gemittelte Daten über zusammengefaßte Prozesse entlang der Wertschöpfungskette oder Datenlücken.

Bilanzerstellung (Calculation)

Die Bilanzerstellung schließt sich formal unmittelbar an die Datenerhebung an. Tatsächlich wird parallel gearbeitet, denn die Datenerfassung und -auswertung ist sehr komplex und kann nur über mehrere Iterationsstufen erfolgreich bearbeitet werden. Häufig wird erst während der Aufbereitung der erhobenen Daten deutlich, welche zusätzlichen Informationen zu erheben bzw. welche Daten zu verifizieren sind. Ein gutes Hilfsmittel zur Überprüfung einzelner Systeme sind die Stoff- und Energiebilanzen, die für die Ein- und Ausgänge jeweils gleich groß sein müssen.

Die Aufbereitung der Sachbilanzdaten erfolgt zunächst für Subsysteme, die dann zu einem Ganzen zusammengefügt werden. Hierbei bietet sich an, die Subsysteme auf einen bestimmten Output zu normieren, weil dies die anschließende Behandlung vereinfacht und im Falle von Szenarien-Betrachtungen und Schwachstellenanalysen sehr hilfreich sein kann. Bevor man allerdings die Subsysteme vollständig bilanzieren kann, sind noch einige Detailfragen zu lösen. Wie kann die Verteilung von Emissionen, Stoff- und Energieverbrauch auf einzelne Koppelprodukte vorgenommen werden? In welcher Weise ist die Energiebereitstellung zu berücksichtigen? Wie sind Transporte zu berechnen?

Verteilungsfunktionen dienen dazu, den verschiedenen Koppel- und Nebenprodukten ihre anteiligen Umweltlasten zuzurechnen. Ein Konsens, welche Methoden zu wählen sind, besteht bis heute nicht (Stand April 1995). Aus diesem Grund wird vorgeschlagen, die jeweils gewählte Methode zu dokumentieren und den verteilten Prozeß zusätzlich unverteilt, d.h. vollständig mit allen In- und Outputs, wiederzugeben. Folgende Verteilungsansätze werden diskutiert, auf eine Bewertung der Ansätze wird an dieser Stelle verzichtet (s. Abschn. 5.2.2):

- Worst-case-Ansatz, bei dem alle Umweltlasten dem Hauptprodukt zugerechnet werden
- Verteilung nach Masse, Molmasse oder Energiegehalt der einzelnen Produkte in Form von prozentualen Anteilen
- Verteilung nach betriebswirtschaftlichen Kriterien (z.B. Marktwert)
- Verteilung nach anderen physikalisch erfaßbaren Kriterien wie z.B. Platzbedarf für Speicherung oder Nachfragemenge

Die *Energiebereitstellung* ist in allen Teilbereichen ein getrenntes Sub-Modul. Es besteht Konsens, daß alle eingesetzten Energien, d.h. mechanische Energieformen, kalorische Energien (Dampf, Wärme), Elektrizität und stoffgebundene Energien (Heizwerte) berücksichtigt werden sollen. Hierbei ist die Bereitstellung der Energie (Bereitstellungswirkungsgrad), ihre Generierung (Konversion) aus primären Energieträgern sowie die Förderung und Bereitstellung dieser Energieträger zu beachten. Dies beinhaltet alle anfallenden Emissionen, Abfälle und Nebenprodukte. Die Energiebereitstellung ist damit ein eigenständiger Prozeß innerhalb der Gesamtbetrachtung.

Die Energie ist stets in MJ (Mega Joule) anzugeben, wobei nach der Art der einzelnen Enerieträger zu unterscheiden ist. Die verschiedenen Energieformen sind getrennt aufzulisten. Standorteigene Kraftwerke sind zu bilanzieren; anderenfalls sind regionale oder nationale Energieversorgungsnetzte als Basis zu verwenden.

Transporte sind elementarer Bestandteil der Wertschöpfungskette. Mit der zunehmenden globalen Verflechtung nimmt ihre Bedeutung stark zu. Im Rahmen der umweltbezogenen Produktbetrachtung sind folgende Informationen von Bedeutung:

- Transportdistanz
- Art des Transportsystems (leer zurück oder wechselnder Frachtverkehr?)
- Transportmittel
- Kapazität des Transportmittels
- Mittlere Auslastung des Transportmittels
- Menge an transportiertem Material
- Herkunftsort
- Zielort

Für das jeweils eingesetzte Transportmittel müssen folgende Informationen bekannt sein: Art des Treibstoff, spezifischer Treibstoffverbrauch je km bzw. je Tonnenkilometer sowie gegebenenfalls Angaben für spezifische Energieverbräuche für Leerfahrten bzw. für den Transport großvolumiger aber leichter Güter. Mit diesen Informationen werden die Transporte als eigenständige Prozesse berechnet. Dies beinhaltet neben der Bereitstellung des Treibstoffes und der bei der Nutzung anfallenden Emissionen auch die Wartung des jeweiligen Transportmittels. Inwieweit dessen Herstellung anteilig ebenfalls mit in die Betrachtung einbezogen werden muß, ist heute noch unklar. Weiterhin ist unklar in wie weit Straßen-, Schienen-, Wasserwegbau und der Bau von Flughäfen, deren Reparatur, Wartung und Lebensdauer in die Bilanzierung einfließen muß.

Die *Datenqualität* ist für die Gesamtaussage einer Untersuchung von zentraler Bedeutung. Erst mit der jeweiligen Angabe kann eine sinnvolle Interpretation der Ergebnisse vorgenommen werden. Aus diesem Grund wird vorgeschlagen, die erhobenen Daten hinsichtlich ihrer Qualität zu dokumentieren. Kriterien hierfür sind:

- Erhebungsmethode: gemessen, berechnet, geschätzt
- Datenlieferant: z.B. Öffentliche Einrichtung, Abhängigkeitsverhältnis zu Kunden
- Erhebungsart: kontinuierliche Messung, regelmäßige Stichprobe, Einzelmessung etc.
- Alter der Daten
- Geographischer Bezug (z.B. gemittelte Daten aus derselben Region)
- Technologischer Bezug (z.B. Vergleichsdaten von Verfahren anderer Technologie)

Berichterstattung (Reporting)

Die Berichterstattung über den Ablauf und die Ergebnisse der Studie ist stets transparent und nachvollziehbar zu gestalten. Neben der Beschreibung der durchgeführten Arbeiten sind die Ergebnisse in geeigneter Weise zu dokumentieren. Die Berichterstattung sollte folgende Themenbereiche abdecken: Auftraggeber, Auftragnehmer, Zeitraum, in der die Arbeit durchgeführt wurde, Beschreibung des Untersuchungsgegenstandes, Systemdefinition, angewandte Methodik, Beschreibung der Daten und des Ergebnisses sowie eine Interpretation des Ergebnisses und die Anforderungen an die Überprüfung der Studie.

Überprüfung der Studie (Review)

Die Überprüfung der Studien wird allgemein als ein fester Bestandteil des gesamten Prozesses angesehen. In welcher Form und von wem diese Überprüfung vorgenommen wird, hängt stark von der Absicht der Auftraggeber und dem Inhalt der Untersuchung ab. Bei internen Arbeiten findet die Überprüfung der Arbeit meist durch den Auftraggeber selbst statt. In wenigen Fällen werden externe Berater mit dieser Aufgabe betraut. Im Falle öffentlicher Arbeiten findet die Überprüfung der Arbeit meist durch Dritte statt.

Kriterien für die Überprüfung sind z.B.: Übereinstimmung mit einschlägigen Normen, technische und wissenschaftliche Qualität der Arbeit usw. Das Resultat dieser Überprüfung wird dokumentiert und ist Teil des Abschlußberichtes.

5.2
Methodik zur Ganzheitlichen Bilanzierung von Verfahren, Bauteilen und Systemen

SCHUCKERT, M.; EYERER, P., Stuttgart

5.2.2
Methodik

Um ein möglichst allgemein akzeptables Ergebnis zu erzielen, ist eine Methodik vonnöten, die den Ablauf einer Ganzheitlichen Bilanzierung nach mathematischen Gesetzmäßigkeiten weitgehend objektiv beschreibt. Es zeigt sich jedoch schnell, daß in viele Einzeluntersuchungen Wertungen einfließen müssen, die das Ergebnis als manipulierbar erscheinen lassen.

Die am IKP entwickelte Methodik basiert deshalb auf dem Grundgedanken, den Lebensweg des zu untersuchenden Produktes möglichst praxisnah zu verfolgen bei detaillierter Angabe der Randbedingungen.

Bevor die mathematischen Regeln und die Durchführung der Lebenszyklusanalyse näher beschrieben werden, sind einige Sachverhalte und Begriffe klar zu definieren, um eine eindeutige Verständigung zu gewährleisten. Zusätzlich sei an dieser Stelle auf [1] verwiesen.

5.2.2.1
Bilanzierte Flüsse und Grundlagen zu deren Erfassung

Ressourcen, Energien und Umweltbeeinflussungen qualitativer und quantitativer Art werden als Flüsse bezeichnet (z.B. Eisenerz, Primärenergie aus Wasserkraft, SO_2 in Luft etc.). Quantitativ sind dabei u.a. folgende Flüsse erfaßbar:

Input:

- Primärenergieträger (auf der Basis eines jeweils normierten Energieinhaltes in kg angegeben)
- Primärenergie, die aus Wasserkraft gewonnen wird, wird auf Basis ihrer potentiellen Energie berücksichtigt
- Sonnenenergie wird aufgrund ihres geringen Beitrages zur Energiebilanz im allgemeinen vernachlässigt. Es wird erwartet, daß diese Vereinfachung nur beim Vergleich von Energiesystemen etc. nicht zulässig ist
- Erze (Rohstoffe) werden gemäß ihres Wertstoffgehaltes (z.B. Metallgehalt) bilanziert. Das beim Abbau mitgeförderte Material wird als sog. „Taubes Gestein" gesondert im Input ausgewiesen
- Luft: Die quantitative Zusammensetzung wird, gemessen am Output, häufig vernachlässigbar sein. Bilanziert man aber z.B. Reinlufträume, wäre die Vernachlässigung des Inputs sicherlich eine unerlaubte Vereinfachung. Großen Einfluß wird die Luftzusammensetzung des Inputs auf die Erstellung der Wirkbilanz bzw. Bewertung haben.
- Wasser: Um der späteren Wirkbilanz bzw. Bewertung nicht vorzugreifen, werden im Input vier Kategorien ausgewiesen:
  - Prozeßwasser und dessen quantitative Zusammensetzung
  - Kühlwasser
  - Brauchwasser und dessen quantitative Zusammensetzung (häufig lassen sich Prozeßwasser und Kühlwasser aus Datenerfassungsgründen nicht separat ausweisen)
  - Niederschlagswasser

Output:

- Haupt-/Koppel- und Nebenprodukte
- Energie in verschiedenen Formen, die weiter genutzt wird (z.B. Strom, Dampf, Brennstoffe etc.)
- Abwärme in Luft, Wasser und Boden
- Atmosphärische Emissionen:
  Die in der BR Deutschland vorhandene gesetzliche Grundlage zur Regelung der atm. Emissionen ist die Technische Anleitung Luft (TA Luft) [2]. Die dort erfaßten Stoffe müssen jedoch um zusätzliche Stoffklassen erweitert werden:
  - Treibhausrelevante Größen (z.B. CO_2, CH_4, N_2O, CF_4, C_2F_6, SF_6, etc.)
  - Polychlorierte Dibenzodioxine und -furane
  - Ozonzerstörende Größen
  - Verdunstetes Wasser
  - In Abhängigkeit des zu untersuchenden Prozesses sind evtl. weitere Größen zusätzlich aufzunehmen
- Emissionen in Wasser:
  Die allgemeine Rahmen-Verwaltungsvorschrift über Mindestanforderungen an das Einleiten von Abwasser in Gewässer [3] regelt in der BR Deutschland die Schmutzfrachten der in den Vorfluter einleitbaren Abwässer. Anhänge spezifizieren Stoffe und deren Frachten aus unterschiedlichen Indu-

striebereichen, so z.B. Anhang 40 für den Geltungsbereich Metallbe- und
-verarbeitung. Die in der Rahmen-Verwaltungsvorschrift genannten Stoffe
werden als Grundlage der zu bilanzierenden Emissionen in das Wasser herangezogen.

Ergänzt wurden:

- Polyzyklische aromatische Kohlenwasserstoffe (PAH)
- Polychlorierte Dibenzodioxine und -furane
- In Abhängigkeit spezifischer Prozesse sind evtl. weitere Größen zusätzlich
  zu erfassen

- Emissionen in den Boden:
  Wäre die Ganzheitliche Bilanzierung von Werkstoffen, Verfahren und Produkten auf nationale Grenzen beschränkt, böte sich zur Erfassung der Emissionen in den Boden für die BR Deutschland die Benutzung der Technischen
  Anleitung Abfall (TA Abfall [4]) an. Die dort verwendete Spezifikation von
  Abfällen ermöglicht eine weitaus genauere Beschreibung von Wirkungen
  derselben, als die Untergliederung in gefährliche und nicht gefährliche Abfälle, wie sie häufig im Ausland zu finden ist.

  Deswegen werden zum einen die Zuordnungen (einschließlich deren
  Gruppen und Untergruppen) der TA Abfall übernommen.

  Diese sind:

- Abfälle pflanzlichen und tierischen Ursprungs sowie von Veredelungs-
  gruppen
- Abfälle mineralischen Ursprungs sowie von Veredelungsprodukten
- Abfälle aus Umwandlungs- und Syntheseprozessen (einschl. Textilabfälle)
- Siedlungsabfälle (einschl. ähnlicher Gewerbeabfälle)

Zum anderen sind aber auch Abfälle, die aus dem Ausland stammen, zu berücksichtigen. Dazu werden die beiden Flüsse „Hausmüll" und „Sonderab-
fall" verwendet, soweit diese Angaben nicht weiter spezifizierbar sind. Im
übrigen sind Reaktionen (und daraus resultierende Emissionen) der Abfälle
in der Deponie nicht Bestandteil der Bilanz, da die Reaktionsketten innerhalb der Deponien weitgehend unbekannt sind. Eine Zuweisung von Umweltbelastungen auf einzelne Produkte erscheint damit nicht sinnvoll, zumal
auch der zu betrachtende Zeitraum von Deponieemissionen nicht abgrenz-
bar ist. Ein weiteres Problem im Abfallbereich entsteht durch die Einbeziehung von Erz- und Rohstoffabbauprozessen, weil diese normalerweise bei
den zugehörigen Aufbereitungsvorgängen erhebliche Mengen an Gestein
freisetzen. Derartige Prozesse finden aber des öfteren in Ländern statt, die
eine detaillierte Messung von Umweltbelastungen nicht vorschreiben. Aus
diesem Grund ist eine Beurteilung der quantitativen Frachten häufig nicht
möglich. Das deutsche Recht wiederum bezeichnet derartiges Material als
Abraum und stuft diesen nicht als Abfall ein, unabhängig ob eine chemische
Veränderung des Ausgangsstoffes durch die Aufbereitung stattgefunden hat
oder nicht.

Um aber einer späteren Bewertung nicht vorzugreifen, werden Abraum
(weitgehend physikalisch verändert) und Erzaufbereitungsrückstände (chemisch verändert) getrennt ausgewiesen, auch wenn diese Daten streng ge-

nommen keine quantitativen Schlüsse zulassen. Diese Lücke ist durch steigende Umweltsensitivität in Erzabbauländern zu schließen.

- Flächenverbrauch (Es wird absichtlich die Bezeichnung „Verbrauch" benutzt, da die Fläche mit ihren ursprünglichen Qualitäten (z.B. Lösboden etc.) durch Bebauung etc. verloren gegangen ist.)
- Eine Reihe von Flüssen lassen sich heute nicht objektiv quantitativ ermitteln. Da es sich aber bei ihnen dennoch um umweltbeeinflussende Größen handelt, werden sie qualitativ in der Sachbilanz ausgewiesen. Damit sind folgende Merkmale zusätzlich zu berücksichtigen (unvollständig):
  - Geruch
  - Lärm
  - mögliche Gefahrenquellen
  - Ölnebel etc.

Grundlagen der Erfassung von Umweltgrößen

Die Datenausweisung ist eng an die vorhandene Datenbasis und damit an den zugrundegelegten Meßaufwand mit der dazugehörigen Meßtechnik geknüpft. Erschwerend wirkt sich aus, daß aufgrund unterschiedlicher gesetzlicher Forderungen in den verschiedenen Ländern ungleiche Meßgrundlagen vorhanden sind. Dies kann im schlimmsten Fall dazu führen, daß ein Produkt aus einem Land mit hoher Datentransparenz gegenüber dem gleichen Produkt aus einem zweiten Land mit ungenügender Datenerfassung (schlechte Meßtechnik, fehlerhafte Messungen und unzulänglicher Kenntnisstand über die zu messenden Größen etc.) in der Bilanz benachteiligt wird.

Deshalb ist sicherzustellen, daß die angewandte Meßtechnik vergleichbar ist oder bei Inkonsistenz der Meßtechnik die Meßgrundlagen ausgewiesen werden.

Messungen sind teuer, weswegen häufig aus Umwelthandbüchern (z.B. [5]) errechnete Größen angegeben werden. Auch diese sind gesondert zu kennzeichnen.

Die dritte Erfassungsart von Daten ist die Verwendung von Literaturangaben. Diese bergen die Gefahr, daß unzureichend definierte Randbedingungen in die Bilanz einfließen, unbekannte Meßtechnik zur Anwendung gelangt ist oder einfach die Aktualität der angegebenen Größen unbekannt ist. Deshalb sind diese Literaturdaten ebenfalls separat zu vermerken.

Neben der Art und Weise der Erfassung von Flüssen spielen auch die jeweils auszuweisenden Einheiten eine wichtige Rolle. Tabelle 5.1 versucht die bedeutendsten Umweltkategorien mit der jeweiligen Einheit darzustellen. Auf die Nennung einzelner Flüsse wird dabei bewußt verzichtet. Bestimmte Flüsse wie Strom, Dampf, Preßluft usw. werden in eigenen Modulen behandelt, um eine hohe Transparenz zu erzeugen.

Die Datenerhebung soll möglichst den Zeitraum von einem Jahr umfassen. Bei kleineren Produktionsmengen besteht der Grundsatz, einen langen Produktionsabschnitt zu berücksichtigen, um einen ausreichend verläßlichen Datensatz zu erhalten.

So weit wie möglich soll die einfache Massen- und Energie-Beziehung gelten:

$$\sum \text{Eingänge} = \sum \text{Ausgänge}$$

Tabelle 5.1. Bedeutende In- und Outputs

Input		Output	
Umweltkategorie	Einheit	Umweltkategorie	Einheit
Erze, Rohstoffe darin Prozeßwasser, Kühlwasser	kg	Produkte	kg
Energieträger Steinkohle Braunkohle	kg	Abluftmenge Atm. Emissionen	m³/kg Produkt kg/kg Produkt mg/m³ Abluft
Primärenergie aus	MJ	Abwassermenge	dm³/kg Produkt
Wasserkraft		Wasserbelastung	kg/kg Produkt mg/m³ Abluft
Strom	kWh		
Dampf (Druckniveau)	kg		
Preßluft	Nm³		
Flächenverbrauch	m²	Kühlwasser	kg/kg Produkt
Personal	Anzahl	Deponie dm³/kg Produkt	kg/kg Produkt
Wasserzusammen- setzung	kg/kg mg/dm³ Produkt Abwasser		

Traditionsgemäß versucht man im Bereich von Sachbilanzen bis heute einen Lebensweg in Module einzuteilen (s. Abschn. 5.2.2.3), um dann für jedes Modul bezogen auf das zu untersuchende Produkt/Verfahren die jeweiligen Umweltdaten auszuweisen. Das Ergebnis dieser Sachbilanzen beschreibt den Lebensweg im Umweltfluß pro Produkt, also z.B. MJ pro kg Ansaugrohr.

Wie eingangs beschrieben, werden die Resultate der Sachbilanz heute nach Wirkungen untergliedert, damit man sie anschließend vereinfacht bewerten kann. Neuen Forschungsansätzen [6] zufolge muß dabei wieder der Weg zurück von Umweltfrachten auf -konzentrationen beschritten werden, um verschiedene Wirkungen auf Mensch und Ökosystem besser erfassen zu können.

Diesem Umstand ist bereits bei der Datenaufnahme in erheblichem Umfang Rechnung zu tragen, indem in den betroffenen Bereichen (hauptsächlich Emissionen in Luft und Wasser) neben den produktbezogenen Frachten auch die prozeßbezogenen Konzentrationen separat ausgewiesen werden. In der damit auch zu jedem Modul notwendig gewordenen Beschreibung muß eine Beziehung zur betroffenen Umgebung vermerkt sein, weil man Anhaltswerte für die modulbezogenen (sowohl nach innen als auch nach außen) Immissionssituationen für die nachfolgende Wirkbilanz benötigt.

An dieser Stelle sei noch ein Punkt notiert, der in der Fachwelt umstritten ist. Da nach der vorliegenden Methodik auch die Wasserqualität des Inputs registriert wird und viele Betriebe eigene Kläranlagen betreiben, ist es durchaus möglich, daß die Abwasserqualität geringere Schadstoffwerte aufweist, als das von außen bezogene Wasser. Somit ergibt sich für die Herstellung eines Produktes, zumindest im Bereich der Emissionen in das Wasser, eine Schadstoffsenke und wird in der Bilanz mit negativen Werten versehen.

5.2.2.2
Bilanzraum, Bilanzierungsgrenzen und Abbruchkriterien

Die Forderung nach einer detaillierten Nachvollziehbarkeit einer Ganzheitlichen Bilanzierung macht es notwendig, vor Beginn verschiedene Konventionen zu treffen. Diese können aufgrund der theoretisch unendlichen Anzahl der Freiheitsgrade nicht streng wissenschaftlichen Regeln genügen und müssen deshalb durch Definitionen bestimmt werden. Diese sind im wesentlichen:

- Bilanzraum
  Wie in Kap. 1 bereits aufgezeigt, umfaßt der Bilanzraum die Herstellung der Ausgangsmaterialien des Produktes, die Produktion des Produktes selbst, seine Nutzungsphase bis hin zur Entsorgung (Deponierung bzw. therm. Verwertung), Wiederverwertung oder Weiterverwertung. Die einzelnen Stufen des Lebensweges werden dabei in sinnvolle Bausteine untergliedert, für die die in Abschn. 5.2.2.1 beschriebenen Größen erhoben werden [7]. Die Bausteine werden i.a. auf Basis der ein- und ausgehenden Rohstoffe und Energien miteinander verknüpft. Energieträger werden ebenfalls bis an ihren Abbauort zurückverfolgt und einbezogen.

Heutige Bilanzierungen (sie werden im folgenden mit Bilanzen 1. Generation bezeichnet) beschreiben im wesentlichen direkt den Prozessen, Bauteilen oder Verfahren zuordnungsfähige Umweltdaten. So wird z.B. heute im allgemeinen der Einfluß der Kantine oder des Sanitätsbereiches z.B. auf die Werkstoffherstellung vernachlässigt. Erzabbauprozesse (z.B. Mining von Eisenerz bzw. Bauxit) sind häufig sehr personalintensiv. Es bliebe zu klären, inwieweit die mit dem Personal verbundenen Aufwendungen in eine Bilanz zu integrieren wären. Deshalb sollen, wie in Bild 5.1 dargestellt, die Begriffe der Bilanzierung 2. und 3. Generation zusätzlich eingeführt werden.

Die Bilanzierung 2. Generation soll dieser Definition nach vor allem sämtliche Aufwendungen berücksichtigen, die mit dem Einsatz des Menschen innerhalb des Bilanzraumes verbunden sind. Aufzuzählen sind hier Sanitär- und Ernährungsbereich, Erholungszonen etc.. Der große Vorteil liegt neben einer detaillierten Bilanzierung vor allem in der Umrechnungsmöglichkeit von arbeitsbezogenen Emissionen auf Immissionen sowie im wirtschaftlichen Bereich die verursachungsgerechte Gestaltung der Kostenträgerrechnung.

Die Bilanz 3. Generation berechnet zusätzlich alle indirekten Aufwendungen mit in die Bilanz ein. Dies könnte z.B. sein: Errichtung von Straßen, Ampeln, Gebäuden aber auch Labors etc. sowie deren Betrieb.

Es soll nicht verschwiegen werden, daß mit der Einbeziehung derartiger Prozesse oder Geräte verschiedene Schwierigkeiten erwachsen, die bei heutiger Datenlage kaum lösbar sind. Zum einen sind methodische Problemstellungen zu beantworten (wie sind z.B. Verteilungsschlüssel bei verschiedenen Pro-

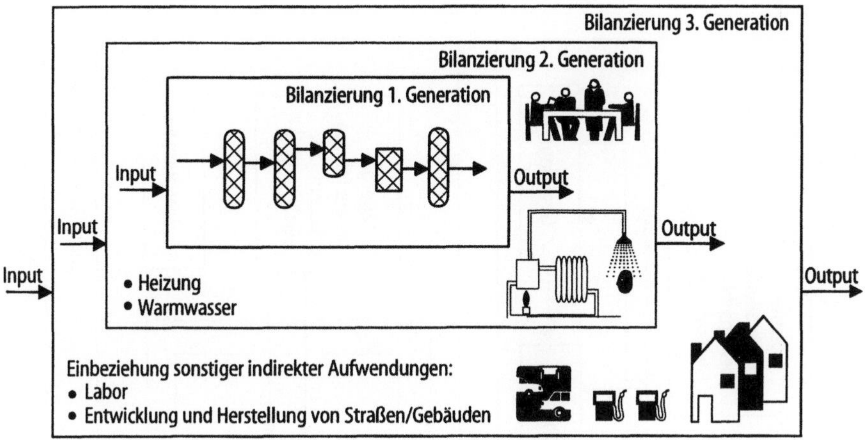

Bild 5.1. Bilanzraum von Bilanzierungen 1., 2. und 3. Generation

dukten zu vergeben), zum anderen stellt sich schnell die Frage, wo der Bilanzraum beginnt und wo er endet.

Jedoch wird bei fortschreitender Kenntnis der Bilanzierung von Werkstoffen, Verfahren, Gütern oder ähnlichem auch der Aufwand geringer, indirekte Aufwendungen könnten einbezogen werden.

– Bilanzgrenzen
Infolge der Unendlichkeit der Bausteinverflechtungen bei der Untersuchung eines Produktlebensweges sind Bilanzierungsgrenzen zu nennen, die den Bilanzraum sachgerecht eingrenzen. Mit Hilfe von begründet gewählten Abbruchkriterien, wie sie im folgenden Abschnitt abgeleitet werden, kann der Fehler bei Vernachlässigung einzelner Parameter klein gehalten werden.
– Abbruchkriterien
Prozesse sind heute gekennzeichnet durch eine Vielzahl von In- und Outputs. Dabei steht man häufig vor der Entscheidung, welche der eingehenden Stoffe weiter zurückverfolgt und welche vernachlässigt werden können. Diese Problematik stellt eine der zentralen Fragen innerhalb einer Sachbilanz dar, da durch willkürlich ausgewählte Abbruchkriterien das Ergebnis stark manipulierbar wird. Anhand eines Beispiels soll dies näher erläutert werden.
Das Umschmelzen von Aluminium ist verglichen mit der Primäraluminiumherstellung ein wenig energieintensiver Prozeß. Nur ca. 6–12 MJ Primärenergie sind von Nöten, um aus einem kg Aluminiumschrott wieder ein kg neu verarbeitbares Aluminium zu erzeugen.

Je nach Anwendung werden jedoch Legierungselemente wie Silizium oder Magnesium zugesetzt, die bis heute in veröffentlichten Bilanzen immer vernachlässigt wurden. Schätzt man den Primärenergieaufwand zur Herstellung dieser beiden Metalle auf ca. 140–200 MJ/kg und bezieht den Bedarf pro kg Sekundäraluminium auf durchaus 10% mit ein, so ist leicht zu errechnen, daß der Aufwand zur Herstellung der Legierungselemente weitaus größer ist, als der des Umschmelzens von Aluminium selbst.

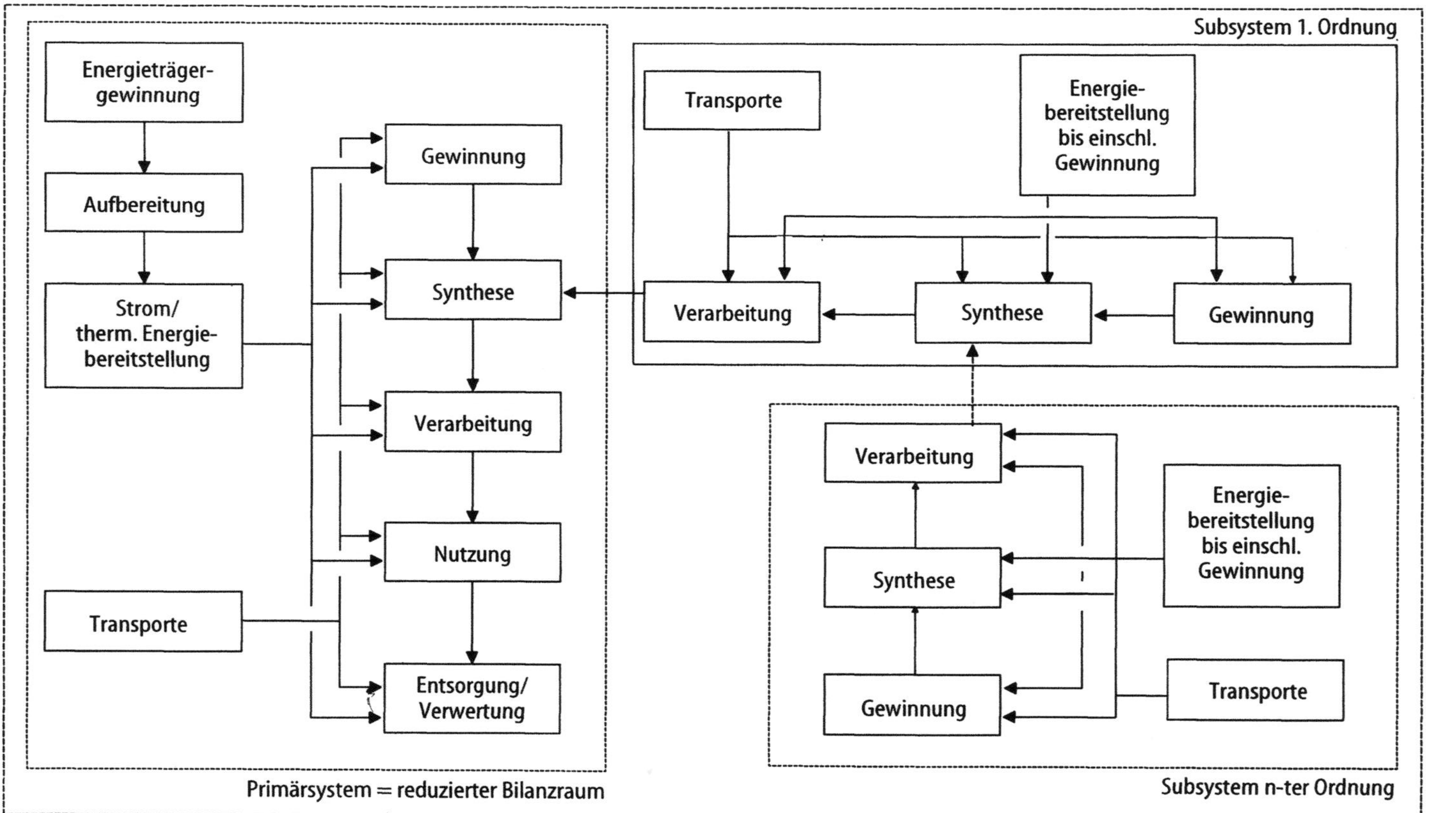

Bild 5.2. Ermittlung der Abbruchkriterien innerhalb des Bilanzraumes

Im folgenden soll eine Vorgehensweise beschrieben werden, die diese Fragestellung weitgehend löst.
Folgende Randbedingungen sind dabei zu beachten:

- Nur ein- und ausgehende Stoffe und Energien werden betrachtet.
- Die Produktion von Fertigungs- und Transportmitteln wird nur in Ausnahmefällen einbezogen. Diese Fälle werden gesondert benannt.
- Es muß eine Umwelt-Werkstoffdatenbank vorhanden sein, die bereits Bilanzierungsregeln und entsprechende Umweltinformationen zu den wichtigsten Materialien enthält.

Bild 5.2 zeigt allgemein den bei der Ausgangssituation vorliegenden Bilanzraum. Das Primärsystem kennzeichnet den/das zu untersuchenden Gegenstand/Verfahren. Das Subsystem 1. Ordnung beschreibt Stoffe, die zur Synthese des Primärproduktes benötigt werden. Subsysteme 2. bis $n$ter Ordnung beziehen sich auf Stoffe, die für die Synthese der Stoffe $(n-1)$ter Ordnung zusätzlich verbraucht werden.

Bild 5.3 stellt einen auf Stoff- und Energiefluß reduzierten Prozeß dar. Die eingehenden Materialien werden nach der Masse, bezogen auf den Output klassifiziert. Es gilt:

$$\text{Stoffgruppe 1} \sum_{i=1}^{n} \dot{m}_{I\,1i}, \quad \text{mit } \dot{m}_{I\,i} \geq 0,05 \cdot \sum_{i=1}^{n} \dot{m}_{Out\,i} \tag{5.1}$$

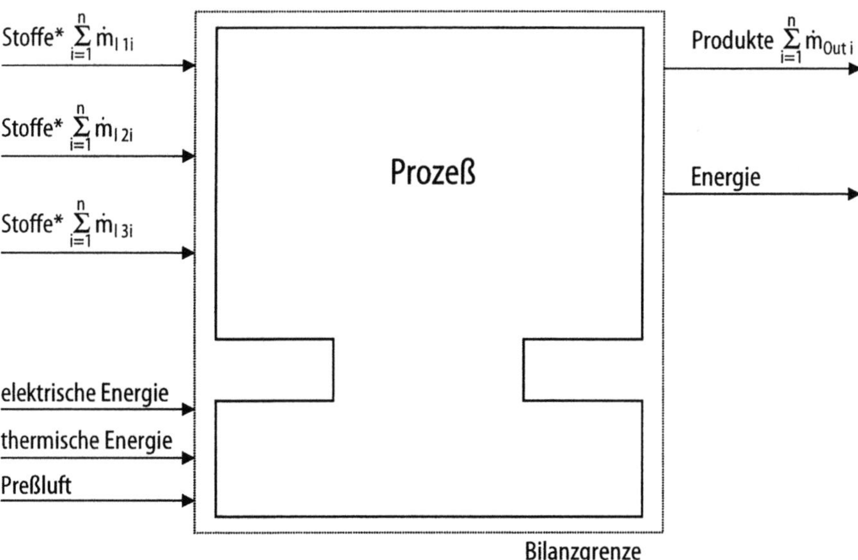

Bild 5.3. Vereinfachter Stoff- und Energiefluß eines Prozesses

$$\text{Stoffgruppe 2} \sum_{i=1}^{n} \dot{m}_{I\,2i}, \quad \text{mit } 0,01 \cdot \sum_{i=1}^{n} \dot{m}_{Out\,i} \leq \dot{m}_{I\,i} < 0,05 \cdot \sum_{i=1}^{n} \dot{m}_{Out\,i} \quad (5.2)$$

$$\text{Stoffgruppe 3} \sum_{i=1}^{n} \dot{m}_{I\,3i}, \quad \text{mit } \dot{m}_{I\,i} < 0,01 \cdot \sum_{i=1}^{n} \dot{m}_{Out\,i} \quad (5.3)$$

Setzt man nun das Primärsystem aus Prozessen, wie sie in Bild 5.3 schematisch dargestellt sind, zusammen, so sind folgende Regeln und Forderungen, die sich aus der Zieldefinition ergeben, zu beachten:

1. Es wurden alle ein- und ausgehenden Energieströme sowie notwendige Transporte bilanziert.
2. Die Hauptprozeßkette des Primärsystems stellt die Grundlage einer ersten Rohbilanz dar. Die Hauptprozeßkette wird durch Materialien definiert, die einen Massenanteil größer 5 Prozent des jeweiligen Prozeßoutput aufweisen. Diese Werkstoffe sind vollständig zu bilanzieren.
3. Folgende Zielvorstellung soll bzgl. des max. Fehlers gelten:

$$\Delta\, U_{F\,i=1,n} \leq 10\% \quad \text{(bezogen auf das Ergebnis der Rohbilanz)} \quad (5.4)$$

mit U_F : Umwelteinfluß

Die Größe des Fehlers ist willkürlich gewählt und leitet sich als Erfahrungswert aus der Praxis ab.

3a. Werkstoffe nach Bedingung 5.2 sind nur dann weiterzuverfolgen, wenn zu erwarten ist, daß sie einen Anteil >1%, bezogen auf jeden spezifischen Umweltfluß, der aus der Rohbilanz des Primärsystems bekannt ist, zum Gesamtergebnis beitragen. Zur Beurteilung dient qualitativ Bild 5.4. Der Gesamtfehler der zu vernachlässigenden Stoffmengen muß <8% sein.
3b. Materialien nach Bedingung 5.3, also Werkstoffe mit einem Inputanteil kleiner 1% bezogen auf den Prozeßoutput, können ebenfalls nach Bild 5.4 beurteilt werden. Die Einführung einer dritten Stoffgruppe ist nötig, da sehr viele Prozesse betrieben werden, die Klein- bzw. Kleinstmengen (z.B. Katalysatoren) verwenden. Eine Abschätzung dieser Materialien erleichtert die Durchführung einer Bilanzierung erheblich. Der Gesamtfehler der aus der Stoffgruppe 3 vernachlässigten Materialien darf 2% nicht überschreiten.

Nach Gl. (5.5) stellt sich die Rohbilanz B_{RH} als Summe der Umweltflüsse $U_{F\,i=1,n}$ dar.

$$B_{RH\,i=1,n} = \sum U_{F\,i=1,n} \quad (5.5)$$

Bezeichnet man mit $U_{F\,mi}$ die auf den Masseninput bezogene Umweltrelevanz des Subsystems ($n$ter)-Ordnung, die im wesentlichen von

- Rohstoffverbrauch
- Energiebedarf
- Emissionen in Luft
- Emissionen in Wasser
- Emissionen in den Boden

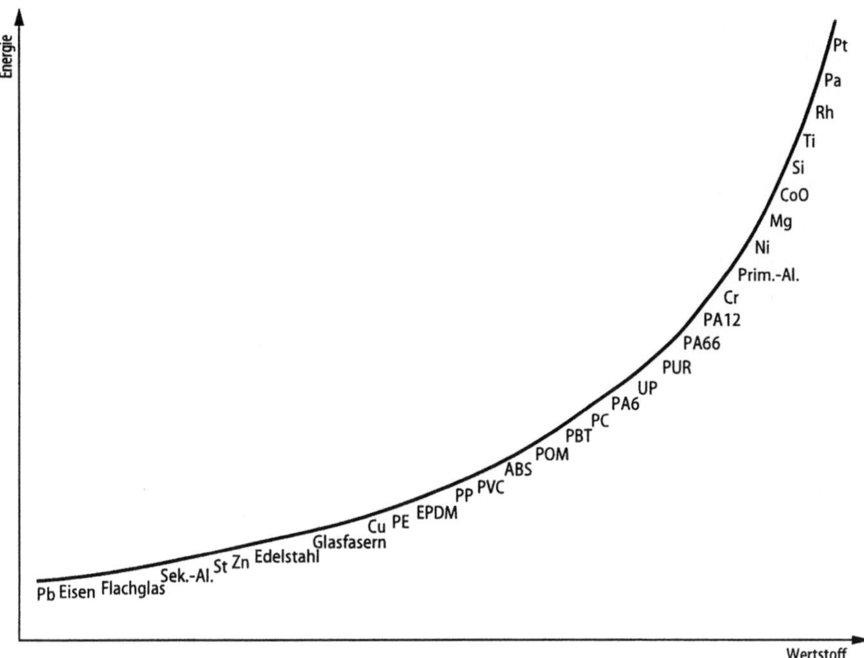

Bild 5.4. Qualitative Einordnung des Primärenergieverbrauches zur Herstellung wesentlicher Werkstoffe

abhängt, so ergibt sich die zu beurteilende Umweltrelevanz als Quotient aus $U_{F\,mi}$ und B_{RH} des jeweiligen Umweltflusses

$$\frac{U_{F\,mi\;i=1,n}}{B_{RH\;i=1,n}} \geq e \qquad (5.6)$$

mit e als Eingangskriterium (e bezieht sich auf den zuzulassenden Fehler, welcher in 5.4 beziffert wird). Im Gegensatz zu [7] wird keine gewichtete Umweltrelevanz der Vorprodukte erzeugt, da eine Gewichtung nur als Teil der Bewertung einbezogen werden darf.

Es ist zu betonen, daß die in Bild 5.4 dargestellte Werkstoffauswahl keineswegs vollständig ist. Die genannten Werkstoffe sollen lediglich als Beispiel dafür dienen, wie Randbedingungen sinnvoll gewählt werden können, um Aufwand und Fehler einer Ganzheitlichen Bilanzierung sinnvoll einzugrenzen.

Weiterhin muß erwähnt werden, daß die Umweltbilanzen der angesprochenen Materialien sehr stark von der Wahl der Randbedingungen abhängen. Erinnert sei nur an das Problem der Primäraluminium-Bilanzierung durch die Wahl unterschiedlicher Strombereitstellungsmodule für die Elektrolyse.

Prinzipiell muß davon ausgegangen werden, daß neben der Werkstoffherstellung auch die Verarbeitung einen nennenswerten Beitrag zur Umweltbilanz mit sich bringen kann. Die Verarbeitung muß aber bei einer Fehlerbetrachtung ausgeklammert werden, da dies bedeuten würde, daß für jeden Input auch dessen gesamte Vorgeschichte bekannt sein muß. Diese sinnvolle Forderung sprengt aber sowohl den wissenschaftlichen als auch den wirtschaftlichen Rahmen.

5.2.2.3
Modellierung eines Produktlebenszyklus

Bei der Auswahl des zu untersuchenden Produktes und der zur Alternative stehenden Materialien ist besonders im technischen Bereich das Funktionsäquivalent sicherzustellen. Inwieweit im wirtschaftlichen Bereich Differenzen akzeptabel sind, ist vom Produzenten selbst zu beurteilen. Auf Basis des Funktionsäquivalents werden hauptsächlich Gestalt, Werkstoff und Gewicht, aber auch qualitative Faktoren wie Entwicklungsaufwand, Integrationsfreundlichkeit von Funktionen etc. festgelegt; letztere werden im technischen Teil der Bilanz vermerkt, da sie bei der Bewertung durchaus Einfluß auf eine Entscheidung mit sich bringen können.

Das Material und die sich daraus ergebende Masse des Bauteils sind Ausgangspunkt für die Beschreibung des Verfahrensablaufs, vom Abbau der Rohstoffe ausgehend, über die Nutzungsphase bis hin zur Verwertung bzw. Entsorgung.

Der vollständig bekannte Verfahrensablauf dient nun als Grundlage, um mit Hilfe eines Systems von Gleichungen die Beziehungen zwischen den einzelnen Bausteinen zu beschreiben, wobei die Gleichungsparameter im wesentlichen Stoff- und Energieumsätze der In- und Outputseite eines Prozesses verknüpfen und mit den vor- und nachgeschalteten Bausteinen charakterisieren.

Wie in Abschn. 5.2.2.1 bereits erläutert, ist es Ziel der folgenden Datenaufnahme, einen allgemeinen, „repräsentativen" Betriebspunkt der Anlage als Datenbasis heranzuziehen [7].

Hierzu wird – sofern möglich – ein über ein Produktionsjahr gemittelter Datensatz erstellt. An- und Abfahrvorgänge, evtl. Störungen, jahreszeitliche Schwankungen sind je nach Zielsetzung normalerweise ungeeignet, um eine aussagekräftige Bilanz erstellen zu können. (Ist dagegen eine Schwachstellenanalyse eines Prozesses durchzuführen, so kann es gerade dort notwendig sein, jahreszeitliche Maxima und Minima einzelner Produktionsparameter zu erfassen).

Häufig existieren Prozesse mit Output-Flüssen, die ebenfalls evtl. über weitere Prozesse Input-Flüsse darstellen. Als Beispiel sei der Abbau von Steinkohle genannt, bei dem Strom zum Betrieb der Förderanlage benötigt wird. Der Strom wiederum wird aus Steinkohle produziert, die mit Strom gefördert wird. Es ist leicht zu erkennen, daß sich zwar einerseits eine Konvergenz dieser Folge errechnen läßt, andererseits aber ab einer bestimmten Ordnung die dann erzielte Genauigkeit das Ergebnis der Sachbilanz nicht wesentlich verfeinert.

Um dieses Problem zu lösen, werden für alle derartigen Fälle die ersten drei Glieder der Folge berücksichtigt, alle anderen Glieder werden vernachlässigt.

Bei einer Reihe von Prozessen/Verfahren der Herstellphase eines Produktes entstehen spezifische Probleme, die im folgenden näher erläutert werden sollen.

5.2.2.3.1
Behandlung wesentlicher Module der Produktherstellphase

5.2.2.3.1.1
Energiebereitstellung

Die Art und Weise, wie der Primärenergieverbrauch und der dadurch betroffene Energieträger wie Steinkohle, Erdöl etc. berücksichtigt wird, kann das Endergebnis einer Bilanz erheblich verändern. Das IKP legt deshalb wichtige Grundbedingungen der Ganzheitlichen Bilanzierung fest:

- Energieinhalt der fossilen Energieträger
  Es besteht grundsätzlich die Wahl zwischen oberem und unterem Heizwert[1] eines fossilen Energieträgers. Während der obere Heizwert mehr eine theoretische Größe (Ausnahme: Erdgas) darstellt, befaßt sich der untere Heizwert mit der Energie, die mit heutiger Technologie tatsächlich aus dem Brennstoff gewonnen werden kann.

  Eine weitere nicht zu unterschätzende Komponente bei der Auswahl des Heizwertes sind die zur Verfügung stehenden Literaturdaten für viele Teilbereiche einer Bilanz, wie der Berechnung von CO_2-Emissionen. So liegen z.B. Einzelheiten zu den realen Kohlenstoffgehalten spezifischer Energieträger selten vor. In der Praxis kann es demnach geschehen, daß Angaben zu Kohlenstoffgehalten und Heizwert aus verschiedenen Quellen genommen werden, obwohl sie nicht zusammenpassen. Um hier Fehlerquellen zu vermeiden, beschäftigt sich eine Reihe von Veröffentlichungen mit der einheitlichen Ermittlung von CO_2-Emissionen sowie anderen Energieproblemen [8, 9], deren Grundlage der untere Heizwert ist.

  Um einerseits die tatsächlich benötigte Energie zu beschreiben, andererseits aber auch Fehlerquellen zu minimieren (viele Firmen greifen bei der Ermittlung ihrer Daten auf Literaturquellen zurück), wird in der hier beschriebenen Methodik der untere Heizwert gebraucht. Neben der Wahl des oberen und unteren Heizwertes sind auch die verwendeten Heizwerte selbst von großer Bedeutung. Da es hier erhebliche Unterschiede gibt, wird folgende Festlegung getroffen:

  a) Es gelangen soweit als möglich spezifische Energieinhalte der einzelnen Brennstoffe zur Anwendung.
  b) Wo dies nicht machbar ist, werden durchschnittliche, länderspezifische Daten herangezogen, wie sie Tabelle 5.2 in einer Auswahl zeigt.

---

[1] Unter dem Heizwert H versteht man das Verhältnis der bei der Verbrennung frei werdenden Wärmeenergie zur Masse des verbrannten festen oder flüssigen Brennstoffes.
Früher wurde dieser Heizwert als „unterer Heizwert H_u" bezeichnet, im Gegensatz zum „oberen Heizwert H_o", heute „Verbrennungswärme", der um die zur Verdampfung des entstehenden Wassers nötige Wärmemenge größer ist.
Um eine klare Differenzierung zu ermöglichen, werden in dieser Arbeit die älteren Bezeichnungen verwendet.

Tabelle 5.2. Heizwerte von Energieträgern aus unterschiedlichen Ländern [10, 11]

	Heizwert (kcal/kg) Steinkohle	Heizwert (kJ/m³) Erdgas		Heizwert (kcal/kg) Steinkohle	Heizwert (kJ/m³) Erdgas
Australien		39115	Süd Korea	6000	
Österreich		40000	Luxemburg		40741
Belgien	5000–5500	39687	Marokko	5000	
Bulgarien	5500–6000		Niederlande	6330	33320
Kanada		37830	Neuseeland		37578
Dänemark	6000	40687	Norwegen		40558
Finnland	5700	39170	Portugal	6100	
Frankreich		41856	Spanien	6670	42488
Deutschland		33274	Schweden	6000	38880
Griechenland		52386	Schweiz		40319
Hong Kong	6000		USA		38414
Indonesien	4225		Taiwan	5800	
Irland	6450–7400	37585	Türkei	3390	38300
Israel	6300		Großbritanien	6000	37330
Italien	6200	37730	Zimbabwe	6900	
Japan	6200	38871			

c) Da in der Rohbilanz eine separate Ausweisung der länderspezifischen Energiewerte zu einer großen Unübersichtlichkeit führen würde, erfolgt am Ende der Erfassung eine Normierung auf die Werte, wie sie zur Zeit von der Arbeitsgemeinschaft Energiebilanzen der BRD verwendet werden.

Selbstverständlich ist neben der Erfassung des Heizwertes für Kunststoffe auch zu berücksichtigen, daß Werkstoffe, die als Rohstoffe keinen Energieinhalt aufweisen, durch Umwandlungsprozesse zu Werkstoffen mit Energieinhalt werden können. Dies trifft z.B. für Aluminium und Magnesium zu.

Dementsprechend ergibt sich der Energieverbrauch bei der Herstellung eines Werkstoffes (in Anlehnung an [13]) zu:

$$E_W = E_R + \Delta E \tag{5.7}$$

$\Delta E =$ – Für viele Kunststoffe ist dieser Wert aufgrund exothermer Prozesse negativ.

  – Für Werkstoffe wie Polyethylen, Polypropylen, aber auch z.B. Aluminium ist E positiv.

E_W = Spezifischer Energieinhalt des Werkstoffes

E_R = Spezifischer Energieinhalt des Rohstoffes

– Bilanzierung der Energieversorgungssysteme
  Viele Fabrikanlagen unterhalten eigene Kraftwerke, die zum großen Teil Kraft-Wärme-Kopplungen unterliegen, also auch mit hohen Wirkungsgraden arbeiten. Da aber hier die Dampfproduktion häufig höher ist als die Stromproduktion, muß bei einer derartigen Konstellation Strom aus dem Netz zur Bedarfssättigung entnommen werden. Bild 5.5 verdeutlicht die Problemstellung.

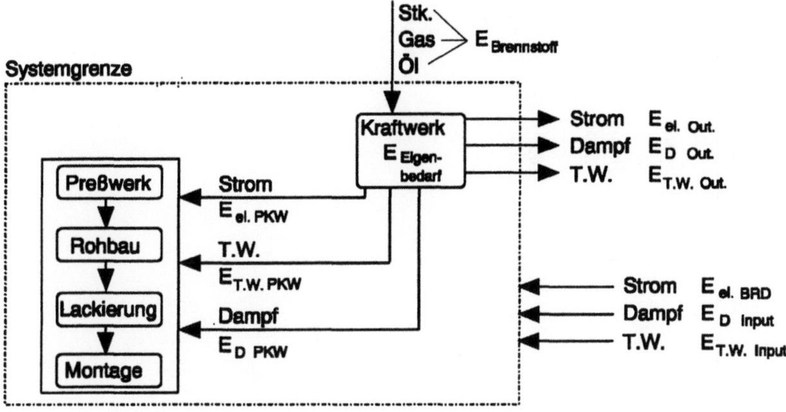

Bild 5.5. Betrachtung einer Energieversorgungsanlage in einem Automobilwerk (Technische Wärme: T.W.)

Die hier gezeigte Anlage bezieht von außerhalb Energieträger, Strom, Dampf und technische Wärme (T.W.). In bestimmten Zeiten gibt das Kraftwerk nach außen Strom, Dampf und technische Wärme ab.

Eine einfache Differenzbildung der ein- und ausgehenden Energien würde nicht berücksichtigen, daß mit den jeweiligen Energien unterschiedliche Umweltbelastungen verbunden sind. Während 1 kWh Strom aus dem öffentliche Netz der BRD mit zur Zeit ca. 600 g CO_2-Emissionen verbunden ist, sind aufgrund von Kraft-Wärme-Kopplung in einem Industriekraftwerk die Wirkungsgrade wesentlich höher und damit die CO_2-Emissionen signifikant geringer.

Somit ergibt sich im allgemeinen Fall der Strombedarf zu (vgl. Bild 5.5):

$$E_{el. PKW} = E_{Brennst.} \cdot \eta_{el} + E_{el. Eigen.} + E_{el. BRD} \tag{5.8}$$

mit:

$E_{el. PKW}$ = Strombedarf zur Produktion innerhalb der PKW-Fabrikanlage

$E_{Brennst.}$ = Energieinhalt (Auf Basis H_u für Kohle, Erdöl; auf H_o für Erdgas)

$E_{el. Eigen.}$ = Stromverbrauch des Kraftwerks für eigene Anlagen

$E_{el.BRD}$ = Strom aus dem öffentlichen Netz der BRD

$E_{el.Output}$ = Strom, der aus dem PKW-Kraftwerk in das öffentliche Netz der BRD eingespeist wird

$\eta_{el. Eigen.}$ = Wirkungsgrad der Stromherstellung bei Kraft-Wärme-Kopplung

Es ist zu beachten, daß adäquate Gleichungen für alle anderen Umweltflüsse ebenso zu erstellen sind, da bei Vereinfachung der obigen Gleichung und anschließender Berechnung der übrigen Umweltbelastungen ein nicht zu vernachlässigender Fehler entstünde.

– Ermittlung der Stromversorgung des öffentlichen Netzes eines Landes
Fast alle Industrieprozesse benötigen heute Strom, der überwiegend aus dem öffentlichen Netz entnommen wird. Es stellt sich hierbei die Frage, wie großräumig die Systemgrenze zu ziehen ist.

Tabelle 5.3. Stromaustausch in Europa (Alle Angaben in GWh) [12]

Export- länder	Importländer													Σ Export
	B	D	E	F	GR	I	YU	L	NL	A	P	CH	Dritt- länder	
B	–	–	–	1438	–	–	–	384	1611	–	–	–	–	3433
D	–	–	–	14	–	–	–	2050	3897	3756	–	5667	26	15410
E	–	–	–	781	–	–	–	–	–	–	1297	–	5	2083
F	1078	4780	897	–	–	7792	–	–	–	–	–	5549	8650	28746
GR	–	–	–	–	–	–	94	–	–	–	–	–	270	364
I	–	–	–	127	–	–	54	–	–	–	–	2	–	183
YU	–	–	–	–	270	738	–	–	–	6	–	–	1496	2510
L	–	306	–	–	–	–	–	–	–	–	–	–	–	306
NL	1493	764	–	–	–	–	–	–	–	–	–	–	–	2257
A	–	1691	–	–	–	933	576	–	–	–	–	1078	3	4281
P	–	–	639	–	–	–	–	–	–	–	–	–	–	639
CH	–	2050	–	265	–	8841	–	–	–	196	–	–	–	11354
Dritt- länder	–	2966	–	–	284	–	432	–	–	3205	–	–	–	6887
Σ Import	2571	12557	1536	2625	554	18304	1156	2434	5508	7165	1297	12296	10450	78453

Betrachtet man z.B. Westeuropa und die BRD, so könnte die Systemgrenze zum einen um ganz Westeuropa (Strom wird z.T. intensiv über Ländergrenzen ausgetauscht) gelegt, zum zweiten nur um einen einzelnen Staat, im Falle der BRD wiederum nur um je ein einzelnes Bundesland gezogen werden. Da die Behandlung der Stromfrage eine zentrale Rolle innerhalb einer Ganzheitlichen Bilanzierung einnimmt, sollen die Auswirkungen der jeweiligen Entscheidung näher erläutert werden.

Tabelle 5.3 zeigt hierzu den Stromaustausch zwischen den Ländern der UCPTE (Union für die Koordinierung der Erzeugung und des Transportes elektrischer Energie) von Oktober 1991 bis März 1992 [12]. Man erkennt, daß z.B. die BRD in diesem Zeitraum 15,4 TWh in die Schweiz, Niederlande, Österreich, etc. exportiert, gleichzeitig aber aus Frankreich, der Schweiz etc. ca. 12,5 TWh Strom importiert hat. Es ergibt sich ein Saldo von ca. 3 TWh Strom, der im Verhältnis zur gleichzeitig in der BRD erzeugten Strommenge von knapp 250 TWh als vernachlässigbar klein angesehen wird.

Somit wird für die BRD nur mit dem innerhalb der Grenzen dieses Landes erzeugten Strommix weitergerechnet; der Austausch mit anderen Ländern wird nicht berücksichtigt.

Tabelle 5.3 stellt aber auch dar, daß bei verschiedenen Ländern der Importanteil wesentlich den Exportanteil überwiegt und zudem das Verhältnis von Import zu Eigenproduktion nicht gegen Null geht. Zum Beispiel produzierte in dem in Tabelle 5.3 betrachteten Zeitraum Italien etwa 105 TWh Strom, während es ca. 18 TWh Strom im wesentlichen aus Frankreich und der Schweiz einführte, beides Länder mit relativ geringen Emissionen.

Zur Einführung einer Schranke, ab welcher länderübergreifende Ströme mitberücksichtigt werden müssen, soll eine Beispielrechnung anhand von CO_2-Emissionen durchgeführt werden. Sie basiert auf folgenden Grunddaten:

- CO_2-Emissionen der öffentlichen Stromerzeugung (ohne Importe) ausgewählter Länder im Jahre 1991 in g/kWh [eigene Berechnungen]:

  Italien: 669,7
  Schweiz: 18,0
  Frankreich: 115,4

- Stromimporte Italiens aus folgenden Ländern [12] in TWh:

  Schweiz: 8,841
  Frankreich: 7,792

- Italiens öffentliche Stromerzeugung produzierte in dem betrachteten Zeitraum 105,2 TWh Strom.

Damit läßt sich folgende Gegenüberstellung für den stationären Fall aufstellen:

$$U_{Fel_{CO_2}I_G} = U_{Fel_{CO_2}I_{spez.}} \cdot \frac{a_{Italien}}{a_G} + U_{Fel_{CO_2}CH} \cdot \frac{a_{CH}}{a_G} + U_{Fel_{CO_2}F} \cdot \frac{a_F}{a_G}$$

$$= 587,0 \text{ g} \frac{CO_2}{kWh} \tag{5.9}$$

mit:

$U_{Fel_{CO_2 Y_{(G)}}}$ = CO_2-Emissionen durch die öffentliche Stromversorgung eines
Landes Y einschließlich der vorgelagerten Stufen und der
Stromverteilung mit Index:

    I :   Italien
    F :   Frankreich
    CH : Schweiz
    (G) : Gesamt einschl. Importe und Eigenproduktion)

a_{Y_G} = Stromversorgungsanteil eines Landes Y (Index s.o.)

bzw. im allgemeinen Fall:

$$U_{Fel\,n_G} = \sum_{i=1}^{n} U_{Fel\,n} \cdot \frac{a_n}{a_G} \tag{5.10}$$

Zieht man nun die aus Gl. (5.9) erhaltene Angabe von 587 g CO_2/kWh ins
Verhältnis zu der ursprünglichen Berechnung der ausschließlich öffentlichen
Stromversorgung Italiens 669,7 g CO_2/kWh Strom, so erhält man eine Ab-
weichung von ca. 12%, die nicht zu vernachlässigen ist.

Daraus ist zu folgern, daß man ab einer bestimmten Höhe den Stromim-
port und -export mit in Betracht ziehen muß. Grundsätzlich wäre ein Modell zu bevorzugen, das generell den Stromaustausch beachtet. Jedoch ist
der dafür notwendige Aufwand nicht gerechtfertigt, da die Unsicherheiten
bei der Erfassung des jeweiligen Länder-Strommixes schwerer wiegen, als
die theoretische Genauigkeit durch die dynamische Modellierung des
Stromaustausches zwischen den verschiedenen Ländern. Schätzt man aber
nur den Stromaustausch zwischen den Ländern der UCPTE ab, so erscheint
ein Fehler von 3% als hinnehmbar.

Somit ergeben sich folgende Bedingungen:

$\frac{a_{n_S}}{a_{n_G}} \geq 0,03$:   Der Stromaustausch ist zu kalkulieren.

$\frac{a_{n_S}}{a_{n_G}} \leq 0,03$:   Der Stromaustausch wird vernachlässigt; der Stromverbrauch
           wird auf Basis der öffentlichen Stromversorgung des betrach-
           teten Landes berücksichtigt.

Die willkürlich gewählte Schranke von 3% ist bei fortschreitendem Kenntnisstand zu überprüfen und ggfs. zu verändern.

Wenn einerseits der Strom Im- und Export zwischen Ländern von Interesse ist, muß andererseits der Stromaustausch auf regionaler Ebene ebenfalls beachtet werden. Betrachtet man z.B. die über die Bundesländergrenzen
der BRD fließenden Strommengen [10], so stellt sich durchaus die Frage, ob
die Einführung eines nationalen Strommixes gerechtfertigt ist.

So war z.B. das Bundesland Bayern Selbstversorger, während z.B. Schleswig-Holstein nennenswerte Importe bezog. Der Gedanke läßt sich fortfüh-
ren, da innerhalb der Bundesländer wiederum z.T. Unternehmen einzelne
Regionen mit Strom versorgen.

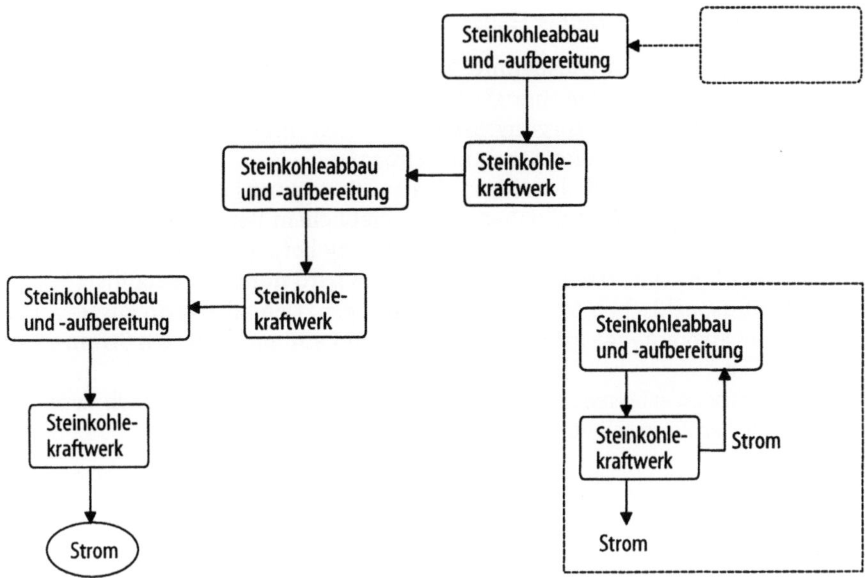

Bild 5.6. Iterative Beschreibung einzelner Prozeßketten mit Rückkoppelungen

Gegen eine ausschließlich regionalisierte Betrachtung der Stromversorgung spricht der großräumige Verbund der Energieversorgungssysteme, der auch bei Bedarf genutzt wird. Weiterhin würde der Aufwand der Erfassung eines regionalen Stromnetzes stark ansteigen und die Gefahr willkürlich gewählter Randbedingungen anwachsen. Aus den genannten Gründen wird innerhalb eines Landes mit dem nationalen Stromversorgungsmix gerechnet, sofern nicht nachgewiesenermaßen der Strom von speziellen Kraftwerken bezogen wird.

Das in Abschn. 5.2.2.2 beschriebene Problem der Abbruchkriterien soll hier an einem Beispiel näher erläutert werden. Strom wird in einem Steinkohle-Kraftwerk mittels Oxidation von Steinkohle gewonnen. Bei deren Abbau und Aufbereitung wird Strom benötigt, zu dessen Produktion wiederum Steinkohle erforderlich ist. Bild 5.6 zeigt vereinfacht die Prozeßkette, die sich beliebig fortsetzen und auch auf eine Vielzahl anderer Beispiele anwenden ließe.

Bei Betrachtung der zu den Prozessen gehörenden numerischen Größen vereinfacht sich jedoch erheblich der notwendige Aufwand, da der Unterschied in der Beeinflussung der Umweltgrößen zwischen dem zweiten und dritten Iterationsschritt kleiner einem Prozent liegt. Die Berechnung kann daher nach dem zweiten Iterationsschritt abgebrochen werden. Diese Erkenntnis läßt sich auf die meisten anderen Prozesse anwenden.

Zusammenfassung wichtiger Fragen der Energiebereitstellung

- Der untere Heizwert (Ausnahme: Erdgas) ist die Basis für die energetische Berechnung der fossilen Energieträger.
- Spezifische Energieversorgungssysteme für einzelne Fabrikanlagen werden entsprechend ihrer realen Struktur betrachtet.
- Strom aus dem öffentlichen Netz wird auf Basis einer landesweiten Erfassung einbezogen. Nur bei nahezu ausschließlichem Bezug aus einem spezifischen Kraftwerk wird dieses zur Berechnung herangezogen.
- Der zwischen Ländern ausgetauschte Strom wird nur dann detailliert im landesspezifischen Mix in Betracht gezogen, wenn die netto ausgetauschte Strommenge größer 3% der in dem Land produzierten Strommenge ist.
- Bei iterativ zu erfassenden Prozeßketten kann normalerweise nach dem zweiten Iterationsschritt abgebrochen werden.

5.2.2.3.1.2
Behandlung von Modulen mit mehr als einem Stoff-/Energieausgang

Vor allem im Bereich der chemischen Industrie, aber auch bei der Herstellung von vielen Metallen werden Prozesse betrieben, die neben den Hauptprodukten auch Koppel- und Nebenprodukte erzeugen. Daneben existiert eine Vielzahl von Verfahren, bei denen Stoffe entstehen, die heute noch Abfälle sind, für die aber in Zukunft eine Verwertung möglich sein wird. Es zeichnet sich aber durchaus auch ab, daß für verschiedene Stoffe Anwendungsfälle verloren gehen und diese somit zu Abfällen werden.

Nun besteht die Schwierigkeit zu entscheiden, nach welchem Schlüssel die aus dem Prozeß resultierenden Umweltbeeinflussungen auf die entstehenden Produkte verteilt werden sollen.

Hierzu werden zuerst die Arten der unterschiedlichen Prozesse beschrieben und anschließend die grundsätzlichen Verteilungsschlüssel erläutert. Diese finden dann ihre Anwendung bei der Betrachtung der wichtigsten Prozesse in Bezug auf das System Automobil.

Folgende Prozesse sind zu unterscheiden, wobei auch Energie als Produkt anzusehen ist:

a) Prozesse mit Haupt- und Koppelprodukten, bei denen alle Erzeugnisse einen Heizwert besitzen
b) Prozesse mit Haupt- und Koppelprodukten, bei denen Erzeugnisse entstehen, die einen erheblich differierenden Heizwert aufweisen
c) Prozesse, bei denen Haupt- und Koppelprodukte mit und ohne Heizwert hergestellt werden
d) Prozesse, deren Haupt- und Koppelprodukte keinen Heizwert haben
e) Prozesse bei denen neben dem Haupt- auch ein oder mehrere Nebenprodukte entstehen, und die häufig auch noch eine weit auseinanderliegende Wertschöpfung erzielen
f) Prozesse, bei denen Kombinationen von a) bis e) auftreten

Um nun die unterschiedlichen Umwelteinflüsse anteilig auf die jeweiligen Produkte zurechnen zu können, existiert eine Reihe von Verteilungsmöglichkeiten, von denen die wichtigsten nachstehend aufgelistet sind.

a) Die Produkte können entsprechend ihres unteren Heizwertes belegt werden.
b) Eine Verteilung kann über die Masse der Produkte vorgenommen werden.
c) Als weiteres Kriterium kann die Stöchiometrie der Reaktionen dienen.
d) Für die Koppelprodukte werden zuerst aus deren Standardherstellverfahren die Umweltprofile ermittelt. Die Ergebnisse werden danach von den Hauptproduktbilanzen abgezogen.
e) Die Reaktionsenthalpien der beteiligten Prozeßpartner können als Grundlagen für die Verteilung dienen.
f) Der Marktpreis eines Produktes kann ebenso zur Beurteilung herangezogen werden.

Nachdem nun die möglichen auftretenden Prozesse kategorisiert sind und das wesentliche Instrumentarium für die Verteilung geschaffen ist, soll dieses anhand ausgewählter Beispiele konkretisiert werden.

Fallbeispiel 1

Bei der Synthese von Phenol aus Cumol entstehen u.a. die Koppelprodukte Aceton und α-Methylstyrol. Allen Produkten gemeinsam ist der Heizwert, der für Phenol mit 30,9 MJ/kg und für Aceton mit 28,1 MJ/kg angenommen wird [14].

Die Massen- und Energiebilanz ist in Anlehnung an [14] aus Bild 5.7 ersichtlich (bei Vernachlässigung von Kleinmengen).

Es stellt sich nun die Frage, nach welchem Verteilungsschlüssel eine Umlegung der Inputs auf die Produkte Aceton, Phenol und α-Methylstyrol erfolgen soll.

Aufgrund der relativ nahe beieinanderliegenden Heizwerte und der chemischen Reaktionen, bei der Energie aus Cumol und Sauerstoff in ungleichem Verhältnis auf Phenol und Aceton sowie α-Methylstyrol übertragen wird, erfolgt die Verteilung über den unteren Heizwert.

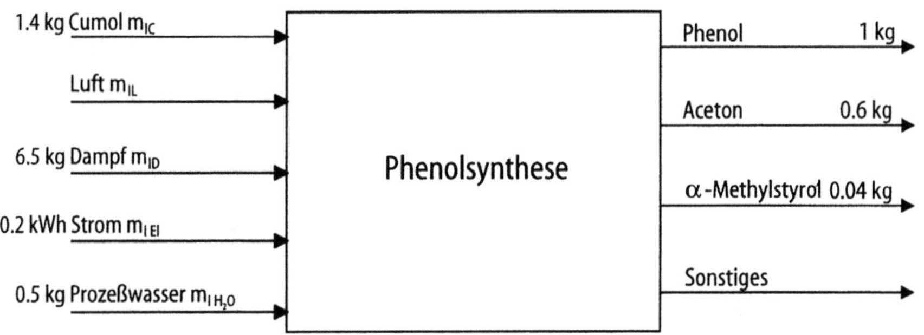

Bild 5.7. Ausgewählte In- und Outputs der Phenolsynthese

Um die Auswirkungen dieser Entscheidung darzustellen, soll ein Vergleich mit der Verteilung über Masse angestellt werden. Aus Bild 5.7 läßt sich folgende Massenbilanz bezogen auf das Ausgangsprodukt Cumol und die drei Endprodukte entwickeln:

$$m_{IC} = m_{Out\,Ph} + m_{Out\,A} + m_{Out\,\alpha-M} \quad . \tag{5.11}$$

Verteilt man nur nach Masse, wird jedes Produkt gleich behandelt. Somit wird definiert (mit M_{Out} als Gesamt-Output):

$$M_{Out} = m_{Out\,Ph} + m_{Out\,A} + m_{Out\,\alpha-M} \quad . \tag{5.12}$$

Damit kann der Anteil (A des Produktes x errechnet über Massenverteilung M, Index H Heizwertverteilung) der jeweiligen Endprodukte errechnet werden zu:

$$A_{Ph\,M} = \frac{m_{Out\,Ph}}{M_{Out}} = 0,6098 \tag{5.13}$$

$$A_{AM} = \frac{m_{Out\,A}}{M_{Out}} = 0,3658 \tag{5.14}$$

$$A_{\alpha-MM} = \frac{m_{Out\,\alpha-M}}{M_{Out}} = 0,0244 \tag{5.15}$$

Stellt man nun die Berechnung über Heizwerte gegenüber, so errechnen sich folgende Gleichungen (mit H_x: unterer Heizwert des Produktes x):

$$\sum m_{Out\,x} \cdot H_x = m_{Out\,Ph} \cdot H_{Ph} + m_{Out\,A} \cdot H_A + m_{Out\,\alpha-M} \cdot H_{\alpha-M}$$
$$= 48,72 \text{ MJ} \tag{5.16}$$

$$A_{Ph\,H} = \frac{m_{Out\,Ph} \cdot H_{Ph}}{\sum m_{Out\,x} \cdot H_x} = 0,6342 \tag{5.17}$$

$$A_{AH} = \frac{m_{Out\,A} \cdot H_A}{\sum m_{Out\,x} \cdot H_x} = 0,34612 \tag{5.18}$$

$$A_{\alpha-MH} = \frac{m_{Out\,\alpha-M} \cdot H_{\alpha-M}}{\sum m_{Out\,x} \cdot H_x} = 0,0197 \tag{5.19}$$

Man erkennt deutlich, daß die Abweichung der beiden Berechnungen für Phenol etwa 4 Prozent beträgt, für α-Methylstyrol jedoch knapp 20%. Demnach läßt sich ableiten, daß je weiter die Heizwerte auseinander liegen, die Bedeutung einer Verteilung über Heizwerte zunimmt. Sind sie relativ nahe beieinander, so ist die Sensibilität einer Massen- oder einer Heizwertverteilung relativ klein, bezogen auf das Endergebnis. Solange jedoch die Heizwerte der Produkte relativ weit auseinander liegen (am IKP gilt die Schranke: größer 20% zwischen Maximum und Minimum), wird eine Verteilung über Heizwerte vorgenommen. Dies gilt für eine Vielzahl von chemischen Prozessen (s. Abschn. 5.2.3.1).

Fallbeispiel 2

Bei der Produktion von Caprolactam als Ausgangsstoff der Polyamid 6 (PA 6)-Herstellung aus Cyclohexanon, Ammoniak, Schwefelsäure und Wasserstoff (Kleinmengen vernachlässigt), entsteht als Koppelprodukt Ammoniumsulfat [$(NH_4)_2SO_4$], das eine Verwendung als Düngemittel findet. Da etwa 1,70 kg Ammoniumsulfat (AS) bei einem kg Caprolactam synthetisiert werden, gestaltet sich die Verteilung der Umweltbelastungen wesentlich schwieriger [11].

Folgende Grunddaten sollen zur Beurteilung herangezogen werden:

Tabelle 5.4. Wichtige Grunddaten der Caprolactam-Herstellung

		Caprolactam $(CH_2)_5NHCO$	Ammoniumsulfat $(NH_4)_2SO_4$
Marktpreis 1993 in Westeuropa [49]	DM/kg	1,8	0,3
Heizwert H_u	MJ/kg	29,3	0,6
Molekülmasse		113,158	132,144

Der Stofffluß mit ausgewählten In- und Outputs ist aus Bild 5.8 ersichtlich.

Es existieren nun verschiedene Möglichkeiten der Verteilung, die im folgenden analysiert werden.

Verteilung nach Molekülmasse
Berechnet man nach den Gln. (5.11–5.19) eine Verteilung nach der Molekülmasse, so würden etwa 46.1 Prozent der Umweltbeeinflussungen auf das Caprolactam zu beziehen sein, der Rest auf das Ammoniumsulfat.

Verteilung nach der Output-Masse
Hier würden nur 37 Prozent das Caprolactam belasten, die übrigen 63 Prozent beträfen das AS.

Verteilung nach Heizwert
Nach Gl. (5.16) berechnet, sind insgesamt 96,6 Prozent auf Caprolactam und 3.4 Prozent auf AS zu verteilen.

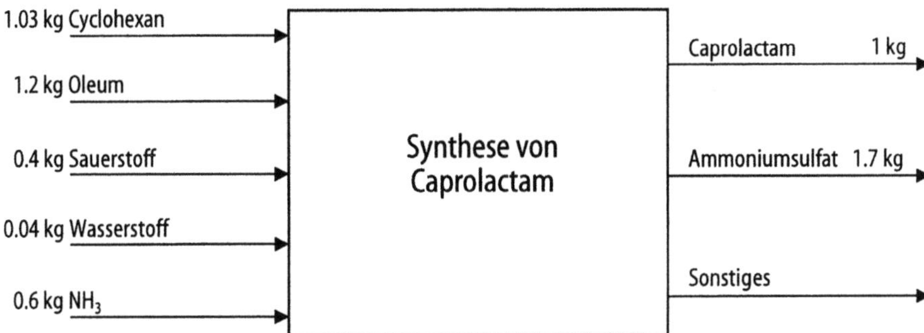

Bild 5.8. Ausgewählte In - und Outputs der Caprolactam-Herstellung

Verteilung nach Marktpreis
Nach den in Tabelle 5.4 dargelegten Marktpreisen, die sich allerdings nur auf
ein Jahr beziehen, wäre das Caprolactam mit 85,7 Prozent der Umweltbelastungen zu belegen, während AS 14,3 Prozent zu erhalten hätte.

Verteilung nach Standard-Synthese-Verfahren
Eine weitere Möglichkeit der Verteilung ergibt sich aus der Überlegung, die
Standard-Syntheseverfahren der Koppelprodukte zu suchen, also die Verfah-
ren, mit denen das Koppelprodukt hauptsächlich erzeugt wird. Dies wäre im
Falle der AS-Produktion der Syntheseweg aus Schwefelsäure und Ammoniak.
Nachdem damit allerdings ein Ergebnis erzielt wird, das nur im Verhältnis
der beiden Verfahren zueinander gesehen werden darf, soll diese Methode bei
der Ermittlung von allgemeinen Umweltprofilen nicht herangezogen werden.
Es kann jedoch bei der Beurteilung anderer Verteilungsmethoden hilfreich
sein. Führt man hingegen einen Verfahrensvergleich durch (s. Abschn. 5.2.3.3),
so ist diese Vorgehensweise für die Darstellung eines Verhältnisses sehr gut
geeignet.

Beurteilung der Ergebnisse
Faßt man alle Ergebnisse der ausgewählten Alternativen zusammen (es gäbe
eine Vielzahl mehr, diese können jedoch als Untermengen der dargestellten
Varianten betrachtet werden), so ergeben sich folgende Schwankungsbreiten:

Caprolactam: 96,6%–37%
Ammoniomsulfat: 63%–3,4%

Vergleicht man hierzu das Fallbeispiel 1, so erkennt man, daß die Auswahl
der Verteilungsmethode nicht streng wissenschaftlichen Kriterien gehorcht,
sondern willkürlich erfolgen muß. Voraussetzung hierfür ist, daß alle wesentlichen Fakten zur Beurteilung zusammengetragen sind und somit das Verfahren in seinem Umfeld beleuchtet werden kann.

Somit ergeben sich folgende Fakten, bezogen auf das Fallbeispiel 2:

- Zielsetzung der Caprolactam-Synthese ist die Herstellung von Caprolactam,
  nicht Ammoniumsulfat
- Caprolactam hat auf dem Weltmarkt einen etwa sechsfach höheren (finanziellen) Wert als AS. Betrachtet man die Entwicklung der Caprolactam-Synthese, so wurde in den letzten Jahren immer mehr der Schwerpunkt auf eine
  Verringerung der Koppelprodukterzeugung gelegt.
- Berücksichtigt man den Energieäquivalenzwert der Ausgangsstoffe sowie
  die Energie, die zum Betreiben der Verfahrens notwendig ist, wird die Energie im wesentlichem dem Caprolactam zugeführt, nur im bescheidenen Ausmaß dem Ammoniumsulfat.

Durch Wertung der Fakten können folgende Schlußfolgerungen gezogen
werden:

- Eine einfache Verteilung anhand der produzierten Massen widerspricht sowohl der Wertschöpfung und damit den Preisen, die auf dem Markt zu erzielen sind, als auch dem Verhältnis der Heizwerte.

- Anhand der Molekülmasse die Umweltbeeinflussungen auf die Endprodukte Caprolactam und AS umzulegen, ist aus denselben Gründen abzulehnen wie bei der Verteilung anhand der produzierten Massen.
- Das Verhältnis der Heizwerte AS zu Caprolactam ist etwa 1:50. Berücksichtigt man nun den hohen Stoffanteil von AS sowie die Standardherstellverfahren, so erscheint auch diese Verteilung nicht sinnvoll.
- Betrachtet man dagegen die Relation der Marktpreise, die bei etwa 1:6 (AS zu Caprolactam) liegt, so erscheint dieser Verteilungschlüssel für die Caprolactamherstellung geeignet und wird damit gewählt.

Häufig wird bei der Wahl des Marktpreises als Verteilungsschlüssel für die Zuordnung von Umweltbelastungen bemängelt, daß wirtschaftliche Veränderungen (z.B. Schwankungen am Markt) auch zu neuen Bilanzen führen, obwohl keinerlei technische Modifikationen am Prozeß vorgenommen wurden.

Wenn man aber Ganzheitliche Bilanzierungen als Momentaufnahmen ansieht – und nur das sind sie – ist eine Bilanz aufgrund vielerlei Veränderungen der Prozeßketten ohnehin nur für den Zeitraum eines Jahres gültig. Bestimmt man außerdem den Mittelwert nicht aus dem vorangegangenen Jahr, sondern aus z.B. drei Jahren, so werden die Schwankungen relativ klein sein. Weiterhin muß beachtet werden, daß i.a. keine Weltmarktpreise herangezogen werden, sondern solche aus ausgewählten Wirschaftsregionen wie Nordamerika oder Europa. Es kann aber auch durchaus für verschiedene Rohstoffe/ Werkstoffe erforderlich sein, globale Preise zu erheben, wenn sie weltweit gehandelt werden.

Außerdem ergibt sich ein wichtiger Vorteil durch die Einbeziehung von Marktpreisen in eine Ganzheitliche Bilanzierung. Wie in Abschn. 5.2.1 erläutert, versucht die Ganzheitliche Bilanzierung eine Brücke zwischen Technik, Ökonomie und Ökologie zu schlagen. Durch die Verwendung von Marktpreisen sind bei wirtschaftlichen Veränderungen auch die ökologischen Ergebnisse zu korrigieren. Dies muß bei konsequenter Berücksichtigung des Umweltschutzes im Unternehmen auch zum Überdenken wirtschaftlicher Entscheidungen führen.

Fallbeispiel 3

Die Produktion von Metallen findet häufig als Koppelproduktion statt. So ist z.B. die Gewinnung von Zink im Imperial-Smelting-Verfahren mit den Koppelprodukten Blei, Kupfer und Schwefelsäure verbunden.

Prinzipiell könnten auch hier eine Reihe von Zuordnungen vorgenommen werden. Es sollen jedoch nur die wesentlichen dargestellt werden:

- Verteilung nach Atommasse
- Verteilung nach Produktmasse
- Verteilung nach Marktpreis

Zur Beurteilung werden die folgenden Informationen benötigt, wobei zu entscheiden ist, ob Schwefelsäure oder nur das SO_2-reiche Röstabgas betrachtet werden soll.

Tabelle 5.5. Ausgewählte Daten der Zinkherstellung nach dem IS-Verfahren

	Zn (Hüttenzink)	Hüttenwerkblei Pb	Elektrolytkupfer	Cadmium	SO_2
Atommasse	65,38	207,2	63,55	112,4	64,06
Produktmassen (Output) in kg	1	0,4	0,019	0,0015	0,849
Marktpreise 1991 DM/kg [15, 16]	1,85	0,93	3,99	7,39	0,28

Da aber nur SO_2 an der Reaktion des Sinterbandes beteiligt ist, und die nachfolgende Schwefelsäureanlage und deren Umweltdaten nur der Schwefelsäure zuzuschlagen sind, wird hier nur das SO_2 in die Kalkulation einbezogen.

Nachstehend die Ergebnisse der verschiedenen Verteilungsmöglichkeiten:

Tabelle 5.6. Ergebnisse unterschiedlicher Koppelprodukt-Verteilungen

	Zn	Pb	Cu	Cd	SO_2
Atommasse	0,128	0,404	0,124	0,219	0,125
Produktmasse	0,441	0,176	0,0083	0,0007	0,374
Output in kg (ohne SO_2)	0,704	0,282	0,013	0,001	–
Marktpreise 1991 DM/kg [15, 16]	0,726	0,146	0,03	0,005	0,093

Auch hier erkennt man, daß bei Verwendung der Atommasse als Zuordnungsmethoden der Sinn des Verfahrens, nämlich in erster Linie Zink und danach erst Blei zu produzieren ad absurdum geführt wird.

Auch die häufig benutzte Methode der Verteilung über Produktmassen belastet die Produktion der Schwefelsäure (als SO_2 ausgedrückt) schwer.

Bei Verwendung des Marktpreises als Zuweisungsinstrument der Umweltbeeinflussungen wird immerhin das Zink mit ca. $^3/_4$ bewertet, während Pb und das SO_2 in etwa gleich belastet sind.

Daß auch in diesem Fall wiederum eine Zuordnung über Marktpreise am meisten Sinn ergibt, ist aus einer zusätzlichen Betrachtung abzulesen. Als Umweltschutzmaßnahme ist häufig die Schwefelsäureanlage anzusehen, weil viele Länder das SO_2 einfach in die Atmosphäre abgeben. In Tabelle 5.6 ist deshalb für die Zeile der Produktmassenverteilung auch die Berechnung bei Nichtvorhandensein einer Schwefelsäureanlage vermerkt. Es wird deutlich, daß eine Umweltschutzmaßnahme für diesen Fall in erheblichem Maße zu einer Entlastung des Hauptproduktes führt. Da der Wert des erzeugten SO_2 nicht im gleichen Verhältnis wie die verringerte Einstufung von Zink und Blei steht, kann eine Verteilung über Produktmassen nicht erfolgen.

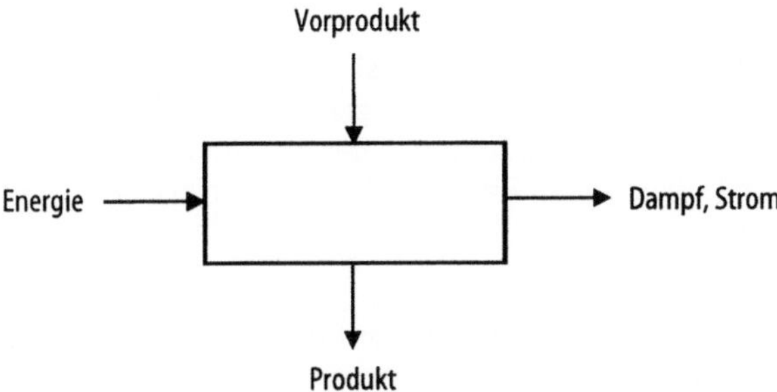

Bild 5.9. Prinzipbild zur Betrachtung von Energieformen als Coprodukt

Fallbeispiel 4

Ein weiterer Punkt innerhalb der Diskussion um die Verteilung von Umweltbelastungen bei Koppelproduktion ergibt sich aus der Entstehung von Dampf, und/oder Strom, wie Bild 5.9 verdeutlicht.

Bei Zufuhr von Energie wird im allgemeinen aus dem Vorprodukt das gewünschte Produkt erzeugt. Dabei wird häufig Dampf oder Strom frei.

Es sollen im folgenden die Fälle Dampfproduktion und Stromerzeugung getrennt betrachtet werden.

Dampfproduktion

Prinzipiell besteht die Möglichkeit, den Energieinhalt des Dampfes zu errechnen und diesen vom Energieinput in Abzug zu bringen. Dabei wäre, wie bereits häufig betont, unbedingt die Energieversorgungsstruktur des jeweiligen Standorts zu berücksichtigen. Es bleibt jedoch in diesem Falle nicht klar geregelt, inwieweit damit die übrigen Umweltbelastungen (z.B. atm. Emissionen) ebenfalls verringert würden, da mit der Dampfproduktion ebenfalls Umweltbelastungen verbunden sind.

Ein zweiter Weg ergibt sich in der Möglichkeit, eine bestmögliche Technologie zur Dampferzeugung als Basismodell zu errechnen (alle Vorstufen sind natürlich miteinzubeziehen) und somit der erzeugten Dampfmenge ein entsprechendes Umweltprofil zuzuordnen. Diese Umweltbelastungen sind dann von denen, dem Vorprodukt anhaftenden, Daten abzuziehen.

Stromproduktion

Eine ähnliche Behandlung wird für Strom vorgeschlagen. Wird Strom aus einem Prozeß erzeugt, so ist dieser ebenfalls als Gutschrift dem Prozeß anzurechnen. Zum einen bietet sich häufig der jeweilige standortspezifische Strommix an, zum anderen kann auch der länderspezifische Mix verrechnet werden.

Die Entscheidung, welche der beiden Verrechnungsarten verwendet wird, hängt im wesentlichen von den zugrundeliegenden Informationen ab. Bei Kalkulation mittels standortspezifischem Mix ist sowohl für die Input- als auch für die Outputseite mit den entsprechenden Umweltbelastungen einschließlich der vorgelagerten Stufen zu rechnen.

Aus der Berücksichtigung von Gutschriften ergibt sich ein weiterer für den Laien nicht einfach verständlicher Sachverhalt.

Mit der Stromerzeugung sind häufig eine Reihe von verschiedenen Emissionen verbunden, die nicht jedes Vorprodukt mit sich trägt. Demnach kann es passieren, daß durch die Stromgutschrift in einzelnen Umweltdisziplinen negative Werte entstehen, also z.B. die Erzeugung des Produktes aus einem spezifischen Vorprodukt zur Umweltsenke im Bereich einzelner Schwermetalle wird.

Zusammenfassung
- Es existiert eine Vielzahl von Zuordnungsverfahren für Umweltbeeinflussungen bei Koppelprodukten, wovon die wichtigsten nach technischen, technisch/wirtschaftlichen und wirtschaftlichen Kriterien arbeiten.
- Es gibt keine durchgängig sinnvolle Verteilungsmethode für alle industriellen Verfahren.
- Die in „Ökobilanz"-Fachkreisen häufig nicht akzeptierte Verteilung über ökonomische Betrachtung ist durchaus sinnvoll, wenn man sich des Momentaufnahmen-Charakters von Ganzheitlichen Bilanzierungen bewußt ist.
- Für jedes Verfahren muß der Verteilungsschlüssel explizit bei Nennung der Randbedingungen angegeben werden. Zusätzlich sollte eine Sensitivitätsanalyse durchgeführt und offengelegt werden.

5.2.2.3.1.3
Komplex miteinander verknüpfte Module

Industrielle Großanlagen der Chemie oder der Stahlindustrie sind hinsichtlich der Stoff- und Energieströme komplexe Gebilde. Bild 5.10 verdeutlicht dies anhand eines Hüttenwerkes [16].

Man erkennt, daß sehr viele Einzelstoffe über die Bilanzgrenzen fließen sowie intern zwischen den verschiedenen Produktionsteilen ausgetauscht werden.

Häufig werden aus diesen integrierten Anlagen Energie- bzw. Stoffströme ausgekoppelt und in anderen Fertigungsverfahren verwendet, die mit dem ursprünglichen Zielprodukt nichts zu tun haben. Es stellt sich dann die Frage, welche Umweltbeeinflussungen man diesen ausgetauschten Energie- bzw. Stoffströmen als Input für das zweite Verfahren anlastet.

Generell ist man heute bestrebt, mittels eines hochkomplexen mathematischen Modells, welches einen stationären Fall untersuchen müßte, diesen Problempunkt zu lösen. Hierbei könnten die Umweltbeeinflussungen sowohl der Prozesse als auch der Energiebereitstellung verursachungsgerecht berücksichtigt werden.

Der Aufwand wäre allerdings sehr groß, da neben den Energie- und Stoffströmen auch Emissionen der Anlagenteile in Luft, Boden und Wasser ermittelt werden müßten.

Eine andere Methode, die den Ermittlungsweg stark verkürzt, dafür aber eine Unsicherheit mit sich bringt, wird für diese Arbeit verwendet. Energiemengen (Brenngas, Dampf etc.), die über die Systemgrenze wandern und für weitere, nicht im Betrachtungsumfang enthaltene Produkte verwendet werden, bilanziert man gemäß der Energiebereitstellungsstruktur (Energieträger-Mix, spez. Kraftwerke etc.) und versieht sie mit den jeweiligen Umweltbeeinflus-

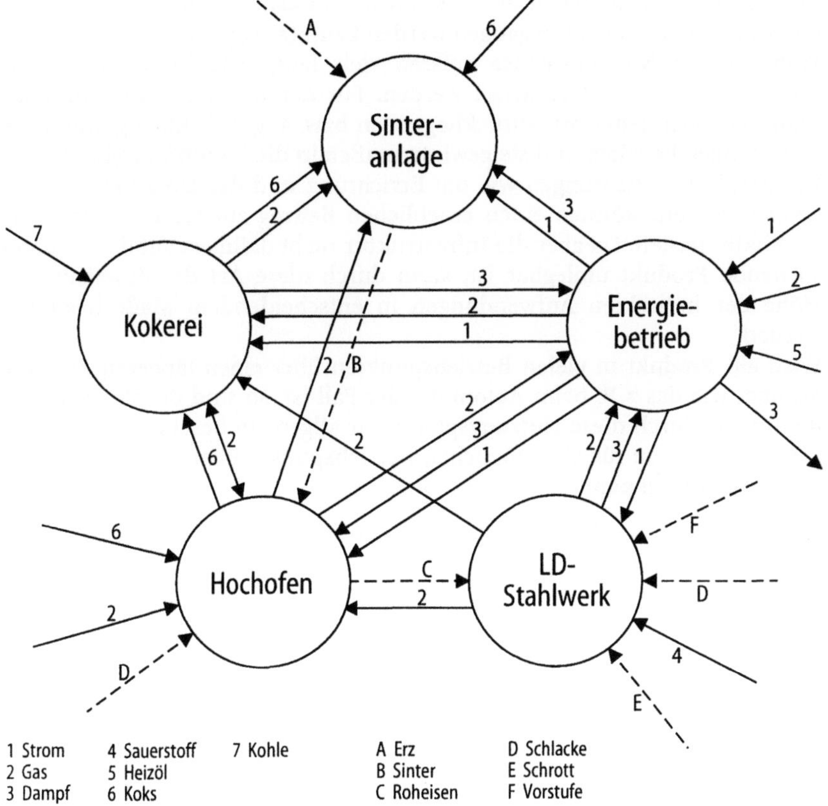

Bild 5.10. Komplex miteinander verknüpfte Module anhand eines Stahl-Hüttenwerkes [6]

sungen (incl. Vorstufen). Ausgehende Energieströme werden als Belastung aufgenommen.

Diese Vorgehensweise gilt im übrigen auch für Energiemengen, die bei Einzelprozessen als Gutschriften das System verlassen.

5.2.2.3.2
Erfassung der Nutzungsphase

Während die Herstellung eines Produktes innerhalb überschaubarer Fertigungsabläufe stattfindet und deshalb ausreichend definiert werden kann, gestaltet sich die Erfassung der Nutzungsphase wesentlich schwieriger. Dies leitet sich aus folgenden Problempunkten ab:

– Bei der Betrachtung eines Produktes bezüglich seiner Herstellung richtet sich der Blick vom Bilanzierungszeitpunkt aus gesehen nach rückwärts, d.h. in die Vergangenheit, wobei man sich eines vorhandenen Datensatzes bedienen kann. Die Beschreibung der Nutzungsphase hingegen beschäftigt sich mit einem Zustand, der in der Zukunft liegt, weshalb hier zum großen Teil nur von Hypothesen ausgegangen werden kann (s. Kap. 8).

- Während der Nutzungsphase müssen viele langlebige Produkte gewartet und von Zeit zu Zeit repariert werden. Für deren weitere Nutzungsphase muß man sich daher mit zurückliegenden bzw. augenblicklich gewonnenen Erfahrungen behelfen und sie gewissermaßen in die Zukunft projizieren.
- Infrastruktureinrichtungen wie die Errichtung und der Unterhalt von Verkehrswegen etc. können einen erheblichen Beitrag zur Gesamtbilanz eines Produktes leisten. Da aber die Infrastruktur nicht definiert auf das zu untersuchende Produkt umlegbar ist, kann durch diese Art der Zuweisung die Höhe der indirekten Aufwendungen in entscheidendem Maße beeinflußt werden.
- Wird ein Produkt in vielen Betriebspunkten über einen längeren Zeitraum genutzt, wie das z.B. beim Automobil der Fall ist, so sind die Umweltbeeinflussungen durch diese Nutzungsphase nur allgemein beschreibbar, da man kaum Messungen für alle möglichen Betriebspunkte über eine längere Periode durchführen kann.

Faßt man obige Bemerkungen zusammen, so läßt sich am Beispiel des PKW folgende Gleichung bilden:

$$\sum_{i=1}^{n} U_{F_i\,Nn\,P} = \sum_{i=1}^{n} U_{F_i\,Betrieb\,P} + \sum_{i=1}^{n} U_{F_i\,Treibst.} + \sum_{i=1}^{n} U_{Wartung\,P}$$

$$+ \sum_{i=1}^{n} U_{Pflege\,P} + \sum_{i=1}^{n} U_{Reparatur\,P} + \sum_{i=1}^{n} U_{F_i\,ind.\,Eintrage} \qquad (5.20)$$

wobei

$\sum U_{F\,Nn\,P}$ = Alle Umwelteinflüsse, die durch Nutzung (Nn) des Produktes P entstehen

$\sum U_{F\,Betrieb\,P}$ = Alle Umwelteinflüsse, die aus dem Betrieb des Produktes P resultieren

$\sum U_{F\,Treibstoff}$ = Alle Umwelteinflüsse, die durch Produktion und Vertrieb von Treibstoffen entstehen (z.B. auch Strom), welche für den Betrieb des Produktes P notwendig sind, freigesetzt werden

$\sum U_{F\,Wartung,Pflege,Reparatur\,P}$
  = Alle Umwelteinflüsse, die aus Wartung, Pflege, Reparatur des Produktes P (einschl. Ersatzteile etc.) resultieren

$\sum U_{F\,ind.\,Eintrge}$ = Alle Umwelteinflüsse, die durch indirekte Leistungen wie Infrastruktur etc. entstehen

5.2.2.3.3
Methodische Behandlung von Recycling und/oder Entsorgung

In der VDI-Richtlinie 2243 [12] sind Begriffe bzgl. Wiederverwendung, Wiederverwertung, Weiterverwendung und Weiterverwertung definiert, die auf das Recycling von Gütern und Materialien bezogen sind. Eine mathematische Beschreibung dieser vier Arten ist in [7] enthalten.

Grundsätzlich stellen die aus der stofflichen Verwertung erhaltenen Materialien das Bindeglied zu nachfolgenden Produktlinien dar. Für sie muß eine Methodik gefunden werden, die festlegt, wie Umweltbeeinflussungen auf Produkt 1 bzw. Produkt 2 zu verteilen sind.

Weiterhin sind aber auch Definitionen zu entwickeln, die die Behandlung von Sekundärrohstoffen regeln. Dies soll an zwei Beispielen erklärt werden:

1. Stahlschrott kann zum einen in Elektrolichtbogenöfen wieder zu Stahl erschmolzen werden, zum anderen aber auch als Kühlschrott in Blasstahlkonvertern eingesetzt werden. Bislang wird der Schrott nur mit seinen Aufbereitungs- bzw. Transportumweltbeeinflussungen in die Bilanz einbezogen und dementsprechend gering belastet. Gelingt es nun den Stahlherstellern, möglichst viel von diesem Schrott in die Konverter einzubringen, verbessert sich automatisch das Umweltprofil der Blasstahlherstellung.

2. Während der Bearbeitung von Aluminiumbarren fallen Späne an, die durch Umschmelzen wieder in Aluminiumprodukten Verwendung finden. Es kann nun durchaus der Fall sein, daß das aus diesem Recyclingprozeß erhaltene Material die Systemgrenze der ersten Produktion verläßt und für ein zweites Produkt als Sekundärrohstoff eingesetzt wird. Dieses wäre dann nicht mit dem hohen Energieverbrauch aus den Vorstufen der Primäraluminumherstellung belastet.

Zusammengefaßt ergibt sich, daß man Produktlebenswege formal zu betrachten hat, indem die Schnittpunkte der Systemgrenze der hauptsächlich zu untersuchenden Produkte mit denen der angrenzenden Produkte bzw. mit den nachfolgenden Produkten analysiert werden.

Zur Beschreibung der Systemgrenzen und der Zurechnungsmöglichkeiten der verschiedenen Umweltbeeinflussungen wird Bild 5.11 herangezogen.

Am Ende der Nutzungsphase wird das zu rezyklierende/entsorgende Produkt eingesammelt. Gelangt es auf die Deponie, muß der verlorene Deponieraum dem Primärprodukt angelastet werden. Wie in Abschn. 5.2.2.1 beschrieben, ist zur Zeit eine Umlegung von Deponieemissionen etc. verursachungsgerecht auf einzelne Produkte nicht möglich, da die Reaktionskette innerhalb der Deponie zu wenig erforscht ist. Eine pauschale Umlegung würde aber bedeuten, daß z.B. Stahlprodukte unlogischerweise mit Deponieemissionen belastet wären wie organische Produkte. Deshalb werden Umweltbeeinflussungen aus der Deponie z.Zt. nicht berücksichtigt. Sobald Deponieemissionen ausreichend erforscht sind, kann man damit auch Umweltbeeinflussungen aus der Deponie auf einzelne Produkte umlegen.

Bei der therm. Behandlung (z.B. Verbrennung) hingegen werden aufbauend auf einer Elementaranalyse des Verbrennungsproduktes Zurechnungen vorgenommen. Zum einen werden Energiegutschriften – sofern die Energie aus der Anlage genutzt wird – vorgegeben, zum anderen werden aber auch die Emissionen aus der Verbrennung des zu entsorgenden Produktes z.T. verrechnet.

Die Demontage von Bauteilen zur Gewinnung von sortenreinen Werkstoffen wird somit dem Primärprodukt angelastet, bis das Material sortenrein vorliegt. Danach müssen alle Umweltbeeinflussungen dem Sekundärprodukt

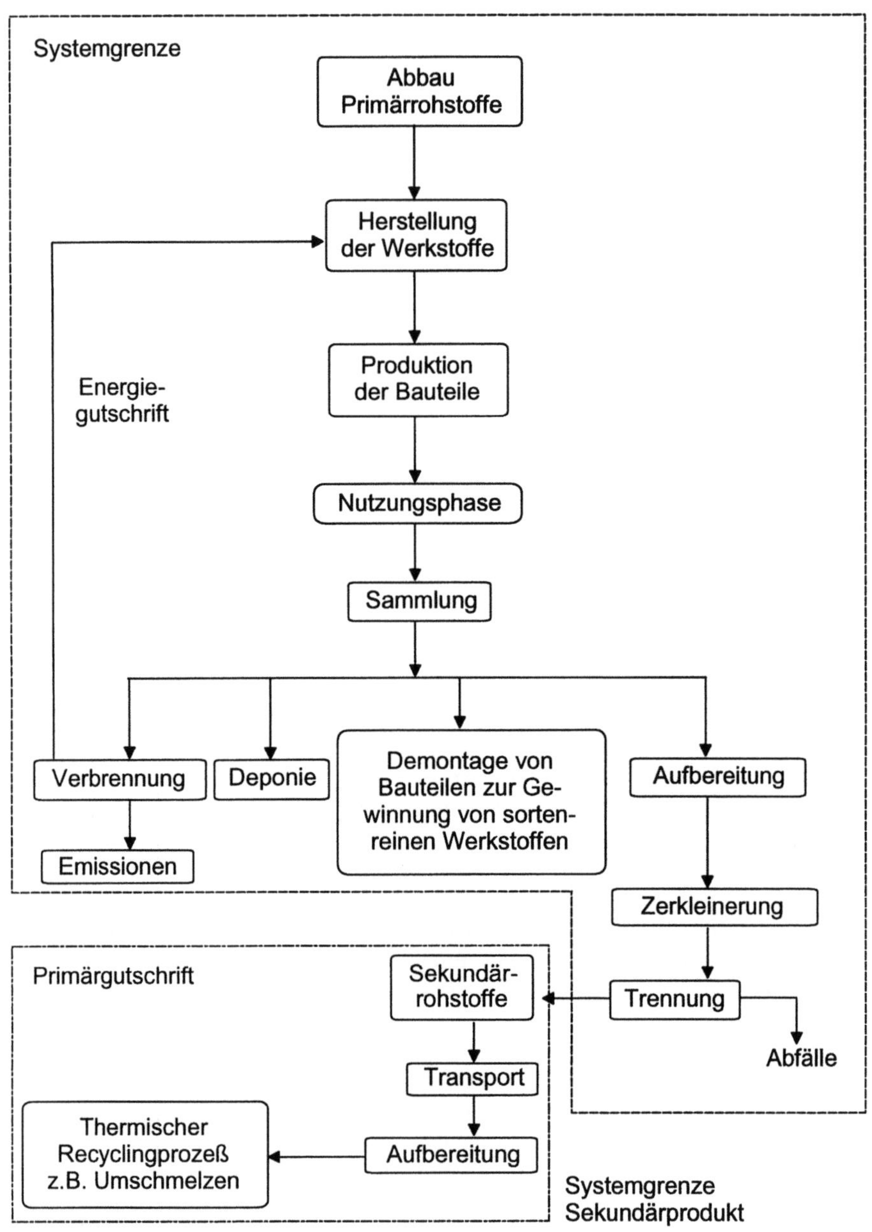

Bild 5.11. Wahl der Systemgrenze in der Verwertungsphase

zugeschlagen werden. Das Sekundärprodukt erhält im Moment der Übernahme lediglich den Heizwert des Werkstoffes (keine sonstigen Umweltbeeinflussungen!), der dann vom Primärprodukt abzuziehen ist.

Wird ein größeres System der Verwertung zugeführt, ist häufig eine vollständige Demontage nicht wirtschaftlich. Dementsprechend werden Aufbereitungs- und Zerkleinerungsschritte vorgenommen, um im wirtschaftlich akzeptablen Umfang Sekundärrohstoffe zu gewinnen. Diese Behandlungsstufen (bis der Sekundärrohstoff erhalten ist) werden vollständig dem Primärprodukt zugeschlagen, weil es mit seinem Aufbau über deren Umfang und Art derselben entscheidet.

Alle Verluste an Material etc. aus der Systemgrenze des Primärproduktes werden ortsbezogen durch die entsprechenden Materialien ersetzt und dem Primärprodukt wieder zugeschlagen.

5.2.2.4
Erweiterung der Methodik auf komplex aufgebaute Systeme

5.2.2.4.1
Unterschied von Bauteil und System

Ganzheitliche Bilanzierungen sind Werkzeuge zur Entscheidungsfindung bezüglich der technisch, wirtschaftlich und/oder umweltlich optimalen Gestaltung von Produkten, Verfahren etc. Aufgrund ihrer Anlage, der Verknüpfung vieler aufeinanderfolgender Prozesse, kann man heute bereits bei der Bilanzierung von Bauteilen von systemanalytischen Betrachtungen sprechen. Während man häufig – von einem eindeutig definierten Produkt (z.B. einem Bauteil) ausgehend – die Prozeßketten zurück zum Ursprung der Werkstoffe verfolgt und beschreibt, kann man auch das Produkt selbst, welches aus vielen verknüpften Einzelbauteilen besteht, zum System erweitern. Betrachtet man nun die Variablen in diesem System, lassen sich folgende Unterschiede zwischen Bauteil- und Systemansatz charakterisieren:

- Produktsysteme bestehen aus einer Vielzahl von Bauteilen bei Verwendung differierender Materialien, die es im Gegensatz zur Bauteilbetrachtung nicht erlauben, jedes Teil einzeln zu bilanzieren.
- Der Vernetzungsgrad besonders bei komplexeren Systemen erlaubt nicht, den Fertigungsablauf im Detail zu erfassen.
- Externe Einflüsse und Störgrößen führen ständig zu Veränderungen der Systemstruktur, die wiederum Rückkopplungen auf das Bilanzergebnis zeigen.
- Die Nutzungsphase eines Bauteils wird durch Gegenüberstellung der Alternativen erfaßt, wobei sich die Einflußgrößen beschränken. Das System hingegen benötigt eine erweiterte Beschreibung der Nutzungsphase, da es einerseits anpassungsfähig, andererseits auch störungsstabil bleiben muß.

5.2.2.4.2
Erfassungsstrategien des Systemaufbaus und Systembeschreibung

Komplexe Systeme zu beschreiben, heißt wichtige, das System modellierende, Parameter zu erfassen, indem das System nicht als reales Gebilde, sondern gleichsam als eine abstrakte Konstruktion abgebildet wird.

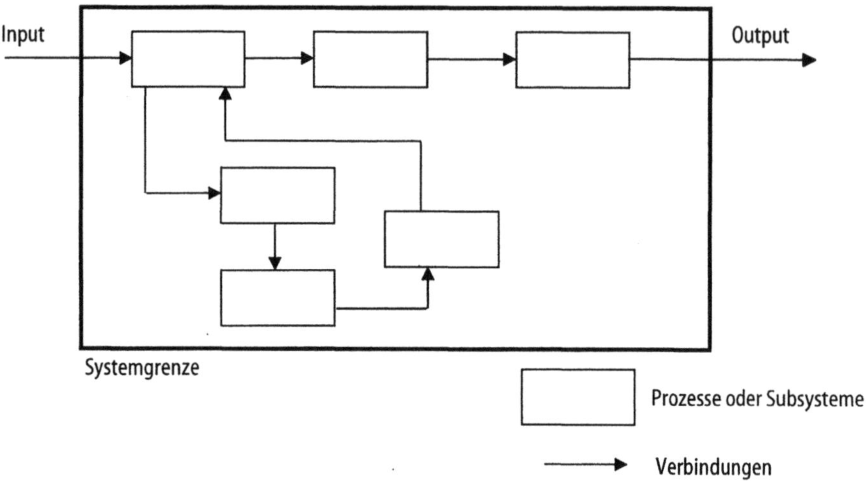

Bild 5.12. Klassisches System als Input/Output-Analyse

Um sicherzustellen, daß einheitliche Begriffsvorstellungen vorliegen, sollen wesentliche Definitionen vorgenommen werden [13, 14]:

Unter einem System S versteht man eine abgegrenzte Menge von Elementen $x_i (i = 1, n)$, die miteinander und mit der Umwelt U des Systems in Wechselwirkung stehen. Die Wechselwirkungen drücken sich aus in Form von Relationen. Die Menge R der Relationen wird als Struktur des Systems bezeichnet. Auf den Elementen x_i ist eine Menge von Eigenschaften definiert [14].

Ein Element x_i (in dieser Arbeit wird x_i auch als Subsystem bzw. Prozeß bezeichnet) ist ein Bestandteil des Systems S, das innerhalb dieser Gesamtheit nicht weiter zerlegt werden kann (bzw. nicht zerlegt werden soll) [13].

Eine Koppelung von Elementen liegt vor, wenn bestimmte Outputs des einen Elements zugleich Inputs eines anderen Elementes sind. Ein dynamisches System hat eine Rückkoppelung, wenn die Änderungen einer seiner Ausgangsgrößen auf Eingangsgrößen zurückwirken [13].

Die klassische Systemlehre (im Grunde genommen wird diese bereits in Abschn. 5.2.2.3 ähnlich beschrieben) baut dabei auf folgende Elemente auf (Bild 5.12) [13, 15–16].

Prozesse oder Subsysteme sind miteinander verbunden und bilden damit eine Struktur. Die über die Systemgrenzen fließenden In- und Outputs setzen das System in Beziehung zu seiner Umwelt.

Unterstellt man, daß man Subsysteme bzw. Prozesse bilden kann, bei denen Ursachen beschreibbare Wirkungen hervorrufen, dann läßt sich das Verhalten des Systems aus seiner Struktur und seinen Elementen modellieren bzw. berechnen [15].

Inwieweit eine derartige Grundvoraussetzung für das hier zu behandelnde System PKW gilt, soll in Abschn. 8.2.2.1 näher beleuchtet werden.

Im Gegensatz zur klassischen Systemtheorie erfaßt die Kybernetik ein System auf eine andere Art und Weise [15]:

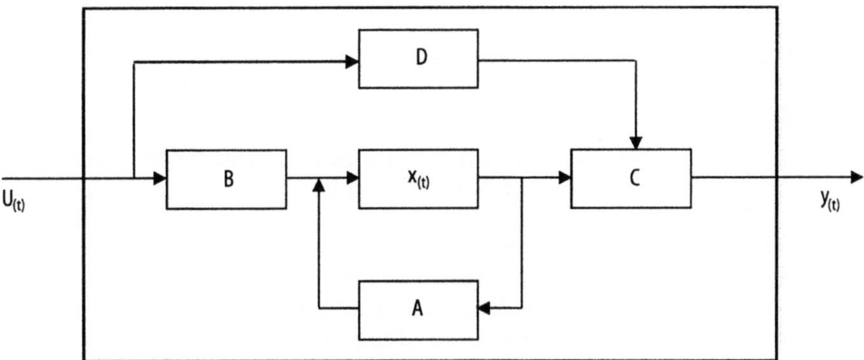

Bild 5.13. Kybernetisches Systemmodell

Auch hier wird zuerst das Gesamtsystem möglichst genau beschrieben. Das Ziel ist, die Einflußgrößen und Faktoren zu ermitteln, welche die jeweiligen Prozesse und Subsysteme prägen, und so gleichsam den Zustand $x(t)$ des Gesamtsystems (s. Bild 5.13) mathematisch zu modellieren. Eine geschlossene Rückkopplung wirkt über Systemmatrix A zurück auf den Zustand des Systems $x(t)$. Die Stärke von A bestimmt die Ausprägung der Rückkopplung.

Die Kontrollmatrix B steuert, wie stark der Input $u(t)$ den Systemzustand beeinflußt. Die Ergebnismatrix C bestimmt, inwieweit dieser Zustand auf die Ausgangsgröße $y(t)$ durchschlägt. Die Erreichbarkeitsmatrix D behandelt die direkte Einwirkung der Eingangsgröße $u(t)$ auf die Ausgangsgröße $y(t)$ [15].

Die große Schwierigkeit im kybernetischen Systemansatz besteht nun darin, die Natur der Einflußgrößen zu erfassen und das Wirkungsgefüge des Gesamtsystems zu begreifen [10].

5.2.2.4.3
Untergliederung des Systems in Subsysteme und Modellierung der Variablen

Beim Aufbau des Systemmodells wird dieses so lange in Einzelkomponenten zerlegt, bis man auf einer Beschreibungsebene angelangt ist, die für den gewollten Grad der Genauigkeit ausreicht. Das Ausmaß der Detaillierung ist nicht festgelegt und hängt daher weitgehend von der Person ab, die das Modell erstellt. Dennoch ist dies sinnvoll, weil Systembetrachtungen immer bezogen auf das zu beschreibende Objekt zu verstehen sind [15]. Nachdem nun die Prozesse bzw. Subsysteme gewählt sind, werden die Varianten gebildet, also die Größen, die im wesentlichen das Verhalten der Prozesse bzw. Subsysteme bestimmen. Beispielhaft sollen aus [10] wichtige Variablentypen vorgestellt werden:

- Welche Variablen beeinflussen alle anderen am stärksten, werden aber von ihnen am wenigsten beeinflußt (aktive Elemente)?
- Welche Elemente beeinflussen die übrigen am schwächsten, werden aber selbst am stärksten beeinflußt (reaktive Elemente)?

- Welche Elemente beeinflussen die übrigen am stärksten und werden gleichzeitig von ihnen am stärksten beeinflusst (kritische Elemente)?
- Welche Elemente beeinflussen die übrigen am schwächsten und werden von ihnen am schwächsten beeinflusst (puffernde Elemente)?

Die Kombination des Variablensatzes hat einen entscheidenden Einfluß auf die Interpretation des Systemmodells. Wichtig ist aber nicht eine hohe Anzahl von Variablen, sondern vielmehr die möglichst gute Vernetzung mit den Größen, welche das System beschreiben, sowie der Variablen, die sich mit dem Umfeld des Systems befassenden Variablen [10].

Der nun vorliegende systembeschreibende Variablenansatz ist als vorläufige Arbeitshypothese zu verstehen, die durch Praxisbeispiele ständig ergänzt bzw. berichtigt wird [10].

Man erkennt daraus wichtige Vernetzungen mit besonders zu betrachtenden Ein- und Ausgängen sowie mögliche Rückwirkungen bei Veränderungen, die eine Redefinition der Variablen erfordern. Danach wird das Systemmodell angepaßt und eine erneute Berechnung durchgeführt.

Betrachtet man diesen Verfahrensablauf bei der Systemanalyse, so ist zu erkennen, daß es sich um einen rekursiven Prozeß handelt, der im Prinzip keinerlei Abschluß findet [10]. Besinnt man sich aber auf den Nutzen einer System-Bilanzierung, so stehen die Optimierung bzw. Schwachstellenanalyse sowie Verbesserungen im Vordergrund, während die Endbilanz von sekundärer Bedeutung ist.

5.2.3
Konkretisierung der Methodik durch Anwendung auf ausgewählte Werkstoffe und Verfahren

In Abschn. 5.2.2 werden Gesetzmäßigkeiten aufgezeigt, mit deren Hilfe z.B. Umwelteinflüsse auf Haupt- und Koppelprodukte verteilt werden können. Wie in Abschn. 5.2.2.3.1.2 dargelegt, gibt es keine allgemeingültige Regel, die für alle Prozesse/Verfahren in der Chemie- und Metallindustrie angewandt werden kann. Deshalb ist es nötig, die jeweilige Verteilung innerhalb der Prozesse darzulegen und zu begründen. Sinn dieses Kapitels ist, dies für bedeutende Werkstoffe und Verfahren, die im System Automobil Anwendung finden, zu demonstrieren und zu diskutieren. Zugleich werden damit die wichtigsten Randbedingungen der jeweiligen Prozesse erörtert.

5.2.3.1
Kunststoffe

Bild 5.14 zeigt die hochkomplexe Vernetzung der unterschiedlichen Produkte, die für die Synthese der wichtigen Kunststoffe benötigt werden. Folgende zusätzliche Anmerkungen sind zu Bild 5.14 aufzuzeigen:

- Es sind keine Transporte dargestellt.
- Für die Produkte Propylenoxid (PO) und Hexamethylendiamin (HMDA) ist nur eine industriell angewandte Verfahrensalternative dargestellt. Da jeweils

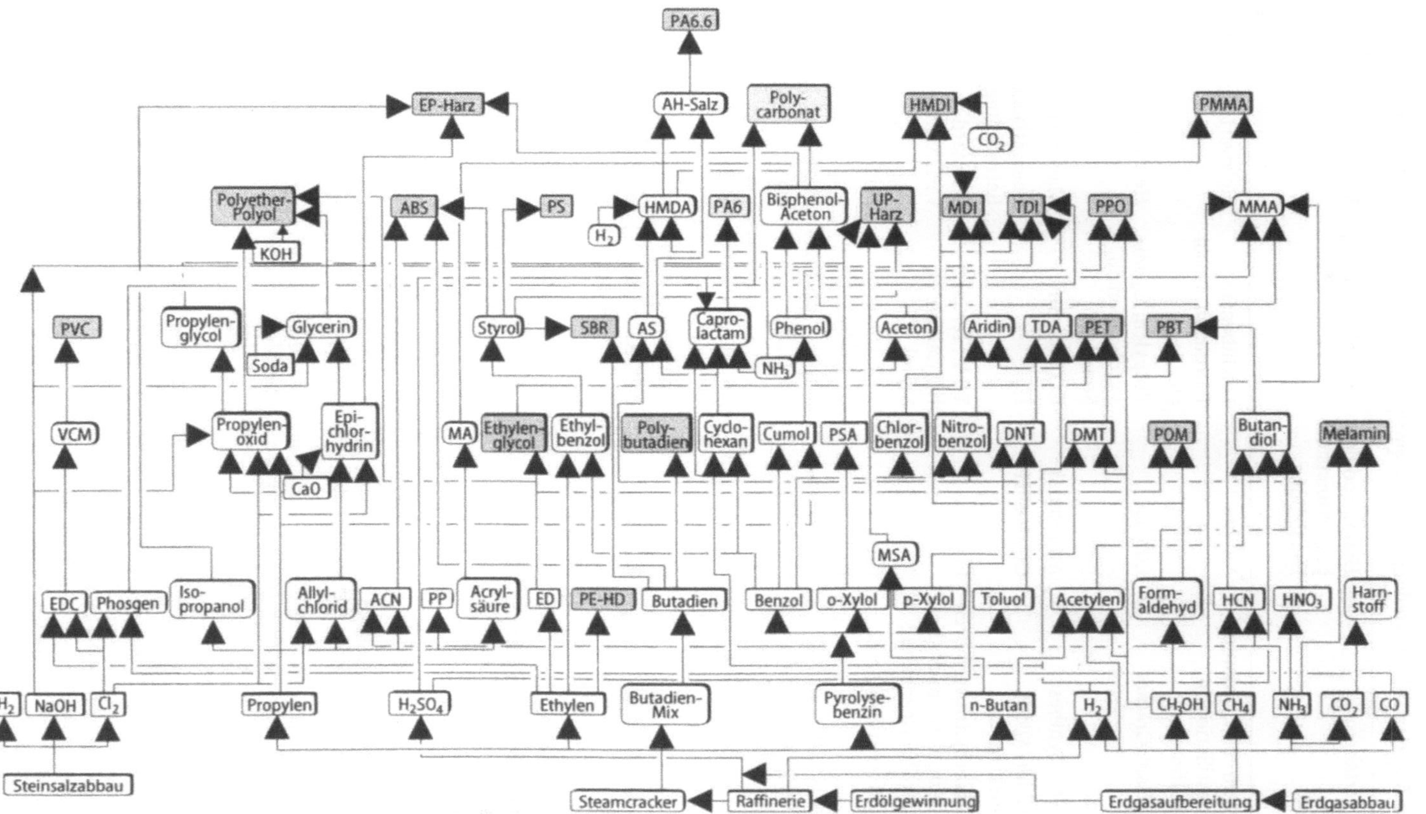

Bild 5.14. Verfahrensablauf wichtiger im Automobil verwendeter Kunststoffe

Tabelle 5.7. Gewählte Verteilungen der Koppelprodukte für bestimmte Verfahren

Lfd. Nr.	Verfahren	Hauptprodukte bzgl. Kunststoff-Herstellung	Koppelprodukt(e)	Verteilung	Begründung der Verteilungsart
1	Atm. bzw. Vakuum-destillation in Raffinerie	Naphta	Leichtbenzin, Petroleum, Gasöl etc.	Heizwert	(1)
2	Steam-Cracker	Ethylen	Propylen, C_4-Mix, Pyrolysebenzin, Sonstiges	Heizwert	(1)
3	NH_3-Synthese	Ammoniak	CO_2, Argon	Marktwert	(4)
4[1]	Chlor/Alkali Elektrolyse	Cl_2, NaOH	H_2	Energetische Betrachtung	(5)
5[2]	Chlorhydrinverfahren Indir. Oxiranverfahren der PO-Herstellung	PO	TBA (Tertiärer Butylalkohol), Styrol	Standard-verfahren	(6)
6[3]	Glycerin-Synthese	Glycerin	HCl, Dichlor-propylen	Marktwert	(4)
7	SO_2-Abgas als Ausgangsprodukt für Schwefelsäure	Raffinerie-produkte	SO_2-reiches Abgas für H_2SO_4	Masse bezogen auf S	(3)
8	Caprolactam-Synthese	Caprolactam	Ammoniumsulfat	Marktwert	(4)
9	Methylmethacrylat-Synthese	MMA	Ammoniumsulfat	Marktwert	(4)
10	Acetylen-Herstellung	Acetylen	BTX-Aromaten, Pyrolyseöl, etc.	Heizwert	(1)
11	MDI-, TDI-, HMDI-Synthese	MDI, TDI, HMDI	HCl	(7)	(4)
12	Phenol-Aceton-Herstellung aus Cumol	Phenol, Aceton		Heizwert	

[1] Der hohe Heizwert ($H_u = 120$ MJ/kg) des H_2 muß Berücksichtigung finden.
[2] s. Abschn. 5.2.3.5
[3] Hoher HCl-Anteil verbietet es, nach Masse zu verteilen.

Verteilungsarten; Begründung:
(1) Heizwert; Energetische Auftrennung der Ausgangsstoffe
(2) Produkt-Masse
(3) Atom/Molekül-Masse; Eine energetische Betrachtung einschließlich Heizwert-Berechnungen liefert keine sinnvollen Ergebnisse, genauso wie der Marktwert des SO_2 schlecht feststellbar ist.
(4) Marktwert (3jähriges Mittel der vorangegangenen Jahre);
  – Verteilungen nach Heizwert/Energie ergibt keinen Sinn, da mindestens ein Produkt keinen Heizwert besitzt.
  – Verteilungsarten nach Masse berücksichtigen den Wert des Produktes (Preise) nur in ungenügendem Maße.
  – Verteilung nach Preisen ergibt ein dem Wert der Produkte angemessenes Ergebnis.
(5) Energetische Betrachtung; Begründung wie bei (4), jedoch läßt eine energetische Betrachtung ein sinnvolles Ergebnis erkennen.
(6) Standardverfahren; Der hohe Wert der Ausgangs- bzw. Endprodukte rechtfertigt nur eine Verteilung nach den Standardverfahren der jeweiligen Produkte.
(7) Es wird angenommen, daß HCl im Kreislauf geführt wird, wenn nicht, dann Verteilung nach Marktwert.

weitere Varianten industrielle Bedeutung haben, sei auf Abschn. 5.2.3.5 für PO und für HMDA verwiesen.

- Es sind nur die jeweiligen Hauptrohstoffe (Anteil am jeweiligen Produkt-Output >5 Gew.-%) dargestellt. Kleinmengen, wie auch Katalysatoren, sind im Bild vernachlässigt.
- Die gezeigten Endprodukte sind nicht compoundierte Granulate des jeweiligen Kunststoffes.
- Es werden nur die Kunststoffe dargelegt, deren Anteil >0,5 Gew.-% in jedem PKW ist.
- Energierohstoffe wie Erdgas, Erdöl aber auch Strom sind nicht aufgeführt.
- Prozeßoutputs, die in keinem weiteren Verfahren auftreten, werden vernachlässigt

Tabelle 5.7 beschreibt wichtige Prozesse mit den jeweils gewählten Verteilungsarten der prozeßspezifischen Koppelprodukte einschließlich Begründung für die Wahl des Verteilungsschlüssels.

In Bild 5.14 sind aus Platzgründen keine Naturmaterialien wie Naturkautschuk (NR) oder Cellulosefasern dargestellt.

Ein wichtiger Punkt, der in Zusammenhang mit dieser Werkstoffgruppe behandelt werden muß, ist der Kohlenstoff, der letztlich aus dem CO_2 der Luft über die Photosynthesereaktion in die Gerüstkette der org. Ausgangsstoffe eingebaut wird.

Nachdem aber bekanntlich CO_2 aus der Atmosphäre entnommen wird, muß dies bei einer Input-Output-Bilanz berücksichtigt werden, was über negative Inputs auch geschieht.

5.2.3.2
Metalle

Eine weitaus geringere Vernetzung als in der Chemie ist in der Metallindustrie gegeben, wie Bild 5.15 verdeutlicht. Auch für diese Darstellung gelten wichtige Randbedingungen:

- Transporte sind vernachlässigt.
- In der Metallindustrie wird ein intensives innerbetriebliches Recycling (z.B. Stahlschrotte beim Walzprozeß) durchgeführt. Alle derartigen Prozesse sind bekannt, aber hier nicht dargestellt.
- Inputs und Outputs mit einem Anteil <5 Gew.-% am Produkt-Output sind außer acht gelassen.
- Rohstoffe zur Energieversorgung der Prozesse sind mit Ausnahme von Koks nicht aufgeführt.
- Aufgrund der Vielzahl der verwendeten Materialien (Mg, Si, Mn etc.) wird ebenfalls auf die Beschreibung der Legierungsbestandteile für Primär- und Sekundäraluminium verzichtet.

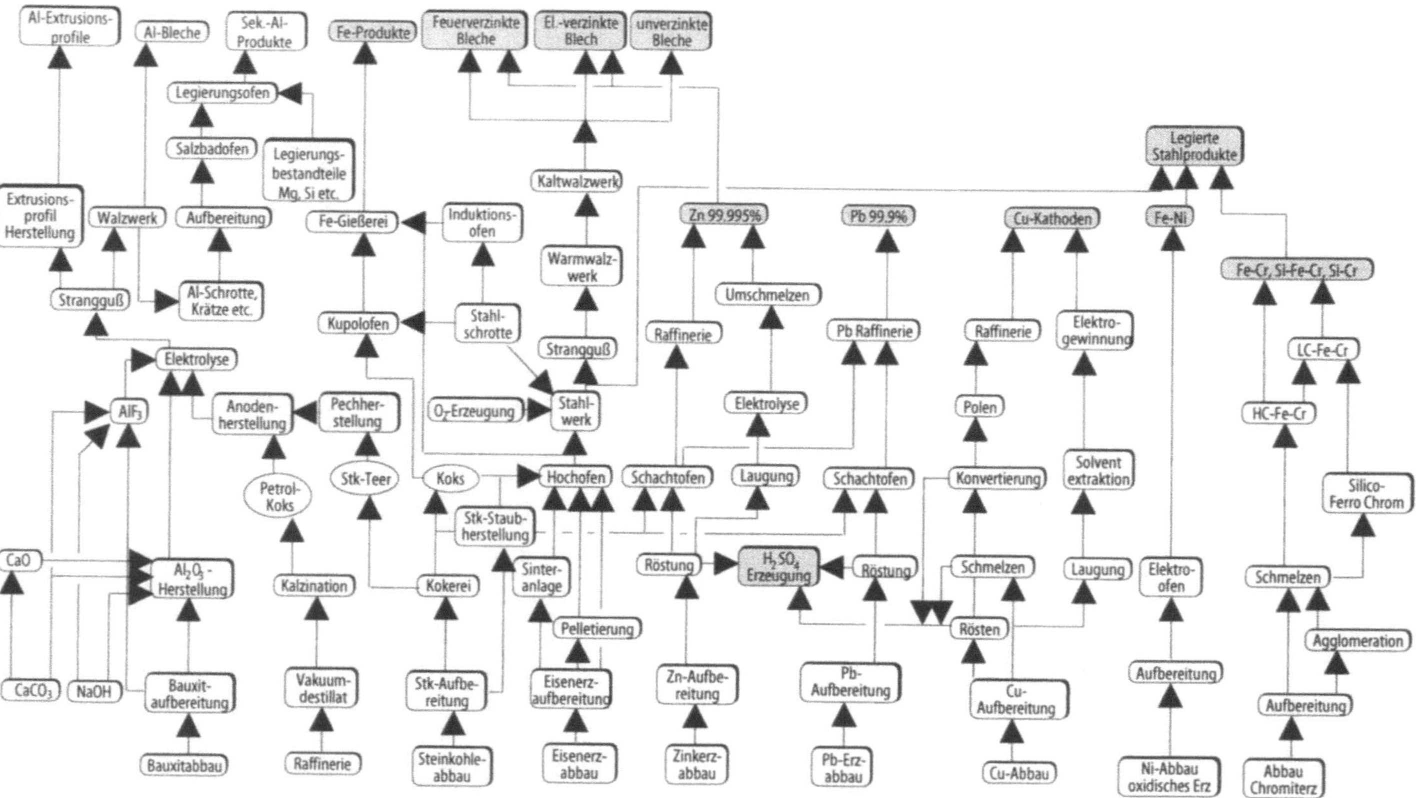

Bild 5.15. Verfahrensablauf zur Herstellung wichtiger Metalle

5.2.3.2.1
Stahl und Eisen

Bezüglich der Verteilung der Umweltbeeinflussungen auf Haupt- und Koppelprodukte sind in der Stahl- und Eisenindustrie nur zwei Prozesse von Interesse: die Koks- und Roheisenproduktion.

- Bei der Verkohlung von Steinkohle werden neben dem Hauptprodukt Koks auch ein Reihe von Koppelprodukten wie Benzol, H_2SO_4, Steinkohleteer und eine beträchtliche Menge an Kokereigas erzeugt. Grundsätzlich wäre eine Verteilung über Heizwert zu bevorzugen, weil eine energetische Auftrennung des Ausgangsproduktes erfolgt. Nun wird aber auch Schwefelsäure hergestellt, allerdings nur in sehr kleinen Mengen. Um in Konsistenz mit dem bereits in der Chemieindustrie beschrittenen Weg zu bleiben, wird folgende Aufteilung vorgenommen:
    - Zuerst Verteilung der Umweltbeeinflussungen auf das Massenverhältnis des erzeugten Schwefels zur Gesamtsumme der Produkte
    - Danach Verteilung über Heizwerte, wobei auch das erzeugte Gas berücksichtigt werden kann

- Während der Roheisenerschmelzung tritt als Koppelprodukt die Hochofenschlacke auf. Diese findet eine wichtige Anwendung in der Zementindustrie (sog. Hochofenzement), weshalb eine Verteilung der Umweltlasten notwendig wird.

Eine einfache Massenverteilung erscheint als nicht gerechtfertigt, da ca. 20 Prozent der erzeugten Produkte auf Hochofenschlacke entfallen und diese somit, im Hinblick auf den Preis beurteilt, zu stark belastet würde.

Eine Verteilung über den Fe-Anteil innerhalb der Hochofenschlacke berücksichtigt nicht die anderen für den Zementerzeugungsprozeß wichtigen Elemente.

Aus diesen Gründen erfolgt die Zuweisung der Umweltbeeinflussungen mittels des Marktwertes der erzeugten Produkte Roheisen und Hochofenschlacke, gemittelt über den Zeitraum der vergangenen drei Jahre.

5.2.3.2.2
NE-Metalle (Al, Cu, Pb, Zn, Ni, Cr)

Im Bereich der Nicht-Eisen-Metalle existieren Verteilungsprobleme grundsätzlicher Art vor allem bei den Metallen Cu, Pb, Zn, Ni und Cr. Zu nennen ist zum einen die Behandlung der häufig als Koppelprodukt entstehenden Schwefelsäure, zum anderen die Verteilung bei Koppelproduktion von Metallen selbst, also z.B. der Gewinnung von Cu bei der Erzeugung von Zn im IS-Verfahren (s. Bild 5.15).

- Schwefelsäure
  Wie bereits in den Abschn. 5.2.3.1 und 5.2.3.2.1 erläutert, wird die Verteilung nach Masse bezogen auf S vorgenommen.
- Koppelproduktion von Metallen

Die Anzahl der Verteilungsmöglichkeiten ist aufgrund des schwierig zu behandelnden Heizwertes herabgesetzt. Somit bieten sich nur vier Möglichkeiten an:

Verteilung über:

- Produkt-Masse
- Atom-/Molekülmasse
- Marktwert
- Standardverfahren

Aufgrund des sehr unterschiedlichen Wertes der erzeugten Produkte (von Pb mit 0,8 DM/kg über Cu mit ca. 3,7 DM/kg bis zu ca. 8300 DM/kg für Au bzw. ca. 22500 DM/kg für Pt, Preise für 1992 in der BRD [16]) würde eine Verteilung über Masse zu einer extremen Bevorzugung wertvollerer Produkte wie Au oder Pt führen. Auch eine Betrachtung der jeweiligen Standard-Erzeugungsverfahren ändert an diesem Sachverhalt wenig.

Dementsprechend kann nur der Marktwert herangezogen werden, der allerdings im Prozeß an der Stelle zur Anwendung gelangen muß, an der die verschiedenen Metalle gewonnen werden.

5.2.3.3
Verfahrensvergleich am Beispiel der Propylenoxid(PO)-Synthese

Propylenoxid ist ein wichtiges Ausgangsprodukt für die Herstellung von Polyether-Polyolen sowie für Propylenglykol, welches in ungesättigten Polyesterharzen Verwendung findet. In Europa bestehen ca. 1.4 Mio. Tonnen Produktionskapazitäten. Im Rahmen der Untersuchungen der Enquête-Kommission „Schutz des Menschen und der Umwelt" wurden die unterschiedlichen Verfahren zur Synthese von PO vor dem Hintergrund des Umweltschutzes diskutiert. Im folgenden soll mittels der Ganzheitlichen Bilanzierung ein Verfahrensvergleich durchgeführt werden.

- Produktion von PO über das konventionelle Chlorhydrin-Verfahren (CaO, NaOH)

  PO läßt sich im Gegensatz zu Ethylenoxid nicht durch einfache Direktoxidation im großtechnischen Maßstab synthetisieren. Vielmehr nutzt man die Reaktionsfreudigkeit des Chlors zur Anlagerung des Sauerstoffs an das Propylenmolekül. Das frei werdende Chlor wird mittels Natronlauge neutralisiert und als stark verdünnte wässrige Lösung in Form von Natriumchlorid in das Abwasser abgegeben. Als hauptsächliche Nebenprodukte sind Dichlorpropan und Dichlordiisopropylether zu nennen, die entweder der energetischen Nutzung zugeführt oder durch Destillation als Produkte genutzt werden. Neben der Neutralisierung durch Natronlauge wird aber auch unter Verwendung von Calciumoxid das Chlor aus dem Prozeß ausgeschleust. Es entsteht $CaCl_2$ (s. Bild 5.16).
- Produktion von PO über das Oxiranverfahren mit tertiären Butylalkohol als Koppelprodukt

  Im Gegensatz zum Chlorhydrinverfahren wird nicht Chlor als Reaktant benutzt, sondern über die Bildung eines Hydroperoxid-Zwischenproduk-

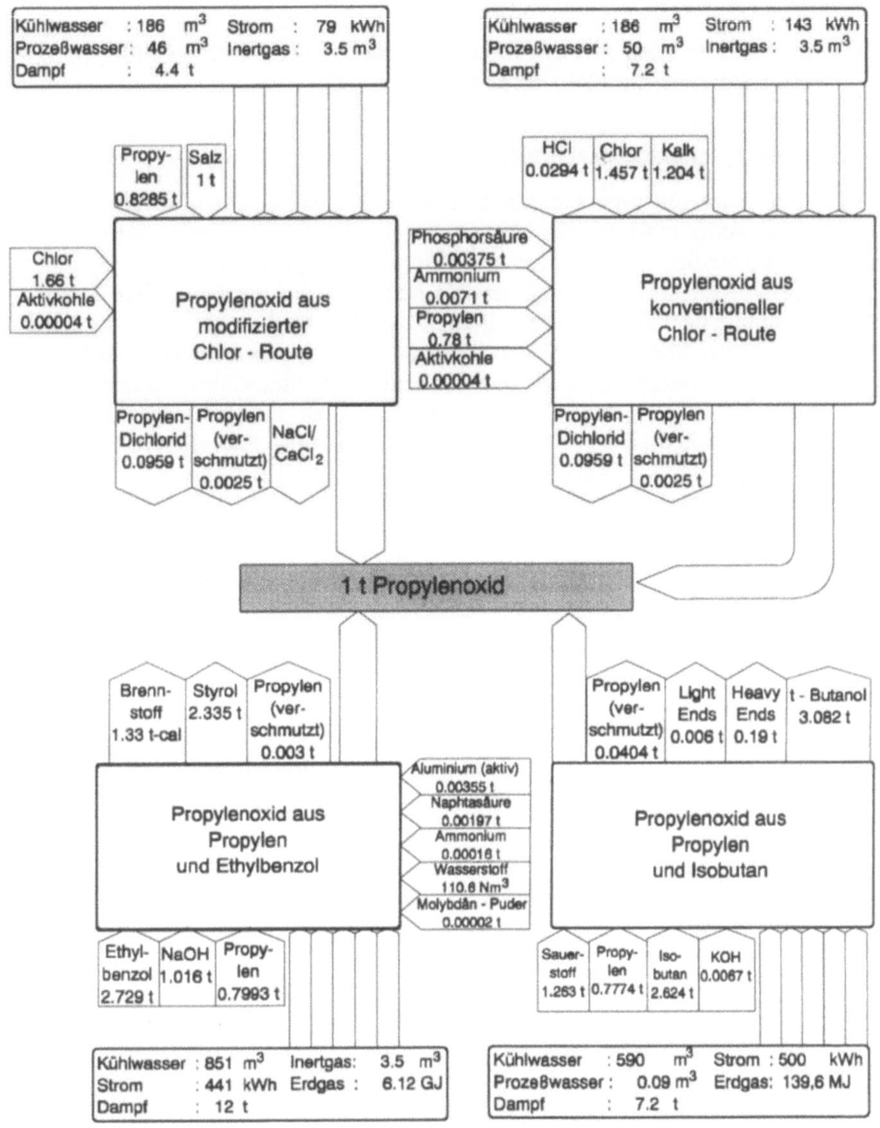

Bild 5.16. Verfahrensalternativen der PO-Herstellung

tes der Sauerstoff dem Propylenmolekül zugeführt. Weiterhin ist kenn-zeichnend, daß große Mengen an tertiärem Butylalkohol als Koppelpro-dukt entstehen. Der Abwasserstrom enthält keine nennenswerten Salz-frachten.

- Produktion von PO über das Oxiranverfahren mit Styrol als Nebenprodukt
  Durch Einsatz von Ethylbenzol kann ebenfalls ein Hydroperoxid-Zwischen-

produkt gebildet werden, das dann die Oxidation von Propylen ermöglicht. Auch hier werden größere Mengen an Koppelprodukten gebildet (z.B. Styrol). Salzfrachten ins Abwasser entstehen nicht.

Vergleich der unterschiedlichen Verfahren

Will man nun die unterschiedlichen Verfahren vergleichen, so ist dieses nur möglich, wenn man jeweils die gesamten Herstellungsketten berücksichtigt und „Gutschriften" für produzierte Koppelprodukte verteilt. Dies ist notwendig, da sowohl auf der Eingangs- als auch auf der Ausgangsseite Stoffe mit unterschiedlicher Wertigkeit am Prozeß beteiligt sind. Damit sind die konventionellen Produktionsabläufe für Styrol (s. Bild 5.17) und Butylalkohol auf den jeweiligen Outputseiten sowie Ethylbenzol, Isobutan, Chlor, Sauerstoff, Wasserstoff, Natronlauge und CaO für den Input zu untersuchen. Als weiterer, teilweise entscheidender Produktionsfaktor ist die Energiebereitstellung in Abhängigkeit der Standorte (BRD, Frankreich und Niederlande) mit einzubeziehen.

Bild 5.18 zeigt die Vorgehensweise der Bilanzierung vom Primärenergieverbrauch des Oxiranverfahrens mit Styrol als Koppelprodukt.

Betrachtet man alle Inputs, so sind bezogen auf 1 kg PO Output 314 MJ Primärenergie verbraucht worden. Für die Erzeugung von 2.335 kg Styrol wird eine Gutschrift von 230 MJ gegeben, so daß insgesamt für ein kg PO 84.2 MJ anzusetzen sind.

Betrachtet man ausgewählte Emissionen für das gleiche Verfahren, so erkennt man aus Bild 5.19, daß auch negative Werte möglich sind. Dies resultiert aus der Anrechnung von Umweltdaten, die aus voneinander unabhängigen Prozessen stammen.

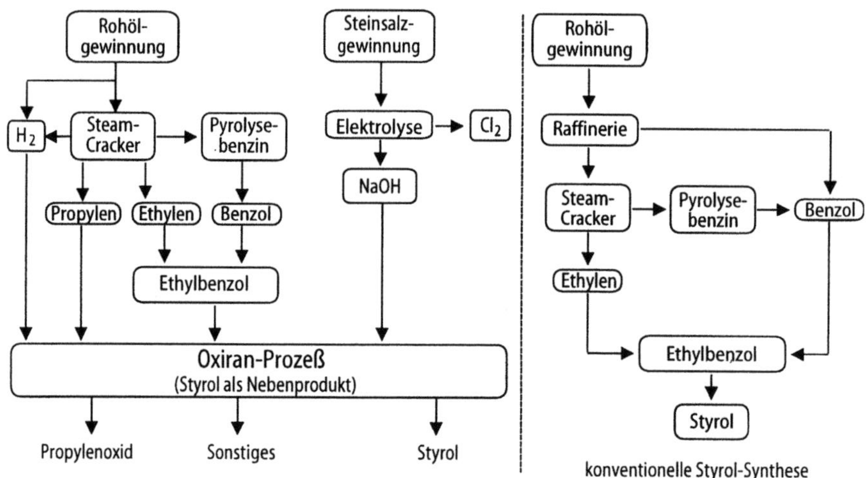

Bild 5.17. Standardverfahren der Styrolherstellung und der Oxiranprozeß mit Styrol als Koppelprodukt

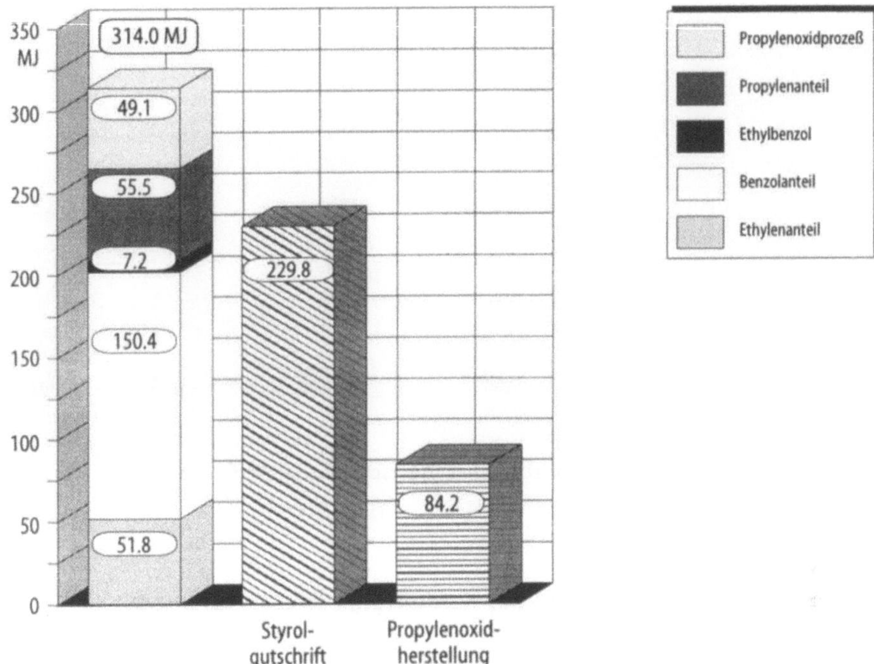

Bild 5.18. Energieverbrauch zur Herstellung von PO nach Oxiranprozess

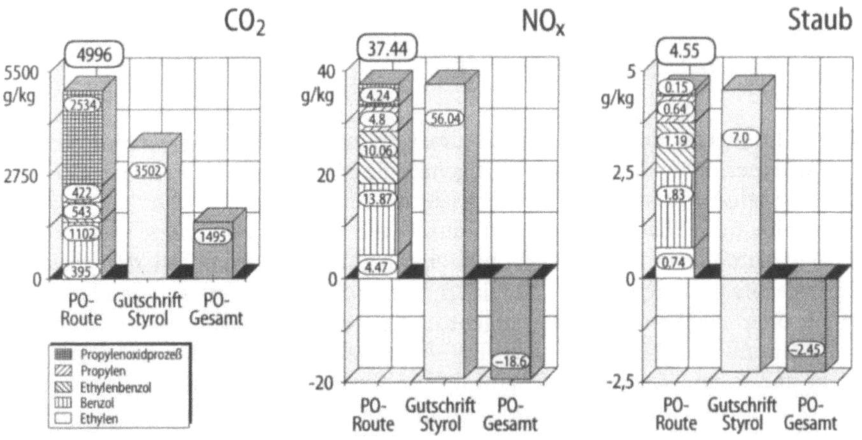

Bild 5.19. Ausgewählte Emissionen und deren Berechnung

Stellt man nun mit dieser Vorgehensweise zwei Verfahren einander gegenüber (Bild 5.20), so können aus der Sachbilanz wertvolle Informationen hinsichtlich ausgewählter Faktoren gewonnen werden.

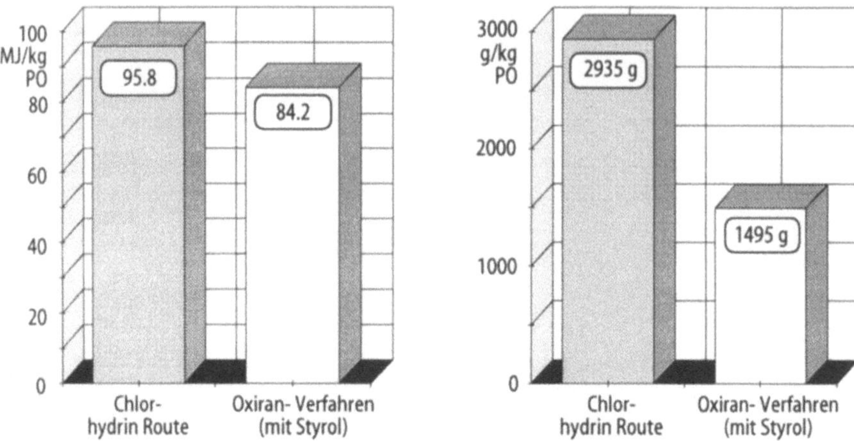

Bild 5.20. Vergleich des Energieverbrauches unterschiedlicher Verfahren der PO-Herstellung

5.3
Methodik zur Ermittlung des Kumulierten Energieaufwands

MAUCH, W.; SCHAEFER, H., München

5.3.1
Definitionen

5.3.1.1
Der Kumulierte Energieaufwand (KEA)

Der kumulierte Energieverbrauch umfaßte nach den bisher veröffentlichten Definitionen nur die produktbezogenen Energieaufwendungen bei der Herstellung eines Produkts unter Einschluß der Herstellung der notwendigen Rohstoffe und Halbzeuge. Dieser durch die Herstellung eines Produkts initiierte kumulierte Energieverbrauch stellt aber nur einen Teil der gesamten Energieaufwendungen dar, die einem ökonomischen Gut, sei es als Gegenstand oder als Dienstleistung, zugeordnet werden können.

Während der Nutzung bzw. des Verbrauchs des betreffenden Gutes entsteht meist zur Gebrauchserhaltung ein durch Wartung bedingter weiterer Energieaufwand und auch der Aufwand an Betriebsenergie energieverbrauchender Produkte ist hinzuzurechnen. Nach Ende der Nutzungsdauer des Produkts wird für die Entsorgung des gebrauchten bzw. verbrauchten Gegenstandes weiterer Energieaufwand nötig, gleichgültig, ob das Produkt deponiert wird, oder seine Stoffe ganz oder teilweise rückgeführt werden. Der in einer Lebenszyklusanalyse zu erfassende kumulierte Energieverbrauch eines Gegenstandes setzt sich also aus mehreren Komponenten zusammen.

Die Fragestellung nach energieoptimierten Produkten wird zunehmend an Bedeutung gewinnen, da sie einen wichtigen Beitrag zur Minimierung der klima- und vegetationsrelevanten Emissionen und zur Ressourcenschonung leisten können. Nicht nur Fragen nach der energieoptimalen Herstellung und Nutzung energieverbrauchender Produkte, sondern auch nach der energieoptimalen Entsorgung müssen berücksichtigt werden, wenn ein ganzheitlich rationeller Energieeinsatz erreicht werden soll. Zuverlässige und belastbare Antworten kann nur eine vollständige Analyse aller energetischen Aufwendungen eines Produkts geben, die sich über die gesamte „Lebensdauer", angefangen bei der Rohstoff- über die Produktherstellung und seine Nutzung bis hin zu seiner Entsorgung erstreckt [1].

5.3.1.1.1
Bisherige Definitionen zum kumulierten Energieverbrauch und artverwandte Begriffe

Die Problematik der Ermittlung des kumulierten Energieverbrauchs läßt sich auf die Bestimmung von Energiekosten industrieller Produkte zurückführen. Schon 1952 befaßte sich MUELLER mit „Kosten, Werte und Preise in der Energiewirtschaft" [2]. Der „Energieverbrauch als betriebswirtschaftliches Problem" von MUELLER [3] und „Kostenfaktor Energie und die Problematik seiner Erfassung" von SCHAEFER [4] sind Beispiele, die in den sechziger Jahren die gesamtwirtschaftliche Bedeutung des Energieverbrauchs hervorheben. Die ersten methodischen Ansätze zur Bestimmung des auf einzelne Produkte bezogenen Energieverbrauchs wurden im Rahmen von Einzeluntersuchungen zur Energiekostenbelastung industrieller Produkte von der Forschungsstelle für Energiewirtschaft [5] erarbeitet und von SCHAEFER 1975 erweitert [6].

FLASCHAR legte in seiner Arbeit „Mikro- und makroanalytische Methoden zur Ermittlung des spezifischen kumulierten Energieverbrauchs zum Herstellen von Verbrauchsgütern" [7] Grundbegriffe, Abgrenzungen und Berechnungsmethoden dar. Er definiert den spezifischen kumulierten Energieverbrauch (SKEV) eines Produkts als die Summe aller Energieverbrauchswerte der einzelnen Stufen der Herstellung bzw. Bereitstellung der produktrelevanten Stoffeinsätze, bezogen auf die Einheit des betrachteten Produkts. Dabei umfaßt der SKEV in erster Linie die drei Grundstufen: Gewinnen primärer Grundstoffe, sowie Halbzeug- und Endproduktfertigung einschließlich des jeweiligen Transports. Energieaufwendungen bei der Nutzung, dem Betrieb und der Entsorgung des Produkts sind kein Bestandteil des SKEV.

Im Rahmen der Bemühungen, sowohl auf nationaler als auch auf internationaler Ebene eine Vereinheitlichung energietechnischer Begriffe zu erzielen, stellte der VDI-Ausschuß „Terminologie in der Energietechnik" eine Liste energetischer und energiewirtschaftlicher Grundbegriffe auf [8]. Hier wird unter anderem der kumulierte spezifische Energieverbrauch – auch als vergegenständlichter Energieverbrauch bezeichnet – als ein produktbezogener Energieverbrauch, der sich als Summe allen Energieverbrauchs ergibt, der bei der Herstellung selbst und in den vorgelagerten Stufen der Gewinnung, Herstellung und Verarbeitung der Werkstoffe und Betriebsmittel für dieses Produkt benötigt wird, definiert.

Diese Definition wird in [9] um die Aufwendungen für die Produktrückführung, Wiederverwendung und Beseitigung und ferner um den Verbrauch zur Herstellung von Betriebsmitteln und -stoffen erweitert.

HARTMANN entwickelte in seiner Arbeit „Simulation des kumulierten Energieverbrauchs industrieller Produkte" [10] ein umfangreiches Rechenmodell, das die Simulation energierelevanter Prozeßketten und ihre graphische Darstellung auf EDV-Anlagen gestattet. Nach HARTMANN umfaßt der kumulierte Energieverbrauch den Verbrauch in allen Prozeßstufen von der Stoffgewinnung über die Werkstoff- und Halbzeugherstellung bis hin zur eigentlichen Produktfertigung.

5.3.1.1.2
Erweiterung der bisherigen Definitionen zum KEV

Den diskutierten Begriffen bzw. ihren Definitionen ist gemeinsam, daß sie mit dem Begriff „Energieverbrauch" Kennzahlen auf hohem Komplexitätsniveau und hoher Aggregierungsstufe darstellen. Die Definitionen weisen mehr oder weniger zugängliche und bestimmbare Energieverbrauchswerte, die in unterschiedlichen Energiebilanzräumen und zu verschiedenen Bilanzzeiten auftreten können, in der Regel einem Produkt oder auch einer Dienstleistung zu.

Angeregt durch das Interesse, die Energiekostenanteile an den Herstellkosten von Produkten zu ermitteln und durch die daraus gewonnenen Erkenntnisse Kostensenkungen herbeizuführen, wurden immer schon Energieverbrauchswerte auf Produkte bezogen. Konzentrierten sich die ersten Arbeiten zum kumulierten Energieverbrauch (KEV), hier stellvertretend für alle synonymen Begriffe gewählt, auf die Herstellung eines Produktes, stellte CHAPMAN [11, 12] dann einen Bezug des KEV zur Nettoenergieerzeugung von „energieerzeugenden" Anlagen her, bei dem dem Energieaufwand für die Herstellung die erzeugte Energie gegenübergestellt wurde.

Auch die von SCHAEFER [13] am Beispiel des Kraftfahrzeugs ausgeführte Problematik einer energieoptimalen Lebensdauer energieverbrauchender Produkte macht deutlich, daß das Problem nicht allein mit dem kumulierten Energieverbrauch zur Herstellung eines Produktes gelöst ist. Obwohl auch in einigen der zuvor zitierten Arbeiten zum KEV Hinweise auf nach der Herstellung von Produkten anfallender Energieverbrauch (beispielsweise bei Distribution, für Ersatzteile und bei der Beseitigung) und seine Zuordnung zum KEV gegeben werden, fehlt bisher eine eindeutige und klare definitorische Zuweisung für diese Anteile.

Neben dem kumulierbaren Prozeßenergieverbrauch, der sich aus dem prozeßbedingten Energieverbrauch für Licht-, Wärme-, Kraft- und Nutzelektrizitätserzeugung ergibt, ist auch der nichtenergetische Verbrauch (NEV) von Energieträgern die in den Energiebilanzen ausgewiesen werden, sowie der stoffgebundene Energieinhalt eingesetzter oxydationsfähiger Rohstoffe, wie z.B. Holz oder auch z.B. Aluminium, zu berücksichtigen. Da i.a. ein Teil der insgesamt eingesetzten Energien, insbesondere als latent oder chemisch gebundene Energie, während der Lebenszyklen eines Produkts im ökonomischen Gut verbleibt, erscheint als adäquate Bezeichnung der kumulierbaren

Energieeinsätze die Bezeichnung „Energieaufwand" anstelle des bisher verwendeten Begriffs „Energieverbrauch" geeigneter.

Ungeachtet, daß für bestimmte Fragestellungen oder Vergleiche der Bezug von kumulierten Energieverbrauchswerten auf eine Dienstleistung oder artverwandte artifizielle Begriffe durchgeführt werden kann, ist der elementare Bezug auf einen Gegenstand oder Sachverhalt unverzichtbar.

Das Ergebnis ganzheitlicher Betrachtungen ist wesentlich von der Wahl der Ermittlungsmethoden und der Abgrenzung der Bilanzräume geprägt. Hieraus entsteht die Notwendigkeit, die methodische Grundlage für die Erstellung solcher Bilanzen zu schaffen und allgemeingültig zu definieren.

5.3.1.1.3
Kumulierter Energieaufwand (KEA)

Die VDI-Gesellschaft Energietechnik erarbeitete unter Leitung von H. SCHAEFER zum Thema KEA die im Gründruck vorliegende VDI-Richtlinie 4600 [28], an die sich die hier abgehandelten Definitionen anlehnen.

Der kumulierte Energieaufwand gibt die Gesamtheit des Energieaufwands an, der im Zusammenhang mit der Herstellung, Nutzung und Beseitigung eines Gegenstandes entsteht bzw. diesem ursächlich zugewiesen werden kann. Dieser Energieaufwand stellt die Summe der kumulierten Energieaufwendungen für die Herstellung (KEA_H), die Nutzung ($_N$) und die Entsorgung ($_E$) des ökonomischen Gutes dar, wobei für diese Teilsummen anzugeben ist, welche Vor- und Nebenstufen mit einbezogen sind.

$$KEA = KEA_H + KEA_N + KEA_E \tag{5.21}$$

Kumulierter Energieaufwand für die Herstellung (KEA_H)

KEA_H wird der Energieaufwand genannt, der sich als Summe allen Energieaufwands ergibt, der bei der Herstellung selbst und der Gewinnung, Verarbeitung, Herstellung und Entsorgung der Fertigungs-, Hilfs- und Betriebsstoffe und Betriebsmittel für einen Gegenstand oder eine Dienstleistung benötigt wird. Es ist anzugeben, ob die Distribution des Gegenstandes mit einbezogen ist.

Kumulierter Energieaufwand für die Nutzung (KEA_N)

KEA_N wird der Energieaufwand genannt, der sich als Summe allen Energieaufwands ergibt, der für den Betrieb oder die Nutzung des Gegenstandes oder einer Dienstleistung benötigt wird. Die Summe beinhaltet neben dem Betriebsenergieverbrauch den kumulierten Energieaufwand für die Herstellung und Entsorgung von Ersatzteilen, von Hilfs- und Betriebsstoffen sowie von Betriebsmitteln, die für Betrieb und Wartung erforderlich sind. Die zugrundegelegten Betriebs- und Nutzungszeiten sind stets anzugeben.

Kumulierter Energieaufwand für die Entsorgung (KEA_E)

KEA_E wird der Energieaufwand genannt, der sich als Summe allen Energieaufwands ergibt, der bei der Entsorgung eines Gegenstandes benötigt wird. Die Summe beinhaltet neben dem Energieaufwand für die Entsorgung selbst den kumulierten Energieaufwand für die Herstellung und Entsorgung von Hilfs- und Betriebsstoffen sowie von Betriebsmitteln, die für die Entsorgung erforderlich sind.

Der KEA beschreibt die Summe aus dem Kumulierten Prozeßenergieverbrauch (KPEV) und dem Kumulierten Nichtenergetischen Aufwand (KNA). Hierbei umfaßt der KPEV den Endenergieverbrauch (EEV), der sich aus dem prozeßbedingten Strom-, Brennstoff- und Fernwärmeeinsatz für Licht-, Wärme-, Kraft- und Nutzelektrizitätserzeugung ergibt. Er schließt den direkt zuordenbaren Bedarf z.B. für die Beleuchtung, Raumheizung u.ä. mit ein. Werden die Werte als Primärenergieverbrauch angegeben, sind zu ihrer Berechnung die Bereitstellungsnutzungsgrade (s. Abschn. 5.3.1.3) für die Endenergiearten anzusetzen. Der KNA ist die Summe des Energieinhalts aller nichtenergetisch eingesetzten Energieträger (NEV) und dem stoffgebundenen Energieinhalt (SEV) von Werkstoffen, der den Energieinhalt aller anderen in einer Prozeßstufe eingesetzten exotherm umsetzbarer Rohstoffe ausweist.

$$KEA = \sum_{i=l}^{l} \left(\frac{EEV_i}{g_i}\right) + \sum_{j=l}^{m} \left(\frac{NEV_j}{g_j}\right) + \sum_{k=l}^{n} \left(\frac{SEI_k}{g_k}\right) \qquad (5.22)$$

Abgrenzung benötigter Angaben und Randbedingungen (s.a. Abschn. 5.2.2.2)

Nicht immer wird es, wie die Erfahrung aus vielen vorgenommenen Untersuchungen zeigt, möglich sein, den KEA lückenlos und vollständig für sämtliche Vor- und Nebenstufen der Prozeßkettenbäume zu erfassen. Reale Prozeßketten heute hergestellter Endprodukte sind oft von komplexer Natur und die energetische Relevanz einzelner Teile der Prozeßketten oft von untergeordneter Bedeutung. Aufgrund dieses nicht zu vermeidenden Unsicherheitsbereiches ist es von Bedeutung, die erfaßten Bilanzräume und deren Abgrenzungskriterien eindeutig anzugeben und die zugrundegelegten Prozeßketten zu nennen, damit die Werte des KEA beurteilt und verglichen werden können.

Vor allem ist es unerläßlich, anzugeben, in welcher Energieform der KEA und seine Teilsummen ausgewiesen werden. Verbrauchswerte zum KEA werden in aller Regel für den Endenergiesektor zunächst als Sekundärenergien Strom, Brennstoffe oder Fernwärme vorliegen. Diese detaillierten Angaben zur Struktur des kumulierten Endenergieverbrauchs stellen eine wichtige Information dar. Sie sind die Grundlage für weiterführende Analysen (wie z.B. Sensitivitätsanalysen, Substitutionsmöglichkeiten u.a. [15, 16] oder Analysen der energetisch bedingten Schadstoffemissionen [17]). Sie sind vor allem die Basis für die Ermittlung des kumulierten Primärenergieaufwands. Er ergibt sich aus dem Brennstoff, der elektrischen Energie und dem Heizwärmeendverbrauch und deren Bereitstellungsnutzungsgrade [10], welche die energetischen Aufwendungen von der Exploration, Gewinnung, Aufbereitung, Umwandlung und Transport einschließlich eventueller Rekultivierung beinhalten. Diese vorgelagerten Aufwendungen besitzen nicht nur für die verschiedenen Energieträger unterschiedliche Werte, sondern unterliegen, wie auch der KEA von Produkten selbst, einem stetigen Wandel und sind auch von der Versorgungsstruktur des betrachteten Landes abhängig.

Nichtenergetischer Aufwand bezeichnet einen Verbrauch von Energieträgern, bei dem nicht der Energieinhalt der Energieträger, sondern ihre stoffliche Eigenschaften Grund ihres Einsatzes sind. Dazu zählen beispielsweise der Verbrauch von Bitumen für den Straßenbau, ebenso wie der von Mineralölprodukten- oder Erdgaseinsatz für die Herstellung von Schmierstoffen, Arzneimitteln, Düngemitteln, Kunststoffen u.a.m. Nicht immer läßt sich der NEV zur Herstellung eines Produktes eindeutig quantifizieren, da der Energieeinsatz zur stofflichen Produktherstellung und Deckung des Prozeßenergieverbrauchs miteinander gekoppelt sein können und dann die Zuweisung nur nach einem Verrechnungsschlüssel vorgenommen werden kann. So ist z.B. die Zuordnung bei chemischen Reduktionsprozessen (z.B. Reduktion von Eisenerz mit Kohlenstoff) oft nicht eindeutig festlegbar. Ungeachtet dieser Problematik ist die Angabe des kumulierten NEV eines Produkts für Aussagen über seinen insgesamt verursachten Primärenergieverbrauch wichtig.

Erfaßt werden muß auch der Stoffgebundene Energieinhalt. Er beschreibt die durch chemische oder physikalische Wandlung exotherm freisetzbare Energie von Werk- und Baustoffen, die im Sinne der Energiebilanz kein Energieträger (z.B. Holz, Biomasse u.a.) sind. Zusammen mit dem NEV bildet er den Nichtenergetischen Aufwand aller Einsatzstoffe. Von ihm wird oft ein Teil schon während der Fertigung exotherm freigesetzt. Der Rest stellt zusammen mit den Teilen der Prozeßenergie, die innerhalb der Prozeßketten in chemische Energie überführt werden als chemisch gebundene, latente oder fühlbare Energie den Energieinhalt des Produktes dar. Er kann sich während der Nutzung des Produkts verändern, denkt man z.B. an das Rosten von Eisen unter natürlichen Umgebungsbedingungen.

Für die Beantwortung von Fragestellungen, die eine energetische Nutzung von Produkten behandeln, sei dies die Entsorgung über Müllverbrennung oder Deponiegasnutzung, oder gar der Einsatz von Aluminium als Energieträger und -speicher, wird daher vorgeschlagen, den

- Heizwert (Brennwert) nach Herstellung (HNH, BNH),
- Heizwert (Brennwert) nach Nutzung (HNN, BNN) und
- Heizwert (Brennwert) nach Entsorgung (HNE, BNE)

zusätzlich zum KEA_H, KEA_N und KEA_E anzugeben (s.a. Abschn. 5.2.2.1).

Angaben zu projektierten, fiskalischen, statistischen und realen Betriebs- und Nutzungszeiten gleicher Produkte weisen oft eine große Bandbreite auf. Um Mißverständnisse von vornherein auszuschließen, ist die Kennzeichnung der für den KEA_N zugrundegelegten Betriebs- und Nutzungszeiten obligatorisch.

Analog zu den energetischen Aufwendungen für seine Herstellung und Nutzung, treten bei den Produkten energetische Aufwendungen für ihre Entsorgung auf. Im Gegensatz zu dem Begriff der Herstellung läßt der Begriff der Entsorgung eine Vielfalt an Bedeutungen zu, sodaß es schwierig ist, eine eindeutige definitorische Abgrenzung zu liefern, wann der Vorgang der Entsorgung eines Gegenstandes beginnt und wann er abgeschlossen ist.

Die Ermittlung des kumulierten Energieaufwands als gegenstands- oder sachverhaltsbezogene Kenngröße wird i.d.R. enden, wenn der Gegenstand aufgehört hat, als solcher zu existieren und die durch den Vorgang der Entsorgung initiierten Aufwendungen abgeschlossen sind. Die Möglichkeit der Entsorgung ein- und desselben Produkts und der damit verbundenen energetischen Aufwendungen können sehr unterschiedlich sein. Wird ein Gegenstand nach seiner Nutzung beispielsweise deponiert, ist der kumulierte Energieaufwand für seine Sammlung, seinen Transport, die Errichtung und den Betrieb der Deponie anteilig auf seinen KEA_E anzurechnen. Sofern der Gegenstand einen Beitrag zur Deponiegasnutzung liefert, können die nutzbaren Energiemengen mit dem KEA verrechnet werden. Wird eine Stoffrückführung (Recycling) durchgeführt, so endet die Ermittlung des KEA_E an einer sinnvoll gewählten Schnittstelle, wo die Aufbereitung von Sekundärrohstoffen und damit die Herstellung eines neuen Produktes beginnt. Auch „außerplanmäßige" Ereignisse der Beseitigung, wie z.B. Unfälle, Brände etc., welche die Existenz eines Gegenstandes beenden können und u.U. einen Energieaufwand initiieren, müssen erfaßt werden. Die angeführten Beispiele machen deutlich, warum die Randbedingungen der Entsorgung unbedingt mit angegeben werden müssen.

Wie schon von SCHAEFER in [18] dargelegt, kann es in vielen Teilaspekten der Bewertung und Zuordnung des KEA keine richtigen oder falschen Angaben geben, wie dies am Beispiel der Aufteilung des KEA auf Koppelprodukte demonstriert wird. Eine sinnvolle Auswahl der Bilanzgrenzen muß daher individuell getroffen werden, um geeignete zweckentsprechende Angaben für die Beantwortung der jeweiligen Fragestellungen zu erhalten.

Nicht jeder Gegenstand oder jedes Produkt besitzt neben einem KEA_H auch einen KEA_N und KEA_E. Hilfs- und Betriebsstoffe zur Herstellung, Nutzung und Entsorgung eines Gegenstandes besitzen keinen KEA_N, da ihre Nutzung in der Herstellung, Nutzung und Entsorgung des betrachteten Gegenstandes aufgeht und nur die energetischen Aufwendungen für ihre Herstellung und Entsorgung in Ansatz gebracht werden können. Auch ist die Möglichkeit gegeben, daß ein Gegenstand ohne zusätzlichen Aufwand und ohne technische Nutzung der Energiefreisetzung entsorgt wird, indem er sich selbst überlassen wird und sich dem freien Spiel der Kräfte der Natur einfügt.

Der KEA_E ist i.a. kein ausreichendes Kriterium, die eine oder andere Art der Entsorgung insgesamt positiv oder negativ zu bewerten, weil andere Kriterien wie z.B. die Umweltverträglichkeit, der Flächenbedarf u.a.m. zur Beurteilung entscheidende Einträge liefern. Der KEA_E aber gibt eine Antwort auf die energetischen Qualitäten der verschiedenen Entsorgungsarten.

Wenn durch thermische Abfallentsorgung (z.B. Müllverbrennungsanlage) der Heizwert von Produkten genutzt wird, kann sich dies in einer Verminderung des KEA niederschlagen. Allerdings scheiden damit die verbrannten Produkte für eine Stoffrückführung im allgemeinen aus.

Ein rationellerer Energieeinsatz kann sowohl durch eine Reduzierung des Herstellungsaufwands, als auch durch eine Verringerung des Betriebsenergie- und Betriebsstoffverbrauches, durch verstärkte Stoffrückführung oder auch thermische Nutzung erreicht werden. Die mit der vorgestellten Neudefinition des KEA von Produkten mittels Prozeßkettenanalyse quantifizierbaren Werte bilden eine wichtige Basis, um die Prioritäten von Energieeinsparpotentialen in ihrem komplexen Zusammenhang zwischen Konstruktion, Herstellung, Nutzung und Entsorgung aufzuzeigen und zu wirklich energieoptimierten Produkten und Dienstleistungen zu kommen.

5.3.1.2
Bilanzen

Eine wichtige Grundlage für die Berechnung des KEA ist die eindeutige Festlegung der Bilanzgrenzen. Hierbei sind die grenzüberschreitenden Stoff- und Energieströme exakt zu definieren und zu quantifizieren. Die Abgrenzung wird nach örtlichen, zeitlichen und technologischen Kriterien vorgenommen. Dabei stehen oft die Kriterien mehr oder minder im Zusammenhang und beeinflussen sich gegenseitig. Die systematische Abgrenzung stellt wegen der z.T. hohen Komplexität und Vielfalt der Verflechtungen von Einzelprozessen häufig ein zentrales Problem der energetischen Analyse dar.

Die Erstellung von Bilanzgrenzen wird nach den zu Beginn einer Analyse bekannten Sachverhalten vorgenommen. Im Zuge der Untersuchungen zum KEA werden oft zusätzliche neue Erkenntnisse erarbeitet, die u.U. eine Neudefinition der Abgrenzungskriterien nötig machen. Es erfordert erheblichen Aufwand und detaillierte Sachkenntnis, den Bilanzraum so zu gestalten, daß Fehler durch Vernachlässigungen, Ausgrenzungen und Abschätzungen klein bleiben. Die Darstellung der Abgrenzungsprobleme und die Gestaltung einer einfachen und handhabbaren Analysemethode ist deshalb ein wesentlicher Teil aller weiteren Betrachtungen und Untersuchungen.

Bei einer detaillierten Ermittlung aller beteiligten Energie- und Stoffströme während der Nutzungsdauer eines Produkts ist eine Disaggregierung der Teile des KEA, bis hin zu den einzelnen Prozessen nötig. Der Bilanzraum eines Prozesses ist in Bild 5.21 dargestellt. In diesem werden Stoff- und Energiebilanzen dargestellt, die neben den zugeführten Werk- bzw. Rohstoffen auch alle Betriebsmittel sowie die zugeführte Energie erfassen.

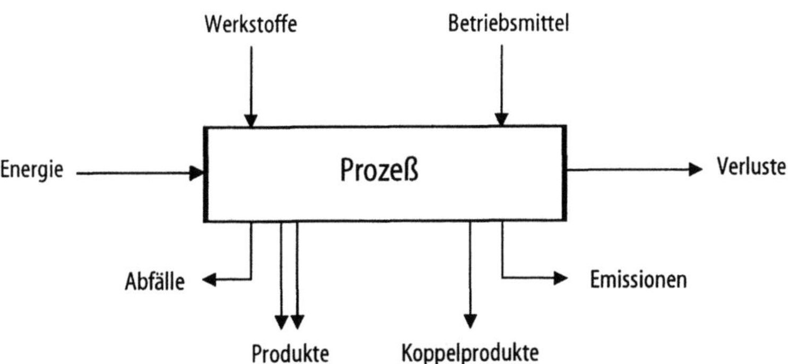

Bild 5.21. Bilanzraum eines Prozesses

Stoffbilanzen

Die Stoffbilanz stellt eine Erfassung einheitlich bewerteter Stoffmengen dar, welche während der Betrachtungszeit die festgelegten Bilanzraumgrenzen überschreiten. Das Ziel der Erstellung von Stoffbilanzen für energetische Untersuchungen ist, Kenntnisse über Stoffarten und -mengen zu vermitteln, die zur Produktion interessierender Güter eingesetzt werden oder dabei anfallen. Stoffbilanzen bilden das Gerüst, auf dem die Energiebilanzierung aufbaut. In [7] wird das Begriffsschema zum gesamten Materialeinsatz in Fertigungsbetrieben als

- Werkstoffe, das sind
    + Fertigungsstoffe, die als Hauptbestandteile in die Produkte eingehen,
    + Hilfsstoffe, die wert- und mengenmäßig eine relativ geringe Rolle spielen,
    + Betriebsstoffe, die bei der Produktion gebraucht und nur zum Teil verbraucht werden, wie z.B. Reinigungsmittel, Wasser, Schmiermittel und
- Betriebsmittel, das sind
    + Grundstücke,
    + Gebäude,
    + Maschinen usw.,

definiert.

Die den Bilanzraum verlassenden Produkte, Koppelprodukte, Abfälle und Emissionen entsprechen dabei der Summe der in einem Zeitraum zugeführten Mengen.

Energiebilanzen

Eine Energiebilanz erfaßt entsprechend dem ersten Hauptsatz der Thermodynamik in kJ oder in Wh einheitlich bewertete Energiemengen bzw. Energiearten, welche während der Betrachtungszeit die festgelegten Bilanzraumgrenzen überschreiten. Die Energiebilanzgrenzen sind mit den Stoffbilanzgrenzen identisch.

Besondere Beachtung ist bei jeder Energiebilanzierung dem stoffgebundenen Energieinhalt zu schenken. So ist z.B. bei der Oxidation von Ethylen zu Ethylenoxid der Endenergieeinsatz kleiner als der Energieinhalt des bei diesem Prozeß anfallenden Prozeßdampfs. Dieser Prozeßdampf resultiert aus der Freisetzung chemisch gebundener Energie der beteiligten Reaktionspartner. Genau umgekehrt ist der Sachverhalt bei der Schmelzflußelektrolyse von Aluminium. Hier ist der eingesetzte EEV größer als die bilanzierten Verluste; denn der Stromverbrauch wird in diesem Verarbeitungsschritt z.T. für endotherme Prozesse aufgewendet. Dadurch wird der chemisch gebundene Energieinhalt des Einsatzstoffes von 0 MJ/kg (Aluminiumoxyd) auf 31 MJ/kg (Aluminium) angehoben. Ein erheblicher Teil der Endenergie wird also im Material chemisch gespeichert und nur ein Teil als Wärme freigesetzt.

Die Aufwendungen in jeder Prozeßstufe teilen sich in den direkten prozeßspezifischen Material- und Energieeinsatz und in den indirekten Aufwand, der für die Bereitstellung der diesen Prozeß betreibenden Geräte, Maschinen und Anlagen und die Konditionierung des Umfelds notwendig ist. So fallen z.B. Gebäude als indirekte Materialaufwendungen und Heizung und Beleuchtung als indirekte Energieverbräuche zusätzlich an. Im Vergleich zum Prozeßenergieverbrauch sind diese oft von untergeordneter Bedeutung. Sie dürfen aber prinzipiell nicht vernachlässigt werden, da sie, z.B. bei Prozessen mit geringem Durchsatz, die entscheidenden Faktoren des gesamten KEA sein können.

Ein Abgrenzungskriterium, welches den Bilanzraum auf einen sachgerechten und von der Zieldefinition abhängigen Untersuchungsumfang reduziert, kann erst nach einer Grobanalyse der Einflußparameter definiert werden. Beispielsweise ist der Transportenergieaufwand für die Erstellung einer Müllverbrennungsanlage und demzufolge auch der Herstellungsaufwand von Lastkraftwagen vernachlässigbar klein. Jedoch beträgt der Verschleiß von LKW zur Erstellung einer Deponie ca. 5% des gesamten KEA.

Die Betriebsmittel können nach Ablauf ihrer Nutzungsdauer entweder für andere Zwecke weiterverwendet werden und gehen in einen neuen Bilanzraum über, oder sie werden als Schrott bzw. Abfall entsorgt. Im letzten Fall ist dann das Betriebsmittel am Ende seiner Nutzungsdauer nicht nur ökonomisch, sondern auch energetisch abgeschrieben. Der KEA_H dieses Betriebsmittels wird als zusätzlicher Aufwand auf die gesamte Produktionsmenge während der Nutzung des Betriebsmittels umgelegt. Betriebs- und Hilfsstoffe haben keinen eigenen KEA_N, da dieser im Prozeßenergieverbrauch des betrachteten Bilanzraums bereits berücksichtigt wird. Zum Beispiel wird der Energieverbrauch einer Walzstraße nicht dem Walzwerk sondern dem gefertigten Blech zugewiesen.

Die Mengen- und Energieströme bezieht man meistens ausschließlich auf das gewünschte Produkt, da nur dieses für den Produzenten bzw. Nutzer von Interesse ist. Die zusätzlich entstehenden Koppelprodukte werden mengenmäßig angegeben, ihnen wird aber meist kein Energieverbrauch zugewiesen. Eine Ausnahme bilden die Koppelenergien, sie werden i.d.R. mit ihrem Heizwert beaufschlagt. Bei ganzheitlicher Bilanzierung muß neben der Ermittlung des prozeßspezifischen Energieverbrauchs auch die Frage nach der Entsorgung und der Möglichkeit der Stoffrückführung der Abfälle und Koppelprodukte eines jeden einzelnen Prozesses beantwortet werden. Es ist notwendig, nicht nur die Versorgung mit den notwendigen Rohstoffen bzw. Produkten, Energieträgern und Betriebsstoffen, sondern auch den weiteren Verlauf der „erwünscht" oder „unerwünscht" erzeugten Produkte, Koppelprodukte und Schadstoffe mengenmäßig zu bilanzieren und energetisch zu bewerten. Die Bilanzierung endet mit dem Eintritt in eine nächste Produktionsstufe bzw. der Deponierung. Die für die Aufbereitung und Beseitigung der Schadstoffe und Abfälle benötigten energetischen Aufwendungen werden, soweit sie nicht anderweitig Verwendung finden, dem verursachenden Prozeß angerechnet. Wenn ein Koppelprodukt nicht Abfall sondern ökonomisches Gut ist, ist seine Entsorgung diesem Koppelprodukt anzulasten. Folglich ist eine einzige Prozeßstufe in Bezug, Prozeß und Entsorgung dreigeteilt. Für den Betrieb eines Prozesses muß Material und Energie, entsprechend den in Bild 5.22 aufgezeigten Beispielen, bezogen, verarbeitet und entsorgt werden. Bei den drei unterschiedlichen Prozessen Erzabbau, Beleuchtung und Schrottaufbereitung wer-

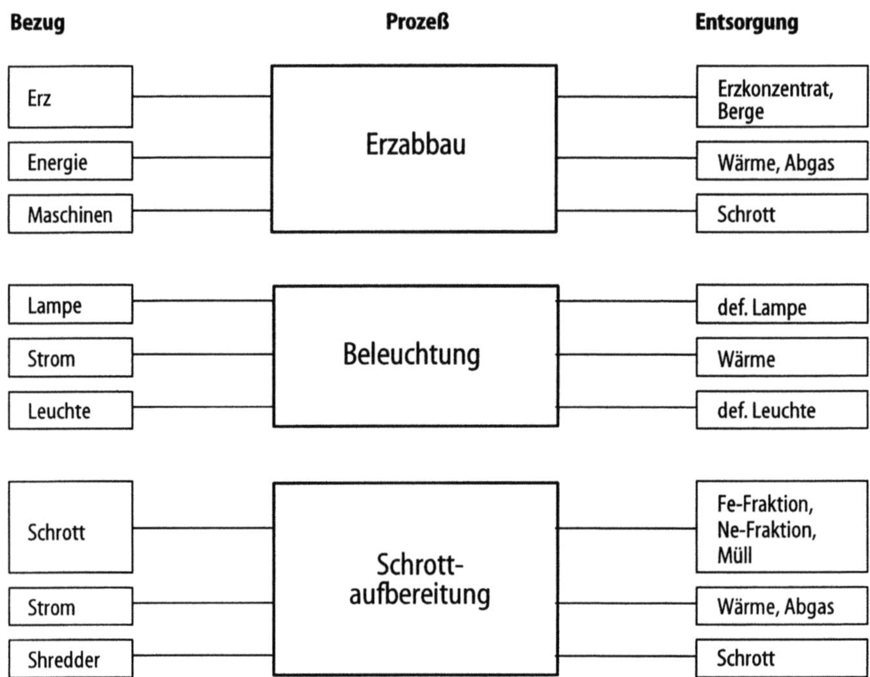

Bild 5.22. Ver- und Entsorgung einzelner Prozesse

den jeweils Maschinen, Anlagen, Geräte, Produkte und Energie bereitgestellt, um den Prozeß zu betreiben, auf der anderen Seite werden ebenso Produkte bzw. Energie entsorgt. Wenn man auf diese Weise eine ganze Prozeßkette betrachtet, werden für die Produktion, den Betrieb und die Entsorgung eines ökonomischen Gutes alle notwendigen Maßnahmen, auch die, die für eine umweltfreundliche Entsorgung notwendig sind, kumuliert. Wird ein Zielprodukt, z.B. Eisenerz, in der folgenden Prozeßstufe weiterverarbeitet, so endet die Entsorgung ab dem Transport zu seinem Einsatzort. Eine solche Betrachtungsweise bildet die Grundlage für die Erstellung ganzheitlicher Bilanzen, die auch als Basis für eine anschließende ökologische Bewertung dienen kann.

5.3.1.3
Nutzungsgrade für die Bereitstellung der Endenergie (s. a. Abschn. 5.2.2.3.1.1)

Um eine Aussage über die Ressourcenbelastung eines ökonomischen Gutes treffen zu können, muß dieses primärenergetisch beurteilt werden. Dazu sind die Aufwendungen aus allen Stufen der Prozeßkette von der Exploration, der Förderung und Gewinnung der Primärenergieträger, ihrem Transport, ihrer Aufbereitung bzw. Umwandlung und ihrer Verteilung bis zur Bereitstellung als Endenergie beim Verbraucher zu bilanzieren. Für die Berechnung dieses Primärenergieaufwands, der den Energiegehalt der Rohstoffe in ihrer Lagerstätte angibt, ist der kumulierte Bereitstellungsnutzungsgrad g_{kum} definiert als

$$g_{kum} = \frac{\text{Heizwert des Energieträgers am Einsatzort}}{\text{kumulierter Primärenergieaufwand für die Bereitstellung}} \qquad (5.23)$$

Die Ermittlung des KEA wird in Anlehnung an die Definitionen und die Nomenklatur der Energiebilanzen Deutschlands durchgeführt. In ihr werden die Primär- und Sekundärenergieträger sowie der nichtenergetische Verbrauch ausgewiesen. Zudem werden das Energieaufkommen, die Energieumwandlung und der Endenergieverbrauch dargestellt. Für die Energieträger wird der Nachweis über deren Aufkommen und Verwendung gegeben. In der Umwandlungsbilanz werden Einsatz und Ausstoß der verschiedenen Umwandlungsprozesse, der Verbrauch an Energieträgern in der Energiegewinnung und im Umwandlungsbereich sowie die Fackel- und Leitungsverluste ausgewiesen. Da ein Nutzungsgrad, der sich nur auf diesen Bilanzraum beschränkt, ein unvollständiges Bild ergibt, wurden in [10] neben den Umwandlungsverlusten im Energiesektor auch die Aufwendungen für Förderung und Transport außerhalb des Bilanzraums Deutschland berücksichtigt.

Nach den Definitionen des KEA ist auch der Bereitstellungs- und Entsorgungsaufwand der Anlagen in die Bilanzierung einzubeziehen. Somit errechnet sich der kumulierte Nutzungsgrad für die Bereitstellung des Energieträgers aus dem Verhältnis zwischen dem Heizwert des Endenergieträgers (H_U) und der Summe des Heizwerts des Endenergieträgers, den Aufwendungen für die Bereitstellung (W_{Ber}) und dem Energieaufwand der für die Bereitstellung benötigten Anlagen (KEA_{Anlage}). Der KEA der Anlagen wird mit der Nutzungsdauer auf die Energieerzeugung umgelegt.

$$g = \frac{H_U}{H_U + W_{Ber} + \sum_{i=1}^{n} KEA_{Anlage,i}} \qquad (5.24)$$

Die primärenergetische Bewertung der Stromerzeugung wird von GEIGER in [19] durch Auswertung der jährlichen Statistiken durchgeführt [20, 21]. Hier wird neben dem Bruttonutzungsgrad (g_{brutto}) auch der Nettonutzungsgrad (g_{netto}), der neben den Umwandlungsverlusten auch den Eigenbedarf der Anlagen bilanziert, unterschieden.

In Tabelle 5.8 sind exemplarisch die Nutzungsgrade der öffentlichen Stromversorgung für das Jahr 1990 berechnet. Der Strom aus Wasser- und Kernkraft wird nach dem Substitutionsprinzip, d.h. mit dem durchschnittlichen thermischen Nutzungsgrad der fossil befeuerten Kraftwerke bewertet. Man sieht, daß der Einfluß des Anlagenaufwands bei der konventionellen Technologie mit 0,1–0,2 Prozentpunkten marginal ist, er wird deshalb nicht weiter berücksichtigt. Allerdings ergibt sich bei Stromerzeugung mit Photovoltaik- und Windkraftanlagen, nach Tabelle 5.9, dort ein erheblicher Einfluß von 27 bzw. 5 Prozentpunkten.

Tabelle 5.8. Kumulierter Bereitstellungsnutzungsgrad der öffentlichen Stromversorgung Deutschlands 1990 (alte Bundesländer)

Primärenergie	Anteil	g_{Res}	g_{brutto}	g_{netto}	Nutzungs-dauer	KEA_{Anlage}[2]	g_{kum}
	in %	in %	in %	in %	Ta in h	MJ/MJ	in %
Steinkohle	28,8	96,6	39,7	36,5	5000	0,014	35,0
Braunkohle	20,2	95,0	36,0	32,9	7000	0,014	31,1
Öl	1,5	86,5	35,8	32,9	3000	0,013	28,4
Gas	6,7	87,3	40,7	38,1	3000	0,008	33,2
sonst. Brennstoffe	0,7	99,0	37,7	32,3	5000	0,006	31,9
Brennstoffe gesamt	57,9	94,6	38,3	35,2			33,2
Kernenergie	37,9	92,6	38,3	36,2	7000	0,009	30,1
Wasser	4,2	100,0	38,3	35,2	6000[1]	0,015	35,0
gesamt	100	94,0	38,3	35,6			32,4

[1] Laufwasserkraftwerke   [2] Quelle: JENSCH [22]

Tabelle 5.9. Gesamtnutzungsgrad von Photovoltaik- und Windkraftanlagen

Primärenergie	g_{Res} in %	g_{brutto} in %	g_{netto} in %	Ausnutzungsdauer T_a in h/a	KEA_{Anlage}[3] MJ/MJ	g_{kum} in %
Sonne	100	38,3	35,6	1000[1]	8,75	8,6
Wind	100	38,3	35,6	2000[2]	0,375	30,6

[1] multikristalline Zellen Standort I nach [23]
[2] Windkraftanlagen Standort II Mittelwert nach [23]

In der UNO-Statistik, wie in der Statistik der Europäischen Gemeinschaft [24, 25] wird der Nutzungsgrad von konventionellen thermischen, wie auch von Wasser- und Kernkraftwerken einheitlich mit 30% angegeben. Andere Autoren geben den Nutzungsgrad für die Stromerzeugung aus Wasserkraft mit 90% an. Das Bezugsniveau ist dabei die potentielle Energie des Wassers am Einlaufbauwerk. Mit diesen Annahmen errechnet z.B. FECKER [26] für die westliche Welt einen durchschnittlichen Kraftwerksnutzungsgrad von 54%.

Wegen der unterschiedlichen Strukturen der Stromerzeugung kann beim Ländervergleich der Nutzungsgrad nicht einheitlich nach dem Substitutionsprinzip bewertet werden. Wie schon von FLASCHAR [7] angedeutet, treten bei der Erstellung vergleichbarer Energiebilanzen Probleme auf, wenn die Ausnutzung der Umweltenergien an Bedeutung gewinnt. Dies ist vor allem in der Grundstoffindustrie der Fall, in der die Wasserkraftnutzung eine erhebliche Rolle spielt.

Wenn Rohstoffe eines Produkts aus dem Ausland importiert werden und der Stromverbrauch für deren Aufbereitung mit den Nutzungsgraden aus den Herkunftsländern und im weiteren Produktionsverlauf mit den Nutzungsgraden Deutschlands bewertet werden, entsteht bei Verwendung dieser länder- bzw. bilanzraumspezifischen Definitionen ein Bruch in der Kontinuität der Bewertungsmethode.

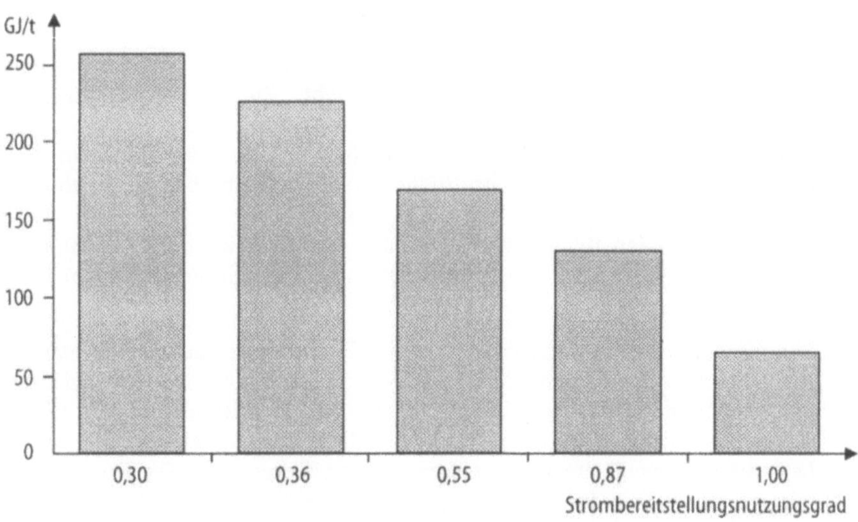

Bild 5.23. Der KEAH von Primäraluminium abhängig von verschiedenen Nutzungsgraden

Eine bilanzraumübergreifende Analyse sollte auf einem allgemeingültigen Maßstab zur primärenergetischen Gewichtung basieren, da sonst, je nach Interessenlage, für ein und dasselbe Produkt unterschiedliche Verbrauchswerte errechnet werden können. Bild 5.23 zeigt die Ergebnisse des KEA_H von Rohaluminium, wenn die gleichen Grunddaten mit den Nutzungsgraden der Stromerzeugung nach verschiedenen Quellen bewertet werden. Sie liegen in einer Bandbreite von ca. 260 bis 60 GJ/t. Da diese Werte kaum mehr eine Aussage über die produktionsbedingte Ressourcenbelastung erschöpflicher und fossiler Rohstoffe darstellen, erscheint es sinnvoll, eine einheitliche bilanzraumunabhängige Bewertungsmethode der Strombereitstellung zu definieren.

Das Substitutionsprinzip wird angesetzt, um aufzuzeigen, wie groß die äquivalente Größe an primären fossilen Rohstoffen zur Erzeugung der Energiemenge ist. In Ländern mit fast ausschließlicher Nutzung von Wasserkraft, z.B. Brasilien, Norwegen u.a., bedeutet eine Verwendung des Substitutionsprinzips, daß ein fiktiver Wert angesetzt wird, der dem thermischen Nutzungsgrad einiger weniger Kraftwerke entspricht, die nur mit einem Bruchteil zur Stromversorgung beitragen. Dadurch entsteht eine Schieflage, die das Verhältnis von Nutzen zu tatsächlichem energetischen und technischen Aufwand nicht aufzeigt.

Durch die Integration der Bereitstellungsnutzungsgrade regenerativer Energien in den durchschnittlichen Nutzungsgrad eines Bilanzraums wird zwar die Qualität der thermischen Stromwandlung nicht mehr ersichtlich, dafür wird sie aber dem tatsächlichen Aufwand an Ressourcen zur Energieerzeugung eher gerecht.

Für die kumulative Verwendung der Bereitstellungsnutzungsgrade sind auch bei thermischen Kraftwerken länderspezifische Randbedingungen zu berücksichtigen. Dies ist notwendig, da zum einen die Kraftwerkstechnik, z.B. in Entwicklungsländern, bei weitem nicht dem technischen Stand eines hochindustrialisierten Landes in Europa entspricht. Zum anderen hängt der Nutzungsgrad auch von der Umgebungstemperatur und damit von den Klimazonen der jeweiligen Länder ab. Zum Beispiel wird für China ein, beide Einflüsse umfassender, durchschnittlicher Kraftwerksnutzungsgrad von 22% angegeben.

Um eine für jeden Bilanzraum applikable und einheitliche Berechnungsbasis zu schaffen, werden für die Stromerzeugung folgende Festlegungen vorgeschlagen:

- Für die Nutzung der Wasserkraft ist die Bilanzgrenze das Einlaufbauwerk. Der Nutzungsgrad errechnet sich aus dem Verhältnis der Nettoenergieerzeugung zur potentiellen Energie des Wassers. An zwei Beispielen, dem Wasserkraftwerk Itaipu in Brasilien [27] und dem Wasserkraftwerk Kinsau am Lech, wurde jeweils ein Nutzungsgrad von 85% errechnet. Die Nutzung sonstiger regenerativer Energie hat auf die Energiebilanzen keinen nennenswerten Einfluß und wird deshalb nicht in die Bewertung einbezogen.
- Der Strom aus Kernenergie wird mit den thermischen Nutzungsgrad der Kernkraftwerke und dem Bereitstellungsnutzungsgrad für die Kernbrennstoffe saldiert. Das Bezugsniveau ist die physikalisch freigesetzte Energie.
- Für Biomasse und Müll ist das Bezugsniveau der aus der Wärmeerzeugung rückführbare Heizwert.
- Sofern Statistiken eines Landes zur Berechnung des durchschnittlichen Nutzungsgrads thermischer und fossiler Kraftwerke nicht ausreichen, wird dieser durch Hochrechnung ermittelt. Ausgehend vom Standard der Bundesrepublik, wird – abhängig vom Entwicklungsstand und von den klimatischen Randbedingungen des Landes – dem Kraftwerksnutzungsgrad in der Bundesrepublik Deutschland ein reduzierender Bewertungsfaktor zwischen 0,6 und 1 hinzugefügt.
- Der durchschnittliche Bereitstellungsnutzungsgrad ergibt sich nach Gl. (5.25) aus dem Verhältnis von erzeugter elektrischer Energie zur Summe der primärenergetisch bewerteten Anteile der Stromerzeugung.

$$g_{el} = \frac{W_{el}}{\frac{W_{el_{Brst}}}{g_{el_{Brst}}} + \frac{W_{el_{reg}}}{g_{el_{reg}}} + \frac{W_{el_{KKW}}}{g_{el_{KKW}}}} \tag{5.25}$$

Tabelle 5.10 zeigt am Beispiel Brasilien, das zu ca. 93% die Stromversorgung aus Wasserkraft deckt, die Bewertungsproblematik auf. Die Bruttonutzungsgrade für die thermische Stromerzeugung wurden, ausgehend von den bundesdeutschen Werten, mit einem Faktor 0,8 beaufschlagt. Die durchschnittlichen Nutzungsgrade wurden zum einen nach der Substitutionsmethode (mit „Substitution" bezeichnet) und zum anderen mit einem Nutzungsgrad für Wasserkraft von 85% (mit „Real" bezeichnet) gerechnet. Bei Kernenergie wird der Nutzungsgrad auf die physikalisch freigesetzte Energie bezogen. Während die Substitutionsmethode in der bundesdeutschen Statistik nur einen marginalen Einfluß von einem halben Prozentpunkt hat (Tabelle 5.11), gewinnt sie

Tabelle 5.10. Gesamtnutzungsgrad der brasilianischen Stromversorgung 1989 nach unterschiedlichen Bewertungsmethoden

Primärenergie	Anteil in %	g_{Res} in %	Substitution g_{brutto} in %	Real	Substitution g_{netto} in %	Real
Brennstoffe	6,0	94,3	30,6		28,2	
Kernenergie	0,8	92,6	27,6		26,1	
Wasserkraft	93,2	100	30,6	85,0	28,2	84,1
gesamt	100	99,6	30,6	81,3	27,6	80,3

Tabelle 5.11. Gesamtnutzungsgrad der öffentlichen Stromversorgung Deutschlands 1990 (alte Bundesländer) nach unterschiedlichen Bewertungsmethoden

Primärenergie	Anteil in %	g_{Res} in %	Substitution g_{brutto} in %	Real	Substitution g_{netto} in %	Real
Brennstoffe	57,9	94,3	38,3		35,2	
Kernenergie	37,9	92,6	38,3	34,5	36,2	32,6
Wasserkraft	4,2	100	38,3	85,0	35,2	84,1
gesamt	100	99,6	38,3	38,8	35,6	36,2

im Beispiel Brasilien an Bedeutung; der Nutzungsgrad ändert sich um den Faktor 3. Dies zeigt, wie ohne einheitliche Definition nach Gutdünken mit Energieverbrauchswerten gerechnet werden kann.

5.3.2
Methoden zur Ermittlung des Kumulierten Energieaufwands

Der KEA ökonomischer Güter umfaßt gemäß den Definitionen den gesamten energetischen Aufwand für ihre Herstellung, von der Stoffgewinnung über die Rohstoff- und Halbzeugherstellung bis zur eigentlichen Produktfertigung. Er umfaßt auch den notwendigen Energieeinsatz während der Nutzung, den für die Beseitigung bzw. Demontage und Deponie der Stoffe sowie die Wiederverwendung und Rückführung des gebrauchten Produkts bzw. seiner Stoffkomponenten in den Stoffkreislauf.

Die Bilanzgrenze für die Ermittlung des KEA eines ökonomischen Gutes erstreckt sich demnach vom Rohstoff in der Lagerstätte bis zur Endlagerung bzw. Deponierung aller Materie oder Stoffe, wobei auch die Deponierung in indeterminierter Form in Luft, Wasser und Boden zu berücksichtigen ist.

Eine umfassende Quantifizierung aller Prozesse über alle Produktgruppen würde ins uferlose führen; deshalb sind Einschränkungen, Vereinfachungen, Abschätzungen und die Festlegung von Abgrenzungskriterien notwendig. Jedoch ist die Forderung nach Minimierung der abgrenzungsbedingten Fehler zu erfüllen.

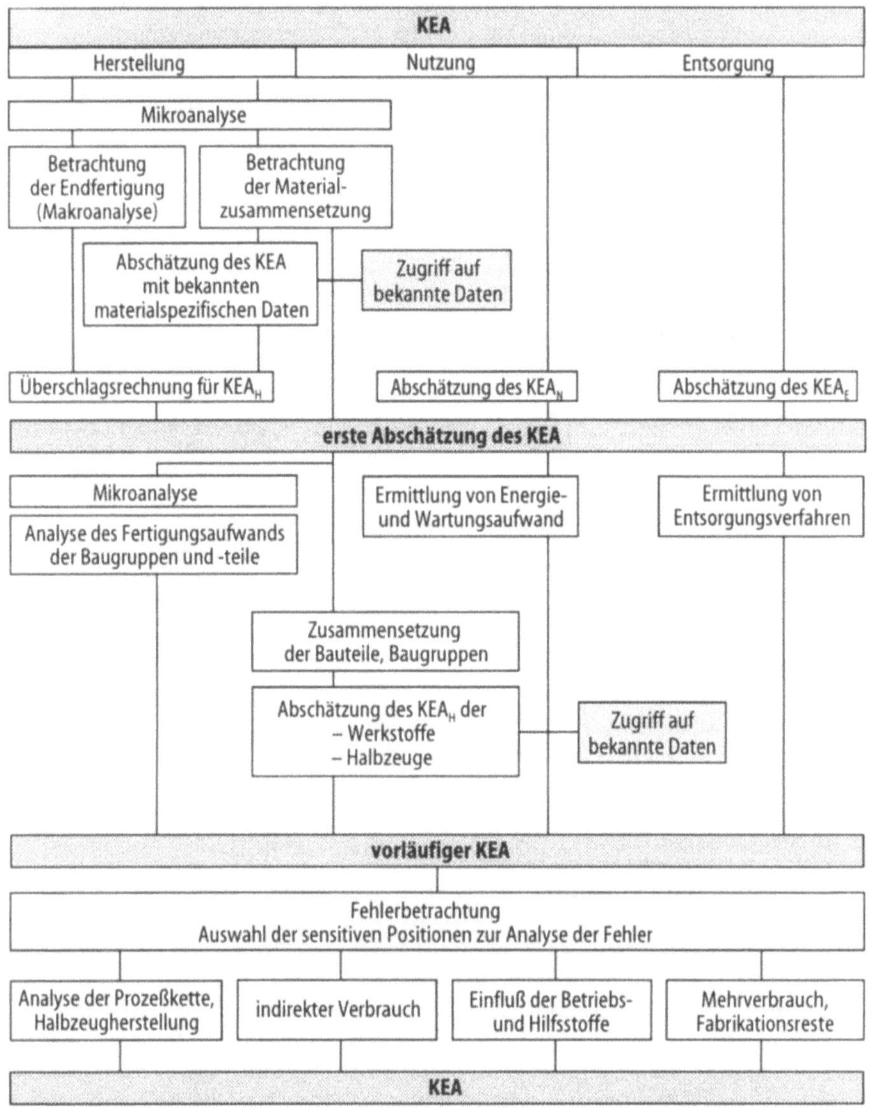

Bild 5.24. Vorgehensweise bei der Analyse des KEA

5.3.2.1
Methodik der Bilanzierung

Die methodische Vorgehensweise der Ermittlung des KEA läßt sich als sukzessive Approximation, durch intelligente Kombination von mikro- und makroanalytischen Betrachtungen, beschreiben.

- Als Makroanalyse wird die Aufbereitung und Verarbeitung von Daten verstanden, die aus Aufschreibungen von Energieverbrauchswerten höheren Aggregationsgrades, also mindestens ganzer Anlagengruppen, entstehen.
- Mikroanalysen werden solche Untersuchungen genannt, deren Untersuchungsobjekt eine Anlage oder eine Folge von bestimmten Anlagen ist und deren Datenmaterial geringe oder keine Aggregation aufweist. Hierbei wird der Produktfluß entsprechend dem Produktionsvorgang in einzelne Prozesse aufgegliedert und diese bzw. deren Maschinen und Anlagen werden untersucht. Es handelt sich also um eine Prozeßkettenanalyse.

Der Ablauf der sukzessiven Synthese des KEA ist in Bild 5.24 dargestellt.

In Schritt eins werden grundlegende Daten, wie Material- und Prozeßenergieverbrauch für die Bereitstellung eines Gutes bzw. einer Dienstleistung, grob analysiert, um dann mit verfügbarem Datenmaterial die Teilbereiche des KEA abzuschätzen. Als Vergleichsdaten für die Abschätzung des KEA_H können Anlagen und Geräte vergleichbarer Größe oder ähnlichen Aufbaus dienen. Ein genaueres Bild erhält man durch Makroanalyse der Fertigungsbetriebe und durch energetische Bewertung der Eingangsmaterialien auf Halbzeugebene. Der KEA_N ist aus Durchschnitts- bzw. Erfahrungswerten ableitbar. Problematisch ist meist die Bewertung der Entsorgung, da darüber noch kaum Daten zur Verfügung stehen. Ein Vergleich der gewonnenen Teilergebnisse liefert Hinweise für künftige Schwerpunkte der weiteren Forschungsaktivitäten.

Die Bilder 5.25a und 5.25b zeigen die Bedeutung dieses schrittweisen Vorgehens am Beispiel des KEA_H und des KEA von Entsorgungsanlagen. Beim Bau einer Deponie beträgt der KEA_H für die Baustoffe 64%, die Prozeßenergie für die Deponieerstellung errechnet sich hauptsächlich aus den Erdbewegungen und dem Transport der Baustoffe, sie beträgt ca. 36%. Im Gegensatz dazu liegt bei einer Müllverbrennungsanlage (MVA) der KEA_H der Werk- und Baustoffe

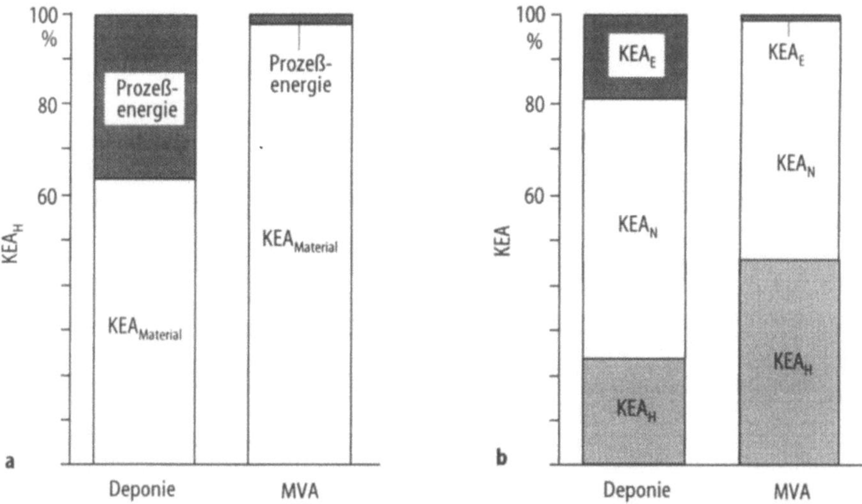

Bild 5.25. KEAH (a) und KEA (b) einer Müllverbrennungsanlage und einer Mülldeponie

bei über 99%. Der Prozeßenergieverbrauch für die Erstellung ergibt sich zu ca. 1% des gesamten energetischen Aufwands. Auch hier ist letzterer hauptsächlich vom Kraftstoffverbrauch für die Geräte und Transportfahrzeuge bestimmt.

Im ersten Fall müssen neben den benötigten Baustoffen und Halbzeugen für die Erstellung auch die Energieverbräuche für LKW und Geräte (z.B. Bagger, Raupen) detailliert untersucht werden, wogegen im zweiten Fall nur die Materialaufwendungen relevant sind. Eine Überschlagsrechnung gibt auch Auskunft über den Einfluß der einzelnen Werkstoffe auf das Gesamtbild des KEA_H. Schließt man den Nutzungs- und Entsorgungsaufwand in die Betrachtung mit ein, wie es in Bild 5.25b der Fall ist, dann wird erkennbar, daß bei beiden Anlagen der KEA_N der dominierende Faktor der Gesamtbilanz ist. Bei der Deponie macht er, bedingt durch den Mülleinbau, die Entgasung und durch die Sickerwasseraufbereitung, 59% des gesamten KEA aus; bei der MVA ist der Anteil von 54% v.a. durch die Stützfeuerung und den Kalkzusatz bestimmt. Der gesamte Herstellungsaufwand beträgt in dieser Bilanz bei der Deponie 23%, bei der MVA 46% des KEA. Deponien können nicht entsorgt werden, jedoch durch Rekultivierungsmaßnahmen dem Gesichtsfeld der Anwohner entzogen werden. Dieser Aufwand schlägt immerhin mit 18% zu Buche. Die Entsorgung der MVA beträgt weniger als 1% des Gesamtaufwands.

Mit der Erarbeitung solcher Relationen im ersten Schritt, können dann in einem zweiten Schritt durch Mikroanalyse diejenigen Bauteile und Prozesse, die den größten Einfluß auf das Gesamtergebnis ausmachen, näher untersucht werden. Dabei stellt sich jedoch die Frage nach der Genauigkeit, mit der die einzelnen Untersuchungen zum KEA durchgeführt werden sollen. Deshalb muß in einem dritten Schritt die Qualität des vorläufig ermittelten KEA geprüft werden. Durch Auswahl und Analyse sensitiver Positionen, wie z.B.

- der Halbzeuge, deren Herstellungsaufwand unbekannt ist,
- des indirekten Verbrauchs,
- des Einflusses der Betriebsmittel und Hilfsstoffe und
- des Mehrverbrauchs durch Verschnitt,

werden die Fehler eingegrenzt. Dazu ist es notwendig, mittels Prozeßkettenanalyse die eingesetzten Produkte retrospektiv bis zum ersten Schritt in der Verfahrenskette, der Rohstoffgewinnung, zurückzuverfolgen.

5.3.2.2
Prozeßkettenanalyse

Bei der Prozeßkettenanalyse werden für jedes Kettenglied Energie- und Stoffbilanzen erstellt und energetische Kennlinien bzw. Durchschnittswerte des spezifischen Energieverbrauchs ermittelt.

In Bild 5.26 ist das Schema eines „Materialstammbaums" dargestellt. Aus diesem sind die Fertigungsebenen sowie die ableitbaren Systemgrenzen ersichtlich. Bei der Analyse des Produktaufbaus ergibt sich eine Baumstruktur, die sich in entgegengesetzter Richtung des Produktionsablaufs nach jeder Stufe in weitere Äste verzweigt. Jede Aufspaltung beschreibt hierbei einen eigenen Energiebilanzraum und hat eine separate Vorgeschichte.

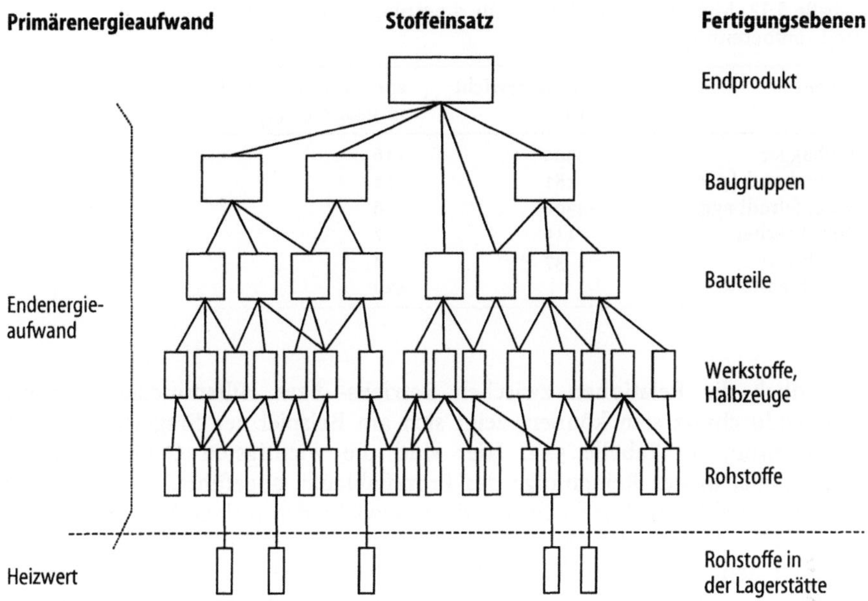

Bild 5.26. Schema eines Materialstammbaums

Vom Endprodukt ausgehend untersucht man den Energieverbrauch für jeden Teilstrom des Produktionsgangs. In jeder Produktionsebene ist Energie für die Herstellungs- und Fertigungsprozesse erforderlich, die mit dem KEA_H der eingesetzten Materialien ein vorläufiges Ergebnis für den KEA_H des gesamten Produkts ergibt. Auf diese Weise kann der KEA_H zunächst auf Baugruppen-, dann auf Bauteile- bzw. Halbzeugebene und schließlich bis zur Rohstoffebene ermittelt werden. Je tiefer man die Baumstruktur mit ihren Teilprozessen analysiert, umso genauer stellt sich das Gesamtergebnis dar. Allerdings liegen ab einer gewissen Detailtiefe weitere Ergebnisse unter den Meßfehlern der bereits ermittelten Daten, die Analyse sollte dann abgebrochen werden. Aber auch dann dürfen diese Ergebnisse nicht ohne weiteres akzeptiert werden, da sich die Summe kleiner vernachlässigbar erscheinender Anteile auf das Gesamtergebnis erheblich auswirken kann.

Für die Untersuchung der eingesetzten Hilfs- und Betriebsmittel, die ihrerseits unter Benutzung anderer Hilfsmittel erzeugt und zur Produktionsstätte transportiert werden, ist es in den meisten Fällen ausreichend, nur einen ersten Schritt zu machen. Diese Methode bietet sich vor allem dann an, wenn das Einsatzgewicht der Betriebsmittel um Größenordnungen vom Durchsatz während der gesamten Nutzungsdauer differiert, weil dann in den meisten Fällen auch der KEA_H der Betriebsmittel im Vergleich zum Prozeßenergieverbrauch eine marginale Größe darstellt. Abschätzungen mit Hilfe technischer Daten, wie z.B. dem Einsatzgewicht, dem spezifischen Verbrauch und dem Durchsatz, können die Untersuchung vereinfachen und die Aktivitäten auf die wesentlichen Merkmale einer Prozeßkette reduzieren. Wie unter-

Tabelle 5.12. Materialaufwendungen für die Anlagen bei Erzabbau
und -aufbereitung

Anlage	Einsatzgewicht in t	spez. Einsatzgewicht in $g_{Stahl}/t_{Eisenerz}$
Seilbagger	3300	116
Förderband [7 km]	181	12
Schaufelradbagger	14300	8
Rundbrecher	119	2
Prallbrecher	37	4
Verschleißteile		429

schiedlich die Relationen zwischen Betriebs- bzw. Hilfsmittelaufwand und
Massendurchsatz sein können, zeigt sich am Beispiel der Erzgewinnung und
Aufbereitung in Tabelle 5.12. Hier sind die wichtigsten Geräte und Verschleißteile, in der Reihenfolge des Prozeßablaufs, angeführt. Das spezifische
Einsatzgewicht errechnet sich aus dem Gewicht der Anlage bezogen auf den
Durchsatz während der Nutzungsdauer. Während die Seilbagger für den Erzabbau einen verhältnismäßig geringen Massendurchsatz haben und deshalb
auch einen relativ hohen spezifischen Aufwand verbuchen, ist der Schaufel-
radbagger für die Beschickung der Prallbrecher vernachlässigbar. Der Verschleiß in den Kugelmühlen und Prallbrechern ist relativ hoch. Im Vergleich
zum Prozeßenergieverbrauch beläuft sich der KEA_H der Verschleißteile immerhin auf rund 4%.

Letztendlich ist ein Abgrenzungskriterium, das die Zahl der zu betrachtenden Prozeßschritte und Stoffe auf ein sachgerechtes und operationales Maß
reduzieren soll, erst nach einer quantitativen Grobanalyse der auszuschließen-
den Phasen definierbar.

5.3.2.3
Bewertungsmethoden bei Koppelproduktion (s. a. Abschn. 5.2.2.3.1.2)

Es gibt kaum Prozesse ohne Koppelprodukte. Oftmals sind die zurechenbaren
Energieverbrauchsanteile dieser Koppelprodukte von untergeordneter Bedeutung und finden in der Bilanzierung i.d.R. keine Beachtung. Koppelprodukti-
onsprozesse machen eine Aufteilung der Energie- und Rohstoffinputs auf einzelne Produkte erforderlich, die verursachergerecht nur selten möglich ist.
Koppelproduktionen ermöglichen keine zwangsläufige Zuordnung des Energieverbrauchs auf die einzelnen Koppelprodukte, weil i.d.R. keine physikalisch
oder chemisch zwingend begründete Aufteilung des Verbrauchs für den Ge-
samtprozeß möglich ist. Deshalb muß ein (an sich willkürlicher) Zuordnungs-
schlüssel so gewählt werden, daß der Zweck der Energieverbrauchsanalyse
bestmöglichst erreicht wird. Für die methodische Applikation von Koppelfak-
toren, welche in Verbindung mit dem Massengerüst die Verknüpfungsstruktur
zwischen Eingangs- und Ausgangsgrößen darstellt, sind folgende Bedingungen zu erfüllen:

- Die Summe der Einsatzmengen ist identisch mit der Summe der Ausgangsmengen eines Bilanzraums und
- die Summe der Energieeinträge entspricht der Summe der Energieausträge.

Folgende wesentliche Methoden der Aufteilung des Energieverbrauchs auf einzelne Produkte haben sich bei der Energieanalyse als sinnvoll herausgestellt und in der Anwendung bewährt:

- Zuordnung des gesamten Energieverbrauchs zu einem oder mehreren Produkten, welche als Zielprodukte angesehen werden. Alle anderen Produkte also Reststoffe, Abfälle, Produktionsschrotte, Stäube, Schlämme und Schlacken werden energiefrei bewertet.
- Der Energieaufwand für die Entsorgung der Abfälle, die bei den einzelnen Verfahrensschritten entstehen, wird berücksichtigt. Sie werden dem Prozeß angelastet und erscheinen somit in den Energieaufwendungen der Zielprodukte.
- Aufteilung des KEA auf alle Koppelprodukte anhand geeigneter physikalischer Größen, wie z.B. Masse oder nach Massenanteilen, wobei die Produkte nach ihrem Heiz- bzw. Brennwert gewichtet werden, oder nach Gewicht, Fläche, Volumen, Stückzahl.
- Anrechnung nach der Restwertrechnung, durch Ermittlung des spezifischen Energieverbrauchs eines einzelnen Koppelproduktes unter der Voraussetzung seiner Erzeugung als einziges Produkt. Die Differenz zum tatsächlich bei Koppelproduktion vorhandenen Energieverbrauch wird nach einer der obigen Methoden auf die restlichen Koppelprodukte aufgeteilt. Zum Beispiel substituiert Hochofenschlacke, die für den Straßenbau verwendet wird, den Abbau und die Aufbereitung von Schotter und Kies. Dieser Aufwand kann dem Hochofenprozeß gutgeschrieben werden.

Da der Energieverbrauch zur Herstellung eines Koppelproduktes in Abhängigkeit vom Zuordnungsmodus sehr variieren kann, ist es unbedingt erforderlich, bei Analysen den gewählten Modus anzugeben. Es ist stets zu bedenken, daß es eine „richtige" oder eine „falsche" Methode der Zuordnung des Aufwandes bei Koppelprodukten nicht geben kann; allenfalls kann zwischen einer für den jeweiligen Fall zweckmäßigeren oder ungünstigeren Methode unterschieden werden.

Energierückgewinnung

Bei Berücksichtigung der Energierückgewinnung gibt es ähnliche Zuordnungsprobleme wie bei der Koppelproduktion. Für die entstehenden Koppelenergien gilt folgendes:

- Wenn Koppelenergien in nennenswertem Umfang bei Umwandlungsprozessen entstehen, wie z.B. Koksofengas, werden die Aufwendungen wie bei Koppelprodukten anteilmäßig angerechnet.
- Die Energieinhalte der bei den einzelnen Prozessen entstehenden Koppelprodukte werden diesen Prozessen gutgeschrieben. Dafür werden die Koppelenergien am Einsatzort mit ihrem Energieinhalt bewertet.

– Den Koppelenergien, wie z.B. Hochofen- und Konvertergas, werden jedoch keine Verluste angerechnet. Diese gehen vollständig zu Lasten der bei dem Prozeß hergestellten Zielprodukte.
– Weil diesen Koppelenergien keine Verluste angerechnet werden, muß man diese mit einem Bereitstellungsnutzungsgrad von 100% in andere Prozesse einsetzen.

5.3.2.4
Bewertungsmethoden der Stoffrückführung

Abgrenzung der Bilanzräume und energetische Bewertung
der Entsorgungsebenen

Die für die Herstellung von Produkten aufgewandte Energie sollte durch Recyclingmaßnahmen zu einem möglichst hohen Grad weiter- oder wiederzuverwenden sein. Die Energie ist in der Makromolekularstruktur von Materialien als Heizwert gespeichert; dem Halbzeug ist zusätzlich für seine Fertigung die erforderliche Prozeßenergie und dem Produkt zusätzlich die Montageenergie zugeordnet und besitzt damit ein Substitutionspotential beim Wiedereinsatz für denselben Zweck.

Dieses Substitutionspotential kann durch eine teilweise Demontage in Analogie zur Montage bei der Herstellung z.T. erhalten werden. Für das Produkt folgt, abhängig vom Grad der Demontage und der Erhaltung der Materialstruktur, der Verlust der Montageenergie im ersten Schritt, der Prozeßenergie im nächsten Schritt und letztendlich auch die Freisetzung des Heizwerts. Der energetische Wert des Recyclats ist abhängig von der Anzahl der durchlaufenen Demontageschritte. Aus der oben vorgenommenen Strukturierung wird deutlich, daß sich eine Aufgliederung der Abfallbehandlung in Ebenen anbietet, wobei die fünf Ebenen,

1. Funktionserhaltendes Recycling,
2. Strukturerhaltendes Recycling,
3. Pyrolyse,
4. Verbrennen und
5. Deponieren

dem Erhaltungsgrad der „investierten" Energie entsprechen.

Da das Rohstofflager bei allen Berechnungen der Ausgangspunkt und somit Bezugspunkt ist, bietet es sich an, alle Werte wieder darauf zu beziehen. Bei der Wiederverwendung von verbrauchtem Material beginnt die Bilanzgrenze, in Analogie zur Primärrohstoffgewinnung, beim ersten Schritt der Aufbereitung des zurückzuführenden Stoffes. Wenn der Abfall bzw. das zu entsorgende Produkt Weiterverwendungszwecken zugeführt bzw. deponiert ist, ist die Bilanzgrenze erreicht.

Am Beispiel der Massenbilanz der Entsorgung eines Lastkraftwagens werden in Bild 5.27 die Ebenen des Recyclings und die Abgrenzung beim Übergang vom alten Produkt zum neuen Sekundärprodukt beschrieben. Dabei ist von besonderem Interesse, in welchem Zustand die Komponenten den alten Bilanz-

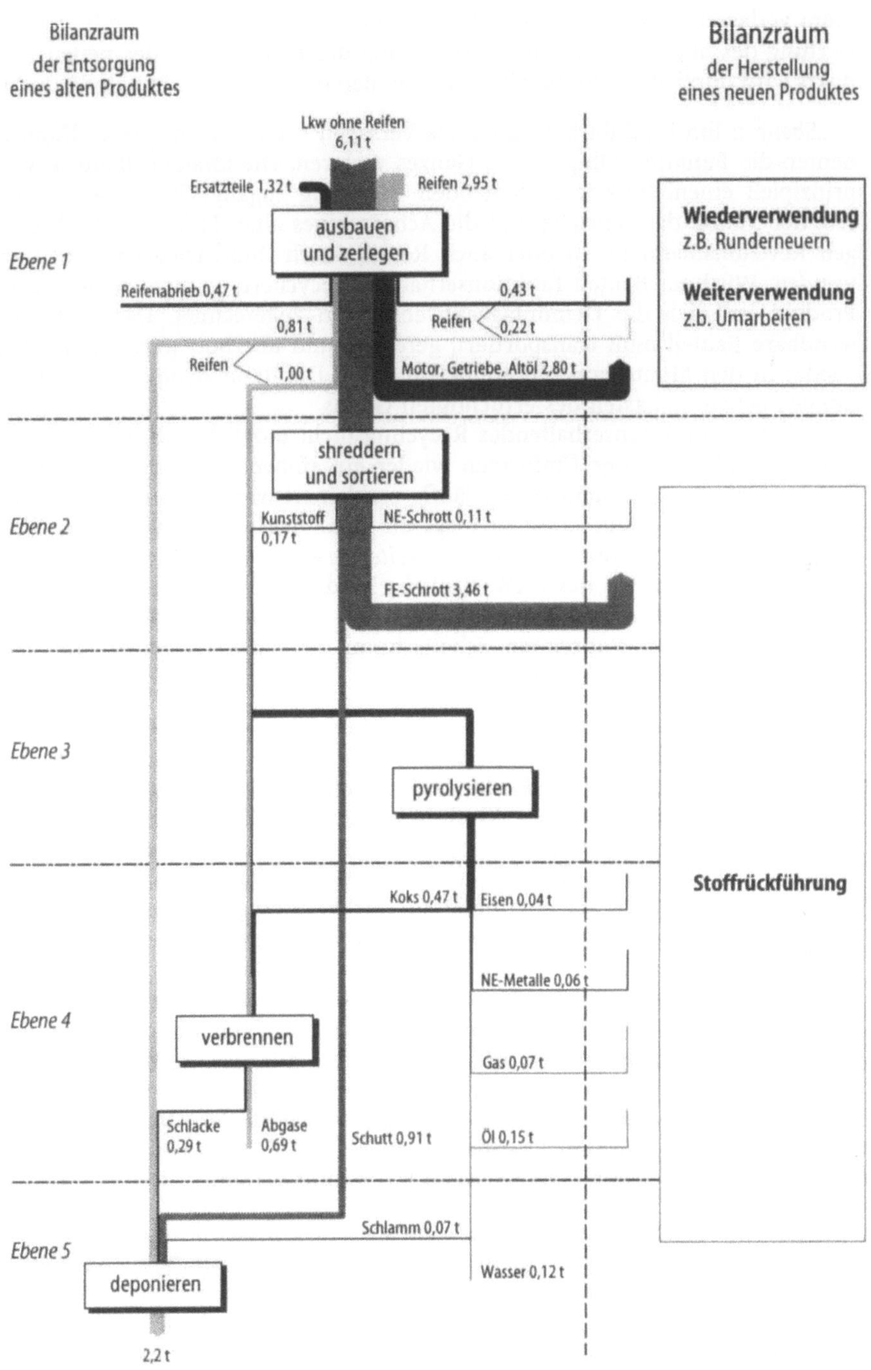

Bild 5.27. Massenbilanz und Bilanzgrenze der Entsorgung eines Lastkraftwagens

raum verlassen und in den eines neuen Produkts eintreten. Das Ende der Bewertung des alten Produkts und der Anfang der Bilanzierung des neuen Produkts wird durch die Schnittstelle zwischen den beiden Bilanzräumen definiert.

Ebene 1: Ein Produkt hat durch das Versagen einer oder mehrerer Komponenten die Funktionsfähigkeit als Ganzes verloren. Die intakten Bauteile sind prinzipiell einem funktionserhaltenden Recycling zugänglich. So lassen sich z.B. der Motor, das Getriebe und die Achsen eines alten LKW u.U. nach einigen Revisionsmaßnahmen oder auch Reifen durch Runderneuern *wiederverwenden.* Wird ein Bauteil funktionserhaltend recycliert, so werden dem alten Produkt lediglich die Demontageaufwendungen zugerechnet. Das weiterverwendbare Bauteil muß transportiert, gereinigt und überholt werden, bevor es wieder in den Montageprozeß einfließen kann. Die dafür benötigten Aufwendungen gehen zu Lasten des ertüchtigten Geräts.

Sollte ein funktionserhaltendes Recycling nicht möglich sein, so kann evtl. durch Umarbeiten oder Umformen wieder ein sinnvolles Produkt entstehen. Defekte Teile müssen nicht zwangsläufig zerkleinert werden, um in eine zweite Gebrauchsphase (auf einer niedrigeren Qualitätsebene) einzutreten. Wird z.B. ein Motor als Notstromaggregat *weiterverwendet,* geht der Ausbau des Motors noch zu Lasten des LKW. Bauliche Modifikationen, das Befestigen auf einem Betonfundament, Anflanschen an einen Generator, Verkabeln und Anschließen an einen stationären Schaltschrank usw. sind Arbeiten, die dem Notstromaggregat zuzuordnen sind.

Ebene 2: Wird ein Produkt für die *Wiederverwertung* zerkleinert, kann man daraus theoretisch eine Vielzahl von neuen Produkten herstellen. Bei Kunststoffen versucht man die Molekularstruktur möglichst unbeschadet zu lassen. Hier kann man von einem strukturerhaltenden Recycling sprechen. Das alte Produkt wird nicht nur mit der Prozeßenergie für die Zerkleinerung belastet, sondern auch mit allen Vor- und Nachbereitungsschritten, die notwendig sind, um eine ausreichende Sortenreinheit für die Wiederverwertung zu erhalten. Dies kann der Energieaufwand für die Demontage oder auch eines Magnet-, Wirbelstromabscheiders, Windsichters o.ä. sein. Das Shreddern und Sortieren von alten Fahrzeugen ermöglicht es, den größten Teil der eingesetzten Metalle wiederzugewinnen. Die dafür notwendigen Energieaufwendungen werden den alten Produkten angerechnet, die Prozeßwärme für das Einschmelzen des Schrotts wird dem neuen Bilanzraum angelastet. Auch der Transport des Altgerätes zum Shredderunternehmen ist als Aufwendung für das Altprodukt zu bewerten. Dagegen gehört der Energieverbrauch für den Transport des Shredderschrotts zur Hütte bereits zum nächsten Energiebilanzraum.

Ebene 3: Die Entgasung stellt eine thermische Zersetzung von Kohlenwasserstoffverbindungen unter Ausschluß eines Vergasungsmittels (Sauerstoff, Luft usw.) dar. Man erhält die chemischen Grundsubstanzen beispielsweise des Kunststoffes oder des Gummis von Reifen zurück und kann diese durch Cracken *weiterverwerten,* um neue Kunststoffe herzustellen. Als Beispiel für diese Methode des Recyclings sei die Pyrolyse genannt. Alle Aufwendungen, die mit dem Zerstören der stofflichen Strukturen einhergehen (z.B. die Prozeßwärme, Abgasreinigung, eventuell Zusatzstoffe zum Binden von Chloriden usw.), sind dem alten Produkt anzulasten. Die gewonnenen Produkte gehen in einen neuen Bilanzraum über. In Bild 5.27 ist die Pyrolyse mit seiner Massenbilanz als Alternative zur Verbrennung punktiert eingezeichnet.

Ebene 4: Durch die thermische *Abfallverwertung* wird der enthaltene Heizwert nutzbar gemacht. Die für die Rauchgasreinigung benötigte Energie wird dem Verbrennungsprozeß angelastet. Schlacken, die einer Wiederverwertung zugeführt werden können, brauchen nicht mehr deponiert zu werden und verlassen den Energiebilanzraum. Der Energieaufwand zur Magnetabscheidung des Müllverbrennungsschrotts geht zu Lasten des alten Bilanzraumes; der Abtransport und die Aufbereitung des Schrotts wird dem neuen Produkt angerechnet.

Ebene 5: Bei der Deponierung sind die energetischen Aufwendungen alleine dem zu entsorgenden Produkt anzurechnen, wobei diese auch bei Koppelprodukten entsprechend zugeordnet werden müssen. Deponieerstellung und Deponiehaltung, wie Sickerwasseraufbereitung und Deponiegasnutzung, werden in der Bilanz berücksichtigt. Folgelasten und Schäden durch Deponien müssen, soweit sie ursächlich zuweisbar und quantifizierbar sind, bewertet werden.

Energetische Bewertung beim Verlassen des Bilanzraums

Ein besonderes Problem bei der Entsorgung ist die energetische Bewertung des Übergangs eines Recyclats von einem Bilanzraum in den nächsten. Wie bei der Koppelproduktion können dafür grundsätzlich konträre Wege beschritten werden, die im wesentlichen von der Betrachtungsweise abhängen:

- Weil durch die Weiterverwendung eines Bauteils, das ggf. bewußt recyclingfreundlich konstruiert wurde, der KEA$_H$ erhalten bleibt und im neuen Bilanzraum dieser Aufwand substituiert wird, kann sein Herstellungsaufwand dem alten Produkt gutgeschrieben werden und damit dessen KEA verringern.
- Da ohne Wiederverwendung von Abfällen, im Zuge des Deponierens, die enthaltenen Produktionsenergien bzw. Heizwerte in der Deponie verloren gegangen wären, liegt es nahe, dem Sekundärprodukt nur den Aufwand für die Aufbereitung zu einem neuen Produkt anzurechnen. Der bis zu dieser in Bild 5.27 definierten Schnittstelle zwischen Alt- und Neuprodukt angefallene Fertigungsaufwand entfällt. Die Einsparungen werden dem neuen Produkt angerechnet und verringern damit den KEA dieses Folgeprodukts. Die Bilanz beginnt entsprechend den oben beschriebenen Ebenen mit dem ersten Schritt der Stoffrückführung. Die verwendeten (Sekundär-)Rohstoffe werden energiefrei bewertet. Für alle Recyclingprodukte würde nur der Aufbereitungsaufwand und die weiteren Verarbeitungsschritte kumuliert. Das alte Produkt hätte alle energetischen Belastungen zu tragen.

Nach den bisherigen Definitionen ist keine der beiden Methoden für sich allein die richtige.

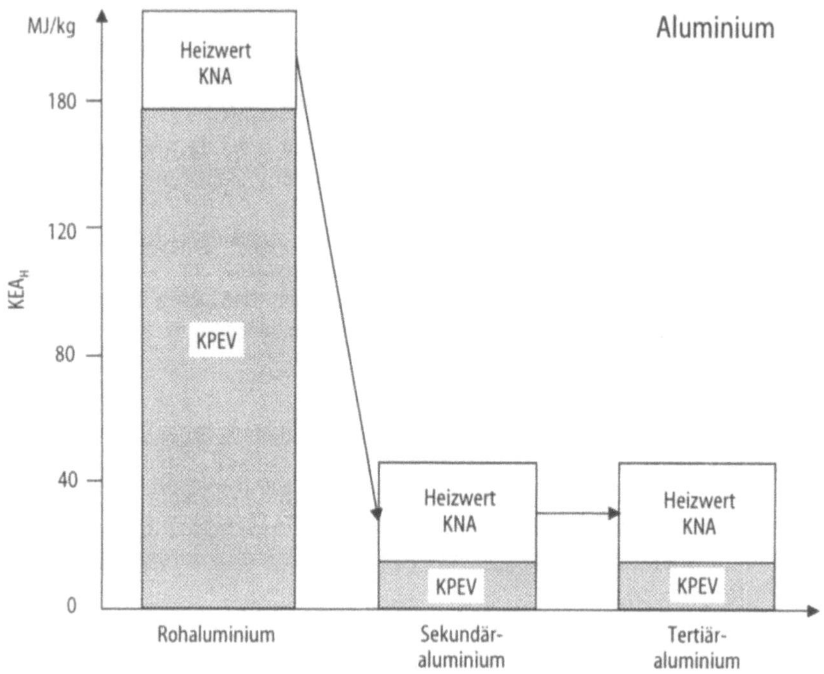

Bild 5.28. Bewertung des Heizwerts am Beispiel der Aluminiumherstellung

Der Bilanzraum des Recyclats ist analog der Primärrohstoffgewinnung jeweils neu zu bemessen und die Prozeßkette entsprechend aufzustellen, um
beim ersten Schritt, der Aufbereitung des zurückzuführenden Stoffes, zu beginnen. Analog den Rohstoffen in ihrer Lagerstätte wird der Sekundärrohstoff
energiefrei bewertet. Der KNA aus der Vorgeschichte, soweit er nicht energetisch umgesetzt wurde bzw. in Koppelprodukte einging, spiegelt sich im Heizwert wieder. Dieser bietet sich als definierbare Größe beim Übergang von einem Bilanzraum in einen anderen an.

Wie in den Definitionen erläutert ist der KNA eines Eingangsprodukts in
die Kumulierung einzubeziehen. Wenn man den Energiebilanzraum, wie es in
den Definitionen der Fall ist, als quellenfrei definiert, dann ist sowohl eine
Prozeßkette, als auch die Verknüpfung von Prozeßketten, z.B. durch Recyclingmaßnahmen, quellenfrei. Wird der Heizwert eines Sekundärrohstoffs in
einer neuen Prozeßkette als Eingangsgröße bewertet, so muß er vorher den
alten Bilanzraum als Energiegutschrift verlassen. Dadurch verringert sich der
KEA des Primärprodukts um den Heizwert.

In Bild 5.28 wird beispielhaft der KEA des Rohaluminiums dargestellt. Bei
der Stoffrückführung wird der KEA um den Heizwert des Aluminiums verringert, da dieses als Sekundäraluminium weiterverwendet wird.

Dem Sekundäraluminium wird demzufolge neben den kumulierten Prozeß-
energieverbräuchen (KPEV) auch der Heizwert des Aluminiums angerechnet.

Wird das Sekundärprodukt wieder recycliert, so wird wiederum der KNA als Heizwert an das „Tertiärprodukt" weitergegeben. Wird das Produkt deponiert, bleiben alle Aufwendungen diesem Produkt angelastet.

5.4
Gegenüberstellung der Methodik Ganzheitliche Bilanzierung – Kumulierter Energieverbrauch (KEV)

EYERER, P., Stuttgart

Dieser Abschnitt soll kurz die Übereinstimmungen bzw. Unterschiede der beiden Bilanzierungsmethoden gegenüberstellen und die Vor- und Nachteile aufzeigen.

Die methodische Vorgehensweise zur Abgrenzung benötigter Angaben und die Erstellung der Randbedingungen für das zu bilanzierende Produkt bzw. System ist vergleichbar (s. Abschn. 5.2.2.2 bzw. 5.3.1.1.2). Weiterhin werden bei beiden Methoden Stoffbilanzen betrachtet, welche Ausgangspunkt für die Endbilanzen sind.

Ein wesentlicher Nachteil des KEV gegenüber der Ganzheitlichen Bilanzierung ist sicherlich, daß keinerlei Korrelation zwischen der Energie und den Umweltbelastungsfaktoren (Emissionen, Ressourcen) besteht (Ausnahme könnte bei einigen Produkten CO_2 sein). Beim Einsatz von Ressourcen wird beim kumulierten Energieverbrauch keine Differenzierung vorgenommen, es

Tabelle 5.13. Gegenüberstellung der Methodik

Teilschritte	Methode	
	Ganzheitliche Bilanzierung	KEV
Produkt-Herstellung	+	+
Nutzung	+	+
Recycling/Entsorgung	+	+
Transport	+	+
Betriebsstoffe	+	+
Betriebsmittel (Maschinen etc.)		
– Herstellung	–	+
– Entsorgung	–	+
Stofffluß-Bilanzen	+	+
Allokation	+	+
Energiebereitstellung	+	+
Energie-Mix	+	+
Energieinhalte der fossilen Energieträger (H_u)	+	+
Emissionen in:		
– Luft	+	–
– Wasser	+	–
– Boden	+	–

wird nach dem Substitutionsprinzip vorgegangen. Daraus können sich falsche Schlußfolgerungen ergeben. Zum Beispiel wird der Strom aus Wasser- und Kernkraft mit einem durchschnittlichen thermischen Nutzungsgrad der fossil befeuerten Kraftwerke bewertet.

Der Vorteil ist eine schnellere und wesentlich unkompliziertere Erstellung einer Bilanz.

Die Ganzheitliche Bilanzierung ist bei weitem aufwendiger, da bei allen, im Bilanzraum liegenden Prozessen, die emittierten Schadstoffe (Luft, Wasser, Boden) mitbetrachtet werden. Zuzüglich sind zu den bei der Stromerzeugung entstehenden Emissionen die prozeßspezifisch emittierten Schadstoffe berücksichtigt. Mit den dadurch erhaltenen Umweltfaktoren besteht die Möglichkeit einer Wirkungsabschätzung (s. Abschn. 7.1) und einer Bewertung (wirtschaftlich, technisch, umweltlich).

Ein weiterer Vorteil der Ganzheitlichen Bilanzierung ist, daß ein Umweltprofil des Produktes bzw. Systems entsteht und nicht wie beim kumulierten Energieaufwand eine Stoff- und Energiebilanz.

In Tabelle 5.13 ist eine direkte Gegenüberstellung der betrachteten Teile innerhalb der Methodik dargestellt.

6 Software zur Ganzheitlichen Bilanzierung

Florin, H.; Pfleiderer, I.; Volz, Th., Stuttgart

Ganzheitliche Bilanzierungen werden als Synthese technischer, wirtschaftlicher und umweltlicher Teilbilanzen verstanden. Der stark interdisziplinäre Charakter der Ganzheitlichen Bilanzierung erfordert eine Fülle von Wissen über Daten, Methoden und Randbedingungen unterschiedlicher Herkunft. Die Integration und Verwaltung der entstehenden großen Datenmengen legt den Einsatz der elektronischen Datenverarbeitung nahe [19]. Der Nutzen der Computerunterstützung ist vor allem bei der Datenerfassung, der Berechnung ganzheitlicher Bilanzierungen wie auch bei der Analyse und Aufbereitung der Resultate zu finden.

So hat sich mit der zunehmenden Verbreitung der Ganzheitlichen Bilanzierung als Instrument zur strategischen Entscheidungsfindung ein Bedarf nach Software zur Ganzheitlichen Bilanzierung ausgebildet. Inzwischen wurde international eine ganze Reihe von Computeranwendungen speziell zur Betrachtung von Produktlebenswegen und zur Ganzheitlichen Bilanzierung entwickelt.

Der vorliegende Beitrag soll einen Eindruck über diese Aktivitäten vermitteln. Er stellt die Möglichkeiten und Grenzen solcher Systeme dar und erläutert, auf welchen Modellvorstellungen sie basieren.

Am Beispiel des Systems ‚GaBi' wird die Umsetzung der Modelle in einem Softwaresystem praxisnah dargestellt.

6.1
Zielsetzung beim Einsatz von Software

Beim Einsatz von Elektronischer Datenverarbeitung (EDV) entsteht der maximale Nutzen, wenn die Arbeitsteilung zwischen Mensch und Maschine sinnvoll abgestimmt ist. Deshalb muß geklärt werden, wo die geeigneten Einsatzgebiete der EDV liegen.

Computer werden im allgemeinen zur Lösung von *Aufgaben* eingesetzt. Eine Aufgabe unterscheidet sich von einem *Problem* dadurch, daß sie algorithmisch gelöst werden kann. Die Grenze zwischen beiden Begriffen ist fließend und individuell verschieden, denn sie hängt vom persönlichen Wissen über mögliche Lösungswege ab. Menschen haben gegenüber Computern unter anderem den Vorzug der Kreativität, die sie zur Problemlösung befähigt.

Soll der Computer also zur Lösung eines Problems eingesetzt werden, so muß, wie in Bild 6.1 dargestellt, die reale Fragestellung zunächst in eine formale Aufgabenstellung abgebildet werden. Diese Aufgabe wird nach einem entsprechenden Algorithmus gelöst und das gewonnene Ergebnis ausgegeben.

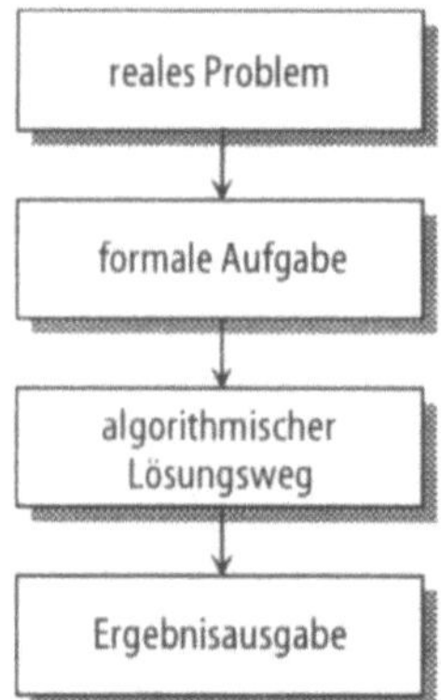

Bild 6.1. Lösungsweg – schematisch

Abhängig von der realen Problemstellung liegt die Schwierigkeit und der Aufwand entweder mehr in der Formulierung der Aufgabenstellung oder in ihrer Lösung.

In vielen technischen Anwendungsbereichen ist die Formalisierung der Problemstellung, z.B. in Form einer Differentialgleichung, vergleichsweise einfach, die Ermittlung der Lösung ist jedoch oft langwierig und kompliziert. Das Ergebnis besteht häufig aus wenigen Werten, die unter Umständen ohne graphische Aufbereitung als Steuergröße an ein Gerät ausgegeben werden. Im Gegensatz zu derartigen Anwendungsfällen überwiegt bei der Ganzheitlichen Bilanzierung der Aufwand zur Formalisierung der Aufgabenstellung und zur Aufbereitung der Ergebnisse bei weitem die Komplexität der Berechnungen.

Ausgehend vom realen Problem, der Frage nach dem Nutzen oder Schaden, den ein Produkt oder eine Dienstleistung insgesamt mit sich bringt, muß bei der Abbildung in eine formale Aufgabenstellung das örtliche, zeitliche und funktionale Szenario exakt festgelegt werden. Ebenso muß das methodische Vorgehen einschließlich aller Parameter, wie z.B. der Auslastungsgrade oder der Recyclingraten, vorgegeben werden.

Der Lösungsalgorithmus besteht in der Regel aus dem einfachen Aufsummieren aller über die Bilanzgrenzen ein- und austretenden Ströme sowie eventuell notwendiger Verteilalgorithmen für Koppelprodukte oder Recyclingströme. Eine maschinelle Weiterverarbeitung der Ergebnisse wird zur Zeit noch nicht vorgenommen; damit obliegt die Auswertung wiederum dem Menschen. Die Software soll ihn dabei durch eine transparente Darstellungsform unterstützen und ihm effizienten Zugriff auf die ergebnisbestimmenden Daten bieten.

Bild 6.2 zeigt, welche Teilaufgaben ein Softwaresystem übernehmen kann, und welche nur durch den Menschen selbst bearbeitet werden können. Das Interesse an der Beantwortung der realen Fragestellung, genauso wie die Interpretation des Ergebnisses in Form eines Erkenntnisgewinns und dessen Umsetzung in Handlungen, liegt beim Menschen. Die Software kann durch eine komfortable Benutzerführung hierbei erhebliche Hilfeleistungen bieten, indem sie die menschlichen Überlegungen mit geeignet aufbereitetem Datenmaterial unterstützt.

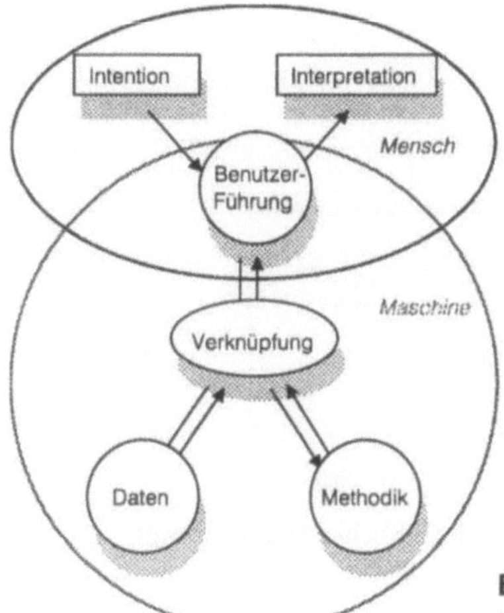

Bild 6.2. Aufgabenverteilung zwischen Mensch und Maschine

Softwaresysteme zur Ganzheitlichen Bilanzierung haben also den Charakter von Informationssystemen. Sie dienen nicht dazu, bekannte Lösungsalgorithmen abzuarbeiten und das Ergebnis auszugeben, wie beispielsweise Programme zur Prozeßautomatisierung. Eine derartige Vorstellung vom Wesen einer Bilanzierung bestand allenfalls in den Anfangsjahren. Damals wurde die Ansicht vertreten, es sei lediglich eine Frage weniger Jahre, bis die Methodik entwickelt sei, nach der bei einer Ganzheitlichen Bilanzierung zusammen mit den exakten Daten das Ergebnis berechnet werden könne. Inzwischen wurde die anfängliche Vermutung, daß die Ergebnisse zwar eine gewisse Bandbreite aufweisen, aber dennoch durch eine relativ weit gefaßte Beschreibung des betrachteten Produkts bestimmt seien, offensichtlich zerschlagen. Es zeigt sich immer deutlicher, daß gerade Details, z.B. verschiedene Transport- und Energieerzeugungsverhältnisse oder Unterschiede in der Nutzung, häufig gravierende Auswirkungen auf das Ergebnis haben.

6.2
Entwicklungsgeschichte

Betrachten wir die Entwicklung des Rechnereinsatzes für die Ganzheitliche Bilanzierung von der Anfangszeit (ca. 1985) bis heute und wagen wir auch noch eine Prognose in die nähere und fernere Zukunft, so ergibt das folgendes Bild.

Bei der Ganzheitlichen Bilanzierung berühren sich eine ganze Reihe wissenschaftlicher Disziplinen wie Verfahrenstechnik, Maschinenbau, Ökologie, Biologie, Toxikologie, Ökonomie, Soziologie bis hin zur Philosophie - um nur einige zu nennen. In allen diesen Bereichen werden Daten erhoben und Methoden und Werkzeuge entwickelt, mit dem Ziel, eine übergreifende Sichtweise zu erlangen. Mittelfristig liegt darin ein großes Potential, das durch den

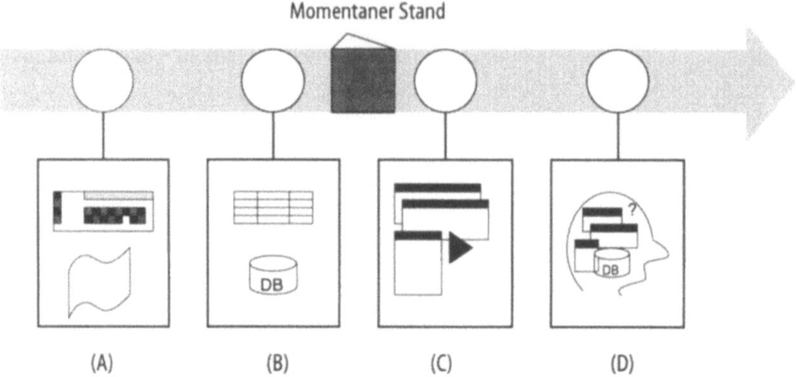

Bild 6.3. Entwicklungsgeschichte der Software zur Ganzheitlichen Bilanzierung/ Ökobilanzierung (Prognose)

Aufbau und die Intensivierung eines interdisziplinären Informationsaustausches ausgeschöpft werden sollte. Das setzt jedoch eine einheitliche oder zumindest eindeutige Bezeichnungsweise der ausgetauschten Information voraus.

Der überwiegende Teil der derzeit unter dem Begriff der Ganzheitlichen Bilanzierungen oder Produktlebensweg-Analysen im weiteren Sinne ausgeführten Arbeiten [4] läuft unter ingenieurwissenschaftlicher Flagge. Sie verfolgen einen pragmatischen Ansatz, der sich an den industriellen Anforderungen und an den derzeitigen Möglichkeiten der Datenbeschaffung orientiert. In diesem Ansatz wird versucht, Erkenntnisse aus angrenzenden Fachgebieten zu integrieren.

Mit dieser Art der Bilanzierung hat sich inzwischen aus einem Teilthema der Verfahrenstechnik ein eigenständiger Forschungs- bzw. Dienstleistungszweig entwickelt, der ständig wächst. Parallel dazu haben sich auch die Schwerpunkte und die Intensität des Softwareeinsatzes im Laufe der Zeit verlagert, wie Bild 6.3 zeigt.

In der Anfangszeit der Ökobilanzen/Ganzheitlichen Bilanzierungen (A) waren die Hilfsmittel Taschenrechner und Papier. Die Beschränkung auf diese rudimentären Werkzeuge war zu diesem Zeitpunkt nur zum Teil durch mangelnde Verfügbarkeit technischer Möglichkeiten bedingt, hauptsächlich jedoch dadurch, daß die Problemstellung so komplex und unstrukturiert war, daß sie zunächst ohnehin auf kleine Einzelprobleme heruntergebrochen werden mußte, die gut von Hand gelöst werden konnten. Solche Einzelfallbetrachtungen stellen z.B. Energie- oder Emissionsbilanzen einzelner Anlagenteile oder Anlagen dar, wie sie im Rahmen von Genehmigungsverfahren durchgeführt wurden. Das notwendige Faktenwissen, zusätzlich zu dem hohen Maß an verfahrenstechnischem Grundverständnis, wurde vom Experten speziell für den Anwendungsfall erhoben und ausschließlich dafür verwendet.

Die auf den speziellen Einzelfall zugeschnittene Vorgehensweise war nicht eingebettet in eine einheitliche Methodik und somit für andere Studien nicht zugänglich.

Im Laufe der Zeit wuchs die Popularität derartiger Studien. Damit nahm auch die Palette an Produkten und Verfahren, über die Daten erhoben wurden, zu. Es ergaben sich thematische Überschneidungen in diesen Daten. Ihre Wiederverwendung war nur mit Hilfe elektronischer Speicherung und Verwaltung möglich.

Dazu wurden elektronische Datenbanken und Tabellenkalkulationsprogramme genutzt; die charakteristischen Hilfsmittel der zweiten Stufe (B). Der Vorgang der Bilanzierung wurde dadurch zur Routine. Der Experte mußte nicht mehr das gesamte Fachwissen parat haben, sondern er konnte sich in Datenfragen auf das System stützen. Diese Art der Arbeitsteilung stellt jedoch höhere Anforderungen an die Daten und ihre Deklaration. Es sind methodische Vereinheitlichungen notwendig, um die korrekte Verwendung der Daten zu gewährleisten.

Die Verbindung zwischen den Daten und den Funktionen der Tabellenkalkulation, die in (B) noch durch den Menschen aufgebaut wurde, wird bei (C) in weiten Bereichen vom System übernommen. Mittelfristig geht die Entwicklung dahin, den Menschen noch mehr von Routinearbeiten zu entlasten. Dazu gehört auch das Bereitstellen von Fachwissen oder die Durchführung einfacher Rechenoperationen. Bei solchen Systemen benötigt der Benutzer weniger Wissen über die verfahrenstechnischen Zusammenhänge, aber mehr Verständnis für die entscheidenden Randbedingungen und die Interpretation der Ergebnisse. Dies kann nur erreicht werden, wenn die im System verwendeten Modelle ebenfalls standardisiert sind. Zur Vergrößerung des Datenumfangs und um Doppelarbeit zu vermeiden, werden Austauschmöglichkeiten der Systeme untereinander und mit Datenbanken anderer angrenzender Disziplinen entwickelt und vernetzt, was wiederum ein einheitliches Format voraussetzt. Mit solchen Systemen können prinzipiell automatische Berechnungen bis hin zu Simulationen und Sensitivitätsanalysen durchgeführt werden. Um derart komplexe Aufgaben und Lösungen zwischen Mensch und Maschine austauschen zu können, sind ergonomisch hochentwickelte Benutzeroberflächen zur Eingabe und Darstellung nötig. Wie Bild 6.3 zeigt wurde die Entwicklung von (B) nach (C) teilweise schon beschritten, zum augenblicklichen Zeitpunkt liegt die Initiative aber noch eindeutig auf der Seite des Benutzers. Automatische Analysen sind bisher noch mit keinem der verfügbaren Systeme ([5] und [6]) möglich.

Als Fernziel oder Vision (D) sind Systeme denkbar, die über einen Großteil der jemals erhobenen Daten und Methoden verfügen und davon ausgehend selbständig Problemstellungen formulieren und bearbeiten können. Dennoch muß die Eingabe der Daten und Methoden durch den Menschen erfolgen. Auch das Kernproblem der Bewertung von Bilanzen ist und bleibt ein Problem, das Menschen - vermutlich sogar individuell - lösen müssen. Bisherige und zukünftige Softwaresysteme können hier nur unterstützend wirken, indem sie simulieren, wie sich verschiedene Bewertungsansätze in der Praxis auswirken.

6.2.1
Ansätze und Zielrichtungen

Derzeit existieren etwa 20 Systeme zur Unterstützung bei LCA oder verwandten Themen. Schwerpunkte liegen im Bereich Datenbank für Sachbilanzen, betrieblicher Umweltschutz, Bewertung von Sachbilanzen.

Alle Systeme wurden auf PC-Basis entwickelt. Die grundlegenden Datentypen sind Prozesse, in Anlehnung an verfahrenstechnische Prozesse und Massen- oder Energieströme.

Die Systeme unterscheiden sich wesentlich in der Gestaltung der Oberfläche, in der Komplexität ihrer Funktionen und in Umfang und Qualität ihrer Daten.

Zur Modellierung und Verknüpfung der Daten werden neben objektorientierten Ansätzen auch Modelle der Problemlösung aus anderen Bereichen angewandt, z.B. lineare Gleichungssysteme (EMPA, ILV) oder Petrinetze (UMBERTO).

Inzwischen gibt es einige Übersichtswerke (z.B. USIS Handbuch der Umweltsoftware, Fallstudien Hohenheim, ÖBU Ökobilanzführer), die regelmäßig aktualisiert werden, in denen Aufbau und Leistungsumfang von Softwaresystemen im Umfeld der Lebensweganalyse gegenübergestellt sind. Deshalb wird an dieser Stelle auf eine detaillierte und umfassende Darstellung des Marktes verzichtet.

Aus der Fülle der denkbaren Fragestellungen und Zielsetzungen der einzelnen Systeme kristallisieren sich drei wesentliche Zielsetzungen heraus:

-   die Schulung und Einführung in die Theorie der Lebenswegbetrachtung,
-   die Unterstützung bei der Erstellung von Produkt-Lebensweganalysen und betrieblichen Umweltbilanzen,
-   die methodische Weiterentwicklung der Lebensweganalyse.

6.2.1.1
Schulungssysteme

Ein wichtiger Anwendungsbereich, der vor allem in Skandinavien bearbeitet wird, ist die Ausbildung ganz unterschiedlicher Personenkreise auf dem Gebiet des produktbezogenen Umweltschutzes mit Hilfe von Softwaresystemen. Im Vordergrund steht dabei nicht die Verfügbarkeit exakter und aktueller Daten, sondern vielmehr die funktionalen Möglichkeiten der Programme. Absicht ist, die prinzipielle Wirkungsweise menschlicher Handlungen aufzuzeigen und den Systembenutzern so eine ganzheitliche Sichtweise ihrer technischen und natürlichen Umwelt nahezubringen. Die in den Systemen enthaltenen Daten haben hierbei in erster Linie Beispielcharakter. Solche Systeme sind mit vereinfachten Inhalten ebenso für Schulkinder gedacht, wie auch für technische Mitarbeiter industrieller Unternehmen, bis hin zur Ebene der Entscheidungsträger.

Schulungssysteme gehen ihrer Natur entsprechend von bekannten Methoden und Daten aus und sind nicht darauf ausgerichtet, im Rahmen ihrer Benutzung wesentlich erweitert zu werden. Vertreter dieses Typs sind z.B. [17, 18].

6.2.1.2
Ingenieursysteme

Die Mehrzahl der momentan verfügbaren Systeme dient der Unterstützung von Benutzern aus Wissenschaft und industrieller Forschung, die über ein Grundwissen an produktionstechnischen Zusammenhängen verfügen und mit den Grundlagen des Computerumgangs vertraut sind. Die Stärke dieser Systeme liegt in der Verwaltung großer Datenmengen und in deren Aufbereitung und Darstellung. Sie umfassen eine Datenbank, in der von Hause aus ein Grunddatenbestand enthalten ist, der während der Benutzung erweitert werden kann.

Da die Güte der Ergebnisse in erster Linie von der genauen Festlegung der Fragestellung abhängt, die durch den Benutzer formuliert werden muß, sollte der Benutzer außerdem mit den Methoden, die bei der Ganzheitlichen Bilanzierung bzw. der Produktlebensweg-Analyse zur Anwendung kommen, vertraut sein.

6.2.1.3
Simulations- und Analyseinstrumente

Weltweite Aktivitäten führen zu unterschiedlichen methodischen Ansätzen, zu deren Beurteilung durch Simulationen und Sensitivitätsanalysen Softwareunterstützung notwendig wird. Die im Augenblick verfügbaren Systeme sind hierzu jedoch nur ansatzweise in der Lage. Zukünftige Systeme für diesen Zweck müssen nicht nur während der Benutzung erarbeitete Daten aufnehmen können, sondern auch die Erzeugung und Anwendung neuer Methoden zulassen. Dann sind sie eine große Hilfestellung in der weltweit geführten Methodendiskussion.

6.3
Spezifischer Systemaufbau

Trotz der unterschiedlichen Ansätze, die die zur Zeit erhältlichen Bilanzierungssysteme verfolgen, lassen sich viele Gemeinsamkeiten im Aufbau der verschiedenen Systeme erkennen. Alle Systeme verfügen über eine Datenbank, eine Berechnungseinheit und eine mehr oder weniger komfortable Benutzerschnittstelle (siehe Bild 6.4). Durch die Entwicklungen der Computerbranche bedingt, wurde der große Nutzen ergonomisch und funktionell gestalteter Benutzerschnittstellen gemeinhin anerkannt. Dementsprechend lassen neueste Versionen der Bilanzierungssysteme eine diesbezügliche Orientierung erkennen, die sich oft in graphischen Benutzeroberflächen und vielen nützlichen Werkzeugen zur Modellierung, Berechnung und Ergebnisaufbereitung niederschlägt.

Oft lassen sich die in Bild 6.4 dargestellten Komponenten nicht streng voneinander trennen, die steigenden Anforderungen an die Systeme legen jedoch einen modularen Entwurf nahe, der für den Anwender den großen Vorteil der besseren Überschaubarkeit bietet. Nachfolgend werden die Anforderungen an die einzelnen Komponenten dargestellt.

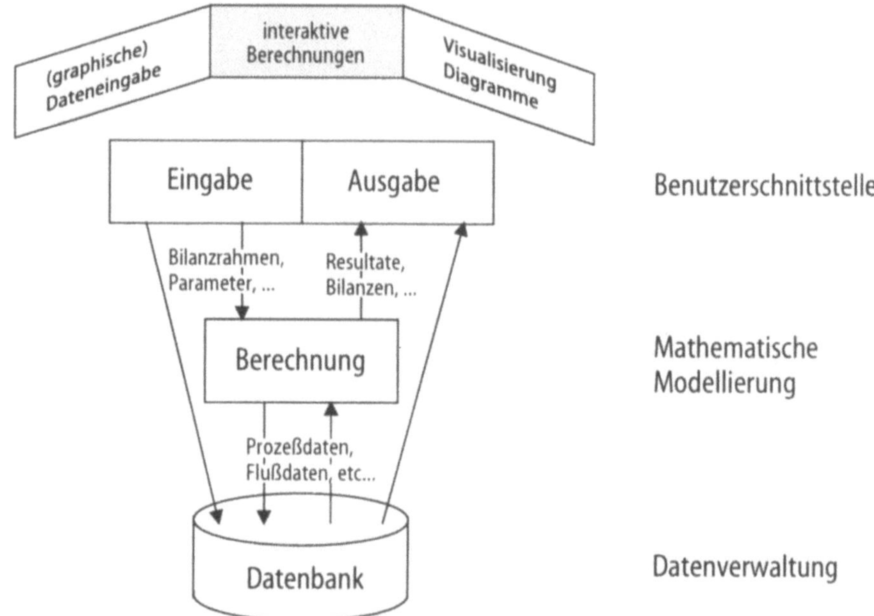

Bild 6.4. Komponenten von Ganzheitlichen Bilanzierungssystemen

Ein wesentlicher Bestandteil aller Systeme ist die Datenbank. Oft wird eine relationale Datenbank zur Verwaltung der enormen Datenmengen verwendet, dabei beinhalten viele Systeme schon eine große Anzahl von Prozeß- und Flußdaten, die mit den jeweiligen Systemen erworben werden. Diese Daten können meist um benutzereigene Daten ergänzt werden, da eine sich permanent ändernde technische Umwelt derart offene Systeme erfordert. Damit ergibt sich die Notwendigkeit, die Daten gut zu dokumentieren. Denn ohne Zusatzinformationen, wie z.B. Zeit und Ort der Datenerhebung, müßte ein erheblicher Verlust der Aussagekraft Ganzheitlicher Bilanzierungen in Kauf genommen werden.

Ein weiterer originärer Bestandteil von Bilanzierungssystemen ist die Komponente zur Berechnung der Resultate. Hier werden Prozeßdaten unterschiedlichen Detaillierungsgrades subsumiert und ergeben so zunächst einmal Stoff- oder Energiebilanzen für einzelne Produktlebensphasen. Darauf aufbauend berechnen einige Systeme Wirkbilanzen und bewertete Bilanzen.

Prinzipiell können die Ein- und Ausgabeschnittstellen der Bilanzierungssysteme unter Wahrung der Funktionalität über einfache Textdateien realisiert werden. Effizientere Systeme besitzen jedoch komfortable Benutzerschnittstellen, die zu jedem der einzelnen Arbeitsgänge unterschiedlich umfangreiche Unterstützung anbieten.

Spezielle Masken erleichtern die Datenerfassung und ermöglichen eine übersichtliche Anzeige der Prozeßdaten. Erklärende Zusatztexte erleichtern den Umgang mit den jeweiligen Datenmodellen. Einige der Systeme besitzen sogar graphische Editoren zum Entwurf von Prozeßketten oder Prozeßnetzen. Die damit erzeugten Prozeßpläne erhöhen die Transparenz der Ergebnisse in Bezug auf ihr Zustandekommen erheblich. Auch Szenarien und Bewertungsmodelle können bei einigen Systemen mittels spezieller Werkzeuge entwickelt werden.

Bilanzen unterschiedlicher Arten können zumeist interaktiv berechnet werden. Um Schwachstellenanalysen zu ermöglichen, werden dabei oft benutzerdefinierte Detaillierungsgrade berücksichtigt, die eine Rückverfolgung der Bilanzierungsergebnisse erlauben und so Aufschluß über das Zustandekommen der Resultate geben.

Mit der zunehmenden Verbreitung von Personal Computern wurde die rein textuelle Präsentation der Ergebniszahlen von der Visualisierung der Resultate in Diagrammen abgelöst, die eine verbesserte Übersicht bieten. Einige der Programmpakete zur Lebensweganalyse beinhalten selbst Funktionen zur Erzeugung von Diagrammen, andere besitzen Datenschnittstellen zu entsprechenden Grafikprogrammen.

Zusätzlich zu den beschriebenen Modulen besitzen manche Systeme nützliche Werkzeuge für die Aggregation, für statistische Auswertungen, für Plausibilitätsprüfungen und für weitere häufig benötigte Funktionen. Je nach Zielgruppe und nach Verwendungszweck als Präsentationsinstrument oder zur Erstellung von Ganzheitlichen Bilanzen, bieten die Systeme noch zusätzliche Features im Front- oder Backend an.

An dieser Stelle seien nur einige Systeme erwähnt, die speziell für die Erstellung von Produktlebensweg-Analysen konzipiert sind und einen hohen Grad an Benutzerfreundlichkeit und Funktionalität aufweisen. Dies sind die MS-Windows-Anwendungen Cumpan, EcoPro, GaBi, LCA-Tool und Umberto sowie die MS-DOS-Programme SimaPro und PIA. Bei diesen Systemen ist die Datenverwaltung im Programm selbst integriert und wird nicht von einem externen Tabellenkalkulationssystem übernommen. Im Sinne von Bild 6.3 ist das eine Weiterentwicklung. In der praktischen Anwendung zeigt sich oft, daß gerade an der Schnittstelle zwischen verschiedenen Programmen besonders häufig Fehler auftreten, zum einen technisch bedingt, indem die Austauschformate der Programme nicht in allen Versionen vollständig kompatibel sind, zum andern inhaltlich in Form von Fehlinterpretationen der importierten Daten.

6.3.1
Modellbildung

Um eine Ganzheitliche Bilanz eines Produkts zu erstellen, müssen zuerst sämtliche Lebensphasen des Produkts, von der Erzeugung bis zum Recycling oder der Entsorgung, modelliert werden. Dafür stellen Softwaresysteme grundlegende Datentypen zur Verfügung, die mittels spezieller Masken oder sogar eigens dafür entwickelter Editoren mit Werten gefüllt werden können.

6.3.1.1
Grundlegende Datentypen

Alle zur Zeit erhältlichen Softwaresysteme unterscheiden grundsätzlich zwei Kategorien von Daten. Zum einen Prozesse (auch Baustein, Modul, Modell oder Einheit genannt), zum andern fließende Mengen, die von den Prozessen erzeugt oder verbraucht werden.

In Anlehnung an reale industrielle Prozesse werden auch andere Vorgänge, die durch ein Übertragungsverhalten zwischen ein- und austretenden Mengen beschrieben werden können (z.B. Transporte oder Dienstleistungen), als Prozesse bezeichnet.

Diese durchgängige Grobstruktur wird von den verschiedenen Systemen in unterschiedlicher Weise verfeinert, indem bspw. fest vorgegebene Untertypen von Prozessen (Rohstoffgewinnung, Energieerzeugung, Transport u.v.m.) definiert werden. Dasselbe gilt für strömende Mengen, die in verschiedenen Systemen auch als Flüsse bezeichnet werden. Die Anzahl der möglichen Untertypen von Flüssen ist unterschiedlich. Manche Systeme beschränken sich auf Energie- und Massenströme, andere erlauben darüber hinaus die Eingabe von Mengen anderer Art, z.B. Arbeitskraft oder Flächenverbrauch.

Zusätzlich zu Prozessen und Flüssen lassen sich in einigen Systemen auch Kennwerte und verschiedene methodische Modelle verwalten.

6.3.1.2
Prozesse

Ganzheitliche Bilanzierungen dienen als Planungshilfe zur Optimierung von Produktkreisläufen. Dazu müssen sie alle Auswirkungen, die mit dem Lebensweg eines Produktes impliziert sind, erfassen und verursachungsgerecht zwischen dem Gegenstand der Untersuchung und ebenfalls entstehenden weiteren Produkten oder Nutzwerten aufteilen. Bei der Modularisierung dieser Zusammenhänge in einzelne Prozeßmodule bestehen große Freiheitsgrade in der Zuordnung, sowohl von Produkten zu Prozessen, als auch von Prozessen zu Anlagen.

Einige Systeme verfügen über standortspezifische Daten, so daß ein Prozeßbaustein im System direkt mit einer real existierenden Anlage assoziiert werden kann, andere enthalten vorwiegend fiktive Prozesse, die durch Mittelwertbildung aus mehreren Anlagen zur Herstellung desselben Produkts berechnet wurden. Die meisten der Systeme gehen im Abstraktionsgrad ihres Prozeßmodells sogar noch einen Schritt weiter, indem sie Verteilungsregeln, z.B. bei der Koppelproduktion oder beim Recycling, schon in die Definition ihrer Prozesse mit einbeziehen. Dadurch entstehen fiktive Prozesse, die stöchiometrisch nicht mehr nachvollziehbar sind, und deren Aussehen stark von der verwendeten Methodik abhängt. Systeme mit diesem Prozeßmodell erlauben lediglich den Aufbau einer linearen Prozeßkette und nicht den von Prozeßnetzen zur Modellierung von realen Prozeßabläufen sowie von Rückkopplungen, weil die entsprechenden „Nebenflüsse" schon bei der Modellierung der Prozesse gekappt worden sind (SimaPro, Cumpan). Zum Teil können solche Verteiloperationen in systeminternen Dialogen durchgeführt werden (GaBi), in den meisten Systemen muß der Benutzer jedoch die Verteilung außerhalb des Systems vornehmen.

6.3.1.3
Flüsse

Unter Flüssen und Strömen werden Mengen verstanden, die sowohl in ihrer Quantität als auch in ihrer Qualität bestimmt sind. In einigen Modellen ist dieser Begriff auf Massen- und Energieströme begrenzt, wobei die Massenströme noch in Rohstoffe und Emissionen unterteilt sind und jede der drei Arten sehr unterschiedlich gehandhabt wird. In anderen Modellen wird der Begriff des Flusses/Stroms weiter gefaßt. Es wird von einer Modellgröße Fluß ausgegangen, die entweder die Ausprägung Masse oder Energie besitzt, grundsätzlich aber auch andersartige Medien repräsentieren kann.

In jedem Fall repräsentieren Flüsse die Sachbilanz, die erste von drei Stufen der Ökobilanz. Darauf bauen die weiteren Stufen Wirkbilanz und Bilanzbewertung auf.

6.3.1.4
Bewertung

Sofern Systeme über Module zur Bewertung verfügen (Cumpan, GaBi, SimaPro, EcoPro), verwalten sie auch Beziehungen zwischen Flüssen und ihren mengenabhängigen Auswirkungen, den Kennwerten. Speziell bei der Ganzheitlichen Bilanzierung beschreiben diese Kennwerte neben ökologischen Aussagen wie im Falle von Treibhaus-, Versauerungs-, Ozonzerstörungspotential auch legislative Grenzwerte oder marktwirtschaftliche Kennwerte wie MIK oder MAK, erzielbare Marktpreise oder Steuern. Aus diesen Kennwerten können anhand von Wirkungsanalysen komplexe Wirkfaktoren ermittelt werden, oder sie können direkt gewichtet zu einem Bewertungsschlüssel zusammengefaßt werden. Einige Systeme bieten an, solche individuellen Bewertungsschlüssel zu verwenden oder bestehende Bewertungsverfahren auszuwählen und auf eine Sachbilanz anzuwenden.

6.3.1.5
Szenarien

Der Begriff Szenario wird in den verschiedenen Systemen in unterschiedlichen Bedeutungen gebraucht. In jedem Falle dient er aber dazu, wesentliche Informationen zum Umfeld einer bilanzierten Alternative zu beschreiben. Darunter fällt die Frage der Standorte sowie der betrachteten Zeitspannen, für die Bilanzierung selbst und für den zugrundegelegten Stand der Technik. Ein weiterer Bestandteil ist die festgelegte funktionale Einheit.

6.3.1.6
Bilanz

Unter Bilanz wird seit jeher die Gegenüberstellung von Einnahmen und Ausgaben einer Unternehmung verstanden. Mit dem Ziel, durch geschickte Zusammenfassung ähnlicher Vorgänge (z.B. alle auf einem Konto eingehende Beträge) die Zahl der einzelnen Posten zu reduzieren und damit eine größere Übersicht zu erreichen. Die Möglichkeit, alle auftretenden Posten zu einem Wert zu aggregieren, was bei Kapitalbilanzen aufgrund der einheitlichen, oder zumindest umrechenbaren, monetären Einheit leicht durchzuführen ist, besteht auf der Ebene der Sachbilanzen in der Regel nicht. Hier ergibt sich die Notwendigkeit, z.B. Materialien unterschiedlicher chemischer Zusammensetzung oder Energien und Stoffe miteinander zu verrechnen.

Aber auch neben dieser LCA-typischen Schwierigkeit zeigt sich schon bei der Beschäftigung mit Kapitalbilanzen, daß die Detailtiefe bzw. die Anzahl der ausgewiesenen Posten keineswegs eindeutig bestimmt werden kann. Sie hängt entscheidend von der zugrundeliegenden Fragestellung ab.

Oft werden bei der Betrachtung des Ergebnisses verschiedene Fragestellungen iterativ durchlaufen. Während zunächst nur das Gesamtergebnis in Form weniger Zahlen interessiert, richtet sich das Interesse anschließend auf das Zustandekommen der darin enthaltenen Aussage.

Eine aussagekräftige Bilanz zeichnet sich demnach dadurch aus, daß Zwischenergebnisse auf entscheidenden Aggregationsebenen zur Verfügung stehen.

Bei Kapitalbilanzen wurde die Art der Zusammenfassung und Aufbereitung von Einzelposten sowie die Ebenen, in denen Zwischenergebnisse ausgewiesen werden, seit vielen Jahrzehnten von Experten entwickelt und in Lehrbüchern und Gesetzen verankert. Für Lebenswegbilanzen gibt es hingegen z.Zt. noch keine etablierten Richtlinien für die Aggregation. Dies rührt auf ökologischem Gebiet vor allem von der unzureichenden naturwissenschaftlichen Durchdringung der ökologischen Zusammenhänge her, die es ermöglichen würde, Stoffe ähnlicher Umweltschädigung zusammenzufassen und zu einem allgemein anerkannten Summenwert zu addieren.

Deshalb wird bei der LCA-Betrachtung strikt auf die Trennung zwischen Sachbilanz, Wirkbilanz und Bilanzbewertung geachtet, um an jeder dieser Schnittstellen die Möglichkeit zur Variation von weiteren Aggregationsschlüsseln zu bieten.

6.3.1.7
Möglichkeiten und Grenzen der Modelle

Die Möglichkeiten und Grenzen, die sich aus den verwendeten Modellen ergeben, müssen auf den einzelnen Anwendungsfall bezogen bewertet werden. Modelle mit stark abstrahierten Prozessen erfordern weniger anlagenspezifische Kenntnisse des Benutzers, sie sind aber auch weniger universell und damit schlecht weiterverwendbar

Die meisten der momentan am Markt befindlichen Softwaresysteme verfügen über Möglichkeiten zur Erstellung von Sachbilanzen und sind in erster

Linie dafür konzipiert. Zur Analyse oder Weiterentwicklung von Wirkbilanzen eignet sich momentan noch keines der am Markt befindlichen Systeme, einzelne verfügen jedoch über Literaturdaten, mit denen eine Wirkbilanz aus einer Sachbilanz abgeleitet werden kann. Außerdem bieten einige Systeme die Möglichkeit, Bilanzbewertungen nach vorgegebenen Bewertungsverfahren durchzuführen. Zum Teil können sogar eigene Bewertungsschlüssel eingegeben werden.

6.4
Aufbau der Systems GaBi

Das GaBi-System wurde in seiner ersten Version vor vier Jahren unter Beteiligung der europäischen Großindustrie im Rahmen eines praxisnahen Grundlagenprojekts zur Methodik der Ganzheitlichen Bilanzierung konzipiert (siehe [1]). Hauptziel war die Unterstützung bei der *Erstellung* und *Präsentation* Ganzheitlicher Bilanzierungen.

Unter Berücksichtigung der Erweiterbarkeit des Systems und der Einhaltung der referentiellen Integrität, wurde für die Datenmodellierung ein objektorientierter Ansatz gewählt, in dem jede für die Bilanzierung relevante Größe eine Objektklasse darstellt. Ähnlichkeiten der Klassen wurden über eine gemeinsame Stammklasse realisiert, die eine Vereinheitlichung der Zugriffsmethoden erlaubt.

Jedes GaBi-Objekt besitzt Daten und sogenannte Methoden, die den Datenzugriff ermöglichen. Zwischen verschiedenen Objekten können hierarchische Zusammenhänge bestehen. Ein Objekt kann andere beinhalten oder auf

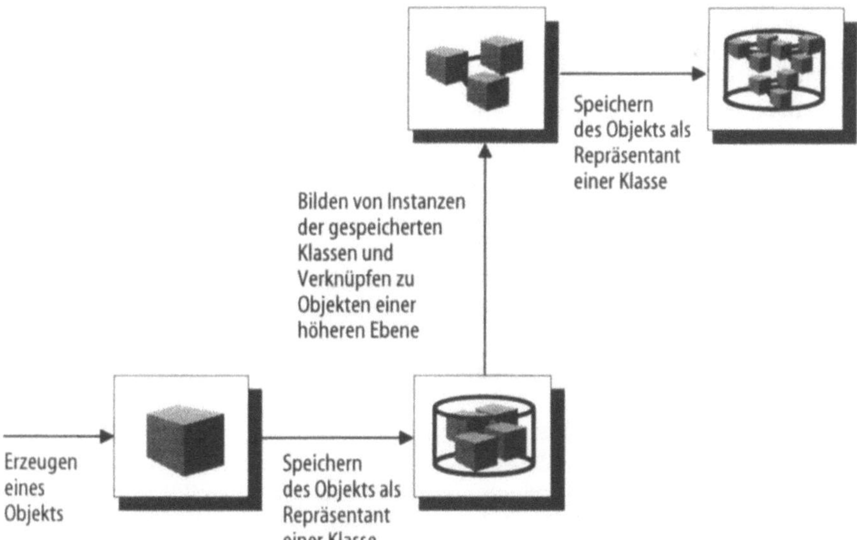

Bild 6.5. Objekthierarchie des GaBi-Systems

sie verweisen, d.h. Informationen, die im System über das andere Objekt vorliegen, zu seiner eigenen Beschreibung verwenden.

Das Prinzip der Erzeugung von Objekten gestaltet sich im GaBi-System wie in Bild 6.5 dargestellt. Zu Beginn werden einfache Objekte erzeugt und als Repräsentant der jeweiligen Klasse in der Datenbank gespeichert. Anschließend werden Instanzen der gespeicherten Klassen gebildet und zu Objekten einer höheren Ebene verknüpft, die wiederum als Repräsentant einer Klasse in der Datenbank gespeichert werden.

Eine derartige Vorgehensweise begünstigt modulares Denken und hat deshalb den Vorteil klar strukturierte Systeme hervorzubringen. Neben der damit verbundenen Transparenz können Datenobjekte auf diese Weise mehrfach verwendet werden, was den Aufwand zur Datenerfassung stark reduziert.

6.4.1
Die Gliederung des Datenmodells

Das Gebiet der Ganzheitlichen Bilanzierung ist interdisziplinär angelegt und erfordert einen immensen Datenumfang zur Erzielung adäquater Ergebnisse. Die notwendigen Fakten fallen aber in die Zuständigkeitsbereiche ganz unterschiedlicher Personen. Deshalb ist die Gesamtheit der Einflußgrößen hierarchisch in Themenblöcke gegliedert (siehe Bild 6.6), die getrennt voneinander von den jeweiligen Experten bearbeitet werden. Innerhalb eines Zweiges in der Hierarchie wird das Wissen immer detaillierter.

Die Teilgebiete, die sich aus ergonomischen Gründen über Leitfarben voneinander unterscheiden, sind:

- Verfahrenstechnische Modellierung (1)
- Methodische Einflußgrößen (2)
- Szenarien (3)
- Bewertungsvorgaben (4)
- Ergebnispräsentation (5)
- Allgemeine Werkzeuge zur Datenverwaltung (6)

Entsprechend dem Modulkonzept sind alle Bereiche zunächst voneinander unabhängig und können von unterschiedlichen Experten zu unterschiedlichen Zeitpunkten bearbeitet werden. Erst bei der Berechnung einer Bilanz werden verschiedene Module automatisch integriert. Bild 6.6 zeigt das Übersichtsbild des GaBi-Systems, von dem die einzelnen Module erreicht werden können.

6.4.2
Verfahrenstechnische Modellierung

Im Rahmen der verfahrenstechnischen Modellierung wird das Prozeßnetz aufgebaut, das als Modell für den betrachteten Lebenszyklus dient. Es findet also eine Festlegung der Randbedingungen statt. Die Objektklassen für diesen Teilbereich der Modellierung sind *Fluß*, *Prozeß* und *Plan*. In diesen Objekten wird festgelegt, welche Arten von Mengenflüssen berücksichtigt werden. Flüsse, die in vielen Bilanzen keine Berücksichtigung finden, deren Betrach-

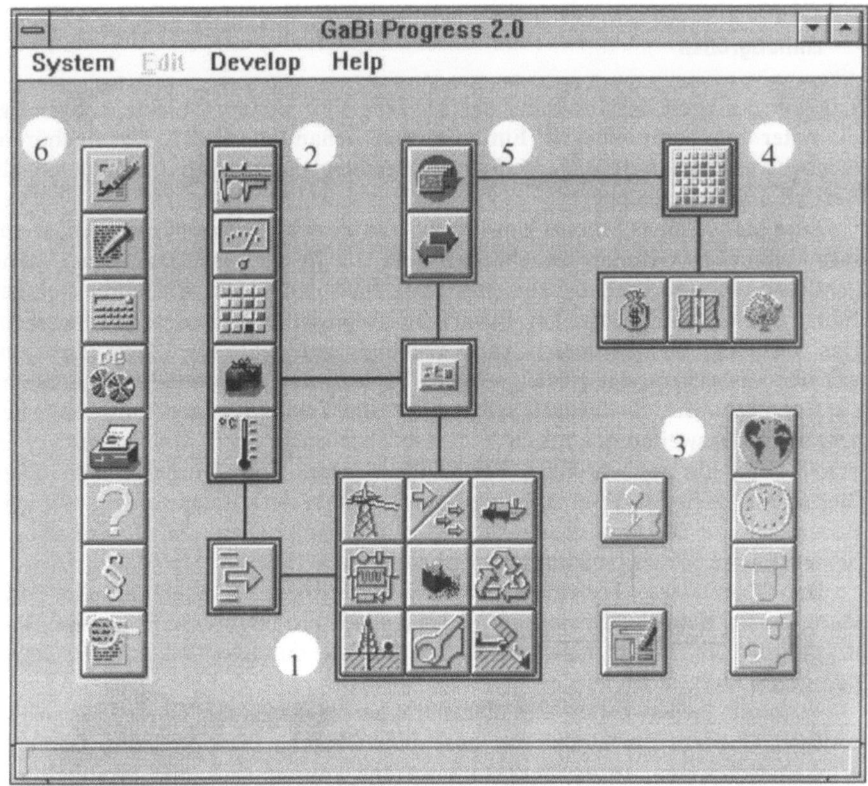

Bild 6.6. Übersichtsbild des GaBi-Systems

tung aber sinnvoll sein kann sind z.B. Lärm, Flächenverbrauch, Arbeitszeit. Ebenfalls differenziert zu betrachten ist die Frage nach der Detailtiefe, in der die Prozeßketten abgebildet werden. So ist es vom Einzelfall abhängig, ob bspw. innerbetriebliche Transporte einzubeziehen sind. Die Erzeugung der Datengrundlage in diesem Bereich erfordert Ingenieurwissen über Input-Output Verhältnisse einzelner Prozesse sowie über die Struktur der Verfahrensabläufe im gesamten Lebenszyklus. Um die Übersichtlichkeit innerhalb der Prozesse zu erhöhen, existiert auch bei den Prozessen eine hierarchische Typisierung für unterschiedliche Anwendungen. Dies sind die Prozeßtypen:

Transport, Energieerzeugung, Mischer/Verteiler, Industrieanlage, Nutzung, Recycling, Rohstoffgewinnung, Entsorgung. Im unteren Teil von Bild 6.6 sind die Sinnbilder, die diese verschiedenen Prozeßtypen repräsentieren (Bereich 1).

6.4.3
Einflußgrößen

Zur vollständigen Beschreibung des Modells sind weitere Objekte notwendig, die unter dem Sammelbegriff Einflußgrößen behandelt werden. Dazu gehören: *Maßeinheit, Zustandsgröße, Verbund, Verteilung, Eigenschaft* (in Bild 6.6 als Bereich 2 gekennzeichnet).

Eine Menge eines Flusses kann bspw. nur sinnvoll betrachtet werden, wenn ihre Maßeinheit definiert ist. Um den Benutzer in der Festlegung neuer Mengenflüsse nicht zu beschränken, wurde deshalb das Objekt Maßeinheit eingeführt, das es ermöglicht, bei Bedarf beliebige neue Einheiten zu erzeugen. Das Verhalten von Prozessen kann abhängig sein von sog. *Zustandsgrößen* wie der Auslastung, der zurückgelegten Distanz, der herrschenden Außentemperatur u.v.a., die den Prozeß selbst oder den Zustand seiner Umgebung beschreiben. Desweiteren können Prozesse aber auch durch die *Eigenschaften* von Stoffen, die sie umsetzen beeinflußt werden. Zum Durchmischen eines Stoffes mit geringer Viskosität benötigt ein Rührwerk entsprechend weniger Energie als bei höher viskosen Stoffen. Auch der Umfang der Objekte dieser beiden Klassen kann beliebig erweitert werden.

Die Objektklasse *Verteilung* beschreibt die Regelung, nach der die Belastungen von Koppelprozessen auf die einzelnen Produkte verteilt werden. Damit können im System neue Ansätze entwickelt, durchgespielt und bestehenden gegenübergestellt werden.

Verbunde stellen neben der hierarchischen Struktur der Objektklassen ein weiteres Gliederungselement dar, mit dem Objekte, die bestimmte Gemeinsamkeiten besitzen, zusammengefaßt werden können (z.B. alle bromhaltigen Verbindungen).

6.4.4
Szenarien

Ein Szenario beschreibt das Bilanzumfeld. Dazu gehören: Das betrachtete *Bauteil,* das *Nutzungssystem,* in dem dieses Bauteil im betrachtete Lebenszyklus genutzt wird (z.B. das Bauteil Kotflügel, das im Nutzungssystem Auto eingesetzt wird), *Zeiträume* und *Standorte* zur Beschreibung von Prozessen (in Bild 6.6 Bereich 3).

6.4.5
Bewertungsvorgaben

Zur Bewertung von Sachbilanzen müssen *Kenngrößen* vorliegen, anhand derer die in der Bilanz auftretenden Flüsse mengenbezogen beurteilt werden können. Diese Kenngrößen können technischer, wirtschaftlicher oder umweltlicher Natur sein. Eine Kenngröße (z.B. Treibhauspotential) kann beliebig vielen Flüssen zugewiesen werden. Wie stark die Auswirkung einzelner Kenngrößen auf das Gesamtergebnis der Bewertung ist, wird über sog. *Bewertungsschlüssel* definiert, in denen eine Gewichtung beliebig vieler Kenngrößen festgelegt wird. Zur Bewertung (in Bild 6.6 Bereich 4) werden die in der Sachbilanz ermittelten Mengen jeden Flusses für jeden der Kennwerte sowohl mit dem Wert, den der Fluß bezüglich dieses Kennwerts hat, als auch mit der Gewichtung, die diesem Kennwert innerhalb des Bewertungsschlüssels zukommt, multipliziert. Diese Produkte, die so für die einzelnen Flüsse ermittelt wurden, werden anschließend zum Gesamtergebnis summiert.

6.4.6
Ergebnispräsentation

Ein ganz wesentliches Modul eines Programms zur Unterstützung bei der Ganzheitlichen Bilanzierung ist zweifelsohne die Berechnung, Verwaltung und Darstellung der Ergebnisse, die in GaBi entweder als Objekt der Klasse *Rohbilanz* oder *Bewertete Bilanz* vorliegen (Bereich 5 in Bild 6.6).

Eine Rohbilanz stellt eine Momentaufnahme des Prozeßnetzes, das durch einen Plan festgelegt ist, dar. Durch die Einführung der Objektklasse Rohbilanz lassen sich diese Momentaufnahmen nach Bedarf speichern und dokumentieren. Damit können unterschiedliche Rohbilanz-Objekte auch zu einem späteren Zeitpunkt gegenübergestellt und analysiert werden.

Die Bewertung von Bilanzen ist nur im Rahmen eines Vergleichs sinnvoll. Objekte der Klasse *Bewertete Bilanz* werden in GaBi deshalb aus mehreren Rohbilanzen und einem Bewertungsschlüssel erzeugt.

6.4.7
Allgemeine Werkzeuge zur Datenverwaltung

Die Objektklassen *Bild*, *Text* und *Quelle* dienen zur Dokumentation von Objekten jeglicher Art. Jedes Objekt in GaBi kann Verweise auf beliebig viele Bilder und Texte besitzen. Damit können die Daten auf vielfältige Weise dokumentiert werden. Diese zusätzlichen Informationen können sowohl in systeminternen Bild- und Texteditoren erstellt werden, als auch in verschiedenen externen Windowsprogrammen. Die Objekte der Klasse Quelle repräsentieren Datenquellen, auf die jedes Objekt verweisen kann. Quellenobjekte werden ihrerseits durch Bilder und Texte erläutert. Eine kontextsensitive *Hilfefunktion* enthält sowohl Informationen zur Methodik als auch zur Handhabung des Systems. Für die Nutzung einer Installation des Programms von mehreren Personen können entsprechende *Zugriffsrechte* mit Paßwortschutz vereinbart werden.

6.5
Vorgehensweise bei der softwaregestützten Ganzheitlichen Bilanzierung

Anhand eines Praxisbeispiels wird in diesem Kapitel dargestellt, worin der Nutzen des Softwareeinsatzes bei der Ganzheitlichen Bilanzierung besteht. Dazu werden die wesentlichen Schritte bei der Bilanzierung anhand ausgewählter Eingabemasken erläutert, damit nachvollziehbar wird, wie die Daten im System erzeugt und verwendet werden. Desweiteren werden Möglichkeiten für die Darstellung, Interpretation und Präsentation der Ergebnisse aufgezeigt.

6.5.1
Untersuchung zweier Windelsysteme [Lit.]

Bevor mit der Arbeit im System begonnen werden kann, muß sich der Benutzer über seine Zieldefinition im klaren sein. Für unser Beispiel haben wir den Vergleich zweier Windelsysteme ausgewählt.

Die Modellierung des Lebenswegs ist eng an die Umsetzung von [17][1] in GaBi angelehnt. Diese Datengrundlage wurde speziell dazu entwickelt, die Funktionsweise unterschiedlicher Softwaresysteme zu erproben und die Systeme anhand eines gemeinsamen Beispiels gegenüberstellen zu können.

Zur Veranschaulichung von Einzelaspekten (Transport, Energieerzeugung) in der betrachteten Prozeßkette sowie für die Betrachtung der Bewertung wurden andere Quellen herangezogen.

Die funktionale Einheit ist der gesamte Aufwand für das Trockenlegen eines Säuglings. Dazu wurde der durchschnittliche Zeitraum zugrundegelegt, in dem ein Kind gewickelt wird. Eine Alternative stellt die Verwendung von Einwegwindeln dar, die nach Gebrauch mit dem Hausmüll verbrannt werden. Die zweite Alternative ist die Benutzung von Baumwollwindeln, die nach dem Gebrauch von einem Windelservice abgeholt, gereinigt und wieder gebracht werden.

Die vorliegende Darstellung dient nicht dazu, ein bestimmtes Ergebnis zu propagieren, sondern zielt einzig darauf ab, die Bedienung des Systems in den entscheidenden Phasen der Bilanzerstellung zu erläutern. Deshalb wurde, wo es nicht zum Verständnis der Programmfunktionen notwendig ist, auf die Erläuterung einzelner Daten verzichtet.

6.5.2
Erarbeitung der verfahrenstechnischen Daten

Ausgehend von der Zieldefinition kann begonnen werden, die Grenzen des Bilanzraums in Form von Prozeßnetzen festzulegen. Dabei wird Schritt für Schritt überprüft, welche Daten aus dem bestehenden Datenbestand übernommen werden können und worüber zusätzliche Daten eingegeben werden müssen. In dieser Phase zeigt sich, wie wichtig eine durchgängige und präzise Dokumentation der im System enthaltenen Daten anhand von erläuternden Bildern und Texten ist.

In unserem Beispiel benötigen wir den Fluß für die Stromerzeugung. Deshalb müssen wir den Fluß Erdgas in der Datenbank bereitstellen.

---

[1] In [17] ist dem Autor unserer Meinung nach ein hervorragendes didaktisches Werk gelungen, in dem die Problemfelder bei der Erstellung und Interpretation von Ökobilanzen kurz, prägnant und allgemeinverständlich dargestellt sind.

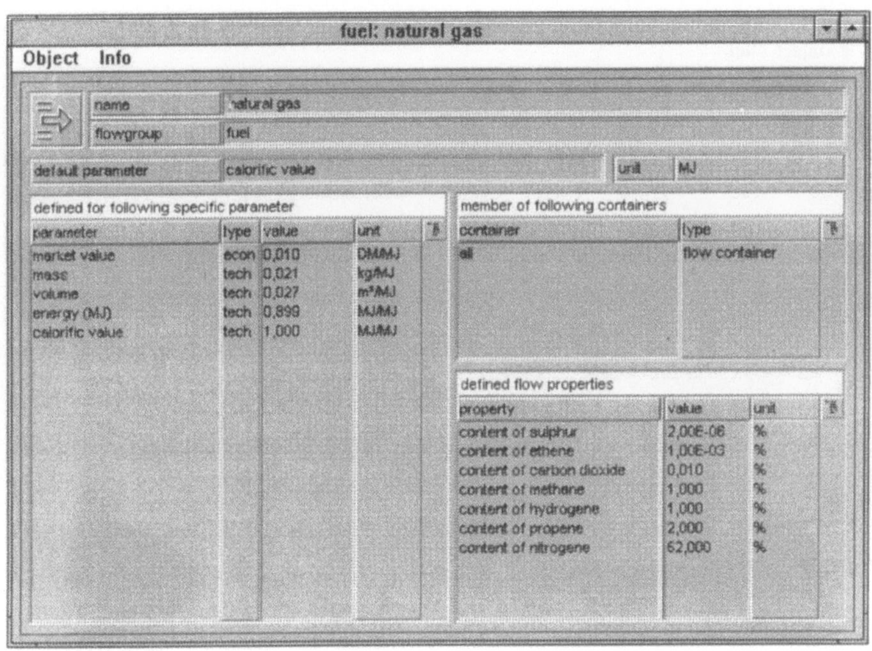

Bild 6.7. Eingabedialog für Flüsse (Erdgas)

Dazu öffnen wir die Maske (Bild 6.7) zum Anlegen neuer Flußobjekte und tragen dort alle Informationen zum Fluß Erdgas ein, die wir in Zukunft für die Prozeßbeschreibung oder zur Bilanzbewertung verwenden wollen. Nachdem wir überprüft haben, daß alle Angaben korrekt sind, speichern wir das Objekt in der Datenbank ab.

Ein wesentlicher Teil der Beschreibung ist der Name und die Zugehörigkeit zu einer Flußgruppe. Beide Angaben zusammen müssen eindeutig sein.

Wenn der Fluß in einer Bilanz auftaucht, muß seine Menge angegeben werden können. Der Wert, in dem die Menge angegeben wird, hängt aber von der Meßgröße und der Maßeinheit ab, in der die Menge bestimmt wird. Gerade bei Brennstoffen gibt es mehrere gebräuchliche Arten, die Menge anzugeben. Sei es als Masse in kg, Volumen in m^3 oder Energieinhalt in MJ. Damit GaBi solche unterschiedlichen Maßsysteme ineinander umrechnen kann, wird eine Vorzugskenngröße (default parameter) für jeden Fluß vereinbart. Für alle andern Kenngrößen, in denen der Fluß möglicherweise einmal dargestellt werden soll, werden die Umrechnungsfaktoren bezüglich dieser Vorzugskenngröße angegeben. In unserem Beispiel sind das Marktwert (market value), Masse (mass), Volumen (volume), Energieinhalt (energy). Vorzugskennwert ist der obere Heizwert. Welcher der angegebenen Kennwerte der Vorzugskennwert ist kann jederzeit verändert werden. Außerdem können bei Bedarf weitere Kennwerte hinzugefügt werden (s. Abschn. 6.4.5).

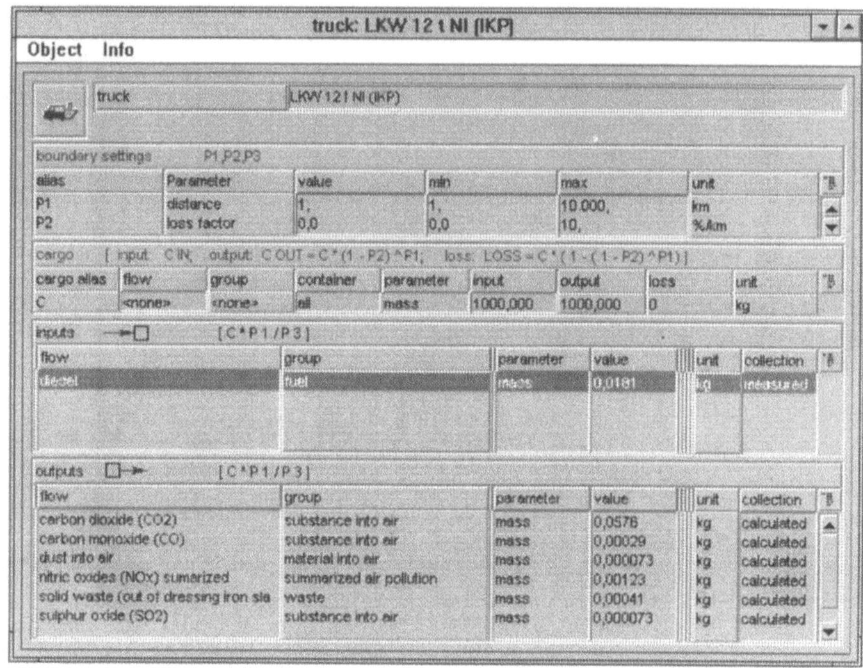

Bild 6.8. Eingabedialog für Prozesse (LKW 14,7 t Nutzlast)

Prozesse sind, wie in Abschn. 6.3.1.2 dargestellt, ebenso wie Flüsse in einer hierarchischen Typenstruktur gegliedert.

In einer Bilanz, die bekanntlich eine Momentaufnahme darstellt, beschreiben Prozesse ein lineares Übertragungsverhalten von ein- und austretenden Flüssen. Diese linearen Verhältnisse sind Lösungen für bestimmte Randbedingungen. In der Datenbank wird das Prozeß-Übertragungsverhalten aber in Form von Beziehungsgleichungen abgespeichert, die i. a. von einer Reihe variabler Einflußgrößen (der Menge anderer Flüsse, der Kennwerte und Eigenschaften von Flüsse und von Zustandsgrößen) abhängen. In unserem Beispiel heißt das, daß im Kraftwerk die Menge der SO_2-Emissionen pro kWh sowohl von der Menge des erzeugten Stroms, von der Eigenschaft Schwefelgehalt des eingesetzten Energieträgers als auch von der Zustandsgröße Wirkungsgrad des Kraftwerks abhängt

Zur Beschreibung der ein- und austretenden Flüsse sind grundsätzlich beliebige Gleichungen zwischen diesen Einflüssen denkbar.

Für unser Beispiel greifen wir jetzt den Transportprozeß LKW 12 t Nutzlast heraus und untersuchen seine Beschreibung anhand der Maske in Bild 6.8.

Am Sinnbild und der Typenangabe (truck) erkennen wir, daß es sich bei dem dargestellten Objekt um einen Transportprozeß des Typs LKW handelt.

Die Modellierung eines Transportprozesses kann unterschiedlich detailliert sein. In unserem Beispiel betrachten wir eine Bestimmungsgleichung, die von der Nutzlast, der Auslastung, den gefahrenen Kilometern, möglichen Verlusten und der transportierten Menge abhängt. Das Ergebnis dieser Gleichung multipliziert mit den entsprechenden Emissionsfaktoren ergibt für jede Emission die ausgestoßene Menge. Diese Beziehungsgleichung ist Bestandteil der Definition des Prozeßtyps LKW. Spezielle LKW werden über die Auswahl anderer Emissionsfaktoren vereinbart.

Die Eingabe der Emissionsfaktoren erfolgt aus Gründen der Handhabung indirekt durch die Eingabe einer repräsentativen Parametereinstellung, da dem Benutzer in der Regel eher Daten zum Treibstoffverbrauch und zu einzelnen Emissionen vorliegen, als zu den Emissionsfaktoren. Aus diesen Absolutwerten werden für alle Einflußgrößen die Emissionsfaktoren rückgerechnet werden.

Unterhalb des Namens werden die Zustandsgrößen, von denen die Übertragungsfunktion des Transportmittels abhängt, in einer Liste mit Rollbalken verwaltet. Das beförderte Gut (cargo) zu Beginn des Transports und am Ende, einschließlich eventueller Verluste steht in einer speziellen Zeile.

Im unteren Bereich der Maske stehen die Mengen an verwendeten Treibstoffen und ausgestoßenen Emissionen, die der Einstellung der Zustandsgrößen und des Transportguts entsprechen. Für jeden zu- und abfließenden Fluß kann in der letzten Spalte ein Vermerk zur Datenerhebung eingetragen werden. Dazu können sowohl definierte Quellenangabe als auch qualitative Beschreibungen wie „gemessen" oder „berechnet" verwendet werden.

6.5.3
Beschreibung des verfahrenstechnischen Systems

Ganzheitliche Bilanzierungen benötigen neben den speziellen Prozeßdaten auch Informationen über die Bilanzgrenzen als Berechnungsgrundlage. Welche Prozesse beschreiben den Lebensweg eines Produkts, in unserem Beispiel der Einwegwindel, und wie hängen diese Prozesse zusammen?

Diese Frage klärt im GaBi-System der Prozeßplan. Bild 6.9 zeigt einen solchen Prozeßplan für den Lebensweg einer Einwegwindel. Dort befindet sich der oben beschriebene Transportprozeß, das Datenmodell unseres 12t LKW, symbolisiert durch das Rechteck mit dem Sinnbild für Transportprozesse und mit der entsprechenden Beschriftung, im linken oberen Bereich. Das Transportgut, im Beispiel der Füllstoff (pulp) für die Windel, stammt aus einem Industrieprozeß mit der Bezeichnung ‚pulp production'. Im Prozeßplan sind die beiden Prozesse deshalb über den Fluß Füllstoff miteinander verbunden.

Analog dazu sind auch die anderen Prozesse im Lebensweg der Einwegwindel über die entsprechenden Flüsse miteinander verkettet.

Prozesse, die so miteinander verbunden sind, können automatisch aneinander angepaßt werden. Die Prozesse werden dabei so dimensioniert, daß der produzierende Prozeß genau die Menge eines Stoffes erzeugt, die ein anderer Prozeß benötigt. Die gleiche Funktion erfüllt eine Tabellenkalkulation mit verknüpften Feldern, jedoch geht dabei sehr schnell die Übersicht verloren. Feh-

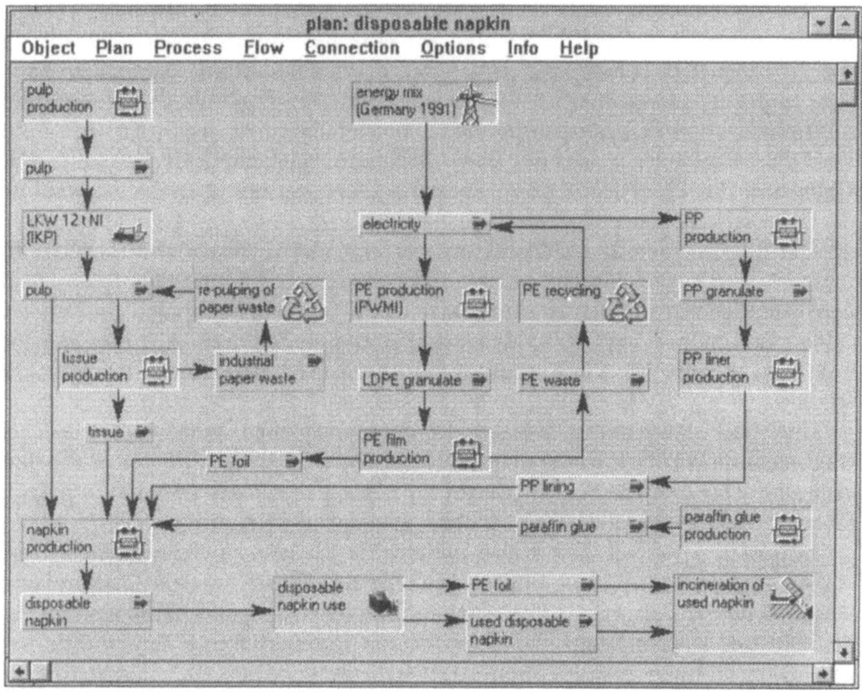

Bild 6.9. Interaktiver Planeditor (Lebensweg einer Einwegwindel)

lerhafte Verbindungen, die bei Prozeßplänen augenfällig sind, werden in Tabellen wesentlich mühevoller aufgedeckt, als bei einer graphischen Darstellung.

Auch kann ein graphischer Prozeßplan sehr gut zur Dokumentation und Präsentation von Ganzheitlichen Bilanzierungen beitragen und Systemzusammenhänge veranschaulichen. So profitiert man auch bei der Zurückverfolgung von Kausalketten, von Bilanzierungsdaten zurück zum Urheber; Schwachpunkte werden einfacher lokalisiert.

Das GaBi-System besitzt ein Werkzeug eigens für die Konstruktion von Prozeßplänen. Der sogenannte Planeditor stellt viele Funktionen und Hilfsmittel zur Verfügung, mit denen ein Prozeßplan leicht gezeichnet und präsentationsreif gestaltet werden kann.

Desweiteren erleichtern automatische Konsistenzprüfungen und jederzeit zugängliche Detailinformationen die Arbeit mit dem Planeditor. Viele Routinearbeiten werden vom System übernommen, so daß sich der Bilanzierer auf die wesentlichen Zusammenhänge konzentrieren kann.

Wie im gesamten GaBi-System wurde auch beim Planeditor größter Wert auf die Ergonomie gelegt. Die Bedienung erfolgt vorwiegend mit der Maus, die graphische Benutzeroberfläche ermöglicht mehrere parallel geöffnete Fenster und sorgt für eine ansprechende Darstellung mit hervortretenden und eingesetzten Elementen.

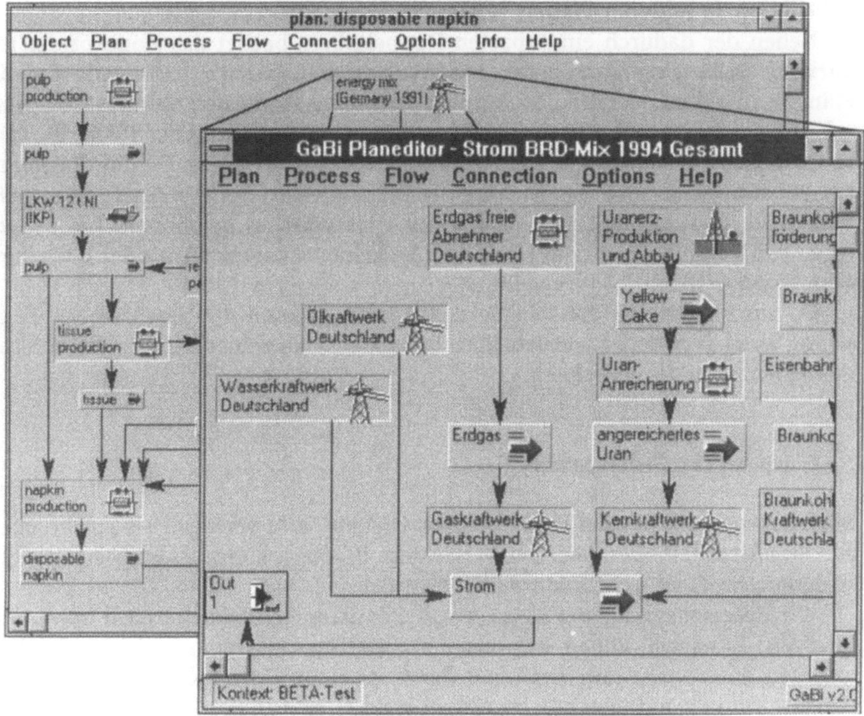

Bild 6.10. Modularer Planaufbau (Energieversorgung)

Auch die Objekthierarchie (s. Abschn. 6.4.1) findet sich bei den Prozeßplänen wieder. Denn Prozeßpläne können neben Prozessen und Flüssen auch wieder andere Prozeßpläne beinhalten, die ihrerseits wieder Prozeßpläne beinhalten. Die Schachtelungstiefe ist dabei beliebig tief und wird nur vom vorhandenen Speicherplatz begrenzt. Allerdings darf ein Plan sich selbst weder direkt noch indirekt zum Unterplan haben.

In unserem Windelbeispiel ist die Strombereitstellung, die über das öffentliche Netz erfolgt, in einem separaten Plan modelliert (siehe Bild 6.10). Hier wird der Fluß ‚Strom' (electricity), der von mehreren Kraftwerken produziert wird, an einen sogenannten ‚Port' gebunden. Das hat zur Folge, daß der im Stromerzeugungsplan bereitgestellte Strom von außerhalb sichtbar ist, also im Windelplan der Verbindung zu anderen Prozessen oder Prozeßplänen dienen kann.

Im Beispiel sind das lediglich die Prozesse zu PE- und PP-Produktion, da die Daten der anderen Prozesse bereits unter Berücksichtigung des Stromverbrauchs ermittelt wurden. Der Stromverbrauch wurde hier also auf einer tieferen Ebene berücksichtigt und darf deshalb auf der höheren, der Planebene, nicht mehr mit einbezogen werden.

Prozeßpläne sind also sinnvollerweise modular aufgebaut. Ein Plan, wie der zum Strom BRD Mix 1994, wird einmal erstellt und kann anschließend beliebig oft in anderen Plänen verwendet werden.

Neben der dadurch eingesparten Doppelarbeit, besitzt das Konzept der rekursiven Pläne den Vorzug der zusätzlichen Transparenz, indem überladene Pläne vermeidbar werden. So können zusammenhängende Prozesse sinnvoll gekapselt werden, z.B. durch die Verwendung unterschiedlicher Pläne für unterschiedliche Lebensphasen eines Produkts. Also etwa ein Produktionsplan, ein Nutzungsplan und ein Entsorgungsplan, die ihrerseits wieder Pläne verschiedener Poduktionsstätten (z.B. Werk 1 bis Werk n) beinhalten. Bei Bedarf ist so ein Detaillierungsgrad bis hin zu einzelnen Kostenstellen oder einzelnen Maschinen denkbar.

Da ein Prozeßplan die Bilanzgrenzen festlegt, kann die beschriebene Kapselung auch verwendet werden, um Teilbilanzen einzelner Module eines Produktlebenswegs zu berechnen.

6.5.4
Erstellung von Sachbilanzen

Bilanzen im GaBi-System sind ebenfalls Objekte, und verfügen als solche über alle Standardmethoden von GaBi-Objekten. Bilanzen können also benannt, gespeichert, geöffnet und dokumentiert werden.

Wir unterscheiden zwei Klassen von Bilanzen: Sachbilanzen und bewertete Bilanzen. Zunächst wollen wir uns der Sachbilanz zuwenden, da sie der bewerteten Bilanz zugrunde liegt und ihrerseits einen Prozeßplan zur Grundlage hat, aus dem sie automatisch berechnet wird.

Sachbilanzen weisen alle Flüsse aus, die die Systemgrenzen überschreiten, das sind zum einen Rohstoffe und zum anderen Emissionen und Abfälle (u.ä.). Bei unserem Windelbeispiel sind wir vor allem an Emissionen in Luft und in Wasser interessiert. Deshalb haben wir in Bild 6.11 lediglich die entprechenden Flüsse und die dafür relevanten Prozesse dargestellt. Das GaBi-System erlaubt zu diesem Zweck die Auswahl der angezeigten Detailinformationen.

Unterschiedliche Detailinformationen können in unterschiedlichen Sichten auf die Bilanztabelle untersucht werden. Verwaltet werden die verschiedenen Sichten mit den Tabellenreitern am oberen Tabellenende.

Damit man besonders hohe Werte leicht findet, können die angezeigten Prozesse entsprechend geordnet werden. Wenn wir zum Beispiel an Prozessen mit CO-Emissionen interessiert sind, dann bietet sich eine Bilanzsicht an, die die Prozesse in den Spalten nach der Menge ihrer CO-Emissionen sortiert.

Alle Bilanzsichten können graphisch aufbereitet und in Diagrammform dargestellt werden. Besonders nützlich ist die vergleichende Gegenüberstellung der Bilanzen von Produkt- und Produktionsalternativen. Mehrere Diagramme werden dazu in verschiedenen Fenstern dargestellt und können entsprechend eingefärbt und gestaltet werden. Dazu können Maximalwerte (höhere Balken werden abgebrochen), Skalenstriche, Balkenbreite und einiges mehr frei konfiguriert werden.

Bild 6.12 zeigt die Outputdaten der oben dargestellten Sachbilanztabelle. Weil der Balken des CO-Werts alle anderen Balken bei weitem überragt, wur-

inputs	disposable n	pulp producti	PE productio	PP productio	incineration o	energy mix (	paraffin glue
gas & oil (no	159,571		1,881	1,738		4,904	1,190
pulp [kg]	1040,046						

outputs	disposable n	pulp producti	PE productio	PP productio	incineration o	energy mix (	paraffin glue
dust into air [	0,806	0,800	3,00E-03	2,00E-03	3,20E-04	1,20E-05	3,40E-04
carbon mono	31,752	31,750	9,00E-04	8,94E-04	6,00E-04	7,41E-05	8,00E-05
hydrogen sul	0,020	0,020					
nitric oxides	2,026	2,000	0,012	0,010	2,20E-04	6,79E-04	2,90E-03
sulphur oxid	0,091	0,090			2,40E-04	6,28E-04	
sulphur (S to	1,200	1,200					
VOC [kg]	3,212	3,175	0,021	0,013	6,00E-05		2,90E-03
nitrogen [kg]	0,200	0,200					
phosphorus [	0,050	0,050					
COD [kg]	44,000	44,000					
solid waste (	0,060	0,050			8,30E-04	7,51E-03	
PAH into air [	18,002		1,50E-03	4,00E-04			1,00E-05
carbon dioxi	2,143		1,250	0,085	0,044	0,565	0,284
sulphur oxid	0,022		9,00E-03	0,011			1,80E-03
gypsum [kg]	0,017					0,017	
nitric oxides	2,06E-05					2,06E-05	
NMVOC [kg]	8,40E-06					8,40E-06	

Bild 6.11. Dialog zur Rohbilanzanalyse (Emissionen im Lebensweg der Einwegwindel)

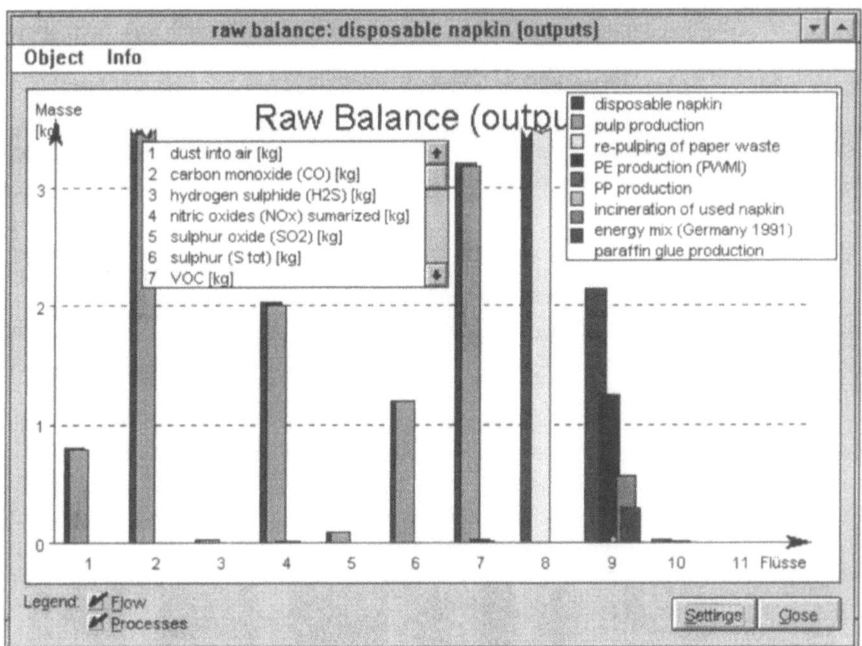

Bild 6.12. Graphische Darstellung der Rohbilanz aus Bild 6.11

de der Maximalwert hier auf 3,5 kg eingestellt, so kommt die Mehrzahl der anderen Balken besser zur Geltung, was die Aussagekraft des Diagramms erhöht.

Aufgrund der vielseitigen Gestaltungmöglichkeiten der Diagramme, zu denen auch die frei variierbare Fenster- und damit Diagrammgröße gehört, lassen sie sich sehr gut in Dokumentationen und Präsentationen verwenden.

6.5.5
Daten der Bewertung

Die Ganzheitliche Bilanzierung zielt, wie bereits angesprochen, auf die Betrachtung sowohl technischer, als auch ökologischer und wirtschaftlicher Aspekte ab. Um dem ganzheitlichen Anspruch gerecht zu werden, müssen also Stoffkennwerte eingeführt werden, die technische, ökologische oder wirtschaftliche Aussagekraft besitzen.

Im GaBi-System werden auch Stoffkennwerte als Objekte verstanden. Zu deren Verwaltung besitzt das System drei Klassen von Stoffkennwerten. Bild 6.13 zeigt den ökologischen Kennwert „Humantoxizität" in der Maske zur Bearbeitung der Stoffkennwerte (s. Abschn. 6.5.2). Auf gleiche Art können auch technische Kennwerte (z.B. Masse, Volumen), wirtschaftliche Kennwerte (z.B. Marktwert) und weitere ökologische Kennwerte (z.B. ODP, GWP) bearbeitet werden. Zusätzlich können bei Bedarf eigene Kennwerte erzeugt werden.

Jedem Kennwert ist eine Einheit zugeordnet, so besitzt der Kennwert „Humantoxizität" die Einheit „[a.u.]" (arbitrary unit, siehe Bild 6.14). Beim Zuordnen eines Kennwerts zu einem Fluß wird ein Bezug zum Standardkennwert des Flusses hergestellt. Die Humantoxizität von Arsen, zum Beispiel, wird also in „[a.u./kg]" angegeben, da der technische Kennwert „Masse" der Standardkennwert von Arsen ist.

Durch die Verwaltung der Stoffkennwerte als separate Objekte entsteht die Möglichkeit, unterschiedliche Kennwerte in unterschiedliche Verantwortungsbereiche zu legen, so daß verschiedene Experten nicht mit fremden Problemen konfrontiert werden, sondern nur die Daten des eigenen Bereichs verantworten müssen.

Mittels Gewichtungsschlüsseln kann in einem nächsten Schritt eine Fülle von Kenngrößen zueinander in Beziehung gebracht werden. In Bild 6.14 sind die drei ökologischen Kennwerte „EP", „ODP" und „Humantoxizität" beispielhaft so gewichtet, daß die direkten Einflüsse auf den Menschen die höchste Priorität erfahren.

Kosten- und Nutzenfaktoren werden dabei mittels Vorzeichen in Rechnung gestellt. So sollte der Marktwert der entstehenden Stoffe das umgekehrte Vorzeichen des Treibhauspotentials dieser Stoffe bekommen. Die Gewichtung der Stoffkennwerte kann je nach Zielrichtung subjektiven Präferenzen oder gesellschaftlichem Konsens entsprechen. Verwaltet werden auch die Gewichtungsschlüssel als Objekte, mit denen als zusätzliche Eigenschaften Farbeinstellungen und ähnliches gespeichert werden.

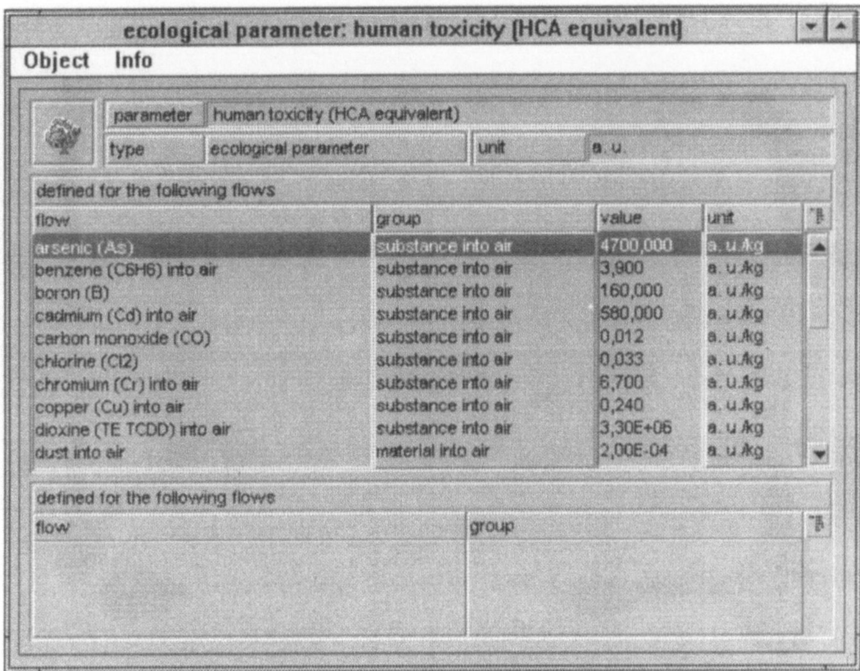

Bild 6.13. Eingabedialog für Kennwerte (Humantoxizität)

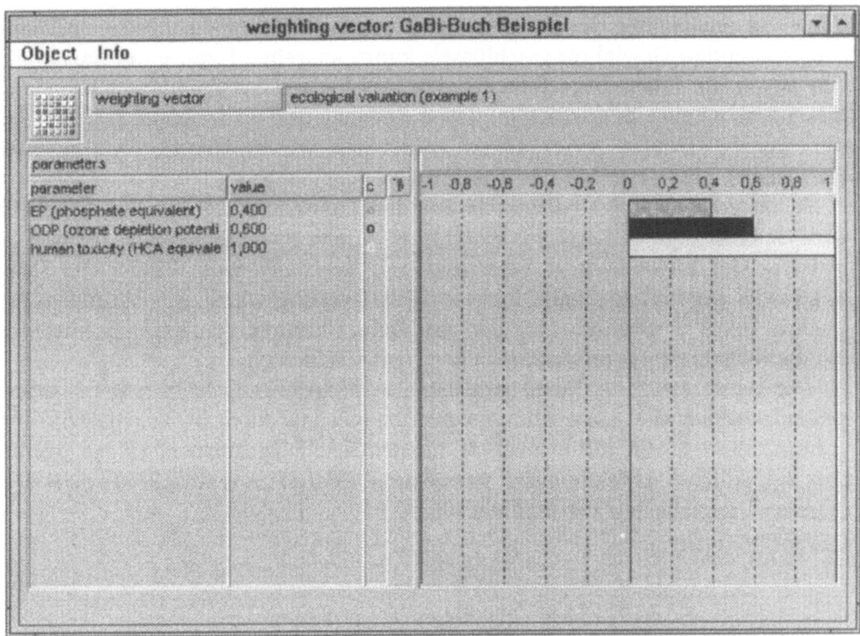

Bild 6.14. Dialog für Bewertungsschlüssel (Beispiel einer Gewichtung)

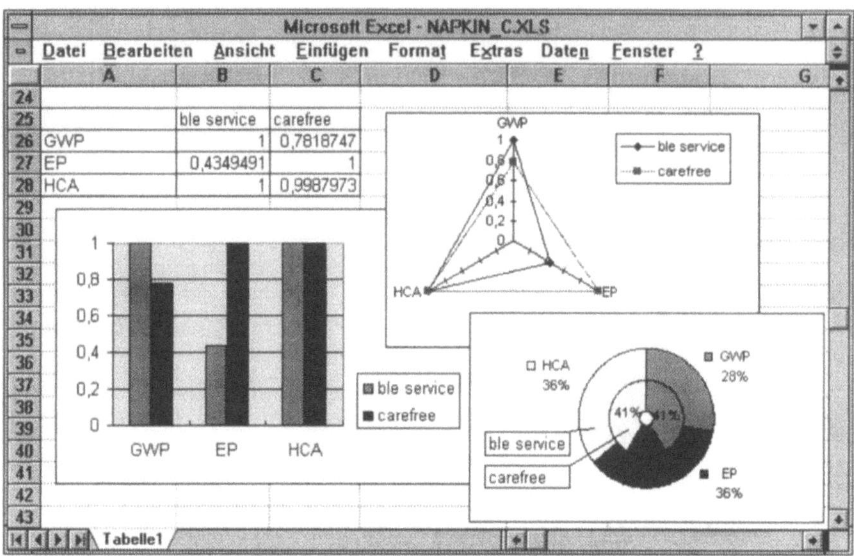

Bild 6.15. Schnittstellen zu Programmen mit speziellen Darstellungsformen

6.5.6
Erstellung von Bewerteten Bilanzen

Nach der Festlegung der in Betracht kommenden Stoffkennwerte und eines entsprechenden Gewichtungsschlüssels kann, ausgehend von einer Sachbilanz, eine bewertete Bilanz berechnet werden. Analog zur Sachbilanz erscheint auch hier zunächst eine Bilanztabelle, deren Spalten- und Zeilenköpfe frei konfiguriert werden können. Anschließend lassen sich, wie in Abschn. 6.5.4 beschrieben, Diagramme erstellen und gestalten.

In unserem Beispiel haben wir aus der Sachbilanz der Einwegwindel und dem Gewichtungsschlüssel aus Abschn. 6.5.5 eine bewertete Bilanz für den Lebensweg der Einwegwindel berechnet und der bewerteten Bilanz der Mehrwegwindel gegenübergestellt. Für die Visualisierung wurde das Windows-Programm Excel^{TM} gewählt, um die sinnvolle Nutzung der Exportschnittstelle des GaBi-Systems zu veranschaulichen (siehe Bild 6.15).

Der Datenexport zu Tabellenkalkulationsprogrammen kann z.B. für weitergehende statistische Auswertungen genutzt werden. Auch bieten spezielle Programme eine große Funktionalität hinsichtlich Diagrammen an, so können unterschiedliche Aspekte einer bewerteten Bilanz in unterschiedlichen Diagrammen angemessen verdeutlicht werden.

6.6
Stand der Entwicklung und Potentiale

Die bisherige Entwicklung des Markts läßt eine verschärfte Konkurrenzsituation und steigende Erwartungen im Bereich der Softwaresysteme zur Ganzheitlichen Bilanzierung erkennen. Benutzer stellen Anforderungen an den Bedienkomfort, wie sie ihn von sehr weit entwickelten Anwendungen, wie Textverarbeitung und Tabellenkalkulation, kennen. Das erfordert die einfache Handhabbarkeit zukünftiger Systeme, die auch für eine weite Verbreitung unabdingbar ist.

Bereits jetzt ergeben sich große Vorteile für die Ganzheitliche Bilanzierung durch den Einsatz der EDV. So ist es möglich, große Datenmengen einfach zu speichern und effizient zu verwalten. Benutzerfreundliche Oberflächen, Im- und Exportschnittstellen sowie die größere Transparenz sind überzeugende Pluspunkte, die für den Einsatz der verfügbaren Softwaresysteme sprechen. Doch noch sind die Potentiale des Computereinsatzes zur Ganzheitlichen Bilanzierung nicht ausgereizt.

Begrüßenswert, aber schwer zu realisieren, wäre die Konsolidierung der bisherigen Insellösungen mittels gemeinsamer Schnittstellen und der Vernetzung von Stand-Alone-Systemen. Die existierenden generellen Normen reichen jedoch nicht für eine formelle Schnittstellendefinition aus, die Voraussetzung für den Datenaustausch ist. Zudem erschwert die Bindung an Geheimhaltungsverträge den Zugang zum Datenmaterial.

Möglichkeiten für die Entwicklung der Systeme zur Ganzheitlichen Bilanzierung bieten sich auch durch den Einsatz der Expertensystemtechnologie. Damit sind die Konsistenzsicherung bei sehr komplexen Systemen und Plausibilitätsprüfungen denkbar.

Viele Unternehmen wollen die bei der Ganzheitlichen Bilanzierung gewonnenen Ergebnisse für die Öffentlichkeitsarbeit einsetzen. Multimedia-Systeme eignen sich angesichts der zunehmenden Verbreitung sehr gut, um die breite Öffentlichkeit anzusprechen. So kann man sich in naher Zukunft einen vereinfachten Zugang für Privatpersonen zu Systemen zur Ganzheitlichen Bilanzierung vorstellen. Gerade Schulungssysteme würden durch die bessere Anschaulichkeit und die vergrößerte Attraktivität vom Multimedia-Einsatz profitieren.

7 Bewertung zur Ganzheitlichen Bilanzierung

SAUR, K., Dettingen/Teck; EYERER, P., Stuttgart

Bilanzierungen erfordern bewertende Zusammenfassungen, um zu Entscheidungen zu kommen. Ähnlich wie Sachbilanzen, basieren auch Bewertungen auf zeitlichen, örtlichen gesellschaftlich-politischen u.a. Randbedingungen. Bewertungen gehören zu einem hohen Maße in den Bereich der Unternehmensführung. Vorgegebene Bewertungsmaßstäbe und -methodiken beinhalten somit die Gefahr, in den nötigen Freiraum von Unternehmensentscheidungen einzugreifen. Im Sinne der Ganzheitlichen Bilanzierung ist die Methodik zu einer Ganzheitlichen Bewertung zu entwickeln, die Hilfsmittel zur Entscheidungsfindung, aber nicht „Handschelle" für unternehmerischen Handlungsspielraum ist. Eine solche Ganzheitliche Bewertung muß die Dimensionen Technik, Wirtschaft und Umwelt kombinieren [1], Bild 7.1.

7.1
Möglichkeiten der ökologische Bewertung

Eine gesellschaftlich akzeptierte Bewertung ökologischer Aspekte industrieller Produkte, Verfahren oder Dienstleistungen vor dem Hintergrund unterschiedlichster Ansprüche an eine solche Bewertung ist zum heutigen Zeitpunkt nicht realisierbar. Zu weit gehen die Bewertungsansprüche auseinander. Zudem ist die naturwissenschaftliche Absicherung einzelner umweltlicher Aspekte spezifischer Emissionen, Abfälle oder bestimmter Wertstoffe zum gegenwärtigen Zeitpunkt nicht gegeben [1]. Trotzdem erfordern insbesondere strategisch operative Entscheidungen im unternehmerischen Bereich Bewertungen. Solange eine allgemein gesellschaftlich akzeptierte Bewertung monetärer oder nichtmonetärer Art nicht vorliegt, müssen Bewertungen von Dienstleistungen, Verfahren oder Produkten nach eigenen Vorgaben realisiert werden [1].

Aufgabe der Bewertung ist es, eine einheitliche Vorgehensweise zu schaffen bzw. zu nutzen, um so die unterschiedlichen Input- und Output-Ströme der einzelnen Alternativen gegenüberstellen zu können, d.h. eine Beschreibung des jeweiligen Schädigungspotentials zu ermöglichen. Primäre Schutzziele sind die Basis einer solchen Wirkungsanalyse. Solche Schutzziele sind der Erhalt der Gesundheit von Lebewesen, der Erhalt der Strukturen eines Ökosystems sowie der Erhalt dessen Stabilität, die Bewahrung wichtiger Ressourcen für nachfolgende Generationen sowie der Erhalt der Lebensfähigkeit des Gesamtsystems Erde in der Zukunft (Nachhaltigkeit) [2].

Das Problem, dem man sich dabei gegenüber gestellt sieht, ist sozusagen „Äpfel mit Birnen zu vergleichen". Die Aussage, was schwerer wiegt, was an-

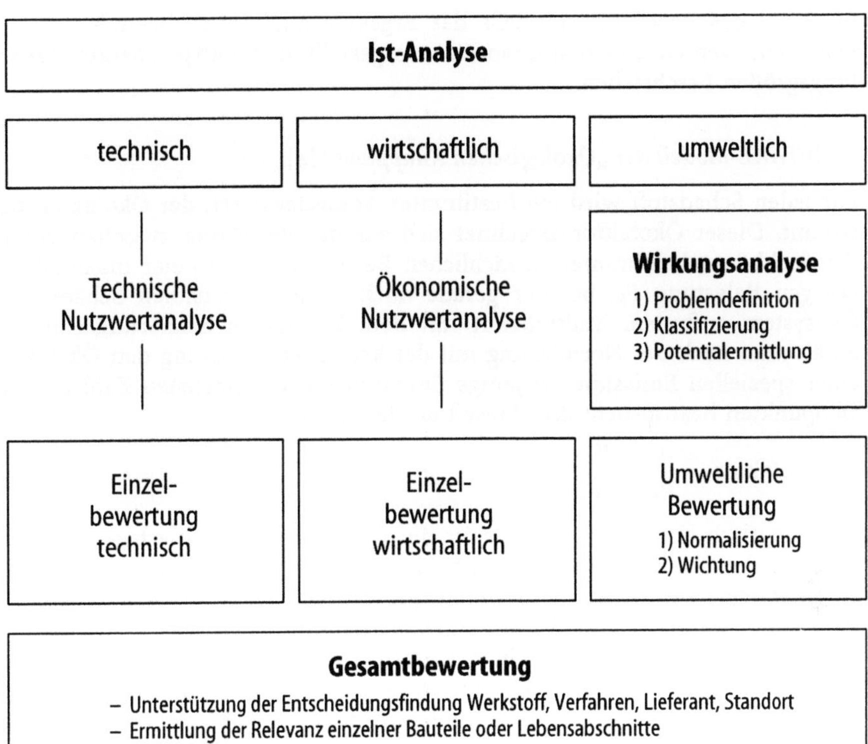

Bild 7.1. Die Ganzheitliche Bewertung

zustreben ist bzw. für zukünftige Generationen kein großes Risiko in sich birgt, ist schwierig zu machen und kann wohl niemals ganz frei von subjektiven Gesichtspunkten getroffen werden. Das nachfolgend vorgestellte Modell [3] will sich keinesfalls als letzte Wahrheit in diesem Gebiet verstanden wissen, sondern versucht nur den derzeitigen aktuellen Stand bei Bewertungen aufzuzeigen. Es entspricht im wesentlichen der international geführten Diskussion.

7.1.1
Kurzbeschreibung und Diskussion bestehender Bewertungsmethoden

Das Ergebnis der Sachbilanz, das im Idealfall sämtliche umweltrelevanten Aspekte der untersuchten Produkte abdeckt, stellt die über den gesamten Produktlebenszyklus erhobenen Daten dar. Ziel von Ganzheitlichen Bilanzierungen ist die Beurteilung bzw. der Vergleich verschiedener Produkte oder Verfahren (funktionales Äquivalent) bezüglich ihrer Umweltverträglichkeit. Dies ist in der Regel nur mit Hilfe von Bewertungsmodellen möglich. Dabei kann die Wahl des Bewertungsmodells das Ergebnis maßgeblich beeinflussen. Im folgenden werden Bewertungsansätze vorgestellt und entsprechende Bewertungsgrößen beschrieben.

BUWAL-Modell der „Ökologischen Knappheit" [4]

Für jeden Schadstoff wird ein bestimmter Äquivalenzwert, der Ökofaktor, bestimmt. Dieser Ökofaktor errechnet sich aus der Beziehung zwischen der in der Sachbilanz bestimmten tatsächlichen Belastung F und einer maximal zulässigen Belastung F_k, bei der gerade noch keine irreversiblen Schäden im Ökosystem auftreten. Multipliziert mit dem konstanten Skalierungsfaktor c, erhält man nach der Normierung mit der kritischen Belastung den Ökofaktor einer speziellen Emission. Diejenige Emission mit der höchsten Zahl an sog. Ökopunkten beansprucht die Umwelt am intensivsten:

$$\text{Ökofaktor} = \frac{1}{F_k} \cdot \frac{F}{F_k} \cdot c$$

Problematisch an dieser Methode ist die Festlegung der kritischen Belastungen und der Skalierungsfaktoren. Es wird dabei angenommen, daß es immer eine zulässige Menge an Schadstoffen gibt, die emittiert werden darf. Diese Werte sind politisch und damit subjektiv beeinflußt und lassen sich derzeit naturwissenschaftlich noch nicht absichern. Diese Methode hat somit als bewertete Größe nur einen Index, den dimensionslosen Ökopunkt. Als Bewertungsmaßstab dient der kritische Fluß, von dessen Festlegung die Bewertung abhängt.

Modell ETH Zürich „Kritische Belastung" [5]

Mit dieser Methode werden Emissionen unter Berücksichtigung von Immissionsgrenzwerten gewichtet, indem die in der Sachbilanz ermittelte Emissionen durch einen spezifischen Grenzwert dividiert werden. Hierbei wird für die in Wasser, Luft bzw. Boden abgegebenen Emissionen das Volumen berechnet, welches der zulässigen Konzentration je Menge Medium entspricht. Die „kritische Belastung" ergibt sich nach der Division der in der Sachbilanz ermittelten Schadstoffmenge mit einem Grenzwert, z.B. dem MIK- oder MAK-Wert.

Diese Teilvolumina werden dann für die Gruppen Boden, Luft und Wasser addiert. Aufgrund der großen Variationsbreite und Unsicherheit der Grenzwerte werden oftmals die Unterschiede innerhalb der Bilanzdaten überschritten, wodurch die Wahl der Grenzwerte über das Ergebnis der Analyse entscheiden kann. Die Bewertung erfolgt in der Einheit Menge Schadstoff je belasteter Luft (bzw. Wasser oder Boden) pro kritischer Menge.

Diese Vorgehensweise ist anschaulich bezogen auf einzelne Stoffe auch gut geeignet. Als Summenwert über verschiedene Stoffe ist sie jedoch fragwürdig, da u.a. Wechselwirkungen zwischen unterschiedlichen Emissionen nicht berücksichtigt werden können. Desweiteren ist die Bewertung von Emissionen auf der Basis von Immissionskenngrößen kritisch zu betrachten.

CML-Ansatz, Leiden, Niederlande [6]

Wieder ausgehend von den ermittelten Emissionen werden hier Bezüge zu 12 unterschiedlichen Umweltauswirkungen hergestellt. Diese sind im einzelnen: Treibhauspotential, ozonschädigendes Potential, Versauerung, Eutrophierung, Verbrauch von nichterneuerbaren Ressourcen, Verbrauch biologischer Ressourcen, Verschlechterung der Bodenqualität, Humantoxizität, Ökotoxizität, Bildung von Photoexidantien, Abwärme, Geruch, Lärm, Verlust der biologischen bzw. kulturellen Lebensvielfalt sowie Schäden.

Für alle ermittelten Emissionen werden hinsichtlich dieser 12 Kategorien diejenigen Anteile ermittelt, die pro Jahr auf diese Kategorien entfallen und mit den Gesamtemissionen in Bezug gesetzt. Hieraus ergibt sich ein prozentualer Anteil der spezifischen Belastungen eines bilanzierten Produktes an den Umweltauswirkungen einer ganzen Volkswirtschaft. Neben der Schwierigkeit, die vielfach subjektiven Kriterien genauer einzuordnen, ist auch die naturwissenschaftlich abgesicherte Ermittlung der Auswirkungen problematisch. Darüber hinaus treten Emissionen auch grenzüberschreitend auf, sodaß bei der heutigen Verflechtung einzelner Volkswirtschaften keine vernünftige Zuordnung auf einzelne Produkte möglich ist.

EPS-System, Schwedisches Umwelt-Forschungsinstitut [7]

Als Bezugsbasis werden hier die umweltlichen Auswirkungen von 1 kg eines bestimmten Stoffes herangezogen. Diese Auswirkung wird als ELU (environmental load unit) bezeichnet. Der Wert der Umweltauswirkungen ergibt sich bei Multiplikation dieses Wertes mit der tatsächlich anfallenden Emissionsmenge. Dieser Wert wird als ELV-Wert (environmental load value) bezeichnet. Die ELU-Werte werden auch für alle Fertigungs-, Dienstleistungs- und Transportprozesse ermittelt.

Sie ergeben sich über einen gewichteten Vermeidungskostenansatz durch Multiplikation der Faktoren relative Vermeidungskosten je kg, Anteil der spezifischen Emission an der gesamtvolkswirtschaftlich emittierten Menge, Verweilzeit in der Umgebung, Häufigkeit der Emission, Ausbreitung der Emission und einem allgemeinen Kennwert zur Einstufung des emittierten Stoffes selbst. Problematisch ist in diesem Zusammenhang die Ermittlung dieser einzelnen, meist subjektiven oder nur sehr schwer bestimmbaren Faktoren.

7.1.2
IKP Methodik der Umweltlichen Bewertung

Die Basis einer Bewertung stellt die zuvor ermittelte Sachbilanz dar. Sie umfaßt alle relevanten Daten, d.h. alle Stoff- und Energieströme, die bei der Herstellung, Nutzung und Entsorgung des zu betrachtenden Bauteiles auftreten. Ziel ist es, anschließend, an die Bewertung zu einer allgemein reproduzierbaren Aussage über das Umweltverhalten der zu untersuchenden Produkte bzw. Prozesse zu gelangen.

Dieser Weg führt über die Zwischenschritte der Wirkungsanalyse bzw. über die Erkundung der Schädigungspotentiale der emittierten Stoffe. Das Prinzip zu einer solchen ökologischen Bewertung zu gelangen, kann in fünf Teilschritten zusammengefaßt werden [3]:

1. Definition und Auswahl umweltlicher Problemfelder

Darunter versteht man die Auflistung ausgewählter nachweislich auf anthropogene Belastungen zurückzuführende Beeinträchtigungen der Umwelt, seien dies nun Emissionen oder Störungen des Ökosystems durch andere Art und Weise. In diesem Zusammenhang wird eine Art Standardliste festgelegt. Die Auswahl der Problemfelder richtet sich sehr stark nach den identifizierten Schutzzielen und dem Erkenntnisinteresse der jeweiligen Studie.

2. Klassifizierung

Diese Klassifizierung soll es ermöglichen, diejenigen Stoffe zu identifizieren, die zu dem jeweiligen ausgewählten Problemfeld beitragen. Dabei ist zu beachten, daß ein einziger Stoff verschiedene Bereiche beeinflussen kann. Wobei es möglich ist, daß eine Emission gleichzeitig bzw. nacheinander mehrere Effekte auslöst oder zu nur einer von verschiedenen möglichen Reaktionen fähig ist. Eine Doppeltzählung wird daher bewußt in Kauf genommen.

3. Ermittlung von Korrelationsfaktoren bzw. Potentialen

Dieser dritte Schritt führt zu einer Gesamtaussage für jedes umweltliche Problemfeld, indem die einzelnen Beiträge der jeweiligen Emissionen zum speziellen Problemfeld quantifiziert werden. Durch die Ermittlung der einzelnen Potentiale der in Frage kommenden Emissionen bzw. deren Summierung zu einer Gesamtgröße, gelangt man zu der gewünschten Aussage über die Umweltverträglichkeit der zu untersuchenden Prozesse bzw. Produkte hinsichtlich der ausgewählten Kriterien.

4. Normalisierung

Darunter ist die wechselseitige Relativierung der einzelnen Ergebnisse zu verstehen. Dies geschieht einerseits unter dem Gesichtspunkt der Zuverlässigkeit der durch die oben beschriebenen Schritte ermittelten Ergebnisse bzw. andererseits der Ermittlung deren spezieller Bedeutung im Gesamtkomplex, wie z.B. durch die Inbezugsetzung zur weltweiten Gesamtbelastung oder die pro Kopf Beträge in der nationalen oder globalen Volkswirtschaft. Dieser Schritt ist optional.

5. Wichtung

Darunter ist die wechselseitige Einstufung der ausgewählten Problemfelder und der hierfür kalkulierten Einzelbeiträge vor dem Hintergrund der zuvor erfolgen Normalisierung zu verstehen. Hierbei wird zusätzlich von außen eine Priorisierung der Einzelergebnisse und subjektive Bewertung vorgenommen.

Anschließend an die Sachbilanzierung der Bauteile erfolgt nun die Aufstellung der Wirkungsanalyse mit anschließender Bewertung. Das Ergebnis der Sachbilanz resultiert in einer Vielzahl verschiedenster ermittelter Größenwerte der einzelnen Stoffe und Faktoren, die beim Herstellungsprozeß, bei der Nutzung und der Entsorgung des zu betrachtenden bzw. zu bilanzierenden Objektes benötigt, verbraucht und wieder freigesetzt werden.

Erst dann ist es möglich, eine abschließende Bewertung vorzunehmen. Prinzipiell kann auch auf den vierten Schritt ganz verzichtet werden. Dies ist vor allem dann der Fall, wenn ein Vergleich zwischen verschiedenen Alternativen vorgenommen werden soll. Insgesamt kann festgestellt werden, daß die Bewertung als solche nicht nur der Auswertung und Interpretation der Sachbilanzergebnisse dient. Vielmehr stellt die Bewertung zusätzliche Informationen zur Verfügung. Sie stellt daher eine Erweiterung der Sachbilanz dar. Aus diesem Grund ist es stets empfehlenswert, eine Bewertung durchzuführen, auch wenn die Aussagen aus der Sachbilanz bereits eindeutig zu sein scheinen.

Es muß festgestellt werden, daß eine solche abschließende Bewertung auf sozialwissenschaftliche Methoden zurückgreift und daher von einer meist *subjektiven* Bewertung ausgegangen werden muß. Im Gegensatz dazu ist die Wirkungsanalyse auf naturwissenschaftlichen Methoden fußend und daher als weitgehend *objektiv* zu betrachten [3].

7.1.3
Beschreibung der einzelnen Problemfelder

Die Problemfelder, die untersucht werden müssen, sind weit gefächert und umfassen die bekannten und als wichtig eingestuften meist negativen Auswirkungen auf das Ökosystem und umweltliche Problemfelder. In Abhängigkeit des Untersuchungsgegenstandes, der Aufgabenbeschreibung und der gewinnbaren Informationen werden einzelne Problembereiche identifiziert, die im Rahmen einer Untersuchung berücksichtigt werden sollen. Die nachfolgende Beschreibung dient der Verdeutlichung der umweltlichen Relevanz der einzelnen Bereiche. Neben der Darstellung der umweltlichen Relevanz werden Hintergrundinformationen und die zugehörige Klassifizierung bzw. Potentiale für den dritten Schritt der Bewertung mit angegeben.

Alle Problemfelder können einem der drei Kriterien global, regional oder lokal, entsprechend ihrer Bedeutung, zugeordnet werden. Die nachfolgend vorgestellte Liste stellt einen Umfang dar, der nicht in allen Studien Anwendung zu finden braucht. In Abhängigkeit des Erkenntnisinteresses und der Möglichkeiten, die der Erstellung einer Fallstudie zu Grunde liegen, wird eine Auswahl oder gegebenenfalls auch Erweiterung der nachfolgend vorgestellten Einzelaspekte vorgenommen. In der Zieldefinition und der Aufgabenstellung einer jeden Studie sind die zu berücksichtigenden Kriterien anzugeben. Es kann an dieser Stelle auch von einer Standardliste der umweltlichen Problemfelder gesprochen werden, bei der jede Abweichung, d.h. die Vernachlässigung einzelner Felder bzw. die Berücksichtigung zusätzlicher Parameter einer niedergelegten Erläuterung bedarf. Es ergibt sich folgendes Bild [3]:

Globale Kriterien

- Nachhaltigkeit/Ausbeutung natürlicher Ressourcen
  - erneuerbare und nicht erneuerbare Ressourcen
  - erneuerbare und nicht erneuerbare Energieträger
  - Wasser, Böden
- Treibhauseffekt
- katalytischer Ozonabbau in der Stratosphäre
- Freisetzung persistenter toxisch wirksamerer Stoffe

Regionale Kriterien

- Versauerung
- Abfallentsorgung/Deponiebedarf

Lokale Kriterien

- Freisetzung toxisch wirksamerer Stoffe (Human und Ökotoxizität)
- Eutrophierung
- Photochemische Ozonbildung

Sonstiges

- Flächeninanspruchnahme, Deponiebedarf
- Lärm
- Geruch
- sonst. Beeinträchtigungen

Der Versuch, die einzelnen Problemfelder zu quantifizieren, führt zu Kenngrößen, die über den Grad der Beeinflussung der betrachteten Systeme durch den einzelnen Stoff Auskunft und Vergleichsmöglichkeiten geben sollen. Ziel ist es, die einzelnen Werte eines zu untersuchenden Systems hinsichtlich eines Kriteriums zu addieren und über dessen Relevanz so zu einer Gesamtaussage zu gelangen.

Anschließend erfolgt eine Multiplikation mit problemfeldspezifischen Wichtungsfaktoren. Das Hauptproblem besteht darin, diese Wichtungsfaktoren im einzelnen genau gegeneinander festzulegen, um so die einzelnen Problemfelder miteinander vergleichen zu können. Im folgenden werden die zuvor genannten Problemfelder weiter spezifiziert.

Ausbeutung natürlicher Ressourcen

Die heutige Technologie der Industriegesellschaften ist angewiesen auf den ständigen Abbau und Verbrauch nicht erneuerbarer fossiler und mineralischer Rohstoffe. Bei gleichbleibender Technologie ist aus zwei Gründen sogar noch mit einer weiteren Steigerung des Jahresverbrauches bei vielen Rohstoffen zu rechnen: (1) die zunehmende Industrialisierung bisher nicht industrialisierter Regionen erhöht auch dort den Pro-Kopf-Verbrauch nicht erneuerbarer Rohstoffe, und (2) das Bevölkerungswachstum führt selbst bei gleichbleibendem weltweiten Pro-Kopf-Verbrauch noch zu einer Verbrauchssteigerung [8].

Bei der Nutzung als Wertstoffe gehen nicht erneuerbare Rohstoffe prinzipiell nicht verloren, aber sie werden durch Verarbeitung, Verbrauch, Verschleiß und Verschrottung so weit ausgedünnt und in der Umwelt verstreut, daß aus technischen und energetischen Gründen eine vollständige Rückführung unmöglich ist. Auch verfügbare erneuerbare Ressourcen (Stoffe, Energie, Wasser, Luft) lassen sich nicht uneingeschränkt nutzen. Das Prinzip der Nachhaltigkeit gilt als hauptsächliches Schutzziel.

Nachhaltigkeit setzt nicht nur eine gesicherte Versorgung mit Rohstoffen voraus, sondern sie schließt gleichzeitig auch die laufende Entsorgung der entstehenden Abfallprodukte mit ein. Die natürliche Umwelt leistet beides seit Beginn des Lebens auf der Erde in eingespielten Systemen, deren Kapazität wir nutzen können [9]. Wegen des geschlossenen Stoffkreislaufs belastet die nachhaltige Nutzung erneuerbarer Ressourcen die Umwelt nicht, auch wenn die Durchsätze groß sein können: Das System ist dann im Fließgleichgewicht. Die Verfügbarkeit erneuerbarer Ressourcen ist aber immer an die Durchsatzleistung natürlicher Prozesse gebunden (Sonneneinstrahlung, Umsatzleistung von Mikroorganismen, Photosyntheseleistung). Das heißt also, daß die nachhaltige Nutzung erneuerbarer Ressourcen wegen der durch Naturgesetze prinzipiell begrenzten Leistungsfähigkeit der natürlichen Prozesse nur zur Grenze der ökologischen Tragfähigkeit getrieben werden kann. Daraus resultiert, daß sich die Entwicklung der Menschheit an die Leistungsgrenze der Ökosysteme anpassen muß [9].

Die Quantifizierung dieses doch sehr komplexen und vielfältigen Problems ist nur sehr ungenau möglich. Dem trägt dieses Modell [3] durch eine spartenbezogene qualitative Bewertung Rechnung. Für die einzelnen Bereiche erneuerbare und nicht erneuerbare stoffliche Ressourcen, erneuerbare und nicht erneuerbare Energieträger, Wasser und Boden werden zunächst die Einzelbeiträge ermittelt und dann innerhalb der sechs Sparten betrachtet. Für die nicht erneuerbaren Ressourcen und Energieträger wird versucht, eine Abschätzung der Reichweite vorzunehmen. Für die erneuerbaren Ressourcen und Energieträger wird eine Abschätzung vorgenommen, ob die Tragfähigkeit der jeweiligen Systeme überlastet ist. Die Sparten Wasser und Boden werden zunächst untersucht, inwieweit irreversible Verbräuche auftreten.

Für die Betrachtung der nicht erneuerbaren Ressourcen wird der sogenannte Ressourcenindex R definiert. Dieser Index stellt die spezifischen Einzelverbräuche V_i in Bezug auf die jeweiligen bekannten Reserven BR_i und der statischen Reichweite S_i der jeweiligen Ressourcen i dar. Je größer der Index R wird, desto kritischer ist der jeweilige Stoffverbrauch zu betrachten.

$$R_j = \frac{V_i}{BR_i} \cdot \frac{1}{S_i}$$

Als eine weitere Kenngröße wird an dieser Stelle die statische Reichweite definiert, die den Zeitraum beschreibt, in dem die jeweilige Ressource noch verfügbar ist. Zur Bestimmung der statischen Reichweite werden die jeweils bekannten Reserven und die durchschnittlichen Verbrauchsraten ins Verhältnis gesetzt. Bei einer abschließenden Wichtung ist zu berücksichtigen, daß die Höhe der bekannten Reserven stets vom Marktpreis der einzelnen Ressourcen

Tabelle 7.1. Ressourcenverfügbarkeit

	Verbrauch je a in Mio kg	Reserven in Mio kg	stat. Reichweite in a
Aluminium	25 400	5 689 600	224
Braunkohle	40	150 040	121
Chrom	10,85	1 057,875	97
Eisenerz	917 000	153 139 000	167
Erdgas	1 817 800	122 519 720	67
Erdöl	3 172 600	142 132 480	45
Kalkstein	846	493 218	583
Kupfer	9 301	381 341	41
Nickel	831	54 015	65
Steinkohle	3 451 000	528 003 000	153
Talkum	7,30	278,13	38
Uran	0,05	3,726	81
Zink	7,01	147,21	21

abhängt (wird eine Ressource teurer, werden ressourcenärmere Lagerstätten abbauwürdig). Darüber hinaus ist zu berücksichtigen, daß mit einer zu erwartenden weltweit wachsenden Industrialisierung und dem Bevölkerungswachstum ein dynamisches Verhalten hinsichtlich des Ressourcenverbrauchs einhergeht.

Die Betrachtung der nicht erneuerbaren Energieträger erfolgt analog den nicht erneuerbaren Ressourcen. Es gelten die selben Einschränkungen. Für die erneuerbaren Energieträger und Ressourcen wird das Belastungsprofil unter Berücksichtigung der Tragfähigkeit der reproduzierenden Systeme erstellt.

Die Betrachtung des Wasserverbrauch geschieht analog der Vorgehensweise der erneuerbaren Ressourcen. Dies bedeutet, daß die Tragfähigkeit der wasserversorgenden und wasserentsorgenden Systeme untersucht wird.

Die Betrachtung der Bodennutzung erfolgt mittels einer Summation und Gewichtung unterschiedlicher Bodenklassen nach der UBA-Hemerobiegliederung, die die Empfindlichkeit und Regenerationsfähigkeit verschiedener Bodenklassen wiedergibt. Die jeweiligen Wichtungsstufen sind in Anlehnung an UNO-Protokolle willkürlich gewählt.

Die zur Beurteilung der unterschiedlichen Bodentypen aufgeführte Wichtung ist zum heutigen Zeitpunkt noch nicht konsensfähig und stellt daher einen Diskussionsbeitrag dar. Die Zusammenfassung der einzelnen Bodenverbräuche i zum gesamten Bodenindex B_{ges} wird ermittelt über die Beiträge der jeweiligen Nutzungsfläche F_i in m², ihrer Nutzungs-Hemerobiestufe $H_{N,i}$, ihrer ursprünglichen Hemerobiestufe $H_{V,i}$, dem Grad der Reversibilität r_i und der potentiellen Hemerobiestufe nach einer reversiblen bzw. teilreversiblen Rückumwandlung $H_{NN,i}$, sowie der Nutzungsdauer t in Jahren.

$$B_{ges} = \sum_i \frac{F_{Vj}\,(H_{Vj} - H_{Nj}) - n\,F_{NNj}\,(H_{Nj} - H_{NNj})}{F_{Vj}}\, t_{n,i}$$

Tabelle 7.2. Bodengebrauchsstufen

Stufe	Bezeichnung	Einstufung	Nutzungsbeispiele	Wichtung
1	ahemerob	natürlich	unbeeinflußtes Ökosystem Regenwald, Tundra	1000
2	oligohemerob	naturnah	gelegentliche Nutzung Tundra, Taiga	250
3	mesohemerob	halbnatürlich	Forstwirtschaft, Weide, Streuobstwiese	100
4	b-euhemerob	bedingt naturfern	Forstkulturen, Streuobstanlagen	50
5	a-euhemerob	naturfern	Acker- und Weideland	25
6	polyhemerob	naturfremd	Deponie, Bodenbebauung	2,5
7	metahemerob	künstlich	versiegelte Fläche	1

mit $n = 0$ für irreversibel, $n = 1$ für vollständig reversibel und $0 < n < 1$ für teilreversibel

Bei der Wichtung der Verbräuche von Energieträgern, stofflichen Ressourcen, Wasser und Boden spielen die langfristigen, globalen und z.T. irreversiblen Auswirkungen eine entscheidende Rolle.

Treibhauseffekt

Die von der Sonne auf die Erdoberfläche abgestrahlte Energie wird zum Teil reflektiert, zum Teil absorbiert. Der absorbierte Anteil führt zur Erwärmung von Boden, Wasser und Luft. Relativ kurzwellige Strahlung trifft auf den Boden auf und wird, zu längeren Strahlen hin verschoben, als Wärmestrahlung in die Atmosphäre abgestrahlt.

Bestimmte Spurengase tragen nun dazu bei, die bodennahe Atmosphäre aufzuheizen, indem sie die einfallende Sonnenstrahlung nahezu ungehindert durchlassen, aber einen großen Teil der von der Erde wieder ausgesandten Infrarotstrahlung absorbieren und so die Wärme nicht wieder in den Weltraum abgestrahlt werden kann. Beispiele für solche natürlichen, klimarelevanten Spurengase sind Wasserdampf (H_2O), Kohlendioxid (CO_2), Methan (CH_4), Lachgas (N_2O) und Ozon (O_3).

Durch die zunehmende Konzentration klimarelevanter, anthropogen erzeugter Spurengase in der Atmosphäre entsteht damit ein zusätzlicher Treibhauseffekt, der zu einer Erwärmung der Erdatmosphäre führt. Dieser zusätzlich Treibhauseffekt wird Mitte des nächsten Jahrhunderts zu einer weiteren Erhöhung der globalen Jahresmitteltemperatur um max. 3–9 °C mit beträchtlichen Konsequenzen führen [10], wenn keine Schritte zur Emissionsreduktion der Treibhausgase erfolgen:

Durch den Temperaturanstieg würden sich die Niederschlagsverteilungen und die Vegetationszonen großräumig verschieben, wodurch sich eine Änderung des Artenspektrums ergeben könnte. Längere Vegetationsperioden bzw.

Tabelle 7.3. Beitrag ausgewählter Gase zum anthropogenen Treibhauseffekt

	rel. GWP [w/w]	Beitrag zum anthropogenen Treibhauseffekt [%]
CO_2	1	50
CH_4	58	15–19
N_2O	206	5
FCKW	3970–5750	17–20

mögliche Wasserknappheit wären ebenfalls möglich. Jedoch sind solche schwerwiegenden Aussagen noch sehr umstritten. Ein nachhaltiger Effekt auf die Landbewirtschaftung, d.h. Land-, Forst- und Wasserwirtschaft ist nicht auszuschließen. Damit verbunden wären Probleme in der Nahrungsmittelbeschaffung und das Auftreten verstärkter sozialer Aspekte. Die Folgen sind nicht abschätzbar.

Den Beitrag der einzelnen Treibhausgase zum anthropogen erzeugten Treibhauseffekt bzw. deren Treibhauspotential (global warming potential $\rightarrow$ GWP angegeben als CO_2-Äquivalent) zeigt Tabelle 7.3 [11].

Der Temperaturanstieg durch eine gegebene Menge eines Treibhausgases ist nicht genau bekannt. Die bisher gemessenen Effekte sind klein und die Vorhersagen über die künftige Erwärmung der Atmosphäre unterscheiden sich je nach benutztem Modell. Man kann aber den verschiedenen Gasen ein Treibhauspotential zuordnen. Entscheidende Größen sind die Absorptionseigenschaften der Gase und die Lebenszeit der Moleküle in der Atmosphäre.

Es wird versucht, die Lebenszeit eines Gases in der Atmosphäre abzuschätzen, indem die möglichen Abbaureaktionen betrachtet werden. Je unwahrscheinlicher der Abbau eines Moleküls, desto höher ist die Lebenszeit (life time) in der Atmosphäre. Das CO_2 ist an zwei verschiedenen Kohlenstoffkreisläufen beteiligt. Im biochemischen Kreislauf wird CO_2 in etwa fünf Jahren umgesetzt. Im geochemischen Kreislauf ist der Umsatz, vor allem durch den Austausch Atmosphäre–Ozean, viel langsamer. Die mittlere Lebenszeit von atmosphärischem CO_2 wird auf 120 Jahre geschätzt.

Die Treibhauspotentiale (global warming potentials) werden auf das CO_2 bezogen und für ein kg eines Gases bezogen auf ein kg CO_2 angegeben. Da die Lebenszeit der Gase in die Berechnung mit eingeht, haben absolute Werte nicht viel Sinn. Deshalb muß der betrachtete Zeithorizont immer mit angegeben werden. Üblich ist heute der Bezug auf 100 Jahre, in der Literatur werden aber auch Zahlen für 20 oder 500 Jahre angegeben. International akzeptiert sind Zahlen des Intergouvernmental Panel of Climatic Change (IPCC). Auf der Basis sogenannter 2D-Klimamodelle werden massenbezogene GWP angegeben. Bezugssubstanz ist das CO_2; der Zeithorizont beträgt 100 Jahre [12].

Die Ermittlung des Treibhauspotentials erfolgt über die Summation der einzelnen Beiträge klimarelevanter Gase zum Treibhauseffekt. Die Aggregation erfolgt über:

$$\text{Gesamt} - GWP = \sum_i GWP_i \cdot \text{Emissionsmenge}_i$$

Tabelle 7.4. Treibhauspotentiale angegeben als CO_2-Äquivalente; Zeithorizont 100 Jahre [12]

Verbindung	GWP	Verbindung	GWP
Kohlendioxid CO_2	1	R134a $CH2_FCF_3$	1 200
Dichlormethan CH_2Cl_2	9	R141b CH_3CFCl_2	630
Halon 1211 CF_2BrCl	4 900	R142b CH_3CF_2Cl	2 000
Halon 1301 CF_3Br	5 600	R143a CH_3CF_3	4 400
Methan CH_4	24,5	152a CH_3CHF_2	150
Lachgas N_2O	320	Trichlorethan CH_3Cl_3	110
R11 $CFCl_3$	4 000	Trichlormethan $CHCl_3$	5
R22 CHF_2Cl	1 700	Tetrachlormethan CCl_4	1 400
R113 $C_2F_3Cl_3$	5 000	Tetrafluoromethan CF_4	6 300
R114 $C_2F_4Cl_2$	9 300	Hexafluorethan C_2F_6	12 500
R12 CF_2Cl_2	8 500		
R123 $CHCl_2CF_3$	93		
R124 $CHFClCF_3$	480	CO	3
R125 CHF_2CF_3	3 200	NO_X (ind.)	7 ?
R13 CF_3Cl	11 700	C_nH_m	n ?

Die Wichtung des Treibhauseffektes sollte im Hinblick auf dessen langfristige, globale Auswirkung auf das gesamte Ökosystem erfolgen. Es sollte ferner berücksichtigt werden, daß er ursachenorientiert beeinflußbar ist und der Anteil der Industrie am Gesamtaufkommen der anthropogen erzeugten Spurengase bei etwa 30% liegt.

Katalytischer Ozonabbau in der Stratosphäre

Ozon (O_3) ist ein Spurengas der Atmosphäre, das im Höhenbereich von 10–50 km einen größeren Anteil an der Atmosphäre hat als in irgendeinem anderen Höhenbereich. Obwohl dieser Anteil nur wenige Anteile Ozon auf eine Million Teile Luft beträgt, ist dieser Anteil für das Leben auf der Erde äußerst wichtig: Ozon absorbiert ultraviolette (UV-)Strahlung in einem Wellenlängenbereich (UV-B), der gefährliche Auswirkungen auf Menschen und Ökosysteme hat. Die Ozonkonzentration der Atmosphäre wird durch ein dynamisches Gleichgewicht zwischen vielen physikalischen und chemischen Auf- und Abbauprozessen bestimmt [10].

Dieses Gleichgewicht wird aber erheblich gestört, beispielsweise durch antropogen emittierte Halogenkohlenwasserstoffe, die als Katalysatormolekül viele Ozonmoleküle zerstören können, ohne dabei selbst langfristig chemisch gebunden zu werden.

Gleichzeitig macht dies deutlich, daß Spurengaskonzentrationen im ppbv (parts per billion by volume) Ozonkonzentrationen die tausendmal höher sind, beeinflussen können. Der Abbauprozeß kommt erst zum Stillstand, wenn der Katalysator in langlebigen Substanzen gebunden wird.

Die Verringerung der Ozonkonzentration in der Stratosphäre zieht eine Reihe von Folgen nach sich. Es wird befürchtet, daß sich die damit zwangs-

Tabelle 7.5. Lebensdauer von halogenierten Kohlenwasserstoffen in der Stratosphäre [10]

Treibmittel	Lebensdauer [a]	Treibmittel	Lebensdauer [a]
R11	60	R123	1,6
R12	110	R134a	15,5
R22	15,3	R152a	1,7
R142b	19,1	FKW	ca. 300
R141b	7,8		

läufige Erhöhung der energiereichen UV-Strahlung sehr negativ auf das Leben auf der Erde auswirkt.

Akut denkbare Auswirkungen wären z.B. Wuchsveränderungen bzw. Minderung der Ernteerträge (Störung der Photosynthese), Tumorindikationen (Hautkrebs und Augenerkrankungen) und die Abnahme des Meeresplankton, was erhebliche Auswirkungen auf die Nahrungskette nach sich ziehen würde. Da UV-Licht die Erbsubstanz (DNA) zerstört bzw. kanzerogen wirkt, muß langfristig wohl mit einer Zunahme der Mutationsrate gerechnet werden.

Die Zerstörung der Ozonschicht ist ohne Zweifel ein globales Problem, das jedoch in seinem Auftreten und damit seiner Wirkung auf die Biota noch weitgehend jahreszeitabhängig und geographisch begrenzt ist. Es muß langfristig betrachtet werden, da die Zeiten, wie lange anthropogene Gase (z.B. FCKW) brauchen, um in die Stratosphäre zu gelangen und sich dort halten bis sie abgebaut sind, sehr groß sind (recovery time). Als Anhaltspunkt sind in Tabelle 7.5 einige Lebensdauern von halogenierten Kohlenwasserstoffen genannt [10].

Wegen der langen Lebensdauer von beispielsweise R11 und R12 haben trotz des vorübergehenden Produktionsrückganges Mitte der siebziger Jahre die atmosphärischen Konzentrationen von R11 und R12 noch weiter zugenommen. Die FCKW benötigen zu ihrem Aufstieg in die Stratosphäre längere Zeit. Dies bedeutet, daß eine große Emissionswelle sich im Effekt heute noch gar nicht niedergeschlagen hat.

Aus den Ergebnissen von Modellrechnungen für unterschiedliche ozonrelevante Stoffe ergeben sich die sogenannten „Ozonschädigende Potentiale" (ODP: Ozone Depletion Potential). Dabei wird ein festes Szenario mit fester Emissionsmenge eines Referenz-FCKW (R11 bzw. ODP als R11-Äquivalent) durchgerechnet. Als Ergebnis erhält man im Gleichgewicht einen bestimmten Wert der Gesamtozonreduktion.

Für jede Substanz, für die ein Ozonabbauwert bestimmt werden soll, wird dann das gleiche Szenario gerechnet, wobei diese Substanz die Referenzsubstanz ersetzt. Der dann erhaltene Ozonabbau wird zum Verhältnis gesetzt. Der tatsächliche Ozonabbau einer Substanz hängt somit sowohl vom ODP-Wert, als auch von der Emissionsmenge ab [10]. Nach WMO 1990 seien beispielhaft einige ODP-Potentiale für verschiedene Gase angegeben (Tabelle 7.6).

Die Schwierigkeit in der Betrachtung und Bewertung dieses Problems des Ozonabbaus liegt zum einen daran, daß der Zugang sich sehr aufwendig ge-

Tabelle 7.6. Ozonschädigendes Potential ODP angegeben als R11-Äquivalent [13]

Verbindung	ODP	Verbindung	ODP
R11	1	Halon 1201	1,4
R113	1,1	Halon 1202	1,25
R114	0,8	Halon 1211	4
R115	0,5	Halon 1301	16
R12	1,0	Halon 2311	0,14
R13	1,5	Halon 2401	0,25
R123	0,02	Halon 2402	7
R124	0,022	Tetrachlormethan	1,08
R141b	0,11	Methylbromid	0,6
R142b	0,065	Trichlorethan	0,11
R22	0,055	Hexachlorbenzol	0,02
		PCP	0,001

staltet (Hochatmosphärenmessungen) und der aktuelle Kenntnisstand über Atmosphärenchemie und -dynamik begrenzt sind. Zum anderen ist die Bedeutung bzw. der Anteil anthropogener Einflüsse noch nicht eindeutig quantifiziert. Der Anteil der „natürlichen Ozonschädigung" ist noch nicht hinreichend erforscht. Der Gesamtbeitrag zum Abbau des stratosphärischen Ozon wird ermittelt über die einzelnen Emissionsmengen und dem jeweiligen Ozonabbaupotential.

$$\text{Gesamt} - ODP = \sum_i ODP_i \cdot \text{Emissionsmenge}_i$$

Die Wichtung des ozonschädigenden Potentials sollte ebenfalls vor dem Hintergrund der langfristigen, globalen Auswirkungen geschehen, die meist irreversibel auftreten.

Versauerung

Viele natürlich vorkommende und lebensnotwendige Stoffe (Kohlendioxid, Nitrat, Phosphat usw.) werden dann zur Bedrohung von Organismen und Ökosystemen, wenn ihr Eintrag groß genug ist, um eingespielte Fließgleichgewichte zu verändern. Damit können bestehende Lebensbedingungen allmählich (Bodenversauerung, Klimaveränderung) oder auch plötzlich (Umkippen von Gewässern) verändert werden, mit entsprechenden Konsequenzen für Organismen und Ökosysteme. Die gravierendsten Umweltbelastungen heute (Waldsterben, Bodenversauerung, Gesundheitsbeeinträchtigungen) lassen sich alle auf Verbrennungsprozesse in Industrie, Kraftwerken, Haushalten, Kleinverbrauchern und Verkehr zurückführen.

In Europa wurde in den vergangenen Jahren eine zunehmende Versauerung der Niederschläge festgestellt („Saurer Regen"). Als Maß dient dabei der pH-Wert des Niederschlagwassers. Der pH-Wert ist definiert als der negative dekadische Logarithmus der Hydroniumionenkonzentration: $pH = -\log[H_3O^+]$. Die für die Versauerung verantwortlichen Spurengase sind in erster Linie Stickoxide (NO_x), Schwefeldioxid (SO_2) und Ammoniak (NH_3). Saure Niederschläge als Folge der Luftverschmutzung mit Schwefeldioxid und Stickoxiden bedeuten einen zusätzlichen Protoneneintrag bzw. Freisetzung ins Ökosystem. Damit kann sich der Anteil freier Wasserstoff-Ionen, mit dem der Säuregrad bestimmt wird, um mehrere Zehnerpotenzen erhöhen [14]. Das Ausmaß der nachteiligen Wirkung der Versauerung kann höchst unterschiedlich ausfallen. Man unterscheidet allgemein Wirkungen auf:

- Gebäude
- Vegetation
- Boden
- Gewässer
- Mensch

Meist treten die Störungen nicht unmittelbar nach der Einwirkung auf. Vielmehr werden erst nach längeren Einwirkungszeiten, oft nach Anreicherung chronische Schäden sichtbar. Da jedes Land mit den Luftströmungen einen Teil seiner Emissionen in andere Länder exportiert und ein Teil seiner Immissionen aus dem Ausland stammt, ergeben sich die Schadstoffdepositionen im Inland aus einer entsprechenden Bilanzierung. Die Schwefelbilanz der Bundesrepublik ist in etwa ausgeglichen. Der Schwefeleintrag beträgt im Mittel etwa 50 kg/(ha·a), wobei einige Regionen besonders stark belastet sind (Ruhrgebiet, Grenzgebiet zur Tschechischen Republik, etc.). Der mittlere Eintrag liegt etwa zehnfach über dem Bedarf der Ökosysteme [14].

Man kann Emissionen in Luft ein Versauerungspotential *AP* zuweisen, indem man die im Molekül vorhandenen S-, N-, und Halogenatome zur Molmasse ins Verhältnis setzt. Dabei zählt S doppelt, weil dieses Element potentiell eine zweibasige Säure (Schwefelsäure) bildet. Als Bezugssubstanz dient SO_2. Das Azidifizierungspotential *AP* soll eine Aussage erlauben, in welchem Maße ein Luftschadstoff zum Gesamtproblem beiträgt. Das *AP* kann sinngemäß auf Emissionen im Wasser übertragen werden. Das *AP* nach Leeuw berücksichtigt die wichtigsten anorganischen Säuren. In Tabelle 7.7 sind einige Werte sind als Richtgröße angegeben.

Der Gesamtbeitrag zur Versauerung wird ermittelt über die einzelnen Emissionsmengen und dem jeweiligen auf SO_2 bezogenen Versauerungspotential *AP.*

Tabelle 7.7. Versauerungspotential angegeben als SO_2-Äquivalent [15]

Verbindung	AP	Verbindung	AP
SO_2	1	Tetrachlormethan	0,83
SO_X	1	Trichlorethan	0,72
NO_X	0,7	Hexachlorbenzol	0,67
NO	1,07	PCP	0,6
H_2S	1,88	Ammoniak	1,88
HF	1,6		
HCl	0,88		

$$\text{Gesamt} - AP = \sum_i AP_i \cdot \text{Emissionsmenge}_i$$

Bei der Wichtung der Versauerung sollte Rücksicht auf die Tatsache genommen werden, daß dies zwar ein globales Problem darstellt, die Auswirkungen jedoch stark regional differenzieren können. Ferner ist es durch die Verwendung schwefelarmer Brennstoffe und geeigneter technischer Maßnahmen zur Schadstoffreduktion und Energieeinsparung durchaus möglich, das Problem nachhaltig in den Griff zu bekommen. Auch sind die Auswirkungen prinzipiell reversibel.

Eutrophierung

Als Eutrophierung wird der Vorgang bezeichnet, bei dem an einem Standort eine Nahrungs- und Nährstoffanreicherung erfolgt. Dieser Begriff wird für den Vorgang der Überdüngung durch natürliche und anthropogen bedingte Anreicherung und die dadurch auftretende Störung des biologischen Gleichgewichtes verwandt. Im allgemeinen Sprachgebrauch wird als Eutrophierung nur eine Überdüngung von Oberflächengewässern und Meeren verstanden.

Grundsätzlich kann die umweltliche Wirkung der Eutrophierung auf vier Bereiche aufgeteilt werden:

- Gewässer
- Boden
- Pflanzen/Nahrung
- Mensch

Unter der Voraussetzung, daß die natürlicherweise knappen Nähstoffe Stickstoff und Phosphor entscheidend zur Eutrophierung beitragen, kann zur Abschätzung des Beitrags verschiedener Stoffe ein Eutrophierungspotential definiert werden. Die im Molekül vorhandenen N- und P-Atome werden zum Molekulargewicht ins Verhältnis gesetzt. Als Bezugssubstanz dient das Phosphat-Anion. Sinnvollerweise betrachtet man hier Ionen, die sich beim Eintrag ins Wasser bilden. Diese Ionen werden auch üblicherweise in der Wasseranalytik erfaßt. Einen Überblick über das Eutropierungspotential EP verschiedener Stoffe nach LEEUW, angegeben als Phosphat-Äquivalent zeigt Tabelle 7.8.

Tabelle 7.8. Eutrophierungspotential EP angegeben als Phosphat-Äquivalent [16]

Verbindung	EP	Verbindung	EP
Phosphat (Luft)	1	Phosphat (Wasser)	1
Ammoniak	0,33	COD	0,022
Nitrat	0,42	NH_3	0,33
NO	0,2	NH_4^+	0,33
NO_X	0,13		

Der Gesamtbeitrag zur Eutrophierung wird ermittelt über die einzelnen Emissionsmengen und dem jeweiligen auf Phosphat bezogenen Eutrophierungspotential NP.

$$\text{Gesamt} - NP = \sum_i NP_i \cdot \text{Emissionsmenge}_i$$

Bei der Wichtung der Eutrophierung wird Rücksicht darauf genommen, daß es sich hierbei um ein regional auftretendes Problem handelt, das bedingt technisch beherrschbar sein kann. So erfolgt gelegentlich eine künstliche Belüftung mit Luft oder Sauerstoff (besonders in Kühlwasserfahnen von Kraftwerken). Im Prinzip handelt es sich ebenfalls wie bei der Versauerung um eine reversible Erscheinung.

Abfallentsorgung

Bei der Herstellung sämtlicher Produkte und Verbrauchsgüter in der Industrie, der Landwirtschaft, bei der Versorgung mit Grundstoffen sowie im häuslichen und kommunalen Bereich fallen Abfälle an, die entsorgt werden müssen. Dies kann durch Deponierung, Verbrennung, Vergasung sowie Müllverwertung geschehen. Die Abfallbeseitigung umfaßt also das Einsammeln, den Transport, die Beförderung, die Behandlung (Aufbereitung, Recycling, Verwertung), die Zwischen- und Endlagerung von Abfällen.

Bundesweit werden derzeit noch knapp 75% des anfallenden Hausmülls auf Deponien abgelagert [17]. In den Stadtstaaten Berlin, Hamburg und Bremen werden keine Hausmülldeponien mehr betrieben. In den übrigen Bundesländern liegt der Entsorgungsanteil über Deponien zwischen ca. 55% (Bayern und Schleswig-Holstein) und fast 100% (Niedersachsen) [17].

Da das Abfallaufkommen an sich im ganzen nur begrenzt beeinflußbar ist, wird immer mehr dazu über gegangen, den aufkommenden Müll zu verwerten. Eine Verwertung der Stoff- und Energieinhalte des Mülls und der Abfälle ist nicht nur ein wichtiges Konzept zur Ressourcenschonung, sondern trägt wesentlich zur Reduktion des Müllvolumens bei. Eine von allen angestrebte Abfallbeseitigung sollte so erfolgen, daß die verwertbaren Bestandteile der Abfälle möglichst vollständig, betriebssicher, wirtschaftlich und umweltfreundlich rezirkuliert oder energetisch günstig genutzt werden und entsprechend nur noch unbrauchbare Rückstände zur Endlagerung übrigbleiben. Für die Verwertung werden im wesentlichen folgende Verfahren eingesetzt [17]:

- Verfahren mit dem Schwerpunkt der Stoffverwertung
  - getrennte Sammlung von Altstoffen des Mülls (Glas, Papier, Metalle usw.)
  - mechanische Müllsortier- und Trennverfahren (Recyclingverfahren)
  - Kompostierung
  - Pyrolyse mit Wiederverwendung der Pyrolyseprodukte für Synthesezwecke
- Verfahren mit dem Schwerpunkt der Energieverwertung
  - Müllverbrennung mit Wärmeverwertung
  - Pyrolyse mit Einsatz der Pyrolyseprodukte als Energieträger

Für die einzelnen Abfallkategorien wird vor diesem Hintergrund ein Index definiert, der die Abfallmengen M_i ins Verhältnis zu den verfügbaren Deponie- und Entsorgungskapazitäten K_i setzt. Analog der Erfassung der Ressourcenverfügbarkeit werden hierbei die Engpässe identifiziert. Der Entsorgungsindex E_i wird definiert als:

$$E_i = \frac{M_i}{K_i}$$

Für die Bewertung wird diejenige Abfallkategorie mit den kritischsten Entsorgungskapazitäten, d.h. diejenige mit dem größten Index herangezogen.

Die Wichtung der Abfallentsorgungsproblematik erfolgt angesichts der Tatsache, daß sie sich zentral auf die Produktion sowie auf die erzeugten Produkte auswirkt und technisch beeinflußbar geworden ist.

Freisetzung toxisch wirksamer Stoffe

Umweltschadstoffe verteilen sich ihren physikalischen und chemischen Eigenschaften entsprechend über eine Vielzahl von Pfaden in der Atmosphäre, im Wasserkreislauf, im Boden und in Nahrungsketten. Manche Stoffe kodestillieren mit Wasser und gelangen daher in den atmosphärischen Wasserkreislauf. Einmal im Wasserkreislauf oder in der Atmosphäre angelangt, ist damit zu rechnen, daß sie sich über die gesamte Erde verteilen.

Eine wesentliche Randbedingung bei der Betrachtung von Toxizitätsparametern ist die Tatsache, daß Aussagen über mögliche Wirkungen toxischer Stoffe nur möglich sind, wenn konkrete Angaben zur jeweiligen Exposition, d.h. die resultierende lokale Konzentration und die damit jeweilige Aufnahme der Rezeptoren, bekannt ist. Dies ist jedoch bei heutigen Betrachtungen noch nicht möglich. Heutige Bilanzierungen erfassen nur die globale Emissionsmenge. Angaben bezüglich der Exposition sind daher nicht ableitbar. Hieraus kann die Schlußfolgerung gezogen werden, daß eine Betrachtung der Toxizitätsparameter nicht erfolgen kann. Dennoch wird im folgenden versucht, eine Abschätzung über die emittierten Stoffe vorzunehmen. Hierbei steht aber keine konkrete Exposition, sondern die Betrachtung eines Potentials im Vordergrund. Ziel dieser Vorgehensweise ist es, diejenigen Stoffe aus der umfangreichen Emissionsliste zu identifizieren, die erheblichen Einfluß auf Toxizitätsüberlegungen haben können. Ziel der hier vorgeschlagenen Vorgehensweise ist es daher nicht, bereits konkete Aussagen zur Human- und Ökotoxizität abzuleiten. Diese Aussagen bedürfen einer neuen Vorgehensweise, die derzeit am IKP entwickelt wird.

Prinzipiell wird je nach Auswirkung der einzelnen Schadstoffe in Humantoxizität (Wasser, Luft) und Ökotoxizität unterschieden. Hierbei kann es bei vielen Stoffen zu Anreicherungen in Sedimenten und Körperorganen sowie zur Konzentration durch Filter und selektive Verbrennungsprozesse in den Organismen kommen. Zu solchen Akkumulationsmöglichkeiten zählen [18]:

- Anreicherung durch Ablagerung (Sedimentation) in Gewässern:
  Ablagerungen entweder direkt aus dem Wasser, durch chemische Fällung oder durch Sedimentierung organischen Bestandabfalls können zu hohen

Konzentrationen im Sediment führen. Von dort aufgenommen und in der Nahrungskette weitergegeben wird die Anfangskonzentration mit jedem Schritt in der Nahrungskette weiter erhöht.

- Anreicherung durch Konzentration und Verdunstung (z. B. Blatt, Rinde): Wasserverdunstung an Oberflächen erhöht die Konzentration von Schadstoffen, die etwa mit dem Niederschlag ins Ökosystem gelangen. Chemische Bindungs- und Austauschvorgänge im Boden tun ein übriges.
- Anreicherung durch Filtrierer (Muscheln, andere Wassertiere): Aquatische Organismen, die Nahrung durch Filtrieren aus dem Wasser oder aus Sedimenten entnehmen, verursachen damit auch eine Anreicherung der im Wasser oder Sedimenten vorhandenen, der Nahrung anhaftenden Schadstoffe.
- Anreicherung im Körper durch fehlende Verbrennung oder Ausscheidung: Zur Akkumulation kommt es vor allem auch bei Stoffen, für die die Organismen keine Stoffwechselverfahren entwickelt haben, weil sie bisher in der Umwelt nicht zu finden waren. Schadstoffe reichern sich zunächst vorwiegend in den stoffwechselaktiven Organen an und werden dann bevorzugt in bestimmten Körperorganen eingelagert.
- Anreicherung durch Weitergabe in der Nahrungskette: Da der größte Teil der aufgenommenen Nahrungsenergie bei Atmung und Stoffwechsel verbraucht wird und nur etwa 10% im Körper verbleiben, verteilen sich die Schadstoffe nun auf diesen Teil. Dies entspricht einer Konzentration um das Zehnfache. Im Organismus kann auf diese Weise eine toxische Schadschwelle auch dann erreicht werden, wenn in Boden, Wasser, Luft nur sehr geringe Konzentrationen vorhanden sind. Die oberen Positionen der Nahrungskette (oft der Mensch) sind besonders gefährdet.

Insgesamt können sich so anfänglich völlig „harmlose" Konzentrationen um das Millionenfache erhöhen und so Organismen und schließlich ganze Ökosysteme gefährden. Die Problematik wird bei vielen Stoffen noch dadurch verschärft, daß sie keinen natürlichen Abbauprozessen unterliegen und in manchen Fällen sogar der Abbau in den Organismen zu noch potenteren bzw. gefährlicheren Schadstoffen (Metaboliten) führt. Man spricht dann von einem metabolitischen Abbau.

Toxisch wirksame Umweltschadstoffe lassen sich prinzipiell in zwei Typen von Wirkungsbeziehungen einteilen:

- Eine Schädigung tritt erst ab einer gewissen Mindestkonzentration, dem Schwellenwert, ein. Mit Gesundheitsschäden ist nicht zu rechnen, falls die Belastung unter diesem Schwellenwert bleibt.
- Eine Schädigung ist auch bereits bei allerkleinster Dosis möglich (lineare Dosis-Wirkungsbeziehung).

Zur Veranschaulichung dieser Wirkungen sind die Beziehungen zwischen Dosis und Wirkung für beide Fälle dargestellt (Bild 7.2).

Toxisch wirksame Umweltschadstoffe sind selten akut gefährlich für Organismen und Ökosysteme. Problematisch sind vor allem die chronischen (Langzeit-)Wirkungen auch in kleinsten Mengen. Man unterteilt Primär- und Sekundäreffekte. Die Primäreffekte umfassen folgende Punkte:

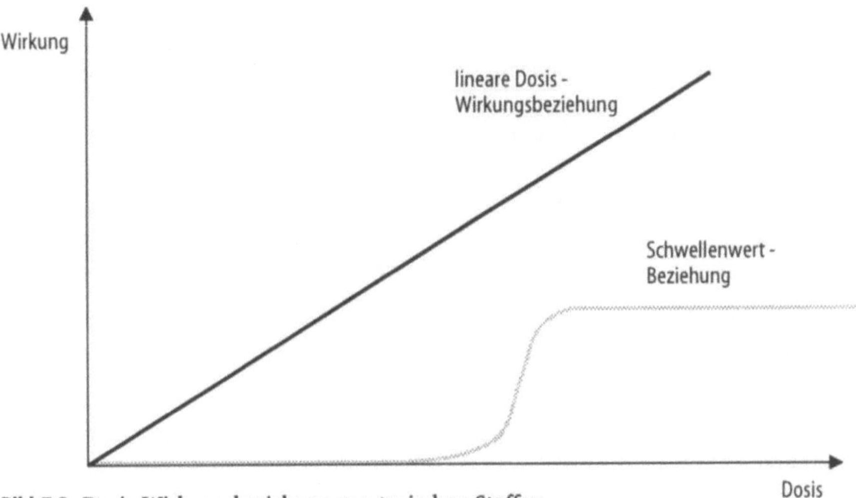

Bild 7.2. Dosis-Wirkungsbeziehung von toxischen Stoffen

- Toxizität gegenüber dem Menschen (Veränderungen von Körperzellen; Schädigung des ungeborenen Lebens; Schädigung der Enzymsysteme)
- Veränderung von Artenzahl und Zusammensetzung der Biozönose (Veränderungen der Lebensbedingungen für Organismen; Schädigung, Veränderung oder Zerstörung zentraler oder regelnder Komponenten in Ökosystemen)
- Veränderung des Genpools (Selektion; Veränderung der Keimzellen → genetische Mutation)
- Beeinträchtigung der Nahrungskette
- Einfluß auf den Stoffhaushalt (Abbaukapazität) von Böden und Gewässern (kritische Schädigung mikrobieller Kleinlebewesen)
- Waldschäden

Manche Organismen haben eine besonders wichtige Rolle im Ökosystem. Ihre Gefährdung kann den ganzen ökologischen Kreislauf in Unstimmigkeit versetzen. Negative Folgen sind besonders bei Schädigung der Bestandsabfallverzehrer, der Blütenzerstäuber, der Pflanzenfresser sowie der Räuber und Parasiten zu erwarten. Die Schädigung einer dieser kritischen Komponenten kann nachhaltige Folgen haben, da das Ökosystem (etwa beim Fehlen von Blütenbestäubern oder regulierenden Räubern) in einen anderen Gleichgewichtszustand kippen wird.

Die Schwierigkeit bei der Ermittlung von Schwellenwerten oder Belastungsgrenzen besteht darin, daß die Werte nicht zweifelsfrei festgelegt werden können bzw. nicht eindeutig nachvollziehbar sind. Deshalb wird an dieser Stelle auch auf „Risk Assessment"-Konzepte verwiesen. Es ist ebenso möglich, die Toxizität einzelner Stoffe zu der toxischen Wirkung eines bestimmten Stoffes in bezug zu setzen. So ergeben sich die Ökotoxizität, angegeben als auf Chrom bezogenes Ökotox-Äquivalent; die Humantoxizität Wasser und Luft, ebenfalls angegeben als Tox-Äquivalent, bezogen jeweils auf Schwefelsäure.

Tabelle 7.9. Ökotoxizität angegeben als Chrom-Äquivalente [3]

Emission in Luft	Ökotox	Emission in Wasser	Ökotox
Arsen in Luft	0,2	Arsen in Wasser	0,2
Benzol in Luft	0,029	Blei in Wasser	2
Blei in Luft	2	Chloride in Wasser	0,001
Cadmium in Luft	200	Chlororg. Stoffe in Wasser	0,01
Chrom in Luft	1	Cyanide in Wasser	0,045
Dioxine in Luft	1400	HC in Wasser	0,023
Kupfer in Luft	2	Phenol in Wasser	0,023
Nickel in Luft	0,33	Quecksilber in Wasser	500
Quecksilber in Luft	500	Schwermetalle in Wasser	2
Zink in Luft	0,38	TOC	0,023
		Zink in Wasser	0,38

Tabelle 7.10. Humantoxizität für Emissionen in Wasser angegeben als Schwefelsäure-Äquivalente [3]

Emission in Wasser	Tox-Äquivalent	Emission in Wasser	Tox-Äquivalent
Ammoniak in Wasser	0,04	Nitrate in Wasser	0,02
Ammonium-Ionen	0,04	Öle in Wasser	1
Arsen in Wasser	34	Phenol in Wasser	1,2
Blei in Wasser	19	Phosphat in Wasser	0,0001
Chloride in Wasser	0,07	Quecksilber in Wasser	120
Chlororg. Stoffe in Wasser	4,6	Sulphat in Wasser	0,001
Cyanide in Wasser	1,4	Schwefelsäure in Wasser	1
Eisen in Wasser	0,1	Schwermetalle in Wasser	170
HC in Wasser	1	TOC	1
HCl in Wasser	1	Zink in Wasser	0,07
NaCl in Wasser	0,05		

Tabelle 7.11. Humantoxizität für Luftemissionen angegeben als SO_2-Äquivalentwerte [3]

Emission in Wasser	Tox-Äquivalent	Emission in Wasser	Tox-Äquivalent
Arsen in Luft	3 900	Kupfer in Luft	0,2
Benzol in Luft	3,25	Lachgas N_2O	0,002
Blausäure HCN in Luft	2,2	Mangan in Luft	100
Blei in Luft	130	Methan in Luft	0,125
Bor in Luft	130	Nickel in Luft	400
Cadmium in Luft	480	NM VOC	0,125
Chlor in Luft	0,03	NO_x in Luft	0,65
Chrom in Luft	5,6	Quecksilber in Luft	100
CO in Luft	0,01	Schwefelsäure in Luft	1
Dioxine in Luft	2 750 000	SO_2 in Luft	1
Fluoride in Luft	0,4	Staub	0,0001
H2S in Luft	0,6	Thallium in Luft	2,75
HC in Luft	0,125	Vanadium in Luft	0,125
HCl in Luft	2,2	Zink in Luft	0,0275
HF in Luft	2,75		

Bei der Ökotoxizität handelt es sich um kombinierte Toxizitätsdaten bestimmter Stoffe für einige Spezies. Übliche Tests werden mit Goldorfen (Fische), Wasserflöhe (Kleinkrebse), Algen und neuerdings auch mit Muscheln sowie Leuchtbakterien durchgeführt. Derartige Tests sind in der Wasseruntersuchung (insbesondere Abwasser) lange erprobt und haben in Kombination mit anderen Tests ihren Wert. Als Beispiel sind in den Tabellen 9–11 einige Toxizitätswerte von Verbindungen als Ökotox-Äquivalente angegeben.

In die Wichtung sollte mit eingehen, daß toxische Substanzen meist begrenzt lokal auftreten und je nach Ausprägung sowohl reversibel, als auch irreversibel sein können. Eine stoffspezifisch ausgerichtete generelle Wichtung ist jedoch nicht möglich.

Photochemische Ozonbildung

Die verschiedenen Umweltprobleme sind eng miteinander vernetzt. So tragen CO_2-Emissionen von Industrie, Haushalten, Verkehr und Kraftwerken nicht nur erheblich zur allgemeinen Luftverschmutzung bei, sondern maßgeblich auch zum Treibhauseffekt. Ähnlich haben Kohlenwasserstoffe und Stickoxide, deren Entstehung zu einem ganz wesentlichen Teil auf den ständig ansteigenden Verkehr zurückzuführen ist, neben den oben schon beschriebenen Wirkungen als Treibhausgas bzw. Versauerungspotential, auch die unangenehme Eigenschaft, unter Einwirkung von Sonnenlicht, Ozon (O_3) in den unteren Luftschichten zu bilden.

Das Ozon, das in der Stratosphäre eine wichtige Schutzfunktion wahrnimmt, wirkt in der Troposphäre als schädliches Spurengas. Ozon gilt als Zellgift für alle Organismen (Toxizität). Schon geringe Konzentrationen führen beim Menschen zu Gesundheitsschäden. Deshalb ist die Bildung von Ozon, als Folge von Emissionen in die Luft, eine wichtige indirekte Schadwirkung solcher Emissionen. Der genaue chemische Vorgang, der zur Ozonbildung bzw. zum Ozonabbau in der Atmosphäre führt, ist relativ komplex.

Ozonabbau: Der wichtigste Umwandlungsprozeß für NO in der Atmosphäre ist die Oxidation durch Ozon, das auf diese Weise abgebaut wird. Es entsteht Sauerstoff (molekular) und Stickstoffdioxid:

$$NO + O_3 \rightarrow NO_2 + O_2$$

Die Reaktion läuft relativ schnell ab. Ohne Lichteinwirkung, z. B. nachts kann dies zu einem erheblichen Abbau des in der Troposphäre befindlichen Ozons führen; dies vor allem in Gebieten, wo NO in höherer Konzentration vorhanden ist (Innenstädte, Autobahnen). In fernen Waldgebieten findet man dagegen fast kein NO, dafür aber relativ viel Ozon.

Ozonentstehung: Die Umkehrreaktion ist es aber, die den meisten Umweltschützern Kopfzerbrechen bereitet. Bei Sonnenlicht wird das NO_2 durch Photolyse zerlegt, wobei wieder NO und O_3 entstehen [19]:

$$NO_2 + hm \ (290\text{–}430 \ nm) \rightarrow NO + O$$

(relativ langsame Reaktion; Geschwindigkeit hängt von der Lichtintensität ab) und

$$O + O_2 + M \rightarrow O_3 + M$$

(schnelle Folgereaktion, nicht geschwindigkeitsbestimmend, M steht für einen „Stoßpartner")

Das heißt Abbau und Erzeugung von Ozon und Stickstoffmonoxid konkurrieren miteinander. Zwischen O_3, NO_2 und NO entsteht ein sog. photostationäres Gleichgewicht, das durch die nachfolgende vereinfachende Gleichung beschrieben werden kann [19]:

$$NO_2 + O_2 \leftrightarrow NO + O_3$$

Die Ozonkonzentration hängt also vom NO_2/NO-Konzentrationsverhältnis und von der wirksamen Lichtintensität ab.

Kohlenwasserstoffe in der Atmosphäre haben nun die Eigenschaft dieses Gleichgewicht negativ zu beeinflussen, da sie in der Lage sind, durch die Bildung von Peroxiden das Stickstoffmonoxid weiter zu oxidieren. Allgemein sieht diese Reaktion wie folgt aus:

$$NO + RO_2 \rightarrow NO_2 + RO \qquad R \text{ steht für Molekülrest}$$

Daraus folgt, daß man auch den Kohlenwasserstoffen ein „Ozonbildungs-Potential" zuweisen kann. Aufgrund der Mitwirkung dieser Oxidantien wird das NO_2/NO-Verhältnis vergrößert, was bei starker Sonneneinstrahlung zu einer Erhöhung der Ozonkonzentration führt. Stickstoffoxide allein bewirken also noch keine sehr hohen Ozonkonzentrationen, es ist die Mitwirkung von Kohlenwasserstoffen und Sonneneinstrahlung erforderlich [19].

Photochemische Ozonbildung in der Troposphäre, auch „Sommer-Smog" genannt, steht stark in dem Verdacht, zu Wald-, Vegetations- und Material-schäden zu führen. Höhere Konzentrationen von Ozon sind humantoxisch. Kinder, Asthmatiker und Sportler sind vom Sommer-Smog besonders gefährdet. Größere körperliche Anstrengungen sollten bei der Überschreitung gewisser Richtwerte vermieden werden.

Zur genauen Quantifizierung der Ozonbildung durch verschiedene Stoffe definiert man ein sogenanntes „photochemisches ozonbildendes Potential", kurz PCOP. PCOP wird als Menge des photochemisch produzierten Ozons angegeben [20]. Um die verschiedenen Photooxidantien gegeneinander in Bezug zu setzen, gibt man sie als Ethen-Äquivalent an, d.h. man bezieht die einzelnen PCOP-Werte auf den Wert von Ethen (Ethen hat demnach den PCOP-Wert Eins). Genaue PCOP-Werte lassen sich aber eigentlich nur für eine gegebene Belastungssituation angeben, da die tatsächliche Ozonbildung unter anderem von der NO_x-Konzentration, der Witterung (Wind, Luftfeuchtigkeit) und der Lichtintensität abhängt.

Als Anhaltspunkt seien in Tabelle 7.12 einige PCOP-Werte nach [16] als Ethen-Äquivalent angegeben.

Bei der Wichtung der photochemischen Ozonbildung ist zu berücksichtigen, daß es sich um ein regional begrenztes und technisch beeinflußbares Problem handelt.

Tabelle 7.12. Photooxidantien Sommer-Smog angegeben als Ethen-Äquivalent [16]

Verbindung	PCOP	Verbindung	PCOP
Ethen	1	Ethylenoxid	0,377
Trichlorethan	0,021	Formaldehyd	0,421
Dichlorethan	0,021	Isopropanol	0,196
Alkohole	0,196	Ketone	0,326
Aldehyde	0,443	Methan	0,007
Benzol	0,189	Naphtalene	0,761
Caprocatam	0,761	NMVOC	0,466
Chlorophenol	0,00076	PAH	0,761
HC	0,398	Pentan	0,406
Aromate	0,761	Phenol	0,761
Chlorierte HC	0,021	Propan	0,42
Dichlormethan	0,01	Propen	1,03
Diethylether	0,398	Styrol	0,761
Diphenyl	0,761	Tetrachlormethan	0,021
Ethanol	0,268	Toluol	0,563
Ethylenglykol	0,196	Vinylchlorid	0,021

Lärm

Lärmminderung stellt eines der traditionellen Umweltschutzziele dar. Mögliche Kenngröße sind Schalldruckpegel bzw. bereits vorbewertete Schalldruckpegel, d.h. Größen wie dB bzw. dB(A). Kriterien zur Einstufung der jeweiligen Belastung der Umwelt können z.B. Häufigkeit, Dauer, Höhe des Schalldruckpegels, Frequenz usw. sein. Das Problem bei der Bewertung von Schallemissionen stellt sich mit dem spezifischen Empfinden einzelner Rezeptoren. Menschen weisen stark abweichende Belästigungsschwelle auf, die zudem stark von der emotionalen Vorbelastung des jeweiligen Probanten abhängig sind. Zudem tritt unterhalb der mechanischen Schädigung des Gehörs keine direkte Wirkung auf. Die Expositionsabhängigkeit ist in Analogie zur Freisetzung toxischer Substanzen als ein einschränkender Faktor zu nennen.

Vorgeschlagen wird daher die Kenngröße Lärm als Sachbilanzgröße zu beschreiben, sie gegebenenfalls in die Bewertung aufzunehmen und sie dort qualitativ zu diskutieren. In keinem Fall sind hierbei, wie von verschiedenen Autoren vorgeschlagen, nur die Transporte auf der Straße zu berücksichtigen, sondern vielmehr alle Dauerbelastungen und Belastungsspitzen stark zu gewichten. Beispielsweise kann als Belästigungspotential das 95tes Perzentil der durchschnittlichen Belastungsempfindlichkeit herangezogen werden.

Geruch

Ähnlich wie die Lärmbelastung stellt auch die Freisetzung übel riechender Substanzen einen umweltrelevanten Parameter dar. Im Gegensatz zur Lärmemission kann bei der Kenngröße Geruch keine eindeutige Meßgröße angegeben werden. Möglich Kriterien zur vergleichenden Beurteilung von geruchsrelevanten Emissionen sind z.B. Häufigkeit und Dauer, lokale Konzentration usw. Das Problem des spezifisches Empfindens stellt sich hierbei noch in viel größerem Maße als bei der Lärmproblematik. Da das Empfinden von Geruchsbelästigungen von Individuum zu Individuum stark unterschiedlich ausfällt und keine direkte Wirkung festzustellen ist, sowie zudem die starke Expositionsabhängigkeit der geruchsrelevanten Emissionen großen Einfluß haben, kann eine direkte Bewertung der Geruchsbelästigung nicht erfolgen.

Vorgeschlagen wird daher, die geruchsrelevanten Kenngrößen (z.B. als Emissionen in Luft) als Sachbilanzgröße zu erfassen und sie einzelfallspezifisch in der Bewertung diskutieren. In keinem Fall sind nur arbeitsplatzbezogene Kenngrößen zu berücksichtigen. Als Aggregationsgröße kann das Belästigungspotential auf das 95te Perzentil ausrichtet werden, wobei in einer Art „kritisches Volumen" Modell diejenige Luftmenge bestimmt wird, die ausreicht, die geruchsrelevante Emission unter die Empfindungsschwelle zu verdünnen.

Schwingungen

Schwingungen sind in diesem Zusammenhang als mechanische Schwingungen wie etwa als Vibrationen zu verstehen. Eine einheitliche Meßgröße bietet sich nicht an. Kriterien zur Bewertung von Schwingungen können z.B. Häufigkeit, Dauer und Frequenz sein. Als Hauptproblem stellt sich auch hier das spezifische Empfinden und die Tatsache, daß häufig keine direkte Wirkung beobachtet werden kann, dar. Es wird daher vorgeschlagen Schwingungen lediglich in Einzelfällen, d.h. bei besonders starken Belastung der unmittelbaren Umgebung qualitativ zu berücksichtigen, sonst aber wegen der mangelnden Beschreibbarkeit die Bewertung von Schwingungen nicht berücksichtigen.

Wärmestrahlung

Die Wärmestrahlung stellt eine weitere Kenngröße bei der Diskussion umweltrelevanter Kennwerte dar. Als mögliche Meßgröße kann die Stahlungsleistung in MJ/m^2 als Kenngröße dienen. Neben dem Aspekt der Entropieerzeugung aus den thermischen Verlusten von Prozessen, die sich als direkter Energieverbrauch und damit als Ressourceninanspruchnahme bzw. als Emissionsquellen darstellen, stellt die Abstrahlung von Wärme eine eigene Qualität der Störung der Umwelt dar. Kriterien zur Bewertung der Wärmestrahlung sind z.B. Häufigkeit, Dauer sowie die Höhe der Strahlungsintensität.

Das Problem stellt stellt sich wieder mit dem spezifischen Empfinden und der ggf. unterschiedlichen und nicht direkt meßbaren Wirkungen, sowie der Abhängigkeit von der jeweiligen Exposition dar. Vorgeschlagen wird daher die Wärmestrahlung als indirekte Sachbilanzgröße zu beschreiben sie qualitativ in der Bewertung diskutieren, sie aber nicht als eigenständige Wirkungskategorie zu betrachten, sondern vielmehr die Höhe der abgestrahlen Energiemenge als Maß für die Optimierungsfähigkeit des jeweiligen Prozesses zur betrachten. Dauerbelastungen und Belastungsspitzen sind bei der qualitativen Bewertung stark zu gewichten.

Ionisierende Strahlung

Die ionisierende Strahlung stellt in jedem Fall eine meßbare und in ihrer Wirkung breit diskutierte Kenngröße dar. Als Meßgröße bieten sich die Energiedosen, gemessen in Gray, Gy sowie die Aktivität der Strahlungsquelle, gemessen in Bequerell, Bq an. Als Bewertungskriterien können Häufigkeit, Dauer und Höhe der Strahlungsintensität angegeben werden. Da zum heutigen Zeitpunkt direkte Wirkung nicht genau bekannt sind, bzw. als Langzeitwirkung häufig sehr unterschiedlich ausfallen, wird vorgeschlagen, die Belastung durch ionisierende Strahlung als einen Teil des Aspekts Humantoxizität zu begreifen. Vorgeschlagen wird daher, die ionisierende Strahlung als Sachbilanzgröße zu beschreiben und sie im Rahmen der Öko- und Humantoxizität während der Bewertung zu diskutieren, wobei der Betrachtung der Exposition besondere Bedeutung zukommt.

Hochfrequente elektromagnetische Strahlung

Die Emission hochfrequenter elektromagnetischer Strahlung stellt eine stark diskutierte Kenngröße bei der Diskussion umweltrelevanter Parameter dar. Als mögliche Meßgröße kann die Strahlungsleistung in W/m^2 als Kenngröße dienen. Neben dem Aspekt der Verluste, die diese Emissionen verursachen, stellt die Abstrahlung hochfrequenter elektromagnetischer Felder eine eigene Qualität der Störung der Umgebung dar. Kriterien zur Bewertung der Strahlung sind z. B. Häufigkeit, Dauer und Höhe der Strahlungsintensität sowie die jeweilige Frequenz.

Das Problem stellt sich wieder mit dem spezifischen Empfinden der jeweiligen Spezies und der ggf. unterschiedlichen und nicht direkt meßbaren Wirkung sowie Abhängigkeit von der jeweiligen Exposition dar. Vorgeschlagen wird daher die Wärmestrahlung als indirekte Sachbilanzgröße zu beschreiben, sie qualitativ in der Bewertung diskutieren, sie aber nicht als eigenständige Wirkungskategorie zu betrachten. Die Strahlungsbelastung kann auch als ein Teil des Kriteriums Human- und Ökotoxikologie verstanden werden. Dauerbelastungen und Belastungsspitzen sind bei der qualitativen Bewertung stark zu gewichten. Gleiches kann mit Einschränkungen auch für die Exposition von elektrischen oder magnetischen Feldern gelten. Hierbei ist allerdings zu berücksichtigen, daß eine direkte Wirkungsbetrachtung sehr stark umstritten ist.

7.1.4
Möglichkeiten der Normalisierung

Dieser Schritt befaßt sich mit einer Abschätzung der Umweltprobleme. Er stützt sich auf die in Abschn. 7.1.3 ermittelten Werte und Erkenntnisse unter Berücksichtigung der Verläßlichkeit und Gültigkeit dieser Fakten.

Grundsätzlich sind zwei Bereiche zu unterschieden:

- Normalisierung der Ergebnisse bzw. Potentialwerte einer ganzheitlichen Betrachtung bezüglich der Beiträge einzelner Umweltbelastungen im gesellschaftlichen Umfeld
- Untersuchung der Zuverlässigkeit und Gültigkeit der Ergebnisse

Als Ergebnis der Normalisierung erhält man eine Art „Umweltprofil", die bei einem Produktvergleich genauso nützlich sein kann wie bei der Untersuchung über Verbesserungsmöglichkeiten eines Produktes. Beim Vergleich werden die einzelnen Werte an sich betrachtet bzw. ins Verhältnis gesetzt, während bei einer Produktverbesserung vor allem die zur Verbesserung vorgesehenen Bereiche untersucht werden. Es ist allgemein ersichtlich, daß bei dieser Art der Normalisierung soziale Werte und Schwerpunkte eine entscheidende Rolle spielen. Diese Werte können unter Zuhilfenahme der Kosten, der Unternehmensziele und der Politik definiert werden. Oder man bedient sich verschiedener Experten bzw. Expertisen, um so die verschiedenen Werte im einzelnen analysieren zu können. Grundsätzlich kommen dafür qualitative und quantitative Analysen zum Tragen.

In einer solchen qualitativen, alle Problemfelder berücksichtigenden Analyse, werden die einzelnen Parameter bzw. Problemfeld-Potentiale individuell gegeneinander gewichtet. Individuell will heißen, daß bei jeder Studie die Gewichtung im einzelnen festgelegt werden muß. So ist eine Einschätzung stets möglich und individuelle qualitative Gesichtspunkte können berücksichtigt werden.

Bei einer quantitativen Betrachtung werden die einzelnen Werte in einer vorgegebenen formalisierten Art und Weise miteinander verglichen. Das heißt, daß die Gewichtung nach einer im Vorfeld genau festgelegten Aufstellung erfolgt. Die Potentiale bzw. Äquivalente werden mit Gewichtungsfaktoren multipliziert und die Ergebnisse zu einer Art „Umwelt-Index" summiert. Der entscheidende Nachteil einer solchen Vorgehensweise ist, daß qualitative Aspekte schlecht berücksichtigt werden können und daß der abschließend erhaltene „Umwelt-Index" eine wissenschaftliche Exaktheit vermittelt, die so nicht gegeben ist. Ein bedeutender Vorteil ist die Reproduzierbarkeit der Ergebnisse. Die Gewichtungsfaktoren können anhand einer Fallstudie z. B. für ein Jahr festgelegt werden. So ist es möglich, durch die relativ große Transparenz und einfache Vorgehensweise Kosten zu sparen.

Eine Bewertung der Zuverlässigkeit und Gültigkeit der Ergebnisse ist bei jeder Bilanzierung anzuraten, da eine solche sonst nur von geringem Wert ist. Dieser Schritt umfaßt eine Sensitivitätsanalyse, die den Einfluß der Unsicherheit der einzelnen Daten sowie die getroffenen Annahmen und Entscheidungen berücksichtigt. Die Verläßlichkeit der Ergebnisse kann z. B. durch die klassische Fehlerrechnung erfolgen, die den einzelnen Ergebnissen eine entsprechende Fehlerquote zuweist.

Bei den meisten Untersuchungen wird aber einer solchen Bewertung der Verläßlichkeit der ermittelten Daten keine große Aufmerksamkeit geschenkt. Jedoch sollte, gerade was die Glaubhaftigkeit Ganzheitlicher Bilanzierungen in der Zukunft anbelangt, einer solchen Abschätzung größere Bedeutung zukommen.

7.1.5
Möglichkeiten der Wichtung

Um eine Wichtung der einzelnen Problempunkte besser vornehmen zu können, bedient sich die VNCI-Gruppe in ihrem Modell einer Bildung von Bewertungsklassen. Dieser Vorschlag sei in Anlehnung an [20] als Leitfaden aufgeführt:

Tabelle 7.13. Bildung von Bewertungsklassen [20]

Klasse	Merkmale	Problemfelder	Wichtung
I	*global*		10–7
	lange Wirkhorizonte;	Treibhausproblem	10
	irreversibel; lebenswichtig	Ozonabbau	7
		Ressourcenverbrauch	9
II	*regional*		4–6
	technisch beeinflußbar;	Versauerung	6
	reversibel	Eutrophierung	4
		Photosmog	4
III	*lokal*		2–6
	Technosphäre	Abfallentsorgung	6
		Flächenverbrauch	3
		Lärm	3
		Geruch	2
IV	*übergreifend*	Freisetzung toxischer Stoffe	2–10

7.2
Methodik zur technisch-wirtschaftlichen Bewertung

Die Ganzheitliche Nutzwert-Analyse (GNA) ist kombiniert mit 3D-Portfolio-Methode praxisorientiert, systematisch, qualitativ leicht modifizierbar und damit einzelfallspezifisch anwendbar. Sie baut sich aus den drei Dimensionen technisch, wirtschaftlich und umweltlich auf und läßt sich anschaulich darstellen. Die unternehmerische Verantwortung und Entscheidungsfreiheit bleibt voll erhalten, da alle Randbedingungen und Gewichtungen durch das Unternehmen selbst bestimmt werden. Die GNA und die 3D-Portfolio-Methodik sind Varianten bewährter Analysen, wie sie seit Jahrzehnten bei Wirtschaftlichkeitsberechnungen und Strategiefragen in Unternehmen angewandt werden [21].

Bild 7.3 zeigt das Ablaufschema einer Ganzheitlichen Nutzwert-Analyse (GNA). Nach der Definition der zu untersuchenden Varianten (Bauteile, Verfahren) wird ein Kriterienkatalog nach technischen, wirtschaftlichen und umweltlichen Gesichtspunkten erstellt. Bild 7.3 faßt die erforderlichen Teilschritte zusammen und gibt die entsprechenden Gewichtungen an.

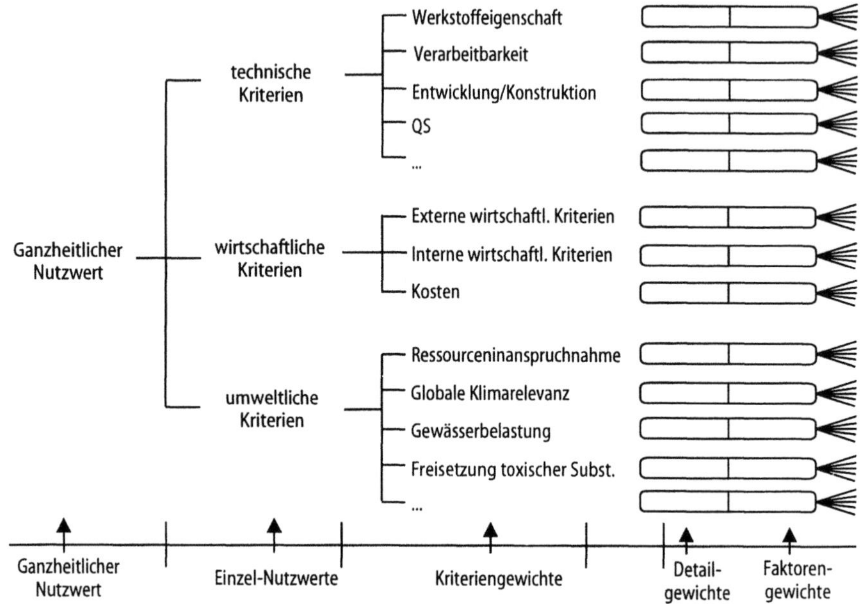

Bild 7.3. Teilschritte der Ganzheitlichen Nutzwert-Analyse [21]

Es sind das

$$\text{Faktorengewicht } (F)\% = \frac{\text{Kriteriengewicht } (K)\% \cdot \text{Detailgewicht } (D)\%}{100\%}$$

und der

$$\text{Einzel-Nutzwert } (EN)\% = \frac{\text{Faktorengewicht } (F)\% \cdot \text{Erfullungsgrad } (E)\%}{100\%}$$

Der Erfüllungsgrad E reicht von 1 = schlecht bis 10 = sehr gut.

Die Vorgehensweise ist wie folgt: Zunächst werden die jeweiligen Einzelkriterien für das betreffende Bauteil identifiziert. Dies hat insbesondere für die technische Bewertung große Bedeutung. Die Auswahl erfolgt in zwei Schritten. Im ersten Schritt werden die sogenannten Zentralanforderungen aus dem technischen Pflichtenheft aufgenommen. Diese zentralen Anforderungen finden sich in der Beschreibung des Lastenhefts. Sie umfassen insbesondere Kriterien wie Bauteilverhalten unter verschiedenen Belastungen, funktionelle Eigenschaften, Werkstoffspezifika, Montage und Recyclinganforderungen usw. Im zweiten Schritt werden diese Kriterien dann verfeinert, d.h. daß für die einzelnen Themenbereiche detaillierte Einzelaspekte definiert werden, die das genaue Anforderungsprofil besser beschreiben. Diese Aspekte werden als Detailkriterien bezeichnet.

Hieran schließt sich dann der eigentliche Bewertungsvorgang an. Zunächst wird die Frage der Bedeutung der jeweiligen Zentralanforderungen diskutiert.

Die verfügbaren 100% zur Gesamtbedeutung werden auf die einzelnen Kriterien verteilt. Dies erfolgt immer einzelfallspezifisch. Damit ist die Vorpriorisierung abgeschlossen. Dieselbe Vorgehensweise wird für die zuvor definierten Detailkriterien angewandt. Auch hier wird die Bedeutung entsprechend in Prozentpunkten angegeben. In der Summe ergibt sich für jedes Hauptkriterium die Kontrollsumme zu 100%. Mit den nun vorliegenden Prozentzahlen kann die jeweilige relative Bedeutung der Einzelkriterien bestimmt werden. Sie ergibt sich über die Multiplikation der beiden Einzelangaben und wird als Faktorengewicht bezeichnet. Hieran schließt sich dann die eigentliche Wertung an.

Am Beispiel eines Praxisbeispiels soll nun im folgenden die praktische Umsetzung dieser Methode aufgezeigt werden.

7.3
Praxisbeispiel zur Ganzheitlichen Bewertung

7.3.1
Gegenstand und Ziel der Untersuchung

Das Ziel der hier angestellten Untersuchung war es, vier unterschiedliche PKW-Kotflügel-Konstruktionen für ein Fahrzeug der Kompaktklasse zu untersuchen. Diese Untersuchung wurde insbesondere vor dem Hintergrund der bestmöglichen Materialauswahl zur Identifikation der Ressourcenbelastung und der Umweltrelevanz der einzelnen Werkstoffe für die Situation in Deutschland anhand ausgewählter Automobilbauteile angestellt. Das Ziel war insbesondere, die Möglichkeiten, aber auch die Nachteile der verschiedenen Werkstoffe aufzuzeigen. Hierzu sollte der gesamte Lebensweg der Bauteile inklusive eines Recyclingschrittes und der erneuten Nutzung untersucht werden. Die zu vergleichenden Alternativen sind Stahlblech, Aluminiumblech, ein spritzgegossenes Polypropylenoxid-Polyamid Blend (PPO/PA), sowie eine Konstruktion, die in SMC (ungesättigtes Polyesterharz-System mit Glasfaserverstärkung) ausgeführt wurde. Die technischen Anforderungen sind für alle vier Konstruktionen in wesentlichen Punkten gleichwertig. Tabelle 7.14 zeigt die Werkstoffe, Wandstärken und Gewichte der Alternativen.

Grundlage der Untersuchung war eine praxisnahe Durchführung der Arbeit, die eine aktuelle Beschreibung für die PKW-Fertigung in Deutschland

Tabelle 7.14. Untersuchte Werkstoffe und Gewichte der Kotflügel

Werkstoff	Wandstärke [mm]	Gewicht [kg]
Stahl	0,7	5,6
SMC	2,5	4,97
PPO/PA	3,2	3,35
Aluminium	1,1	2,8

für die Jahre 1992–1994 darstellt. Alle zugrunde gelegten Informationen und Daten stammen aus der Wirtschaft und stellen einen repräsentativen Querschnitt für die gewählten Alternativen dar. Die Untersuchung wurde durchgeführt für Kotflügelkonstruktionen von Kompaktklassefahrzeugen, um die Einsatzmöglichkeiten der verschiedenen Werkstoffe in diesem darzustellen.

Die Betrachtung der Produktlebenszyklen beginnt mit der Gewinnung der unterschiedlichen Rohstoffe, bzw. der Bereitstellung der sekundären Rezyklat-Rohstoffe. Sie umfaßt ebenso die Aufbereitungs- und Verarbeitungsschritte der Kotflügelvarianten einschließlich der Nutzung. In gleicher Weise wurden alle erforderlichen vorgelagerten Prozeßketten, wie z.B. Transporte und Energiebereitstellung mitberücksichtigt. Die Bilanz beschreibt auch die Nutzungsphasenunterschiede für die vier Konstruktionen. Das Recycling wurde so bilanziert, daß ein Einsatz des Sekundärmaterials in derselben Anwendung realisiert werden kann. Der gesamte Untersuchungsrahmen umfaßt also zwei Produktnutzungsphasen sowie die Werkstoff- und Bauteilherstellung für Primär- und Sekundärmaterial.

7.3.2
Datenbasis und Vorgehensweise

Daten sind in diesem Zusammenhang all diejenigen Informationen, die geeignet sind, die Werkstoff- und Bauteilherstellung zu beschreiben. Solche Informationen sind z.B. Stoff- und Energieströme, Prozeßbäume, Stoffverbrauchstabellen, Ausschußquoten, Angaben von Zulieferanten, Informationen über die lokale Energiebereitstellung, die Produktion und Nutzung von Sekundärenergieträgern wie Preßluft oder Dampf, Standorte von Produktionseinrichtungen, Transportentfernungen, Transportmittel usw. Die Auswahl und Vorgehensweise zur Bilanzierung der relevanten Prozeßschritte richtet sich vor allem nach dem Ziel und dem Erkenntnisinteresse, welches der Untersuchung zugrunde liegt. Für das vorliegende Beispiel wurde folgende Vorgehensweise gewählt:

- Identifikation und Beschreibung der jeweiligen Prozeßketten einschließlich der Querverbindungen und Seitenströme;
- Sammlung von Primärdaten bezüglich Material- und Energieströmen:
  - Verbrauch von Energie (erneuerbar und nichterneuerbar),
  - Verbrauch stofflicher Ressourcen (erneuerbar und nichterneuerbar),
  - Emissionen in Luft,
  - Emissionen in Wasser,
  - Abfälle und Produktionsrückstände,
  - Koppel- und Nebenprodukte.

Alle Informationen wurden in der Industrie, d.h. bei Produzenten und Lieferanten gesammelt und mit Ergebnissen aus parallelen Untersuchungen ergänzt, um verallgemeinerte Daten zu erhalten.

- die erforderlichen Transporte wurden hinsichtlich Transportdistanz, Transportmittel, Auslastung berücksichtigt;

- die Produktion und Verteilung von Primärenergieträgern (Erdöl, Erdgas, Kohle) wurde als Importmix für Deutschland bilanziert;
- die Produktion und Verteilung von Sekundärenergieträgern (Strom, Dampf als Funktion von Druck und Temperatur, sowie Druckluft) wurde ebenfalls als Industriemittelwert bilanziert;
- Aufwendungen zur Luft- und Wasserreinhaltung wurden als Industriemittelwerte bilanziert;
- die Abfallbeseitigung wurde über Mittelwerte berücksichtigt.

Die Datensammlung kann hierbei nicht als ein linearer Prozeß verstanden werden. Die Erfassung belastbarer Informationen bedarf mehrerer Iterationsschleifen, die nur in enger Zusammenarbeit mit der Wirtschaft realisierbar sind.

Tabelle 7.15 gibt die Datenquellen, sowie die hauptsächlichen Randbedingungen zur Bilanzierung der verschiedenen Kotflügel wieder.

Für die Betrachtung von Automobilbauteilen zeigt die Erfahrung, daß die Nutzungsphase im Bezug auf Energieverbrauch und CO_2-Emissionen von mitentscheidender Bedeutung ist. Die Hauptursache für das unterschiedliche Umweltverhalten in der Nutzungsphase ist für Karosseriebauteile in dem spezifischen Gewichtsbeitrag zum Gesamtfahrzeug zu sehen. Aus diesem Grund ist eine geeignete Methode zu definieren, die es erlaubt, die Differenzen aufgrund der Gewichtsunterschiede in der Nutzungsphase zu bilanzieren.

Hierbei ist maßgeblich das Gesamtgewicht des Fahrzeugs verantwortlich für den Treibstoffverbrauch zur Bewegung des Systems. Hiermit einher gehen analog die Aufwendungen zur Treibstoffher- und -bereitstellung. Jedes einzelne Bauteil trägt über sein spezifisches Gewicht zum gesamten Treibstoffbedarf bei. Ein Hauptproblem hierbei ist, daß kaum experimentelle Ergebnisse für den Fahrbetrieb von Fahrzeugen mit den jeweiligen Alternativen vorliegen. Aus diesem Grund muß hier mit Modellannahmen gerechnet werden.

Hierbei geht man vom traditionellen System als Bezugsbasis aus. Im vorliegenden Fall handelt es sich hierbei um den Kotflügel aus Stahlblech. Für das Gesamtfahrzeug ist, wenigstens als Mittelwert für die Fahrzeugflotte, ein durchschnittlicher Treibstoffverbrauch bekannt. Ebenso sind die möglichen Gewichtsänderungen für die Alternativbauteile bekannt. Im vorliegenden Fall handelt es sich ausschließlich um Gewichtsersparnisse. Messungen und Annahmen verschiedener Automobilhersteller lassen die Annahme zu, daß die Treibstoffersparnis aufgrund der Gewichtsreduktion zwischen 2,5% und 6% je 10% Gewichtsreduktion liegen.

Für das vorliegende Beispiel wurde ein mittlerer Wert von 4,5% gewählt. Als Durchschnittsverbrauch wurde ein Mittelwert für verschiedene Testverbräuche von Kompaktklassefahrzeugen angenommen. Hieraus läßt sich die anteilige Treibstoffmenge bestimmen, zu der ein Kotflügel über die Nutzungsphase beiträgt. Für diese berechneten Verbräuche lassen sich nun die Aufwendungen zur Treibstoffproduktion und Bereitstellung kalkulieren.

Hinsichtlich des Recyclings am Ende der Nutzungsphase zeigt sich die Problemstellung besonders deutlich beim SMC. Am Ende der Nutzungsphase steht die Entscheidung an, ob das Bauteil demontiert wird, um einem Rezy-

Tabelle 7.15. Datenherkunft und Randbedingungen

	Stahl	Aluminium	SMC	PPO/PA
Rohstoffe	Industriedaten aus Europa, Stand 1994 Exploration vernachlässigt Emissionen in Wasser für Kohle- und Erzabbau vernachlässigt	Al-Importmix und Eigenproduktion D Stand 1993 Exploration vernachlässigt, Sprengstoffe vernachlässigt	Industriedaten aus Europa Stand 1994 Exploration vernachlässigt Emissionen in Wasser vernachlässigt; Glas energetisch betrachtet	Industriedaten aus Europa Stand 1993 Exploration vernachlässigt
Werkstoffherstellung	Kohle und Koks industrieller Stand betrachtet, Stand 1994; Stahl- und Walzwerk sowie Verzinkung Stand 1992	Tonerde Produktion und Elektrolyse (incl. Energie) als Importmix bilanziert Stand 1992-1993	Glasfasern und UP-Harz lieferantenspezifisch bilanziert, Stand 1993, ergänzt mit Literaturdaten (1993)	PPO- und PA-Herstellung sowie Compoundierung als Industriemix bilanziert, Stand 1993
Fertigung	Preßwerk 1994, 100% Produktionsrecycling	Preßwerk Mittelwert für Deutschland 1994, 100% Produktionsrecycling	Verarbeitung über 3 Zulieferer gemittelt, Produktionsrecycling berücksichtigt	Spritzguß über 4 Verarbeiter gemittelt, Produktionsrecycling berücksichtigt
Recycling	Stanzreststoffe zu 100% über Konverter Bauteilrecycling via Konverter (85%) und Elektroofen (15%)	Stanzreststoffe zu 100% im Umschmelzofen, incl. Salzschlacken-Recycling	Rezyklierte Produktionsreststoffe ersetzen 30% Primärmaterial zusätzliche Gewichtsersparnis (8%) wegen niedriger Dichte	Produktionsrecycling berücksichtigt Bauteilrecycling zu 30% als Ersatz Primärmaterial sowie 70% Deponie
Energiebereitstellung	Standortspezifisch oder lokaler Netzmix	Standortspezifisch oder lokaler Netzmix	Standortspezifisch oder lokaler Netzmix	Standortspezifisch oder lokaler Netzmix
Transport	Lieferantenspezifisch	Lieferantenspezifisch	Lieferantenspezifisch	Lieferantenspezifisch
Datenqualität	Primärdaten 1993/1994 sehr gut	Primärdaten 1994 gut	Primärdaten (1993, 1994) und Literatur gut	Primärdaten (1993, 1994) und Literatur gut

klieren zur Verfügung zu stehen oder nicht, was in diesem Fall dann die Deponierung zur Folge hätte.

Für das vorliegende Beispiel wurde der bestmögliche Ansatz zum Recycling berücksichtigt. Nachdem das SMC-Bauteil demontiert wurde, wird das SMC fein zermahlen und zu 30% wieder der Neuware zugesetzt. Hierbei ersetzt das Rezyklatmaterial z.T. die verstärkenden Glasfasern sowie überwiegend das Füllmaterial Kalkstein. Dieser Vorgang wird als Partikelrecycling bezeichnet. Zusätzlich zur Einsetzbarkeit von Rezyklatwerkstoffen bietet der Werkstoff SMC hier einen weiteren Vorteil: das neuformulierte Material zeichnet sich durch eine um ca. 8% geringere Dichte aus, was bei gleichbleibenden technischen Anforderungen einen zusätzlichen Treibstoffinspareffekt mit sich bringt. In ähnlicher Weise wurde für die anderen Werkstoffe die nach heutigem Stand bestmögliche Recyclingroute gewählt.

7.3.3
Ausgewählte Ergebnisse der Sachbilanz

Im folgenden werden ausgewählte Ergebnisse der Sachbilanz der Kotflügelvarianten dargestellt. Die vollständige Sachbilanz umfaßt ca. 90 unterschiedliche Luftemissionen, etwa 60 Wasseremissionen, sowie etwa 30 Ressourcenparameter und viele verschiedene Abfallkategorien.

Eine solche Vielfalt ist weder nachvollziehbar und transparent darstellbar noch gar interpretierbar. Deshalb werden an dieser Stelle beispielhaft die häufig betrachteten energetischen Ressourcen, sowie Luftemissionen behandelt. Diese Diskussion dient als Basis für die anschließend durchgeführte Abschätzung der umweltlichen Wirkungen und der Bewertung der Kotflügelvarianten aus den vier Werkstoffen.

Der Verbrauch an Energie ist einer der meistbesprochenen Aspekte bei der Betrachtung von Automobilbauteilen. Die Erfahrung zeigt, daß der Energiebedarf ein Parameter zur Beurteilung von Produkten sein kann, da insbesondere Luftemissionen und Rohstoffverbräuche sehr eng an die Energiebereitstellung gekoppelt sind. Insgesamt ist aber die reine Betrachtung der Energie nicht zielführend und wird häufig überbewertet, da zentrale Parameter nicht mit dem Energieverbrauch gekoppelt sind.

Bild 7.4 zeigt den Energieverbrauch für die vier verschiedenen Kotflügelvarianten über den beiden Lebensabschnitten aufgetragen. Die Darstellung beinhaltet die Aufwendungen zur Herstellung des Ursprungsbauteils sowie des rezyklierten Elementes.

Grundlage dieser Untersuchungen war ein durchschnittliches Fahrzeug der Kompaktklasse mit Otto-Motor. Für dieses Fahrzeug wurde ein Gewicht von 1000 kg und ein Durchschnittsverbrauch von 8 Liter Benzin je 100 km angenommen.

Die gesamte Lebensdauer wurde mit 150 000 km angesetzt, was einer durchschnittlichen Lebensdauer von Kompaktklassefahrzeugen mit Otto-Motoren entspricht.

Die Werte bei der 0 km Linie repräsentieren die Aufwendungen zur Herstellung der Kotflügel und deren Ausgangsmaterialien. Die unterschiedlichen

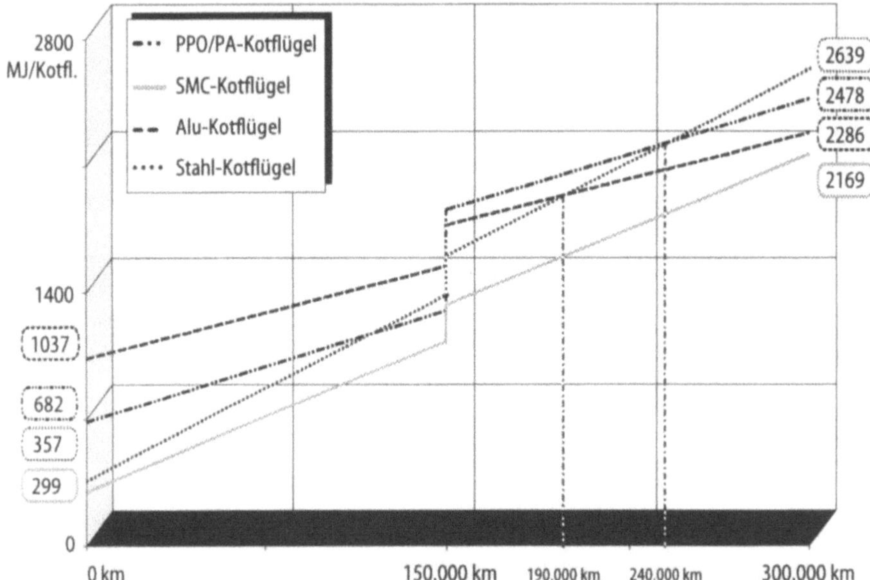

Bild 7.4. Energiebedarf zur Herstellung, Nutzung, Recycling und erneuter Nutzung unterschiedlicher Pkw-Kotflügel

Steigungen der Geraden über die Nutzungsphase spiegeln die unterschiedlichen Gewichte der jeweiligen Werkstoffe wieder.

Der Sprung bei 150 000 km ist das Ende der ersten Nutzungsphase mit dem Recycling der alten Bauteile und der Herstellung der Bauteile für den zweiten Einsatz. Die zweite Nutzungsphase ist wieder mit den Geraden unterschiedlicher Steigung wiedergegeben. Die Betrachtung endet mit dem Ende der zweiten Nutzung.

Daß die reine Betrachtung der Energieaufwendungen nicht ausreicht, zeigen die folgenden Darstellungen. Hierbei wird deutlich, daß die Betrachtungen zwingend auf den Ressourceneinsatz und die freigesetzten Emissionen zu erweitern sind.

Die Auswahl der Energieträger und die Bereitstellung der Nutzenergie hat entscheidenden Einfluß auf die umweltrelevanten Aspekte. Bild 7.5 zeigt die jeweiligen Verbräuche stofflicher Ressourcen an ausgewählten Beispielen.

Während Bild 7.5 die anteiligen Verbräuche der Ressourceninanspruchnahme wiedergibt, betrachtet Bild 7.6 die Freisetzung ausgewählter Luftemissionen. Da hier nicht die Sachbilanz im Vordergrund steht, sondern die Darstellung der Erfordernisse und Möglichkeiten zur Ganzheitlichen Bewertung, wird an dieser Stelle auf die Diskussion der dargestellten Sachbilanzergebnisse verzichtet, da diese sonst den Rahmen der Darstellung sprengen würden. Allein die Darstellungen zeigen aber, daß keine eindeutige Aussage hinsichtlich der „optimalen" Werkstoffauswahl für eine Anwendung gemacht werden kann. Es sei an dieser Stelle angemerkt, daß keineswegs eine Entscheidung für einen Werkstoff im Vordergrund stehen kann, sondern daß es hier viel-

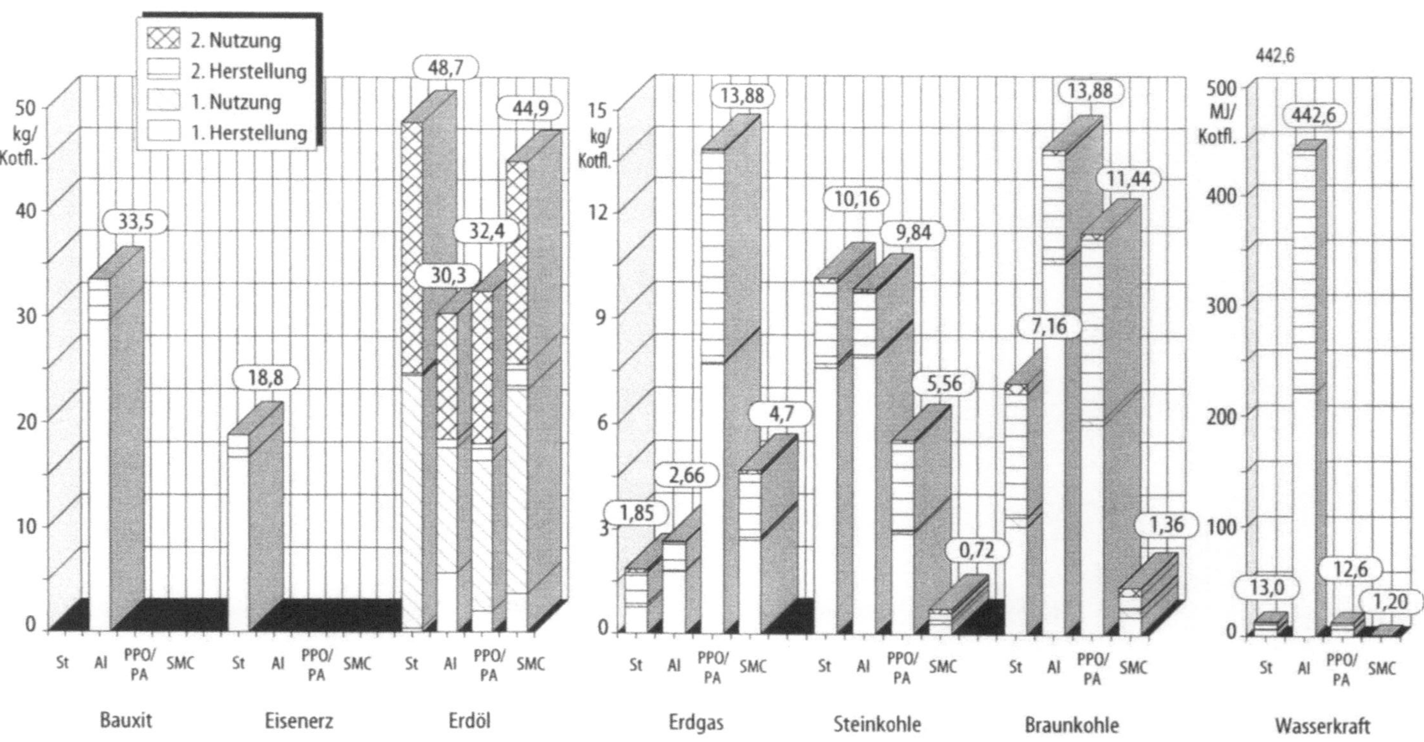

Bild 7.5. Ressourcenverbrauch zur Herstellung, Nutzung, Recycling und erneuter Nutzung unterschiedlicher Pkw-Kotflügel

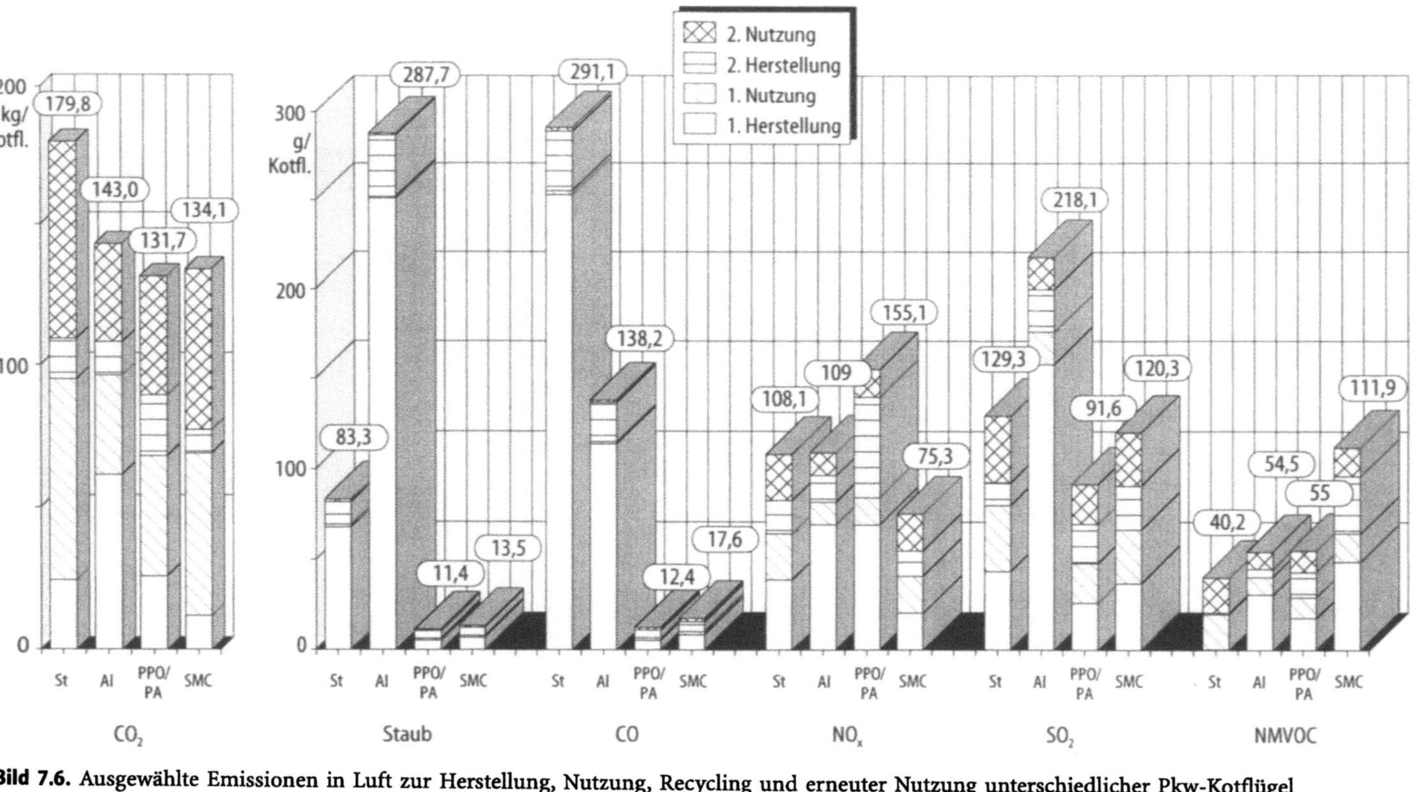

Bild 7.6. Ausgewählte Emissionen in Luft zur Herstellung, Nutzung, Recycling und erneuter Nutzung unterschiedlicher Pkw-Kotflügel

mehr darum geht, die verfügbaren Alternativen objektiv gegenüberzustellen um die Vorteile wie Nachteile einzelner Werkstoffe und ihr Innovationspotential zu identifizieren.

Zusammenfassend lassen sich die Erfordernisse zur Bewertung der Sachbilanzergebnisse wie folgt wiedergeben:

- Die Sachbilanzergebnisse sind in ihrer Breite zu komplex als daß eine Interpretation möglich wäre. Eine Überführung in umweltrelevante Problemfelder und die damit einhergehende Konzentrierung des Datenumfangs liefert überschaubare Ergebnisse und ist daher zwingend.
- Die Sachbilanz läßt keine direkte Aussage zu, in welchem Maß die einzelnen Alternativen zu den diskutierten Umweltproblemen beitragen. Es besteht vielmehr die Gefahr, einzelne Leitparameter herauszugreifen und damit falsche Schlußfolgerungen abzuleiten.
- Eindeutige Erkenntnisse über die Bedeutung von Sachbilanzparametern sind ohne eine Wirkungsabschätzung und Bewertung nicht möglich.
- Die jeweiligen Beiträge einzelner Sachbilanzparameter zu den diskutierten Problemfeldern lassen sich nicht ableiten. Ihre relative Bedeutung kann daher nicht bestimmt werden.
- Die Sachbilanz läßt keine Aussage zu, inwieweit einzelne Abschnitte des Produktlebenszyklus relevant sind. Damit ist eine Entscheidung, Optimierungsmaßnahmen einzuleiten nur sehr schwer möglich. Der Erfolg solcher Maßnahmen ist damit offen.

7.3.4
Wirkungsanalyse

Im folgenden werden die Sachbilanzergebnisse hinsichtlich ihrer Beiträge zu den definierten Problemfeldern diskutiert.

Ressourceninanspruchnahme

Zur Betrachtung der Ressourceninanspruchnahme wird der sog. Ressourcenindex bestimmt, wie in Abschn. 7.2 erläutert wurde. Für das gewählte Beispiel ergeben sich die einzelnen Ressourcenindices wie in Tabelle 7.16 dargestellt. Zur Verdeutlichung wurden diese dann ins Verhältnis gesetzt, wobei der größte Einzelbeitrag zu 100% gesetzt wurde. Ergänzend sind die jeweiligen Beiträge der verschiedenen Rohstoffe zum Gesamtindex dargestellt, um die jeweilige relative Bedeutung herauszuarbeiten.

Es wird deutlich, daß der Werkstoff Stahl aufgrund der sehr geringen statischen Reichweite für Zink die größte gewichtete Ressourceninanspruchnahme hat, während die Polymervarianten und das Aluminium im Vergleich günstig zu bewerten sind. Es zeigt sich hiermit, daß z.B. bei Einsatz eines unverzinkten Kotflügels mit hoher Wahrscheinlichkeit der gringste Ressourcenindex erreicht werden würde. Hieraus wird deutlich, daß keineswegs die häufig diskutierten fossilen Energieträger der limitierende Faktor sind. Andererseits wird aber auch deutlich, wie sehr die momentane Datenlage das Ergebnis beeinflussen kann. Eine Sensitivitätsanalyse zeigt, daß für den Fall der wirt-

Tabelle 7.16. Ergebnis der Analyse der Ressourceninanspruchnahme

	Stahl	Alu	PPO/PA	SMC
Ressourcenindex	0,070	0,016	0,0106	0,0087
Verhältnis	100%	23%	15%	12%
Bauxit		8,36%		
Braunkohle	7,88%	70,36%	86,41%	10,25%
Eisenerz	0,03%			
Erdgas		0,01%	0,07%	0,03%
Erdöl	0,02%	0,06%	0,10%	0,16%
Kalkstein	14,64%	11,00%	2,01%	88,13%
Steinkohle	0,03%	0,01%	0,01%	
Uran angereichert	1,12%	10,18%	11,40%	1,43%
Zinkerz	76,30%			

schaftlichen Nutzbarmachung weiterer Zinkreserven und der hieraus resultierenden Verlängerung der statischen Reichweite, sich eine Umkehrung des Ergebnisses zu Gunsten der Stahlvariante ergibt. Hieraus kann die Folgerung gezogen werden, daß die Bewertung, in gleicher Weise wie Sachbilanzen, stets nur eine Momentaufnahme sein kann, die in sehr starkem Maße von den zur Verfügung stehenden Informationen abhängt. Dennoch sind Sachbilanzen und Bewertungen sinnvoll durchzuführen, denn sie spiegeln den jeweiligen Stand der Kenntnisse wider und bilden damit die bestmögliche Bezugsbasis für anstehende Entscheidungen.

Treibhausproblematik

Die Treibhausproblematik ist eines der meistdiskutierten umweltlichen Problemfelder in Politik und Gesellschaft. Aus diesem Grund kommt der Betrachtung dieser Kategorie eine große aktuelle Bedeutung bei. Tabelle 7.17 stellt die Ergebnisse der Wirkungsanalyse vor.

Deutlich ist der große Unterschied zwischen den Aufwendungen zur Herstellung der Bauteile im ersten und zweiten Lebenszyklus. Insbesondere beim

Tabelle 7.17. Ergebnis der Wirkungsanalyse zum Treibhauseffekt

	Stahl	Alu	PPO/PA	SMC
1. Herstellung	26,23	78,33	34,90	13,44
1. Nutzung	71,02	35,12	42,50	57,33
1. Lebenszyklus	97,24	113,45	77,40	70,76
Verhältnis	86%	100%	68%	62%
2. Herstellung	14,70	14,23	28,50	9,21
2. Nutzung	71,02	35,12	42,50	57,33
2. Lebenszyklus	85,71	49,35	71,00	66,53
Verhältnis	100%	58%	83%	78%

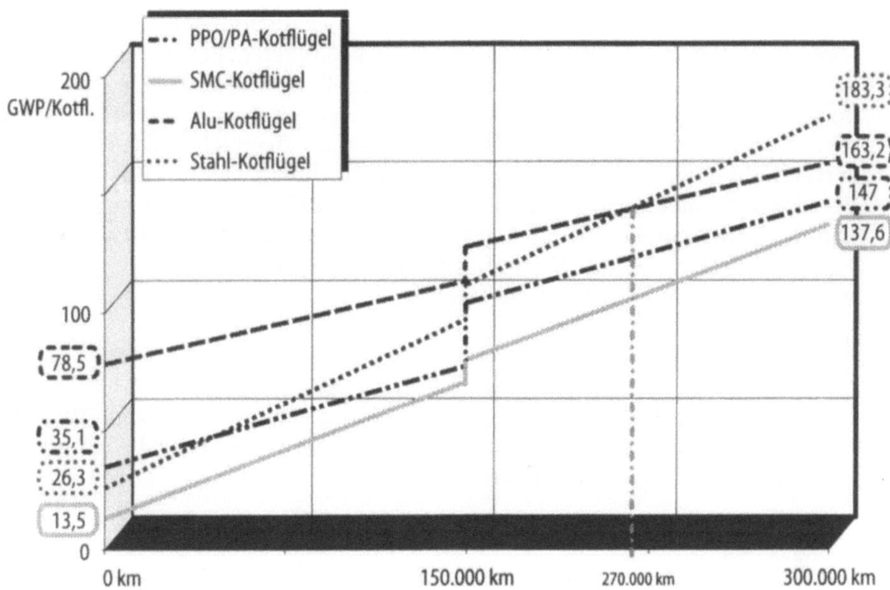

Bild 7.7. Beiträge zum Treibhausproblem von Herstellung, Nutzung, Recycling und erneuter Nutzung verschiedener Kotflügelvarianten

Aluminium läßt sich hier ein großer Vorteil für den Einsatz des Rezyklats erkennen. Allen vier Bauteilen ist gemein, daß insbesondere Kohlendioxid maßgeblich die Betrachtung der Treibhausproblematik beeinflußt. Es wird deutlich, daß für dieses und viele weitere Beispiele der Energiebedarf aus fossilen Brennstoffen eine maßgebliche Einflußgröße zur Verursachung von Treibhausbeiträgen ist. Als Ergebnis läßt sich festhalten, daß für die hier gewählten Randbedingungen, d. h. dem einmaligen Recycling mit Wiedereinsatz für dieselbe Anwendung, Aluminium am günstigsten abschneidet, während Stahl wegen seiner großen Beiträge aus den Nutzungsphasen negativer beurteilt wird.

Tabelle 7.17 zeigt deutlich, daß bei der Annahme anderer Randbedingungen das Ergebnis völlig umgekehrt ausfallen würde. Diese Erkenntnis unterstreicht die Bedeutung der Annahmen und Randbedingungen einer Untersuchung. Andererseits lassen sich über solche Szenarienbetrachtungen die Optimierungsrichtungen identifizieren, die für die jeweiligen Werkstoffe einzuschlagen als günstig erscheinen. So kann aus den o.g. Ergebnissen gefolgert werden, daß beim Werkstoff Aluminium besonderer Wert auf das Recycling zu legen ist. Beim Stahl treten die Nachteile aus den großen Gewichtsbeiträgen offen zu Tage. Das eindeutige Signal geht hier in Richtung Leichtbau. Für die Polymerwerkstoffe kann gefolgert werden, daß sie wegen ihrer günstigen Gewichte als geeignete Werkstoffe zum Leichtbau sinnvoll eingesetzt werden können, daß beide aber zum heutigen Zeitpunkt Entwicklungspotential bezüglich der Optimierung der Recyclingstrategien aufweisen. Deutlich wird auch, daß diese Schlußfolgerungen mit einer ausgeführten Wirkungsanalyse zuverlässiger zu treffen sind, als auf Basis der reinen Sachbilanz.

Verdeutlicht wird dieses Ergebnis durch die Dominanz der Anteile aus den jeweiligen Nutzungsphasen, in denen sich die direkten Emissionen aus dem Verbrennungsmotor und der Treibstoffbereitstellung widerspiegeln. Das Optimierungspotential, das sich aus Leichtbaukonzeptionen und verbesserten Verbrennungsmotoren ergibt, wird deutlich sichtbar. Dennoch spielen nicht nur energetische Prozesse eine Rolle bei der Betrachtung der GWP-Problematik. Vor allem die Methanemissionen aus der Treibstoffbereitstellung und die CF_4- und C_2F_6-Emissionen aus der Al-Elektrolyse haben einen nicht zu vernachlässigenden Einfluß auf das Gesamtergebnis. Bild 7.7 veranschaulicht graphisch, was Tabelle 7.17 in Zahlenwerten darstellt.

Ozonabbau

Beiträge zum Ozonabbau in der Stratosphäre konnten bei keinem Werkstoff ermittelt werden. Für alle Werkstoffe wird deshalb in der anschließenden Bewertung die Höchstpunktzahl vergeben.

Versauerung

Das Problem der Versauerung ist nicht nur in Deutschland ein vieldiskutiertes Problem. Trotz der regional beschränkten (subkontinental bis über 1500 km) Ausbreitung als atmosphärische Emissionen hat man das Problem als bedeutsam erkannt, weil die großen Emissionsmengen insbesondere an SO_2 aus dem Energiesektor und der Metallerzaufbereitung zu sehr ernsthaften Umweltwirkungen führen. Tabelle 7.18 gibt die Ergebnisse der worst-case Betrachtung zur Versauerung an. Die worst-case Betrachtungsweise wurde gewählt, weil keine Ausbreitungsmodelle gerechnet wurden, d.h. keine Abschätzung vorgenommen wurde, inwieweit saure Niederschläge oder Einleitungen in empfangende Böden oder Gewässer abgepuffert werden (z.B. durch basische Böden usw.). Andererseits fanden auch diejenigen potentiell versauerungswirksamen Emissionen Eingang in die Betrachtung, die auch für die Betrachtungen anderer Wirkungskategorien herangezogen wurden. Das heißt, es wurde eine Doppelzählung bewußt in Kauf genommen, um dem Modell des hypothetischen Wirkungspotentials gerecht zu werden, welches sich bewußt von der Abschätzung tatsächlicher Effekte abhebt, die nicht mit heutigen Bilanzierungsmodellen erfaßt werden können. Tabelle 7.18 zeigt die berechneten Ergebnisse.
Die Ergebnisse der Wirkungsabschätzung zur Versauerung gelten mit den identischen Einschränkungen, wie sie bereits bei der Betrachtung der Ressourceninanspruchnahme und den Beiträgen zum globalen Treibhauseffekt angesprochen wurden. Es lassen sich aber auch analoge Schlußfolgerungen ableiten. Aluminium verbessert sich maßgeblich bei der Berücksichtigung von Recyclingmaßnahmen. Aber auch der Werkstoff Stahl kann für dieses Beispiel eine Verbesserung von über 50% zum Erstumlauf aufweisen. Als nachteilig sind in diesem Zusammenhang eindeutig die beiden Polymervarianten zu bezeichnen, die wegen des hohen Anteils von Primärmaterial im zweiten Umlauf etwas ungünstiger abschneiden, weil die Verbesserungen im Vergleich zu den beiden metallischen Werkstoffen eher gering ausfallen.

Tabelle 7.18. Ergebnis der Wirkungsanalyse zur Versauerung

	Stahl	Alu	PPO/PA	SMC
1. Herstellung	0,0718	0,2102	0,0750	0,0515
1. Nutzung	0,0551	0,0272	0,0330	0,0445
1. Lebenszyklus	0,1269	0,2374	0,1080	0,0960
Verhältnis	*53%*	*100%*	*45%*	*40%*
2. Herstellung	0,0265	0,0348	0,0611	0,0340
2. Nutzung	0,0551	0,0272	0,0330	0,0445
2. Lebenszyklus	0,0816	0,0621	0,0941	0,0784
Verhältnis	*87%*	*66%*	*100%*	*83%*

Eindeutig feststellen läßt sich der Trend, daß die leichteren Werkstoffe in der Nutzungsphase deutlich besser abschneiden. Dies stammt maßgeblich aus den Anteilen der Treibstoffbereitstellung, die an dieser Stelle das Hauptoptimierungspotential bieten. In gleicher Weise bieten auch die Herstellketten der Polymerwerkstoffe noch deutliche Ansätze zu Verbesserungen. Beide Effekte haben ihre Ursache mutmaßlich im Einsatz schwerer (und damit schwefelhaltigerer) Heizöle in der Erdölaufbereitungskette, die der Treibstoffherstellung und der Gewinnung der Chemiegrundstoffe als Basis dient.

Freisetzung potentiell gesundheitsbeeinträchtigender Substanzen

Die Freisetzung potentiell gesundheitsgefährdender Substanzen ist einer der meist umstrittenen Punkte in der heutigen Zeit. Zu unsicher sind die heute vorliegenden Modelle. Toxizitätsbetrachtungen sind heute nicht möglich, weil, wie bereits in Abschn. 7.2 dargestellt, die Dimensionen Zeit und Raum nicht in die Bilanzierung einbezogen werden. Aus diesem Grund ist eine Betrachtung der Exposition, der Basis toxikologischer Überlegungen, prinzipiell nicht möglich. Erschwerend kommt hinzu, daß bei produktbezogenen Untersuchungen Wechselwirkung mit anderen relevanten Beiträgen des Umfelds unmöglich sind, toxikologische Effekte aber häufig maßgeblich auf Synergismen und chemischen Abbaureaktionen aufbauen. Als weiterer Aspekt stellt sich die starke emotionale Komponente bei der Betrachtung dieses Kriteriums dar.

Dennoch sind wir der Auffassung, daß auf eine Betrachtung dieser Aspekte nicht verzichtet werden kann. Insbesondere dann, wenn solche Studien zu internen Zwecken angestrebt werden und Dritte nicht mit den sensiblen Informationen in Berührung kommen, sind Aspekte wie potentiell gesundheitsschädigende Effekte von zentraler Bedeutung bei der Identifikation von Schwachstellen und Optimierungsfeldern. Es wird daher versucht den potentiellen Hypothekencharakter verschiedener Emissionen in den Vordergrund zu stellen. Wegen der großen Sensibilität und um falsche und ungewollte Schlußfolgerungen nicht zu ermöglichen, wird an dieser Stelle auf eine vergleichende Betrachtung der Werkstoffanwendungen verzichtet. Vielmehr wird eine andere Betrachtungsweise, nämlich die der auf die einzelnen Alternativen ausgerichtete Betrachtungsweise gewählt, die die Optimierungsansätze

Tabelle 7.19. Ergebnis der Wirkungsanalyse zur Freisetzung potentiell gesundheitsgefährdender Substanzen

	Kotfl. aus Werkstoff 1	Kotfl. aus Werkstoff 2	Kotfl. aus Werkstoff 3	Kotfl. aus Werkstoff 4
1. Herstellung	18,9%	28,0%	9,2 %	42,9%
1. Nutzung	81,1%	72,0%	90,8%	57,1%
1. Lebenszyklus	100%	100%	100%	100%
Verhältnis 1./2. Herstellung	1,24	2,09	1,64	4,78
Verhältnis 1./2. Lebenszyklus	1,03	1,28	1,02	1,43

in den Vordergrund stellt. Tabelle 7.19 zeigt diese Untersuchungsergebnisse. Zur Anonymisierung wurden die Spalten vertauscht und mit neutralen Überschriften versehen.

Deutlich sichtbar sind die unterschiedlich großen Anteile aus der Werkstoff- und Bauteilherstellung zur Produktnutzung. Stellt die Nutzung den überwiegenden Anteil dar, so liegt der Schluß nahe, daß auch hier die Treibstoffbereitstellung von großer Bedeutung ist. Bei einer näheren Betrachtung der potentiell gesundheitsgefährdenden Stoffen bestätigt sich diese Vermutung. Dadurch stellt dies das größte Optimierungspotential dar.

Vergleicht man die Effekte bei der Bauteil- und Werkstoffherstellung zwischen dem ersten und dem zweiten Umlauf, so bestätigt sich auch hier die günstige Aussage zugunsten des Recycling für alle Werkstoffe. Schließt man in diese Betrachtung die Rezyklatanteile mit ein, so liegt die Vermutung nahe, daß sich bei allen Varianten bei Einsatz von mehr Sekundärrohstoffen nochmals deutliche Verbesserungen erzielen lassen.

Tabelle 7.20. Beiträge einzelner Sachbilanzparameter zur Wirkungsanalyse bei der Freisetzung gesundheitsgefährdender Substanzen

	Kotfl. aus Werkstoff 1	Kotfl. aus Werkstoff 2	Kotfl. aus Werkstoff 3	Kotfl. aus Werkstoff 4
Arsen in Luft	42,17%	49,47%	62,03%	56,71%
Benzol in Luft	–	–	–	–
Blei in Luft	3,76%	5,38%	5,63%	5,17%
Cadmium in Luft	0,46%	0,55%	0,66%	0,61%
Chrom in Luft	0,04%	0,04%	0,05%	0,05%
Dioxine in Luft	0,44%	17,24%	0,01%	-
Mangan in Luft	1,71%	2,35%	2,66%	2,37%
Methan in Luft	2,69%	2,10%	0,61%	2,53%
Nickel in Luft	6,90%	8,25%	10,30%	9,49%
NM VOC	0,82%	0,25%	1,27%	0,69%
NOx in Luft	8,58%	4,19%	4,18%	10,36%
PAH in Luft	0,01%	–	–	–
SO2 in Luft	28,42%	8,04%	10,44%	9,11%

Woher die jeweiligen Beiträge stammen, soll Tabelle 7.20 klären. Für die vier Werkstoffalternativen wurden die jeweiligen Hauptbeiträge zur Freisetzung potentiell gesundheitsschädlicher Substanzen vorgenommen.

Auffällig ist hierbei zunächst, daß lediglich Luftemissionen eine Rolle zu spielen scheinen. Bei einer näheren Betrachtung der zugrundegelegten Daten fällt aber auf, daß die Datenqualität hinsichtlich der Wasserbelastungen als schlechter zu gelten hat, weil in einigen Bereichen die Wasseremissionen vernachlässigt wurden. Andererseits läßt sich aber auch feststellen, daß insbesondere wegen der strengen Wasserschutzgesetzgebung in Deutschland diese Emissionen an sich bereits gering ausfallen.

Weiterhin fällt auf, daß die Schwermetallemissionen maßgeblichen Anteil am Gesamtergebnis haben. Quelle dieser Emissionen ist insbesondere die Strombereitstellung. Aber auch hier gilt die Einschränkung der Datenqualität und Datenverfügbarkeit. Während für die Stromerzeugung viele Schwermetallemissionen bestimmt werden konnten, gibt es für andere Prozesse häufig keine diesbezüglichen Angaben. Hier ist nicht feststellbar, ob und in welchen Mengen Schwermetallemissionen auftreten können. Der Datenqualität kommt an dieser Stelle große Bedeutung bei. Aus diesem Grund ist wegen der wahrscheinlich unvollständigen Datenbasis in der anschließenden Bewertung kein großes Gewicht auf dieses Kriterium zu legen.

Auffällig ist auch, daß keineswegs nur die in der öffentlichen Diskussion stehenden Emissionen großen Anteil an der gesamten Problematik haben. Dies unterstreicht die Gefahr einer Vereinfachung und Verfälschung dieser Betrachtungen und der abgeleiteten Erkenntnisse, wenn lediglich die in der öffentlichen Diskussion befindlichen Emissionstypen betrachtet würden. Abschließend bleibt festzuhalten, daß die einzelnen Werkstoffe unterschiedlich ausgeprägte Emissionen von Problemstoffen aufweisen, die für jeden einzelnen ein großes Verbesserungspotential darstellen. In der anschließenden Bewertung finden Ergebnisse Niederschlag, die an dieser Stelle nicht weiter diskutiert werden. Wichtig ist hier auch, auf die Anforderungen hinzuweisen, die sich aus der Betrachtung hinsichtlich des Umfangs und der Qualität der Sachbilanzdaten ergeben.

Freisetzung ökotoxikologisch wirkender Substanzen

Auch für die Kategorie Ökotoxikologie gelten die identischen Einschränkungen, wie sie bereits bei der Betrachtung der für den Menschen potentiell gesundheitsgefährdenden Stoffen angemerkt wurden. Auch hier ist es nicht möglich, eine echte Toxizitätsbetrachtung anzustellen. Vielmehr wird auch an dieser Stelle ein Ökotox-Potential-Ansatz gewählt. Zur Anonymisierung wurden die Spalten vertauscht und mit neutralen Überschriften versehen.

Als Ergebnis läßt sich hier feststellen, daß wieder die Wahl der Randbedingungen und Systemgrenzen maßgeblichen Einfluß auf das Untersuchungsergebnis hat. Da aber diese Untersuchungen nicht angestellt wurden, den einen oder anderen Werkstoff „schlecht" oder „gesund" zu rechnen, sondern vielmehr, um die Möglichkeit der Identifikation von Entscheidungs- und Optimierungspotentialen zu legen, sollen diese Ergebnisse auch in diese Richtung

Tabelle 7.21. Ergebnis der Wirkungsanalyse zur Freisetzung ökotoxikologisch wirksamer Substanzen

	PPO/PA	Stahl	SMC	Alu
1. Herstellung	0,0020	0,0005	0,0061	0,0234
1. Nutzung	0,0161	0,0268	0,0217	0,0133
1. Lebenszyklus	0,0180	0,0274	0,0278	0,0367
Verhältnis	*49%*	*75%*	*76%*	*100%*
2. Herstellung	0,0016	0,0005	0,0040	0,0033
2. Nutzung	0,0161	0,0268	0,0217	0,0133
2. Lebenszyklus	0,0176	0,0273	0,0257	0,0166
Verhältnis	*64%*	*100%*	*94%*	*61%*

interpretiert werden. Analog der Betrachtung der Freisetzung potentiell gesundheitsgefährdender Substanzen kann auch hier keine Abschätzung hinsichtlich realer Effekte vorgenommen werden. Dennoch bleibt festzuhalten, daß das Recycling auch hier von großer Bedeutung ist.

Aus den Ergebnissen in Tabelle 7.21 kann weiterhin sehr leicht gefolgert werden, daß insbesondere die Nutzungsphase eine dominierende Rolle spielt. Die Möglichkeiten, die der Leichtbau hinsichtlich der möglichen Treibstoffersparnis bietet, sind besonders zu unterstreichen.

In der anschließenden Bewertung finden Ergebnisse Niederschlag, die an dieser Stelle aus Gründen der Sensibilität und Unsicherheit der Daten nicht weiter diskutiert werden. Wichtig ist hier, auch auf die Anforderungen hinzuweisen, die sich aus der Betrachtung hinsichtlich des Umfangs und Qualität der Sachbilanzdaten ergeben. Der Datenqualität kommt an dieser Stelle deshalb große Bedeutung bei. Aus diesem Grund ist wegen der wahrscheinlich unvollständigen Datenbasis in der anschließenden Bewertung kein großes Gewicht auf dieses Kriterium zu legen.

Eutrophierung

Die Eutrophierung ist ein in der Öffentlichkeit wenig diskutiertes Problemfeld. Dennoch ist dieses Kriterium vor allem vor dem Hintergrund der Güte der Oberflächengewässer von großer Bedeutung. Tabelle 7.22 gibt die Abschätzung der jeweiligen Einzelbeiträge an.

Es wird deutlich, daß insbesondere die jeweiligen Werkstoff- und Bauteilherstellungsketten in besonderem Maße für diese Problematik verantwortlich sind. Auffällig ist an dieser Stelle auch, daß sich Recyclingmaßnahmen sehr positiv auswirken, wobei der Werkstoff Aluminium hiervon besonders profitiert. Umgekehrt kann wieder gefolgert werden, daß, wenn das Recycling unterbleibt, die Beurteilung in einem anderen Licht erscheint. Für die Werkstoffherstellungen von PPO/PA ergibt sich ein besonderes Optimierungspotential. Anzumerken ist auch, daß bei einer näheren Betrachtung der zugrundegelegten Daten auffällt, daß die Datenqualität hinsichtlich der Wasserbelastungen als schlechter zu gelten hat, weil in einigen Bereichen die Wasseremissionen vernachlässigt werden mußten. Andererseits läßt sich aber auch feststellen,

Tabelle 7.22. Ergebnis der Wirkungsanalyse zur Eutrophierung

	Stahl	Alu	PPO/PA	SMC
1. Herstellung	0,0051	0,0091	0,0091	0,0029
1. Nutzung	0,0034	0,0017	0,0020	0,0023
1. Lebenszyklus	0,0085	0,0108	0,0112	0,0052
Verhältnis	*76%*	*94%*	*100%*	*47%*
2. Herstellung	0,0024	0,0019	0,0073	0,0018
2. Nutzung	0,0034	0,0017	0,0020	0,0023
2. Lebenszyklus	0,0059	0,0036	0,0094	0,0041
Verhältnis	*63%*	*38%*	*100%*	*42%*

daß, wegen der strengen Wasserschutzgesetzgebung in Deutschland, diese Emissionen an sich bereits gering ausfallen. Aus diesem Grund ist die Datenqualität hier von besonderer Bedeutung, was sich in einer geringeren Priorität bei der Bewertung niederschlagen muß.

Photochemische Ozonbildung

Insbesondere für die Betrachtung von Automobil-Bauteilen spielt die Sommersmog-Problematik eine große Rolle. Die gegenwärtige Diskussion in Öffentlichkeit und Politik läßt diesem Kriterium eine große Bedeutung zukommen. Die Ergebnisse basieren auf den in Abschn. 7.2 getroffenen Modellannahmen und sind im folgenden angegeben, Tabelle 7.23.

Auch für dieses Kriterium kann die grundsätzlich günstige Aussage zugunsten des Recycling abgeleitet werden. Im Gegensatz zu anderen Aspekten kann für dieses Kriterium keine eindeutige Aussage über die generelle Relevanz der Nutzungs- oder der Herstellungsphase formuliert werden.

Zusammenfassung zur Wirkungsabschätzung

- Die Wirkungsabschätzung in umweltrelevante Themen zur Zusammenfassung des Datenumfangs zu gliedern, liefert besser überschaubare Ergebnisse.
- Die Wirkungsbetrachtung erlaubt eine relative Aussage, in welchem Maß die einzelnen Alternativen zu den diskutierten Umweltproblemen beitragen.

Tabelle 7.23. Ergebnis der Wirkungsanalyse zur Sommersmog-Problematik

	Stahl	Alu	PPO/PA	SMC
1. Herstellung	0,0012	0,0137	0,0080	0,0204
1. Nutzung	0,0083	0,0041	0,0050	0,0067
1. Lebenszyklus	0,0095	0,0178	0,0130	0,0271
Verhältnis	*35%*	*66%*	*48%*	*100%*
2. Herstellung	0,0006	0,0020	0,0063	0,0132
2. Nutzung	0,0083	0,0041	0,0050	0,0067
2. Lebenszyklus	0,0089	0,0062	0,0113	0,0199
Verhältnis	*45%*	*31%*	*57%*	*100%*

- Die relative Bedeutung einzelner Sachbilanzparameter wird erkannt.
- Die relative Bedeutung einzelner Lebensabschnitte wird erkannt.
- Die jeweiligen Beiträge einzelner Sachbilanzparameter zu den diskutierten Problemfeldern lassen sich aus der Sachbilanz nicht ableiten. Ihre relative Bedeutung kann erst mit einer Wirkungsabschätzung abgeleitet werden.
- Die Wirkungsabschätzung ermöglicht eine sichere Identifikation und Umsetzung von Optimierungspotentialen.

Trotz all der o.g. Möglichkeiten ergeben sich aber auch deutliche Defizite in der Modellierung der Wirkungsanalyse:

- Wirkungsabschätzungen sind stets nur Momentaufnahmen, die in sehr starkem Maße vom Stand der wissenschaftlichen Erkenntnis abhängen. Viele Bereiche sind heute noch nicht konsensfähig. Internationale Körperschaften zur Festlegung einheitlicher Datengrundlagen fehlen größtenteils.
- Die einzelnen Kriterien sind heute unterschiedlich gut modellierbar.
- Die Wahl von Randbedingungen und Systemgrenzen beeinflußt das Ergebnis in starkem Maße.
- Eine direkte Ursachen-Wirkungsanalyse ist für viele Kriterien wegen der fehlenden Informationen hinsichtlich örtlicher und zeitlicher Aspekte nicht möglich.
- Synergismen und Hintergrundbelastungen sind nicht modellierbar.
- Die worst-case Betrachtungsweise erlaubt keine Abschätzung realer Effekte.
- Doppelzählungen werden bewußt in Kauf genommen, weil hypothetische Wirkungspotentiale betrachtet werden.
- Toxizitätsbetrachtungen sind heute nicht möglich, weil die Dimensionen Zeit und Raum nicht in die Bilanzierung einbezogen werden können.
- Der Datenqualität kommt zentrale Bedeutung bei. Datenlücken können zu falschen Schlußfolgerungen führen.

Dennoch sind wir der Auffassung, daß auf eine solche Betrachtung nicht verzichtet werden kann. Insbesondere dann, wenn solche Untersuchungen (wie z.B. interne Studien) zur Identifikation von Schwachstellen und Optimierungsfeldern angestellt werden, sind alle Aspekte von zentraler Bedeutung. Zudem stehen wir auf dem Standpunkt, daß zu treffende Entscheidungen besser auf Basis dieser Untersuchungen angestrebt werden sollten. Die Entscheidungen werden dann ausgehend von einem besseren Erkenntnisstand getroffen und sind somit sicherer als Aussagen, die rein subjektiv getroffen werden, wie heute üblich. Dies gilt insbesondere dann, wenn man sich der o.g. Einschränkungen bewußt ist.

7.3.5
Bewertung

Die in Abschn. 7.3.4 angestellten Untersuchungen sollen nun in einem Bewertungsschritt zusammengefaßt werden. Ziel ist es hierbei, eine Einbeziehung technischer und wirtschaftlicher Kenngrößen zu ermöglichen. Die Vorgehensweise hierzu ist wie in Abschn. 7.2 beschrieben. Zunächst wird nun für die

Tabelle 7.24a. Ergebnisse der Bewertung umweltlicher Parameter für zwei Lebenszyklen

Einzelkriterien	K	D	F=K*D	Kotfl. aus Werkst. 1		Kotfl. aus Werkst. 2		Kotfl. aus Werkst. 3		Kotfl. aus Werkst. 4	
				E	EN	E	EN	E	EN	E	EN
1. Globale Kriterien	60%										
Ressourcen		40%	24,0%	8	1,92	6	1,44	10	2,4	9	2,16
Fluß-Ressourcen		20%	12,0%	8	0,96	9	1,08	5	0,6	7	1,68
strat. Ozonabbau		0%	0,0%	10	0	10	0	10	0	10	0
		Σ 100			5,28		3,72		4,44		4,44
2. Regionale Kriterien	20%										
Versauerung		40%	8,0%	10	0,8	8	0,64	7	0,56	5	0,4
Flächeninanspruchnahme		40%	8,0%	6	0,48	7	0,56	7	0,56	8	0,64
Deponiebedarf		20%	4,0%	5	0,2	6	0,24	8	0,32	9	0,36
		Σ 100			1,48		1,44		1,44		1,4
3. Lokale Kriterien	20%										
Eutrophierung		30%	6,0%	10	0,60	9	0,54	7	0,42	4	0,36
Human-Tox.		10%	2,0%	8	0,16	5	0,10	6	0,12	7	0,14
Öko-Tox.		10%	2,0%	9	0,18	6	0,12	7	0,14	8	0,16
Sommersmog		50%	10,0%	9	0,90	8	0,80	3	0,30	7	0,70
		Σ 100			1,84		1,56		0,98		1,36
	Σ 100				8,60		6,72		6,86		7,20

drei Hauptgruppen Technik, Wirtschaft und Umwelt eine getrennte Bewertung über einen nutzwertanalytischen Ansatz vorgenommen. Die Unterteilung der einzelnen Kategorien ist hierbei wie folgt vorgenommen worden. Als eine Kategorie wurden die global relevanten Kategorien zusammengefaßt. Hierunter versteht man die Inanspruchnahme der erneuerbaren und der nicht erneuerbaren Ressourcen, die Treibhausproblematik sowie das Problemfeld des stratosphärischen Ozonabbaus. Als weitere Hauptgruppen wurden die regionalen und lokalen Kriterien zusammengefaßt, Tabelle 7.24. Wegen der Brisanz der Daten und vor dem Hintergund, daß hier lediglich ein Beispiel angegeben wird, wie Bewertungen heute durchgeführt werden können, werden die Ergebnisse anonymisiert.

Die regionalen Kriterien sind Versauerung, Flächeninanspruchnahme sowie der Deponiebedarf definiert als Entsorgungsengpaß und Deponie mit Hypothekencharakter. Die lokalen Kriterien sind Eutrophierung, Freisetzung potentiell gesundheitsgefährdender Stoffe, Freisetzung von Substanzen mit relevantem Ökotoxizitätscharakter sowie Sommersmog. Wie in Abschn. 7.2 beschrieben, wird nun zunächst eine Gewichtung der drei Hauptgruppen vorgenommen. In der Bilanzierung, die eher globales Werkzeug ist, findet eine starke Prioritätensetzung auf die globalen Themen statt.

Anzumerken ist an dieser Stelle, daß diese Gewichtungen als ein Resultat zahlreicher Diskussionen mit Fachleuten aus dem In- und Ausland zustande kamen. Eine gemeinsame Diskussion fand allerdings nicht statt, die Ergebnisse sind also keinesfalls bereits Konsens. Die hier dargestellten Ergebnisse erheben nicht den Anspruch der Richtigkeit und Vollständigkeit. Einen solchen Anspruch kann es bei Bewertungen, die a priori subjektiv sind, nicht geben. Die Darstellung verfolgt in erster Linie das Ziel, die praktische Vorgehensweise zu demonstrieren und ihren sinnvollen Einsatz darzulegen.

Die regionalen und lokalen Kriterien wurden gleichberechtigt gesehen. Diese Einordnung hat nun zur Folge, daß alle Einzelkriterien der globalen Aspekte einen größeren Einzelbeitrag zur Gesamtbewertung haben als die anderen Aspekte. Innerhalb der Hauptgruppen wird nun in analoger Vorgehensweise die Priorisierung der Einzelkriterien vorgenommen. Für die globalen Problemfelder wurde der Inanspruchnahme nicht erneuerbarer Ressourcen und dem Treibhauseffekt besondere Bedeutung beigemessen. Die Inanspruchnahme von erneuerbaren Ressourcen und von Sekundärmaterial wurde minder prioritär beurteilt. Da keine Beiträge zum stratosphärischen Ozonabbau ermittelt wurden, wurde dieses Kriterium mit der Priorität Null, d.h. ohne Bedeutung in diesem Zusammenhang, gewichtet.

Ähnlich wurde Priorität bei den regionalen Kriterien auf die Versauerung und die Flächeninanspruchnahme gelegt, während die Entsorgungsengpässe als weniger bedeutsam betrachtet wurden. Bei den lokalen Kriterien wurde dem Sommersmog zentrale Bedeutung beigemessen, während die Aspekte Freisetzung potentiell gesundheitsgefährdender Stoffe oder Emissionen mit Ökotoxizitätspotential wegen der Unsicherheit der Ergebnisse als Aspekte von untergeordneter Priorität gewichtet wurden.

Aufbauend auf diesen Gewichtungen sind nun die Einzelbeiträge der jeweiligen Kriterien festgelegt. Als nächster Schritt erfolgt nun die Bewertung der Ergebnisse der Wirkungsanalyse, die ebenfalls rein subjektiv erfolgt. Auch diese Ergebnisse basieren auf Befragungen verschiedener Experten im In- und Ausland und erheben keinen Anspruch auf Richtigkeit oder Konsens.

Tabelle 7.24b zeigt die Untersuchungsergebnisse der Bewertung, wenn nur der gesamte erste Produktlebenszyklus Gegenstand der Untersuchung gewesen wäre.

Diese Ergebnisse zeigen deutlich, wie unterschiedlich Bewertungen ausfallen können, wenn Randbedingungen oder Systemgrenzen anders gelegt werden. In gleicher Weise können Bewertungen auch sehr stark von aktuellen oder persönlichen Beweggründen der Wertenden beeinflußt werden. Aus diesem Grund hat an dieser Stelle die Transparenz eine große Bedeutung.

Tabelle 7.25 zeigt die Sensitivitätsanalyse der unterschiedlichen Bewertungsergebnisse aus den Tabellen 7.24. Negative Werte bedeuten ein in der Relation schlechteres Abschneiden, positive Werte bedeuten eine relative Verbesserung im direkten Vergleich.

Die Diskussion der umweltlichen Bewertung zeigt eindeutig, daß die globalen Themenfelder das Bewertungsergebnis beeinflußen, während für die regionalen und lokalen Kriterien keine signifikanten Unterschiede erkennbar werden. Besonders nachteilig wirken sich damit die großen Ressourceninten-

Tabelle 7.24b. Ergebnisse der Bewertung umweltlicher Parameter für einen Lebenszyklus

Einzelkriterien	K	D	F=K*D	Kotfl. aus Werkst. 1		Kotfl. aus Werkst. 2		Kotfl. aus Werkst. 3		Kotfl. aus Werkst. 4	
				E	EN	E	EN	E	EN	E	EN
1. Globale Kriterien	60%										
Ressourcen		40%	24,0%	9	2,16	8	1,92	10	2,4	5	1,2
Fluß-Ressourcen		20%	12,0%	6	0,72	9	1,08	6	0,72	8	0,96
Treibhauseffekt		40%	24,0%	9	2,16	6	1,44	10	2,4	4	0,96
strat. Ozonabbau		0%	0,0%	10	0	10	0	10	0	10	0
Σ 100					5,04		4,44		5,52		3,12
2. Regionale Kriterien	20%										
Versauerung		40%	8,0%	8	0,64	7	0,56	10	0,8	4	0,32
Flächeninanspruchnahme		40%	8,0%	8	0,48	8	0,48	7	0,42	5	0,3
Deponiebedarf		20%	4,0%	9	0,54	8	0,48	8	0,48	4	0,24
Σ 100					1,66		1,52		1,7		0,86
3. Lokale Kriterien	20%										
Eutrophierung		30%	6,0%	7	0,28	10	0,40	3	0,12	8	0,32
Human-Tox.		10%	2,0%	8	0,48	5	0,30	7	0,42	7	0,42
Öko-Tox.		10%	2,0%	9	0,36	7	0,28	7	0,28	5	0,20
Sommersmog		50%	10,0%	7	0,42	9	0,54	3	0,18	5	0,30
Σ 100					1,54		1,52		1,00		1,24
Σ 100					8,24		7,48		8,22		5,22

sitäten und die Beiträge zum Treibhauseffekt aus. Da für die Anwendung als Kotflügelwerkstoff die Frage des Bauteilgewichts sich als der maßgebliche Einfluß erwiesen hat, schneidet Stahl hier ungünstig ab. Dieses Ergebnis gilt allerdings nur wegen der Betrachtung des Recycling, die wesentliche Vorteile des Aluminium gegenüber den anderen Alternativen erst zum Tragen bringt. Für die Polymervarianten läßt sich schlußfolgern, daß SMC wegen seines doch relativ hohen Gewichtes nachteilig bewertet wird. Beide Polymervarianten schneiden auch deshalb ungünstiger ab, weil das Recycling nur zu einem

Tabelle 7.25. Sensitivitätsanalyse zum Vergleich der umweltlichen Parameter

	Globale Kriterien	Regionale Kriterien	Lokale Kriterien	Summe
Kotfl. aus Werkst. 1	−11,9%	−14,5%	−3,9%	−10,9%
Kotfl. aus Werkst. 2	−24,3%	−6,6%	−18,4%	−19,5%
Kotfl. aus Werkst. 3	−19,6%	−14,1%	−20,0%	−18,5%
Kotfl. aus Werkst. 4	73,1%	69,8%	48,4%	66,7%

Tabelle 7.26. Ergebnisse der Bewertung wirtschaftlicher Parameter

Einzelkriterien	K	D	F=K*D	Kotfl. aus Werkst. 1		Kotfl. aus Werkst. 2		Kotfl. aus Werkst. 3		Kotfl. aus Werkst. 4	
				E	EN	E	EN	E	EN	E	EN
1. Externe Kriterien	25%										
Wettbewerb, Markt		25%	6,3%	7	0,4375	6	0,375	4	0,25	8	0,5
Image am Markt		20%	5,0%	8	0,4	8	0,4	6	0,3	9	0,45
Währungs-einflüsse		30%	7,5%	9	0,675	9	0,675	6	0,45	5	0,375
Verfügbarkeit		25%	6,3%	8	0,5	10	0,625	7	0,437	7	0,437
		Σ 100			2,01		2,08		1,44		1,76
2. Interne Kriterien	15%										
Übertragbarkeit		20%	3,0%	8	0,24	5	0,15	5	0,15	8	0,24
Entwicklungs-aufwand		40%	6,0%	7	0,42	9	0,54	6	0,36	6	0,36
Standort-einflüsse		40%	6,0%	8	0,48	10	0,6	10	0,6	10	0,6
		Σ 100			1,14		1,29		1,11		1,2
3. Bauteilkosten	60%	100%	60,0%	9	5,40	10	6,00	7	4,20	6	3,60
		Σ 100			5,40		6,00		4,20		3,60
					8,55		9,37		6,75		6,56

kleinen Prozentsatz angenommen wurde. Würde man nur den ersten Umlauf berücksichtigen, so wären diese beiden Varianten besser bewertet worden. Zusammenfassend läßt sich sagen, daß für die hier gewählten Randbedingungen und Systemgrenzen Aluminium günstig abschneidet, gefolgt von den beiden Polymervarianten. Stahl wird in diesem Zusammenhang als ungünstig bewertet. Ansätze zur Produktoptimierung gehen sehr stark in Richtung Leichtbau, was insbesondere für Stahl das Hauptinnovationspotential darstellt. In gleicher Weise kann über die Optimierung der Oberflächenbehandlung die kritische Frage des Zinkverbrauchs optimiert werden. Für Aluminium gilt vor allem die Umsetzung des Recycling auf hohem Niveau in die industrielle Praxis als das Hauptziel der zukünftigen Entwicklung.

Analog zur Vorgehensweise der umweltlichen Bewertung wurde die wirtschaftliche Bewertung ebenfalls über einen nutzwertanalytischen Ansatz vorgenommen. Bei der wirtschaftlichen Bewertung stehen insbesondere die Bauteilkosten im Vordergrund. Externe Kriterien wie Wettbewerbssituation, Image, Währungseinflüsse usw. wurden berücksichtigt, insgesamt aber als weniger prioritär betrachtet. Ähnliches gilt für die internen Kriterien, wie Übertragbarkeit von Know-how, Entwicklungsaufwand oder Standorteinflußfaktoren, die als untergeordnet betrachtet wurden.

Bei der Betrachtung der wirtschaftlichen Parameter wird das Ergebnis von einem Kriterium, den Bauteilkosten, dominiert. Die beiden anderen Kriterien sind zum einen an sich bereits als minder prioritär eingestuft worden, andererseits ergibt die Bewertung hier auch keine signifikanten Unterschiede. So ergibt sich, daß das als Werkstoff 2 bezeichnete Material sich in diesem Zusammenhang als die günstigste Variante herausstellt, dicht gefolgt von der Variante 1. Die beiden anderen Konstruktionen folgen mit einem etwas größeren Abstand.

Insbesondere im Bereich der Kostengestaltung liegt das Innovationspotential an dieser Stelle. Diese Aussage gilt nicht nur für die in dieser Bewertung ungünstiger beurteilten Konstruktionen. Sie gilt vielmehr für alle Alternativen, denn das Kriterium der Bauteilkosten dominiert nicht nur die rein wirtschaftlichen Überlegungen.

Zur Beurteilung der technischen Kriterien wird der identische Ansatz verfolgt, wie er auch zur Bewertung der wirtschaftlichen Kriterien angewandt wurde. Hierbei wurden zunächst die Hauptkriterien definiert. Im Rahmen zahlreicher Befragungen ergaben sich folgende Hauptparameter zur technischen Beurteilung:

Zunächst sind die Werkstoffeigenschaften von zentraler Bedeutung für die Beurteilung der Anforderungen an ein technisches Bauteil. Die reinen Werkstoffeigenschaften alleine reichen aber nicht aus, ein Produkt näher zu charakterisieren. Aus diesem Grund sind die Bauteileigenschaften von gleichrangiger Bedeutung. Da beide Kriterien nicht losgelöst voneinander betrachtet werden können, wurde aus diesen der erste Hauptparameter formuliert. Als Einzelmerkmale werden das mechanische Verhalten, das chemische Verhalten in Kombination mit der Oberflächentechnik, das Schädigungsverhalten sowie Eigenschaftsschwankungen und die Gewichtsreduktion als Kriterien formuliert.

Als zweite Hauptkategorie steht die Verarbeitung im Vordergrund. Hierbei werden insbesondere die Kompliziertheit der Werkstückgeometrie, die Prozeßsicherheit und die damit verbundenen Aufwendungen zur Werkzeugtechnik sowie die Automatisierbarkeit und die Anforderungen zum Produktionsrecycling diskutiert.

In gleicher Weise wurde der Entwicklungsaufwand und die Konstruktion als ein Hauptkriterium identifiziert. In diesem Zusammenhang sind das Risiko und der Entwicklungsaufwand, die Prototypenherstellung und Werkzeugtechnik, die Änderungsfreundlichkeit der Bauteilkonstruktion sowie die Integration von zusätzlichen Funktionen in das Bauteil Gegenstand der detaillierteren Betrachtung. Die Montage und Demontage wurde gemeinsam mit der Qualitätssicherung bei der Fügetechnik als ein weiterer Schwerpunkt festgelegt. Schließlich wurde der Bauteilnutzung große Bedeutung beigemessen. Unter diesem Kriterium wurde die Funktionssicherheit über die Laufzeit, die Reparaturfreundlichkeit der Konstruktion sowie der Qualitätserhalt des Bauteil über seine Nutzungsphase zusammengefaßt.

Bei der Festlegung der Priorität der Hauptkriterien wurden teilweise sehr unterschiedliche Urteile abgegeben. Maßgeblich beeinflußt wurden die Einzelmeinungen vor allem vom jeweiligen Aufgabengebiet der Befragten. Zulieferanten und Werkstoffproduzenten legten die Priorität eindeutig auf ihr Spezialgebiet, während die Automobilisten großen Wert auf Nutzungsverhalten und Bauteileigenschaften legten. Zusammengefaßt ergab sich das Bild der Prioritäten wie folgt. Die Nutzung und die Bauteil-/Werkstoffeigenschaften wurden mit je 30% als zentrale Anforderungen sehr hoch eingestuft. Die Bauteilentwicklung und Montage/Demontage wurde von untergeordneter Bedeutung gesehen. Die Verarbeitung wurde in die Mitte gesetzt, Tabelle 7.27.

Tabelle 7.27 zeigt eindeutig, daß die Kriterien Werkstoff-/Bauteileigenschaften, Verarbeitung und Nutzung das Gesamtergebnis eindeutig dominieren. Die Kriterien Entwicklung/Konstruktion sowie Montage/Demontage sind von untergeordneter Bedeutung. Zudem ist keine Differenzierung bei den letztgenannten Anforderungen festzustellen. Ganz im Gegensatz hierzu stehen die übrigen Anforderungen.

Hinsichtlich der Bauteil- und Werkstoffeigenschaften zeigt sich ein eindeutiger Trend zugunsten der Variante, die sich insbesondere durch ihr mechanisches und chemisches Verhalten sowie aufgrund ihrer günstigen Gewichtswerte deutliche Vorteile verschaffen kann. Nachteilig wäre hier das Schädigungsverhalten insbesondere im Vergleich zu der Konstruktion aus Werkstoff 2 zu nennen. Die Varianten 1 und 3 zeichnen sich ebenfalls durch ihre günstigen Gewichtseigenschaften aus. Variante 2 hat seine besonderen Vorteile bei den Eigenschaftsschwankungen und dem Schädigungsverhalten. Beide Kriterien sind aber in diesem Zusammenhang als weniger bedeutend betrachtet worden, was insgesamt zu einem ungünstigen Urteil für Variante 2 führt. Dies macht deutlich, daß Kriterien wie Leichtbau und Oberflächenbehandlung das größte Weiterentwicklungsfeld für Variante 2 in diesem Zusammenhang darstellen.

Bei der Verarbeitung hat der Kotflügel aus Werkstoff 2 eindeutig die besten Beurteilungen, die Lösung 4 schneidet am ungünstigsten ab. Die Varianten 1 und 3 wurden zwischen den beiden anderen Konstruktionen angesiedelt. Maßgeblich beeinflußt wird dieses Ergebnis sicherlich von der langen Erfahrung, die man im Umgang mit Werkstoff 2 bereits gesammelt hat. Hier liegt für die anderen Werkstoffe noch ein Innovationspotential, auch was die Prozeßsicherheit angeht.

Hinsichtlich der Kriterien Entwicklung/Konstruktion sowie Montage/Demontage wurde bereits festgestellt, daß vor dem Hintergrund dieser Untersuchung keine Differenzierung vorgenommen werden kann. Diese Kriterien wurden auch als weniger bedeutsam eingestuft. Hervorzuheben sind in diesem Zusammenhang allerdings werkstoffspezifische Besonderheiten. Während Variante 2 als wenig aufwendig und kritisch in der Entwicklungsphase angesehen wird, werden Nachteile bei der Variabilität der Konstruktion festgestellt. Völlig umgekehrt fällt das Ergebnis bei den anderen Varianten aus, die sich zwar (noch) durch größere Entwicklungsaufwendungen auszeichnen, aber große Möglichkeiten hinsichtlich Funktionsintegration und Variabilität bieten.

Ähnliches spiegelt sich auch für das Kriterium Montage/Demontage wider, wo man bei der Konstruktion in Werkstoff 2 auf eine jahrelange Erfahrung zurückgreifen kann, während man im Umgang mit den anderen Konstruktionen noch ein kleines Defizit sieht.

Hinsichtlich der Nutzung zeigen sich die relativen Unterschiede wieder deutlicher ausgeprägt. Insgesamt wird Werkstoff 4 hier sehr günstig beurteilt. Lediglich die Reparaturfreundlichkeit wird hier, ähnlich wie bei den Varianten

Tabelle 7.27. Ergebnisse der Bewertung technischer Parameter

Einzelkriterien	K	D	F=K*D	Kotfl. aus Werkst. 1 E	EN	Kotfl. aus Werkst. 2 E	EN	Kotfl. aus Werkst. 3 E	EN	Kotfl. aus Werkst. 4 E	EN
1. Werkstoff- und Bauteil	30%										
mech. Verhalten		30%	9,0%	6	0,54			7	0,63	7	0,63
chemisches Verh., Oberfl.		20%	6,0%	9	0,54			8	0,48	5	0,3
Schädigungsverhalten		15%	4,5%	3	0,135			5	0,225	9	0,405
Eigenschaftsschwankungen		10%	3,0%	7	0,21			8	0,24	10	0,3
Gewichtsred.		25%	7,5%	10	0,75			7	0,53	1	0,08
		Σ 100			2,18				2,1		1,71
2. Verarbeitung	20%										
Geometrie		20%	4,0%	7	0,28			6	0,24	9	0,36
Prozeßsicherheit		40%	8,0%	8	0,64			10	0,8	10	0,8
Automatisierung		20%	4,0%	10	0,4			9	0,36	10	0,4
WZ-Technik		10%	2,0%	5	0,1			7	0,14	10	0,2
Prod.-Recycling		10%	2,0%	7	0,14			5	0,1	10	0,2
		Σ 100			1,56				1,64		1,96
3. Entwicklung, Konstruktion	10%										
Aufw. u. Risiko Prototypenherst.		20%	2,0%	7	0,14			8	0,16	10	0,2
Werkzeugtech.		30%	3,0%	9	0,27			6	0,18	9	0,27
Änderungsfreundlichkeit		30%	3,0%	8	0,24			6	0,18	5	0,15
Integrat. von Funktionen		20%	2,0%	8	0,16			5	0,1	1	0,02
		Σ 100			0,81				0,62		0,64
4. Mont./Dem.	10%										
Montage		50%	5,0%	9	0,45			8	0,4	9	0,45
QS Fügetechnik		30%	3,0%	8	0,24			6	0,18	10	0,3
Demontage		20%	2,0%	7	0,14			7	0,14	7	0,14
		Σ 100			0,83				0,72		0,89
5. Nutzung	30%										
Funktionssicherheit		50%	15,0%	9	1,35			8	1,2	8	1,2
Reparaturfreundlichkeit		30%	9,0%	5	0,45			3	0,27	8	0,72
Qualitätserhalt		20%	6,0%	7	0,42			6	0,36	6	0,36
		Σ 100			2,22				1,83		2,28
	Σ 100			7,6				6,91		7,48	

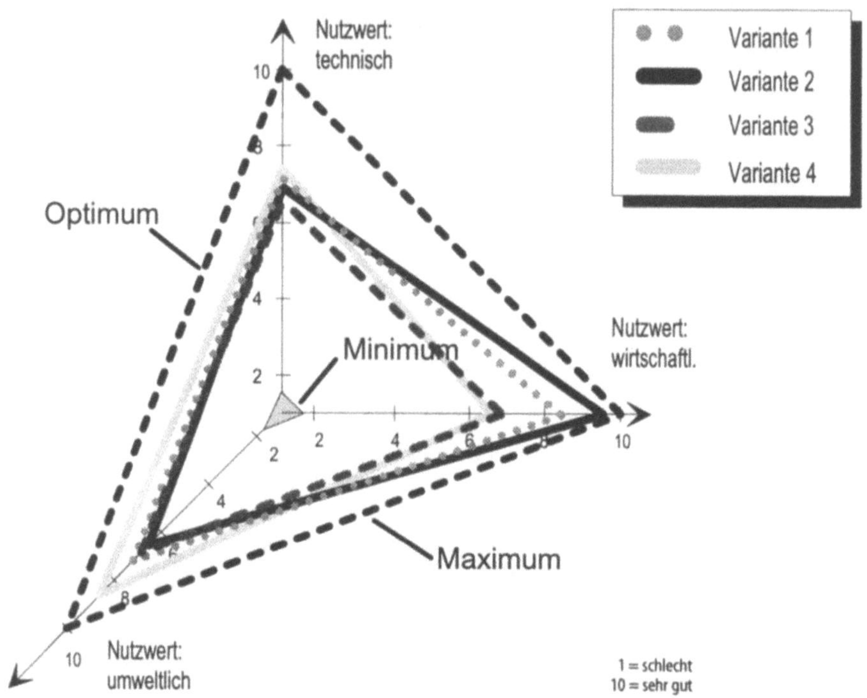

Bild 7.8. Darstellung der Einzelnutzwerte in der 3D-Portfolio-Darstellung

1 und 3 etwas nachteilig betrachtet. Variante 2 hat hier eine große Stärke. Hinsichtlich Qualitätserhalt und Funktionssicherheit wurde ein Innovationspotential bei den Polymervarianten und bei diesem Werkstoff identifiziert.

Nachdem nun die drei Einzelbewertungen vorliegen, bedarf es einer Zusammenfassung der drei Säulen Technik, Wirtschaft und Umwelt. Es wurde über den dreifachen nutzwertanalytischen Ansatz versucht, eine Projektion der drei so unterschiedlichen Anforderungen auf eine Ebene vorzunehmen. Es wäre nun möglich, die drei Einzelnutzwerte zusammenzufassen zu einen Ganzheitlichen Nutzwert. Dies würde eine gleichrangige Einstufung aller Einflußgrößen bedeuten. In gleicher Weise kann aber auch Gewichtung der drei Faktoren, wieder über einen Nutzwertansatz, vollzogen werden. Da diese Vorgehensweisen aber bereits der abschließenden Meinungsfindung und Urteilsbildung dienen und damit ein elementarer Teil der unternehmerischen Entscheidung sind, wird hier bewußt die Vorgehensweise offen gehalten. Als besonders nützlich hat sich die graphische Darstellung mit der 3D-Portfolio-Methode erweisen, Bild 7.8.

Die in Bild 7.8 und Tabelle 7.28 vorgenommene Gesamtbewertung zeigen, daß eindeutige Aussagen nur sehr schwierig abzuleiten sind. Insgesamt kann für die untersuchten Kotflügelkonstruktionen von leichten Vorteilen für die Varianten 2 und 1 gesprochen werden. Konstruktion 4 wird insbesondere wegen seiner leichten Nachteile im wirtschaftlichen Bereich insgesamt etwas un-

Tabelle 7.28. Ermittlung des Ganzheitlichen Nutzwertes

	Konstr. 1	Konstr. 2	Konstr. 3	Konstr. 4
Globale Umweltaspekte	4,44	3,72	4,44	5,28
Regionale Umweltaspekte	1,40	1,44	1,44	1,48
Lokale Umweltaspekte	1,36	1,56	0,98	1,84
Umweltlicher Nutzwert	*7,20*	*6,72*	*6,86*	*8,60*
Externe wirtschaftliche Kriterien	2,01	2,08	1,44	1,76
Interne wirtschaftliche Kriterien	1,14	1,29	1,11	1,20
Bauteilkosten	5,40	6,00	4,20	3,60
Wirtschaftlicher Nutzwert	*8,55*	*9,37*	*6,75*	*6,56*
Werkstoff-/Bauteileigenschaften	2,18	1,71	2,10	2,39
Verarbeitung	1,56	1,96	1,64	1,44
Entwicklung, Konstruktion	0,81	0,64	0,62	0,74
Montage, Demontage	0,83	0,89	0,72	0,81
Bauteilnutzung	2,22	2,28	1,83	2,52
Technischer Nutzwert	*7,60*	*7,48*	*6,91*	*7,90*
Ganzheitlicher Nutzwert	*23,35*	*23,57*	*20,52*	*22,56*

günstiger bewertet. Die Lösung 3 als Kotflügelwerkstoff scheint insgesamt nachteilig beurteilt zu werden. Es muß aber auch festgestellt werden, daß alle Konstruktionen vom Bestwert 30 weit entfernt sind. Dies bedeutet nicht zuletzt, daß für alle vier Varianten keinesfalls ein Optimum erreicht ist.

Es zeigt sich dennoch deutlich, daß die Konstruktion 2 als Lösung mit umfangreichen Erfahrungen sich sehr günstig zeigt, wenngleich andere Werkstoffe sehr stark aufschließen. Damit läßt sich sagen, daß keine Werkstoffgruppe sich auf den Errungenschaften der Vergangenheit ausruhen darf. Auch im Sinne der Fortentwicklung ist eine stete Innovation und Verbesserung aller einzelnen Konstruktionen anzustreben, um zu einer Ganzheitlichen Innovation und Optimierung zu gelangen. Innovationspotential zeigen alle diskutierten Ergebnisse.

Deutlich angemerkt sei an dieser Stelle nochmals, daß diese Untersuchung sehr stark von den getroffenen Annahmen und Randbedingungen sowie von der Werthaltung der zur Bewertung befragten Personen abhängt. Eine solche Bewertung ist stets subjektiv und stellt eine Momentaufnahme dar. Aus den vorgenannten Ergebnissen dürfen damit keine allgemeingültigen Schlußfolgerungen gezogen werden. Dieses Beispiel dient lediglich der Veranschaulichung, wie heute Bewertungen ablaufen können.

7.3.6
Zusammenfassung

Inhaltlich können aus der gezeigten Untersuchung viele Schlußfolgerungen gezogen werden. Beispielhaft seinen einige besonders umweltlich und wirtschaftlich relevanten Erkenntnisse angegeben.

- Bei der Betrachtung automobiler Anwendungen steht häufig die Nutzungsphase im Vordergrund. Dies ist insbesondere richtig für die Betrachtung des Energieverbrauchs und ausgewählter atmosphärischen Emissionen wie z.B. CO_2.
- Es zeigt sich aber auch, daß für viele Bereiche die Werkstoff- und Bauteilherstellung von mitentscheidender oder gar dominanter Bedeutung sind.
- Das Recycling spielt ebenfalls eine maßgebliche Rolle.
- Es gibt keine guten oder schlechten Werkstoffe. Die Konstruktionen unter Einbezug der Werkstoffe müssen Gegenstand der Betrachtung und Optimierung sein.
- Werkstoffgerechte Konstruktionen sind heute noch nicht immer möglich. Erfahrungen im Umgang mit innovativen Werkstoffanwendungen sind gefragt.
- Leichtbau, Gewichtsreduktion und Treibstoffersparnis sind die zentrale Themen der Automobilentwicklung für die Zukunft. Intelligenter Leichtbau mit innovativen Lösungen ist gefragt.
- Die Optimierung des Gesamtsystems Automobil bedarf einer Ganzheitlichen Sichtweise. Verbesserungen des Systems werden auch durch Mehraufwendungen in einzelnen Bereichen möglich.
- Abschnittsweise Verbesserungen ohne die Betrachtung der Auswirkung auf das System können insgesamt aber auch zur Verschlechterung des Gesamtsystems führen.
- Insbesondere das Recycling kann maßgeblichen Einfluß auf die Gesamtverbesserung haben.
- Randbedingungen und Systemgrenzen beeinflussen die Ergebnisse dieser Untersuchungen nachhaltig. Sie sind daher mit großer Sorgfalt zu wählen.
- Untersuchungsergebnisse dieser Art sind wegen der Abhängigkeit des Urteils von zeitlichen und individuellen Einflüssen nicht übertragbar. Verallgemeinerungen sind nicht zulässig.
- Transparenz und Nachvollziehbarkeit sind zentrale Anforderungen an solche Untersuchungen.

Im folgenden sollen die Stärken und Schwächen der aufgezeigten Bewertungsmethode noch einmal stichwortartig zusammengefaßt werden:

Stärken:

- Die Ganzheitliche Betrachtung einzelner Technologien, Verfahren, Bauteile usw. vor dem Hintergrund technischer, wirtschaftlicher und umweltlicher Parameter ist möglich.
- Eine systematische und quantifizierbare Vorgehensweise (Checklisten-Technik) schafft reproduzierbare Ergebnisse.
- Der Zwang zur fachlichen Vertiefung schafft Verständnis und Transparenz.
- Bei gründlicher Bearbeitung werden Wissenslücken und Schwächen des zu beurteilenden Objektes klar.
- Die Methode ist flexibel und an analoge Problemstellungen anpaßbar.
- Die Methode enthält große unternehmerische Spielräume.

- Die anschauliche und schnell erfaßbare Darstellung erleichtert Managementscheide.
- Die Methode stellt eine gute und zuverlässige Entscheidungshilfe dar.
- Eine kostenorientierte Bewertung ist ebenfalls duchführbar.
- Die Bewertung nach firmenpolitischen oder individuellen Gesichtspunkten ist möglich.
- Die Bewertung ist bereits heute einsetzbar.

Schwächen:

- Die Beurteilung ist subjektiv; Erfüllungsfaktoren und Gewichtungen unterliegen persönlichen Einschätzungen, was zu Verzerrungen führen kann. *Abhilfe:* Mehrere kompetente, fachverschiedene Personen mitteln das Ergebnis jeweils alleine; in einem Gruppendialog wird eine Gesamtmittelung vorgenommen.
- Nicht-Fachleute laufen Gefahr, die behandelten Details zu übergehen und unzulässig zu vereinfachen (Manager-Krankheit).
- Die Vorgehensweise ist zeitaufwendig.

Die hier vorgestellte Vorgehensweise stellt bewußt die Subjektivität in den Vordergrund, denn sie soll den Entscheidungsträgern in Wirtschaft, Politik und in der Gesellschaft ermöglichen, eigene Werthaltungen für die Bewertung heranzuziehen. Eine Bewertungsmethode, die dieses nicht erlaubt, ist für Entscheidungsfindungsprozesse ungeeignet.

Das vorgestellte Beispiel zeigt, daß persönliche Werthaltungen und unternehmerische Entscheidungen sehr eng miteinander verknüpft sind. Entscheidungen sind darum in den seltensten Fällen als grundlegend richtig oder falsch einzustufen, vielmehr ist häufig die Basis einer Entscheidung als unzureichend zu beschreiben. Es gibt daher keine absolut richtige oder falsche Entscheidung. Wichtig ist es deshalb, daß Entscheidungen auf der Basis der bestmöglichen Information getroffen werden. Die Ganzheitliche Nutzwertanalyse bietet heute erstmalig ein Werkzeug an, umweltliche Parameter in den gesamten Entscheidungskontext einzubinden.

7.4
Weitere Methoden zur Bewertung von Sachbilanzergebnissen (IER-Ansatz)

FRIEDRICH, R., Stuttgart

Eine Ganzheitliche Bilanzierung wird im allgemeinen in die Sachbilanzierung, die Wirkungsbilanzierung und die Bewertung gegliedert. Während die Sachbilanz die Größen, die direkt in das betrachtete System ein- oder austreten, betrachtet, werden bei der Wirkungsbilanzierung die Wirkungen bzw. Schäden analysiert, die durch die in der Sachbilanz erfaßten Größen entstehen. Bei der Bewertung schließlich soll ein möglichst konsistenter Vergleich von Techniken, die verschiedenste Wirkungen bzw. Schäden verursachen, erfolgen.

Während in den vorangegangenen Kapiteln insbesondere die Erstellung von Sachbilanzen erläutert wurde, sollen in diesem Kapitel zunächst – in Abschn. 7.4.1 – Methoden zur Ermittlung von Wirkungen bzw. Schäden und anschließend Bewertungsmethoden vorgestellt werden.

7.4.1
Ermittlung von Schäden – das Wirkungspfadkonzept

Die Ergebnisse der Sachbilanz einer Ganzheitlichen Bilanzierung sind – wie in Kap. 5 beschrieben – i.a. Stoffströme und Energiebilanzen für die untersuchten Techniken. Typische Ergebnisse sind somit etwa die in der gesamten Prozeßkette erfolgenden Emissionen fester, flüssiger oder gasförmiger Stoffe in Luft, Boden und Wasser oder der kumulierte Energieverbrauch. Diese Parameter sind aber in vielen Fällen nur wenig geeignet, um die Erfüllung von Zielen (Umweltverträglichkeit, rationelle Energieanwendung) zu beschreiben bzw. zu messen. Dies liegt daran, daß die Schäden, die durch Schadstoffemissionen verursacht werden, nicht unbedingt linear von den Emissionen abhängen, die Höhe der Emissionen ist also nicht proportional zur Höhe der Schäden. Die Zielerfüllung wird aber an der Höhe der Schäden gemessen.

Ein Beispiel für hochgradig nicht lineare Prozesse ist etwa die Bildung von Ozon aus den Vorläufersubstanzen NO_x (Stickoxide) und VOC (volatile organic compounds → gasförmige organische Verbindungen). Unter bestimmten Randbedingungen kann es hierbei bei Senkung der Emissionen (etwa durch Fahrverbote) lokal sogar zu einem Anstieg der Ozonkonzentration kommen, erst in größerer Entfernung (100 km und mehr) ergibt sich ein Absinken der Ozonbelastung.

Allgemein lassen sich Schäden an Umwelt und Gesundheit durch Stoffemissionen in Form von Wirkungspfaden beschreiben. Ein Wirkungspfad besteht dabei aus dem physischen Wirkungspfad und der Bewertung (auf letztere wird später eingegangen). Der physische Wirkungspfad beschreibt die Entstehung der Schäden. Ausgehend von der Emission an der Quelle wird der Weg bis zum Rezeptor (Blatt, menschliche Lunge) und der Schaden beim Rezeptor aufgezeigt; anschließend umfaßt die monetäre Bewertung die Beschreibung des dadurch bedingten Nutzenverlustes und die Umrechnung dieses Verlustes in Kosten. Den grundsätzlichen Aufbau eines solchen Wirkungspfades zeigt Bild 7.9.

Im folgenden soll zunächst die Analyse eines physischen Wirkungspfades an einem Beispiel, und zwar an der Ermittlung von Risiken, die statistisch durch die Staubemissionen eines neu erbauten Kohlekraftwerks erfolgen, aufgezeigt werden. Dabei wird folgendermaßen vorgegangen:

a) Für das Kohlekraftwerk wird ein Standort bestimmt (die Schäden sind standortabhängig). Im Rahmen dieses Beispiels wird ein Standort in Baden-Württemberg am Neckar (bei Lauffen) gewählt.

b) Die Bevölkerungsdichte im Untersuchungsgebiet wird ermittelt. Wegen der weiträumigen Verteilung der Schadstoffe, die aus hohen Schornsteinen emit-

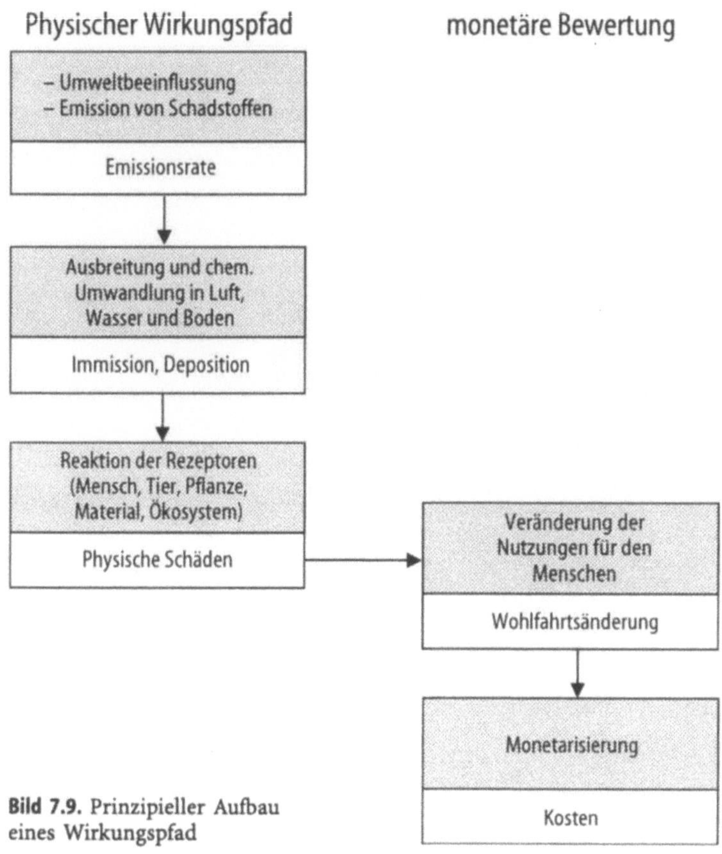

Bild 7.9. Prinzipieller Aufbau eines Wirkungspfad

tiert werden, muß ein Radius von ca. 500–2000 km um den Standort betrachtet werden. Bild 7.10 zeigt die Bevölkerungsdichteverteilung in der Bundesrepublik.

c) Mit Hilfe von Ausbreitungsrechnungen wird die Erhöhung der Staubkonzentration im Untersuchungsgebiet durch die Emissionen des neuen Kohlekraftwerks ermittelt. Dabei sind die unterschiedlichen Wetterlagen und die Häufigkeit ihres Auftretens zu berücksichtigen. Das Ergebnis für ein 700 MW-Kohlekraftwerk mit moderner Entstaubungsanlage zeigt Bild 7.11.

d) Als nächstes ist der Zusammenhang zwischen der Erhöhung der Luftschadstoffkonzentrationen und der Zahl dadurch verursachter Todesfälle zu bestimmen. Die Wirkungen von Luftverunreinigungen auf die menschliche Gesundheit sind allerdings unsicher und umstritten. Daher gibt es in der Literatur unterschiedliche Auffassungen über die Wirkungen von Luftverunreinigungen. Für unser Beispiel wird eine Dosis-Wirkungs-Beziehung von SCHWARTZ und DOCKERY [1] gewählt. Danach ist die prozentuale Änderung

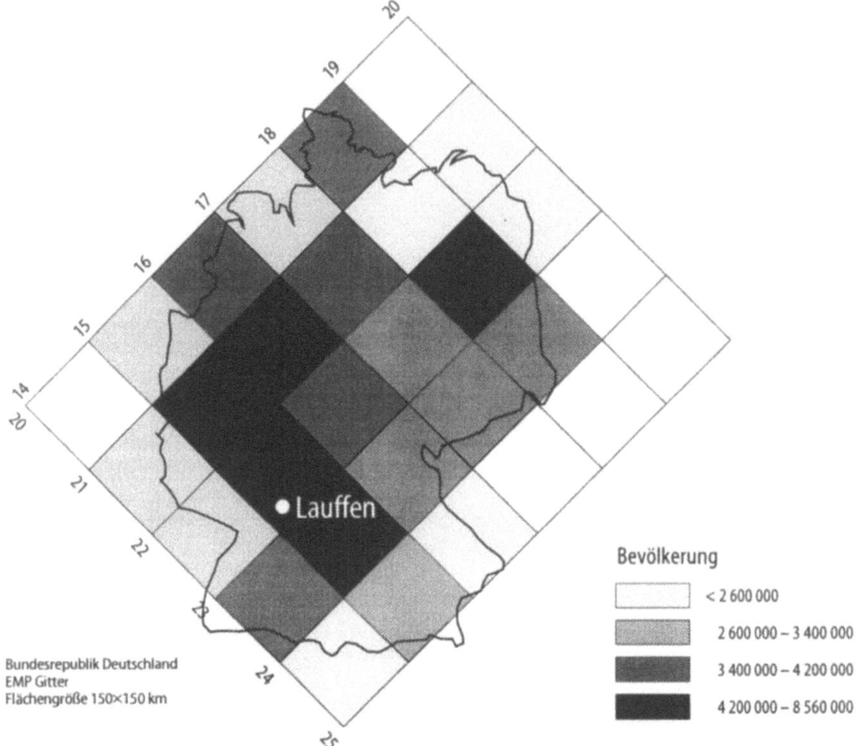

Bild 7.10. Bevölkerungsdichte in der Bundesrepublik Deutschland (CEC, 1993)

der Sterblichkeit gleich dem 0,044 bis 0,1084fachen der Änderung der durchschnittlichen jährlichen PM_{10}-Konzentration in [mg/m³]. PM_{10} bedeutet dabei Staub (particulate matter) kleiner 10 μm Korngröße.

e) Die Verknüpfung von Bevölkerungsdichte, Konzentrationserhöhung und Dosis-Wirkungsbeziehung ergibt den gesuchten Schaden. Für das gewählte Beispiel erhält man 0,49–0,74 zusätzliche Todesfälle pro TWh erzeugtem Strom.

Komplizierter wird die Berechnung, wenn der Zusammenhang zwischen Emission und Immission und/oder die gewählte Dosis-Wirkungs-Beziehung nichtlinear sind; der zusätzliche Schaden hängt dann nicht nur von der Änderung der Emission, sondern auch vom Niveau der Vorbelastung ab. In diesem Fall ist zunächst der Schaden, der durch die Vorbelastung entsteht, zu ermitteln. Anschließend wird der Schaden durch die Gesamtbelastung einschließlich der Auswirkung des neuen Kraftwerks berechnet. Die Differenz der beiden Schadenswerte ist dann dem neuen Kraftwerk zuzuordnen.

Allerdings ist die Quantifizierung der Wirkungspfade häufig mit Problemen verbunden.

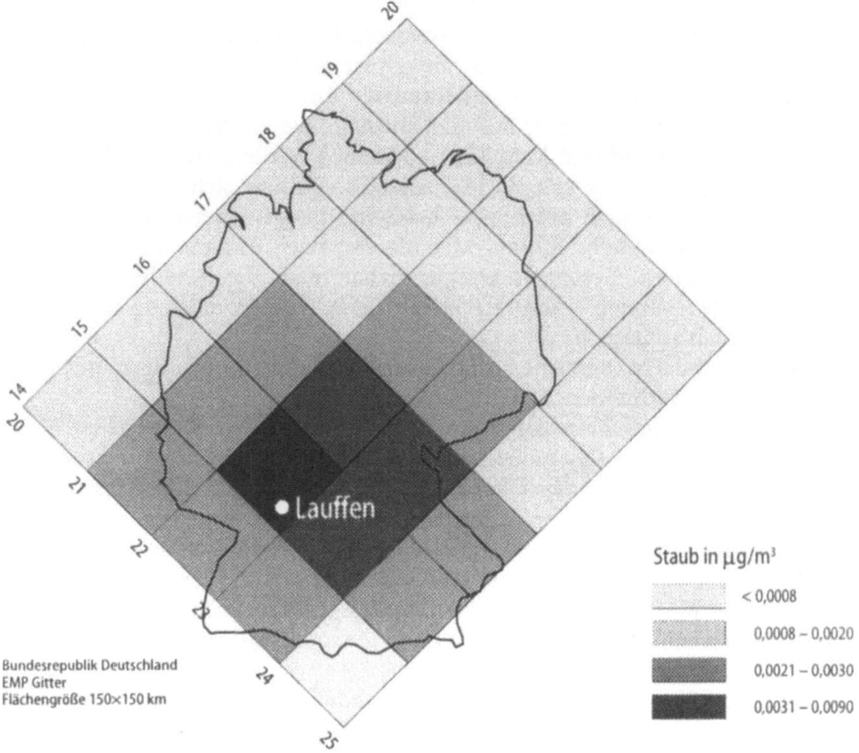

Bild 7.11. Erhöhung der durchschnittlichen jährlichen Konzentration an Staub 10μm durch den Betrieb eines zusätzlichen Kohlekraftwerks (700 MW)

Die Ausbreitung und chemische Umwandlung von Schadstoffen in Luft, Boden und Wasser kann mit Hilfe von komplexen Modellen simuliert werden. Solche Ausbreitungsmodelle sind im Prinzip verfügbar, auch laufen derzeit Forschungsvorhaben zu ihrer Verbesserung. Die Ergebnisse weisen jedoch noch gravierende Ungenauigkeiten auf.

Problematisch ist aber vor allem die quantitative Abschätzung von Schäden, weil in den meisten Fällen quantitative Schadensfunktionen (Dosis-Wirkungsbeziehungen) fehlen oder zumindest nicht wissenschaftlich abgesichert sind. Dies soll im folgenden anhand einiger Beispiele aufgezeigt werden.

Bei den Waldschäden wird zwar vermutet, daß – nach dem Waldzustandsbericht des Bundesministers für Ernährung, Landwirtschaft und Forsten – Luftverunreinigungen eine Schlüsselrolle spielen. Es gilt jedoch auch: „Die Ursachenforschung hat keine einfache, für alle Wälder gleichermaßen gültige Erklärung gebracht und wird sie angesichts der vielfältigen Zusammenhänge von Standorts-, Bestandes-, Bewirtschaftungs- und Belastungsfaktoren auch nicht erbringen können. Einer allgemein gültigen Erklärung steht nach dem jetzigen Kenntnisstand entgegen, daß die Ursachen-Wirkungsketten durch unterschiedliche Standorts- und Belastungsbedingungen überlagert und variiert werden" [2]. Somit ist noch ungeklärt, welche Schadstoffe über welchen Wirkungspfad welche Beiträge zu den Waldschäden liefern; von der Aufstellung quantitativer Dosis-Wirkungs-Beziehungen ist man noch weit entfernt.

Das Problem des Fehlens quantitativer Ursache-Wirkungs-Beziehungen wird noch dadurch verstärkt, daß die Prozesse, die zu den Waldschäden führen, als langanhaltend und kumulativ angesehen werden. Die Schäden müssen somit nicht gleichzeitig mit der Schadstoffdeposition sichtbar werden, vielmehr kann es sich auch um Effekte handeln, die zu schleichenden Änderungen des Waldökosystems führen oder die erst nach Akkumulation im Boden zu Schäden führen. Besorgnis erregen daher mehr die Schäden, die in Zukunft auftreten können – dies erschwert die Schadensermittlung und -zuordnung natürlich zusätzlich.

Auch in anderen Bereichen sind Dosis-Wirkungs-Beziehungen mit hohen Unsicherheiten verbunden.

Bei den Gesundheitsschäden sind die Zusammenhänge zwischen Schadstoffimmissionen und Gesundheitsschäden keineswegs gesichert – insbesondere fehlen abgesicherte Dosis-Wirkungs-Beziehungen. Darüberhinaus lassen sich bei der Bestimmung des monetären Wertes eines Krankheitsrisikos oder gar eines Mortalitätsrisikos sehr unterschiedliche Werte einsetzen.

Die Gefährdung der Artenvielfalt kann nicht quantifiziert werden, weil es derzeit keine Möglichkeit gibt, die Auswirkungen von Beeinträchtigungen der Umwelt (Flächeninanspruchnahme, Emissionen, usw.) auf den Bestand der Arten zu bestimmen.

Beim Treibhauseffekt lassen die Klimamodelle zwar eine zukünftige Erhöhung der mittleren Temperatur erwarten, schon die regionale Aufgliederung der Effekte ist aber mit Unsicherheiten verbunden. Ebenso ist umstritten, ob es zu einer Erhöhung des Meeresspiegels kommt und wie hoch dieser ausfällt. Zahlreiche mögliche schwerwiegende Auswirkungen der Klimaänderungen, bis hin zu vermehrt auftretenden Hurrikans, Landüberflutungen, Hungersnöten und Völkerwanderungen werden diskutiert. Wahrscheinlichkeit ihres Eintretens, Ausprägung und Folgen können aber derzeit nicht quantifiziert werden.

Es sei zudem darauf hingewiesen, daß die Schäden nicht nur von der eingesetzten Technik, sondern auch vom Standort einer Anlage stark abhängen. Es gibt also nicht Schäden durch eine Technologie, sondern allenfalls die Schäden einer Technologie vom Typ X am Standort Y, die in den Stunden Z betrieben wird. Allein die Variation von Technik, Standort und Betriebszeit kann die Schäden um eine Größenordnung und mehr verändern.

Bei Ganzheitlichen Bilanzierungen werden die Emissionen nicht nur des Betriebs einer Technik, sondern auch vor- und nachgelagerter Prozesse ermittelt. Es liegt auf der Hand, daß für die dabei entstehenden zahlreichen zusätzlichen Emissionen aus vielen unterschiedlichen Quellen nicht jeweils detaillierte Ausbreitungsrechnungen durchgeführt werden können. Statt dessen können folgende Methoden verwendet werden:

- Es werden typische Schäden bzw. durchschnittliche, aus detaillierten Rechnungen stammende Schäden pro Einheit Schadstoffemissionen eingesetzt.

- Es wird zunächst ein Gesamtschaden der Belastung eines Umweltmediums berechnet. Dieser wird dann nach einem einfachen Verfahren (zum Beispiel entsprechend des Anteils der gewichteten Emissionen der Verursacher an den Gesamtemissionen) auf die einzelnen Verursacher verteilt.

Zusammenfassend bleibt festzuhalten:

Bei einer Ganzheitlichen Bilanzierung sollen nicht nur die mit einer Technologie verbundenen Stoffströme bzw. Emissionen und Ressourcenverbrauch, sondern soweit möglich auch die dadurch verursachten Schäden quantitativ ermittelt werden, da letztere ein besseres Maß für die in die Bewertung einfließende Zielerfüllung sind.

Allerdings stehen die komplexen Ausbreitungsverhältnisse und fehlende oder nur ungenau bekannte Dosis-Wirkungs-Beziehungen einer Quantifizierung der Schäden in vielen Fällen entgegen – in solchen Fällen müssen statt der Schäden andere Größen (z.B. Schadstoffimmissionen und -depositionen oder Schadstoffemissionen) als Indikator für das Ausmaß der Zielerfüllung herangezogen werden.

7.4.2
Bewertung

Das Ergebnis der bisher behandelten Teilschritte der Ganzheitlichen Bilanzierung sind für jede Alternative Indikatorwerte, die etwas über die Erfüllung unterschiedlicher Ziele aussagen. Solche Indikatorwerte können auf eine Produkteinheit bezogene Emissionen, Schäden an Pflanzen und Tieren, Risiken für die menschliche Gesundheit, Ausmaß des Ressourcenverzehrs usw. sein.

In den allermeisten Fällen wird keine der mit einer Ganzheitlichen Bilanzierung untersuchten (Technik-)Alternativen alle Kriterien besser als jede andere Alternative erfüllen. Vielmehr hat i.a. jede Alternative Stärken und Schwächen. Um eine Entscheidung zu fällen, welche Alternative zu wählen ist, müssen daher die unterschiedlichen Vor- und Nachteile (Kosten, Umwelt- und Gesundheitsrisiken verschiedenster Art, Ressourcenverzehr) bewertet bzw. gegeneinander abgewogen werden.

Ein direkter Vergleich der Alternativen mit ihren – in unterschiedlichsten Maßstäben gemessenen – Vor- und Nachteilen führt im allgemeinen nicht zu konsistenten Ergebnissen, weil es den Menschen prinzipiell schwerfällt, mehrdimensional zu denken, also mehrere Zieldimensionen gleichzeitig zu erfassen. Der Einsatz eines quantitativen Verfahrens zur Abwägung der Vor- und Nachteile von Alternativen ist daher wünschenswert, weil er zu konsistenten und nachvollziehbaren Entscheidungen beiträgt. Im folgenden wird auf fünf solcher Verfahrenstypen eingegangen, nämlich

- die Kosten-Wirksamkeits-Analyse
- die Wichtung mit Immissionsgrenzwerten, Wirkungspotentialen und kritischen Stoffflüssen,
- die Nutzwertanalyse,

- die Monetarisierung und Internalisierung externer Effekte (Kosten-Nutzen-Analyse) und
- der Standard-Preis-Ansatz.

7.4.2.1
Kosten-Wirksamkeits-Analyse

Bei der Kosten-Wirksamkeit werden die Kosten der untersuchten Alternativen der „Wirksamkeit", also der Erfüllung der mit der Einführung der Alternative intendierten Ziele gegenübergestellt. Diese Wirksamkeit wird nun nicht in eine gemeinsame Einheit transferiert, sondern als physische Größe in die Analyse eingebracht.

Beispiel: Bei einer Kohlefeuerung sollen die NO_x-Emissionen gemindert werden, dazu stehen verschiedene Techniken zur Verfügung (optimale Brennereinstellung, Stufenverbrennung, NO_x-arme Brenner, Oberluftzugabe, Abgasrezirkulation, selektive katalytische Reduktion, Adsorptions-/Reduktionsverfahren und andere). Die Wirksamkeit kann in diesem Fall durch die erreichte Emissionsminderung (in Tonnen oder Prozent der ursprünglichen Emissionen) ermittelt und den Kosten gegenübergestellt werden. Als Maß für die Effizienz der Technik kann der Quotient aus Kosten und Wirksamkeit (z.B. in DM pro Tonne vermiedenem CO_2) herangezogen werden. Damit ist eine recht brauchbare Entscheidungsgrundlage für die Auswahl der Minderungstechnik gegeben.

Problematisch wird die Bewertung allerdings, wenn mehr als zwei Ziele (im Beispiel NO_x-Minderung, geringe Kosten) bei der Entscheidung zu berücksichtigen sind. So ist z.B. auch die Umstellung auf Erdgas bei obigem Beispiel eine NO_x-Minderungsmaßnahme – diese Umstellung reduziert aber auch die Emissionen an SO_2, CO und CO_2 erheblich. Dies müßte bei der Bewertung und Entscheidung mit berücksichtigt werden. Bei einer Kosten-Wirksamkeits-Analyse können zwar die Auswirkungen verschiedener Technikalternativen auf die Schadstoffemissionen dargestellt werden, dies erfolgt aber für jeden Schadstoff getrennt; eine zusammenfassende Wertung erfolgt nicht.

Die Kosten-Wirksamkeits-Analyse ist daher i.a. nur dann hilfreich, wenn der Nutzen der zu vergleichenden Alternativen durch ein einziges Maß ausgedrückt werden kann. Dies ist jedoch bei den meisten Entscheidungen gerade nicht der Fall.

7.4.2.2
Wichtung mit Immissionsgrenzwerten, Wirkungspotentialen und kritischen Stoffflüssen

Hat man es mit den Emissionen mehrerer Schadstoffe in ein Umweltmedium, z.B. die Atmosphäre zu tun, und liegen für die betrachteten Stoffe Immissionsgrenzwerte vor, so können diese Grenzwerte näherungsweise zur Aggregation der Emissionen der verschiedenen Schadstoffe herangezogen werden. Dazu wird für jeden Stoff die Menge an unbelasteter Luft berechnet, mit der die emittierte Menge eines Stoffs verdünnt werden muß, damit die resultierende Immission unter dem Grenzwert liegt.

Die errechneten Luftvolumina können dann addiert werden:

$$L = \sum_x \frac{E_x}{I_x} \qquad (7.1)$$

$L = $ Luftvolumen als Bewertungsgröße für die Luftschadstoffemissionen [m^3 Luft/Produkteinheit]

$E_x = $ Emission des Schadstoffs x bei der Produktion einer Produkteinheit [g/Produkteinheit]

$I = $ Immissionsgrenzwert des Schadstoffs x [g/m_3].

Die „Luftvolumina" unterschiedlicher Technikalternativen können miteinander verglichen werden. Die Wichtung der Emissionen mit Immissionsgrenzwerten ist offenbar dann ein geeignetes Maß, wenn das Verhältnis der Immissionsgrenzwerte das Verhältnis der Schäden, die durch je eine Einheit Schadstoffemissionen entsteht, gut abbildet. Problematisch ist allerdings, daß solche Grenzwerte nicht immer auf eindeutigen wissenschaftlichen Erkenntnissen über Dosis-Wirkungs-Beziehungen beruhen – zudem sind für eine ganze Reihe von Luftschadstoffen keine Immissionsgrenzwerte bekannt, sodaß eine Wichtung für diese Stoffe nicht möglich ist.

Außerdem gibt die Methode nur Anhaltspunkte für die relative Wichtung von Schadstoffen in einem Medium, die Wichtung des Ergebnisses mit anderen Nachteilen (Kosten, Versorgungssicherheit, Lärm, usw.) ist damit noch nicht festgelegt.

Zur Wichtung von Schadstoffen, die gleiche Schäden verursachen, kann auch das durch Experimente oder Modellrechnungen ermittelte Schadensausmaß durch eine zusätzliche Einheit an Schadstoffemissionen herangezogen werden. Ein Beispiel dafür ist etwa das Treibhauspotential atmosphärischer Spurengase, das den Beitrag dieses Gases zur Abschirmung der von der Erdoberfläche ausgestrahlte Wärmestrahlung relativ zum CO_2-Treibhauspotential angibt (Tabelle 7.29).

Wegen der unterschiedlichen Verweildauer der Gase in der Atmosphäre ist das Treibhauspotential je nach Zeithorizont der Betrachtung unterschiedlich. Die Emissionen der verschiedenen Gase können mit dem Treibhauspotential multipliziert und dann zu CO_2-Äquivalentemissionen addiert werden.

In ähnlicher Weise lassen sich Photooxidantienbildungspotentiale (POCP = photo-oxidant creation potential) nutzen, um den Beitrag einer Ozonvorläu-

Tabelle 7.29. Abschätzung des direkten Treibhauspotentials einiger Spurengase nach Enquête-Kommission, 1995

Gas	Zeithorizont (Jahre)		
	20	100	500
CO_2	1	1	1
CH_4	35	11	4
N_{20}	260	270	170
CFC11	4500	3400	1400

fersubstanz (z. B. Stickoxide, gasförmige organische Stoffe) zur Bildung von Ozon in der Troposphäre abzuschätzen. ODP-Werte (Ozonabbaupotentiale, engl. = ozone depletion potentials) beschreiben dagegen die ozonzerstörende Wirkung von Halogenkohlenwasserstoffen in der Troposphäre.

Die beschriebene Nutzung von Immissionsgrenzwerten kann verallgemeinert werden. Gibt es eine kritische Menge pro Zeiteinheit (critical load) für die Aufnahme eines Schadstoffs in einem Umweltmedium, die nicht überschritten werden darf, wenn die Funktionsfähigkeit des Mediums im Sinne einer nachhaltigen Entwicklung langfristig gesichert werden soll, so kann dieser kritische Stofffluß gegebenenfalls zusammen mit der Vorbelastung zur Wichtung der Emissionen herangezogen werden.

Bei allen in diesem Abschnitt beschriebenen Verfahren bleibt als Problem erhalten, daß nur hinsichtlich Wirkung oder Medium gleichartige Schadstoffe gegeneinander abgewogen werden können, eine Abwägung von Emissionen z. B. mit Kosten ist nicht möglich.

7.4.2.3
Nutzwertanalyse

Die Nutzwertanalyse wurde verstärkt in den 70er Jahren weiterentwickelt und diskutiert (siehe z. B. [3, 4]) Im wesentlichen geht es darum, die verschiedenen Zielerfüllungsgrade zu quantifizieren und mit Hilfe von Wichtungskoeffizienten in einen Nutzwert, der alle Zielerfüllungsgrade zusammenfaßt, umzurechnen. Die Grundzüge der Methode werden im folgenden kurz beschrieben, auf die zahlreichen methodischen Varianten der Nutzwertanalyse wird allerdings nicht eingegangen.

Zunächst werden alle bei der Entscheidung zu berücksichtigenden Ziele gesammelt und in Form eines Zielbaums in eine hierarchische Ordnung gebracht. Auf der untersten Stufe der Hierarchie stehen operationale Ziele, sogenannte Kriterien. Diese werden mit K_i, $i = 1$, n bezeichnet. Kriterien können z. B. sein:

- Die Anzahl der verursachten Personentage mit Husten sollte möglichst gering sein.
- Die maximale Konzentration an NO_x (gemessen als Halbstundenmittelwert) sollte möglichst niedrig liegen.
- Die NO_x-Emissionen sollten möglichst gering sein.
- Der Flächenverbrauch sollte möglichst gering sein.

Diese Beispiele zeigen, daß die Kriterien K i.a. einen Indikator I_k enthalten (Hustentage, Schadstoffkonzentration, Flächenverbrauch), der über die Erfüllung des Kriteriums Auskunft gibt. Die Beispiele zeigen überdies, daß der Indikator verschiedenen Stufen des in Abschn. 7.4.1 eingeführten Wirkungspfades entstammen kann (Emissionen – Schadstoffkonzentration – Gesundheitsschäden).

Der Indikator muß einerseits eine möglichst genaue Aussage über die Zielerreichung zulassen, andererseits aber auf verfügbaren Meßgrößen aufbauen. Diese werden in einem je nach Aufgabenstellung mehr oder weniger komplizierten Verfahren in den Indikator umgerechnet. Zum Beispiel kann die Schadstoffkonzentration aus den Emissionen und meteorologischen Parametern durch Einsatz komplexer Modelle der Ausbreitung und chemischer Umwandlung von Luftschadstoffen errechnet werden. Um daraus zusätzliche Gesundheitsschäden abzuleiten, müssen zusätzlich Bevölkerungsdichte, weitere Angaben zur Bevölkerung (Alter, allg. Gesundheitszustand, Anfälligkeit) und Dosis-Wirkungs-Beziehungen eingesetzt werden.

Ziel der Nutzwertanalyse ist nun, aus den Indikatorwerten I_{kA} jeder Alternative A einen Nutzwert $N_A(I_{kA})$ zu berechnen, wobei der Nutzwert N_B einer Alternative B dann größer als der Nutzwert N_C der Alternative C sein soll, wenn der Satz der Konsequenzen I_{kB} dem der Konsequenzen I_{kC} vorgezogen wird.

Dazu wird zunächst der Begriff ,Präferenzunabhängigkeit' definiert: Ein Paar von Kriterien $\{K_1, K_2\}$ ist präferenzunabhängig von anderen Kriterien K_3, K_4 ... K_n, wenn Präferenzen zwischen den Indikatorpaaren $\{I_1, I_2\}$ und $I_{1'}$, $I_{2'}\}$ bei festgehaltenen übrigen Indikatorwerten I_3, I_4, ... I_n unabhängig von der Höhe der Werte I_3, I_4, ... I_n bestehen. Dies bedeutet, daß Abwägungen zwischen den Indikatoren I_1 und I_2 nicht von den Werten der Indikatoren I_3 bis I_n abhängen dürfen.

Es gilt nun folgender Satz, der bei DEBREU [5] bewiesen wird: Gegeben seien n nicht ausschließende Kriterien K_i, $i = 1$, n mit $n \geq 3$. Es existiert eine additive Nutzenfunktion der Form:

$$N_k(I_{1k}, I_{2k}, \dots I_{nk}) = \sum_i W_i v_i(I_{ik}) \tag{7.2}$$

wenn und nur wenn jedes Kriterienpaar K_i, $K_{i'}$ präferenzunabhängig von den übrigen Kriterien ist.

Das kaum lösbare Problem, eine von n Indikatoren abhängige Nutzenfunktion zu bilden, reduziert sich bei Vorliegen von Präferenzunabhängigkeit auf das wesentlich einfachere Problem, n eindimensionale sogenannte ,Zielertragsfunktionen' $v_i(I_{ik})$ und n sogenannte ,Wichtungskonstanten' W_i zu ermitteln.

Um die Präferenzunabhängigkeit von Kriterien nachzuweisen, werden dem Entscheidungsträger konkrete Fragen vorgelegt. Diese zielen darauf ab, ob die Präferenzen des Befragten zwischen Wertepaaren zweier Indikatoren von den Werten anderer Indikatoren abhängen oder nicht. Ein konkretes Beispiel für diese Fragetechnik ist in [4] zu finden.

Präferenzunabhängigkeit ist nicht immer gegeben. Hier hilft der erwähnte hierarchische Aufbau der Zielkriterien weiter. Ist nämlich wenigstens das aus einer Kriteriengruppe mit s Kriterien gebildete Oberziel von den anderen Kriterien oder auch Kriteriengruppen paarweise präferenzunabhängig, so kann eine Zielertragsfunktion $v_i(I_{1k}, I_{2k}, \dots, I_{sk})$ gebildet werden, die zwar nicht eindimensional ist, aber auch nicht alle n Indikatoren enthält. Diese Funktion wird dann in die Nutzwertformel an Stelle einer eindimensionalen Zielertragsfunktion eingesetzt.

Die in Gl. (7.2) einzusetzende Zielertragsfunktionen werden folgendermaßen ermittelt: Der Zielertrag wird in einer kardinalen Skala angegeben.

Üblich sind etwa Werte zwischen 0 und 1 oder auch eine neunstufige Intervallskala mit Werten von 0 bis 8. Dabei zeigt der Wert 1 bzw. 8 den besten, der Wert 0 den schlechtesten real vorkommenden Indikatorwert des Kriteriums an. Der Indikator kann ordinal oder kardinal skaliert sein. Die Vorschrift zur Ermittlung des Zielertrags aus dem Indikator kann aus einer Tabelle oder einer Funktion bestehen. Sie wird durch Befragen des Entscheidungsträgers bzw. von Experten auf dem jeweiligen Sachgebiet ermittelt. Dabei kann die sogenannte Mittenmethode angewendet werden.

Zunächst wird der beste Indikatorwert I^1 und der schlechteste Wert I^0 ausgewählt. Es gilt $v(I^0) = 0$; $v(I^1) = 1$. Es wird gefragt, für welchen Indikatorwert $I^{0,5}$ eine Änderung von I^0 nach $I^{0,5}$ den gleichen Nutzenzuwachs bringt wie eine Änderung von $I^{0,5}$ und I^1. Dabei ist der Nutzenzuwachs dann gleich, wenn sowohl die Änderung von I^0 und $I^{0,5}$ als auch die Änderung von $I^{0,5}$ nach I^1 durch die gleiche negative Änderung eines anderen Indikators aufgewogen wird. Dem Wert $I^{0,5}$ wird der Zielertrag 0,5 zugewiesen: $v(I^{0.5}) = 0,5$.

Das Verfahren wird zwischen $I^{0,5}$ und I^1 sowie I^0 und $I^{0,5}$ usw. solange wiederholt, bis die Zielertragsfunktion genügend genau bestimmt ist. Es können Konsistenzprüfungen durchgeführt werden, etwa indem geprüft wird, ob der Mittelwert zwischen $v(I^{0,4})$ und $v(I^{0,6})v(I^{0,5})$ ergibt.

Die Wichtungskoeffizienten W_i drücken die relative Wichtigkeit des Kriteriums K_i gegenüber den anderen Kriterien aus. Ist z.B. $W_1 = 1$ und $W_2 = 2$, so wird eine Verminderung des Zielertragswerts v_1 um zwei Stufen durch eine Erhöhung von v_2 um eine Stufe ausgeglichen. Kriterium K_1 ist also nur halb so stark gewichtet wie Kriterium K_2. Diese Aussage ist allerdings nur in Verbindung mit der Angabe der Indikatorwerte sinnvoll, die den Indikatorbereich und damit die Höhe einer Stufe definieren.

Um die Wichtungskoeffizienten W_i zu bestimmen, werden die zugehörigen Kriterien zunächst in eine Rangfolge zunehmender Präferenz gebracht. Dazu werden Fragen gestellt wie: Zwei fiktive Alternativen erfüllen alle Kriterien bis auf je eines optimal, eine habe bei Kriterium A, eine bei Kriterium B den Zielertrag 0, welche ist zu bevorzugen?

Durch solche Fragen kann die Rangfolge ermittelt werden, Inkonsistenzen in der Präferenzordnung des Befragten werden erkannt, sie können dem Befragten bewußt gemacht und durch genaueres Nachfragen beseitigt werden.

Zahlenmäßig genauere Relationen erhält man durch Erfragen von indifferenten Wertepaaren. Hält der Befragte bei sonst gleichen Zielerträgen eine Alternative mit den Zielerträgen v_1 und v_2 und eine Alternative mit $v_{1'}$, $v_{2'}$ für gleich gut, so ergibt sich mit Gl. (7.2)

$$v_1 W_1 + v_2 W_2 = v_{1'} W_1 + v_{2'} W_2 \quad . \tag{7.3}$$

Daraus ergibt sich

$$W_i = \frac{v_{2'} - v_2}{v_1 - v_{1'}}\, W_2 \quad . \tag{7.4}$$

Zusammen mit einer Normierungsvorschrift, z.B. $\Sigma\, W_i = 100$, lassen sich so die Wichtungskoeffizienten eindeutig bestimmen.

Es erscheint sinnvoll, durch zusätzliche Fragen ein überbestimmtes Gleichungssystem zu erhalten. Treten dabei Widersprüche auf, so muß der Befragte seine Präferenzstruktur überdenken und konsistent machen.

Bei der gewählten hierarchischen Ordnung wird man zunächst die zu einem Oberziel gehörenden Kriterien gegeneinander abwägen. Dies ist relativ einfach, da diese Kriterien alle ähnlich sind, weil sie zum selben Oberziel gehören. Im nächsten Schritt können dann statt verschiedener Kriterien die Oberziele gegeneinander abgewogen werden. Dadurch steht gleichzeitig die relative Wichtung der verschiedenen Kriterien dieser Oberziele fest. Dabei wird die Festsetzung der Wichtungen meist umso schwieriger, je höher die Ziele sich in der Hierarchie befinden. Der weniger kritische und eher akzeptierte Unterbau in der Hierarchie macht es aber möglich und sinnvoll, für diese wenigen umstrittenen Wichtungen durch Sensitivitätsanalysen zu Lösungen zu kommen. So läßt sich z.B. der Konflikt von ökologischen gegenüber betriebswirtschaftlichen Gesichtspunkten trotz einer Vielzahl von Einzelkriterien im wesentlichen auf eine Wichtung reduzieren.

Durch Rückverfolgung der Ergebnisse vom Gesamtnutzwert über die den Oberzielen zugeordneten Teilnutzwerte bis hin zu den einzelnen Zielerträgen wird verdeutlicht, welche konkreten Vor- und Nachteile zu dem am Ende angegebenen Nutzwert geführt haben.

Die Fragen zur Ermittlung der Zielertragsfunktionen und Wichtungskonstanten sind i.a. an den- oder diejenigen zu stellen, deren Präferenzstruktur für die Entscheidung maßgebend sein soll.

Bei Entscheidungen, die dem Allgemeinwohl dienen sollen, also die Wohlfahrt der Gesellschaft erhöhen sollen, muß demnach wohl ein repräsentativer Querschnitt der Bevölkerung befragt werden. Dies ist angesichts der Fülle und begrifflichen Schwierigkeit der Fragen nicht einfach – es finden sich daher auch kaum Beispiele dafür. In einigen Fällen wird stattdessen vorgeschlagen, die gewählten Entscheidungsträger (Parlamentarier, Regierungsvertreter), die ja die Gesellschaft repräsentieren sollen, zu befragen.

Generell ist die Durchführung der Befragung einer der Schwachpunkte der Nutzwertanalyse. Es ist in vielen Fällen zweifelhaft, ob den Befragten der Inhalt der Frage und die Auswirkung etwa der enthaltenen Indikatorwerte hinreichend bewußt ist.

Des weiteren besteht immer die Gefahr, daß das Ergebnis manipuliert wird, in dem die Gewichte so gesetzt werden, daß das vorab gewünschte Ergebnis sich einstellt – das bereits feststehende Ergebnis wird dadurch nachträglich als Produkt einer konsistenten, quasi ‚objektiven‘ Abwägung legitimiert.

Nachteilig ist auch, daß man sich unter den dimensionslosen Zielerträgen und Nutzwerten keine rechte Vorstellung über das Ausmaß des Nutzens oder Schadens machen kann. Dies macht es auch schwierig, die geäußerte Präferenz deutlich und transparent und damit überprüfbar zu machen. Zudem hängt die Höhe der Zielerträge und Wichtungskonstanten von einer ganzen Reihe von Definitionen ab, die wiederum für jede Entscheidungssituation neu getroffen wird. Dies bedeutet, daß man Ergebnisse einer Umfrage bezüglich einer bestimmten Entscheidungssituation nicht einfach auf eine andere Entscheidung übertragen kann.

Zumindest die beiden letztgenannten Nachteile treten bei der im folgenden beschriebenen Kosten-Nutzen-Analyse nicht auf.

7.4.2.4
Monetarisierung und Internalisierung von externen Effekten – Kosten-Nutzen-Analyse

Einen Teil der vorgenannten Nachteile der Nutzwertanalyse könnte man dadurch vermeiden, daß man als gemeinsamen Maßstab für die Bewertung der Zielerfüllung bzw. der Vor- und Nachteile von Alternativen eine Größe verwendet, von deren Wert jeder unabhängig von der anstehenden Bewertungsfrage eine gute Vorstellung hat – dies trifft zweifellos für monetäre Einheiten, also Geld, zu. Drückt man einen Nachteil durch seinen monetären Wert aus, so kann sich jeder eine Vorstellung vom Wert dieses Nachteils machen. Zudem läßt sich der Wert dieses Nachteils ermitteln, ohne daß, wie bei der Nutzwertanalyse, andere Eigenschaften von Alternativen zum Vergleich herangezogen werden müssen. Die Bewertung eines Nachteils ist damit von der konkreten Entscheidungssituation weitgehend unabhängig, kann also allgemein für Entscheidungen genutzt werden.

Grundidee der Methode der Monetarisierung und Internalisierung externer Effekte ist daher, alle externen Effekte zu quantifizieren, in Geldwerten (externe Kosten) auszudrücken und dann zu den internen, also betriebswirtschaftlich ermittelten Kosten der Alternativen zu addieren. Die externen Kosten einer Technikalternative sind somit alle auftretenden technologiebedingten Effekte, deren Kosten nicht der Betreiber der Technik, sondern dritte Personen oder die Allgemeinheit zu tragen haben, mit anderen Worten, es sind alle Effekte, deren Auswirkungen in den internen Kosten noch nicht enthalten sind. Die Summe aus internen und externen Kosten wird als soziale Kosten bezeichnet, bei Entscheidungen ist die Alternative mit den geringsten sozialen Kosten zu wählen.

Dieses Vorgehen wird häufig auch als Kosten-Nutzen-Analyse bezeichnet. Da dieser Begriff aber in der Literatur sehr unterschiedlich definiert und verwendet wird, wird im folgenden der Begriff Monetarisierung und Internalisierung externer Effekte benutzt, da er das gemeinte Vorgehen zweifelsfrei beschreibt.

Die Monetarisierung von Schäden setzt i.a. ihre Identifizierung und Quantifizierung voraus, d.h. der in Abschn. 7.4.1 beschriebene Wirkungspfad sollte bis zum Ende der Ermittlung der physischen Schäden bearbeitet worden sein. Die Monetarisierung kann dann nach verschiedenen im Bereich der Wirtschaftswissenschaften entwickelten Verfahren durchgeführt werden.

Am einfachsten ist dies, wenn ein Schaden an Gütern entsteht, die gehandelt werden, für die also ein Marktpreis vorhanden ist. Wird eine Hausfassade verschmutzt, können die Kosten für Reinigung oder Renovierung direkt ermittelt werden. Einbußen beim Holzertrag können anhand der Holzpreise direkt monetarisiert werden.

Problematischer sind aber die Kosten für nicht handelbare Güter, etwa die Verminderung des Erholungsnutzens durch einen geschädigten Wald. Für nicht gehandelte Güter können zwei Verfahren eingesetzt werden.

Bei der indirekten Monetarisierung wird versucht, Werte für nicht auf dem Markt gehandelte Umweltgüter durch die Analyse von Märkten abzuschätzen, bei denen das Umweltgut indirekt eine Rolle spielt. Zum Beispiel kann man den Preis von Häusern in Gegenden mit unterschiedlicher Umweltqualität untersuchen oder die Bereitschaft, ein weiter entfernt liegendes Erholungsgebiet aufzusuchen anstelle eines nahe gelegenen mit geringerer Qualität. Das Problem bei diesem Verfahren besteht offensichtlich darin, andere Ursachen für Preisunterschiede als die unterschiedlichen Umweltqualitätsniveaus auszuschließen oder herauszurechnen. Da in der Praxis aber nur wenige solcher indirekten Beziehungen zwischen marktfähigen Gütern und Umweltqualität existieren, ist diese Methode nur eingeschränkt einsetzbar.

Die ‚Contingent Valuation'-Methode (CVM) dagegen kann für alle Bewertungsprobleme angewendet werden. In persönlichen Interviews oder in Fragebögen wird gefragt, wieviel die betreffende Person für eine bestimmte Reduzierung der Gesundheitsrisiken, Umweltbelastungen o.ä. zu zahlen bereit ist (WTP = willingness to pay). Alternativ kann nach der WTA (= willingness to accept) gefragt werden, die die Höhe einer erforderlichen Kompensationszahlung für die Hinnahme eines Nachteils angibt. Da dieser Betrag aber nicht wie bei der WTP durch das Einkommen beschränkt ist, kann die Frage nach der WTA in der Praxis zu höheren und u.E. tendenziell unrealistischeren Werten als die WTP führen.

Die Fragen einer CVM-Studie müssen sehr sorgfältig konzipiert werden, um valide Ergebnisse zu erhalten. Die Contingent Valuation Methode ist dann aber ein geeigneter Ansatz zur Monetarisierung von Umweltrisiken. Bisherige CV-Studien erfüllen jedoch nicht alle die grundlegenden Validitätskriterien.

Als Beispiel für die mit der Monetarisierung verbundenen methodischen Probleme sei die Bestimmung des Werts eines statistischen Menschenlebens genannt. Dabei geht es darum, auf direktem Wege (also durch Befragung = Contingent Valuation Method) oder auf indirektem Wege (z.B. durch Vergleich von Löhnen für unterschiedlich risikoreiche Berufe) zu ermitteln, mit welchem Wertverlust ein zusätzliches Risiko, durch Unfall oder Krankheit zu sterben, verbunden ist, bzw. welcher Wert für eine bestimmte Risikoverminderung anzusetzen ist.

Entsprechende Studien zur Ermittlung des Wertes eines statistischen Menschenlebens wurden vor allem in den USA durchgeführt, wobei insbesondere Lohnvergleiche verwendet wurden, um den methodischen Schwierigkeiten von Befragungen nach dem Wert eines Menschenlebens zu entgehen. Allerdings sind auch Lohnvergleiche mit gravierenden methodischen Problemen verbunden.

Zum einen muß der Wissenschaftler, der Lohnvergleiche durchführt, bei der Analyse alle wesentlichen Parameter, die die Lohnhöhe bestimmt haben können, berücksichtigen, will er nicht Gefahr laufen, daß die Lohndifferenz, die er dem Risikounterschied zuordnet, in Wirklichkeit durch andere Parameter verursacht wird.

Zweitens wird vorausgesetzt, daß derjenige, der sich etwa für eine risikoreiche Arbeit entscheidet, die Risikounterschiede zu alternativen Arbeiten kennt und erfassen kann und sie bei seiner Berufswahl auch berücksichtigt bzw. mit anderen Vor- und Nachteilen abwägt. Die Vorstellung oder Erfassung von typischen Berufsrisiken von $10^{-4} - -10^{-5}$ Todesfällen pro Jahr ist aber sicher nicht einfach. Zum Beispiel beträgt das Risiko eines Arbeiters oder Angestellten in der Bundesrepublik, einen tödlichen Arbeitsunfall zu erleiden, durchschnittlich ca. $4 \cdot 10^{-5}$ p.a.; bei einem Arbeiter im Kohlebergbau waren es 1989 ca. $2 \cdot 10^{-4}$ p.a.. Ist nun anzunehmen, daß der Kohlearbeiter bei der Berufswahl diesen Risikounterschied von $1,6 \cdot 10^{-4}$ p.a. angemessen berücksichtigt hat? Wäre seine Berufswahl bei einem höheren Risiko, aber gleichem Lohn anders ausgefallen? Es ist wohl nicht verwunderlich, daß die Bandbreite der Ergebnisse der Studien zum Wert eines statistischen Menschenlebens groß ist.

So werden in [6] Arbeiten zitiert, die Werte zwischen 0,315 und 12,8 Mio US-$ angeben, in VISCUSI [7] werden Bandbreiten von 0,36 bis 14,9 Mio US-$ als Wert eines statistischen Menschenlebens genannt. Dies sind immerhin Unterschiede von eineinhalb Größenordnungen.

Die Monetarisierung externer Effekte ist damit mit zwei Schwierigkeiten verbunden:

Wie in Abschn. 7.1 dargelegt, fehlen in einer ganzen Reihe von Fällen noch die Kenntnisse (z.B. Dosis-Wirkungs-Beziehungen), um die direkte Umweltbeeinträchtigung (z.B. CO_2-Emissionen) in Schäden umzurechnen. Dadurch wird die Monetarisierung erschwert: während es dem Menschen i.a. möglich ist, (entgangenen) Nutzen und Kosten abzuwägen – dies findet im Prinzip bei jedem Einkauf statt – ist es viel schwieriger, etwa die Frage zu beantworten, wieviel man für die Vermeidung einer Tonne CO_2 zu zahlen bereit ist.

Zudem sind Zahl und Qualität empirischer Studien zur monetären Bewertung von Schäden noch unzureichend. Dies ließe sich allerdings durch entsprechende zusätzliche Projekte beheben. Derzeit allerdings ist eine belastbare Quantifizierung externer Effekt nur für Teilbereiche, nicht aber für alle als relevant erachteten Kriterien möglich.

Die obige Vorgehensweise läßt sich daher nur für Teile des Entscheidungskalküls anwenden – es bleiben neben den quantifizierbaren Aspekten i.a. noch eine Reihe von Kriterien, die sich der Monetarisierung entziehen. Die derzeit nicht quantifizierbaren Problembereiche können durchaus zu sehr hohen externen Kosten führen, also für die Entscheidung relevant sein (beispielsweise beim Treibhauseffekt).

Dagegen sind die Kosten von externen Effekten, die bereits seit einiger Zeit bekannt und gut erforscht und damit quantifizierbar sind, eher niedrig. Dies liegt daran, daß erkannte erhebliche externe Effekte auch in der Vergangenheit schon durch geeignete Maßnahmen wie z.B. Auflagen weitgehend internalisiert wurden.

Ein Beispiel hierfür sind die Waldschäden. Daß es neuartige Waldschäden – damals noch Waldsterben genannt – gibt, wurde in Wissenschaft und Öffentlichkeit ab Anfang der achtziger Jahre wahrgenommen. Obwohl die genauen Vorgänge, die zu den Waldschäden führen, bis heute nicht zweifelsfrei geklärt sind, wurden eine ganze Reihe von Maßnahmen zur Minderung der als Hauptursache vermuteten Luftschadstoffe eingesetzt. Zu erwähnen sind etwa die Verabschiedung der Großfeuerungsanlagenverordnung im Juni 1983, die Novellierung der TA Luft 1986, die Reduzierung des Schwefelgehalts in leichtem Heizöl auf 0,2% 1988 und die schrittweise Einführung des Dreiweg-Katalysators.

Dieses Beispiel macht deutlich, daß eine Internalisierung externer Effekte im allgemeinen bereits stattfindet und auch stattfinden muß bevor die Höhe der externen Kosten belastbar und unzweifelhaft feststeht; Entscheidungen müssen bereits getroffen werden (und werden auch getroffen), wenn sich die Möglichkeit „verdichtet", daß Schäden entstehen, die von der Gesellschaft als hoch empfunden werden. Dies wird schon deshalb so sein, weil in solchen Fällen die Erwartung der Wähler an die Politiker, etwas zu tun, ansteigt.

Eine belastbare Quantifizierung wichtiger externer Kosten ist somit derzeit in vielen Fällen noch nicht möglich. Sie wäre aber wünschenswert, um die damit verbundene verbesserte Konsistenz, Transparenz und Nachvollziehbarkeit von Entscheidungen zu erreichen und um Entscheidungen besser diskutierbar zu machen.

Vorerst allerdings muß man für die nicht quantifizierbaren Bereiche externer Effekte nach anderen Wegen suchen, um die externen Effekte in den Entscheidungsprozeß zu integrieren. Ein Ansatz hierzu wird im nachfolgenden Abschn. 7.4.2.5 vorgestellt.

Bisher wurde in den Beispielen dieses Kapitels vor allem auf die Emissionen der untersuchten Prozesse eingegangen. Da die Ganzheitliche Bilanzierung aber auch die Stoffe erfaßt, die als Input bei den Prozessen verwendet werden, soll im folgenden kurz erläutert werden, daß es auch für die Monetarisierung des Nutzenverlustes durch Ressourcenverzehr ökonomische Ansätze gibt.

Nicht erneuerbare natürliche Ressourcen – z.B. Kohle, Öl, Gas, Uran, Kupfer – sind nur begrenzt vorhanden. Wird eine Einheit einer solchen Ressource jetzt genutzt bzw. verbraucht, so ist damit offenbar ein Nutzenverlust für zukünftige Generationen verbunden, denn diesen steht die Ressource und der mit ihrer Nutzung verbundene Vorteil offenbar nicht mehr zur Verfügung. Es stellt sich somit die Frage, wie dieser mit dem Ressourcenverbrauch entstehende Nachteil monetarisiert werden kann. Zudem ist zu untersuchen, ob dieser Nutzenverlust in den Marktpreisen für die Ressource schon enthalten ist oder nicht. Wäre er nämlich schon enthalten, so müßte der Ressourcenverbrauch bei der Bewertung von Alternativen nicht mehr herangezogen werden, da er ja in den Kosten der Alternative schon berücksichtigt ist.

Entsprechend der neoklassischen ökonomischen Theorie der natürlichen erschöpfbaren Ressourcen setzten sich die Kosten begrenzter Ressourcen aus den Abbau- und den Nutzungskosten zusammen. Als Nutzungskosten sind die aufgrund der gegenwärtigen Verwendung der Ressource entgangenen zukünftigen Nutzen definiert. Auf vollkommenen Märkten wird eine Ressource entlang eines optimalen Abbaupfades genutzt. Die Nutzungskosten steigen dabei mit dem Zinssatz an (Hotelling-Regel). Dies führt dazu, daß der Gegenwartswert der Nutzungskosten für alle Perioden gleich ist. Derjenige, der seine Ressourcen jetzt nutzt und die erlösten Nutzungskosten verzinslich anlegt, hat denselben Gewinn wie derjenige, der die Ressourcen später nutzt. Die Höhe der Nutzungskosten wird dann durch die Kosten von verfügbaren Alternativen zur Bereitstellung des mit dem Einsatz der Ressource verbundenen Nutzens, den sogenannten ‚Back-stop'-Technologien bestimmt (eine umfassendere Darstellung dieser Theorie der Ressourcenökonomie kann z.B. bei [8] nachgelesen werden).

Mit anderen Worten: auf vollkommenen Märkten sind in den Preisen der endlichen Ressourcen die Nutzungskosten bereits berücksichtigt; eine zusätzliche Internalisierung ist daher nicht erforderlich. Allerdings ist nicht auszuschließen, daß die beschriebenen Marktmechanismen nicht mehr voll wirksam sind, wenn sich die Reichweite der Ressource über mehrere Generationen erstreckt. Dann kommt der Nutzen einer verzögerten Ausbeute einer Ressource zum Teil erst nachfolgenden Generationen zu Gute, es ist dabei offen, inwieweit die jetzt Lebenden tatsächlich bereit sind, zugunsten zukünftiger Generationen auf eigenen Nutzen zu verzichten.

Auch andere Gründe, etwa unvollständige Informationen, kurzfristige Budgetrestriktionen der Staaten, die die Ressourcen ausbeuten, oder die Gefahr für den Ressourceneigentümer, in Zukunft die Rechte an den Ressourcen zu verlieren, können dazu führen, daß der Preis der Ressource nicht die vollen Nutzungskosten erhält; dies würde zu Abweichungen vom optimalen Abbaupfad und damit zu Wohlfahrtsverlusten führen.

Andererseits ist es auch möglich, daß die Preise auf Grund nicht vollkommener Märkte höher liegen, als es der Summe aus Abbau-, Transport-, Nutzungs- und externen Kosten entspricht; dies ist z.B. bei Öl aus OPEC-Staaten und bei Gas, dessen Preis an den Ölpreis gekoppelt ist, denkbar. Auch dies führt zu Abweichungen vom optimalen Abbaupfad und zu Wohlfahrtsverlusten.

Eine sehr grobe Abschätzung von Nutzungskosten für fossile Energieträger nach der Hotelling-Regel ergibt nach [12] folgendes:

Die nach Angaben der Weltenergiekonferenz 1986 gewinnbaren fossilen Ressourcen betragen etwa 197 000 EJ. Dies entspricht einer statischen Reichweite (Quotient aus gewinnbaren Ressourcen und derzeitigem Weltenergieverbrauch) von ca. 600 Jahren. Da der Weltenergieverbrauch aber voraussichtlich zunimmt, wird hier vorsichtig mit einer dynamischen Reichweite von 200 Jahren gerechnet.

Setzt man als Kosten der Back-stop-Technologie 0,8 DM_{88}/kWh an, ergeben sich bei einer realen Diskontierungsrate von 4% p.a. nach der Hotelling-Regel derzeitige Nutzungskosten von ca. 0,03 Pf_{88}/kWh$_{el}$ bzw. umgerechnet auf den Brennstoff 0,01 Pf_{88}/kWh$_{th}$.

Dabei ist noch nicht berücksichtigt, daß

- in Anbetracht ständiger Neufunde bei allen fossilen Energieträgern sowie auf Grund der Weiterentwicklung von Explorationstechniken die Ressourcen der fossilen Energieträger wie in der Vergangenheit geschehen, auch in Zukunft ständig erweitert werden,
- die rationelle Energieanwendung in Verbindung mit neuen Energienutzungssystemen die Knappheitstendenzen verlangsamen wird und

– die Entdeckung und Entwicklung neuer Energieversorgungssysteme den Preis der Back-stop-Technologien senken wird.

Die zugrundezulegenden Zinssätze sind allerdings nicht unumstritten. Nach Auffassung einiger Ökonomen muß für langfristige Überlegungen eine wesentlich niedrigere Diskontierungsrate eingesetzt werden, was die Nutzungskosten entsprechend erhöhen würden. Zudem sind neben der, auf der neoklassischen volkswirtschaftlichen Theorie aufbauenden, Theorie der natürlichen erschöpfbaren Ressourcen auch andere Ansätze denkbar, etwa die Forderung nach der Erhaltung des ‚natürlichen Kapitalstocks‘, bzw. der Summe aus Ressourcen und Kapital zum Ersatz der natürlichen Ressourcen durch andere, teurere erneuerbare oder nicht natürliche Ressourcen.

7.4.2.5
Standard-Preis-Ansatz

Reichen die Kenntnisse über Dosis-Wirkungs-Beziehungen oder monetäre Werte von Schäden nicht aus, um externe Kosten mit hinreichend großer Genauigkeit zu berechnen, so kann – als Behelfslösung – in einer Reihe von Fällen der sogenannte Standard-Preis-Ansatz verwendet werden, um Umweltbeeinträchtigungen in Kosten umzurechnen.

Dabei wird errechnet, mit welchen Grenzkosten der Vermeidung sich die betrachtete Umweltbeeinträchtigung auf einen vorgegebenen Zielwert reduzieren läßt. Diese Grenzkosten werden dann als Kosten der Umweltbeeinträchtigung bei Entscheidungen berücksichtigt. Grenzkosten oder marginale Kosten bezeichnen dabei die Kosten, die zur Vermeidung der letzten (teuersten) Einheit Umweltbeeinträchtigung bei Erreichen des Zielwerts erforderlich sind. Der Unterschied zu der im vorangegangenen Kapitel beschriebenen Methode der Monetarisierung und Internalisierung externer Effekt ist bedeutend.

Das Konzept der Internalisierung externer Kosten geht davon aus, daß die optimale Umweltschutzstrategie diejenige ist, bei der die Summe aus monetarisierten Schäden und Schadensvermeidungskosten minimal ist. Die Schadensvermeidung umfaßt dabei auch Maßnahmen zur Substitution von Energieträgern und Energiebereitstellungstechniken, zum Verzicht auf Energiedienstleistungen und zur rationellen Energieanwendung. Werden die externen Kosten internalisiert, so wird sich die optimale Strategie auf Grund der Marktkräfte einstellen – die Verursacher von Umweltverschmutzungen werden Minderungs- oder Substitutionsmaßnahmen, deren Kosten niedriger sind als die internalisierten, also von ihm zu bezahlenden externen Kosten, durchführen.

Beim Standard-Preis-Ansatz wird dagegen das Umweltzschutzziel vorgegeben und angenommen, daß dieses Ziel optimal ist. Aus diesem Ziel werden dann Grenzkosten des Umweltschutzes abgeleitet.

Diese Grenzkosten sollten – um Mißverständnisse zu vermeiden – allerdings keinesfalls als externe Kosten bezeichnet werden. Die Ermittlung solcher Grenzkosten der Schadensvermeidung muß generell unter Betrachtung aller Verursacher von Umweltschäden erfolgen. Sie ist daher nicht anhand einer konkreten Entscheidungssituation durchführbar.

Im einzelnen wird folgendermaßen vorgegangen:

a) Es werden Umweltschutzziele festgelegt oder vorhandene Umweltschutzziele herangezogen. Beispiele für solche Umweltschutzziele sind:
   - die Verringerung der CO_2-Emissionen der Bundesrepublik Deutschland um 25 oder 30% bis 2005 ausgehend von den Emissionen im Jahr 1987
   - die Vermeidung von Ozonimmissionen von mehr als 120 Mikrogramm pro Kubikmeter (als Halbstundenmittelwert).

b) Es wird ermittelt, mit welchem Maßnahmenbündel sich das gesetzte Umweltschutzziel am effizientesten (also mit möglichst geringen Kosten) realisieren läßt. Dabei werden alle denkbaren Möglichkeiten bei allen, die das Erreichen des Umweltschutzziels beeinträchtigen, berücksichtigt.

c) Die Grenzkosten der Erreichung des Umweltschutzzieles, also etwa die spezifischen Emissionsminderungskosten pro Schadstoffeinheit der teuersten Maßnahme des effizienten bzw. optimalen Maßnahmenbündels, werden ermittelt. Diese Werte, beispielsweise x Mark pro Kilogramm NO_x oder y Mark pro Kilogramm CO_2, werden dann bei Entscheidungen zur monetären Bewertung der Umweltauswirkungen herangezogen.

Im folgenden soll anhand eines Beispiels dargelegt werden, wie man zu den gesuchten Grenzkosten des Umweltschutzes kommen kann. Als Beispiel sei die Minderung der SO_2- und NO_x-Emissionen in Baden-Württemberg betrachtet. Um die Kosten der Emissionsminderung abzuschätzen, wurden mit Hilfe einer aufwendigen Analyse der verschiedenen Emittenten in Baden-Württemberg effiziente Emissionsminderungsstrategien für SO_2 und NO_x ermittelt [9]. Effiziente Emissionsminderungsstrategien sind Strategien (Maßnahmenbündel), mit denen ein vorgegebenes Emissionsminderungsziel mit möglichst geringen Kosten erreicht wird. Dazu wurden die 2100 großen (genehmigungsbedürftigen) Feuerungsanlagen mit 5000 Kesseln in Baden-Württemberg einzeln untersucht; des weiteren wurden die 2,3 Millionen kleineren Feuerungsanlagen und mehrere Millionen Fahrzeuge, die sich auf den 14.000 Straßenabschnitten außerhalb geschlossener Ortschaften sowie innerhalb der Siedlungsflächen der 1111 Gemeinden Baden-Württembergs bewegen, berücksichtigt.

Bild 7.12 zeigt ein zusammenfassendes Ergebnis der Analysen für alle Emittentengruppen. Dargestellt ist die Kostenkurve der SO_2- und NO_x-Emissionsminderung für Baden-Württemberg. Diese stellt für das Jahr 2000 den Zusammenhang zwischen den verschiedenen möglichen Emissionsniveaus und den bei Durchführung der effizientesten zugehörigen Strategie aufzuwendenden Kosten, also den mindestens zur Erreichung des Emissionsniveaus aufzuwendenden Kosten dar.

Jeder Punkt auf der Kostenkurve repräsentiert eine Vielzahl von Emissionsminderungsmaßnahmen in den verschiedenen Emittentenbereichen, die in ihrer Summe das effizienteste Maßnahmenbündel zur Erreichung der jeweiligen Emissionsminderung bilden. Ebenfalls in Bild 7.12 eingezeichnet ist ein Punkt, der die Auswirkungen der derzeit auf Grund der bestehenden Gesetze und Verordnungen eingeleiteten Luftreinhaltestrategie beschreibt.

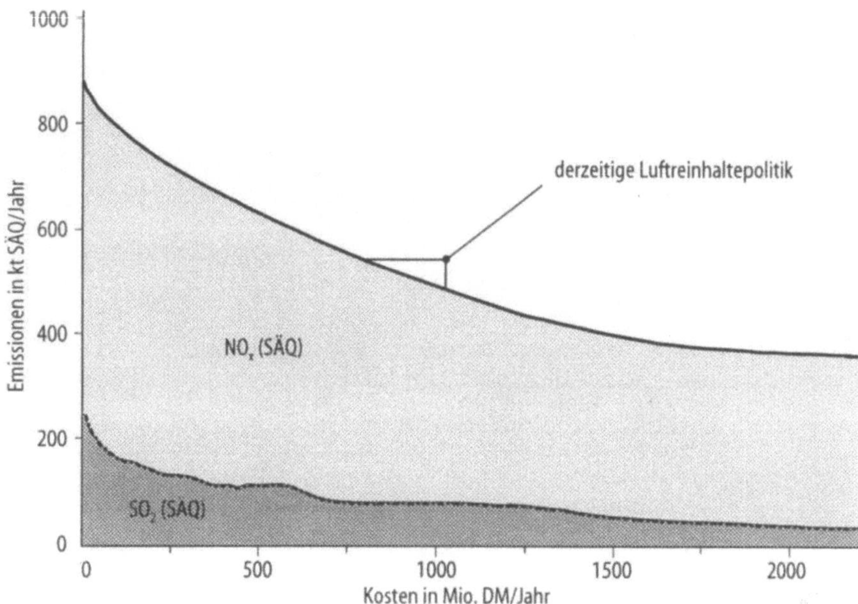

Bild 7.12. Kostenkurve der Minderung von SO_2- und NO_x-Emissionen in Baden-Württemberg für das Jahr 2000, ausgehend vom Fall ohne Emissionsminderungsmaßnahmen

In Bild 7.13 werden einige Punkte auf der Kostenkurve von Bild 7.12 herausgegriffen. Es wird gezeigt, aus welchen Maßnahmenkategorien sich das Maßnahmenbündel, das zur jeweils zugehörigen Emissionsminderung führt, zusammensetzt. Dabei sind, um Übersichtlichkeit zu gewährleisten, nicht alle Maßnahmen bei allen Emittentengruppen, sondern nur die Maßnahmen bei genehmigungsbedürftigen Feuerungen (ohne Kraftwerke) dargestellt. Die Maßnahmen sind zudem zu Maßnahmenkategorien zusammengefaßt – die Originaldaten weisen eine wesentlich differenziertere Untergliederung nach Maßnahmen auf. Die ausgewählten Punkte sind dabei durch bestimmte Grenzkosten der Emissionsminderung gekennzeichnet. Die Grenzkosten entsprechen der Steigung der Kostenkurve in Bild 7.12 und sind ein Maß für die höchsten Kosten pro vermiedener Schadstoffeinheit innerhalb eines Maßnahmenbündels. Unter anderem läßt sich die große Bedeutung der Brennstoffsubstitution als Emissionsminderungsmaßnahme bei Feuerungen zwischen ca. 1 und 50 MW erkennen.

Um Vergleichbarkeit zwischen SO_2- und NO_x-Emissionen herzustellen, werden als Maßstab für die relative Wirkung die Langzeitgrenzwerte der TA Luft für diese Schadstoffe herangezogen. Als Grundeinheit zur Beschreibung der Emissionen wird 1 kg Schadstoffäquivalent (SÄQ) verwendet, dieses entspricht dann 1 kg SO_2 oder 0,571 kg NO_x.

Die nach 1984 eingeleiteten umweltpolitischen Maßnahmen zur Luftreinhaltung, insbesondere die Verabschiedung der Großfeuerungsanlagenverordnung, die Novellierung der TA Luft, die Festsetzung des maximalen Schwefel-

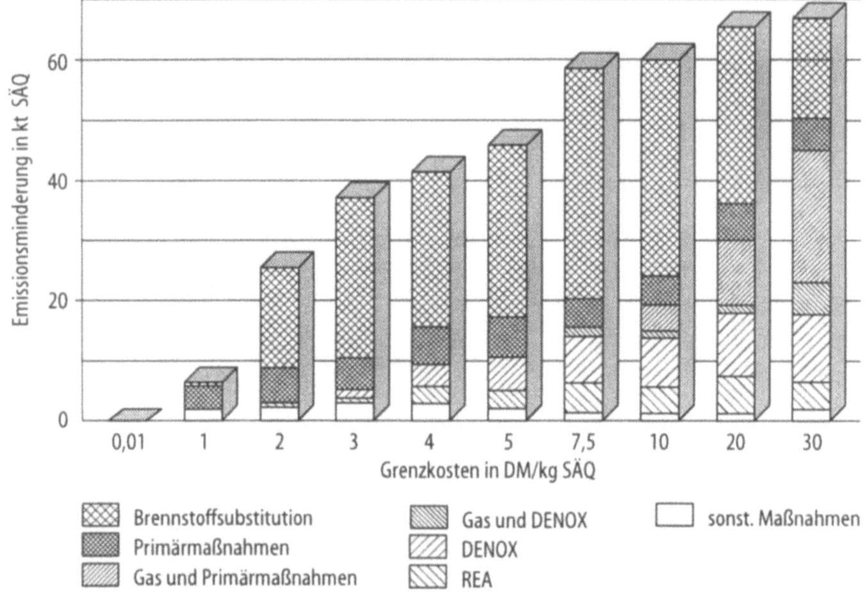

Bild 7.13. Emissionsminderung und eingesetzte Maßnahmenkategorien bei der Emittentengruppe genehmigungsbedürftige Feuerungsanlagen – ohne Kraftwerke und Raffinerien – bei verschiedenen Grenzkosten der Emissionsminderung (REA = Rauchgasentschwefelungsanlage, DENOX = Anlage zur Reduktion von NO_x- im Rauchgas)

gehalts von leichtem Heizöl und Diesel auf 0,2% und die neuen EG-Grenzwerte für Pkw-Emissionen, führen im Jahr 2000 in Baden-Württemberg zu der folgenden Emissionsminderung gegenüber dem Emissionsniveau ohne Emissionsminderungsmaßnahmen [9]:

- Die SO_2-Emissionen betragen statt 240 000 nur 91 000 t pro Jahr, sie sind um 62% reduziert. Die NO_x-Emissionen werden von 368 000 um 31% auf 254 000 t pro Jahr abgesenkt.
- Die Emissionsminderungen verursachen jährlich Kosten von 1,03 Milliarden DM in Baden-Württemberg.

Vergleich man nun die tatsächlich durchgeführte Minderungsstrategie mit der Strategie der Kostenkurve, die die gleiche Emissionsminderung aufweist, so ergibt sich folgendes:

Die gleiche jährliche Emissionsminderung von 349 000 t SÄQ (149 000 t SO_2 und 115 000 t NO_x) ergibt sich bei der optimalen Emissionsminderungsstrategie mit Grenzkosten von 3,52 DM/kg SÄQ (dies ist die Ableitung bzw. Steigung der Kurve unter dem Punkt „derzeitige Luftreinhaltestrategie") entsprechend 3,52 DM/kg SO_2 und 6,16 DM/kg NO_x. Für diese Minderung sind im optimalen Fall jährliche Kosten von 803 Millionen DM aufzuwenden. Demzufolge beträgt die Abweichung von der Erreichung des Optimums 231 Millionen DM/Jahr.

Mit anderen Worten: Die Emissionsminderungen, die aufgrund der derzeitigen Luftreinhaltepolitik erfolgen, lassen sich mit Grenzkosten beziehungsweise mit Umweltsteuern von 3,52 DM/kg SO_2 und 6,16 DM/kg NO_x erreichen. Definiert man diese Minderungen somit als derzeitiges Umweltschutzziel, so könnten diese Werte im Rahmen von Ganzheitlichen Bilanzierungen verwendet werden. Bei weitergehenden Emissionsminderungszielen sind entsprechend höhere Werte anzusetzen, die sich aus den Kurven der Abbildungen ablesen lassen.

Für CO_2 gibt es noch keine entsprechende Kostenkurve der Emissionsminderung. Allerdings liegen hier erste Ergebnisse der Enquête-Kommission „Vorsorge zum Schutz der Erdatmosphäre" des Deutschen Bundestages vor. Dort wurden in verschiedenen Szenarien Maßnahmenbündel zusammengestellt, die bis 2005 zu einer Emissionsminderung von 30% führen würden. Beim Szenario „Preispolitik", bei dem die derzeit vorhandenen Kernkraftwerke weiterbetrieben, aber keine zusätzlichen Kernkraftwerke gebaut werden, liegen die Kosten der teuersten Maßnahme bei 80–100 DM/t CO_2, wird der Zubau von Kernkraftwerken zugelassen, so sinkt dieser Wert auf rund 40 DM/t CO_2.

7.4.3
Zusammenfassung

Das Ergebnis einer Sachbilanz bei einer Ganzheitlichen Bilanzierung sind die direkten Stoffströme (Emissionen, Ressourceneinsatz usw.) einer Technik unter Berücksichtigung der vor- und nachgelagerten Prozeßstufen.
Ausgehend von dieser Sachbilanz sind nun die Fragen

– Ist diese Investition in ein Projekt aus gesamtgesellschaftlicher Sicht sinnvoll?

sowie

– Welche von unterschiedlichen Handlungsalternativen soll gewählt werden?

zu beantworten. Dies sollte in zwei Schritten erfolgen:

1. Zunächst sind die Auswirkungen bzw. Schäden, die durch die Stoffströme verursacht werden, möglichst genau zu quantifizieren.
2. Dann sind die Nachteile einer Entscheidung mit ihrem Nutzen bzw. mit den Schäden, die durch Alternativen verursacht werden, zu vergleichen bzw. abzuwägen.

Der erste Schritt, also die Ermittlung der Schäden, die durch Stoffemissionen oder Ressourcenverbrauch entstehen, ist allerdings in einigen wichtigen Fällen nur schwierig oder eingeschränkt möglich, weil die Wirkungspfade, die den Weg eines Stoffs von der Emission bis zur Wirkung beschreiben, teilweise sehr komplex sind und weil Kenntnisse über Dosis-Wirkungs-Beziehungen fehlen. Ist eine vollständige Quantifizierung der Schäden, die durch Umwelteinwirkungen entstehen, nicht möglich, so kann näherungsweise der Schaden in einem ‚top-down'-Ansatz dadurch abgeschätzt werden, daß zunächst der Gesamtschaden durch eine bestimmte Kategorie an Umwelteinwirkungen (z. B. durch Luftverunreinigungen) quantifiziert und dann auf die verschiedenen Verursacher aufgeteilt wird. Ist auch dies nicht möglich, so müssen Entscheidungen anhand der Kenntnisse über die Stoffströme bei Unsicherheit über die Folgen getroffen werden.

Die verschiedenen Nachteile/Schäden, wie die Kosten der zu untersuchenden Alternativen, müssen, um eine Entscheidung zu fällen, gegeneinander abgewogen werden. Eine ausschließlich qualitative Abwägung durch einen Entscheidungsträger hat dabei die Nachteile, daß

- Transparenz und Nachvollziehbarkeit der Entscheidungsgründe nicht gegeben sind,
- die Entscheidung wegen der Mehrdimensionalität des Zielsystems und damit der Komplexität möglicherweise nicht konsistent ist, also dem zugrundezulegenden Präferenzsystem des Entscheidungsträgers nicht entspricht.

Diese Nachteile werden bei quantitativen Abwägungsverfahren, bei denen die Vor- und Nachteile in einer gemeinsamen Maßeinheit transformiert werden, vermieden. Als Maßeinheit wird bei der Nutzwertanalyse ein dimensionsloser Nutzwert, bei der Kosten-Nutzen-Analyse bzw. Monetarisierung externer Effekte der Geldwert verwendet.

Die Verwendung von Geldwerten hat nach Auffassung des Autors Vorteile. Zum einen ist der Wert einer Geldeinheit eine wohldefinierte Größe, unter der sich jeder etwas vorstellen kann, zudem ist die Bewertung eines Nachteils durch einen Geldwert im allgemeinen einfacher als der Vergleich zweier verschiedener Nachteile, wie er bei der Nutzwertanalyse erfolgen muß. Zudem lassen sich empirisch ermittelte Kosten eines Nachteils für verschiedene Entscheidungssituationen verwenden, dies ist bei Nutzwerten nur eingeschränkt der Fall.

Die Monetarisierung wird allerdings dadurch behindert, daß in vielen Fällen empirisch abgesicherte und unumstrittene monetäre Werte für auftretende Schäden noch fehlen.

Näherungsweise kann man in einigen Fällen, bei denen eine Quantifizierung und Monetarisierung von Schäden nicht möglich ist, die Grenzkosten des Erreichens eines vorhandenen oder festzulegenden Umweltschutzziels hinsichtlich des zu bewertenden Stoffs ermitteln und diese Grenzkosten dann zur Umrechnung der Emissionen dieses Stoffs in monetäre Einheiten verwenden (aus den gezeigten Beispiele ergeben sich Werte von ca. 3–4 DM/kg SO_2, 6–8 DM/kg NO_x und 40–100 DM/t CO_2).

Beim derzeitigen Kenntnisstand wird aber eine vollständige Quantifizierung aller bei einer Ganzheitlichen Bilanzierung betrachteten Kriterien in den meisten Fällen noch nicht möglich sein, so daß nach wie vor qualitative Abwägungen erforderlich sind. Da quantitative Verfahren aber deutliche Vorteile aufweisen – unter anderem Transparenz und Nachvollziehbarkeit der Entscheidungen und damit die Möglichkeit, Meinungsunterschiede besser diskutierbar zu machen – ist es sinnvoll, den Bereich der monetarisierbaren Teile des Entscheidungskalküls ständig zu erweitern. Dazu sind weiterführende Forschungen und Untersuchungen erforderlich.

7.5
Wirkbilanzen mit Ökotoxikologischen Produktbilanzen – ihre Bedeutung und Durchführung bei Ökobilanzen

HERRCHEN, M.; KLEIN, W., Schmallenberg

Einführung

Will die Ökobilanz ihrem operationalen Anspruch einer Abwägung der Auswirkungen menschlicher Aktivitäten auf verschiedene Umweltschutzgüter gerecht werden, so kommt der Wirkbilanz, d.h. der Klassifzierung der Einträge mit anschließender ökologischer Bewertung, eine zentrale Bedeutung zu:

Eine sorgfältig durchgeführte Wirkbilanz ermöglicht erst die Beurteilung der Bedeutung eines Umwelteintrages in Hinblick auf eine Veränderung des betrachteten Schutzgutes – z.B. des Bodens oder der Erdatmosphäre. Durch die Ermittlung der Bedeutung sollte eine ökologisch begründete Skalierung des Umwelteintrages möglich werden. Durch diese Skalierung wiederum könnten verschiedene Umwelteinträge – zumindest teilweise – vergleichbar werden und geeignete Maßnahmen zum optimalen Umweltschutz ergriffen werden.

Eine Ganzheitliche Bilanzierung jedoch umfaßt neben der beschriebenen ökologischen Aussage auch ökonomische und soziale Aspekte, die sorfältig gegeneinander abzuwägen sind.

Bearbeitungsmodus der Wirkbilanz

Zur Erfüllung dieser zentralen Bedeutung müssen an den Modus der Bearbeitung der Wirkbilanz zwei grundsätzliche Anforderungen gestellt werden:

Zunächst sollte eine *gezielte, spezifische Auswahl* der zu bearbeitenden *Wirkungsbereiche* und ihrer Zuordnung zu Umweltschutzzielen (zum Beispiel Boden- und Gewässerschutz) erfolgen. Unter *Wirkungsbereichen* sind verschiedene Typen von Effekten oder Auswirkungen zu verstehen – wie z.B. die Ozonzerstörung, Eutrophierung oder ökotoxikologische Wirkungen. Die Zuordnungen der Stoffeinträge zu diesen Bereichen erfolgen über bekannte oder vermutete Ursachen-Wirkungsbeziehungen. Sind diese prinzipiell nicht aufstellbar, so erfolgt eine Zuordnung über eine begründete Klassifizierung. Neben der Erfassung von Einträgen – das heißt einem *Output* in die Umwelt – umfaßt die Bilanz auch einen *Input*, der insbesondere durch die Ressourceninanspruchnahme beschrieben werden kann. Stoff- und Energieeinträge und ihre ökologischen Konsequenzen auf der einen Seite und Ressourcennutzung auf der anderen Seite sind von daher die beiden Basis-Kategorien für jede weitere Bearbeitung.

Desweiteren empfiehlt sich eine *gestufte Bearbeitung* der einzelnen *Wirkungsbereiche*, wobei sich die einzelnen Stufen durch ihre Bearbeitungstiefe unterscheiden. Die „Bearbeitungstiefe" bezieht sich dabei *nicht* auf eine Verringerung der Fehlerbreite eines Meßergebnisses (z.B. von einer Stoffemission), sondern auf die Erhöhung der Zahl der, das System beschreibenden, Parameter. Die erste Stufe kann zum Beispiel eine Screening-Stufe sein, die das

Hauptproblem identifiziert, während die nachfolgenden Stufen durch die Einbeziehung weiterer Aspekte (Prozesse) zu konkreteren Aussagen – auch in bezug auf Raum und Zeit – kommen. Bei einer gestuften Bearbeitung kann auch ein Übergang von einer globalen zu einer räumlich spezifizierten Betrachtungsweise möglich sein. Die Notwendigkeit des Übergangs von einer Stufe zur nächsten ergibt sich im wesentlichen aus der Aussageschärfe des Ergebnisses einer Stufe; das heißt zum Beispiel aus der Möglichkeit der Differenzierung des Verhaltens zweier ähnlicher Produkte in einem Prozeß. Die benötigte Aussageschärfe wiederum orientiert sich an dem Anwendungsbereich der Ökobilanz. Zur Verbesserung der Aussageschärfe ist eine Verbesserung des Informationsinputs ausgehend von der Sachbilanz notwendig, was eine iterative Bearbeitung der Fragestellung bedingt. Hierbei ist jedoch zu beachten, daß nicht für jeden Wirkungsbereich ein beliebig gestufter Bearbeitungsmodus praktikabel ist. Gründe dafür können sowohl mangelnde Kenntnisse von ökologischen Kausalzusammenhängen sein oder aber prinzipielle Limitierungen in Hinblick auf räumliche/zeitliche Geltungsbereiche. So ist beispielsweise eine stark gestufte Bearbeitung des Wirkungsbereiches der globalen Erwärmung nicht praktikabel, da diese eine globale ökologische Auswirkung reflektiert, deren lokale, ortsspezifische Konsequenzen jedoch weniger zu beschreiben sind.

Anforderung an den Bearbeitungsmodus: Auswahl der zu bearbeitenden Wirkungsbereiche

Die Wahl der zu bearbeitenden Wirkungsbereiche erfolgt zum einen direkt durch eine Zuordnung oder Klassifizierung von stofflichen Einträgen zu diesen Wirkungsbereichen. Tabelle 7.30 gibt eine mögliche Zuordnung wieder, die auf einem Positionspapier des Umweltbundesamtes basiert. Unterschiede zwischen den einzelnen Wirkungsbereichen sind neben den verschiedenen Wirktypen auch darin zu sehen, daß sie teilweise durch konkrete, sehr detaillierte Stoffidentifizierungen und teilweise durch „Summenparameter" beschrieben werden. Dabei sind unter „Summenparametern" allgemeine Charakterisierungen von Einträgen wie zum Beispiel AOX oder BOD zu verstehen, der „Stoffbezug" deutet auf die Notwendigkeit einer chemischen Identifizierung hin. Weitere prinzipielle Unterschiede bestehen darin, daß die verschiedenen Wirkungsbereiche globale Bezüge oder aber konkrete Raum-/Zeitbezüge haben. Insbesondere der Bereich „ökotoxikologische Wirkungen" ist zur qualitativen oder quantitativen Beschreibung auf Umwelt-Konzentrationen und damit auf Raum-/Zeitbezüge angewiesen.

Die Nutzung von „Summenparametern" *und* der „konkreten Einzelstoffbetrachtung" im Rahmen einer ökologischen Bilanz wird kontrovers diskutiert: Vielfach wird aufgrund fehlender Informationen zu Raum und Zeit dem Instrumentarium der Produkt-Ökobilanz die Notwendigkeit der Einzelstoffbetrachtung kritisch gesehen und von zwei eigenständigen, von verschiedenen Ansätzen ausgehenden Beurteilungskonzepten gesprochen. Auf der anderen Seite wird jedoch die Schnittstelle der sich ergänzenden Konzepte hervorgehoben. Da in absehbarer Zeit aufgrund mangelnder Kenntnisse von Kausalzusammenhängen Auswirkungen auf globale ökologischen Systeme allein mit

Tabelle 7.30. Zuordnung von Wirkungen und Wirkungsbereichen zu Schutzzielen (nach: Positionspapier des UBA, 1993)

Schutzziele und Umweltbelange	Wirkungsbereiche, Wirkungen	Differenzierung: global ⇔ lokal, *Summenparameter* ⇔ *Stoffbezug* (nur einmal aufgeführt)
Schutz des Klimas	Treibhauseffekt, Ozonabbau	global, *Summenparameter* kontinental, *Summenparameter*
Erhalt des Waldes und der Vegetation	Versauerung, Ozonbildung, ökotoxische Wirkungen	regional, *Summenparameter* kontinental, *Summenparameter* kontinental, lokal, *Stoffbezug*
Erhalt der Gewässerqualität, Meeresschutz	ökotoxische Wirkungen, Versauerung, Eutrophierung...	
Erhalt der Boden- und Grundwasserqualität	ökotoxische Wirkungen, Versauerung...	
Schutz der Nahrungsketten vor Kontaminationen	toxische Wirkungen	kontinental, lokal, Stoffbezug
Erhalt der Atemluftqualität	Ausgasungen, Belastungen am Arbeitsplatz, Smog, gasförmige Emissionen	lokal, *Summenparameter* oder Stoffbezug
Erhalt der Innenluftqualität	Ausgasungen, Belastungen am Arbeitsplatz	
Landschafts-, Natur-und Artenschutz	Raumbedarf für Deponien	lokal,
weitere Belästigungen, Beeinträchtigung der Lebensqualität	Gerüche Geräusche	lokal, *Summenparameter* oder *Stoffbezug*
Ressourcenbeanspruchung	Rohstoffknappheit, Wasser- und Energieverbrauch	global, lokal
Kreislaufwirtschaftliche Zielsetzungen	Abfallmengen, Sonderabfälle Recyclingfähigkeit	lokal, regional

Hilfe von Summenparametern kaum beschreibbar sein werden (durch den Status der Ökosystemforschung ist eine Ausschließlichkeit dieses Ansatzes wenig akzeptabel gemacht) und außerdem hoch (öko-)toxische Substanzen mit Hilfe heute gängiger Summenparameter nicht erfaßt werden können, sollte in jedem Fall die gegenseitige Ergänzung beider Beurteilungsverfahren optimiert werden. Einzelstoffbetrachtungen sollten nach Möglichkeit und Anwendbarkeit integraler Bestandteil einer Ökobilanz sein.

Die Wirkungsbereiche werden – wie in der Tabelle dargestellt – verschiedenen Schutzzielen zugeordnet. Dabei kann die Veränderung der Qualität des Schutzzieles ein erster Schritt zu einer möglichen Skalierung sein.

Die Auswahl oder Begrenzung der betrachteten Wirkungsbereiche könnte neben einer Zuordnung der Stoffeinträge auch durch eine weitergehende Entwicklung von Kriterien zur ihrer gezielten Eingrenzung erfolgen. Auf diese

Weise würden auch bei der Wirkbilanz Bilanzraumgrenzen erstellt, durch die die wichtigen Wirkungsbereiche, die einer detaillierteren Bearbeitung bedürfen, von weniger wichtigen Bereichen abgegrenzt werden. Solche Kriterien könnten sich beispielsweise auf die emittierten Stoffe – ihre Mengen oder ihre Gefährlichkeit – beziehen. Sie können sich auch auf das Umfeld (Zieldefinfition, goal definition!) beziehen, in dem eine Ökobilanz durchgeführt wird: z.B. eine Branche, ein bestimmter Prozeßtyp oder aber ein bestimmter Standort. Das zuletzt genannte Beispiel wird jedoch bei einer Produkt-Ökobilanz ohne Raum-/Zeitbezug kaum eine Rolle spielen.

So bedarf beispielsweise der Transportprozeß eines verpackten Produktes mindestens der Betrachtung der Wirkungsbereiche:

- Rohstoffknappheit (durch den Energieverbrauch),
- Geräusche,
- Smog und gasförmige Emissionen und
- Treibhauseffekt,

wobei die entsprechenden Umwelteinträge mit Hilfe von Summenparametern beschrieben werden können.

Bei dem Vergleich der Umweltgefährdung durch die Deponierung von zwei Produkten spielt jedoch beispielsweise auch das lokale ökotoxikologische Risiko für die – möglicherweise typisierte – Deponieumgebung und das Grundwasser mit konkreten stofflichen Bezügen eine Rolle.

Allgemeine Kriterien dieser Art sind bisher nicht erarbeitet worden, sie hätten jedoch den Vorteil einer zielorientierten ökologischen Analyse der betrachteten Produkte oder Prozesse. Eine solche Kriterienentwicklung und -akzeptanz hätte weiterhin den Vorteil, die oben beschriebene Diskussion um eine „Schnittstelle" zwischen der Betrachtung von ökologisch relevanten Stoffströmen („Summenparameter") mit ihren globalen ökologischen Auswirkungen und der Betrachtung von Einzelstoff- oder Stoffgruppen-bezogenen Einträgen mit ihren konkreten Umweltgefährdungen zu beenden, da sie die Notwendigkeiten der einen oder anderen Betrachtungsweise festlegen.

Es ist jedoch stets zu beachten, daß entsprechende Kriterien erst *nach* Festlegung des Zieles – oder Types – einer ökologischen Bilanz (Bilanzierung von Prozessen, Betrieben, Transportsystemen, Entsorgungseinheiten ...) eingesetzt werden können und sich streng an diesen Bilanzierungszielen orientieren müssen. Eine pauschale Kriterienentwicklung ist aufgrund mangelnder Vorhersehbarkeit oder Verallgemeinerbarkeit einer Ökobilanz nicht möglich.

Nach erfolgter Zuordnung der Umwelteinträge zu Wirkungsbereichen sollte deren Skalierung erfolgen, die die Basis für einen Vergleich zwischen den Wirkbereichen schafft. Nur auf diese Weise kann das Instrumentarium der Wirkbilanz operabel gemacht werden. Eine Aufstellung möglicher Kriterien zur Skalierung der grundsätzlichen ökologischen Relevanz – dabei wird an Kriterien wie „Rückholbarkeit, Nachhaltigkeit ..." gedacht – oder eine (Semi-)quantifizierung der ökologischen Auswirkung ist jedoch noch nicht abschließend diskutiert. Es wird bezweifelt, daß wissenschaftlich abgesicherte und allgemein akzeptierte Konzepte entwickelt werden können.

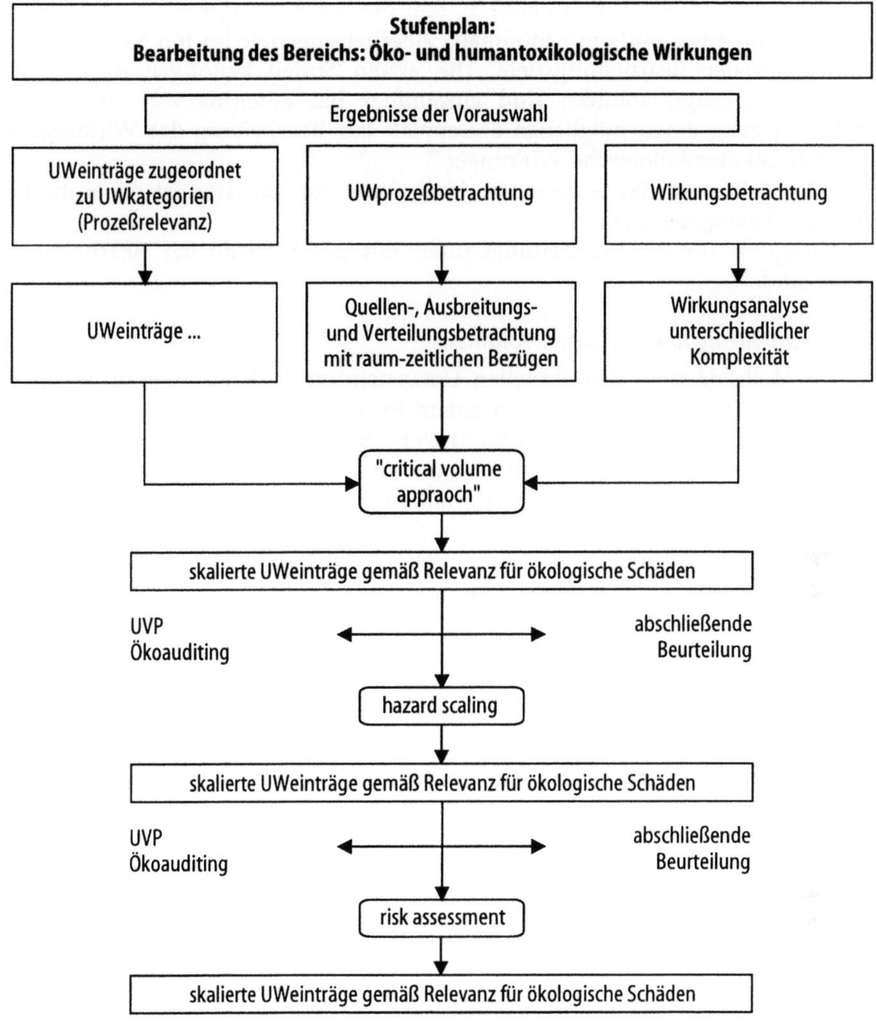

Bild 7.14. Stufenplan zur Bearbeitung des Wirkungsbereiches „Ökotoxikologische Wirkungen"; A = Abschneide- bzw. Entscheidungskriterien zu entwickeln

Die gestufte Bearbeitung eines Wirkungsbereiches am Beispiel der ökotoxikologischen Wirkungen

Ergibt sich nach Anwendung geeigneter Abschneidekriterien die Notwendigkeit der Bearbeitung des Wirkungsbereiches „Ökotoxikologie", so zeigt sich zunächst eine Diskrepanz:

Produkt-Ökobilanzen werden im allgemeinen *global* erstellt, das bedeutet, daß räumlich-zeitliche Bezüge fehlen. Der Wirkungsbereich „Ökotoxikologie" benötigt jedoch bei *optimaler* Bearbeitung diese Bezüge (was für Ganzheitliche Bilanzierungen stets zutrifft).

Eine Lösung ergibt sich dadurch, daß die Bearbeitung gestuft erfolgt, ausgehend von einer Stufe mit minimaler Bearbeitungstiefe bis hin zu einer Stufe mit optimaler Bearbeitungstiefe. Die ersten Stufen benötigen dabei *keine* Raum-Zeitbezüge, sondern sind anwendbar bei Kenntnis von Stoffflüssen. Bild 7.14 zeigt einen möglichen Stufenplan zur Bearbeitung des Wirkungsbereiches „ökotoxikologische Wirkungen".

Das Kriterium des Gehens von einer Stufe zur nächsten ist dabei die benötigte Aussageschärfe.

Beispiele für die Bearbeitungsstufen mit unterschiedlicher Bearbeitungstiefe sind:

Betrachtung des kritischen Volumens

Diese Methode stellt den aktuellen Umwelteintrag in Beziehung zu der Menge, die benötigt wird, um den in einem Regelwerk festgelegten Grenzwert zu erreichen. Diese Methode wird kontrovers diskutiert, da der Bezug zu einem Regelwerk räumlich begrenzt ist und nur in dem Land Gültigkeit hat, in dem die entsprechenden Grenzwerte relevant sind. Weiterhin liegen nicht für allen Umwelteinträge entsprechende Regelwerke vor. Auch ist die Interpretation der Bedeutung der einzelnen kritischen Volumina bei Vergleichen einer Vielzahl von Stoffen und bei einem Vergleich verschiedener Umweltkompartimente nicht immer eindeutig. Durch eine geeignete Modifizierung kann diese Methode auch ohne Konzentrationsangaben auskommen.

Eine Änderung erfährt dieser Ansatz durch den Bezug der Umwelteinträge zu dem niedrigsten NOEC-Wert („*n*o *o*bserved *e*ffect *c*oncentration", Konzentration, bei der kein Effekt auf die betrachtete Spezies zu beobachten ist, abgeleitet im allgemeinen aus Dosis/Wirkungskurven in Einzelspeziestests) oder NEC-Wert („concentration of *n*o *e*nvironmental *c*oncern", Konzentration, die für die Umwelt nach Stand der Technik unbedenklich ist).

Zusätzliche Einbeziehung von Persistenz und Akkumulation

Durch Einbeziehung dieser Faktoren wird das Langzeitverhalten eines Umwelteintrages berücksichtigt. Auf diese Weise wird der Bedeutung des Eintrags unter zeitlichen Aspekten Rechnung getragen, wobei auch wiederholte Einträge berücksichtigt werden können. (Persistenz: mangelnde Abbaubarkeit definiert gemäß OECD-, EG- oder nationaler Testrichtlinien; Akkumulation: Anreicherung in Bio- oder Geosphäre.)

Toxizitätsäquivalente mit einer bestimmten „typischen" Substanz X als Referenz

Der Ansatz einer Berücksichtigung von Verbleib und Abbau eines Eintrages in Raum und Zeit kann erweitert werden durch den Bezug einer beliebigen Emission auf eine in Hinblick auf Exposition und Wirkung gut untersuchte Referenzsubstanz X. Dieser Ansatz wird jedoch kontrovers diskutiert, aufgrund zum Teil sehr unterschiedlicher Wirkmechanismen verschiedener Stoffe, die diesen Vergleich nicht erlauben.

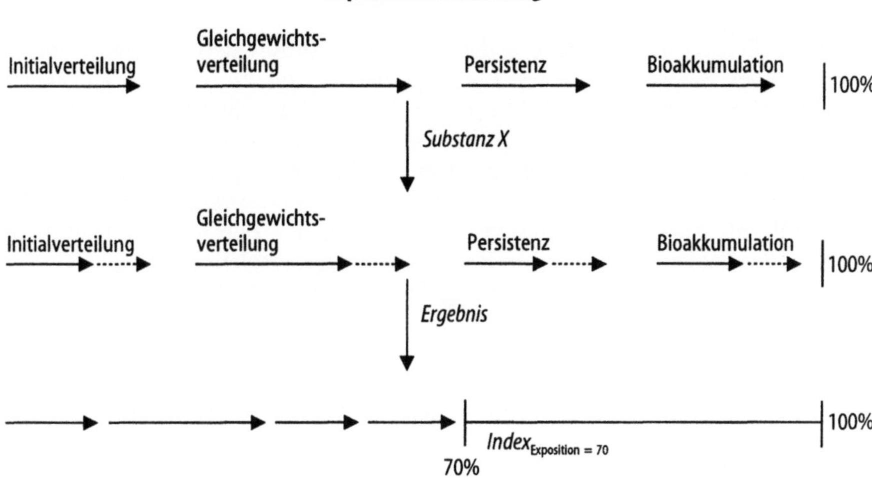

Bild 7.15. Kriterien zur Expositionsabschätzung und deren Kombination

Scoring-Systeme

Bei dieser Methode werden – allgemein – die verschiedenen emittierten Substanzen individuell betrachtet und in Hinblick auf ihr Expositions- und Wirkungspotential in eine zuvor definierte Skala eingefügt. Entsprechend der Stellung auf dieser Skala erhalten die Einzelemissionen bestimmte Positionsindices, die weiter kombiniert werden können. Auf diese Weise werden Aussagen zur *relativen Gefährlichkeit* (Gefährdungsskalierung) eines emittierten Stoffes oder einer Stoffgruppe erhalten. Durch Bezugnahme auf die Quelle der Emission – zum Beispiel ein Produkt in einem Prozeß – kann auch diese in Hinblick auf ihr Gefährdungspotential charakterisiert werden. Diese Methode benötigt keine Umweltkonzentrationsangaben oder räumlich-zeitliche Bezüge.

Beispielhaft kann ein Scoring-System, wie es für ökotoxikologische Bilanzen genutzt werden kann, folgendermaßen beschrieben werden:

Die Gefährdungsskalierung beruht im wesentlichen auf folgenden Grundannahmen:

- Die Expositions- und Wirkungsabschätzung erfolgen in einem ersten Schritt getrennt und werden anschließend zu einer Gesamtgefährdungsabschätzung zusammengeführt.
- Die Umweltkompartimente Wasser, Boden und Luft werden getrennt behandelt, so daß gefährdete Organismen und Umweltausschnitt besser identifiziert werden können.
- Es wird ein Set von Kriterien definiert, das jeweils die Exposition und Wirkung beschreibt.

Zur Expositionsabschätzung werden (wie in Bild 7.15. dargestellt) insgesamt 4 Kriterien verwendet:

1. Die *Menge im Eintrittskompartiment*, angegeben als Masse oder als Massenfluß.
2. Eine *Gleichgewichtsverteilung* des emittierten Stoffes *zwischen* den *Kompartimenten*, die auf stofflichen Eigenschaften beruht. In unserem Fall wurde das Fugazitätsmodell nach MACKAY Level I und die entsprechend definierte „Einheitswelt" gewählt. Durch die Wahl des Kriteriums der Stoff-Verteilung zwischen den Kompartimenten ist es möglich, Aussagen zur Exposition zu machen, auch ohne daß Umweltkonzentrationen bekannt oder modellierbar – z.B. mit Hilfe von komplexen Umweltmodellen – sein müssen. Damit läßt sich das Fehlen der konkreten Raum-Zeitbezüge ausgleichen.
3. Weitere Kriterien zur Beschreibung des Expositionspotentials sind die *Persistenz* und
4. die *Akkumulation.*

Durch diese breite Nutzung von Kriterien, die auch das Langzeitverhalten und die Verteilung der emittierten Stoffe berücksichtigen, wird nicht nur eine Gefährdung des Eintrittskompartimentes erfaßt, sondern auch eine Gefährdung der anderern Umweltkompartimente.

- Die Kriterien werden gemäß ihrer Relevanz für die Umweltgefährdung (Scoring) numerisch beschrieben (in Bild 7.15 entsprechend als Balkenlänge)
- Anschließend erfolgt eine Skalierung der einzelnen numerischen Kriterien (Scores): Der 0%-Wert wird festgelegt durch den Wert des Stoffes aus dem betrachteten Set von Stoffen mit dem niedrigsten für dieses Kriterium relevanten Wert. Der 100%-Wert wird festgelegt durch den Stoff mit dem entsprechenden Maximalwert. Alle weiteren Stoffe werden auf dieser Skala des entsprechenden Kriteriums gemäß ihrer konkreten Daten eingeordnet.
- Die numerischen, skalierten Kriterien werden addiert. Das Resultat ist ein neuer 100% Wert sowie eine Einordnung aller betrachteten Stoffe auf dieser Skala. Auf diese Weise erfolgt eine Normierung auf die maximal erhältliche Information. Das Ergebnis ist ein Index für die Teilbereiche der Exposition, der zwischen 0 und 100 liegt.
- In einem nächsten Schritt werden für die betrachteten Stoffe analog zur Expositionsabschätzung Abschätzungen des Wirkungspotentials durchgeführt. Die Wirkungsabschätzung berücksichtigt alle typischen Effekte, wie sie beispielsweise in der EG-Richtlinie zur Klassifizierung und Kennzeichnung von Stoffen beschrieben sind. Dazu zählen beispielsweise die Kanzerogenität und Fertilität, aber auch Angaben zur akuten und chronischen Toxizität und aquatischen Ökotoxizität, zur Mikroorganismentoxizität und zur Hautreizung. Durch Nutzung der bekannten Endpunkte hat man die größtmögliche Datenverfügbarkeit und erwartungsgemäß auch die beste Wirkdatenvalidität. Die Kriterien werden bei den drei Umweltkompartimenten entsprechend der wahrscheinlichsten Organismen-Expositionsrouten gewichtet. So erhält das Kriterium der Inhalationstoxikologie für das Kompartiment Luft eine höhere Wichtung als für das Kompartiment Boden, während es für das Kompartiment Wasser nicht berücksichtigt wird.

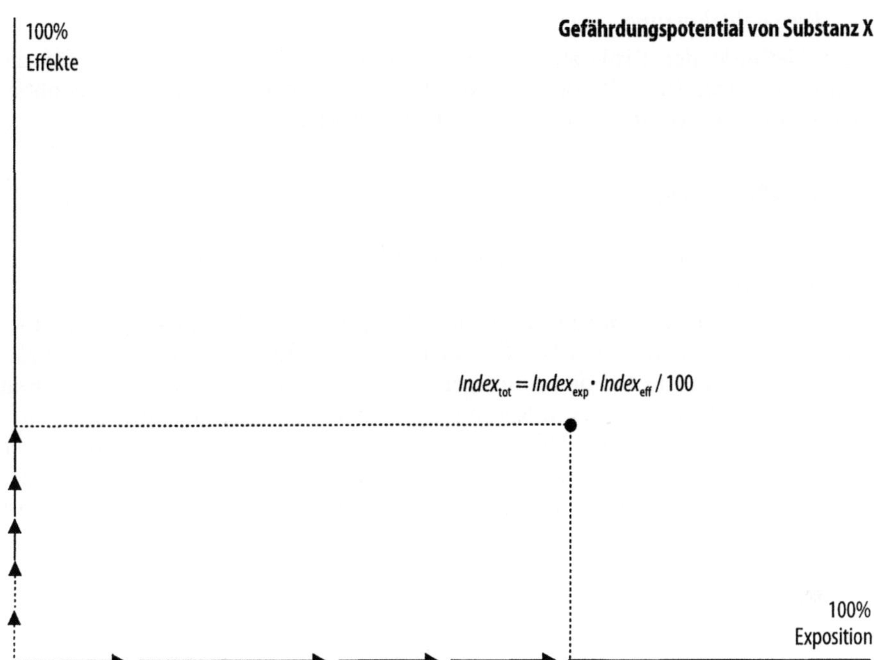

$$Index_{tot} = Index_{exp} \cdot Index_{eff} / 100$$

Bild 7.16. Kombination von Expositions- und Effektabschätzung

– Die Aussagen zum Expositionspotential und Wirkungspotential werden gegenübergestellt durch Multiplikation der entsprechenden Indices für die Exposition und die Effekte (s. Bild 7.16). Das Gesamtergebnis ist ein Gefährdungsindex, der in einem zweidimensionalen Diagramm – mit den Indices für die Exposition und die Effekte als x- und y-Achsen – dargestellt werden kann. Dieser Gefährdungsindex gibt das Gefährdungspotential eines betrachteten Stoffes relativ zu einem weiteren Stoff an.

Die Ergebnisse dieser Stufe sind Grundlage für eine Entscheidung hinsichtlich der weiteren Detailbearbeitung des Wirkungsbereiches „ökotoxikolgische Wirkungen": es könnten dabei, ausgehend von dieser Gefährdungsabschätzung, alle die Emissionen detaillierter bearbeitet werden, die einen Gefährdungsindex von $>Y\%$ (bspw. 50%) aufweisen. Oder aber es könnten die Stoffe bearbeitet werden, deren Gefährdungsindex um $X\%$ über dem mittleren Index liegt. Diese Beispiele verdeutlichen die Eignung des Scoring-Systems zur Identifizierung der Stoffe mit einem hohem Gefährdungspotential unter Nutzung sehr einfacher Abschneidekriterien.

Die als (relativ) gefährliche Stoffe identifizierten Emissionen sollten – falls die Herstellung eines Raum-/Zeitbezuges möglich ist (Beispiel: Betreibung einer technischen Anlage) – im Rahmen einer Risikoabschätzung weiter überprüft werden.

Risikoabschätzung

Die Methode der Risikoabschätzung stellt die Wahrscheinlichkeiten für das Aufttreten von Umweltkonzentrationen und Wirkkonzentrationen gegenüber. Diese Methode ist an raum-zeitliche Bezüge gebunden.

Schlußfolgerung

Notwendigkeit der Betrachtung des Wirkbereiches „ökotoxikologische Wirkungen"

Die grundsätzliche Notwendigkeit der Durchführung ökotoxikologischer Produkt- und Prozeßbilanzen bei Ökobilanzen steht für spezielle Themen außer Frage, insbesondere bei den Einträgen von mittel oder hoch toxischen Stoffen. In diesen Fällen – insbesondere auch bei der Emission geringer Mengen – reicht eine Erfassung mit Hilfe von Summenparametern nicht aus, die zu einer falschen Gesamtaussage und damit zu fehlerhaften Produktbeurteilungen und Maßnahmen führen. Zur gezielten Klassifizierung und Zuordnung von Emissionen zu den Wirkungsbereichen „Human- und Ökotoxikologie" sind jedoch noch begründete Auswahl- und Abschneidekriterien zu entwickeln oder zu verfeinern.

Insbesondere stellt die Notwendigkeit der Kenntnis der chemischen Identität (und Quantität) extrem hohe Anforderungen an die Sachbilanz, die die gegenwärtig durchgeführten Ökobilanzen in vielen Fällen nicht erfüllen. Entsprechend bietet sich für das weitere Vorgehen an:

1. Die Entwicklung von geeigneten Abschneidekriterien zur Identifizierung der Notwendigkeit einer Durchführung von *ökotoxikologischen* Produktbilanzen.
2. Die Identifizierung von Informationsdefiziten bei der Sachbilanz und von Notwendigkeiten zur Durchführung sehr detaillierter Risikoanalysen durch erste relative Gefährdungsabschätzungen.

Die vorgestellte Scoring-Methode zur Gefährdungsabschätzung kommt dabei ohne räumliche und zeitliche Bezüge aus, ist deshalb auf Produktbilanzen anwendbar und führt zu sinnvollen Ergebnissen.

8 Ausgewählte Praxisbeispiele zur Ganzheitlichen Bilanzierung

Die bisherigen Kapitel beschreiben die Geschichte, die Entwicklung und die Vorgehensweise zu Ganzheitlichen Bilanzierungen (Methodik, Bewertung, Rechnerunterstützung, etc.). In den nun folgenden Abschnitten soll, anhand von in der Industrie abgehandelten bzw. noch laufenden Projekten, die Umsetzung dargestellt werden.

In Abschn. 8.2.1 und 8.2.2 wird eine umweltrelevante Bauteilbetrachtung anhand von zwei Beispielen aufgezeigt. Darauffolgenden ist die in Abschn. 5.2.2.4 beschriebene Methodik zur Bilanzierung von Systemen am Automobil in der Praxis durchgeführt und wird am Ende des Kapitels dem System Bahn gegenübergestellt.

Abschnitt 8.3 beschreibt umweltbezogene Bilanzierungen auf dem Verpakkungssektor, in dem bisher mehr als 50% der bekannten Bilanzierungen vorliegen (s. Abschn. 1.2).

Die Bauindustrie ist heute der Bereich mit den größten Massenströmen. Deshalb erlangt dort die Ganzheitliche Bilanzierung eine besondere Bedeutung. Im Abschn. 8.4 soll die Relevanz der Umweltbelastungen in diesem Bereich aufgezeigt und erste methodische Schritte zur Quantifizierung ermittelt werden.

Durch verschärfte Umweltauflagen sind steigende Anforderungen an die Prozeßtechnik im Bereich der Oberflächentechnik gestellt. Mit Hilfe der Ganzheitlichen Bilanzierung werden die unterschiedlichen Lackiersysteme verglichen und Schwachstellen aufgedeckt.

Abschnitt 8.6 beschreibt den neuen Sektor Luftfahrt und Ganzheitliche Bilanzierung. Die Auswirkungen der Werkstoffauswahl im Bereich der Luftfahrtindustrie, vor allem in der Betriebsphase, wird aufgezeigt.

Die Umweltrelevanz von PUR-Dämmstoffen, welche durch das verwendete FCKW R 11 beim Treibverfahren einen beträchtlichen Beitrag zum Ozonabbau liefert, soll in Abschn. 8.7 dargestellt werden.

Eine andere Bilanzierungs-Methode – nämlich top down – wird in Abschn. 8.8 bei der ökologischen Betrachtung von Energiesystemen angewendet. Sie stellt den Vergleich zwischen windtechnischer Stromerzeugung und der Steinkohleverstromung und zum anderen die Energiegewinnung aus Biomasse dar.

Ebenfalls mittels Top-Down-Betrachtungsweise werden Verkehrssysteme für konkrete Transportaufgaben, inklusive der Bereitstellung der Antriebsenergie in Abschn. 8.9 gegenübergestellt. Weiterhin wird die Instandhaltung und der Bau der Verkehrswege berücksichtigt.

Der kumulierten Energieaufwand für Entsorgungspfade ist ganzheitlich in Abschn. 8.10 dargestellt. Mit einbezogen sind die Entsogungslogistik und die Entsorgungsanlagen (Müllverbrennungs-, Pyrolyse-Anlagen etc). Abschließend findet eine vergleichende Betrachtung der Entsorgungsmöglichkeiten statt.

8.1
Rahmenbedingungen

SAUR, K., Dettingen/Teck; EYERER, P., Stuttgart

8.1.1
Ziele von Ganzheitlichen Bilanzierungen für Industrie, Politik und Verbraucher

Vor Jahren herrschte große Euphorie über die Chancen und Möglichkeiten, die sich durch Ganzheitliche Bilanzierungen ergeben könnten. Dieser Überschwang ist nun einer mehr realistischen Einschätzung gewichen. Es ist inzwischen erkannt, daß unscharf definierte Zielsetzungen zu dieser Verunsicherung geführt haben.

Deshalb ist es notwendig, zu Beginn jeder Untersuchung eine eindeutige Zielsetzung vorzugeben. Im Rahmen der DIN-Aktivitäten ist folgende Zielsetzung erarbeitet worden:

„Ziel einer produktbezogenen Ökobilanz ist es, die mit Produkten, Prozessen und Dienstleistungen in Verbindung stehenden Beeinflussungen der Umwelt im Rahmen einer Systembetrachtung in ihrem Lebensweg unter Verwendung möglichst validierter Daten zu erfassen, transparent aufzuarbeiten, die jeweils spezifischen Wirkungen abzuschätzen und nachvollziehbar zu bewerten. Das Vorgehen sollte dabei wissenschaftlichen Ansprüchen genügen sowie transparent und nachvollziehbar sein."

Die mit der Ganzheitlichen Bilanzierung einhergehende Erweiterung der Ökobilanz führt naturgemäß auch zu einer Ergänzung der Zielvorstellung.

Wie in Kap. 1 bereits erwähnt, ist das Ziel der Ganzheitlichen Bilanzierung ein Entwicklungswerkzeug, mit dem wirtschaftliche, technische und umweltliche Faktoren eines Produkt- oder Verfahrenslebensweges kombiniert zur Entscheidungsvorbereitung erarbeitet werden. Demnach ist die Ergänzung im wesentlichen auf die zusätzlichen Komponenten Wirtschaftlichkeit und Technik über dem Lebensweg ausgerichtet.

Jedoch ergeben sich aus den erarbeiteten Ergebnissen weitere Möglichkeiten, die je nach Zielgruppe – Politik, Industrie oder Öffentlichkeit – unterschiedliche Konsequenzen nach sich ziehen:

Von Seiten der Politik sind vor allem allgemeine Aussagen erwünscht, wie

- Mehrweg ist besser als Einweg
- Bundesbahn ist besser als Pkw
- Recycling ist besser als Verbrennung

Leider lassen sich derart pauschale Erkenntnisse nur selten mittels Ökobilanzen ermitteln, da die Definition der repräsentativen Verpackungen, Verkehrswege oder Recyclingwege als nahezu unmöglich angesehen werden kann. Mei-

stens behilft man sich dann in Schwachstellenanalysen oder in „Wenn-Dann"
Szenarien, die allerdings mehrdeutig in der Politik umgesetzt werden können.
Es bleibt festzuhalten, daß die Umsetzung von Ökobilanz-Ergebnissen in politische Entscheidungen bis heute kaum gelungen ist und auch in naher Zukunft kaum zu erwarten ist.

Der Verbraucher hingegen erwartet Informationen, mit denen er Umweltbelastungen durch sein Handeln reduzieren kann. Deshalb fordert er in erster
Linie ebenfalls verallgemeinerte Aussagen, erst in zweiter Linie spezifische
Angaben. Jedoch muß in Zukunft verstärkt die Mündigkeit des Bürgers gefordert werden, denn Informationen über die Umweltbelastungen einzelner Produkte führen zwangsläufig auch zu einem Wettbewerb. Dieser kann jedoch
nur dann sachgerecht entschieden werden, wenn auch der Verbraucher über
gewisse Grundkenntnisse verfügt bzw. Beurteilungen durchführen kann.

Den sicherlich größten Nutzen wird die Ganzheitliche Bilanzierung für die
Industrie mit sich bringen, denn sie steht ständig vor Entscheidungsfragen
wie: welcher Werkstoff oder welches Verfahren wird über dem Lebenszyklus
das „Optimum" bieten.

Folgende Zielvorstellungen ergeben sich u. a. daraus:

- Schwachstellenanalysen sowohl umweltlicher, technischer und wirtschaft-
  licher Art.
- Aufdecken von Kosten-Reduzierungs-Potentialen über dem Produkt-Lebens-
  zyklus.
- Marketingeffekt durch Werbung mit umweltfreundlicheren Produkten.
- Intelligenter Einsatz von Rohstoffen.
- Verringerung von Umweltbelastungen.
- Verantwortung der Industrie für die Erhaltung der Lebensgrundlagen
  schafft einen dauerhaften Markt für Produkte.

Setzt man diese Zielvorstellungen mit denen der Politik und des Verbrauchers
ins Verhältnis, wird die starke Dominanz des Faktors Ökonomie ersichtlich.
Demnach wird deutlich, daß die Umsetzung von Bilanzierungs-Studien als ein
festes Instrumentarium in der Entwicklung nur dann erfolgen wird, wenn die
Verknüpfung zwischen Ökologie, Technik und Ökonomie gelingt.

Deshalb werden auch seitens der Industrie verstärkt Rahmenrichtlinien im
Bereich des Umweltschutzes allgemein und im speziellen für Bilanzierungsstu-
dien gefordert, auf deren Basis sich längerfristige Entscheidungen treffen lassen. Um dies für die Erarbeitung von Ökobilanzen sicherzustellen, sind zur
Zeit national und international Normierungsaktivitäten im Gange, die verläß-
liche Regeln und Konventionen zu methodischen Problemen schaffen werden
(s. Kap 5). Danach ist zu erwarten, daß sich die o. g. Zielvorstellungen der jeweiligen Gruppen vereinfacht umsetzen lassen.

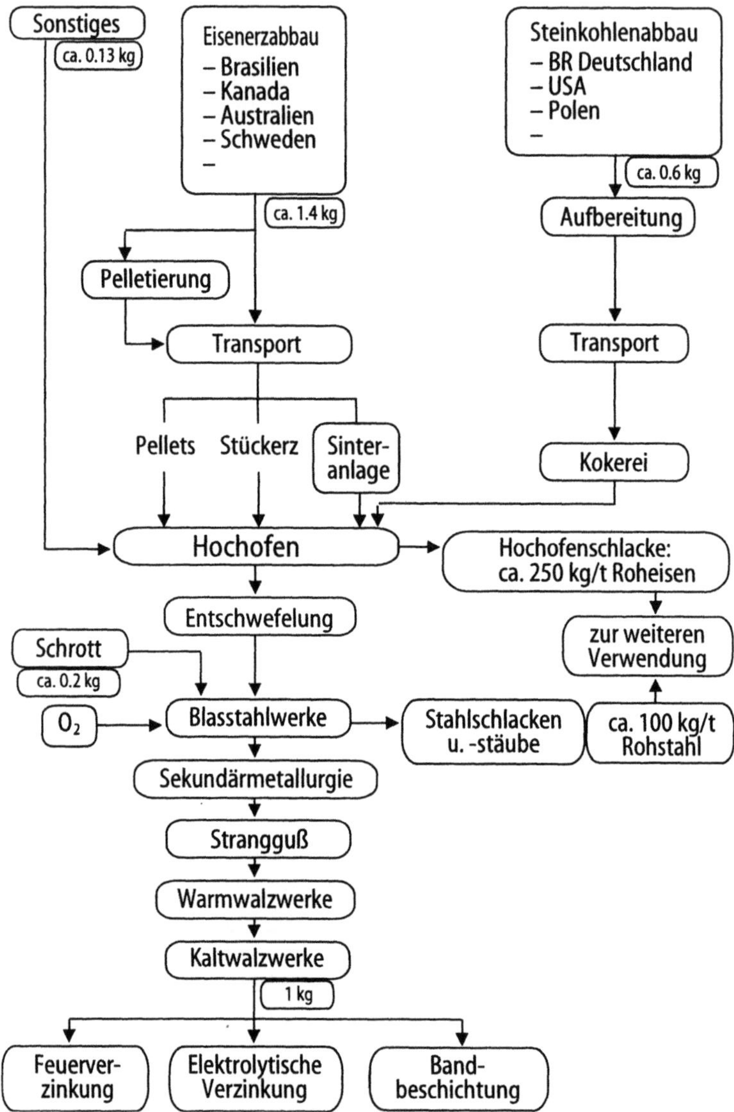

Bild 8.1. Verfahrensablauf zur Herstellung von Stahlfeinblech

8.1.2
Ökoprofile von verschiedenen Werkstoffen und ausgewählten Länder-Strombereitstellungs-Mixen

Wie in Kap. 1 aufgeführt, beschäftigt sich eine Vielzahl von Unternehmen mit der Erstellung von Umweltprofilen für Materialien. Um dem Leser hier einen gewissen Überblick zu ermöglichen und zugleich auch einige Abschätzungen

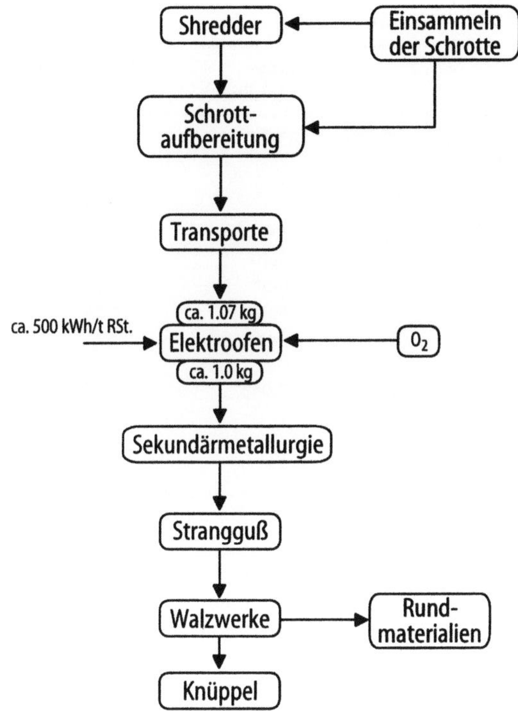

Bild 8.2. Verfahrensablauf zur Herstellung von Knüppeln aus Stahlschrott

selbst durchführen zu können, werden nachfolgend einige Auszüge der jeweiligen Veröffentlichungen wiedergegeben. Ausdrücklich soll betont werden, daß diese Liste keinen Anspruch auf Vollständigkeit erhebt.

Stahl:

Es existieren heute zwei Grundverfahrensrouten zur Produktion von Stahl, die sich auch in ihren kumulierten Umweltbilanzen erheblich voneinander unterscheiden. Bild 8.1 vermittelt den Verfahrensablauf, wie er im wesentlichen heute zur Produktion von Stahlfeinblechen (Blechstärke zwischen 0,35 und 2,5 mm) Anwendung findet. Bild 8.2 zeigt dagegen den Verfahrensablauf, der auf dem Elektroofen als Schmelzaggregat basiert und Stahlschrotte als Rohstoffe verwendet.

In Tabelle 8.1 werden wesentliche Aspekte der Stahl-Sachbilanz nach der Hochofenroute dargestellt, die im wesentlichen aus [1] abgeleitet sind. Bezüglich der dabei verwendeten Randbedingungen sei ebenfalls auf [1] verwiesen.

Aluminium:

Die Aluminiumindustrie stellte frühzeitig Umwelt-Informationen zur Verfügung, [2] faßt diese zusammen (Tabelle 8.1). Die Randbedingungen sind in [2] nachzulesen, ansonsten können über die EAA (European Aluminium Association) u.U. neuere Daten erfragt werden.

Tabelle 8.1. Vergleich zwischen Kaltbandblech und Al-Blech

		St14-Stahlblech	Al-Blech (ohne Legierungen)
Primärenergieverbrauch aus Ressourcen	MJ/kg	23,67	171,2
Ausgewählte Rohstoffe			
Bauxiterz	kg		4,79
Eisenerz als Ressource	kg	1,4	
Kalkstein als Ressource	kg	0,46	0,087
Steinkohle als Ressource	kg	0,58	0,0087
Erdöl als Ressource	kg	0,023	0,73
Brauchwasser	kg	66,09	29,2
NaOH (50%)	kg		0,43
Erdgas als Ressource	kg	0,043	0,061
Ausgänge:			
St14-Stahlblech	kg	1	
Al-Blech	kg		1
Ausgewählte Emissionen in Luft			
Ammoniak in Luft	kg	3,10E-07	0,00002
CO in Luft	kg	0,021	0,018
Fluor in Luft	kg	3,55E-06	0,00024
HCl in Luft	kg	0,000053	0,00005
HF in Luft	kg	5,78E-06	0,00025
Lachgas N_2O	kg	0,000014	0,0015
NM VOC	kg	0,000021	
NO_x in Luft	kg	0,0029	0,028
SO_2 in Luft	kg	0,0033	0,076
Staub	kg	0,0056	0,037
Ausgewählte Emissionen in Wasser			
CSB in Wasser	kg	0,000023	0,019
Blei in Wasser	kg	4,74E-08	0,000001
Gelöste Feststoffe	kg	0,00005	0,016
Ausgewählte Emissionen in den Boden			
fester Abfall	kg	0,16	0,88

Kunststoffe:

Seit ca. zwei Jahren veröffentlicht das PWMI nach und nach für verschiedene Kunststoffe Umweltprofile, die im wesentlichen auf gemittelten Daten der europäischen chemischen Industrie beruhen und damit zumindest für die heute veröffentlichten Materialien einen repräsentativen Querschnitt wiederspiegeln. Die diesen Bilanzen zugrundeliegenden Randbedingungen sollten in den jeweiligen Berichten nachgelesen werden. Hervorzuheben ist jedoch, daß die Berechnung der Energieverbräuche sowie der Energieträger nicht den oben aufgeführten Materialien entspricht und diese dementsprechend nicht miteinander verglichen werden dürfen.

Tabelle 8.2 zeigt für verschiedene Kunststoffe die jeweiligen Umweltprofile.

Tabelle 8.2. Umweltprofile verschiedener Kunststoffe

	PE	PE-HD	PE-LD	PP	PS
Atm. Emissionen (mg)					
Staub	2 000	2 000	3 000	2 000	3 000
CO	800	600	900	700	1 600
CO_2	1 100 000	940 000	1 250 000	1 100 000	1 700 000
SO_2	7 000	6 000	9 000	11 000	52 000
H_2S				10	2
NO_x	11 000	10 000	12 000	10 000	28 000
HCl	60	50	70	40	40
HF	1	1	5	1	1
HC	21 000	21 000	21 000	13 000	26 000
Aldehyde	5				
Metalle	1	1	5	5	10
andere org. Materialien	5	5	1		
H_2	1	1			
Wasserbelastungen (mg)					
COD	1 000	200	1 500	400	1 800
BOD	150	100	200	60	100
Säure als H^+	70	100	60	90	200
Metalle	300	300	250	300	1 000
NH_4^+	5	10	5	10	100
Cl^-	120	800	130	800	500
gel. org. Stoffe	20	20	20	30	100
suspend. Feststoffe	400	200	500	200	900
Öl	100	30	200	40	200
HC	100	150	100	300	500
gel. Feststoffe	400	500	300	200	500
Phosphate	5	1	5	20	
Nitrate	5	10	5	20	
andere Stickstoffe	10	5		10	20
andere org. Materialien				250	
S^-	10				
Phenol	1				
Abfälle (mg)					
Industrieabfälle	3 100	3 000	3 500	4 000	3 000
Mineralische Abfälle	22 000	18 000	26 000	14 000	15 000
Schlacke u. Asche	7 000	5 000	9 000	5 000	5 000
Toxische Chemikalien	70	40	100	30	<1
nicht-tox. Chemikalien	2 000	6 000	8 00	8 000	40 000
Rohstoffverbrauch					
Steinkohle (kg)	<0,0004	<0,0004	<0,0004	<0,0004	<0,0004
Erdöl (kg)	0,7279	0,7458	0,7526	10,8670	0,7904
Gas (kg)	0,6207	0,5633	0,6102	0,2339	0,6655
Holz (MJ)	<0,0100		<0,0100		
Energieverbrauch					
Mittelwert (MJ)	85,8300	80,9800	88,55	80,03	102,16
Schwankungsbreite (MJ/kg)	69-107	69-102	73-107	61-104	83-114
Steinkohle (kg)	0,1038	0,0826	0,1238	0,0626	0,0498
Erdöl (kg)	0,0683	0,0562	0,0796	0,1307	0,1784
Gas (kg)	0,2131	0,1946	0,2288	0,1674	0,3644
Wasserkraft (MJ)	0,4600	0,3900	0,5400	0,8100	0,2600
Nuklearenergie (MJ)	1,5300	1,2900	1,6700	1,0000	1,1000
andere (MJ)	0,1400	0,0100	0,2100	0,0600	0,1500

Tabelle 8.3. Ausgewählte Emissionen und Primärenergieverbräuche in verschiedenen Ländern während der Strombereitstellung (ohne Berücksichtigung der U-235-Verluste bei der Uran-Aufarbeitung)

	Italien 1990	Frankreich 1990	BRD-Gesamt 1991	England 1990
Eingänge (MJ/kWh)				
Primärenergieverbrauch				
aus Ressourcen	10,57	10,14	10,25	12,51
Ausgänge (kg)				
Emissionen in Luft				
Arsen in Luft	0,000000064	5,9E-10	0,000000067	0,00000022
Blei in Luft	0,00000022	5,99E-08	0,00000018	0,00000055
Cadmium in Luft	4,5E-09	2,2E-09	5,4E-09	0,000000019
Chrom in Luft	5,06E-08	0,000000012	0,000000037	0,00000011
CO in Luft	0,00019	0,000035	0,000075	0,00016
CO_2 in Luft	0,67	0,12	0,56	0,66
H_2S				0,0000009
HCl in Luft	0,000022	0,000016	0,000052	0,00013
HF in Luft	0,0000025	0,0000021	0,0000054	0,000014
Lachgas N_2O	0,000019	0,0000037	0,000021	0,000032
Methan in Luft	0,0012	0,00044	0,0017	0,0038
Nickel in Luft	0,0000037	0,00000018	0,00000013	0,00000089
NM VOC	0,00011	0,0000067	0,000012	0,000048
NO_x in Luft	0,0023	0,00031	0,0007	0,0025
Quecksilber in Luft	0,000000032	5,4E-09	0,00000002	0,00000005
SO_2 in Luft	0,0045	0,00092	0,00066	0,0078
Staub	0,00023	0,000049	0,00011	0,00048
Zink in Luft	0,00000021	0,000000092	0,00000029	0,00000094

Neben den Umweltprofilen für die jeweils verwendeten Werkstoffe sind für eine Bilanz auch die Länder-Strombereitstellungs-Mixe von zentraler Bedeutung. In Tabelle 8.3 werden deshalb atmosphärische Emissionen und aggregierte Primärenergieverbräuche für verschiedene Länder dargestellt, wobei zu berücksichtigen ist, daß jeweils länderspezifisch die vorgelagerten Ketten wie Steinkohlenabbau und -aufbereitung oder Erdölgewinnung und -transport mit inbegriffen sind. Um jedoch den Umfang dieses Abschnittes nicht zu sprengen, ist auf eine Darstellung der Abwasserbelastungen, der verwendeten Primärenergieträger, sowie der Emissionen in den Boden verzichtet. Sie dürfen aber keinesfalls aus einer Bilanz ausgeklammert werden. Als weitere Randbedingungen sind die jeweiligen Jahresdaten (1990/1991) und die isolierte Betrachtung der jeweiligen Länder (also Austausch zwischen den Ländern ist im Gegensatz zu Kap. 5 nicht berücksichtigt) zu vermerken.

8.1.3
Vorgehensweise zur Erstellung von Ganzheitlichen Bilanzierungen

Am Institut für Kunststoffprüfung und Kunststoffkunde (IKP), Universität Stuttgart, haben wir in den vergangenen sechs Jahren die Methodik der Ganzheitlichen Bilanzierung entwickelt. Sie ist zwischenzeitlich an vielen konkreten Anwendungsbeispielen in den Bereichen Automobilbau, Elektrotechnik/Elektronik, Bauwesen, Haushaltsgerätebau und Oberflächentechnik erprobt und laufend verbessert. Eine große Anzahl weiterer Institutionen erstellen ebenfalls Ökobilanzen, in denen methodische Fortentwicklungen erfolgen.

Das IKP betrachtet, wie andere Institutionen auch, nicht isoliert einzelne Abfolgen der Herstellung eines Produktes oder eines Verfahrens, sondern bildet die gesamte Herstell-, Nutzungs- und Entsorgungsphase in einem komplexen Modell ab.

Nach der Definition des Projektzieles und des Zweckes der Untersuchung (s. Abschn. 8.1.1) sind im Sinne eines Projektmanagements alle wesentlichen das Projekt betreffenden Personen, Institutionen und Firmen zu erfassen, und wo nötig und möglich, einzubinden.

Zuerst werden nun mit den beteiligten Personen (z.B. Konstrukteure, Einkäufer u.a.) die technischen und ökonomischen Details geklärt, die Einfluß auf das Ergebnis haben könnten. Hervorzuheben ist, daß zu diesem Zeitpunkt, nämlich dem Sicherstellen des funktionalen Äquivalents der zu vergleichenden Gegenstände, eine wesentliche Grundlage für die spätere Akzeptanz des zu untersuchenden Produktes geschaffen wird. Wie Tabelle 8.4 zeigt, existieren im Bereich der technischen und wirtschaftlichen Beurteilung eines Produktes bzw. dessen Herstellung bereits umfangreiche Instrumentarien, die zu jedem Teil des zu bilanzierenden Lebensweges Aussagen liefern können. So kann z.B. ein CAD-basiertes Modell eines Produktes entworfen werden,

Tabelle 8.4. Instrumente für die Bewertung und Realisierung von Vorschriften für technische Bauteile; *a* in Entwicklung, *b* in Anwendung, *c* für Anwendung geeignet

technisch	a	b	c
Projektmanagement			X
Werkstoff- Datenbanken			X
Konstruktionsmethodik: CAD, CAM, CAE			X
Arbeitsvorbereitung (Refa)			X
Qualitätssicherung			X
CAQ, FMEA, SPC, BDE, TQM, QFD			X
Rapid Testing, Zerstörende u. Zerstörungsfreie Prüfung			X
Simulationsmethoden (z. B. Füllbildanalysen)			X
Rapid Prototyping			X
Qualitätsaudit z. B. Lieferantenbewertung			X
Fertigung: CIM			X
Simultaneous Engineering			X

wirtschaftlich	a	b	c
intern: Controlling			X
Vor- nach Nachkalkulation			X
extern: Wertanalyse (Kosten- Nutzenanalyse)			X

umweltlich	a	b	c
Umweltbeauftragter			X
Unternehmensleitlinien			X
Gesetze u. Verordnungen - MAK, TRK - Verbote: Asbest, Cd, FCKW - Abfall, Luft, Abwasser, Altautos, Elektronik - schrott, Verpackungen		X	X
Umweltverträglichkeits - prüfung		X	
Lieferantenbewertung	X		
Ganzheitliche Bilanzie - rungen (CAB, CIB)	X		
Umwelt- Audit	X		

das mit dem bereits „physikalisch" existierenden Serienmodell verglichen werden soll. Diese Berechnungen haben insgesamt zum Ziel, sowohl Werkstoff als auch Gewicht und das zu bilanzierende Verarbeitungsverfahren ausreichend genau zu definieren.

Im Anschluß daran wird der Verfahrensablauf mit den jeweils zu bilanzierenden Prozeßschritten erarbeitet, und zwar von der Gewinnung der Rohstoffe über die Herstellung des Bauteils, die oftmals entscheidende Nutzungsphase und das Recycling bzw. die Entsorgung. Bereits im Vorfeld der Bilanzierung, der Datenerhebung und -verarbeitung, ist ebenfalls festzulegen, bis zu welchem Subsystem bilanziert wird (s. Abschn. 5.2.2). Aus Gründen der Datenverfügbarkeit und des begrenzten Zeitrahmens können nicht sämtliche prozeßbezogenen Daten bis zum Subsystem $n$ter Ordnung aufgenommen und verarbeitet werden. Der Aufwand zur Datenaufnahme und -verarbeitung würde gegen Unendlich gehen; die Rechenzeit stiege überproportional an, und die Übersichtlichkeit ginge, speziell für den Softwarebenutzer, verloren.

Das Abbruchkriterium sollte so festgelegt werden, daß die Vernachlässigung untergeordneter Systeme $n$ter Ordnung keinen relevanten Einfluß auf das Gesamtergebnis hat. Eine Möglichkeit der Festlegung dieser Subsysteme und damit der Abbruchkriterien beschreibt Abschn. 5.2.

Danach erfolgt die Analyse des umweltlichen Teiles, indem für den gesamten Lebensweg des Produktes Rohstoff-, Energie-, Emissions-, Abwasser- und Abfallbilanzen erstellt werden. Um spätere Unklarheiten bereits möglichst hier auszuschließen, sollten in dieser Phase alle wichtigen Randbedingungen detailliert aufgeschrieben und später mitgeteilt werden. Die Erfahrung zeigt, daß viele Mißverständnisse auf der ungenügenden Mitteilung der Randbedingungen beruhen.

Die Datenaufnahme erfolgt in der Regel durch die Industrie selbst, die anhand vorher von der bilanzierenden Institution Fragenkataloge erhält. Diese sind entweder in Zusammenarbeit mit dem Produzenten spezifisch auf das zu untersuchende Produkt angepaßt oder sie sind allgemeiner Art, bei denen spezifische Teile entweder hinzuzufügen oder wegzustreichen sind.

Im Anschluß daran werden im Rahmen der Datenauswertung die spezifischen Daten mit den jeweils allgemeinen Energiebereitstellungs- und Transportinformationen zusammengefaßt und mittels Software ausgewertet. Je nach Projekt sind dabei mehrere tausend Einzeldaten zu aggregieren und im Sinne von Optimierungsvorschlägen zu analysieren.

In der nun durchzuführenden Ergebnisphase werden die Resultate zusammen mit dem Produzenten geprüft, in mehrmaligen Iterationsschleifen noch fehlende Daten ergänzt und so die Sachbilanz bei zusätzlicher Nennung aller wesentlichen Randbedingungen vervollständigt.

Sollte neben der Sachbilanz auch eine Bewertung durchgeführt werden, sind nun im folgenden wieder aggregierte Daten aufzulösen und an die spezifischen Umgebungen anzupassen (Unterscheidung von globalen, überregionalen und regionalen Faktoren einer Wirkbilanz). Für die jeweils anzuwendende Methodik einer Wirkbilanzerstellung wird auf das Kap. 7 verwiesen.

Am Ende dieser Wirkbilanz stehen für den umweltlichen Teil ca. 10–15 zusammengefaßte Faktoren, die es nun gilt, zu bewerten. Da dieses Ergebnis im

- Definition von Projektziel und Projektzweck

- Systemgrenzen für die Sachbilanz festlegen

- Fragenkatalog erstellen

- Einführung der Projektpartner in die
  Ganzheitliche Bilanzierung

- Datenerfassung
  (Stoffströme, Energieströme, technische u. wirtschaftliche Daten)

- Datenauswertung
  (Software, Diskussion, Datenqualität, Randbedingungen)

- Präsentation
  – Technologievergleich (Lacksystem, Prozeßalternativen, etc.)
  – Optimierungsvorschläge (technisch, wirtschaftlich, umweltlich)

Bild 8.3. Projektmanagement

Zusammenhang mit technischen und wirtschaftlichen Kriterien des Produktes gesehen werden muß, ist es dem Unternehmen zu überlassen, welche Entscheidung zu fällen ist. Jedoch ist diese im Vergleich zu früher wesentlich besser vorbereitet, da sie auf einer Lebenswegbetrachtung unter Berücksichtigung aller wichtigen, das Unternehmen betreffende, Einflußfaktoren beruht (Bild 8.3).

8.2
Vom Bauteil zum System am Beispiel Automobil – bottom-up-Ansatz

8.2.1
Bilanzierung von Einzel-Bauteilen

8.2.1.1
Das Ansaugrohr als ein Beispiel für die Bedeutung der Randbedingungen [44]

Am IKP haben wir in den Jahren 1991 bis 1994 Ansaugrohre verschiedener Automobilhersteller bilanziert [1]. Nachfolgend sollen einige Auszüge, besonders die Bedeutung von Randbedingungen und ihr Einfluß auf das Ergebnis hervorheben.

In allen Untersuchungen waren Ansaugrohre aus Umschmelz-Aluminium (verschiedene Legierungen) mit denen aus Polyamid 6.6 GF 35 zu vergleichen. Tabelle 8.5 zeigt für die Bilanzierung wichtige Informationen über die verwendeten Materialien, Massen und Herstellungsorte.

Tabelle 8.5. Werkstoff- und Massendaten der verwendeten Werkstoffe

Parameter	Ansaugrohr (Typ 1)		Ansaugrohr (Typ 2)		Ansaugrohr (Typ 3)	
PKW-Motor	4-Zylinder Diesel		8-Zylinder Otto		4-Zylinder Otto	
Werkstoffe						
Aluminium	G-Al Si9 Cu3		G-Al Si 10Mg (Cu)		Al-Si 10 Cu 2 Fe	
Polymer	PA 6.6 GF 35		PA 6.6 GF 35		PA 6.6 GF35	
Massen (kg)	Al	PA	Al	PA	Al	PA
	1,7	1,2	8,2	3,4	6,5	2,1
Massen-						
reduktion (%)	–	30	–	58	–	60
Herstellort	BRD		BRD		BRD/GB	GB

Man erkennt deutlich, daß abhängig von verschiedenen Konstruktionen unterschiedliche Massenreduktionen erzielt werden. Für Typ 1 wurde lediglich eine Gewichtsverringerung um 30% erreicht, während für Typ 3 nahezu 60% festzustellen sind.

Um eine produktspezifische Bilanzierung im Bereich des Automobilbaus durchführen zu können, ist der erste Schritt die Erstellung des technischen und wirtschaftlichen Pflichtenhefts. Beide Pflichenhefte bestimmen heute zuallererst die Auswahl der in der Ganzheitlichen Bilanzierung zu untersuchenden Werkstoffe und Verfahren.

Der zweite Schritt ist dann die Auflistung aller Randbedingungen und Systemgrenzen (Tabelle 8.6). Dabei ist festzustellen, daß derzeit Systemgrenzen häufig noch durch mangelnde Datenverfügbarkeit bestimmt werden. So lagen beispielsweise keine gesicherten Daten über die Umweltauswirkungen bei der Herstellung von Silizium als Legierungsbestandteil in Aluminium oder über die Zusammensetzung der Schlichte bei der Glasfaserherstellung vor.

Für alle oben genannten Produktionsschritte konnte für Typ 3 neuestes Datenmaterial bei den Original-Lieferanten (außerhalb der BRD) erfragt werden.

So stammen die Angaben zum Umschmelzen, Gießen und Bearbeiten des Al-Ansaugrohres direkt von den entsprechenden Herstellern und beziehen sich auf die jeweils herrschenden Randbedingungen (regionaler Stromerzeugungsmix, keine Sandaufbereitung, keine Sandregenerierung). Diese Daten sind deswegen aber auf keinen Fall für Verhältnisse in anderen Herstelländern gültig.

Daten zum Umschmelzen von Aluminium konnten nicht vollständig in England erhoben werden. Jedoch lagen aus einer Reihe von BRD-Sekundäraluminium-Werken Informationen vor, die auf die spezifischen Randbedingungen umgerechnet wurden.

Die PA 6.6-Daten stammen von Kunststofflieferanten und beinhalten die wesentlichen Prozesse der aufwendigen Herstellungskette.

Komplettiert wurden die Daten zur Herstellung des PA 6.6 GF 35-Ansaugrohres durch Angaben eines wesentlichen Glasfaserproduzenten. Tabelle 8.6 zeigt bedeutende Randbedingungen und Systemgrenzen der Ganzheitlichen

Tabelle 8.6. Randbedingungen und Systemgrenzen (Auswahl) zur Ganzheitlichen Bilanzierung der untersuchten Ansaugrohre

	Aluminium (G-Al-Si10Cu2Fe)	PA 6.6 GF 35
Rohstoffbereitstellung	Rohstoffgewinnung bilanziert, Suche nach den Rohstoffen nicht bilanziert	
Werkstoffherstellung	4 spezifische Umschmelzwerke gemittelt auf standortspezifische Verhältnisse umgerechnet Silicium energetisch betrachtet außerhalb der Systemgrenzen: Primäraluminiumherstellung, weitere Legierungsbestandteile	außerhalb der Systemgrenzen: Schlichte für Glasfasern, Additive, Katalysatoren (<3% Masseneinheit), Abbau von Colemanit, Kalkstein, Kaolin und Silizium nur energetisch berücksichtigt
Verarbeitung	standortspezifische Verhältnisse Schwerkraft-Kokillenguß Abbrand wird durch Sekundärmaterial ersetzt Nachbearbeitung betrachtet Maschinen nicht bilanziert außerhalb der Systemgrenzen: Sandbereitstellung	Schmelzkerntechnik Nachbearbeitung betrachtet Maschinen nicht bilanziert
Oberflächentechnik	nicht nötig	nicht nötig
Nutzungsphase	x l Minderverbrauch / y% Gewichtseinsparung und 100 km, allein Rückschluß auf CO_2-Emissionsänderung Strömungseinfluß der Saugrohrvarianten vernachlässigt	
Demontage, Wiederverwertung, Entsorgung	Shredder, keine Kaskade	100% Deponierung
Energiebereitstellung	standortspezifisch aufgenommen	
Bilanzierungsdaten	Industrie 1991/1992: Nachfilterwerte, Energiebedarf, Emissionen in Luft, Emissionen in Wasser, Abfälle, Ressourcenverbrauch	
Energieinhalt Rohstoffe	Aluminium: 31,0 MJ	Erdöl: 42,0 MJ/kg Erdgas: 46,0 MJ/kg
Koppel- u. Nebenprodukte	überwiegender Verteilungsschlüssel: Masse	
Abfälle	Feste Abfälle, Sand, Salzschlacke, tonerdereicher Rückstand	feste Abfälle, Bauteildeponierung

Bilanzierung der verschiedenen Ansaugrohre. Es ist in Erinnerung zu rufen, daß diese Angaben im wesentlichen den Stand von 1992 repräsentieren.

Im folgenden sollen verkürzt die Verfahrensabläufe der Herstellung der verschiedenen Ansaugrohre beschrieben werden.

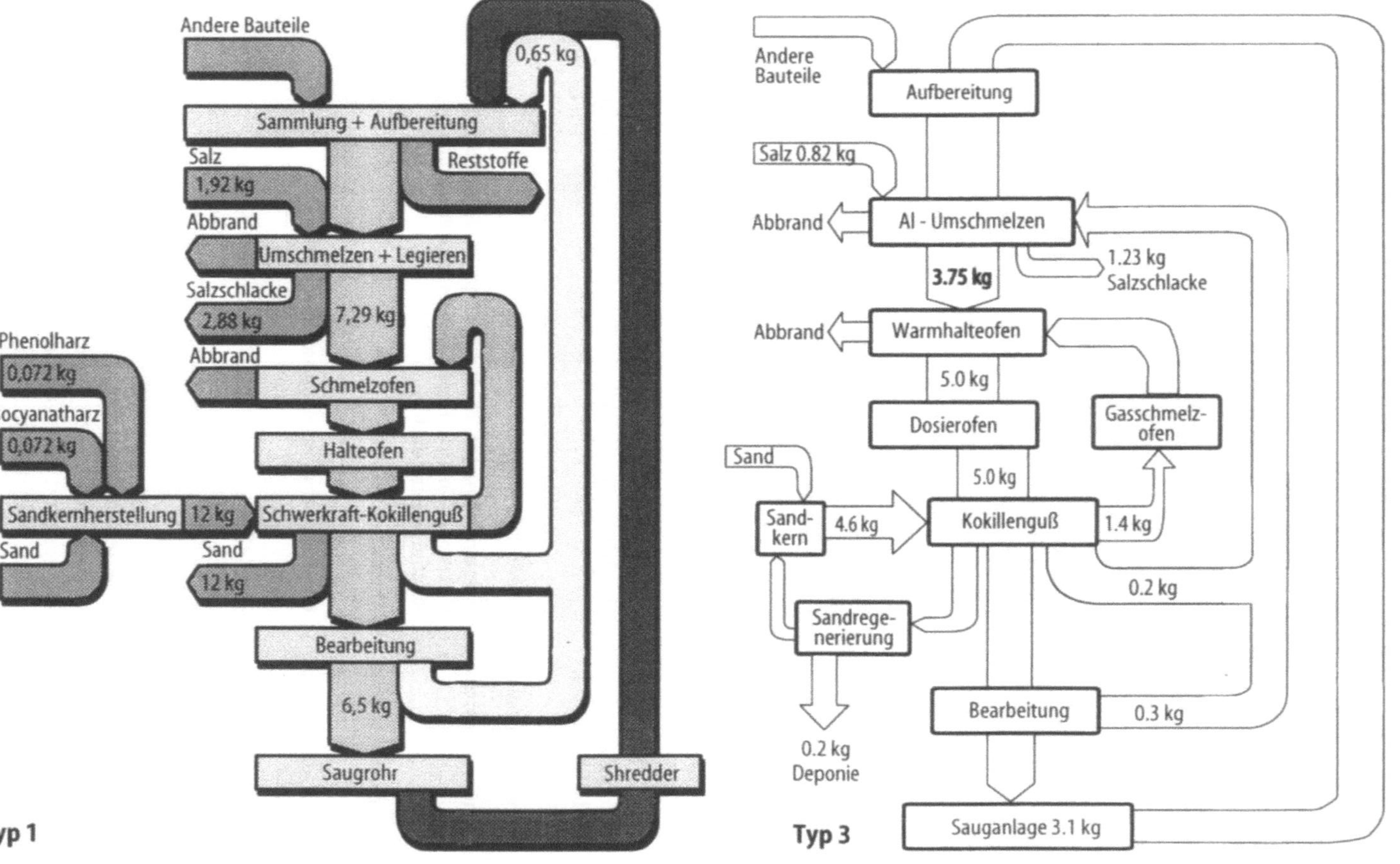

Bild 8.4. Gegenüberstellung der Stoffflüsse von Al-Ansaugrohr Typ 1 und Typ 3

Aluminium-Ansaugrohr

Der Stoffffluß führt nach der Aufbereitung zum Umschmelzen der Alumini-umschrotte unter Zugabe von Salz und Abführung der Salzschlacke. Das Aufbereiten der Salzschlacke bzw. deren partielle Deponierung mit anschließendem Salzrecycling war ebenfalls herstellerspezifisch zu betrachten. Nach dem Umschmelzen werden die Legierungsmetalle zugefügt. Die Daten hierfür fehlten. Lediglich Silizium konnte energetisch mitbilanziert werden. Per Flüssigtransport geht das Metall vom Umschmelzen zum Automobilhersteller, wo das flüssige Aluminium warmgehalten und gegebenenfalls nachlegiert wird. Zum Gießen ist ein Sandkern notwendig, wobei der Sand mit Harzen (Phenolharz, Isocyanatharz) gebunden wird.

Die Gegenüberstellung der Stoffflüsse von Ansaugrohr Typ 1 und Typ 3 zeigt die Bedeutung der Randbedingungen (Bild 8.4). Während bei Typ 1 ein ca. 95prozentiges Sandrecycling erfolgte, war bei Typ 3 keine derartige Kreislaufführung vorhanden. Dort war demnach der Sand als Deponiegut zu betrachten.

Der Anguß aus dem Schwerkraftkokillenguß geht zum großen Teil zurück in den Warmhalteofen (Recyclingkreislauf 1, Bild 8.4). Verunreinigte Alumini-

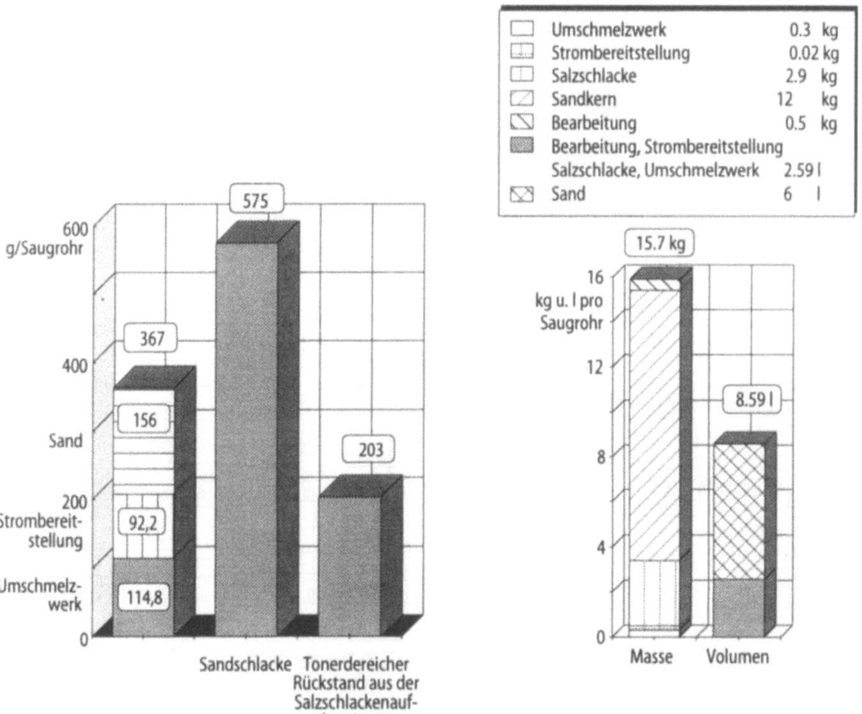

Bild 8.5. Vergleich der entstehenden Abfälle bei der Herstellung von Aluminium-Ansaugrohren (Typ 1 und Typ 3)

umschrotte sowie Späne aus der Bearbeitung des Saugrohres gehen zurück an das Umschmelzwerk (Recyclingkreislauf 2, Bild 8.4).

Das fertige Saugrohr wird nach der Nutzung und nach dem Shredder im Recyclingkreislauf 3 zurückgeführt (Bild 8.4). Der Energiebedarf zur Herstellung des Ansaugrohres (Typ 3) errechnete sich zu ca. 335 MJ. Dabei entfallen auf

Umschmelzen:
ca. 35% unter Berücksichtigung von Silizium;

Gießen:
ca. 45% für Warmhalte-, Dosier- und Gasschmelzofen sowie Sandkernherstellung und Bindemittelherstellung. Transporte sind eingeschlossen;

Bearbeiten:
ca. 20%

Bild 8.5 faßt die bei der Herstellung der Ausgangsmaterialien und der Verarbeitung zu einem Aluminium-Ansaugrohr anfallenden festen Abfälle zusammen.

Auch hier wird deutlich, welcher Stellenwert Randbedingungen innerhalb von Ganzheitlichen Bilanzierungen zukommt.

Die atmosphärischen Emissionen bei der Herstellung sind im Bild 8.10 im Vergleich zum Kunststoffprodukt dargestellt. Daten für Abwasserbelastungen wurden ermittelt, jedoch aus Gründen des Umfangs hier nicht dargestellt.

Polyamid-Ansaugrohr

Bild 8.6 zeigt einen von mehreren möglichen Kreisläufen von PA 6.6 GF 35-Bauteilen. Die punktiert eingezeichneten Systemgrenzen zeigen die außerhalb dieser Ganzheitlichen Bilanzierung liegenden Bereiche. Es sind diese: Kata-

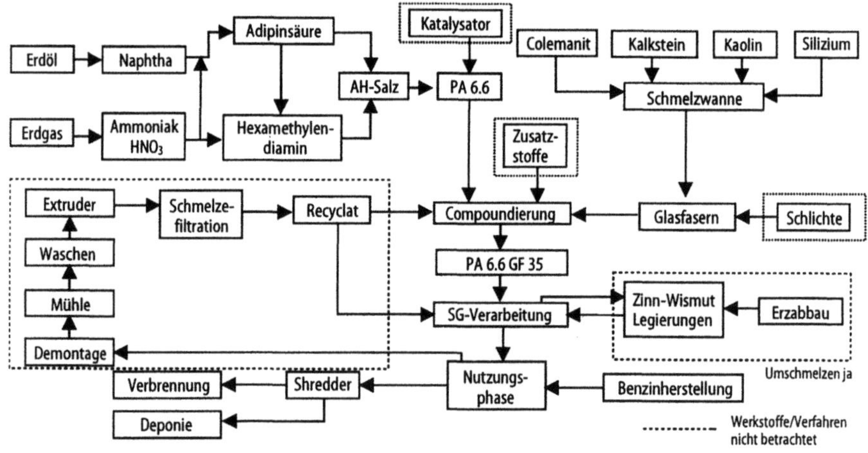

Bild 8.6. Möglicher Kreislauf von PA 6.6 GF 35-Bauteilen

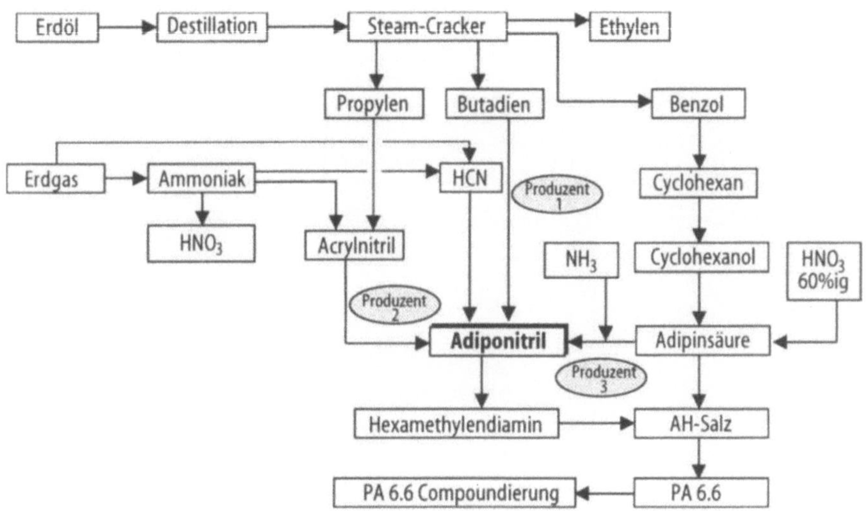

Bild 8.7. Drei unterschiedliche Herstellrouten zu PA 6.6 GF 35

lysator zur PA 6.6-Synthese, Zusatzstoffe zum Compoundieren, Glasfaser-schlichte, Zinn-Wismutlegierung (das Umschmelzen ist berücksichtigt) sowie der Recyclingkreislauf des Kunststoffes. Letzterer ist, wie einleitend erwähnt, noch nicht Stand der Großserie. Bei zukünftig zu erwartendem Stoffrecycling wird der energetische Aufwand dafür ca. 10% des heutigen Herstellungsauf-wandes betragen.

Bei der Aufarbeitung der Liefersituation für das Polyamid 6.6 GF 35 des untersuchten Ansaugrohres (Typ 1) waren drei Herstellrouten dreier verschie-dener Rohstoffproduzenten zu bilanzieren (Bild 8.7). Die wichtigsten Aus-gangsstoffe für die Polymerisation von PA 6.6 sind Adipinsäure (AS) und He-xamethylendiamin (HMDA). Alle drei Produzenten stellen die Adipinsäure gleich her:

Steam-Cracker → Benzol → Cyclohexan → Cyclohexanol → Adipinsäure

Dagegen gibt es für das HMDA drei Routen, die alle Adiponitril zum Ziel haben:

Route 1:
Steam-Cracker → Butadien
Erdgas → HCN $\Big\}$ Adiponitril

Route 2:
Propylen + Erdgas → Acrylnitril → Adiponitril

Route 3:
Adipinsäure + NH_3 → Adiponitril

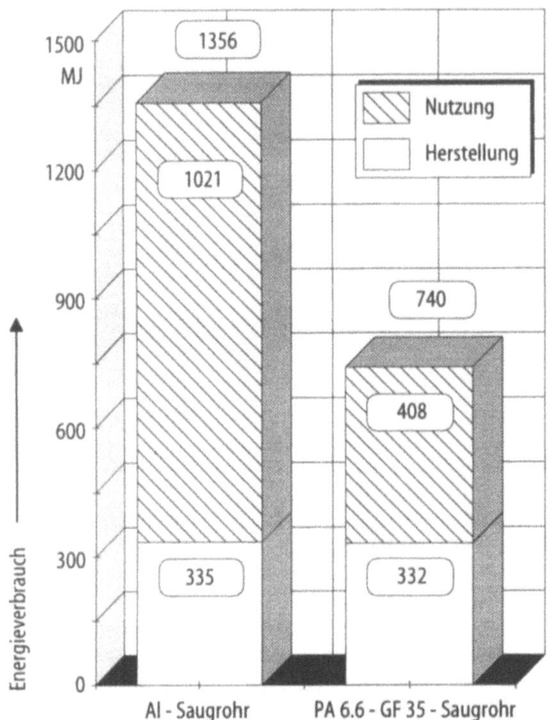

Bild 8.8. Energieverbrauch bei der Herstellung und Nutzung von Saugrohren aus AlSi10Cu2Fe und PA 6.6 GF 35 am Beispiel Ford Escort 1.6i (Nutzungsphase 150 000 km)

Route 3 verbraucht somit am meisten Adipinsäure, einmal, wie die Routen 1 und 2 auch, für die AS selbst, zum anderen für das Adiponitril. Wenn nun Lachgas (N_2O) bei der AS-Produktion emittiert wird, ist dies vor allem bei der Route 3 der Fall. Darüber hinaus ist zu vermuten, daß der Produzent 3 das entsprechende N_2O weitestgehend in die Atmosphäre emittiert, während Produzent 2 das ohnehin geringer anfallende N_2O im Produktionskreislauf führt. Somit ergeben sich beispielsweise für Produzent 3 ca. 115,2 g Lachgas je Ansaugrohr (Typ 1). Für Lachgas wird ein GWP (Greenhouse Warming Potential) von 270 angenommen, was auf CO_2 umgerechnet 31,1 kg Mehrbelastung für das Polyamid 6.6 des Produzenten 3 gegenüber dem Aluminium-Ansaugrohr ausmacht.

Nachfolgend werden einige Ergebnisse der verschiedenen Bilanzen dargestellt. Der Energieverbrauch bei der Herstellung und Nutzung von Saugrohren aus Al-Si10Cu2Fe und PA 6.6 GF 35 (s. Typ 3) am Beispiel eines Ford Escort 1.6i (Nutzungsphase 150 000 km) ergibt sich aus Bild 8.8.

Durch die Verbrennung des Treibstoffes während der Nutzungsphase werden beim Aluminium-Ansaugrohr ca. 48 kg CO_2 mehr emittiert als beim Kunststoff-Ansaugrohr (s. Bild 8.9).

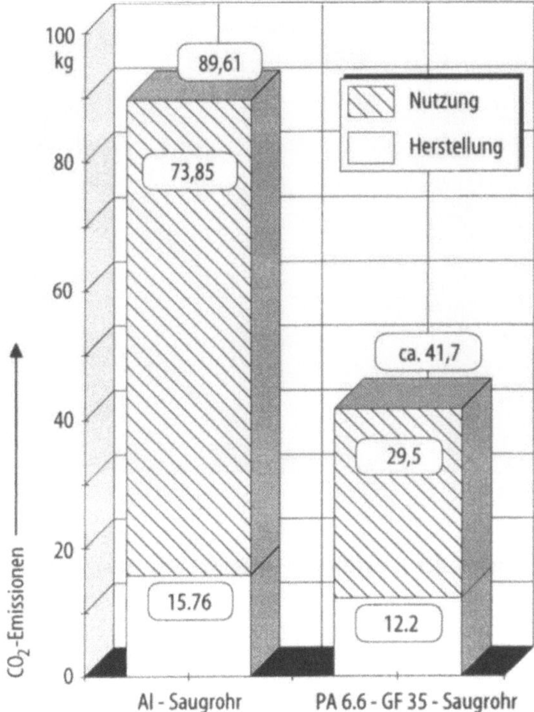

Bild 8.9. CO_2-Emissionen (Bedingungen wie Bild 8.8)

Die Kunststoff-Ansaugrohre kommen in drei Motorvarianten in Escort und Mondeo zum Einsatz. Bild 8.8 zeigt den Energieverbrauch der beiden Escort-Varianten und des Mondeo in Abhängigkeit von der minimalen und der maximalen Treibstoffeinsparung. Es wird deutlich, daß für den Motortyp 1.6i das Aluminium-Saugrohr am Ende seiner Lebensphase knapp den doppelten Energieverbrauch des Kunststoff-Saugrohrs aufweisen würde.

Atmosphärische Emissionen

Betrachtet man Staub (Bild 8.10), so sind beide Saugrohrtypen in etwa gleich. Dagegen weist das Kunststoffsaugrohr praktisch keine Chlor-Emissionen auf, ganz im Gegensatz zum Aluminium-Bauteil. HCl entsteht hauptsächlich in den Trommelöfen der Umschmelzwerke, Cl_2 resultiert aus der Schmelzreinigung.

Fluor-Verbindungen emittiert wiederum beim Aluminium das Umschmelzwerk, während die Fluor-Emissionen beim Kunststoff-Saugrohr im wesentlichen aus der Glasfaserproduktion stammen.

Größere Unterschiede ergeben sich bei NO_x und HC. Bei diesen Stoffen hat das PA 6.6 GF 35 Saugrohr die höheren Werte. Grund ist die Kunststoff-

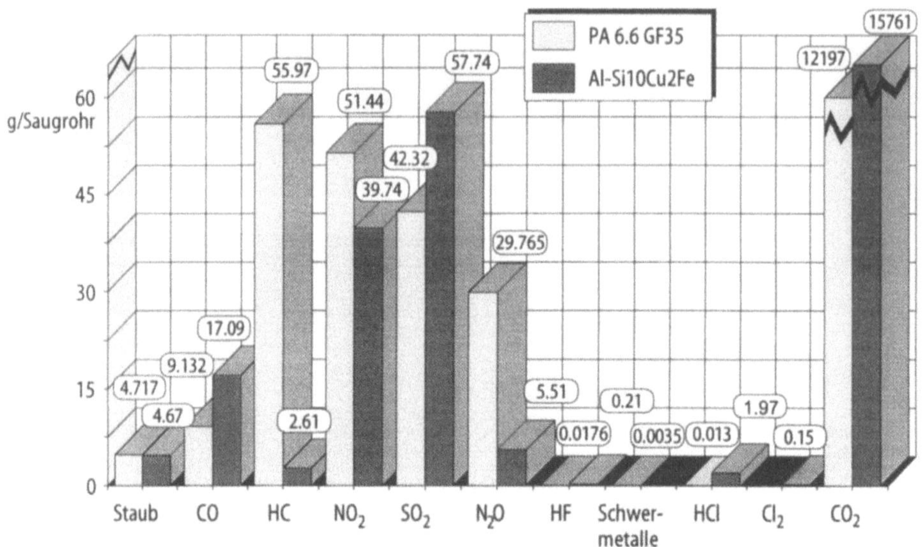

Bild 8.10. Atmosphärische Emissionen bei der Herstellung von Saugrohren aus AlSi10Cu2Fe und PA 6.6 GF 35

produktion selbst mit ihrem hohen Stromverbrauch und den mit der Stromerzeugung verbundenen Emissionen. Bild 8.10 zeigt die unterschiedlichen Emissionen der betrachteten Ansaugrohre (Typ 3) im Vergleich.

Abfälle

Die Abfallbilanz des Al-Ansaugrohres (Typ 3) wurde oben bereits beschrieben. Besonders hervorstechend sind die beiden Teilfraktionen, die zu erläutern sind:

Es entstehen etwa 2,9 kg Salzschlacke. Es ist heute technisch gelöst, diese Salzschlacke wieder aufzubereiten und das Salz bzw. das Aluminium wiederzuverwerten. Dies erfolgt seit einiger Zeit in erheblichem Umfang, parallel wurden in der BRD die noch notwendigen Aufarbeitungskapazitäten geschaffen. In der betrachteten Region waren diese Aufarbeitungsanlagen nach Kenntnis der Autoren jedoch nicht vorhanden. Es ist deshalb zu betonen, daß unter anderen Verhältnissen wesentlich andere Zahlen zu erwarten sind (s. Typ 1).

Ähnlich verhält es sich mit der anfallenden Sandmenge. Auch hier sind vielerorts bereits Sandregenerierungsanlagen in Betrieb. In der Umgebung der untersuchten Betriebe fehlen diese jedoch, weshalb dort vollständig deponiert wird.

Als einziger Sondermüll sind die aus dem Umschmelzwerk anfallenden Filter beziehungsweise Filterstäube anzusehen. Vergleicht man hierzu die Abfallbilanz des Kunststoff-Ansaugrohres, so sind die aus der Kunststoff- und Glasfaserproduktion entstehenden Abfälle hervorzuheben, da es sich hier häufig um Sondermüll handelt.

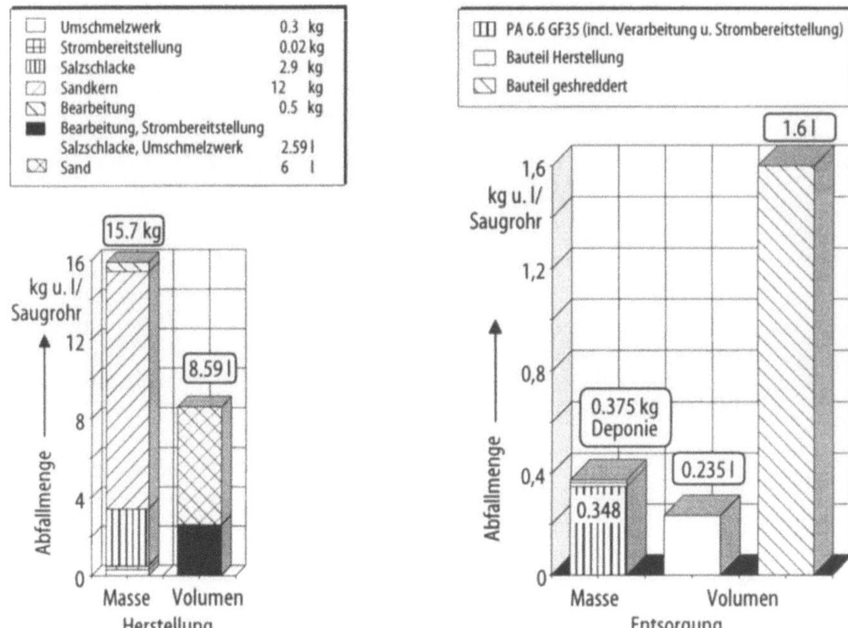

Bild 8.11. Feste Abfälle bei der Herstellung und Entsorgung von Ansaugrohren aus Aluminium und PA 6.6 GF 35 für verschiedene Ford-Motoren

Die größte Abfallmenge stellt aus der Sicht der heutigen Großserienproduktion (Stand 1992) am Ende der Nutzungsphase das Bauteil selbst dar. Für die Zukunft ist das stoffliche Recycling des Kunststoffsaugrohrs zu fordern. Damit würde sich bilanzbezogen in jeder Hinsicht eine Verbesserung ergeben.

Einen Vergleich der Abfälle zeigt Bild 8.11.

8.2.1.2
Der Ölfilter als Beispiel für den Vergleich Einweg/Mehrweg-Produkt

Ganzheitliche Bilanzierung dreier verschiedener Ölfilterkonstruktionen

Im Vordergrund der Ganzheitlichen Bilanzierung an verschiedenen Ölfilterkonstruktionen (Pkw-Motor)

- Stahl-Öl-Wechselfilter (tiefgezogen) (Einweggehäuse) mit Al-Druckgußfilterkopf (Mehrwegprodukt)
- Aluminium-(Druckguß-)Ölfiltergehäuse (Mehrwegsystem)
- Polyamid 6.6 (glasfaserverstärkt, Spritzgießverfahren)-Ölfiltergehäuse (Mehrwegsystem)

stand der technische, wirtschaftliche und umweltliche Vergleich (Schwachstellenanalyse). Diese Studie entstand in Zusammenarbeit mit der Firma Mann & Hummel, Ludwigsburg, im Jahre 1992 – Alle drei Filter sind in ihrer Ausle-

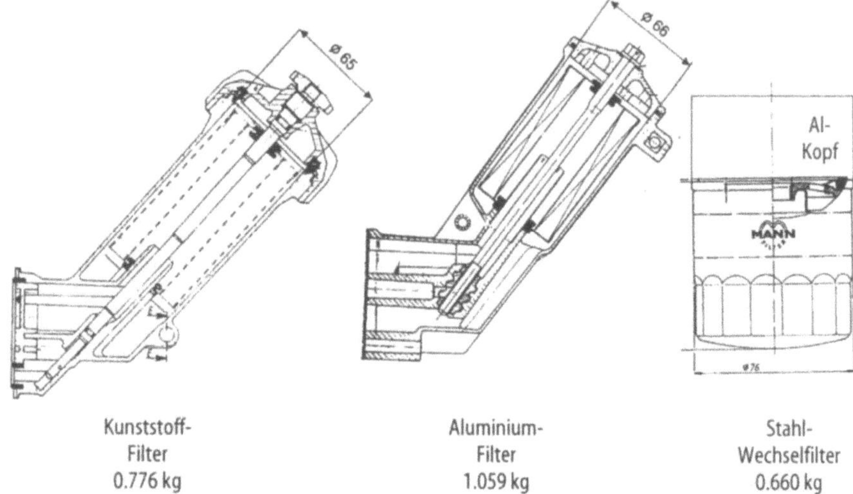

Bild 8.12. Geometrieskizzen der betrachteten Ölfilter

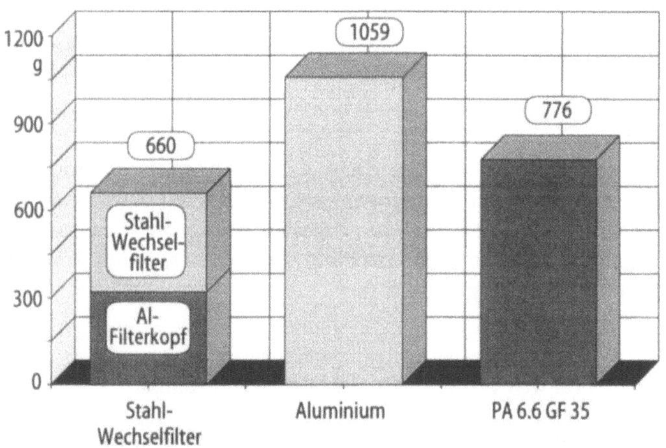

Bild 8.13. Fahrfertige Massen (ohne Filterpatrone) der verglichenen Ölfiltergehäuse

gung (Filterpatronenfläche) – abgesehen von gewissen bauartbedingten Unterschieden – vergleichbar.

Bild 8.13 informiert über die fahrfertigen Massen (ohne Filterpatronen) der drei bilanzierten Gehäuse.

Vorgehensweise

Wie im vorigen Abschnitt beschrieben, wurden anhand des technischen und ökonomischen Pflichtenheftes die zur Diskussion anstehenden Ölfiltervarianten näher spezifiziert und Material, Gewicht etc. festgelegt.

Wenn die verschiedenen Werkstoffe und die daraus resultierenden Konstruktionen definiert sind, werden die Kreisläufe in der Rohstoffbereitstellung bis zur Wieder- oder Weiterverwertung des Bauteils oder des jeweiligen Werkstoffes erstellt. Innerhalb der Kreisläufe werden alternative Verfahrensschritte berücksichtigt.

Nach Erfassung der Stoffströme wird für jedes Einzelverfahren im Produktkreislauf der Massen- und Energieinput sowie der Massen- und Energieoutput erhoben (die Massenströme umfassen auch sämtliche Emissionen, Reststoffe und Abfallströme).

Die Bilanzierung des Produktkreislaufs ergibt als Ergebnis die Daten, die durch Verwendung des Bauteils (aus verschiedenen Werkstoffen) auf dem gesamten Lebensweg entstehen.

Randbedingungen, Systemgrenzen und Datengrundlage

Ausgangspunkt einer jeden Ganzheitlichen Bilanzierung ist eine Auflistung der Randbedingungen und Systemgrenzen.

Stahl-Öl-Wechselfilter:

Über die gesamte Lebensdauer werden zehn Wechselfilter als Einwegprodukte benötigt (tiefgezogene Stahlgehäuse, Bild 8.12). Um eine Vergleichbarkeit mit den technischen Eigenschaften des Al- bzw. Kunststoff-Filters zu ermöglichen, muß zusätzlich zum Stahlwechselfilter ein Al-Filterkopf (Mehrweg) berücksichtigt werden.

Aluminium-Ölfilter:

Über die Gesamtlebensdauer sind ein Al-Gehäuse (Mehrweg) und zehn Patronen (Einweg) erforderlich.

PA 6.6 GF 35-Ölfilter

Über die Fahrzeuglebensdauer werden ein Kunststoffgehäuse und zehn Patronen benötigt. Die im folgenden dargestellte Variante enthält keine Stahlschraube, ist also gewichtsoptimiert.

Ergänzend dazu noch einige Informationen:

Fahrzeuglebensdauer: 150 000–200 000 km
Patronenlebensdauer: 15 000– 20 000 km

Häufig werden derzeit Systemgrenzen noch wegen mangelhafte Datenverfügbarkeit gezogen, beispielsweise Silizium als Legierungsbestandteil für Sekundäraluminium, Additive, Schlichte für Glasfasern, Zuschlagstoffe u.a.

Obwohl vereinzelte Hinweise für Stoffrecycling bei Polyamid 6.6 GF vorliegen, haben wir eine 100% Deponierung bilanziert. Dies entspricht Stand der

liche Bilanzierung stets nur eine Momentaufnahme für konkrete Bauteile oder Verfahren auf der Basis bestehender Zuliefersituationen sein kann. Verallgemeinernde Aussagen oder Ableitungen sind in keinem Fall zulässig.

Der Ablauf einer Ganzheitlichen Bilanzierung ist generell für alle Bauteile gleich, die Einzeldaten sind jeweils verschieden. Man beginnt bei der Rohstoffgewinnung, beispielsweise Eisenerz in Brasilien für Stahl. Im Falle des Al-Ölfiltergehäuses war weitestgehend ein Sekundärkreislauf des Aluminium zu betrachten. 4% Massenverluste entstehen, die durch Primäraluminium ergänzt werden.

Wir untersuchten das Sammeln und Aufbereiten der Al-Schrotte für die besondere Situation des produzierenden Filterherstellers. Es waren vier Lieferanten mit unterschiedlichen Datensätzen, Transportwegen usw. zu bilanzieren.

Das Gießen der Al-Rohlinge nahmen wir bei zwei Zulieferanten des Filterwerkes auf. Daten zu deren Bearbeitung lieferte Mann & Hummel (Ludwigsburg).

Angaben zur Verarbeitung von PA 6.6 GF 35 zum Ölfiltergehäuse stammen ebenfalls von Mann & Hummel. Die Glasfaserherstellung wurde u.a. mit Daten eines GF-Herstellers in die Untersuchung eingebaut.

Der beliefernde Polymer-Rohstoffhersteller war leider zu keiner Zusammenarbeit bereit. Alle Daten, die das PA 6.6 betreffen, stammen aus neuester Spezialliteratur, so daß anzunehmen ist, daß der tatsächliche Aufwand zur Herstellung des Kunststoffes nicht wesentlich abweicht.

Stoffkreisläufe

Stahl-Filtergehäuse mit Aluminium-Filterkopf

Bild 8.14 zeigt den heutigen Serien-Kreislauf eines „Einweg"-Stahl-Wechselfilters.

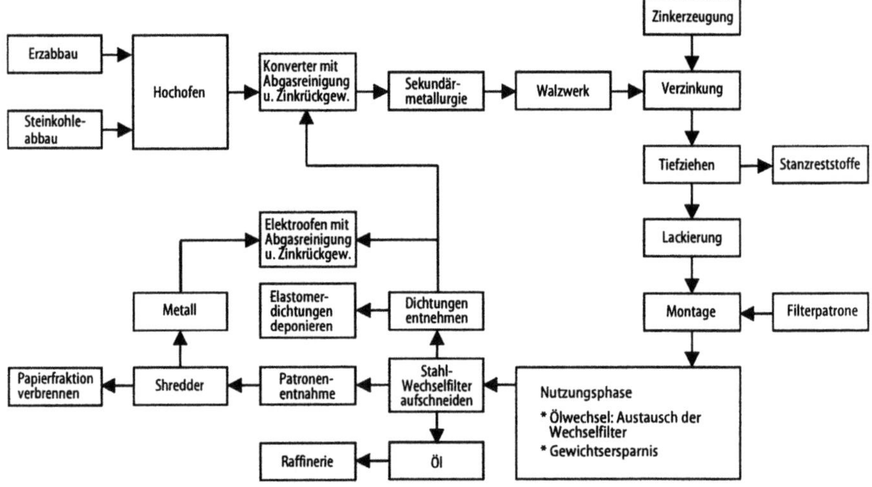

Bild 8.14. Kreislauf eines Stahl-Wechselfilters

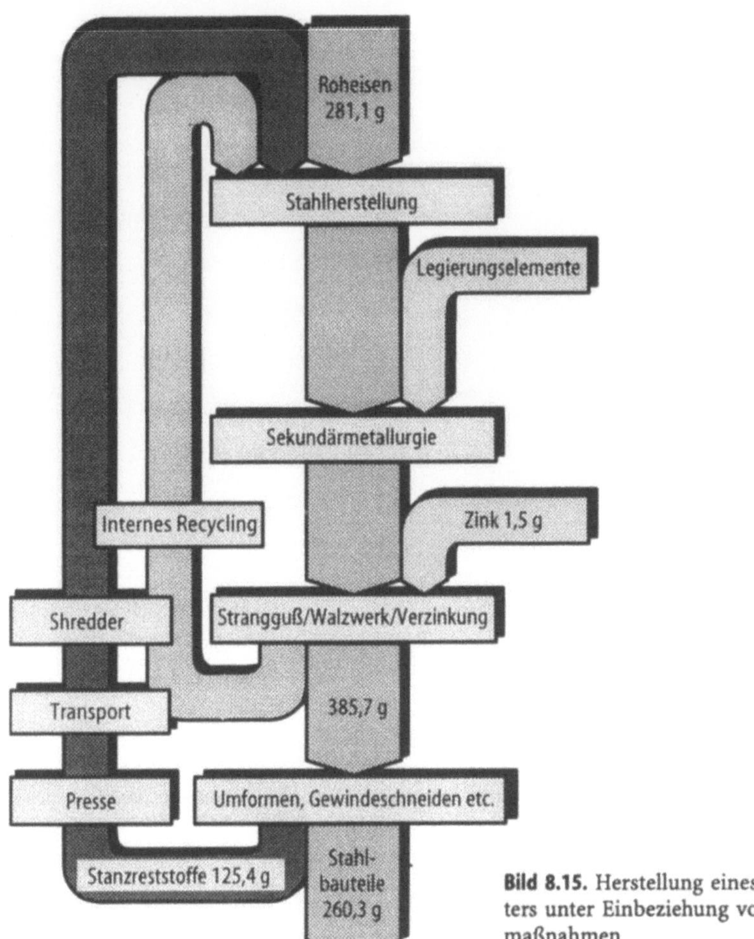

Bild 8.15. Herstellung eines Stahl-Ölfilters unter Einbeziehung von Recyclingmaßnahmen

Ausgehend von der Eisenerzgewinnung, Steinkohleabbau usw., über die Verhüttung im Hochofen und anschließende Rohstahlgewinnung wird im Walzwerk das benötigte Stahlblech erzeugt. Eine Zinkschicht verringert die Korrosionsanfälligkeit.

Das so vorbehandelte Blech wird tiefgezogen. Um die Bleche weiterhin vor Korrosion zu schützen, aber auch um ästhetischen Anforderungen zu genügen, werden die erzeugten Töpfe lackiert. Anschließend wird in der Montage die Filterpatrone hinzugefügt und der Filter mit Dichtungen und Regelsystemen verschlossen.

Während der Nutzungsphase wird im Rahmen dieser Bilanzierung von einem zehnmaligen Wechsel des Filters (Stahlgehäuse und Filterpatrone) ausgegangen. Zur Wiederverwertung und Entsorgung wird der Stahlfilter aufgeschnitten. Danach werden die Filterpatronen entnommen, das Öl ausgepreßt

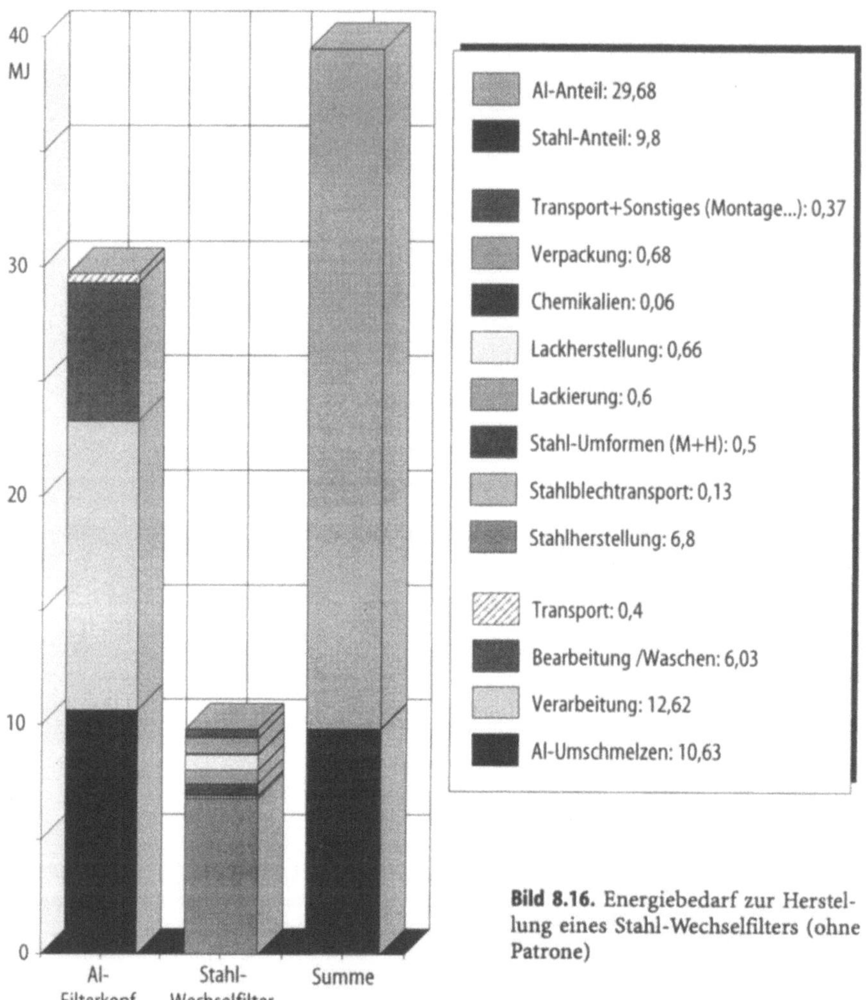

Bild 8.16. Energiebedarf zur Herstellung eines Stahl-Wechselfilters (ohne Patrone)

und anschließend der Sondermüllverbrennung zugeführt. Das Metall wird wieder im Stahlerzeugungsprozeß zu neuem Stahl verschmolzen. Die bis zu mehreren hundert Milliliter große Ölfraktion kann in der Raffinerie wiederaufbereitet werden.

Beispielhaft zeigt Bild 8.15 mit einem Teilausschnitt aus dem Stoffkreislauf Stahl, die Vorgehensweise hin zu Energie- (Bild 8.16) und Emissionsbilanzen (Bild 8.17).

Bild 8.16 zeigt den Energieverbrauch zur Herstellung des Stahl-Wechselfilters, sowie des dazugehörigen Al-Filterkopfes. Es wird deutlich, daß den größten Anteil der Al-Filterkopf trägt, nämlich ca. 75% des gesamten Energiebedarfs. Der eigentliche Stahl-Wechselfilter verbraucht nur ca. 10 MJ Primärenergieäquivalent.

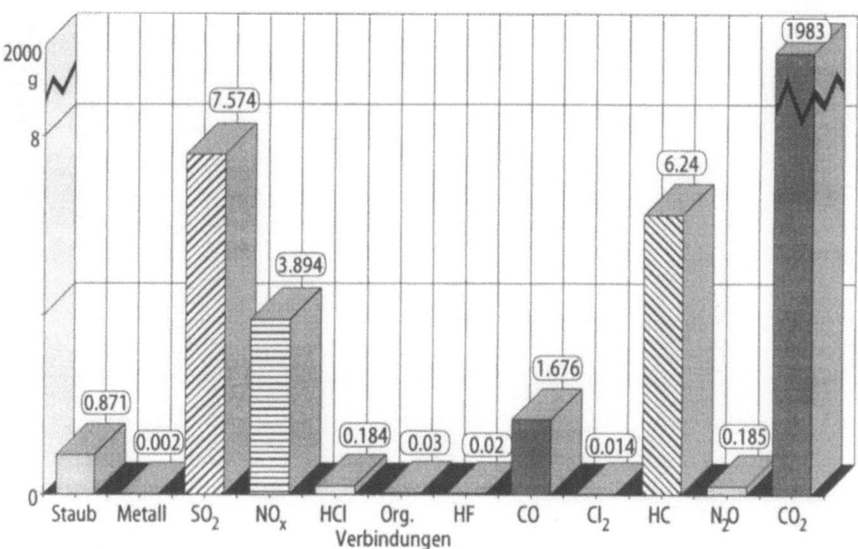

Bild 8.17. Atmosphärische Emissionen bei der Herstellung der Ausgangsmaterialien und deren Verarbeitung zu einem Stahl-Ölfilter (incl. Al-Filterkopf)

Die in Bild 8.17 aufgezeigten Emissionen stammen jeweils anteilig aus der Stahlherstellung, der Aluminium-Druckgußherstellung für den Filterkopf, der Filterpapierherstellung (Papier, phenolharzgetränkt), der Strombereitstellung, der Bauteilverarbeitung und dem Lackieren.

Aluminium Druckguß-Ölfiltergehäuse

Wie eingangs erwähnt, werden Al-Ölfiltergehäuse überwiegend aus Sekundäraluminium hergestellt. Primäraluminium wird mit 4% gedanklich hinzu bilanziert.

Die Bilanzierung des Sekundäraluminiums beginnt beim Sammeln der Aluminiumschrotte, berücksichtigt im folgenden deren Umschmelzen im Drehrohrofen, untersucht dann die Herstellung des Gehäuses im Druckgußverfahren sowie der Zusatzbauteile. Anschließend wird die Nutzungsphase sowie das Recycling (Shredder, Sammeln) in die Untersuchung aufgenommen.

Unter Einbeziehung des Umschmelzens von Aluminiumschrott (der Schrott wird hierbei „energiefrei" betrachtet, da das Ölfiltergehäuse technisch nach der Nutzungsphase wieder zu einem Gehäuse werden kann; jedoch ist der Energieverlust durch den Abbrand von Aluminium mit 4% im Energieverbrauch beinhaltet), des Transportes des Aluminiums zur Gießerei und anschließend zum Filterwerk, der Bearbeitung des Rohgehäuses zum Fertigbauteil und der Energiebereitstellung verbraucht ein Ölfiltergehäuse aus Sekundäraluminium 65,3 MJ an Energie.

Beispielhaft zeigt Bild 8.18 Wasserbelastungen bei der Herstellung eines Al-Ölfiltergehäuses. Entsprechende Ergebnisse existieren auch für Stahl und Polyamid 6.6. Sie finden ihren Niederschlag in der Bewertung (s. Kap 7).

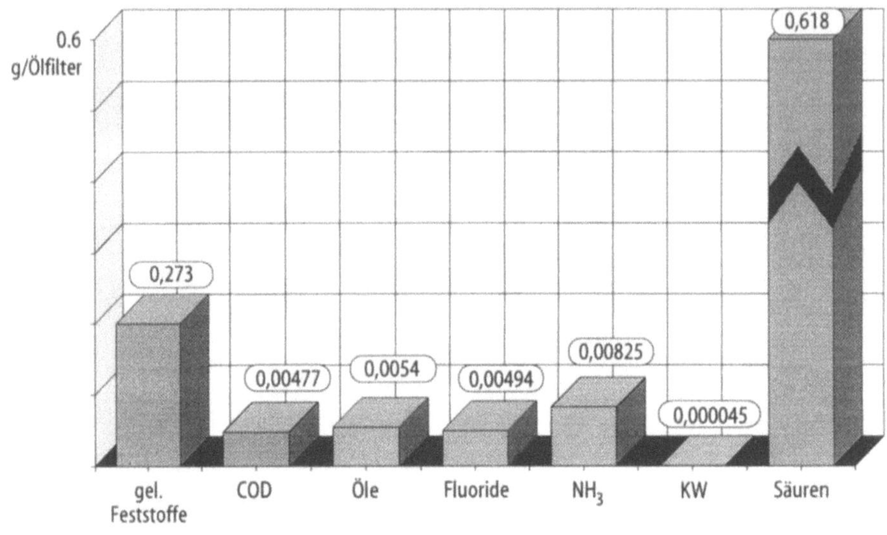

Bild 8.18. Wasserbelastung bei der Herstellung eines Al-Ölfilters

Filterpatrone (Papier)

Die Bilanz der Umweltauswirkungen durch die Papierherstellung beginnt bei der Holzgewinnung und führt über die Verfahren zur Faserstoffverarbeitung zum Papier.

Bild 8.19 verdeutlicht den Verfahrensablauf zur Herstellung verschiedener Papier- und Kartonqualitäten.

Das Filterpapier wird anschließend mit Phenolharz imprägniert und ausgehärtet.

Tabelle 8.7 zeigt die Einzelenergieaufwendungen zur Herstellung der Ausgangsstoffe und deren Verarbeitung zu einer Filterpatrone. Es ergibt sich ein Gesamtenergiebedarf je Filterpatrone von 3,44 MJ. Emissionen und Wasserbelastung können aus Gründen des Umfanges nicht dargestellt werden, gehen jedoch in die Zusammenfassung ein. Je Fahrzeugleben (Nutzungsphase) werden 10 Filterpatronen gebraucht.

Tabelle 8.7. Energiebedarf zur Herstellung der Ausgangsstoffe und deren Verarbeitung zu einer Filterpatrone

	Werte in MJ
Stahlherstellung	1,72
Papierherstellung	0,92
Phenolharz	0,2
Patronenherstellung	0,5
Umformteile	0,1
Gesamtenergiebedarf Filterpatronen	3,44

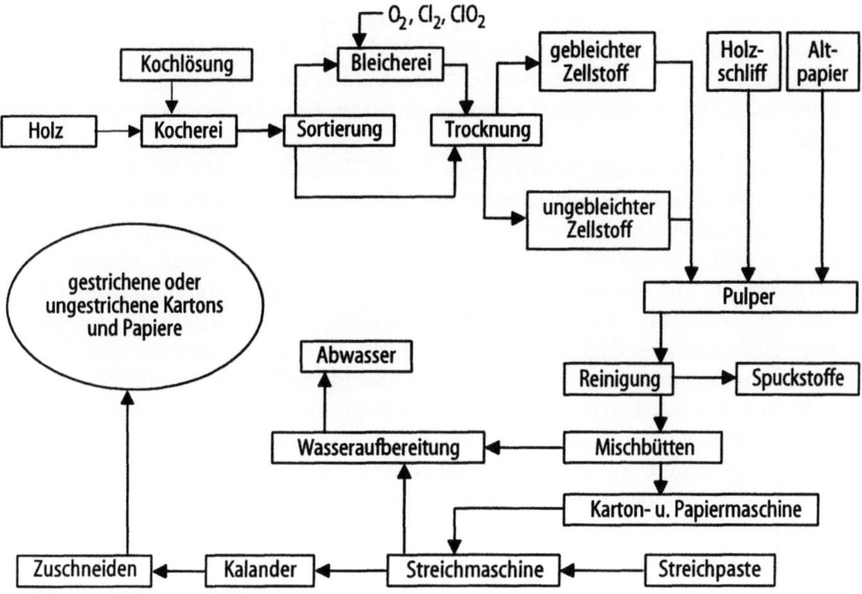

Bild 8.19. Verfahrensablauf zur Herstellung verschiedener Papier- und Kartonqualitäten

Polyamid 6.6 GF 35-Ölfiltergehäuse

Bei der Herstellung eines Kfz-Ölfilters aus PA 6.6 GF 35, Bild 8.20, steht die Synthese von PA 6.6 aus Hexamethylendiamin und Adipinsäure im Vordergrund. Anschließend wird die Produktion der Glasfasern aus ihren Rohstoffen wie Colemanit, Kalkstein, Kaolin und Silicium beleuchtet.

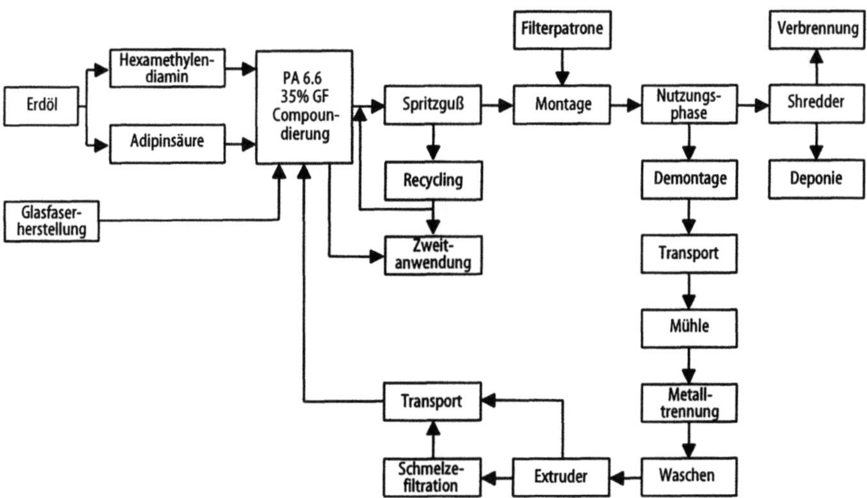

Bild 8.20. Möglicher Kreislauf von PA 6.6 GF-Ölfiltern

Nach der Compoundierung erfolgt die Spritzguß-Verarbeitung zum Ölfilter-gehäuse. Während der Nutzungsphase bildet die Untersuchung der Massen-differenzen zu den anderen betrachteten Ölfiltervarianten und die daraus re-sultierende Treibstoffersparnis mit geringeren CO_2-Emissionen den Schwer-punkt.

Untersucht man den Energiebedarf zur Herstellung des PA 6.6 GF 35-Öl-filters, so sind zwei Teilbereiche hervorzuheben; die Werkstoffherstellung und die Verarbeitung des Werkstoffes zu Ölfilter. Insgesamt benötigt die Herstel-lung des Ölfilters aus PA 6.6 GF 35 99,8 MJ Energieäquivalent. Hierin ist der Energiebedarf zur Synthese des PA 6.6 aus Rohöl, die Herstellung der Glasfa-sern, der Transport sämtlicher Rohmaterialien, die Verarbeitung des PA 6.6 GF 35 zum fertigen Ölfilter beim Filterwerk und der Transport des Ölfilters zum Automobilproduzenten inbegriffen. Nicht enthalten ist die Herstellung sämtlicher Katalysatoren bei der PA 6.6-Synthese, der Zusatzmaterialien bei der Compoundierung und Kleinmengen bei der PA 6.6-Synthese, die im Pro-millebereich liegen. 80% des Energiebedarfs wurden zur Synthese von PA 6.6 und der Glasfaserherstellung benötigt, 15% für die Verarbeitung im Spritzguß-verfahren, die restlichen 5% sind dem Transport der Werkstoffe und des Bau-teils zuzuordnen.

Herstellung und Nutzung verschiedener Ölfiltervarianten

Im folgenden wird die Bilanzierung der drei Ölfiltervarianten über den ge-samten Lebensweg durchgeführt und vergleichend dargestellt. Nochmals soll betont werden, daß die spezifischen Verhältnisse der Fa. Mann & Hummel einschließlich ihrer Werkstofflieferanten Basis waren. Vor allem für den Werk-stoff PA 6.6 GF 35 würden sich bei Wahl anderer Werkstofflieferanten unter-schiedliche Ergebnisse einstellen (s. unten).

Zur Herstellung eines Stahl-Wechselfilters einschließlich Patrone und Al-Filterkopf werden ca. 43 MJ Primärenergieäquivalent benötigt. Obwohl die Fil-terfläche für die Patrone des Stahl-Wechselfilters etwas größer als die ver-gleichbaren Patronen vom Al- und Kunststoff-Ölfilter dimensioniert ist, wird durch die Wahl der günstigeren Geometrie und Fertigungsverfahren weniger Energie zu deren Herstellung verbraucht (3,44 MJ im Vergleich zu 4,13 MJ für die beiden anderen Varianten).

Der „Stahlanteil" im Energiebedarf im Stahl-Wechselfilter beträgt 9,8 MJ. Dieser Wert beinhaltet sowohl die gesamte Werkstoffherstellung, die Trans-portenergie, die Umformenergie, die Lackierung, die Abschätzung des Bedarfs zur Lackherstellung als auch die Montage und die Verpackung. Es sind somit die wesentlichen Parameter zu dieser Herstellung enthalten, Bild 8.16.

Berücksichtigt man den zehnmaligen Wechsel des Stahl-Wechselfilters ein-schließlich dessen Patrone, so steigt der Energiebedarf für die Stahlversion über die Lebensphase des Automobils von ca. 43 MJ auf 162 MJ.

Vergleicht man hierzu den Aluminium-Ölfilter, so werden zur Herstellung des Gehäuses und der Zusatzbauteile ca. 65 MJ Energie aufgewendet. Addiert man nun alle 10 Patronen zur Herstellung des Al-Filters, so erhält man ca. 107 MJ. Für die Kunststoffvariante ergibt sich ein Primärenergiebedarf ein-schließlich der 10 Patronen von ca. 141 MJ. Diese Werte beinhalten jeweils die

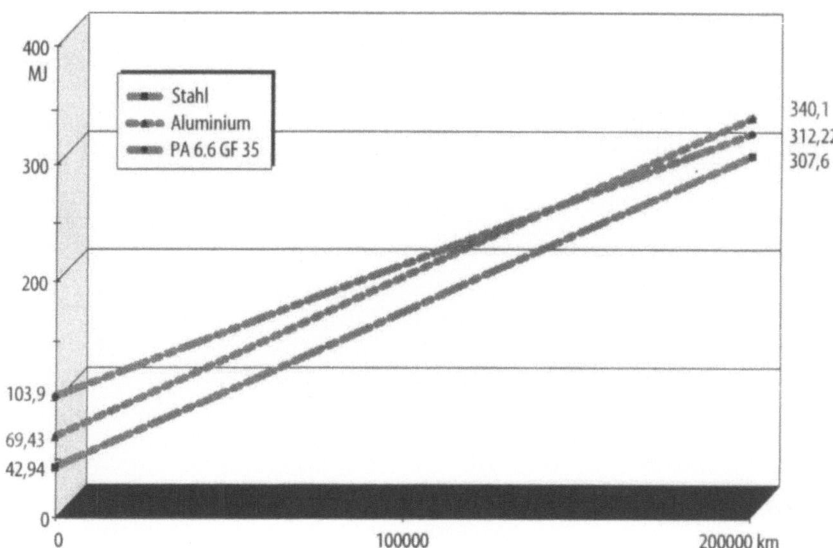

Bild 8.21. Energieverbrauch während der Herstellung und Nutzung verschiedener Ölfiltervarianten in einem BMW 320i (1315 kg, Drittelmix 9,5 l/100 km, 200 000 km, 4,5%-Regel)

gesamte Werkstoffherstellung, den Gieß- bzw. Spritzgußprozeß, und die Aufwendungen für Transport, Montage und Verpackung.

Hervorzuheben bleibt jedoch, daß für die Kunststoffvariante die Route der
Kunststoffsynthese von erheblicher Bedeutung ist, so daß die Werte für die
Kunststoff-Ölfilter nur für die Route über Hexamethylendiamin aus Adipin-
säure gelten.

Bezieht man im weiteren den Energieverbrauch während der Nutzungsphase mit ein, repräsentiert durch die Kraftstoffverbrauchsminderung bei Gewichtsverringerung, zeigt Bild 8.21 für einen Fahrzeugtyp der oberen Mittelklasse (ca. 1300 kg Fahrzeugmasse) deutliche Energieunterschiede.

Der Stahl-Wechselfilter weist den geringsten Energieverbrauch auf (ca. 308
MJ), gefolgt von der PA 6.6-Variante mit ca. 312 MJ.

Bedingt durch das hohe Gewicht und die lange Nutzungsphase des Ölfilters fällt der Al-Ölfilter weit ab (ca. 340 MJ). Die Differenz zwischen unterschiedlichen Varianten beträgt immerhin 32 MJ. Das entspricht etwa dem
Energiegehalt von einem dreiviertel kg Erdöl.

Betrachtet man allerdings 30 Millionen Kraftfahrzeuge in der Bundesrepublik Deutschland oder ca. 400 Millionen Kfz weltweit, ergeben sich durch die
Optimierung eines Bauteils dann doch beträchtliche Einsparpotentiale.

Atmosphärische Emissionen zur Herstellung von Ölfiltergehäusen

Bild 8.17 verdeutlicht für den Stahl-Ölfilter die bei der Herstellung entstehenden atmosphärischen Emissionen. Die bei der Strombereitstellung auftretenden Emissionen sind mit enthalten und stellen meist die Hauptbelastung dar.

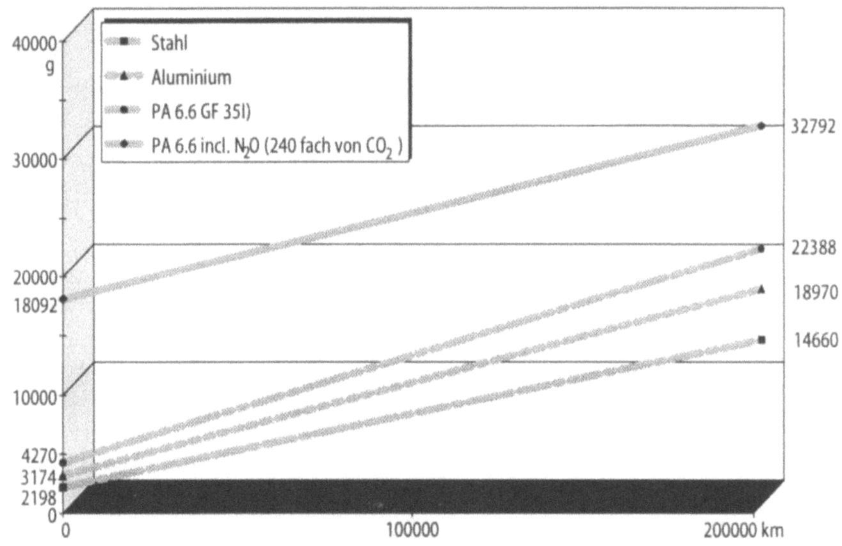

Bild 8.22. CO_2-Ausstoß bei der Herstellung und Nutzung verschiedener Ölfiltervarianten in einem BMW 320i (1315 kg, Drittelmix 9,5 l/100 km, 200 000 km, 4,5% Regel)

CO_2-Emissionen zur Herstellung und Nutzung von Ölfiltergehäusen

Berechnet man den CO_2-Ausstoß bei der Verbrennung von Benzin nach Birnbaum [29], so werden pro kg Benzin ca. 3,15 kg CO_2 emittiert. Bezieht man den Wirkungsgrad der Benzinherstellung sowie den dabei erzeugten CO_2-Ausstoß mit ein, so ergibt sich aus Bild 8.22 der CO_2-Ausstoß bei der Herstellung und Nutzung verschiedener Ölfiltervarianten in einem Pkw.

Die Reihenfolge verändert sich gegenüber den Energieverbräuchen nicht, so lange man die Treibhauswirksamkeit von N_2O nicht berücksichtigt. Bezieht man aber die 240fache Treibhausaktivität von N_2O gegenüber CO_2 ein, so resultieren daraus drastische Veränderungen.

Die Kunststoffausführung hat somit die höchsten Auswirkungen auf den Treibhauseffekt. Diese Aussage gilt natürlich nur, wenn eine Syntheseroute eingeschlagen wird, die tatsächlich auch die N_2O-Emissionen aufweist, bzw. keine N_2O-Rückhaltemaßnahmen erfolgen.

Deponiebedarf zur Herstellung und Entsorgung von Ölfiltergehäusen

Während die Stahl- und Aluminiumvarianten den höchsten Deponiebedarf durch die Bauteilherstellung erzeugen und bei der Bauteilentsorgung vorhandene Recyclingwege relativ gut ausnützen und somit sparsam mit Deponieraum umgehen, weisen die Kunststoffvarianten gerade bei letzterem ihren größten Schwachpunkt – zumindest aus heutiger Sicht – auf, Bild 8.23.

Sollte in Zukunft eine Demontage von größeren Kunststoff-Baugruppen erfolgen, so wäre bei einem tatsächlichen Einsatz von Kunststoff-Ölfiltern deren Ausbau sehr wahrscheinlich.

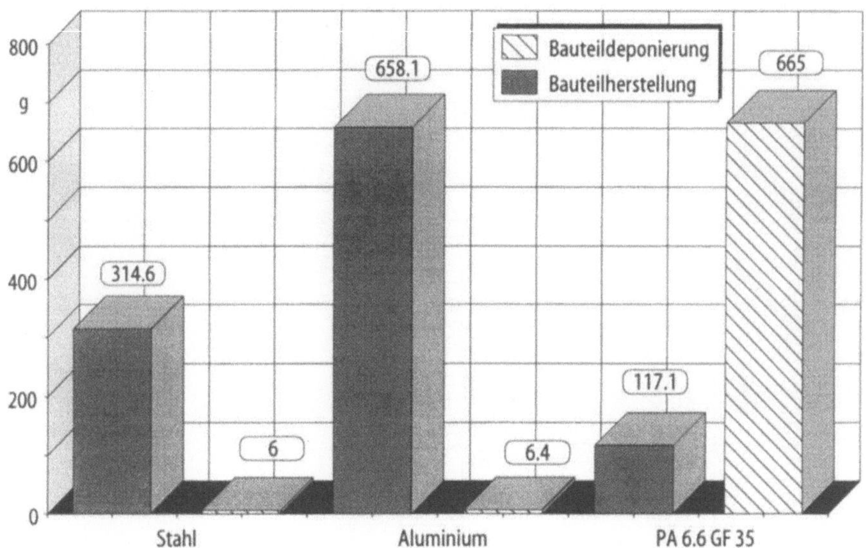

Bild 8.23. Deponiebedarf bei der Herstellung und Entsorgung der verschiedenen Ölfiltervarianten (ohne Patronenbetrachtung)

Welche Qualitätseigenschaften das zurückgewonnene PA 6.6 GF 35-Material noch hätte, ist zwar heute unbekannt, jedoch wäre eine Recyclat-Zumischung von 10–20% zu anderen weniger hoch belasteten Bauteilen denkbar.

Aufgrund der teilweisen Deponierung von Salzschlacke, weist der Al-Ölfilter den höchsten Deponieraumbedarf bei der Bauteilherstellung auf. Für die Zukunft ist vor allem in Deutschland mit einem geringeren Deponiebedarf durch Salzschlacke zu rechnen, da z. Zt. Recyclingkapazitäten auf diesem Sektor geschaffen werden.

Untersucht man weiterhin den Deponiebedarf, der sich durch die Entsorgung der Patronen ergibt, so ist die Patrone für den Stahl-Wechselfilter durch ihr geringeres Gewicht im Vorteil gegenüber den Kunststoff- und Aluminiumvarianten. Nur bezüglich der Verpackung haben diese wiederum einen kleinen Vorteil.

Betrachtet man nun die Ergebnisse im Detail, so erkennt man, daß auch im Bereich der Automobilindustrie die Problematik Einweg-/Mehrweg-Produkte eine wichtige Rolle spielt und zumindest für den Ölfilter bei Anwendung obiger Randbedingungen im Bereich der Energie sowie der CO_2-Emissionen über den ·gesamten Lebensweg für ein Einweg-Produkt spricht.

8.2.2
Bilanzierung von Verkehrssystemen am Beispiel Pkw und Zug

Ziel dieses Abschnittes ist es, Ganzheitliche Bilanzierungen am Beispiel von Verkehrsträgern (Kleinwagen, Fahrzeug der Oberklasse, Intercity Express 1(ICE1)-Zug) in Auszügen darzustellen.

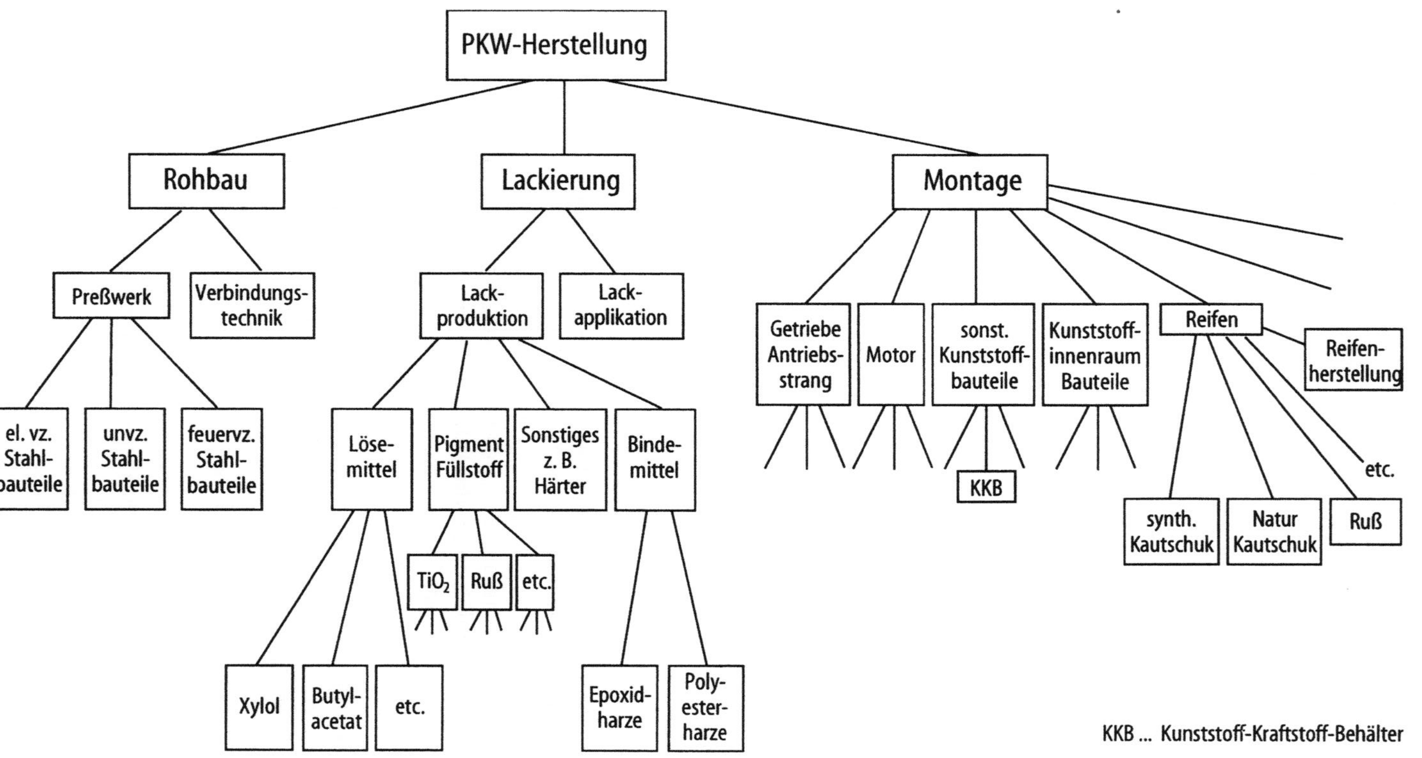

Bild 8.24. Stammbaum eins PKW-Aufbaus mit ausgewählten Bauteilen und Verfahren

Es ist dabei beabsichtigt, Verkehrsträger mittels ihrer zu transportierenden Personen bzw. Güter gegenüberzustellen, um die Spannbreite der Umweltbelastungen aufzuzeigen und Optimierungspotentiale zu entwickeln.

Es ist ausdrücklich nicht Ziel dieser Arbeit, individuelle Mobilität, wie sie das Automobil ermöglicht, mit der Mobilität, die durch die Eisenbahn gegeben ist, zu vergleichen. Ein derartiger Vergleich auf der Basis des Personen- oder Gütertransportes von Punkt A nach Punkt B würde den Rahmen dieses Abschnittes überschreiten.

8.2.2.1
Methodische Beschreibung des Systems Pkw

In Kap. 5 haben wir methodische Ansätze zur Erfassung von ganzen Systemen beschrieben. Ziel dieses Abschnittes ist es, die Methodik der Ganzheitlichen Bilanzierung am Beispiel des Systems Pkw weiter zu entwickeln. Hierzu ist es erforderlich das System Pkw aufgrund seiner Vielfalt (viele Varianten bei großer Automobilhersteller-Anzahl) einzugrenzen. Dementsprechend ist im allgemeinen ein charakteristischer Pkw bzgl. eines Produzenten auszuwählen und zu untersuchen. Die Wahl dieser Randbedingungen sollte sich an einem häufig produzierten Pkw orientieren, da hierbei der erzeugte Datensatz einer höheren Konstanz unterliegt.

8.2.2.1.1
Input-Output Analysen am Beispiel der Herstellphase

Die Herstellung eines Pkw läßt sich in der Systemtheorie mittels Input-Output Analysen modellieren. Grundsätzlich können hierbei verschiedene Vorgehensweisen beschritten werden. Top-down-Ansätze versuchen das System vom Großen zum Kleinen sinnvoll zu zerlegen. Im Gegenzug erfassen bottom-up-Modelle zuerst kleine Prozeßeinheiten und nachfolgend dann Baugruppen sowie das gesamte System.

Für Systeme, die von ihrer Vielfalt und den zu ermittelnden Informationen her hochkomplex sind, bietet sich als dritte Möglichkeit ein Mischansatz an. Dieser kombiniert die Vorteile von top-down und bottom-up miteinander und versucht deren Nachteile zu vermeiden. Im folgenden werden die drei genannten Systemansätze am Beispiel der Pkw-Herstellung näher erläutert.

8.2.2.1.1.1
Top-down-Ansatz als vereinfachte Möglichkeit einer Pkw-Systemerfassung

Betrachtet man die Herstellung eines Pkw, so lassen sich drei Hauptmodule erkennen, die charakteristisch für jeden Autohersteller sind (vgl. Bild 8.24)

Im Rohbau erfolgt das Schweißen der Stahlteile, die vorher im Preßwerk durch Umformen hergestellt wurden. Die Rohkarosse gelangt anschließend in die Lackierung, wo Korrosionsschutz und Farbgebung erfolgt. Im Bereich der Montage findet der Zusammenbau der Hauptgruppen wie Motor, Getriebe, Achsen, Sitze, Kabelstrang etc. statt.

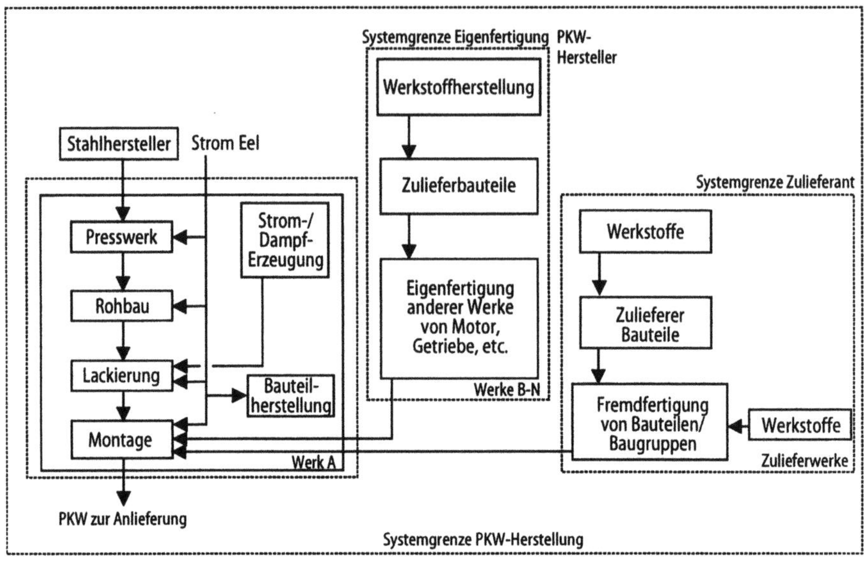

Bild 8.25. Top-down-Ansatz: Wahl des Werkzaunes als Systemgrenze

Verfolgt man diesen Fertigungsablauf innerhalb einer top-down-Analyse, so könnten für diese drei Produktionsabschnitte sowie für wesentliche o.g. Baugruppen Daten erhoben werden, an denen auf der Ebene der Baugruppen die Werkstoffbetrachtung durchgeführt wird.

Eine zweite Möglichkeit bietet sich durch folgende Vorgehensweise an (s. Bild 8.25):

Die oben geschilderten Fertigungsabläufe finden häufig aus räumlichen und logistischen Gründen in einem Werk A statt. Vielfach ist dieser Fabrik ein Kraftwerk beigeordnet. Innerhalb des Werkzaunes werden zu den genannten Produktionsabschnitten noch weitere Bauteile hergestellt, die später an den Pkw montiert werden. Diese Bereiche gelten als die Systemgrenze „Automobil-Gesamtwerk".

Der Automobilhersteller betreibt im allgemeinen weitere Werke B bis N, die als Zulieferer für Werk A bezüglich der Baugruppen Motor, Getriebe, Achsen aber auch Kunststoffbauteile, Kabelstränge etc. wirken. Die Werke B bis N einschließlich der jeweiligen Werkstoffherstellung bilden die Systemgrenze „Eigenfertigung Pkw-Hersteller".

Diesem Ablauf entsprechend werden wesentliche Zulieferanten (Auswahlkriterien z.B. Masse der Bauteile) ermittelt, die damit als Systemgrenze „Zulieferwerke" herangezogen werden.

Für die oben genannten Systemgrenzen sind anschließend die Input-Output-Datensätze zu erheben. Da jeder Automobilhersteller verschiedene Modelle bei einer Vielzahl von verschiedenen Varianten in denselben Anlagen fertigt, entsteht wieder das Problem der Verteilung der Umweltbelastungen auf die jeweiligen Produkte.

Grundsätzlich sind dabei folgende Fälle zu unterscheiden:

1. Wird pro Fabrikanlage nur ein Fahrzeugtyp produziert, so können alle Umweltbelastungen in erster Näherung auf diesen über die produzierte Anzahl der Pkw umgelegt werden. Die unterschiedlichen Varianten bzw. Ausstattungen werden hierbei vernachlässigt.
2. Werden pro Werk zwei oder mehr Fahrzeugtypen, aber keine sonstigen Bauteile/-gruppen fabriziert, so ist der Verteilungsschlüssel schwieriger zu finden. Charakteristika der unterschiedlichen Fahrzeugtypen sind in der Regel Masse, Oberfläche des Fahrzeuges (wichtig für die Lackierung), produzierte Einheiten, Ausstattungsmerkmale etc. In der Summe sind demnach Umwelteinwirkungen durch eine Kombination der oben genannten Faktoren zu berücksichtigen.
3. Bei Produktion zweier oder mehr Fahrzeugtypen und gleichzeitiger Bauteile/-gruppenproduktion muß nach Kriterien in Abhängigkeit der vorhandenen Situation in diesem Werk gesucht werden. Eine pauschale Angabe eines Verteilungsschlüssels ist nicht möglich.

Wie aus Bild 8.25 ebenfalls hervorgeht, ist Eigenfertigung von Bauteilen von Fremdfertigung zu unterscheiden, solange die Energieversorgung nicht aus dem öffentlichen Netz erfolgt und der Zulieferbetrieb eine bestimmte Größe erreicht hat. (Kleine Betriebe sind häufig nicht im gleichen Umfang wie der Automobilhersteller in der Lage, Umweltstandards zu erfüllen.)

Aufgrund der vereinfachten Behandlung des Gesamtsystems erscheint im weiteren eine lieferantenspezifische Betrachtung der Werkstoffherstellung unsinnig, weshalb gemittelte Daten angewandt werden.

Ebenso können Transporte aus statistisch erhobenen Daten mit einer durchschnittlichen Transportentfernung und -auslastung in die Bilanz einfließen.

Insgesamt ergeben sich folgende Schlußfolgerungen bei einer Bilanzierung mittels eines top-down-Ansatzes:

Vorteile:
- Schnelle und einfache Analyse
- „60-Prozent"-Ergebnis (Es ist sehr schwer, den wirklichen Fehler zu schätzen, da bis heute alle Einflußfaktoren sowie eine detaillierte Bilanz eines Automobils noch nicht ermittelt bzw. veröffentlicht wurden.)
- Politische Aussagen sind möglich
- Trendmeinungen zu Hauptverursachern in der Bilanz sind ableitbar

Nachteile:
- Schwachstellenanalyse nicht durchführbar und damit auch keine Optimierungspotentiale darstellbar
- Erhebliche Unsicherheiten im Ergebnis
- Keine Detailkenntnisse
- Wichtige Informationen, die z.B. bzgl. Leichtbau notwendig sind, fehlen

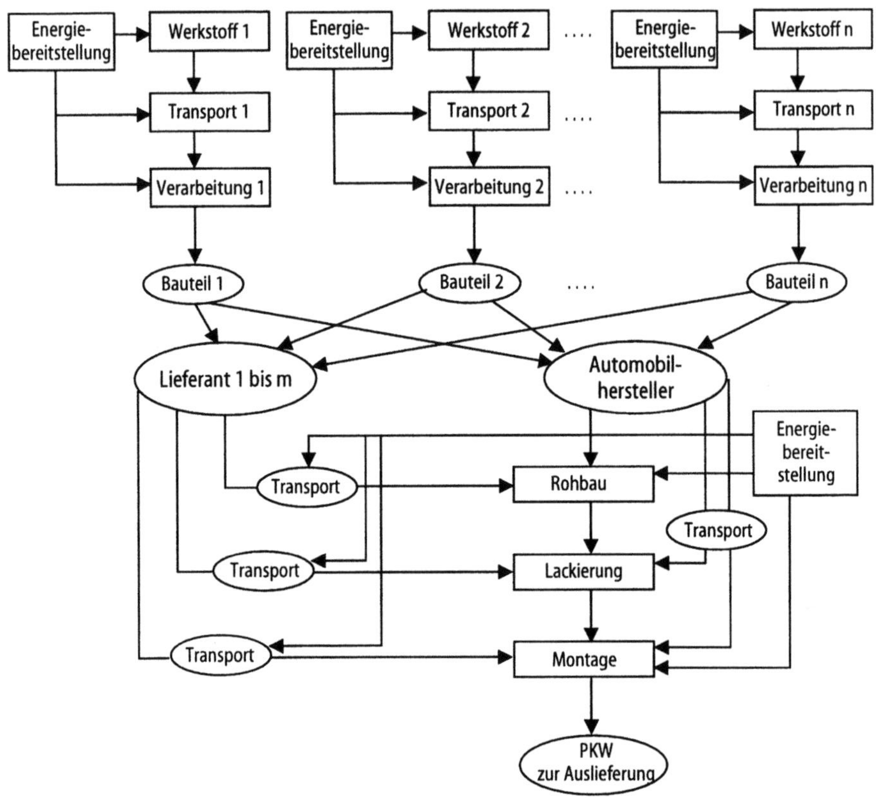

Bild 8.26. Ablaufschema einer bottom-up-Analyse

8.2.2.1.1.2
Detaillierte Betrachtung am Beispiel Pkw: bottom-up-Ansatz

Im Gegensatz zum „top-down"- geht der „bottom-up"-Ansatz von der Bauteil-
ebene aus, indem zuerst Einzelbilanzen für Bauteile erstellt werden (s. Bild
8.26). Anschließend werden diese mit den drei Hauptverfahren Rohbau, Lakkierung und Montage zusammengefaßt. Die Verknüpfung mit den spezifischen
Transporten sowie der Energiebereitstellung vervollständigen die Bilanz.

Um die Komplexität einer derartigen Vorgehensweise zu verdeutlichen,
werden im folgenden noch einmal (s. Kap. 5) die Haupteinflußfaktoren auf
die unterschiedlichen Prozeßschritte der Bauteilherstellung erläutert:

$$\Sigma U_{F\ Werkstoffes} = f\ (\text{Lieferant, Verfahren, Ort, Zeit, gesetzliche Umwelt-schutzauflagen, Energiebereitstellung, Transport-abläufe etc.})$$

$$\Sigma U_{F\ Transport} = f\ (\text{Ort, Auslastung, Entfernung, Zeit, Transportmedien etc.})$$

$$\Sigma U_{F\ Energiebereitst.} = f\ (\text{Ort, Zeit, gesetzliche Umweltschutzauflagen, Ver-fahren, Auslastung etc.})$$

$$\Sigma U_{F\ Verarbeitung} = f\ (\text{Ort, Zeit, Werkstoff, Auslastung etc.})$$

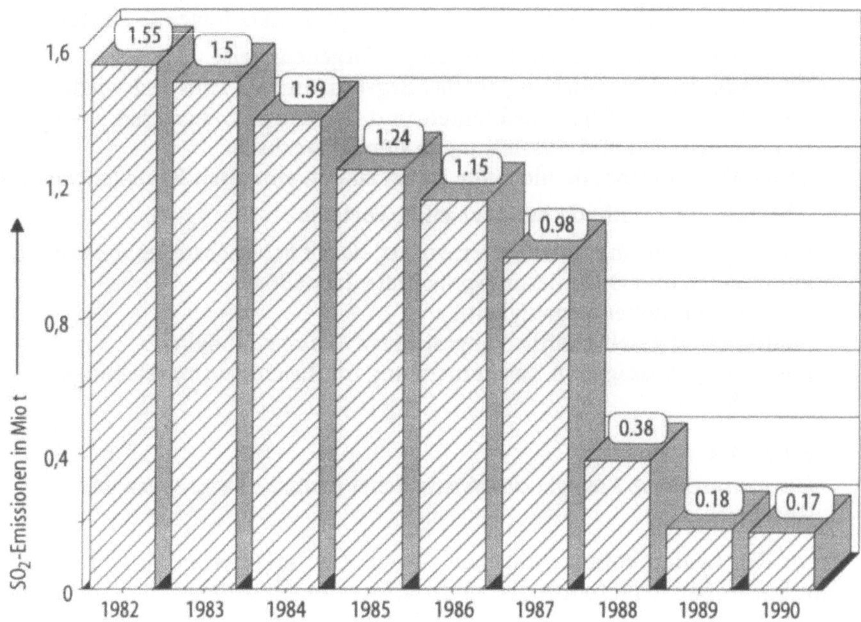

Bild 8.27. SO$_2$ Emissionsentwicklung bei Kraftwerken der öffentlichen Stromversorgung in der BRD in Abhängigkeit der Zeit [2, 3]

Man erkennt, daß die Summe der Umweltflüsse U_F von Werkstoff, Transport, Energiebereitstellung und Verarbeitung einer Reihe von unterschiedlichen Abhängigkeiten unterliegt, deren Untersuchung einen erheblichen Aufwand bedeuten würde. Gleichzeitig üben diese Faktoren aber einen großen Einfluß auf das Ergebnis aus, wie er am Beispiel der bundesdeutschen Stromproduktion in Abhängigkeit von der Zeit verdeutlicht werden soll (Bild 8.27):

In den Jahren 1982 bis 1987 wurde durch fortgesetzte Einführung von Rauchgas-entschwefelungsanlagen (REA) und durch zunehmende Verwendung von schwefel-ärmeren Energieträgern der Ausstoß von SO$_2$ kontinuierlich verringert. Aufgrund gesetzlicher Eingriffe reduzierten sich von 1987 bis 1989 die SO$_2$-Emissionen von knapp 1 Mio Tonnen auf 0,18 Mio Tonnen. Erst für 1993 wird erwartet, daß durch Altanlagen-Stillegung nochmals eine spürbare Senkung erzielt werden konnte. Besonders im Bereich von 1987 bis 1989 wird die erhebliche Zeitabhängigkeit und damit der Momentcharakter deutlich. Eine Bilanz, die 1987 erstellt und 1989 nicht aktualisiert worden wäre, würde im Bezug auf den Stromverbrauch einen ca. 30prozentigen Fehler aufweisen.

Faßt man alle Abhängigkeiten zusammen unter Berücksichtigung der etwa 6000 bis 30 000 zu bilanzierenden Einzelteile, so läßt sich leicht ableiten, daß eine strenge „bottom-up"-Bilanz sehr aufwendig oder gar unmöglich ist.

Demnach ergeben sich für den „bottom-up"-Ansatz folgende Nachteile:

- Sehr lange, schwierige und kostspielige Vorgehensweise
- Bei Ende der Untersuchung ist das Ergebnis bereits zum Teil wieder überholt, da Autohersteller, Lieferanten und Werkstoffproduzenten sowie Bauteilausführungen und Ausstattungen ständig wechseln.
- hoher Meßaufwand, da nicht alle Daten zu den einzelnen Bauteilen vorrätig

Die „bottom-up"-Methode hat aber auch Vorteile:

- extrem genauer und detaillierter Ansatz, damit Schwachstellenanalyse sehr gut möglich und Optimierungspotentiale darstellbar
- Ergebnis mit hoher Genauigkeit
- politisch und gesellschaftlich abgesicherte Aussagen möglich
- notwendige Aussagen in Zusammenhang mit Leichtbaufragestellungen möglich

8.2.2.1.1.3
Mischansatz durch Auswahl charakteristischer Bauteile, Baugruppen und Verfahren

Die in den beiden vorangegangenen Abschnitten erläuterten Verfahren haben signifikante Nachteile (entweder zu unsicheres Ergebnis oder zu teuer). Sie erfordern einen dritten Ansatz, der die Vorteile beider Analysemethoden nutzt. Dieses dritte Verfahren wird im folgenden als Mischansatz bezeichnet.

Bevor die Vorgehensweise im Detail erläutert wird, müssen dafür notwendige Voraussetzungen festgelegt werden:

- Welches Ziel wird mit der Systembilanz verfolgt? (Sollen z.B. Leichtbaupotentiale ermittelt werden, ist es erforderlich, Baugruppenzusammenhänge in der Bilanz herauszuarbeiten.)
- Man benötigt eine werkstoffspezifische Denkweise
- Erfahrungen aus Bauteilbilanzen müssen vorliegen
- Anlagenkenntnisse und Zusammenhänge in deren System sind unabdingbar

Ausgehend von einer Systembetrachtung werden systembestimmende Faktoren ermittelt. Diese sind im allgemeinen:

- Werkstoff
- Bauteile und Baugruppen
- Verarbeitungsverfahren
- Spezifische Prozesse (im Falle der Pkw-Herstellung z.B. Lackierung, Montage)

Anhand auszuwählender charakteristischer Bauteile bzw. -gruppen wird eine Klassifikation der zu bilanzierenden Werkstoffe und Verarbeitungsverfahren vorgenommen. Durch dieses Verfahren wird zuerst die Anzahl der zu untersuchenden Bauteile drastisch reduziert, wie Bild 8.28 erklärt.

Man erkennt deutlich, daß insgesamt nur wenige Bauteile innerhalb einer Automobil-Karosserie ein hohes Gewicht aufweisen, wohingegen viele von ihnen relativ homogen bzgl. ihrer Masse aufgebaut sind.

Wenn man beim Umformen in erster Näherung eine Abhängigkeit des Energieverbrauches von der Masse des Bauteils unterstellt, so reduziert eine

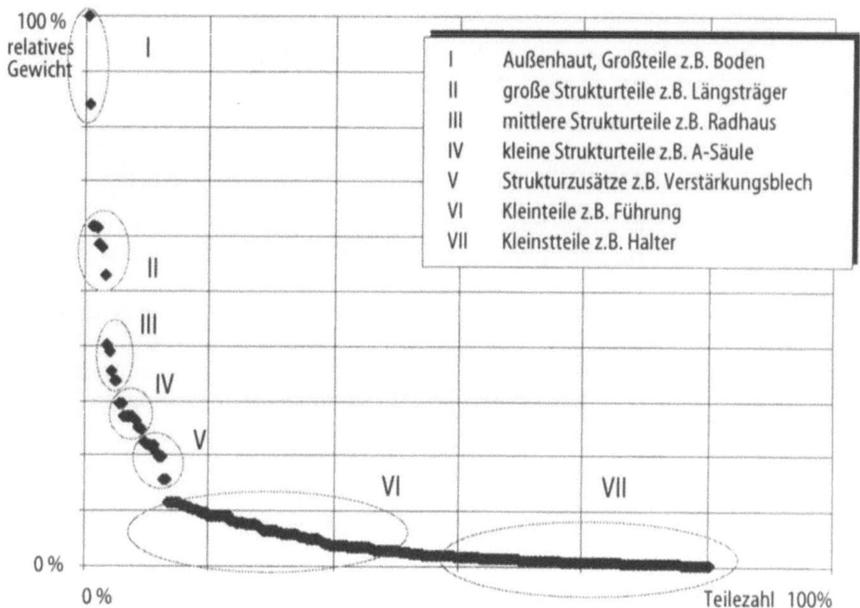

Bild 8.28. Verteilung im Rohbau

Strukturierung des Rohbaus in sieben Gruppen (s. Bild 8.28) mit jeweils drei
Bauteilen den Bauteilaufwand auf ca. 5% des ursprünglichen. (Eine Stahl-Roh-
karosse hat im Durchschnitt zwischen 300 und 400 Einzelteilen.) Dementsprechend muß bei der Untersuchung eines Pkw anhand wesentlicher Werkstoffe
(sowohl bezüglich der verwendeten Menge als auch in Bezug auf die Umweltbelastungen durch die Herstellung der Materialien), Verarbeitungsverfahren
und Bauteile der Aufbau des Pkw abgebildet werden. Tabelle 8.8 beschreibt
exemplarisch diese Kriterien für den organischen Anteil in einem Pkw, Tabelle
8.9 für den anorganischen.

Aufgrund des häufig sehr unterschiedlichen Aufbaus von Pkw (s. Abschn.
8.2) können die genannten Werkstoffe, Verarbeitungsverfahren und Bauteile
nur als Leitfaden dienen, der an die spezifischen Anforderungen des jeweiligen zu untersuchenden Pkw angepaßt werden muß.

Anhand einer kompletten Automobilstückliste werden anschließend die
noch fehlenden Bauteile in die verschiedenen Bauteil-, Verarbeitungs- und
Werkstoffkategorien eingeteilt und unter Berücksichtigung weiterer Informationen (Transportfragestellungen, Fertigungsart etc.) bilanziert. Hierbei extra-
poliert man die Umweltkennzahlen, welche sich aus der Untersuchung der
charakteristischen Bauteile ergeben haben.

Für die Prozesse Rohbau, Lackierung und Montage sind im weiteren eigene Bilanzen zu erheben, genauso wie für eventuell vorhandene Kraftwerke in
den Automobilwerken.

Aus der Addition der verschiedenen Bauteil-Bilanzen und der spezifischen
Verfahren resultiert die Automobilbilanz.

Tabelle 8.8. Zu untersuchende Werkstoffe, Verarbeitungsverfahren und Bauteile während der Ganzheitlichen Bilanzierung eines PKW – organischer Teil – (Auswahl)

Werkstoff	Verarbeitungs-verfahren	Bauteil	Analog zu unter-suchende Bauteile
PUR	Schäumen	Polster Fahrersitz, Rücksitz	restliche Polster, Kleinanwendungen
HD-PE	(I) Blasformen (II) Spritzgießen	(I) Kraftstoffbehälter, Wasserbehälter (II) versch. Teile	restliche Kleinteile (bis ca. 30g)
PP und PP/EPDM	(I) Tiefziehen (GMT) (II) Spritzgießen (III) Spritzgießen und Kaschieren	(I) Frontend (II) Stoßfängerver-verkleidung vorne (III) Türinnenver-kleidung	Stoßfängerverklei-dung hinten, verschiedenste Bauteile
ABS/ASA und PMMA	Spritzgießen	Kühlergrill, Rückleuchten	
PA6.6 und PA6 teilw. mit Glasfasern	Spritzgießen	Radzierblenden, versch. Kleinteile	Kleinteile
PPE/PS	Spritzgießen	Klappen	
PVC	(I) Beschichten (II)	Unterbodenschutz	Kabelisolierungen
Synthetischer/ Natürlicher Kautschuk	verschiedene, Kalandrieren, Vulkanisieren	Reifen	Notrad
Synthetischer Kautschuk	verschiedene, Kalandrieren, Vulkanisieren	Kühlwasserschlauch, Türdichtungen	Dichtungen, Keilriemen
Lacke			

Insgesamt ergeben sich durch die Verwendung eines Mischansatzes folgende Vorteile:

- Genauigkeitsgrad weit höher als beim „Top-down"-Verfahren
- Schwachstellen werden ermittelt sowie Optimierungspotentiale dargelegt
- Aussagen bezüglich politischer Fragestellungen sind möglich
- Vertretbarer Aufwand
- Spezifische Problempunkte können detailliert untersucht werden

Aber auch dieser Ansatz birgt Schwächen in sich:

- Kein vollständiges-Ergebnis, d.h. geringere Genauigkeit als bei „bottom up"-Ansatz
- Anpassung von nicht bilanzierten Bauteilen auf untersuchte Einzelteile ist mit Risiken verbunden
- Aufwand höher als bei „Top-down"-Verfahren

Tabelle 8.9. Zu untersuchende Werkstoffe, Verarbeitungsverfahren und Bauteile während der Ganzheitlichen Bilanzierung eines PKW – anorganischer Teil – (Auswahl)

Werkstoff	Verarbeitungsverfahren	Bauteil	Analog zu untersuchende Bauteile
Stahl z.B. St14	Tiefziehen	21 Karosseriebauteile unterschiedlicher Stärke und Oberfläche	gesamter Rohbau (ohne Verbindungstechnik) verschiedener Fahrwerksteile Felgen/Radscheiben
Stahl z.B. 16MnCr5Ck45	Kombination verschiedener Verfahren z.B. Fließpressen, Fräsen, Drehen, Härten	Getriebewellen, Zahnräder	Lager, Kurbelwellen, Motorbauteile, Achsen etc.
Eisen	Urformen, spanende Verarbeitung	Kurbelwellengehäuse, Bremstrommeln, Kurbelwelle	kleinere Gehäuse
Zink	Elektrolytische Feuerverzinkung	verzinkte Bleche	–
Sekundär-	Urformen (Sand-,	Zylinderkopf, Ansaugrohr,	verschiedenste Gehäuse
Aluminium	Druckguß), spanende Verarbeitung	verschiedene Deckel, Getriebegehäuse	und Deckel
Primär-Aluminium	Umformen	Wasserkühler	–
Kupfer	Strangpressen	Leitungen	–
Blei	Urformen	Batterie	–
Glas	Floatglas	Front-/Seitenscheibe	übrige Scheiben

8.2.2.1.2
Methodische Beschreibung der Nutzungs- und Entsorgungsphase

In Gl. (3.19) wurde bereits detailliert das Umweltprofil einer Automobilnutzungsphase mit den wesentlichen Einflußgrößen beschrieben. Die beiden bei weitem wichtigsten Größen sind die Terme $\Sigma U_{F\,Betrieb}$ sowie $\Sigma U_{F\,Treibstoff}$. Besonders die durch den Betrieb des Automobils entstehenden Umweltbelastungen $\Sigma U_{F\,Betrieb}$) sind sehr schwierig zu quantifizieren, weshalb im folgenden einige wichtige Randbedingungen dargestellt werden. Bedeutendste Größen sind der Kraftstoffverbrauch sowie die daraus resultierenden Emissionen.

Für die Ermittlung des Kraftstoffverbrauches wird in der BRD der sog. Drittel-Mix herangezogen, der den Stadtfahrzyklus und zwei konstante Fahrgeschwindigkeiten von 90 km/h und 120 km/h als Durchschnitt wiedergibt [11]. Vergleicht man jedoch diese Angaben mit Testberichten von Automobil-Zeitschriften [4, 21, 22], so stellt man fest, daß der Testverbrauch zwischen 10% und 30% im Mittel höher liegt als der Drittel-Mix-Verbrauch (vgl. Bild

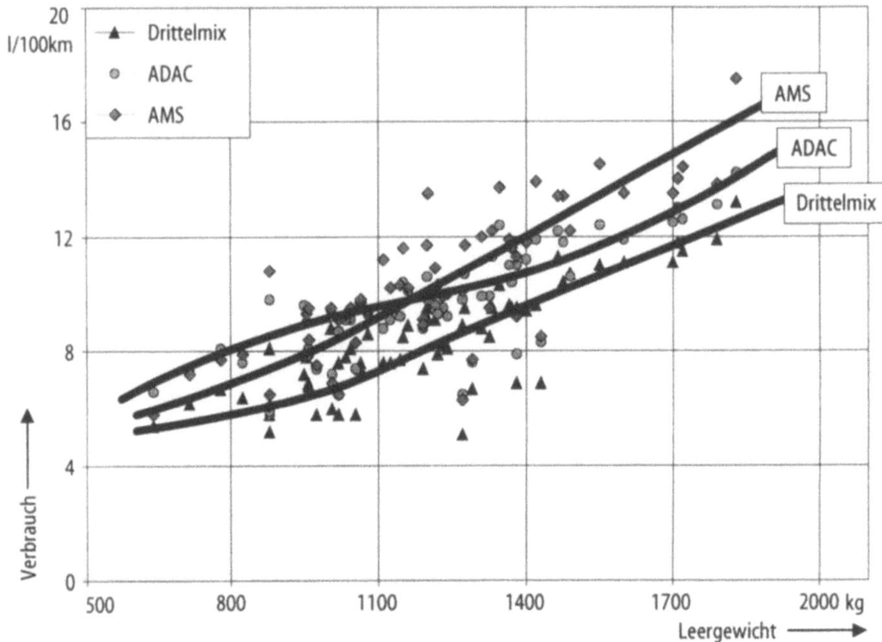

Bild 8.29. Real-Verbrauch höher als Drittel-Mix

8.29). Dementsprechend muß der Praxisverbrauch für eine Pkw-Bilanz herangezogen werden.

Ähnliche Schwierigkeiten ergeben sich bei der Erfassung der Emissionen aus der Verbrennung des Treibstoffes. Diese werden nach einem bestimmten Fahrzyklus für die Komponenten HC, CO und NO_x ermittelt.

Nach einem Beschluß des EU-Ministerrates gilt i.a. der neue Europäische Fahrzyklus 91/441/EWG [20], der allerdings die HC und NO_x-Emissionen nicht mehr getrennt ausweist.

Aus diesem Grund wird für den Bereich der Emissionen der USA-FTP 75 (Federal Test Procedure, FTP) herangezogen, der alle drei Hauptkomponenten getrennt beschreibt. Insgesamt bleibt jedoch unklar, inwieweit diese Messungen dem realen Betrieb nahekommen (s. Abschn. 8.2.2.4.2).

Auf die weiteren Größen der Nutzungsphase soll in Kap. 8 anhand eines Praxisbeispieles eingegangen werden.

Wie in Abschn. 5.2.2.3.3 erläutert sind die Randbedingungen der Entsorgung-/Verwertungsphase detailliert mitzuteilen. Verfolgt man den heutigen Ablauf der Pkw-Verwertung, ist nach der in Abschn. 5.2.2.3.3 dargelegten Methodik der Shreddervorgang einschließlich der Trennschritte dem Primärprodukt (Pkw) zuzuordnen, ebenso die aus dem Shreddervorgang anfallende Leichtmüllfraktion. Gelangt dieser Abfall in eine Müllverbrennungsanlage, so sind bei einer Energiegutschrift die resultierenden Emissionen wiederum dem Automobil anzulasten.

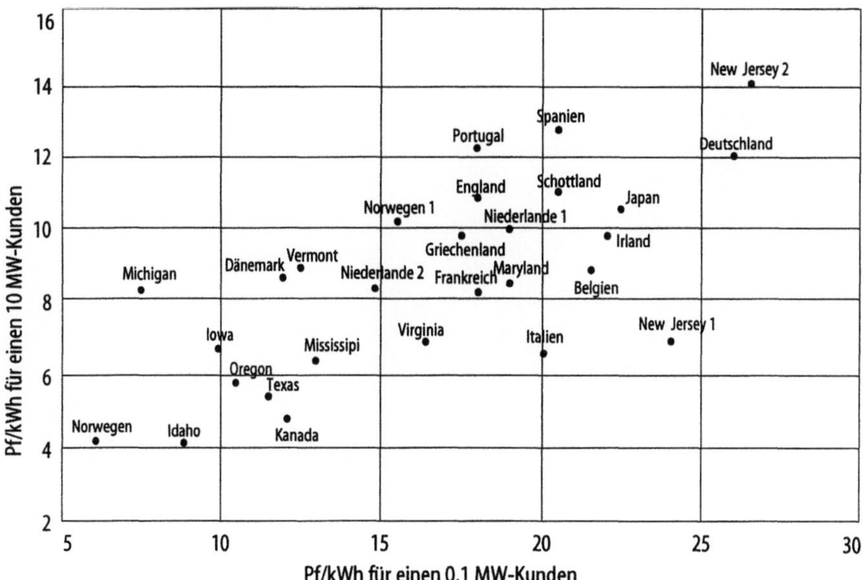

Bild 8.30. Internationaler Vergleich ausgewählter Industriestrompreise [18]

8.2.2.2
Standort- und Zeitabhängigkeit der Bilanz

Wie bereits mehrfach erwähnt, haben Ganzheitliche Bilanzierungen einen Momentcharakter, der durch verfahrensspezifische, standort- und zeitabhängige Faktoren verursacht ist. Im folgenden sollen die betreffenden Haupteinflüsse auf eine Automobilbilanz näher erläutert werden.

8.2.2.2.1
Strombereitstellung

Durch die Globalisierung der Absatzmärkte wird die Automobilindustrie ebenfalls zunehmend gezwungen, weltweit zu produzieren und einzukaufen. Bei der Auswahl des Standortes werden auch die jeweiligen Strombezugskosten als Beurteilungsgröße herangezogen. Der Vergleich von zwei Standorten, einem in Italien und einem in Deutschland, soll dies nachfolgend darstellen. Mißt man die Standortwahl am Preis des Stromes, so würde die Entscheidung für Italien sprechen, wie Bild 8.30 zeigt.

Würden dagegen umweltliche Kriterien herangezogen werden, wäre die Wahl wesentlich schwieriger zu treffen. Tabelle 8.10 verdeutlicht hierzu die Rohstoffbasis der Stromerzeugung in den beiden betrachteten Ländern.

Man erkennt, daß ein einheitlicher Vorteil für das eine oder andere Land nicht besteht. Betrachtet man hingegen die aus der Stromerzeugung resultierenden Emissionen (einschl. aller vorgelagerten Stufen wie Rohstoff-Abbau, -Aufbereitung und Transporte) wäre der Standort in der BRD zu bevorzugen,

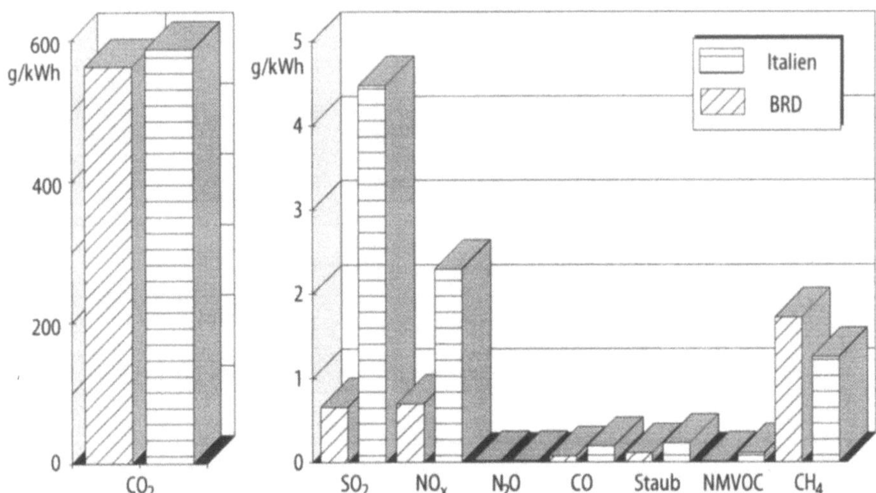

Bild 8.31. Ausgewählte Emissionen der Stromerzeugung in der BRD und Italien im Jahre 1991

Tabelle 8.10. Bedarf an Energieträgern zur Produktion einer kWh Strom für Verbraucher in Italien und der BRD im Jahre 1991

		Italien	BRD
Steinkohle	kg/kWh	0.0532	0.1051
Braunkohle	kg/kWh	0.0073	0.2239
Erdöl	kg/kWh	0.1539	0.0068
Erdgas	kg/kWh	0.051	0.0228
Uran (angereichert)	mg/kWh	0.0076	1.153
Primärenergie aus Wasserkraft	MJ/kWh	0.8237	0.2187

Tabelle 8.11. Prozesse der Werkstoff- und Automobilherstellung

Werkstoff-Erzeugung	*Verarbeitungsverfahren*
Al-Elektrolyse	Galvanik-Prozesse
Si-Elektrolyse	Spritzgußverarbeitung von thermopl.
Mn-Elektrolyse	Kunststoffen
Zn-Elektrolyse	Druckgußverarbeitung von NE-Metallen
St-E-Ofen	Spanende Metallverarbeitung
Ni-Elektrolyse	
FeCr-Erzeugung	*Automobilproduktion*
Cl-Elektrolyse	Rohbau
HMDA-bei Elektrodimerisation	Lackierung

da dort bis auf Methan (CH_4) und Lachgas (N_2O) die geringeren Werte vorliegen (s. Bild 8.31).

Die Ermittlung der in Bild 8.31 dargelegten Daten erfolgte nach der in Abschn. 5.2.2.3.1.1 entwickelten Methodik, wobei für die BRD der Austausch mit den umliegenden Ländern nicht berücksichtigt wurde ($a_{ns}/a_{nG} \leq 0,03$), während für Italien die Kalkulation unter Beachtung des Stromimportes erfolgte ($a_{ns}/a_{nG} \gg 0,03$).

Tabelle 8.11 zeigt wesentliche Prozesse der Werkstoff- und Automobilherstellung, die aufgrund ihres Stromverbrauches eine bedeutende Länderabhängigkeit aufweisen.

8.2.2.2.2
Gesetzliche Regelungen

Ein weiterer wichtiger Standortfaktor sind gesetzliche Auflagen, deren Einhaltung mit zusätzlichen Kosten verbunden sind. Die Auswirkungen auf die Bilanz können jedoch sehr stark sein. Im folgenden soll dies am Beispiel der maximal erlaubten Lösemittelemissionen aus Automobillackieranlagen verschiedener Länder gezeigt werden [5], wobei häufig örtliche Vereinbarungen zu beachten sind (Tabelle 8.12).

Legt man, verschiedene Fahrzeugtypen berücksichtigend, grob eine Karosserie-oberfläche zwischen 60 m² und 100 m² zugrunde, so ist je nach Land mit einer Lösemittel-Gesamtmenge, die maximal emittiert werden darf, zwischen 1,2 kg und 14 kg je Karosse zu rechnen.

Ebenfalls von großer Bedeutung sind die erlaubten NO_x-Grenzwerte für Feuerungsanlagen, wie sie aus Tabelle 8.13 für ausgewählte Länder der EU ersichtlich sind.

Tabelle 8.12. Gesetzliche Regelung für Lösemittel-Lackieremissionen in unterschiedlichen Ländern der EU

BRD	<60 im Mittel real: zwischen 30 und 50	g Lösemittel pro m² der PKW Oberfläche
S	20	g Lösemittel pro m² der PKW Oberfläche
GB	60/120	g Lösemittel pro m² der PKW Oberfläche Neuanlagen/Altanlagen
I	60– 90	g Lösemittel pro m² der PKW Oberfläche
F	z.Zt. 14 kg / Karosse, in Zukunft 10,5 kg / Karosse	

Tabelle 8.13. NO_x-Grenzwerte bei neuen Großfeuerungen in verschiedenen EU-Staaten bis zum Jahr 1995 (Angaben in mg/m³) [6]

Brennstoff/ Wärmeleistung [MW]		B	BRD	F	I	NL	P	EU
Kohle	50–300	800	400	800	650	500	800	650
Kohle	<300	400	200	800	200	400	650	650
Öl	50–300	450	300	450	450	300	450	450
Öl	<300	450	150	450	200	300	450	450
Gas	50–300	350	200	350	350	200	300	350
Gas	<300	350	100	350	200	200	300	350

Aufgrund des hohen Strombedarfs in verschiedenen Prozessen der Automobilproduktion ergeben sich erhebliche Unterschiede in der NO_x-Endbilanz für die in der Tabelle 8.13 behandelten Länder. Allein für Kohlefeuerungen mit einer Wärmeleistung zwischen 50 und 300 MW ist aufgrund unterschiedlicher Grenzwerte mit einem doppelten NO_x-Ausstoß zu rechnen, wenn man beispielsweise die BRD und Belgien vergleicht.

8.2.2.2.3
Zeitabhängige Faktoren

Allgemein gilt, daß bei Anfahrvorgängen von neuen Verfahren aufgrund von Unkenntnis etc. der Produkt-Output verbesserbar ist. Im Laufe des ersten Produktionsjahres werden die Verfahren optimiert, das Bedienungspersonal gewinnt an Erfahrung, der Output steigt. Setzt man dieses Verhalten in bezug zu den aus dem Prozeß entstehenden Umweltbelastungen, so läßt sich folgender qualitativer Verlauf abschätzen (Bild 8.32).

Eine Messung sollte deshalb in einem quasistationären Bereich ablaufen, also außerhalb der Einfahrphase. Problematisch wird diese Forderung, wenn eine Bilanz für ein zukünftiges, also noch nicht produziertes Gut erstellt werden soll und man von der Istproduktion auf die zukünftige Fertigung extrapolieren soll.

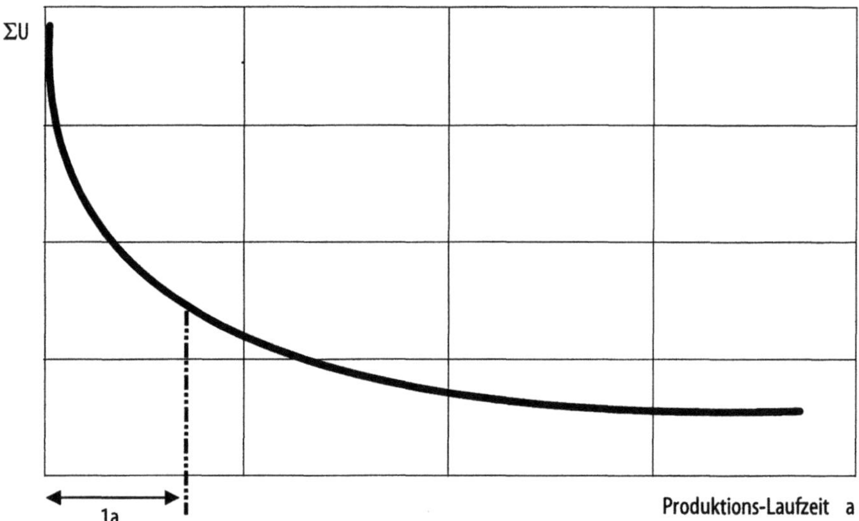

Bild 8.32. Abhängigkeit der Umweltbelastungen eines Verfahrens von seiner Produktionslaufzeit

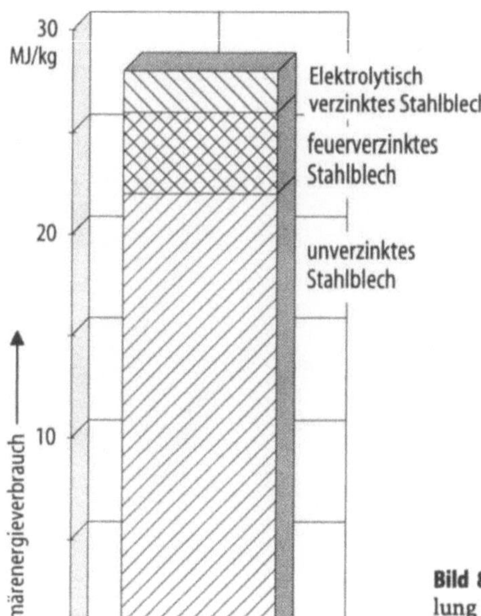

Bild 8.33. Primärenergieverbrauch zur Herstellung verschiedener Stahlbleche im Jahr 1992 in der BRD [7]

8.2.2.3
Ausgewählte Faktoren der Herstellung verschiedener Werkstoffe

8.2.2.3.1
Stahl

Stahl ist zur Zeit die dominante Werkstoffgruppe im Automobilbau, wenngleich die Tendenz besteht, ihn durch leichtere Materialien zu ersetzen. Er wird heute im wesentlichen in seiner gewalzten Form, also als Blech in unterschiedlichen Dicken sowie mit verschiedenen Korrosionsüberzügen (elektrolytisch verzinkt, feuerverzinkt etc.) verwendet.

Der Verfahrensablauf zur Herstellung der verschiedenen Stähle ist bereits in Abschn. 5.2.3.2 (Bild 5.17) einschließlich der Verteilungsregeln für Koppelprodukte (z.B. Hochofenschlacke) beschrieben worden.

Es ist zu betonen, daß die Blechherstellung heute hauptsächlich auf der Hochofenroute mit den Haupteinsatzstoffen Eisenerz und Koks beruht. Es existieren jedoch in den USA Anlagen, wo auf Basis von ausgesuchten Schrotten über den Elektro-Ofen (E-Ofen) Rohstahl erschmolzen wird, der aufgrund seiner Qualität auch gewalzt werden kann. In Abhängigkeit von der Entwicklung der Schrottpreise ist zu erwarten, daß die Verwendung des E-Ofens auch für Walzgüter in Zukunft an Bedeutung gewinnen wird.

Der Primärenergieverbrauch zur Herstellung verschiedener Stahlbleche (unverzinkt, feuerverzinkt, elektrolytisch verzinkt) ist aus Bild 8.33 ersichtlich, wobei deutsche Randbedingungen zugrunde liegen. Selbstverständlich sind

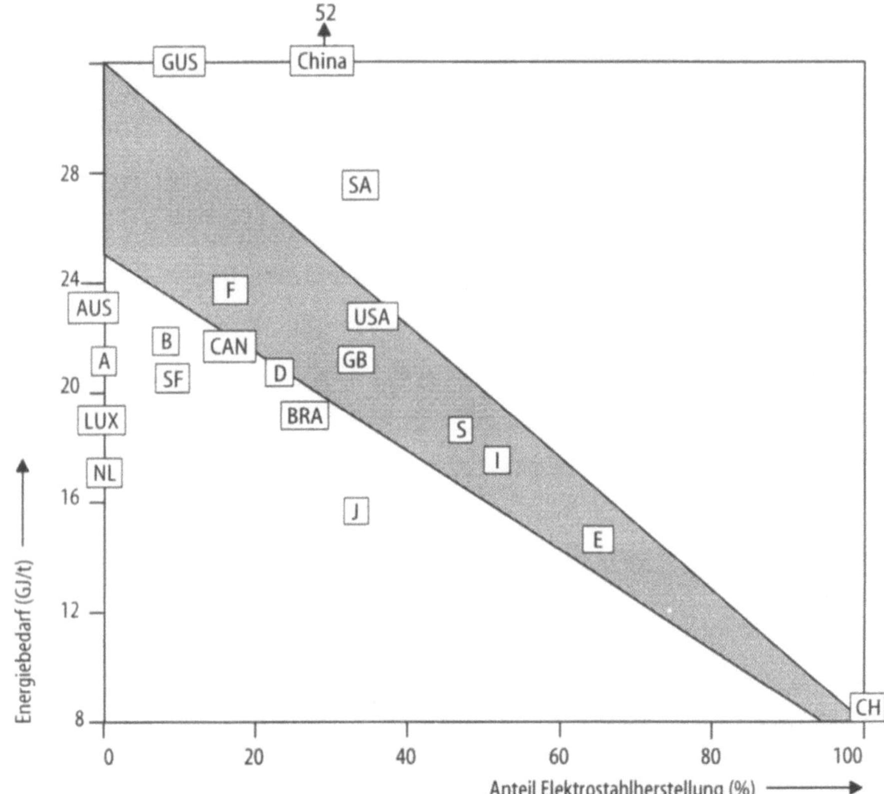

Bild 8.34. Energieaufwand zur Erzeugung von 1 t Rohstahl in verschiedenen Ländern (Stand 1985)

alle wesentlichen Schritte einschließlich der Strombereitstellung bis zur Eisenerz- und Steinkohlegewinnung berücksichtigt. [7]

Wie aber auch im Stahlbereich die Energieverbräuche noch schwanken können, sieht man auf Bild 8.34 [8].

A	Österreich	GUS	Gem. unabh. Staaten
AUS	Australien	I	Italien
B	Belgien	J	Japan
BRA	Brasilien	LUX	Luxemburg
CAN	Kanada	NL	Niederlande
CH	Schweiz	S	Schweden
D	Deutschland	SA	Südafrika
E	Spanien	SF	Finnland
F	Frankreich	USA	Vereinigte Staaten v. Amerika
GB	Großbritannien		

Wenn auch über die erzeugten Stahlqualitäten keine Aussage erstellt werden kann, so ist doch die Schwankungsbreite von 52 GJ/t für China und ca. 17 GJ/t für die Niederlande sehr erstaunlich.

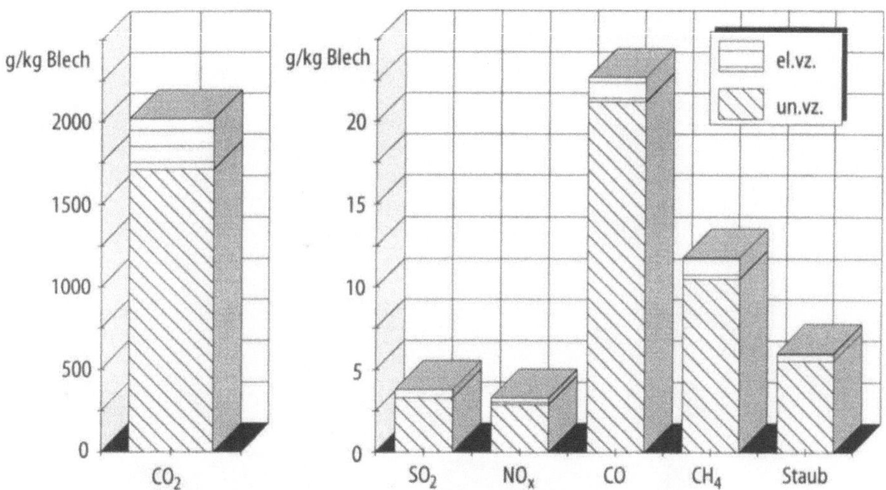

Bild 8.35. Atmosphärische Emissionen durch die Herstellung elektrolytisch verzinkter (el.vz.) und unverzinkter (un.vz.) Bleche

Betrachtet man die atmosphärischen Emissionen aus der Stahlherstellung, so sind zum einen die Prozeßemissionen sowie die aus der Strombereitstellung resultierenden Emissionen zu berücksichtigen. Bild 8.35 zeigt ausgewählte Emissionstypen der Stahlblechherstellung (unverzinkt, elektrolytisch verzinkte Bleche).

Aufgrund des vernetzten Aufbaus von Hüttenwerken ist die Wasserbelastung nur schwer einzelnen Materialien zuzuordnen. Jedoch kann man insgesamt verschiedene Kriterien wie CSB (Chemischer Sauerstoffbedarf), Metallemissionen, Kohlenwasserstoffe etc. quantifizieren.

In bezug auf Abfall ist festzustellen, daß die aus den Hüttenwerken zu deponierenden Güter nur etwa ein Drittel der gesamten Herstellungsmenge betragen.

8.2.2.3.2
NE-Metalle am Beispiel Primäraluminium

Wenn auch Primäraluminium heute noch eine untergeordnete Rolle im Automobilbau besitzt (Anwendung: z.B. Wasserkühler), so ist doch zu erwarten, daß in Zukunft diese Werkstoffgruppe an Bedeutung gewinnt.

Der Verfahrensablauf zur Produktion von Primäraluminium ist ebenfalls bereits in Abschn. 5.2.3.2 beschrieben worden. Insgesamt ca. 5 kg Bauxit werden benötigt, um ein kg Primäraluminium zu erzeugen.

Es ist allgemein bekannt, daß die Elektrolyse von Aluminiumoxid (Al_2O_3) zu Aluminium zwischen ca. 13 und 17 kWh Strom je kg Al verbraucht. Zu Beginn dieses Kapitels wurde deswegen bereits die Bedeutung der Stromerzeugung diskutiert. Bild 8.36 zeigt den Einfluß, den die Energieversorgung bei der Wahl unterschiedlicher Randbedingungen ausübt.

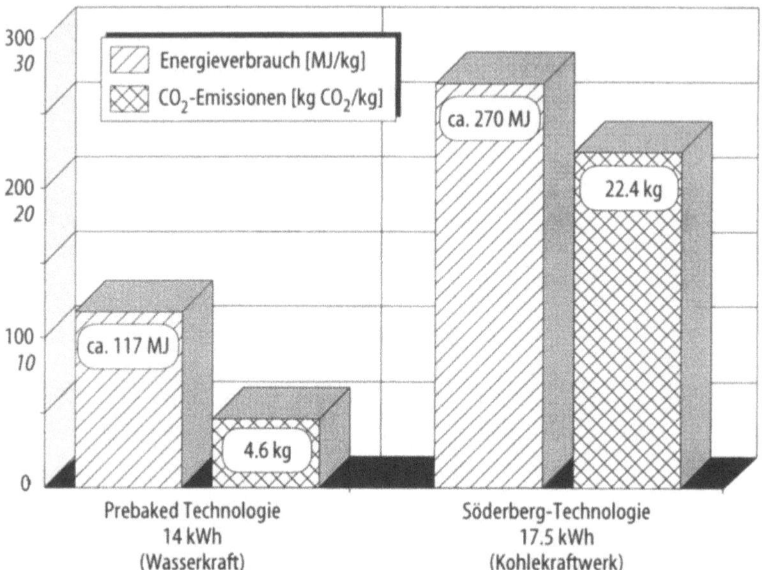

Bild 8.36. Schwankungsbreite des Primärenergieverbrauches und der CO2-Emissionen der Aluminiumblech-Herstellung durch unterschiedliche Stromversorgungssysteme

Aufgrund der großen Spannbreite dieser Bilanzen ist es notwendig, eine Eingrenzung vorzunehmen. Da Aluminium an der Börse gehandelt wird, ist für viele Verarbeiter die Herkunft ihres Vorproduktes undefiniert. Basierend auf dem Grundsatz der möglichst praxisnahen Datenaufnahme wird deshalb ein BRD-spezifischer Aluminium-Mix gebildet, der sowohl die Importe mit ihrer jeweiligen Stromerzeugung als auch die BRD-Erzeugung mit ihrem Mix berücksichtigt.

8.2.2.3.3
Umweltfaktoren der Kunststoffsynthese

Die Vielzahl der verwendeten Polymere im Automobilbau zwingt zu einer Betrachtung anhand weniger Beispiele. Hierfür werden die Kunststoffe Polypropylen (PP), Acrylnitril-Butadien-Styrol-Copolymer (ABS) sowie Polyamid 6 (PA 6) ausgewählt.

Der Verfahrensablauf zur Synthese dieser Materialien kann aus Bild 5.16 entnommen werden. Zur Verteilung der Koppelprodukte wurden die in Abschn. 5.2 abgeleiteten Regeln benutzt (s. besonders Verteilung Caprolactam/ Ammoniumsulfat aus Tabelle 5.6).

Bild 8.37 stellt die Primärenergieverbräuche der drei o.g. Materialien gegenüber.

Interessant ist, daß neben Erdöl zunehmend auch Erdgas als Rohstoffbasis für Kunststoffe dient. So werden z.B. ca. 1,2 kg Erdgas und nur 0,9 kg Erdöl für die Produktion von ABS benötigt (neben anderen Energieträgern).

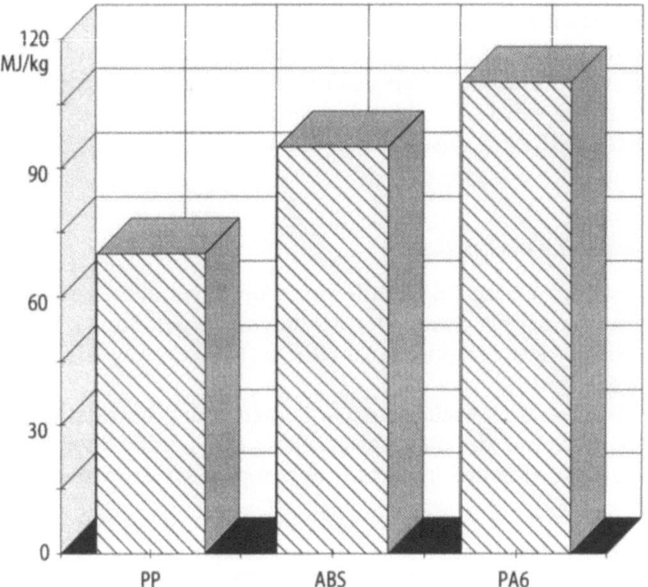

Bild 8.37. Primärenergieverbrauch verschiedener Materialien

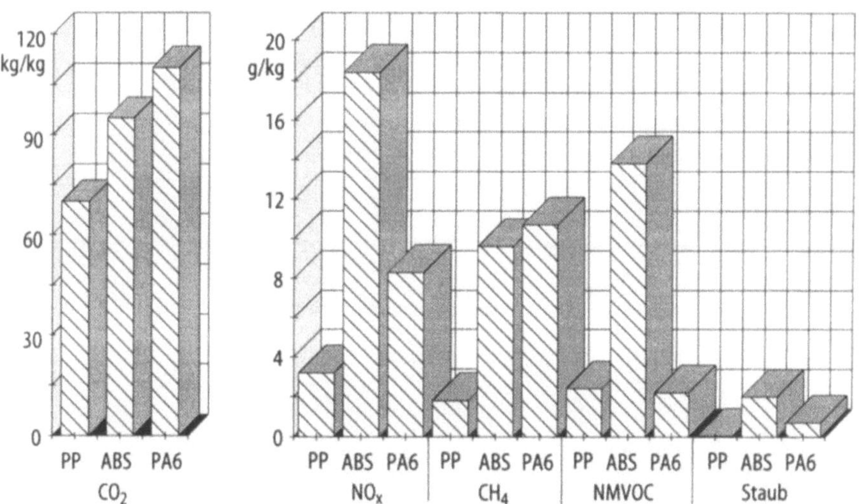

Bild 8.38. Ausgewählte atmosphärische Emissionen bei der Herstellung verschiedener Kunststoffe bezogen auf das Jahr 1992

Bild 8.38 zeigt ausgewählte atmosphärische Emissionen der drei Polymere bei ihrer Herstellung. Wie so oft zeigt sich auch hier, daß die CO_2-Emissionen dem Energieverbrauch folgen, während übrige Emissionstypen differenziert zu behandeln sind.

Ausdrücklich soll noch einmal betont werden, daß die für verschiedene Materialien vorgestellten Umweltdaten nur als Auswahl anzusehen sind. Schon die vollständigen Umweltprofile der drei genannten Polymere und deren dafür notwendige Diskussion würde über den Rahmen dieses Kapitels hinausgehen. Sie liegen jedoch am IKP im wesentlichen vor.

8.2.2.4
Produktion ausgewählter Verkehrsträger

Anhand von zwei Pkw und einem Zug werden nun im folgenden Randbedingungen und Ergebnisse derartiger Systembetrachtungen vorgestellt.

Bild 8.39 verdeutlicht, daß für die Ganzheitliche Bilanzierung eines Pkw der Mischansatz gewählt wurde.

Im Bereich der Werkstoff-Umwelt-Datenbank diente das bottom-up-Verfahren als Grundlage, während für die Umweltbilanz der signifikanten Bereiche (Lackierung, Energiebereitstellung etc.) der top-down-Ansatz benutzt

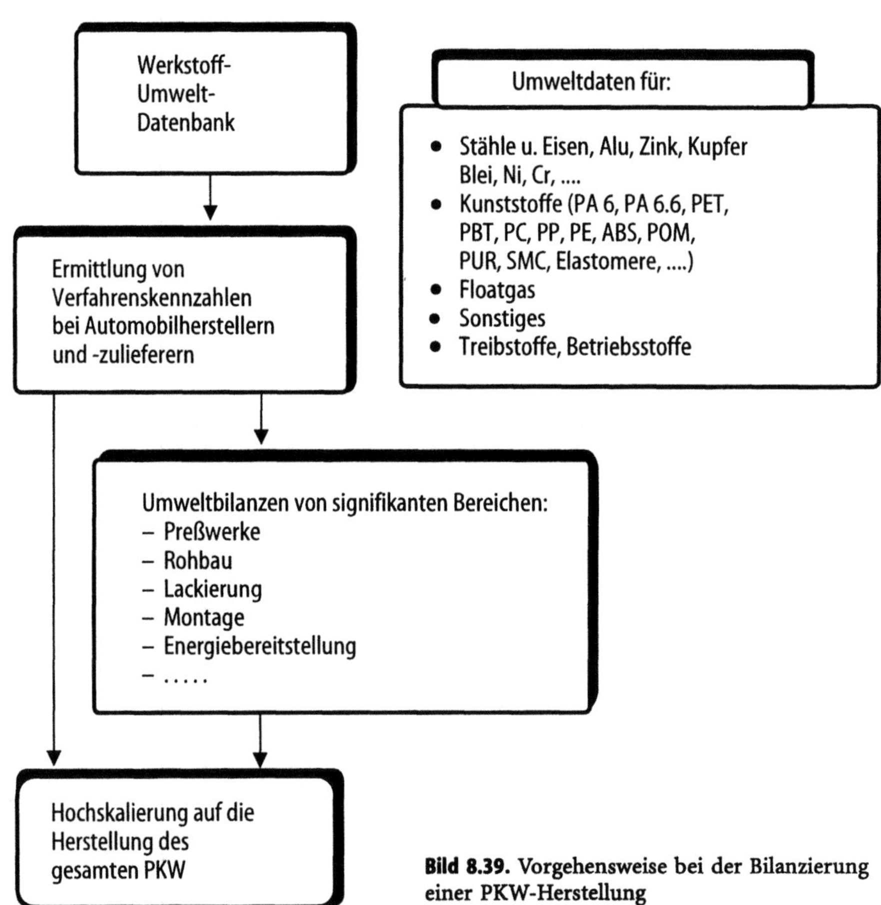

Bild 8.39. Vorgehensweise bei der Bilanzierung einer PKW-Herstellung

wurde. Zusätzlich wurden die auf der Basis vieler Einzelbilanzen gewonnenen Erkenntnisse in der Bilanz verwendet [9]. Für die Umweltprofile der Werkstoffe gelten die Randbedingungen, wie sie entsprechend den Verfahrensabläufen aus Abschn. 5.2.3.1 beschrieben sind. Je nach Produktionsort der Lieferanten sind standort-(länder-)spezifische Randbedingungen ebenso Grundlage der Bilanz.

8.2.2.4.1
Bilanzen untersuchter Pkw

Um die Spannbreite der Umweltbilanzen heutiger Pkw darstellen zu können, werden ein Fahrzeug mit ca. 650 kg Leergewicht (Kleinwagen) und ein Fahrzeug der Oberklasse dargestellt. Die Randbedingungen sind dabei auf BRD-Verhältnisse angepaßt. Es sei nochmals ausdrücklich betont, daß besonders der Standort neben der Werkstoff- und Lieferantenwahl entscheidenden Einfluß auf die Bilanz hat.

8.2.2.4.1.1
Diskussion der Werkstoffzusammensetzungen

Folgende Werkstoffzusammensetzungen (s. Tabelle 8.14) liegen der Untersuchung zugrunde [10–14], wobei in den Bilanzen natürlich die Einzelwerkstoffe (z.B. PA 6.6, PA 6, PPE etc.) berücksichtigt werden (Angaben in Prozent):

Um Optimierungsmöglichkeiten später besser darstellen zu können, werden nachstehend die Anwendungsfelder der verschiedenen Materialien kurz aufgezeigt. (Aufgrund der Heterogenität des Automobilbaus sind natürlich erhebliche Abweichungen in der Werkstoffwahl möglich.)

– *Stahl*
  Verzinkte und unverzinkte Bleche sind die Hauptbestandteile der Karosserien (Gesamtgewicht zwischen 230 und 420 kg). Weiterhin werden Fahrwerk (Achsen, Federn, Lenker, Felgen etc.) und Antrieb (z.B. Kardanwelle) überwiegend aus Stahl hergestellt.

Tabelle 8.14. Gewählte Werkstoffzusammensetzungen der untersuchten PKW

	Kleinwagen	Fahrzeug der Oberklasse
Stahl und Eisen incl. Zink	73,0	65,5
Aluminium (Primär-, Sekundär-)	3,5	5,5
Kupfer	0,7	1,2
Blei	0,8	1,3
Andere Metalle (Ni, Cr etc.)	0,002	0,004
Holz, Pappe, Textilien	1,2	2,0
Kunststoffe	8,2	11,0
Elastomere	4,4	5,2
Flüssigkeiten, Lacke, Sonstiges	6,2	5,5
Glas einschl. Glasfasern	2,0	2,8

Aufgrund ihrer Legierungsbestandteile Ni, Cr etc. sind Anwendungen wie Getriebewellen, Zahnräder etc. von hohem Interesse.

- *Eisen*
Die Bedeutung des Eiseneinsatzes im Automobilbau hat in den vergangenen Jahren immer mehr abgenommen. Als Bauteile, die heute noch aus Eisen aufgebaut sind, wären zu nennen: Kurbelwellengehäuse, Zylinderblock, Bremsscheiben etc.

- *Aluminium*
Heutige Aluminiumbauteile enthalten noch hauptsächlich Umschmelzaluminium als Ausgangsmaterial. Man findet es vor allem in Zylinderkopf, Ansaugrohr, verschiedenen Gehäusen wie z.B. Wasserpumpengehäuse und Kleinbauteilen.

Primäraluminium wird seit einer Reihe von Jahren im Kühlerbau eingesetzt, von Fall zu Fall auch als Blech für Motorhauben, Kotflügel etc. Als Zusatzbauteil wird häufig Primäraluminium in Felgen verwendet.

- *Kupfer*
Dieses NE-Metall ist im wesentlichen im Kabelbaum (je nach Fahrzeug bis zu 50 kg [15]) zu finden, aber auch als Legierungsmetall für Sekundäraluminium-Anwendungen.

- *Blei*
Hauptanwendungsfeld ist die Batterie, wo Blei als Gitter- und Anodenmaterial benutzt wird.

- *Glas und Glasfasern*
Glas kommt im Bereich der Fensterscheiben in unterschiedlichen Ausführungen sowie in Scheinwerfern zum Einsatz. Glasfasern werden als Verstärkungsmaterial für Kunststoffbauteile benötigt.

- *Kunststoffe*
Die Vielfalt der verwendeten Kunststoffe erschwert einen Überblick. Bild 8.40 zeigt anhand eines BMW 316i compact [14], daß ca. zwanzig verschiedene Polymergruppen für die genannten Anwendungsfelder (Fahrwerk, Antrieb, Elektrik, Karosserie-Außenausstattung und -Innenausstattung) verarbeitet werden. (Elastomere sind hier nicht berücksichtigt.)
Die von ihrem Gewicht her bedeutendsten Bauteile sind der Kunststoffkraftstoffbehälter aus HD-PE, Stoßfängerverkleidungen, Instrumententafeln sowie Kunststoffansaugrohre.

- *Elastomere*
Diese Werkstoffgruppe ist hauptsächlich in Reifen, Dichtungen und Kleinteilen zu finden. Es ist zu beachten, daß ein Reifen zwar als Elastomerbauteil gilt, daß er aber nur zu etwa 50% aus Natur- und Synthesekautschuk besteht.

- *Holz, Pappe, Textilien, Lacke, Flüssigkeiten, Sonstiges*
Je nach Automobilhersteller sind diese Werkstoffe bzw. Betriebsstoffe unterschiedlich bedeutend. Holz ist häufig als Verblendungsmaterial, Pappe für Ablagen etc. zu finden.

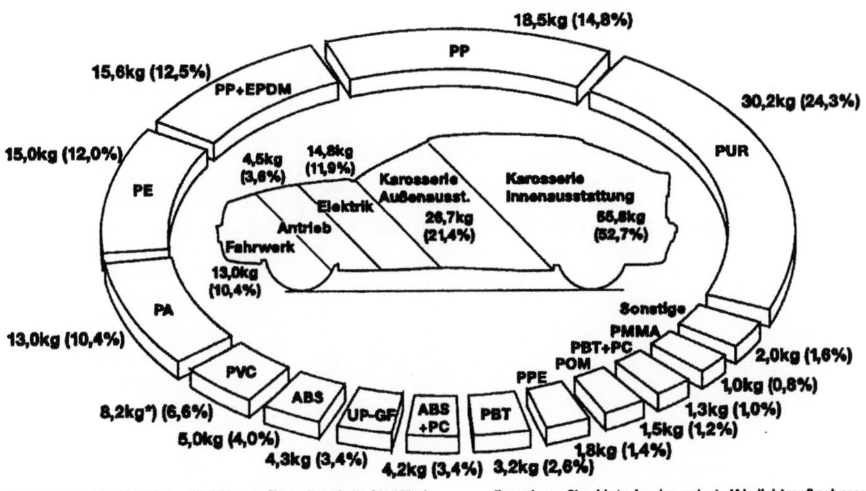

Bild 8.40. Kunststoffeinsatz beim BMW 316i compact [14]

Textilien werden für Sitzbezüge, Teppiche etc. verwendet, während Lacke (incl. PVC etc.) als Korrosionsschutz und Unterbodenschutz zum Einsatz gelangen.

Mit Glykolen versetztes Wasser wird als Betriebsstoff für die Motorkühlung benötigt. Zusätzlich sind Bremsflüssigkeit, Öle für Motor, Getriebe etc. zu beachten.

Weiterhin können eine Reihe anderer Materialien verwendet werden (z.B. Bitumen für Dämmfolien, Gummihaar als Polster etc.). Diese hier näher zu erläutern, würde den Rahmen dieser Werkstoff-Kurzbeschreibung überschreiten.

8.2.2.4.1.2
Bauteil- und Pkw-Herstellung

Die charakteristischen Verarbeitungsverfahren für Bauteile sind in Abschn. 8.2.2.1.1.3 dargestellt worden. Nachfolgend soll die Untersuchung eines Automobil-Ansaugrohres aus PA 6.6 GF 35 als ein Beispiel für eine Bauteilbilanz dienen [44]. Diese Studie wurde deshalb ausgewählt, weil neben einer reinen Bauteilbilanz auch ein Standardvergleich (BRD–GB) durchgeführt wurde. Die zugrundeliegenden Randbedingungen wie die Bauteilbeschreibung können in [44] nachgelesen werden. Es ist zu betonen, daß die Ergebnisse nahezu ausschließlich auf Industriedaten basieren. Weiterhin fällt auf, daß dasselbe Bauteil für den gleichen Motor mit großen Unterschieden gefertigt wird. Bild 8.41 zeigt den Energieverbrauch von ca. 332 MJ (BRD-Version) zur Herstellung des Kunststoff-Ansaugrohres. Dabei ist der noch verbleibende Heizwert von 41,6 MJ des PA 6.6 berücksichtigt. Vergleicht man dazu Großbritannien-Randbedingungen, so steigt der Energieverbrauch auf ca. 439 MJ.

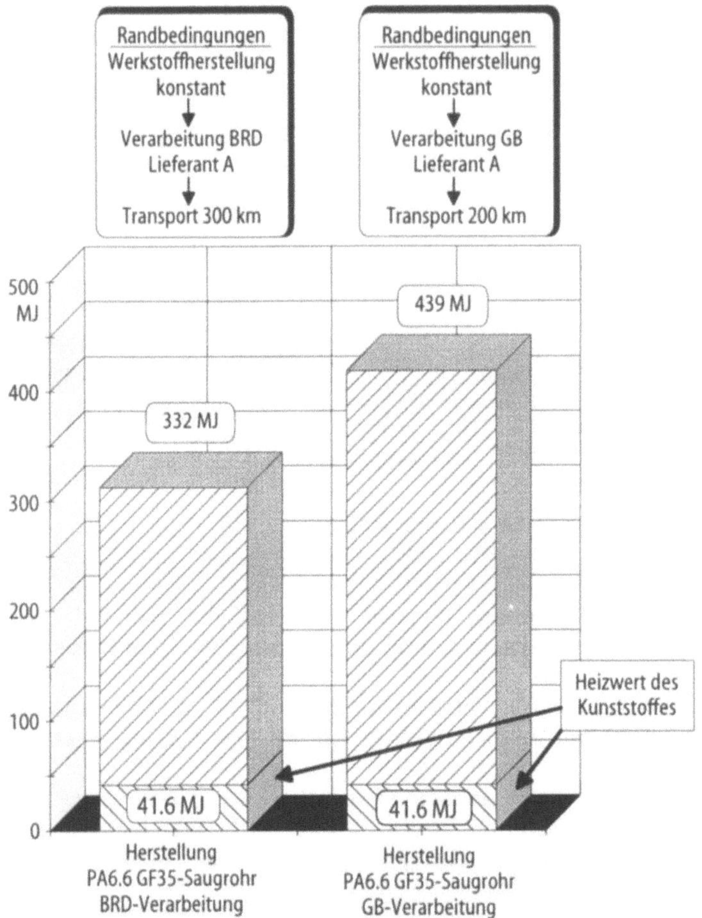

Bild 8.41. Energieverbrauch zur Herstellung gleicher Ansaugrohre bei Veränderung des Lieferanten und dessen Produktionsort (BRD und GB)

Ein ähnliches Bild ergibt sich bei Betrachtung der atm. Emissionen, die in einer Auswahl in Bild 8.42 dargestellt sind.

Besonders deutlich ist der Unterschied im Bereich der SO_2, NO_x und HC-Werte aufgrund der ungünstigen Stromerzeugung in GB.

Auch bei festen Abfällen ist ein Anstieg von ca. 375 g (BRD) auf 451 g (GB) festzustellen.

Betrachtet man nun die Herstellung eines Getriebes, so wird der Unterschied zwischen Bauteil- und Systembilanzierung deutlich (s. Bild 8.43)

In der linken Hälfte von Bild 8.43 ist die Vorgehensweise innerhalb einer stark vernetzten Fabrik, beispielsweise eines Getriebeherstellungswerkes, dargestellt. Ein Produkt 1, z.B. ein Zahnrad, ist zu bilanzieren. Einzeldaten sind unbekannt, jedoch ist es vertretbar, aufgrund einer isolierten Bauteilbetrachtung, Messungen anzustellen.

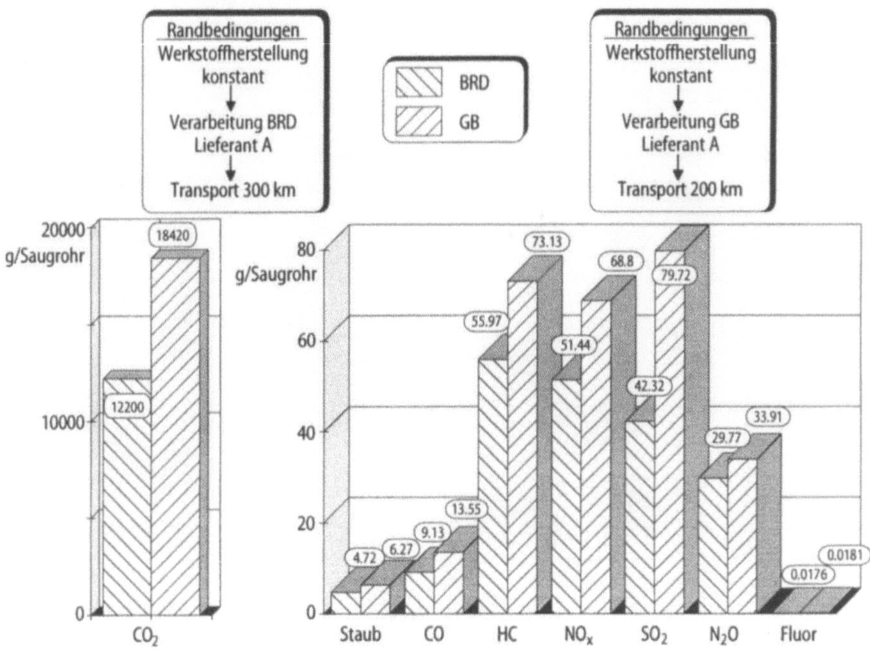

Bild 8.42. Atm. Emissionen bei der Herstellung gleicher Ansaugrohre bei Veränderung des Lieferanten und dessen Produktionsort

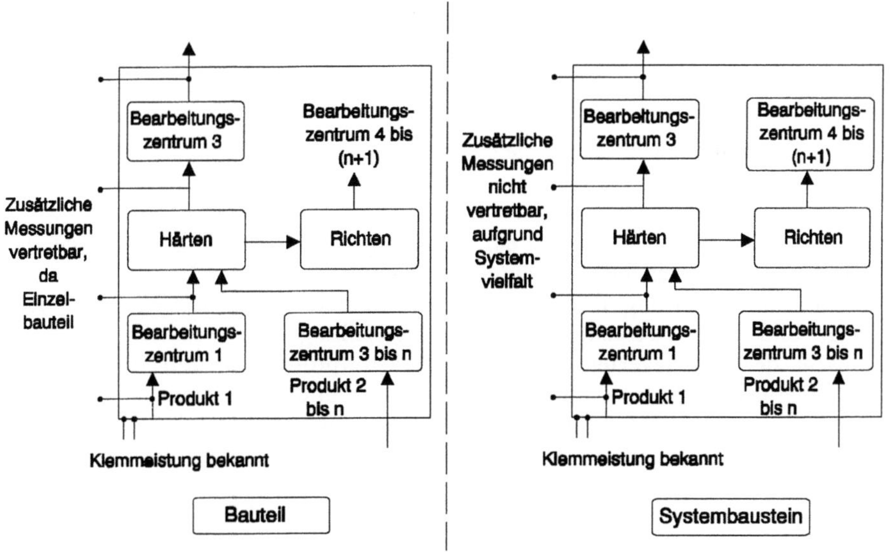

Bild 8.43. Gegenüberstellung der Bilanzierung eines Bauteils und der Bilanzierung eines Systembauteils

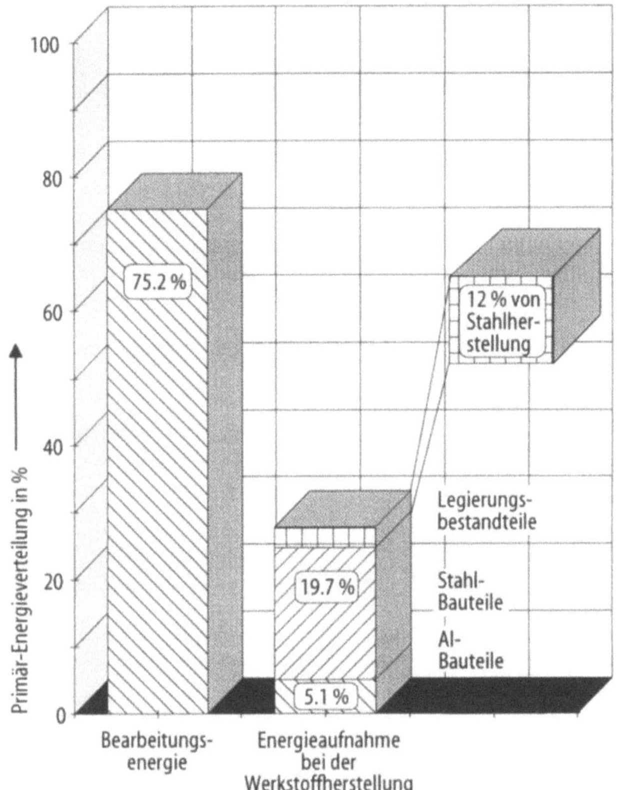

Bild 8.44. Prozentuale Energieverteilung der Produktion eines Getriebes einschl. der vorgelagerten Stufen [17]

In der rechten Hälfte des gleichen Bildes ist das Zahnrad als ein Systembaustein unter vielen Hundert anzusehen. Informationen können nur im Rahmen von Meßbezirken erhalten werden, da zusätzliche Messungen i.a. nicht vertretbar sind. Statt dessen ist ein Verteilungsschlüssel zu finden, der die Daten des Meßbezirkes auf das Bauteil abbildet.

Welche Bedeutung die Bearbeitung innerhalb einer Getriebefabrik hat, zeigt Bild 8.44. Betrachtet man die Herstellung des gesamten Getriebes einschl. der vorgelagerten Stufen wie Werkstoffproduktion und Transport, so entfallen etwa 75% auf die Bearbeitungsenergie und ca. 25% auf die Produktion der benötigten Materialien. Interessant ist weiterhin, daß innerhalb der Stahl-Werkstoffherstellung ca. 12% des Energieverbrauchs auf die Legierungsmetalle verteilt sind.

Ein weiterer wichtiger Faktor innerhalb einer Pkw-Bilanz ist die Behandlung der Stanzreststoffe aus dem Preßwerk. Bezogen auf die Masse einer Rohkarosserie ist mit ca. 40– 45% an Stanzreststoffen zu rechnen. Diese werden heute entweder als Input für Eisengießereien oder als Kühlschrott im Blas-

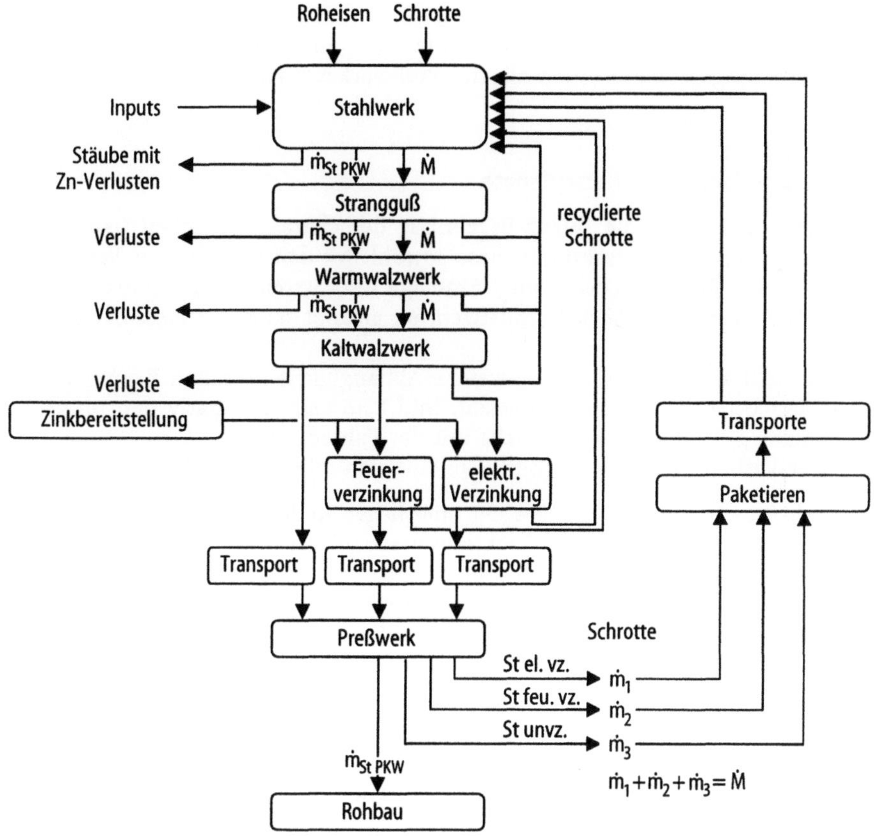

Bild 8.45. Ermittlung der Stanzreststoff-Umweltbelastungen

stahlverfahren verwendet. Methodisch stellt sich nun die Frage, welche Umweltbelastungen den Stanzreststoffen zufallen. Zur Beantwortung dieser Frage wird Bild 8.45 herangezogen.

Aus dem Preßwerk werden die erzeugten Stahlbauteile $\dot{m}_{St\,Pkw}$ zum Rohbau weiterbefördert. Die anfallenden Stahl-Stanzreststoffe $\dot{m}_1$ (elektrolytisch verzinkter Stahl), $\dot{m}_2$ (feuerverzinkter Stahl) und $\dot{m}_3$ (unverzinkter Stahl) werden paketiert und zum Stahlwerk transportiert. Dort werden sie als Kühlschrott dem Stahlwerk zugesetzt. Die mit Zink (Zn) versetzten Stähle sind als Verluste zu werten, da heute kein nennenswertes Zn-Recycling aus Blasstahlkonverter-Stählen stattfindet.

Durch die Prozesse Strangguß, Warm- und Kaltwalzwerk sowie feuer- und elektrolyt. Verzinkung werden die jeweils benötigten Anteile von $\dot{m}_{St\,Pkw}$ und $\dot{M} = \dot{m}_1 + \dot{m}_2 + \dot{m}_3$ bilanziert.

Das in das System eingehende Roheisen entspricht somit der Menge $\dot{m}_{St\,Pkw}$ und den Verlusten aus dem Kreislauf von $\dot{M}$. Zink ist dagegen in der vollen Menge, die dem Bedarf für $\dot{m}_{St\,Pkw}$ und $\dot{M}$ entspricht, zu berücksichtigen. Man erkennt somit, daß durch die Wahl einer geeigneten Systemgrenze ein Verteilungsproblem innerhalb des Preßwerkes vermieden werden konnte.

8.2.2.4.1.3
Gesamtbilanzen der Herstellphase

Projiziert man nun die Bilanz-Ergebnisse der charakteristischen Bauteile auf die Baugruppen und verknüpft diese sowohl mit den spezifischen Verfahrensbilanzen für Rohbau, Lackierung, Montage und Stromerzeugung als auch mit den Transport- und Werkstoffbilanzen, so gelangt man zur Herstellbilanz eines Pkw.

Es stellt sich nun die Frage, welche Abhängigkeit zwischen Fahrzeuggröße und den Umweltbelastungen besteht. Bild 8.46 zeigt qualitativ den progressiven Anstieg des Energieverbrauchs mit der Fahrzeuggröße.

Der Verlauf der Kurve in Bild 8.46 läßt sich folgendermaßen begründen:

- Fahrzeuge mit höherem Gewicht unterliegen in der Regel höheren Anforderungen (z.B. Qualität der Lackierung etc.). Deswegen wird normalerweise auch ein höherer Aufwand getrieben.
- Größere Pkw werden normalerweise in kleineren Serien hergestellt.
- Bei qualitativ hochwertigen Fahrzeugen (in der Regel ist damit auch ein höheres Gewicht verbunden) werden teurere Materialien verwendet.

Aus den obengenannten Fakten ergibt sich, daß man nicht linear von einem Kleinwagen auf ein Fahrzeug der Oberklasse schließen darf.

Unter Berücksichtigung der in Abschn. 5.2 entwickelten Methodik und den jeweils genannten Randbedingungen werden nun im folgenden Ergebnisse von Pkw-Bilanzen weitergegeben, deren Datengrundlage sich aus der sechsjährigen Arbeit der IKP-Abteilung „Ganzheitliche Bilanzierung" mit ca. 100 Unternehmen der Automobil- und deren Zulieferindustrie ergeben hat.

Bild 8.47 behandelt den Energieverbrauch zur Herstellung der Fahrzeuge. Um den Rahmen dieser Arbeit einzugrenzen, werden nur Größenordnungen der Umweltbelastungen wiedergegeben.

Aufgrund des etwas höheren Materialverbrauches steigt beim Diesel-Pkw der Primärenergieverbrauch geringfügig um ca. 1 GJ. Die oben genannten Gründe (höheres Gewicht, Materialauswahl, etc.) führen beim Oberklasse-Pkw zu einem Primärenergieverbrauch von 135 GJ. Betrachtet man die Einzeldaten, so

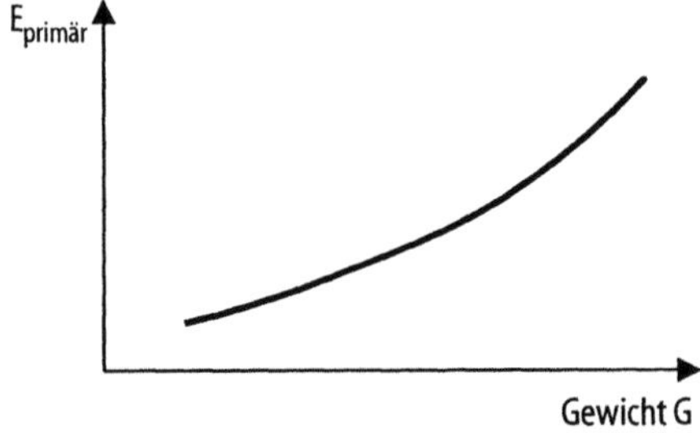

Bild 8.46. Abhängigkeit des Primärenergieverbrauchs Eprimär von der Fahrzeugmasse G

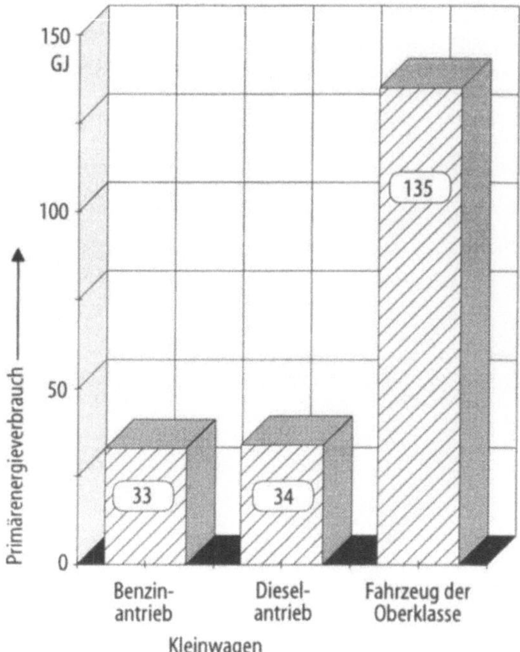

Bild 8.47. Primärenergieverbrauch zur Herstellung verschiedener Fahrzeuge einschließlich der vorgelagerten Stufe

läßt sich festhalten, daß zwischen 25% und 30% für die Herstellung der nichtlackierten Stahl-Umform-Bauteile benötigt werden sowie 30% bis 35% für die Fahrzeugherstellung (Montage, Lackierung, Rohbau, Getriebe und Motor etc.). Die restlichen 45% bis 55% werden für die übrigen Bauteile etc. verbraucht. Bei den genannten Zahlen ist jeweils die Werkstoffherstellung inbegriffen.

Im Zeichen immer knapper werdender Ressourcen nimmt die Bedeutung der Frage zu, welche Energieträger und welche sonstigen Rohstoffe durch die Produktion eines Pkw verbraucht werden. Bild 8.48 zeigt eine Auswahl wesentlicher Energieträger.

Die Stahlherstellung und die Stromerzeugung sind für den größten Anteil des Steinkohleverbrauches verantwortlich. Erdöl und Erdgas werden hauptsächlich von der Kunststoffherstellung und der Energieerzeugung in Anspruch genommen.

Von großem Interesse innerhalb einer Ganzheitlichen Bilanzierung sind atmosphärische Emissionen. Die Vielzahl der emittierten Stoffe erfordert dabei eine Auswahl. Bild 8.49 zeigt deshalb exemplarisch CO, CO_2, NO_x, SO_2, CH_4, NMVOC und Staub. Es ist außerdem zu betonen, daß während der Herstellung viele Substanzen freigesetzt werden, die während der Nutzungsphase nicht auftreten.

Die Liste der Abwasserbelastungen bei der Herstellung eines Pkw ist ebenso lang wie die der atmosphärischen Emissionen. Aus Gründen des Umfangs können in dieser Arbeit keine Abwasserbelastungen näher diskutiert werden. Dies soll jedoch nicht deren Bedeutung schmälern.

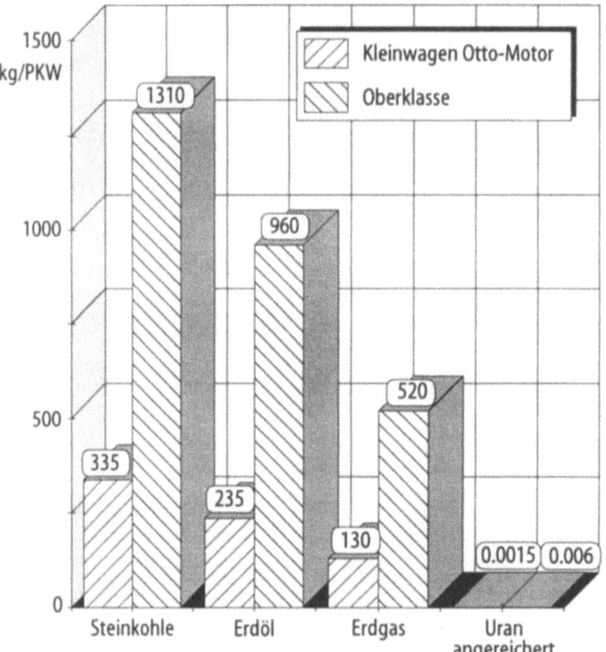

Bild 8.48. Ausgewählte Energieträger zur Herstellung der Fahrzeuge

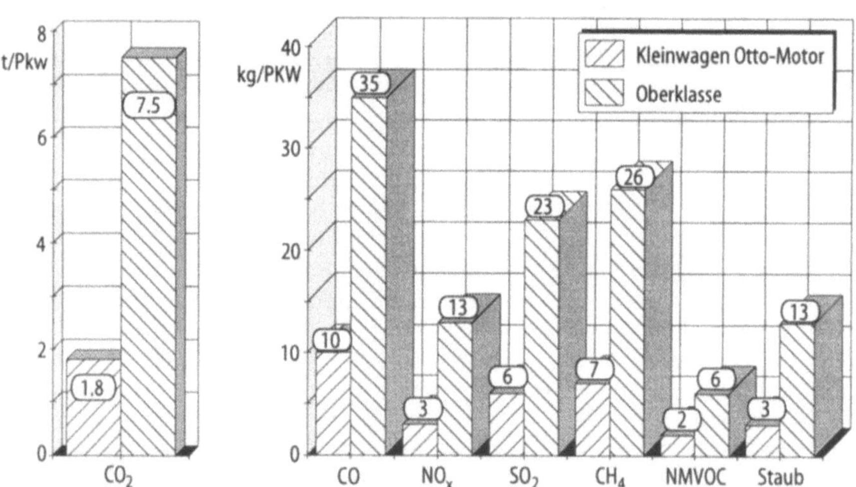

Bild 8.49. Wichtige atmosphärische Emissionen während der Herstellung der genannten Fahrzeuge

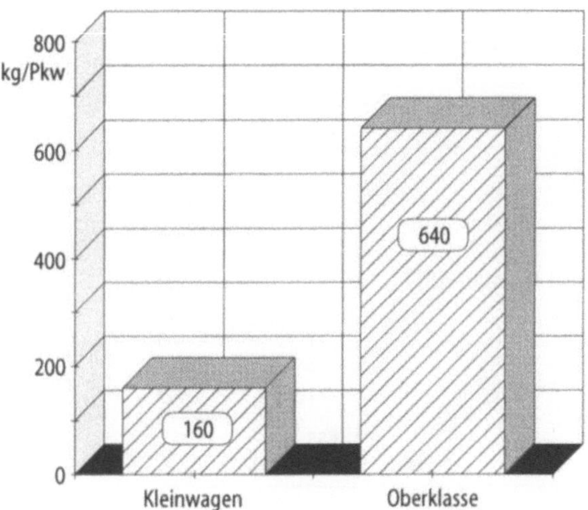

Bild 8.50. Feste, flüssige Abfälle und Sonderabfälle bei der Herstellung eines PKW

Wie eingangs erwähnt, sind auch die Emissionen in den Boden in unterschiedliche Umweltflüsse zu untergliedern. Neben festen und flüssigen Abfällen, bzw. Sonderabfällen sind Abraum und Erzaufbereitungsrückstände ebenfalls zu berücksichtigen. Diese dürfen nicht pauschal als Abfall betrachtet werden. Bild 8.50 zeigt entstehende Abfälle und Sonderabfälle unter Verzicht auf deren Untergliederung.

Es soll noch einmal betont werden, daß besonders bei der Abfallverwertung eine erhebliche Abhängigkeit vom Standort zu beachten ist. So werden zum Beispiel in der BRD entstehende Salzschlacken aus den Al-Umschmelzwerken rezirkuliert, ebenso Gießereisande in den Eisen- und Al-Gießereien [44]. Fast in allen anderen europäischen Ländern werden diese Reststoffe als Abfälle behandelt und dementsprechend deponiert. Allein diese beiden Stoffgemenge würden die o.g. Bilanz drastisch verändern.

8.2.2.4.2
Der Zug ICE1 als ein Beispiel für ein modernes Bahnkonzept

Mitte 1991 nahm die Deutsche Bundesbahn (DB) den Hochgeschwindigkeitszug ICE1 in Betrieb und mit ihm auch zwei Neubaustrecken, auf welchen eine Höchstgeschwindigkeit von ca. 250 km/h erreicht wird. Seither gilt der ICE als modernstes Zugsystem der BRD mit der besten Auslastung.

Im Laufe der 90-er Jahre wird die Deutsche Bundesbahn zwei neue Serien einführen, den ICE2 und ICE3. Dafür werden weitere Neubaustrecken – Berlin-Hannover und Köln-Rhein/Main – gebaut, die aufgrund ihrer geographischen und strukturellen Besonderheit auch Auslastungssteigerungen auf bis zu 65% mit sich bringen sollen [11].

Tabelle 8.15. Vereinfachte Werkstoffzusammensetzung eines ICE1-Zuges (Wagenleergewicht)

	[t]	[%]
Stahl (unverzinkt, verzinkt, Knüppelware etc.)	351	41
Kunststoffe incl. GFK	183,5	22
Al (primär, sekundär)	144	16,7
Kupfer	94	11
Mineralwolle, Dämmaterialien und Isolatoren	38	4,4
Glas	21	2,4
Blei, NiCd-Akkumulatoren	5	0,5
Oberflächenbeschichtungen	6	0,7
Versorgung	11,5	1,3
	ca. 855 (ohne Personenlast)	100

8.2.2.4.2.1
Zugaufbau und Werkstoffzusammensetzung

Eine normale Zugzusammenstellung eines ICE1 besteht aus zwei Triebköpfen, einem Speisewagen, einem Servicewagen, einem 1. Klasse und sieben 2. Klasse-Wagen. Insgesamt wiegt ein solcher (vollbesetzter) Zug 906 t bei 698 Sitzplätzen.

Da bei den großen Laufleistungen und den relativ hohen Auslastungsgraden davon ausgegangen werden kann, das die Nutzungsphase dominant ist, wird die Herstellungsphase überschlägig ermittelt.

Danach sind folgende Werkstoffgruppen und deren Masseanteile (pro o.g. Zug) zu berücksichtigen, wie sie Tabelle 8.15 zusammenfassend weitergibt [31].

Man erkennt, daß gegenüber der Werkstoffzusammensetzung eines Automobils der Stahlanteil reduziert ist bei gleichzeitiger Steigerung von Primäraluminium-(Strangpreßprofile, Bleche) und Kunststoffbauteilen. Aufgrund der elektrischen Antriebstechnik ist zusätzlich noch eine erhöhte Verwendung von Kupfer zu berücksichtigen.

8.2.2.4.2.2
Bauteil- und Zugherstellung

Aufgrund der kleinen Serien ist ein geringer Automatisierungsgrad in der Zugherstellung (Lackierung, Rohbau, Montage) vorhanden. Generell läßt sich jedoch festhalten, daß die verwandten Herstellverfahren dem Automobilbau ähnlich sind. Gewisse Detailunterschiede sind natürlich zu berücksichtigen:

So ist im Stahl- und Al-Verarbeitungsbereich durch die Verwendung großflächiger Teile bzw. von Extrusionsbauteilen mit einem kleineren Stanzreststoffaktor zu rechnen. Außerdem sind die Anteile, wo spanende Verfahren zum Einsatz kommen, sicher geringer als im Automobilbau.

Relativ viele großflächige Teile, die in Kunststoff ausgeführt sind, verursachen einen überproportional hohen Stromverbrauch in der Herstellung.

Verglichen mit einem Pkw muß die Lackierung eines Zuges nicht die gleich hohen Ansprüche erfüllen. Zusätzlich kann der Unterbodenschutz aufgrund des Einsatzortes einfacher aufgebaut werden. Diese Veränderungen führen beim Zug zu einem Verhältnis Lack-/Zuggewicht von ca. 0,003, während dieses für den Pkw ca. 0,02 beträgt.

8.2.2.4.2.3
Gesamtbilanz der Herstellung eines ICE1-Zuges

Nachfolgend sollen einige Ergebnisse der Herstellung dargestellt werden. Dieser Bilanz liegen allgemeine Werkstoffdaten sowie aus dem Automobilbau abgeleitete Verarbeitungs- und Lackierungsdaten zugrunde.

Bild 8.51 verdeutlicht den Primärenergieverbrauch sowie ausgewählte Rohstoffe, die zur Herstellung des o.g. Zuges eingesetzt werden.

Insgesamt 55 000 GJ sind in etwa für Werkstoffherstellung, deren Verarbeitung sowie Zugrohbau, -lackierung und -montage vonnöten. Die dafür benötigten Energieträger sind vor allem Erdöl (ca. 45% des gesamten Energiebedarfes), Steinkohle und Erdgas. Daneben sind natürlich auch Braunkohle und angereichertes Uran zu berücksichtigen.

Die mit der gesamten Herstellung des Zuges verbundenen Emissionen zeigt auswahlhaft Bild 8.52.

Die Vielzahl der bilanzierten Größen würde bei weitem den Rahmen dieser Arbeit überschreiten, weshalb im folgenden einige Emissionstypen stellvertretend aufgeführt werden. Etwa 2800 t CO_2, ca. 17,8 t SO_2 sowie ca. 6,1 t

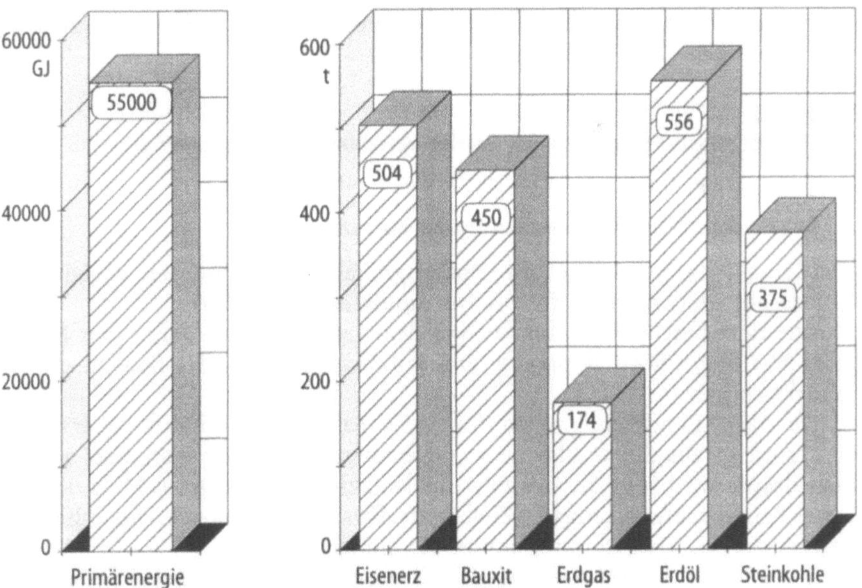

Bild 8.51. Primärenergieverbrauch und ausgewählte Rohstoffe, die zur Herstellung eines ICE1-Zuges benötigt werden

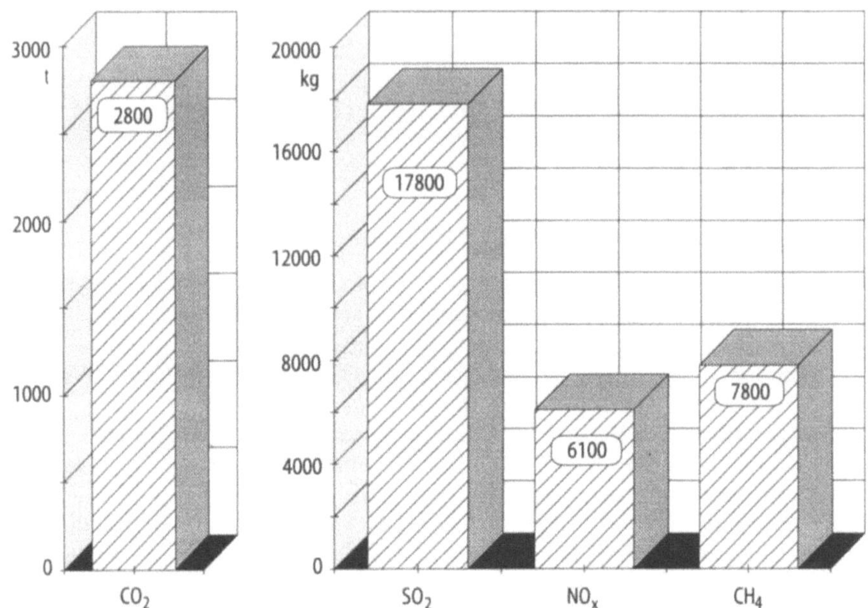

Bild 8.52. Ungefähre CO_2- und einige andere Emissionstypen durch die Produktion eines ICE1-Zuges

NO_x werden durch die Herstellung eines ICE1-Zuges emittiert. Hauptverantwortlich für die SO_2-Mengen sind z.B. Werkstoffe wie Al etc., während für Methan im wesentlichen die Steinkohlegewinnung (Einsatz in Stromerzeugung und Stahlindustrie) verantwortlich zeichnet.

8.2.2.5
Umweltbelastungen durch den Betrieb verschiedener Verkehrsträger

8.2.2.5.1
Randbedingungen der Bilanzierung der Nutzungsphase

Gleichung (5.19) modelliert die Nutzungsphase eines Pkw. Bei allgemeinem Aufbau gilt Gl. (5.19) auch für die Nutzungsphase eines Zuges.

Wie dort beschrieben, sind neben den Aufwendungen durch den Betrieb auch Wartung, Pflege, Reparatur und indirekte Einträge (Straßenbau etc.) zu berücksichtigen.

Da diese Randbedingungen für jedes Fahrzeug spezifisch zu ermitteln sind, sind sie aus dieser allgemein aufgebauten Arbeit ausgeklammert werden. Statt dessen wird im Falle des Pkw die Nutzungsphase hauptsächlich über direkte Betriebsaufwendungen (Treibstoffverbrauch etc.) sowie die indirekten Verbräuche wie Treibstoffproduktion etc. simuliert.

Bezogen auf die Bilanzierungs-Randbedingungen der Bahn erfolgt eine detaillierte Betrachtung der Stromerzeugung sowie eine Kalkulation der Auslastung anhand des ICE1.

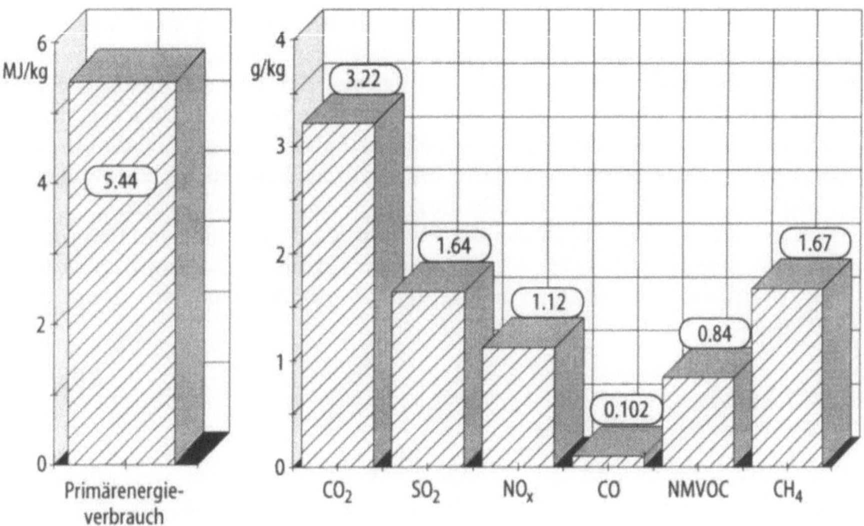

Bild 8.53. Primärenergieverbrauch und atmosphärische Emissionen zur Herstellung von Vergasertreibstoff in der BRD im Jahre 1992 [19]

8.2.2.5.2
Nutzungsphase ausgewählter Pkw

Wie im Abschn. 8.2.2.7 dargestellt werden wird, hat die Produktion des Treibstoffes einen erheblichen Einfluß auf das Ergebnis. Dementsprechend werden nachfolgend einige Ergebnisse aus dieser Treibstoffbilanz dargestellt. Bild 8.25 zeigt neben dem Energieverbrauch auch wesentliche Emissionen der Treibstoffproduktion, wobei die dazugehörigen Randbedingungen aus Bild 8.53 zu entnehmen sind.

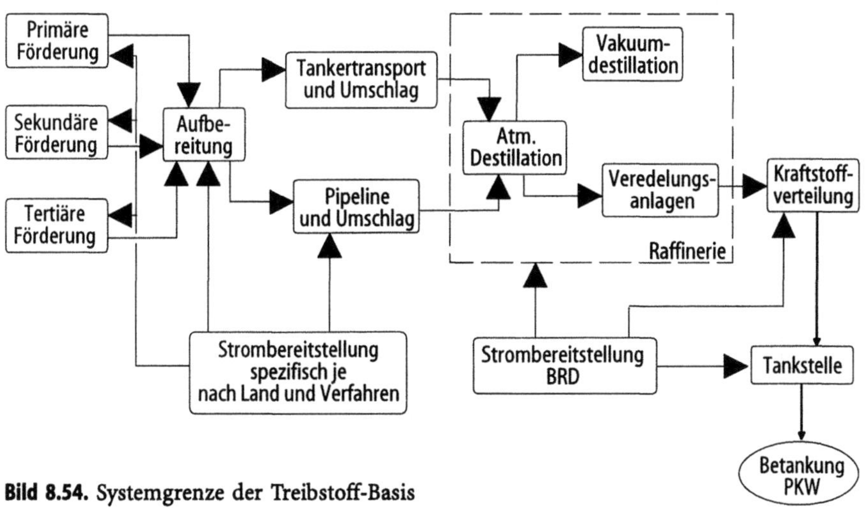

Bild 8.54. Systemgrenze der Treibstoff-Basis

Analysiert man den Energieverbrauch zur Bereitstellung des Vergaserkraftstoffes genauer, so sind drei Hauptverbraucher festzustellen. Der größte Anteil wird von der Raffinerie verursacht, gefolgt von den Fackelverlusten sowie der Förderung. In Zukunft ist ein Absinken des Raffinerieverbrauches und der Fackelverluste, dafür aber ein Ansteigen der Aufwendungen für die Förderung (vermehrter Einsatz von sekundärer und tertiärer Förderung) zu erwarten.

Bild 8.54 zeigt grob die Randbedingungen der Treibstoffbilanz.

Man erkennt, daß die Bilanz die Förderung bis einschl. Betankung umfaßt und daß jeweils spezifische Ländermixe zur Stromversorgung berücksichtigt sind. (Raffinerien entnehmen häufig den benötigten Strom aus dem öffentlichen Netz.)

8.2.2.5.2.1
Fahrzeuge mit Otto-Motor

Kraftstoffverbrauch und die Bereitstellung bestimmen im wesentlichen die Umweltbilanz eines Pkw während der Nutzungsphase. Der Kraftstoffverbrauch läßt sich allgemein ermitteln aus [20]:

$$B_e = \frac{\int b_e \frac{1}{\eta_{\ddot{u}}} \left[\left(m f g \cos \alpha + \frac{\rho}{2} c_w A v^2 \right) + m(a + \sin \alpha) + B_R \right] v dt}{\int v dt} \tag{8.1}$$

mit:

Größe		Einheit
B_e	Streckenverbrauch	g/m
$\eta_{\ddot{u}}$	Übertragungswirkungsgrad des Triebstranges	
m	Gewicht des Fahrzeuges	kg
f	Rollwiderstandsbeiwert	
g	Erdbeschleunigung	m/s²
α	Steigungswinkel	
ρ	Dichte der Luft	kg/m³
v	Fahrgeschwindigkeit	m/s
b_e	spezifischer Kraftstoffverbrauch	g/kWh
c_w	Luftwiderstandsbeiwert	
a	Beschleunigung	m/s²
B_r	Bremswiderstand	N
t	Zeit s	
A	Stirnfläche	m²

Dementsprechend sind drei Hauptkomponenten für eine Optimierung wie sie in Kap. 7 behandelt werden soll, von großer Bedeutung [11]:

- Motor
- Antriebswirkungsgrad
- Äußere Fahrwiderstände

Aus Gl. (8.1) wird deutlich, daß aufgrund der zahlreichen Einflußgrößen eine mathematische Erfassung des Verbrauches, wie auch der atm. Emissionen, kaum möglich ist.

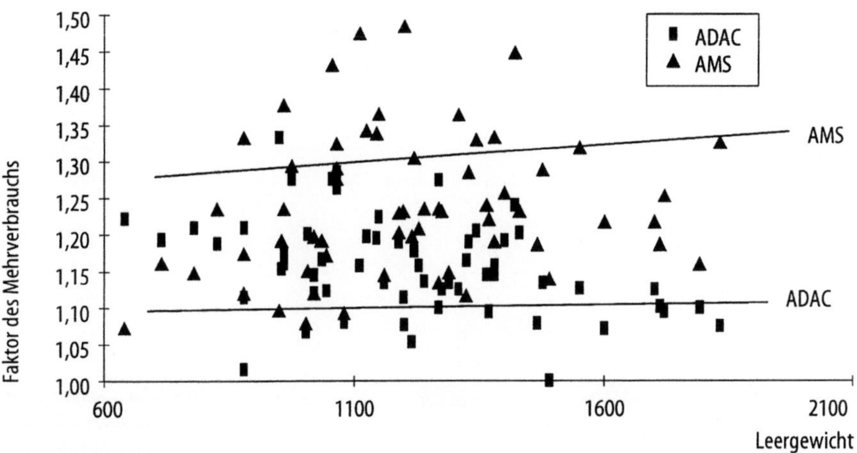

Bild 8.55. Verhältnis zwischen Testverbräuchen und Drittel-Mix-Verbrauch [21, 22]

Auch der sog. Drittel-Mix eignet sich wegen seines eingeschränkten Prüffeldes (z.B. wird keine Höchstgeschwindigkeit gefahren) nur beschränkt als Datengrundlage.

Vergleicht man Treibstoffverbrauch zu Drittel-Mix-Verbrauch [21, 22] zeigt sich, daß Testverbräuche im Mittel etwa zwischen 10% und 30% über dem Drittel-Mix-Verbrauch liegen (Bild 8.55). Dementsprechend werden diese für die Bilanz herangezogen.

Um den Gesamtenergieverbrauch während der Nutzungsphase errechnen zu können, muß neben dem spezifischen Verbrauch auch die Lebensdauer der Fahrzeuge in die Bilanz einfließen. Da aber ein Kleinwagen sicher eine andere Nutzungsdauer hat als ein Fahrzeug der Oberklasse, wird zur Erfassung der Bandbreite für den Otto-Motor getriebenen Kleinwagen mit 120 000 km (für den Diesel-Kleinwagen mit 150 000 km), für die Oberklasse mit 200 000 km Laufleistung gerechnet.

Unter Berücksichtigung der Testverbräuche, der Treibstoffherstellung und der Laufleistung der Fahrzeuge ergeben sich die Gesamtenergieverbräuche während der Nutzungsphase (s. Bild 8.56).

Ähnlich schwierig wie die realen Verbräuche sind die tatsächlichen atmosphärischen Emissionen der Fahrzeuge zu ermitteln. Neben den drei vom Gesetzgeber limitierten Schadstoffen NO_x, HC und CO werden aus dem Fahrzeug während der Nutzungsphase eine Vielzahl von unlimitierten Gasen emittiert [23, 24]. Sie alle hier, selbst kurz, zu beschreiben, ist mit Rücksicht auf den Umfang des Kapitels nicht möglich. Deshalb werden im folgenden nur ausgewählte sowie mengenmäßig bedeutende Schadstoffe behandelt.

Zur Ermittlung der Emissionen werden verschiedene Testzyklen herangezogen, wovon im Rahmen der Ganzheitlichen Bilanzierung nur der FTP 75 (USA)-Zyklus genutzt werden kann (Begründung s. auch Abschn. 8.2.2.1.2). Nach diesem Zyklus sind folgende Grenzwerte gesetzlich geregelt (Tabelle 8.16) [20]:

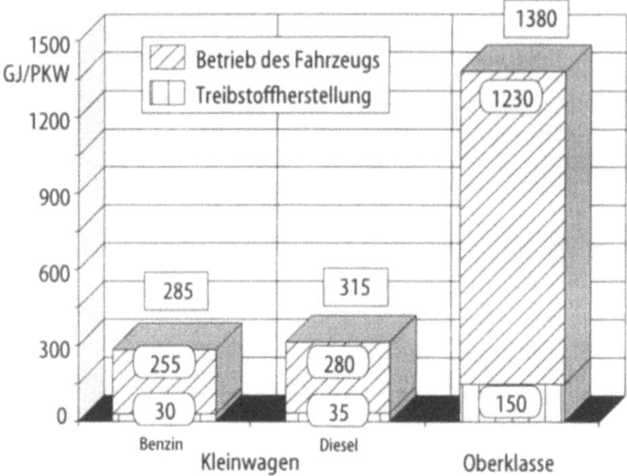

Bild 8.56. Gesamtenergieverbrauch während der Nutzungsphase

Tabelle 8.16. Grenzwerte für limitierte Abgaskomponenten im FTP 75-Zyklus

CO	g/km	2,1
NO_x	g/km	0,62
HC	g/km	0,25

Das Kraftfahrtbundesamt [25] veröffentlicht jedes Jahr Emissions-Messungen der in der BRD zum Verkauf angebotenen Fahrzeuge. Wertet man diese Angaben in Abhängigkeit der Gewichte aus, so erkennt man deutliche Unterschiede für alle drei Komponenten, wie sie in den Bildern 8.57– 8.59 dargestellt sind.

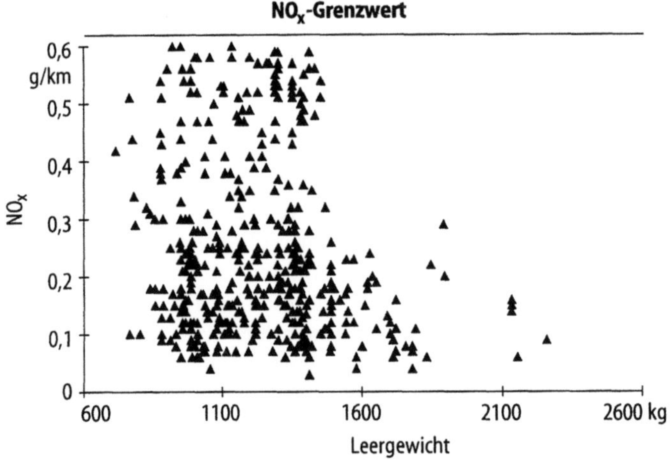

Bild 8.57. NO_x-Emissionen im FTP 75-Zyklus in Abhängigkeit vom Gewicht

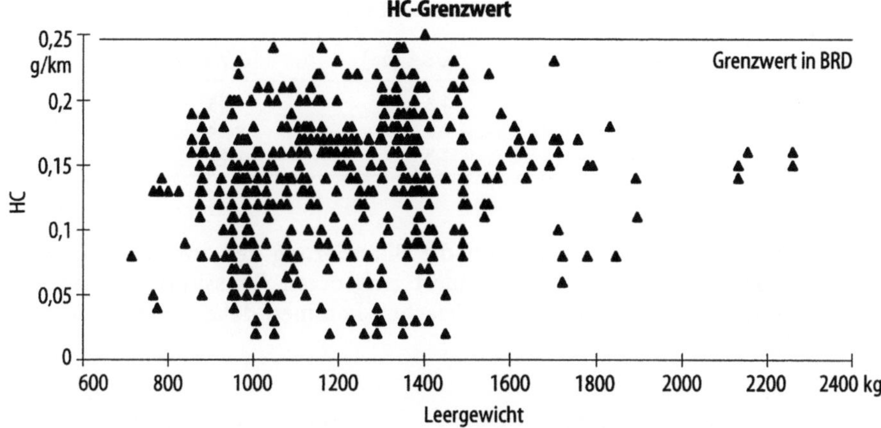

Bild 8.58. HC-Emissionen im FTP 75-Zyklus in Abhängigkeit vom Gewicht

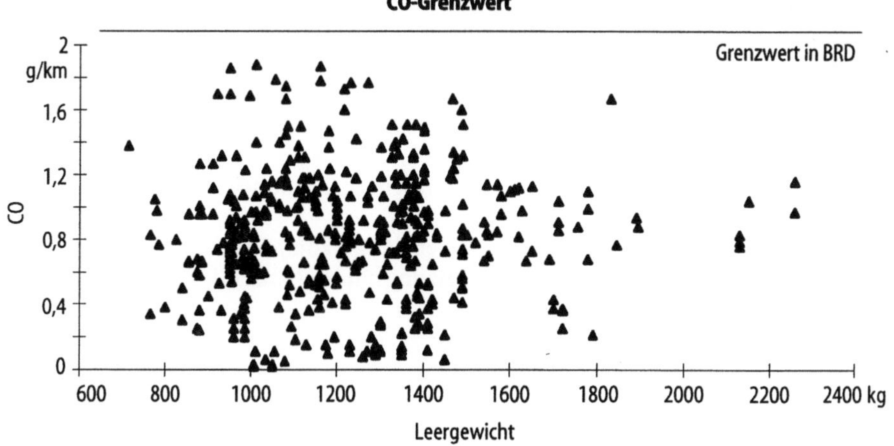

Bild 8.59. CO-Emissionen im FTP 75-Zyklus in Abhängigkeit vom Gewicht

Nachdem der Grenzwert bei 0,62 g/km liegt, verwundert es nicht, daß keine darüberliegenden Angaben auftauchen. Es lassen sich aber Schlußfolgerungen ziehen:

– Fahrzeuge mit hohem Gewicht haben geringere NO_x-Emissionen
– Es gibt Fahrzeuge mit unter 0,1 g/km NO_x
– Ein Schwerpunkt der Meßwerte liegt im Bereich zwischen 0,1 und 0,3 g/km NO_x

Betrachtet man die Auswertungen für HC- und CO-Emissionen, so liegen zwar die Schwerpunkte der Ergebnisse geringfügig anders, o.g. Aussagen bleiben aber gültig.

Tabelle 8.17. Verschlechterungsfaktoren nach einer Laufzeit von 80 000 km

Quelle	VW [24]	UBA [26]	FVV [27]
CO	1,68	2,3	2,85
HC	0,99	2,5	2,08
NO_x	2,45	2,3	2,66

Ein weiterer Sachverhalt erschwert die Bilanzierung der atm. Emissionen: Bei Fahrzeugen mit Otto-Motoren ändert sich deren Emissionsverhalten in Abhängigkeit der Laufzeit. Folgende Ursachen kommen dabei unter anderem in Betracht:

- Alterung des Katalysators
- Funktionsbeeinträchtigung der Lambda-Sonde durch thermische und chemische Einflüsse
- Altersbedingte Funktionsverschlechterung im Gemischbildungssystem

Es existieren nun verschiedene Studien [24, 26, 27], die diese Verschlechterungsfaktoren quantifizieren (Tabelle 8.17).

Aufgrund der breiten Datenbasis wird mit den Werten der FVV-Studie weitergerechnet. Es soll aber nochmals ausdrücklich betont werden, daß die zur Verfügung stehende Datenbasis zur Ermittlung der atmosphärischen Emissionen während der Betriebsphase der Pkw eher als unzureichend betrachtet werden muß und damit die folgenden Berechnungen zunächst mit einer Unsicherheit versehen sind.

Somit ergeben sich für die limitierten Abgaskomponenten folgende Gesamtemissionen (Bild 8.60) über die Nutzungsphase (einschließlich Treibstoffherstellung):

Aus Bild 8.60 lassen sich u.a. folgende Schlüsse ziehen:

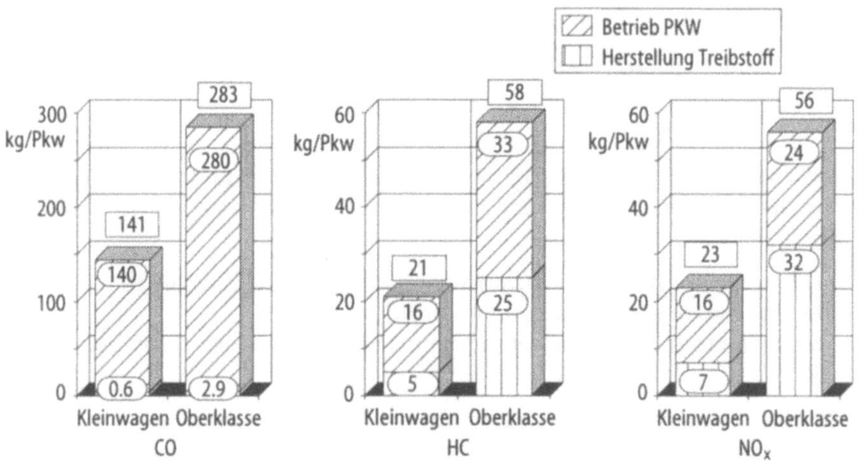

Bild 8.60. Gesamtemissionen in der Nutzungsphase für CO, HC und NO_x

- Der Anteil der Treibstoffherstellung beträgt z.B. im Bereich der NO$_x$-Emissionen für die Oberklasse knapp 60%. Demnach ist die Einbeziehung der Treibstoffherstellung in die Bilanz von hoher Bedeutung.
- Verglichen mit dem Energieverbrauch ist der Abstand zwischen dem Kleinwagen und dem Pkw der Oberklasse bei Emissionen wesentlich kleiner.

8.2.2.5.3
Nutzungsphase des ICE1

Die Modellierung der Nutzungsphase eines Zuges hängt hauptsächlich von folgenden Kriterien ab:

- Strombereitstellung und Stromverbrauch
  Wie bereits in Abschn. 5.2 und Abschn. 8.2.2.1 beschrieben, hängt der Wirkungsgrad der Strombereitstellung von der Anlagentechnik und -art der Kraftwerke ab. Zusätzlich ist eine zeitliche Veränderung zu berücksichtigen.
- Auslastung
  Die Anzahl der beförderten Personen oder Güter je km (Auslastung) ist die zentrale Größe für die Bundesbahn. Sie ist im Rahmen der Ganzheitlichen Bilanzierung als Funktion von Ort und Zeit einzubeziehen.
- Laufleistung (Lebensdauer der Züge)
  Die Laufleistung der Züge wird durch deren Verfügbarkeit, die Anzahl der Arbeitstage sowie den Einsatzort bestimmt.

Die Randbedingungen der Strombereitstellung ergeben sich aus Bild 8.61. Hierbei ist ein Kraftwerk miteinzubeziehen, für welches im Gegensatz zur bundesdeutschen öffentlichen Stromerzeugung Gichtgas als Grundlage dient (Gichtgas stammt aus dem Hochofen der Klöcknerstahlwerke, das als Ener-

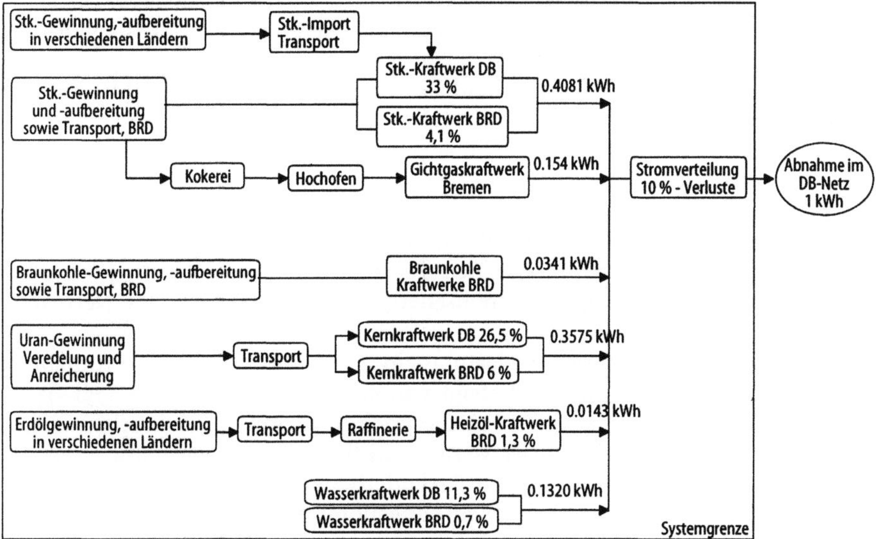

Bild 8.61. Systemgrenze der DB-Stromerzeugung

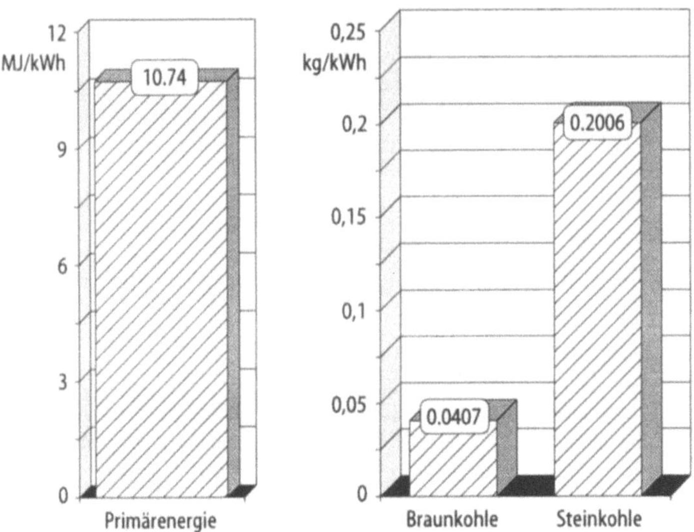

Bild 8.62. Primärenergieverbrauch und ausgewählter Rohstoffbedarf zur Produktion einer kWh Strom im DB-Netz

gieträger für das zu betrachtende Kraftwerk herangezogen wird). Aufgrund des ungünstigen Heizwertes und des darin enthaltenen CO_2 ist im Gegensatz zu steinkohlebefeuerten Kraftwerken mit einem um den Faktor 2,7 höheren CO_2-Ausstoß zu rechnen [29].

Gemäß der im Abschn. 5.2.3.1.3 begründeten Methodik wird das aus dem Hüttenwerk zur Stromerzeugung ausgekoppelte Gichtgas auf der Basis seiner Energiebereitstellungsstruktur, also der Prozeßkette Kokerei, Steinkohleaufbereitung bis -abbau berücksichtigt.

Es ergibt sich bzgl. Energie- und Rohstoffverbrauch (ausgewählt) folgende Bilanz (wieder in Auszügen) (Bild 8.62):

Bezüglich der entstehenden atmosphärischen Emissionen läßt sich folgende Teilbilanz wiedergeben (Bild 8.63):

Neben diesen Angaben sind natürlich auch Abwasserbelastungen sowie Emissionen in den Boden zu berücksichtigen.

Der Stromverbrauch beträgt incl. der Bordenergie 24,9 kWh je Zug-km, wobei eine Rückspeisung der Bremsenergie von 1,5 kWh in das Netz angerechnet ist [27].

Für die Berechnung der Auslastung eines ICE1 liegen folgende Annahmen zugrunde. Der Auslastungsgrad steigt von 51% in den Jahren von 1991–93 auf 55% bis zum Jahr 1997 an [27]. Für die noch in diesem Jahrhundert auszuliefernden Serien ICE2 und ICE3 werden mittlere Auslastungsgrade von 60% bzw. 65% aufgrund der regionalen Besonderheiten (Strecken Berlin-Hannover und Ballungsräume Köln/Rhein-Main) angenommen [27].

Bezüglich der Laufleistung wird im Jahre 1991 mit einem Startwert von 420 000 km je ICE1-Zug und einer linearen Steigerung auf 550 000 km bis

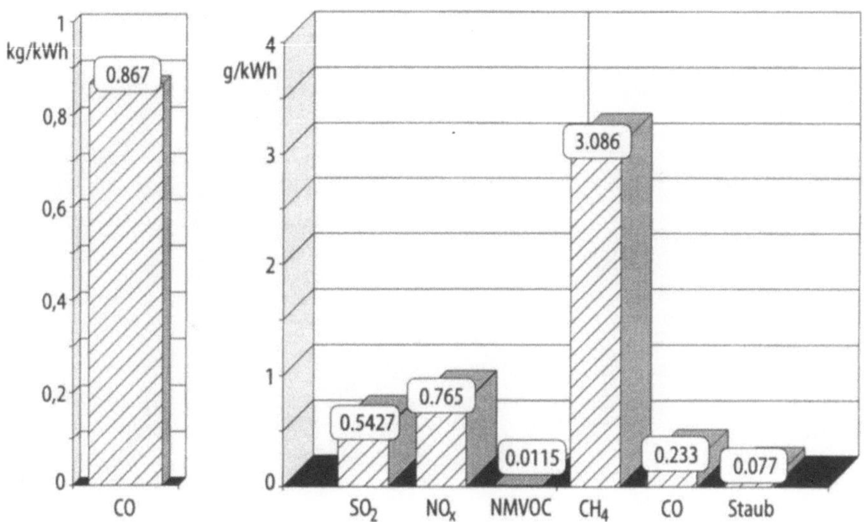

Bild 8.63. Atm. Emissionen durch die Erzeugung von Strom der DB

zum Jahr 1998 kalkuliert. Danach bleibt die Laufleistung bis zur Außerdienststellung des Zuges nach 15 Betriebsjahren konstant.

Bild 8.64 zeigt die beförderten Personenkilometer (Pkm) in Abhängigkeit
der jährlichen Laufleistung und der Auslastung. Da häufig besonders die Auslastung kontrovers diskutiert wird, variiert dieser Bereich von 0,3 bis 0,8.

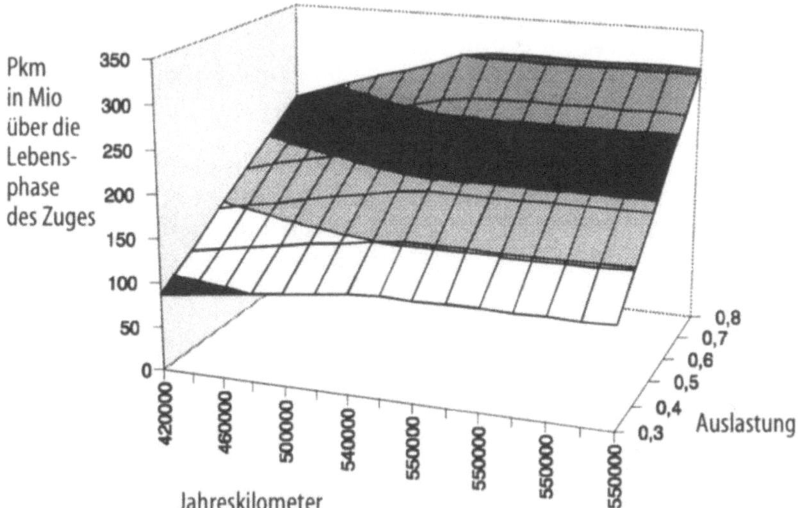

Bild 8.64. Personenkilometer in Abhängigkeit von Auslastung und Jahres-Laufleistung
eines ICE1 (die schraffierten Bereiche in Bild 8.64 bezeichnen die Linien gleicher Pkm)

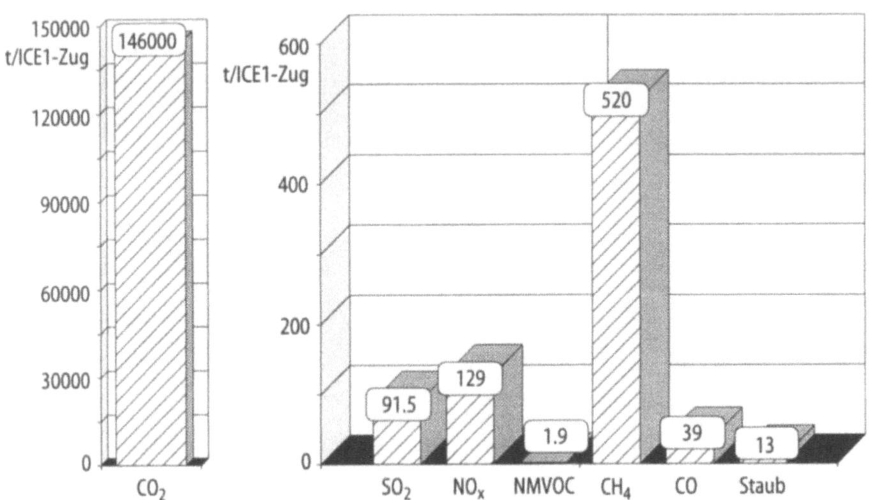

Bild 8.65. Wesentliche atm. Emissionen während der Nutzungsphase eines ICE1-Zuges

Für die nachfolgende Bilanz ist eine weitere Randbedingung zu beachten. Im Laufe der vergangenen Jahrzehnte konnte eine kontinuierliche Verbesserung der Strombereitstellung erzielt werden. Aus diesem Grunde ist auch, über die Betriebsdauer des Zuges gerechnet, eine jeweils einprozentige Verbesserung im Strombereich und eine einprozentige Verbrauchssenkung im Zugbereich zu verzeichnen.

Unter der Verwendung aller o.g. Randbedingungen bzgl. Laufleistung, Energieverbrauch und Energiebereitstellung ergibt sich für den ICE1 die folgende Bilanz für die Nutzungsphase. (Sie wird in Auszügen wiedergegeben.) Der Primärenergieverbrauch beläuft sich über die 15 Betriebsjahre auf ca. 1,8 Mrd GJ. Neben ca. 600 t Erdöl und 170 t Erdgas ist der Hauptenergieträger die Steinkohle, wovon in etwa 34 000 t verstromt werden. Zusätzlich benötigt man etwa 210 kg angereichertes Uran.

Bild 8.65 behandelt wesentliche atmosphärische Emissionen.

Daneben wären Abwasserbelastungen sowie Emissionen in den Boden zu berücksichtigen, deren Nennung hier jedoch zu aufwendig sind.

8.2.2.6
Recycling bzw. Entsorgung heutiger Verkehrsträger

8.2.2.6.1
Recycling/Entsorgung bei Pkw

Den Verfahrensablauf der Pkw-Verwertung stellte bereits Kap. 1 vor. Schäper [11] gibt für den Primärenergieverbrauch der Verwertung eines Mittelklasse Pkw etwa 700 MJ an. Setzt man dies ins Verhältnis zur Herstellung des Pkw bzw. zur Nutzung, so wird deutlich, daß die Entsorgungsphase eine untergeordnete Rolle spielt, soweit sie die Energie, die atmosphärischen Emissionen, den Rohstoffverbrauch und die Abwasserbelastung betrifft. In bezug auf Abfälle ist dieser Teil des Lebenszyklus nicht zu vernachlässigen.

Es ist bekannt, daß Stahl und Eisen fast zu 100% rezykliert werden. Auch Aluminium, Kupfer und Blei werden zum größten Teil Umschmelzwerken zugeliefert.

Da nichtmetallische Werkstoffe durch die Art der Zerkleinerungstechnik vollständig vermischt sind, entzieht sich die Werkstofffraktion heute weitgehend der Möglichkeit der Wiederaufarbeitung. Dies ist der Grund, warum die Glas- und Kunststofffraktionen (Thermoplaste, Duroplaste und Elastomere) z.Zt. noch deponiert werden.

In Zukunft ist damit zu rechnen, daß durch vorhergehende Demontage größerer bzw. wirtschaftlich interessanter Bauteile diese Menge nennenswert verringert werden kann [30].

Faßt man die Abfälle zusammen, so kann man in etwa eine Schwankungsbreite zwischen 150 kg und 500 kg Deponiegut je Automobil unterstellen.

8.2.2.6.2
Betrachtung der Entsorgung bei Bahnsystemen

Im Gegensatz zum Automobilbereich, wo Shredderanlagen auf großen Durchsatz ausgelegt sind und deshalb automatisiert gearbeitet wird, erfolgt die Verwertung in der Bahntechnik in der Regel durch manuelles Zerlegen der Züge. Hierzu werden thermische Trenntechniken verwendet. Heinisch [31] gibt für die dabei überwiegend benötigten Energieträger folgende Menge in Abhängigkeit der zu verwertenden Wagen an (Tabelle 8.18).

Verfolgt man die Produktlinie der gesamten Stoffe ausreichend, so ergibt sich auf der Basis des Ethin- und Sauerstoffbedarfes ein Energieverbrauch von etwa 80 MJ/t, hochgerechnet auf den gesamten ICE1 etwa 72 GJ. (Diese Berechnung zieht nicht die veränderte Werkstoffzusammensetzung des ICE1 in Betracht!)

Folglich spielt auch im Bahnbereich der Energieverbrauch bei der Entsorgung eine vernachlässigbare Rolle. Zu betrachten ist nur der Abfallbereich. Nach Heinisch [31] beträgt die gegenwärtige Recyclingrate für einen Reisezugwagen etwa 75 Gewichtsprozent. Daraus ergibt sich, daß nach heutigem Stand ca. 210 t des ICE1 als Abfall miteinzukalkulieren sind. In Anbetracht der erwarteten Außerdienststellung für das Jahr 2006 oder später sind aber vor allem für den Kunststoff- und den Glasbereich Materialkreisläufe zu erwarten, die den Abfall wesentlich senken werden.

Tabelle 8.18. Energieträgereinsatz zum Verwerten von Eisenbahn-Zügen

	Einheit	Ethin	O_2
Triebfahrzeug	m³/t	2,7	7,52
Reisezugwagen	m³/t	2,8	7,83
Güterwagen	m³/t	2,58	7,21

Da diese Verbesserung in der Automobilindustrie ebenfalls angestrebt wird, müßte demnach auch dort mit reduzierten Zahlen gerechnet werden. (Die im Jahre 2006 verwerteten Autos werden wahrscheinlich erst 1995 zugelassen werden. Für diesen Zeitpunkt bestehen aber bereits Recyclingpläne.)

Um aber hier nicht Schätzungen einfließen zu lassen, die das Ergebnis unzulässig verändern, wird mit dem heutigen Stand der Technik im folgenden gerechnet.

8.2.2.7
Gesamtbilanzen der dargestellten Verkehrsträger

8.2.2.7.1
Personenkraftwagen

Nachfolgend werden die Gesamtbilanzen weitergegeben, die sich als Summe von Herstellung, Nutzung und Verwertung ergeben. Wie bereits in den vergangenen Abschnitten, können auch hier die Ergebnisse nur in Auszügen dargestellt werden.

Der Primärenergiebedarf über den gesamten Produkt-Lebenszyklus ist aus Bild 8.66 ersichtlich. Es sei darauf hin gewiesen, daß im Bereich der Energie die Länge der Nutzungsdauer von auschlaggebender Bedeutung ist.

Der höhere Energieverbrauch des Diesel-Kleinwagens kommt durch die längere Nutzungsdauer zustande. Laufleistungsbedingt wäre die vergleichbare Angabe (120 000 km) bei etwa 280 GJ, also ca. 40 GJ geringer als beim Otto-Pkw.

Man erkennt deutlich die Dominanz der Nutzungsphase im Bereich des Energieverbrauches. Bezogen auf das Fahrzeug der Oberklasse werden ca. 9% für die Produktion und etwa 91% für den Betrieb des Fahrzeugs aufgewendet.

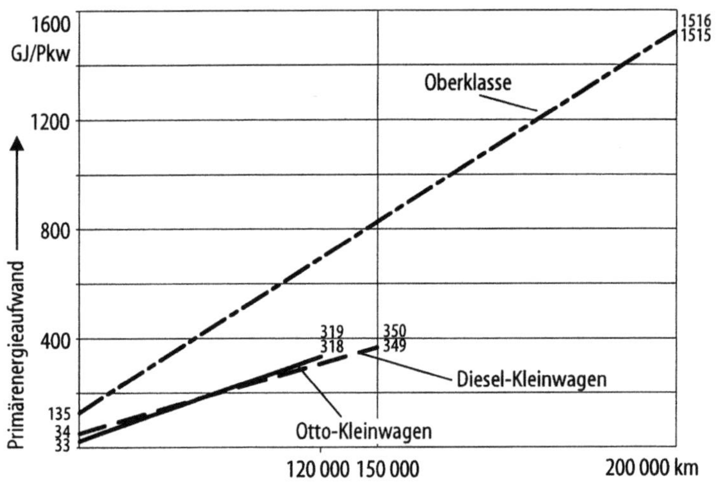

Bild 8.66. Primärenergieverbrauch der verschiedenen PKW für Herstellung, Nutzung und Verwertung in Abhängigkeit der Nutzungsdauer

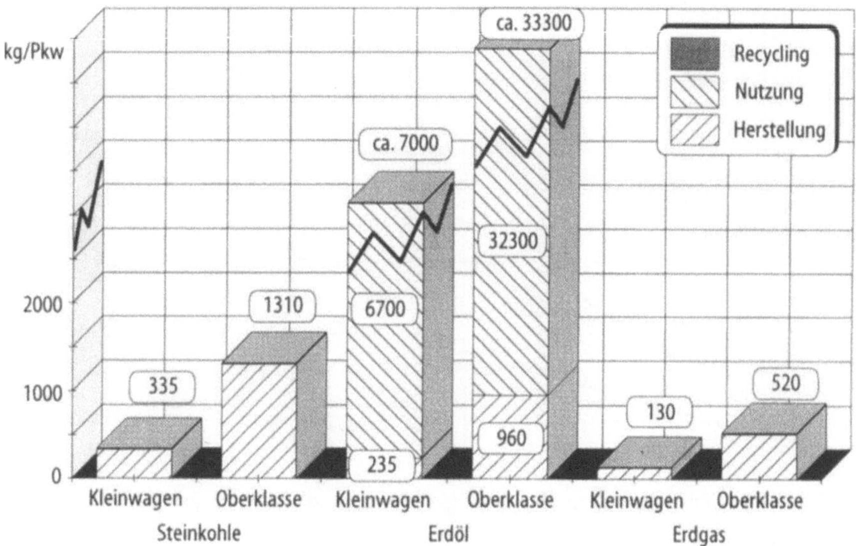

Bild 8.67. Rohstoffbedarf ausgewählter Energieträger über den Lebenszyklus der betrachteten PKW

Wie bereits in dem entsprechenden Abschnitt aufgezeigt, ist die Verwertungsphase vom Standpunkt der Energie aus gesehen, vernachlässigbar.

Im Zeichen der Ressourcenverknappung ist aber weniger die verbrauchte Primärenergie von Interesse, als vielmehr die sich dahinter verbergenden Energieträger. Bild 8.67 befaßt sich deswegen mit dem Verbrauch ausgesuchter Rohstoffe über die Lebenszyklen.

Bild 8.67 zeigt die starke Abhängigkeit des Automobils vom Energieträger Erdöl (um einen besseren Überblick zu gewährleisten, werden die Stromverbräuche für die Treibstoffbereitstellung in Erdöl ausgedrückt). In bezug auf den Erdölverbrauch ist die Herstellphase gegenüber der Nutzungsphase nahezu vernachlässigbar.

Betrachtet man die Emissionen an Schadstoffen in die Luft über den gesamten Lebenszyklus, so wird in Bild 8.68 bzgl. der CO_2-Emissionen die strenge Korrelation zum Energieverbrauch deutlich.

Neben den CO_2-Emissionen sind aber auch andere Schadstoffe von hohem Interesse. Im folgenden werden deshalb aus der Gruppe der limitierten Komponenten und aus der Gruppe der nicht limitierten Komponenten Methan und SO_2 dargestellt (Bild 8.69). Dabei wird auf eine getrennte Darstellung des Diesel-Pkw verzichtet und ebenso auf eine Berücksichtigung der Emissionen bei Verbrennung der Shredderleichtmüllfraktion.

Im Gegensatz zu den CO_2-Emissionen, wo eine starke Dominanz der Nutzungsphase sichtbar ist, muß für die übrigen Emissionen eine differenziertere Aussage getroffen werden. Auch bei CO und bereits abgeschwächt bei den Kohlenwasserstoffen (HC) überwiegt sehr stark die Nutzungsphase.

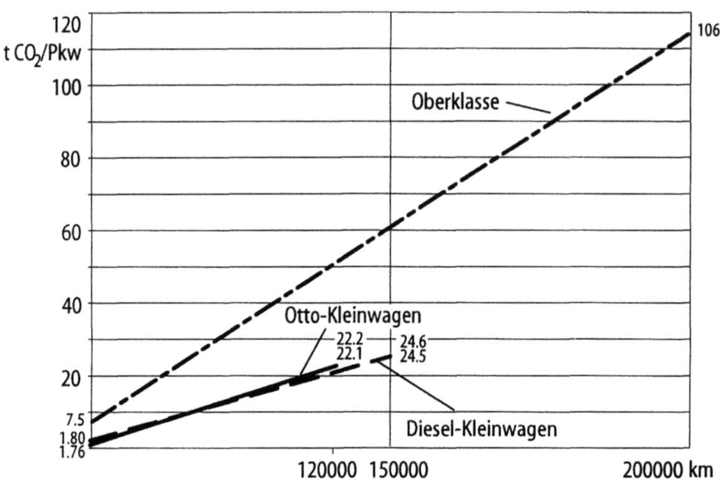

Bild 8.68. CO$_2$-Emissionen aus Herstellung, Nutzung und Verwertung verschiedener Kraftfahrzeuge in Abhängigkeit der Laufleistung

Bei Stickoxiden und Schwefeloxiden nimmt die Bedeutung der Herstellphase zu. So nimmt sie bereits bei Methan einen Anteil von ca. 40% ein.

Für weitere hier nicht dargestellte Emissionen, wie z.B. Staub, ist von ca. 90% für die Herstell- und nur ca. 10% für die Nutzungsphase auszugehen.

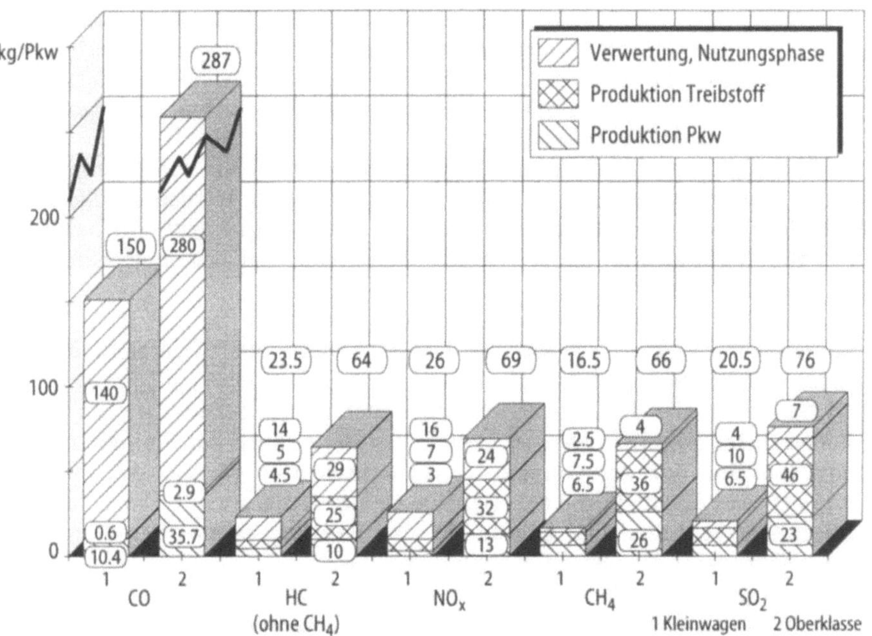

Bild 8.69. CO-, HC-, NO$_x$-, CH$_4$- und SO$_2$-Emissionen aus Herstellung, Nutzung und Entsorgung verschiedener PKW

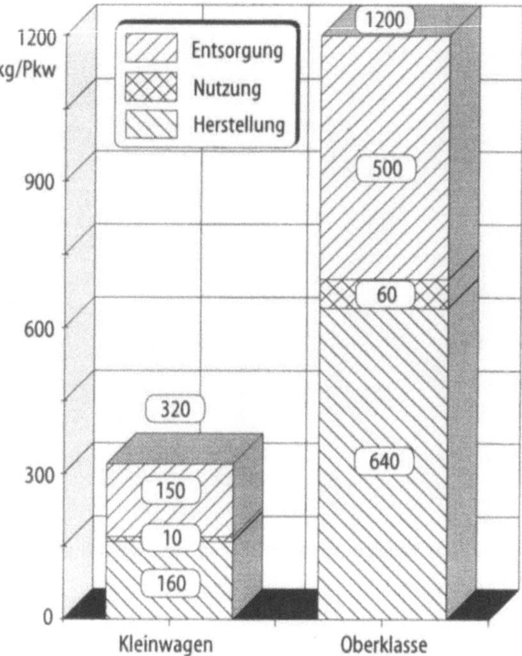

Bild 8.70. Feste und flüssige Abfälle sowie Sonderabfälle aus Produktion, Nutzung und Verwertung verschiedener PKW-Typen

Kalkuliert man im weiteren die entstehenden Abfälle über den Produktlebenszyklus, so ist nach Bild 8.70 von einer Gesamtmenge bezogen auf den Kleinwagen mit ca. 310 kg, für die Oberklasse mit ca. 1140 kg, zu rechnen.

Es sei an dieser Stelle auf die zugrundegelegten Randbedingungen erinnert. (Wartung, Reparatur, Pflege, etc. sind aus dieser Bilanz ausgeklammert.)

Wie bereits in Abschn. 5.3 erwähnt, sind die weiteren Ablagerungen, wie Abraum und Erzaufbereitungsrückstände, noch hinzuzufügen.

8.2.2.7.2
ICE1

Setzt man Herstelllung und Nutzung eines Zuges im Rahmen einer Ganzheitlichen Bilanzierung ins Verhältnis, so trägt besonders die Betriebsphase den Hauptanteil der Umweltbelastungen. Bild 8.71 zeigt Herstellung, Nutzung und Entsorgung für den ICE1.

Bezogen auf eine Nutzungsdauer von 15 Jahren und unter der Voraussetzung der 1-prozentigen Optimierung p.a. bzgl. der Energiebereitstellung verbraucht das Gesamtsystem etwa 1,8 Mio. GJ Primärenergie, die im wesentlichen auf der Basis der Steinkohle bereitgestellt wird. Im Vergleich zum Automobil wird die Herstellphase in ihrer Bedeutung nochmals herabgesetzt; nur ca. 3% entfallen auf die Produktion.

Der Anteil für die Verwertungsphase ist unbedeutend. Ausgewählte Emissionen bzgl. des gesamten Produktlebenszyklus können Tabelle 8.19 entnommen werden.

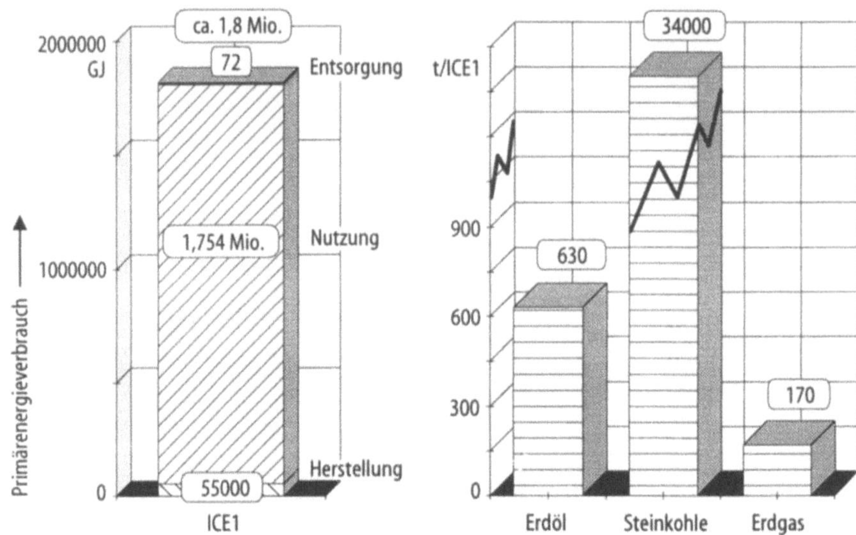

Bild 8.71. Primärenergie- und ausgewählter Energieträgerverbrauch für Herstellung, Nutzung und Entsorgung eines ICE1

Tabelle 8.19. Atmosphärische Emissionen durch Herstellung, Nutzung und Entsorgung eines ICE1 (Auszug)

	t/ICE1		t/ICE1
CO_2	146000	SO_2	92
CO	39	Staub	13
NO_x	129	Methan	520

Bei Betrachtung der Rohstoffversorgung während der Nutzungsphase wird deutlich, daß die entscheidende Größe bzgl. des Abfallaufkommens die Stromerzeugung mit deren vorgelagerten Stufen ist.

Deshalb spielt die Frage der Verwendung von Schlacken, Filterstäuben und, aufgrund ihres chemischen Aufbaus, nicht verkaufbaren Gipssorten, eine wichtige Rolle. Da in den vergangenen Jahren auch hier die Verwertungsmöglichkeiten gestiegen sind, ist mit einer Senkung des Abfalls aus der Stromerzeugung zu rechnen.

Aus diesem Grund wird mit einer 2-prozentigen Abnahme innerhalb der Bilanz kalkuliert. Es ergibt sich somit eine Abfallmenge von ca. 4400 t und eine Abraummasse von ca. 57 000 t für den gesamten Produktlebenszyklus.

8.2.2.7.3
Vergleich der Systeme

Bis jetzt wurden für beide Verkehrsträger die entstehenden Umweltbelastungen als absolute Größe angegeben. Will man nun einen Vergleich der beiden Verkehrsmittel anstellen, ist eine Basis zu finden, die dem wesentlichen Nutzen beider Verkehrsträger entsprechen muß. Sowohl für das Automobil als auch für den Zug ist diese Nutzeinheit der Transport von Personen oder Gütern.

Auf der Grundlage des Transportes von Personen je Kilometer (Pkm) soll im folgenden in Auszügen ein Vergleich dargestellt werden, für den wichtige Randbedingungen zu nennen sind:

Pkw

– Auslastung
Sie wird je nach Quelle [32–34] unterschiedlich angegeben. Für diese Gegenüberstellung wird eine zeitlich konstante Größe von 1,7 Personen je Fahrtkilometer und Pkw angenommen.

Züge

– Auslastung
Sie steigt für den ICE1 von 51% auf 55% (s. Abschn. 5.4.3). Für ältere Züge sowie für den Personennahverkehr kann als Durchschnitt von einer Auslastung von 44% ausgegangen werden. Dabei muß ein Energieverbrauch von 0,242 kWh/Pkm zu Grunde gelegt werden; dafür liegt die Nutzungsdauer dieser Züge bei ca. 25–30 Jahren [31].

Für die übrigen Daten wie Treibstoffverbrauch, Emissionen, Abfälle etc. gelten im wesentlichen die Angaben aus den vorangegangenen Kapiteln.

Bild 8.72 zeigt den Vergleich der Verkehrsträger bzgl. ihres Primärenergieverbrauches. Da für Pkw die maximale Spanne zwischen Kleinwagen und Oberklasse angegeben wird, soll auch für den Verkehrsträger Zug ein festgelegter Bereich dessen Umweltbelastungen widerspiegeln. Dieser wird zum einen durch den ICE1 (z.Zt. bzgl. der Auslastung bester Zug innerhalb der DB) und einem „Durchschnittswert-Zug" (DB-, Randbedingungen s.o.) repräsentiert. (Maximum ist aufgrund von Datenmangel z.Zt. nicht möglich.)

Das Oberklassenfahrzeug verbraucht mit knapp 900 GJ über 200 000 Pkm am meisten. Legt man den Durchschnitts-Strombedarf für die Deutsche Bundesbahn sowie die mittlere Auslastung bei 174 000 km Jahresleistung eines Zuges [31] zugrunde, ergibt sich für den Durchschnitt der DB ein Primärenergiebedarf von 490 GJ.

Der Kleinwagen heutiger Technologie sowie der Diesel-Pkw liegen an dritter bzw. zweiter Stelle mit 312 GJ bzw. 275 GJ Primärenergieverbrauch. Der ICE1 als momentan mit höchster Auslastung und geringem Stromverbrauch betriebener Zug der DB hat auch den geringsten Primärenergiebedarf bezogen auf 200 000 Pkm.

Die Betrachtung des Energieverbrauches führt häufig im Bereich der Verkehrstechnik zu einer Dominanz der Nutzungsphase. Es gibt aber sehr viele Umweltbeeinflussungen, die bei Pkw durch die Herstellphase bestimmt werden. Als solche kann die Emission von Staub angesehen werden, wie im folgenden gezeigt wird:

Vergleicht man die Verhältnisse bzgl. des Energieverbrauchs, so beträgt der Abstand der Oberklasse zum „Durchschnitts-Zug" der DB nur ca. 25%, während bei der Energiebetrachtung dieser Wert bei 45% lag.

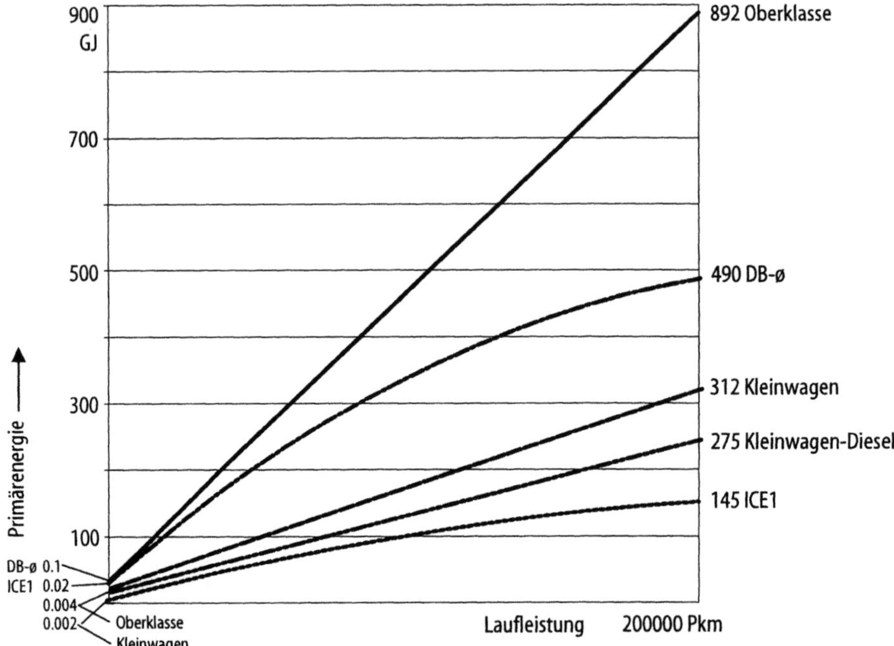

Bild 8.72. Vergleich des Primärenergieverbrauches ausgewählter Verkehrsträger auf der Basis einer Pkm-Betrachtung

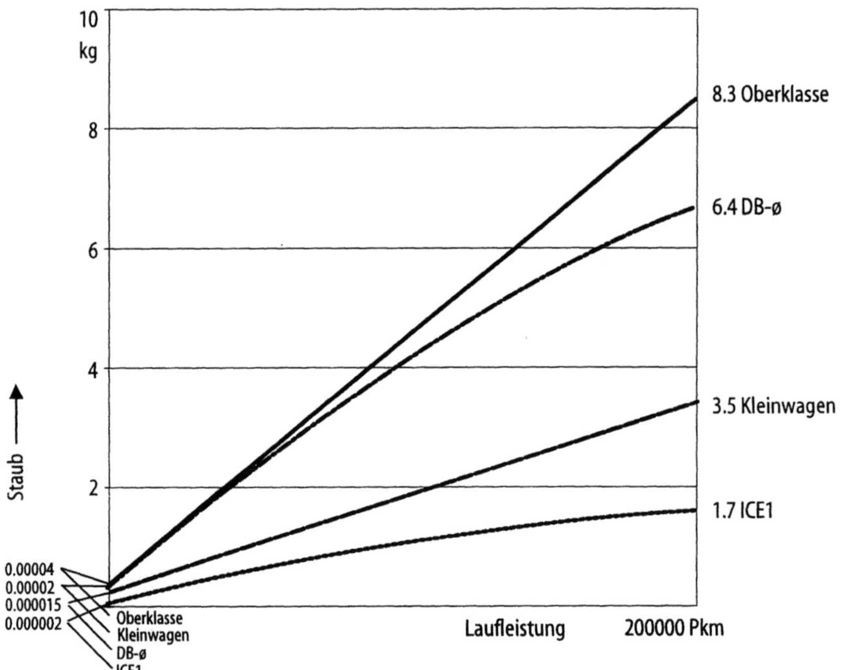

Bild 8.73. Vergleich der atm. Staub-Emissionen ausgewählter Verkehrsträger auf der Basis einer Pkm-Betrachtung bei der Herstellung

Der Vergleich des Energieverbrauches und der Staubemissionen zeigt Vor- und Nachteile einzelner Verkehrsträger auf. Die verallgemeinernde Aussage „Zug ist besser als Pkw" ist daraus nicht ableitbar, da der individuelle Transportvorgang entscheidend ist. Erst eine Hintereinanderschaltung einzelner Transportabschnitte könnte zu einer derartigen Aussage führen, unter der Voraussetzung, daß auch eine Bewertung der unterschiedlichen Umweltauswirkungen und der individuellen Faktoren wie Mobilität, Sicherheit etc. erfolgt. Dafür ist jedoch auf absehbare Zeit kein durchgängiger Konsens sichtbar [35].

8.2.2.8
Optimierung des Systems Pkw

Bevor Optimierungsmöglichkeiten des Systems Pkw dargestellt werden können, müssen die Ergebnisse aus der Sachbilanz (s. Abschn. 8.2.2) analysiert werden [36]. Folgende Erkenntnisse ergeben sich u.a. daraus:

- Die Nutzungsphase eines Pkw ist dominant in Bezug auf den Primärenergieverbrauch, auf den Erdölressourcenbedarf sowie auf verschiedene atmosphärische Emissionen wie CO_2, NMVOC, und CO. Emissionsveränderungen in der Nutzungsphase des Pkw haben eine weit geringere Bedeutung für die Gesamtbilanz als bisher erwartet.
- Bezieht man die Produktion des Treibstoffbedarfs ebenfalls in die Nutzungsphase mit ein, so addieren sich SO_2, NO_x und CH_4 hinzu.
- Bezogen auf bekannte Veröffentlichungen (s. u.a. [11, 37, 38]) ist der Energieverbrauch zur Herstellung des gesamten Fahrzeuges geringer als erwartet.
- Die Prozeßkette der Treibstoffsynthese wurde bisher vor allem in Bezug auf atmosphärische Emissionen stark unterschätzt.
- Mit der folgenden Reihenfolge nimmt die Bedeutung der Herstellphase des Pkw zu: Energieverbrauch – Atmosphärische Emissionen – Rohstoffverbrauch – Emissionen in den Boden – Abwasserbelastungen

Somit können unter anderem folgende Schlußfolgerungen gezogen werden:

- Durch Reduktion des Treibstoffbedarfes während der Nutzungsphase wird der Gesamtenergieverbrauch am wirkungsvollsten verringert. Proportional dazu senken sich die CO_2-Emissionen.
- die Verminderung des Benzinverbrauches würde gleichzeitig erhebliche Verbesserungen in der NO_x, NMVOC, CH_4 und SO_2-Bilanz nach sich ziehen.
- Eine weitere Senkung der NO_x und NMVOC-Emissionen würde sich in der Gesamtbilanz der jeweiligen Schadstoffe nur gering auswirken.
- Der Ressourcenbedarf an Eisen-, Kupfer-, Blei-, Zink-, Chrom-, Nickelerzen und anderen Rohstoffen wie Dolomit, Kalkstein, Kaolin, Steinsalz, Uran, Stahlschrott, Wasser etc. wird durch die Herstellung des Pkw bestimmt.

Anschließend werden Möglichkeiten aufgezeigt, um den Treibstoffbedarf in der Nutzungsphase zu senken. Wenn man Gl. (8.1) nach dem Benzinverbrauch pro Entfernung auflöst, ergeben sich vereinfacht die wesentlichen Fahrwiderstände.

Diese sind:

- Rollwiderstand
- Luftwiderstand
- Beschleunigungswiderstand
- Steigungswiderstand
- Bremswiderstand

Löst man diese Fahrwiderstände und andere treibstoffbestimmenden Größen nach den beeinflußbaren Faktoren auf, so ergeben sich folgende Kriterien, die es zu optimieren gilt:

- Rollreibung der Reifen
  Durch die zur Zeit erfolgende Einführung von rollwiderstandsreduzierten Reifen sind signifikante Senkungen zu erwarten.

- Motoreffizienz (Otto- und Dieselmotor)
  Eine weitere Steigerung der Motoreffizienz, kombiniert mit verschiedenen anderen Maßnahmen (Zylinderabschaltung, Direkteinspritzung, Aufladung etc.) ist durchaus zu erwarten. Hinzu kommt die Möglichkeit, generell Pkw mit leistungsschwächeren Motoren zu versehen.

- c_W x A-Wert
  Eine weitere signifikante Senkung des Luftwiderstandsbeiwertes c_W ist nicht zu erwarten. Jedoch stellt sich die Frage, ob die Stirnfläche des Pkw nicht reduziert werden kann.

- Masse des Pkw
  Besonders dieser Punkt wird sehr kontrovers diskutiert, da er eine Abkehr von der heute überwiegend benutzten Werkstoffgruppe Normal-Stahl zu bedeuten scheint. Die preisgünstige Herstellung von Stahlbauteilen jedoch führt die Autohersteller in einen Zielkonflikt, da Materialien mit geringerer Dichte wie Aluminium, Magnesium, Kunststoffe oder Titan häufig auch Mehrkosten pro Bauteil bedeuten.
  Konsequente Gewichteinsparung betrifft aber alle wesentlichen Baugruppen eines Pkw, wie Bild 8.74 zeigen soll.
  Ein leichterer Pkw benötigt für die gleichen Fahrleistungen einen kleineren Motor mit verringerter Leistung. Dadurch können Getriebe, Antriebsstrang und Achsen schwächer dimensioniert werden. Parallel dazu sind durchaus bei konventionellem Leichtbau mit Stahl ca. 10% evtl. auch 20% im Gewicht der Karosserie einzusparen. Durch Übergang auf Aluminium oder höchstfeste Stahlbleche sind noch höhere Gewichtsreduktionen zu erwarten. Weitere Einsparpotentiale sind dann durchaus auch bei anderen Bauteilen wie Federn, Stoßdämpfern etc. gegeben. Wenn alle Bauteile gewichtsreduziert erfaßt sind, könnte ein zweiter Iterationsschritt durchgeführt werden (eine leichtere Karosserie benötigt nun wieder einen noch kleineren Motor sowie einen darauf angepaßten Treibstrang etc.).
  Es stellt sich nun die Frage, wie weit der Leichtbau betrieben werden darf, ohne dabei in der Herstellphase soviel zu investieren, daß dieser erhöhte Einsatz sich während der Nutzungsphase nicht mehr amortisiert.
  Zur Verdeutlichung dieses Problemfeldes soll Bild 8.75 dienen:

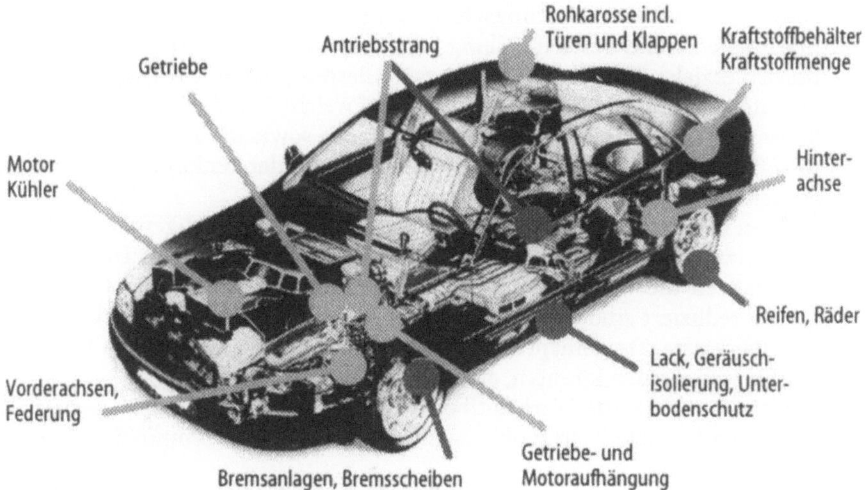

Bild 8.74. Hauptsächlich betroffene Baugruppen eines PKW bei konsequentem Leichtbau

Zur Berechnung der in Bild 8.75 angegebenen Daten dienen folgende Annahmen:

- Oberklasse:
  10% Gewichtsverminderung des Gesamtfahrzeuges führen zu einer Treibstoffeinsparung zwischen 3,5% und 7,5%.
- Kleinwagen:
  10% Gewichtsverminderung des Gesamtfahrzeuges ziehen eine Verbrauchssenkung um 2,5% bis 5% nach sich.

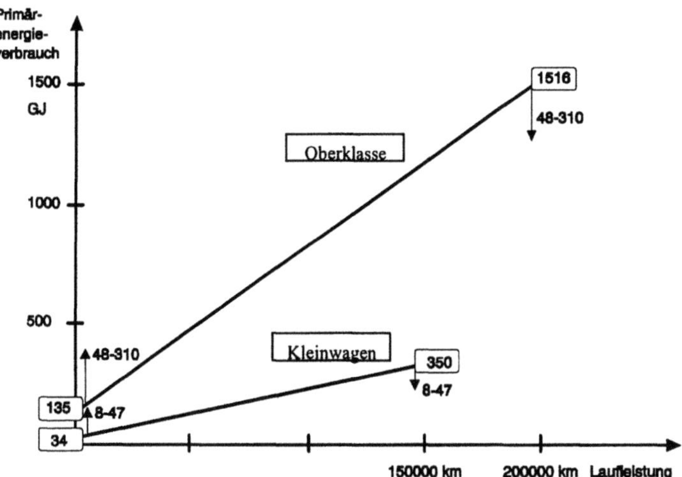

Bild 8.75. Bedeutung der Gewichtseinsparung im PKW-Bau in Abhängigkeit der Fahrzeugklasse, Fahrleistung und Treibstoffeffizienz

Diese während der Nutzungsphase eingesparten Primärenergien können maximal während der Herstellung investiert werden, um eine Gesamtreduktion zu erzielen (s. Pfeile in Bild 8.75). Allerdings sollte dabei streng darauf geachtet werden, welche Einsparungen auf welche Ursachen entfallen.

So ist z.B. eine Senkung des Rollwiderstandes sowie die Steigerung der Motor-Effizienz in erster Näherung unabhängig von der Senkung des Fahrzeuggewichtes.

Werden diese beiden genannten Maßnahmen zuerst durchgeführt und vollzieht man dann anschließend die gleiche o.g. Berechnung, so ist zu beachten, daß zu diesem Zeitpunkt die Absolutbeiträge während der Nutzungsphase reduziert sind. Der Startwert läge also unterhalb der 1380 GJ z.B. für die Oberklasse. Dementsprechend wären die Potentiale, die durch Leichtbau erschlossen werden könnten, auch kleiner.

Für die nun folgende Werkstoffbetrachtung sollen die in Kap. 5 genannten Energieverbräuche je kg Halbzeug (Stahlblech bzw. Aluminiumblech) herangezogen werden.

Das Gewicht der Stahlkarosserie läßt sich durch die Verwendung von höherfesten Stählen bzw. von Blechen mit einer an den jeweiligen Verwendungsfall angepaßten Blechstärken reduzieren. Ihr zusätzlicher Energiebedarf ist vernachlässigbar, gemessen am Gesamtenergieeinsatz, d.h. es wird ein etwa gleichbleibender Wert von 34 GJ für die Produktionsphase unterstellt. Die Energieeinsparung während der Nutzungsphase errechnet sich je nach Ansatz zu 8-16 GJ.

Vergleicht man hierzu Aluminium, so läßt sich aus der maximalen Treibstoffeinsparung auch die maximal verwendbare Werkstoffmenge kalkulieren.

Aus 24 GJ bis 48 GJ können somit je nach Wahl des Aluminiumlieferanten und der Stromerzeugung zwischen 89 kg und 410 kg Aluminiumblech/-extrusionsprofil erzeugt werden (zusätzlich ist die veränderte Herstellung des Pkw zu berücksichtigen). Es wird angesichts dieser Daten deutlich, daß durch die Verwendung von Aluminium Einsparungen hinsichtlich des Energieverbrauches möglich sind, allerdings nur wenn es energieoptimiert hergestellt wird.

Um den Anforderungen einer Ganzheitlichen Bilanzierung Genüge zu leisten muß jedoch diese grobe Energiebetrachtung in Bezug auf atmosphärische Emissionen, Abfälle, Abwasserbelastung und Ressourcenverbrauch erweitert werden.

Wenn man einen ersten Ansatz für eine Bewertung aufzeigen will, ist demnach die zuletzt genannte Gruppe den noch vorhandenen Ressourcen gegenüberzustellen. Bild 8.76 vermittelt einen Eindruck über die noch verfügbaren Weltreserven bzgl. bestimmter Rohstoffe [39–42], wobei wichtige Randbedingungen zu nennen sind.

Die hier genannten Daten beziehen sich zum einen auf das Jahr 1988, für Erdöl, Erdgas und Steinkohle auf das Jahr 1992 und bezeichnen die Weltreserven, die bekannt und heute unter wirtschaftlichen Bedingungen förderbar sind. Außerdem liegt diesen Angaben die Annahme zugrunde, daß die Weltproduktionsrate dieser Rohstoffe konstant bleibt.

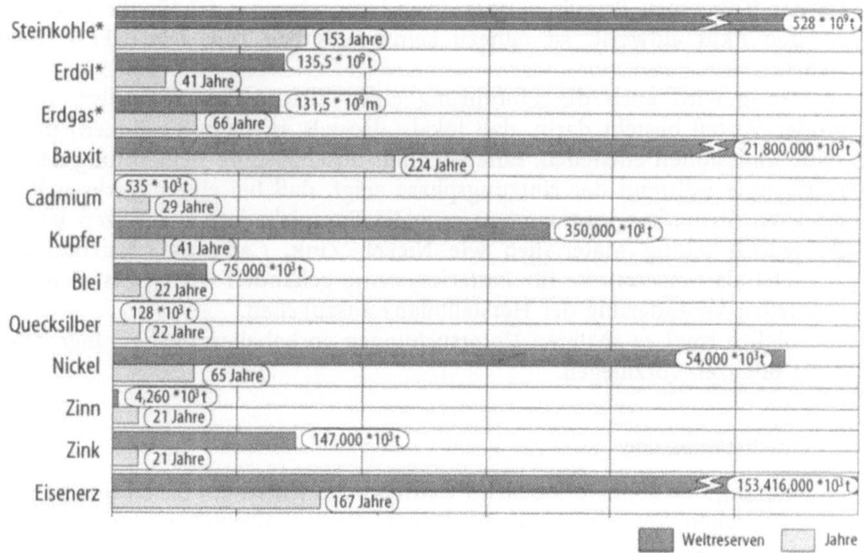

Bild 8.76. Weltreserven und Reichweiten bestimmter Rohstoffe im Jahre 1988 (* Daten für das Jahr 1992)

Unter diesen Voraussetzungen sind für wichtige, das Automobil betreffende Materialien, wie z.B. Blei, Erdöl, Kupfer und Zink nur geringe Reichweiten vorhanden. Für die beiden im o.g. Beispiel behandelten Ressourcen Eisenerz und Bauxit jedoch kann man davon ausgehen, daß sie noch relativ lang vorhanden und ausbeutefähig sind.

Betrachtet man jedoch die Weltreservengrundlage [39] der o.g. Daten (sie umfaßt nach heutigen Produktionsverfahren bemessene und angenommene Ressourcen und bezieht sich auf solche, die gegenwärtig tatsächlich oder nur am Rande volkswirtschaftlich erfolgversprechend sind und auf die Rohstoffe, die gegenwärtig noch nicht wirtschaftlich abbaubar sind [39]), so kann man für viele Stoffe von einer längeren Reichweite ausgehen.

In Abschn. 8.2.2 ist ein Vergleich eines ICE1-Zuges mit einem Dieselmotor getriebenen Pkw wiedergegeben. Dabei zeigen sich in bezug auf den Primärenergieeinsatz Vorteile für den Zug.

Im folgenden soll nun in einer groben Gegenüberstellung abgeschätzt werden, wie eine Verbrauchssenkung auf 3,5 Liter auf 100 km für Kleinwagen (diese wird z.Zt. von vielen Automobilherstellern angestrebt) das o.g. Ergebnis verändert.

Unter der Annahme, daß der Herstellenergieaufwand des Pkw unverändert bleibt, (was sicherlich nicht zutrifft), sind folgende Resultate festzuhalten (Randbedingungen wie in Abschn. 8.2.2):

- Gesamtenergieverbrauch für Herstellung, Nutzung und Verwertung: 247 GJ
- Gesamtenergieverbrauch auf 200 000 Pkm: 144 GJ/200 000 Pkm

Da der ICE1 einen Primärenergieaufwand von etwa 145 GJ für die genannten 200 000 Pkm aufweist, ist nahezu keine Differenz zum Diesel-Pkw festzustellen.

Häufig wird auch die Einführung eines Elektro-Pkw diskutiert. Dessen großer Vorteil besteht darin, daß lokal (also z.B. in Ballungsräumen) nahezu keine Emissionen entstehen. Eine ebenfalls abschätzende Betrachtung der Primärenergie während der Nutzungsphase zeigt, daß bei einem Verbrauch von 0,2 kWh Strom/km insgesamt ca. 400 GJ Energiebedarf anzusetzen ist [43]. Da jedoch häufig Materialien wie Nickel, Zink, Cadmium, Natrium oder Schwefel als Einsatzstoffe für Batteriesysteme gehandelt werden, ist von einer generellen Veränderung der Herstellbilanz auszugehen.

Folglich muß es späteren Untersuchungen vorbehalten bleiben, hier detaillierte Bilanzen vorzulegen.

Zusammenfassung

- Senkung des Treibstoffbedarfes während der Nutzungsphase führt zu einer erheblichen Verminderung des Primärenergieverbrauches sowie wichtiger atm. Emissionen.
- Die Verminderung des Treibstoffbedarfes kann durch eine Reihe von Maßnahmen erzielt werden, die jedoch im Zusammenhang der Gesamtkonzeption des Fahrzeuges zu betrachten sind:
    - Steigerung der Motoreffizienz
    - Senkung des Rollwiderstandes
    - Reduktion des Fahrzeuggewichts

- Die Herstellphase ist besonders wichtig für eine Vielzahl von atm. Emissionen, für Emissionen in den Boden sowie Ressourcenbedarf bestimmter Materialien und Abwasserbelastungen.
- Es ist von einer Verknappung wichtiger Materialien in den kommenden Jahrzehnten auszugehen.
- Das Automobil ist bei Senkung seines Treibstoffverbrauches in vielen Umweltbelangen ebenbürtig. Eine Erhöhung der Auslastung führt den Pkw in die Spitzenposition.
- Aufgrund der Bedeutung der Herstellphase ist z.Zt. eine Gegenüberstellung eines mit Strom betriebenen Pkw mit einem konventionellen Pkw nicht möglich.

8.3
Praxisnahe Ganzheitliche Bilanzierung

8.3.1
Verpackungen – ein bevorzugtes Feld für Ganzheitliche Bilanzierung

FINK, P., St. Gallen

8.3.1.1
Pro und Contra Verpackung

Verpackung – Spiegelbild unserer Gesellschaft

Die ganzheitliche Betrachtung des Themenkreises Verpackung läßt eine innige Vernetzung mit der Gesamtwirtschaft erkennen. Praktisch jedermann wird mit Verpackungen konfrontiert, sei es als Verbraucher oder als Produzent, sei es im Zusammenhang mit Warentransporten oder Entsorgungsfragen, sei es bezüglich Gestaltung eines Produktes und der damit verbundenen Schlüsse auf die Qualität des Inhalts.

Die Analyse unserer Verpackungslandschaft liefert gleichsam ein Spiegelbild unserer Gesellschaft und der verschiedenen Kulturbereiche. In den westlichen Industriestaaten ist die Verpackung technisch hochentwickelt, funktionsbezogen und immer stärker auch umweltbewußt. Für den Japaner ist Verpakkung auch ein Ausdruck seines ästhetischen Empfindens und wird von ihm entsprechend kultiviert. In den Entwicklungsländern besteht ein ausgewiesener Bedarf an verbessertem Produktschutz durch Verpackung und nicht mehr als Verpackung benötigtes Packmaterial wird nicht zum Abfall sondern findet eine vielfältige Weiterverwendung. Soziale Strukturen und die verschiedenen Arten der Bedürfnisbefriedigung haben sich auf Verpackungsart und -größe ausgewirkt. Solche Einflußfaktoren sind etwa der wöchentliche Großeinkauf im Supermarkt, die Zunahme von Singles und Kleinhaushalten, der Bedarf an tischfertigen, im Ofen oder mit Mikrowellen rasch zubereiteten Fertigmahlzeiten, Portionenpackungen für Freizeitaktivitäten und Zwischenmahlzeiten. Der Handel und besonders die Selbstbedienung verlangen eine Verkaufsunterstützung durch die Verpackung und der harte Wettbewerb auf einem gesättigten Anbietermarkt verlangt über die Verpackung eine bewußte Profilierung der angebotenen Ware.

Die enge Einbettung der Verpackung in die Marktwirtschaft hat zwangsläufig dazu geführt, daß auch die Verpackung ihren Beitrag zur durch das Wachstum und die gesteigerten Bedürfnisse bedingten Belastung der Umwelt geleistet hat und dabei ins Schußfeld der Umweltdiskussion geraten ist.

Wozu wird verpackt?

Trotz der Vielfalt von Verpackungen und der damit verbundenen Leistungen kann festgestellt werden, daß alle Verpackungen eine Reihe gemeinsamer Funktionen zu erfüllen haben, damit eine effiziente und geordnete Warenverteilung gewährleistet ist. Die Verpackung bringt eine *Ware* über den *Markt* zum *Verbraucher.* Es besteht immer eine enge Beziehung zwischen der Verpackung und dem Packgut, die auch durch dessen Markt und Anwendung mitbeeinflußt wird.

Die grundlegenden Verpackungsfunktionen lassen sich drei Hauptgruppen zuordnen:

Die *primären Funktionen* sind packgutorientiert und weitgehend technischer Natur. Sie gewährleisten die Warenverteilung und die Qualitätssicherung des verpackten Gutes bei der Überwindung von Distanzen und Zeit zwischen Herstellung und Verbrauch. Meist wird hiezu eine schützende Hülle um das Gut gelegt, die vor mechanischen Einwirkungen schützt und die dank ihrer Barrierewirkung in der Verpackung das gewünschte Mikroklima aufrecht erhält.

Die *sekundären Funktionen* sind auf den Markt ausgerichtet und unterstützen durch Gestaltung und Informationen den Handel und die Anwendung. Oft erfolgt dabei über die Verpackung die Identifikation des verpackten Produkts.

Die Definition *„Verpackung schützt, was sie verkauft, und verkauft, was sie schützt"* umschreibt recht prägnant diese beiden traditionellen Funktionsbereiche.

Der zeitgemäße Anforderungskatalog an die Verpackung muß aber noch durch einen *tertiären Funktionsbereich* mit gesellschaftlicher und ökologischer Dimension erweitert werden. So hat die Verpackung die Sicherheit bei Transport und Lagerung, im Handel und beim Gebrauch zu garantieren. Aber nicht nur der Mensch sondern auch die gesamte Umwelt sind schützenswert. Deshalb hat sich die Verpackung auch sehr bewußt nach den Umweltstrategien für eine nachhaltige Entwicklung auszurichten.

Zur Erfüllung dieser Funktionen stellt die moderne Technik eine breite Palette von Packstoffen und Packmitteln sowie Abpackverfahren zur Verfügung. Dadurch sind maßgeschneiderte Lösungen für spezifische Verpackungsaufgaben, hohe Leistungsfähigkeit in bezug auf Qualitätssicherung und Abpackleistung möglich geworden, so daß mit minimalem Materialeinsatz optimale Leistungen möglich sind.

Interesse an der Verpackung ist vielfältig.

Im Zusammenhang mit der ganzheitlichen Betrachtung von Verpackungssystemen ist folgenden Tatsachen Rechnung zu tragen:

- Verpackung und Packgut bilden eine feste Einheit. In praktisch allen Branchen und Wirtschaftsbereichen besteht daher ein Bedarf für Verpackung.
- Die Verpackung hat über mehrere Stufen des Lebenswegs einer Ware Dienstleistungen zu erbringen, somit haben alle Partner in der langen Lieferanten-Abnehmer-Kette vom Packstoffhersteller über den Packmittelfabrikanten, den Abfüller seiner Waren, den Transportunternehmer, den Handel und Verkäufer bis zum Benützer ihre eigenen Vorstellungen bezüglich erwarteter Leistungen. Das Pflichtenheft der Verpackung faßt diese Erwartungen zusammen.
- Nach erbrachter Dienstleistung am Packgut ist das Interesse an ihr weitgehend verloren gegangen. Sie ist Abfall, der entsorgt werden muß.

Aus oben geschilderter Situation ist ersichtlich, daß praktisch überall Verpak-
kungsleistungen benötigt werden, aber auf Grund unterschiedlicher Interes-
senslagen auch ganz verschiedene Verpackungseigenschaften verlangt werden.
Zwei unterschiedliche Denkansätze liegen dabei den zu verfolgenden Strategien zu Grunde. Einerseits ist das unternehmerische, vor allem technisch und
kommerziell ausgerichtete Denken nutzenorientiert. Man strebt vor allem die
perfekte Erfüllung der primären und sekundären Verpackungsfunktionen an.
Der zweite Denkansatz basiert auf ökologischen Überlegungen und orientiert
sich an möglichen Gefährdungsszenarien und verlangt eine nachhaltige Entwicklung. Im Bestreben, diese beiden Ansätze miteinander zu kombinieren,
ergeben sich einige wichtige Fragen:

- Wie läßt sich die erforderliche Verpackungsleistung mit möglichst geringem
  umweltbelastendem Aufwand erreichen?
- Welchen Wert hat die Verpackung noch nach erbrachter Dienstleistung an
  der Ware? Kann sie weiter genutzt werden im Sinne einer Wiederverwendung oder Weiterverwertung, oder muß sie vernichtet werden? Ist auch eine
  Deponierung als Wertstoff für eine spätere Nutzung möglich?

Da Ökobilanzen Tätigkeiten und Systeme bezüglich ihrer umweltrelevanten
Aufwände und der damit verbundenen Emissionsbelastungen untersuchen,
sind sie ein taugliches Instrument zum Studium der oben aufgeworfenen
Fragen.

Auch der Gesetzgeber interessiert sich für Verpackungen.

Die Bedeutung der Verpackung für Wirtschaft und Gesellschaft sowie das
starke Interesse an der Verpackung im Rahmen der Umweltdiskussion bringen es mit sich, daß auch Politik und Gesetzgebung in das Verpackungsge-
schehen eingreifen. Dem Schutz von Gesundheit und Leben dienen gesetzliche
Vorschriften für Lebensmittel- und Genußmittelverpackungen, sowie für den
Transport gefährlicher Güter. Als Informationsträger ist die Verpackung auch
bezüglich der Deklarationsvorschriften zur Verbesserung der Markttranspa-
renz betroffen. Am stärksten ist aber zur Zeit die Verpackungswirtschaft
durch die umweltrelevanten Gesetze gefordert, die vor allem auf Grund des
Entsorgungsnotstandes die aufgestellten Umweltstrategien durch konkrete
Auflagen zu erreichen versuchen. So hat etwa in Deutschland die Verpak-
kungsverordnung (Verordnung über die Vermeidung von Verpackungsab-
fällen) und das damit verbundene Duale System Deutschland DSD einen
wesentlichen Einfluß auf den deutschen Verpackungsmarkt und die Verpak-
kungsentwicklung ausgeübt und analoge EG-Direktiven werden sich gesamt-
europäisch auswirken.

Der Gesetzgeber und seine Überwachungsorgane sind für das Treffen
machbarer und wirksamer Maßnahmen auf Informationen aus Industrie und
Wissenschaft angewiesen. Von der Verpackungsindustrie und der abpacken-
den Wirtschaft werden Informationen über den Stand der Technik und die
produktspezifischen Eigenschaften erwartet, der Handel soll über die Markt-
situation, die Distributionskapazitäten und die Konsumentenbedürfnisse
orientieren. Von der Wissenschaft werden vor allem zweckmäßige Prüfmetho-

den sowie Bewertungsgrundsätze und Technologiefolgenabschätzungen erwartet. Ökobilanzen können somit ein Angebot der Wissenschaft an die Politiker und Gesetzgeber sein, um ihnen Grundlagen für ihre Entscheide zu liefern.

8.3.1.2
Vorgehen beim Bewerten von Umweltbelastungen

Verpackungswirtschaft als Wegbereiter für Ökobilanzen

Bereits seit den 60er Jahren dient die Verpackung als Sündenbock, wenn in den Medien über die Umweltbelastung durch unsere Konsumgesellschaft berichtet wird. Es begann mit dem Kampf gegen den Streuabfall und die wilden Deponien, gefolgt von der Ressourcenbeanspruchung durch die kurzlebigen Verpackungen und den Schwierigkeiten bei der Entsorgung der Abfallberge. Aus dieser Situation heraus entwickelte sich die Methodik der Ökobilanzierung für Warenverteilsysteme. Verpackungen sind ein bevorzugter Gegenstand von Ökobilanzen, beziehen sich doch rund 40% aller publizierten Ökobilanzen auf Verpackungssysteme.

Erste Vorläufer klassierten die verschiedenen Packstoffe bezüglich biologischer Abbaubarkeit, Recyclier- und Entsorgungsmöglichkeiten. Die Energiekrise anfangs der 70er Jahre förderte die systematische Erfassung der Energieflüsse. Unter Berücksichtigung der möglichen Energieketten wurden die eingesetzten Endenergien auf eine fiktive thermische Primärenergie zurückgerechnet. Die zunehmende Gewässer- und Luftverschmutzung sowie der immer knapper werdende Deponieraum führten zur zusätzlichen Erfassung der Materialflüsse und insbesondere der Schadstoffabgaben an die Umwelt. Heute beinhaltet eine Ökobilanz eines Verpackungs- oder Warenverteilsystems eine umweltbezogene, ganzheitliche Inventarisierung des Istzustandes im Rahmen einer Systemanalyse, gefolgt von einer entsprechenden Technologiefolgenabschätzung und auf Grund einer Risikoabschätzung dem Vorschlagen von Maßnahmen zur Verminderung der Umweltbelastungen, und zwar alles bezogen auf eine funktionelle Einheit. Oft werden leider bei dieser ökologischen Buchhaltung Soll- und Haben-Seite nicht gleich gewichtet, d.h. es werden vor allem die möglichen Belastungen erfaßt und ihre Folgen dargestellt, ohne auch dem erzielten Nutzen bzw. der erbrachten Leistung die gebührende Aufmerksamkeit zu schenken. Eine Ganzheitliche Bilanzierung, die Grundlage für politische oder unternehmerische Entscheide sein will, muß aber sorgfältig den angestrebten Nutzen gegen die möglichen Gefährdungen abwägen.

Ziele und Absichten bei der Erstellung von Ökobilanzen

Zwei Fragen stehen sowohl bei der Erstellung als auch der Auslegung der Daten einer Ökobilanz eines Verpackungs- oder Warenverteilsystems im Vordergrund, nämlich

- Wozu wird verpackt?
- Wozu soll eine Ökobilanz erstellt werden?

Grundlage zur Beantwortung der ersten Frage liefert die im vorherigen Abschn. 8.3.1.1 dargestellte Verpackungslandschaft mit ihren vielfältigen Vernetzungen. Je nach Packgut und zu belieferndem Markt läßt sich das geforderte Leistungspaket für Verpackung und Warenverteilsystem zusammenstellen.

Ebenfalls die Antwort auf die zweite Frage ist vielschichtig. Aus der Definition der Ökobilanz geht hervor, daß sie durch das Erfassen des Material- und Energieflusses durch das betrachtete System dessen Beitrag zur Belastung unserer Umwelt feststellen soll. Es gibt nun aber recht verschiedene Gründe, wofür man eine Ökobilanz verwenden will. Dazu kommt, daß bezüglich der Definition der Umweltbelastung aber auch der Gewichtung der einzelnen Belastungsindikatoren heute kein allgemeiner Konsens besteht. Daraus erklärt sich, daß auch zur Erhaltung einer überlebensfähigen Umwelt heute verschiedene Strategien verfolgt werden.

Absichten und Ziele für die Erstellung einer Ökobilanz sowie die dabei verfolgten Umweltstrategien bestimmen somit mit über die anzuwendenden Methoden und Bewertungsansätze.

Die Praxis der Ökobilanzierung von Verpackungs- und Warenverteilsystemen läßt etwa die folgenden Absichten und Ziele zur Erstellung einer Ökobilanz erkennen:

- Übergang von einer punktuellen zu einer ganzheitlichen Betrachtung der Umweltbelastung durch ein Verpackungssystem für ein bestimmtes Produkt oder eine Produktegruppe
- Aufzeigen von Zusammenhängen zwischen den einzelnen Subsystemen sowie dem Gesamtsystem und den damit verbundenen Umweltgefährdungen
- Aufzeigen situationsbedingter Einflüsse und Sonderheiten eines Verpackungssystems auf die Umweltbelastung
- Aufzeigen ökologischer Problemverlagerungen durch Lenkungsmaßnahmen
- Erkennen spezieller Gefährdungen und Schwachstellen im Verlauf des Lebenszyklus und Suchen nach entsprechenden Verbesserungs- und Entlastungsmöglichkeiten
- Feststellen von Forschungs- und Entwicklungsbedarf
- Vergleich verschiedener Verpackungslösungen mit analoger Leistung bezüglich ihrer Umweltgefährdung
- Entwicklung umweltverträglicher Verpackungen und Verteilsysteme im Sinne einer ökologisch abgestützten Verpackungsoptimierung
- Ökologische Beratung von Unternehmungen
- Überprüfung des Erreichens der gesetzten Umweltziele im Sinne eines Ökocontrolling oder Ökoaudits
- Feststellen von Umweltgefährdungen durch das Verpackungssystem zum Zwecke einer Deklaration, Klassierung oder Verleihung eines Gütezeichens (z.B. Ecolabelling)
- Motivieren zu umweltbewußterer Lebensweise

Da bei jeder wissenschaftlichen Expertise die damit verbundene Fragestellung und damit Absicht und Ziel der Untersuchung sowohl für den anzuwendenden theoretischen Ansatz als auch für die Methodik und Bewertung von entscheidender Bedeutung sind, ist es naheliegend, daß bei unterschiedlicher Fragestellung und somit andern Voraussetzungen zwei Experten zu anscheinend sich widersprechenden Aussagen kommen, obwohl beide zweckmäßig und wissenschaftlich korrekt vorgegangen sind. Bei den vielen unterschiedlichen Zielsetzungen für Ökobilanzen ist es daher nicht verwunderlich, daß solche Situationen immer wieder auftreten können. Auf dem Verpackungsgebiet gibt es zahlreiche solcher Beispiele, sei es, daß es sich um die Entscheidung Einweg oder Mehrweg handelt oder um den umweltverträglichsten Packstoffeinsatz. Es ist daher unerläßlich, daß bei jeder Ökobilanz die Zielsetzung sowie die der Bewertung zugrunde liegenden Umweltstrategien und Gewichtungen klar definiert werden, so daß die Gründe für die aufgetretenen Unterschiede in der Globalaussage erklärt werden können.

Erwartungen an eine Ökobilanz

Je nach Auftraggeber werden unterschiedliche Erwartungen an eine Ökobilanz gestellt:

Der Unternehmer möchte dank Ökobilanzen umweltgerechter produzieren und verpacken, Schwachstellen ausmerzen und somit seine Produkte und Verpackungen sowie die damit zusammenhängenden Prozesse und Verteilsysteme optimieren. Ökobilanzen sind für ihn ein Instrument der Qualitätssicherung. Oft wird er bestimmte Optionen priorisieren, also nur Teilbilanzen in erfolgsversprechenden Bereichen veranlassen. Für ihn haben Ökologie und Ökonomie einen hohen Stellenwert. Ökobilanzieren bedeutet für ihn auch das Suchen nach der Balance zwischen Ökologie und Ökonomie. Er sucht vor allem eine Ökoberatung und benötigt Detailinformationen zum Treffen seiner unternehmerischen Entscheide bezüglich umweltgerechtem Verhalten.

Die Öffentlichkeit, also etwa der Bürger, die Politiker, Verbraucher oder Umweltgruppen möchten entweder Produkte, Verpackungssysteme oder ganze Unternehmen auf Grund ihrer Umweltleistungen auszeichnen (z.B. mit Ecolabel oder blauem Engel) oder diese diesbezüglich diskriminieren (verbieten, einschränken, boykotieren). Verlangt wird dabei ein möglichst allgemein gültiges Resultat, das mehr in die Breite und weniger in die Tiefe geht. Die Aussage sollte einfach sein, weshalb die Daten verdichtet werden. Nicht Einzelinformationen sind gefragt, sondern möglichst numerische, aggregierte Werte. Es besteht der Wunsch nach einer Standardisierung und Berechenbarkeit der Umweltverträglichkeit. Im allgemeinen interessiert das Maß der Umweltgefährdung viel mehr als der mit der untersuchten Tätigkeit gewonnene Nutzen bzw. die dadurch erreichte Bedürfnisbefriedigung. Die Ergebnisse sollten eine Basis auch für politische Entscheide liefern.

Umgang mit der hohen Komplexität

Die Forderung nach einer Ganzheitlichen Bilanzierung eines Systems verlangt einerseits die Erfassung der Material- und Energieflüsse von der Rohstoffgewinnung aus der Natur über alle Lebensphasen bis zur Entsorgung und damit Rückgabe an die Umwelt, und anderseits die Berücksichtigung der vielfältigen Vernetzung der Verpackung bei ihrer Herstellung, Nutzung und Entsorgung mit der Gesamtwirtschaft und der Gesellschaft. Es geht also darum, Systeme für die Verteilung einer Ware in allen ihren Wechselwirkungen mit den verschiedensten Bereichen der Wirtschaft und Gesellschaft möglichst umfassend auf die Auswirkungen auf die Umwelt zu untersuchen. Es muß somit ein stark vernetztes und daher auch hochkomplexes System analysiert werden.

Man stellt in diesem Zusammenhang fest, daß für das Warenverteilsystem die zur Verfügung stehende Energiewirtschaft, die eingesetzten Umwelttechniken und der Markt, der die Versorgung der Bevölkerung zu gewährleisten hat, für die durch die Ökobilanz erfaßten Umweltbelastungen von ausschlaggebender Bedeutung sind. Bei der Beurteilung konkreter Warenverteilsysteme wirken sich auch regionale Eigenheiten aus, wie etwa die vorhandene Infrastruktur bezüglich Energieangebot, Transporteinrichtungen und -wege oder Entsorgungsmöglichkeiten, die Marktgewohnheiten und der Lebensstandard der Bevölkerung bzw. des Zielpublikums.

Die Praxis der Ökobilanzierung zeigt, daß die Forderung nach einer Ganzheitlichen Bilanzierung eines derart stark vernetzten und komplexen Systems innert nützlicher Frist und zu tragbaren Kosten ohne Reduktion der Komplexität, d.h. Vereinfachung nicht bewältigt werden kann.

Die zu treffenden Vereinfachungen haben sich dabei in erster Linie nach den Zielsetzungen und den gewählten Umweltstrategien zu richten. Auch die Verfügbarkeit von Daten und deren Zuverlässigkeit kann sich auf die Wahl des Vorgehens bei der Bilanzierung auswirken. Zunächst erfolgt durch die Festlegung der Systemgrenzen eine Einengung des Bilanzierungsumfangs. Bei Vergleichen von verschiedenen Verpackungssystemen wird man etwa diese Begrenzung so vornehmen, daß all jene Schritte oder Subsysteme genau erfaßt werden, bei denen sich wesentliche Unterschiede vermuten lassen. Operationen im Rahmen der Warenverteilung und Präparation der Ware für das Abpacken, die praktisch bei all den untersuchten Systemen gleich sind, können jedoch ausgeklammert werden. Die Erfahrung hat gezeigt, daß bei Verpackungssystemen die Logistikaufwände und die Belastungen durch den Zulieferer für die Energie als ins Gewicht fallende Komponenten der Umweltbelastung nicht ausgeschlossen werden dürfen. Vielfach kann aber die Konsumphase vernachlässigt werden, da sie einerseits sehr schwer repräsentativ zu erfassen ist und anderseits meist keinen wesentlichen Beitrag in verpackungsbezogener Hinsicht liefert. Anders verhält es sich etwa inbezug auf die Benutzerphase bei Investitionsgütern wie einer Bauisolation oder einem Auto, wo diese Phase wegen der möglichen Betriebseinsparungen gar den Hauptanteil an den durch die Ökobilanz nachgewiesenen Umweltbelastungen liefert.

In einem zweiten Schritt sind Randbedingungen festzulegen, die aus der Vielfalt aller möglichen Situationen Szenarien liefern, die als charakteristisch für die untersuchten Systeme gelten können. Dies setzt im allgemeinen gute Kenntnisse der entsprechenden Branche voraus. Bei Verpackungs- und Warenverteilsystemen müssen die Verteildistanzen und Transportmittel, die Lagerbedingungen und die Umschlagszeiten, die Handelsusanzen, die Anzahl Umläufe bei Mehrweggebinden, gesetzliche Vorschriften, die Art der Abfallbewirtschaftung, die Konsumgewohnheiten und mögliche, anzustrebende Verhaltensänderungen bei der Festlegung der Randbedingungen und damit der zu untersuchenden Szenarien berücksichtigt werden. Durch Variation einzelner Randbedingungen läßt sich auch die Sensitivität inbezug auf bestimmte Systemänderungen erkennen. Solche Sensitivitätsanalysen sind gerade bei Warenverteilsystemen oft recht wichtig, um festzustellen, unter welchen Bedingungen das eine oder andere Verpackungssystem sich günstiger verhält.

Schließlich geht es noch darum, Bagatellen auszuscheiden, die dann entweder ganz vernachlässigt werden können oder nur auf Grund einer groben Schätzung bewertet werden. Vielfach fehlen in diesem Bereich auch vollständige Daten über die eingesetzten Zusatzstoffe. So kann etwa das Kleben, Verschweißen oder Heißsiegeln oder auch das Bedrucken inklusive der eingesetzten Druckfarben nur bei ganz konkreten Herstellprozessen erfaßt werden und muß bei sogenannten Parameteranalysen, die sich auf einen ganzen Branchenbereich beziehen, eher über eine Grobschätzung berücksichtigt werden.

Durch solche vereinfachende Anpassungen muß erreicht werden, daß mit tragbarem Zeit- und Arbeitsaufwand auf die gestellten Fragen relevante Antworten erteilt werden können, und dies bei möglichst geringem, durch die Vereinfachung bedingtem Informationsverlust bezüglich der Zielsetzungen.

Ein anderer Weg zur Reduktion der Komplexität besteht in einem Verzicht auf eine ganzheitliche Betrachtung. Es werden bei dieser „Differential-Ökobilanz" bestimmte Optionen , die erfolgversprechende ökologische Maßnahmen erwarten lassen, näher verfolgt. Bei dieser etwa unter der Bezeichnung „Integrated substance chain management" bezeichneten Methode wird auf Grund des Fließbildes einer Prozeßkette festgestellt, wo Eingriffsmöglichkeiten sind und dann werden die Optionen für die vertieft zu betrachteten Teilsysteme getroffen.

Das praktische Vorgehen in drei Schritten

Nach Festlegen des Ziels, der Systemgrenzen und der Randbedingungen geht heute jeder Ökobilanzierer in drei Schritten vor:

Sachbilanz – Wirkungsanalyse – Maßnahmen zur Verbesserung

Die Sachbilanz oder das Lebensweg-Inventar wird oft als objektive, weitgehend wertungsfreie Erfassung des Ist-Zustandes eines Verpackungssystems betrachtet, während die beiden folgenden Schritte als wertend und damit auch mit teilweise subjektivem Charakter angesehen werden. Die gelegentlich praktizierte Beschränkung nur auf die Sachbilanz bringt aber auch nicht die erhoffte wertungsfreie Objektivität, da die Zielsetzungen alle drei Schritte beeinflussen und diese daher nicht völlig voneinander getrennt betrachtet werden können. Zudem bezweckt ja die Erstellung einer Ökobilanz, daß auf Grund des erhobenen Istzustandes auf mögliche Folgen für die Umwelt und Verbesserungsmöglichkeiten geschlossen wird.

Die drei Schritte lassen sich aus der Sicht der Ökobilanzierung von Verpackungssystemen wie folgt kurz charakterisieren:

Mit der *Sachbilanz* werden nach den Methoden der Systemanalyse die einzelnen Prozeß- und Transportschritte des Gesamtlebenslaufs soweit möglich quantitativ erfaßt. Erfolgt eine Unterteilung in Subsysteme, so müssen die Wechselwirkungen zwischen diesen berücksichtigt werden. Die Systemgrenzen und die Randbedingungen für die statistische Erfassung der Material- und Energiefluß-Daten werden festgelegt und die Datenerfassung erfolgt als Momentanaufnahme oder für eine bestimmte Zeitperiode mit Bezug auf den

Aufwand pro Funktionseinheit, also etwa die Verteilung von 1000 kg eines Produkts oder von 1 Million Verpackungseinheiten. Die Sachbilanz kann als eine *Input-Output*-Analyse betrachtet werden. Die *Input*- oder Quellengrößen lassen sich dabei vollständiger und meist auch quantitativ erfassen, da diese Materialien und Energien beschafft und auch bezahlt werden müssen. Bei den *Output*- oder Senkengrößen, die neben dem ebenfalls gut erfaßbaren Produktausstoß die verschiedenen Emissionen in die Umwelt enthalten, ist die Erfassung lückenhafter, da oft nur gerade jene Schadstoffabgaben kontrolliert werden, die mit behördlichen Auflagen reglementiert sind. Dazu kommt, daß nur die permanenten Emissionen erfasst werden, während Störfälle als seltene Ereignisse aber mit beträchtlichen Folgen meist nicht berücksichtigt werden, da auch Angaben über die Wahrscheinlichkeit ihres Eintretens im allgemeinen fehlen. Emissionen werden meist auch noch mit Hilfe der Umwelttechnik behandelt und inbezug auf das Gefahrenpotential verringert. Die Erfassung der in vielen Fällen besonders interessierenden Schadstoffabgaben ist also meist lückenhaft und situationsbedingt. Zusammenfassend läßt sich sagen, daß die Sachbilanz den Verursacher beschreibt.

Die *Wirkungsanalyse* versucht eine quantitative und/oder qualitative Charakterisierung und Bewertung der Auswirkungen der in der Sachbilanz erfassten Material- und Energieflüsse. Im Sinne einer Technologiefolgenabschätzung werden die Sachbilanzdaten einzelnen Belastungsindikatoren eines Katalogs von Umweltbelastungen zugeordnet. Es wird der Kreis der zu berücksichtigenden Betroffenen oder Rezeptoren sowie von Indikatorschadstoffen festgelegt. Es zeigt sich dabei, daß neben den Verhältnissen bei der Packstoff- und Packmittelherstellung vor allem auch jene bei der Energieumwandlung und beim Transport berücksichtigt werden müssen. Der Beurteilung liegt eine Ursache-Wirkungsfunktion gekoppelt mit einem Translokationsvorgang vom Emittenten zum Rezeptor zugrunde, wobei vor allem zwei ökologisch wirksame Bereiche zu berücksichtigen sind, nämlich die toxische Wirkung für den Menschen und die belebte Natur, und die Störung der natürlichen Gleichgewichte und Kreisläufe. Für den ersten Bereich benötigt man Informationen von der Human- und Ökotoxikologie, während beim zweiten Bereich vor allem die Hauptsätze der Thermodynamik herangezogen werden.Die möglichen Auswirkungen der Belastungsindikatoren werden zu einem Bedrohungsbild zusammengefaßt, das bezüglich Material-, Energie- und Raumbedarf, der betroffenen Umweltkompartimente, bestimmter Umweltprobleme, der zu erwartenden Umweltkosten oder der Ziele des Umweltmanagements orientiert sein kann.

Die *Maßnahmen zu Verbesserungen* verlangen das Treffen umweltpolitischer oder unternehmerischer Entscheide. Das auf Grund möglicher Umweltbelastungen gezeichnete Bedrohungsbild wird im Sinne einer Risikobetrachtung der von der Verpackung erbrachten Leistung gegenüber gestellt. Hier stellt sich wieder die Frage „Wozu wird verpackt?" Es liegt eine mehrdimensionale Entscheidungsstruktur vor, die sowohl technologische Erfordernisse und Möglichkeiten, wirtschaftliche Gegebenheiten und ökologische Anforderungen zu einer optimalen Verpackungslösung entwickeln muß. Die Möglichkeiten und Interessen von Verursacher und Betroffenen sind gebührend zu berücksichtigen. Ziel ist die ökologisch-ökonomische Optimierung, d.h. die wirtschaftliche Erbringung der benötigten Leistung bei geringst möglicher Umweltbelastung.

Die enge Beziehung unter den drei Schritten läßt sich am besten anhand einer Gegenüberstellung von Planungs- und Realisierungsphase zeigen:

Bei der Planung werden auf Grund der Problemstellung, die eng mit den in den drei Schritten zu treffenden Entscheiden zusammenhängt, die relevanten Kriterien und der zu bilanzierende Bereich festgelegt. Für diese Kriterien ist eine Meßlatte für deren quantitative Erfassung zu suchen, die dann bei der Wirkungsanalyse herangezogen werden kann. Schließlich ergeben sich daraus die benötigten Datensätze für die Energie- und Materialflüsse im Rahmen der Sachbilanz.

Die Realisierung der Bilanzierung läuft gerade in umgekehrter Richtung ab. Der Istzustand wird durch das Dateninventar der Sachbilanz beschrieben. An die erhobenen Daten wird dann bei der Wirkungsanalyse die gewählte Meßlatte zur Ermittlung der Umweltgefährdung angesetzt. Das so erhaltene Bedrohungsbild wird schließlich unter Berücksichtigung des vorhandenen Leistungsauftrags für Entscheide über Verbesserungsmaßnahmen herangezogen.

Die Erstellung von Ökobilanzen für Verpackungs- und Warenverteilsysteme setzt interdisziplinäres Vorgehen voraus. Je nach Disziplin können andere Methoden oder theoretische Ansätze zur Anwendung gelangen und bestehen auch unterschiedliche Interessen. Größere Bilanzierungsvorhaben werden daher mit Vorteil von einem interdisziplinär zusammengesetzten Team bearbeitet, um der Forderung nach Ganzheitlichkeit auch in dieser Richtung zu entsprechen.

Erfahrungen beim Bilanzieren von Verpackungen

Auf Grund umfangreicher praktischer Erfahrungen mit der Erstellung von Ökobilanzen für Verpackungssysteme haben sich gewisse methodische Vorgehen herausgebildet. Trotzdem sind aber noch mehrere Wünsche bezüglich Datenerhebung, Schließen von Lücken in der Datenerfassung besonders bei den Umweltbelastungen sowie der Gruppierung und Zusammenfassung von Einzeldaten offen geblieben.

Grundlage für die Datenerhebung im Rahmen der Sachbilanz bildet ein umfassendes Fließ-Schema, ausgehend von der Rohstoffgewinnung und endend mit der Entsorgung. Material- und Energiefluß sollen durch dieses Schema veranschaulicht und möglichst quantitativ beschrieben werden. Wichtig ist, daß neben den einzelnen Arbeitsprozessen auch die Transporte und die Aufwendungen für die Lagerung einbezogen werden. Die einzelnen Schritte können als Subsysteme betrachtet werden, wobei aber darauf geachtet werden muß, daß bei Verpackungs- und Warenverteilsystemen meistens die Ausgestaltung der einzelnen Schritte von den vor- und nachgelagerten Schritten mitbestimmt wird. So ist etwa bei der Distribution leicht verderblicher Lebensmittel der durch die Verpackung benötigte Qualitätsschutz sowohl von der erwarteten Umschlagszeit als auch den angewandten Schutzmaßnahmen bei der Produktion (z.B. Konservierung) oder Verteilung (Kühlen, Tiefkühlkette) abhängig. Je nachdem können sich dann bei der Verpackung oder aber bei der Logistik höhere Aufwendungen ergeben.

Die einzelnen Subsysteme eines Lebenslaufs werden oft als Black-Box betrachtet, d.h. es wird der in das System eintretende, resp. dieses verlassende Material- und Energie-Fluß aufgeschlüsselt nach Art der Materialien und Art und Wertigkeit der Energie und bezogen auf die gewählte Funktionseinheit erfaßt. Dadurch ergibt sich, daß nur schwer oder gar nicht durch den Material- und Energiefluß erfaßbare Belastungen wie Lärm, Landschaftsveränderungen, Beeinträchtigung der Artenvielfalt, Strahlung oder die Wahrscheinlichkeit von Unfällen bei solchen Ökobilanzen kaum erfaßt werden. Im Gegensatz zu den wirtschaftlichen und gesellschaftlichen Auswirkungen, die bewußt ausgeklammert sind, sollten eigentlich die vorgenannten Belastungsmöglichkeiten im Rahmen einer ganzheitlichen Ökobilanz berücksichtigt werden, eventuell auch nur qualitativ.

Anhand der für eine Studie relevanten Fließschemata lassen sich der Gegenstand der Bilanzierung und die Systemgrenzen definieren und es werden auch die erforderlichen Randbedingungen ersichtlich. Ferner erlaubt das Fließschema in Analogie an Kostenstellen einer Buchhaltung den einzelnen Stufen einen Material- und Energiebedarf zuzuteilen und sie auch mit den damit verbundenen Schadstoffabgaben zu belasten.

Oft empfiehlt es sich, für die Darstellung der Detaildaten deren Erfassung in einer Tabelle, die vertikal die einzelnen Materialien und Energiearten sowie die Emissionen und horizontal die einzelnen Prozeß- und Transportschritte, d.h. den Lebensweg aufführt. Aus einer solchen Datentabelle verbunden mit dem Fließschema lassen sich einerseits Schwachstellen oder ganz allgemein kritische Bereiche leicht erkennen, und anderseits erlaubt dies für bestimmte Bewertungskriterien der Wirkungsanalyse relevante Aufwände und Schadstoffabgaben zusammenzufassen.

Für die Erstellung von Ökobilanzen stehen dem Praktiker in Datenbanken und Softwarepaketen Grunddaten für verschiedenste Packstoffe zur Verfügung, während Daten für Verarbeitungsprozesse nur spärlich oder gar nicht vorhanden sind. Die Datenbanken geben Durchschnittswerte für einzelne Packstoffgruppen, die sich doch oft auf einen relativ begrenzten Produzentenkreis beziehen, der sich oft an der nationalen Verpackungswirtschaft orientiert.

Die Übereinstimmung der numerischen Werte einzelner Datenbanken für Packstoffe läßt aber sehr zu wünschen übrig, was auf unterschiedliches Vorgehen bei der Datenerhebung und Unterschiede in der Breite und der Tiefe der Datenerfassung zurückzuführen ist. Werden daher für Vergleiche Grunddaten aus verschiedenen Datenbanken herangezogen, so ist Vorsicht am Platz und die Eigenheiten der jeweiligen Datenerfassungen sind zu berücksichtigen.

Im Zusammenhang mit der Zuverlässigkeit und Genauigkeit von Daten für Verpackungsbilanzierungen ist zu beachten, daß eine breite Palette von Packstoffen vorhanden ist und für deren Herstellung eine Vielzahl von Anlagen mit unterschiedlichem Stand der Technik und regional oder national bedingt unterschiedlichen Umweltauflagen in Frage kommen. Je nach dem Kreis der Informationspartner aus der Industrie kann somit das Datenmaterial für eine Packstoffdatenbank sich unterscheiden. Spezifische Daten, die sich auf die für das untersuchte System in Betracht fallenden Produktionsanlagen abstützen, geben die konkretesten Informationen, die sich aber nicht verallgemeinern lassen. Wird ein Durchschnittswert aus verschiedenen Anlagen zur Herstellung eines bestimmten Produkts gebildet, so wird dieser abhängig von der Anzahl der erfaßten Anlagen, dem Stand der Technik dieser Anlagen, Unterschieden in der Prozeßführung und den eingesetzten Rohstoffen. So wirkt sich etwa bei der Kunststoffherstellung aus, ob als Rohstoff Erdgas oder Naphtha aus Erdölraffinerien eingesetzt wird. Auch die Provenienz des Gases oder Erdöls spielt eine Rolle.

Bei der Energiebilanz ist für die Umrechnung von elektrischer Energie in thermische Primärenergie der gewählte Energiesplit ausschlaggebend, der von Land zu Land recht große Unterschiede aufweist. Weitere regionale Einflüsse ergeben sich auf Grund vorhandener Infrastrukturen für die Abfallentsorgung, den Verkehr und der vorhandenen Umwelttechnik.

Bei der Berechnung der Durchschnittswerte wird meist eine Gewichtung der Daten der einzelnen Anlagen gemäß ihrem Ausstoß oder ihrem Anteil am Einsatz im berücksichtigten regionalen Bereich vorgenommen. Da der so errechnete Durchschnitt nicht dem Mittelwert einer homogenen Grundgesamtheit mit Normalverteilung entspricht, ist es auch kritisch, eine Standardabweichung zu errechnen. Aber auch die Angabe von Spannweiten kann irreführend sein, da eigentlich jede Anlage eine Einheit mit ihr eigenem Streubereich ist, der sogar noch von der Auslastung der Anlage abhängen kann.

Da Umweltstrategien heute in der Industrie auf breiter Basis verfolgt werden, können bei der Packstoff- und Packmittelherstellung und den Abpackverfahren umweltrelevante Fortschritte festgestellt werden. Es ist daher wichtig, daß dieser Situation Rechnung getragen wird und die Datenbanken möglichst rasch wieder auf den aktuellen Stand gebracht werden. Dies bedeutet eine ständige Datenpflege.

Beim Vergleich der Werte aus verschiedenen Datenbanken etwa über Packstoffe stellt man fest, daß mit zunehmenden Branchenkenntnissen und Erfahrungen in der Bilanziertechnik die Informationen umfangreicher werden, d.h. breiter und tiefer recherchiert wird. Es werden also mehr Aufwände und Belastungen erfaßt, wodurch sich numerisch höhere Werte ergeben. Der Insider kennt seine Prozesse und Anlagen besser. Er kann detaillierter und umfassender informieren. Im Gegensatz zu vielen Outsiderinformationen etwa durch Zulieferer oder Organisationen sind seine Daten „ungefiltert". Bei Fremddaten etwa aus der Literatur empfiehlt sich eine Plausibilitätskontrolle. Sie sollten auch rückverfolgbar sein und der Zeitpunkt ihrer Erhebung sollte bekannt sein.

Der Zwang zur Vereinfachung der Komplexität besteht auch bei der Erfassung der Grunddaten etwa für Packstoffe. Die vorgenommenen Abgrenzungen bezüglich der berücksichtigten Aktivitäten und Materialien sowie der Art der Emissionen sind zu definieren. Auch die gewählten Randbedingungen etwa für die Infrastrukturen sind zur Charakterisierung der Daten wichtig. Schließlich ist festzustellen, daß bei solchen Grunddaten der Umgang mit Gutschriften recht unterschiedlich gehandhabt wird. So werden Gutschriften für Koppel- und Nebenprodukte je nach Verwertbarkeit nach recht unterschiedlichen theoretischen Ansätzen (z.B. gewichts-, energie-, wertbezogen oder stöchiometrisch) vorgenommen. Bei der Entsorgung werden gleichfalls Recycling und durch Verbrennung reaktivierbare Energieinhalte bei den verschiedenen Datensätzen unterschiedlich berücksichtigt. So kann der Recyclingbonus einmal dem System, welches den aufzubereitenden Rohstoff für das Recycling liefert, und ein andermal dem Verwender des Recyclats zugute kommen.

Ganz allgemein kann festgestellt werden, daß bei allen Packstoffdaten die Energiewerte vollständiger und genauer erfaßt werden können als die Emissionswerte. Sind für Vergleichsstudien Daten aus verschiedener Quelle zu verwenden, so ist sorgfältig abzuklären, ob diese Daten unter analogen Bedingungen erhoben wurden. Andernfalls sind festgestellte Differenzen in der Breite oder Tiefe der Datenerhebung entsprechend zu berücksichtigen.

Für die Berechnung des gesamten Energieflusses ist das Zurückrechnen auf eine fiktive Primärenergie als Maß für die Ressourcenbeanspruchung von Bedeutung. Im Zusammenhang mit Verpackungsbilanzen ist auf die Tatsache hinzuweisen, daß auf die Energiekette für die verpackungsrelevanten Prozesse eingesetzte Endenergie kaum Einfluß genommen werden kann. Man ist auf das vorhandene Energieangebot angewiesen, wobei dies ganz besonders für die aus dem Netz bezogene elektrische Energie zutrifft. Die Bilanzen zeigen auch, daß ein beträchtlicher Anteil der Schadstoffabgaben auf die in die Bilanz einbezogenen Energieketten zurückzuführen ist. Umweltrelevante Fortschritte in der Energietechnik würden somit auch ganz wesentlich zur Verbesserung der Verpackungsökobilanzen beitragen. Es kann aber daraus auch abgeleitet werden, daß ein sparsamer Energieeinsatz, d.h. das Anstreben eines verbesserten Wirkungsgrades, nicht nur die Beanspruchung der Energiereserven sondern auch die Belastung durch Schadstoffe günstig beeinflußt. Ferner hat sich gezeigt, daß es für die Beurteilung einer Ökobilanz nützlich ist, wenn eine Aufteilung des Energieeinsatzes nach Aufwand für die Prozeßführung, die Transporte, das Lagern und die Entsorgung erfolgt und zusätzlich auch noch der Energieinhalt d.h. die graue Energie ausgewiesen wird. Je nach Bilanzierungsart wird dieser Energieinhalt beim Input meist als oberer Heizwert oder beim Output, dann meist als unterer Heizwert erfaßt.

Die Umrechnung von elektrischen in thermische Energieeinheiten basiert auf einem für eine bestimmte Energiekette und oft auch für eine bestimmte Region gültigen Wirkungsgrad. Hiefür werden in der Praxis recht unterschiedliche Werte eingesetzt, je nachdem welcher Energiesplit für die Elektrizitätserzeugung eingesetzt wird. Die angenommenen Anteile der Wasserkraft, von Kohle, Öl und Erdgas sowie an Kernenergie beeinflussen dabei nicht nur den Wert für die Primärenergie, sondern auch ganz wesentlich die Schadstoffabgaben durch die Elektrizitätswerke. Für Packstoffdaten sind regionale, nationale oder globale Durchschnittswerte für Wirkungsgrade im Einsatz. Diese können zwischen etwa 25 und 80% schwanken.

Ein unterschiedliches Vorgehen kann auch bei der Erfassung der Schadstoffabgaben beobachtet werden. Einmal werden nur einige Indikatorschadstoffe erfaßt, ein andermal alle überwachten Schadstoffabgaben oder gar alle erdenklich möglichen. Bei Energie- und Transportsystemen werden oft die heute meist ständig überwachten Immissionen Staubpartikel, Schwefeldioxid, Stickoxide, Kohlenmonoxid und Kohlenwasserstoffe berücksichtigt. Für eine genaue Beurteilung der Schadstoffabgaben ist es wichtig, auch die angewandte chemische Analytik sowie die Aufgliederung nach den Schadstoffquellen zu kennen.

Bei den Ökobilanzen über Verpackungssysteme werden die immateriellen Belastungen wie Lärm, Landschaftsveränderungen, Reduktion der Artenvielfalt oder Abgabe von Strahlungsenergie unterschiedlich behandelt. Meist wird auf deren quantitative Berücksichtigung verzichtet, obschon sie gelegentlich für eine umfassende Umweltverträglichkeitsbewertung ins Gewicht fallen können. Da im allgemeinen eine Datenerhebung nur den Normalbetrieb betrifft, fehlen auch Störfälle, die je nach der Wahrscheinlichkeit ihres Auftretens und des damit verbundenen Ausmaßes der Zusatzbelastung mehr oder weniger bedeutungsvoll sein können.

Ob Kohlendioxid, getrennt nach Entstehung bei Verbrennung fossiler oder nachwachsender Brennstoffe zu bilanzieren ist, scheint bei den Verpackungsbilanzen noch nicht entschieden zu sein. Je nach den Bewertungsansätzen, die im Rahmen der Wirkungsanalyse noch näher diskutiert werden, kann dies für die Bilanzierung von Verpackungssystemen von großer Bedeutung sein, insbesondere inbezug auf die Beurteilung der Rohstoffe Erdöl und Holz.

Das Problem der Summenparameter durch Datenaggregierung

Beim Vergleich verschiedener Verpackungen oder für eine Verbraucherinformation im Rahmen der Ökowerbung sollte man eine einfache und „eindeutige" Aussage machen. Bei der weit verbreiteten Dominanz des numerischen Denkens erfolgt dies am besten in Form einer Gütezahl. Dies verleitet dazu, daß man die Komplexität soweit vereinfacht, daß man nur nach einem einzigen Kriterium bewertet und mit einem entsprechenden Maßstab einen Summenparameter berechnet. Die im BUWAL Bericht 133 „Methodik für Ökobilanzen auf Basis der ökologischen Optimierung" empfohlene Methode macht dies mit dem Kriterium der ökologischen Knappheit. Jedes Aggregieren von Daten bringt merkliche Informationsverluste mit sich und ist daher für eine Schwachstellenerkennung völlig ungeeignet. Zwingt die Abgabe eines allgemeinen Urteils über ein Verpackungssystem zur Berechnung von Summenparametern, so sollte unbedingt erwähnt werden, welche Aspekte diesen zugrunde liegen und daß damit ein Informationsverlust verbunden ist.

Praktisch alle Ökobilanzierer zählen die Werte für den Energieaufwand zusammen. Da alle Werte die gleiche physikalische Dimension, nämlich Megajoule oder kWh, haben, scheint ein solches Vorgehen erlaubt und zweckmäßig. Für den Ökologen ist aber nicht jede Energieart bzw. -form gleichwertig. Es sollte daher bei Ökobilanzen auch unterschieden werden zwischen erneuerbaren und nicht erneuerbaren Energiearten. Den einzelnen Energieformen ist auch eine unterschiedliche Wertigkeit zuzuschreiben unter Berücksichtigung der Wirkungsgrade bei deren Nutzung. Auch der Energieinhalt (Enthalpie) der Edukte und Produkte interessiert den Ökologen, da dieser unter Umständen bei der Entsorgung reaktiviert werden kann. Schließlich kann auch der Anteil der zur Verbrennung gelangenden fossilen Brenn- und Treibstoffe interessieren, da er einen Beitrag zum Treibhauseffekt leistet.

Wenn die Berechnung des Gesamtenergieflusses physikalisch noch zu verantworten ist – selbst wenn er nicht mehr die gesamte Ökoinformation enthält – so wird das nach irgend einem Ökokriterium gewichtete Zusammenzählen der verschiedenen Schadstoffemissionen in die einzelnen Umweltkompartimente aus der Sicht des Chemikers oder Toxikologen schon äußerst fragwürdig, selbst wenn sich das Verfahren auf gesetzliche Grenzwerte abstützt.

Vielfach wird in neuerer Zeit ein Summenparameter für den Beitrag zum Treibhauseffekt berechnet. Als Bezugsgröße dient die Kohlendioxidmenge. Alle Treibhausgasemissionen werden dann auf Grund der bekannten Infrarotabsoptionen in Kohlendioxidanalogwerte umgerechnet. Der so gewonnene Summenparameter kann nun wohl für eine vergleichende Beurteilung verschiedener Varianten inbezug auf den Treibhauseffekt herangezogen werden, ist aber kaum dazu geeignet, etwas darüber auszusagen, wie weit dadurch Klimaänderungen bewirkt werden. Hiezu wären noch eine ganze Reihe weiterer Fragen zu klären: Wie läßt sich der dadurch bedingte Beitrag zur Erhöhung der Kohlendioxid-Konzentration der Atmosphäre unter Berücksichtigung von Photosysnthese und Absorptionen abschätzen? Wie läßt sich die zu erwartende globale Erwärmung in einem bestimmten zukünftigen Zeitpunkt durch Extrapolation bestimmen? Wie sind die durch diese Erwärmung zu erwartenden positiven und negativen Auswirkungen auf verschiedene Bereiche des Menschen und der Natur, und zwar unter Berücksichtigung regionaler Unterschiede? Läßt sich als Referenzgröße eine optimale Konzentration von Treibhausgasen in der Atmosphäre festlegen, so daß es weder zu kalt noch zu warm für den Menschen und die ganze Biosphäre ist?

Technologiefolgenabschätzung im Rahmen der Wirkungsanalyse

Bezüglich der Grundsätze zur Erstellung einer Sachbilanz für Verpackungssysteme besteht weitgehend Übereinstimmung, wenn auch Breite und Tiefe der Datenerfassung in der Praxis sich deutlich unterscheiden können. Die Sachbilanz darf aber nicht Selbstzweck sein, sondern ruft nach einer Auslegung und Verbesserungsvorschlägen. Die heute angewandten Methoden zur Interpretation der Sachbilanz basieren auf unterschiedlichen Umweltstrategien und Wertvorstellungen. Es wird wohl kaum möglich, aber sicher auch nicht zweckmäßig sein, für die Wirkungsanalyse und die damit eng verbundene Beurteilung der Umweltgefährdung eine einzige, auf breite Zustimmung stoßende Bewertungsmethode oder gar eine Bewertungsformel zu entwickeln. Es bedarf nämlich einer Analyse und Beurteilung der Sachbilanzdaten nach den verschiedensten Gesichtspunkten und unter Berücksichtigung unterschiedlichster Situationen, wenn man auf Grund der Forderung nach Ganzheitlicher Bilanzierung eine umfassende Beurteilung anstrebt. Auf dem Verpackungsgebiet – wie auch in andern Bereichen – zeichnet sich daher immer mehr eine auf Ökobilanzen basierende Umweltberatung ab, die nach mehreren der vorhandenen Bewertungsverfahren die Sachbilanzdaten auswertet.

Für die Ableitung spezifischer Auswirkungen auf die Umwelt aus der Sachbilanz muß man sich zunächst Gedanken über mögliche Ursache-Wirkungsmechanismen machen.Gefährdet bzw. belastet wird ein Rezeptor, also etwa der

Mensch oder ein bestimmtes Umweltkompartiment. Die Wirkung der vom System ausgehenden Ursache kann bei einer Störung eines natürlichen Gleichgewichts oder Kreislaufs oder aber bei einer toxischen Wirkung liegen. Dabei muß der Schadstoff vom Entstehungsort zum Rezeptor transportiert werden. Für diesen Translokationsvorgang sind die Art des Transportmediums (z.B. Luft, Wasser), die Übertragungsdauer, während der Translokationsphase eintretende Veränderungen wie Abbau, Verdünnung oder Absorption oder Bildung von Sekundärschadstoffen bestimmend. Zudem muß die Eintretenswahrscheinlichkeit all dieser Vorgänge in die Beurteilung einbezogen werden.

Bei Verpackungsbilanzen werden nur in Ausnahmefällen ganz spezifische Rezeptoren wie etwa die engere Umgebung oder die Belegschaft einer Fabrik gewählt, sondern meist die Belastung der einzelnen Umweltkompartimente Boden, Wasser, Luft regional oder global berücksichtigt. Hinzu kommen der Mensch und ganz allgemein die belebte Natur als gefährdete Rezeptoren.

Neben der Festlegung der Rezeptoren hat die Wirkungsanalyse auch spezifische Wirkungsindikatoren zu definieren, d.h. die Technologiefolgenabschätzung erfolgt gezielt auf die Belastung oder Gefährdung eines bestimmten Rezeptors in bezug auf eine bestimmte Auswirkung oder Schadstoffabgabe. Bei den meisten Beurteilungen von Verpackungsbilanzen wird zur Zeit noch die Belastung eines Umweltkompartiments durch einen bestimmten Schadstoff oder einen die Schadstoffbelastung charakterisierenden Summenparameter wie etwa bei Gewässerbelastungen den BOD (biologischer Sauerstoffbedarf) beschrieben. Mit der Zeit werden aber auch zusätzlich Gefährdungsprognosen gemacht, die sich auf spezifische Wirkungen wie etwa die Bildung von Smog, die globale Erwärmung, cancerogene Wirkung usw. beziehen. Für solche Prognosen müssen dann oft verschiedene Schadstoffemissionen zu einem Wirkungsindikator zusammengezogen werden.

Aus den zahlreichen Vorschlägen in der Literatur zur Vornahme einer Wirkungsanalyse ist ersichtlich, daß es für eine große Zahl zu erfassender Rohstoff- und Energieverbrauche und die Emission zahlreicher Schadstoffe Kataloge für mögliche Gefährdungsarten für die verschiedensten Rezeptorbereiche gibt. Wenn nun alle möglichen Kombinationen der Einzelfaktoren dieser drei die Gesamtgefährdung bestimmenden Faktorenkataloge zu untersuchen und zu bewerten wären, so wäre dies selbst mit einem leistungsfähigen Computerprogramm nicht zu schaffen, nicht zuletzt auch deshalb, weil viele Wechselwirkungen und Wirkungsmechanismen noch gar nicht so weit bekannt sind, daß sie über Algorithmen berechenbar sind. Also auch hier besteht ein Zwang zur Vereinfachung und Priorisierung.

Bei Ökobilanzen von Verpackungssystemen sind schon verschiedene Bewertungsansätze angewandt worden, wobei die angewandten Methoden meist in einem Bezug zu einem Arbeitsstil stehen, der für den Tätigkeitsbereich des Beurteilers typisch ist.

Der Technologie- und Marketing-Manager baut seine qualitative bis halbquantitative Beurteilung einzelner Umweltbelastungen und Schwachstellen nach der ABC-Analyse auf. Als Kriterien berücksichtigt er etwa die Einhaltung gesetzlicher Vorschriften, die Belastung von Gesundheit und Umwelt im Normalfall sowie jene im Störfall und schließlich auch noch die Bedeutung eines Umweltproblems in der öffentlichen Diskussion. Auch wird er eine Portfolio-Betrachtung im System Umweltqualität –Wirtschaftlichkeit, z.B. ROI (Return of Investment) heranziehen. Anwendung findet eine solche Bewertung etwa im Rahmen des Ökomarketings.

Den Ingenieur und Umwelttechniker interessiert die Rohstoffsituation und die benötigte Umwelttechnik. Er beurteilt nach den Summenparametern Energieäquivalenzwert für fiktive Primärenergie, Rohstoffbedarf, die durch die Schadstoffabgaben bis an die gesetzlichen Grenzen belasteten kritischen Luft- und Wasservolumina sowie das benötigte Deponievolumen. Es wird dabei weniger auf ökotoxisches Wissen als auf die Umweltvorschriften abgestellt. Oft wird sogar das, was den Vorschriften entspricht, als unschädlich betrachtet. Diese Beurteilungsart hat sich bei vergleichenden Verpackungsökobilanzen sehr stark eingebürgert. Das schweizerische Bundesamt für Umwelt, Wald und Landschaft (BUWAL) hat in seiner Publikation Nr. 132 „Ökobilanz von Packstoffen, Stand 1990" die erhobenen Grunddaten noch durch eine solche Bewertung ergänzt.

Der Umweltpolitiker, der bestimmte Umweltstrategien und daraus abgeleitete konkrete Umweltziele für die nahe Zukunft verfolgt, errechnet seine Summenparameter für die Umweltverträglichkeitsbeurteilung auf Grund der Beiträge der festgestellten Belastungen zur Verhinderung bzw. Erschwerung des Erreichens der politischen Umweltziele. Unter der Bezeichnung Ökobase wird oft eine Beurteilung von Verpackungen durch Bewertung mit Ökopunkten vorgenommen. Diese von AHBE, Braunschweig und MÜLLER-WENK unter Berücksichtigung der schweizerischen Verhältnisse entwickelte Methode orientiert sich an der sogenannten ökologischen Knappheit. Die einzelnen Belastungen werden mit Hilfe von Ökofaktoren gewichtet und alle so erhaltenen Ökopunkte zu einer Gesamtbelastung zusammengezählt. Die Methode basiert auf der BUWAL-Schrift Nr. 133 „Methodik für Ökobilanzen auf der Basis ökologischer Optimierung". Die dabei berücksichtigten Umweltbelastungen bringen es mit sich, daß vor allem die Luftbelastung stark gewichtet wird.

Von Umweltökonomen und Buchhaltern wurden in Analogie zu den Wertschöpfungseinheiten Schadschöpfungseinheiten und damit eine gemeinsame „Währungseinheit" für die Ökobuchhaltung geschaffen. Die Daten werden nach den modernen Buchhaltungsmethoden verarbeitet. Ein solches ökologisches Rechnungswesen wurde von Schaltegger und Sturm statt der üblichen Ökobilanzierung vorgeschlagen.

Der umweltbewußte Risikomanager schätzt die Gefährdung des Menschen und seiner Umwelt inbezug auf einzelne Problemfelder ab. Thermodynamische und toxikologische Überlegungen sowie Erkenntnisse der Klimaforschung bilden hier die wissenschaftliche Basis. Problemfelder sind etwa die globale Erwärmung, Smogbildung, Waldsterben, Bodenversäuerung, Eutrophierung, Landschaftsveränderung, Verlust der Artenvielfalt oder toxische Wirkungen jeglicher Art. Bei Verpackungssystemen wird eine solche Betrachtung oft noch als zweiter Aspekt zu einer der mehr technisch oder ökonomisch orientierten Methoden herangezogen.

Der Umweltwissenschafter richtet sich nach der Strategie der nachhaltigen Entwicklung aus. Eine Dematerialisierung und Effizienz-Steigerung werden angestrebt, wobei etwa MIPS (Material Intensity per Unit Service) als Maß für die Belastung dienen. Das Ziel ist, eine gleiche Leistung mit weniger Aufwand.

Gelegentlich begnügt man sich bei Verpackungsvergleichen auch mit der ganz einfachen Losung „Je weniger, desto besser". Dabei entscheidet man rein auf Grund der quantitativen Daten ohne jegliche Berücksichtigung von Vernetzungen und priorisiert einen oder einige wenige Faktoren.

8.3.1.3
Vieldiskutierte Problemkreise aus dem Verpackungsgebiet

Im Zusammenhang mit Verpackungs- und Warenverteilsystemen sind Ökobilanzen vor allem zur Beurteilung folgender umweltrelevanter Probleme herangezogen worden:

- Wann ist Mehrweg, wann Einweg die bessere Lösung?
- Mit welchem Packstoff läßt sich eine bestimmte Verpackungsaufgabe ökologisch gesehen am besten lösen?
- Wie läßt sich ein Verpackungssystem bezüglich Umweltbelastung verbessern, etwa durch Reduktion des Materialeinsatzes, bessere Produktionsbeherrschung und qualitätssichernde Maßnahmen, Packstoffsubstitution oder logistische Maßnahmen?
- Wie sind die einzelnen Entsorgungsverfahren für Verpackungen zu bewerten?
- Welches sind die Anteile von Verpackung beziehungsweise Logistik an den durch die Ökobilanz ausgewiesenen Umweltbelastungen eines Warenverteilsystems?

Das Einweg- Mehrweg-Problem

Hier hat man auch in bezug auf das Treffen von gesetzlichen Maßnahmen wie etwa Vorschriften über Getränkeverpackungen und deren Mehrweg- und Recyclingquoten von Ökobilanzen Entscheidungshilfen erwartet. Es gibt daher sehr viele Studien in dieser Richtung, doch sind die daraus abgeleiteten Schlußfolgerungen recht verschieden, was auf Grund der bereits beschriebenen Eigenheiten von Ökobilanzen eigentlich gar nicht überrascht.

Zunächst ist festzuhalten, daß an Mehrwegverpackungen im Sinne von Fertigpackungen ganz bestimmte Anforderungen gestellt werden müssen, damit sie mehrmals für den gleichen Zweck eingesetzt werden können. Sie müssen nach Gebrauch durch einen Reinigungsprozeß und meistens auch eine neue Kennzeichnung wieder in einen allen Verpackungsanforderungen gerecht werdenden Zustand gebracht werden, das Verschlußsystem muß wieder verwendbar oder erneuerbar sein und es muß ein Leergutbewirtschaftungs-, Sammel- und Rücklaufsystem vorhanden sein. Bei Mehrweg sind Versorgung und Entsorgung aneinander gekoppelt, der Logistikaufwand kann beträchtlich sein, weshalb auf zu weite Rücklaufwege verzichtet wird. Eine regionale Verteilstruktur ist somit bevorzugt. Beim Einweg sind Versorgung und Entsorgung voneinander getrennt und großräumige Verteilungen somit begünstigt.

Mit Hilfe von Ökobilanzen läßt sich anschaulich zeigen, daß je nach gewählten Situationen und Infrastrukturen wie etwa Verteildistanzen, Anzahl Umläufe der Mehrweggebinde sowie der verfolgten Umweltstrategien einmal Mehrweg, ein andermal Einweg ökologisch günstiger bewertet wird. Aus den zahlreichen Studien, die sich vor allem auf die Distribution von Getränken wie Milch, Fruchtsaft oder Bier und von Joghurt beziehen, lassen sich folgende Erkenntnisse ableiten:

Transporte spielen vor allem im Hinblick auf den Energiebedarf und die Luftbelastung eine wesentliche Rolle, und zwar die Anlieferungsdistanz, das zu transportierende Volumen bzw. Gewicht, die Verteildistanzen und die Transportart. Die Anzahl der Umläufe eines Mehrweggebindes wirkt sich bei geringer Umlaufzahl stärker aus, da nach einer bestimmten Anzahl Umläufen (oft bei Getränken nach ca. 10) der umlaufunabhängige Aufwand stärker ins Gewicht fällt. Durch Berechnung verschiedener Szenarien läßt sich für verschiedene Situationen die optimale Lösung aufzeigen. Dies erlaubt auch festzustellen, innerhalb welcher Bereiche Mehrweg bzw. Einweg ökologisch sinnvoller ist.

Die vielen möglichen Einflußfaktoren auf die Umweltverträglichkeit eines Warenverteilsystems führen dazu, daß Ökobilanzen keine absolute Aussage auf die Frage Mehrweg oder Einweg geben können, sondern nur aufzeigen, unter welchen Bedingungen und bei welchen Priorisierungen die eine oder die andere Lösung vorteilhafter sei.

Die Frage nach dem ökologisch besten Packstoff

Diese Frage wurde anfänglich recht oft gestellt, und bezieht sich auch auf die Einweg-Mehrweg-Diskussion, da hier meistens Glas in Konkurrenz zu Kunststoffen und Karton-Kunststoff-Verbunden sowie Metallblechen für Dosen steht. Aber auch Tragtaschen und -beutel aus Papier bzw. Kunststoff wurden miteinander verglichen. Je nach den gewählten Beurteilungskriterien und den verwendeten Grunddaten für die Packstoffe sind dabei die verschiedenen Experten zu unterschiedlichen Aussagen gekommen. In diesem Zusammenhang lassen sich auch allgemeine Vorurteile gegenüber bestimmten Packstoffen, besonders Aluminium und Kunststoffe, insbesonder Polyvinylchlorid feststellen.

Bei der Beurteilung der Packstoffe wird oft der Aspekt der Entsorgungsmöglichkeiten stark gewichtet. Die ersten Vorläufer von Ökobilanzen waren stark in dieser Richtung orientiert, da die immer größer werdenden Abfallberge den eigentlichen Anstoß zum Einbezug der Verpackung in die Umweltdiskussion gaben.

Auf Grund der Erfahrung mit Ökobilanzen von Verpackungssystemen muß ehrlicherweise festgestellt werden, daß es nicht möglich ist, die einzelnen Packstoffe inbezug auf deren Eignung für die Gestaltung ökologisch günstiger Verpackungen zu rangieren. Es kommt immer auf das zu lösende Verpakkungsproblem und die hierzu benötigte Packstoffmenge sowie auf die verpakkungsbedingten Unterschiede im logistischen Aufwand an.

Kunststoffe und Verbundmaterialien sind in vielen Fällen optimal geeignet für die Lösung technischer Verpackungsaufgaben. Mit wenig Materialeinsatz und durch geschickte Wahl von Kombinationen lassen sich auch sehr spezifische und schwierige Verpackungsprobleme meistern. Ökologisch gesehen haften ihnen aber zwei Nachteile an. Der Rohstoff ist Erdöl oder Erdgas, also eine zu schonende Ressource, und die Entsorgung vor allem im Sinne eines Kreislaufsystems ist noch nicht ideal gelöst. Bei der Bewertung von Ökobilanzen werden dann diese Aspekte unterschiedlich gewichtet. Vorallem auch über die Zweckmäßigkeit und Wirtschaftlichkeit der verschiedenen Recyclingverfahren (stofflich nach Kunststoffen getrennt oder als mixed plastic, Rückgewinnung des Rohstoffs oder thermisch durch Verbrennung) wird noch diskutiert.

Bei der Beurteilung der Energieaufwände für Verpackungen aus verschiedenen Packstoffen stellt sich oft die Frage nach dem Anteil an erneuerbarer Energie. So ergab z.B. der Vergleich von 1-Liter-Milchpackungen aus einem Karton-Kunststoffverbund bzw. aus Glas, daß für die Verbundpackung rund 20% mehr Energie aufgebracht werden mußte im Vergleich zur Glasflasche mit 10 Umläufen, wobei aber 50% dieses Energieaufwands erneuerbar (Wasserkraft und Holz) war im Gegensatz zu nur 22% erneuerbarer Energie bei der Glasvariante. Je nach Gewichtung der Energiearten bzw. ihrer Ressourcen kann also die Beurteilung unterschiedlich ausfallen.

Optimierung von Verpackungssystemen dank Erkenntnissen aus der Ökobilanz

Das Denken im Rahmen von Ökobilanzen hat dazu geführt, daß kritische Punkte und Schwachstellen erkannt werden und deren Verbesserung angestrebt wird. Vielfach stellt man Möglichkeiten einer Reduktion des Materialeinsatzes, meist auch verbunden mit einer Energieeinsparung fest. Es kann dies etwa bei einer verbesserten Prozeßführung und dadurch bedingten Verbesserung der Gleichmäßigkeit von Folien oder Wandungen oder geringerem Ausschuß liegen. Ferner ist es durch konstruktive Maßnahmen möglich, den Materialbedarf für ein Packmittel zu reduzieren. Typische Beispiele in dieser Beziehung sind die heute sehr dünnen Bleche für die Weißblech- und Aluminiumdosenherstellung oder die sukzessive realisierten Gewichtsreduktionen bei Kunststoffbechern und Verpackungsgläsern für z.B. Joghurt. Auch die dank besserer Produktionsbeherrschung möglichen massiven Gewichtsreduktionen bei Getränkeflaschen sind hier zu erwähnen.

Eine weitere Packstoffeinsparung wurde durch die Einführung von Nachfüllpackungen auf dem Gebiete der Wasch- und Reinigungsmittel sowie der Kosmetika erreicht, deren Auswirkungen sich ebenfalls anschaulich anhand von Ökobilanzen zeigen lassen, wobei diese Bilanzen über mehrere Gebrauchsperioden bezgl. der Packungseinheiten berechnet werden.

In letzter Zeit hat man auch bei der Transport- und der Umverpackung vermehrt nach Lösungen mit weniger Packstoffeinsatz gesucht, insbesondere auch motiviert durch die Rücknahmeverpflichtungen für solche Verpackungen.

Eine weitere Möglichkeit, Verpackungsgewicht einzusparen, bietet in vielen Fällen der Einsatz von Verbundmaterialien. Durch geschickte, und dem jeweiligen Verpackungsproblem angepaßte Kombination von Packstoffen in einem Verbund kann ein maßgeschneiderter Packstoff aufgebaut werden, der bei minimalem Materialeinsatz eine maximale Leistung erbringt. Bei der Ökobilanzierung solcher Verpackungen wirkt sich der tiefe Materialeinsatz recht positiv aus, während ein Packstoffkreislauf über ein Recyclingsystem erschwert wird. Je nach dem verwendeten Bewertungsmaßstab und den damit verfolgten Umweltstrategien werden dann solche Verpackungssysteme unterschiedlich beurteilt.

*Verpackung und Logistik beeinflussen die Ökobilanz
eines Warenverteilsystems*

Bereits bei der Diskussion des Mehrweg-Einweg-Problems wurde auf die Bedeutung der Logistik hingewiesen. Es ist wichtig, welche Warengewichte und -volumina zu transportieren sind. Die Tara der Verpackung spielt dabei eine wichtige Rolle. Dies zeigt etwa das Beispiel verschiedener Milchpackungen: Bei 1-Liter-Packungen machen die Kartonverbundpackungen nur 2% des zu transportierenden Gewichts aus. Beim Polyethylenbeutel ist dies sogar nur 0,7%, während dies bei einer Polykarbonatflasche 6% und bei einer 480 g-Glasflasche gar 32% ausmacht. Zudem bestimmt die Packungsform, wie dicht gepackt werden kann. So kann eine Normpalette mit 624 Kartonverbundpackungen, aber nur mit 384 Literflaschen beladen werden. Die dadurch benötigten unterschiedlichen Transportkapazitäten wirken sich bei der Ökobilanzierung in Abhängigkeit von den angenommenen Transportdistanzen aus. Die dadurch bedingte Belastung der Infrastrukturen, insbesondere der Verkehrswege wird üblicherweise durch die Ökobilanz nicht einmal erfaßt, muß aber bei Entscheidungen doch auch berücksichtigt werden.

Bei der Beurteilung der Sachbilanzdaten durch ein Bewertungsverfahren kann die Logistik unterschiedlich stark sich auswirken. Dies zeigt etwa deutlich ein Vergleich von 33 cl-Einwegflaschen aus Glas und aus PET, der im Rahmen einer Semesterarbeit der Ingenieurschule esig in Lausanne eine Bewertung mit Ökobase nach Ökopunkten und eine solche nach der kritischen Belastung der Umweltkompartimente und dem Energieäquivalenzwert vornahm. Auf Grund der errechneten Ökopunkte belastet die Glasflasche die Umwelt 1,25mal mehr als die leichtere PET-Flasche. Die Beurteilung nach Energieäquivalenzwert und kritischer Belastungen erlaubt keine derart klare Aussage:Glas schneidet bei der Energie (77% von PET) und Wasserbelastung (34% von PET) besser ab, ist aber stärker verantwortlich für die Luftbelastung (189% von PET) und das Deponievolumen (192% von PET). Eine nähere Auswertung ergibt, daß bei der Berechnung der Ökopunkte der Packstoff bei PET nur 20% und bei Glas auch nur 22% beiträgt, während die Hauptbelastungen von 78% bzw. 77% auf die Logistik entfallen. Die Bewertung nach Ökopunkten gewichtet also den Beitrag der Logistikaufwendungen sehr stark. Bei der anderen Bewertungsart überwiegt der Anteil des Packstoffs an den ermittelten Belastungsindikatoren mit 82,8% für Glas und 84,5% bei PET bezüglich des Energieäquivalenzwerts und praktisch vollständig bei der Wasserbelastung und beim Deponievolumen. Einzig die Luftbelastung reagiert bei dieser Bewertung etwas stärker auf die Logistik, nämlich mit einem Beitrag von 20,3% bei PET und 13,8% bei Glas.

Auch die Entsorgungsmöglichkeiten spielen bei Verpackungen eine wichtige Rolle.

Die ersten Umweltdiskussionen über Verpackungen wurden mit dem Schwerpunkt Entsorgungsmöglichkeiten geführt. Auch die Vorläuferstudien zu den Ökobilanzen befaßten sich vor allem mit Verpackungsbewertungen im Hinblick auf die Entsorgung. Die heutigen diesbezüglichen Umweltstrategien zielen auf eine Förderung des Kreislaufs im Sinne von Mehrwegsystemen oder Recyclingverfahren ab. Das thermische Recycling, also das Verbrennen mit Energienutzung und die Deponie von endlagerfähigen oder gar noch reaktiven Abfällen werden oft eher als Notlösungen betrachtet.

Während die Frage Einweg-Mehrweg mit Hilfe von Ökobilanzen vielfach und eingehend studiert wurde, wurden Recyclingsysteme nur vereinzelt und meist auch nur in bezug auf Teilaspekte einer Ökobilanzierung unterzogen. Meist wurden nur Energiebilanzen erstellt, aber ganzheitliche Betrachtungen unter Einbezug der Aufwendungen an Energie und Material sowie der Emissionen beim Recyclieren von Verpackungen fehlen. Vor allem müßte auch über Ökobilanzen einmal geklärt werden, wie sich verschiedene Recyclierquoten auf die gemäß Ökobilanz zu erwartenden Umweltgefährdungen auswirken. Dazu sollte noch die Frage der Qualität des Recyclats und damit verbunden auch seiner Absatzmöglichkeiten geklärt werden, damit schließlich auf Grund all der gewonnenen Erkenntnisse auf die optimalen Recyclingquoten geschlossen werden könnte.

Bezüglich Recycling-Möglichkeiten und Stand der Technik bestehen heute zwischen den einzelnen Packstoffen auf Grund ihrer unterschiedlichen Eignung für eine Wiederverwendung bedeutende Unterschiede. Heute kommen üblicherweise diese Unterschiede bei Ökobilanzen von Verpackungssystemen noch nicht zum Tragen. Auch werden noch recht unterschiedliche Gutschriften für ein Recycling bei Verpackungsstudien erteilt. Die Frage, ob der Erst- oder der Zweitverwender diesen Bonus beanspruchen kann, ist ebenfalls noch offen. Zusammenfassend muß daher festgestellt werden, daß trotz der teilweise doch gut entwickelten Ökobilanziertechnik für Verpackungssysteme der Problemkreis Recycling sehr stiefmütterlich behandelt wurde und noch einer intensiven Bearbeitung bedarf.

8.3.1.4
Ökobilanz, ein Kriterium von mehreren für die optimale Verpackungswahl

Ökobilanzen bei Verpackungsentscheidungen

Ökobilanzen beschreiben den Ist-Zustand von Verpackungs- oder Warenverteilsystemen und daraus werden dann Gefährdungen für die Umwelt abgeleitet. Sind auf Grund der so erworbenen Informationen Entscheidungen zu treffen, so darf nicht nur auf die Gefährdung abgestellt werden, sondern dieser muß die durch das Verpackungssystem zu erbringende Leistung bzw. der damit verbundene Nutzen gegenübergestellt werden. Aus den Verpackungsfunktionen geht hervor, daß die von der Verpackung erwarteten Leistungen sowohl technischer als auch wirtschaftlicher Art sind. Es ist somit naheliegend, daß die zu treffenden Entscheidungen im dreidimensionalen Betrachtungsraum Technologie-Ökologie-Ökonomie gefällt werden müssen. Im Prinzip handelt es sich also hier um eine Risikobeurteilung, bei der für den angestrebten und benötigten Verpackungsnutzen eine bestimmte Umweltgefährdung in Kauf genommen wird. Es darf dabei auch mit Recht die Frage gestellt werden, welche Umweltbelastungen aber auch Gefährdungen von Gesundheit zu erwarten wären, wenn auf einen Produktschutz durch Verpackung verzichtet würde.

Ökobilanzen werden so auch zu einem operativen Instrument für das Umweltmanagement. 1992 wurden in der britischen Norm BS 7750 Richtlinien für ein Umweltmanagement festgeschrieben, wobei dieses eigentlich als ein Teilbereich des Qualitätsmanagements betrachtet werden darf.

Führt uns die Ökobilanz in die richtige Richtung?

Ökobilanzen, wie sie heute zur Erfassung und Bewertung der Energie- und Materialflüsse bei Verpackungssystemen angewandt werden, haben in mancher Beziehung zu umweltbewußtem Handeln angeregt. Trotzdem darf die Frage gestellt werden, ob damit auch die entscheidenden Kriterien unserer Umweltbedrohung erfaßt werden. Der Energieverbrauch ist ein Schlüsselmaß für die Umweltbelastung. Die nutzbare Energie ist das einzige nicht recyclierbare Verbrauchsgut. Der zwecklose Verbrauch potentieller Energie bedeutet eine irreversible Ausnutzung der Umwelt.

Die Hauptsätze der Thermodynamik lehren uns aber, daß wir genau genommen nicht Ressourcen sondern Ordnungszustände verbrauchen. Jedes lebendige System, das von außen Energie bezieht, schafft im Innern Ordnungszustände und gibt komplementär dazu Unordnung an die Umgebung ab. Diese Abgabe von Unordnung (Entropie) an die Umwelt ist energetisch unvermeidbar. Nun beschränkt sich aber die Abgabe von Unordnung nicht nur auf unvermeidbare Abwärme, sondern umfaßt auch die Dissipation von Stoffen in Atmosphäre, Hydrosphäre und Lithosphäre. Diese ist das eigentliche Umweltproblem und kann im Gegensatz zur Abwärme vom Menschen durch Technik und sein Verhalten unter vermehrtem Einsatz von Energie beeinflußt werden.

Diese Aussagen zeigen, daß zwischen Energiefluß und Stoffdissipation ein enger Zusammenhang besteht, was auch durch die Praxis der Ökobilanzierung bestätigt wird. Es handelt sich sowohl beim Energie- als auch beim Materialfluß um einen Übergang von einer konzentrierten Form und somit einem Zustand unter Kontrolle zu einer Verteilung über einen weiten Bereich und damit einer Verdünnung, bzw. einem nicht mehr kontrollierten ungeordneten Zustand, also um eine Zunahme der Entropie.

Die Konsequenz aus dieser Tatsache ist die Umweltstrategie der nachhaltigen Entwicklung, die heute ein von der Wirtschaft akzeptiertes strategisches Erfolgspotential SEP darstellt. Die nachhaltige Entwicklung strebt einen effizienteren Material- und Energieeinsatz bei gleicher oder gar noch besserer Leistung vor allem auch durch eine umweltgerechtere Preispolitik an. So sollen auch Ökobilanzen bei Verpackungssystemen helfen, Energie- und Materialflüsse durch eine angepaßte Technik besser zu beherrschen. Die Stoffumwandlungsprozesse sind so zu führen, daß dank einem Stoffkreislauf möglichst wenig Emissionen und Abfälle an die Umgebung abgegeben werden.

Regeln statt Lenken

Beim Treffen von Maßnahmen auf Grund von Ökobilanzen sollte man die Aufrechterhaltung natürlicher Gleichgewichte und Kreisläufe und nicht nur die Beseitigung eines bestimmten Hindernisses bei meist gleichzeitiger Schaffung eines andern Umweltproblems anvisieren. Dies bedeutet, daß die mit Hilfe einer Ökobilanz getroffenen Maßnahmen regelnd und nicht lenkend wirken sollten. Es geht darum, Regelkreise zu fördern oder neu aufzubauen. Ist beim Ökoregelkreis der Zustand der Umwelt die Regelstrecke, so kann diese über das Meßinstrument Ökobilanz überwacht und mittels der daraus abgeleiteten Maßnahmen geregelt werden.

Ökobilanzen als Meßinstrument und Warnsystem können Auslöser für ökologische Verbesserungen sein. Sie sind ein wichtiges, aber nicht das alleinige Mittel zur Beurteilung der Umweltbelastung etwa durch Warenverteilsysteme. Sie sind ein sehr flexibles und problemorientiertes Erfassungs- und Bewertungsinstrument. Es wäre daher schade, wenn restriktive Normungsversuche diese Freiheiten beschränken und eine Weiterentwicklung hemmen würden. Eine Rahmennorm, die situative Anpassungen erlaubt, könnte aber bezüglich Terminologie und zu beachtender Grundsätze den nötigen Konsens auf diesem Gebiet fördern.

Ökobilanzen und Verpackungsvielfalt

Die richtige Anwendung von Ökobilanzen bei Verpackungsproblemen trägt der Tatsache Rechnung, daß es je nach Situation, angestrebter Umweltstrategie oder regionalen Eigenheiten optimale Verpackungslösungen gibt, die sich deutlich voneinander unterscheiden. Die heute auf dem Markt anzutreffende Verpackungsvielfalt ist daher weitgehend auch ökologisch zu vertreten, wenn jeweils die einzelnen Verpackungen so eingesetzt werden, daß sie den Anforderungen des Marktes, der modernen Verpackungstechnologie, den wirtschaftlichen Erfordernissen und auch den Forderungen nach einer gesunden Umwelt entsprechen. Dies sind nämlich alles Voraussetzungen für einen dauerhaften Erfolg einer Verpackung. Ökobilanzen können einen wertvollen Beitrag leisten, um dieses hohe Ziel zu erreichen.

8.3.2
Bilanzierung funktional äquivalenter Verpackungssysteme

HOLLEY, E., München

8.3.2.1
Vorbemerkung

Ökobilanzen sind systemanalytische Instrumente zur Ermittlung ökologisch relevanter Tatbestände; in dieser Hinsicht haben sie eine wesentliche Informationsfunktion in unternehmerischen wie in politischen strategischen Entscheidungsprozessen.

Gegenstand von Ökobilanzen (Bilanzobjekte) können sein: Industrieprodukte, Verfahren oder Verfahrensketten (Prozesse), Unternehmen, Regionen usw.

Je nach Wahl des Bilanzobjekts stellt sich für das Dateninventar der Ökobilanz ein Bilanzraum-Zeit-Bezug ein: Der Bilanzierer legt, mathematisch gesprochen, ein Raum-Zeit-Koordinatensystem und damit den Informationsgehalt des Dateninventars der Sach-Ökobilanz (*engl.:* Life Cycle Inventory) fest.

Dies ist eine immanente Eigenschaft von Sach-Ökobilanzen, welche z.B. bei der Transformation von Sachbilanz-Ergebnissen zu ökologischen Wirkaussagen strikt zu beachten ist.

Im folgenden ist von Ökobilanzen für Produkte die Rede.

Es ist allgemein akzeptiert, daß bei Produkt-Ökobilanzen die Inventarisierung der ökologisch relevanten Fakten in einem Koordinatensystem erfolgt, welches jeweils von den Quellen der materiellen und energetischen Produktbestandteile bis zu ihren Senken *bewegt* wird. Außerdem werden i.a. stationäre Verhältnisse unterstellt. Die Eigenschaften eines solchen Bezugskoordinatensystems bewirken, daß die *Ergebnisse* von Sachökobilanzen für Produkte keinen eindeutigen bzw. einheitlichen Raum- und Zeitbezug haben. Die Inventarpositionen solcher Bilanzen stellen daher stationäre Stoffströme oder anderweitige Umwelt-Inanspruchnahmen dar, die „Einwirkungen in das globale Ökosystem" beschreiben.

Sie sind i.d.R. auf eine Gebrauchsnutzeneinheit normiert, die mit dem Bilanzobjekt geschaffen wird.

8.3.2.2
Hintergrund der Bilanzierung von Verpackungssystemen

Im Rahmen des Handlungsdrucks zur Abfallvermeidung sind Verpackungen hinsichtlich ihrer Umweltrelevanz stark in die öffentliche und damit politische Diskussion geraten. Der Fragenkatalog erstreckt sich von der Notwendigkeit des Verbots einzelner Verpackungsmaterialien über teils mit großen Emotionen geführte Dispute zur vergleichenden ökologischen Bewertung von Verpackungsalternativen bis hin zum Einweg-/Mehrwegstreit.

In diesem Umfeld hat das Umweltbundesamt ein Konsortium dreier Institute u.a. beauftragt, eine wissenschaftlich fundierte Methode für die Sach-Ökobilanzierung von Produkten zu entwickeln sowie Pilotberechnungen für einige Verpackungen durchzuführen.

Hiervon wird im folgenden in Auszüge berichtet.

Ein systemischer Ansatz liegt insofern vor, als im Rahmen der Sachbilanzierung nicht auf eine einzelne Verpackung oder gar Verpackungsmaterial, sondern auf einen mit Verpackung erzeugten Gebrauchsnutzen als Systemoutput Bezug genommen wird.

8.3.2.3
Methodische Prinzipien

Im Rahmen der erwähnten Methodenentwicklung [1] für Produkt-Sachökobilanzen, die für die Anwendung im Verpackungsbereich begonnen wurde, inzwischen praxistaugliche Anwendungen erlaubt und auf viele Wirtschaftsgüter modular anwendbar ist, wurden fünf Sachbilanzierungsprinzipien festgelegt (Tabelle 8.20). Diese werden im folgenden kurz beschrieben. „Kurz" deshalb, weil zumindest vier dieser Prinzipien heute bereits zum breit akzeptierten Stand des methodischen Wissens zählen.

Es sind dies:

1. *Das Prinzip der Trennung von Inventarisierung und (wirkungsbezogener) Bewertung*
   Diese Festlegung entspricht der methodisch separaten Behandlung von Sachbilanz, Wirkbilanz und Wirkbilanzbewertung. Ausgehend vom Ziel der Bilanzierung (= Fragestellung, die mit der Ökobilanz beantwortet werden soll) müssen Festlegungen zur Wahl des Bilanzraums, der Bilanzgrößen (*Prinzip 3*), zur Abbildung einer adäquaten Gebrauchsnutzeneinheit und damit zum Bilanzobjekt (*Prinzip 4*) und schließlich zur Datenauswahl (*Prinzip 5*) getroffen werden. Der Betrachtungshorizont (Ist-Zustand stationär abbilden – wie lange gültig? Oder: Künftige Entwicklung abbilden – Planungshorizont?) sowie der wirtschaftlich (oder politisch) Agierende, der von der Ökobilanz Entscheidungshilfen erwartet, bestimmen wesentlich die Datenauswahl (*Prinzip 5*). Es sei ergänzt, daß der Autor aus wissenschaftlicher Sicht eine Bewertung ablehnt, die unter Umgehung von Wirkaussagen direkt auf den Ergebnissen der Sachbilanz beruht.

Tabelle 8.20. Fünf methodische Prinzipien zur Erstellung von Sach-Ökobilanzen für Produkte

---

5 Prinzipien

1. Strikte Trennung von Sach-Bilanzierung und Bewertung
2. Modellierung der Produkt-Lebenswege durch ein Netzwerk interaktiver Module
3. Etablierung eines Katalogs von Konventionen zur
   - Bilanzraum-Festlegung
   - Bilanzgrößen-Festlegung
4. Normierung der Sachbilanz-Größen auf eine problemadäquate Technische Nutzeneinheit
5. Prinzip der Speziellen Produktlebensweg-Bilanzierung

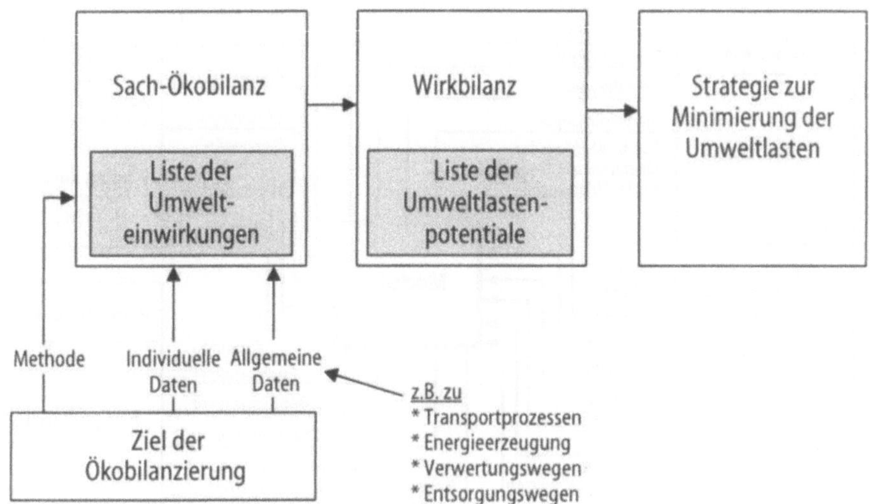

Bild 8.77. Trennen von Sachbilanzierung, ökologischer Wirkungsanalyse und Bewertung

2. *Das Prinzip des modularen Aufbaus der Produkt-Lebenswegmodelle*
Die Produkt-Lebenswege werden als nichtlineare, d.h. verzweigte, rückkoppelnde interagierende Modulketten modelliert. Das Modul ist die kleinste Einheit, für die Input- und Outputbeziehungen bekannt sind. Module repräsentieren (Teil-)Prozesse oder Dienstleistungen im weitesten Sinn. Die Größe eines Moduls ist im vorliegenden Ansatz an die Dateninformationslage anpaßbar. Dies mag aus wissenschaftlicher Sicht beklagt werden – es ist der Kompromiß zwischen wissenschaftlich wünschenswerter, einheitlicher Erschließungstiefe des Produktlebenswegs und dem Zeit- und Ressourcenbedarf bis zur praktischen Anwendung von Ökobilanzen.
Die Module sind interaktiv (Austausch von Stoff-, Energie- und Dienstleistungsströmen); die Maßzahlen der Austauschströme werden als Prozeßniveaus bezeichnet; sie hängen von der Normierungsgröße „Gebrauchsnutzen" ab und können numerisch i.allg. nur simultan ermittelt werden. In vielen praktischen Fällen sind allerdings Teillebensweganalysen möglich. Mathematisch ist der Lösungsvektor eines i.allg. umfangreichen linearen Gleichungssystems zu ermitteln.
Die Input-/Outputbeziehungen in der „Nachbarschaft" eines Moduls sind in Bild 8.78 dargestellt.

3. *Konventionale Festlegung von Bilanzgrößen und Bilanzraum*
Als Ergebnis der Sachbilanzierung wird zunächst die Liste der Stoffströme definiert, die in den Bilanzraum eintreten bzw. diesen verlassen. Weitere ökologisch relevante Sachverhalte, die keine Stoffströme darstellen, können ebenfalls berücksichtigt werden (Lärm, Raum-, Flächenbedarf, qualitative Gesichtspunkte zu Prozessen und Dienstleistungen). Unter Auswertungsgesichtspunkten spielen i.d.R. Stoffströme und Raum-/Flächenbeanspruchung derzeit die entscheidende Rolle. Soweit physikalisch möglich,

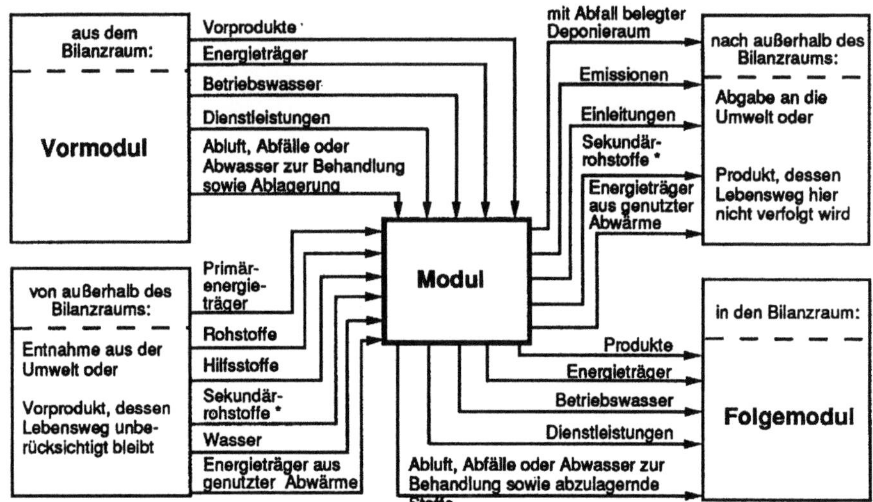

Bild 8.78. Input-Outputbeziehungen an einem Modul (aus [2]). Unter einem Modul wird die kleinste Einheit in der Analyse eines Produktlebensweges verstanden, für die Daten ausgewiesen sind

werden Energieströme auf Stoffströme (Primärenergieträger) zurückgeführt.

Bilanzraumgrenzen und zu erfassende Bilanzgrößen (siehe [1]) sind in einem Katalog dargestellt, der als Konvention aufzufassen ist. Abweichungen von dieser Konvention müssen im Einzelfall zusammen mit den Bilanzergebnissen begründend dargestellt werden.

4. *Normierung der Sachbilanzgrößen auf eine Gebrauchsnutzeneinheit*
Mit der Verfügbarkeit eines Produktes oder der Kombination mehrerer Produkte ist ein (technischer) Nutzen bzw. ein Gebrauchsnutzen verbunden.
Will man Produktalternativen unter ökologischen Gesichtspunkten vergleichen, so muß die gleiche Nutzenschöpfung sichergestellt sein (Prinzip der funktionalen Äquivalenz).
Aus diesem Grund wird der Bilanzierungsgegenstand jeweils so festgelegt, daß ihm ein definierbarer und in der Realität zutreffender (d.h. durch Marktnachfrage belegbarer) Nutzen zugeordnet werden kann, auf den *alle* Bilanzgrößen normiert werden.

Beispiel: Mit einem Verpackungssystem kann z.B. der Gebrauchsnutzen „Transport vom Abpacker zum Verbraucher und Erhalt eines Qualitätsniveau X für Y kg Füll-/Packgut" sichergestellt werden. Das Bilanzobjekt ist so zu wählen, daß der beschriebene Nutzen realisiert wird (vgl. Kap. 4).

Die bislang beschriebenen 4 Prinzipien sind vom Grundsatz inzwischen kaum strittig. Sie werden in nationalen und internationalen Gremien, die Normungsarbeit leisten, diskutiert.

Das folgende Prinzip wird heute zumindest von solchen Fachleuten noch kritisch diskutiert, die große Systeme bilanzieren und zu verallgemeinernden Aussagen gelangen möchten.

5. *Prinzip der speziellen Ökobilanzierung*
Der Grundgedanke, der zu diesem Prinzip führte, war die Erkenntnis, daß *individuelle Randbedingungen* bei der Produktion, Nutzung und dem Rückstandsmanagement von Produkten signifikanten Einfluß auf die Ergebnisse von Sachökobilanzen haben und somit die *ökologische Relevanz nicht etwa produktspezifisch, sondern lebenswegspezifisch* ist.
Diese Erkenntnis verlangt die Modellierung des *speziellen* und nicht etwa des *repräsentativen* Lebensweges eines Produkts. „Speziell" steht für „physikalisch richtig" oder „tatsächlich in der Realität existent". Für den speziellen Lebensweg interessieren sich z.B. die wirtschaftlichen Akteure (Unternehmen), die Bezüge zu „ihrem", d.h. einem individuellen Produkt haben, das sie produzieren oder nutzen. Für die Beschaffenheit der Lebensweg-Daten hat dies eine wichtige Konsequenz: Auf der Ebene der Module müssen folgerichtig Daten verwendet werden, die aus dem speziellen, physikalisch richtigen Lebensweg stammen. Dies sind, z.B. auf Produktionsprozesse bezogen, betreiberspezifische Daten, die weder durch Aggregation noch durch Mittelung mit Daten aus technisch gleichen oder ähnlichen Prozessen bei anderen Betreibern verallgemeinert wurden. Auch die Randbedingungen des Einsatzes eines Produktes, z.B. in der Nutzungsphase, dürfen nicht in verallgemeinerter Form bilanziert werden (s. Tabelle 8.21).
Neben der unmittelbaren Nachfrage nach Ergebnissen aus speziellen Lebenswegen existieren aber auch Interessenten, die Aussagen zu Kollektiven gleichartiger oder ähnlicher Produkte wünschen. Diese Interessenten sind meist dem politischen Bereich zuzuordnen. Für die Ökobilanzierung von Kollektiven gleicher Produkte wird vorgeschlagen, eine Stichprobe von speziellen Lebenswegen zu ermitteln, die die zielsetzungsgemäße Grundgesamtheit „repräsentativ" abbildet. Für jeden speziellen Lebensweg aus dieser Stichprobe ist eine Sachbilanz zu erstellen, deren Ergebnisse dann unter einem geeigneten Gesichtspunkt (z.B. Marktanteile o.ä.) zu mitteln sind.
Vom Prinzip her wurde mit diesem methodischen Vorschlag das Mittelungsproblem für repräsentative Aussagen von der Modulebene weg und hin zur Sachbilanzebene verschoben. Hierfür gibt es eine Vielzahl pragmatischer Gründe. Die beiden wichtigsten sind:

- Vermeidung einer für allfällige Fragestellungen notwendige Datenerhebung, die volkswirtschaftliche Grundgesamtheiten statistisch korrekt berücksichtigen
- Vermeidung von Faltungsalgorithmen bei der numerischen Auswertung. Beide Probleme sind zwar grundsätzlich lösbar, machen aber den Aufwand für die praktische Ermittlung entsprechender Sachökobilanzen prohibitiv groß.

Dem primären Abbilden von speziellen Lebenswegen entspricht darüber hinaus eine Erkenntnis, die auch methodisch vermittelt werden soll:

Tabelle 8.21. Liste der obligatorischen individuellen (spezifischen) Daten (Auszug) für die Lebenswegbilanzierung von Verpackungssystemen

p   • • •
p   Entscheidungen hinsichtlich Alternativen in der Energiebereitstellung, z.B.
    *   Region des elektr. Energiebezugs (Netz)
    *   Kraftwerkstechnologie
    *   • • •
p   Transportparameter/daten
    *   Transportmittel
    *   Nutzlast, Auslastung
    *   Entfernungen
    *   Verkehrsbereiche (Leistungsidentifikation)
    *   • • •
p   Mehrwegparameter /daten
    *   • • •
    *   Aussonderungsrate beim Abfüller
    *   Fehlleitung/Bruch beim Verbraucher
    *   • • •
p   • • •
p   Entscheidungen zum Rückstandsmanagement
    *   Verwertungswege
    *   Auswahl alternativer Entsorgungswege/
       Splittingsraten des Rückstandsmassenflusses
        *   Verbrennung mit/ohne Nutzenergieerzeugung
        *   Deponierung mit/ohne Deponiegasnutzung, Sickerwasserreinigung etc.
    *   • • •
p   • • •
p   • • •
p   Entscheidungen zu alternativen Herstelltechnologien
    *   im Grundstoffbereich
    *   im Packstoffbereich
    *   im Packmittelbereich
    *   *Aufforderung zur Verwendung herstellerspezifischer Prozessdaten*
p   • • •

Das optimale ökologische Verhalten einer Grundgesamtheit von Akteuren entsteht aus der Summe des ökologisch optimalen individuellen Verhaltens und nicht aus einem mittelwertsbezogenen Durchschnittsverhalten des Akteurkollektivs.

Dem Prinzip der Speziellen Ökobilanzierung, insbesondere in seiner „harten" Konsequenz für den *speziellen* (z.B. betreiberspezifischen) Charakter der Daten, kann unter pragmatischen Gesichtspunkten (Informationslücken beim Anwender) nicht voll entsprochen werden. Deshalb wurde der Begriff des „Approximierten Speziellen Lebenswegs" geprägt und eine (produktgruppenspezifische) Positivliste *der* Daten erstellt, für die obligatorisch spezielle, d.h. lebenswegspezifische Daten verwendet werden müssen. Für den Verpackungsbereich ist diese Liste in Auszügen im folgenden dargestellt.

Zusätzlich zu diesen 5 Prinzipien haben wir die Auswertung der Produktlebenswegmodelle durch den *Gesichtspunkt der Herkunft der Umweltlasten* ergänzt.

Tabelle 8.22. Ausgabeprotokoll-Gliederung

A:	Beschreibung des Verpackungssystems
B:	Liste der bilanzierten Größen der ersten Teilbilanz (ohne Umweltbeeinflussungen aus Energieerzeugung und Transporten)
C:	Liste der bilanzierten Größen der zweiten Teilbilanz (Umweltbeeinflussungen aus den Energieerzeugungsprozessen)
D:	Liste der bilanzierten Größe der dritten Teilbilanz (Umweltbeeinflussungen aus den Transportprozessen)
E:	Liste der bilanzierten Größen der Gesamtbilanz
F:	Tabellarische Auflistung der Daten, die als spezielle Daten vom Nutzer eingegeben wurden, mit den aus der Lebenswegbilanz resultierenden Mengen

Tabelle 8.23. Gliederung der Gesamtökobilanz (Gliederung der Teilbilanzen analog)

E	Gesamtbilanz
E1	Zählenmäßig darstellbare Größen
E1.1	Unmittelbar umweltbeeinflussende Größen
E1.1.1	Stoffliche Emissionen, Abgabe in die Atmosphäre
E1.1.2	Stoffliche Emissionen, Abgabe über Wasser
E1.1.3	Stoffliche Emissionen, Ausbringung als und/oder auf festem Träger
E1.1.4	Rohstoffentnahme (endliche Ressourcen)
E1.1.5	Rohstoffentnahme (Kreislaufmaterialien)
E1.1.6	Sonstiges
E1.3	Mittelbar umweltbeeinflussende Größen
E1.3.1	Aus Datenmangel nicht reduzierte Größen
E1.3.2	Merkposten, die methodenbedingt nicht auf umweltbeeinflussende Größen reduziert werden

Unterschieden werden derzeit die Bereiche

1. Energieerzeugungsbereich
   (Teilbilanz 2)
2. Transportbereich
   (Teilbilanz 3)
3. Übriger Lebensweg
   (Teilbilanz 1)
   (Produktion, Nutzungshandhabung, Rückstandsmanagement)

Es ist geplant, die herkunftsbezogene Auswertung in der ersten Teilbilanz weiter zu differenzieren, und zwar nach den in der Klammer angegebenen Bereichen.

Insgesamt ist das Outputprotokoll in seiner Primärgliederung sowie exemplarisch die Gliederung der Gesamtbilanz (= Summe der drei Teilbilanzen) in den Tabellen 8.22 und 8.23 gezeigt.

Die mit den geschilderten Eigenschaften ausgestattete Methodik ist in ein EDV-Programm umgesetzt, welches von geschulten Fachleuten bedient werden kann (Selected User Version).

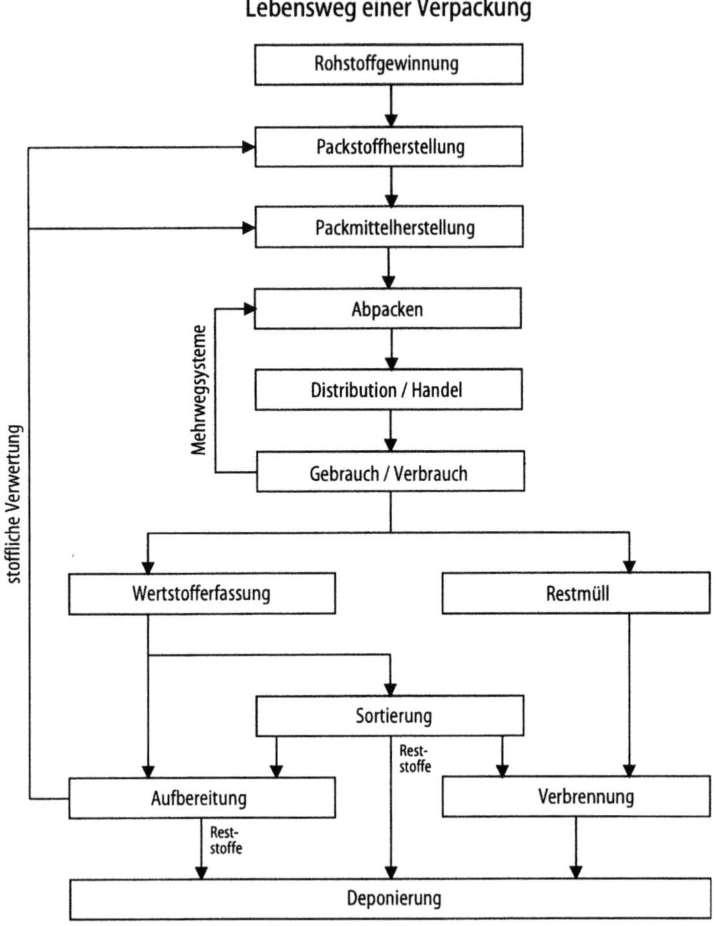

Bild 8.79. Bilanzraum für die Ermittlung von Sachökobilanzen für Einweg- und Mehrweggetränkeverpackungssysteme

8.3.2.4
Datengrundlagen

Zur anschaulichen Darstellung der geschilderten Methode werden in Abschn. 8.3.2.5 und 8.3.2.6 Sachbilanzergebnisse aus Beispielrechnungen gezeigt, die für den Bereich der Getränke-Verpackungen (Einweg-/Mehrwegproblem) durchgeführt wurden. Der zugehörige Bilanzraum ist in Bild 8.79 dargestellt.

Die hierfür verwendeten Daten stammen, soweit industrielle Stoffgewinnungs- und andere Produktionsprozesse betroffen sind, aus originären Datenerhebungen bei einschlägigen Unternehmen bzw. Branchen der Verpackungsindustrie, ihrer Zulieferer und Kunden. Daten der Energieerzeugung, des Transportwesens, des Entsorgungs- und Verwertungsbereichs sowie für die

Tabelle 8.24. Beschreibung des Verpackungssystems „Mehrweg-Glasflasche" für die Distribution von 1000 l Frischmilch

Beschreibung des Verpackungssystems		Stückzahl
Glasflasche	Weißglas, 1 Liter, 385 g Spezifikation: Weißglas 385 g	480
Kunststoffkasten	MW, HDPE, 300×200×300 mm, 1150 g Spezifikation HDPE 1150 g	80
Etikett	holzfrei, naß- und laugenfest Spezifikation: Etikettenpapier, holzfrei, naß- und laugenfest 0,96 g	960
Deckel	TO 48, 48 mm Durchmesser, 5,3556 g Spezifikation: Stahl ECCS 5,3556 g	480
Euro-Palette	MW, Holz, 800×1200×150 mm, 24 kg Spezifikation: Holz 24 kg	1
PP-Umreifungsband	7,9 g Spezifikation: Polypropylen 7,9 g	1
Packgut	Spezifikation: Packgutbezeichnung: Frischmilch pro Palette verpackte Menge: 480 l	

Gebrauchsphase sind allgemein zugänglichen Quellen entnommen und für die Lebenswegbilanzierung aufbereitet, z.T. auch standardisiert worden.

Die erstgenannte, industrielle Datenmenge ist im Treuhandauftrag gehandhabt und derzeit größtenteils nicht publikationsfähig; der Nachweis der Daten und ihrer Aufbereitung für den zweitgenannten Bereich ist in [3] dokumentiert.

Für die im folgenden dargestellten exemplarischen Ergebnisse wurde auf der Nutzenbasis „Transport und vorgegebener Qualitätserhalt von 1000 l Frischmilch vom Abfüller bis zum Verbraucher" bilanziert.

Dieser Nutzen wird von mehreren Verpackungssystemen äquivalent geleistet, wenn man nicht nur die jeweilige Primärverpackung, sondern auch die zur Distribution und sonstigen Handhabung notwendigen Verpackungsbestandteile mitbilanziert, d.h. ein *Verpackungssystem* betrachtet.

Für die Frischmilchdistribution wurden die funktional äquivalenten Systeme

- Mehrweg-Weißglasflasche 1 l
- Kartongestützte Weichverpackung 1 l, Bauform „Block", Einweg
- Kartongestützte Weichverpackung 1 l, Bauform „Giebel", Einweg
- * Polyethylen-Schlauchbeutel 1 l, Einweg

incl. ihrer jeweiligen sonstigen Verpackungsbestandteile untersucht.

Berücksichtigt wurde auch, daß bestimmte Systembestandteile der drei letztgenannten Einwegverpackungen im Mehrweg laufen, z.B. Paletten, Transportkästen u.ä. oder Bestandteile des Mehrwegsystems „Flasche" Einwegartikel sind, z.B. der Flaschenverschluß oder das Papieretikett.

Am Beispiel der Mehrwegglasflasche ist das bilanzierte, komplette Verpackungssystem in Tabelle 24 angegeben.

8.3.2.5
Exemplarische Ergebnisse

In diesem Kapitel sollen einige Ergebnisse aus Sachökobilanzen des Getränkeverpackungsbereichs exemplarisch dargestellt werden.

8.3.2.5.1
Einzelbilanz „Getränkekarton"

Zunächst werden für die Verpackungsart „Getränkekartonverpackung Frischmilch, Bauform Block, Einweg" wesentliche Bilanzgrößen dargestellt, und zwar geordnet nach

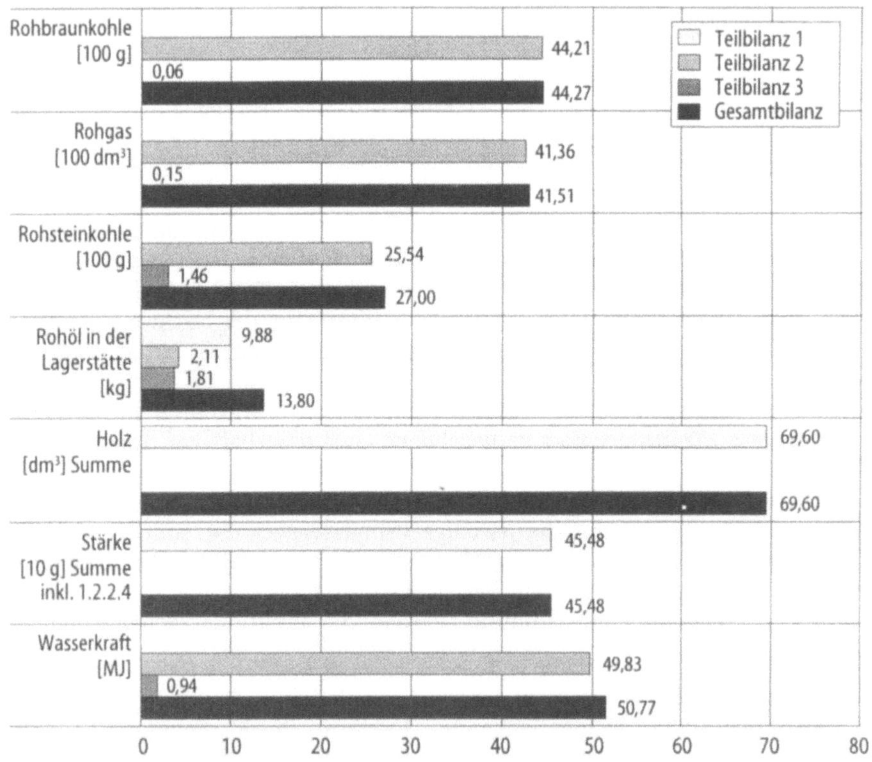

Bild 8.80. Sach-Ökobilanz der Getränkekartonverpackung „Block" und weiterer Bestandteile des distributionsfähigen Verpackungssystems: Fossile und regenerative Primärressourcen pro 1000 l distribuierter Frischmilch

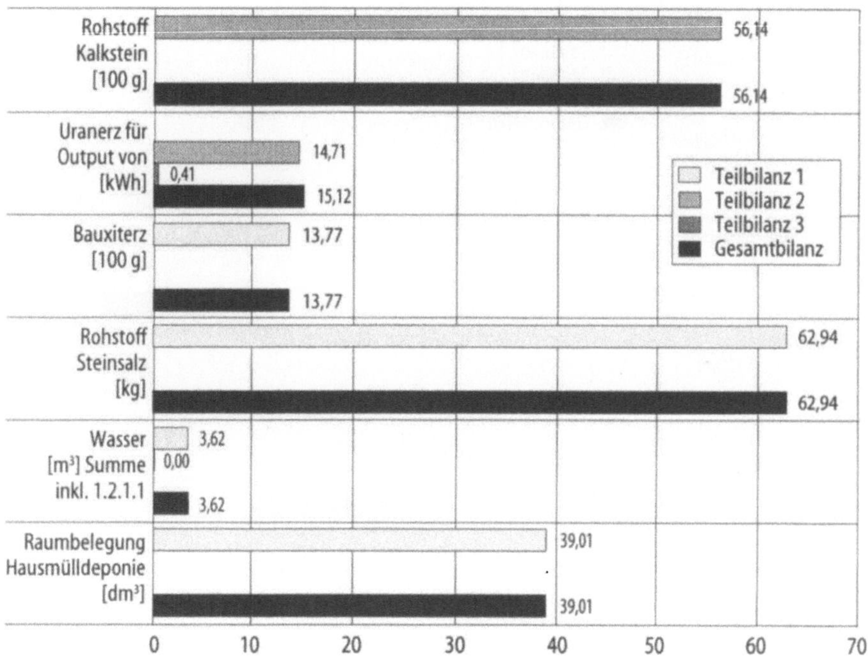

Bild 8.81. Sach-Ökobilanz der Getränkekartonverpackung „Block" und weiterer Bestandteile des distributionsfähigen Verpackungssystems: Mineralische Primärressourcen, Wasserinput und beanspruchtes Deponievolumen pro 1000 l distribuierter Frischmilch

- Fossile und regenerative Primärressourcen (Bild 8.80),
- Mineralische Primärressourcen, Wassereinsatz und Deponievolumenbeanspruchung (Bild 8.81),
- Sekundärrohstoffe nach Verbrauch (+) und Entstehung (–) (Bild 8.82),
- Emissionen in die Atmosphäre (Bild 8.83),
- Emissionen durch Einleitung in Oberflächenwasser (Bild 8.84).

Der hier gezeigten Sachökobilanz liegen folgende Randbedingungen aus der Praxis zugrunde:

1. Bilanziert wurde ein distributionsfähiges Verpackungssystem, bestehend aus Getränkeverbundkarton „Block", Palette, Zwischenlage, Schrumpffolie und Palettensicherungsband, wie es typischerweise in der Kette Abfüller – Handel in der BRD auftritt. Als Normierung werden 1000 l Frischmilch-Distribution (Prinzip 4, – Gebrauchsnutzen) gewählt.

2. Die für die einzelnen Verpackungsbestandteile unterstellten Produktionsbedingungen sind Stand von 1992/93 und für die BRD typisch. Konkret wurde im Produktionsbereich mit mengenspezifisch gemittelten Daten gerechnet; die Primärdaten sind betreiberspezifisch.
   Die beiden für Sachökobilanzen grundsätzlich zu unterscheidenden Herstellverfahren für gebleichten bzw. ungebleichten Karton wurden durch 2 se-

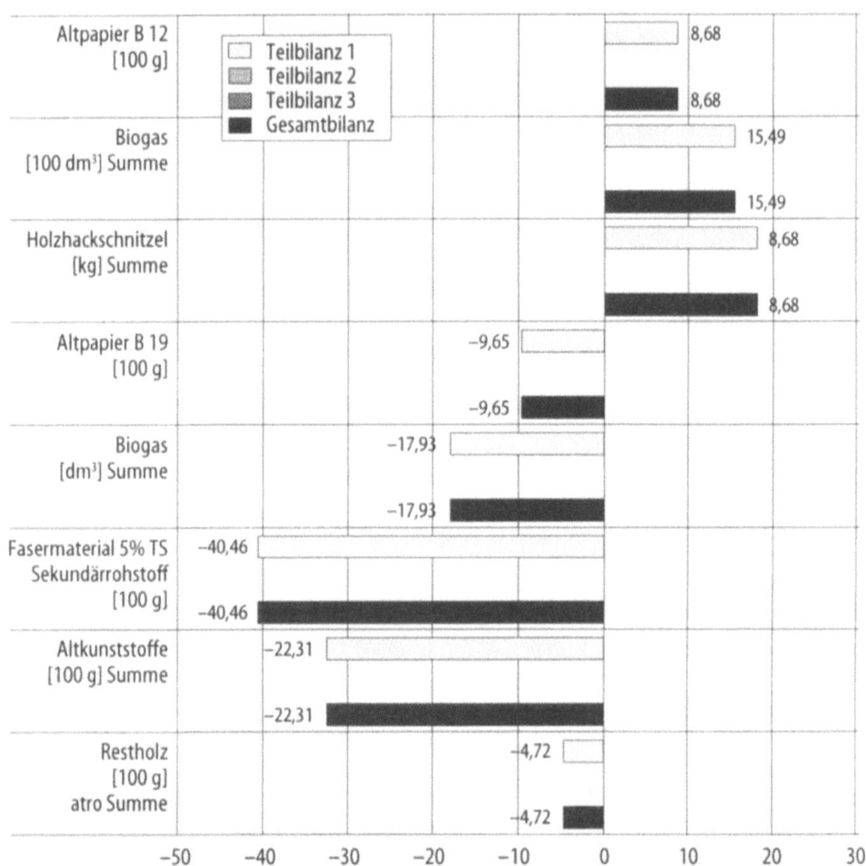

Bild 8.82. Sach-Ökobilanz der Getränkekartonverpackung "Block" und weiterer Bestandteile des distributionsfähigen Verpackungssystems: Verbrauch (+) und Entstehung (−) von Sekundärrohstoffen pro 1000 l distribuierter Frischmilch

parate Vorketten abgebildet. Das Verhältnis der Mengenströme „gebleicht/ ungebleicht" wurde als obligatorisch spezifisches Datum mit 45:55 angesetzt. Das entspricht den derzeitigen tatsächlichen Marktverhältnissen.

3. Als weitere spezifische Daten wurden z.B. unterstellt:
   - Entfernung vom Abfüller zum Handel 100 km
   - Direktbelieferung Abfüller – Einzelhandel
   - Verkehrsmittel Lkw, Nutzlast 15 t, Nahverkehrsbereich, Werkverkehr
   - Palettenumlaufzahl 100
   - Entsorgungs-/Verwertungssituation für gebrauchte Getränkekartonverpackungen
     BRD 1993, d.h.
     24% Erfassung durch Duales System Deutschland (DSD)
     76% Erfassung durch Restmülltonne

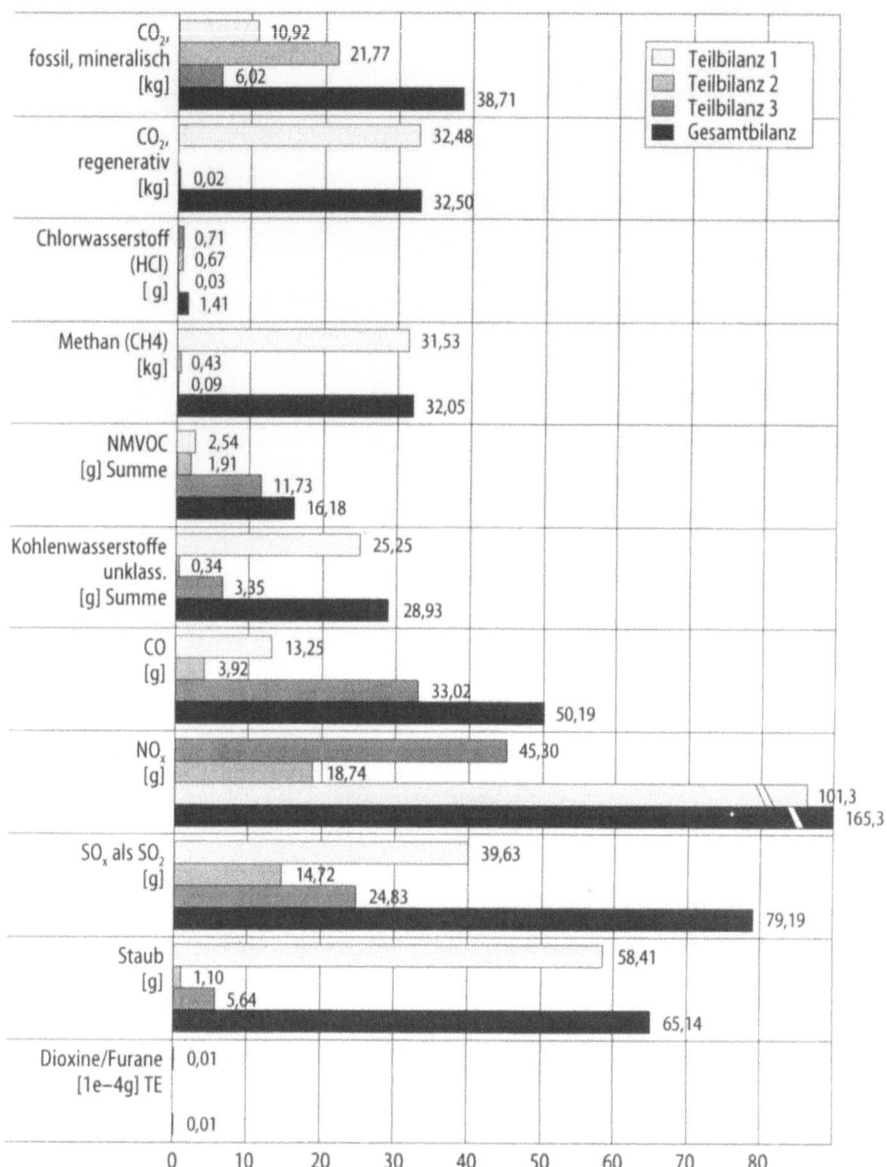

Bild 8.83. Sach-Ökobilanz der Getränkekartonverpackung „Block" und weiterer Bestandteile des distributionsfähigen Verpackungssystems: Emissionen in die Atmosphäre pro 1000 l distribuierter Frischmilch

- DSD-erfaßte Menge wird zu 60% stofflich verwertet
- Nicht stofflich verwertete Rückstände gehen im Verhältnis 3 : 7 in die Entsorgungsart Müllverbrennung und Hausmülldeponie.

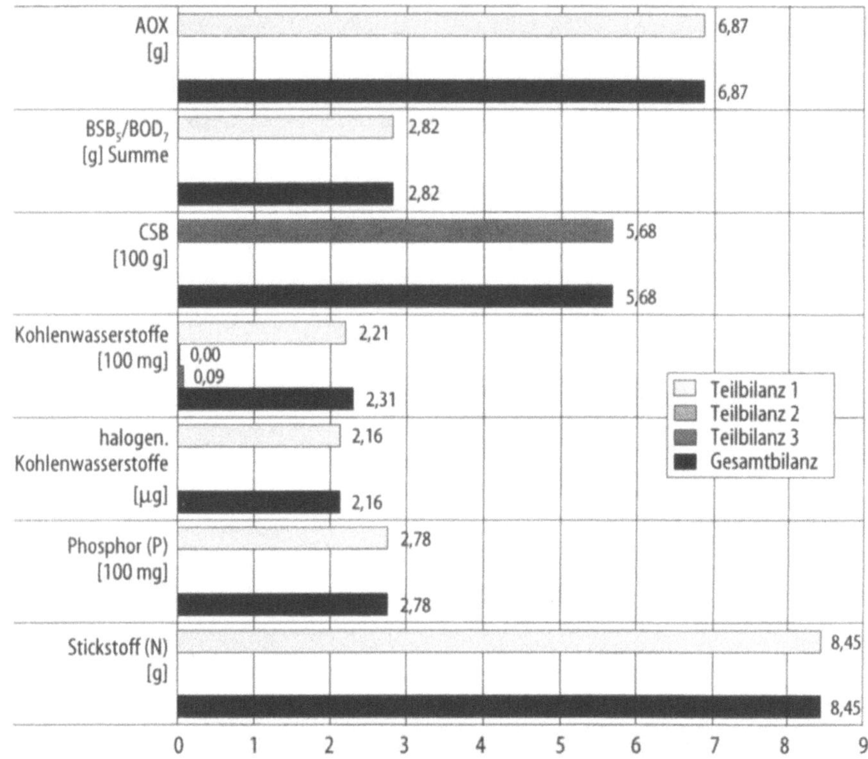

Bild 8.84. Sach-Ökobilanz der Getränkekartonverpackung „Block" und weiterer Bestandteile des distributionsfähigen Verpackungssystems: Emissionen durch Einleitung ins Wasser pro 1000 l distribuierter Frischmilch

4. Weitere spezifische Detaildaten nach Maßgabe von Tabelle 4.

In den Bildern 8.80 bis 8.84 sind für jede Bilanzgröße die Ergebnisse der drei Teilbilanzen (1. Produktion und sonstige Bereiche, 2. Energieerzeugung, 3. Transport) sowie der Gesamtbilanz (Summe 1+2+3) dargestellt.

8.3.2.5.2
Primärressourcen-Vergleich für vier Getränkeverpackungssystme

Analog zu der in Abschn. 8.3.2.5.1 geschilderten Vorgehensweise sind, wie in Abschn. 8.3.2.4 bereits erwähnt, Sachökobilanzen für insgesamt vier Verpackungssysteme für die Distribution von Frischmilch entstanden, die funktionale Gebrauchsnutzenäquivalenz aufweisen.

Hinsichtlich einzelner Bilanzgrößen können diese Verpackungssysteme miteinander verglichen werden, wenn man die gleichen nutzungsbezogenen Randbedingungen (wie z.B. Transportentfernungen, Distributionsstruktur, Entsorgungsstruktur) unterstellt.

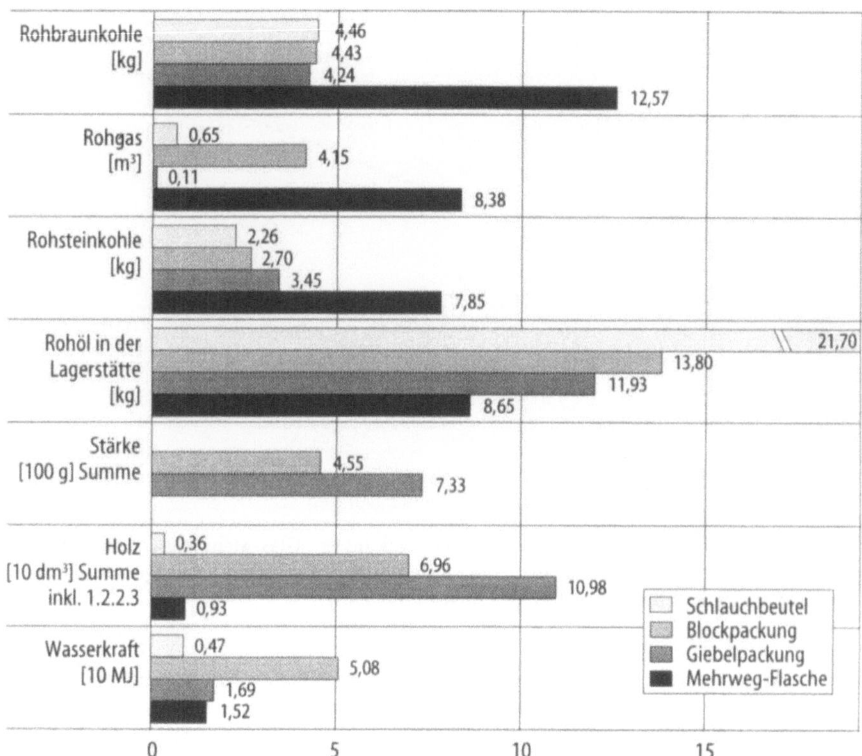

Bild 8.85. Vergleich der fossilen und regenerativen Primärressourcenbeanspruchung für vergleichbare Einsatzbedingungen der Verpackungssysteme Mehrweg-Glasflasche (25 Umläufe), Getränkeverbundkarton „Giebel" und „Block" (Einweg) sowie PE-Schlauchbeutel (Einweg) für die Distribution von 1000 l Frischmilch.

Ein solcher Vergleich ist exemplarisch für die Bilanzgrößen der Kategorie „Fossile und regenerative Primärressourcen" in Bild 8.85 dargestellt. In dieser Graphik sind nur die Gesamtbilanzergebnisse (= Summe der 3 Teilbilanzen) verzeichnet. Die Randbedingungen entsprechen denen des Block-Getränkekartons aus Abschn. 8.3.2.5.1; für die Mehrwegflasche wurden 25 Umläufe unterstellt.

8.3.2.6
Vergleich einzelner Umweltbelastungen bei variierenden Randbedingungen

Die methodische Vorschrift, der Sachökobilanz für ein Produkt in bestimmten Bereichen des Lebensweges obligatorisch spezifische Daten zugrundezulegen, begründet sich u.a. aus dem großen Einfluß, den bestimmte nutzungsbezogene Randbedingungen auf die Quantität einzelner Bilanzgrößen haben.

Dies kann am besten durch einige Beispiele veranschaulicht werden, die aus Berechnungen zu den o.g. Verpackungssystemen stammen.

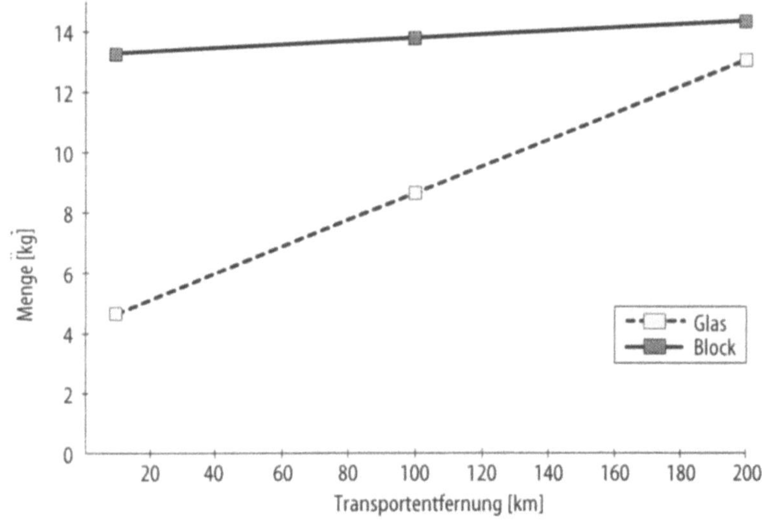

Bild 8.86. Rohölverbrauch der Frischmilchverpackungen „Glas-Mehrweg (25 Umläufe)"
und "Block-Getränkekarton-Einweg" bei variierender Transportentfernung Abfüller –
Handel (Praxis-Randbedingungen vgl. Abschn. 8.3.2.5.1)

Beim Vergleich von Einweg- und Mehrwegverpackungssystemen, die den
gleichen Gebrauchsnutzen erzeugen, liegt es nahe, Bilanzgrößen zu untersuchen, die sensitiv auf variierende Transportparameter reagieren. Weiter ist bei
Einweg-/Mehrwegvergleichen der Einfluß der mittleren Umlaufzahl einer
Mehrwegverpackung auf solche Bilanzgrößen zu untersuchen, die die produk-
tionsbedingten Lasten repräsentieren und diese bei variierender Umlaufzahl
mit den analogen Größen des Einwegsystems zu vergleichen (Einzellastbezo-
gene Break even-Betrachtungen).

Für die Mehrweg-Glasflasche und den Einweg-Getränkeverbundkarton
„Block" aus der Frischmilchdistribution sind solche Betrachtungen im folgenden wiedergegeben.

Bild 8.86 zeigt die Gesamt-Rohölinanspruchnahme des Mehrwegsystems
bei 25 Umläufen und der Blockverpackung bei variierender Transportentfernung zwischen Abfüller und Einzelhandel. Aus der Grafik wird deutlich, daß
bezüglich „Rohölbeanspruchung" ein Break-even dieser beiden Verkaufsver-
packungsvarianten für Frischmilch bei ca. 200 km Transportentfernung liegt.
Oberhalb dieser Entfernung erfordert das Mehrwegsystem einen größeren
Rohölverbrauch als die Einweglösung.

Erweitert man diese Untersuchung auf die Bilanzgröße „Emission von
NO_x (luftgetragen)", einem typischen Indikator der Straßenverkehrsrelevanz
eines Bilanzobjektes, und untersucht man den kombinierten Einfluß von
Transportentfernung und Umlaufzahl der Mehrwegvariante, so erhält man in
einer 3D-Darstellung den in Bild 8.87 gezeigten Sachverhalt.

Aus Aufwandsgründen konnten hierbei nicht alle Parameterkombinationen
explizit untersucht werden. Dessen ungeachtet ist gut erkennbar, daß bereits

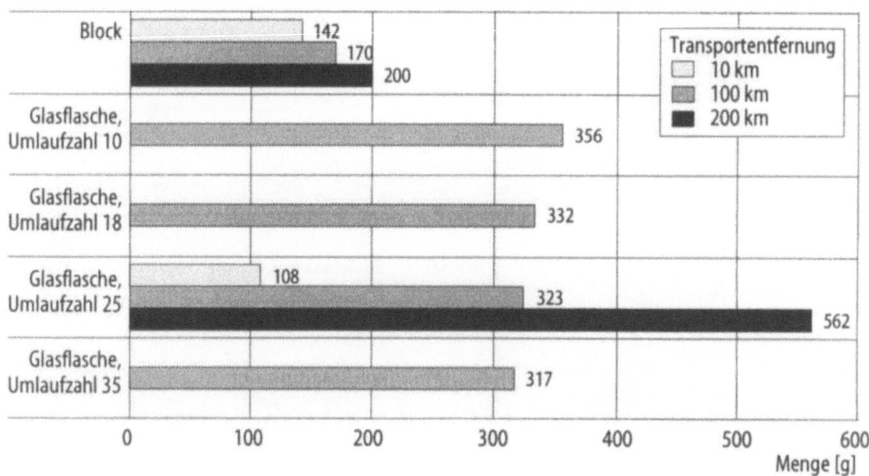

Bild 8.87. Kombinierter Einfluß von Transportentfernung (Abfüller – Einzelhandel) und Mehrweg-Umlaufzahl auf die NO_x-Emission der Varianten „Mehrweg-Glasflasche" und „Block-Getränkekarton" für die Frischmilchdistribution (Praxis-Randbedingungen vgl. Abschn. 5.1)

bei ca. 10 km Transportentfernung der „NO_x-Break-even" liegt; oberhalb erzeugt die Einweg-Kartonverpackung geringere NO_x-Emissionen. Dieser Befund ist, wie die 100 km Ergebnisse für die Mehrweg-Glasflasche zeigen, nahezu unabhängig von der Mehrwegumlaufzahl. Es stellt sich nämlich heraus, daß die Verkehrsbelastung durch das Mehrwegsystem, gesamtheitlich betrachtet, nahezu unabhängig von der Umlaufzahl ist, weil die Transportintensität in hohem Maße von der Gebrauchsphase bestimmt wird.

Die beiden letzten Bilder zeigen Sachverhalte, die im wesentlichen durch die Transportintensitäten der bilanzierten Varianten verursacht werden.

Die Bilanzgröße „NO_x-Emission" ist aber neben dem Transport auch von der Energieerzeugungsstruktur und vom spezifischen (Produktions-)Energieverbrauch des bilanzierten Systems abhängig. In noch größerem Maße gilt dies für die Bilanzgröße „SO_x-Emission".

Die Zuordnung einer Umweltlast (ausgedrückt als Bilanzeinzelgröße) zu den großen Verursachungsbereichen Produktion, Energieerzeugung bzw. Transport ist aus der Betrachtung der Teilbilanzergebnisse möglich. Aus diesem Grund werden im folgenden die Umweltlasten „NO_x-Emission" bzw. „SO_x-Emission" der beiden Verpackungsvarianten der Frischmilchdistribution, Glas-Mehrweg und Getränkekarton-Einweg, als Teil- und Gesamtbilanzergebnis in Abhängigkeit von der Umlaufzahl der Mehrwegvariante dargestellt.

Zunächst zeigt Bild 8.88, daß bei beiden Verpackungsvarianten und unabhängig von der Umlaufzahl die Hauptemissionsquelle für NO_x beim Transport liegt. Die Mehrwegvariante verursacht hier, wie vorher schon qualitativ bemerkt, um nahezu den Faktor 3 größere NO_x-Emissionen, und zwar mit guter Näherung unabhängig von der Umlaufzahl. Im Energieerzeugungsbereich liegt

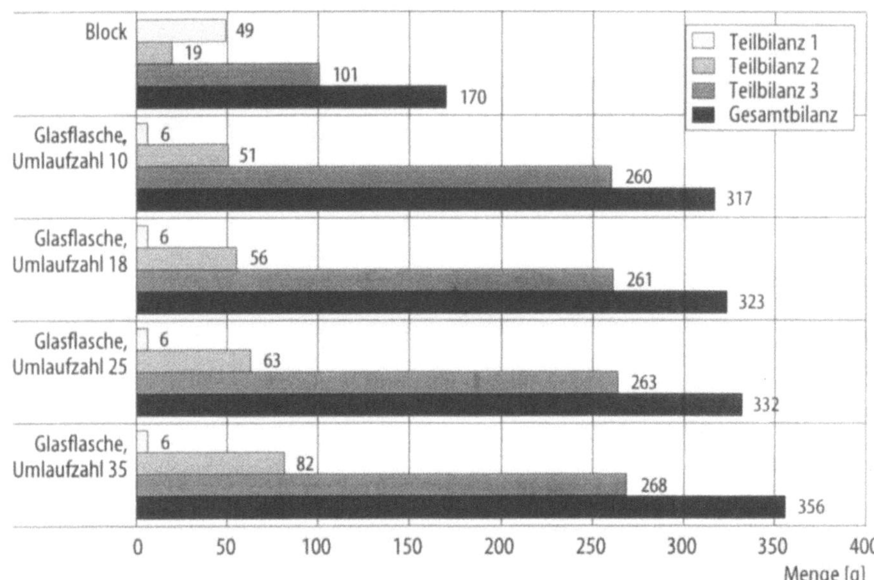

Bild 8.88. NO$_x$-Emissionen der Varianten Mehrweg-Glasflasche (verschiedene Umlaufzahlen) und Einweg-Getränkekarton zur Frischmilchdistribution; lokalisieren der NO$_x$-Emissionen in den drei Teilbilanzen bei 100 km Entfernung zwischen Abfüller und Einzelhandel

bei der Glasvariante ein zweiter Emissionsschwerpunkt für NO$_x$, der allerdings mit zunehmender Umlaufzahl eine geringfügige Degression aufweist. Grund für dieses geringfügig degressive Verhalten ist, daß einerseits zwar mit steigender Umlaufzahl die Produktionsenergielast für das Glas reduziert wird, andererseits aber eine umlaufzahlunabhängige Last an NO$_x$ z.B. durch den Spülprozeß für wiederzubefüllende Flaschen existiert. Demgegenüber ist die energieerzeugungsbedingte NO$_x$-Emission bei der Kartonverpackung gering, weil hier ein grundsätzlich kleinerer Prozeßenergiebedarf pro Verpackungseinheit und kein Energieaufwand für die Reinigung anfallen. Im Gegensatz zu Glas gibt es aber beim Karton eine produktionsbedingte NO$_x$-Emission außerhalb der Prozeßenergieerzeugung.

Die Lokalisierung der SO$_x$-Emission (Bild 8.89) ergibt ein anderes Bild: Diese treten vorrangig im Energieerzeugungsbereich auf und sind dort typisch für (schwer-)öl- und kohlebefeuerte Anlagen. Erst in zweiter Linie ist der Transportbereich SO$_x$-Verursacher.

Man erkennt in dieser Umweltlast deutlich den Einfluß der energieintensiven Glasherstellung, weil sich die SO$_x$-Last mit zunehmender Umlaufzahl bei Glas signifikant verringert (*Verteilung der Produktionslast*), jedoch einer umlaufzahlunabhängigen Grundlast zustrebt.

Transportbedingte SO$_x$-Beiträge sind, wie vorher bei NO$_x$, ebenfalls umlaufzahlunabhängig und mengenmäßig ähnlich wie bei der Kartonverpackung.

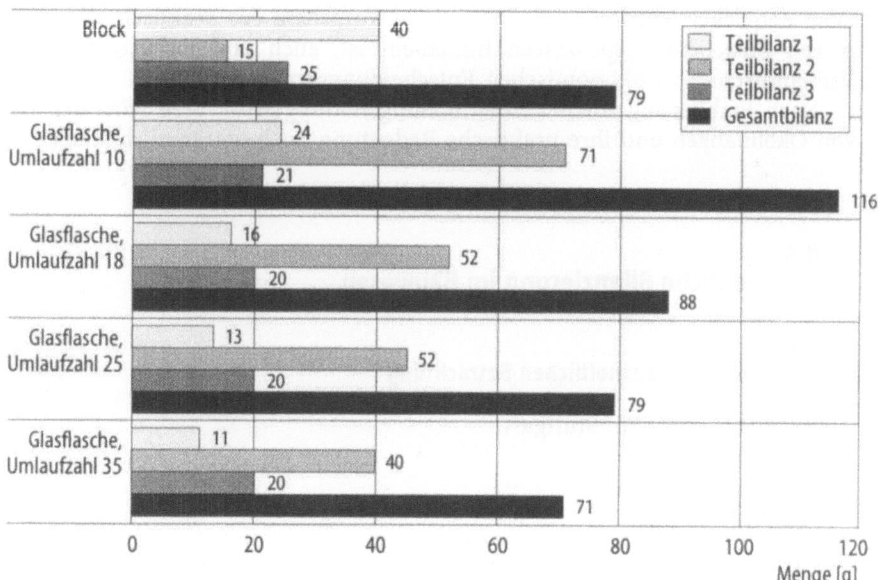

Bild 8.89. SO$_x$-Emissionen der Varianten Mehrweg-Glasflasche (verschiedene Umlaufzahlen) und Einweg-Getränkekarton zur Frischmilchdistribution; lokalisieren der SO$_x$-
Emissionen in den drei Teilbilanzen bei 100 km Entfernung zwischen Abfüller und Einzelhandel

Die produktionsbegleitenden und sonstigen SO$_x$-Emissionen (ohne Energieerzeugung) sind bei der Kartonverpackung deutlich größer als bei allen
Umlaufzahlvarianten des Glases, so daß im Ergebnis die SO$_x$-Gesamtemission
des Einwegsystems in etwa mit der des Mehrwegsystems bei der realistischen
Umlaufzahl von 25 übereinstimmt.

8.3.2.7
Schlußbemerkung

Die Ergebnisse aus Sachökobilanzen erlauben als solche keine umfassende,
durch eine oder wenige charakteristische Kennzahlen darstellbare ökologische
Gesamteinschätzung des Bilanzobjekts.

Optimierende wie vergleichende Betrachtungen können jeweils nur an einzelnen Bilanzgrößen festmachen, die jeweils den Charakter von „Umwelt*ein*-
wirkungen", nicht von ökologischen Auswirkungen haben.

Die Überführung von Sachbilanzergebnissen in *eine* Bewertungsgröße
wird grundsätzlich auch in Zukunft nicht möglich sein.

Gearbeitet wird jedoch (auch in der Arbeitsgruppe des Autors) an Aggre-
gationsvorschriften, die die Vielzahl der Sachbilanzpositionen in wenige um-
weltwirkungsbezogene Kenngrößen abbilden.

Diese Kenngrößen stellen „Globale Umweltlastpotentiale" dar, deren Vermeidung bzw. Minimierung dann nach Regeln der Konsensbildung in Priori-

täten entwickelt werden muß. Dies ist ein Vorgehen, das praktisch allen komplexen Entscheidungsprozessen immanent ist, auch und insbesondere enge Verwandtschaft zu ökonomischen Entscheidungsprozessen hat.

Nach Etablierung solcher Entscheidungsfindungsstrukturen wird der Wert von Ökobilanzen und ihre praktische Bedeutung noch beträchtlich steigen.

8.4
Ganzheitliche Bilanzierung im Bauwesen

8.4.1
Wege zu einer ganzheitlichen Betrachtung

REINHARDT, H.-W., Stuttgart

8.4.1.1
Einleitung

Das Projekt einer Forschergruppe an der Universität Stuttgart heißt „Ingenieurbauten – Wege zu einer ganzheitlichen Betrachtung". Beteiligt sind Forscher aus den Fakultäten Bauingenieur- und Vermessungswesen, Architektur und Städtebau, Luft- und Raumfahrttechnik und aus der Staatl. Akademie der Bildenden Künste. Als Objekte werden ausschließlich Brücken behandelt, eine klassische und eingrenzbare Ingenieuraufgabe, bei der jedoch viele Teilaspekte berücksichtigt werden müssen. Die von den Forschern vertretenen Teildisziplinen sind Entwurf und Konstruktion, Bauphysik, Design, Statik und Dynamik und Werkstoffe im Bauwesen. In einer ersten Ausführungsphase waren auch beteiligt Eisenbahn- und Verkehrswesen, Raumplanung, Baustatik, Stahlbau, Geotechnik und Grundlagen der modernen Architektur. Die Beteiligung vieler Teildisziplinen ist sicherlich eine notwendige Voraussetzung für die „ganzheitliche" Betrachtung einer Konstruktion, denn das Tragwerk muß nicht nur sicher, funktionell und dauerhaft sein, sondern es ist gleichzeitig Teil der natürlichen und künstlichen Umgebung, es emittiert Lärm und Staub bei der Nutzung, es ist Teil der Baukultur mit sozialen, ästhetischen und wirtschaftlichen Aspekten, es muß in die Infrastruktur eingebettet sein und vom Nutzer, Betrachter und Anwender akzeptiert sein. Der ökologische Aspekt umfaßt den Energieverbrauch bei der Herstellung, Nutzung, Änderung, Entfernung und Entsorgung, den Rohstoffverbrauch, den Landverbrauch u.a., worauf noch eingegangen wird. Alternativen zu erarbeiten, zu vergleichen, zu werten und zu verwerfen ist eine wesentliche Vorgehensweise. Dabei zeigt sich schnell, daß kein Entwurf optimal *alle* Kriterien erfüllen kann, sondern daß immer ein Kompromiß gefunden werden muß, der bei vorgegebener Wichtung der Teilaspekte zu einer Maximierung der Gesamtwertung führt. Ein subjektiver Einfluß bleibt dabei die Zuerkennung der Gewichte an die Teilaspekte. Dabei kann die Ästhetik die Ökologie überflügeln, die Bauphysik den Landschaftsschutz, etc.; was jedoch nicht in Frage gestellt werden kann, sind die primären Anforderungen an Tragfähigkeit und Verkehrsfunktion.

8.4.1.2
Ökologie

Die Ökologie ist ein Teilaspekt eines Entwurfs einer Brücke. Sie hat wesentlich mit der Auswahl der Werkstoffe zu tun, jedoch auch mit dem Bauverfahren, mit der Plazierung in die Landschaft und dem Entwurf. Die Bewertung ökologischer Aspekte hängt entscheidend von der Definition „Ökologie" ab. Haeckel hat 1866 folgende Definition geprägt: Ökologie ist die Wissenschaft von den Wechselbeziehungen zwischen Organismen und ihrer belebten und unbelebten Umwelt.

Eine solche naturwissenschaftliche, wertfreie Definition ist als Kriterium für ein Handeln (in diesem Fall eine Baustoffauswahl) nicht brauchbar, denn sie sagt nichts über die Art von Wechselbeziehungen mit der Umwelt aus und auch nichts über etwaige Folgen solcher Wechselbeziehungen. Will man Wechselwirkungen bewerten, so muß dies von einem bestimmten Standort aus geschehen, z.B. werden nützliche oder schädliche Folgen verursacht? Sind die Folgen bleibend oder nur vorübergehend? „Nützlich" oder „schädlich" beziehen sich bereits auf ein Wertesystem und man könnte auch sagen, positiv oder negativ auf einer bestimmten Skala.

Im Zusammenhang mit technischem Handeln ist der Mensch der Organismus, der eine aktive Wechselbeziehung zu seiner Umwelt bewirkt und damit die Wechselbeziehungen anderer Organismen mit ihrer Umwelt beeinflußt. Bildlich gesprochen verändert er eine Masche in einem Netz und schon werden Geometrie und Kräfte in allen Maschen verändert. Ökologie kann man also etwas eingrenzen und definieren als Einfluß des Menschen auf die belebte und unbelebte Umwelt. Auch diese Definition gibt keine Handlungsanweisung, da noch keine Wertung damit verknüpft ist. Also bleibt wieder die Frage: sind die Einflüsse nützlich oder schädlich? Und sofort danach: für wen oder was?

Hier ist nun eine Entscheidung gefordert, die m.E. streng objektiv nicht zu fällen ist. Man kann sich entscheiden und sagen, die Umwelt als solche darf nicht negativ beeinflußt werden, d.h. Flora und Fauna und Landschaft müssen so bleiben wie sie sind, was praktisch einen Stillstand menschlichen Handelns bedeuten würde oder man entschließt sich für die anthropozentrische Betrachtungsweise, d.h. die Umwelt darf nicht so beeinflußt werden, daß dies negative Folgen für den Menschen hat. Damit wird die Umwelt dem Menschen untergeordnet und als Ressource allein für den Menschen betrachtet. Auf den Menschen bezogen gibt es graduelle Unterschiede bezüglich der Ressourcen, z.B. ist eine Einteilung nach den Bedürfnissen möglich:

a) Lebensmedium: Luft, Raum, Temperatur, Gestalt (z.B. Landschaft)
b) direkte Ressourcen: Wasser, Nutzpflanzen
c) indirekte Ressourcen: Nutztiere, Brennholz
d) technische Ressourcen: Rohstoffe, fossile Energieträger

Ökologie ist nun die Handlungsanweisung für den Menschen, die Umwelt und damit seine Ressourcen nicht zu beeinträchtigen, jedenfalls nicht weiter zu beeinträchtigen, als es den heutigen und zukünftigen Menschen zuträglich ist. Die unter a) bis d) genannten Punkte stehen natürlich nicht allein, sondern sind eng mit der gesamten Flora und Fauna vernetzt. Kriterien für eine ökologische Baustoffauswahl sind damit – zumindest allgemein – ableitbar.

Die Unterscheidung natürlich und künstlich in „naturbelassen ist gut" und „technisch hergestellt ist schlecht" (*engl.:* man-made) erscheint zu einfach. Auch die Aussage, daß schließlich alle Baustoffe aus der Umwelt stammen und mit Mitteln, die auch wieder aus der Umwelt kommen, bearbeitet, hergestellt und verarbeitet werden, trägt wenig zur Unterscheidung bei. Man könnte alle bekannten Baustoffe hinsichtlich der ökologischen Kriterien untersuchen und eine Rangfolge aufstellen und vielleicht zum Schluß kommen, daß die naturbelassenen Baustoffe die höchste ökologische Wertung bekommen. Um eine solche allgemeine Aussage zu treffen, müßten tatsächlich alle Baustoffe untersucht werden, was jedoch praktisch nicht möglich ist. Die Untersuchung einer begrenzten Auswahl kann subjektiv sein und damit anfechtbar. In der Praxis wird es darauf hinauslaufen, daß jeder eingesetzte Baustoff untersucht werden muß und daß jeder seine individuelle Wertung („Note") bekommt.

Aus den oben abgeleiteten Kriterien lassen sich einige konkrete Beurteilungsmaßstäbe ableiten:

- geringe Schadstoffemissionen in Luft, Wasser und Boden während der Herstellung, Verarbeitung, Nutzung und Entsorgung
- geringe Flächenbeanspruchung bei der Herstellung (geringer Landschaftsverbrauch)
- geringer Rohstoff- und Energieverbrauch (auch beim Transport)
- lange Lebensdauer
- gute Recycling- bzw. Entsorgungsfähigkeit

Diese Beurteilungsmaßstäbe werden in den folgenden spezifischen Kapiteln angelegt, wobei es sich zeigen wird, daß noch viele objektive Daten fehlen, um die gewünschten Berechnungen auszuführen. Weitere systematische Arbeit muß noch geleistet werden.

8.4.2
Ganzheitliche Bilanzierung von Ingenieurbauwerken

LÜNSER, H., Stuttgart

8.4.2.1
Einleitung

Die Idee, Baustoffe, Bauprodukte und Bauwerke nach ihren ökologischen Eigenschaften zu beurteilen, ist nicht neu, siehe u.a. [1] und [2]. In bezug auf Bauwerke konzentrierte sich das Interesse dabei vorwiegend auf Hochbauten, die dem Aufenthalt von Menschen dienen. Gebäude also, deren Entwurf entscheidend von Architekten geprägt wird. Ein großer Teil unserer bebauten Umwelt wird aber auch von Bauwerken bestimmt, bei deren Planung Ingenieure unterschiedlichster Spezialisierungsrichtungen die entscheidende Rolle spielen. Für diese Bauten wird der Begriff „Ingenieurbauwerke" benutzt, der in der HOAI [3] definiert wird. Ingenieurbauwerke umfassen demnach:

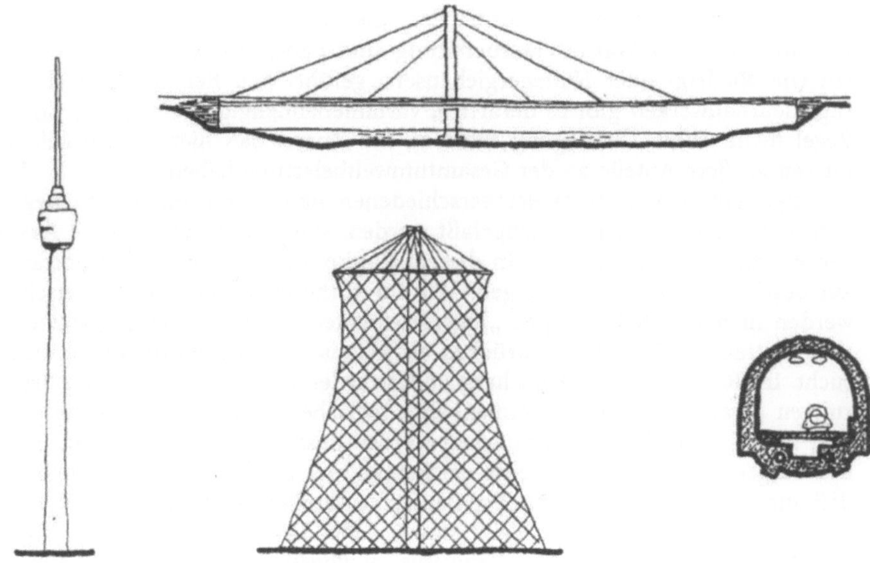

Bild 8.90. Typische Ingenieurbauwerke

- Bauwerke und Anlagen der Wasserversorgung, der Abwasserentsorgung, des Wasserbaus und der Abfallentsorgung
- Bauwerke und Anlagen für die Ver- und Entsorgung mit Gasen und Feststoffen einschließlich wassergefährdenden Flüssigkeiten
- konstruktive Ingenieurbauwerke für Verkehrsanlagen (Anlagen des Straßen-, Schienen- und Flugverkehrs)
- sonstige Einzelbauwerke, ausgenommen Gebäude und Freileitungsmaste

Die Domänen des konstruktiven Ingenieurbaus sind dabei die Bauwerke für Verkehrsanlagen (Brücken, Stützbauwerke, Lärmschutzanlagen, Tunnel- und Trogbauwerke) und die sonstigen Einzelbauwerke (u.a. Schornsteine, Masten, Türme, Silos, Kühltürme). Es handelt sich hier um eine Palette verschiedenartiger Bauwerke, bei denen nach SCHLAICH [4] die „Gestalt wesentlich durch das Tragwerk bestimmt ist oder bei denen Tragwerk und Bauwerk dasselbe ist".

Objekt- und Tragwerksplanung der konstruktiven Ingenieurbauwerke werden hauptsächlich von Bauingenieuren durchgeführt, wenn auch die Grenzen zu Architektur und Verkehrsplanung fließend sind. Das folgende Kapitel richtet sich damit in erster Linie an planende Bauingenieure und soll zeigen, wie die Ganzheitliche Bilanzierung in den Entwurfsprozeß einbezogen werden kann.

Neben der disziplinären Abgrenzung haben viele Ingenieurbauwerke gegenüber Hochbauten eine weitere Besonderheit, die aus der Sicht des Autors eine gesonderte Betrachtung in diesem Buch rechtfertigt: Hochbauten, die dem Aufenthalt von Menschen dienen, sind während ihrer Nutzung in der Regel zu beheizen, zu beleuchten und gegebenenfalls auch zu belüften. Verschiedene Arbeiten [1, 5, 6] haben gezeigt, daß die damit verbundenen Umweltbelastungen den wesentlichen Anteil an der Gesamtumweltbelastung aller Lebensphasen dieser Bauwerke ausmachen. Insbesondere die Belastungen durch Raumheizung und Warmwasserbereitung sind dabei relevant, was zu Projekten wie Niedrig- oder Nullenergiehäusern geführt hat. Bei den betrachteten Ingenieurbauwerken gibt es derartige, variantenabhängige Belastungen in der Regel nicht. Diese Überlegung führt zu der These, daß hier andere Lebensphasen größere Anteile an der Gesamtumweltbelastung haben.

Angesichts der Vielzahl der verschiedenen Bauten, die unter dem Begriff „Ingenieurbauwerk" zusammengefaßt werden, sind verallgemeinerbare Aussagen allerdings kaum möglich. In diesem Kapitel muß also eine Konzentration auf bestimmte Bauwerke erfolgen. Wie im vorhergehenden Kapitel berichtet, werden in der Forschergruppe „Ingenieurbauten – Wege zu einer ganzheitlichen Betrachtung" (FOGIB) Brücken als klassische Ingenieurbauwerke untersucht. Im Rahmen dieser Forschergruppe wurden die hier dargestellten Erfahrungen gesammelt. Die Zusammenhänge zwischen Ingenieurbauwerken, Umwelt und Ganzheitlicher Bilanzierung werden deshalb in erster Linie an Brücken dargestellt. Das mag einseitig erscheinen, der Autor ist aber der Meinung, daß aus der Betrachtung spezieller Bauwerke verallgemeinerbare Aussagen gewonnen werden können. Es bleibt somit jedem Leser überlassen, die folgenden Ausführungen auf andere Bauwerke zu übertragen und Schlüsse für die eigene Arbeit zu ziehen.

8.4.2.2
Ingenieurbauwerke und Umwelt

Beim Thema Ingenieurbauwerke und Umwelt denkt man zunächst an die Veränderungen von Landschaften und natürlichen Systemen, die mit dem Bau von Ingenieurbauwerken einhergehen: Flächen werden versiegelt oder überbaut, Lebensräume von Pflanzen und Tieren werden verändert oder zerstört, der Wasserhaushalt und das lokale Klima können beeinflußt werden. Zu den Umweltbeeinflussungen durch das Bauwerk selbst, kommen die mit dem Bau und der Nutzung verbundenen Beeinträchtigungen des Umfeldes. Hierzu zählen bspw. die Auswirkungen von Emissionen, die durch Baumaschinen oder den über eine Brücke fließenden Verkehr verursacht werden. Die Umweltbeeinflussungen beginnen aber schon, bevor das Bauwerk existiert: Bereits für die Herstellung der Baustoffe sind erhebliche Eingriffe in Landschaften erforderlich (Rohstoffgewinnung), werden große Mengen an Energie verbraucht (z.B. bei der Zement- und der Stahlherstellung), Schadstoffe emittiert sowie Abfälle erzeugt. Gleiches gilt für die energetischen Vorstufen und für notwendige Transporte. Auch nach dem Ablauf der Nutzungsdauer eines Bauwerks wird die Umwelt beeinflußt: Das Bauwerk ist abzureißen und der Bauschutt wird wiederaufbereitet oder muß entsorgt werden.

Systematisieren lassen sich die Umweltbeeinflussungen zunächst nach Lebensphasen. Vom Autor werden in den weiteren Betrachtungen die Lebensphasen Herstellung der Baustoffe, Errichtung, Nutzung und Abbruch des Bauwerks sowie Recycling bzw. Entsorgung der Abbruchmaterialien unterschieden. Jeder dieser Lebensphasen werden energetische Vorstufen und ggf. Transporte zugeordnet.

Eine weitere Systematisierung ist die Erfassung der Orte, an denen Umweltbelastungen und resultierende Wirkung auftreten. Definiert man das Umfeld/die Umgebung eines Bauwerkes als einen Raum, in dem sich Ursache-Wirkungs-Beziehungen direkt „ablesen" lassen, kann man drei Fälle unterscheiden:

1. Belastung und Wirkung im Umfeld (z.B. Emissionen im Umfeld, Immissionen im Umfeld)
2. Belastung im Umfeld, Wirkung außerhalb des Umfelds (z.B. Emissionen im Umfeld, Immissionen durch weiträumigen Schadstofftransport außerhalb des Umfelds)
3. Belastung und Wirkung außerhalb des Umfelds (z.B. Emissionen und Immissionen in der Umgebung eines Zementwerkes, in dem der Zement für das Bauwerk hergestellt wird)

Anhand dieser Systematik werden im folgenden Möglichkeiten diskutiert, die Auswirkungen auf die Umwelt zu bewerten und in den Entwurfsprozeß einzubeziehen.

8.4.2.3
Bewertung der Auswirkungen auf die Umwelt

Angesichts der Größenordnungen der durch das Bauen verursachten Auswirkungen auf die Umwelt, wird die Berücksichtigung von Umweltaspekten bei der Planung von Bauwerken mehr und mehr fester Bestandteil des Entwurfsprozesses. Gesetzlich wird die Prüfung der Umweltverträglichkeit bei der Planfeststellung z.B. im Bundesfernstraßen-, Bundeswasserstraßen-, Bundesbahn-, Personenbeförderungs- und im Luftverkehrsgesetz gefordert. Die HOAI sieht für die Phase 2 der Objektplanung von Ingenieurbauwerken und Verkehrsanlagen (Projekt- und Planungsvorbereitung) die „Untersuchung von Lösungsmöglichkeiten ... unter Beachtung der Umweltverträglichkeit" vor.

Schwierigkeiten bereitet dabei, daß der Begriff „Umweltverträglichkeit" nicht genau definiert ist, sich wahrscheinlich auch nicht definieren läßt. Eine Hilfestellung für das Vorgehen bei der Bewertung der Umweltverträglichkeit eines Bauvorhabens sind Gesetze, die allgemeine Schutzziele in bezug auf den Umweltschutz angeben, wie z.B. das Bundesnaturschutzgesetz, das Bundesimmissionsschutzgesetz oder das Wasserhaushaltsgesetz.

Konkreter auf Bauwerke bezogen sind die Bauprodukterichtlinie [7] und die Richtlinie über die Umweltverträglichkeitsprüfung [8] (durch [9] und [10] in nationales Recht umgesetzt). Die wesentlichen Bezüge dieser Richtlinien zum hier diskutierten Thema werden im folgenden erläutert:

8.4.2.3.1
Bauproduktenrichtlinie

Die Bauproduktenrichtlinie regelt den freien Warenverkehr von Bauprodukten innerhalb der EU. Laut Definition ist unter dem Begriff „Bauprodukt" jedes Produkt zu verstehen, was hergestellt wird, um dauerhaft in Bauwerke eingebaut zu werden. Die in der Bauproduktenrichtlinie gestellten Anforderungen an die Bauprodukte ergeben sich aus Anforderungen an Bauwerke. Im Grundlagendokument Nr. 3 der Bauproduktenrichtlinie sind die Anforderungen hinsichtlich Hygiene, Gesundheit und Umweltschutz geregelt. Wesentliche Forderungen betreffen dabei die Umwelt im Inneren von Gebäuden, die Wasserversorgung sowie die Entsorgung von Abwasser und festen Abfällen, Dinge also, die bei konstruktiven Ingenieurbauwerken, insbesondere bei Brücken, nicht die ausschlaggebenden Einflüsse auf die Umwelt darstellen. Interessanter sind die Anforderungen, die an die äußere Umwelt gestellt werden. Hier wird von den Bauprodukten und Bauwerken gefordert, daß sie keine Schadstoffe freisetzen, welche die Gesundheit und Hygiene von Bewohnern, Benutzern und Anwohnern beeinträchtigen. Außerdem sollen Auswirkungen auf die unmittelbare Umwelt (Umfeld des Bauwerks) durch Luft-, Boden- und Wasserverschmutzung vermieden werden. Die Forderungen beziehen sich durch den Gültigkeitsbereich der Bauproduktenrichtlinie ausschließlich auf die Lebensphase der Nutzung. In der Bauproduktenrichtlinie wird allerdings angeregt, den gesamten Lebenszyklus eines Baustoffs zu berücksichtigen und neben der Nutzung auch Gewinnung, Herstellung und Einbau des Baustoffs sowie Abbruch des Bauwerks und Deponierung, Verbrennung oder Wiederverwendung der Abfälle zu berücksichtigen. Für diese Lebensphasen gibt es aber noch keine Gemeinschaftsvorschriften, weshalb es den Mitgliedsstaaten der EU freigestellt ist, entsprechende weitergehende Anforderungen zu erlassen. Mit der Bauproduktenrichtlinie liegen somit Hinweise für eine Bewertung der Umweltauswirkungen vor, die aber auf die Lebensphase Nutzung beschränkt sind.

8.4.2.3.2
Richtlinie über die Umweltverträglichkeitsprüfung

Nach dieser Richtlinie müssen für größere Bauobjekte, u.a. für Verkehrsanlagen, Umweltverträglichkeitsprüfungen (UVP) durchgeführt werden. Inhalt einer UVP ist die „Prüfung und Bewertung der unmittelbaren und mittelbaren Auswirkungen eines Vorhabens oder Projektes auf Mensch, Flora und Fauna, Luft, Wasser und Boden, Klima und Landschaft". Sachlicher Bestandteil einer UVP sind Umweltverträglichkeitsstudien (auch Umweltverträglichkeitsuntersuchungen genannt). Innerhalb einer Umweltverträglichkeitsstudie (UVS) werden die Informationen zusammengestellt, die für die Prüfung der Umweltverträglichkeit durch die zuständige Genehmigungsbehörde erforderlich sind. Für die Festlegung von Trassen im Verkehrswegebau laufen UVS nach folgendem Schema ab [11]:

- Abgrenzen des Untersuchungsraumes
- Beschreiben und Bewerten aller Flächen im Untersuchungsraum mit umweltrelevanten Funktionen
- Ermitteln konfliktarmer Korridore und Aufstellen von Varianten für den Verkehrsweg innerhalb dieser Korridore
- Beschreiben und Bewerten der umwelterheblichen Wirkungen der einzelnen Varianten

Mittelbar werden damit alle Ingenieurbauwerke, die Bestandteile einer Verkehrsanlage sind, hinsichtlich ihrer Auswirkungen auf die Umwelt untersucht und bewertet.

Systematisieren läßt sich der Inhalt einer UVS einerseits nach den betrachteten Schutzgütern (Mensch, Flora und Fauna, Luft, Wasser und Boden, Klima und Landschaft), andererseits nach den Beeinflussungen der Schutzgüter. Bei letzterem lassen sich bau-, anlagen- und betriebsbedingte Beeinflussungen unterscheiden. In den Abschn. 8.4.2.4.4.2 und 8.4.2.4.4.3 werden dazu Beispiele genannt.

In welchem Maß die genannten Beeinflussungen des Umfeldes innerhalb einer UVS untersucht werden, hängt von verschiedenen Umständen ab, da der Bearbeitungsumfang einer UVS nicht eindeutig definiert ist. Hier können Dinge, wie Qualifikation der Bearbeiter, zur Verfügung stehende Bearbeitungszeit, Anforderungen seitens der Auftraggeber oder bereitstehende Informationen zum Projekt eine Rolle spielen. Zusammenfassend ist aber festzustellen, daß innerhalb einer UVS wesentliche Auswirkungen eines Bauwerks auf die Umwelt erfaßt und bewertet werden.

8.4.2.3.3
Ganzheitliche Bilanzierung

Mit der Bauproduktenrichtlinie und der Richtlinie über die Umweltverträglichkeitsprüfung sind wichtige Vorschriften für die Bewertung der Umweltauswirkungen eines Bauwerks erlassen. Zur umfassenden Beurteilung einer Baumaßnahme sind aber weitere Untersuchungen erforderlich, da sich die genannten Richtlinien auf die Lebensphasen Bau und Nutzung beschränken. Offen bleiben damit die Lebensphasen Herstellung der Baustoffe, Abbruch, Recycling, Entsorgung sowie alle energetischen Vorstufen und Transporte.

Die Notwendigkeit auch diese Phasen in eine Bewertung einzubeziehen soll an Beispielen begründet werden:

- Die meisten Herstellungsverfahren der im Bauwesen verwendeten Metalle, Bindemittel, Wandbau- und Kunststoffe sind mit einem hohen Energieaufwand und mit erheblichen Emissionen verbunden. Vom Umweltbundesamt wird geschätzt, daß allein die für den Wohnungsneubau erforderlichen Baustoffe mit rund 15% am Primärenergieverbrauch der Industrie und mit rund 10% an den gesamten industriellen Emissionen beteiligt sind [1].
- Bauabfälle aller Art machen mehr als die Hälfte des gesamten Abfallaufkommens der Bundesrepublik aus. Von 261 Mio t Abfällen im Jahre 1990 waren allein 141 Mio t Bauabfälle (Bodenaushub, Straßenaufbruch, Bauschutt, Baustellenabfälle) [12].
- Der Gütertransport hat ebenfalls einen hohen Anteil an den, durch die Wirtschaft verursachten Umweltbelastungen. Eine wichtige Rolle spielen dabei die NO_x-Emissionen der Verbrennungsmotoren (3,6 g/tkm im Straßengüternah- und -fernverkehr [13]). Bei der Zementherstellung wird ebenfalls NO_x emittiert (1700 g/t Zement [14]). Transportiert man den Zement

über eine Entfernung von 250 km mit einem Lkw, werden zusätzlich dazu 900 g NO_x/t vom Lkw freigesetzt, also mehr als die Hälfte dessen, was bei der Zementherstellung emittiert wurde.

Das letzte Beispiel zeigt, daß die Bemühungen der deutschen Zementindustrie um eine Reduktion der NO_x-Emissionen ins Leere laufen können, wenn die Bauwirtschaft auf importierte, über große Entfernungen herangeschaffte Zemente zurückgreift. Bisher schlossen sich zwar Massentransporte über große Entfernungen aufgrund der hohen Transportkosten aus, bei Importen aus Billiglohnländern (z.B. bei osteuropäischen Zementen) scheint dieses Regulativ aber nicht mehr zu funktionieren [15]. Eine Einbeziehung der Transportauswirkungen in die Bewertung eines Baustoffes oder eines Bauwerkes könnte hier verhindern, daß Umweltbelastungen nicht reduziert, sondern nur verlagert werden.

Nicht nur aus der Gliederung der Lebensphasen, sondern auch nach der Systematik der Belastungs- und Wirkungsorte (s. Abschn. 8.4.2.2) läßt sich die Notwendigkeit einer erweiterten Betrachtung der Umwelteinflüsse begründen: Innerhalb einer UVS wird im Prinzip nur der Fall „Belastung und Wirkung im Umfeld" betrachtet. Die Abgrenzung ergibt sich durch den Untersuchungsraum, denn nur innerhalb dessen werden umweltrelevante Funktionen und demnach auch Wirkungen untersucht. Für den Fall „Belastung im Umfeld, Wirkung außerhalb" liegen zwar die Informationen zur Belastung vor, die Wirkungen werden aber nicht mehr betrachtet. Der Fall „Belastung und Wirkung außerhalb des Umfelds" kommt in der UVS überhaupt nicht vor.

Das Instrument, welches diese Fälle und die oben genannten fehlenden Lebensphasen in eine Untersuchung einbezieht, ist die Lebenszyklusanalyse, hier Ganzheitliche Bilanzierung genannt. Durch dieses Bilanzierungs- und Bewertungsinstrument sollten die von Bauprodukten- und UVP-Richtlinie geforderten Untersuchungen ergänzt werden. Es liefert die fehlenden Bausteine für eine umfassende Beurteilung der Umweltauswirkungen eines Ingenieurbauwerks.

8.4.2.4
Praxis der Ganzheitlichen Bilanzierung

8.4.2.4.1
Methodische Grundlagen

Die bisherigen Anwendungen der Ganzheitlichen Bilanzierung bei der Bewertung von Ingenieurbauwerken innerhalb der Forschergruppe Ingenieurbauten (FOGIB) [16, 17], basieren auf den in [13] dargestellten methodischen Grundlagen zu Ökobilanzen. Danach erfolgt eine umweltbezogene Bewertung auf der Basis folgender Grundgedanken:

- Vergleich der Umweltauswirkung von Produkten oder Prozessen, die einen gleichen Gebrauchswert aufweisen
- Betrachtung des gesamten Lebenszyklus der Produkte

- Erfassung aller mit den Produktlebenswegen verbundenen Umweltbelastungen auf der Grundlage eines standardisierten Verfahrens (Sachbilanz)
- Zusammenfassung der Umweltbelastungen hinsichtlich möglicher Wirkungen (Wirkungsbilanz)
- Ableitung einer umweltorientierten Entscheidung (Bilanzbewertung)

Auf die Aggregation von Daten, die vor allem in der Wirkungsbilanz und der Bilanzbewertung vorgenommen wird, soll hier nicht weiter eingegangen werden. Die damit verbundenen Probleme werden an anderen Stellen dieses Buches diskutiert. Im folgenden sollen vor allem Probleme besprochen werden, die mit der Sachbilanz von Ingenieurbauwerken verbunden sind.

4.2.4.2
Datensituation

Prinzipiell ist zu sagen, daß angesichts der Vielfalt von Bauprodukten bisher wenig Sachbilanzen zu Baustoffen und fast keine zu Bauwerken vorliegen. Eine Übersicht von 30 Produktbilanzen aus dem Jahre 1992 [18] nennt nur 3 Arbeiten, die sich im weitesten Sinne mit Baustoffen beschäftigen (Wärmedämmstoffe, Fußbodenbeläge, PVC). Weitere Bilanzen sind in [6, 19–21] veröffentlicht worden. Umfangreiche Untersuchungen liegen zum Energieinhalt von Baustoffen, Bauteilen und Bauwerken vor: Mit der Ermittlung der Energieinhalte von Baustoffen beschäftigten sich z.B. [22–24]. Auf der Basis dieser und anderer Daten erfolgten vergleichende Berechnungen zu den Energieinhalten von Betonfertigteilen [25–28], Oberbaukonstruktionen des Straßenbaus [23] und [29], Hallenkonstruktionen [30], Gebäuden [5] sowie Stahlbeton- und Stahlverbundkonstruktionen [31]. Die drei letztgenannten Arbeiten berücksichtigten den gesamten Lebenszyklus der Untersuchungsobjekte.

Die Aufzählung zeigt, daß wenig komplexe Bilanzen vorliegen. Als bester Ansatz ist [20] anzusehen, hier erfolgt aber eine eindeutige Ausrichtung auf Hochbauten. Bezug zu Ingenieurbauwerken nimmt KREIJGER [32], der vorschlug, vergleichende Untersuchungen von Brücken mit sogenannten „ökologischen Kenngrößen" vorzunehmen, womit er den Ansatz der Ganzheitlichen Bilanzierung vorwegnahm.

8.4.2.4.3
Besondere methodische Probleme

8.4.2.4.3.1
Funktionale Einheit

Für den Vergleich der Umweltauswirkungen von Produkten oder Prozessen ist die Definition einer funktionalen Einheit (nach [13]: nutzenbezogene Vergleichseinheit) erforderlich. Die funktionale Einheit stellt eine technische Lösung dar, mit der definierte Gebrauchsanforderungen erfüllt werden können.

Eine Vergleichbarkeit von Brückenentwürfen ist dann gegeben, wenn die Brücken den gleichen Gebrauchswert haben, also:

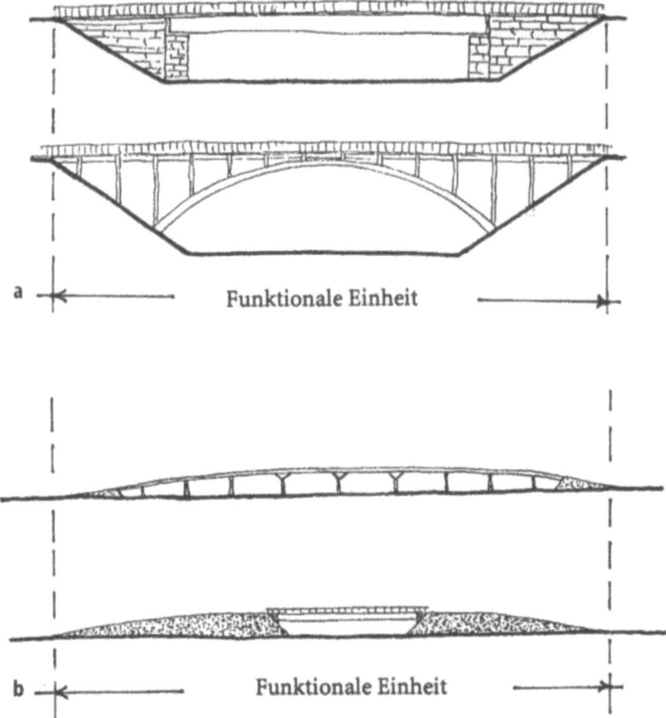

Bild 8.91. Funktionale Einheit Brücke bzw. Teil eines Verkehrsweges

- zwei bestimmte Punkte miteinander verbinden
- die gleiche Funktion haben (Eisenbahn-, Straßen- oder Fußgängerbrücke)
- der gleichen Brückenklasse angehören (damit ist die Tragfähigkeit definiert)
- die gleiche Leistungsfähigkeit in Bezug auf den Verkehr haben (Anzahl und Breite der Fahrstreifen, Anzahl der Gleise usw.)

Es wird unterstellt, daß die Forderungen, die sich aus den Normen und anderen technischen Vorschriften ergeben, durch den Entwurf erfüllt werden.

Naheliegend ist zunächst, die funktionale Einheit Brücke durch die Widerlager zu begrenzen. Mitunter kann es aber auch sinnvoll sein, eine bestimmte Strecke eines Verkehrsweges als funktionale Einheit zu wählen, bspw. dann, wenn alternativ zu einer Brücke ein Damm untersucht werden soll.

Vergleicht man Entwürfe für einen Standort, ist jeweils das komplette Bauwerk, also Gründung sowie Unter- und Überbauten, in die Untersuchung einzubeziehen.

Beim Vergleich eines Entwurfes mit dem Stand der Technik (Entwurfsoptimierung), d.h. mit anderen Brücken, lassen sich dagegen häufig nur die Überbauten gegenüberstellen. Die Unterbauten und die Gründungen sind in hohem Maße von Topographie und Baugrund abhängig, so daß eine Vergleich-

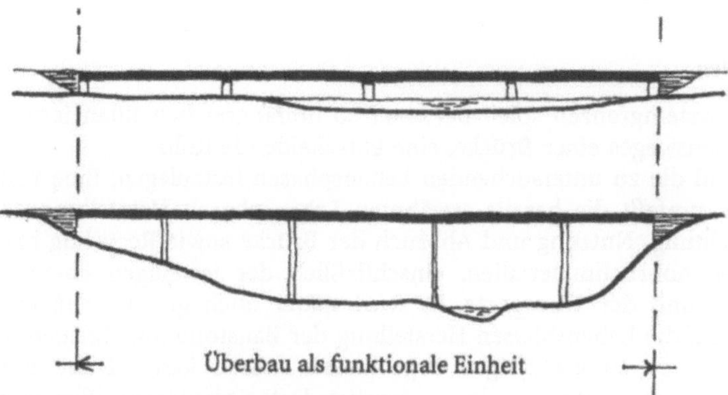

Bild 8.92. Funktionale Einheit Überbau

barkeit i.d.R. nicht mehr gegeben ist. In solchen Fällen ist als funktionale Einheit „m²-Überbaufläche" zu wählen. Sinnvoll sind solche Gegenüberstellungen aber nur, wenn der Einfluß von Feldanzahl und Stützweite beachtet wird (siehe dazu [33]).

Ebenfalls zur funktionalen Einheit ist die Forderung nach einem annähernd gleichen Bearbeitungsstand der zu vergleichenden Entwürfe zu rechnen. Hiermit ist gemeint, daß Vergleiche sehr ungenau werden, wenn sie sich an den erforderlichen Baustoffmengen orientieren und für einen Entwurf eine grobe Vorbemessung, für den anderen dagegen eine detaillierte statische Berechnung vorliegt.

8.4.2.4.3.2
Auswahl der Umwelteffekte

Theoretischer Anspruch der Ganzheitlichen Bilanzierung ist es, möglichst viele Einwirkungen auf die Umwelt zu erfassen. In der Praxis ergeben sich aber immer Einschränkungen, in erster Linie durch das Fehlen bestimmter Daten, aber auch aus Gründen der Übersichtlichkeit. Vor allem bei den Emissionen ist es nicht möglich, alle bekannten Schadstoffe zu untersuchen. In der Literatur existieren verschiedene Ansätze für die Auswahl der zu untersuchenden Umwelteffekte [20, 34–36].

Als Minimalumfang sollten die eingesetzten Primär- und Sekundärrohstoffe, der Primärenergieaufwand, wesentliche atmosphärische Emissionen (Staub, SO_2, NO_x, CO, CO_2, Gesamtkohlenwasserstoffe, Schwermetalle) sowie Wasserverbrauch, Flächenbedarf und Abfallvolumen untersucht werden. Wie später noch gezeigt wird, sind zur Zeit vor allem die Berechungen des Primärenergieaufwandes und der energiebedingten Emissionen aus dem Energieaufwand (Sekundärenergieaufwand) praktikabel. Dafür ist mit der Systematik von [35] eine bestimmte Datenauswahl vorgegeben, die ausschließlich atmosphärische Emissionen beinhaltet.

8.4.2.4.3.3
Systemgrenzen

Die Frage der Systemgrenzen spielt bei einer so umfangreichen Bilanzierung, wie die des Lebensweges einer Brücke, eine entscheidende Rolle.

Zunächst sind die zu untersuchenden Lebensphasen festzulegen: Eine vollständige Bilanz umfaßt die bereits erwähnten Lebensphasen Herstellung der Baustoffe, Errichtung, Nutzung und Abbruch der Brücke sowie Recycling bzw. Entsorgung der Abbruchmaterialien, einschließlich der jeweiligen energetischen Vorstufen und der Transporte. Es wird später noch gezeigt, daß eine Beschränkung auf die Lebensphasen Herstellung der Baustoffe und Errichtung der Brücke auch zu aussagefähigen Ergebnissen führen kann. Diese Einschränkung ist insofern sinnvoll, da auf heutige Daten zurückgegriffen werden kann und somit nicht mit Prognosen und Szenarien gearbeitet werden muß. Die energetischen Vorstufen und die Transporte sollten auf jeden Fall in die Untersuchungen einbezogen werden. Dazu liegen mit [35] und [37] entsprechende Datenzusammenstellungen vor.

Auf weitere, die Systemgrenzen betreffenden Fragen, wie räumliche Abgrenzungen, Abschneidekriterien usw., wird in den folgenden Kapitln eingegangen. Detaillierte Ausführungen finden sich u.a. in [38] und [39].

8.4.2.4.4
Beschreibung einzelner Lebensphasen

8.4.2.4.4.1
Herstellung der Baustoffe

Die Bilanzierung der Baustoffherstellung ist ein Problem für sich und wird auch an anderen Stellen in diesem Buch besprochen. Schwierigkeiten ergeben sich vor allem aus der großen Produktvielfalt und aus der besonderen Struktur der Baustoffindustrie (regional, mittelständig, unterschiedliche Ausgangsstoffe und Technologien für gleiches Produkt). Diese Umstände führten bisher dazu, daß trotz umfangreicher Bemühungen [20, 40] keine komplexen Sachbilanzen von Gebäuden vorliegen, da zu vielen Baustoffen nach wie vor Daten fehlen. Bearbeiter entsprechender Sachbilanzen können also noch nicht, wie es wünschenswert wäre, auf eine Datenbank „Baustoffherstellung" zurückgreifen.

Auch als Bearbeiter von Sachbilanzen für Ingenieurbauwerke kam man bisher nicht umhin, Daten zur Herstellung bestimmter Baustoffe selbst zu ermitteln. Dabei ist die relativ kleine Palette der im Brückenbau eingesetzten Baustoffe von Vorteil: Berücksichtigt man nur die Baustoffe für tragende Bauteile, reduziert sich die Auswahl im wesentlichen auf Stahl, Beton, Holz und Naturstein, wobei die beiden letztgenannten Baustoffe schon eher eine Ausnahme darstellen. Eine gewisse Vielfalt ergibt sich aber dennoch, denn Stahl ist nicht gleich Stahl und Beton nicht gleich Beton. Durch unterschiedliche Ausgangsstoffe und Herstellungsverfahren stehen dem Ingenieur eine Anzahl verschiedener Stähle (s. [41]) und Betone (s. [42]) zur Verfügung. Die Palette der Baustoffe für den Ausbau der Brücke ist größer, allerdings längst nicht so umfangreich wie bei Hochbauten. Zu nennen wären hier Bitumen, Asphalt, Kunststoffe, Glas, Gußeisen, Steinzeug und Anstrichstoffe für Fahrbahnaufbauten, Lärmschutzwände, Entwässerungseinrichtungen, Lager, Übergangskonstruktionen und Beschichtungen.

Die erwähnte Notwendigkeit, Daten selbst zu ermitteln, ergibt sich aus der noch dünnen Datendecke: Als Sachbilanzen für die genannten Baustoffe können nur die Arbeiten zu Holz [21] und Stahl [43] bezeichnet werden. Umfangreichere, allerdings i.d.R. ältere Untersuchungen liegen zum Energieinhalt von Baustoffen vor (s. Abschn. 8.4.2.4.2). Für den wohl wichtigsten Ingenieurbaustoff Beton und für seine Ausgangsstoffe fehlen nach Wissen des Autors über den Energieinhalt hinausgehende Bilanzierungen.

Der einfachste Weg, entsprechende Daten zu ermitteln, wäre der direkte Kontakt zu den Baustoffherstellern. Leider zögern die meisten Baustoffhersteller aus den verschiedensten Gründen mit der Veröffentlichung von Zahlen zur Umwelt, so daß auch andere Wege gegangen werden müssen: Im Rahmen der erwähnten Forschergruppe Ingenieurbauten (FOGIB) wurden Sachbilanzen für Zement und Beton auf der Basis von Literaturauswertungen aufgestellt [44]. Es zeigte sich, daß solche Datensammlungen prinzipiell möglich sind. Der Autor ist sich jedoch bewußt, daß die für Zement und Beton hinsichtlich der Literaturverfügbarkeit vorgefundenen Verhältnisse, nicht ohne weiteres auf andere Baustoffe übertragbar sind.

Probleme bei der erwähnten Datenzusammenstellung auf Literaturbasis resultierten aus folgenden Gründen: In der Regel hatte keiner der ausgewerteten Beiträge direkt die Bilanzierung von Umweltdaten zum Inhalt. Meistens wurde nur ein spezielles Thema (bspw. Energie oder bestimmte Emissionen) behandelt. Das Gesamtbild mußte deshalb aus verschiedensten Angaben zusammengesetzt werden, was durch unterschiedliches Alter der Daten und diverse Betrachtungsebenen (einzelnes Werk, gesamte Branche) erschwert wurde. Außerdem bedingte die Vielfalt möglicher Ausgangsstoffe (unterschiedliche Zemente, Zuschläge, Zusatzstoffe und -mittel) die Beschränkung auf Wesentliches.

Trotz der genannten Probleme gelang es, anhand der Literaturauswertung die Größenordnungen relevanter Umwelteinwirkungen im Zusammenhang mit der Betonherstellung abzuschätzen. Allerdings ist der Arbeitsaufwand einer solchen Sachbilanz erheblich, vor allem bei einem so vielfältigem Material wie Beton. Derartige Untersuchungen können demzufolge auch nur im Rahmen gesonderter Forschungsprojekte durchgeführt werden.

In der erwähnten Sachbilanz für Beton wurden Durchschnittswerte deutscher Hersteller ermittelt. Die ebenfalls naheliegende Bestimmung spezifischer Werte einzelner Hersteller wird in Frage gestellt, da bei der Bilanzierung eines Bauwerksentwurfs die späteren Baustoffhersteller in der Regel nicht bekannt sind.

Zusammenfassend ist zu sagen, daß die zur Zeit vorliegenden Daten eine Bilanzierung der Baustoffherstellung für die wichtigsten Baustoffe einer Brücke ermöglichen (s. Beispiel in Abschn. 8.4.2.5). Es bleibt aber dennoch eine wichtige Aufgabe künftiger Forschungen, Sachbilanzen verschiedener Baustoffe aufzustellen. Diese müssen in Form von Datenbanken der interessierten Fachwelt zur Verfügung stehen. Solche Datenbanken ermöglichen auch, der berechtigten Forderung nach einer Vergleichbarkeit der Daten durch die Wahl gleicher Bilanzierungsregeln und Systemgrenzen nachzukommen. Ansätze hierfür liefert das Projekt GABI [40].

8.4.2.4.4.2
Errichtung des Bauwerks

Mit der Errichtung eines Bauwerks beginnen die direkten Beeinflussungen des Umfeldes durch baubedingte Flächeninanspruchnahme, durch Bodenverdichtung, Grundwasserabsenkungen, Lärm, Emissionen von Baumaschinen usw. Mögliche Wirkungen sind innerhalb der UVP/UVS zu beschreiben und zu bewerten. Als Ergebnis einer UVS können Forderungen bezüglich einzuhaltender Randbedingungen vorliegen, die die Errichtung einer Brücke beeinflussen (Bauzeit, Zulässigkeit von Hilfspfeilern usw).

Eine Abschätzung bestimmter, mit dem Bauprozeß zusammenhängender Umweltbelastungen ist unter Umständen also bereits innerhalb der UVS erfolgt. Es bleiben aber noch eine Anzahl von Umweltbelastungen, die innerhalb einer UVS nicht untersucht werden. Hier wären zunächst der Stoff-, Energie- und Wasserverbrauch von Baumaschinen und Baustelleneinrichtung sowie die Baustellenabfälle zu nennen. Außerdem werden während der Errichtung eines Bauwerks eine Reihe von Hilfsmitteln und -stoffen verwendet, die nicht dauerhaft in das Bauwerk eingebaut werden und deren Herstellungsaufwendungen ebenfalls zu bilanzieren sind (Gerüste, Schalungen, Verbaumaterialien, Hilfskonstruktionen usw.). Mögliche mehrmalige Verwendungen sind dabei anteilig zu berücksichtigen, bspw. analog zur Kostenkalkulation. Nach Meinung des Autors sind die Transporte der Baustoffe vom Herstellungsort zur Baustelle ebenfalls bei der Bauphase zu bilanzieren. Vorerst weggelassen werden sollten die herstellungsbedingten Aufwendungen für Baumaschinen und Geräte sowie die Aufwendungen für Lagerplätze, Werkstätten, Büros usw., die das Bauunternehmen unabhängig von der Baustelle unterhält.

Bei der Bilanzierung der Bauphase gibt es viele Unwägbarkeiten, von denen einige im folgenden aufgezählt werden: Wesentliche Punkte der Technologie (z.B. Maschineneinsatz, verwendete Hilfskonstruktionen usw.) sind vom ausführenden Unternehmen abhängig und können während einer Vorplanung nur grob abgeschätzt werden. Wie und über welche Entfernungen die Baustoffe transportiert werden, dürfte auch nicht genau bekannt sein. Außerdem sind eine Reihe von Aufwendungen jahreszeit- und witterungsabhängig (z.B. beheizte Schalungen, Beleuchtung usw.) oder an die Sorgfalt der ausführenden Firma gebunden. Vor der Ausschreibung der Bauleistung stellt die Bilanzierung der Bauphase also nur eine grobe Abschätzung dar.

An Untersuchungen zu den Umweltbelastungen während der Bauphase von Ingenieurbauwerken sind dem Autor lediglich zwei Arbeiten zum Energieaufwand bekannt: In [29] wurde der Gesamtenergieaufwand für die Erstellung verschiedener Straßenoberbauarten (Baustoffherstellung, Transporte, Mischen, Einbau) ermittelt. Hier ergab sich ein relativ geringer Anteil des Einbaus von 2–3%. In [31] wurde der Primärenergieaufwand für den gesamten Lebensweg (außer Nutzungsphase) zweier Varianten eines mehrgeschossiges Parkdecks ermittelt. Für beide Varianten lag der Anteil der Bauphase am ermittelten Gesamtenergieaufwand unter 2%.

Die Ergebnisse einer Diplomarbeit [45] (s. Abschn. 8.4.2.5.2.2) zeigen dagegen, daß die Bauphase bei der Bilanzierung umweltrelevanter Daten nicht vernachlässigt werden sollte. Insbesondere bei hohen Transportaufwendungen, komplizierten Gründungsarbeiten, hohem Erdbauanteil und langen Bauzeiten können Energieaufwand und Emissionen der Bauphase, im Vergleich mit anderen Lebensphasen, erhebliche Werte erreichen.

Insgesamt sind die Möglichkeiten zur Datenerfassung für die Bauphase als relativ gut anzusehen: Für viele Dinge sind durch Befragungen von Kalkulatoren entsprechende Werte erhältlich. In der Regel kennen diese bspw. den Diesel- oder den Stromverbrauch für bestimmte Bauprozesse sehr genau, woraus Ressourcenverbrauch, Primärenergieaufwand und energiebedingte Emissionen (z.B. Emissionen von Verbrennungsmotoren) berechnet werden können. Weitere Hinweise zum Energieaufwand verschiedener Bauprozesse finden sich in der Literatur [46] u.a. Wesentlich schwieriger zu erfassen sind prozeßbedingte Emissionen, wie sie zum Beispiel beim Asphalteinbau oder bei Anstricharbeiten entstehen. Hier bietet die zur Verfügung stehende Literatur nur spärliche Hinweise [47, 48]. Für genauere Untersuchungen wären direkte Messungen erforderlich. Die anfallenden Baustellenabfälle dürften dagegen mit etwas Erfahrungen zu kalkulieren sein. Bei Brücken ist dieser Anteil aber eher unbedeutend [45]. Im wesentlichen direkt von den Materialmengen abhängig sind die Transporte, die unter Annahme bekannter oder durchschnittlicher Entfernungen und Verkehrsträgerstrukturen berechnet werden können.

Innerhalb einer Vorplanung ist folgendes Vorgehen praktikabel:

- Abschätzen des Energieaufwandes und der Energieträgerstruktur, Berechnen des Primärenergieaufwandes und der energiebedingten Emissionen
- Abschätzen prozeßbedingter Emissionen und des Abfallaufkommens
- Abschätzen des Herstellungsaufwandes wesentlicher Hilfskonstruktionen
- Abschätzen der Transporte auf der Basis des Materialbedarfs mit durchschnittlichen Transportentfernungen und angenommener Verkehrsträgerstruktur

Denkbar wäre es außerdem, die Umweltbelastungen während der Bauphase in materialmengen- und technologieabhängige Belastungen (konstanter und variabler Teil) zu unterteilen. Damit wäre bei Kenntnis der für eine Brücke erforderlichen Baustoffe ein Teil der Belastungen bestimmbar (z.B. die mit den Baustofftransporten verbundenen Energieaufwendungen und Emissionen). Eine sinnvolle Bearbeitung des variablen Teils ist dagegen nur möglich, wenn Angaben über die Technologie der Bauwerkserstellung vorliegen. Dabei wäre eine Kopplung der Ermittlung von Umweltbelastungen an die detaillierten Kostenangebote der Baufirmen im Rahmen der Ausschreibung sicher die beste Lösung (siehe dazu [49]).

8.4.2.4.4.3
Nutzung des Bauwerks

Bei der Nutzungsphase handelt es sich normalerweise um die längste Phase im Lebenszyklus eines Bauwerks. Umweltbeeinflussung während der Nutzungsphase einer Brücke können anlagen-, betriebs- oder unterhaltungsbedingt sein.

Anlagenbedingte Belastungen sind z.B. die dauernde Flächeninanspruchnahme durch das Bauwerk, räumliche Zerschneidungen, Fundamente im Grundwasser, Pfeiler in Fließgewässern etc. Die daraus resultierenden Auswirkungen auf das Umfeld können bereits in der Planungsphase abgeschätzt werden.

Zu den betriebsbedingten Belastungen sind Schadstoffemissionen, Lärm und Erschütterungen infolge des über eine Brücke fließenden Verkehrs zu rechnen. Auch diese Belastungen können im Vorfeld abgeschätzt werden, da für den Verkehr in der Regel Prognosen vorliegen.

Die resultierenden Wirkungen aus anlagen- und betriebsbedingten Belastungen werden innerhalb der UVP/UVS untersucht. Als Ergänzung zu UVP/UVS verbleiben für die Ganzheitliche Bilanzierung vor allem die unterhaltungsbedingten Beeinflussungen, also Aufwendungen und Belastungen, die im Zusammenhang mit Instandhaltungsprozessen entstehen. Hier handelt es sich einerseits um Belastungen vor Ort (z.B. Strahlstaub bei der Erneuerung des Korrosionsschutzes), andererseits um Aufwendungen und Belastungen im Zusammenhang mit dem Ersatz von Bauteilen.

Voraussetzung für ein Abschätzen der Umweltauswirkungen während der Nutzungsphase sind Kenntnisse über die zu erwartende Lebensdauer der Bauwerke und über die zeitliche Abfolge sowie den Umfang von Unterhaltungs- und Instandsetzungsmaßnahmen.

Theoretisch ist die Lebensdauer von Brücken durch die Ermüdung der Baustoffe in den tragenden Bauwerksteilen begrenzt. Die Praxis zeigt aber, daß eher andere Einflüsse zum Abbruch einer Brücke führen:

- Änderungen der Nutzungsanforderungen (Verkehrslasten, Lichtraumprofil)
- Konstruktions- und Ausführungsfehler
- Instandhaltungsmängel
- äußere Einwirkungen (Pfeileranprall, Unterspülung der Fundamente)

Lebensdauerprognosen sind deshalb in der Literatur auch kaum zu finden. Schätzungen liegen in [50] für Straßenbrücken und in [51] für Eisenbahnbrücken vor. Die Ablösungsrichtlinien von Bund und Ländern enthalten ebenfalls Annahmen für die Lebensdauer von Brücken [52]. Interessant ist, daß die Annahmen der Bahn wesentlich über den Annahmen der Straßenverwaltungen liegen. Offensichtlich liegen bei der Bahn mehr Erfahrungen mit älteren Bauwerken vor, vielleicht spielt aber auch die unterschiedliche Belastung von Straßen- und Eisenbahnbrücken eine Rolle (u.a. Tausalze bei Straßenbrücken). Zusammenfassend ist festzustellen, daß hinsichtlich der Lebensdauer mit den Angaben in den genannten Arbeiten nur grobe Anhaltswerte vorliegen. Beim Vergleich von Varianten werden deshalb vom Autor keine variantenabhängigen Lebenszeiträume angesetzt.

Für die Abschätzung der mit der Instandhaltung verbundenen Aufwendungen und Belastungen ist das Arbeiten mit Szenarien sinnvoll. Hier liegen mit den Arbeiten von KÖNIG [50] und VOLLRATH [53] entsprechende Angaben vor, die von periodischen Instandhaltungen ausgehen. Erfahrungen der DB [51] zeigen zwar, daß Instandhaltungsarbeiten aus finanziellen Gründen nicht periodisch, sondern nur bei dringendem Bedarf durchgeführt werden. Solche besonderen Bedingungen können aber nur schlecht in einer Ganzheitlichen Bilanzierung berücksichtigt werden.

Mit dem Ansatz einer Mindestnutzungszeit wird definiert, bis zu welchem Zeitpunkt von der regelmäßigen Instandhaltung einer Brücke ausgegangen wird. Damit wird berücksichtigt, daß kurz vor dem Abbruch einer Brücke wenig oder gar keine Instandhaltungsarbeiten durchgeführt werden.

Die Datensituation bei den Instandhaltungsaufwendungen entspricht der der Bauphase: In der Literatur finden sich nur wenig Angaben. Daten zum Energieverbrauch, zu Abfällen und zu bestimmten Emissionen sind aber von den ausführenden Firmen erhältlich [54]. Hierbei handelt es sich allerdings um heutige Daten, die angesichts einer fortschreitenden technologischen Entwicklung nur bedingt für die Zukunft gelten. Dieses Problem kann durch den Ansatz von prognostischen Daten ansatzweise gelöst werden.

Für die Einbeziehung der Instandhaltung in die Ganzheitliche Bilanzierung wird vom Autor folgendes Vorgehen vorgeschlagen:

- Annahme einer Mindestnutzungszeit, die für alle untersuchten Varianten gleich angesetzt wird.
- Aufstellen eines Instandhaltungsszenarios für die angenommene Mindestnutzungszeit auf der Basis von [50] oder [53].
- Abschätzen von Energieaufwand, Energieträgerstruktur und prozeßbedingten Emissionen nach heutiger Technologie.
- Abschätzen des Herstellungsaufwandes von auszutauschenden Bauteilen.
- Berechnung des Primärenergieaufwandes und der energiebedingten Emissionen.

8.4.2.4.4.4
Abbruch der Brücke

Das Einbeziehen des Abbruchs in die Ganzheitliche Bilanzierung ist mit einem großen Fragezeichen verbunden: Bereits während der Planung eines Bauwerks an einen Abbruch zu denken, der in 60, 80 oder 100 Jahren stattfindet, scheint etwas widersinnig zu sein. Eine vollständige Ganzheitliche Bilanzierung beinhaltet aber auch den Abbruch. Vom Prinzip her ist der Abbruch mit der Bauphase vergleichbar, da hier ähnliche Belastungen auftreten, wenn auch infolge anderer Prozesse. Zu bilanzieren sind also Stoff-, Energie- und Wasserverbräuche sowie energie- und prozeßbedingte Emissionen der Abbruchwerkzeuge und Baumaschinen. Die Transporte der Abbruchmaterialien zur Deponie bzw. zum Recyclingplatz sollten hier ebenfalls erfaßt werden.

Die vielfältigen Möglichkeiten ein Bauwerk abzubrechen, stellen bei der Bilanzierung des Abbruchs die erste Unwägbarkeit dar. Als zweite kommt hinzu, daß wie bei den Instandhaltungsprozessen eine Vorhersage über künftige Entwicklungen nötig ist. Aussagen zum Abbruch sind also mit erheblichen Ungenauigkeiten verbunden.

In der Literatur sind zu Umweltbelastungen im Zusammenhang mit dem Abbruch von Bauwerken kaum Angaben vorhanden. Einen Anhaltswert findet sich in [31], wo für den Abbruch eines Stahlbetonbauwerks und für die Demontage einer Stahlkonstruktion entsprechende Werte zum Energieaufwand angegeben sind.

Bei eigenen Datenermittlungen ist für eine Abschätzung von Größenordnungen der Ansatz von modifizierten aktuellen Daten sinnvoll. Hier sind ebenso wie bei den Bauprozessen, von Kalkulatoren Angaben zu Energieaufwendungen erhältlich (Strom, Diesel, Sauerstoff usw.) [54]. Auch hier können daraus Ressourcenverbrauch, Primärenergieaufwand und energiebedingte Emissionen berechnet werden. Die prozeßbedingten Emissionen müssen abgeschätzt werden, da hierzu keine Informationen vorliegen.

Praktikabel erscheint das gleiche Vorgehen wie bei der Bauphase:

- Abschätzen des Energieaufwandes und der Energieträgerstruktur
- Berechnen des Primärenergieaufwandes und der energiebedingten Emissionen
- Abschätzen prozeßbedingter Emissionen und des Abfallaufkommens
- Abschätzen der Transporte auf der Basis des Materialbedarfs mit durchschnittlichen Transportentfernungen und angenommener Verkehrsträgerstruktur

Die bilanzierbaren Umweltbelastungen können ebenfalls in materialmengen- und technologieabhängige Belastungen unterteilt werden.

8.4.2.4.4.5
Entsorgung der Abbruchmaterialien

Diese Phase steht am Ende des Lebenszyklus eines Bauwerks und beschäftigt sich nur noch mit Teilen oder Stoffen, aus denen die Brücke bestand. Es sind eine Reihe von Annahmen über den Umgang mit den Abbruchmaterialien nötig. Prinzipiell zu unterscheiden sind:

- Wiederverwendung von Bauteilen
- Wiederverwendung/Verwertung von Baustoffen
- Verbrennung mit oder ohne Energienutzung
- Deponierung

In dieser Reihenfolge sollen die Möglichkeiten besprochen werden.

Eine Wiederverwendung von Bauteilen ist sicher eine sehr umweltfreundliche Entsorgungsvariante, vorausgesetzt, die Teile werden nicht zu weit transportiert [55]. Eine solche Wiederverwendung anzusetzen, erscheint dem Autor als sehr spekulativ, da die meisten Konstruktionsarten von Brücken, vor allem die monolithischen Betonkonstruktionen, eine Zerlegung in einzelne, sinnvoll wiederverwendbare Teile gar nicht zulassen. Auch im Stahlbau werden eher unlösbare (Schweißen), als lösbare Verbindungen (Schrauben) eingesetzt.

Sinnvoller scheint der Ansatz einer Wiederverwendung/Verwertung von Baustoffen zu sein. Bei Baustahl ist ein vollständiges Recycling schon heute Praxis, bei Straßenaufbruch erreicht man Wiederverwendungsraten von 70–80% [56]. Aktuelle Tendenzen gehen in die Richtung, immer mehr Abbruchmaterialien aufzubereiten. Da außerdem, im Gegensatz zum Hochbau, bei Brücken. keine große Vermischung von Baustoffen stattfindet, scheint die Annahme einer hohen Wiederverwendungsrate real zu sein. Diese sollte aber je nach Fall festgelegt werden. Eine Rolle spielen kann zum Beispiel eine Kontaminierung mineralischer Baustoffe, die eine Verwertung möglicherweise verbietet. Hierzu können keine Patentrezepte erteilt werden. Die Recyclingprozesse selbst, brauchen nur dann bilanziert zu werden, wenn Recyclingbaustoffe als Baustoffe in ein neues Bauwerk eingebaut werden. Dann fallen sie aber unter die Phase Baustoffherstellung. In diesem Fall erfolgt die Datenermittlung analog des in Abschn. 8.4.2.4.4.1 beschriebenen Vorgehens. Eine Rolle spielen kann der Recyclingaufwand bei der Bewertung der Wiederverwendbarkeit, die in der Fachwelt immer wieder diskutiert wird [57].

Eine Verbrennung von Abbruchmaterialien kommt nur bei Holzbrücken und bei einigen Kunststoffen in Frage. In diesem Fall kann über die Anrechnung einer energetischen Gutschrift nachgedacht werden (siehe dazu Hinweise in [38]).

Wird keine hundertprozentige Wiederverwendung angenommen, sind für die übrigen Baustoffe Deponieflächen oder -volumina zu bilanzieren.

8.4.2.5
Beispiel

Zur Zeit werden am Institut für Werkstoffe im Bauwesen der Universität Stuttgart Untersuchungen zu den ökologischen Auswirkungen von Brücken auf der Grundlage der in Abschn. 8.4.2.4 erläuterten methodischen Grundlagen durchgeführt. Der Schwerpunkt liegt dabei auf dem Vergleich von Entwurfsvarianten. An einem Beispiel sollen erste Ergebnisse dargestellt und wesentliche Einflüsse diskutiert werden. Ausführliche und nachvollziehbare Bilanzierungen können hier allerdings nicht präsentiert werden. Der interessierte Leser wird dazu auf eine künftige Veröffentlichung verwiesen [58].

8.4.2.5.1
Beschreibung der untersuchten Varianten

Gegenübergestellt werden die Primärenergieaufwendungen für zwei Entwurfsvarianten einer 618 m langen Straßenbrücke. Die Brücke führt im Zuge des Ausbaus der B29 (Umgehung Schorndorf) über das Schornbachtal bei Stuttgart. Für diese Brücke wurde vom Regierungspräsidium Stuttgart ein Entwurfswettbewerb für Ingenieure ausgelobt [59]. Einige der im Rahmen dieses Wettbewerbs entstandenen Entwürfe wurden so aufgearbeitet, daß die Unterlagen für Variantenvergleiche innerhalb der Forschergruppe Ingenieurbauten (FOGIB) dienen können [58, 16].

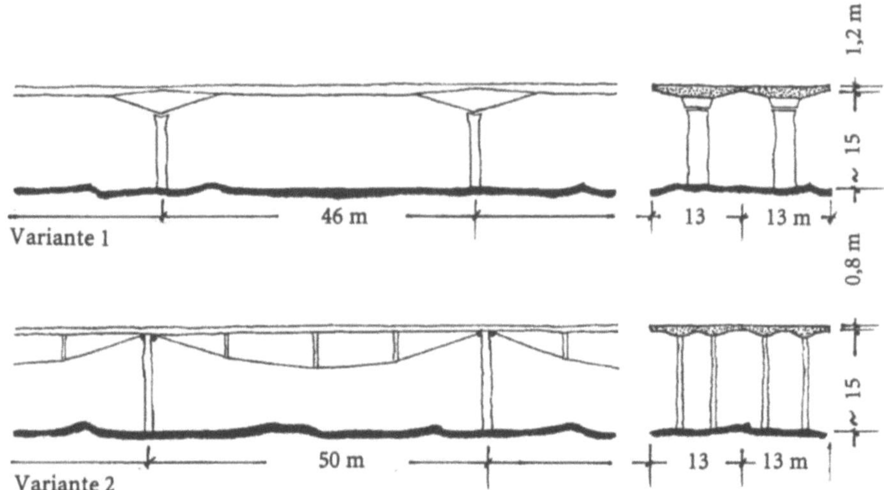

Bild 8.93. Mittelfelder der betrachteten Varianten

Variante 1

Dieser Entwurf von SCHULZ, HETZEL und KRAUSS kam zur Ausführung und soll im August 1995 fertiggestellt werden. Die Konstruktion weist folgende Merkmale auf:

- zwei getrennte Überbauten, ausgeführt als Spannbetonplatten mit Anvoutungen über den Pfeilern
- Durchlaufträger mit 14 Feldern, Stützweiten 33, 12×46, 33 m, Gesamtlänge 618 m
- massive Pfeiler aus Beton, Pfeilerköpfe gevoutet, Widerlager als Kastenlager
- Pfeiler und Widerlager auf Ortbetonrammpfählen gegründet

Variante 2

Der Entwurf von SCHLAICH, SCHINLAUER und LUZ weist als Besonderheit die Unterspannung (externe Vorspannung) der Brückenfelder in der Talmitte auf, wodurch gegenüber der Variante 1, bei annähernd gleicher Spannweite, eine geringere Überbauhöhe erreicht wird. Die Merkmale dieses Entwurfes sind:

- zwei getrennte Überbauten, ausgeführt als Spannbetonplattenbalken, Felder in Talmitte extern vorgespannt
- Durchlaufträger mit 22 Feldern, Stützweiten 2×19, 4×20, 4×35, 3×50, 2×35, 4×20, 3×19 m, Gesamtlänge 615 m
- Stützen: betongefüllte Stahlrohre
- die Brücke kann ohne Lager ausgeführt werden
- Widerlager und Gründung wie Variante 1

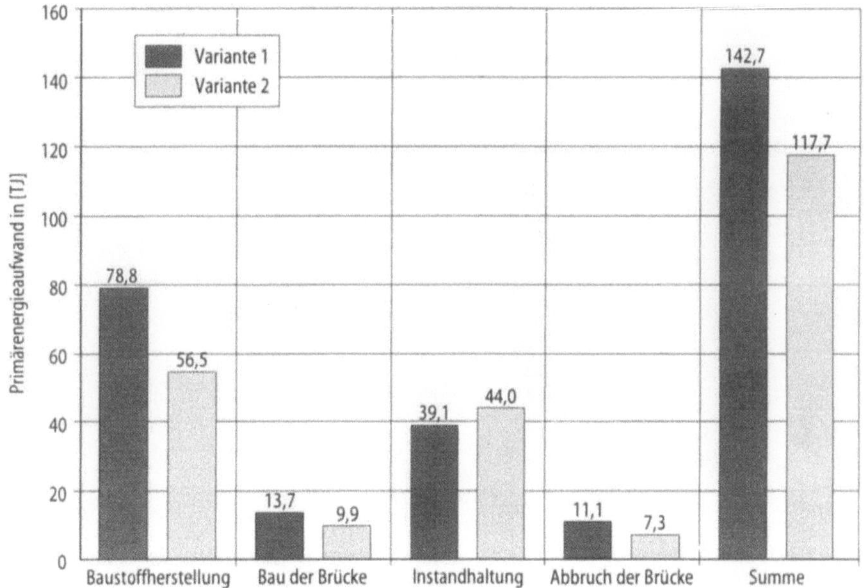

Bild 8.94. Primärenergieaufwendungen (PEA) der einzelnen Lebensphasen beider Varianten

8.4.2.5.2
Gegenüberstellung der Primärenergieaufwendungen

Die in Bild 8.94 aufgeführten Primärenergieaufwendungen (PEA) für die Lebensphasen Herstellung der Baustoffe, Errichtung des Bauwerks, Instandhaltung sowie Abbruch des Bauwerks beruhen auf Berechnungen, die in [45, 54 und 58] dokumentiert sind. Auf die einzelnen Lebensphasen wird im folgenden eingegangen.

8.4.2.5.2.1
Herstellung der Baustoffe

Diese Lebensphase macht bei beiden Varianten etwa die Hälfte des gesamten PEA aus. Damit kommt der Genauigkeit der dazu durchgeführten Bilanzierungen eine große Bedeutung zu. Die Berechnung des PEA der Baustoffherstellung erfolgte für Stahl mit Angaben aus [60], für Beton nach [44]. Für andere Baustoffe wurde der PEA aus [24] entnommen.

Das Bild 8.95 zeigt die Anteile einzelner Baustoffe am Gesamtprimärenergieaufwand dieser Lebensphase.

Es wird deutlich, daß die Baustoffe der tragenden Konstruktion (hier Beton und Stahl) den wesentlichen Anteil am Gesamtenergieaufwand der Baustoffherstellung haben. Diese Tatsache und der hohe Anteil der Baustoffherstellung an den summierten Energieaufwendungen aller Lebensphasen

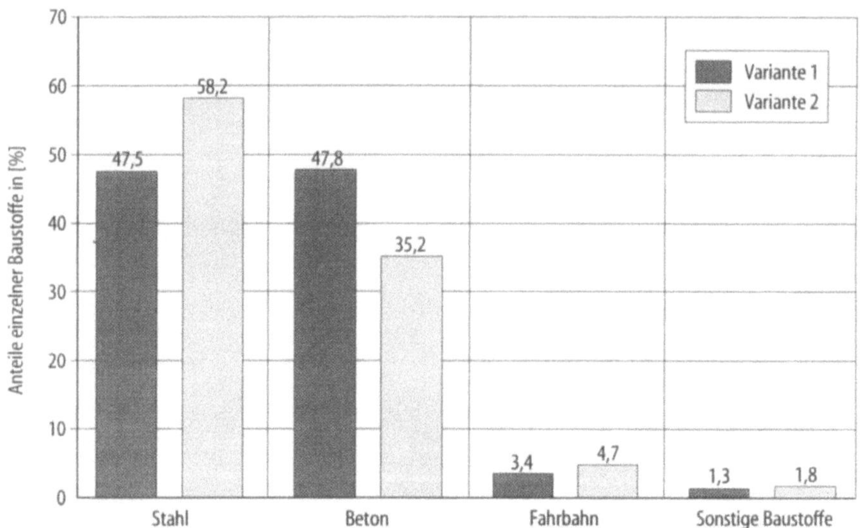

Bild 8.95. Anteile einzelner Baustoffe am Gesamtprimärenergieaufwand der Baustoffherstellung

machen den großen Einfluß der Sachbilanzen von Beton und Stahl bei der Bilanzierung von Ingenieurbauwerken deutlich.

Bei der Bilanzierung von Stahlerzeugnissen ist vor allem von Bedeutung, daß bei der Herstellung von Rohstahl zwei grundlegende Prinzipien unterschieden werden, das Oxygenstahl- und das Elektrostahlverfahren. Beim Oxygenstahlverfahren wird der Rohstahl durch Frischen von Roheisen hergestellt, welches im Hochofen aus Eisenerz und Zuschlägen gewonnen wurde. Hauptsächlicher Energieträger des Hochofenprozesses und damit der Oxygenstahlerzeugung ist Koks. Ausgangsmaterial beim Elektrostahlverfahren ist Schrott. Die zum Einschmelzen erforderliche Energie wird hier durch elektrischen Strom zugeführt. Beide Verfahren unterscheiden sich erheblich im Energieverbrauch und in anderen Umweltbelastungen. Die Unterschiede im PEA sind in Bild 8.96 dargestellt (nach [60]).

Problematisch für die Bilanzierung von Stahlbauteilen ist, daß das Verfahren, mit dem der Rohstahl hergestellt wurde, bei der Weiterverarbeitung zu Drähten, Profilen, Blechen usw. eigentlich keine Rolle mehr spielt. Wenn also keine Angaben zur Herkunft eines zu bilanzierenden Stahles vorliegen, können je nach gewähltem Ansatz (Oxygen, Elektro oder anteilig) erhebliche Abweichungen zwischen bilanzierten und tatsächlichen Umweltbelastungen entstehen. Im folgenden werden vier Ansätze diskutiert:

1. *Oxygenstahl:* Dieser Ansatz stellt hinsichtlich des PEA die Maximalvariante dar und ist damit der ungünstigste Fall. Die Möglichkeit einer energetisch günstigeren Stahlerzeugung sowie die tatsächliche Produktionsstruktur werden ignoriert.

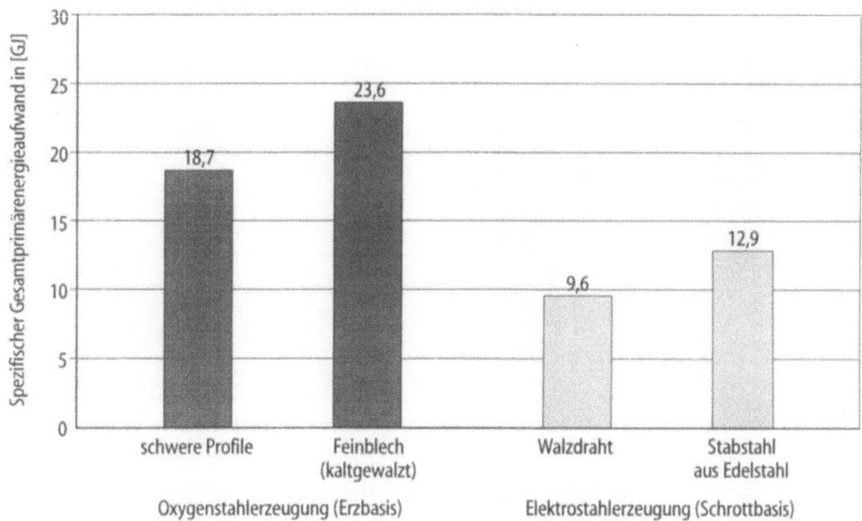

Bild 8.96. Unterschiede im PEA zwischen verschiedenen Stahlherstellungsverfahren

2. *80% Oxygenstahl, 20% Elektrostahl:* Hier werden die tatsächlichen Anteile der einzelnen Verfahren an der in Deutschland produzierten Stahlmenge berücksichtigt (nach [61]). Die verschiedenen Produktionszweige (z.B. Automobil- oder Bauindustrie) mit ihrer unterschiedlichen Abnehmerstruktur werden aber „gleichgeschaltet".

3. *Ansatz einer vermuteten Produzentenstruktur:* Mit dem Ansatz einer vermuteten Produzentenstruktur werden bestimmte Schwerpunkte berücksichtigt, beispielsweise, daß ein großer Teil des Elektrostahls zu Walzdraht verarbeitet wird. Dies rechtfertigt die Annahme, bei Betonstahl von einer Erzeugung aus Elektrostahl auszugehen (siehe auch [62]). Schwere Profile, Rohre und dicke Bleche werden dagegen in der Regel aus Oxygenstahl hergestellt.

4. *Elektrostahl:* Dieser Ansatz stellt hinsichtlich des Primärenergieaufwandes die Minimalvariante dar, ist aber nach der Produktionsstruktur nicht real. Es handelt sich mehr um einen „politischen" Ansatz, der von einer Gutschrift für die Möglichkeit eines vollständigen Recyclings des Stahls ausgeht.

An Bild 8.97 wird der Einfluß der genannten Ansätze auf den PEA der Baustoffherstellung der innerhalb des Beispiels betrachteten Varianten verdeutlicht.

Für die Verhältnisse der Bauindustrie scheint Ansatz 3 der sinnvollste zu sein. Untersuchungen auf Baustellen, bei denen die Herkunft der Stähle nachgefragt wurde [45], bestätigen diese Annahme. In der Regel ergab sich folgende Situation: Betonstahl = Elektrostahl, Baustahl (Profile, Bleche) und Spannstahl = Oxygenstahl. Mit diesem Ansatz wurden die Werte nach Bild 8.94 berechnet.

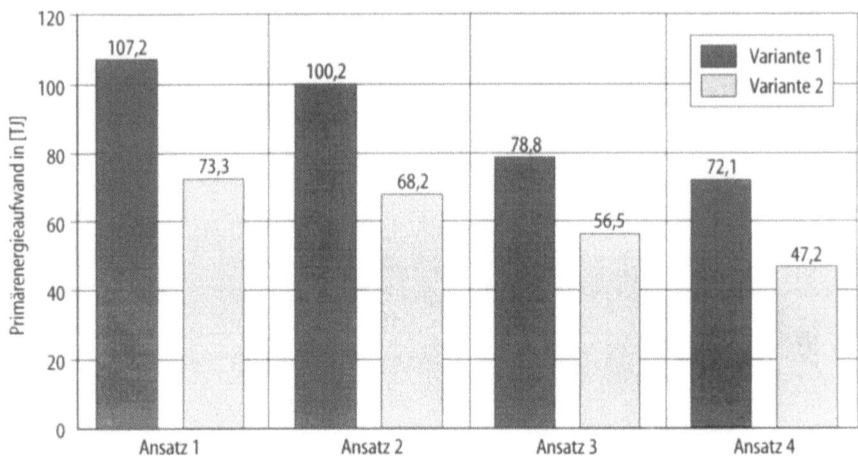

Bild 8.97. PEA der Baustoffherstellung der zwei Varianten berechnet nach den verschiedenen Ansätzen

8.4.2.5.2.2
Errichtung des Bauwerks

Die hier wiedergegebenen Werte zur Bauphase wurden von SCHUMM bilanziert [45]. Erfaßt wurden die Aufwendungen an Strom, Diesel, Propangas und anderen Energieträgern während des Baus der Brücke über das Schornbachtal (Variante 1). Zusätzlich wurden Informationen über die mit dem Bau verbundenen Transporte (Entfernungen, Verkehrsträger, Transportgut) zusammengestellt. Auf der Grundlage der ermittelten Energieaufwendungen wurde der PEA berechnet. Die Arbeit von *Schumm* enthält auch Untersuchungen zu energie- und prozeßbedingten Emissionen sowie zu Auswirkungen auf das Umfeld der Brücke. Auf der Grundlage der detaillierten Untersuchungen wurden die Aufwendungen für die andere Entwurfsvariante abgeschätzt.

Interessant sind die Anteile der einzelnen Phasen am PEA der Bauwerkserstellung, die in Bild 8.98 für Variante 1 dargestellt sind.

Als größere Einzelposten fallen bei Variante 1 die Gründung, der Überbau und die Transporte ins Gewicht. Der hohe Anteil der Gründung wurde durch die besonderen Baugrundverhältnisse verursacht, die eine aufwendige Pfahlgründung und den Einsatz von Dieselrammen notwendig machten. Bei dem hohen Anteil der Überbauherstellung spielt vor allem der vergleichsweise hohe Stromanteil dieser Phase (Baukran, Verdichtungsgeräte) eine Rolle, der bedingt durch den ungünstigen Wirkungsgrad, den PEA in die Höhe treibt. Die Transporte wurden „ab Werktor" betrachtet und umfassen Baustoff- und Bauhilfsstofftransporte sowie Transporte von Baumaschinen und Baustelleneinrichtungen. Wesentliche Transporte sind:

– Betontransport vom Betonwerk zur Baustelle: 26%
– Transporte anderer mineralischer Baustoffe: 25%

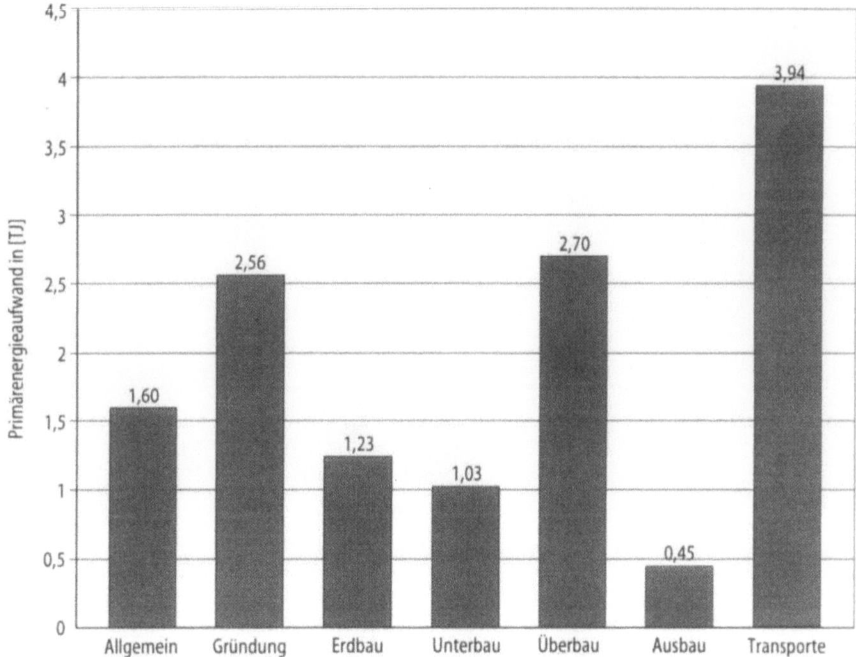

Bild 8.98. Anteile einzelner Phasen am PEA der Bauwerkserstellung

– Transporte des Betonstahls:	19%
– Transporte der Fahrbahnmaterialien:	10%
– Transporte von Baugeräten und Bauhilfsstoffen:	13%

Insgesamt betrug der Anteil der Materialtransporte etwa 70% der gesamten Transportaufwendungen. Dabei ist zu beachten, daß beim Transport des Betons nur die Transporte vom Betonwerk zur Baustelle enthalten sind. Die Transporte für Zement und Zuschläge vom Herstellerwerk zum Betonwerk sind laut Festlegung der Systemgrenzen in den herstellungsbedingten Aufwendungen für den Beton enthalten. Gleiches gilt für den Betonstahl, dessen Transportaufwendungen ab Werktor Biegebetrieb bilanziert wurden.

8.4.2.5.2.3
Nutzung des Bauwerks

Hier wurden die variantenabhängigen Aspekte der Nutzungsphase, also die Aufwendungen für Instandhaltungsarbeiten und den Austausch von Bauteilen unter Annahme eines Instandhaltungsszenarios (nach [50]) und einer Mindestnutzungsdauer von 80 Jahren bilanziert. Die Energieaufwendungen ergaben sich aus den geschätzten Aufwendungen an Strom, Diesel und anderen Energieträgern im Zusammenhang mit Instandsetzungsarbeiten und mit den

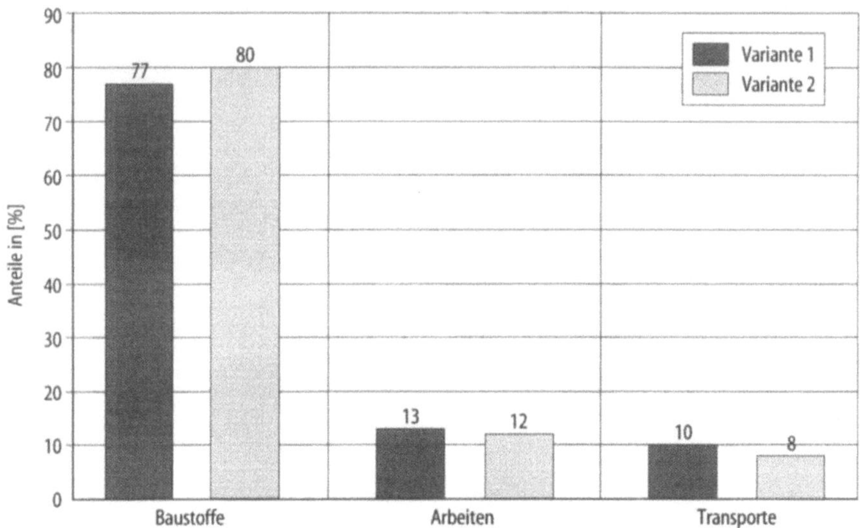

Bild 8.99. Aufteilung des PEA der Instandhaltung

erforderlichen Transporten sowie aus herstellungsbedingten Aufwendungen für auszutauschende Bauteile, wie Fahrbahnübergänge, Geländer, Lager usw. Die jeweiligen Anteile der Baustoffe, der Arbeiten und der Transporte sind in Bild 8.99 dargestellt.

Wichtigster Einflußfaktor ist die angenommene Lebensdauer für die auszutauschenden Bauteile. Von KÖNIG [50] werden dazu große Schwankungsbreiten genannt. Die von den dort zitierten Autoren angegebenen Durchschnittswerte bewegen sich aber in gleichen Größenordnungen, so daß hier von diesen Durchschnittswerten ausgegangen wurde.

Daß die Annahmen zum Bauteilaustausch das Ergebnis dieser Phase entscheidend beeinflussen, belegen auch die Untersuchungen von DIETZ [54], der bei seinen Berechnungen zur Nutzungsphase von einem anderen Instandhaltungsszenario (nach VOLLRATH [53]) ausgegangen ist. VOLLRATH bezeichnet die Strategie des Instandhaltungsszenarios als kurzperiodische präventive Instandsetzung. Sie geht davon aus, Vollerneuerungen (z.B. des Korrosionsschutzes) durch kurzperiodische Ausbesserungen möglichst lange aufzuschieben. Damit sollten die Aufwendungen der Nutzungsphase bei dieser Strategie niedriger sein, als bei der Instandhaltungsstrategie nach KÖNIG, der von kürzeren Intervallen für Vollerneuerungen ausgeht. Die bilanzierten Aufwendungen nach der Vollrathschen Strategie liegen aber nur um etwa 10% niedriger, da VOLLRATH für die Lebensdauer der auszutauschenden (und damit für die relevanten) Bauteile ähnliche Zeiträume wie KÖNIG angenommen hat.

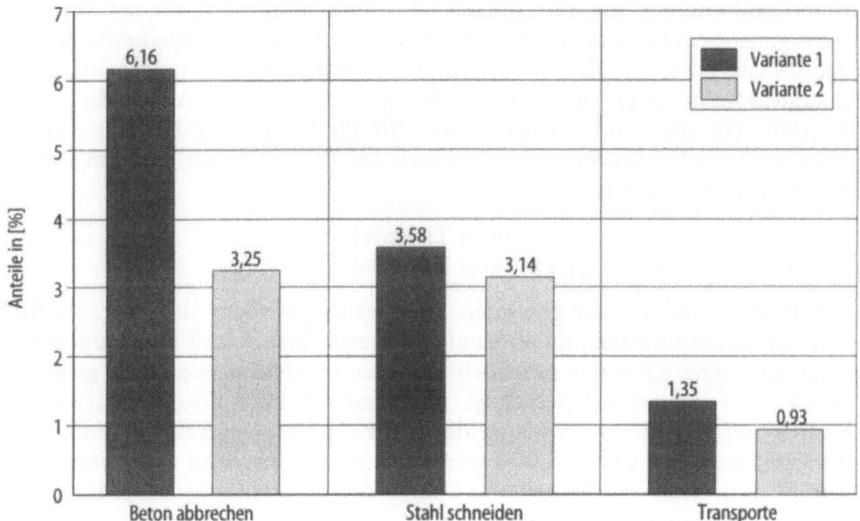

Bild 8.100. Aufteilung des PEA des Abbruchs

8.4.2.5.2.4
Abbruch des Bauwerks

Hier wurden die voraussichtlichen Aufwendungen zum Abbruch der Brücke auf der Basis aktueller Daten nach [54] berechnet. Die Aufwendungen setzen sich aus dem Energieverbrauch für das transportfertige Zerkleinern der Brükke (Beton abbrechen, Stahlbauteile zerschneiden, Beton- und Spannstahl schneiden) und dem Energieverbrauch für den Transport der Abbruchmassen zu einem angenommenen Recyclingplatz zusammen. Das Bild 8.100 zeigt die Verteilung der Aufwendungen.

Die Aufwendungen für die Transporte sind nicht direkt massenabhängig, da für Bauteile aus Stahl größere Transportentfernungen als für mineralische Bauteile angesetzt werden müssen. Interessant ist, daß sich die Aufwendungen für den Abbruch der untersuchten Varianten in ähnlichen Größenordnungen bewegen, wie die der Bauphase.

Variante 1: 81% der Aufwendungen der Bauphase
Variante 2: 73% der Aufwendungen der Bauphase

8.4.2.5.3
Auswertung des Beispiels

Zunächst einmal fallen die absoluten Unterschiede zwischen den beiden Varianten auf. Gegenüber der „konventionellen" Spannbetonlösung von Variante 1 hat die unterspannte Brücke (Variante 2) einen um 17,5% geringeren Gesamtenergieaufwand. Außer in der Lebensphase Instandhaltung (hier spielen die

Unterspannung und die Stahlstützen eine Rolle) sind die Werte der Variante 2 stets günstiger. Bemerkenswert ist der hohe Anteil der Baustoffherstellung, der jeweils etwa die Hälfte des Gesamtenergieaufwandes ausmacht. In den Energieaufwendungen der Instandhaltung sind zusätzlich Aufwendungen für Baustoffe (zu ersetzende Bauteile, Baustoffe für Betoninstandsetzung, Korrosionsschutz usw.) enthalten, die den Anteil der Baustoffherstellung am Gesamtaufwand noch erhöhen:

Variante 1:   78,8 + 29,5 = 108,3 TJ (76%)
Variante 2:   56,5 + 34,4 = 90,9 TJ (77%)

Damit sind rund 3/4 der gesamten Energieaufwendungen der Brücken direkt von der Baustoffherstellung abhängig. Der ermittelte Anteil der Bauphase beträgt 9,6% bzw. 8,6% was erheblich über den in Abschn. 8.4.2.4.4.2 genannten Ergebnissen anderer Arbeiten liegt. Interessant ist noch die, eher theoretische Überlegung, bei welcher Nutzungsdauer die Gesamtenergieaufwendungen beider Brücken gleich werden. Dies wäre nach Ablauf von etwa 6 der angesetzten Zyklen, also nach 480 Jahren der Fall. Eine solche Lebensdauer dürfte aber keine der beiden Varianten erreichen.

Zusammenfassend ist festzustellen, daß zwischen verschiedenen Varianten für eine Brücke signifikante Unterschiede im Primärenergieaufwand in allen Lebensphasen auftreten können. Deutlich wird der Einfluß der gewählten Konstruktion: In beiden Varianten werden im wesentlichen die gleichen Baustoffe (Beton, Spannstahl) verwendet, trotzdem ergeben sich Unterschiede zwischen den Brücken. Die günstigeren Werte der Variante 2 sind auf die geringere Stützweite an den Brückenenden und die Unterspannung in der Brückenmitte zurückzuführen, infolge dessen eine geringere Überbauhöhe und damit ein geringeres Konstruktionsgewicht des Überbaus erreicht wurde. Damit reduzieren sich auch die Aufwendungen für die Unterbauten und die Gründung. Das niedrigere Konstruktionsgewicht spielt weiterhin bei den Baustofftransporten und beim Abbruch eine Rolle, so daß insgesamt zu sagen ist, daß durch die Wahl eines hinsichtlich des Konstruktionsgewichtes optimierten Entwurfes, Umweltbelastungen eingespart werden können. Dies wird umso deutlicher, wenn man bedenkt, daß Primärenergieaufwand, Ressourcenverbrauch und energiebedingte Emissionen direkt zusammenhängen.

Nach Meinung des Verfassers kann der PEA als vereinfachte Datenaggregation dienen. In seiner Grundaussage wird der Vergleich der beiden Varianten auch nach Auflistung aller Emissionen und des Ressourcenverbrauchs nicht anders. Im Rahmen von [58] werden aber auch diese Werte analysiert.

Aus den Ergebnissen ist abzuleiten, daß eine Beschränkung von vergleichenden Betrachtungen auf die Baustoffherstellung, den Bau der Brücke und auf die Herstellung auszutauschender Bauteile, also auf Dinge, die bekannt sind oder leicht vorhergesagt werden können, bereits zu aussagefähigen Ergebnissen führt.

8.4.2.6
Die Ganzheitliche Bilanzierung im Planungsprozeß

Die Einbeziehung der Bewertung von Umwelteinwirkungen in den Planungsprozeß ist ein notwendiger Schritt, um der Verantwortung des Ingenieurs für die Umwelt gerecht zu werden. Es wurde gezeigt, daß eine Einbeziehung prinzipiell auf zweierlei Art möglich ist. Einerseits durch das Planungsinstrument „Umweltverträglichkeitsstudie", als Bestandteil der Umweltverträglichkeitsprüfung, andererseits durch die Ganzheitliche Bilanzierung, mit der sozusagen alle nicht in der UVS berücksichtigten Umwelteinflüsse erfaßt werden.

An welcher Stelle im Planungsprozeß sollte die Ganzheitliche Bilanzierung nun angewendet werden? Lützkendorf [63] schlägt für die Einordnung ökologischer Aspekte in den Planungsprozeß eine Zuordnung bestimmter Instrumente zu Leistungsphasen der HOAI vor. Unterteilt man den Planungsprozeß nach Kohler [2] vereinfacht in die Ebenen Grundsatzentscheidung, Bauprojekt und Ausführungsplanung sind folgende Anwendungen der Ganzheitlichen Bilanzierung möglich:

In der Ebene Grundsatzentscheidung geht es mehr um die Planung von Trassen, also darum, ob überhaupt eine Brücke gebaut wird und wenn ja, wie lang sie ist und an welcher Stelle sie über ein Tal führt. In dieser Phase spielt eher die UVS eine Rolle, mit der konfliktarme Korridore für einen Verkehrsweg und damit die Lage einer Brücke festgelegt werden. Ein Ansatzpunkt der Ganzheitlichen Bilanzierung in dieser Phase wäre z.B. die Gegenüberstellung verschiedener Trassen hinsichtlich Energieaufwendungen und Emissionen. Hier haben aber Untersuchungen von Schumm [45] gezeigt, daß die durch die Bauwerke verursachten Belastungen gegenüber den Belastungen aus dem Verkehr gering sind.

Die Ansatzpunkte der Ganzheitlichen Bilanzierung sind deshalb eher in der Ebene Bauprojekt zu suchen. Bei der Planung einer Brücke kann der Vergleich der ökologischen Auswirkungen von Entwurfsvarianten hinsichtlich verschiedener Fragestellungen erfolgen:

- Vergleich von prinzipiellen Lösungen: z.B. Damm kontra Brücke
- Vergleich der Materialwahl: z.B. Stahlbrücke kontra Spannbetonbrücke
- Vergleich der Konstruktion: z.B. Schrägseilbrücke kontra Hängebrücke
- Optimierung eines Entwurfs am Stand der Technik
- Optimierung eines Entwurfs hinsichtlich bestimmter Kriterien
  (z.B. geringer Energieverbrauch, Verringerung des Einsatzes umweltbelastender Materialien)

In der Ebene Ausführungsplanung steht die Auswahl geeigneter Fertigungsverfahren im Vordergrund. Bilanziert und bewertet werden hier die mit der gewählten Technologie verbundenen Auswirkungen im Umfeld der Baustelle und die in Abschn. 8.4.2.4.4.2 beschriebenen, darüberhinausgehenden Umweltbelastungen. Mögliche Vergleiche wären hier:

- Vergleich von Bauverfahren: z.B. Freivorbau kontra Taktschiebeverfahren
- Vergleich der Angebote von Baufirmen: Flächenverbrauch für Baustelleneinrichtung, notwendige Transporte etc.

Auf dieser Ebene ist eine Kopplung der Ganzheitlichen Bilanzierung an die Ausschreibung denkbar. Bspw. könnten Baufirmen nicht nur ein Kostenangebot, sondern auch ein „Umweltbelastungsangebot" machen (Flächeninanspruchnahme, Energieaufwand, Emissionen).

8.4.2.7
Zusammenfassung

Von MENN [64] werden die wichtigsten Entwurfsziele im Brückenbau in hierarchischer Reihenfolge wie folgt angegeben:

- Tragsicherheit
- Gebrauchsfähigkeit
- Wirtschaftlichkeit
- Ästhetik

An welcher Stelle in dieser Hierarchie die Umwelt stehen sollte, ist schwer einzuschätzen. Genaugenommen ist eine Hierarchie von Entwurfszielen in Frage zu stellen. Natürlich sind Tragsicherheit und Gebrauchsfähigkeit die wichtigsten Kriterien für den Entwurf, denn eine nicht sichere und nicht funktionierende Brücke hat keinen Nutzen (kann sogar schaden) und braucht nicht gebaut zu werden. Aber ob die Wirtschaftlichkeit in der Hierarchie vor der Ästhetik steht, kann schon diskutiert und hinterfragt werden. Wirtschaftlichkeit, Ästhetik und Umweltverträglichkeit sollten als gleichwertige Kriterien beim Entwurf einer Brücke untersucht werden.

Die Forschergruppe Ingenieurbauten (FOGIB) an der Universität Stuttgart erarbeitet Konzepte für eine ganzheitliche Bewertung der Qualität von Ingenieurbauwerken [65], bei denen die technische, die gestalterische und die bauphysikalische Qualität sowie Wirtschaftlichkeit und Umweltverträglichkeit als gleichwertige Kriterien nebeneinander stehen. Für die Bewertung der Umweltverträglichkeit stellt dabei die Ganzheitliche Bilanzierung neben der UVS ein wichtiges Hilfsmittel dar. Die vorliegenden Ausführungen sollten zeigen, wie die Ganzheitliche Bilanzierung bei der Bewertung der Umweltverträglichkeit angewendet werden kann.

In der nächsten Zeit wird es vor allem darum gehen, die Ganzheitliche Bilanzierung zu einem praktikablen Instrument für den planenden Ingenieur zu entwickeln. Dazu sind weitere Diskussionen der methodischen Grundlagen ebenso notwendig, wie Datenbanken auf einheitlicher Basis für die Herstellung der Baustoffe sowie für Transporte, Bau-, Instandhaltungs- und Abbruchprozesse.

8.4.3
Ganzheitliche Bilanzierung von Gebäuden

BETZ, M.; KREISSIG, J., Stuttgart

8.4.3.1
Einleitung

Seit Anfang der 60er Jahre hat sich in Deutschland der Bestand an Wohnungen auf mittlerweile 34 Millionen (1991) nahezu verdoppelt [66]. Diese dynamische Entwicklung ist seit Anfang der 80er Jahre abgeflacht, so daß keine signifikanten Steigerungen mehr zu beobachten sind. Betrachtet man in diesem Zusammenhang die Baufertigstellungen, so gingen diese von 450 000 im Jahr 1970 auf 230 000 fertiggestellte Wohnungen im Jahr 1990 zurück. Seither sind die Zahlen, bedingt auch durch die Wiedervereinigung, leicht steigend (1991 ca. 270 000 Wohnungen). Bezogen auf die Einwohnerzahl in Deutschland ergibt sich ein durchschnittlicher Haushalt von 2,35 Personen, die Wohnfläche beträgt durchschnittlich 81,4 m² pro Wohnung [66].

Die Bautätigkeit setzt sich dabei aus zusätzlichen Bauten und Substitutionsbauten zusammen. Der Teil der Substitutionsbauten wird in Zukunft sicher einen größeren Anteil der Gesamtbautätigkeit einnehmen.

Mit dieser Bautätigkeit sind enorme Stoffströme verbunden, der Baustoffbedarf im Wohnbau wird zwischen 1000 und 2000 kg/m² Wohnfläche abgeschätzt [67], dies bedeutet einen Baustoffbedarf von gemittelt 33 Millionen Tonnen pro Jahr. Dazu kommen noch Bauabfälle, deren Masse aus Hoch- und Tiefbauten auf insgesamt 285 Mio t/a beziffert wird [68]. Bauabfälle setzen sich aus 75% Bodenaushub, 11% Bauschutt, 5% Baustellenabfälle und 9% Straßenaufbruch zusammen. Dies macht deutlich, daß ein gewisser Anteil davon auch dem Wohnbau zuzurechnen ist. Gerade die Substitutionsbautätigkeit verursacht großen Mengen.

Behält man die globalen Probleme wie weltweit steigende Energieverbräuche, Verknappung bestimmter Ressourcen in menschlichen Zeiträumen oder den Treibhauseffekt im Auge, so wird deutlich, daß nur durch eine Minimierung dieser Energie- und Stoffflüsse „umweltgerechtes" Wirtschaften für die Zukunft möglich sein wird.

8.4.3.2
Ökologisches Bauen – eine Vision?

Im Planungsprozeß von Gebäuden spielen heute neben wirtschaftlichen, technischen und gestalterischen Gesichtspunkten Fragen der Ökologie eine immer größere Rolle. Dabei steht der Begriff „Ökologisches Bauen" für die unterschiedlichsten Inhalte [69], und es ist meist nicht geklärt, inwieweit diese für besonders ökologisch erachtete Bauweise bzw. Maßnahme einer umfassenderen Betrachtung standhält. Ist also ökologisches Bauen nach dem heutigen Stand der Kenntnisse überhaupt realisierbar oder umfaßt es als einen Hauptbestandteil subjektive Emfindungen?

Die folgenden Beispiele sollen verdeutlichen, welche Fülle von unterschiedlichen Ansätzen umgangssprachlich mit dem Begriff „Ökologisches Bauen" verbunden sind.

- Rückbesinnung auf traditionelle Bauweisen (z.B. Fachwerk) und die Verwendung von „altbewährten" Materialien wie Naturstein, Holz, Stroh etc.
- die Verwendung „natürlicher" Baustoffe wie Schafwolle, Flachs, Lehm etc.
- Begrünung von Dachflächen zur Regulierung des Mikroklimas und als Regenwasserspeicherung.
- Projekte zu Niedrig- und „Null-Energie"-Häusern
- Anwendung von alternativen Konzepten zur Energiegewinnung durch regenerative Energien. Dazu zählen neben Photovoltaik, Sonnenkollektoren und Wärmepumpen auch die lokale Nutzung von Wind- und Wasserkraft.
- Verwendung von Oberflächenwasser als Brauchwasser in einem zweiten Kreislauf für die Toiletten.
- Verwendung von Baustoffen aus Recycling-Material, wie beispielsweise Dämmstoffe aus Altpapier.
- Verwendung von Baustoffen, die umweltfreundlich hergestellt wurden, im eingebauten Zustand emissionsarm sind und nach der Nutzung recycelt werden können. Dies schließt in aller Regel eine ganze Reihe von Farben und Lacke, sowie bestimmte Kleber und Bindemittel aus.

Ökologie, definiert als die Lehre der Beziehungen zwischen Lebewesen und Umwelt, steht also für ein sehr breites Spektrum von Einzelaspekten. Ökologisches Bauen, die Schaffung von Lebensräumen für den Menschen in einer umweltverträglichen Weise, hat eigentlich die Synthese dieser Einzelaspekte als Ziel.

Neben den bekannten Umweltauswirkungen wie Emissionen in Luft, Wasser und Boden, Innenraumluftbelastungen oder Landschaftsverbrauch sind auch sehr viel weiter reichende Gesichtspunkte wie die Behaglichkeit für den Bewohner oder die Lebensraumqualität im Umfeld weiterer Gebäude zu betrachten.

Ökologisches Bauen umfaßt also wesentlich mehr, als wir heute mit der Ganzheitlichen Bilanzierung abbilden können und auch wollen. Die Aufgabe der Ganzheitlichen Bilanzierung ist es hier, die Stoff- und Energieströme, die im Zusammenhang mit der Errichtung, Nutzung und Entsorgung von Gebäuden auftreten, zu quantifizieren, und deren Umweltwirkungen darzustellen.

In Bild 8.101 ist die Welt als Ressource im Dreieck Herstellung – Nutzung – Entsorgung dargestellt. Alle der Entsorgung anheimfallenden Stoffe gehen in irgend einer Form wieder in die „Gesamt-Ressource" Welt ein. Herstellung und Nutzung stehen dabei in Abhängigkeit voneinander, ohne daß direkte Stoffströme auftreten.

Versucht man nun, für ein bestimmtes Bauteil oder eine Konstruktion Aussagen über deren Umweltrelevanz zu treffen, stößt man sehr schnell auf eine ganze Reihe von Problemen, so daß zum heutigen Zeitpunkt für viele Aussagen einfach noch gar keine Basis vorhanden ist. Im folgenden wird versucht, verschiedene dieser Punkte anzusprechen und zu diskutierten.

- Bewerten kann man nur Größen, die man kennt oder die man zumindest abschätzen kann. Dazu wäre es notwendig, Baustoffe ähnlich der Lebensmittel in ihrer Zusammensetzung zu deklarieren. Vereinfachend könnte

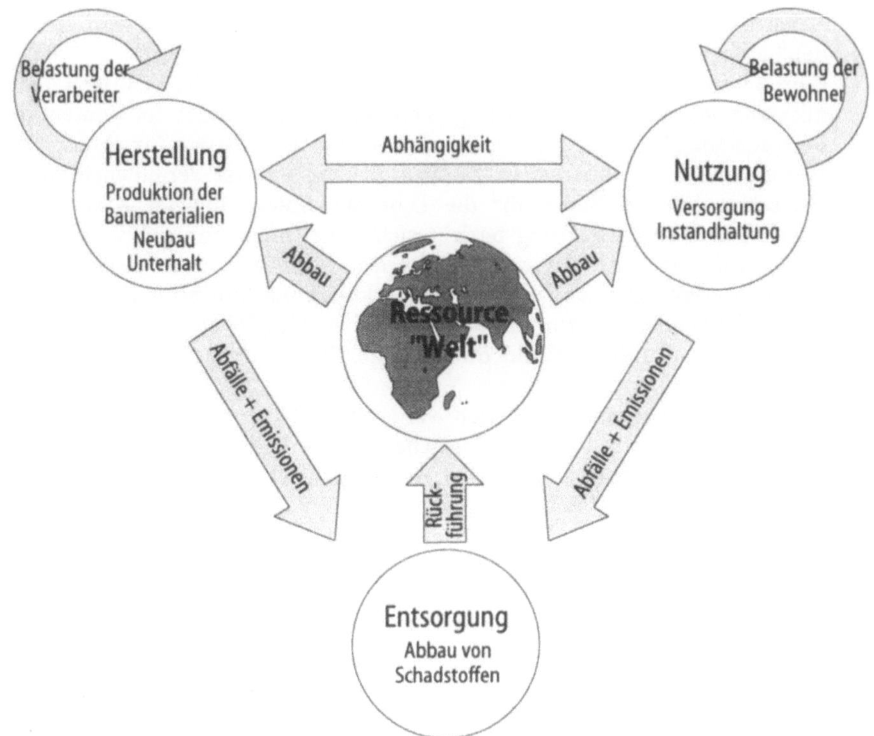

Bild 8.101. Stoffflüsse im Lebenszyklus von Gebäuden nach [70]

sich ein Deklarationsraster für Baustoffe auswirken. Es muß dabei gewährleistet sein, daß die Information daraus für den Anwender auch verständlich ist. Einen weiteren Mangel in diesem Zusammenhang stellt aber auch
die Ausbildung der Planer dar. Um Baumaterialien sinnvoll einzusetzen
reicht es eben nicht, die technischen Daten zu kennen. Die Herstellung der
Baustoffe liefert bereits viel Information über deren Zusammensetzung
und Verhalten während der Nutzung.

– Um bewertend vergleichen zu können, muß als Grundvoraussetzung die
Informationsgrundlage über die unterschiedlichen Varianten vergleichbar
sein. Für eine ganze Reihe von Baustoffen existieren heute Ökobilanzen,
die nach unterschiedlicher Methodik und mit nicht vergleichbaren Randbedingungen ermittelt wurden. Diese Bilanzen sind dabei keineswegs falsch
oder unvollständig, nur für Vergleiche eben völlig ungeeignet. Was zum
heutigen Zeitpunkt fehlt, ist eine unter vergleichbaren Randbedingungen
nach einheitlicher Methodik ermittelte Datengrundlage für die Massenbau-
stoffe. Nur durch eine solche Arbeit ist die stark subjektive und emotionale
Diskussion über die Umweltverträglichkeit von Baustoffen für bestimmte
Bereiche zu versachlichen. In einem Forschungsverbund an der Universität
Stuttgart wird dieses Thema in Zusammenarbeit mit den beteiligten Indu-

strien im Projekt „Ganzheitliche Bilanzierung von Baustoffen und Gebäuden" aufgearbeitet [40].

- Eine Bewertung vorzunehmen ist nicht nur eine Frage der richtigen Technik oder des richtigen Bewertungsschlüssels, sie muß auch im Kontext des Bewußtseins für Werte gesehen werden. Dieses Bewußtsein für ökologische Werte steht unter anderem im Zusammenhang mit der Verantwortung des Menschen für die Natur, für die Lebensgrundlage unserer Kinder und Enkel. Diese Verantwortung bezieht sich dabei nicht nur auf die globalen Beeinflussungen der Umwelt durch den Menschen, wie beispielsweise Treibhauseffekt, Ozonabbau oder die Verknappung bestimmter Ressourcen in menschlichen Zeiträumen, auch regionale und lokale Aspekte wie die Artenvielfalt, Landschaftsbild oder Luftqualität sind dabei zu berücksichtigen.
- Diese vieldimensionalen Kriterien werden von jedem individuell gewichtet, so daß deutlich wird, daß „ökologisches Bauen" eigentlich stark eine Frage von subjektiven Werthaltungen ist, und auch bei einer verbesserten Entscheidungsgrundlage bleiben wird.
- Bei einem Gebäude handelt es sich um mehr, als die Summe der eingesetzen Baustoffe. Es ist als komplexes System zu betrachten, dessen Elemente und Lebensphasen über Relationen verbunden sind.
  Erst durch diese Relationen ergibt sich die „Qualität" eines Gesamtsystems, welche sich wiederum in ihren vier Dimensionen Design, Performance, Ökonomie und Ökologie darstellt. Es ist eben nicht damit getan, nach „ökologischen" Gesichtspunkten ausgewählte Baustoffe zu verwenden. Das Gebäude als Resultat aus dem Bauprozeß ist damit keineswegs automatisch die beste Kombination. Leider wird heute genau dies als Lösung vorgeschlagen, ein solches lineares Denkmodell wird dabei den Bedingungen eines so vieldimensionalen und komplexen Systems jedoch nicht gerecht.

Versucht man dieses Gesamtsystem zu optimieren, sieht man, daß die Summe der Teiloptima keineswegs ein Optimum des Gesamtsystems ergeben muß. Der Optimierungsgrad ist dabei stark von der jeweiligen Ausgangssituation abhängig, diese verändert sich aber mit jedem Schritt von neuem, so daß die Reihenfolge eine entscheidende Rolle spielt. Wird zuerst die Heizung erneuert und später die Fassade gedämmt, ist für den nun gesunkenen Heizenergiebedarf der Kessel in aller Regel zu groß ausgelegt, dämmt man zuerst, verschlechtert sich beim alten Kessel durch Teillastbetrieb der ohnehin geringe Wirkungsgrad noch weiter.

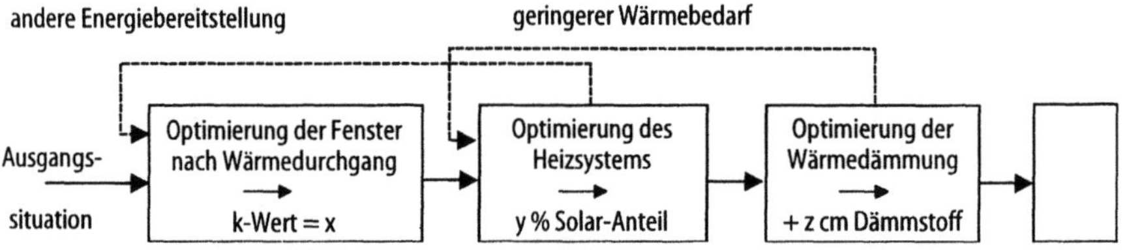

Bild 8.102. Prozeßoptimierung am Beispiel Heizwärmebedarf

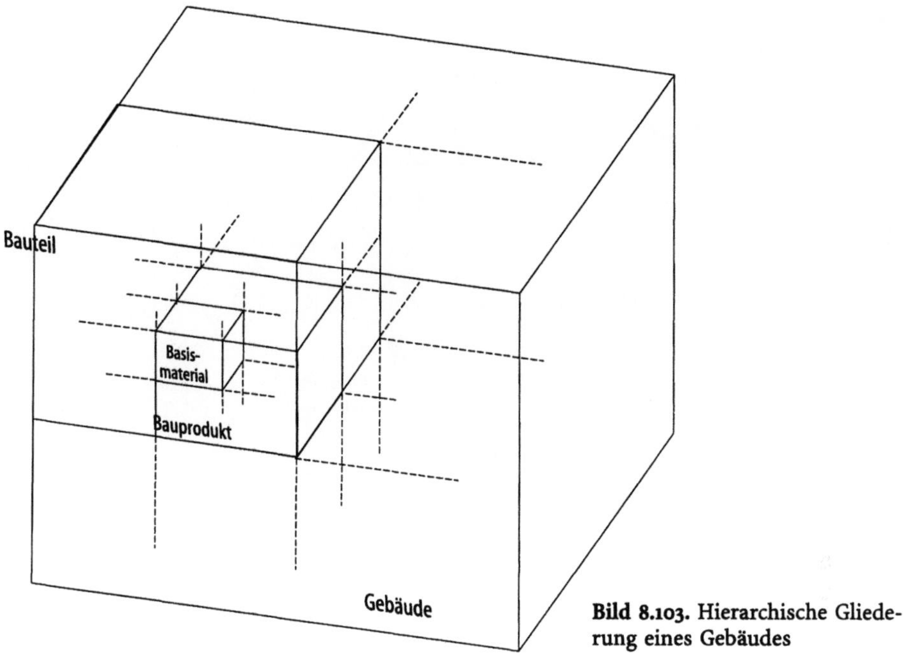

Bild 8.103. Hierarchische Gliederung eines Gebäudes

Diese Relationen verdeutlichen, daß gerade in der Nutzungsphase die Abstimmung der einzelnen Module aufeinander enorm wichtig ist. Die alleinige Betrachtung von Modulen stößt an ihre Grenzen.

Aus den Ausführungen wird deutlich, daß eine Optimierung von Gebäuden nur im Kontext des Gesamtsystems stattfinden kann. Dazu ist es zunächst einmal wichtig, dieses in seiner Summe darstellen zu können.

8.4.3.3
Vom Baustoff zum Gebäude

Um ein Gebäude insgesamt modellhaft darzustellen ist es notwendig, kleinere überschaubare Einheiten zu definieren. Gestaffelt in verschiedene Ebenen kann so die jeweilige Material- oder Produktform dargestellt werden. Ein hierarchisches Prinzip trägt wesentlich zur besseren Übersicht bei. Bild 8.103 zeigt dieses geschachtelte Prinzip, ein größerer Baustein setzt sich immer aus mehreren Bausteinen der untergeordneten Ebenen zusammen. Dieser modulare Aufbau läßt theoretisch eine beliebig tiefe Untergliederung zu.

Als unterste Ebene schlagen die Autoren vor, sogenannte Basismaterialien zu definieren.

– Basismaterialien sind direkt oder indirekt der Natur entnommene und auf genau definierte Materialeigenschaften abgestimmte Stoffe, die in ihrer Form noch keiner funktional gebundenen Produktform entsprechen.

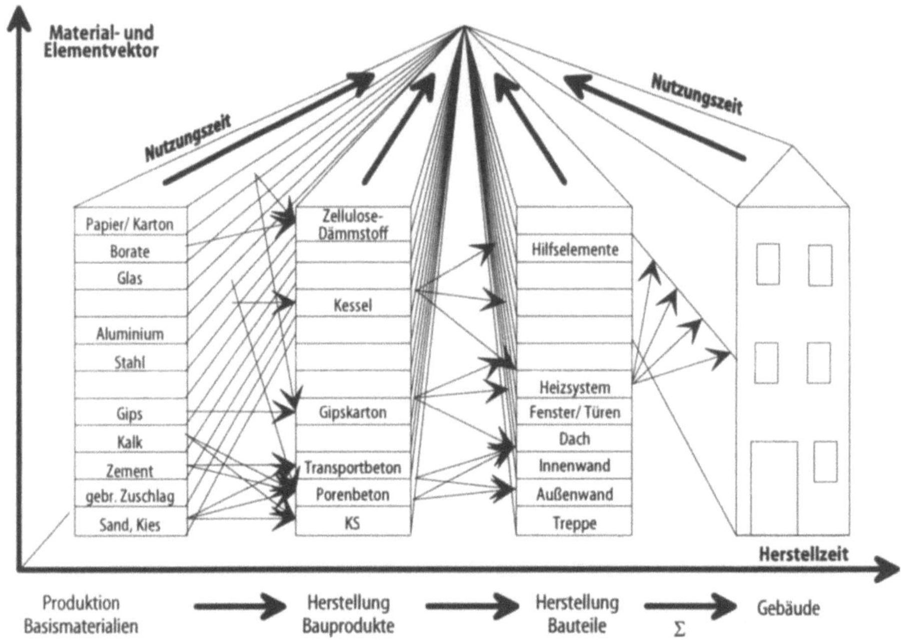

Bild 8.104. Gebäudegliederung in Bauteile, Bauprodukte und Basismaterialien.

Als Zwischenebenen erscheint es sinnvoll, Bauprodukte und Bauteile zu unterscheiden. Bei beiden handelt es sich bereits um Materialverbunde.

- Bauprodukte sind aus Basismaterialien hergestellte Materialverbunde, die in diesem Zustand in die Bauteile eingehen. Sie sind notwendig, um die Einsatzmaterialien der Bauteile überschaubar zu halten.
- Bauteile stellen mit Einschränkungen ersetzbare Module dar, sie sind bereits in ihrer Endfunktion stehende Baustoffverbunde. Der Aufbau der Bauteile richtet sich nach den verschiedensten Anforderungen, sogenannten Leistungskriterien.

Anhand dieser Anforderungen an ein Bauteil ist es nun möglich, verschiedene Konstruktionen zu entwerfen. Man erhält so die für einen Vergleich von Bauteilen notwendigen funktionalen Äquivalente. Sind die Leistungskriterien richtig gewählt, ist auch ein Vergleich sinnvoll, wenn einzelne Konstruktionen bestimmte Anforderungen weit übertreffen, ist das Bauteil für diesen Punkt überdimensioniert.

In Bild 8.104 ist nun der Zusammenhang zwischen Basismaterialien, Bauprodukten, Bauteilen und dem Gebäude so dargestellt, daß nach hinten die Zeitachse der Nutzung verläuft. Diese Nutzung bezieht sich immer spezifisch auf das jeweilige Basismaterial, Bauprodukt, Bauteil oder Gebäude, d.h. der Beginn der Nutzungszeit Papier beispielsweise beginnt mit der ersten Herstellung, und endet erst, wenn das Material entsorgt wird. Der Ursprung des Pfeils zwischen den Blöcken zeigt, ob es sich um ein Neumaterial (Beginn der Nutzungszeit des Materials) oder um ein bereits genutztes Material handelt (Pfeil beginnt bei fortgeschrittener Nutzungszeit). Die Pfeilspitze zeigt auf das jeweilige Bauprodukt. Recyclingprodukte werden also nach Ende ihrer Primärnutzung in einen nächsten Lebensabschnitt eingebracht und dort mit Primärmaterialien gleichgestellt eingesetzt. Bei der Zuordnung von Bauteilen zum Gebäude ist diese Beziehung dann umgekehrt. Ein zum jeweiligen Zeitpunkt neues Heizsystem wird in das Gebäude während der Nutzungszeit eingebaut.

Im Bild ist ein Bauprodukt mit Zellulosedämmstoff aus Altpapier dargestellt. Sekundärmaterial (Altpapier) und Primärmaterial (Borate) ergeben ein Produkt mit neuem Nutzungsbeginn.

Durch Renovierung und Reparaturen werden den Bauteilen und dem Gebäude aber auch zu unterschiedlichen Zeitpunkten weitere Stoffe zu- und abgeführt. Diese gehen dabei jeweils zu einem späteren Zeitpunkt der Nutzungszeit ein. So kommt es, daß manche Materialien nur einen Teil ihres Nutzungszeitraums im Gebäude verbringen.

Während der Nutzungsphase werden eine nicht unerhebliche Menge von Stoffen über Renovierungs- und Instandhaltungsarbeiten und Umbauten in das System eingetragen. Durch direkten Energieverbrauch für Heizung, Warmwasser, Licht und Kleingeräte verursachen Bauten nach früherem und heutigem Standard allerdings die größeren Umweltbelastungen. Der größte Anteil des Energieverbrauchs wird heute für die Bereitstellung von Raumwärme aufgewendet.

8.4.3.4
Ganzheitliche Bilanzierung zur Bewertung von Maßnahmen zur rationellen Energieanwendung im Gebäudesektor

8.4.3.4.1
Stand der Technik

In Deutschland entfallen derzeit 36% des gesamten Energieverbrauches auf die Bereitstellung von Raumwärme. Gleichzeitig besteht in diesem Bereich das größte technische Energieeinsparpotential, das nach dem Bericht der Enquête-Kommision 1990 zu 70–90% besteht [71]. Dieses Ziel soll nach dem Bericht auf zwei Wegen erreicht werden:

- Verringerung des Nutzenergiebedarfs durch stark verbesserten Wärmeschutz sowie kontrollierte Lüftung.
- Erhöhung des Nutzungsgrades der Heizsysteme von durchschnittlich 74% auf weit über 90% mit Brennwerttechnik und Wärmepumpen.

Rationelle Energieanwendung umfaßt allgemein vier Kategorien, die alle auf das System Haus anwendbar sind (in Klammern exemplarisch Optimierungsmöglichkeiten):

- Vermeiden unnötigen Verbrauchs (Optimierung der Wärmeanpassung)
- Senken des spezifischen Nutzenergiebedarfs: (Wärmeschutzmaßnahmen)

- Wärmerückgewinnung: (kontrollierte Lüftung mit Wärmetauscher)
- Verbessern der energetischen Nutzungsgrade: (Wärmepumpen, Kraft-Wärme-Kopplung, Abwärmenutzung)

In welcher Rangfolge die Maßnahmen am effektivsten ergriffen werden, hängt von den lokalen Randbedingungen, dem Entwicklungsstand der Techniken sowie deren Wirtschaftlichkeit ab.

Mit der novellierten Wärmeschutzverordnung, die seit dem 1.1.1995 in Kraft ist, wird ein Schritt auf dem Weg der Verringerung des Nutzenergiebedarfs angeordnet. Der Wärmebedarf soll von 130–180 kWh je Quadratmeter und Jahr nach der 1. Novelle von 1982/84 auf 54–100 kWh gesenkt werden. Die aktuelle Wärmeschutzverordnung folgt einer neuen Konzeption, was im Vorfeld zu Debatten führte: Der vorher übliche Bauteilnachweis wird nur noch für kleine Gebäude zugelassen, ansonsten durch ein Nachweisverfahren in Form einer Energiebilanz ersetzt. Hierin werden nicht nur die Wärmeverluste durch die Gebäudehülle summiert, sondern auch Wärmegewinne durch Fenster wie durch Lüftungssysteme mit Wärmerückgewinnung in Form einer Gutschrift berücksichtigt. Dies gibt dem Planer im Rahmen der verschärften Anforderung mehr Gestaltungsfreiheit bei der Gebäudekonzeption.

8.4.3.4.2
Diskussion der aktuellen Wärmeschutzverordnung

- Der Jahres-Heizwärmebedarf soll mit der Wärmeschutzverordnung bei Neubauten um 30% verringert werden. Da der gesamte Gebäudebestand aber zunimmt und Altbauten nur bei Umbaumaßnahmen erfaßt werden, ist zu erwarten, daß der Gesamtenergiebedarf im Raumwärmebereich nur langsam zurückgeht. Gerade im Gebäudebestand ist das absolute Einsparpotential jedoch am größten [73]. Um den Zielvorgaben gerecht zu werden, ist eine weitere Novellierung zum Ende des Jahrzehnts angekündigt. Sie soll den Heizwärmebedarf nochmals um 25–30% reduzieren.
- Mit der aktuellen Wärmeschutzverordnung wird dem Systemgedanken lediglich ein Stück weit Rechnung getragen. Es wäre dringend erforderlich gewesen, auch die Bereitstellung der Raumwärme in die Betrachtung mit einzubeziehen. Das Ziel der Wärmeschutzverordnung ist eine Reduzierung der klimarelevanten CO_2-Emissionen, der Energiebedarf in kWh ist aber keine adäquate Größe zu deren Bestimmung. Erst wenn die spezifischen Emissionen der gesamten Prozeßkette des Heizsystems, mit welchem die Raumwärme bereitgestellt wird, mit eingehen, erhält sie eine Aussagekraft über die CO_2-Emissionen im Betrieb. Die neue Heizanlagen-Verordnung wurde zwar gemeinsam mit der Wärmeschutzverordnung erarbeitet, es fehlt jedoch die gemeinsame Bewertung, wie dies verschiedentlich gefordert wurde, zusammengefaßt zu einer Energiesparverordnung. Die Verordnungen für sich genommen verlangen daher nur indirekt zielorientierte Nachweisverfahren. Wie schon gezeigt, muß die Summe von Einzeloptima nicht zwangsweise zum Gesamtoptimum führen.
- Kompensationsmöglichkeiten zwischen Heizwärmebedarf und Umwandlungswirkungsgrad eröffnen dem Planer Möglichkeiten, Gebäude bei glei-

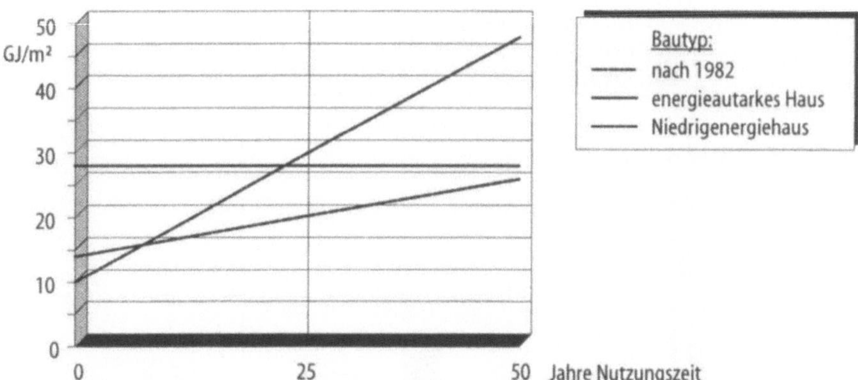

Bild 8.105. Energiebedarf zur Gebäudeherstellung, Wartung und Ersatzbedarf über der Nutzungszeit [72].

chen oder höheren Umweltanforderungen kostengünstiger zu konzipieren. Diese Behauptung stimmt nicht, da die Heizsysteme über die Nutzungsphase mehrfach erneuert und damit verbessert werden (müssen), während dies bei Gebäudeelementen praktisch unmöglich verordnet werden kann (s. Bild 8.104). Wie weiter unten gezeigt wird, liegen im Umwandlungsbereich jedoch große technische Potentiale brach, die auf diese Weise schneller erschlossen werden könnten.

- Ein weiterer Punkt ist die Vernachlässigung des Aufwandes zur Gebäudeherstellung. Bereits bei einem Niedrigenergiehaus liegt die Energie, die zur Gebäudeherstellung benötigt wird in der gleichen Größenordnung wie die Heizenergie für 50 Jahre Nutzungsdauer. Bei extremen Gebäudekonstruktionen ist nicht sicher, ob sich der zusätzliche Aufwand überhaupt über die Nutzungsphase amortisiert. So ist der kumulierte Energieaufwand eines untersuchten energieautarken Hauses höher, als der eines Niedrigenergiehauses mit 50 Jahren Nutzung eingerechnet (Bild 8.105) [72]. Mit der Ganzheitlichen Bilanzierung kann der Beitrag der Teilsysteme zu den Umweltauswirkungen über die einzelnen Phasen im Lebenszyklus hinweg transparent gemacht werden.

- Die Beiträge zum Wärmebedarf verlagerten sich von den Verlusten über die Gebäudehülle zu den Lüftungsverlusten sowie vom Beitrag des Heizsystems zu einer stärkeren Gewichtung der solaren und inneren Gewinne (Bild 8.106). Eine differenziertere Betrachtung wurde dadurch nötig. Der Übergang vom Nachweis des Wärmedurchgangskoeffizienten der Außenbauteile (Bauteilverfahren) zum Bilanzverfahren der neuen WSVO war die Schlußfolgerung aus diesen Entwicklungen. Die aktuelle Version der WSVO bedeutet eine weitere Verschiebung von der Bedeutung der Nutzungsphase hin zum Einfluß der Bau- und Rückbauphase auf das Inventar im Lebenszyklus.

- Die Frage, welche Anforderungen an Gebäude in einer geplanten 3. Novelle der Wärmeschutzverordnung an das System Haus gestellt werden, kann

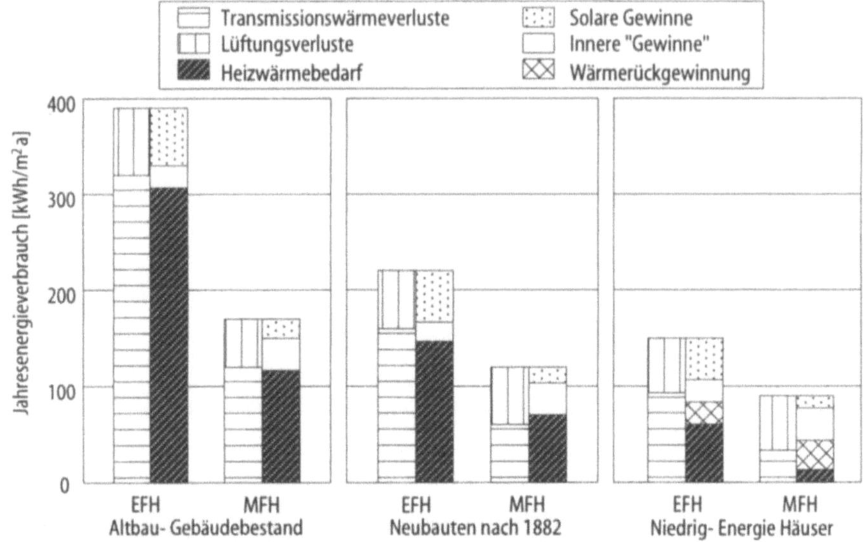

Bild 8.106. Jahresenergieumsätze von Ein- und Mehrfamilienhäusern verschiedener Bauphasen. Die Verluste stehen jeweils links, die Gewinne rechts [73].

und darf daher nicht mehr *allein* mit dem Ziel einer weiteren Minimierung des Heizwärmebedarfs beantwortet werden. Die Gefahr bei einer so eingeschränkten Betrachtungsweise liegt dain, daß das Teilproblem Energie lediglich vom Betrieb in die Herstellung verlagert oder in ein anderes, z.B. Abfall umgewandelt wird. Die integrale Sichtweise des Systems Gebäude über den gesamten Lebensweg liefert wichtige Anstöße für die anstehenden Entscheidungen zu einer weiteren Verschärfung des Anforderungsniveaus, um die vielfältigen Aufgaben des Umweltschutzes effizient erfüllen zu können. Energiesparendes und umweltschonendes Bauen muß in Zukunft an mehreren Kriterien ausgerichtet werden, wenn Fehlentwicklungen vermieden werden sollen. So ist zu hoffen, daß mit der anstehenden Neufassung der Bewertungshorizont erweitert wird.

In den folgenden Abschnitten wird skizziert, welchen Beitrag die Ganzheitliche Bilanzierung im Bauwesen zur Schwachstellenanalyse und Optimierung leisten kann, wobei der Schwerpunkt der Betrachtung auf den Heizsystemen und deren technischen Potentialen liegt.

8.4.3.5
Die Rolle des Heizsystems

Das Heizsystem beeinflußt bei gegebenem Nutzenergiebedarf die Schadstoffemissionen und den Heizenergiebedarf. In den alten Bundesländern werden über 60% der Wohnungen mit Zentralheizungen beheizt [73]. Auf diese beziehen sich die folgenden Betrachtungen.

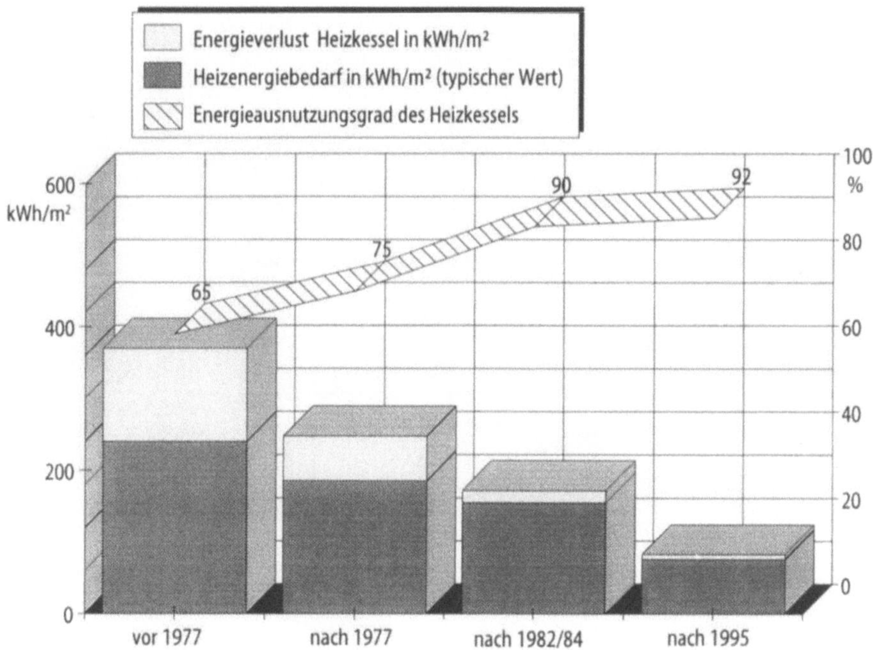

Bild 8.107. Entwicklung des Heizwärmebedarfs und der Einfluß des Kesselnutzungsgrades auf den tatsächlichen Energiebedarf

Die Entwicklung des Heizenergieverbrauches in der Vergangenheit war geprägt von einer ständigen Verbesserung der Energieausnutzung der Heizkessel, gepaart mit sinkendem Wärmebedarf der Gebäude durch verbesserten Wärmeschutz (s. Bild 8.107).

8.4.3.5.1
Entwicklungspotentiale konventioneller Heizsysteme

Ein wesentliches Element eines Zentralheizungssystems ist der Heizkessel, der die chemische Energie der Brennstoffe in Wärme umwandelt. Die Angabe des Jahresnutzungsgrades des Heizkessels nach der Heizanlagenverordnung bezieht sich lediglich auf den in einem festgelegten Bertiebspunkt gemessenen Abgasverlust: mit einem maximalen zugelassenen Abgasverlust von 8% wird der Nutzungsgrad 92%. Weitere Verluste, z.B. der Abstrahlverlust des Kessels bleiben unberücksichtigt. So können ungedämmte Kessel im Betrieb erheblich schlechter sein, als der Nutzungsgrad vorspiegelt.

Die Angabe des Nutzungsgrades bezieht sich traditionell auf den unteren Heizwert. Er vernachlässigt die beim Verbrennungsvorgang freiwerdende Energie, die in Form von latenter Wärme des gebildeten Wasserdampfes vorliegt. Das dem chemischen Energiegehalt des Brennstoffs entsprechende Wärmeäquivalent ist der obere Heizwert H_o oder Brennwert. Bei Erdgas beträgt

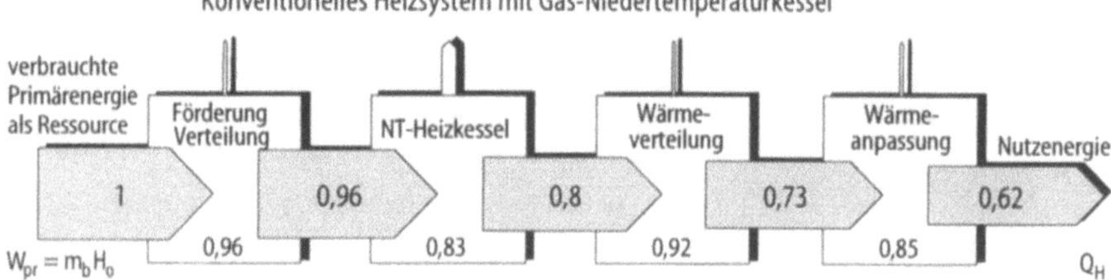

Bild 8.108. Darstellung der Prozeßkette einer Gas Zentralheizung

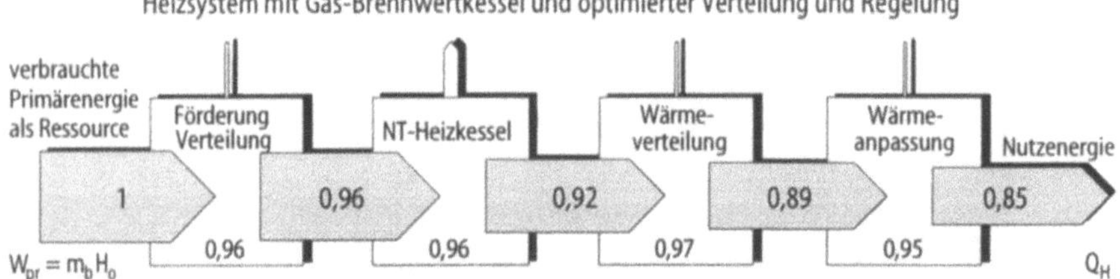

Bild 8.109. Darstellung der Prozeßkette eines optimierten Brennwert-Heizsystems

der Brennwert 110,6% des unteren Heizwertes. In Brennwertkesseln wird das Abgas unter den Taupunkt abgekühlt und somit die Verdampfungswärme des Wassers nutzbar. Nutzungsgrade von über 100%, bezogen auf den unteren Heizwert sind dadurch möglich. Skaliert man um und bezieht die Wärmeausbeute auf den Brennwert, so beträgt der Nutzungsgrad eines Niedertemperaturkessels anstatt 92% (bezogen auf H_u) 83%. Ein sehr gut konzipierter Brennwertkessel erreicht einen Jahresnutzungsgrad von 106% (bezogen auf H_u), das sind 96% von H_0.

Der Kessel ist allerdings nicht das einzige Verlustglied in der Prozeßkette: hinzu kommen noch die Verluste in der Wärmeverteilung und in der Wärmeübergabe bzw. Anpassung des Angebots an den Nutzenergiebedarf. Die Verluste bei der Wärmeübergabe sind definiert als die Differenz zwischen der für ein gewolltes thermisches Umfeld erforderlichen Nutzenergie und der vom Heizsystem an den Raum abgegebenen Nutzenergie. Sie umfaßt die durch die Regelcharakteristik der Thermostatventile und die thermische Trägheit der Heizflächen verursachten Abweichungen vom Sollwert und die anordnungsbedingten Wärmeverluste der Heizflächen. Bei gut wärmegedämmten Gebäuden mit einer hochwertigen Heizanlage sind die Verluste bei der Wärmeübergabe oft relativ hoch (Bild 8.108) [74]. Diese Verluste erhöhen den Brennstoffverbrauch des Abnehmers, der z.B. am Gaszähler abzulesen ist. Vor dem Heizungskeller sind in der Prozeßkette noch die Aufwendungen und Verluste für die Gewinnung und den Transport zu betrachten. Damit ergibt sich die Prozeßkette vom Ressourcenverbrauch bis zum Nutzenergiebedarf, wie sie in Bild 8.109 dargestellt ist.

Weiter sind die spezifischen Emissionen von Gasen mit Treibhauspotential zu betrachten, die bei der Erzeugung von Nutzwärme aus Brennstoffen entste-

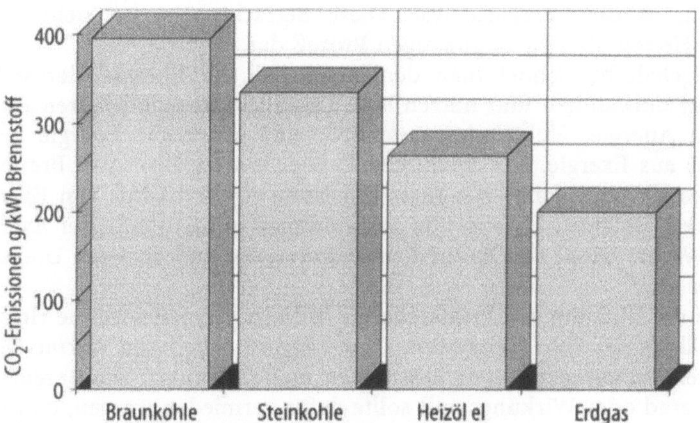

Bild 8.110. Energieträger und CO_2-Emissionsfaktoren

hen: Zur Veranschaulichung dieser Differenzierung gegenüber einer Energiebilanz sind die CO_2-Emissionsfaktoren verschiedener Energieträger in Bild 8.110 gegenübergestellt.

Der mittlere Kohlendioxidausstoß pro erzeugter kWh Nutzwärme ergibt sich aus dem jeweiligen mittleren Nutzungsgrad und den Anteilen der mit Erdgas, Öl, Kohle und Elektrizität betriebenen Heizungen. Er lag in den neuen Bundesländern 1989 bei 620 g/kWh Nutzwärme und sank durch Substitution der Energieträger Braunkohle und Stadtgas durch Erdgas sowie Verbesserung der Nutzungsgrade auf 550 g im Jahr 1991. Bei einem mittleren Jahresnutzungsgrad von 87% würde der CO_2 Ausstoß von auf Erdgas umgestellten Heizungen nach einem Szenario der Gaswirtschaft im Jahr 2005 noch 230 g pro kWh Nutzwärme betragen [75]. Dies bedeutet eine Verringerung der spezifischen Emissionen um über 60% genüber 1987. Diese Zahlen beziehen sich auf den Kesselnutzungsgrad sowie den unteren Heizwert.

8.4.3.5.2
Analyse nach dem 2. Hauptsatz der Thermodynamik

Die einzelnen Nutzungsgrade neuer, optimierter Heizsysteme haben nahezu 1 erreicht (Bild 8.109). Dies bedeutet jedoch nicht, daß das Entwicklungspotential damit ausgeschöpft ist. Es hat vielmehr mit dem Rahmen der Betrachtung zu tun: Der Nutzungsgrad beschreibt lediglich, wieviel Heizwert des Brennstoffes tatsächlich als Nutzenergie zur Verfügung steht. Die Tatsache, daß kaum Wärmeverluste (Fehlleitungen von Wärme) auftreten, schließt nicht aus, daß dieselbe Nutzenergie mit weniger Energie aus Brennstoffen bereitgestellt werden könnte. Es geht nicht nur um die Quantität der Energie (beschrieben durch Energiebilanzen nach dem 1. Hauptsatz der Thermodynamik) sondern auch um die Qualität, die mit dem 2. Hauptsatz beschrieben wird. Bei Heizprozesssen spielt der Zustand der Umgebung eine Rolle, daher eignet sich die Formulierung mit den Begriffen Exergie und Anergie. Ein anschauliches

Hilfsmittel dazu ist die Exergieanalyse. Diese Betrachtungsweise stellt das konventionelle Heizen als sehr ungünstigen Prozeß dar.

Als Exergiegehalt bezeichnet man denjenigen Teil der Energie, der sich uneingeschränkt umwandeln und nutzen läßt. Den nicht umwandelbaren Anteil nennt man Anergie. Elektrische, potentielle und kinetische Energie bestehen zu 100% aus Exergie. Für chemische Energie, die in Form von Brennstoffen bereitgestellt wird, kann mit guter Näherung ein Verhältnis von Exergie e_B zu unterem Heizwert H_u von 1,04 angenommen werden [76]. Der Exergiegehalt von Wärme hängt von ihrem Temperaturniveau und dem des Umgebungszustandes ab.

Als Maß für die Nutzung von Primärenergie in Heizsystemen wird die Heizzahl ξ als Verhältnis der vom Heizsystem an die Räume gelieferten Wärme Q_H zur verbrauchten Primärenergie aus Ressourcen $m_b H_u$ definiert. Die Bezeichnung Nutzungsgrad oder Wirkungsgrad sollte dafür vermieden werden, da die Heizzahl Werte größer 1 annehmen kann. Für die Heizzahl legt man fest:

$$\xi = \eta_V \frac{Q_H}{m_B H_u} \tag{8.2}$$

Zu dem thermodynamischen Prozeß Raumheizung läßt sich der theoretische Mindesteinsatz an Primärenergie angeben, wenn der Exergiebedarf der Heizaufgabe bekannt ist. Es gibt dann zu einer gegebenen Wärme Q_H einen naturgesetzlich vorgegebenen Mindestwert von $m_B H_u$ und somit einen theoretischen Höchstwert der Heizzahl ξ_{max}. Die thermodynamische Güte (der exergetische Wirkungsgrad) eines Heizsystems läßt sich bewerten, indem das Verhältnis der Heizzahl ξ zur maximalen Heizzahl ξ_{max} gebildet wird. Zunächst soll die Größe der maximalen Heizzahl bestimmt werden. Sie wird durch das Verhältnis von Exergiebedarf E_Q und Wärmebedarf Q_H, bezeichnet als den mittleren Carnot-Faktor $\bar{\eta}_C$ der Heizaufgabe, bestimmt: Er hängt von der Raumtemperatur T_R und der veränderlichen Umgebungstemperatur T_u ab, für die ein charakteristischer Mittelwert T_u^C zu bestimmen ist

Für den mittleren Carnot-Faktor der Heizaufgabe ergibt sich:

$$\bar{\eta}_C = \frac{E_Q}{Q} = \frac{T_R - T_u^C}{T_R} \quad . \tag{8.3}$$

Damit läßt sich die maximale Heizzahl angeben zu:

$$\xi_{max} = \frac{e_B/H_u}{\bar{\eta}_C} = \frac{1,04}{\bar{\eta}_C} = 1,04 \frac{T_R}{T_R - T_u^C} \quad . \tag{8.4}$$

Den mittleren Carnot-Faktor während der Heizzeit, der zur Berechnung von ξ_{max} benötigt wird, erhält man, indem man die Beziehung:

$$\dot{E}_Q(T_u) = \dot{Q}_{max} \frac{(T_R - T_u^C)^2}{T_R(T_R - T_{u\,min})} \tag{8.5}$$

über die Heizzeit integriert [76]. Die zeitliche Verteilung des auf den maximalen Wärmestrom normierten Exergiestroms ist für ein Beispiel in Bild 8.111 wiedergegeben. $\dot{Q}_{max}$ ist der größte benötigte Wärmestrom bei der niedrigsten auftretenden Außentemperatur (Auslegungstemperatur) $T_{u\,min}$.

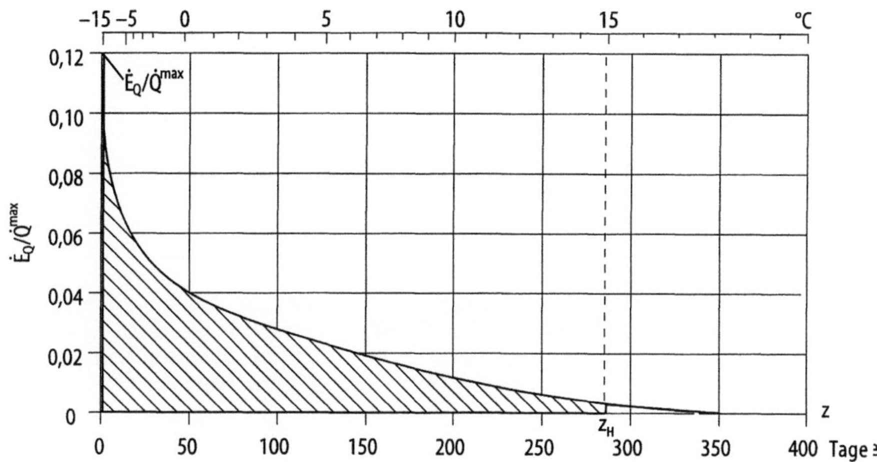

Bild 8.111. Zeitliche Charakteristik des Exergiebedarfes für eine minimale Außentemperatur $t_{u\,min} = -15°C$, $t_R = 20°C$ und einer für Hamburg typischen Summenhäufigkeit $z = z(t_u)$

Die Verteilung des Exergiebedarfs über die Heizzeit z_H ist sehr ungleichmäßig (Bild 8.111). Nur während eines kleinen Teils der Heizzeit werden größere Exergieströme benötigt. Insgesamt ist Exergieanteil am Wärmebedarf ist sehr gering. Es ergibt sich für Hamburg eine charakteristische Temperatur t_u^C von 3,1°, woraus ein mittlerer Carnot-Faktor $\bar{\eta}_C$ von 0,058 folgt und somit die maximale Heizzahl ξ_{max} von 18,1 die theoretische Grenze der Primärenergieausnutzung darstellt. Somit werden zum Heizen nur 6% Exergie benötigt, etwa 94% sind Anergie und könnten der Umwelt entnomen werden. In einem konventionellen Heizsystem wird die eingesetzte Primärenergie stark entwertet. Der exergetische Wirkungsgrad beträgt mit der Brennwertanlage aus Bild 8.109 4,7%. Die Energie- und Exergieverluste des Systems sind in Bild 8.112 zu sehen. Der Energiefluß ist durch Pfeile dargestellt, sein Exergiegehalt durch den grau eingefäbten Anteil gekennzeichnet. Man erkennt, daß im Heizkessel wenig Energie verloren geht, die Exergie des Brennstoffes aber größtenteils in Anergie umgewandelt wird.

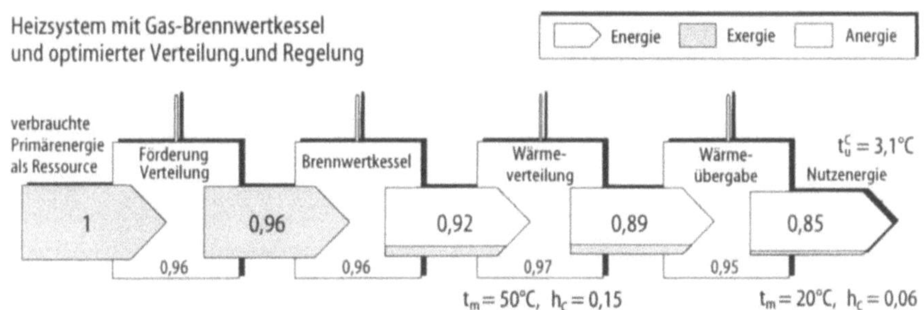

Bild 8.112. Schematische Darstellung der Energie-, Exergie- und Anergieflüsse in einem konventionellen Heizsystem.

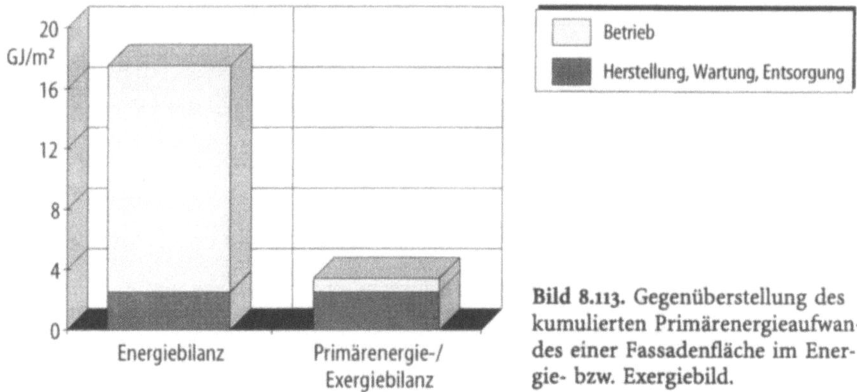

Bild 8.113. Gegenüberstellung des kumulierten Primärenergieaufwandes einer Fassadenfläche im Energie- bzw. Exergiebild.

Zusammenfassung: Während konventionelle Heizsysteme bei einer Energiebilanz effektiv erscheinen, zeigen sich bei einer Analyse nach dem 2. Hauptsatz erhebliche Schwächen. Dies führt zum Schluß, daß die Heizzahl bei der Bereitstellung der Nutzwärme noch erheblich gesteigert werden kann.

8.4.3.5.3
Exkurs: Bewertung der Energieverluste von Bauelementen

Betrachtet man den kumulierten Primärenergieaufwand einer Fassade, so ergibt sich bei einer Energiebilanz, daß der Betriebsenergieaufwand ca. 85% des Gesamtenergieaufwandes ausmacht [72]. Bei dieser Bilanz werden die Verluste der Energiebereitstellung für, und Wandlung durch das Heizsystem der Fassade angelastet.

Eine Exergiebilanz hingegen rechnet den Transmissions- und Lüftungsverlusten lediglich den aus Primärenergie bereitzustellenden Exergiegehalt der Wärme zu, der über die Fassade verloren geht. Die Verluste, die durch die stark irreversiblen Prozesse im Heizsystem entstehen, werden zunächst diesem zugerechnet.

Aus diesem Sachverhalt darf allerdings nicht geschlossen werden, daß sich Wärmedämmung nicht lohnt, der Beitrag der Dämmung zum Herstellaufwand ist recht gering. Vielmehr soll gezeigt werden, daß durch Verbesserung der Heizzahl ein weiteres großes Einsparpotential erschlossen werden kann. Bei der Optimierung muß man aber die unterschiedlichen Heizzahlen von Heizsystemen in Szenarien mit in die Betrachtung einbeziehen Das Optimum, beispielsweise einer Dämmschichtdicke verschiebt sich mit unterschiedlichen Heizzahlen nennenswert (vgl. Abschn. 8.7).

8.4..3.5.4
Primärenergieeinsparung durch exergiearme Heizsysteme

Wenn es gelingt, die zum Heizen benötigte Anergie nicht durch irreversible Prozesse aus Brennstoffen zu erzeugen, sondern vom Exergiegehalt passende Wärmeströme einzusetzen, oder mit thermodynamischen Maschinen die Wär-

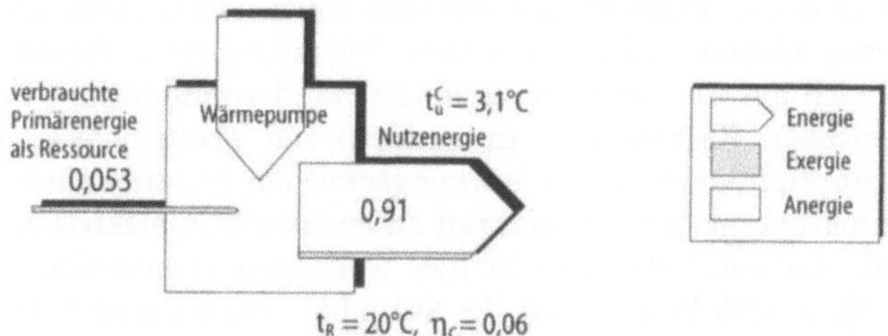

Bild 8.114. Energie- und Exergiefluß bei einer reversibel arbeitenden Wärmepumpe.

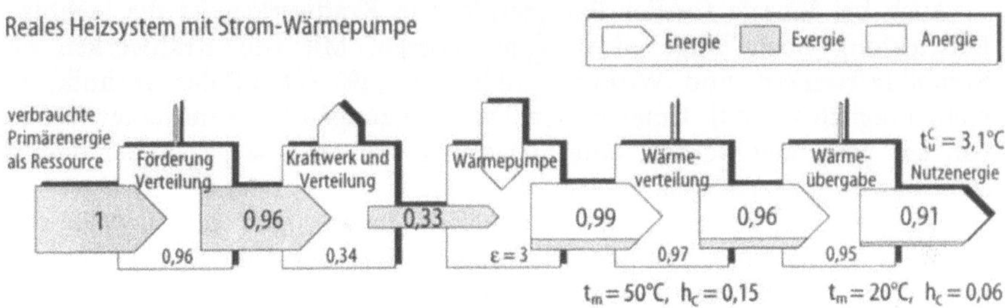

Bild 8.115. Energie-Exergie-Flußbild eines Wärmepumpen-Heizsystems.

me entsprechender Qualität bereitzustellen, kann die Heizzahl erheblich gesteigert werden. Im folgenden werden Stand der Technik und Potentiale von drei Techniken vorgestellt.

8.4.3.5.4.1
Wärmepumpen

Wärmepumpen sind prinzipiell in der Lage, Energie aus der Umgebung, die in unbegrenztem Umfang zur Verfügung steht, unter Einsatz von Exergie auf ein nutzbares Temperaturniveau zu bringen. Die Heizzahl einer reversibel arbeitenden Wärmepumpe ist die maximale Heizzahl ξ_{max}. Um 18,1 kWh Heizwärme bereitzustellen bräuchte man, beim verwendeten Zahlenbeispiel, im Grenzfall lediglich 1 kWh Primärenergie aus Ressourcen (bild 8.114).

Reale Wärmepumpen erreichen Leistungsziffern von 3. Dies kann aber noch nicht als Heizzahl bezeichnet werden, da die Verluste zur Erzeugung von Strom aus Brennstoffen mit zu betrachten sind. Bei einem Wirkungsgrad für Stromerzeugung und Verteilung von 34% und mit dem Vergleichssystem (Bild 8.112) übereinstimmenden vor- und nachgelagerten Stufen ergibt sich eine Heizzahl $\xi = 0,91$. Das ist nicht viel mehr als die Heizzahl der optimierten Gasheizung.

In Bild 8.115 sind die Hauptverlustquellen, welche zu dieser Heizzahl führen, gut zu erkennen: Es sind die Verluste bei der Energiebereitstellung, der Wärmepumpe selbst und die bei der Wärmeübergabe. Hierzu einige Erläuterungen:

Energiebereitstellung:

Da die Kraftwerke wesentliche Elemente im Wärmepumpen-Heizsystem sind, hat deren Wirkungsgrad Einfluß auf die Heizzahl. Der angegebene Gesamtwirkungsgrad bezieht sich auf die Verhältnisse in der Bundesrepublik mit hohem Anteil an thermischen Kraftwerken. In Ländern mit großem Wasserkraftanteil an der Stromproduktion ist der Wirkungsgrad der Strombereitstellung höher, da die Primärenergie aus Wasserkraft zu etwa 80% in elektrischen Strom umgesetzt wird. Als Extrembeispiel ist hier Norwegen zu nennen, wo mit einen Anteil von über 99% Wasserkraft die Strombereitstellung incl. Verteilverlusten auf einen Wirkungsgrad von 74% kommt. Bei sonst gleichen Parametern haben Wärmepumpenheizsysteme dort eine Heizzahl ξ von 2.

Auch bei Einsatz fossiler Energieträger in Kraftwerken ist die technische Entwicklung noch lange nicht abgeschlossen. Mit GuD-Kraftwerken oder Kombikraftwerken sind Wirkungsgrade von 52% (Stand der Technik) und mehr möglich [77, 78]. Unter diesen Voraussetzungen kann mit einer Heizzahl von 1,27 gerechnet werden, eine Steigerung von ca. 50% gegenüber dem System mit Brennwertkessel.

Eine weitere Verbesserung ist möglich, indem man die physikalischen Grenzen, die die Güte der Energiewandlung über den Umweg des thermodynamischen Kreisprozesses begrenzen umgeht, was z.B. mit Brennstoffzellen möglich ist. Mit Kraft-Wärme-Koppelung kann der Wirkungsgrad von Kraftwerken weiter verbessert werden (s. Abschn. 8.4.3.5.4.3).

Wärmepumpe:

Der Betrieb von Wärmepumpen für Raumheizungen ist durch die extremen Schwankungen von Lastzuständen und Arbeitstemperaturen gekennzeichnet. Wie auf Bild 8.111 zu sehen ist, fallen auf relativ wenige Heiztage mit tiefen Außentemperaturen größere Exergieanteile. An diesen Tagen, an denen auch der Wärmebedarf groß ist, arbeitet die Wärmepumpe besonders unwirtschaftlich. Oft werden Wärmepumpensysteme deshalb bivalent ausgelegt, d.h. an diesen Tagen übernimmt ein konventioneller Heizkessel die Energieversorgung. Ein eleganterer Weg bietet sich an, wenn Oberflächenwasser oder Grundwasser als Wärmequelle genutzt werden kann. Grundwasser steht mit nahezu konstanter Temperatur von ca. 9–12° zur Verfügung, die deutlich über der charakteristischen Außentemperatur liegt und besteht somit zu einem Teil

Reale Wasser-Wasser-Wärmepumpe in einem bestimmten Betriebspunkt

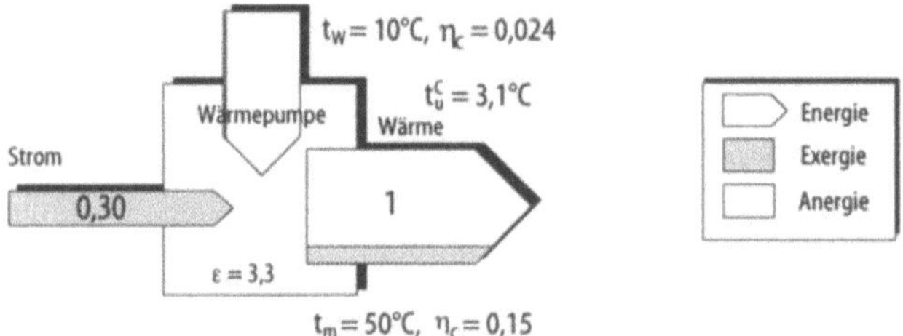

Bild 8.116. Energie-Exergie-Flußbild einer Wasser-Wasser-Wärmepumpe

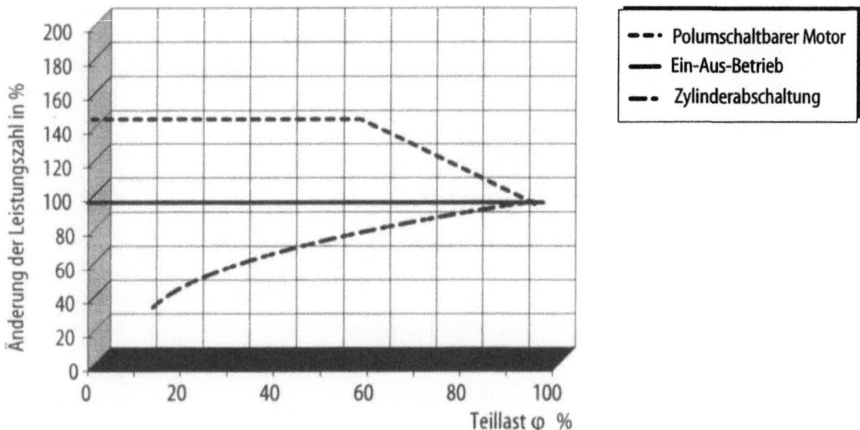

Bild 8.117. Einfluß des Regelkonzeptes auf das Teillastverhalten von Wärmepumpen mit Kolbenverdichtern [79].

aus Exergie, die nicht mehr von der Wärmepumpe zugeführt werden muß (Bild 8.116).

Das Exergieangebot aus dem Erdreich ist aber im Mittel gering. Die Verbesserung des Nutzungsgrades ist vor allem durch den besseren Wärmeübergang vom Wasser auf den Kältekreislauf (gegenüber der Luft) bedingt. Zusätzlich entfällt auch noch das energieaufwendige Abtauen des Verdampfers.

Der Kältemittelkreislauf einer Wärmepumpe ist über Wärmetauscher mit der Umgebung und dem Heizungswasser verbunden. Die zur Wärmeübertragung notwendigen Temperaturdifferenzen bedeuten Arbeitsverluste und sollten daher so gering wie möglich gehalten werden. Dies ist durch Vergrößerung der Übertragungsflächen möglich, was aber zu einem starken Anstieg von Kosten und Materialeinsatz führt.

Eine vielversprechende Methode liegt in der intelligenten Teillastregelung, die es erlaubt, die Vorteile der linear mit der Leistung sinkenden Temperaturdifferenzen für den Kreisprozeß umzusetzen. Der indizierte Gütegrad des Kreisprozesses steigt in diesem Fall auch wesentlich an. Maßnahmen in diesem Bereich würden zu einer enormern Verbesserung der Systemgüte führen, da der Teillastzustand der überwiegende Betriebszustand ist. Realisierbare Wege dazu sind z.B. Anordnung mehrerer Verdichter auf einen Kältemittelkreislauf und polumschaltbare oder drehzahlgeregelte Antriebsmotoren für Kolbenverdichter. Wärmepumpen zur Raumheizung arbeiten in der Praxis meist im Ein-Aus-Betrieb und erreichen in den seltensten Fällen die oben angesprochene Arbeitszahl von 3. Das schädliche Takten der Verdichter wird stattdessen durch Warmwasserspeicher vermindert. Da es häufig Teillastregelungen gibt, welche zu einer Verschlechterung der Arbeitszahl führen, werden solche Konzepte als energiesparend bezeichnet! Typische Verläufe des Verhältnisses der Leistungsziffer unter Teillast zur Leistungsziffer unter Vollast sind in Bild 8.117 dargestellt.

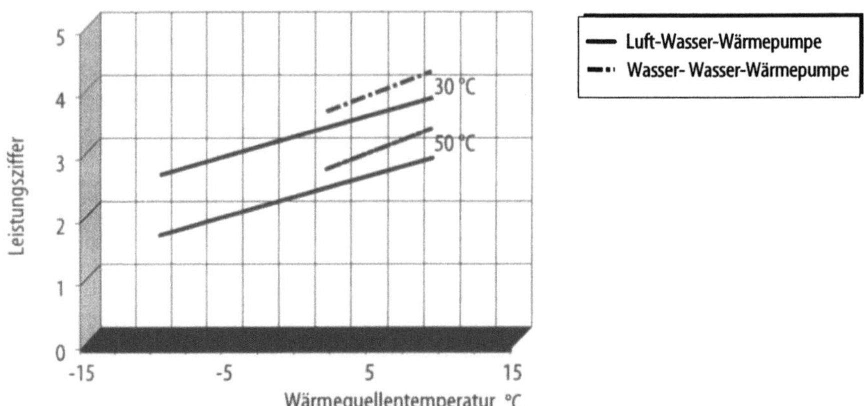

Bild 8.118. Einfluß der Heizwassertemperatur auf die Leistungsziffer von Wärmepumpen.

Wärmeübergabe:

Die Temperaturdifferenz zwischen Heizungswasser und beheiztem Raum ist eine entscheidende Verlustquelle. Die von der Wärmepumpe bei einer Mitteltemperatur von $t_m = 50°$ zu liefernde Wärme besteht zu 14,5% aus Exergie ($\bar{\eta}_C = 0,145$). Bei der Wärmeübergabe an den Raum gehen 8,7% verloren, da diesem lediglich 5,8% Exergie zugeführt werden müssen, um die Wärmeverluste bei $t_R = 20°$ ($\bar{\eta}_C = 0,058$) zu kompensieren. Der Verlust am Heizkörper ist also größer als der des Raumes.

Die den Erfordernissen einer Wärmepumpenheizung angepaßte Heizanlage muß also mit geringstmöglicher Temperaturdifferenz die Wärmeübergabe bewerkstelligen. Bei speziellen Fußbodenheizungen oder sogenannten Klimaböden sind Auslegungstemperaturen von $t_m = 30°$ möglich. Der Carnot-Faktor $\bar{\eta}_C$ zu dieser Temperatur beträgt 0,089. Dadurch läßt sich die Leistungsziffer um ca. 1 steigern (Bild 8.118).

Durch das Zusammenwirken dieser Einflüsse führen Wärmepumpen zur Zeit zurecht ein Schattendasein. Dies darf aber nicht darüber hinwegtäuschen, daß das Entwicklungspotential dieser Technologie immens ist. In hoffentlich nicht zu ferner Zukunft wird es auch zu einem Teil erschlossen sein und die Wärmepumpentechnik ihren Beitrag zum umweltschonenden Haushalten leisten.

8.4.3.5.4.2
Abwärmenutzung

Auf der Tatsache, daß Wärme nicht verlorengeht, sondern in einem Prozeß lediglich entwertet wird, beruhen die Untersuchungen zur rationellen Energieverwendung durch Abwärmenutzung (Exergieoptimierung) [80]. Ein Abwärmestrom, der ein System verläßt, führt einen gewissen Exergieanteil mit sich. Er kann in einem anderen System als Eingangsstrom genutzt werden und einen sonst benötigten Strom mit viel höherem Exergieanteil ersetzen. Da zur Bereitstellung von Raumwärme eigentlich nur sehr geringe Exergieanteile be-

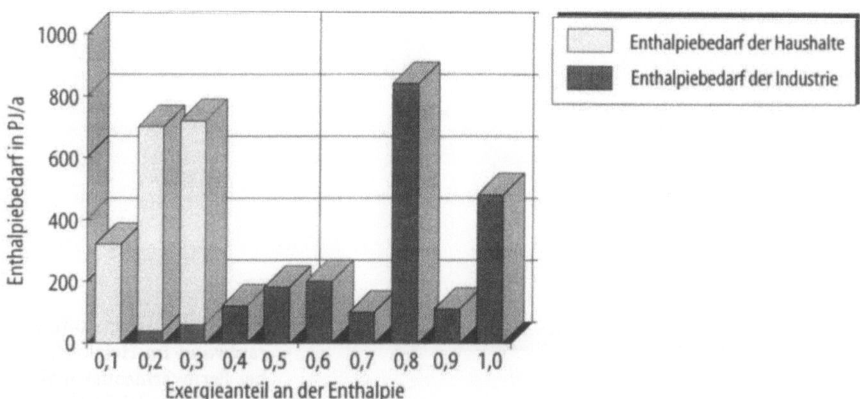

Bild 8.119. Enthalpiebedarf von Industrie und Haushalten einschließlich Strombedarf (Bundesrepublik Deutschland, 1982), aufgeteilt in Klassen unterschiedlichen Exergiegehalts [80]

nötigt werden, ist nahezu jeder Abwärmestrom zur Nutzung geeignet. Durch das Heizen mit Abwärme läßt sich der Brennstoff substituieren. Zur Systemoptimierung werden Nutzungsketten gesucht, in denen eine eingesetzte Enthalpie möglichst häufig genutzt werden kann, bevor sie ganz entwertet ist. Für eine solche Untersuchung wurde der Prozeßwärmebedarf der Industrie nach dem Exergiegehalt in 10 Klassen unterteilt (Bild 8.119) [80]. Der Wärmebedarf der Haushalte wurde auf die untersten drei Klassen, also einen Exergiegehalt von 0–30%, verteilt. Die Säule mit dem Exergiegehalt 1 beinhaltet den Gesamtbedarf an elektrischer Energie. Der Wärmebedarf der Haushalte ist etwa so groß wie der industrielle Prozeßwärmebedarf.

Selbst wenn man nur einen Teil der Abwärme der Industrie zur Raumheizung nutzen würde, hätte dies eine starke Auswirkung auf den Energieverbrauch dieses Sektors. Je nach den Randbedingungen ist es auch günstig, mit mechanisch oder thermisch (Absorptionswärmepumpe) angetriebenen Wärmepumpen das Temperaturniveau eines Abwärmestroms anzuheben, um ihn nutzen zu können.

8.4.3.5.4.3
Kraft-Wärme-Kopplung

Der Säule für die Stromproduktion mit dem Exergieanteil 1 in Bild 8.119 müßte eine etwa gleich hohe Säule ganz links gegenüberstehen, welche die von Kraftwerken bei niedriger Temperatur an die Umgebung abgeführte Kondensatorwärme darstellt. Sie enthält zwar kaum Exergie, aber ca. 50% der im Kraftwerk eingesetzten Enthalpie.

Bei der Entwicklung moderner fossil gefeuerter Kraftwerke ist man bestrebt, den eingesetzten Brennstoff schon bei Temperaturen von über 1000 °C in einer Gasturbine zur Stromproduktion zu nutzen. Mit der Restwärme der Abgase nach der Gasturbine kann immer noch Dampf für eine Dampfturbine erzeugt werden. Elektrische Wirkungsgrade von 52% sind mit dieser Technik

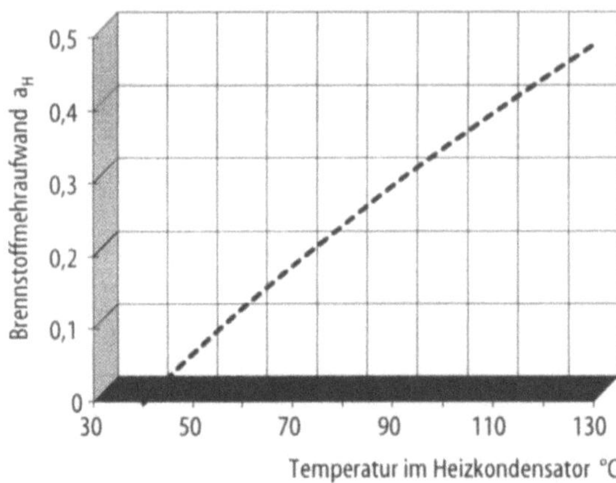

Bild 8.120. Brennstoffmehraufwand im Heizkraftwerk bei Fernwärmeauskopplung für ein Beispiel [81]

schon heute möglich [77]. Die Raumheizung kommt mit wenig Exergieanteil der Wärme aus und bietet sich daher als letzte Stufe der Abwärmenutzung an. Koppelt man aus einem Kraftwerk Fernwärme aus, so geht der elektrische Wirkungsgrad zurück, da der Dampf nicht mehr so weit abgekühlt werden kann, wie im reinen Kondensationsbetrieb. Der Grund dafür sind die großen Entfernungen und weitverzweigten Netze von den Großkraftwerken zu den Abnehmern, die eine große Temperaturspreizung fordern, um den Pumpaufwand erträglich zu halten. Dies ist sicher ein Makel der Fernwärmenutzung, da die Nutzenergie auf einem viel niedrigeren Temperaturniveau verlangt wird.

Bild 8.120 zeigt den auf die Heizwärme Q_H bezogenen Brennstoffmehraufwand $D\,Q_B$, bzw. deren Verhältnis a_H, in Abhängigkeit von der Kondensatortemperatur. Der Mehraufwand ist der, der z.B. in einem Ergänzungsprozeß der gleichen Art benötigt wird, um die gleiche Strommenge zu erzeugen, die man ohne Heizwärmeauskoppelung erzeugen würde. Es zeigt sehr deutlich, daß das Streben nach niedrigen Vorlauftemperaturen durch einen geringeren Arbeitsverlust belohnt wird.

Aus dem Brennstoffmehraufwand läßt sich eine Heizzahl bilden. Da der Hauptnutzen in der Stromerzeugung gesehen wird, werden ihr die Aufwendungen angerechnet, wie sie bei ausschließlicher Stromproduktion anfallen. Der Wirkungsgrad der Stromerzeugung verbessert sich demnach nicht. Oft wird die erzeugte Wärme in den Zähler des sogenannten Gesamtwirkungsgrades gezogen, der auch für die Stromerzeugung gilt, was aber den Voraussetzungen widerspricht. Mit solchen, immer auf einen Referenzzustand bezogenen Bewertungen, lassen sich Trends erkennen, die thermodynamische Güte des Gesamtprozesses wird aber nicht deutlich.

Man hat es mit einem Verteilungsproblem zu tun: Brennstoffeinsatz und Emissionen müssen in geeigneter Weise auf *beide* Produkte, Strom und Wärme verteilt werden. Das Exergiekonzept bietet sich hier als konsistenter Rahmen der Betrachtung an. Im folgenden wird daher die Bewertung der Wärme aus Kraft-Wärme-Kopplung auf Basis exergetischer Kennzahlen vorgenommen (nach [82]).

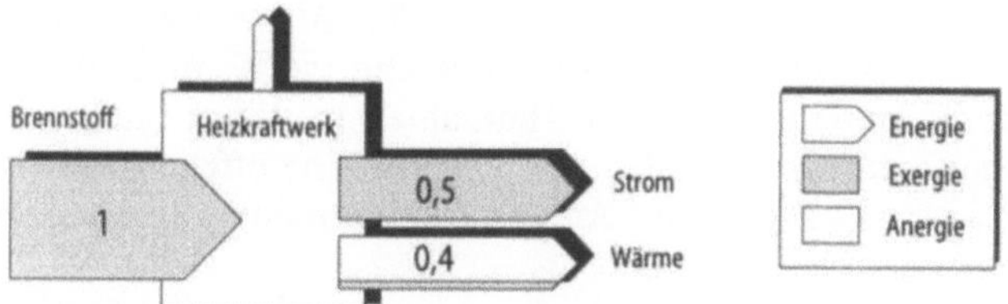

Bild 8.121. Schema zu Energie- und Exergiefluß bei einem Kombi-Blockheizkraftwerk

Die Heizzahlkennlinie $\xi'_{HKW}(T_u)$ ist gegeben durch:

$$\xi'_{HKW}(T_u) = \eta_v \frac{\dot{Q}_H}{\dot{m}_B^H \, H_u} \tag{8.6}$$

Dabei bedeutet $\dot{m}_B^H$ den Anteil des für den Antrieb des Heizsystems eingesetzten Brennstoffmassenstroms am Gesamtbrennstoffeinsatz im Heizkraftwerk $\dot{m}_B$. Der Primärenergieeinsatz soll entsprechend dem Exergiegehalt der Koppelprodukte aufgeteilt werden. Führt man die Stromkennzahl σ mit:

$$\sigma \equiv \frac{P_{el}}{\dot{Q}_K} \tag{8.7}$$

ein sowie den Exergiegehalt des Antriebsstoffstroms φ für das Heizsystem (z.B. der Exergiegehalt des Dampfes im Heizkondensator), so ergibt sich:

$$\frac{\dot{m}_B^H}{\dot{m}_B} = \frac{1}{1 + \varphi/\sigma} \quad . \tag{8.8}$$

Dies ist der Anteil Primärenergie, der dem Heizsystem anzulasten ist. Mit der Definition des Wirkungsgrades der Stromerzeugung im Heizkraftwerk

$$\eta_{Kl} \equiv \frac{P_{el}}{\dot{m}_B \, H_u} \tag{8.9}$$

ergibt sich die Heizzahlkennlinie zu:

$$\xi'_{HKW}(T_u) = \eta_v \frac{\dot{Q}_H}{\dot{m}_B \, H_u} \left(1 + \frac{\sigma}{\varphi} \right) = \eta_v \, \eta_{Kl} \left(\frac{1}{\sigma} + \frac{1}{\varphi} \right) \quad . \tag{8.10}$$

Man erkennt an Gl. (8.10), daß die Heizzahl immer größer ist, als die Heizzahl eines konventionellen Heizsystems (mit $\sigma = 0$) und daß dieser Vorteil mit sinkendem Exergiegehalt des Antriebsstroms wächst. Auch bei dieser Betrachtungsweise wird man angehalten, Heizsysteme mit niedrigen Vorlauftemperaturen zu konzipieren und die Temperaturdifferenzen im Wärmeerzeuger möglichst klein zu halten.

Welche Heizzahlen lassen sich nun mit Kraft-Wärme-Kopplung erreichen? Zu deren Bestimmung müßte Gl. (8.10) über die Häufigkeitsverteilung von T_u integriert werden, wobei das Teillastverhalten des Kraftwerks zu berücksichtigen ist. In [82] wurden die Heizzahlen verschiedener Kraftwerkstypen unter der Annahme, daß Strom und Wärme voll genutzt werden, bei der charakteristischen Außentemperatur von 3 °C gegenübergestellt. Als Verteilungswirkungsgrad wurde $g_V = 0,85$, für die Vorlauftemperatur 70 °C und für die Rücklauftemperatur 50 °C angenommen. Die Heizzahlen in dieser Studie reichen unter diesen Voraussetzungen von $\xi'_{HKW} = 0,87$ für eine offene Gasturbinen-Anlage bis zu $\xi'_{HKW} = 2,22$ für eine Anlage mit Entnahme-Kondensations-Turbosatz.

Für Blockheizkraftwerke mit $g_{Kl} = 0,32$; $g_{th} = 0,53$ und $\sigma = 0,6$ erhält man eine Heizzahl von ca. 1,1–1,3, da das Abgas mit ca. 450° den Motor verläßt und somit noch recht exergiereich ist. Die Heizzahl ließe sich verbessern, wenn die Abgaswärme zuerst noch auf höherem Temperaturniveau verwendet werden könnte. Blockheizkraftwerke werden so z.B. mit Absorptionskältemaschinen kombiniert zu Kraft-Wärme-Kälte-Zentren. Eine sehr interessante Entwicklung ist die Schaltung als Diesel-Dampf-Kombikraftwerke [78]. Der gute Wirkungsgrad großer Dieselmotoren erlaubt einen Klemmenwirkungsgrad von 45%; mit einer einfachen Dampfturbine, zur Nutzung der Abgaswärme, liegt der Gesamtwirkungsgrad über 50%. Klemmenwirkungsgrade von über 55% sind auf diese Weise bald erreichbar. Anlagen dieser Art mit Heizwärmeauskoppelung würden den Vorteil einer sehr großen Stromkennzahl von ca. 1,25 mit den in modernen Nahwärmenetzen möglichen niedrigeren Temperaturen kombinieren können. Bei Annahme eines elektrischen Wirkungsgrades von 50% ergibt sich bei den obigen Randbedingungen eine Heizzahl von ca. 2,4.

Best Case-Betrachtung: Unterstellt man eine Netztemperatur von 50/30 °C, einen Verteilungswirkungsgrad von 0,95 und Abgaskondensation zur Brennwertnutzung (Voraussetzung: Gas als Brennstoff), was zu einer Stromkennzahl von 1 führt, ergibt sich eine Heizzahl von 3,2. Damit verursacht ein solches Heizsystem lediglich ein gutes Viertel des spezifischen Primärenergieverbrauchs des Referenzsystems ,optimierte Gasheizung'. Die Stromproduktion bekommt in diesem Fall nur den verminderten Brennstoffverbrauch angelastet. Wollte man den Strom aus der gleichen Brennstoffmenge in einem Kondensationskraftwerk erzeugen, müßte dieses einen Wirkungsgrad von 59% haben.

8.4.3.6
Zusammenfassung

So einfach die Aufgabe Raumheizung vom Standpunkt der Thermodynamik her erscheinen mag, sie läßt sich auch in Zukunft nur mit viel größerem Aufwand als im Idealfall erfüllen. Gegenüber dem Stand der konventionellen Technologien ist ein Einsparpotential von Faktor 4 gegeben.

Auch diese Heizsysteme können aber eine gute Wärmedämmung nicht ersetzen. Der aktiven und passiven Nutzung von Sonnenenergie kommt in diesem Kontext eine weitere Schlüsselrolle zu. Die Aufgabe des Klimaschutzes wird in Zukunft noch weitere Anstrengungen zur rationellen Energieverwendung im Gebäudesektor fordern, die mit der Verbesserung von Einzelelementen des Systems nicht erfüllbar sind. Darüberhinaus muß den Bedürfnissen der Bewohner Rechnung getragen werden: Häuser sind in erster Linie Lebensräume und zum Wohnen da und keine technischen Anlagen, die vom Dachfirst bis zur Fundamentplatte nur nach eindimensionalen Kriterien gestaltet werden. Ökologisches Bauen umfaßt mehr als Klimaschutz.

Heute erscheint es uns noch als Vision, das ganze Spektrum von Einzelaspekten des ökologischen Bauens integral zu bewerten. Alle an Forschung, Planung und Bau Beteiligten sind daher aufgefordert, Wege zu finden, wie in Zukunft mit einem Bruchteil an Umweltbeeinträchtigungen Gebäude individuell gebaut und saniert, genutzt und wieder in den Stoffkreislauf zurückgeführt werden können.

8.5
Ganzheitliche Bilanzierung in der Oberflächentechnik

HARSCH, M., Stuttgart

Industriell erzeugte Produkte werden in ihrer Herstellung fast ausschließlich an der Oberfläche modifiziert. Deshalb kommt der Oberflächentechnik eine bedeutende Stellung im Fertigungsprozeß von Produkten zu. Unter Oberflächentechnik sind alle Bearbeitungsprozesse für die Oberflächen fester Körper und Werkstücke zusammengefaßt [1]. Allgemein läßt sich die Oberflächenbehandlung in folgende Beschichtungsverfahren unterteilen:

- *Mechanische Oberflächenbehandlung:* Schleifen, Honen, Läppen, Strahlspanen, Polieren, Lapidieren,
- *Chemische und elektrochemische Oberflächenbehandlung:* chemisches Ätzen, chemisches oder elektrolytisches Glänzen und Polieren, Beizen, Reinigen und Entfetten, Dekapieren,
- *Metallische und anorganische Beschichtungsverfahren:* Chromatieren, Dispersionsabscheidung, Elektrophorese, Eloxieren, Galvanotechnik, stromlose Abscheidung, Schmelztauchen, thermische Beschichtung,
- *Organische Beschichungsverfahren:* Auftrag von Lackschichten unter Anwendung verschiedenster Verfahrenstechnik; z.B. Streichen, Walzen, Tauchlackieren, Fluten, Spritzlackieren, Sprühen mit Elektrostatik, Bedrucken, Zentrifugieren, etc.

Die Notwendigkeit, Oberflächenbehandlungen an Produkten durchzuführen, hat verschiedene Hintergründe. Generell lassen sich drei Schwerpunkte erkennen:

1. Dekorative Oberflächen (kaum oder kein Korrosionsschutz)
2. Korrosionsschutz (atmosphärische Einflüsse)
3. Oberflächen mit verbesserten funktionellen Eigenschaften.

In Anbetracht der in Zukunft immer knapper werdenden Ressourcen wird der Oberflächenbehandlung immer mehr Bedeutung zukommen. Zum einen läßt sich die Lebensdauer von Produkten durch intelligente Oberflächenbehandlung erhöhen und zum anderen können hochwertige Materialien durch oberflächenveredelte Produkte ersetzt werden (z.B. rostfreier Stahl durch verzinktes oder phosphatiertes Blech aus niederlegiertem Stahl).

Im Rahmen dieses Beitrags liegt der Schwerpunkt auf der dekorativen und korrosionsschützenden Beschichtung von Produkten wie z.B. Lackierung von Kfz-Teilen, Fassadenbauteilen, usw. Bei den Vorbehandlungverfahren werden anorganische und organische Beschichtungen in der Lackierbranche betrachtet.

8.5.1
Umweltrelevanz der Beschichtungsverfahren

Neue, umweltfreundliche Produktionsverfahren können Wettbewerbsvorteile sichern, vor allem auch deshalb, weil mit einer ständigen Verschärfung staatlicher Anforderungen im Bezug auf die Umweltverträglichkeit gerechnet werden muß.

Die Lackierbranche ist ein Beispiel für laufend steigende Anforderungen an die Prozeßtechnik, Umweltauflagen zu erfüllen. Trotz zunehmendem Einsatz von Wasser- und Pulverlacken sind die Emissionen von Lösemitteln aus dem Lackiersektor immer noch signifikant. Schätzungen des Umweltbundesamtes aus dem Jahre 1983 gingen von Lösemittelemissionen in der Größenordnung 350 000 t/Jahr in Westdeutschland aus. Diese Erhebung wurde schon seinerzeit von der Industrie angezweifelt. Durch die in den vergangenen Jahren eingeleiteten Maßnahmen (z.B. neue lösemittelarme, -freie Lacksysteme, Abluftreinigung in den Lackierbetrieben, usw.) zur Reduzierung von Emissionen kann davon ausgegangen werden, daß diese Zahl heute wesentlich geringer ist.

Nach Auskunft des Deutschen Lackinstituts gibt es keinerlei Erhebungen über die Emissionen in Deutschland. Die Gewerbeaufsichtsämter haben zwar einen Überblick der Meßergebnisse der ihnen zugeordneten Betriebe, aber es findet keine verbindliche Aggregierung dieser Daten für die Bundesrepublik Deutschland statt [2]. Es gibt lediglich Schätzungen.

Die Lackierbranche steht an zweiter Stelle bei den Emittenten von organischen Emissionen, nach dem Verkehrssektor in Deutschland. Der Verband der Lackindustrie hat in einem Vergleich des Jahres 1990 mit 1983 abgeschätzt, daß durch den bevorzugten Einsatz umweltschonender Lacke mehr als 100 000 t Lösemittel eingespart wurden. Dabei entfallen etwa 45 000 t auf den Einsatz von Wasserlacken und 60 000 t auf die Pulverlackapplikation.

In Bild 8.122 ist die Lackproduktion von 1993, nach Hauptgruppen geordnet, in Deutschland dargestellt. Trotz überdurchschnittlicher branchenspezifischer Steigerung der Produktion von Wasser- und Pulverlacken, haben diese nur einen Marktanteil von insgesamt 11% [3].

Gesetzliche Anforderungen für genehmungsbedürftige Anlagen (Lösemittelverbrauch >25 kg/h) in der Lackiertechnik in Deutschland regelt die im Jahre 1986 verabschiedete TA-Luft. Diese Verordnung limitiert die Lösemittelemissionen aus definierten Lackierverfahren in der Automobilindustrie auf 60 g/m² bei Unicolor-Lackierung und 120 g/m² bei Metallic-Lackierung inklusive Reparatur und Endkonservierung. Die Bezugsfläche für diese Berechnungen ist dabei die Karossenrohbauoberfläche [4].

Durch Anwendung der „Dynamisierungsklausel" durch die Behörden haben sich die Grenzwerte drastisch verschärft und sind 1994 in Kraft getreten. In dieser neuen Regelung wird nicht mehr zwischen Unicolor- und Metallic-

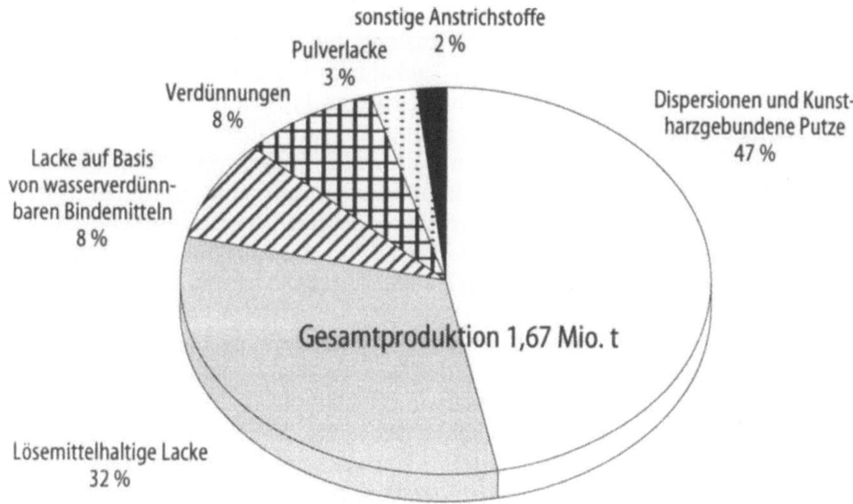

Bild 8.122. Lackherstellung in Deutschland (1993)

Lackierung unterschieden. Für Altanlagen gilt danach der einheitliche Grenzwert von 45 g/m², bei Neuanlagen 35 g/m². Reparaturlackierung und Endkonservierung sind in diesem neuen Grenzwert nicht mehr enthalten. Danach
dürfen Altanlagen nur noch mit Sondergenehmigung übergangsweise weiterbetrieben werden.

Europaweit orientieren sich viele Länder an der deutschen TA-Luft, weil
eine einheitliche europäische Emissionsrichtlinie zur Zeit noch fehlt. Seit
mehreren Jahren wird ein Vorschlag erarbeitet, der folgendes vorsieht:

- Neuanlagen: 45 g/m² oder 3 kg/Auto
- Altanlagen: 60 g/m²

Dabei wurde das Bilanzgebiet gegenüber der TA-Luft erweitert und periphere
Anlagentechnik, wie z.B. Reinigungsanlagen, miteinbezogen.

In vielen Ländern gelten regionale Lösungen zwischen Betrieben und Um-
weltbehörden. Hier einige Beispiele:

- *Schweden:* Vereinbarung zwischen Volvo und der Stadt Göteborg über eine
  Gesamttonage pro Jahr, die umgerechnet auf die produzierten Fahrzeuge ca.
  20 g/m² entspricht.
- *England:* Altanlagen 60 bzw. 120 g/m², Neuanlagen 60 g/m², Übergangsfrist
  der Altanlagen bis über das Jahr 2000 hinaus.
- *Italien:* Vereinbarungen mit Bezirksregierungen, z.B. Lombardei, Fiat 60 g/
  m²–90 g/m² orientiert an der TA-Luft.
- *Frankreich:* zur Zeit noch 14 kg/Karosse, neuer Grenzwert liegt bei 10,5 kg/
  Karosse.

Neben den Lösemittelemissionen hat das Lackschlammaufkommen bedeutende Umweltrelevanz. In der Bundesrepublik fallen im Jahr etwa 200 000 t

Lackkogulate (Wassergehalt ca. 50%) an, die zur Zeit als Sondermüll auf Deponien abgelagert oder z.B. im Ausland bei der Zementherstellung verfeuert werden. Dazu kommen noch Lackabfälle bei der Industrielackproduktion, die 1–2% der Produktionsmenge betragen [5]. Da der Deponieraum immer kleiner wird und eine Verbrennung aufgrund der entstehenden Emissionen problematisch ist, muß eine sinnvolle Weiterverwertung der Lackkoagulate gefunden werden. Die Bemühungen um eine umweltentlastende Verwertung haben eine Reihe interessanter Ansätze hervorgebracht. Das IKP hat in einer Studie für die DFO (Deutsche Forschungsgemeinschaft für Oberflächenbehandlung e.V., Düsseldorf) verschiedene Lackrecyclingverfahren bilanziert [6].

Allein die wirtschaftliche Betrachung der ermittelten Lackschlämme (Annahme: Lackneupreis: 12 DM/kg + Entsorgungskosten von 1500 DM/t Lackkoagulat) ergibt ein Potential von über 2,7 Mrd. DM/Jahr, das ohne jegliche Wertschöpfung (z.B. beschichtete Oberfläche) für die Oberflächentechnik ausgegeben werden muß. Da bei weitem nicht alles erfaßt werden konnte, dürfte dieser Betrag noch deutlich größer ausfallen. Dies zeigt in ernüchternder Weise, daß nicht nur umweltlich, sondern auch wirtschaftlich betrachtet, dringend weitere Entwicklungen notwendig sind.

Viele Bereiche innerhalb der Lackiertechnik, von denen kritische Umweltbelastungen in der Prozeßtechnik ausgehen, können in dieser Zusammenstellung nur kurz erwähnt werden. Zwei Aspekte sind dabei besonders zu berücksichtigen. Die Produkte sind vor dem eigentlichen Beschichtungsprozeß zu reinigen. Hierbei entstehen Belastungen des Abwassers und der Abluft durch chemische Reinigungsmittel. Beim zusätzlichen Auftrag von anorganischen Korrosionsschutzschichten (z.B. Chromatieren) entstehen weitere kritische Emissionen.

8.5.2
Ganzheitliche Bilanzierung in der Lackiertechnik

Aufgrund der kostenintensiven Verfahrenstechnik müssen Unternehmen in der Oberflächentechnik auf Langzeitinvestitionen bei den Anlagen setzen. Das heißt das Lacksystem, die Verfahrenschritte für die zu beschichtenden Produkte, müssen im Vorfeld festgelegt werden.

Diese Entscheidungsprozesse können in Unternehmen oftmals nur auf qualitativen Argumenten basieren oder werden unter starkem Zeitdruck auf kurzfristige ökonomische Ziele ausgerichtet. Änderungen in den wirtschaftlichen und umweltlichen Rahmenbedingungen können nur unzureichend bedacht werden.

Die Ganzheitlichen Bilanzierung in der Oberflächentechnik bringt quantitative Aussagen, die zu einer fundierten Entscheidung über Lacksysteme beitragen können. Diese ökologische Sichtweise beginnt mit einer Betrachtung des Gesamtsystems, mit dem Verständnis dafür, wie die verschiedenen Bereiche in Wechselwirkung miteinander stehen.

In Bild 8.123 ist der IKP-Ansatz für das Produkt „Lack" dargestellt. Hier wird der gesamte Lebenszyklus des Produktes Lack (vom Rohstoff bis zur

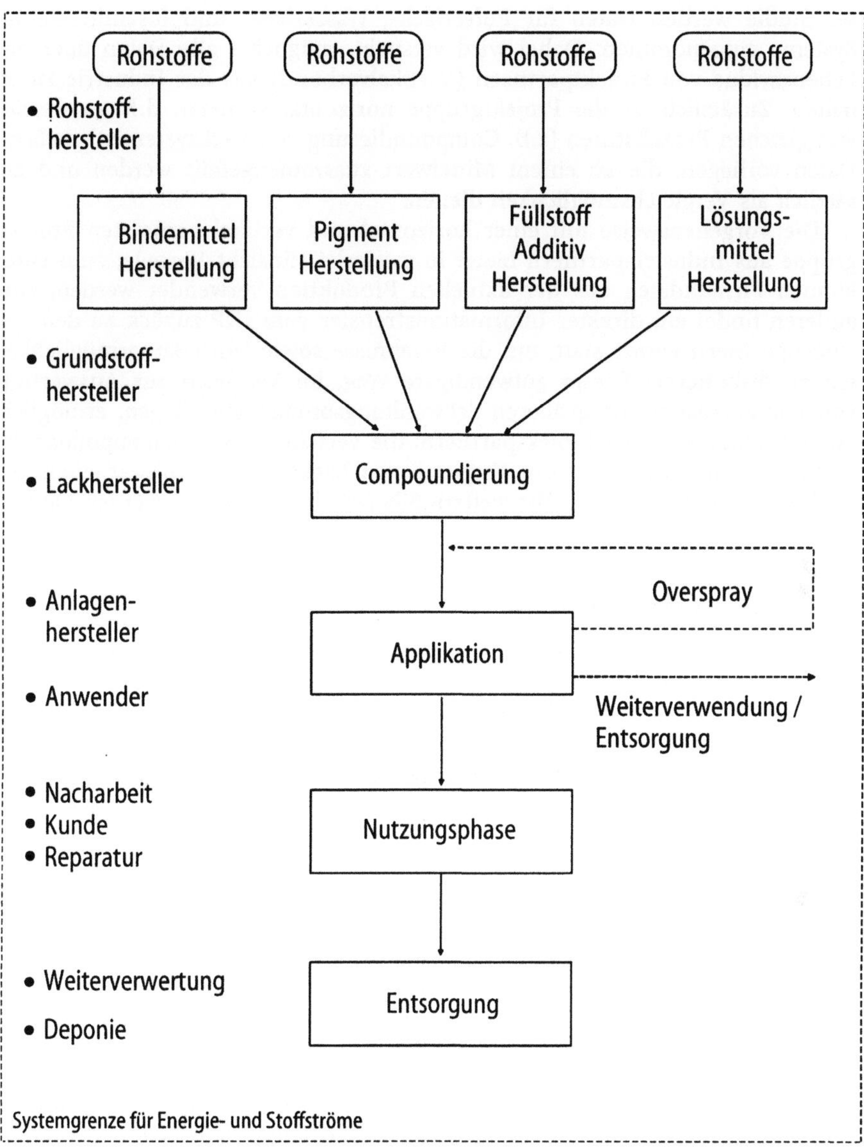

Bild 8.123. Systemgrenze für die Ganzheitliche Bilanzierung von Lacksystemen

Entsorgung einschließlich Recycling) als Systemgrenze herangezogen. Innerhalb dieses Systems werden die Energie- und Stoffströme als Input-/Output-Analyse der einzelnen Prozeßschritte (z.B. Bindemittelherstellung, Compoundierung, etc.) erfaßt. Dieser Ansatz wird zur Zeit in einem Forschungsvorhaben der DFO („Ganzheitliche Bilanzierung der Pulverlackiertechnik im Vergleich zu anderen Lackiertechnologien") vom IKP realisiert. Im Rahmen dieser Studie werden Daten für Pulverlack-, Wasserlack- und lösemittelhaltige Systeme aufgenommen. Dabei wird versucht, möglichst alle Daten über den Lebenszyklus von Projektpartnern (Vertikalverbund) aus der Industrie zu erhalten. Zusätzlich ist die Projektgruppe horizontal vernetzt, d.h. es werden von gleichen Prozeßstufen (z.B. Compoundierung von Lacksystemen) mehrere Daten vorliegen, die zu einem Mittelwert zusammengefaßt werden und zusätzlich als Vergleichsmöglichkeit dienen.

Die Vorgehensweise mit einer horizontal und vertikal vernetzten Projektgruppe aus Industriepartnern bietet in zweierlei Hinsicht Vorteile; zum einen können Firmendaten aus der aktuellen Produktion verwendet werden, zum anderen findet ein direkter Informationstransfer vom IKP zurück zu den Ansprechpartnern vorort statt, um die Ergebnisse sowie Umsetzungsmöglichkeiten zu diskutieren. Dieser aufwendigere Weg, im Vergleich zur Auswertung von Literaturdaten, die größeren Schwankungsbreiten unterliegen, ermöglicht es, zusammen mit den Projektpartnern, die verschiedenste Firmenphilosophien haben, einen Konsens zum Vergleich von Lacksystemen zu erarbeiten, der in Zukunft als Richtschnur für weitere Bilanzen herangezogen werden kann.

8.5.2.1
Bilanzierung von Lacksystemen:

Die Bilanzierung eines Lacksystems umfaßt die ganze Lackrezeptur. Lacksysteme bestehen aus verschiedenen Rezepturen von Bindemitteln, Härtern, Pigmenten, Füllstoffen, Additiven und Lösemitteln. Die Bilanzierungstiefe richtet sich nach der Methodik der Ganzheitlichen Bilanzierung (z.B. Abbruchbedingung für Stoffstrombetrachtungen). Die Bilanzgrenze (vgl. Bild 8.123) umfaßt den ganzen Lebensweg des Lacksystems und geht zurück bis zu den Ressourcen für die Lackgrundstoffe. Zusätzlich werden, wenn möglich und sinnvoll, die Transportprozesse zwischen den einzelnen auch verschiedenen Orten stattfindenden Prozeßschritte mit berücksichtigt. Allerdings muß deren Einfluß auf das Gesamtergebnis immer sichtbar sein, um falsche Rückschlüsse zu vermeiden. Erfaßt werden auf der Inputseite alle benötigten Ressourcen (Energiebereitstellung wird zusätzlich bis zu den Ressourcen zurückgerechnet) und der Flächenverbrauch der Anlagen. Die Outputseite umfaßt Haupt- und Koppelprodukte, Emissionen (Luft, Wasser, Boden), Abfälle, Recyclingstoffe und Abwärme.

Ein Beispiel soll das Vorgehen demonstrieren. In Bild 8.124 ist die Herstellung eines Uretdion-Härters für hydroxylgruppenhaltige Polyesterharze dargestellt. Die Bilanzierungsgrenze umfaßt die direkte Herstellungsroute über Aceton sowie der Synthesestoffe (z.B. Butandiol, Ethanol, etc.) bis zurück zur Ressourcengewinnung. Bild 8.124 zeigt zusätzlich den Ressourceneinsatz, der notwendig ist, um 1 kg Uretdionhärter herzustellen. Diese Bilanz beinhaltet nur die Stoffströme zur Herstellung, nicht den notwendigen Energieeinsatz. Koppelprodukte sind nach Masse verteilt berücksichtigt. Zwischen den einzelnen Prozeßschritten sind keine Transporte bilanziert.

Der größte Ressourceninput kommt vom Erdgas, das zur Herstellung von Synthesestoffen, wie z.B. Ethanol, Butandiol, Blausäure, Ammoniak, etc. dient.

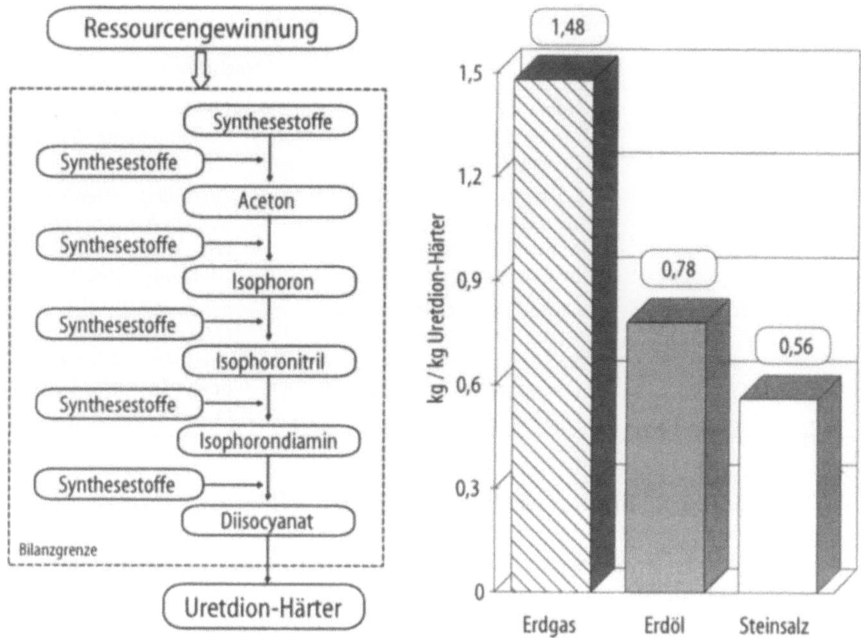

Bild 8.124. Bilanzgrenze und Materialsatz für Uretdion-Härter

Erdöl wird zur Acetonherstellung über Cumol, Benzol, Pyrolysebenzin benötigt. Steinsalz ist die Ressource für die Chlorherstellung und die Weiterverarbeitung zu Phosgen, das zur Härtersynthese benötigt wird. Weitere Ressourcen (z.B. Phosphor, Stickstoff, Metallerze), die zur Synthese notwendig sind, liegen in der Größenordnung <10 g/kg Härter und sind in der Summe <0,5% bezogen auf den Stoffeinsatz zur Härterherstellung.

8.5.2.2
Vergleich von Lacksystemen

Der angestrebte Vergleich von Lacksystemen soll die erwähnte Entscheidungsgrundlage verbessern [7]. Qualitative Aussagen über Vor- und Nachteile von Lacksystemen (vgl. Tabelle 8.25) können mit quantitativen Größen wie Ressourceneinsatz, Emissionen, Abfallaufkommen ergänzt werden.

Damit soll die Diskussion über Qualitätsstandards zu Umweltauswirkungen der Oberflächentechnik auf eine breitere Basis gestellt werden. Anwendungsgebiete von Lacksystemen können neu definiert werden (z.B. Pulverbeschichtung in der Automobilbranche), Schwächen von Lacksystemen können besser erkannt werden (z.B. Overspray bei wasserverdünnbaren Lacksystemen → Komplettrecycling) und eine Optimierung unter Bezug auf das Gesamtsystem soll stattfinden.

Um einen Vergleich von so unterschiedlichen Systemen durchführen zu können, müssen bestimmte Vorbedingungen erfüllt sein.

Tabelle 8.25. Qualitative Vor- und Nachteile von Lacksystemen.

	Vorteile	Nachteile
Lösemittelhaltige Lacksysteme:	– hoher Qualitätsstand – hoher Kenntnisstand in der Verfahrenstechnik	– Lösemittelemissionen – Lackkoagulataufkommen
Wasserverdünnbare Lacksysteme:	– Lösemittelemissionen sind deutlich verringert – hoher Entwicklungsstand in der Verfahrenstechnik	– Qualitätsprobleme bei höchsten Anforderungen (z.B. Klarlacksysteme) – Lackkoagulataufkommen
Pulverlacksysteme:	– keine Lösemittelemissionen – wenig Lackresteaufkommen, da Verfahrenstechnik für Oversprayrückführung weit entwickelt	– große Schichtdicke (Materialeinsatz) – Qualitätsprobleme bei höchsten Anforderungen (z.B. Orangenhaut)

- Die Randbedingungen müssen einheitlich gewählt werden, d.h. für den Vergleich von Lacksystemen (Pulverlack, Wasserlack, lösemittelhaltiger Lack (LM)) ist eine Systemgrenze anzustreben, wie in Bild 8.124 vorgegeben (gesamter Lebenszyklus).
- Die Bezugsgröße für einen ökologischen Vergleich muß gewählt werden. Für die Lacksysteme wird am IKP die in m^2 beschichtete Oberfläche herangezogen, d.h. Energie- und Stoffströme auf der Inputseite und der Outputseite werden auf m^2 beschichtete Oberfläche bezogen (vgl. Bild 8.125). In Diagramm *a* ist der Vergleich der benötigten Beschichtungsenergie (berechnet als Primärenergieeinsatz) einer Elektrotauchlackierung (mit Vorbehandlung) und einer Pulverlackieranlage (horizontale Beschichtung, Vorbehandlung nicht notwendig) für dasselbe Produkt dargestellt. Diagramm *b* berücksichtigt zusätzlich den Primärenergieverbrauch zur Lackherstellung. Durch die deutlich geringere Schichtdicke zeigt die Tauchlackierung für den Primärenergieeinsatz Vorteile, wenn der gesamte Lebenszyklus betrachtet wird. Diese Einzelaussage macht aber nur einen Teil einer umfassenden umweltlichen Betrachtung aus.
- Die Bezugsgröße für einen wirtschaftlichen Vergleich muß gewählt werden. Hier bietet der flächenbezogene Aufwand im DM/m^2 (vgl. Bild 8.126) eine aussagekräftige Größe. Dafür müssen Daten über Materialkosten (z.B. Lack), Lohnkosten (z.B. Beschäftigte), Energiekosten, Investitionskosten (z.B. Anlagentechnik mit entsprechenden Abschreibungen, etc.) und Entsorgungskosten (z.B. Lackkoagulat) ausgewertet werden.
- Die Bezugsgröße für einen technischen Vergleich muß gewählt werden. da oftmals verschiedene Verfahrenstechniken oder Alt- und Neuanlagen gegenübergestellt werden. Als Ansatz (vgl. Bild 8.126) dient eine Einteilung der Prozeßschritte in Wertschöpfung (z.B. optischer Eindruck, Korrosionsschutz) bzw. wertmindernde Einflüsse (Nacharbeit, Umweltbelastung), die hauptsächlich auf wirtschaftlichen Daten basiert.
- Die Dokumentation muß lückenlos durchgeführt werden, damit die Bilanz nachvollziehbar ist, um sie für weitere Entscheidungen heranziehen zu können.

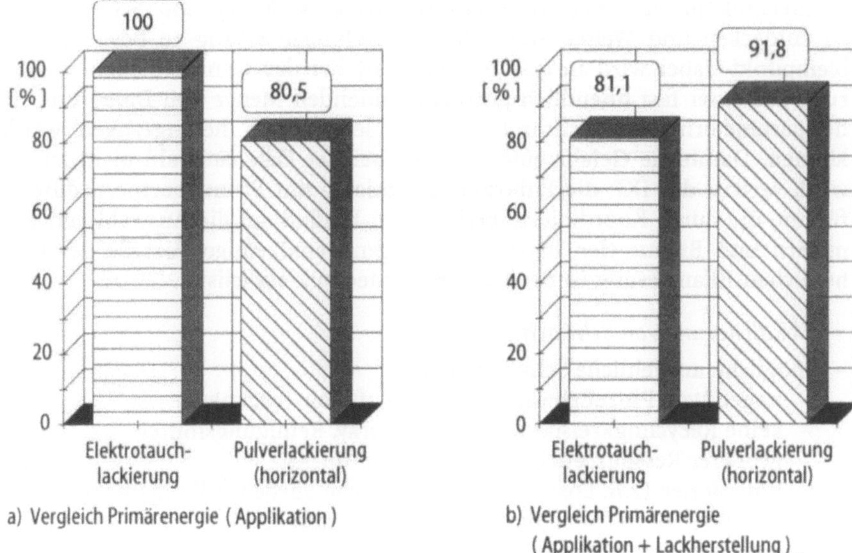

Bild 8.125. Schema für einen ökologischen Vergleich

8.5.3
Ziele der Ganzheitlichen Bilanzierung in der Oberflächentechnik

Der ganzheitliche Ansatz in den Dimensionen Technik, Umwelt, Wirtschaft über den gesamten Lebenszyklus eines Produktes, Materiales oder Verfahrens (Ressourcengewinnung → Recyclingoptionen → Entsorgung) in der Oberflä-

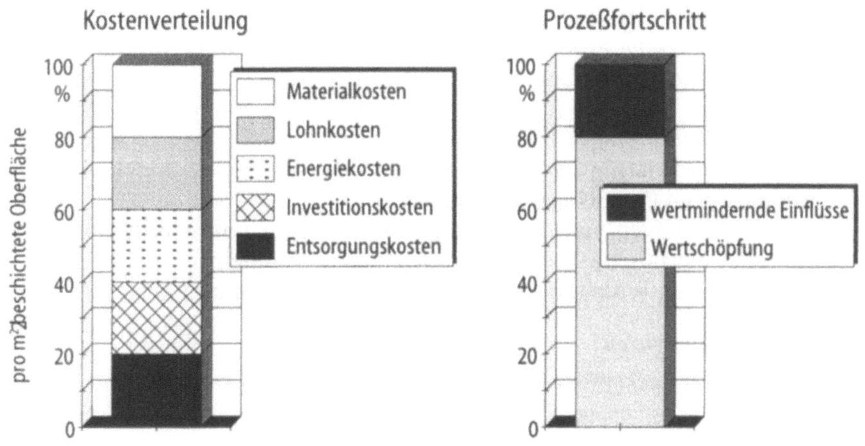

Bild 8.126. Schema für einen wirtschaftlichen und technischen Vergleich

chentechnik bietet idealerweise ein effektives Werkzeug, um Schwachstellen zu entdecken und Weiter- oder Neuentwicklungen richtig zu bewerten. Problempunkt dabei wird immer bleiben, daß bei der Ganzheitlichen Bilanzierung aus einer fast unendlich groß erscheinenden Menge von Daten und Einflußparametern nur bestimmte Größen letztendlich herangezogen werden können. Damit die Gefahr einer Willkür bei der Datenauswahl nicht zu groß wird, vertritt das IKP die Philosophie, Projekte mit Firmenpartnern durchzuführen, die durch Koordinierungssitzungen Einfluß auf die Auswahl von Parametern und Bilanzzielen haben. Nachfolgend sind einige Vorteile der Ganzheitlichen Bilanzierung in der Oberflächentechnik aufgelistet.

Lokalisierung von Schwachstellen
- mögliche umweltliche Schwachstellen:
  - ungenützte Prozeßabwärme (z.B. Abluft von Trocknern)
  - keine Recyclingkreisläufe (z.B. Overspray, Reinigungsmittel)
  - größerer Ressourceneinsatz (z.B. Schichtdicke)
  - Emissionen (z.B. Lösemittel, anorganische Vorbehandlungsrückstände)
  - Abfälle (z.B. Lackkoagulat, Reinigungsmittel)
  - Leckagen (z.B. Druckluft)
- mögliche ökonomische Schwachstellen:
  - geringe Wertschöpfung (z.B. hohe Nacharbeitsquote, Oberflächenbeschaffenheit)
  - hohe Lohnkosten (z.B. niedriger Automatisierungsgrad)
  - geringe Maschinenlaufzeiten, Anlagenauslastung (z.B. häufige Farbwechsel)
- mögliche technische Schwachstellen:
  - Applikationstechnik nicht optimiert (z.B. Prozeßparameter)
  - Qualitätskontrolle
  - Störanfälligkeit der Verfahrenstechnik

Kundenorientierung
- Transparenz bei der Herstellung von Produkten (Vorketten offenlegen), d.h. umweltfreundliche Produkte müssen von der Ressourcengewinnung an unter entsprechenden Bedingungen produziert werden.

intelligenter Einsatz von Rohstoffen
- Nutzungsgrad (wenig Overspray)
- Produktdesign (langlebige Oberflächen)
- neue Technologien statt end-of-pipe Technologien (emissionsfreie Lackierung statt thermische Nachverbrennung von Lösemitteln)
- Schließung von Wirkstoffkreisläufen (Overspray Recycling)

Technologievergleich
- Vergleich der Lacksysteme bei unterschiedlichen Applikationen.

8.5.4
Ausblick

Weltweit besteht Konsens, daß die eingesetzten Lacksysteme möglichst schadstoffarm sein sollten. Absolut schadstoffrei erscheint nach heutigem Wissensstand verbunden mit dem Anforderungsprofil an die Lackierung in manchen Bereichen (z.B. Oberfläche beim Automobil) noch unrealistisch. Die Entwicklung des Dünnschichtpulvers läuft auf Hochdruck und erste Erfolge einer akzeptableren Oberfläche konnte in Labormaßstab schon erzielt werden. Weiterhin müssen Lackoverspray verringert, Lackrecycling bzw. Lackweiterverwertung verbessert werden.

Ganzheitliche Bilanzierung, als Werkzeug zur Entscheidungsfindung und Optimierung, wird den Firmen helfen können, das Ziel umweltfreundliche Lackiertechnologien und -systeme in wirtschaftlicher und technischer Weise zu erreichen.

8.6
Ganzheitliche Bilanzierung in der Luftfahrtindustrie

GEDIGA, J.; MATUSCHKA, W., Stuttgart

Bisher gab es folgende Richtlinien im zivilen Luftfahrtsektor:

- leichter bauen, mit hohem Automatisierungsgrad
- große Strukturbauteile, um den Montageaufwand zu reduzieren
- wenig korrosionsanfällige Materialien einsetzen
- wenig Inspektionsaufwand.

Die aufgeführten Maßnahmen, durch Einsatz von Faserverbundwerkstoffen, vor allem mit Kohlefaserverbundwerkstoffen erreicht, führten zu den Vorteilen:

- Zellgewichtsreduktion
- Fertigungsstunden waren rückläufig
- weniger Korrosionsschäden
- die aerodynamische Oberflächenqualität stieg.

Das gestiegene Umweltbewußtsein und die momentanen sowie zukünftigen Umweltauflagen (Energie- bzw. CO_2-Steuer und Ökoaudit) durch die Regierung, veranlaßt die Luftfahrtunternehmen zusätzlich zu den technischen, wirtschaftlichen jetzt auch ökologische Untersuchungen von Bauteilen während des Lebenszyklus durchzuführen.

In der Luftfahrt wird weiterhin die Sicherheit der ausschlaggebende Faktor sein. Somit ist das technische Pflichtenheft der wichtigste Bestandteil der drei Pflichtenhefte (technisch, ökonomisch, wirtschaftlich).

Es sollten in der Entwicklungsphase zwei oder mehrere gleichwertige Werkstoffe für das Bauteil zur Auswahl stehen. Dann kann durch die Ganzheitliche Bilanzierung das technische und wirtschaftliche Pflichtenheft durch ein ökologisches ergänzt werden. Somit besteht die Möglichkeit, Werkstoffe mit günstigeren Umwelteigenschaften (Rohstoffgewinnung, Material- und Bauteilherstellung, Nutzungsphase und Recycling bzw. Entsorgung) zu finden.

Als Beispiel wird ein Kohlefaserverbund-Bauteil mit einem Titan-Aluminium-Bauteil aus der Höhenleitwerkssektion über die ganze Lebensdauer, inklusive der Nutzungsphase, verglichen.

Das Recycling wird an dieser Stelle nicht betrachtet, da in tragenden Strukturen von Flugzeugen, wegen hoher Qualitätsforderungen, kein recycliertes Material eingesetzt wird.

8.6.1
Die Ganzheitliche Bilanzierung des Bauteils

Der erste Schritt war die Festlegung der Randbedingungen (Bild 8.127). Die Systemgrenzen wurden so gesetzt, daß nur diejenigen Arbeitsschritte betrachtet wurden, die unmittelbar in Zusammenhang mit der Herstellung von Vor-, Zwischen- und Endprodukten des betrachteten Bauteils stehen. Es wurde sehr wohl die Nutzung von Transportmitteln (Lkw und Schiffe) berücksichtigt, jedoch nicht deren Herstellung. Ebenso wurde bei der Strombereitstellung vorgegangen (s. Abschn. 8.2.2.1.1).

Eine weitere Randbedingung im Bereich der Nutzungsphase war, daß es unberücksichtigt blieb an welcher Position sich das Bauteil im Flugzeug befindet. Die Wahl des Einbauortes (schwerpunktnah bzw. -fern) hat Auswirkungen auf die Gleichgewichtslage. Aus diesem Grund kann sich der Luftwiderstand erhöhen/erniedrigen, was sich letztendlich in einem Treibstoffmehr- oder -minderverbrauch zeigt. Weiterhin wurde angenommen, daß die Gewichtsminderung Δ_{red} nicht mit einer Nutzlasterhöhung Δ_{Last} oder mit einer, um $\Delta_{Kerosin}$ erhöhten Treibstoffmenge, kompensiert wird.

Die betrachteten vier Bauteile der Höhenleitwerkslagerung sind symmetrisch zur Flugzeuglängsachse eingebaut. Durch die Wahl des Kohlefaserverbundes kann in dem hier betrachteten Beispiel eine Gewichtsreduktion Δ von ca. 12 kg (etwa 0,006% des Startgewichtes) erreicht werden.

Das betrachtete Bauteil aus Ti/Al ist in einer Sandwich-Bauweise hergestellt. Die mittlere Platte besteht aus der Legierung Ti 6Al 4V und wird von zwei Platten aus einer Aluminium-Knetlegierung (Zn, Cu, Mg, Cr als Legierungsbestandteile) umgeben.

8.6.2
Herstellung des Aluminiumbauteils

Für die Herstellung der Knetlegierung 3.4364 T 7351 sind ca. 90% Primäraluminium und ca. 10% Legierungsbestandteile erforderlich. Die Herstellung von Primäraluminium ist in den Abschn. 5.2.3.2 und 8.2.2.2 erläutert. Auf die Zinkproduktion [1] und die Herstellung der anderen Legierungsbestandteile wird hier nicht im Speziellen eingegangen.

Für eine hohe Qualität der Legierung, wie sie bei Bauteilen für die Luftfahrt vorausgesetzt wird, ist der Wasserstoffgehalt in der Schmelze nachteilig.

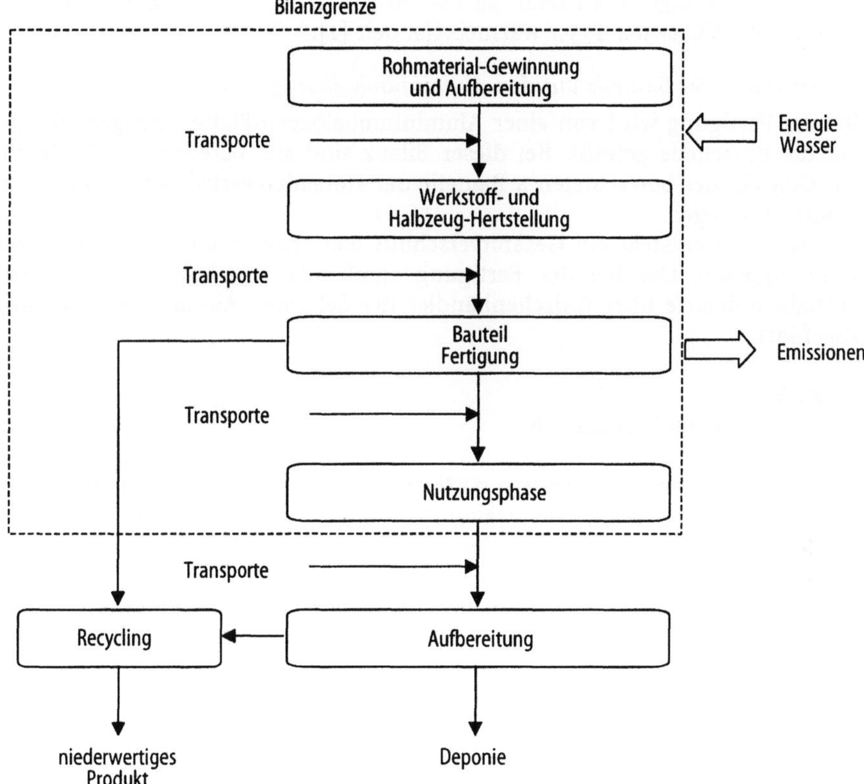

Bild 8.127. Festlegung der Sytemgrenze

Er bedingt eine Porösität im gegossenen Ingot, welche zu Defekten, wie z.B. die verringerten mechanischen Eigenschaften in dicken Halbzeugplatten, führt. Um diese Porösität zu vermeiden, wird die Schmelze entgast. Es sind folgende technische Reinigungs- und Spülverfahren denkbar: Entgasen durch Spülen, Vakuumbehandlung, Abstehen der Schmelze, Salzbehandlung, Erstarren.

Beim Entgasen durch Spülen werden in das flüssige Metall durch Rohre, welche vielfach aus Graphit bestehen, Spülgase eingeleitet. Es ist möglichst ein lang andauernder Kontakt zwischen den fein verteilten Gasblasen und der Schmelze erwünscht.

Besonders wirkungsvoll ist die chemische Reaktion mit Chlor zur Reinigung der Schmelze für die Knetlegierung 3.4363 T 7351. Bei genügend höher Temperatur nimmt das entstehende Magnesium-Chlorid an der Reinigung von Oxiden aktiv teil. Der mit der Chlorreinigung verbundene Magnesiumverlust muß der gereinigten Schmelze wieder zulegiert werden (Ressourcenverbrauch erhöht). Der Verbrauch an Chlor beträgt etwa 0,2–0,5% der Schmelzmasse, je nach Grad der Verunreinigung (höhere Chlor-Emissionen).

Der fertige Ingot wird dann zu Platten gewalzt und anschließend entsprechend dem WL 3.4364 T7351 wärmebehandelt [2].

Fertigung der Bauteile aus den Aluminiumhalbzeug-Platten

Bei der Fertigung wird von einer Aluminiumhalbzeug-Platte ausgegangen, aus der die Einzelteile gefräßt. Bei dieser Bilanz sind alle berechneten Werte auf das Gewicht der betrachteten 4 Bauteile der Höhenleitwerkslagerung in einem Flugzeug bezogen.

Insgesamt entsteht ein Gesamtverschnitt von etwa 70% des Gewichtes der Halbzeugplatte. Der bei der Fertigung anfallende Verschnitt wird von der Luftfahrtindustrie über Zwischenhändler der Sekundär-Aluminiumherstellung zugeführt.

8.6.3
Herstellung des Titanbauteils

Titan steht mit einem Anteil von 0,6% an der Erdrinde, hinter Sauerstoff, Silizium, Aluminium, Eisen, Magnesium, Calcium, Natrium und Kalium, in der Häufigkeit an Stelle 9. Sein Anteil an der Erdrinde ist etwa 100mal größer als der von Kupfer und 2000mal kleiner als der von Eisen.

Für die Gewinnung von Titan und Titanverbindungen ist Rutil als reines TiO_2 das wertvollere Mineral im Vergleich zu Ilmenit. Natürlich angereicherter Rutil ist braun bis schwarz und enthält neben 90–97% TiO_2 Verunreinigungen (z.B. Kieselsäure, Oxide des Eisens, Vanadium, etc.).

Ein weiterer Ausgangsstoff der Titangewinnung ist die Titanschlacke. Sie wird aus Ilmenit über ein metallurgisches Verfahren gewonnen.

Im Bild 8.128 ist die Herstellungsroute des Titanbauteils in einem Flußbild dargestellt. Die aufgezeigten Prozeßschritte sind die in dem betrachteten Beispiel bilanzierten Module.

Abbau und Aufbereitung der Erze

Generell gibt es zwei Formen von Lagerstätten. Zum einen die Primärlagerstätten (Bergbau) und zum anderen die Sekundärlagerstätten in Form von Sanden (Dünen-, Küsten- und Flußsande). Rutil wird heute fast ausschließlich aus Sekundärlagerstätten gewonnen. Der Nachteil der Primärlagerstätten ist, daß diese Primärerze einen hohen Eisengehalt besitzen (in Form von Hematit und Magnetit), welcher einen reduzierten TiO_2-Gehalt zur Folge hat.

Der schwermineralhaltige Sand (schwere Mineralien 3–10%) wird mit Schwimmbaggern abgebaut. Auf Förderanlagen bzw. Lkw wird der Sand zur Aufbereitungsanlage gebracht. Es erfolgt durch gravimetrische, naß-magnetische, elektrostatische und hydro-mechanische Verfahren [3] die Trennung des Rutil, Ilmenit und Zirkon.

Herstellung von Titantetrachlorid $TiCl_4$

Titanmetall wird industriell hauptsächlich durch Reduktion von Titantetrachlorid gewonnen, welches man aus natürlichem oder synthetischem Rutil, aus Ilmenit gewonnenem Rutil sowie aus TiO_2-reichen Schlacken herstellt.

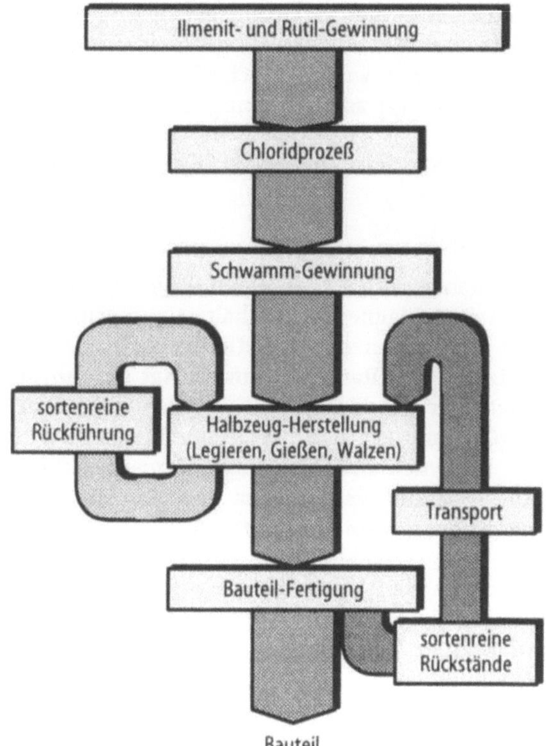

Bild 8.128. Herstellung des Titanbauteils

Chlorid-Prozeß

Beim Chlorid-Verfahren werden sandförmige Titanrohstoffe mit hohem TiO_2-Gehalt und Petrol-Koks im ausgemauerten *Fließbettreaktor*, bei einer Temperatur von ca. 950–1010 °C, mit Chlor und Sauerstoff umgesetzt. Der Vorteil des Wirbelschicht-Verfahrens [4], gegenüber dem diskontinuierlichen Fließbett-Verfahrens, ist die höhere Reaktionsgeschwindigkeit, die bessere Wärmeverteilung und der Wegfall des Brikettierens.

$$TiO_2 + 2C + 2Cl_2 \;\Rightarrow\; 2CO + TiCl_4$$

Das bei diesem Verfahren entstehende $TiCl_4$ wird von den Chloriden durch eine *doppelte Destillation* [5] getrennt. Für die Titanmetallgewinnung wird $TiCl_4$ von hoher Reinheit verwendet [6]. Bei diesem Prozeß entsteht eine erhebliche Menge an Kohlenmonoxid, da keine vollständige Verbrennung stattfindet.

Herstellung von Titanschwamm

Die hohe Bildungswärme des Titandioxids mit 945,4 kJ/mol, verbunden mit der hohen Löslichkeit von Sauerstoff in Titan bei hoher Temperatur, verhinderte bisher eine wirtschaftliche Direktreduktion von TiO_2 zu metallischem

Titan mit geringem Sauerstoffgehalt. Aus diesem Grund gehen die üblichen Verfahren zur Erzeugung von Titanmetall von Titanhalogeniden ($TiCl_4$) aus. Für die Serienproduktion stehen heute zwei wirtschaftliche Reduktionsverfahren, das Hunter- und das Krollverfahren [7] zur Verfügung. Ein weiteres Herstellverfahren ist die Elektrolyse.

Das Kroll-Verfahren ist im Gegensatz zum Hunter-Verfahren ein einstufiger Prozeß.

$$TiCl_4 + 2Mg \quad \Rightarrow \quad Ti + 2MgCl_2$$

Um den Titanschwamm zu gewinnen wird $TiCl_4$ in einen *Reduktionsreaktor* aus Kohlenstoffstahl, welcher flüssiges Magnesium enthält, eingespritzt. Das eigentliche Reaktionsmedium ist Argon, um den Reaktionsprozeß vor Luft- und Feuchtigkeitszutritt zu schützen. Der Titanschwamm schlägt sich an den Reaktorwänden nieder und bildet über der Magnesiumschmelze einen festen Kuchen. Das schmelzflüssige $MgCl_2$ sammelt sich unter dem Magnesium, es wird von unten abgezogen und nach den üblichen Magnesium-Reduktions-Methoden recycliert. Beim Kroll-Verfahren werden etwa 71% des Energiebedarfs für die Rückgewinnung des Reduktionsmetalls durch die Elektrolyse benötigt.

Die im Titanschwamm eingeschlossenen Verunreinigungen können bis zu 30% des Gewichtes ausmachen. Zum Entfernen der Verunreinigungen gibt es zwei Möglichkeiten: *Laugen* und *Vakuum-Destillation*.

Theoretisch werden zur Herstellung von 1 kg Titanschwamm 3,96 kg $TiCl_4$ und 1,015 kg Magnesium benötigt, wobei 3,975 $MgCl_2$ entstehen.

Herstellung der Titanlegierung Ti 6Al 4V

Titan reagiert im flüssigen Zustand mit Luft und allen üblichen Tiegelwerkstoffen. Aus diesem Grund ist ein Schmelzen nur im Vakuum oder in einer Inertgasatmosphäre möglich. Es gibt drei unterschiedliche Schmelzarten: *Vakuum-Lichtbogen-Ofen-*(VAR-), *Elektronenstrahl-*(EB-) und *Plasmaschmelzen*. Im großtechnischen Maßstab werden meist Vakuum-Lichtbogenöfen mit Abschmelzelektrode verwendet. Die Abschmelzelektrode wird aus Titanschwamm und Legierungszusätzen gepreßt und unter Schutzgas (MIG-Verfahren) zusammengeschweißt. Das Abschmelzen der Elektrode (negativer Pol) erfolgt nach dem Zünden des Lichtbogens gegen den Tiegel unter inerter Atmosphäre bei einem Vakuum von $10^{-1} - 10^{-3}$ mbar. Ein Magnetfeld um die Kokille sorgt für eine Stabilisierung des Lichtbogens und vermeidet, daß der Lichtbogen gegen die Kokillenwand brennt. Diese Schmelzvorgang wird wiederholt, um eine bessere Homogenität der Legierung zu erreichen.

Fertigung der Bauteile aus den Titanhalbzeug-Platten

Die Titaneinzelteile werden mit dem abrasiven Wasserstrahlschneiden gefertigt. Bei diesem Herstellverfahren wird Wasser mit einem Abrasivmittel versetzt. Der Trennvorgang findet mit einem Druck von 2500 mbar statt. Die Schnittbreite beträgt 1–1,5 mm.

Montage der Bauteile

Es werden Vorbohrungen in die Einzelbauteile aus Aluminium und Titan eingebracht, die nach dem Zusammenfügen mit Nieten auf Maß gebohrt werden. Die Arbeitsschritte des Nietens und der Endmontage in der Höhenleitwerkssektion sind in der Bilanz nicht berücksichtigt.

8.6.4
Epoxidharze

Die Epoxidharze sind die neuesten der wichtigsten industriellen Kunststoffe. Zum ersten Mal gelang ihre Synthetisierung in den späten 30er Jahren PIERRE CASTAN in der Schweiz, sowie S.O. GREENLEE in den USA. Ciba-Geigy entwickelte das Verfahren weiter und beantragte 1945 das erste Patent für Klebstoffe auf Epoxidbasis. Anfang der 60er Jahre wurde die Produktion durch Shell, Union Carbide, DOW und Ciba-Geigy weiter kommerzialisiert. Die weltweite Herstellkapazität liegt bei über 400 000 t, mit jährlichen Wachstumsraten zwischen 5–10%.

Im Gegensatz zu den in der Wärme verarbeitbaren Thermoplasten sind vernetzte Epoxidharze thermisch nicht mehr verformbar. Ihre Formgebung hat demzufolge im unvernetzten Zustand zu erfolgen.

Die Synthese von Epoxidharzen

Zur Herstellung von Epoxidverbindungen können zahlreiche Synthesewege beschritten werden. In der Technik haben jedoch nur ausgewählte Verfahren, wie die Umsetzung H-aktiver Verbindungen mit Epichlorhydrin, Bedeutung erlangt. Im Bild 8.129 ist ein typischer Syntheseweg mit dem Grundstoff Epichlorhydrin dargestellt, der zur Herstellung von Epoxidharzen für Anwendungen im Composite-Bereich genutzt wird.

Grundstoffe sind zum einen Erdöl und zum anderen Steinsalz. Großtechnisch wird Benzol aus den BTX-Anteilen (Benzol, Toluol, Xylol) des Erdöls gewonnen, da es und die übrigen Aromaten zwar im Erdöl vorkommen, die Mengen aber derart gering sind, daß sich eine direkte Gewinnung nicht realisieren läßt.

Das Benzol wird unter Zugabe von Salpetersäure (HNO_3) und Schwefelsäure (H_2SO_4) nitriert und zu Nitrobenzol umgewandelt. Die unverbrauchten Säuren werden zurückgewonnen und wiederverwendet.

Das Nitrobenzol wird anschließend zu Anilin hydriert und dieses wird in einem letzten Schritt mit Formaldehyd zu $4{,}4'_2$-Methylendianilin (MDA) kondensiert.

Dem zweiten Hauptbestandteil des EP-Harzes, das Epichlorhydrin, dient hauptsächlich Propylen als Grundstoff. Dazu kommen noch geringe Mengen an Natronlauge, Chlor und Kalkstein. Das aus dem Erdöl gewonnene Propylen wird durch eine Chlorierung in der Dampfphase zu Allylchlorid destilliert.

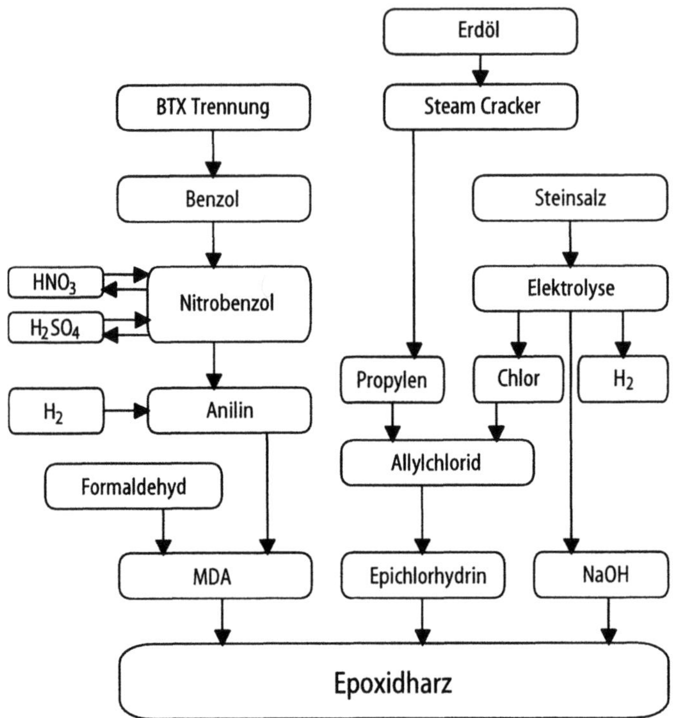

Bild 8.129. Die Herstellung von Epoxidharzen

Das für die Allylchloridsynthese benötigte Chlor und das für die abschließende Epoxidharzherstellung benötigte NaOH werden aus dem schon erwähnten Steinsalz durch Elektrolyse gewonnen.

Aus den drei Hauptbestanteilen, MDA, Epichlorhydrin und NaOH sowie
kleinen Mengen anderer Stoffe wird letztendlich das Epoxidharz hergestellt.

8.6.5
Kohlenstoffasern

Der Ausdruck „Carbon- oder Kohlenstoffaser" bezieht sich im allgemeinen
auf eine Vielfalt von Faserprodukten mit mehr als 90% Kohlenstoffanteil und
5–10 μm Faserdurchmesser. Produziert werden diese Fasern durch die Pyrolyse von Polyacrylnitril (PAN), Pech oder Kunstseide. Da C-Fasern eine extrem hohe spezifische Festigkeit, im Vergleich zu anderen Konstruktions-
werkstoffen, besitzen, werden sie vorherrschend in gewichtskritischen Anwendungen eingesetzt.

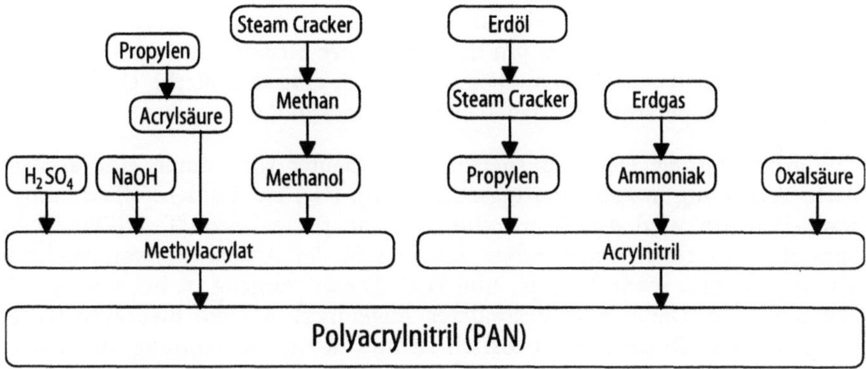

Bild 8.130. Prinzipieller Verfahrensablauf zur Polyacrylnitrilsynthese (PAN)

Der Polyacrylnitril-Kohlenstoffaser-Prozeß

In den frühen 60er Jahren wurde in Japan und England ein Verfahren entwickelt, daß auf Polyacrylnitril (PAN) basierte und heute einen Anteil von 90% an der Gesamtproduktion von C-Fasern besitzt [8]. Dabei liegt die gegenwärtige Menge bei 7000 t und Steigerungsraten zwischen 30 und 50% pro Jahr.

Im Bild 8.130 ist der prinzipielle Verfahrensablauf der Polyacrylnitrilsynthese dargestellt. Prinzipiell gliedert sich die Herstellung in zwei Teilschritte. Zunächst wird das Acrylnitril hergestellt, um anschließend, mittels konventioneller Polymerisationsverfahren, zu Polyacrylnitril umgewandelt zu werden. Die größte Bedeutung hat dabei die Emulsionspolymerisation erlangt. In dieser Bilanz wurde ein Verfahrensschema der Polymerisation von Acrylnitril mittels Methylacrylat gewählt. Der Oxalsäureast wurde nicht weiter betrachtet, da die eingesetzte Menge sehr gering ist.

Das gewonnene Polymer wird anschließend durch einen dreistufigen Spinnerei-Prozeß zu dem Faserausgangsstoff umgewandelt.

Abschließend wird das PAN gewaschen und gestreckt, um es für den Kohlenstoffaserprozeß vorzubereiten. Das Strecken bewirkt eine Vororientierung der Moleküle und ist Grundlage für die sehr hohe Orientierung der C-Fasern nach der Carbonisierung (s. Bild 8.131).

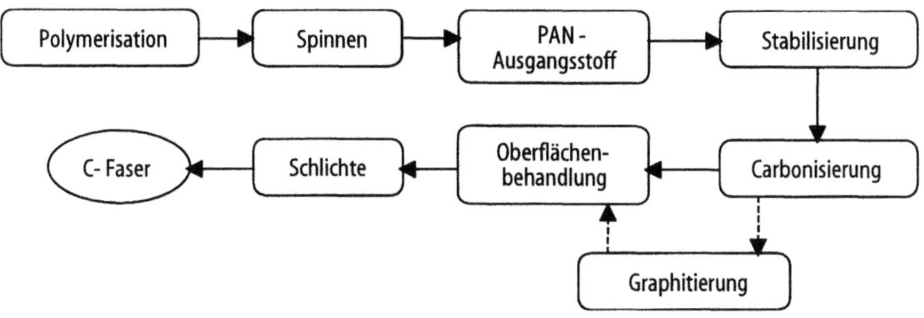

Bild 8.131. Der auf PAN basierende Kohlenstoffaserprozeß

Stabilisierung: Vor der eigentlichen Carbonisierung müssen die Fasern thermisch behandelt werden, um die molekulare Struktur zu lockern und den Kohlenstoffgehalt zu erhöhen. Dies wird durch eine thermische Oxidation erreicht. Die Temperatur liegt dabei zwischen 200–300 °C.

Carbonisierung: Der stabilisierte Faservorläufer wird durch eine kontrollierte Verkokung in einer Inertgasatmosphäre (N_2) zur Kohlenstofffaser umgewandelt. Dazu wird die Temperatur von 300 bis auf 1200 °C erhöht. Dabei kommt es zu einem thermischen Abbau und der Abspaltung von Stickstoff als HCN, HNO_3, sowie CO_2, H_2 und H_2O. Dieser Vorgang ist bei etwa 900 °C abgeschlossen. Dabei muß besonderes Augenmerk auf die Blausäure (HCN) gelegt werden, da sie äußerst toxisch ist und durch Verbrennung unschädlich gemacht werden muß.

Graphitierung: Eine weitere Temperaturbehandlung bei Spitzenwerten bis zu 3000 °C wird Graphitierung bzw. Streckgraphitierung genannt. Das Ergebnis sind extrem hohe Steifigkeiten der auch als „Whisker" bezeichneten Fasern.

Oberflächenbehandlung: Nach der Carbonisierung bzw. Graphitierung ist die Faseroberfläche anfällig gegenüber äußeren Einwirkungen. Aus diesem Grund wird eine Oberflächenbehandlung durchgeführt, welche die Beständigkeit gegen Wetter- und mechanische Einflüsse steigert. Gleichzeitig wird dabei die Oberfläche aufgerauht, was sich positiv auf die spätere Verbindung mit dem Matrixharz auswirkt, andererseits aber die Festigkeit herabgesetzt.

Schlichte: Nach der Oberflächenbehandlung wird die Faser noch beschichtet, um sie vor Beschädigung bei der weiteren Verarbeitung (Aufrollen, Gewebemattenherstellung, Prepregs) zu schützen. Dazu wird ein härterfreies Epoxy-Harz, Polyester, Urethane oder Polycarbonat in flüssiger Form aufgetragen. Der Gewichtsanteil dieser Schlichte liegt zwischen 0,7 bis zu 7% des Gesamtgewichtes. Bei Gewebematten stellt sich noch ein weitere positiver Effekt ein: die Fasern werden durch die Schlichte fixiert und können nicht seitlich verrutschen sowie an den Enden ausfransen.

8.6.6
Herstellung des CFK-Bauteils

Die Bauteilherstellung erfolgt mit dem Resin-Transfer-Molding-Verfahren (RTM-Verfahren). Dieses Verfahren ist eine Ergänzung zur Prepreg-Technologie. Es eignet sich z. B. für dickwandige, annähernd ebene Strukturen, bei denen sich, im Vergleich zur Prepreg-Technologie, Kosteneinsparungen durch einen geringeren Fertigungsaufwand erzielen lassen. Es fallen zeitraubende Arbeiten wie Laminieren und Zwischenvakuumziehen weg.

Das zugeschnittene Verstärkungsmaterial wird in ein mehrteiliges, druck- und vakuumdichtes Werkzeug eingelegt. Nach dem Schließen und Evakuieren des Werkzeuges erfolgt die Injektion des Harz/Härter-Gemisches. Nach etwa 7 Stunden Aufheiz- und Abkühlzeit kann das dann maßgenaue Bauteil dem Werkzeug entnommen werden. Somit entfällt eine Nachbearbeitung der Oberflächen und Kanten. Jetzt können die nötigen Bohrungen für Buchsen, etc. durchgeführt werden.

Nicht enthalten in der Endbilanz ist, wie beim Bauteil aus Titan und Aluminium, die Endmontage der Bauteile.

8.6.7
Nutzungsphase

Im Bereich der Nutzungsphase eines A 340 soll eine Aussage über die Emissions- und Treibstoffreduktion gemacht werden, die aus einer Gewichtsreduktion Δ_{red} resultiert. Es wird angenommen, daß die Gewichtsreduktion nicht dazu genutzt wird die Nutzlast bzw. die Treibstffmenge zu erhöhen (s. Abschn. 8.6.2). Die Gewichtsreduktion von 12 kg (ca. 0,006% vom Startgewicht) wird dadurch erreicht, daß anstelle der vier Bauteile aus Titan und Aluminium vier Bauteile aus CFK in die Höhenleitwerkssektion eingesetzt werden.

Betrachtet wird nicht ein einziger Flug, sondern die Emissions- und Treibstoffwerte während des gesamten Flugzeuglebens. Die vorgegebene Nutzungsdauer ist 20 Jahre. Die Anzahl der Flüge beträgt pro Jahr 700, das bedeutet eine Gesamtfluganzahl von 14 000 Flügen in der Nutzungsphase. Weiterhin wird ein durchschnittlicher Streckenflug des A 340-200 von ca. 7278,4 km angenommen, welcher aus dem durchschnittlichen Streckenspektrum 1993 bei der Deutschen Lufthansa (DLH) resultiert. Das durchschnittliche Startgewicht beträgt ca. 221 t, mit einer Nutzlast von ca. 32 t und einer Treibstoffmenge von ca. 127 t [9]. Im Betriebsleergewicht sind neben der Crew alle nötigen Hilfsstoffe (z.B. Schmierstoffe, Catering) enthalten.

Die hier angegebenen Reduktionen sind gültig für kleine Abweichungen (<2 t) vom ursprünglich berechneten Startgewicht (TOW) von 221 t [9] und sind relativ zueinander über die gesamte Nutzungsphase in Bild 8.132 dargestellt.

Die Reduktion der Emissionswerte bezogen auf die Emissionen der Flüge mit den Ti/Al -Bauteilen beträgt im Durchschnitt ca. 0,005%. Im Vergleich

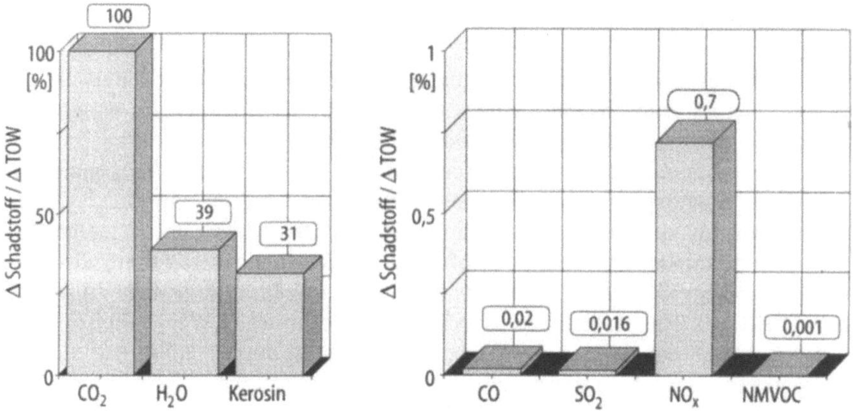

Bild 8.132. Treibstoff- und Emissionsreduktionen als Folge einer Gewichtsreduktion

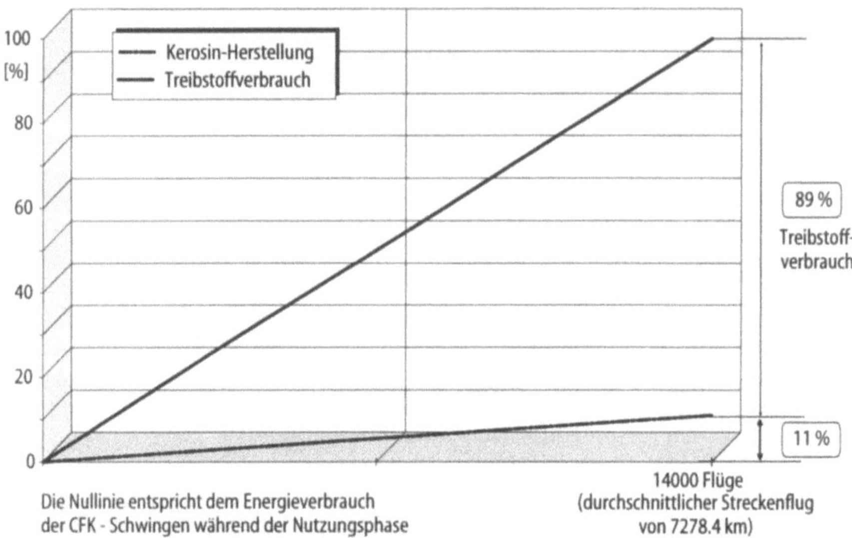

Bild 8.133. Energiemehrverbrauch während der Nutzungsphase mit vier eingebauten Ti/Al Bauteilen der Höhenleitwerksektion

dazu beträgt die Gewichtsreduktion, bedingt durch den Einbau der CFK-Bauteile, 0,006% bezogen auf das Startgewicht.

Im Bild 8.133 ist der gesamte Energiemehrverbrauch, bestehend aus Treibstoffproduktion und Energieinhalt des Treibstoffes, über die Nutzungsphase von 14000 Flügen dargestellt.

Auswirkungen klimarelevanter Emissionen in der niedrigen Stratosphäre

Atmosphärische Spurenstoffe beeinflussen den Strahlungshaushalt erheblich. So wirkt z.B. die stratosphärische Ozonschicht als UV-Filter und ermöglicht damit Leben auf der Erde. Andererseits temperieren die natürlich vorhandenen, infrarotaktiven Treibhausgase (z.B. Wasserdampf, Kohlendioxid) die Erdoberfläche im Mittel auf ca. 15 °C; wären sie nicht vorhanden, läge die Mitteltemperatur bei ca. –20 °C [10].

Durch bestimmte Verunreinigungen wird die Ozonschicht katalytisch abgebaut. Neben Fluorchlorkohlenwasserstoffen (FCKW) tragen im wesentlichen Stickoxide zum Abbau der stratosphärischen Ozonschicht bei.

Die bei Linienflügen im Unterschallbereich in der oberen Troposhäre und niedrigen Stratosphäre ausgestoßenen Stickoxide tragen zu einer Ozonzunahme von bis zu 2%/Jahr und nicht zu einem Ozonabbau bei [11]. Das Ozon, zusammen mit hohen Wasserdampf- und Kohlendioxidemissionen, absorbiert die langwellige Strahlung von der Erde und tragen maßgeblich zum Treibhauseffekt bei. Nachfolgend ist das Treibhauspotential (GWP – Global Warming Potential) des hier betrachteten Verkehrsflugzeuges während der Nutzungsphase als Summe dargestellt.

Die Summe der GWP-Werte: 123 638 CO_2-Äquivalent

In Reiseflughöhe liegt die natürliche Wasserdampfkonzentration nur noch bei einem tausendstel des bodennahen Wertes. Der dort von Flugzeugen eingetragene Wasserdampf stellt eine starke Störquelle dar, die als Kondensstreifen häufig auch sichtbar ist. Die Kondensstreifen begünstigen über Eispartikelbildung die Zunahme der dünnen Zirrusbewölkung. Satellitenaufnahmen lassen erkennen, daß der Luftverkehr für eine Zunahme der Bewölkung um 0,4% über Mitteleuropa verantwortlich ist [12].

Die gebildeten Eiskristalle reflektieren die Sonnenstrahlen zu 30% in den Weltraum und lassen die kurzwellige Solarstrahlung passieren. Im Gegensatz dazu werden die langwelligen Infrarotstrahlen, welche von der Erde ausgehen absorbiert und zu ca. 85% zur Erde zurückgeworfen und erwärmen diese [13]. Anteile am Erwärmungseffekt haben heute: Wasserdampf mit 62% (20,6°), Kohlendioxid mit 21,8% (7,2°).

8.6.8
Endbilanz

Im Endvergleich sind die atmosphärischen Emissionen und die benötigten Energien, vom Rostoffabbau bis einschließlich der Nutzungsphase, relativ zueinander angegeben. Für die Herstellung der vier Al/Ti -Bauteile werden (vom Rohstoffabbau bis einschließlich der Herstellung) 13 230 MJ benötigt. Bild 8.134 zeigt den Energiebedarf während des Lebenszyklus (ohne Recycling) relativ zueinander.

Im Bild 8.135 sind ausgewählte atmosphärische Emissionen zwischen den beiden Bauteilvarianten, während der Bauteil-, Kerosin-Herstellung und der Nutzungsphase von 20 Jahren, relativ zueinander dargestellt. Die CO_2-Emissionen betragen z.B. während des betrachteten Lebenszyklus ca. 133 t, wobei der wesentliche Anteil im Bereich der Nutzungsphase emittiert wird.

Den größten Anteil am Energieverbrauch hat die Nutzungsphase. Die Treibstoffeinsparung, die durch den Einsatz von CFK-Bauteilen erreicht werden kann, mindert den Energieverbrauch, aber vor allem die atmosphärischen Emissionen. Betrachtet man die NMVOC-Emissionen, so ist ersichtlich, daß diese bei der hier erreichten Gewichtsminderung durch CFK, ohne Kerosin-Herstellung, um den Faktor 2 höher liegen als bei eingebauten Ti/Al-Bauteilen. Der Unterschied zwischen beiden Bauteilen entsteht zu 90% bei der Herstellung der Kohlefasern.

8.6.9
Ausblick

Durch den Einsatz von CFK-Bauteilen konnten der Treibstoffverbrauch und die Personalkosten, vor allem in der herstellenden Industrie, gesenkt werden. Die Personalkosten konnten durch Senkung der Fertigungskosten pro Bauteil und der Senkung der Instandhaltungskosten pro Sitzkilometer reduziert werden. Weitere Vorteile sind die bessere aerodynamische Oberflächenqualität und die Abnahme der Korrosionsschäden. Nachteile die in Kauf genommen

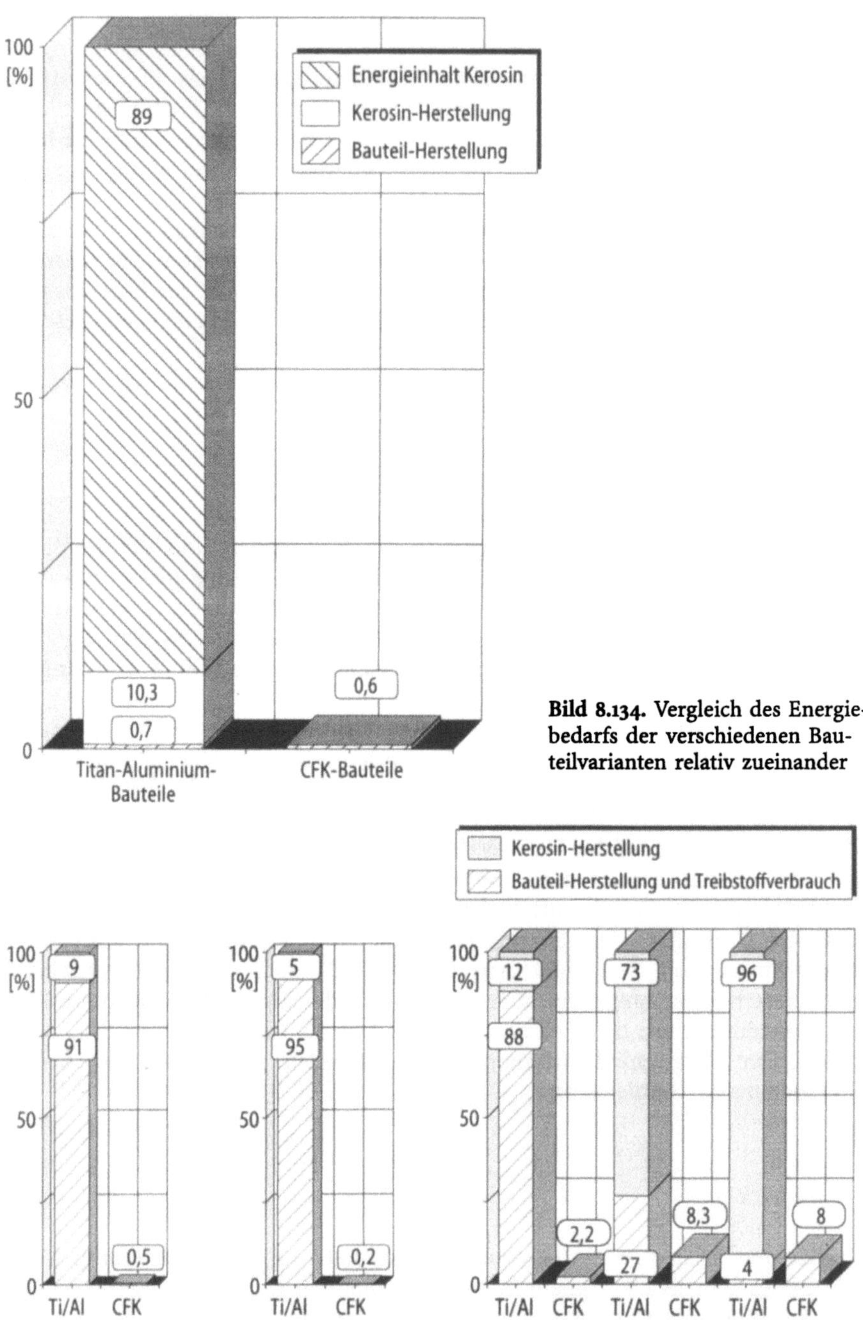

Bild 8.134. Vergleich des Energiebedarfs der verschiedenen Bauteilvarianten relativ zueinander

Bild 8.135. Vergleich der atmosphärischen Emissionen zwischen den beiden Bauteilvarianten

werden mußten, waren zum einen die Erhöhung der Errosion und zum anderen die Anfälligkeit gegen Blitzeinschlag.

Die Gewichtseinsparung, erreicht durch den Einsatz von CFK-Bauteilen, führt nicht mehr linear zu einem direktem Nutzlastgewinn, sondern nur noch degressiv, denn man stößt selten an Nutzlast- und damit an Gewichtsgrenzen, sondern an Volumengrenzen.

Einen wesentlichen Vorteil gegenüber den Ti/Al-Bauteilen haben die CFK-Bauteile in der Nutzungsphase. Es ist jedoch immer an die gesetzten Randbedingungen (s. Abschn. 8.6.2) zu denken. Der Unterschied zwischen den Emissionen in der operativen Phase und denen bei der Herstellung ist sehr hoch, so daß die Herstellung *allein* kein Entscheidungskriterium für eine Werkstoffauswahl darstellen kann.

Wenn der gesamte zivile Flugverkehr betrachtet wird, in dem noch immer ein Großteil mit alten Triebwerkstechnologien bewältigt wird, könnten die oben beschriebenen Auswirkungen auf die Umwelt mit großer Wahrscheinlichkeit reduziert werden.

Durch den Einsatz neuer Technologien kann ein weiterer Schritt, sowohl von Seiten der Flugzeughersteller als auch von Seiten der Fluglinien, zur Verringerung der Auswirkungen auf die Umwelt gemacht werden. Die Ganzheitliche Bilanzierung kann somit entwicklungsbegleitend ein ideales Entscheidungswerkzeug zur Optimierung sein.

8.7
Entscheidungsanalyse zur FCKW 11 – Substitution bei der Herstellung von PUR-Dämmstoffen mittels Ganzheitlicher Bilanzierung

BEDDIES, M.; Stuttgart; HESSELBACH, J., Dettingen/Teck

8.7.1
Motivation

Das Interesse an der Ganzheitlichen Bilanzierung kann je nach Standpunkt des Betrachters verschiedenste Ursprünge haben: Wissenschaftliche und technische Neugier, von der Gesetzgebung erzeugte Notwendigkeit, Umweltprobleme, z.B. der Treibhauseffekt, Bestandsaufnahme und/oder Verbesserung eines Produkts in technischer, umweltlicher und wirtschaftlicher Hinsicht, Öffentlichkeitsarbeit.

Die Liste ließe sich fortsetzen. Konzentrieren wir uns auf die in diesem Kapitel behandelten Wärmedämmstoffe. Die Ganzheitliche Bilanzierung wird hier konsequent eingesetzt. Das gewählte Praxisbeispiel sind Polyurethan-(PUR-)-Wärmedämmstoffe, hergestellt mit verschiedenen Treibmitteln, für den Hochbau.

Folgende Hintergründe motivieren die Ganzheitliche Bilanzierung:

1. Der Zwang zur Ressourcenschonung und gleichzeitig das vom Gesetzgeber anvisierte Ziel, die Emissionen an Kohlendioxid bis zum Anfang des nächsten Jahrtausends drastisch zu reduzieren. In diesem Zusammenhang ist

auch die novellierte Wärmeschutzverordnung zu nennen, die seit Anfang 1995 für neuerstellte Gebäude anzuwenden ist [1].

2. Die besondere Problematik der PUR-Verschäumung nach dem Verbot des hauptsächlich eingesetzten FCKW 11 (R11, Fluorchlorkohlenwasserstoff) [2].

3. Trotz relativ hoher Energiekosten in Deutschland sind Maßnahmen zur Verbesserung der Wärmedämmung aufgrund hoher Investitionskosten häufig unwirtschaftlich. Es müssen wirtschaftliche Aspekte begleitend zu technischen/umweltlichen Aspekten in Abhängigkeit der betrachteten Alternative dargestellt werden. Zu betrachten sind Szenarien, die eine überproportionale Verteuerung der Energiepreise, beispielsweise durch Einführung einer CO_2-Abgabe, berücksichtigen.

Die Relevanz der Wärmedämmung im Hochbau wird anhand von nachfolgenden Zahlen deutlich. In Deutschland (früheres Bundesgebiet) wurden im Jahr 1987 ungefähr 1,7 EJ ($1,7 \cdot 10^{12}$ MJ) Primärenergie für die Beheizung von Wohnräumen (nur Haushalte) eingesetzt. Dies entspricht einem Anteil von 23% am gesamten Energieverbrauch. Durch Maßnahmen, die vor allem die Erneuerung veralteter Heizanlagen betrafen, konnte der Einsatz an Primärenergie auf ungefähr 1,4 EJ (1990) entsprechend einem Anteil von 19% gesenkt werden [3]. Bei konsequenter Ausnutzung der technischen Möglichkeiten, die eine Wärmedämmung von Gebäuden bietet, ließe sich der Energieverbrauch auf ein Niveau von ungefähr 0,4 EJ senken, wie eine Studie von H. ERHORN und K. GERTIS zeigt [4].

Die Verminderung des Primärenergieeinsatzes für die Raumheizung darf allerdings nicht dazu führen, daß die ressourcenschonende Wirkung, die hiervon ausgeht, durch den Ressourcenverbrauch für die Produktion von Dämmstoffen ausgeglichen wird. Dämmstoffe werden bei der Realisierung des Zieles „Minderung der CO_2-Emissionen" eine große Rolle spielen. Um so wichtiger ist es, den ganzen Produktlebenszyklus in die Betrachtungen miteinzubeziehen. Die naheliegende Frage lautet: Welcher Dämmstoff ist unter welchen Einsatzbedingungen der ganzheitlich (technisch, wirtschaftlich, umweltlich) geeignetste?

An dieser Stelle setzt die Ganzheitliche Bilanzierung an: Solche Fragestellungen können nicht allgemeingültig beantwortet werden, sondern müssen in Anbetracht der vorliegenden Situation entschieden werden. Einflußfaktoren sind:

- der Dämmstofftyp: Matrixwerkstoff, Treibmittel, physikalische Eigenschaften (Wärmeleitfähigkeit, mechanische Eigenschaften, Ressourceneinsatz, Emissionen bei der Herstellung, ...),
- das wärmegedämmte System (Thermodynamik, Einsatzbedingungen, ...),
- das Optimierungskriterium (technisch: minimaler Wärmedurchgang, also Energieverbrauchsminimierung; wirtschaftlich: Kostenminimierung; umweltlich: minimale Kohlendioxidemissionen, minimaler kumulierter Treibhauseffekt, ...).

Die gebräuchlichsten Wärmedämmstoffe sind in Tabelle 8.26 mit Marktanteil, ihrem mittleren Preis und dem Preis zur Erreichung eines Wärmedurchgangskoeffizienten von k = 0,4 W/m²K enthalten.

Tabelle 8.26. Wärmedämmstoffmarkt [5, 6]

Dämmstoff	Marktanteil	Preis DM	Preis DM/m²	Dicke mm
Bedingung:		Dicke: 100 mm	k = 0,4 W/m² K	
Mineralwolldämmstoffe	62,5%	18,–	16,– bis 23,–	88 bis 125
Expandiertes Polystyrol (EPS)	29,4%	12,–	12,–	100
Polyurethan (PUR)	4,5%	37,–	24,–	63

Grundlage: 25,0 Mio m³ (1993) entsprechend 95% vom Gesamtdämmstoffmarkt

Als Produktnachteil von PUR ist der höhere Preis im Vergleich zu Alternativen selbst unter Berücksichtigung der besseren Dämmwirkung zu erkennen. Vor allem technische Aspekte, wie die mechanische Festigkeit, beeinflussen die Entscheidung, dennoch PUR einzusetzen. Der nächste Abschnitt befaßt sich mit der Problematik, in der sich die PUR-Hersteller nach dem Inkrafttreten der FCKW-Verbotsverordnung [2] befinden.

8.7.2
Treibverfahren – Problemfeld der PUR-Hartschaum-Herstellung

Zur Herstellung von PUR-Hartschaum werden auf einer Schäummaschine die beiden Ausgangskomponenten Polyol und Diphenylmethan-4,4-Diisocyanat (MDI) über einen Mischkopf in eine Form gefüllt.

Beim physikalischen Treiben wird die Blähwirkung durch Verdampfen einer im Polyol – ggf. unter Druck – gelösten Flüssigkeit erzielt. Nach diesem Prinzip läuft der Aufschäumvorgang bei Einsatz von FCKW, H-FCKW (teilhalogenierte FCKW), H-FKW (teilhalogenierte Fluorkohlenwasserstoffe) oder auch von Kohlenwasserstoffen (KW), z.B. n-Pentan, ab.

Chemisches Treiben erfolgt meistens unter Zugabe von Wasser in Polyol. Nach Vermischung der Reaktionspartner läuft neben der Polyadditionsreaktion auch die Reaktion zwischen Wasser und MDI ab. Bei dieser Reaktion wird neben Polyharnstoff auch Kohlendioxid gebildet. Das Kohlendioxid bläht das Reaktionsgemisch auf und verbleibt als Zellgas im Schaumstoff.

Durch die Zudosierung von Inertgasen wie Stickstoff oder Kohlendioxid in eine der beiden Reaktionskomponenten kann auf mechanischem Weg eine Blähwirkung erzielt werden. Dabei wird in einer Gasbeladungseinrichtung eine Gas/Flüssig-Dispersion hergestellt und anschließend verschäumt. Im allgemeinen wird hierdurch eine nur geringe Treibwirkung erzielt, so daß der Zusatz eines weiteren Treibmittels notwendig ist. Bild 8.136 faßt die verschiedenen Treibverfahren zusammen.

Bislang wurde zur Erzielung der Treibwirkung in den meisten Anwendungen der Fluorchlorkohlenwasserstoff FCKW 11 eingesetzt. Die Vorteile des FCKW 11 liegen in seiner niedrigen Wärmeleitfähigkeit und der niedrigen Permeationsrate von FCKW 11 aus dem Schaum heraus, so daß die Wärmeleitfähigkeit über einen längeren Zeitraum nur mäßig ansteigt. FCKW 11 ist in

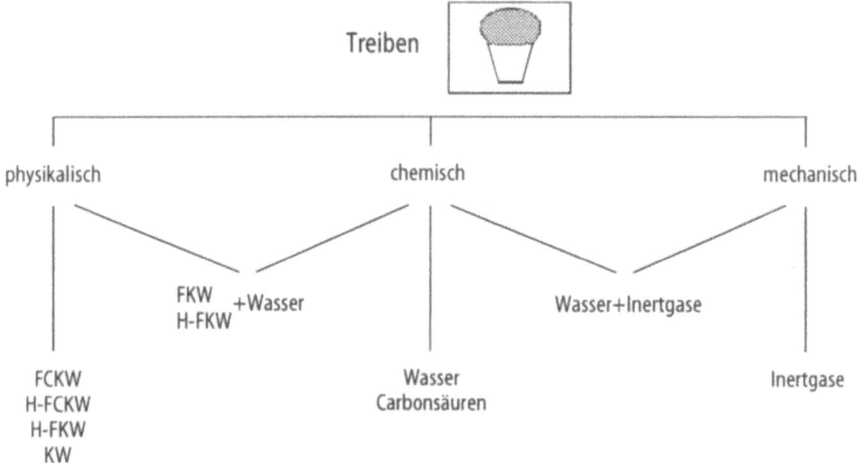

Bild 8.136. Treibverfahren für Polyurethan-Hartschaum

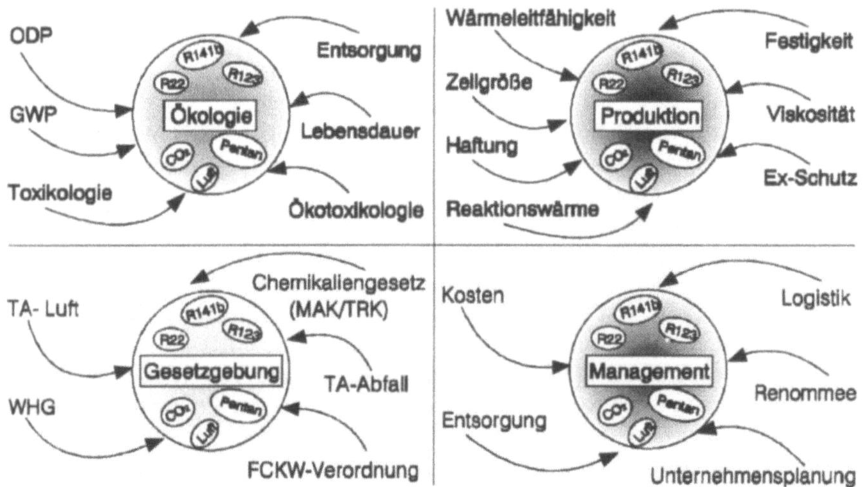

Bild 8.137. Spannungsfeld der FCKW 11-Substitution [7]

Polyol löslich, chemisch inert und damit unbrennbar und nicht unmittelbar toxisch, so daß eine einfache Verarbeitung gewährleistet ist. FCKW 11-Schäume haben eine hohe mechanische Festigkeit und Formstabilität, so daß relativ niedrige Raumgewichte eingesetzt werden können. Dies, und der günstige Preis des FCKW 11, sind die Gründe für den Kostenvorteil gegenüber den alternativen Treibmitteln.

Allen Substituenten ist gemeinsam, daß keiner vollständig das hervorragende Eigenschaftsprofil des FCKW 11 aufweist. Unternehmer sehen sich bei der Entscheidung für eine der Alternativen einer ganzen Reihe von Problemen konfrontiert, Bild 8.137:

Besonders problematisch ist der Kostendruck angesichts der ohnehin gegenüber Konkurrenzprodukten teureren PUR-Schäume (Tabelle 8.26). Das technische Spannungsfeld soll kurz anhand der Wasser/CO_2-getriebenen Systeme erläutert werden. Hier müssen gravierende Verschlechterungen in den Schaumeigenschaften hingenommen werden: CO_2-Schäume haben eine deutlich höhere Wärmeleitfähigkeit λ. Zudem ist die Permeationsrate des CO_2 aus dem Schaum heraus hoch. Nach einer – relativ zur Nutzungsdauer von Wärmedämmstoffen – kurzen Zeit ist beim diffusionsoffenen Schaum ein großer Teil des ursprünglich vorhandenen Kohlendioxids ausdiffundiert. Der Verlust an Kohlendioxid wird durch eindiffundierende Luft ausgeglichen; dieser Vorgang läuft aber erheblich langsamer ab, so daß es zu Unterdruck in den Zellen kommt. Dies ist die Ursache für Schrumpfung des Schaums, was nur durch höhere Raumgewichte und damit höheren Kosten je Volumeneinheit Schaum, kompensiert werden kann [8]. Demgegenüber stehen die Vorteile der Wasser/CO_2-Lösung: Bei der Verarbeitung entstehen keine Komplikationen durch den Einsatz toxischer und/oder brennbarer Treibmittel. Wasser/CO_2 als Treibmittel hat in der Öffentlichkeit keine Imageprobleme.

8.7.3
Umfang der Ganzheitlichen Bilanzierung

8.7.3.1
Systembeschreibung

Gegenstand der Bilanzierung ist das wärmegedämmte System „Einfamilienhaus". Die grundlegenden Eigenschaften werden im folgenden beschrieben.

8.7.3.1.1
Betrachtetes Einfamilienhaus

Entsprechend dem Hauptanwendungsgebiet von PUR im Hochbau wird ein Wohnhaus mit Flachdach angenommen. Einflußfaktoren sind geometrischer Art (Wand und Bodenflächen nach außen, Fensterflächen je nach Himmelsrichtung, Dickenaufbau der Wände, Energiebezugsfläche = Wohnfläche des Hauses), soziologischer Natur (Nutzerverhalten bei der Raumlüftung, Wärmebedürfnis) sowie von der Technik bestimmt (innere Wärmequellen, physikalische Eigenschaften der Baustoffe, …). Die Draufsicht auf den als Beispielhaus gewählten Winkelbungalow mit Flachdach zeigt Bild 8.138.

Die Raumhöhe beträgt 2,50 m. Die Fenstermaße sind in Abhängigkeit von der Himmelsrichtung zu entnehmen.

8.7.3.1.2
Wärmedämmung

Aus mehreren Gründen wurde die Betrachtung auf Polyurethan-Dämmstoffe beschränkt:

1. Polyurethane gehören zu den effektivsten Wärmedämmstoffen überhaupt, weisen jedoch einen hohen Einsatz an Primärenergie bei der Herstellung auf.

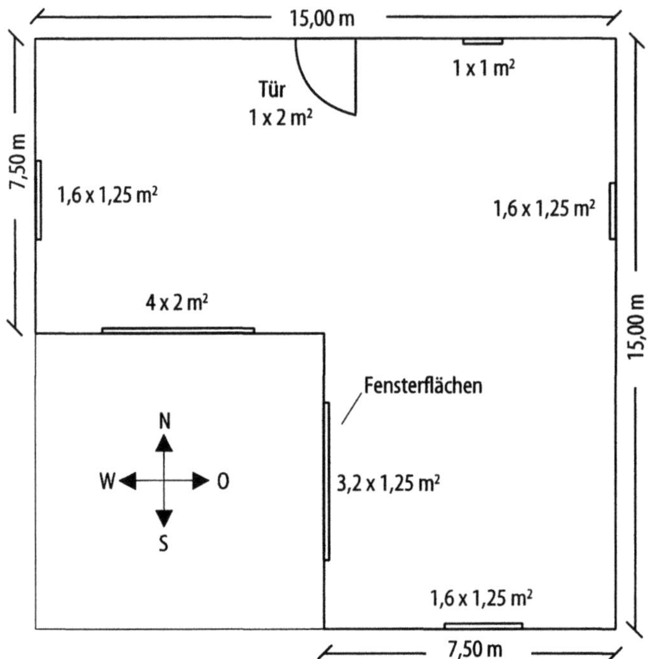

Bild 8.138. Draufsicht auf das Einfamilienhaus

2. Die Diskussion um die FCKW-Substitution wurde teilweise heftig und kontrovers geführt. In Deutschland setzt sich immer mehr die Verschäumung mit Kohlenwasserstoffen durch; dies gilt jedoch nicht bei einer Betrachtung über Ländergrenzen hinweg.

3. Zur Verschäumung können mehrere verschiedene Treibmittel eingesetzt werden, so daß technisch ähnliche Systeme miteinander vergleichbar sind (die technischen Pflichtenhefte sind erfüllbar). Dies ist beispielsweise für den Vergleich zwischen PUR und (Polystyrolschaum) EPS nicht in dieser Weise gegeben.

4. Die unterschiedlichen Treibmittel haben unterschiedliche Umweltrelevanz und bedingen gleichzeitig stark voneinander abweichende physikalische Eigenschaften, die für die Wärmedämmung wichtig sind. Die Ganzheitliche Bilanzierung hilft hier, die Beurteilung des Schaumstoffs nicht nur von einer niedrigen Wärmeleitfähigkeit und damit einer guten Dämmleistung abhängig zu machen, sondern führt die Beurteilenden und Entscheidenden zu einer ganzheitlichen Sichtweise.

Die zu vergleichenden PUR-Systeme unterscheiden sich hinsichtlich des zur Herstellung des Hartschaums eingesetzten Treibmittels und damit in ihren physikalischen Eigenschaften. Treibmittel sind der FCKW 11, der H-FCKW 141b, die Kohlenwasserstoffe n-Pentan und cyclo-Pentan, das chemische Treibmittel H_2O, das durch Reaktion zum physikalischen Treibmittel Kohlendioxid

(CO_2) umgesetzt wird, sowie das physikalische Treibmittel CO_2. Die wesentlichen Eigenschaften der Dämmstoffe sind deren Wärmeleitfähigkeit λ, die Dicke der Dämmschicht δ sowie die Dichte des Dämmstoffs ρ.

8.7.3.1.3
Heizungsanlage

Die Heizanlage, die ebenfalls entscheidend die Energiebilanz eines Gebäudes beeinflußt, wird außer in Abschn. 8.7.9.3 nicht variiert. Es wird entsprechend dem momentan vorherrschenden Trend eine Gasheizung angenommen. Die Erdgasbereitstellung wird gemäß der Methodik der Ganzheitlichen Bilanzierung mitberücksichtigt (s.a. Abschn. 8.4.3).

8.7.3.1.4
Energiebilanz des wärmegedämmten Systems Haus

Die Nutzungsphase des Systems wird von entscheidender Bedeutung sein, da eine lange Nutzungsdauer der Dämmstoffe vorliegt. Es wird der Wärmeaustausch mit der Umgebung des Hauses betrachtet, wobei die Bilanzierungshülle um die äußeren Begrenzungen des Hauses liegt. Bei dem System handelt es sich um ein instationäres, nicht-lineares thermodynamisches System, das mit einer dynamischen Rechnung simuliert werden könnte [9–11]. Darauf wird aufgrund des hohen Rechenaufwands verzichtet. Stattdessen wird ein vereinfachtes Rechenverfahren nach W. EBEL verwendet, das auf der quasistationären Wärmeleitung in der ebenen Wand sowie der Wärmeübertragung durch Strahlung basiert [12]. Eine zum Zwecke des Wärmeschutznachweises ausreichende Genauigkeit des Rechenverfahrens wurde in [13] nachgewiesen.

Die Wirtschaftlichkeitsbetrachtung wird nach der Kapitalwertmethode mit jährlichen Kosten durchgeführt. Die umweltliche Bilanzierung basiert auf der am IKP und in der PE Product Engineering GmbH entwickelten Methodik.

Wo vereinfachende Annahmen getroffen werden, sind diese zu erläutern und gegebenenfalls Parametervariationen zur Sensitivitätsanalyse und Validierung der Vereinfachung duchzuführen.

8.7.3.2
Umfang der Bilanzierung

Folgende Bilanzierungen werden erstellt:

1. Bilanzierung des Systems „Dämmstoff/Haus" bei konstanter Dämmschichtdicke.
2. Bilanzierung des Systems bei Dickenkompensation der PUR-Dämmstoffe zur Erzielung einer konstanten Dämmleistung für das System.
3. Bilanzierung des Systems bei Optimierung der Dämmschichtdicke nach technischen, umweltlichen und wirtschaftlichen Faktoren.
4. Szenarien:
   Verteuerung der Energie durch Einführung einer CO_2-Abgabe;
   Kosten contra Energieverbrauch;
   Potential alternativer Heizungssysteme.

8.7.3.3
Generelle Bilanzierungsgrenzen

Die Bilanzierung erfolgt nur bedingt ganzheitlich. Folgende Einschränkungen, die begründet werden, sind zu machen:

1. Der Erstellungsaufwand für eine Ganzheitliche Bilanzierung muß begrenzt sein. Das Wort „ganzheitlich" bezeichnet ein Ziel, das jedoch nie erreicht werden kann. Vereinfachende Annahmen und Abbruchkriterien ermöglichen die Erstellung einer Bilanzierung, die den geforderten und machbaren Detailierungsgrad erreicht.

2. Um nicht den Rahmen des Kapitels, das exemplarisch die Methodik darstellen soll, zu sprengen, erfolgt eine Beschränkung der Bilanzierung auf Einzelparameter. Aus dem Bereich technischer Parameter ist dies der Energieverbrauch. Der Energieverbrauch ist gleichzeitig ein umweltlicher Faktor, da er den Verbrauch an energietragenden Ressourcen charakterisiert. Hinzu kommen die Emissionen an Treibmittel und die Emissionen an Kohlendioxid. Beide Emissionen verknüpft ermöglichen eine vereinfachte Abbildung für den kumulierten Treibhauseffekt (GWP, *engl.:* global warmhouse potential), einem Parameter der Wirkbilanzebene. Für PUR-Dämmstoffe wichtig, da dieser Parameter die Ursache für das FCKW 11-Verbot war, ist das ozonabbauende Potential (ODP, *engl.:* ozone depletion potential). Dieses wird ebenfalls erörtert.

3. Der Materialkreislauf wird nicht geschlossen. Es wird die Herstellung und Nutzung der Bauteile betrachtet, jedoch nicht die Entsorgung. Momentan erfolgt nach der Nutzung von Dämmstoffen die Deponierung auf einer Bauschuttdeponie.

8.7.4
Modellierung der untersuchten Systeme

8.7.4.1
Herleitung der Energiebilanz

Die Energiebilanz umfaßt:

1. Die Primärenergieverbräuche zur Herstellung der Dämmstoffe. Je nach Formulierung bzw. Treibmittel unterscheiden sich die Werte voneinander.

2. Den Einsatz an Primärenergie durch die Raumheizung während der Nutzungsphase.

8.7.4.1.1
Herstellung von PUR-Dämmstoffen

In Bild 8.139 ist die Herstellungsroute der PUR-Dämmstoffe im Grundfließbild skizziert. Die in die Bilanzierung einfließenden Basisrohstoffe sind eine Formulierung auf Basis von Polyetherpolyol und MDI. Zur Verschäumung ist der Zusatz eines physikalischen Treibmittels notwendig. Die Zugabe von Additiven, z.B. von Flammschutzmitteln, wurde nicht berücksichtigt.

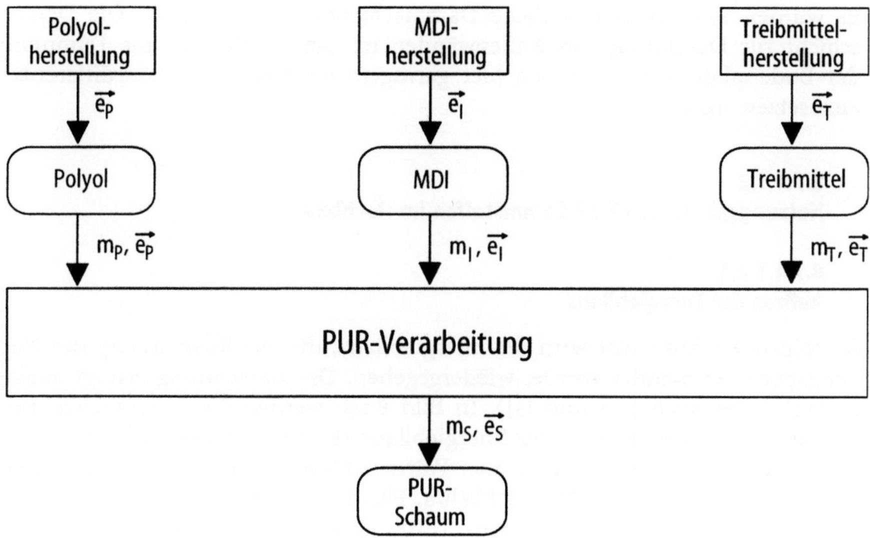

Bild 8.139. Grundfließbild der PUR-Dämmstoffherstellung

Die Größe $\vec{e}_K$ ist ein Vektor, der die Daten aus den vorgeschalteten Prozeß-schritten (Herstellung aus den Rohstoffen, Transporte) für die Komponente K enthält. Im Betrachtungsumfang enthalten sind die Daten zum Primärenergie-einsatz sowie zu den Emissionen an Kohlendioxid und Treibmittel, d.h. der Vektor $\vec{e}_K$ enthält drei Zeilen.

Die Berechnung der schaumspezifischen, also auf 1 kg Schaum bezogenen, Daten ergibt sich aus folgender Gleichung:

$$\vec{e}_S = \frac{\sum_K m_K \cdot \vec{e}_K}{\sum_K m_K} \tag{8.11}$$

K Komponente (Polyol, MDI, Treibmittel)

Die Verarbeitungsbedingungen wurden für alle Treibmittelalternativen als konstant angenommen.

Für die Bilanzierung ist die Masse an Dämmstoff, die für das wärmege-dämmte Wohngebäude benötigt wird, zu berechnen. Es gilt folgende Glei-chung:

$$m_D = A_D \cdot \delta_D \cdot \rho_D \tag{8.12}$$

m_D Masse Schaum für die Wärmedämmung [kg]
A_D Wärmegedämmte Gesamtfläche des Wohnhauses [m²]
δ_D Dicke der Dämmschicht [10^3mm]
ρ_D Dichte des Dämmstoffes [kg/m³]

Es wurden zwei unterschiedliche Dämmschichtdicken angesetzt. Die Dämmschicht zur Dämmung von Außenwänden ist dabei dicker als die Dämmung der Bodenplatte (Erdreich), da hier geringere mittlere Temperaturdifferenzen anzusetzen sind.

8.7.4.1.2
Nutzungsphase von PUR-Dämmstoffen im Hochbau

8.7.4.1.2.1
Aufbau der Energiebilanz

Im folgenden Abschnitt wird die Energiebilanz, die zur Bilanzierung der Nutzungsphase verwendet wurde, wiedergegeben. Die Berechnung erfolgt analog zu [14] (oder auch [15] und [1]). In Bild 8.140 werden die wesentlichen Einflußfaktoren zur Erstellung der Energiebilanz skizziert und bezeichnet.

Das Formelzeichen Q bezeichnet Wärmeströme, die für ein Jahr berechnet werden. Die Einheit von Q ist 1 kWh/a. Für den Vergleich von Gebäuden unterschiedlicher Energiebezugsfläche (EBF, entspricht der Wohn- bzw. Nutzfläche) wird der spezifische Wärmestrom q, d.h. der auf 1 m² Energiebezugsfläche berechnete Wärmestrom, benutzt ($[q] = 1$ kWh/m²a]). Es gilt:

$$q_H = \frac{Q_H}{EBF} \tag{8.13}$$

Für den jährlichen Heizenergiebedarf gilt:

$$Q_H = Q_V - Q_G \tag{8.14}$$

Q_H jährlicher Heizenergiebedarf
Q_V Wärmeverluste
Q_G Wärmegewinne

Wärmeverluste entstehen durch Transmission und Lüftung.

$$Q_V = Q_T - Q_L \tag{8.15}$$

Q_T Transmissionsverluste
Q_L Lüftungsverluste

Wärmegewinne ergeben sich aus der Freien Wärme und dem Gewinnfaktor der Freien Wärme. Die Freie Wärme setzt sich aus inneren Wärmequellen und Sonneneinstrahlung zusammen. Es gilt:

$$Q_G = Q_G - Q_{FW}G \tag{8.16}$$

$$Q_{FW}H = Q_S - Q_{iW}G \tag{8.17}$$

f_G Gewinnfaktor der Freien Wärme [1]
$Q_{FW}G$ Freie Wärme
$Q_{iW}G$ Gewinn durch innere Wärmequellen (Abwärme Elektrizität, Personen)
Q_S Energiegewinn durch Sonneneinstrahlung

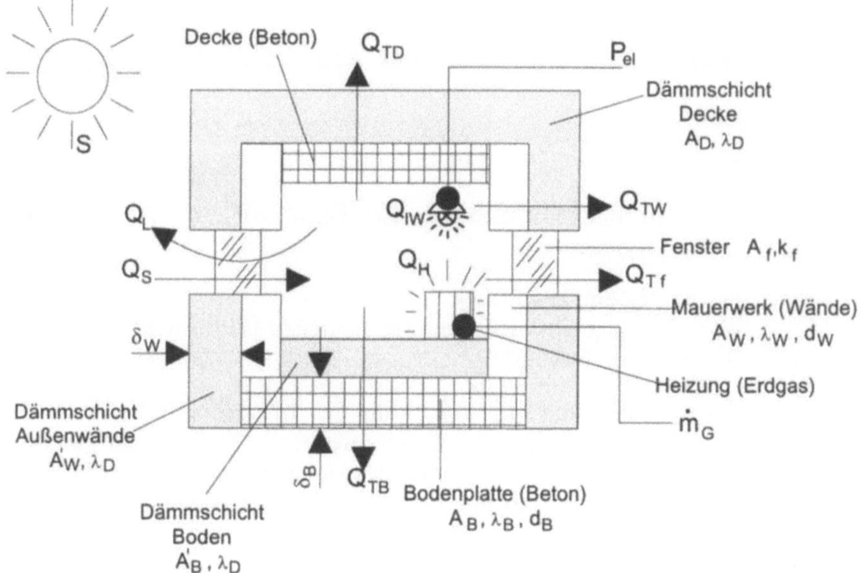

Bild 8.140. Bilanzraum des Gebäudes

Der Einsatz an Primärenergie, der für die Bereitstellung des nach Gl. (8.13) zu berechnenden Heizenergiebedarfs notwendig ist, wird durch Division mit dem Wirkungsgrad der Heizanlage berechnet.

$$E_H = \frac{Q_H}{\eta_H} \tag{8.18}$$

E_H Primärenergieaufwand der Heizungsanlage [kWh/a]
η_H Wirkungsgrad der Heizungsanlage [1]

Häufig wird die Raumheizung von derselben Anlage wie die Warmwasserbereitung bedient. Dieser Umstand bleibt unberücksichtigt, da lediglich verschiedene Wärmedämmstoffe miteinander verglichen werden sollen.

Der Primärenergieaufwand der Heizungsanlage ist die Größe, die für die Kosten der Raumbeheizung und die Ermittlung des Energiekennwerts ausschlaggebend ist. Für die Bilanzierung muß allerdings die Bereitstellung des Primärenergieträgers ebenso berücksichtigt werden. Dies geschieht über den Wirkungsgrad der Bereitstellung, η_B.

Die jeweiligen Anteile am Heizenergiebedarf Q_H werden in den folgenden Abschnitten erläutert.

8.7.4.1.2.2
Transmissionswärmeverluste

Transmissonswärmeverluste entstehen durch den Wärmedurchgang durch ein Bauteil. Zu berücksichtigende Bauteile sind die Außenwände, das Dach, die Fenster und der Boden sowie sonstige Bauteile, die mit Umgebungsbedingungen in Berührung stehen. Der Gesamtverlust Q_T wird durch Parallelschaltung der Einzelwärmeströme $Q_{T_i}H$, also durch Addition der Einzelwärmeströme berechnet.

$$Q_T = \sum_i Q_{T_i} \tag{8.19}$$

Die Einzelwärmeströme berechnen sich nach Gl. (8.20):

$$Q_{T_i} = A_i \cdot k_i \cdot HGT_i \tag{8.20}$$

A_i Fläche des Bauteils i [m²]
k_i Wärmedurchgangskoeffizient des Bauteils i [kWh/m²K]
HGT_i Heizgradtage [kKh/a]

Die nachfolgende Gleichung zur Berechnung des Wärmedurchgangskoeffizient k_i bedingt die Unterschiede der mit unterschiedlichen Treibmitteln hergestellten PUR-Dämmstoffe in der Berechnung des Heizenergiebedarfs. k_i berechnet sich aus der Hintereinanderschaltung der j einzelnen Schichten des Bauteils i sowie den Wärmeübergangskoeffizienten an der Innen- und Außenseite.

$$k_i = \frac{1}{\frac{1}{\alpha_{in}} + \sum_j \frac{\delta_{i,j}}{\lambda_{i,j}} + \frac{1}{\alpha_a}} \tag{8.21}$$

$\alpha_{in},\ \alpha_a$ Wärmeübergangskoeffizienten innen und außen [kWh/m²K]
$\delta_{i,j}$ Dicke der Schicht j des Bauteils i [mm]
$\lambda_{i,j}B$ Wärmeleitfähigkeit der Schicht j des Bauteils i [mW/mK]

Die Heizgradtage HGT_i resultieren aus den ortsspezifischen Klimadaten. Zur Ermittlung wird über alle Heiztage die mittlere Temperaturdifferenz zwischen Innenraum und Außenluft aufsummiert. Die Heizgrenze wird üblicherweise mit 12 °C, die Innentemperatur mit 20 °C angesetzt. Das Nutzerverhalten kann über unterschiedliche Heizgrenzen berücksichtigt werden. Da die Transmissionsverluste in kWh/a anzugeben sind, sind die Heizgradtage von der Einheit Kd/a in kKh/a durch den Faktor 0,024 umzurechnen.

8.7.4.1.2.3
Lüftungswärmeverluste

Die Verluste durch Lüftung werden nach Gl. (8.22) berücksichtigt.

$$Q_L = \beta \cdot V \cdot c_P \cdot HGT \tag{8.22}$$

β Luftwechselrate [1/h]
V Luftvolumen [m³]
c_P Spezifische Wärmekapazität von Luft [Wh/m³K]

Die Luftwechselrate b ist sowohl vom Benutzer als auch von der Fugendichtigkeit abhängig. Bei manueller Lüftung muß für b ein Wert von 0,6 1/h angesetzt werden. Bei Einsatz einer automatischen Lüftung kann dieser Wert reduziert werden, insbesondere wenn eine Wärmerückgewinnung angekoppelt ist.

8.7.4.1.2.4
Wärmegewinne

Die Wärmegewinne resultieren aus der Freien Wärme Q_{FW} von inneren Wärmequellen (Q_{iW}) und der Sonneneinstrahlung (Q_S). Die Freie Wärme kann nicht vollständig für die Raumheizung genutzt werden (beispielsweise aufgrund der Trägheit der Heizungsanlage). Der Faktor, der diesen Anteil beschreibt, heißt Gewinnfaktor f_G. Es gilt:

$$f_G = 1 - 0,3\,\frac{Q_{FW}}{Q_V} \tag{8.23}$$

Für die Wärmegewinne Q_G ergibt sich demnach

$$Q_G = \left(1 - 0,3\,\frac{Q_F}{Q_V}\right)(Q_{iW} + Q_s) \tag{8.24}$$

Die inneren Wärmequellen können nach Anzahl der Personen, die ein Wohnhaus benutzen und dem spezifischen Stromverbrauch berechnet werden. Für diese Bilanzierung ist ein pauschalierter Ansatz jedoch ausreichend.

Die Freie Wärme durch Sonneneinstrahlung Q_S in Gl. (8.24) berechnet sich aus den Daten für alle Fensterflächen (Anzahl z) nach folgender Gleichung.

$$Q_S = \sum_z G_{HR} \cdot g_f \cdot r_f \cdot A_f \tag{8.25}$$

Durch den Zustand der Fensterscheibe bedingte Größen sind mit f indiziert, die Himmelsrichtung durch HR.

G_{HR} Globalstrahlung je nach Himmelsrichtung [kWh/m²a]
g_f Gesamtenergiedurchlaßgrad der Fensterscheibe [1]
r_f Reduktionsfaktor [1]
A_f Fensterfläche (Rohbaumaß) des Fensters f [m²]

Der Reduktionsfaktor r_f resultiert aus dem Rahmenanteil an der Fensterfläche, der Verschmutzung und der Verschattung der Fenster. Die Globalstrahlung geht nur während der Heiztage in die Berechnung ein.

8.7.4.2
Modellierung umweltlich

8.7.4.2.1
Herstellungsphase

Die Modellierung der umweltlichen Bilanzierung ist eng an die Bilanzierung des Energieverbrauchs gekoppelt und wurde teilweise schon in Abschn. 8.7.4.1.1 hergeleitet. Basis sind die Energie- und Stoffflüsse, die den Herstellungsprozeß eines Bauteils durchfließen. Darüber hinaus sind für die umweltliche Bilanzierung auch Emissionen wichtig, die in technischer Hinsicht uninteressant sind, beispielsweise wenn es um Emissionen an Kohlendioxid handelt.

Die Eingangs- und Ausgangsstoffströme werden mit vor- und nachgeschalteten Prozessen verknüpft, so daß an den Eingängen zu den Prozessen die Entnahmemenge an Ressourcen stehen, an den Ausgängen der Bilanzierungsgrenzen die Emissionen (in Luft, Wasser, Boden) in die Umwelt. Die kumulierten Daten in der Herstellungsphase der Dämmstoffe werden auf 1 kg Dämmstoff bezogen. Auf diese Weise erhält man die spezifischen Energie- und Emissionsfaktoren (Primärenergieeinsatz, Emissionen an Treibmittel und Kohlendioxid). Diese sind mit dem je nach Anwendungsfall und Dämmstofftyp unterschiedlichen Dämmstoffmassen zu verrechnen.

8.7.4.2.2
Nutzungsphase

Die Erstellung einer Produktlebensweganalyse endet oft direkt nach der Herstellung des Produkts, also wenn der eigentliche Zweck der Produktion, d.h. die Nutzung eines Bauteils noch gar nicht angefangen hat. Wahrscheinlich der wichtigste Grund hierfür ist, daß die Verantwortung des Herstellers zumindest in umweltlicher Hinsicht nach Verlassen des Werksgeländes drastisch abnimmt. Aber gerade das betrachtete Beispiel der Wärmedämmstoffe zeigt, daß der Nutzungsphase entscheidende Bedeutung zukommt.

Für die Bilanzierung der Nutzungsphase wird der im Abschn. 8.7.4.1 hergeleiteten Endenergieverbrauch des betrachteten Systems durch Multiplikation mit Emissionsfaktoren für die Gasbeheizung berücksichtigt.

Beim Vergleich der mit unterschiedlichen Treibmitteln hergestellten PUR-Schäume sind die Emissionen der Treibmittel aus dem Schaum während der Nutzungsphase eine wesentliche Einflußgröße. Diese Emissionen entstehen entweder durch Zerstörung des geschlossenzelligen Schaumgefüges oder durch einen relativ langsam ablaufenden Diffusionsprozeß. Die Diffusionsgeschwindigkeit ist je nach Treibmittel unterschiedlich groß. Der FCKW 11 bleibt relativ lange im geschlossenzelligen Schaum, während das Zellgas Kohlendioxid schon nach kurzer Zeit ausdiffundiert ist.

Zur Berücksichtigung dieses Umstands wurde die Ausdiffusion mit Hilfe der folgenden Gleichung, die den Zusammenhang zwischen der mittleren Konzentration des Zellgases und der Fourierzahl, einer dimensionslosen Kenngröße, die die Zeit und den Diffusionskoeffizient ins Verhältnis zum Diffusionsweg setzt, abgeschätzt [16].

$$\frac{c_m - c_a}{c_0 - c_a} = \sum_{n=0}^{\infty} \frac{\exp\left(-F_0(2n+1)^2\pi^2\right)}{(2n+1)^2} \tag{8.26}$$

Es bedeuten:

c_m mittlere Konzentration des Zellgases
c_a Außenkonzentration. Unabhängig vom Zellgas ist $c_a = 0$
c_0 Mittlere Konzentration des Zellgases zum Startzeitpunkt t_0
n Laufvariable
F_0 Fourier-Zahl: Dimensionslose Kennzahl für den Wärmeübergang

In Analogie zur Wärmelehre gilt:

$$F_0 = D_{eff} \frac{t}{l^2}$$

(8.27)

D_{eff} effektiver Diffusionskoeffizient [m²/s]
t Zeit [s]
l Diffusionsweg; entspricht dem Abstand des betrachteten
       Orts von der offenen Schnittkante eines Schaums [m]

Dies muß eine Abschätzung sein, da die Messung von Diffusionskoeffizienten
überaus schwierig ist und sich demzufolge die in der Literatur angegebenen
Werte für ein und dieselbe Substanz stark unterscheiden.

8.7.4.2.3
Wirkbilanz

Nach Erstellung der Sachbilanz kann aus den kumulierten Emissionen der
treibhausrelevanten Substanzen der Wirkbilanzparameter „kumuliertes Treibhauspotential" GWP_{kum} berechnet werden (in der Kälteindustrie ist auch die
Größe TEWI: *Total Equivalent Warming Impact* gebräuchlich [17]). Dabei werden die einzelnen Massen m_e der emittierten Substanzen mit dem dazugehörigen GWP-Wert GWP_e multipliziert und aufsummiert.

$$GWP_{kum} = \sum_e m_e \cdot GWP_e$$

(8.28)

Index e emittierte Substanz
GWP_e Treibhauspotential der emittierten Substanz [kg CO_2-Äqv.]
GWP_{kum} kumulierter Treibhauseffekt aller emittierten Substanzen
            [kg CO_2-Äqv.]

Im betrachteten Beispiel werden die Emissionen an Kohlendioxid sowie an
physikalischem Treibmittel je nach Formulierung betrachtet. Die Angaben zu
den GWP-Werten können je nach Quelle schwanken; die Verwendung der
Werte nach IPCC [18] ist jedoch allgemein anerkannt.

Die GWP-Werte sind abhängig von der gewählten Integrationszeit. Für die
Bilanzierung wurde in Übereinstimmung mit der Nutzungsdauer der Wärmedämmstoffe mit 30 Jahren gerechnet.

Der Berechnungsgang zur Ermittlung des kumulierten Ozonabbaupoten-
tials, ODP_{kum} (ODP, *engl.:* ozone depletion potential) läuft analog zur GWP-
Berechnung. Es werden hierzu die ODP_e-Werte der emittierten Substanzen
nach [19] eingesetzt. Die Einheit des ODP ist kg FCKW 11-Äqv.

8.7.4.3
Modellierung der Wirtschaftlichkeitsrechnung

8.7.4.3.1
Annuitätenmethode

Basis der Wirtschaftlichkeitsbetrachtung ist der Kapitalwert, der durch den Einsatz des jeweiligen Dämmstoffes gebunden wird, sowie die Energiekosten. Die Heizanlage wird dabei als gegeben vorausgesetzt. Aufgrund der anschaulicheren Darstellung werden die annuitätischen Jahreskosten berechnet. Die Beschreibung erfolgt jeweils nur knapp und auf das betrachtete Beispiel bezogen, wie es in [14] hergeleitet wird. Analog zur energetischen Bilanzierung werden in der Wirtschaftlichkeitsbetrachtung die Kosten für die Dämmung sowie die Energiekosten bilanziert. Während für die Energiebilanz die Verlegung und Wartung der Dämmstoffe eine untergeordnete Rolle spielen, müssen die Kosten hierfür in die Berechnung mit einfließen.

Die Jahreskosten errechnen sich aus Betriebskosten zuzüglich Kapitalkosten. Es gilt (die Größen der Kostenbilanz haben die Einheit DM/a):

$$K_a = m_e \cdot K_e + m_u \cdot K_u + K_i \tag{8.29}$$

K_a Jahreskosten
K_e Energiekosten zu gegenwärtigen Preisen
K_u Wartungs- und Unterhaltskosten zu gegenwärtigen Preisen
K_i Kapitalkosten für die Investition abzüglich Steuerermäßigungen, Zinsvergünstigungen u.ä., annuitätisch
m_e Mittelwert der Verteuerung der Wartungs- und Unterhaltskosten
m_u Mittelwert der Verteuerung der Energiepreise

Der Annuitätenfaktor a_p, n berechnet sich nach Gl. (8.30)

$$a_{p,n} = \frac{p}{1 - (1+p)^{-n}} \tag{8.30}$$

p Kalkulationszinssatz
n Nutzungsdauer

Zur Ermittlung des Kalkulationszinssatz ist je nach Eigen-/Fremdkapitalanteil ein gewichteter Mittelwert zu bilden.

8.7.4.3.2
Energiekosten

Die Energiekosten ergeben sich aus der Energiebilanz. Die jährlichen mittleren Energiekosten werden nach Gl. (8.31) berechnet.

$$K_{e,m} = E_H \cdot k_{e,0} \cdot m_e \tag{8.31}$$

E_H Energiebedarf [kWh/a]
$k_{e,0}$ gegenwärtiger Energiepreis [DM/kWh]
m_e Mittelwertsfaktor für die Energieverteuerung [1]

Der Energiebedarf E_H ergibt sich aus dem Heizwärmebedarf Q_H durch Berücksichtigung des Wirkungsgrads η_H der Heizungsanlage entsprechend der Gl. (8.18).

Weiter gilt für den Mittelwertfaktor:

$$m_e = \frac{1+s}{p-s}\left(1 - \left(\frac{1+s}{1+p}\right)^n\right) a_{p,n} \tag{8.32}$$

s Jährliche Teuerungsrate, hier: der Energiepreise
p Kalkulationszinssatz
n Nutzungsdauer
$a_{p,n}$ Annuitätenfaktor

Als Anhaltswert ist in [14] für eine Nutzungsdauer von $n = 25$ a (z.B. Dämmung) ein Mittelwertfaktor von $m_e = 2,0$ angegeben.

8.7.4.3.3
Wartungs- und Unterhaltskosten

Die mittleren jährlichen Wartungs- und Unterhaltskosten K_u, m berechnen sich nach Gl. (8.33) analog zu den Energiekosten.

$$K_{u,m} = k_{u,0} \cdot m_u \tag{8.33}$$

$k_{u,0}$ jährliche Wartungs- und Unterhaltskosten zu gegenwärtigen Preisen
m_u Mittelwertfaktor der Verteuerung von Wartungs- und Unterhaltskosten

Der Faktor $k_{u,0}$ ist den Herstellerangaben oder entsprechenden Richtlinien zu entnehmen [20]. Der Faktor m_u berechnet sich analog zum Faktor m_e (Gl. 8.32).

8.7.4.3.4
Kapitalkosten

Die annuitätischen Kapitalkosten K_i berechnen sich aus den Investitionskosten I_0 abzüglich etwaiger Subventionen multipliziert mit dem Annuitätenfaktor $a_{p,n}$.

$$K_i = I_0 \cdot a_{p,n} \tag{8.34}$$

K_i jährliche Kapitalkosten
I_0 [Investitionen abzgl. Subventionen] zum Anfangszeitpunkt

Die Investitionskosten bestehen aus den Produktkosten und den Kosten für das Anbringen der Dämmstoffe.

$$I_0 = k_{D,0} \cdot m_D \cdot f_{VK} \cdot k_M \cdot A_D \tag{8.35}$$

$k_{D,0}$ Einkaufspreis für Schaumrohstoffe (massenproportional) [DM/kg]
m_D Masse Dämmstoff [kg]

f_{VK} Verkaufspreisfaktor
k_M Kosten für das Anbringen des Dämmstoffs (flächenproportional) [DM/m²]
A_D Fläche der Dämmung [m²]

Eine Unschärfe, die sich aus dieser Kalkulation ergibt, liegt in der Ermittlung des Schaumpreises. Ein je nach Marktlage erhöhter oder erniedrigter Preis für den Verkauf von Dämmstoffen konnte nicht berücksichtigt werden. Desweiteren wurden unterschiedliche Investitionskosten für Maschinen und Ausrüstung in Abhängigkeit des eingesetzten Treibmittels nicht eingerechnet.

8.7.5
Datengrundlage der Ganzheitlichen Bilanzierung

8.7.5.1
Bilanzierte Systeme: Formulierungen und Eigenschaften

Die in Tabelle 8.27 zusammengestellten Formulierungen für PUR-Schäume wurden in die Betrachtung eingeschlossen. Es handelt sich um Formulierungen, die der Literatur entnommen und gegebenenfalls durch Umrechnung auf andere Treibmittel modifiziert wurden (z.B. [21]). Üblicherweise wird die Formulierung in Gewichtsteilen (GT) bei 100 GT Polyol angegeben. Die Formulierungen Nr. 1–8 basieren auf der aufschäumenden Wirkung des bei der Reaktion verdampfenden physikalischen Treibmittels. In alle Formulierungen ist ein bestimmter Wasseranteil eingerechnet, der für Co-geblasene bzw. reduzierte Systeme auf 2,1% erhöht wird. In den Formulierungen für den H-FCKW 141b (Nr. 3+4) ist ein Zuschlag für seine relativ hohe Löslichkeit in der PUR-Matrix (Weichmachereffekt) eingerechnet. Formulierung 9 ist rein chemisch getrieben und basiert auf der Wasser-MDI-Reaktion, aus der das Zellgas Kohlendioxid entsteht.

Formulierung 10 beruht auf der Eindosierung von Inertgasen in die Ausgangskomponenten. Das Verarbeitungsverfahren wird bislang technisch nur für die Herstellung von PUR-Weichschaum eingesetzt [22], Entwicklungsarbeiten für die CO_2-Dosierung beim Herstellen von PUR-Hartschaum werden in [23] beschrieben. Um einen Ausblick zu geben, welche Auswirkungen sich bei der Übertragung dieser Technik auf die PUR-Hartschaum-Herstellung ergeben, wurde sie in die Überlegungen mit aufgenommen. Formulierung 10 ist vollständig mit Kohlendioxid getrieben.

Maßgebliche Dämmstoffeigenschaften, die aus der Rezeptur resultieren, sind in der Tabelle 8.28 zusammengestellt.

Der Rechenwert für die Wärmeleitfähigkeit liegt – gemäß DIN 4108 – um 10% über den zugehörigen Meßwerten. Auf die im Bauwesen übliche starre Einteilung nach Wärmeleitfähigkeitsgruppen, die eine Abstufung in Schritten von 0,05 W/mK vorsieht, wurde verzichtet. Der FCKW 11-getriebene Schaum aus Formulierung 1 weist die geringste Dichte auf. Die Schäume mit Kohlendioxid als Zellgas (Formulierungen 9 und 10) müssen zur Sicherstellung der Formstabilität mit deutlich höheren Dichten gerechnet werden.

Tabelle 8.27. Formulierungen der bilanzierten Polyurethan-Dämmstoffe

Nr.	Treibmittel	Polyol [GT]	MDI [GT]	phys. Treib-mittel [GT]	Wasseranteil [% b.a.P.]
1	FCKW 11	100	136,7	31,6	0,1
2	FCKW 11 red.	100	193	18,5	2,1
3	H-FCKW 141b	100	136,7	25,6	0,1
4	H-FCKW 141b red.	100	193	15,6	2,1
5	KW n-Pentan	100	136,7	13,65	0,1
6	KW n-Pentan-co	100	193	9,05	2,1
7	KW cyclo-Pentan	100	136,7	13,25	0,1
8	KW cyclo-Pentan-co	100	193	8,77	2,1
9	Chemisch: H_2O/CO_2	100	263,5	0	4,5
10	Inertgas CO_2	100	136,7	6,8	0,1

Tabelle 8.28. Physikalische Eigenschaften der bilanzierten Polyurethan-Dämmstoffe

Nr.	Treibmittel	Dichte [kg/m³]	WLF 1 [W/mK]	$\lambda_{Rechenwert}$ [W/mK]
1	FCKW 11	32	0,0180	0,01980
2	FCKW 11 red.	35	0,0194	0,02134
3	H-FCKW 141b	35	0,0180	0,01980
4	H-FCKW 141b red.	35	0,0194	0,02134
5	KW n-Pentan	35	0,0225	0,02475
6	KW n-Pentan-co	35	0,0225	0,02475
7	KW cyclo-Pentan	35	0,0200	0,02200
8	KW cyclo-Pentan-co	35	0,0205	0,02255
9	Chemisch: H_2O/CO_2	40	0,0225	0,02475
10	Inertgas CO_2	40	0,0225	0,02475

8.7.5.2
Gebäudedaten

Die in Tabelle 8.29 zusammengestellten Daten fließen in die Bilanzierung ein.

Das Dach und die Bodenplatte des Gebäudes bestehen aus 230 mm starkem Stahlbeton. Das Mauerwerk mit einer Gesamtdicke von 255 mm ist aus Kalksandstein und Gips aufgebaut. Alle Wände und Decken sind mit Polyurethan-Hartschaum variabler Dicke wärmegedämmt.

Tabelle 8.29. Gebäudedaten „Einfamilienhaus"

Parameter	Kurzzeichen	Wert	Einheit
Energiebezugsfläche (= Wohn/Nutzfläche)	EBF	168,75	m²
Luftvolumen	V	422	m³
Luftwechselrate	b	0,6	1/h
Gradtagszahl, Außen	HGT	85	kKh/a
Gradtagszahl, Boden	HGT_B	43	kKh/a
Wärmekapazität der Luft	c_p	0,33	Wh/m³K
Innere Wärmequellen	Q_{IW}	8	kWh/m²a
Globalstrahlung:	(Q_S)		
– Süd		370	kWh/m²a
– West		230	kWh/m²a
– Ost		220	kWh/m²a
– Nord		140	kWh/m²a
Reduktionsfaktor	r	0,42	
Gesamtenergiedurchlaßgrad	g_f	0,7	
Wärmedurchgangskoeffizient Fenster	k_f	1,5	W/m²K
Fensterfläche	A_f		W/m²K
Wirkungsgrad der Heizungsanlage	η_H	0,81	
Wirkungsgrad der Erdgasbereitstellung	η_B	0,944	

8.7.5.3
Daten zur Wirtschaftlichkeitsbetrachtung

8.7.5.3.1
Dämmstoffkosten

Die Preise für die Rohstoffe des PUR-Schaums unterliegen, wie nahezu alle Produkte, Schwankungen, die eine Wirtschaftlichkeitsbetrachtung zu einer Momentaufnahme machen. Beispielsweise ist der MDI-Preis in den vergangenen Jahren durch Aufbau zusätzlicher Kapazitäten in Osteuropa stark gefallen, so daß er sich dem Preis für Polyolformulierungen angeglichen hat. Folgende Preise liegen der Bilanzierung zugrunde:

Die Verlegung der Dämmstoffe kostet unabhängig vom Dämmstoff DM 13,–/m². Die jährlichen Wartungs- und Unterhaltskosten belaufen sich für

Tabelle 8.30. Rohstoffpreise

Komponente der Formulierung:	Preis [DM/kg]
MDI	4,–
Polyolformulierung	4,–
FCKW 11	3,–
H-FCKW 141b	8,–
n-Pentan	1,–
cyclo-Pentan	4,–
CO_2	0,30
Preise für die Treibmittel: [21]	

Dämmstoffe auf 1% der Investitionskosten. Der Annuitätenfaktor wird nach Gl. (8.30) berechnet. Die Nutzungsdauer n beträgt 30 Jahre, der kalkulatorische Zinssatz p 6,4% p.a..

8.7.5.3.2
Energiekosten

Die Heizanlage arbeitet mit Erdgas aus der öffentlichen Versorgung in Deutschland. Die örtlichen Tarife können unterschiedlich strukturiert sein. Der Fixkostenanteil beträgt DM 300,–/a. Hinzu kommt der vom Verbrauch abhängige Anteil in Höhe von 1,90 Pfg/MJ bzw. 6,85 Pfg/kWh. Die Preissteigerungsrate der Energiepreise wurde aus den Daten der vergangenen 5 Jahre zu 3,2% p.a. berechnet.

8.7.5.4
Umweltliche Daten

Soweit nicht anderes vermerkt ist, stammen die Daten zum Primärenergieverbrauch und zu den CO_2-Emissionen aus der IKP-eigenen Datenbank GaBi [24].

Die vom IPCC veröffentlichten Daten bilden die Basis für die Berechnung des kumulierten Treibhauseffekts. Tabelle 8.31 enthält die GWP-Faktoren für eine Integrationszeit von 20 Jahren. Für n-Pentan ergibt sich entsprechend dem chemischen Abbau zu CO_2 ein GWP-Wert von 5. Indirekte Effekte, z.B. die Beteiligung des Pentans am Aufbau des starken Treibhausgases O_3, sind zwar nachgewiesen, ihr Betrag ist jedoch nach dem momentanen Stand der Kenntnisse nicht quantifiziert. Der GWP-Wert von cyclo-Pentan wurde mit 28 gerechnet. Dies schließt indirekte Effekte mit ein. Da nahezu die gleichen Mengen an n-Pentan und cyclo-Pentan in Herstellung, Verarbeitung und Nutzung freigesetzt werden, entsteht hieraus ein Vergleich der Auswirkungen unterschiedlicher Berechnungsmethoden für das GWP.

Neben den GWP-Werten der berücksichtigten Substanzen enthält die folgende Tabelle die ODP-Werte für die chlorhaltigen Treibmittel.

Entscheidend für den kumulierten Treibhauseffekt ist neben den CO_2-Emissionen durch die Raumbeheizung die Emission an physikalischem Treibmittel aus dem Schaum heraus. Die angesetzten Emissionsfaktoren, aufgeteilt

Tabelle 8.31. GWP- und ODP-Werte der beteiligten Substanzen

Substanz	GWP-Wert [kg CO_2-Äqv.]	ODP-Wert [kg FCKW 11-Äqv.]	Quelle
FCKW 11	4500	1	[18, 19]
H-FCKW 141b	1800	0,11	[18, 19]
n-Pentan	5		direkter Effekt
cyclo-Pentan	28		[21], indirekter Effekt
CO_2	1		

Tabelle 8.32. Angesetzte Emissionsfaktoren der Treibmittel

Treibmittel	Herstellung [g/kg TM]	Verarbeitung [g/kg TM]	Nutzung [g/kg TM]	Summe [g/kg TM]
FCKW 11	10	60	102,1	172,1
H-FCKW 141b	10	60	125,0	195,0
n-Pentan	10	60	123,6	203,6
cyclo-Pentan	10	60	125,0	195,0
CO_2	10	60	830,0	930,0

nach den Lebensphasen des betrachteten Treibmittels, sind in Tabelle 8.32 zusammengestellt.

Die Werte für Herstellung und Verarbeitung beruhen auf Erfahrungswerten und sind insbesondere im Bereich der Verarbeitung eher zu gering. Die Werte für die Nutzungsphase wurden nach Gl. (8.26) abgeschätzt. Auch diese Werte sind als untere Grenze anzusehen, da die Emission nur auf langsamen Permeationsvorgängen beruht; Emissionen aufgrund von Schädigung der Dämmschicht oder der Entsorgung sind überhaupt nicht eingerechnet.

8.7.6
Bilanzierung bei konstanter Dämmschichtdicke

8.7.6.1
Erfüllung des technischen Pflichtenhefts

Die Anforderungen, die an die technischen Eigenschaften eines Wärmedämmstoffs für das Bauwesen gestellt werden, sind in der übergeordneten DIN 18164 genormt [25]. Die dort zitierten Normen stellen verschiedenste Eigenschaften sicher, z.B. das Brandverhalten [26]. Für die hier vorgestellte Bilanzierung ist die Wärmeleitfähigkeit die wesentliche Eigenschaft. Die Bestimmung der Wärmeleitfähigkeit und der Rechenwert für die Wärmeleitfähigkeit (inkl. Zuschläge für Alterung und Feuchtigkeit der Schäume), wie er in energetische Berechnungen einzusetzen ist, sind in [27] bzw. [28] genormt.

Alle betrachteten Alternativen erfüllen die Anforderungen, die an einen Polyurethan-Dämmstoff gestellt werden. Von dieser Aussage unabhängig ist die Tatsache, daß bestimmte Eigenschaften zur Erreichung der Anforderungen gegenüber der früher üblichen FCKW 11-Schäume Alternative modifiziert werden müssen. Beispiel hierfür ist der Wasser/Kohlendioxid-getriebene Schaum, der zur Erreichung der Formstabilität ein höheres Raumgewicht aufweist als FCKW 11-getriebener Schaum. Im folgenden Kapitel werden die betrachteten Systeme aufgelistet und die physikalischen Eigenschaften behandelt.

Ein technisches Kriterium, das an das wärmegedämmte System gestellt wird, ist die Erfüllung der novellierten Wärmeschutzverordnung, die seit Anfang 1995 für alle neuen Gebäude Anforderungen an den Energieeinsatz zur Raumheizung stellt [1]. Kenngröße hierfür ist der Jahresheizwärmebedarf, der definiert ist als Jahresheizleistung bezogen auf 1m² Wohn/Nutzfläche. In der Wärmeschutzverordnung ist der Jahresheizwärmebedarf in Abhängigkeit des

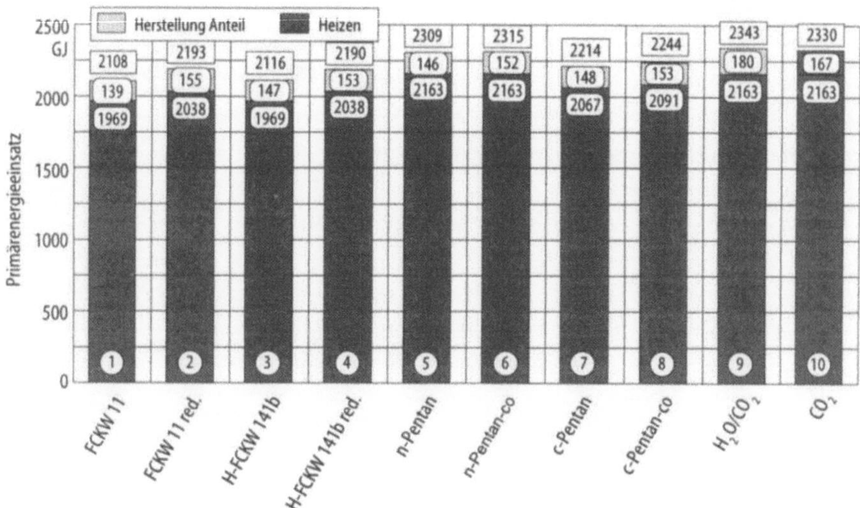

Bild 8.141. Aufschlüsselung des Primärenergiebedarfs nach Herkunftsbereichen

Verhältnisses aus wärmeübertragender Umfassungsfläche und dem hiervon eingeschlossenen Bauwerksvolumen (A/V-Verhältnis). Selbst in ungünstigen Fällen mit geringen Dämmschichtdicken kommt es bei keiner Variante zu Überschreitung des Grenzwerts von 100 kWh/m²a. Allerdings weist das gewählte Einfamilienhaus ein relativ großes – und damit ungünstiges A/V-Verhältnis auf (A/V= 1,1m⁻¹). Die Zielvorstellung, die in [14] mit einem Jahres-Heizwärmebedarf von 85 kWh/m²a entwickelt wird, kann nicht in jedem Fall eingehalten werden.

8.7.6.2
Primäreenergieeinsatz bei konstanter Dämmschichtdicke

Der Einsatz an Primärenergie (PE) ist in nachfolgendem Bild 8.141, geordnet nach der Formulierungsnumerierung gemäß Tabelle 8.27, dargestellt.

Zu erkennen ist die Dominanz der Nutzungsphase, so daß sich geringere Werte für die Dämmstoffe mit geringeren Wärmeleitfähigkeiten ergeben.

8.7.6.3
Kumulierter Treibhauseffekt bei konstanter Dämmschichtdicke

Die Bilanzierung bei konstanter Dämmschichtdicke soll dazu dienen, das Gesamt-Bilanzierungsergebnis, das eine Summe der Daten zu den Einzelphasen ist, in die einzelnen Anteile aufzuspalten. Gewählt wurde eine Dämmschichtdicke von 100 mm für die Dämmung gegen Außenluft und von 50 mm für die Dämmung gegen das Erdreich.

Der Wirkbilanzparameter GWP_{kum} ist in Bild 8.142 aufgeschlüsselt nach dem jeweiligen Verursacher dargestellt.

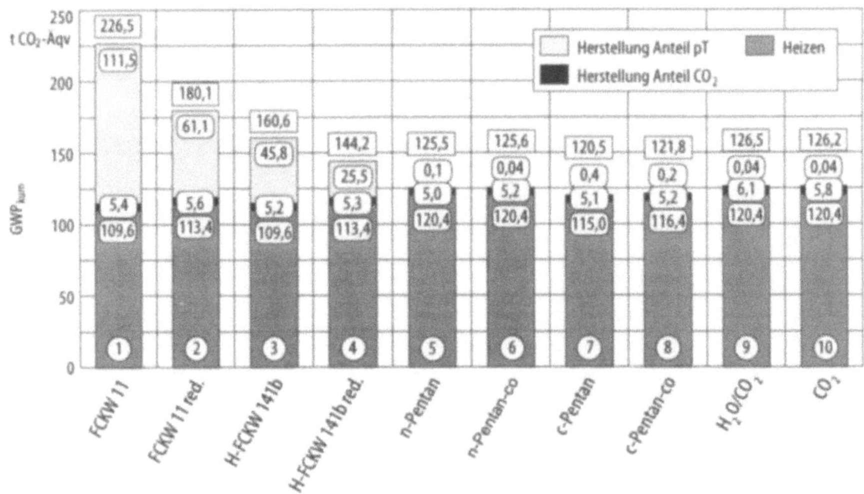

Bild 8.142. Aufschlüsselung des kumulierten Treibhauseffekts nach Herkunftsbereichen

Trotz der geringeren Wärmeleitfähigkeit, die die halogenhaltigen Treibmittel aus den Formulierungen Nr. 1–4 aufweisen, wirken sich hier die geringeren CO_2-Emissionen während der Nutzungsphase nicht entscheidend aus, da ein wesentlicher Beitrag zum kumulierten Treibhauseffekt aus den Emissionen an Treibmittel resultiert. Niedrigere Werte für GWP_{kum} ergeben sich für die halogenhaltigen Varianten bei Ansatz eines längeren Integrationshorizonts. Der GWP-100a-Wert von FCKW 11 beträgt 3400 (20 a: 4500). Für den H-FCKW 141b gilt: $GWP - 100a = 540$ (20 a: 1800). Die Berechnung mit niedrigeren GWP-Werten ergab jedoch keine Änderung in der Reihenfolge der GWP_{kum}-Werte, wenngleich der kumulierte Treibhauseffekt für die Formulierung Nr. 4 mit 127 t CO_2-Äqv. nur noch geringfügig über dem Wert für die Nr. 9 (126,5 t CO_2-Äqv.) liegt.

Obwohl der GWP-Wert für cyclo-Pentan mit $GWP = 28$ kg CO_2-Äqv. relativ hoch angesetzt wurde, hat diese Variante den niedrigsten kumulierten Treibhauseffekt (Nr. 7). Hier wirkt sich die niedrigere Wärmeleitfähigkeit des cyclo-Pentan-Schaums aus.

8.7.6.4
Kosten bei konstanter Dämmschichtdicke

Die Aufschlüsselung der einzelnen Kostenherkunftsbereiche ergibt folgendes Bild (Bild 8.143):

Am kostengünstigsten ist die FCKW-11-Variante Nr.1. Die Vorteile bei den Heizkosten der H-FCKW-Varianten werden durch höhere Schaumpreise im Vergleich zu den mit Kohlenwasserstoffen getriebenen Schäumen ausgeglichen. Nachteile weisen die Formulierungen mit Kohlendioxid als Zellgas (Nr. 9 u. 10) auf. Hier wirken sich sowohl die höheren Heizkosten als auch die höheren Schaumkosten aufgrund der größeren Schaumdichte aus.

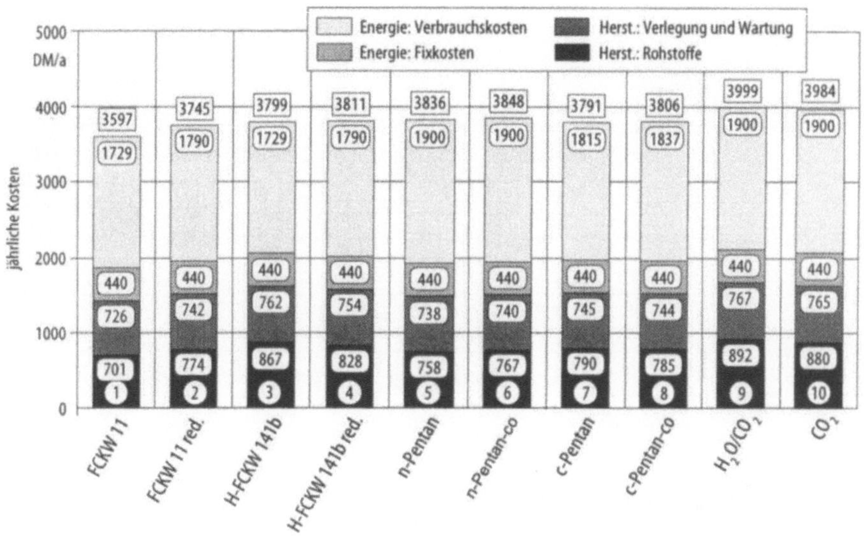

Bild 8.143. Aufschlüsselung der Kosten nach Herkunftsbereichen

8.7.7
Bilanzierung des wärmegedämmten Systems bei Konstanz des k-Wertes durch Dickenkompensation – Analyse der Herstellphase

Durch die Kompensation der besseren Wärmeleitfähigkeit durch höhere Dämmschichtdicken ist der Heizenergiebedarf während der Nutzungsphase konstant, d.h. die Bilanzierung charakterisiert die Herstellung der Schäume. Analysiert man zunächst den in Bild 8.144 dargestellten massenspezifischen Primärenergieeinsatz, so stellt man zwischen den einzelnen Varianten geringe Unterschiede fest.

Formulierungen, die Wasser/CO_2 als Co-Treibmittel enthalten, benötigen höhere MDI-Anteile, da das Zellgas Kohlendioxid aus der Reaktion von Wasser mit Diisocyanat entsteht. Aufgrund des relativ hohen PE-Einsatzes für die MDI-Herstellung ist für solche Formulierungen auch der Wert für den Schaum höher. Am stärksten schlägt dieser Effekt bei der wassergetriebenen Formulierung durch, da hier der MDI-Gehalt am höchsten ist.

Der geringste Wert für den PE-Einsatz weist der CO_2-getriebene Schaum auf, da hier das Zellgas Kohlendioxid, das zur Herstellung einen relativ geringen PE-Einsatz benötigt, nicht über den Umweg der Wasser-Diisocyanat-Reaktion erzeugt wird, sondern direkt in die Reaktionskomponenten zudosiert wird. Dies relativiert sich allerdings bei Betrachtung des flächenspezifischen Primärenergieeinsatzes. Bedingt durch die höhere Dichte von Wasser/CO_2- bzw. CO_2-getriebenen Schäumen wird eine höhere Masse je m² Dämmschicht benötigt. Dies mündet in den im Vergleich zu Alternativen stark vergrößerten PE-Einsatz, Bild 8.145.

Führt man noch eine Kompensation der unterschiedlichen Wärmeleitfähigkeiten durch Anpassung der Dämmschichtdicke auf einen konstanten k-

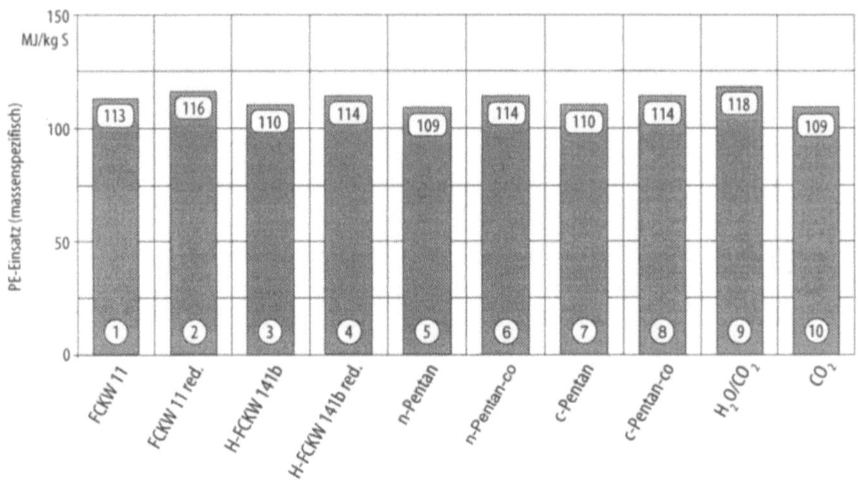

Bild 8.144. Massenspezifischer PE-Einsatz

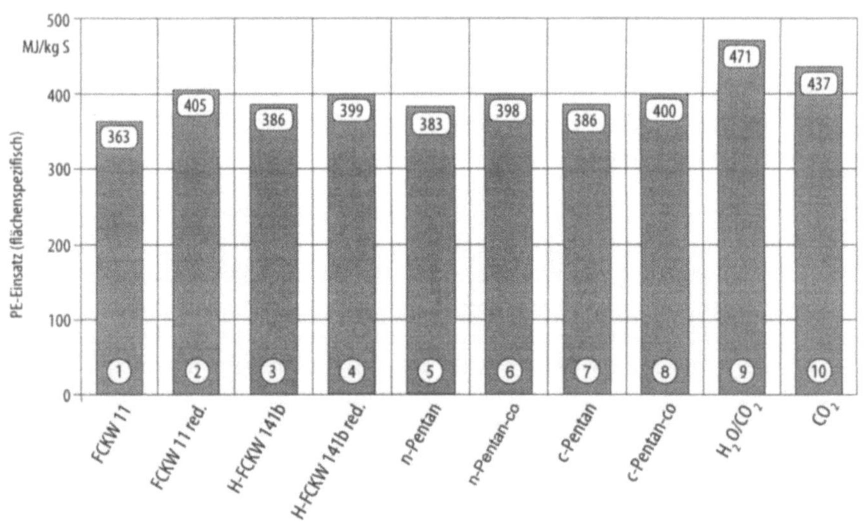

Bild 8.145. Flächenspezifischer PE-Einsatz

Wert durch, so verschiebt sich das Ergebnis zu höheren Werten für Schäume mit schlechterer Wärmeleitfähigkeit. Bezugsgröße ist der FCKW 11-getriebene Schaum mit einer Dicke von 100 mm (Außenwände). Die Dämmschichtdicken sind in Bild 8.146 dargestellt.

Der zur Herstellung von Dämmstoffen dieser Dicke notwendige PE-Einsatz ist in Bild 8.147 dargestellt.

Während der flächenspezifische PE-Einsatz für die n-Pentan-Variante noch niedriger ist als für H-FCKW 141b oder cyclo-Pentan, ändert sich die Reihen-

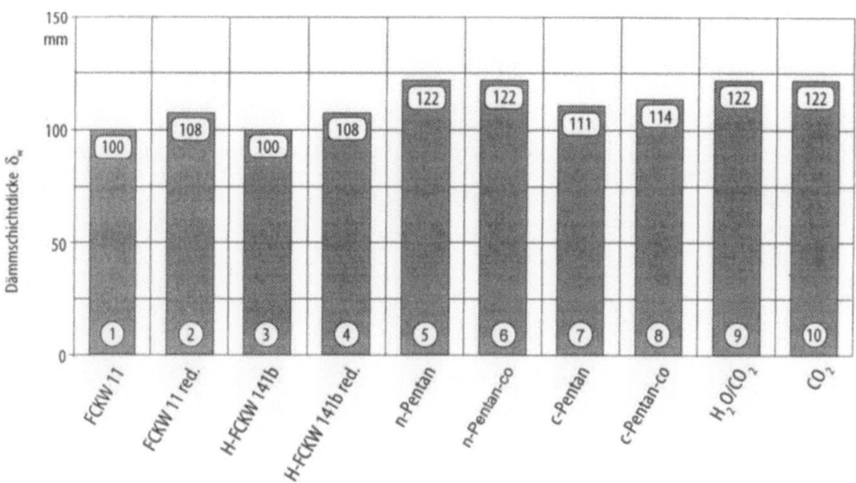

Bild 8.146. Dämmschichtdicke d_W bei konstantem k-Wert der Dämmung

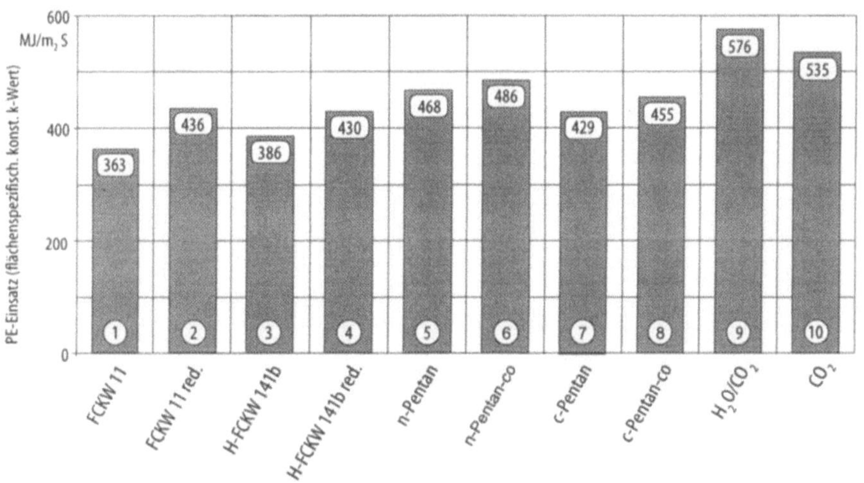

Bild 8.147. Flächenspezifischer PE-Einsatz bei konstantem k-Wert

folge bei Kompensation auf konstanten Wärmedurchgangskoeffizienten (k-Wert), da n-Pentan die deutlich höhere Wärmeleitfähigkeit aufweist.

Die Analyse des Primärenergieeinsatzes kann jedoch weder als Maßstab für den Verbrauch an Ressourcen dienen, da der Anteil der einzelnen Energieträger sowie der Anteil an erneuerbaren Energiequellen nicht ausgewiesen ist, noch ist er ein Abbild für die CO_2-Emissionen oder gar den kumulierten Treibhauseffekt.

Die großen Unterschiede im flächenspezifischen Primärenergieeinsatz für die Schaumherstellung werden im folgenden in die Gesamtbilanz eingeordnet.

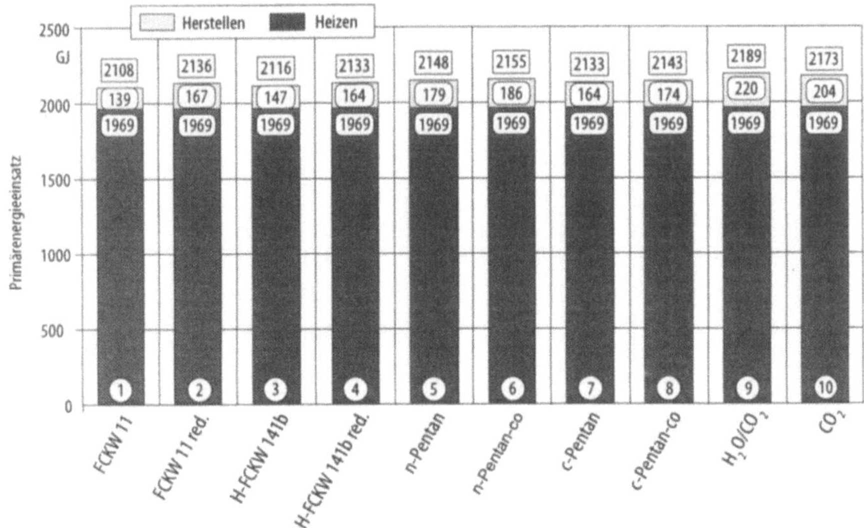

Bild 8.148. PE-Einsatz für das System Haus bei konstantem k-Wert

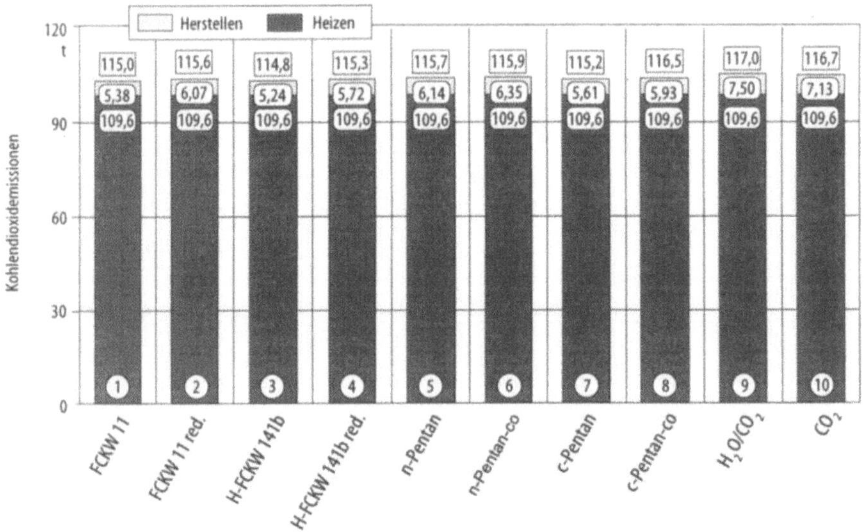

Bild 8.149. CO$_2$-Emissionen im System Haus bei konstantem k-Wert

Bild 8.148 zeigt den Gesamt-Primärenergieeinsatz für Herstellung und Nutzung im System Haus.

Zu erkennen ist, daß der Primärenergieeinsatz stark von der Nutzungsphase abhängt. Für das FCKW 11-gedämmte System, das in der Herstellung den geringsten Energieaufwand verursacht, hat die Herstellphase des Dämmstoffs einen Anteil von 6,5%. Für das Wasser/CO$_2$-System ergibt sich bereits ein Anteil von 10,1%.

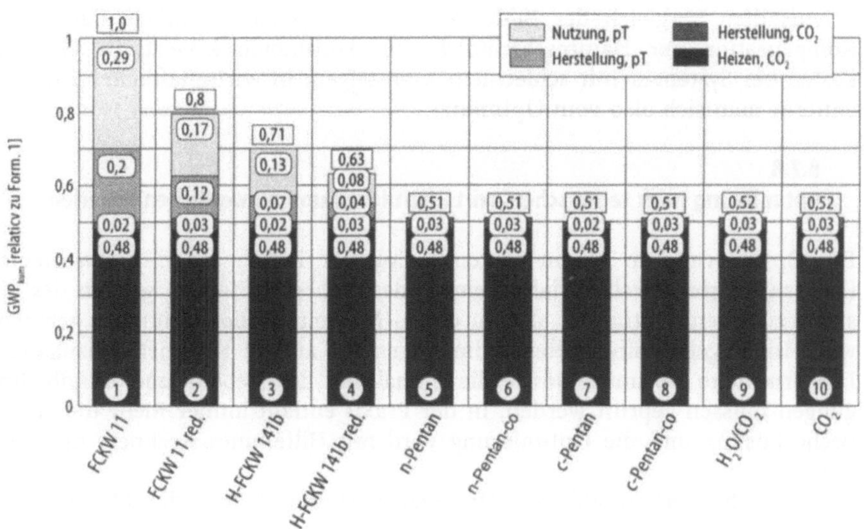

Bild 8.150. Kumulierter Treibhauseffekt im System Haus bei konstantem k-Wert

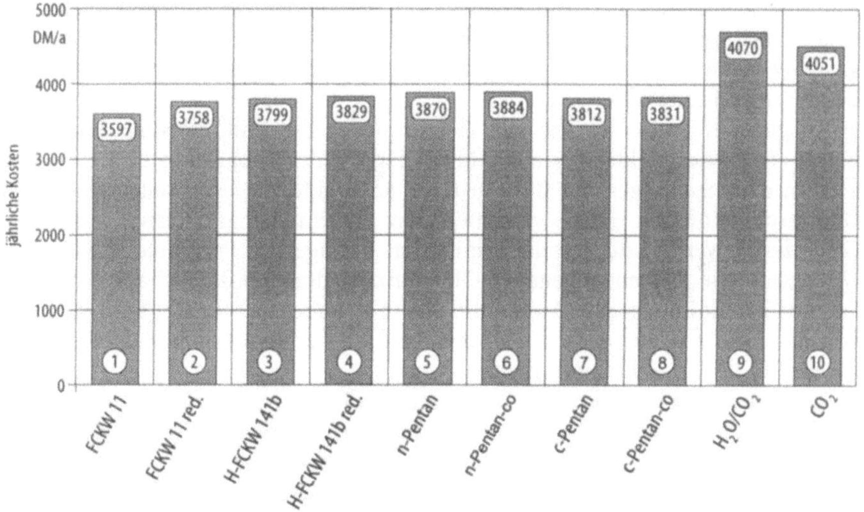

Bild 8.151. Kostenverteilung im System Haus bei konstantem k-Wert

Das Bilanzierungsergebnis für den Parameter „CO_2-Emissionen" ist im Bild 8.149 wiedergegeben.

Hier ist die Dominanz der Nutzungsphase, d.h. der Anteil der Heizung durch Verbrennung von Erdgas, noch stärker. Ein anderes Bild ergibt sich jedoch bei der Analyse des kumulierten Treibhauseffekts (Bild 8.150):

Das Ergebnis der Kostenrechnung ist im Bild 8.151 in Form von jährlichen Gesamtkosten dargestellt.

Aus dem Vergleich der Bilder 8.151 und 8.143 ist ersichtlich, daß durch Kompensation der Dämmschichtdicke auf konstanten k-Wert die Gesamtkosten bei Systemen mit schlechtem k ansteigen; in wirtschaftlicher Hinsicht entfernt man sich also vom Optimum.

8.7.8
Optimierung nach technischen, wirtschaftlichen und umweltlichen Kriterien

Die Optimierung in einem System beinhaltet immer einen Zielparameter (Kriterium), der durch Variation einer oder mehrerer Eingangsgrößen des Systems zu einem Optimum, also zu einem Maximum oder Minimum gebracht wird. Im Regelfall sind Nebenbedingungen für andere Kriterien einzuhalten. Das ermittelte Optimum sowie die Einhaltung der Neben- und Randbedingungen müssen geprüft werden. In der Praxis entfällt immer mehr die analytische Lösung und die Optimierung wird mit Hilfe eines Rechners durchgeführt.

Ein technisch/umweltliches Optimierungskriterium ist die Minimierung des Primärenergieeinsatzes des betrachteten Hauses durch Variation der Dämmschichtdicken für die Außenwände und den Boden. In der Funktion für den PE-Einsatz werden zwei gegenläufige Trends in Abhängigkeit der Dämmschichtdicken zusammengefaßt. Mit steigender Dämmschichtdicke verringert sich der PE-Einsatz durch die Beheizung des Wohnhauses, gleichzeitig steigt er jedoch durch die energetischen Aufwendungen für die Herstellung des Wärmedämmstoffs.

In gleicher Weise wurden als Zielparameter die Minimierung des kumulierten Treibhauseffekts sowie die Minimierung der Gesamtkosten herangezogen. In den nachfolgenden Bildern 8.152–8.156 sind die ermittelten optimalen Dämmschichtdicken nach verschiedenen Optimierungskriterien enthalten. Gleichzeitig werden die jeweils ermittelten Beträge der Parameter PE-Einsatz, GWP_{kum} sowie Kosten angegeben. Referenz ist der Standardschaum, der eine Dämmschichtdicke gegen Außenluft von $\delta_W = 100$ mm bzw. gegen Erdreich von $\delta_B = 50$ mm aufweist. Außerdem sind in den Bildern jeweils die Werte für den FCKW 11-Schaum enthalten.

Die energetisch optimalen Dämmschichtdicken liegen mit $\delta_W = 244$ mm (Außenwände) und $\delta_B = 173$ mm (Boden) bei deutlich höheren Werten als beim Standardschaum. Die Kosten steigen dabei stark an; drastisch verschlechtert sich der Wert für den kumulierten Treibhauseffekt, da bei der Herstellung, Verarbeitung und Nutzung größerer Mengen an Schaum auch größere Mengen des starken Treibhausgases FCKW 11 emittieren. Umgekehrt ist dies auch der Grund dafür, daß das GWP_{kum}-optimierte System bei Dämmschichtdicken $\delta_W = 56$ mm und $\delta_B = 39$ mm sein Optimum hat. Durch die reduzierte Dämmschicht steigt der Energieverbrauch stark an.

Die Lage der Optima der H-FCKW 141b-Systeme ist ähnlich denen der FCKW 11-Systeme, Bild 8.153:

Das Verhalten der mit Kohlenwasserstoff-Schäumen gedämmten Systeme unterscheidet sich von dem der vorangegangenen Systeme vor allem bei der Optimierung des kumulierten Treibhauseffekts. Da Kohlenwasserstoffe relativ

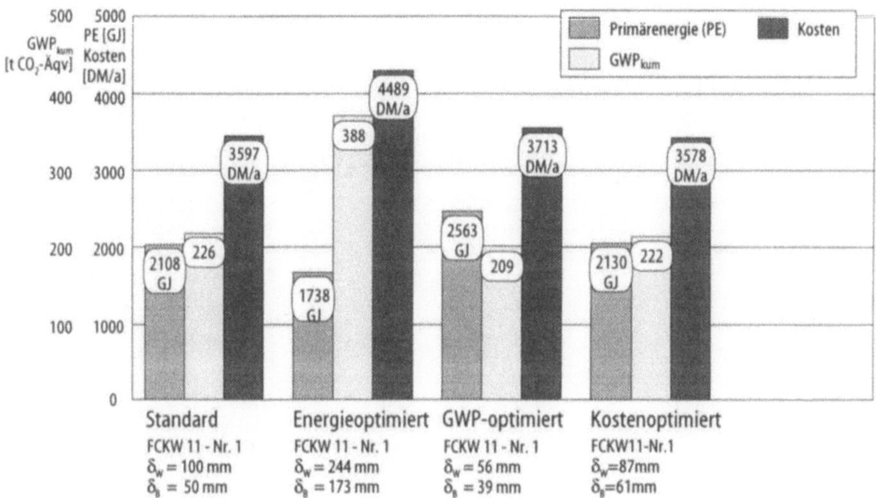

Bild 8.152. Bilanzierungsergebnisse nach verschiedenen Optimierungskriterien für den FCKW 11-Schaum

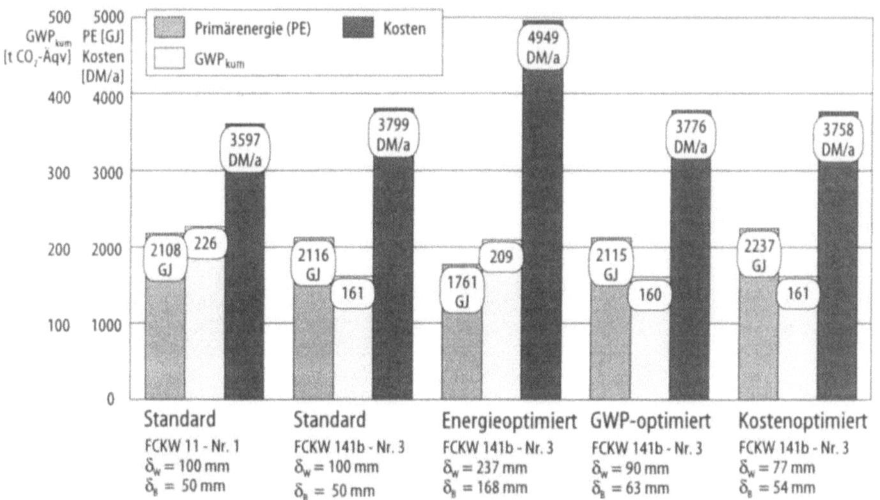

Bild 8.153. Bilanzierungsergebnisse nach verschiedenen Optimierungskriterien für den H-FCKW 141b-Schaum

zu den [H-]FCKW schwache Treibhausgase sind, liegt das GWP_{kum}-Optimum in der gleichen Größenordnung wie das Energieoptimum. Die Kosten steigen gegenüber dem Standard-KW-Schaum stark an (Bilder 8.154 und 8.155).

Im nachfolgendem Bild 8.157 sind die Optima der Energie-, GWP_{kum}- und Kostenfunktion für alle Formulierungen ausgewiesen.

Außer bei den GWP-Werten liegen die Optima der mit reinem Treibmittel getriebenen Varianten immer unter den Werten für die Varianten, die mit

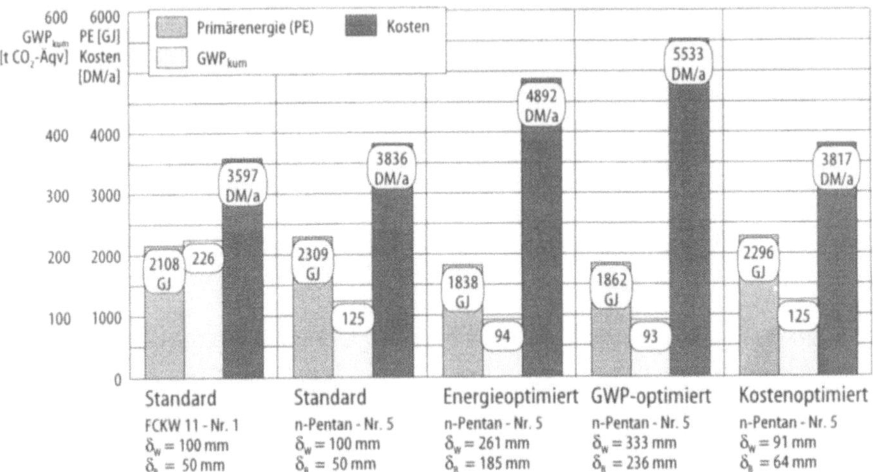

Bild 8.154. Bilanzierungsergebnisse nach verschiedenen Optimierungskriterien für den n-Pentan-Schaum

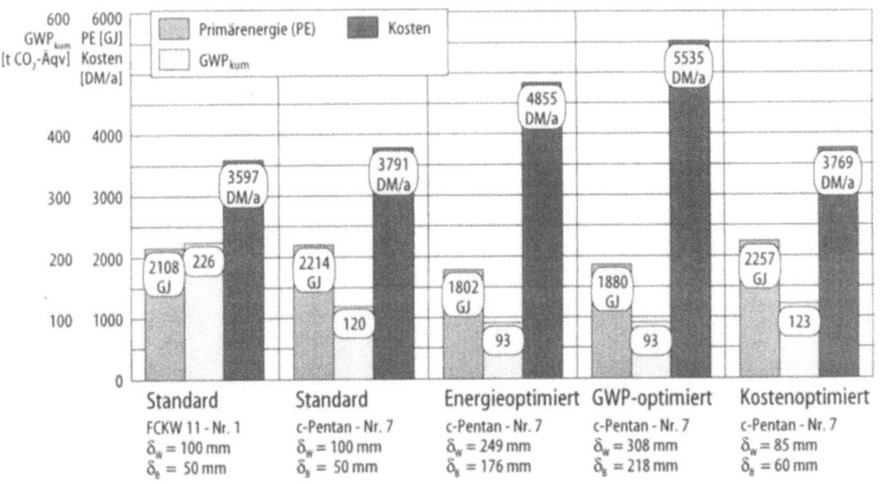

Bild 8.155. Bilanzierungsergebnisse nach verschiedenen Optimierungskriterien für den cyclo-Pentan-Schaum

Wasser als Co-Treibmittel formuliert wurden. Die Energie- und Kostenfunktion verdeutlicht erneut die eingangs gemachte Aussage, daß der Maßstab, den ein FCKW 11-getriebener Wärmedämmstoff setzt, von keiner Alternative erreicht wird. Allerdings ergibt sich hier auch der höchste Wert für den kumulierten Treibhauseffekt.

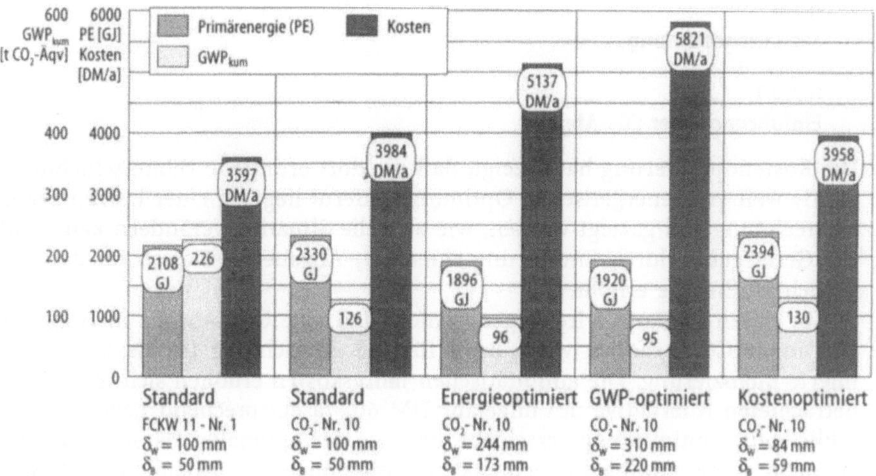

Bild 8.156. Bilanzierungsergebnisse nach verschiedenen Optimierungskriterien für den CO_2-Schaum

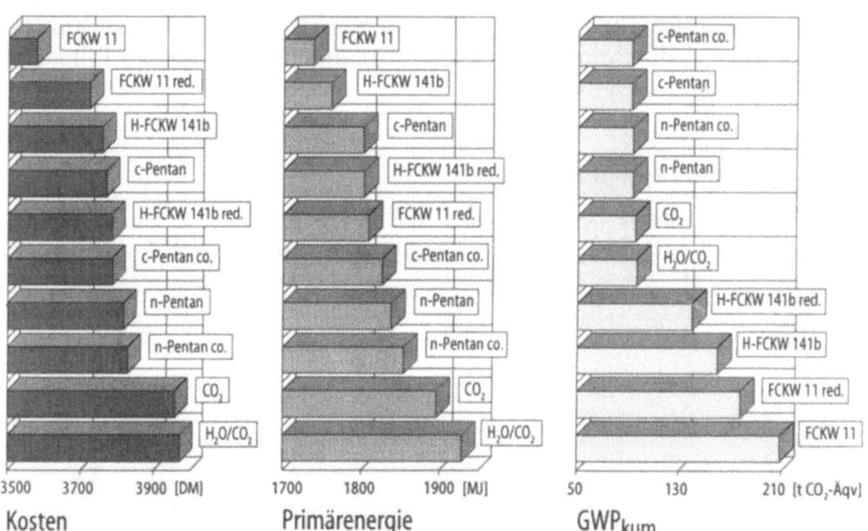

Bild 8.157. Bilanzierungsergebnisse nach verschiedenen Optimierungskriterien, Zusammenfassung

8.7.9
Szenarienrechnung

8.7.9.1
Einführung einer CO_2-Abgabe

Die Kostenoptimierung hat gezeigt, daß die dort ermittelte Dämmschichtdicke relativ weit vom energetischen Optimum entfernt liegt. In einer kurzen Szenarienrechnung soll gezeigt werden, wie sich die Situation verändern kann, falls der Gesetzgeber durch Einführung einer CO_2-Abgabe die Kosten für den Verbrauch an Energie erhöht.

Im ersten Szenario wird angenommen, daß eine CO_2-Abgabe in Höhe von DM 10,–/t CO_2 erhoben wird. Basis für die Betrachtung ist die kostenoptimierte Bilanzierung. Die annuitätischen Jahreskosten erhöhen sich je nach der betrachteten Alternative um ungefähr DM 60,–/a entsprechend 1,6%. Eine anschließende Optimierung verschiebt die Lage der optimalen Dämmschichtdicke nur minimal und bleibt auch kostenmäßig ohne entscheidenden Einfluß.

Gravierender sind die Auswirkungen durch eine CO_2-Abgabe in Höhe von DM 100,– /t CO_2. Hierdurch erhöhen sich die Jahreskosten um ungefähr DM 600,– entsprechend 16%. Durch Kostenoptimierung läßt sich der Betrag jedoch nur um ungefähr DM 15,–/a entsprechend 0,4% senken. Die optimale Dämmschichtdicke steigt um ungefähr 10 mm. Die Emissionen an Kohlendioxid würden dadurch im Mittel um 5,3% gesenkt, der Einsatz an Primärenergie um ungefähr 4,9% reduziert.

8.7.9.2
Kosten contra Energieverbrauch

Als Basis für dieses Szenario wird das mit n-Pentan-co-Schaum wärmegedämmte System herangezogen. Interessant ist die Fragestellung, inwieweit

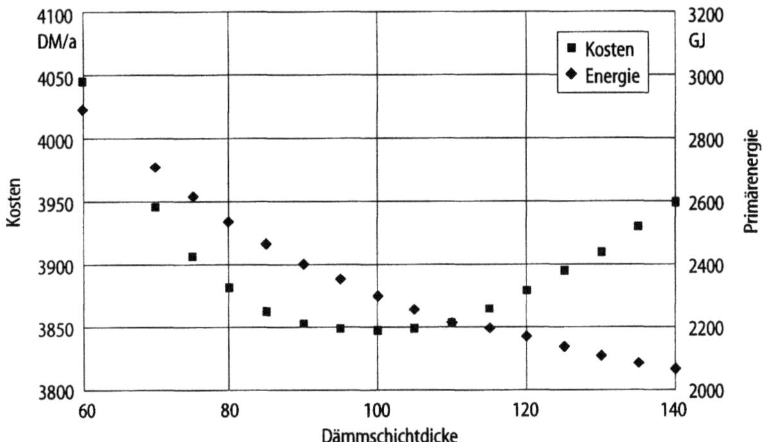

Bild 8.158. Verlauf der Kostenfunktion und der Energieverbrauchsfunktion für n-Pentan-co-Schäume

sich dickere Dämmschichtdicken in Mehrkosten für das System niederschlagen. Zur Beantwortung dieser Frage ist zu klären, welchen Verlauf die Kostenfunktion um den optimalen Wert hat. Die Ergebnisse sind in Bild 8.158 dargestellt.

Die Kostenfunktion hat um das Optimum ebenso wie die Energiefunktion einen sehr flachen Verlauf. Während jedoch die Kostenfunktion ihr Optimum bei $\delta_W \approx 100$ mm hat, ist die Energiekurve noch weit von ihrem Optimum entfernt und hat dementsprechend eine größere Steigung. Bei einer Erhöhung der Dämmschichtdicke δ_W von 100 mm auf 120 mm erhöhen sich die Kosten um 0,8%. Gleichzeitig reduziert sich der Energieverbrauch um 6,3%. Bei der Auslegung der Wärmedämmung von Gebäuden sollte dieser Umstand im Sinne eines schonenden Umgangs mit Ressourcen bedacht werden.

8.7.9.3
Potential alternativer Heizungssysteme

Bei allen bislang betrachteten Bilanzierungen wurde die Heizungsanlage als gegeben angesehen. Durch gekoppelte Strom- und Wärmeerzeugung, beispielsweise in einem Blockheizkraftwerk, läßt sich der Primärenergieeinsatz, der der Heizung anzurechnen ist, stark verringern (vgl. hierzu Abschn. 8.3.4). Ein solches Szenario wurde für einen n-Pentan-co-wärmegedämmtes System mit einer zugrundegelegten Heizzahl (entsprechend „Wirkungsgrad" bezogen auf den Primärenergieeinsatz) von 2,4 durchgerechnet. Die Ergebnisse sind in Bild 8.159 für Standard-Dämmschichtdicken und optimierte Dämmschichtdicken dargestellt.

Das Potential, das sich aus diesem Szenario ableiten läßt, übertrifft deutlich das durch optimierte Wärmedämmungen erreichbare (siehe vorangegan-

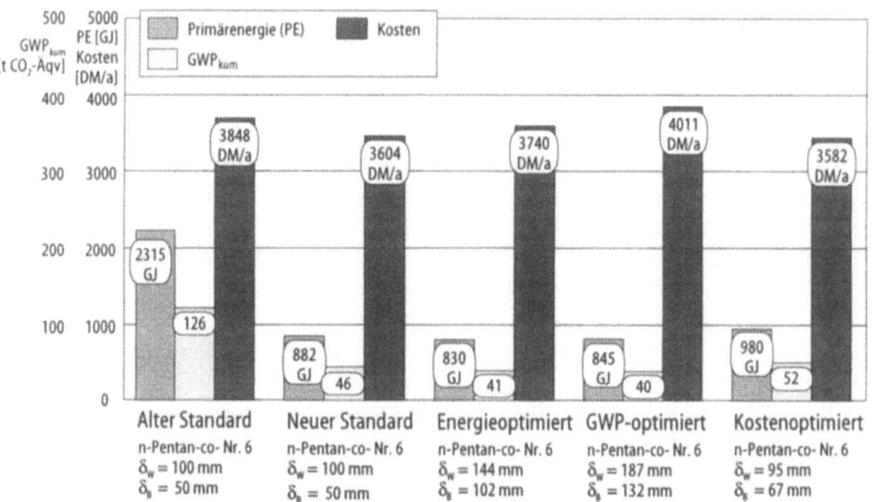

Bild 8.159. Bilanzierungsergebnisse bei Energieversorgung aus einem Kraftwerk mit Kraft/Wärme-Kopplung nach verschiedenen Optimierungskriterien für den n-Pentan-co-Schaum

genes Kapitel). Nachdem sich die Politik um Verbesserungen des Wärmeschutzes durch Erlaß einer Verordnung bemühte, sollten Innovationen im Bereich der Kraftwerkstechnik und Wärmeversorgung folgen. Daß sich die energetischen Vorteile nicht auf den Kostenvergleich auswirken, ist wohl nur vor dem Hintergrund einer nicht marktwirtschaftlichen Preisgestaltung bei der Fernwärmeversorgung zu verstehen.

8.7.10
Zusammenfassung der Entscheidungsanalyse

Unter verschiedenen, jedoch definierten Randbedingungen, wurden die Ergebnisparameter Primärenergieeinsatz, Kosten, CO_2-Emissionen und kumulierter Treibhauseffekt (GWP_{kum}) für ein mit zehn verschiedenen PUR-Schäumen wärmegedämmtes Flachdach-Gebäude betrachtet. Die PUR-Schäume unterschieden sich dabei im Treibmittel und -verfahren bei ihrer Herstellung. An die Berechnung verschiedener Szenarien schloß sich eine Optimierung der Ergebnisparameter an.

Das mit dem FCKW 11-Schaum gedämmte System diente als Referenz für alle in der Analyse betrachteten Varianten. Durch die niedrige Wärmeleitfähigkeit λ des FCKW 11-Schaum ergaben sich für dieses System die geringsten Werte für den Primärenergieeinsatz, die Kosten und die CO_2-Emissionen. Bei Betrachtung des GWP_{kum} stellte sich jedoch eine andere Reihenfolge ein. Aus den hohen GWP-Werten der (teil-)halogenierten Kohlenwasserstoffe resultierten auch hohe GWP_{kum}-Werte für die Gesamtbilanz.

Ein bislang unberücksichtigter Aspekt ist das ozonabbauende Potential der chlorierten Alternativen. Zum Schutz der Ozonschicht hat der Gesetzgeber FCKW und Halone verboten – nicht jedoch teilchlorierte Kohlenwasserstoffe, wie z.B. den H-FCKW 141b, die ebenfalls ein ozonabbauendes Potential aufweisen. Mehrere Gründe sprechen gegen einen Einsatz dieser sogenannten „Softies": Sie sind lediglich eine Übergangslösung, da sich ein Verbot aller Substanzen, die ein ODP aufweisen, abzeichnet. Dies ist jedoch erst mittelfristig zu erwarten. Weit gewichtigere Gründe könnte das Marketing liefern: Die zwangsweise mit dem Einsatz dieser Systeme verbundenen Emissionen an GWP-relevanten Substanzen reduzieren die Akzeptanz des Kunden. Das wichtigste Argument liefert allerdings die Beteiligung der H-FCKW am Ozonabbau. Der kumulierte ODP-Wert ist hier zwar geringer als bei den FCKW (in den betrachteten Beispielen lagen sie zwischen 7 und 11% des Wertes für den FCKW 11-Referenzschaum), angesichts der Gefahr, die aus einem Abbau und der Zerstörung der Ozonschicht resultiert und den Mengen, die noch jahrelang aus bestehenden Gebäuden oder anderen Quellen potentiell emittieren, ist ein Einsatz von ODP-relevanten Substanzen kritisch zu beurteilen. Viele PUR-Verarbeiter und -Kunden verzichten deswegen heute schon auf den Einsatz von H-FCKW.

Die Analyse der Ergebnisparameter ergab, nunmehr ohne Berücksichtigung der [H-]FCKW-Systeme, Vorteile für die mit Kohlenwasserstoff-Schäumen gedämmten Gebäude. In der industriellen PUR-Verschäumung hat sich der Einsatz von KW bereits bewährt. Beispielsweise setzen die Hersteller von Kühlschränken vorwiegend auf cyclo-Pentan; der PUR-Verarbeiter im Baubereich arbeitet mit dem preiswerteren n-Pentan. Die Verschäumung mit Hilfe von brennbaren Treibmitteln ist bei Einsatz entsprechender Sicherheitstechnik beherrschbar [21] und wird sich zumindest in Europa weiter verbreiten; die USA nehmen hier aufgrund von scharfen Sicherheitsvorkehrungen beim Umgang mit brennbaren Chemikalien eine Sonderrolle ein.

Weitere Ergebnisse der Analyse bieten Ansatzpunkte für Verbesserungen in umweltlicher Hinsicht.

Das Abwägen der Kosten gegen den Primärenergieverbrauch zeigt, daß bei Inkaufnahme geringer Mehrkosten der PE-Einsatz durch Erhöhung der Dämmschichtdicke deutlich reduziert werden kann. Dies darf jedoch nicht soweit gehen, daß der PE-Einsatz für die Herstellung der Dämmstoffe die Einsparung an Energie kompensiert.

Entscheidenden Einfluß auf die Ergebnisse der umweltlichen Bilanzierung hat die Art der Energiebereitstellung. Trotz hoher Wirkungsgrade der traditionellen Heizanlagen kann die Ausnutzung der Energie bei Anwendung der Kraft-Wärme-Kopplung in entsprechenden Kraftwerken verbessert werden (s. Abschn. 8.7.9.3 und 8.4.3).

Die Untersuchung hat gezeigt, daß eine Optimierung des Systems „wärmegedämmtes Gebäude" beträchtliche Potentiale beinhaltet. Eine allgemeingültige Beurteilung von Dämmstoffen durch Betrachtung der Wärmedurchgangskoeffizienten oder Wärmeleitfähigkeiten ist jedoch zumindest in umweltlicher Hinsicht nicht zielführend, da sie sowohl die systemspezifischen Randbedingungen als auch vor- oder nachgelagerte Einflüsse, wie z.B. der PE-Einsatz für die Herstellung von PUR-Schäumen, vernachlässigt. Wie die Ergebnisse der Analyse zeigen, kann diese Leistung erst eine Ganzheitliche Optimierung der Systeme erbringen.

8.8
Ganzheitliche Bilanzierung von Energiesystemen – top down-Ansatz

8.8.1
Vergleich einer windtechnischen Stromerzeugung mit einer Steinkohleverstromung

Voss, A.; Stuttgart; Wiese, A., Frankfurt/Main; Stelzer, Th., Stuttgart

Eine umfassende Beurteilung der Vor- und Nachteile unterschiedlicher Stromerzeugungssysteme erfordert u.a. eine möglichst vollständige Bilanzierung aller Energie- und Stoffströme, die ursächlich mit der Bereitstellung einer Kilowattstunde Strom verbunden sind. Dabei sind die Abscheidekriterien entsprechend einer wirklich „Ganzheitlichen" Bilanzierung zu wählen, d.h., die jeweiligen Energie- und Stoffumsätze für die Herstellung und die Entsorgung der Anlage sind ebenso zu erfassen wie diejenigen, die im Zusammenhang mit der Bereitstellung und Umwandlung des Energieträgers stehen. Aufgrund der mangelnden Datenbasis können derzeit nur einige dieser Ströme bilanziert werden, darüber hinaus oft auch nur unvollständig. Ziel der folgenden Ausführungen ist es, das methodische Vorgehen und erste Ergebnisse einer derartigen Ganzheitlichen Bilanzierung für ausgewählte Bilanzierungsgrößen am Beispiel der Windstromerzeugung, der als Vergleich die Steinkohleverstromung gegenübergestellt wird, darzustellen.

8.8.1.1
Grundsätzliche Problematik und Systemabgrenzung

In Deutschland ist seit einigen Jahren ein beachtlicher Anstieg der Stromerzeugung aus Windenergie zu verzeichnen. Diese Entwicklung wurde und wird durch staatliche Fördermaßnahmen zusätzlich begünstigt. Gleichzeitig ist die Windenergie auch in Deutschland durch ein beachtliches Potential gekennzeichnet [1, 2]. Vor diesem Hintergrund kann eine Ganzheitliche Bilanzierung wichtige Hinweise darauf geben, ob diese Entwicklung auch auf der Basis einer umfassenden gesamttechnischen, gesamtökonomischen und gesamtumweltlichen Analyse der windtechnischen Stromerzeugung sinnvoll ist.

Im Vergleich zu den derzeit hauptsächlich zur Stromerzeugung in Deutschland eingesetzten Energieträgern, also fossilen und nuklearen Brennstoffen, ist die Stromerzeugung aus Windenergie durch einige wesentliche Unterschiede gekennzeichnet. Am elementarsten ist dabei die örtliche und zeitliche Dargebotsabhängigkeit und die damit verbundene fluktuierende Stromerzeugungscharakteristik. Die regelbaren Kraftwerke einer konventionellen Anlage können dem jeweiligen Leistungsbedarf entsprechend angepaßt gefahren werden. Im Gegensatz dazu erzeugen Windkraftanlagen nur dann elektrische Energie, wenn ein ausreichendes Windenergieangebot vorhanden ist. Damit stellen Windkraftanlagen – unter der Voraussetzung, daß keine Speicher mitberücksichtigt werden – eine additive bzw. in Grenzen substituive Technik dar.

Als Vergleichsbasis wird hier die Steinkohleverstromung herangezogen. Ein Vergleich ist notwendig, denn das quantitative Ergebnis einer Bilanzierung eines Energieträgers ist nur dann sinnvoll zu bewerten, wenn es einer entsprechenden Bilanzierung eines anderen Stromerzeugungssystems gegenübergestellt wird [3]. In den folgenden Betrachtungen wird unterstellt, daß die in das Verbundnetz eingespeiste windtechnisch erzeugte elektrische Energie Strom aus Steinkohlekraftwerken substituiert. Dabei wird sowohl bei den Windkraftanlagen als auch bei dem Vergleichssteinkohlekraftwerk jeweils von derzeit neu zu bauenden Anlagen ausgegangen. Bezogen auf den Vergleich Windenergie und Steinkohle entspricht die Differenz der so bestimmten Bilanzierungsgrößen – wird jeweils eine gleiche Versorgungsaufgabe unterstellt, bei der die heutige Funktion der Strombereitstellung von verschiedenen Energiesystemen übernommen werden soll – gerade dem Mehr- oder Minderumsatz. Dies können beispielsweise die durch die Windstromerzeugung vermiedenen Emissionen bei der Emissionsbilanzierung oder die entsprechenden vermiedenen oder höheren Kosten beim Wirtschaftlichkeitsvergleich sein.

Nach diesen Vorüberlegungen bietet sich für die hier angestrebte vergleichende Bilanzierung eine Vorgehensweise in drei aufeinander aufbauenden

Arbeitsschritten an. Im ersten Schritt erfolgt die Festlegung der Bilanzierungsgrößen. Welche Kriterien dabei im einzelnen untersucht werden, hängt zum einen von der Relevanz der einzelnen Größen, zum anderen von der quantitativen Bestimmbarkeit der jeweiligen Größen ab. Hier werden der Materialaufwand, der kumulierte Energieaufwand, die kumulierten Emissionen, der Flächenbedarf, die Gesundheitsrisiken und die Kosten als relevante und zumindest weitgehend quantitativ erfaßbare Beurteilungsgrößen herangezogen. Dabei sind die Risiken und die Kosten im eigentlichen Sinne keine Bilanzierungsgrößen wie die anderen Kriterien. Sie stellen eine mögliche Form der Bewertung dar, in der – neben anderem – ein Teil der anderen Bilanzierungskriterien bereits enthalten sind. Sie werden daher gesondert behandelt.

Im einem weiteren Arbeitsschritt werden die einzelnen Kriterien quantifiziert und miteinander verglichen. Um einen Vergleich zu ermöglichen, der die unterschiedlichen technischen Lebensdauern und Auslastungen berücksichtigt, werden – soweit dies sinnvoll und zielführend ist – auf die jeweilige Energieerzeugung bezogene spezifische Werte bestimmt, dargestellt und diskutiert (vgl. Abschn. 8.8.1.2–8.8.1.4). Da die erzeugte Energie bei der Windstromerzeugung sehr vom Standort bzw. von der jahresmittleren Windgeschwindigkeit abhängt, werden drei Referenzstandorte mit jahresmittleren Windgeschwindigkeiten von 4,5, 5,5 und 6,5 m/s (in 10 m Höhe über Grund) unterschieden. Dabei ist eine jahresmittlere Windgeschwindigkeit von 6,5 m/s eher als Ausnahmefall anzusehen, der sehr guten Windverhältnissen an der Küste entspricht [1]. Im Normalfall wird die jahresmittlere Windgeschwindigkeit an windgünstigen Standorten eher im Bereich von 4,5 oder 5,5 m/s liegen. Auf der Basis von gemessenen Windgeschwindigkeitszeitreihen und unter Berücksichtigung der technischen Anlagenverfügbarkeiten berechnen sich je nach Konvertertechnologie Vollaststunden zwischen 1400 und 1680 (4,5 m/s), 2200 und 2450 (5,5 m/s) und 3080 und 3250 (6,5 m/s) (vgl. a. [1]). Da hier einer derzeit neu zu bauenden Windkraftanlage ein ebenfalls derzeit neu zu bauendes Steinkohlekraftwerk gegenübergestellt werden soll – alle miteinander verglichenen Zahlen sollen sich auf den gleichen Zeitpunkt beziehen – wird bei der Steinkohle ein fiktives Kraftwerk moderner Technologie mit einer Nennleistung von 700 MW, einer Vollaststundenzahl von 5000 h/a und einem Nettowirkungsgrad von 43% unterstellt [8]. Mit diesen Angaben können die jährlichen spezifischen Energieerträge berechnet werden. Die energieertragsspezifischen Bilanzierungsgrößen erhält man bei Berücksichtigung der technischen Lebensdauer, die für Windenergieanlagen mit 20 a und für Steinkohlekraftwerke mit 30 a veranschlagt wird.

Bei den Betriebsmitteln werden bei der Steinkohleverstromung die mit der Bereitstellung der Steinkohle am Kraftwerk verbundenen Material-, Stoff- und Energieströme mit bilanziert. Dabei wird sowohl heimische Steinkohle als auch Importkohle und damit auch die entsprechenden Förder- (Tief- und Tagebau) und Transporttechniken mit in die Untersuchung einbezogen. Demgegenüber können die Betriebsmittel bei der Windstromerzeugung in erster Näherung vernachlässigt werden.

Der Vergleich der im zweiten Arbeitschritt bestimmten spezifischen Größen berücksichtigt allerdings noch nicht die unterschiedliche „Qualität" des erzeugten Stroms, der bei der Windenergie dargebotsabhängig erzeugt wird und damit stark fluktuierend ist, bei der Steinkohleverstromung aber an die jeweilige Nachfrage angepaßt bereitgestellt werden kann. Im letzten Arbeitsschritt wird daher eine Versorgungsaufgabe definiert (vgl. Abschn. 8.8.1.5). Erst der Vergleich der Bilanzierungsgrößen, die sich auf der Basis einer Steinkohleverstromung ergeben, mit den entsprechenden Größen eines konventionell/regenerativen Mischsystems (hier ein fiktiver Kraftwerkspark mit Steinkohlekraftwerken und einer bestimmten Anzahl von Windkraftanlagen bzw. Windparks) ermöglicht belastbare Aussagen über die mit der Windenergienutzung verbundenen Vor- und Nachteile.

Die beschriebene Vorgehensweise ermöglicht somit einen Vergleich einer Stromerzeugung aus Energieträgern mit unterschiedlicher Versorgungsqualität. Bei diesem Versuch einer Ganzheitlichen Bilanzierung der Windenergie werden jedoch einige Probleme gar nicht oder nur unvollständig berücksichtigt. Eines dieser Probleme resultiert aus dem unterschiedlichen Entwicklungsniveau der Energietechniken. Dies betrifft sowohl die Weiterentwicklung der Technik (die sich zum Beispiel in einer Erhöhung der Wirkungsgrade niederschlagen kann) als auch mögliche Verbesserungen in Herstellungsverfahren, die zu Materialeinsparungen, Kostensenkungen sowie einer Verringerung des kumulierten Energieaufwandes und der damit verbundenen Emissionen führen können. Hinsichtlich der Abschätzung dieser zukünftigen Weiterentwicklungen gibt es aber große Unsicherheiten. Die im folgenden dargestellten Vergleiche geben damit nur einen momentanen Zustand an, die entsprechenden Relationen können für zukünftige Jahre durchaus anders aussehen.

Auch bei den hier als relevant und quantifizierbar bezeichneten Kriterien ist eine vollständige und umfassende Berücksichtigung aller Einzelelemente oftmals aufgrund mangelnder Daten noch nicht möglich. Im Regelfall beschränken sich die folgenden Betrachtungen daher auf die Herstellung und den Betrieb. Alle weiteren Ausführungen beziehen sich zudem ausschließlich auf in Deutschland hergestellte und hier betriebene Anlagen. Das durch eine Vielzahl unterschiedlichster Ausführungsformen gekennzeichnete Spektrum der am Markt angebotenen Windkraftanlagen wird durch Referenzanlagen repräsentativer Leistungsklassen (30–100 kW, 100–500 kW, Anlagen im MW-Bereich) abgebildet. Diese Referenzanlagen beschreiben nur die derzeit gängigsten Techniken, so daß die folgenden Vergleiche für andere Windkraftanlagen, bei denen beispielsweise andere Turm- oder Rotorblattmaterialien, Herstellverfahren oder Turmhöhen Verwendung finden, durchaus anders ausfallen können.

8.8.1.2
Bestimmung der spezifischen Kenngrößen und Vergleich

Soweit Stoffe, Energie oder Emissionen zu bilanzieren sind, können zur Ermittlung der jeweiligen Material- und Energieaufwendungen verschiedene Verfahren angewendet werden. Dabei handelt es sich um die Prozeßkettenanalyse und die Input-Output-Analyse. Erstere ist die Analyse einzelner Prozeße eine gesamten Prozeßkette, bei der, ausgehend von einem Endprodukt, alle erforderlichen Vorleistungen in sämtlichen Produktstufen im Regelfall soweit zurückverfolgt werden, daß eine Nicht-Betrachtung eines weiteren Prozeßschrittes keinen wesentlichen Fehler mehr verursacht. Bei der Input-Output-Analyse werden volkswirtschaftliche Input-Output-Tabellen angewendet. Der damit bestimmte kumulierte Material- oder Energieaufwand ist jedoch, vor allem aufgrund der im allgemeinen für eine genaue Bilanzierung nur sehr unzulänglichen sektoralen Gliederung der Input-Output-Tabellen, mit deutlichen Unsicherheiten belastet. Sie ist gleichzeitig aber, im Vergleich zur Prozeßkettenanalyse, in der Regel mit erheblich weniger Aufwand verbunden. Im folgenden werden die jeweiligen Aufwendungen im Regelfall durch eine Prozeßkettenanalyse bestimmt.

8.8.1.2.1
Materialaufwand

Sowohl die Menge als auch die Art des bei einer Stromerzeugungstechnik eingesetzten Materials hat u.a. erheblichen Einfluß auf die mit der Herstellung verbundenen Energieaufwendungen, Emissionen und Kosten. Auch hinsichtlich der Entsorgung spielt der Materialaufwand eine wichtige Rolle.

Hier werden nur einige ausgewählte Materialien betrachtet. Grundsätzlich werden nur die direkt für den Bau der Stromerzeugungsanlagen und die für die benötigten Betriebsmittel eingesetzten Materialien berücksichtigt. Der damit verbundene indirekte Materialaufwand (z.B. für die Infrastruktur) wird nicht erfaßt. Damit beinhalten die folgenden Angaben bei der Windenergie nur das für die Windkraftanlage eingesetzte Material. Der Materialeinsatz für die bei Windparks notwendigen Betriebsgebäude liegt im Vergleich zum Aufwand für die Windkraftanlagen in einer vernachlässigbaren Größenordnung.

Für Windkonverter im derzeit üblichen Leistungsbereich (Nennleistung 30–500 kW) stehen Datenblätter gängiger Anlagen zur Verfügung, während die Daten für die Materialaufwendungen großer Anlagen (Anlagen im MW-Bereich) auf Prototypen oder Schätzungen beruhen [4, 5]. Tabelle 8.33 zeigt die spezifischen Größen für unterschiedliche jahresmittlere Windgeschwindigkeiten. Bei der Ermittlung der dargestellten Bandbreiten wurde eine Vielzahl von kleinen, mittleren und großen Anlagen berücksichtigt. Die auf den möglichen Energieertrag bezogenen Aufwendungen liegen bei allen angegebenen Materialien für die Anlagen des mittleren Leistungsbereichs an der unteren Grenze, für Anlagen im unteren Leistungsbereich und für Anlagen im MW-Bereich dagegen an der oberen Grenze der Bandbreiten.

Bei der Steinkohleverstromung ist neben den kumulierten Materialaufwendungen für das Kraftwerk die Steinkohle als wesentliches Betriebsmittel zu berücksichtigen. Dementsprechend sind zusätzlich die Materialaufwendungen für die Förderung und den Transport der Steinkohle zu betrachten. Die angegebenen Bandbreiten bei Stahl und Zement werden hauptsächlich durch die Art der Förderung bestimmt. Dabei ist der Materialeinsatz bei einer Förderung der Steinkohle im Tiefbau ca. 4mal so hoch wie bei einer Förderung im Tagebau. Der Materialaufwand für die Transportanlagen (nur die eingesetzten

Tabelle 8.33. Vergleich des Materialaufwandes bei der Stromerzeugung aus Kohle und Windenergie (Herstellung und Betrieb)

	Stahl	Ne-Metalle	Zement	Kunststoff
	in kg/GWh[7]			
Windenergie[4]				
4,5 m/s	2740–3710	140[5]	1610–3460	340–610
5,5 m/s	1880–2360	60–90[5]	1100–2200	230–390
6,5 m/s	1450–1890	50–70[5]	850–1760	180–310
Steinkohle[1]	990–1030[2]	15[6]	ca. 450[3]	8

[1] Materialaufwand für das Kraftwerk, die Förderung und den Transport
[2] Unterer Wert: Förderung im Tagebau, Transport mit dem LKW
    Oberer Wert: Förderung im Tiefbau, Transport mit dem Schiff
[3] Unterer Wert: Förderung im Tagebau
    Oberer Wert: Förderung im Tiefbau
[4] Alle Anlagen mit horizontaler Achse, Zwei-oder Dreiblattrotor aus Kunststoff, Stahlturm
[5] Kupfer
[6] Kupfer und Aluminium
[7] Bezogen auf die gesamte in der Lebensdauer erzeugte elektrische Energie

Transportmittel wurden berücksichtigt, d.h. der Materialaufwand für Straßen wurde beispielsweise vernachlässigt) spielt im Vergleich zu den anderen Materialaufwendungen nur eine geringe Rolle.

Der Vergleich zwischen der Windstromerzeugung und der Steinkohleverstromung zeigt, daß der Materialaufwand je erzeugter Energieeinheit bei der Windenergie mit zunehmender Windgeschwindigkeit deutlich abnimmt. Beispielsweise sind an Standorten mit jahresmittleren Windgeschwindigkeiten von ca. 4,5 m/s die spezifischen Materialaufwendungen in allen Fällen höher als die vergleichbaren Aufwendungen der Steinkohleverstromung. Bei jahresmittleren Windgeschwindigkeiten von 5,5 m/s lassen sich bei der Wahl einer günstigen Windkrafttechnologie spezifische Materialaufwendungen erreichen, die nur geringfügig oberhalb der Materialaufwendungen für die Steinkohleverstromung liegen. Für eine jahresmittlere Windgeschwindigkeit von 6,5 m/s liegen die mittleren Materialaufwendungen der Windkraft in einem ähnlichen Bereich wie die der Steinkohleverstromung. Da alle betrachteten Anlagen über Kunststoffrotoren verfügen, liegt dieser spezifische Bedarf bei den untersuchten Anlagen um ca. zwei Größenordnungen über dem vergleichbaren Bedarf bei der Steinkohleverstromung.

8.8.1.2.2
Kumulierter Energieaufwand

Techniken zur Energieerzeugung sind im allgemeinen dann technisch sinnvoll, wenn der zur Umwandlung der Primärenergie in die bereitzustellende Endenergie benötigte kumulierte Energieaufwand geringer ist als die von der Anlage während ihrer Lebensdauer bereitgestellte Energie. Kumulierter Energieaufwand (KEA), Erntefaktoren (EF) und energetische Amortisationszeiten (AZ) können dazu als geläufige Beurteilungsgrößen herangezogen werden.

Unter dem kumulierten Energieaufwand (KEA) werden alle mit der Herstellung (KEA_H), der Nutzung (KEA_N) und der Beseitigung (KEA_E) eines Produktes oder eines Systems verbundenen Energieaufwendungen verstanden. Erntefaktoren und Amortisationszeiten können unterschiedlich definiert werden. Zur Beurteilung der kumulierten Energieaufwendungen wird hier der primärenergetische Erntefaktor (EF_{Prim}, Gl. (8.35)) und die primärenergetische Amortisationszeit für die Herstellung (AZ_{Prim}, Gl. (8.36)) bestimmt und miteinander verglichen.

$$EF_{Prim} = \frac{1/\eta_m \cdot W_{Netto,\,Phys}}{KEA_H + KEA_N + KEA_B + KEA_E} \qquad (8.35)$$

$$AZ_{Prim} = \frac{KEA_H \cdot L}{W_{netto,\,Prim} - KEA_N} \qquad (8.36)$$

L ist die Lebensdauer, h_m ist hier der mittlere Wirkungsgrad des Kraftwerkspark in Deutschland. Damit gibt der primärenergetische Erntefaktor an, wievielmal mehr in Primärenergieäquivalente umgerechnete Energie das Kraftwerk während seiner gesamten Lebensdauer zur Verfügung stellt als Primärenergie insgesamt zu seiner Herstellung, seinem Betrieb und seiner Entsorgung aufgewendet werden muß. Die primärenergetische Amortisationszeit für die Herstellung gibt an, wie lange ein Kraftwerk betrieben werden muß, bis seine Energiebilanz ausgeglichen ist, d.h. bis es – unter Abzug der für die Betriebsführung laufend erforderlichen Energiebeträge – soviel Energie tatsächlich zur Verfügung gestellt hat, wie zu seiner Herstellung aufgewendet werden muß [17]. Sowohl die bereitgestellte Energie als auch die Energieaufwendungen gehen dabei als Primärenergie bzw. als Primärenergieäquivalente in die Rechnung ein.

Oftmals ist es nicht möglich, alle Energieströme für sämtliche Vor- und Nebenstufen aller beteiligten Prozesse zu erfassen. Wegen fehlender Daten wird deshalb hier der Energieaufwand für die Entsorgung der für Herstellung der Anlagen und Betrieb eingesetzten Materialien und Stoffe nicht betrachtet. Bei der Windenergienutzung ist der Energieaufwand für den Betrieb der Anlagen im Vergleich zu dem der Anlagenherstellung näherungsweise vernachlässigbar. Bei der Steinkohleverstromung sind die Energieaufwendungen zu berücksichtigen, die für Förderung, Transport und Aufbereitung der Steinkohle notwendig sind, bis sie gebrauchsfertig ins Kraftwerk gelangt (KEA_N für „Steinkohle frei Kraftwerk", vgl. Tabelle 8.34). Wird Steinkohle in deutschen Kohlekraftwerken verfeuert, kann derzeit bei der Zugrundelegung eines Mix aus heimischer Steinkohle und Importkohle von einem primärenergetischen Nutzungsgrad der dem Kraftwerk vorgelagerten Prozeßkette der Steinkohle von 93% ausgegangen werden, d.h. 7% der Primärenergie wird in den vorgelagerten Prozeßstufen Förderung und Transport benötigt [3]. Der kumulierte Brennstoffinhalt (KEA_B) des Brennstoffes selbst wird in dieser Betrachtung nicht mitberücksichtigt.

Mit Hilfe der Prozeßkettenanalyse wurde von einer Vielzahl verschiedener marktgängiger Windkraftanlagen für jedes Bauelement der Energieaufwand

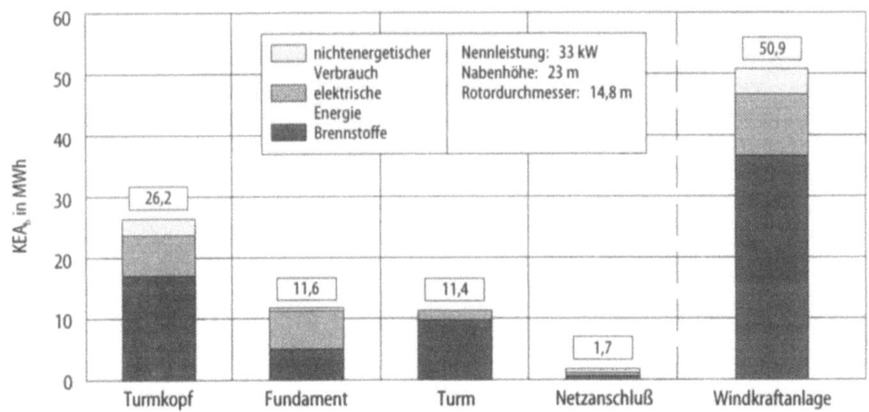

Bild 8.160. Aufteilung des kumulierten Endenergieaufwands für die Herstellung einer Windkraftanlage

für die Herstellung bestimmt [5]. Dabei wurde unterschieden zwischen der Art der eingesetzten Energieträger (Brennstoffe oder Strom) sowie dem nichtenergetischen Verbrauch, der den Energieinhalt nichtenergetisch eingesetzter Energieträger angibt. Um den kumulierten Energieverbrauch einzelner Windkraftanlagen miteinander vergleichen zu können, wird eine Serienfertigung unterstellt. Bei der Anlageninstallation wurde von einem normal tragfähigen Boden ausgegangen, bei dem die Verwendung von Flachfundamenten ausreichend ist, sowie von einer einheitlichen Entfernung zum nächsten Netzanschluß (200 m).

Unter diesen Annahmen ergibt sich der kumulierte Endenergieaufwand (d.h. hier elektrische Energie, Brennstoffe und nichtenergetischer Verbrauch) für die Anlagenherstellung wie in Bild 8.160 am Beispiel einer 33 kW-Anlage dargestellt. Demnach nimmt der Aufwand für den Turmkopf den größten Anteil (ca. 52%) am gesamten Endenergieaufwand ein. Die Aufwendungen für den Turm und das Fundament (jeweils 22 bzw. 23%) liegen in einer vergleichbaren Größenordnung. Demgegenüber ist der kumulierte Endenergieaufwand für den Netzanschluß vergleichsweise gering.

Insgesamt beträgt der kumulierte Endenergieaufwand der dargestellten Windkraftanlage rund 51 MWh. Davon entfallen ca. 70% auf Brennstoffe und weitere 20% auf die benötigte elektrische Energie. Die restlichen 10% werden durch den nichtenergetischen Verbrauch verursacht. Im Gegensatz zum Endenergieaufwand berechnet sich der kumulierte Primärenergieaufwand unter Berücksichtigung der Umwandlungswirkungsgrade der für die benötigte Endenergie eingesetzten Technologien. Dabei wird für die Bereitstellung von elektrischer Energie im allgemeinen ein Nutzungsgrad von 0,35 angesetzt [6]. Für Bereitstellung von Brennstoffen kann ein mittlerer Bereitstellungsnutzungsgrad von 0,85 angenommen werden, für die primärenergetische Bewertung des nichtenergetischen Verbrauches wird ein Nutzungsgrad von 0,8 unterstellt [6]. Damit kann aus dem kumulierten Endenergieaufwand der kumulierte Primärenergieaufwand berechnet werden. Aus diesem ergibt sich mit

Tabelle 8.34. Vergleich des kumulierten Energieaufwandes für die Herstellung bei der Stromerzeugung aus Kohle und Windenergie (nach [6] und eigene Berechnungen)

	Kumulierter Primärenergie aufwand [kWh/MWh³]	Primär- energetischer Erntefaktor	Primärenerge- tische Amorti- sationszeit [Monate]
Windenergie			
4,5 m/s	70–230	44–12	6–20
5,5 m/s	50–150	65–19	4–13
6,5 m/s	35–120	82–24	2–8
Steinkohle			
Energieeinsatz für Materialaufwand[1]	11–23		
Energieeinsatz in vorgelagerter Prozeßkette[2]	ca. 162		
Summe	173–185	9–19	1,0–1,1

[1] Materialeinsatz für Förderanlagen, Transporteinrichtungen und Kraftwerk (Material- und spezifische Energieaufwendungen nach [4]).
[2] Unter Berücksichtigung der eingesetzten Primärenergie für Förderung und Transport („Steinkohle frei Kraftwerk" nach [4])
[3] Bezogen auf die in der Lebensdauer gesamte erzeugte elektrische Energie

der jeweiligen Energieausbeute entsprechend Gl. (8.35) und (8.36) der primär-energetische Erntefaktor bzw. die primärenergetische Amortisationszeit für die Herstellung.

Tabelle 8.34 zeigt den Vergleich dieser Größen für die Stromerzeugung aus Windenergie und die Steinkohleverstromung. Die primärenergetischen Erntefaktoren der Windenergie liegen etwa zwischen 12 und 82; dabei wurden jahresmittlere Windgeschwindigkeiten zwischen 4,5 und 6,5 m/s angenommen. Die primärenergetischen Amortisationszeiten liegen bei 2–20 Monaten. Besonders hervorzuheben ist der Einfluß des Windenergieangebotes auf diese Größen: steigt beispielsweise die jahresmittlere Windgeschwindigkeit um 50% von 4,5 auf 6,5 m/s, verdoppelt sich der Erntefaktor im Mittel, dementsprechend halbieren sich die energetischen Amortisationszeiten.

Die Steinkohle ist unter den getroffenen Annahmen (vgl. Abschn. 8.8.1.1) durch primärenergetische Erntefaktoren im Bereich von etwa 15–16 und durch primärenergetische Amortisationszeiten für die Herstellung von rund 2–4 Monaten gekennzeichnet. Damit liegen die Erntefaktoren bei der Windenergie auch an Standorten mit jahresmittlen Windgeschwindigkeiten von 4,5 m/s in der Regel noch über den Erntefaktoren moderner Steinkohlekraftwerke. Werden dagegen die dargestellten Amortisationszeiten miteinander verglichen, liegen diese nur an Standorten mit jahresmittleren Windgeschwindigkeiten von 6,5 m/s im Bereich derjenigen der Steinkohleverstromung. Dabei ist zu berücksichtigen, daß die im Brennstoff Steinkohle enthaltene Energie in den dargestellten Erntefaktoren bzw. Amortisationszeiten nicht enthalten ist. Der Ressourcenverzehr wird also in diesen Betrachtungen nicht mit berücksichtigt. Haupteinfluß auf diese Kennzahlen haben die energetischen Vorleistungen in der vorgelagerten Prozeßkette. Der primärenergetische Nutzungsgrad in der vorgelagerten Prozeßkette der Steinkohle von 93% entspricht bei einem Umwandlungswirkungsgrad im Kraftwerk von 43% einem Primärenergieaufwand von 162 kWh/MWh (bezogen auf die erzeugte elektrische Energie).

8.8.1.2.3
Emissionen

Bei dieser Emissionsbilanzierung werden hier beispielhaft nur die Luftschadstoffe SO_2, NO_x und Staub sowie das Klimagas CO_2 betrachtet, die wiederum sowohl direkt bei der Stromerzeugung als auch indirekt bei den vorgelagerten Prozeßketten emittiert werden können. Andere bei der Stromerzeugung direkt oder indirekt freiwerdende Schadstoffe, wie beispielsweise die im Abwasser enthaltenen Verunreinigungen oder auch andere Luftschadstoffe (z.B. CO, HC, Schwermetalle, CH_4), werden hier noch nicht betrachtet.

Bei der Windenergie treten nur bei der Herstellung der Anlagen Schadstoffemissionen in einer relevanten Größenordnung auf. Zur Berechnung dieser Emissionen werden einerseits die Materialaufwendungen der betrachteten Leistungsklassen und andererseits die zugehörigen spezifischen Emissionsfaktoren der Luftschadstoffe benötigt. Die spezifischen Emissionsfaktoren werden daher auf die Menge des jeweiligen Materials bezogen [4]. Mit den technischen Verfügbarkeiten, Lebensdauern und den von der jahresmittleren Windgeschwindigkeit abhängigen Vollaststundenzahlen werden die auf die insgesamt erzeugte elektrische Energie bezogenen Emissionen berechnet.

Bei der Steinkohle sind neben den Emissionen, die direkt bei der Verbrennung der Steinkohle im Kraftwerk frei werden, die indirekten Emissionen zu berücksichtigen. Dazu zählt zum einen die mit dem Materialeinsatz für das Kraftwerk, die Förder- und die Transportanlagen verbundene Freisetzung von Luftschadstoffen. Zum anderen sind mit der vorgelagerten Prozeßkette der Steinkohle ebenfalls Emissionen verbunden. Hierbei sind ebenfalls im wesentlichen die bei der Förderung und dem Transport der Steinkohle bis zur „Steinkohle frei Kraftwerk" auftretenden Emissionen (d.h. Emissionen aus der Nutzung von Betriebsstoffen) mitzubetrachten. Zur Vergleichbarkeit werden auch hier die Emissionen auf die von dem gewählten Referenzsteinkohlekraftwerk während seiner Lebensdauer erzeugte elektrische Energie bezogen. Die Kraftwerksemissionen wurden auf der Grundlage der gesetzlichen Bestimmungen (GFAVO, TA-Luft) bestimmt. Eine Entstickung und Entschwefelung wird damit vorausgesetzt [4].

Tabelle 8.35 zeigt den Vergleich der berechneten spezifischen Emissionen. Werden nur die mit dem Materialaufwand für die Anlagen verbundenen Emissionen miteinander verglichen, liegen die spezifischen Emissionen an Standorten mit jahresmittleren Windgeschwindigkeiten von 4,5 und 5,5 m/s geringfügig über den vergleichbaren Emissionen bei der Steinkohle. An Standorten mit hohem Windangebot (6,5 m/s) liegen die berechneten Werte der Windenergie und der Steinkohle in einer ähnlichen Bandbreite. Bei der Steinkohle machen bei allen betrachteten Luftschadstoffen die durch den Materialeinsatz verursachten Emissionen den geringsten Anteil aus. Zum weitaus größten Teil werden die Emissionen im Kraftwerk selbst durch die Verbren-

Tabelle 8.35. Vergleich der kumulierten Emissionen aus der Herstellung und dem Betrieb der Stromerzeugung aus Kohle und Windenergie (nach [4] und eigene Berechnungen)

	SO_2	NO_x	Staub	CO_2^3
	[kg/GWh[3]]			
Windenergie				
4,5 m/s	18–32	26–43	3,0–6,3	19 000–34 000
		18–27		
5,5 m/s	13–20	14–22	2,0–4,3	13 000–22 000
6,5 m/s	10–16		1,5–3,2	10 000–17 000
Steinkohle				
Emissionen bei Materialaufwand[1]	6–11	10–14	1 –2	4 400– 7 300
Emissionen vorgelagerte Prozeßkette[2]	ca. 53	ca. 64	ca. 5	ca. 24 300
Emissionen Kraftwerk				
Summe	ca. 570	ca. 570	ca. 140	ca. 781 000
	ca. 629–634	ca. 644–648	ca. 146	ca. 809 700–812 600

[1] Materialeinsatz für Förderanlagen, Transporteinrichtungen und Kraftwerk (Materialaufwendungen und spezifische Emissionen nach [4])

[2] Unter Berücksichtigung der Emissionen der Betriebsstoffe bei Förderung und Transport bis zur „Steinkohle frei Kraftwerk" (nach [4])

[3] Bezogen auf die gesamte in der Lebensdauer erzeugte elektrische Energie

nung der Steinkohle verursacht. Da bei der Windstromerzeugung Emissionen nur bei der Herstellung auftreten, ist der Schadstoffausstoß damit insgesamt um mehr als eine Größenordnung geringer als bei der Steinkohleverstromung. Dies gilt auch an Standorten mit vergleichsweise niedrigen mittleren Windgeschwindigkeiten (4,5 m/s).

8.8.1.2.4
Flächenbedarf

Insbesondere in einem Land mit bereits intensiver Flächennutzung ist die von den Stromerzeugungssystemen in Anspruch genommene Fläche ein relevantes Beurteilungskriterium. Da die verschiedenen Stromerzeugungssysteme die jeweiligen Flächen in einer unterschiedlichen Form bzw. mit unterschiedlichen Intensitäten nutzen, ist eine Einteilung der in Anspruch genommenen Flächen in drei verschiedene Typen sinnvoll:

– Flächentyp I: Hierunter fallen Flächen, die von den jeweiligen Anlagen vollständig und ausschließlich in Anspruch genommen werden (z.B. Betriebsgebäude, versiegelte Flächen allgemein oder das gesamte Betriebsgelände).
– Flächentyp II: Darunter sind Flächen zu verstehen, die von den Stromerzeugungssystemen nur teilweise in Anspruch genommen werden oder eingeschränkt auch einer anderen Nutzung zur Verfügung stehen (z.B. Schutzzonen um Kraftwerke, landwirtschaftlich nutzbare Flächen von Windparks).
– Flächentyp III: Hierbei handelt es sich um sonstige Gebiete, die indirekt benötigt werden (z.B. Deponien, Kohleabbaugebiete).

Tabelle 8.36. Vergleich des Flächenbedarfs einer windtechnischen Stromerzeugung und einer Steinkohleverstromung (nach [4, 8] und eigene Berechnungen)

	Flächentyp I	Flächentyp II	Flächentyp III
	$[m^2/(GWh/a)^6]$		
Windenergie			
4,5 m/s	670–3710	21 700–116 500	0
5,5 m/s	460–2360	14 800– 74 200	0
6,5 m/s	360–1890	11 400– 59 300	0
Steinkohle	30– 40[1]	1 470– 1 840[2]	10–700[3]

[1] Unterer Wert: Flächenbedarf Kraftwerk für Betriebsgebäude, Kühlturm, Kohleeingangslager
     Oberer Wert: Fläche innerhalb Anlagenzaun
[2] Mittlerer Flächenbedarf aufgrund des Sicherheitsabstandes zum Kraftwerk (1000 m)
[3] Flächenbedarf für die Steinkohleförderung im Tiefbau oder Tagebau
[4] Flächenbedarf für Windkraftanlagenfundament, Betriebsgebäude und Servicewege
[5] Flächenbedarf des gesamten Windparks bei einem Abstandsfaktor zwischen 6 und 12
[6] Bezogen auf die jährlich erzeugte elektrische Energie

Hier werden nur die wichtigsten für den Betrieb der Anlagen benötigten Flächen berücksichtigt. Damit ist bei der Windenergie nur die Fläche der eigentlichen Windkraftanlage bzw. des Windparks zu berücksichtigen. Andere Flächen, wie z.B. die notwendigen Flächen für die Fabrikgebäude zur Herstellung der Anlagen, die anteilmäßig für den Transport in Anspruch genommenen öffentlichen Verkehrswege sowie der Flächenbedarf für die Stromverteilung werden nicht berücksichtigt. Bei der Steinkohleverstromung wird für den Betrieb des Kraftwerks neben der Kraftwerksfläche selbst bzw. den notwendigen Sicherheitszonen noch der Flächenbedarf für den Abbau des Brennstoffs Steinkohle berücksichtigt.

Tabelle 8.36 zeigt den Vergleich des spezifischen Flächenbedarfs einer windtechnischen Stromerzeugung und einer Steinkohleverstromung. Im Gegensatz zu den bisherigen Berechnungen (vgl. Abschn. 8.8.1.2.1–8.8.1.2.3) wurden dabei die Flächen auf die jährlich erzeugte und nicht auf die in der gesamten Lebensdauer der Anlagen erzeugte elektrische Energie bezogen. Damit wird der unterschiedlichen Dauer der Flächennutzung Rechnung getragen. Zum Flächentyp I zählt bei der Windenergie nur die für das Fundament, für die Betriebsgebäude und die notwendigen Servicewege benötigte Fläche. Die restliche Fläche des Windparks steht einer – leicht eingeschränkten – landwirtschaftlichen Nutzung offen und fällt damit in die Kategorie II. Die für den Windpark notwendige Fläche ergibt sich aus dem Abstand zwischen den Anlagen, der notwendig ist, um die Abschattungseffekte möglichst gering zu halten. Die entsprechende Kenngröße, der Abstandsfaktor, liegt zwischen 6 und 12 [1, 7].

Bei der Steinkohle berechnet sich der spezifische Flächenbedarf des Flächentyps I aus den Flächen für die Betriebsgebäude, die Kühltürme und das Kohleneingangslager. Zum Flächentyp II zählt die Sicherheitszone um das Kraftwerk, Flächentyp III umfaßt den Flächenbedarf für die Steinkohleförderung. Für den letztgenannten Flächentyp ergeben sich große Unterschiede abhängig von der Art der Steinkohleförderung (Tiefbau ca. 10 m²/(GWh/a), Tagebau ca. 700 m²/(GWh/a) [4, 8]).

Der Vergleich zeigt, daß der spezifische Flächenbedarf in den Kategorien I und II für Steinkohle deutlich geringer ist als bei der Stromerzeugung aus Windenergie. Selbst an Standorten mit sehr hohem Windangebot (6,5 m/s) liegt der Flächenbedarf für Typ I um mehr als eine Größenordnung über dem Flächenbedarf der Steinkohle. Demgegenüber fällt der Vergleich bei Flächentyp III eindeutig zugunsten der Windenergie aus, da diese im Gegensatz zur Steinkohle keine Flächen für die Förderung und Bereitstellung der Betriebsstoffe benötigt.

8.8.1.3
Risikoabschätzung

Der Begriff „Risiko" stellt zunächst ein qualitatives Maß für die Erwartung eines Schaden dar, der aus dem Einsatz einer Technik resultieren kann. Risiko setzt sich dabei aus den Komponenten „Schaden" und „Wahrscheinlichkeit des Schadenseintritts" zusammen. Unter einem Schaden sind alle negativen Auswirkungen ökonomischer, ökologischer und gesundheitlicher Art zu verstehen, die mit der Technologie in ursächlichem Zusammenhang stehen. Der Schaden setzt sich wiederum aus den Komponenten „Schadensart" und „Schadensumfang" zusammen [9].

Um das Risiko als quantitative Größe darstellen zu können, ist es notwendig, alle Komponenten zahlenmäßig zu erfassen. Deshalb beschränken sich die vorliegenden Ausführungen ausschließlich auf die heute quantifizierbaren Gesundheitsrisiken. Dazu werden die statistisch erfaßten Todesfälle und Erkrankungen herangezogen. Die Beschränkung auf meßbare Schadensarten bedeutet jedoch eine erhebliche Einschränkung des Risikobegriffs, da nur solche Schäden in eine Risikoanalyse eingehen, die in einer Maßeinheit ausdrückbar sind.

Während bei Steinkohlekraftwerken die Risiken im wesentlichen mit der Bereitstellung des Brennstoffes verknüpft sind, treten die Risiken bei der Nutzung regenerativer Energieträger vornehmlich im Zusammenhang mit der Materialbereitstellung und dem Bau der Anlagen auf [10]. Sie sind daher meist proportional zum Materialbedarf. Dies betrifft sowohl die Berufsrisiken bei der Rohmaterialbereitstellung, bei der Anlagenfertigung und -montage sowie beim Transport des Materials und der Komponenten als auch die öffentlichen Risiken infolge der Schadstoffemissionen während des Herstellungsprozesses und infolge von Transportunfällen. Aus dem Materialbedarf von Windkraftanlagen kann demzufolge mit Kenntnis der spezifischen Risiken das Gesamtrisiko je TWh abgeschätzt werden.

Bild 8.161 zeigt die derart ermittelten Größen. Demnach ergeben sich Gesundheitsrisiken der Windenergie im Zusammenhang mit der Materialherstellung, der Komponentenfertigung, dem Transport, der Montage, dem Betrieb und der Wartung der Anlagen. Bei der Montage sowie bei Betrieb und Wartung können nur Bandbreiten bezüglich der möglichen Todesfälle je PWh angegeben werden. Insgesamt ergeben sich bei der windtechnischen Stromerzeu-

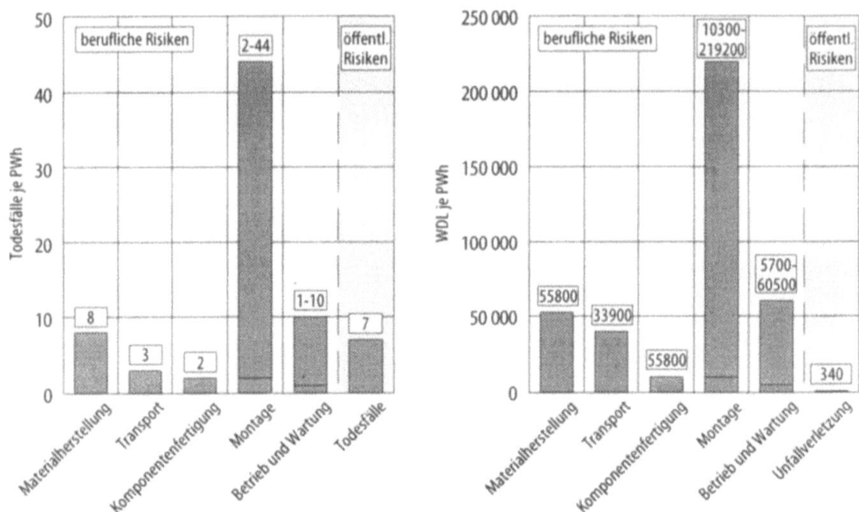

Bild 8.161. Berufliche und öffentliche Risiken im Zusammenhang mit einer Stromerzeugung aus Windenergie (WDL = workers day lost, öffentliche Risiken bei Transportvorgängen [9])

gung rund 0,01–0,08 Todesfälle je TWh. Werden die Unfälle und Krankheitsfälle in die entsprechende Anzahl ausgefallener Arbeitstage (WDL: workers day lost) überführt, errechnen sich Werte zwischen 60–300 je TWh.

Neben den Berufsrisiken sind bei der windtechnischen Stromerzeugung öffentliche Risiken beim Bau und Betrieb der Windkraftanlagen vorhanden (z.B. Bruch eines Rotorflügels bei hoher Drehzahl). Sie sind aber kaum verläßlich abzuschätzen. Die im Bild 8.161 dargestellten öffentlichen Risiken beinhalten nur die Risiken, die bei Transportvorgängen im Zusammenhang mit der Anlagenherstellung und -installation entstehen.

Berufliche und öffentliche Risiken sind von unterschiedlicher Qualität und sollten keinesfalls zusammengezählt werden. Den Berufsrisiken steht durch die Entlohnung der Berufstätigkeit ein direkter Nutzen gegenüber. Dies gilt nicht für die öffentlichen Risiken, bei denen die Betroffenen in der Regel nicht diejenigen sind, die direkt von der Energiebereitstellung profitieren. Indirekt kann es allerdings auch bei den öffentlichen Risiken zu einer Kompensation kommen, z.B. durch gesteigerten Wohlstand. Im Gegensatz zu beruflichen Risiken, die zumindest teilweise in den Energiepreisen bereits enthalten sind, stellen öffentliche Risiken im wesentlichen externe Kosten dar.

Bei der Steinkohle liegen die Risiken auch heute noch überwiegend bei der Gewinnung der Kohle im Tiefbau, in geringerem Umfang auch beim Tagebau. Im Vergleich dazu ist die eigentliche Nutzung der Kohle als Energieträger von deutlich weniger Unfallgefahren geprägt. Risikobeiträge können beispielsweise aus eventuell erforderlichen Transportvorgängen von Aschen oder Entschwefelungsreststoffen resultieren.

Tabelle 8.37. Vergleich der beruflichen und öffentlichen Risiken einer windtechnischen Stromerzeugung und einer Steinkohleverstromung (nach [9, 17] und eigene Berechnungen)

	berufliche Risiken		öffentliche Risiken	
	Todesfälle	Verletzungen/ Erkrankungen	Todesfälle	Verletzungen/ Erkrankungen
	[Anzahl/TWh[1]]	[WDL/TWh[1]]	[Anzahl/TWh[1]]	[WDL/TWh[1]]
Windenergie				
4,5 m/s	0,02–0,08	120–300	0,008	0,35–0,38
5,5 m/s	0,01–0,05	80–200	0,005	0,23–0,25
6,5 m/s	0,01–0,04	60–150	0,004	0,18
Steinkohle	0,22	2 300	0,21–0,74	0,80–12,0

Ohne Berücksichtigung von Speicher und Back-up-Systemen; WDL: workers day lost

[1] Bezogen auf die gesamte in der Lebensdauer erzeugte elektrische Energie

Tabelle 8.37 zeigt den Vergleich beruflicher und öffentlicher Risiken von windtechnischer Stromerzeugung und Kohleverstromung für die jeweiligen Referenzbedingungen. Sowohl die beruflichen als auch die öffentlichen Risiken einer Stromerzeugung aus Windenergie sind demnach deutlich geringer als bei der Steinkohle. Bei den Berufsrisiken ist dies hauptsächlich durch die Gefahren bei der Kohleförderung begründet. Die hohen Werte der öffentlichen Risiken ergeben sich fast ausschließlich durch die mit den Schadstoffemissionen (z.B. Staub, SO_2, NO_x) möglicherweise verbundenen Todesfälle (vgl. a. [11]).

8.8.1.4
Kosten

Die Berechnung der Kosten stellt eine mögliche Form der Bilanzierungsbewertung dar. Bei ihrer Berechnung ist zu unterscheiden zwischen den betriebswirtschaftlichen Kosten, also den eigentlichen spezifischen Stromgestehungskosten, und den externen Kosten.

Die für die Berechnung der spezifischen Stromgestehungskosten einer Windkraftnutzung relevanten Gesamtinvestitionen setzen sich zusammen aus den Anlagenkosten ab Werk (2200–7900 DM/kW bei Anlagen zwischen 20 und 90 kW und 1600–3000 DM/kW bei Konvertern von 90–500 kW), aus den Kosten für Transport und Montage (ca. 5–6% der Anlagenkosten ab Werk), den Kosten für das Fundament (ca. 6% der Kosten ab Werk bei Standardfundamenten) und der Netzanbindung (10–25% der Kosten ab Werk) sowie sonstigen Kosten (z.B. Planungskosten, Wegekosten; ca. 15% der Kosten ab Werk). Die jährlich anfallenden Betriebskosten ergeben sich aus den Aufwendungen für Wartung und Instandhaltung, für Versicherungen und u.U. für das Pachten des Aufstellungsgeländes (ca. 1–3% der gesamten Investitionen im Jahr [12]). Aus den Investitionen und Betriebskosten können mit Hilfe der Annuitätenmethode die über die Abschreibungsdauer der Windkraftanlage konstanten

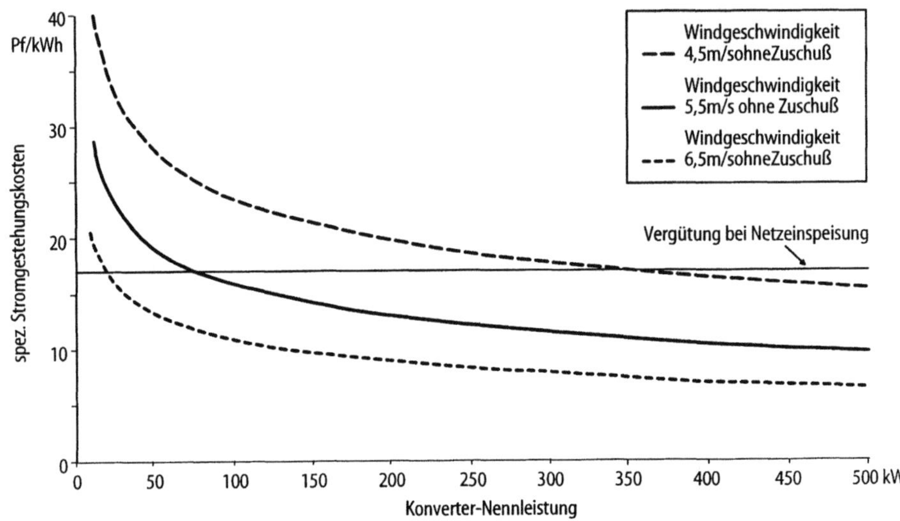

Bild 8.162. Spezifische Windstromgestehungskosten für unterschiedliche jahresmittlere Windgeschwindigkeiten (Abschreibungsdauer 20 Jahre, Zinssatz 4%)

mittleren barwertigen Kosten berechnet werden. Bild 8.162 zeigt die resultierenden Stromerzeugungskosten in Abhängigkeit von der installierten Leistung im Bereich von 50–500 kW für unterschiedliche Windgeschwindigkeiten. Als Abschreibungsdauer wurden 20 Jahre, als realer Zinssatz 4%/a – wie üblich bei volkswirtschaftlichen Rechnungen (z.B. [18]) – unterstellt. Demnach sind die spezifischen Kosten mittelgroßer Windkraftanlagen mit einer installierten Leistung zwischen 100 und 500 kW deutlich geringer als die kleinerer Anlagen. Ursache sind zum einen die niedrigeren spezifischen Investitionen, zum anderen die meist größeren Turmgrößen, die am gleichen Standort eine höhere jahresmittlere Windgeschwindigkeit in Nabenhöhe und damit eine höhere Energieausbeute bedingen.

An Standorten mit jahresmittleren Windgeschwindigkeiten von rund 6,5 m/s können Windkraftanlagen auch ohne staatliche Förderung ökonomisch betrieben werden, sofern es sich nicht um Kleinstanlagen mit Nennleistungen unter ca. 10 kW handelt (Annahmen: Mittlere Konverterkosten, Standardfundament, kurze Netzanbindung, keine zusätzliche Zuwegung, derzeitige Vergütung von 16,7 Pf/kWh für die Einspeisung elektrischer Energie in das öffentliche Netz auch in Zukunft). Bei einem Standort mit einer jahresmittleren Windgeschwindigkeit von 5,5 m/s ist dagegen unter den gleichen Annahmen ein kostendeckender Betrieb erst ab einer installierten Leistung der Windkraftanlage von rund 130 kW möglich (vgl. Bild 8.162).

Ein direkter Vergleich dieser Stromerzeugungskosten mit den Aufwendungen einer Elektrizitätsgewinnung aus Steinkohlekraftwerken ist aufgrund der unterschiedlichen „Qualität" des regenerativen und konventionellen Stromes nur eingeschränkt möglich. Die Windstromerzeugung erfolgt energiedargebotsabhängig und nur eingeschränkt entsprechend der Nachfrage. Um die

Stromnachfrage zu decken, müssen daher Speicher oder andere Kraftwerke die Unterschiede zwischen Angebot und Nachfrage ausgleichen. Dadurch entstehen Back-up-Kosten, die allerdings – unter Berücksichtigung des Kapazitätseffektes, also der eingesparten konventionellen Kraftwerksleistung [13, 14] – erst beim Vergleich am Beispiel einer Versorgungsaufgabe (vgl. Abschn. 8.8.1.3) berücksichtigt werden.

Die Relation der Kosten kann sich verändern, wenn neben den betriebswirtschaftlichen Kosten die externen Effekte monetarisiert werden. Unter den externen Kosten der Stromerzeugung sind alle als Folge der Elektrizitätserzeugung auftretenden technologiebedingten Aufwendungen zu verstehen, die nicht der Produzent, sondern dritte Personen oder die Allgemeinheit zu tragen haben [11, 15]. Der Begriff Elektrizitätserzeugung schließt dabei die vor- und nachgelagerten Prozeßstufen, wie z.B. Bau der Anlagen, Energieträgergewinnung und -transport, Entsorgung, mit ein. Volkswirtschaftlich betrachtet hat die Nichterfassung externer Kosten in der betriebswirtschaftlichen Rechnung und somit auch in den Preisen eine Fehlallokation knapper Ressourcen zur Folge. Um für die Volkswirtschaft optimale Entscheidungen zu treffen, sollten daher alle externen Kosten internalisiert werden. Dazu müssen sie allerdings bekannt und quantifizierbar sein. Dies ist jedoch aufgrund der teilweise unbekannten externen Effekte und der mangelnden Quantifizierbarkeit bekannter sekundärer Einflüsse (z.B. visuelle Beeinträchtigung des Landschaftsbildes durch Windkraftanlagen) – sehr schwierig und nicht immer eindeutig möglich. Die vorliegenden Schätzungen externer Kosten sind daher mit erheblichen Unsicherheiten behaftet. Dies ist bei den folgenden Betrachtungen stets zu beachten.

Tabelle 8.38 zeigt die Ergebnisse einer Abschätzung einiger externer Kosten [15]. Sie sind zusätzlich zu den bereits genannten Kosten aus Investition, Betrieb und konventionellem Back-Up unter Berücksichtigung des Kapazitätseffektes in der Tabelle für die Windenergie und die Steinkohle dargestellt. Dabei wurde unterschieden zwischen den externen Kosten der Gesundheitsauswirkungen, des Ressourcenverzehrs, der Umweltbelastung und der Forschung und Entwicklung sowie den Subventionen. Damit ist bereits ein Teil der in den vorangegangenen Überlegungen (Abschn. 8.8.1.2.1–8.8.1.2.5) analysierten Kriterien kostenmäßig erfaßt. Dies ist bei einer Gesamtbewertung der hier vorgestellten vergleichenden Bilanzierung von Stromerzeugungssystemen zu beachten, da die Doppelberücksichtigung einzelner Kriterien auf jeden Fall vermieden werden muß. Nicht erfaßt in dieser Zusammenstellung sind die externen Kosten, die sich durch die möglichen Klimaveränderungen, verursacht durch die Emissionen antropogener klimarelevanter Gase (bei der Stromerzeugung im wesentlichen CO_2 und CH_4), ergeben.

Der Tabelle zufolge ergeben sich für Wind deutlich geringere externe Kosten (0,02–0,42 Pf/kWh) als für Steinkohle (0,46–2,49 Pf/kWh). Bei der Windenergie ist ein Großteil der externen Kosten auf die Forschungs- und Entwicklungsmaßnahmen zurückzuführen (bis 0,36 Pf/kWh), bei der Steinkohle machen die Subventionen (Kohlepfennig) und die möglichen Auswirkungen auf die Gesundheit den größten externen Kostenanteil aus. Der Vergleich der betriebswirtschaftlichen Gestehungskosten mit den externen Kosten verdeutlicht

Tabelle 8.38. Vergleich der Kosten einer windtechnischen Stromerzeugung mit einer Steinkohleverstromung (eigene Berechnungen, externe Kosten nach [15])

	Windenergie			Steinkohle	
	4,5 m/s	5,5 m/s	6,5 m/s	Import	heimisch
	in Pf/kWh[1]				
Kosten aus Investition und Betrieb[2]	17,0–30,0	11,0–20,0	8,0–15,0	9,7–11,1[3]	14,4—15,7[4]
externe Kosten:					
Gesundheit		0,02–0,05			0,19–1,47
Umwelt:					
Wald				0,20	
Lärm	0–0,01				
Tiere u. Pflanzen				0,02	
Material				0,05–0,09	
Ressourcenverzehr				0–0,03	
Forschung und Entwicklung	0–0,36			0–0,06	
Subventionen				0–0,62	
Summe externe Kosten	0,02–0,42			0,46–2,49	

[1] in Pf_{1990}/kWh
[2] Abschreibungsdauer 20 Jahre, realer Zinssatz 4%
[3] 4000 bis 5000 Vollaststunden im Jahr, Importkohle
[4] 4000 bis 5000 Vollaststunden im Jahr, heimische Steinkohle

allerdings, daß diese gegenwärtig quantifizierbaren externen Kosten nur einen Bruchteil der durch Investitionen und Betriebsaufwendungen verursachten Kosten ausmachen. Durch die Vernachlässigung der externen Kosten verändert sich damit der Wirtschaftlichkeitsvergleich der Windstromerzeugung und der Steinkohleverstromung nicht grundlegend. Andere Quellen (vgl. z.B. [16]) machen – auf der Basis anderer Grundannahmen – zum Teil deutlich höhere Angaben für die externen Kosten (vgl. a. Tabelle 8.38 bzw. [16]). Unter Berücksichtigung dieser Werte würde sich der Wirtschaftlichkeitsvergleich deutlicher zugunsten der Windenergie verschieben. Auf eine kritische Wertung dieser externen Kosten wird hier aber verzichtet.

8.8.1.5
Vergleich am Beispiel einer Versorgungsaufgabe

Bei den bisherigen Überlegungen wurden die auf die erzeugte elektrische Energiemenge bezogenen Größen bestimmt und einander gegenübergestellt. Streng genommen ist dieser Vergleich nur dann zulässig, wenn Energieträger mit gleicher „Qualität" miteinander verglichen werden. Die ist aber bei der Stromerzeugung aus Windenergie und der Steinkohleverstromung nicht der Fall. Im folgenden wird daher von einer fiktiven Versorgungsaufgabe ausgegangen, die entweder ausschließlich durch ein Steinkohlekraftwerk oder durch ein kombiniertes Stromerzeugungssystem, bestehend aus Steinkohlekraftwerken und einer vorzugebenden Windkraftanlagenleistung, zu decken ist. Die

Versorgungsaufgabe ist hier charakterisiert durch eine Jahreshöchstlast von 5000 MW und einen jährlichen Strombedarf von 25000 GWh.

Die integrierte windtechnische Leistung beträgt 2500 MW. Je nach mittlerer Windgeschwindigkeit beträgt die Durchdringung (also das Verhältnis zwischen der jährlichen windtechnischen Stromerzeugung zum gesamten elektrischen Energiebedarf innerhalb der betrachteten Versorgungsgebietes) unter den gewählten Bedingungen 15–33%. Unter diesen Bedingungen kann davon ausgegangen werden, daß kein nennenswerter Überschußstrom aus Windkraftanlagen entsteht, der zwischengespeichert werden müßte.

Die gesicherte windtechnische Leistung liegt unter den Windverhältnissen in Deutschland zwischen 5 und 10%. Entsprechend wird im Rahmen dieser Beispielrechnung eine gesicherte Leistung von 7,5% unterstellt. Für dieses kombinierte System werden alle hier diskutierten spezifischen Größen berechnet und einander gegenübergestellt. Die Differenz der entsprechenden Größen ergibt gerade die durch die Integration windtechnischer Leistung in den konventionellen Kraftwerkspark vermiedenen oder vermehrten Material- und kumulierten Energieaufwendungen, Emissionen, Flächen, Risiken und Kosten.

Auch bei dieser Gegenüberstellung müssen zahlreiche Vereinfachungen getroffen werden. Viele Einflußfaktoren können nicht oder nicht vollständig berücksichtigt werden. Dazu gehört z.B. die Veränderung der Fahrweise der konventionellen Kraftwerke als Folge der Integration windtechnischer Leistung und ihre Auswirkungen insbesondere auf Emissionen und Kosten ebenso wie eine mögliche Veränderung der Reserve, die über die Höchstlast hinaus vorzuhalten ist.

Tabelle 8.39 zeigt die Ergebnisse dieses Vergleichs. Bei dem kombinierten System wird entsprechend der bisherigen Vorgehensweise zwischen den drei Windkategorien 4,5, 5,5 und 6,5 m/s unterschieden. In diesem Zusammenhang ist darauf hinzuweisen, daß eine windtechnische Leistung von 2500 MW das in der Bundesrepublik gegebene technische Standortpotential, das durch jahresmittlere Windgeschwindigkeiten von mehr als 6 m/s gekennzeichnet ist, bereits um ca. 600 MW übersteigt (vgl. [1]). Als realitätsnähere Vergleichswerte sollten daher eher die entsprechenden Werte der jahresmittleren Windgeschwindigkeiten von 4,5 oder 5,5 m/s herangezogen werden.

Anhand der Tabelle wird zunächst deutlich, daß es durch die Integration windtechnischer Leistung beim Materialaufwand insgesamt zu einer deutlichen Erhöhung der spezifischen Werte kommt. Ursache ist, daß sich auch beim kombinierten System die installierte Leistung der Steinkohlekraftwerke durch die gesicherte windtechnische Leistung von hier 7,5% nur geringfügig verringert, während gleichzeitig in großem Umfang Windkraftanlagen mit ihrem entsprechenden Materialbedarf hinzukommen. Eine Erhöhung der Windgeschwindigkeit von 4,5 auf 6,5 m/s ändert diese Relation nur marginal.

Im Gegensatz dazu verringert sich bei den kombinierten Systemen der kumulierte Primärenergieaufwand deutlich. Dementsprechend steigen die Erntefaktoren und die Amortisationszeiten sinken. Beispielsweise erhöht sich der primärenergetische Erntefaktor von 15–16 (nur Steinkohle) auf maximal 20–23 (beim kombiniertem System mit Windkraftanlagen an Standorten mit jahresmittleren Windgeschwindigkeiten von 6,5 m/s). Die primärenergetischen

Tabelle 8.39. Vergleich der diskutierten Kriterien am Beispiel einer Versorgungsaufgabe

	Einheit	nur Stein- kohle	Steinkohle und Windenergie		
			4,5 m/s	5,5 m/s	6,5 m/s
Materialaufwand					
Stahl	kg/GWh	990–1030	1320–1610	1280–1580	1260–1560
NE-Metalle	kg/GWh	ca. 15	29–35	29–35	29–35
Zement	kg/GWh	ca. 450–520	510–600	510–600	510–600
Kunststoff	kg/GWh	ca. 8	177–407	177–407	177–407
Kumulierter Energieaufwand					
(ohne Berücksichtigung des Energieinhalts der Steinkohle)					
kum. Primär- energieaufw.	kWh/MWh	170–190	150–170	140–150	120–140
primärenerget. Erntefaktor	/	9–19	12–21	18–23	14–24
primärenerget. Amortisa- tionszeit	Monate	1,0–1,1	1,0–1,1	1,0–1,1	1,0–1,1
kumulierte Emissionen					
SO_2	kg/GWh	ca. 630	ca. 540	ca. 490	ca. 440
NO_x	kg/GWh	ca. 650	ca. 550	ca. 500	ca. 450
Staub	kg/GWh	ca. 150	ca. 130	ca. 110	ca. 100
CO_2	t/GWh	ca. 810	ca. 690	ca. 630	ca. 560
Flächenbedarf					
Flächentyp I	m²/(GWh a)	30–40	230–580	230–580	230–580
Flächentyp II	m²/(GWh a)	1 470–1 840	4 000–5 000	4 000–5 000	4 000–5 000
Flächentyp III	m²/(GWh a)	10–700	9–600	9–500	8–400
Risiko					
berufl. Risiken, Todesfälle	Anzahl/TWh	0,22	0,19–0,20	0,17–0,18	0,15–0,16
berufl. Risiken, Verletzungen, Erkrankungen	WDL/TWh	2 300	1 970–1 990	1 780–1 810	1 600–1 630
öffentl. Risiken, Todesfälle	Anzahl/TWh	0,2–0,7	0,17–0,59	0,16–0,54	0,14–0,48
öffentl. Risiken, Verletzungen, Erkrankungen	WDL/TWh	0,8–12,0	0,7–10,3	0,7–9,3	0,6–8,4
Kosten (Bezugsjahr 1990)					
betriebswirtschaftl. Kosten	Pf/kWh	10–16	12–21	11–19	10–18
externe Kosten	Pf/kWh	0,5–2,5	0,4–2,2	0,4–2,0	0,3–1,8

- Versorgungsaufgabe: Höchstlast 5000 MW, jährlicher Energiebedarf 25000 GWh.
- installierte windtechnische Leistung: 2500 MW, Anlagenmix aus kleinen, mittleren und großen Anlagen.
- Definition der Erntefaktoren und Amortisationszeiten entsprechend Gln. (8.35) und (8.36)

Amortisationszeiten für die Herstellung bleiben dagegen annähernd konstant. Die Erhöhung des kumulierten Energieaufwandes für die Herstellung KEA_H durch den Bau von Windkraftanlagen und die innerhalb der primärenergetischen Amortisationszeit für die Herstellung eingesparten kumulierten primärenergetischen Energieaufwendungen für die Nutzung KEA_N heben sich damit in etwa auf.

Die kombinierten Systeme sind desweiteren durch niedrigere kumulierte Emissionen gekennzeichnet. Die Emissionen werden zum größten Teil durch die Verbrennung der Steinkohle im Kraftwerk verursacht, weniger durch die Emissionen, die bei der Herstellung der Anlagen entstehen. Damit wirkt sich hier eine Erhöhung der Windgeschwindigkeit bei den kombinierten Systemen besonders deutlich aus. Reduzieren sich beispielsweise bei niedrigen Windgeschwindigkeiten (4,5 m/s) gegenüber der ausschließlichen Steinkohleverstromung die CO_2-Emissionen je GWh um rund 2–10%, liegen sie für den Fall, daß alle Windkraftanlagen an Standorten mit 6,5 m/s installiert werden, etwa 18–25% unter den Werten der ausschließlichen Steinkohleverstromung.

Der Flächenbedarf erhöht sich bei einer Kombination von Windparks und Steinkohlekraftwerken deutlich. Dies gilt sowohl für die direkt genutzte Fläche (Flächentyp I), als auch für die nur teilweise (Flächentyp II) genutzten Flächen. Bei den kombinierten Systemen ist der Bedarf an Fläche der Flächentypen I und II unabhängig von der jahresmittleren Windgeschwindigkeit. Lediglich bei Flächentyp III, der aus dem Flächenbedarf für die Förderung der Steinkohle resultiert, ist eine Abhängigkeit von der jahresmittleren Windgeschwindigkeit gegeben, da mit zunehmender Windgeschwindigkeit mehr Steinkohle substituiert werden kann und dementsprechend weniger Steinkohle gefördert werden muß.

Bei einem Vergleich der Risiken wird deutlich, daß es durch die Integration windtechnischer Leistung zu einer Risikoverringerung kommt. Die Risikoverringerung ist für alle betrachteten Gesundheitsrisiken abhängig von der jahresmittleren Windgeschwindigkeit.

Der Wirtschaftlichkeitsvergleich zeigt eine Erhöhung der Kosten des kombinierten Systems im Vergleich zur ausschließlichen Steinkohleverstromung. Unter günstigsten Bedingungen liegen bei diesem Beispiel die gesamten betriebswirtschaftlichen Kosten des kombinierten Systems um rund 1–2 Pf/kWh, bei weniger günstigen Bedingungen um etwa 3–5 Pf/kWh über den vergleichbaren Kosten des Steinkohleverstromung. Obwohl die externen Kosten der kombinierten Systeme niedriger sind als die externen Kosten bei einer ausschließlichen Steinkohleverstromung, ändert sich diese prinzipielle Relation auch durch eine Berücksichtigung der derzeit quantifizierbaren externen Kosten nur unwesentlich.

8.8.1.6
Schlußfolgerungen

Die Ganzheitliche Bilanzierung von Energieversorgungssystemen steht noch am Anfang. Für die Stromerzeugung aus Wind- und Steinkohle wurden wesentliche Größen bilanziert, die ursächlich der Strombereitstellung zuzurechnen sind. Dabei konnten nur ausgewählte, d.h. nicht alle, Stoffströme erfaßt werden. Als charakteristische Kenngrößen für die Bilanzierung wurden der Materialaufwand, der kumulierte Energieaufwand, die kumulierten Emissionen, der Flächenbedarf, die Gesundheitsrisiken und die Kosten quantifiziert. Aus dem Vergleich können die folgenden ersten Schlußfolgerungen gezogen werden:

- Bei verstärkter Nutzung der Windenergie steigt der gesamte Materialbedarf, der je GWh erzeugter elektrischer Energie aufzuwenden ist, an, da zusätzlich zur installierten windtechnischen Leistung ständig konventionelle Kraftwerke verfügbar sein müssen, um für den Fall windarmer Zeiten den Leistungsbedarf decken zu können (der Einsatz anderer Energiespeicher als Alternative zur Kohle wurde hier nicht betrachtet).
- Werden die kumulierten Primärenergieaufwendungen der vorgelagerten Prozeßkette bei der Steinkohle mitberücksichtigt, so können durch eine Windkraftnutzung im Vergleich zur ausschließlichen Steinkohleverstromung die Erntefaktoren erhöht werden, während die primärenergetischen Amortisationszeiten für die Herstellung näherungsweise gleich bleiben.
- Durch eine Integration windtechnischer Leistung in den konventionellen Kraftwerkspark können die Emissionen an SO_2, NO_x, Staub und CO_2 vermindert werden. Dies gilt auch unter Berücksichtigung der Emissionen der vorgelagerten Prozeßketten sowie der mit der Anlagenherstellung verbundenen Emissionen.
- Durch die Windenergienutzung wird der Flächenbedarf insgesamt deutlich erhöht. Im Vergleich zur ausschließlichen Steinkohleverstromung liegt beim kombinierten System der Bedarf an direkt genutzter Fläche um das 10–20fache höher.
- Eine Risikoanalyse zeigt, daß sich die Gesundheitsrisiken insgesamt durch die verstärkte Nutzung der Windenergie vermindern. Ursache ist vor allem die verringerte Steinkohleförderung durch die zunehmende Substitution von Strom aus Steinkohle durch windtechnisch erzeugten Strom.
- Werden die spezifischen Windstromgestehungskosten mit der derzeitigen Einspeisevergütung für Strom aus Sonne und Wind verglichen (16,7 Pf/kWh), ist an guten Standorten (ab etwa 5,5 m/s bei sonstigen günstigen Randbedingungen) die Nutzung der Windenergie unter einzelbetriebswirtschaftlichen Gesichtspunkten sinnvoll.
- Der Vergleich der gesamtwirtschaftlichen Kosten - auf der Basis einer Bereitstellung von elektrischer Energie mit gleicher Versorgungsqualität - zeigt unter Berücksichtigung der derzeitigen Investitions-, Betriebs- und Brennstoffkosten, daß sich durch eine Integration von Windkraftanlagen an Standorten mit sehr hohen jahresmittleren Windgeschwindigkeiten (6,5 m/s) die gesamten spezifischen Stromgestehungskosten des Systems nur marginal um rund 1–2 Pf/kWh erhöhen. An ungünstigeren Standorten erhöhen sich die Kosten durch die Integration windtechnischer Leistung um rund 3–5 Pf/kWh.

Die genannten Zahlen und Bandbreiten gelten streng genommen nur für die untersuchten Systeme. Sie sind durch weitere Berechnungen noch abzusichern. Die dargestellten Ergebnisse einer vergleichenden Betrachtung einer Stromerzeugung aus Wind- und Steinkohle lassen aber erkennen, daß die Ergebnisse einer Ganzheitlichen Bilanzierung von Energiesystemen wichtige Informationen und Entscheidungshilfen für die Energiepolitik bereitstellen und damit gegebenenfalls auch einen Beitrag zur Versachlichung der Energiediskussion leisten können.

8.8.2
Energiegewinnung aus Biomasse

KALTSCHMITT, M., Stuttgart

Infolge der Umweltauswirkungen unserer Industriegesellschaft wird von der Öffentlichkeit verstärkt eine mit der Natur verträglichere Wirtschaftsweise gefordert. Zur Analyse der wesentlichen Verursachungskriterien und der Aufzeigung der gegebenen Möglichkeiten sowie als Grundlage für die Erarbeitung von Handlungsalternativen und entsprechenden Umsetzungsstrategien kann die Ganzheitliche Bilanzierung als ein zusätzliches Instrument herangezogen werden; damit kann letztlich die Frage – im Zusammenspiel mit anderen Methoden und Verfahren – beantwortet werden, unter welchen Rahmenbedingungen bzw. bei welchen Zielvorgaben welche der möglichen Varianten eine optimale Lösung darstellt. Angewendet am Beispiel ausgewählter regenerativer Energieträger biogenen Ursprungs werden deshalb im folgenden exemplarisch einige typische Größen bilanziert und den entsprechenden Daten vergleichbarer fossiler Energieträger gegenübergestellt sowie die Ergebnisse diskutiert und interpretiert.

In der Energiewirtschaft werden in jüngster Zeit insbesondere die Möglichkeiten einer energetischen Biomassenutzung verstärkt diskutiert. Das damit einhergehende zunehmende staatliche Interesse manifestiert sich außer in der Einrichtung der Fachagentur „Nachwachsende Rohstoffe" u.a. auch in steigenden Förderbeträgen und -projekten. Deshalb werden im folgenden ausschließlich die verschiedenen Möglichkeiten einer Biomassenutzung zur Energiebereitstellung näher untersucht.

Das Ziel der folgenden Ausführungen ist es damit, Ansätze und Ergebnisse der Ganzheitlichen Bilanzierung bestimmter Kenngrößen einer energetischen Nutzung der Biomasse darzustellen. Dazu werden zuerst die mit einer Bilanzierung von der Quelle bis zur Senke verbundenen grundsätzlichen Probleme und Schwierigkeiten analysiert sowie die notwendigen Eingrenzungen und Rahmenannahmen erörtert. Im Anschluß daran wird auf die prinzipiellen energetischen Nutzungsmöglichkeiten des regenerativen Energieangebots biogenen Ursprungs eingegangen. Für diese Optionen werden dann die Brutto- und Nettoenergiebilanzen erstellt sowie das im gegenwärtigen Energiesystem substituierbare fossile Energieäquivalent ermittelt. Die mit der Energiebereitstellung verbundenen Emissionen stellen eine weitere bilanzierbare Kenngröße dar; für ausgewählte luftgetragene Schadstoffe werden deshalb zusätzlich die Emissionsbilanzen einschließlich der vorgelagerten Prozesse diskutiert. Sie werden den Emissionen, die bei der Erfüllung der entsprechenden Versorgungsaufgabe im gegenwärtigen Energiesystem freigesetzt werden, gegenübergestellt. Außerdem werden die Energieträgerkosten und die entsprechenden Nutzenergiebereitstellungskosten analysiert und mit den vergleichbaren Aufwendungen im gegenwärtigen Energiesystem verglichen. Abschließend werden die wesentlichen Erkenntnisse bezüglich der gegenwärtigen Möglichkeiten und Grenzen einer Ganzheitlichen Bilanzierung zusamenfassend dargestellt.

8.8.2.1
Grundsätzliche Probleme und Abgrenzung

Bei den folgenden Betrachtungen wird grundsätzlich die Gebietsfläche der Bundesrepublik Deutschland zugrunde gelegt; folglich werden jeweils Absolutwerte und keine spezifischen Größen angegeben. Damit sind die ausgewiesenen Ergebnisse unmittelbar mit den in den entsprechenden Statistiken dokumentierten gesamtdeutschen Angaben vergleichbar. Dies ermöglicht eine bessere Gegenüberstellung und Einordnung bzw. Interpretation der Ergebnisse, kann jedoch auch mit dem Nachteil verbunden sein, daß die Resultate mit spezifischen Größen aus anderen Analysen nicht direkt vergleichbar sind.

Damit werden im Gegensatz zu anderen Untersuchungen hier nicht einzelne Technologien, sondern primär sie kennzeichnende Größen analysiert. Folglich werden charakteristische Daten (z.B. Energieaufkommen, Emissionen) von regenerativen Energieträgern im Hinblick auf die vergleichbaren Größen im konventionellen Energiesystem analysiert. Dies stellt jedoch keine grundsätzlich andere Vorgehensweise dar, da die Resultate letztlich ineinander überführt werden können. Der Vorteil dieser Vorgehensweise ist aber, daß die bilanzierten Größen unmittelbar in Bezug zum Energiesystem der Bundesrepublik Deutschland gesetzt werden können.

Bei den hier analysierten Teilbereichen einer Ganzheitlichen Bilanzierung der Möglichkeiten einer energetischen Biomassenutzung können einige Aspekte gar nicht oder nur unvollständig berücksichtigt werden. Die Gewinnungs- und Konversionstechnologien, durch die eine Energiebereitstellung aus organischer Masse ermöglicht wird, befinden sich auf einem z.T. sehr unterschiedlichen Entwicklungsniveau. Dies gilt sowohl für die Entwicklungsperspektiven der jeweiligen Technik (z.B. Erhöhung der Wirkungsgrade) als auch für denkbare Verbesserungen bzw. Optimierungen der Herstellungsverfahren (u.a. Materialeinsparungen). Umgekehrt ist dies, wenn auch nur eingeschränkt, auch für die vergleichbaren konventionellen Konversionstechnologien auf fossiler Basis gültig. Da hinsichtlich der zukünftigen Entwicklungspotentiale sehr große Unsicherheiten bestehen, werden die aktuellen Gegebenheiten zugrunde gelegt; in Zukunft können sich diese Relationen deshalb durchaus z.T. erheblich verändern.

Dabei wird im Regelfall von den besten marktgängigen Verfahren bzw. Anlagen ausgegangen. Eine großtechnische Realisierung dieser Techniken ist damit noch nicht gegeben; folglich sind auch die damit einhergehenden Erfahrungen noch nicht vorhanden. Diese daraus resultierenden Ergebnisse werden dem gegenwärtigen Energiesystem gegenübergestellt, da dies Aussagen darüber ermöglicht, was in Bezug auf die momentanen Gegebenheiten möglich ist. Strenggenommen werden damit heute noch nicht großtechnisch verfügbare Verfahren mit Systemen verglichen, die seit Jahren Stand der Technik sind.

Weiterhin kann die z.T. mangelhafte Datenbasis zu erheblichen Unsicherheiten bei den Ergebnissen führen. Da die Bemühungen, beispielsweise die Energieströme und die damit verbundenen Emissionen von der Quelle bis zur Senke vollständig zu erfassen, in vielen Bereichen noch am Anfang stehen, sind viele Daten durch sehr große Bandbreiten gekennzeichnet oder überhaupt nicht erfaßt; entsprechend unsicher sind auch die Ergebnisse. Insbesondere bei der Biomasse kommen z.B. noch die sehr großen Unterschiede bezüglich des Wassergehaltes hinzu; dies bedingt bei einer Verbrennung erhebliche Variationen bei einigen luftgetragenen Verbrennungsprodukten und damit zusätzliche Datenunsicherheiten.

Ein weiteres Problem der Ganzheitlichen Bilanzierung der energetischen Nutzungsmöglichkeiten von Biomasse stellt die Tatsache dar, daß sich manche Aspekte einer Quantifizierung in einem unterschiedlichen Ausmaß entziehen. Dazu zählt u.a. der visuelle Einfluß auf das gewohnte Landschaftsbild, mit dem beispielsweise ein großtechnischer Energiepflanzenanbau verbunden wäre. Auch eine mögliche Veränderung des Eintrags von Nitraten sowie Pflanzenschutz- und -behandlungsmitteln in das Oberflächen- und Grundwasser ist nur schwer quantifizierbar. Dies gilt ebenso für einen denkbaren Wandel in der Biodiversität der gegenwärtigen Kulturlandschaft. Auch die Quantifizierung der Veränderungen des Verkehrsaufkommens infolge des Biomassetransports einschließlich der jeweiligen Auswirkungen ist problematisch. Da es gegenwärtig nur eingeschränkt möglich ist, diese und weitere Größen zu quantifizieren, beschränken sich die folgenden Ausführungen auf Aspekte des Energiepotentials, der damit verbundenen Emissionen und der Kosten.

8.8.2.2
Energetische Nutzungsmöglichkeiten von Biomasse

Organische Stoffe, die theoretisch energetisch nutzbar sind, fallen in vielen Bereichen der Volkswirtschaft an. Hier werden beispielhaft jedoch nur die Möglichkeiten einer energetischen Biomassenutzung aus der Land- und Forstwirtschaft betrachtet. Dabei kann grundsätzlich zwischen einer Nutzung von Nebenprodukten und Abfällen sowie einem Energiepflanzenanbau unterschieden werden.

8.8.2.2.1
Nutzung von Nebenprodukten und Abfällen

Bei einer energetischen Nutzung land- und forstwirtschaftlicher Restbiomasse ist zu unterscheiden zwischen den Nebenprodukten und Abfällen der agrarischen Pflanzenproduktion (d.h. Stroh), denen der landwirtschaftlichen Tier- und Tierproduktproduktion (d.h. Exkrementeanfall für die Biogaserzeugung) und denen der Industrieholzgewinnung (d.h. Waldrestholz).

Nebenprodukte und Abfälle der Pflanzenproduktion. Bei der Pflanzen- bzw. Pflanzenkomponentenerzeugung auf landwirtschaftlichen Nutzflächen fallen zusätzlich zum gewünschten Hauptprodukt (z.B. Getreidekorn) auch Nebenprodukte (z.B. Stroh) an, die z.T. als Festbrennstoff nutzbar sind.

Das nach der Getreide- und Ölfruchternte verbleibende oberirdische Biomasseaufkommen ist jedoch nicht vollständig energetisch nutzbar. Getreidestroh beispielsweise wird bereits vielfach verwertet. Oft bleibt es zur Erhaltung des Humus- und Nährstoffgehalts auf der Anbaufläche. Werden Nutz- oder Freizeittiere gehalten, dient das Stroh vielfach als Einstreu. Es wird u.a. auch an Pferdepensionen und Gärtnereien verkauft. Nur das letztlich verbleibende Strohaufkommen ist für eine Energiegewinnung verfügbar. Auch die nach der Ernte der Ölsaat verbleibende organische Masse ist nur z.T. energetisch nutzbar; hier sind nur die sperrigen, durch relativ hohe Feuchtegehalte gekennzeichneten Stengel z.T. als Energieträger einsetzbar.

Demgegenüber werden die organischen Reststoffe, die bei der Produktion von Hülsenfrüchten (z.B. grüne Erbsen oder Buschbohnen) anfallen, als nicht energetisch nutzbar angesehen. Das meist geringe flächenspezifische Biomasseaufkommen wird bei der Ernte oft über die gesamte Anbaufläche verteilt und ist außerdem durch einen relativ hohen Feuchtegehalt gekennzeichnet. Dies gilt auch für die bei der Hackfruchternte (u.a. Früh- und Spätkartoffel, Zucker- und Runkelrüben) anfallenden organischen Nebenprodukte; sie werden außerdem teilweise als Viehfutter genutzt. Eine energetische Nutzung wird deshalb ebenfalls ausgeschlossen.

Für eine Energieträgerproduktion aus den Nebenprodukten der Pflanzen- und Pflanzenkomponentenerzeugung wird deshalb nur ein Teil des bei der Getreide- und Ölfruchternte zurückbleibenden Strohs als nutzbar angesehen [1].

Nebenprodukte und Abfälle der Tier- bzw. Tierproduktproduktion. Bei der anaeroben Fermentation wird organische Masse in ein wasserdampfgesättigtes Mischgas umgewandelt. Dieses Biogas ist aufgrund eines 40 und 80%igen Methangehaltes brennbar und damit als Energieträger nutzbar.

Grundsätzlich sind alle Arten von Biomasse, die als Hauptkomponenten Kohlenhydrate, Eiweiße, Fette, Cellulose und Hemicellulose enthalten und deren Wassergehalt für einen mikrobiellen Stoffaustausch ausreicht, für eine biochemische Umsetzung geeignet. Betrachtet werden hier nur die Exkremente der landwirtschaftlichen Nutztierhaltung.

Eine vollständige Nutzung der insgesamt anfallenden tierischen Exkremente für eine Biogasgewinnung ist nicht möglich. Beispielsweise ist der Exkrementeanfall von Schafen, Pferden, Puten, Gänsen, Enten u.ä. nicht technisch nutzbar, weil er zum Großteil auf der Weidefläche anfällt, teilweise sehr gering ist oder anderweitig verwertet wird (z.B. Pferdemist in Kleingartenkolonien). Außerdem wird ein Teil der Rinder in Weidewirtschaft gehalten; die dort anfallenden Exkremente sind ebenfalls nicht verfügbar. Deshalb und aufgrund weiterer restriktiver Größen [2] ist damit letztlich nur ein geringer Teil des gesamten Exkrementeaufkommens aus der Nutztierhaltung für eine Biogasgewinnung nutzbar.

Nebenprodukte und Abfälle der Waldholzgewinnung. In den Wäldern fallen infolge des natürlichen Biomassezuwachses sehr unterschiedliche organische Stoffe an. Bei den periodisch anfallenden Stoffen handelt es sich neben den

Blüten, Fruchtständen und Früchten und deren Schalen im wesentlichen um die Laub- und Nadelmasse. Zur Erhaltung des Humus- und Nährstoffgehalts im Wald und aufgrund der mit einer Nutzbarmachung verbundenen Probleme wird eine energetische Verwendung jedoch ausgeschlossen.

Infolge der Waldbewirtschaftung sind daneben anbau- und erntetechnisch bedingte Nebenprodukte und Abfälle verfügbar. Dabei kann zwischen Durchforstungsrückständen und erntetechnisch bedingtem Biomasseaufkommen unterschieden werden.

- Bei der bestandspflegenden Durchforstung fällt vorwiegend Jungholz an, das im Regelfall nicht aufgearbeitet wird. Unter Berücksichtigung der gegebenen Restriktionen könnte es aber teilweise energetisch genutzt werden.
- Bei dem Biomasseaufkommen, das bei der Stammholzernte anfällt, kann zwischen dem nicht aufgearbeiteten Holz und ggfs. der Rinde des aufgearbeiteten Holzes unterschieden werden. Unter Berücksichtigung der gegebenen Restriktionen sind jeweils unterschiedliche Anteile dieser verschiedenen Reststoffkomponenten energetisch nutzbar [3].

8.8.2.2.2
Energiepflanzenanbau

Für eine Energieträgergewinnung auf landwirtschaftlichen Nutzflächen sind die verfügbaren Anbaugebiete die primär bestimmende Größe. Unter den in Deutschland gegebenen Möglichkeiten sind hier unterschiedliche Varianten denkbar. Infolge der Überschußproduktion bei einigen Agrarerzeugnissen wurden mit staatlicher Unterstützung in 1991/92 rund 0,78 Mio. ha aus der Produktion genommen; diese Flächen wären theoretisch zur Energiegewinnung nutzbar (Variante 1). Trotzdem lag in 1991/92 der Selbstversorgungsgrad mit Getreide in Deutschland bei ca. 127%; damit könnte theoretisch auch der infolge der staatlichen Rahmenvorgaben mittelfristig nicht zu nutzende Anteil von ca. 15% der Getreideanbaufläche als verfügbar erachtet werden (ca. 1,16 Mio. ha; Variante 2). Oft wird auch ein höheres Flächenpotential zum Abbau der Agrarüberschüsse und damit als theoretisch für die Energiegewinnung nutzbar angesehen; hier sind meist 1,5–2,0 Mio. ha in der Diskussion (ca. 1,75 Mio. ha; Variante 3). Als unter günstigsten Bedingungen langfristig u.U. erreichbare Obergrenze werden z.T. auch 3,0–5,0 Mio. ha angegeben; deshalb werden als Maximalvariante zusätzlich ca. 4,0 Mio. ha betrachtet (Variante 4).

Bei einem auf diesen Flächen theoretisch möglichen Energiepflanzenanbau kann unterschieden werden zwischen den Möglichkeiten einer Festbrennstofferzeugung und denen einer Gewinnung flüssiger Energieträger.

Erzeugung von Festbrennstoffen. Zur Bereitstellung fester Energieträger dienen speziell kultivierte Pflanzen oder deren Komponenten. Im wesentlichen sind folgende Konzepte möglich.

- Getreide kann außer als Nahrungsmittel auch ausschließlich energetisch genutzt werden (Getreideganzpflanzennutzung; d.h. Erzeugung eines festen Energieträgers aus der gesamten oberirdischen Getreidepflanze (Stroh und Korn).

- Die Biomasse schnellwachsender ein- oder mehrjähriger Gräser (u.a. Miscanthus Sinensis, Hirse, Schilfrohr) kann im abgetrockneten Zustand geerntet und ebenfalls zu einem Festbrennstoff weiterverarbeitet werden.
- Das oberirdische Biomasseaufkommen von Hecken-, Krüppel- und Baumgewächsen, produziert in Kurzumtriebsplantagen und in mehrjährigen Zyklen geerntet, ist in zerkleinerter Form als fester Energieträger einsetzbar.

Gewinnung flüssiger Energieträger. Flüssige Brennstoffe auf organischer Basis sind Pflanzenöle bzw. Alkohole; dabei dienen pflanzliche Produkte als Rohstoffe für die Extraktion von Ölen bzw. die Erzeugung von Alkoholen. Von den möglichen Verfahren sind im wesentlichen folgende Konzepte von Bedeutung.

- Der Ölinhalt bestimmter Pflanzenkomponenten (z.B. Rapssaat) kann mit physikalisch-chemischen Extraktionsverfahren in Reinform gewonnen werden. Das Pflanzenöl ist anschließend als Treib- oder Brennstoff, z.T. auch erst nach einer verfahrenstechnischen Umwandlung (zu Rapsölmethylester), energetisch nutzbar. Zusätzlich zum Öl kann das bei der Ernte anfallende Stroh und der bei der Ölextraktion zurückbleibende Schrot bzw. Preßkuchen als Festbrennstoff genutzt werden.
- Die in Pflanzenkomponenten enthaltenen Zucker-, Stärke- und Zelluloseanteile können in Alkohole umgewandelt werden, der als Treibstoffer- und -zusatz und u.U. als Brennstoff einsetzbar ist. Außerdem ist die bei der Produktion der pflanzlichen Ausgangsstoffe anfallende Biomasse (z.B. das Stroh) als Festbrennstoff nutzbar.

Diese Möglichkeiten werden bei den folgenden Ausführungen jedoch nicht weiter betrachtet, da der Schwerpunkt dieser Untersuchung auf der Analyse der Möglichkeiten einer Festbrennstofferzeugung liegt.

8.8.2.3
Analyse des Energieaufkommens

Als ein Aspekt der Ganzheitlichen Bilanzierung kann das Brutto- und Nettoenergieaufkommen sowie das substituierbare fossile Energieträgeräquivalent bestimmt werden. Es wird im folgenden für die diskutierten Nutzungsmöglichkeiten der Biomasse analysiert.

8.8.2.3.1
Bruttoenergieträgerpotentiale

Aufbauend auf den getroffenen Eingrenzungen kann ausgehend von dem jeweils quantifizierbaren Biomasseaufkommen das korrespondierende Energieaufkommen bestimmt werden. Bei den Möglichkeiten eines Energiepflanzenanbaus ist zusätzlich die Abhängigkeit von den verfügbaren Flächen zu berücksichtigen.

Nutzung von Nebenprodukten und Abfällen. Bei der Quantifizierung des energetisch nutzbaren Strohaufkommens wird ausgegangen von den kreiswei-

Tabelle 8.40. Bruttoenergiepotentiale des energetisch nutzbaren Aufkommens von Nebenprodukten und Abfällen aus der Land- und Forstwirtschaft

	Stroh	Biogas	Restholz	Summe
	in PJ/a			
Baden-Württemberg	6,80	6,00	17,15	29,95
Bayern	15,15	16,97	31,99	64,11
Berlin	0,02	0,01	0,20	0,23
Brandenburg	5,05	4,29	13,49	22,83
Bremen	0,01	0,06	0,01	0,08
Hamburg	0,04	0,04	0,05	0,13
Hessen	3,12	2,56	11,70	17,38
Mecklenburg-Vorpommern	6,39	4,14	6,66	17,19
Niedersachsen	13,75	17,78	13,97	45,50
Nordrhein-Westfalen	9,78	11,10	13,11	33,99
Rheinland-Pfalz	4,37	2,09	10,95	17,41
Saarland	0,31	0,25	1,22	1,78
Sachsen	3,93	3,05	6,37	13,35
Sachsen-Anhalt	5,90	3,06	6,02	14,98
Schleswig-Holstein	5,36	6,64	1,96	13,96
Thüringen	3,82	2,87	6,84	13,53
Bundesrepublik Deutschland	83,80	80,91	141,69	306,40

se statistisch erfaßten Getreideanbauflächen, den regional unterschiedlichen Erträgen und dem mittleren Korn-Stroh-Verhältnis. Unter Berücksichtigung der restriktiven Größen ermittelt sich daraus das energetisch nutzbare Biomasseaufkommen, aus dem mit dem Heizwert der korrespondierende Energieertrag abgeschätzt werden kann (Tabelle 8.40).

Zur Bestimmung des Energiepotentials aus Biogas wird zunächst das täglich anfallende Exkrementeaufkommen aus der Nutztierhaltung erhoben. Unter Berücksichtigung des davon nicht nutzbaren Anteils ergibt sich mit dem durchschnittlichen Gasertrag und dem Prozeßenergieeinsatz für den Betrieb der Biogasanlagen das mittlere Gasaufkommen, aus dem mit dem Heizwert das korrespondierende Energieaufkommen resultiert (Tabelle 8.40).

Das gesamte Restholzaufkommen errechnet sich auf der Basis der vorhandenen Waldflächen, des durchschnittlichen Zuwachses in Abhängigkeit der Baumart, der örtlichen Gegebenheiten und sonstiger Randbedingungen. Unter Berücksichtigung der jeweiligen Restriktionen ermittelt sich daraus der energetisch nutzbare Anteil und mit dem Heizwert das korrespondierende Energiepotential (Tabelle 8.40).

Demnach bewegen sich die Bruttoenergiepotentiale aus Stroh und Biogas etwa in der gleichen Größenordnung. Verglichen damit liegt das Energieaufkommen aus dem Waldrestholz um rund 40% höher. Zusammengenommen ist das Reststoffaufkommen aus der Land- und Forstwirtschaft durch ein Energiepotential von rund 306 PJ/a gekennzeichnet; es fällt innerhalb Deutschlands regional sehr unterschiedlich an. Während beispielsweise in Süddeutschland das Energieaufkommen aus dem Waldrestholz überproportio-

Tabelle 8.41. Bruttoenergiepotentiale eines Energiepflanzenanbaus zur Erzeugung fester Brennstoffe

	Variante 1[1]	Variante 2[2]	Variante 3[3]	Variante 4[4]
	in PJ/a			
Getreideganzpflanzen				
Winterweizen	141,6	210,5	317,6	726,0
Wintergerste	126,5	188,2	283,9	648,9
Roggen	133,1	198,0	298,7	682,7
Mix[5]	133,7	198,9	300,1	685,9
Mehrjährige Gräser				
Chinaschilf	169,5	252,1	380,4	869,4
Schilfrohr	156,1	232,2	350,3	800,6
Hirse	164,4	247,5	373,3	853,4
Mix[5]	164,0	243,9	368,0	841,1
Schnellwachsende Baumarten[6]	156,4	232,6	350,9	802,0

[1] ca. 0,78 Mio. ha; [2] ca. 1,16 Mio. ha; [3] ca. 1,75 Mio. ha, [4] ca. 4,0 Mio. ha
[5] Kombinierter Anbau der jeweiligen Pflanzenarten
[6] Kombinierter Anbau aus Aspen, Weiden und Pappeln

nal hoch ist, weist das energetisch nutzbare Stroh in Norddeutschland überdurchschnittlich hohe Werte auf [3].

Verglichen mit dem Endenergieverbrauch in Deutschland im Jahr 1991 (9423 PJ/a) entspricht dies einem Anteil von ca. 0,9% beim Stroh und beim Biogas sowie von rund 1,5% beim Restholz. Zusammengenommen könnten diese Möglichkeiten einer Reststoffnutzung mit rund 3,3% zur Deckung des Endenergieverbrauchs beitragen.

Energiepflanzenanbau. Ausgehend von den verschiedenen in Abschn. 8.8.2.2.2 definierten Varianten der Flächenverfügbarkeit können die zugehörigen Potentiale einer Festbrennstofferzeugung aus Energiepflanzen der verschiedenen Konzepte analysiert werden (Tabelle 8.41). Dabei wird jeweils ausgegangen von den regional unterschiedlichen mittleren Biomasseerträgen der betrachteten Pflanzen, den theoretisch verfügbaren Flächen in den einzelnen Kreisen Deutschlands, dem technisch gewinnbaren Anteil des Biomasseaufkommens und dem durchschnittlichen Heizwert unter Berücksichtigung der mittleren Feuchte.

In Tabelle 8.41 wird deutlich, daß die Bruttoenergiepotentiale stark von den verfügbaren Flächen abhängen. Bei einer Getreideganzpflanzennutzung sind beispielsweise deutliche Unterschiede zwischen den betrachteten Wintergetreidesorten gegeben. Winterweizen wäre demnach die gegenwärtig am ehesten zu präferierende Pflanze. Wird demgegenüber ein kombinierter Anbau aus Winterweizen, Wintergerste und Roggen unterstellt – das wäre die realistischere Variante insbesondere auch im Hinblick auf eine Vermeidung von Monokulturen –, liegt das gewinnbare Energieaufkommen in Abhängigkeit der verfügbaren Flächen zwischen 134 und 686 PJ/a. Bei einer Energiegewinnung aus Gräsern bewegen sich die Potentialunterschiede in einer ähnlichen

Größenordnung. Gegenwärtig sind dabei Chinaschilf und Hirse die vielver-
sprechendsten Optionen mit einem Energieaufkommen zwischen 167 und 861
PJ/a. Wird demgegenüber ein Anbaumix aus Chinaschilf, Schilfrohr und Hirse
unterstellt, entspricht dies je nach unterstellter Flächenverfügbarkeit einem
Energieaufkommen zwischen 164 und 841 PJ/a. Aus Kurzumtriebsplantagen
mit Pappeln, Weiden oder Aspen ist ein Energieaufkommen zwischen 156 und
802 PJ/a möglich [4]. Folglich ist ein Anbau von Gräsern mit hohem Biomas-
seertrag durch die höchsten Potentiale gekennzeichnet, Kurzumtriebsplantagen zeichnen sich durch ein geringeres Energieaufkommen aus und Getreideganzpflanzen weisen verglichen damit die geringsten Energiepotentiale auf.

Dieses Energieaufkommen kann dem Endenergieverbrauch in Deutschland
im Jahr 1991 gegenübergestellt werden. Die resultierenden Anteile bewegen
sich je nach Flächenverfügbarkeitsvariante bei den Getreideganzpflanzen zwischen 1,4 und 7,5%, bei den mehrjährigen Gräsern zwischen 1,7 und 8,9% und
bei den im Kurzumtrieb bewirtschafteten schnellwachsenden Baumarten zwischen 1,6 und 8,5%.

8.8.2.3.2
Energieaufwand und Nettoenergieträgerpotentiale

Die Energiebereitstellung aus Nebenprodukten und Abfällen und aus einem
Energiepflanzenanbau ist mit einem gewissen Energieaufwand verbunden. Da
für die Volkswirtschaft nur das Nettoenergieaufkommen für die Bereitstellung
der Nutzenergie letztlich verfügbar ist, wird im folgenden der Nettoenergieertrag der betrachteten Möglichkeiten einer Biomassenutzung näher analysiert.

Nutzung von Nebenprodukten und Abfällen. Im Regelfall stellt das Haupter-
zeugnis (z.B. das Getreidekorn, das Stammholz) das primäre Ziel eines Pro-
duktionsprozesses dar. Deshalb kann unterstellt werden, daß der Energieaufwand für die Energieträgergewinnung sich auf die Nutzbarmachung und u.U.
die Aufbereitung der Nebenprodukte und Abfälle in eine anwendungsgerechte
Form beschränkt.

Für die Bereitstellung eines Energieträgers aus den Ernterückständen der
landwirtschaftlichen Pflanzenproduktion bedeutet dies, daß der notwendige
Energieaufwand im wesentlichen aus dem Sammeln und dem Verdichten des
Strohs resultiert. Der direkte und indirekte energetische Aufwand für die
Pflanzenproduktion wird damit vereinbarungsgemäß dem Getreidekorn als
dem Hauptprodukt angelastet. In Abhängigkeit der Ballengröße und bei der
Verdichtung zu Pellets oder Briketts vom Verdichtungsgrad bzw. der -techno-
logie liegt dabei der Prozeßenergiebedarf zwischen 1,4 und 10,2% bezogen auf
den Energieinhalt des Strohs [5]. Die untere Grenze repräsentiert die heute
im Regelfall praktizierte Ballenlinie und die obere die gegenwärtig nur eingeschränkt praxisrelevante Verdichtung zu Pellets. Dazu addiert sich noch der
energetische Aufwand für den Transport vom Feld zur Verbrennungsstelle.

Der Energieaufwand für die Biogasgewinnung liegt zwischen ca. 42% für
dezentrale Kleinanlagen und rund 62% für zentrale Großanlagen bezogen auf
den Energieinhalt des gewinnbaren Biogases [6]. Da der Energiebedarf für

Tabelle 8.42. Nettoenergiepotentiale der energetisch nutzbaren Nebenprodukten und Abfällen aus der Land- und Forstwirtschaft

	Stroh	Biogas	Restholz	Summe
	in PJ/a			
Baden-Württemberg	6,27	4,80	15,93	27,00
Bayern	14,05	13,58	29,73	57,36
Berlin	0,02	0,01	0,19	0,22
Brandenburg	4,68	3,43	12,53	20,64
Bremen	0,01	0,05	0,01	0,07
Hamburg	0,04	0,03	0,05	0,12
Hessen	2,90	2,05	10,87	15,82
Mecklenburg-Vorpommern	5,94	3,31	6,18	15,43
Niedersachsen	12,76	14,22	12,98	39,96
Nordrhein-Westfalen	9,06	8,88	12,18	30,12
Rheinland-Pfalz	4,05	1,67	10,17	15,89
Saarland	0,29	0,20	1,13	1,62
Sachsen	3,65	2,44	5,92	12,01
Sachsen-Anhalt	5,47	2,45	5,60	13,52
Schleswig-Holstein	4,97	5,31	1,82	12,10
Thüringen	3,54	2,30	6,36	12,20
Bundesrepublik Deutschland	77,70	64,73	131,65	274,08

die Prozeßwärmebereitstellung bereits bei den Bruttoenergiepotentialen berücksichtigt wurde, errechnet sich daraus ein indirekter Energieaufwand zwischen 18% für zentrale Großanlagen und 22% für dezentrale Kleinanlagen bezogen auf das Bruttoenergieaufkommen. Da in der Praxis gegenwärtig erhebliche Unterschiede zwischen verschiedenen Anlagentechniken und -konzepten gegeben sind, kann es aber zu größeren Abweichungen kommen.

Auch bei der Analyse des Nettoenergieaufkommens von Energieträgern aus Waldrestholz wird der Energieaufwand für das Pflanzen und die Bestandspflege einschließlich des sonstigen Waldbetriebsaufwandes – unter Berücksichtigung aller Prozeßstufen – dem gegenwärtig marktfähigen Stammholz und damit dem produzierten Hauptprodukt zugerechnet. Folglich ist die Bereitstellung von Energieträgern aus Restholz im wesentlichen nur mit dem energetischen Aufwand für das Bergen und Aufbereiten verbunden; er liegt je nach Aufbereitungstechnik zwischen 2,2 und 2,8% bezogen auf das Bruttoenergieaufkommen [5]. Daneben ist noch der Energeiaufwand für die notwendigen Transporte zu berücksichtigen.

Ausgehend von dem in Tabelle 8.40 gezeigten Bruttoenergiepotentialen ermittelt sich damit das in Tabelle 8.42 dargestellte Nettoenergieaufkommen. Bei einer Strohnutzung wurde dabei die energetisch günstigste Variante einer Ballenbergung als das derzeit übliche Verfahren unterstellt. Für die Biogasgewinnung wurde ein mittlerer Energieaufwand von rund 20% angenommen und bei einer Waldrestholznutzung von einer Hackschnitzelerzeugung ausgegangen. Zusätzlich wurden bei Restholz und Stroh ein bestimmter energetischer Transportaufwand angenommen.

Verglichen mit den Bruttoenergiepotentialen bewegt sich damit das korrespondierende Nettoenergieaufkommen auf einem z.T. deutlich niedrigeren Niveau. Insgesamt ist in Deutschland ein Nettoenergiepotential aus einer Strohnutzung von ca. 78 PJ/a, aus einer Biogasgewinnung von rund 65 PJ/a und aus einer Waldrestholzgewinnung von etwa 132 PJ/a gegeben. Zusammengenommen bewegt sich damit das Nettoenergieaufkommen einer Nutzung von Nebenprodukten und Abfällen der Land- und Forstwirtschaft bei rund 90% des entsprechenden Bruttoenergieaufkommens.

Energiepflanzenanbau. Im Unterschied zu den Nebenprodukten und Abfällen, bei denen nur der Energieaufwand für die Nutzbarmachung als Energieträger zu berücksichtigen ist, muß bei einer Energiebereitstellung aus Energiepflanzen das gesamte Energieaufkommen aller Prozeßstufen betrachtet werden.

Für die Bereitstellung eines Festbrennstoffs aus Winterweizenganzpflanzen ist je nach Ballengröße bzw. Aufbereitungsart von einem Energieaufwand zwischen 3,4 und 12,2% für die Bereitstellung des Strohs und von rund 15,9% für das Getreidekorn jeweils bezogen auf dessen Energieinhalt auszugehen [5]. Mit gegenwärtig zu erzielenden Erträgen [7] errechnet sich ein energetischer Aufwand bezogen auf das gewinnbare Energieaufkommen für die Brennstoffbereitstellung aus Winterweizenganzpflanzen zwischen 10,3 und 14,3% bzw. von 11,1% [8]. Dazu addiert sich noch der Aufwand für den Transport der Biomasse. Für die anderen betrachteten Getreidesorten liegen keine detaillierten Untersuchungen vor; der Energieaufwand dürfte aber vergleichbar sein.

In Abhängigkeit der Biomasseaufbereitung (z.B. Ballen, Pellets) liegt der energetische Aufwand für eine Brennstofferzeugung aus Chinaschilf bezogen auf das gewinnbare Energieaufkommen zwischen 4,6 und 14,1% [5] bzw. bei ca. 7,7% [9] ohne Berücksichtigung der Transportaufwendungen. Für die anderen schnellwachsenden Gräser sind noch keine detaillierten Untersuchungen verfügbar; näherungsweise dürfte aber der Energieaufwand etwa innerhalb der aufgezeigten Bandbreite liegen.

Der energetische Aufwand für eine Energieträgerproduktion aus im Kurzumtrieb bewirtschafteten schnellwachsenden Baumarten ist vorwiegend aufgrund der meist geringeren Pflege im Mittel niedriger. Hier kann von einem Energieaufwand von etwa 4,4% bezogen auf das erzielbare Energieaufkommen ausgegangen werden [5]. Dabei wurden keine Transportaufwendungen berücksichtigt und eine Trocknung der Hackschnitzel ohne zusätzlichen Energieaufwand (d.h. durch eine Lufttrocknung) unterstellt. Müssen die Hackschnitzel unter Einsatz fossiler Energieträger zur Vermeidung von Schimmelbildung und für die Gewährleistung guter Verbrennungseigenschaften getrocknet werden, steigt der Energieaufwand auf maximal ein Drittel des Bruttoenergieertrags [10].

Ausgehend von diesen Zusammenhängen kann der Nettoenergieertrag aus den in Tabelle 8.41 dargestellten Bruttoenergiepotentialen abgeschätzt werden. Dabei wurde für Getreideganzpflanzen ein mittlerer Energieaufwand von rund 12%, bei schnellwachsenden Gräsern von etwa 9% und bei Kurzumtriebsplantagen von ca. 6% jeweils bezogen auf das erzielbare Energieaufkommen zugrunde-

Tabelle 8.43. Nettoenergiepotentiale eines Energiepflanzenanbaus zur Erzeugung fester Brennstoffe

	Variante 1[1]	Variante 2[2]	Variante 3[3]	Variante 4[4]
	in PJ/a			
Getreideganzpflanzen[5]	111,0	165,1	249,1	569,3
Mehrjährige Gräser[6]	141,0	209,8	316,5	723,3
Schnellwachsende Baumarten[7]	139,2	207,0	312,3	713,8

[1] ca. 0,78 Mio. ha; [2] ca. 1,16 Mio. ha; [3] ca. 1,75 Mio. ha; [4] ca. 4,0 Mio. ha
[5] Kombinierter Anbau aus Winterweizen, Wintergerste und Roggen; vgl. Tabelle 8.41
[6] Kombinierter Anbau aus Chinaschilf, Schilfrohr und Hirse; vgl. Tabelle 8.41
[7] Kombinierter Anbau aus Aspen, Weiden und Pappeln; vgl. Tabelle 8.41

gelegt. Dazu kommt noch der energetische Transportaufwand, der hier für alle drei Optionen als in einer gleichen Größenordnung liegend unterstellt wurde.

Demnach ist ein Anbau von mehrjährigen Gräsern verglichen mit den anderen betrachteten Konzepten auch unter Berücksichtigung des benötigten Energieaufwandes durch die höchsten Potentiale gekennzeichnet (Tabelle 8.43). Jedoch zeigt eine Energieträgergewinnung aus Kurzumtriebsplantagen nur geringfügig kleinere Nettoenergieerträge. Im Gegensatz dazu ist das Energieaufkommen aus Getreideganzpflanzen deutlich geringer. Hinsichtlich des erzielbaren Anteils zur Deckung der Energienachfrage stellt damit diese Option die ungünstigste Möglichkeit dar.

8.8.2.3.3
End- und Primärenergiesubstitutionspotential

Bei einem Einsatz der betrachteten regenerativen Energieträger im Energiesystem der Bundesrepublik Deutschland würden im wesentlichen die gegenwärtig genutzten fossilen Energien ersetzt. Deshalb wird – als ein weiterer Teilaspekt der Ganzheitlichen Bilanzierung – im folgenden das substituierbare End- und Primärenergieäquivalent analysiert.

Der Wirkungsgrad von Konversionsanlagen, die mit verschiedenen Brennstoffen betrieben werden, kann unterschiedlich sein (z.B. liegt der Wirkungsgrad von holz- oder strohgefeuerten Verbrennungsanlagen unter dem von mit leichtem Heizöl betriebenen Anlagen [11]). Deshalb müssen für die Bestimmung der substituierbaren Energieäquivalente der fossilen Brennstoffe die biogenen Energiepotentiale zunächst in das entsprechende Nutzenergieaufkommen überführt werden. Dazu ist jeweils der Verwendungszweck bzw. die Nutzenergieform festzulegen (z.B. Nutzung des Restholzes zur Wärmebereitstellung unter Substitution von leichtem Heizöl), da das gleiche Endenergieaufkommen einem, je nach Konversionstechnologie, unterschiedlichen Nutzenergieaufkommen entsprechen kann. Ausgehend von diesem Nutzenergieäquivalent errechnet sich – für den jeweils unterstellten zu substituierenden fossilen Energieträger – das korrespondierende Endenergieäquivalent. Anschließend kann daraus das Primärenergieäquivalent ermittelt werden unter

Berücksichtigung der gegenwärtigen Umwandlungsverluste im Energiesystem der Bundesrepublik Deutschland.

Nutzung von Abfällen und Nebenprodukten. Zur Bestimmung des substituierbaren End- und Primärenergieäquivalents werden folgende Annahmen getroffen.

- Stroh wird primär zu Wärmegewinnung in Klein- und Großanlagen mit einem Wirkungsgrad der Konversionsanlagen zwischen 70 und 75% eingesetzt. Es ersetzt zu vier Fünfteln leichtes Heizöl und zu einem Fünftel Erdgas, das in marktgängigen Anlagen mit einem Wirkungsgrad von rund 85% in Nutzenergie umgewandelt werden kann.
- Restholz wird ebenfalls hauptsächlich zur Bereitstellung von Wärme sowohl in dezentralen Feuerungsanlagen kleiner Leistung als auch in zentralen Großanlagen genutzt (Wirkungsgrad zwischen 70 und 75%). Dabei wird zu ca. 90% leichtes Heizöl und zu etwa 10% Erdgas ersetzt (Wirkungsgrad rund 85%).
- Biogas kann entweder zur ausschließlichen Wärmebedarfsdeckung, zur gekoppelten Erzeugung von Strom und Wärme in Blockheizkraftwerken oder zur ausschließlichen Stromerzeugung eingesetzt werden. Bei der Wärmebereitstellung – dies ist bei rund 50% der Anwendungsfälle gegeben – wird primär leichtes Heizöl ersetzt. Die nur geringen Unterschiede im Umwandlungswirkungsgrad von Brennstoff- in Wärmeenergie zwischen Heizöl und Biogas werden dabei vernachlässigt. Die verbleibende Hälfte des Potentials wird sowohl zur gekoppelten Strom- und Wärmerzeugung als auch zur alleinigen Stromerzeugung genutzt; es wird Erdgas ersetzt.

Mit diesen Annahmen errechnet sich das in Tabelle 8.44 dargestellte substituierbare Endenergieäquivalent an Heizöl und Erdgas. Die rund 306 PJ/a an regenerativer Endenergie aus Stroh, Biogas und Restholz entsprechen damit einem Energieäquivalent von knapp 280 PJ/a an Endenergie fossiler Brennstoffe. Aufgrund der z.T. ungünstigeren Umwandlungswirkungsgrade der regenerativen Energieträger liegt die substituierbare Endenergie der fossilen Brennstoffe knapp 10% unterhalb des erneuerbaren Energieaufkommens. Bezogen auf den Endenergieverbrauch in Deutschland im Jahr 1991 entspricht dieses Energieäquivalent einem Anteil von knapp 3%; es ist damit rund 0,3% kleiner als der entsprechende Wert des regenerativen Bruttoenergiepotentials.

Aus dem in Tabelle 8.44 dargestellten sustituierbaren Endenergieäquivalent kann unter Berücksichtigung der gegenwärtigen energieträgerspezifischen Umwandlungs- und Verteilungsverluste im deutschen Energiesystem das korrespondierende substituierbare Primärenergieäquivalent bestimmt werden. Aus dem ausgewiesenen Stroh-, Restholz- und Biogaspotential errechnet sich demzufolge ein ersetzbares Primärenergieäquivalent von rund 350 PJ/a; es resultiert zu rund drei Viertel aus Erdöl und etwa zu einem Viertel aus Erdgas. Bezogen auf das Primärenergieaufkommen in Deutschland in 1991 entspricht dies ca. 2,4%.

Energiepflanzenanbau. Vergleichbar der bisherigen Vorgehensweise muß bei der Analyse der substituierbaren Endenergie- und Primärenergieäquiva-

Tabelle 8.44. End- und Primärenergieäquivalente des energetisch nutzbaren Aufkommens an Abfällen und Nebenprodukten aus der Land- und Forstwirtschaft

	Endenergieäquivalent			Primärenergieäquivalent		
	Heizöl	Erdgas	Summe	Heizöl	Erdgas	Summe
	in PJ/a					
Baden-Württemberg	21,40	5,66	27,06	27,69	6,52	34,21
Bayern	44,49	13,84	58,33	57,56	15,95	73,51
Berlin	0,18	0,03	0,21	0,23	0,03	0,26
Brandenburg	16,41	4,19	20,60	21,23	4,83	26,06
Bremen	0,04	0,01	0,08	0,06	0,02	0,08
Hamburg	0,09	0,03	0,12	0,11	0,04	0,15
Hessen	12,77	2,84	15,61	16,53	3,27	19,80
Mecklenburg-Vorpommern	11,85	3,75	15,60	15,33	4,32	19,65
Niedersachsen	29,55	12,38	41,93	38,24	14,27	52,51
Nordrhein-Westfalen	22,79	8,33	31,12	29,49	9,60	39,09
Rheinland-Pfalz	12,83	2,76	15,59	16,60	3,19	19,79
Saarland	1,31	0,29	1,60	1,70	0,33	2,03
Sachsen	9,34	2,75	12,09	12,09	3,17	15,26
Sachsen-Anhalt	10,46	3,07	13,53	13,54	3,54	17,08
Schleswig-Holstein	8,60	4,37	12,97	11,13	5,04	16,17
Thüringen	9,55	2,69	12,24	12,36	3,10	15,46
Bundesrepublik Deutschland	211,67	66,99	278,65	273,89	77,22	351,11

Tabelle 8.45. End- und Primärenergieäquivalente der Energiepotentiale eines Energiepflanzenanbaus für die betrachteten Flächenverfügbarkeitsvarianten

		Variante 1[1]	Variante 2[2]	Variante 3[3]	Variante 4[4]
		in PJ/a			
Getreideganzpflanzen	EEÄ[5]	118,2	175,9	265,3	606,4
	PEÄ[6]	149,6	222,6	335,8	767,5
Mehrjährige Gräser	EEÄ[5]	144,4	215,7	325,4	743,7
	PEÄ[6]	182,8	273,0	411,8	941,2
Schnellwachsende	EEÄ[5]	138,3	205,7	310,2	709,1
Baumarten	PEÄ[6]	175,0	260,3	392,7	897,4

[1] 0,78 Mio. ha; [2] 1,16 Mio. ha; [3] 1,75 Mio. ha; [4] 4,0 Mio. ha
[5] Substituierbares Endenergieäquivalent
[6] Substituierbares Primärenergieäquivalent

lente der aus einem Energiepflanzenanbau gewinnbaren Biomasse ebenfalls die zu substituierende Endenergie festgelegt werden. Vereinfachend wird deshalb unterstellt, daß die Biomasse von Getreideganzpflanzen, mehrjährigen Gräsern und im Kurzumtrieb bewirtschafteten schnellwachsenden Baumarten primär zur Wärmegewinnung eingesetzt wird. Zu rund vier Fünfteln werden dabei mit leichtem Heizöl betriebene Verbrennungsanlagen und zu rund einem Fünftel mit Erdgas befeuerte Anlagen ersetzt.

Auf der Basis dieser Rahmenannahmen errechnet sich das in Tabelle 8.45 dargestellte substituierbare Endenergieäquivalent; je nach Anbaukonzept und

Flächenverfügbarkeit (Abschn. 8.8.2.2.2) variiert es zwischen rund 118 und etwa 744 PJ/a. Bezogen auf den Endenergieverbrauch in Deutschland im Jahr 1991 entspricht dies einem Anteil zwischen knapp 1,3 und etwa 7,9%; verglichen mit dem regenerativen Endenergiepotential liegt das substituierbare Energieäquivalent fossiler Brennstoffe um rund 0,1–1,0% niedriger.

Dieses Endenergieäquivalent kann ebenfalls in das korrespondierende Primärenergieäquivalent unter Berücksichtigung der im Jahr 1991 gegebenen energieträgerspezifischen Umwandlungswirkungsgrade im Energiesystem umgerechnet werden (Tabelle 8.45). Demnach bewegt sich das Primärenergieäquivalent zwischen rund 150 und 941 PJ/a; dies entspricht einem Anteil zwischen 1,0 und 6,5% bezogen auf den Primärenergieverbrauch in Deutschland in 1991.

8.8.2.4
Emissionen

Neben der Energiebilanzierung sind die durch die energetische Nutzung der betrachteten Energieträger freigesetzten Stoffe weitere im Rahmen der Ganzheitlichen Bilanzierung analysierbare Größen. Da jedoch die gesamte Palette der z.T. nur in Spuren emittierten Stoffe gegenwärtig nicht vollständig erfaßbar ist, werden stellvertretend für die gesamtem freigesetzten Stoffe von den luftgetragenen Emissionen im folgenden exemplarisch neben dem Schwefeldioxid (SO_2) und den Stickoxiden (NO_x) die flüchtigen organischen Verbindungen mit Ausnahme von Methan (NMVOC) und das Kohlendioxid (CO_2) betrachtet. Weitere Stofffreisetzungen, die sich u.a. in einer Boden- und Gewässerbelastung auswirken, werden ebenso wie sonstige möglicherweise freigesetzte Partikel (u.a. Stäube, Aschen) und die an ihnen haftenden anorganischen und organischen Verbindungen mangels verfügbarer belastbarer Daten hier nicht untersucht.

Bei der Bilanzierung der luftgetragenen emittierten Stoffe wird unterschieden zwischen den direkt und indirekt freigesetzten Stoffen. Unter ersteren sind die unmittelbar bei der energetischen Nutzung emittierten Produkte zu verstehen und damit beispielsweise die bei der Verbrennung von Stroh entstehenden Stickoxide. Die indirekten Emissionen beinhalten demgegenüber die in den einzelnen Prozeßstufen freigesetzten Stoffe. Da ein Energieträger durch sehr unterschiedliche Prozeßketten bereitgestellt werden kann, sind insbesondere diese indirekten Emissionen sehr schwierig abzuschätzen; zum einen ist in den verschiedenen Stufen der Prozeßkette die Bestimmung der Stofffreisetzungen problematisch und zum anderen sind sie bei den oft vorliegenden gekoppelten Produktionsprozessen nicht immer eindeutig zuordenbar. Auch haben die verschiedenen verfügbaren Anlagentechnologien der einzelnen Prozeßstufen und die damit verbundenen Emissionen sowie die mit sehr unterschiedlichen Transportmitteln zu überbrückenden Entfernungen einen großen Einfluß.

Bei den folgenden Ausführungen werden für die betrachteten regenerativen Energieträger biogenen Ursprungs zunächst die Summe der direkten und indirekten Emissionen an SO_2, NO_x, NMVOC und CO_2 bilanziert. Aufgrund mangelnder verfügbarer Daten werden dabei nur die Emissionen der Betriebsmittel für die einzelnen Stufen der Prozeßkette betrachtet; die Stofffreisetzungen für die Bereitstellung des jeweiligen Anlagenparks sowie für die Infrastruktur (d.h. Gebäude, Straßen usw.) werden folglich nicht berücksichtigt. Die Gesamtemissionen werden anschließend der entsprechenden Gesamtstofffreisetzung der betrachteten vier Stoffe gegenübergestellt, die mit den diskutierten Endenergieäquivalenten auf der Basis einer Nutzung fossiler Energieträger entsprechend dem gegenwärtigen Stand der Technik verbunden wären. Aus Gründen der Vergleichbarkeit und aufgrund mangelnder verfügbarer Daten werden dabei auch hier nur die Emissionen der Betriebsmittel betrachtet.

8.8.2.4.1
Emissionen der regenerativen Energieträger

Nutzung von Abfällen und Nebenprodukten. Die Emissionen der gesamten Prozeßkette der Energieträger Stroh (z.B. Strohcobs), Biogas (z.B. gereinigtes Brenngas) und Restholz (z.B. Hackschnitzel) variieren innerhalb einer großen Bandbreite in Abhängigkeit einer Vielzahl unterschiedlichster Parameter. Die direkten Emissionen errechnen sich – in Abhängigkeit des freigesetzten Stoffes – aus der z.T. variierenden Brennstoffzusammensetzung (z.B. CO_2, SO_2) bzw. aus der jeweils verfügbaren und die emissionsschutzrechtlichen Vorschriften (d.h. Grenzwerte) erfüllenden Konversionsanlagentechnologie (z.B. NO_x). Die indirekten Emissionen sind demgegenüber stärkeren Abweichungen unterworfen; beispielsweise schwanken die spezifischen Stickoxidemissionen zwischen 118 und 125 kg/TJ_{End} bei Stroh, zwischen 56 und 130 kg/TJ_{End} bei Biogas und zwischen 107 und 127 kg/TJ_{End} (vgl. [6]; Angaben beziehen sich jeweils auf 1 TJ Endenergie). Im konkreten Einzelfall sind noch größere Variationen möglich.

In Anlehnung an die bisherige Vorgehensweise und zur Gewährleistung einer anschließenden Vergleichbarkeit wird bei einer energetischen Nutzung des Strohaufkommens ein ausschließlicher Einsatz zur Wärmebereitstellung in Einzelöfen bzw. Einzelheizungsanlagen und in Heizwerken unterstellt. Dies gilt grundsätzlich auch für Restholz. Biogas wird demgegenüber in Blockheizkraftwerken zur Strom- und Wärmegewinnung und in Gasheizungsanlagen zur Wärmebereitstellung eingesetzt.

Mit diesen Rahmenannahmen errechnen sich ausgehend von den dargestellten Bruttoenergieerträgen einer Nutzung der organischen Reststoffe aus der Land- und Forstwirtschaft die in Tabelle 8.46 dargestellten direkten und indirekten Emissionen der vier betrachteten freigesetzten Stoffe. Dabei wurde nur das Kohlendioxid fossilen Ursprungs bilanziert – nur dieser Anteil des insgesamt freigesetzten CO_2 ist klimarelevant, da der Kohlenstoff biogenen Ursprungs zuvor von den Pflanzen der Atmosphäre entzogen wurde. Demnach ist die Nutzung der insgesamt rund 306 PJ/a mit direkten und indirekten Emissionen von ca. 15500 t/a an SO_2, rund 58100 t/a an NO_x, knapp 36400 t/a an NMVOC und knapp 5,1 Mio. t/a an CO_2 verbunden. Zur besseren Einordnung in die in Deutschland vorliegenden Gegebenheiten können diese Größen

Tabelle 8.46. Emissionen an SO_2, NO_x, NMVOC und CO_2 für die betrachteten Optionen zur Nutzung des Aufkommens an Abfällen und Nebenprodukten

	SO_2	NO_x	NMVOC	CO_2
	in t/a			
Baden-Württemberg	1466	5759	3816	416200
Bayern	2964	12209	7557	980800
Berlin	12	45	35	2400
Brandenburg	1429	4319	3061	409800
Bremen	2	14	4	2000
Hamburg	6	25	14	2100
Hessen	873	3361	2360	220100
Mecklenburg-Vorpommern	1083	3204	2122	339400
Niedersachsen	1914	8524	4484	825300
Nordrhein-Westfalen	1518	6428	3675	568600
Rheinland-Pfalz	926	3394	2417	212600
Saarland	90	344	244	22300
Sachsen	825	2491	1689	256200
Sachsen-Anhalt	990	2842	1935	283400
Schleswig-Holstein	561	2591	1187	280900
Thüringen	847	2541	1750	253600
Bundesrepublik Deutschland	15506	58091	36350	5075700

dem gegenwärtigen Emissionsniveau gegenübergestellt werden. Bezogen auf die im Jahr 1991 in der Bundesrepublik Deutschland insgesamt freigesetzten Mengen an Kohlendioxid fossilen Usprungs entspricht dies einem Anteil von rund 0,5% und bezogen auf die SO_2- bzw. NO_x-Emissionen von 0,3 bzw. 1,8%.

Energiepflanzenanbau. Die Gesamtemissionen eines Energiepflanzenanbaus zur Festbrennstofferzeugung, wieder exemplarisch betrachtet für SO_2, NO_x, NMVOC und CO_2, errechnen sich mit einer vergleichbaren Vorgehensweise unter Beachtung der diskutierten Unsicherheiten. Zusätzlich muß noch berücksichtigt werden, daß diese Optionen gegenwärtig noch nicht großtechnisch genutzt werden und deshalb die Bestimmung der Emissionsfaktoren auf den Ergebnissen von Versuchs- bzw. Pilotanlagen oder Machbarkeitsstudien beruht [6]. Dies bedingt weitere Datenunsicherheiten.

Erneut wurde davon ausgegangen, daß diese Festbrennstoffe primär zur Wärmebereitstellung genutzt werden. Damit können – auf der Basis der jeweiligen Brennstoffzusammensetzung, der Verbrennungstechnologie und anderer Rahmenannahmen [6] – die spezifischen direkten und indirekten Emissionen und daraus die entsprechenden Gesamtemissionen abgeschätzt werden.

In Tabelle 8.47 wird deutlich, daß beispielsweise bei einem Energiepflanzenanbau auf den stillzulegenden Flächen (ca. 1,16 Mio. ha) je nach Nutzungskonzept mit SO_2-Emissionen zwischen 13400 und 16800 t/a, mit NO_x-Emissionen zwischen 33100 und 46000 t/a, mit NMVOC-Emissionen zwischen 28900 und 37700 t/a und mit Kohlendioxidemission zwischen 0,95 und 2,48 Mio. t/a zu rechnen ist. Bezogen auf die gesamten energiebedingten Kohlendioxidemissionen in der Bundesrepublik Deutschland im Jahr 1991 – zur Auf-

Tabelle 8.47. Emissionen an SO_2, NO_x, NMVOC und CO_2 für die betrachteten Optionen eines Energiepflanzenanbaus

		Variante 1[1]	Variante 2[2]	Variante 3[3]	Variante 4[4]
		in PJ/a			
Getreide-	SO_2	11042	16423	24777	56632
ganzpflanzen	NO_x	27885	41473	62567	143010
	NMVOC	19894	29588	44638	102030
	CO_2	1670300	2484300	3747800	8566500
Mehrjährige	SO_2	11226	16766	25293	57811
Gräser	NO_x	22195	33148	50008	114302
	NMVOC	19342	28887	43579	99607
	CO_2	634200	947200	1428900	3266100
Schnellwachsende	SO_2	9029	13429	20259	46302
Baumarten	NO_x	30959	46042	69459	158753
	NMVOC	25368	37728	56916	130084
	CO_2	1592900	2369000	3573900	8168400

[1] 0,78 Mio. ha; [2] 1,16 Mio. ha; [3] 1,75 Mio. ha; [4] 4,0 Mio. ha

zeigung der Größenordnung – entspricht dieses Energiepotential eines Energiepflanzenanbaus (ca. 1,4–8,9% bezogen auf den Endenergieverbrauch in 1991) einem Prozentsatz zwischen 0,06 und 0,9%. Die entsprechenden Anteile bei den Stickoxiden liegen zwischen 0,7 und 4,9%.

8.8.2.4.2
Vermiedene Emissionen

Wird mit den untersuchten regenerativen Energieträgern der Energiebedarf in Deutschland gedeckt, würden die mit der gegenwärtigen Deckung der vergleichbaren Nutzenergie derzeit mit der gesamten Prozeßkette verbundenen Stofffreisetzungen vermieden; diese vermiedenen Emissionen zu bestimmen ist das Ziel der folgenden Ausführungen. Im Hinblick auf eine Vergleichbarkeit mit den mit der Nutzung des regenerativen Energieangebots verbundenen Gesamtemissionen werden die Bilanzen der direkt und indirekt emittierten Stoffe für die substituierbaren fossilen Energieäquivalente erstellt.

Dabei treten ähnliche Probleme auf wie bei der Analyse der mit der Nutzung des regenerativen Energieangebots verbundenen Emissionen. Insbesondere ist die derzeit verfügbare Datengrundlage der indirekt freigesetzten Stoffe bei der Nutzung der fossilen Energieträger z.T. mit ähnlich großen Unsicherheiten behaftet wie die betrachteten Optionen zur Nutzung der Biomasse. Deshalb können auch hier nur Größenordnungen angegeben werden.

Nutzung von Abfällen und Nebenprodukten. Ausgehend von dem im Abschn. 8.8.2.3.3 diskutierten Endenergiesubstitutionspotential können die entsprechenden vermeidbaren Gesamtemissionen abgeschätzt werden [6]. Die korrespondierenden Mengen an SO_2, NO_x, NMVOC und CO_2 zeigt Tabelle 8.48.

Tabelle 8.48. Vermiedene Emissionen an SO_2, NO_x, NMVOC und CO_2 für die Potentiale einer Nutzung von Abfällen und Nebenprodukten

	SO_2	NO_x	NMVOC	CO_2
	in t/a			
Baden-Württemberg	2389	2439	1327	2097300
Bayern	4980	5171	2912	4481900
Berlin	20	19	9	16200
Brandenburg	3841	2176	2207	1842400
Bremen	5	6	4	5600
Hamburg	10	10	6	9100
Hessen	1422	1430	752	1220200
Mecklenburg-Vorpommern	2788	1622	1704	1376600
Niedersachsen	3330	3590	2173	3165900
Nordrhein-Westfalen	2559	2709	1585	2369400
Rheinland-Pfalz	1428	1432	749	1220400
Saarland	146	147	77	125000
Sachsen	2195	1265	1313	1072600
Sachsen-Anhalt	2457	1416	1469	1200700
Schleswig-Holstein	975	1083	690	967200
Thüringen	2241	1284	1323	1088300
Bundesrepublik Deutschland	30786	25799	18300	22258800

Demnach liegen die durch eine Nutzung von Abfällen und Nebenprodukten (ca. 3,3% bezogen auf den Endenergieverbrauch in 1991) vermiedenen Emissionen bei rund 30800 t/a bei SO_2, bei etwa 25800 t/a bei NO_x, bei ca. 18300 t/a bei den flüchtigen organischen Verbindungen mit Ausnahme des Methans und bei rund 22,3 Mio. t/a bei CO_2. Zur besseren Einordnung können diese Angaben in Relation zu den gegenwärtigen Gesamtemissionen gesetzt werden. Bezogen auf die Kohlendioxidemissionen im Energiesystem der Bundesrepublik Deutschland im Jahr 1991 entspricht dies einem Anteil von und 2,3% und bezogen auf die Stickoxid- bzw. Schwefeldioxidemissionen von ca. 0,8 bzw. 0,5%.

Bei einem Vergleich der mit der Nutzung von Abfällen und Nebenprodukten verbundenen Emissionen (Tabelle 8.46) mit den im gegenwärtigen Energiesystem für die gleiche Nutzenergiebedarfsdeckung freigesetzten Stoffmengen (Tabelle 8.48) zeigt sich, daß die Nutzung des erneuerbaren Energieangebots mit geringeren SO_2- und CO_2-Emissionen, aber höheren NO_x- und NMVOC-Freisetzungen verbunden ist. Unter den zugrunde gelegten Rahmenannahmen wäre die Nutzung dieses Energieangebots mit Mehremissionen an Stickoxiden von rund 32300 t/a und an organischen Verbindungen ohne Methan von knapp 18100 t/a verbunden. Dem stehen Emissionsreduktionen von rund 15300 t/a beim Schwefeldioxid und etwa 17,2 Mio. t/a beim Kohlendioxid gegenüber. Bei gleicher Nutzenergiebereitstellung würde damit die energetische Nutzung des Aufkommens an Abfällen und Nebenprodukten zu einer Reduktion der CO_2-Emissionen auf rund ein Viertel bis ein Fünftel und einer Verminderung der freigesetzten SO_2-Mengen auf rund die Hälfte führen; um-

Tabelle 8.49. Vermiedene Emissionen an SO_2, NO_x, NMVOC und CO_2 für die Potentiale eines Energiepflanzenanbaus

		Variante 1[1]	Variante 2[2]	Variante 3[3]	Variante 4[4]
		in t/a			
Getreide-	SO_2	14 026	20 860	31 471	71 933
ganzpflanzen	NO_x	11 255	16 739	25 254	57 723
	NMVOC	7 828	11 643	17 565	40 149
	CO_2	9 610 700	14 293 800	21 564 100	49 289 400
Mehrjährige	SO_2	17 130	25 584	38 596	88 217
Gräser	NO_x	13 746	20 529	30 971	70 790
	NMVOC	9 561	14 279	21 542	49 238
	CO_2	11 737 900	17 530 100	26 446 100	60 447 600
Schnellwachsende	SO_2	16 403	24 395	36 802	84 113
Baumarten	NO_x	13 163	19 576	29 532	67 496
	NMVOC	9 155	14 279	21 542	49 238
	CO_2	11 239 600	16 715 700	25 217 200	57 635 300

[1] 0,78 Mio. ha; [2] 1,16 Mio. ha; [3] 1,75 Mio. ha; [4] 4,0 Mio. ha

gekehrt wäre dies allerdings etwa mit einer Verdopplung der NO_x- und NMVOC-Emissionen verbunden.

Energiepflanzenanbau. Ausgehend von den in Tabelle 8.45 diskutierten Endenergieäquivalenten können auf der Basis vergleichbarer Rahmenannahmen und auf der Grundlage vorliegender Emissionsfaktoren (vgl. [6]) die direkten und indirekten Emissionen abgeschätzt werden, die dem aus einem Energiepflanzenanbau zur Festbrennstofferzeugung korrespondierenden fossilen Endenergieäquivalent entsprechen. Tabelle 8.49 zeigt für die betrachteten luftgetragenen Stoffe die Ergebnisse.

Wird z.B. das substituierbare Endenergieäquivalent der auf den stillzulegenden Flächen (ca. 1,16 Mio. ha) gewinnbaren Festbrennstoffe betrachtet, liegen die vermiedenen Emissionen beispielsweise beim Schwefeldioxid zwischen rund 20 900 t/a bei einer Getreideganzpflanzennutzung und ca. 25 600 t/a bei einer Energiegewinnung aus der Biomasse von mehrjährigen Gräsern. Beim Kohlendioxid bewegen sich die entsprechenden Werte zwischen 14,3 Mio. t/a bei dem Energieäquivalent, das einer Biomasseerzeugung aus Getreideganzpflanzen entspricht, und 17,5 Mio. t/a bei dem aus einem Anbau mehrjähriger Gräser resultierenden Endenergieäquivalent. Bezogen auf die energiebedingten CO_2-Emissionen fossilen Ursprungs im Energiesystem der Bundesrepublik Deutschland entspricht dies – zur Aufzeigung der Größenordnung – einem Anteil zwischen 1,0 und 6,3%.

Bei einem Vergleich der mit der Nutzung des aus einem Energiepflanzenanbau gewinnbaren Energieaufkommens resultierenden Emissionen (Tabelle 8.47) mit den im Energiesystem der Bundesrepublik Deutschland für die Deckung des gleichen Nutzenergiebedarfs verbundenen Emissionen (Tabelle 8.49) wird auch hier deutlich, daß die biogenen Energieträger durch erheblich geringere CO_2- und niedrigere SO_2-Emissionen, aber höhere NO_x- und

NMVOC-Emissionen gekennzeichnet sind. In Abhängigkeit des jeweiligen Konzeptes für einen Energiepflanzenanbau wäre somit eine derartige Biomassenutzung mit einer Reduktion der Kohlendioxidemissionen fossilen Ursprungs auf 5–17% und einer Verminderung der SO_2-Emissionen auf 55–79% verbunden; umgekehrt würden die NO_x-Emissionen um das 1,6–2,5fache und die NMVOC-Emissionen um das 2,0–2,8fache ansteigen.

8.8.2.5
Kosten

Die Kosten sind eine weitere im Rahmen der Ganzheitlichen Bilanzierung zu analysierende Größe. Die mit einer Energiebereitstellungsoption verbundenen Aufwendungen stellen ebenfalls eine Entscheidungshilfe für oder gegen eine Technik dar. Darüber hinaus können die Kosten auch als ein Bewertungsmaßstab angesehen werden, da es sich dabei im Gegensatz zu den bisher diskutierten Energie- und Emissionsbilanzen bereits um bewertete Größen handelt. Im folgenden werden die mit einer Nutzung von Abfällen und Nebenprodukten bzw. eines Energiepflanzenanbaus verbundenen gesamtwirtschaftlichen Aufwendungen für den Brennstoff und die Wärmebereitstellung bzw. die korrespondierenden vermeidbaren Kosten im gegenwärtigen Energiesystem zusammengestellt und diskutiert.

8.8.2.5.1
Energieträgerkosten

Nutzung von Abfällen und Nebenprodukten. Aufgrund von Abgrenzungsproblemen ist eine Analyse der Energieträgerkosten von Reststoffen bzw. Nebenprodukten schwierig. Deshalb werden im folgenden jeweils zwei unterschiedliche Ansätze diskutiert.

Bei der Strohnutzung ist das untere Kostenspektrum festgelegt, wenn diese Biomasse als ein nicht kostenmäßig zu bewertendes Nebenprodukt der Getreideproduktion betrachtet wird. Die spezifischen Energieträgerkosten frei Anbaufläche errechnen sich dann aus den Aufwendungen für das Sammeln und Verdichten. Dabei wird das Stroh derzeit meist in einem Arbeitsgang auf dem Feld gesammelt und zu Hochdruckballen bzw. zu großen Rund- bzw. Quaderballen verdichtet. Dafür sind einschließlich aller Nebenarbeiten zwischen ca. 0,5 DM/Ballen für Hochdruckballen und etwa 18 DM/Ballen für große Quaderballen zu veranschlagen. Bei üblichen Pressdichten entspricht dies Kosten zwischen 31 und 44 DM/t Stroh. Daraus errechnen sich mit mittleren Erträgen und durchschnittlichen Feuchten spezifische Energieträgerkosten frei Anbaufläche zwischen 2 und 3 DM/GJ (Tabelle 8.50).

Wird das Stroh als Energieträger technisch genutzt, kann es auch als ein monetär zu bewertendes Nebenprodukt der Getreideerzeugung angesehen werden. Dann muß ihm ein Teil der Produktionsaufwandes für das Getreidekorn angelastet werden. Die spezifischen Energieträgerkosten für den Brennstoff Stroh frei Anbaufläche errechnen sich dann aus dem anteiligen Produktionsaufwendungen und den Sammel- und Verdichtungskosten. Tabelle 8.51

Tabelle 8.50. Spezifische Erntekosten für verschiedene Getreidearten bei unterschiedlichen Verdichtungstechniken

	Winterweizen	Wintergerste	Roggen
	in DM/GJ		
Hochdruckballen (40 cm×48 cm×80 cm)	2,26	2,34	2,18
Rundballen (150 cm×120 cm)	2,68	2,78	2,59
Rundballen (180 cm×150 cm)	2,15	2,23	2,08
Quaderballen (250 cm×85 cm×85 cm)	2,66	2,76	2,57
Quaderballen (250 cm×120 cm×70 cm)	3,05	3,16	2,95
Quaderballen (250 cm×120 cm×130 cm)	2,47	2,55	2,38

zeigt den mittleren Produktionsaufwand für durchschnittliche Erträge. Unter Berücksichtigung der Aufwendungen für Saatgut, Handelsdünger, Pflanzenschutz, Maschinen und Sonstigem und mit den durchschnittlichen Abschreibungen, Gemeinkosten und kalkulatorischen Aufwendungen kostet die Erzeugung der dargestellten Getreidearten zwischen rund 2260 DM/ha bei Roggen und ca. 2560 DM/ha bei Winterweizen. Wird davon ein Drittel dem Stroh angelastet und zusätzlich mittlere Sammel- und Verdichtungskosten berücksichtigt, ergeben sich die entsprechenden Gesamtaufwendungen und mit dem jeweiligen Energieinhalt spezifische Energieträgerkosten zwischen rund 10 und etwa 13 DM/GJ. Sie liegen damit im Bereich der auch für die anderen derzeit in Deutschland angebauten Getreidearten [3].

Eine Abschätzung der Biogasgestehungskosten ist ebenfalls mit sehr großen Unsicherheiten gekennzeichnet, da die entsprechende Technik noch am Anfang der großtechnischen Einführung steht. Wird von existierenden Anlagen ausgegangen, sind die Unterschiede der spezifischen Kosten bei kleinen Anlagen noch deutlich größer – sowohl nach höheren Werten aufgrund des spezifisch größeren Aufwandes als auch zu geringeren Kosten durch die Erbringung eines Eigenleistungsanteils und der Verwendung ausgedienter Anlagenkomponenten aus anderen Betriebsbereichen (z.B. Schrotteile). Ermittelt an in der Vergangenheit realisierten Biogasanlagen ergeben sich durchschnittliche spezifische Biogasgestehungskosten von rund 35–50 DM/GJ für kleinere Anlagen. Sie gehen bei Großanlagen auf etwa 35 DM/GJ zurück. Die tatsächlichen Kosten im konkreten Einzelfall können aber deutlich von diesen mittleren Angaben abweichen [2].

Die massigeren Anteile der forstwirtschaftlichen Reststoffe sind in Form von Brennholz (d.h. als Scheit- oder Rollenholz) und – dies gilt für das gesamte Restholzaufkommen – als Hackschnitzel energetisch verwertbar. Diese können wiederum entweder lose oder verpreßt zu Bricketts als Energieträger eingesetzt werden. Entsprechend unterschiedlich sind auch die resultierenden Aufwendungen für den Energieträger.

Da das Restholz ein Nebenprodukt der Durchforstung bzw. der Industrieholzernte darstellt, kann es als ein nicht kostenmäßig zu bewertender Abfall der Waldbewirtschaftung betrachtet werden; damit fallen nur die Sammel- und Aufbereitungskosten an. Wird für die Nutzbarmachung von Durchfor-

Tabelle 8.51. Mittlere Kosten des Brennstoffs Stroh für unterschiedliche Getreidearten bei mittleren Ertragsverhältnissen

		Winterweizen	Wintergerste	Roggen
Saatgut	DM/ha	123	102	113
Handelsdünger	DM/ha	353	342	246
Pflanzenschutzmittel	DM/ha	290	280	135
Maschinen[1]	DM/ha	381	375	369
Sonstige Kosten[2]	DM/ha	82	56	80
Variable Kosten	DM/ha	1229	1155	943
Abschreibungen	DM/ha	485	485	485
Gemeinkosten[3]	DM/ha	265	265	265
Kalk. Kosten[4]	DM/ha	581	578	569
Gesamtsumme	DM/ha	2560	2483	2262
Anteil Stroh[5]	DM/ha	853	828	754
Energie Stroh[6]	GJ/ha	82,4	77,3	104,3
Rohstoffkosten	DM/GJ	10,3	10,7	7,2
Sammeln/Verdichten[7]	DM/GJ	2,5	2,6	2,5
Energieträgerkosten	DM/GJ	12,8	13,3	9,7
	Pf/kWh	4,6	4,8	3,5

[1] Variable Maschinenkosten der verschiedenen Arbeitsgänge ohne Berücksichtigung der Strohbergung
[2] U.a. Versicherung, Trocknung
[3] U.a. Unterhaltung der Wirtschaftsgebäude, Berufsgenossenschaft, Strom, Heizstoffe, Wasser
[4] Summe auch Pacht-, Lohn- und Kapitalkosten
[5] Ein Drittel der Getreideproduktionskosten wird dem Stroh angelastet
[6] Berechnet für einen Feuchtegehalt von ca. 15% und mittleren Erträgen bezogen auf das Jahr 1991
[7] Mittelwerte der in Tabelle 8.50 dargestellten Bandbreite

stungsrückständen nur die Hackschnitzelerzeugung dem Energieträger Restholz angelastet, errechnen sich Gestehungskosten frei Wald von 6–13 DM/GJ. Wird das Stammholz am Einschlagsort oder bei der holzverarbeitenden Industrie entrindet, liegt die Rinde bereits in zerkleinerter und damit weitgehend verbrennungsgerechter Form und konzentriert an einem Ort vor; die Energieträgerkosten sind dann vernachlässigbar, da die entsprechenden Aufwendungen dem Hauptprodukt angelastet werden. Bei der Kostenbestimmung für das nicht aufgearbeitete Kronenderbholz und das Reisholz muß zwischen einer Erzeugung von Brennholz und von Holzhackschnitzeln unterschieden werden. Bei einer Brennholzgewinnung fallen die Sammelkosten und die Aufwendungen für die entsprechende Aufarbeitung als Scheit- oder Rollenholz an. Die Kostenbandbreite frei Wald liegt hier zwischen 6 und 14 DM/GJ. Wird dieses Biomasseaufkommen dagegen mit mobilen Anlagen im Wald zu Hackschnitzeln verarbeitet, addieren sich zu den Sammelkosten die entsprechenden Aufbereitungskosten. Dann ergeben sich Hackschnitzelerzeugungskosten frei Wald zwischen 10 und 17 DM/GJ. Für die Bestimmung der Energieträgerkosten für das theoretisch ebenfalls nutzbare Stockholz ist zusätzlich der z.T. hohe technische Aufwand zu berücksichtigen. Dann liegen die Hackschnitzelgestehungskosten frei Wald zwischen rund 14 und etwa 23 DM/GJ; unter ungünstigen Bedingungen können sie auch noch deutlich höher liegen.

Die Bewirtschaftung der heimischen Wälder ist mit einem beachtlichen Betriebsaufwand für die Durchforstung, den Einschlag bzw. die Stammholzernte, die Waldpflege, den Wegebau etc. verbunden. Werden die forstwirtschaftlichen Nebenprodukte energetisch genutzt und sind damit vermarktungsfähig, könnte ihnen auch ein Drittel der Waldbewirtschaftungskosten angelastet werden; das entspricht dem durchschnittlichen Anteil der technisch nutzbaren forstwirtschaftlichen Reststoffe an der Summe des gesamten technisch gewinnbaren Biomasseaufkommens. Daraus errechnen sich zusätzliche Kosten zwischen 1 und 3 DM/GJ. Damit liegen die spezifischen Energieträgerkosten zwischen ca. 1 DM/GJ für Rinde und rund 26 DM/GJ bzw. darüber für eine Hackschnitzelbereitstellung aus Stock- und Wurzelholz.

Energiepflanzenanbau. Die Erzeugungskosten für Getreideganzpflanzen frei Anbaufläche resultieren aus der Summe der variablen Kosten, den entsprechenden Abschreibungen, den Gemeinkosten und den kalkulatorischen Kosten. Daraus ergeben sich Gesamtkosten zwischen ca. 2310 DM/ha für Roggen und rund 2610 DM/ha für Winterweizen (Tabelle 8.52). Mit dem entsprechenden Energieaufkommen, wie es unter durchschnittlichen Ertragsverhältnissen derzeit in Deutschland erzielbar ist, errechnen sich daraus Energieträgerkosten frei Anbaufläche zwischen rund 13 DM/GJ bei Roggen und knapp 15 DM/GJ bei Wintergerste (Tabelle 8.52).

Die Energieträgerkosten aus der von mehrjährigen Gräsern gewinnbaren Biomasse ermittelt sich nach einer vergleichbaren Vorgehensweise. Jedoch sind nur Näherungsangaben möglich, da die Kosten aufgrund des Forschungs- und Demonstrationscharakters gegenwärtig existierender Pflanzungen nicht direkt auf einen flächendekenden Anbau im großtechnischen Maßstab übertragbar sind. Um trotzdem die Größenordnung der möglichen Kosten aufzuzeigen, wird unterstellt, daß für eine Plantage mit Chinaschilf pro Hektar Anbaufläche rund 10 000 Pflanzen zu Stückkosten von rund 0,6 DM benötigt werden. Unter Berücksichtigung der bei der Pflanzung – neben den Kosten für die Setzlinge – anfallenden einmaligen Aufwendungen ergibt sich – wird die Summe dieser Investitionen auf einen unterstellten Nutzungszeitraum von 10 Jahren umgelegt – eine jährliche Belastung von rund 1030 DM/ha (Tabelle 8.53).

Werden neben den anteiligen Kosten für das Anlegen der Pflanzungen noch die entsprechenden jährlichen Aufwendungen für Handelsdünger, Pflanzenschutzmittel, Maschinen und Sonstiges berücksichtigt, zusätzlich die entsprechenden Abschreibungen, Gemeinkosten und kalkulatorischen Kosten mit einbezogen, können die Gesamtkosten in einem Erntejahr berechnet werden (Tabelle 8.53). Bezogen auf den Energieertrag der erzielbaren Biomasse ergeben sich daraus spezifische Energieträgerkosten zwischen 8 und 21 DM/GJ. Auch für die anderen betrachteten Gräser sind keine genauen Kostenberechnungen möglich. Die Energieträgerkosten dürften aber der aufgezeigten Größenordnung vergleichbar sein.

Tabelle 8.52. Mittlere Kosten einer Energieträgererzeugung aus Getreideganzpflanzen bei einem mittleren Ertragsniveau

		Winterweizen	Wintergerste	Roggen
Gesamtsumme[1]	in DM/ha	2610	2533	2312
Energie[2]	in GJ/ha	189,3	172,7	176,5
Energieträgerkosten	in DM/GJ	13,8	14,7	13,1
	in Pf/kWh	5,0	5,3	4,7

[1] Vergleiche Tabelle 8.51.
[2] Berechnet für einen Feuchtegehalt von ca. 15 % und mittleren Erträgen bezogen auf das Jahr 1991

Tabelle 8.53. Mittlere Kosten einer Energieträgergewinnung aus Chinaschilf

Ertragsbereiche		1	2	3	4	5
Plantagenkosten[1]	in DM/ha	1029	1029	1029	1029	1029
Handelsdünger	in DM/ha	82	120	158	197	235
Pflanzenschutz	in DM/ha	130	140	150	160	170
Maschinen[2]	in DM/ha	425	430	435	440	445
Sonstige Kosten[3]	in DM/ha	45	46	47	48	49
Variable Kosten	in DM/ha	1712	1766	1820	1874	1929
Abschreibungen	in DM/ha	305	305	305	305	305
Gemeinkosten[4]	in DM/ha	265	265	265	265	265
Kalk. Kosten[5]	in DM/ha	420	420	420	420	420
Gesamtsumme	in DM/ha	2702	2756	2810	2864	2919
Energie[6]	in GJ/ha	129,0	189,2	249,4	309,6	369,8
Energieträgerkosten	DM/GJ	20,9	14,6	11,3	9,3	7,9
	Pf/kWh	7,5	5,2	4,1	3,3	2,8

[1] Anteilige Kosten für das Anlegen der Pflanzungen; berechnet für ca. 10000 Pflanzen pro Hektar Ackerfläche zu Stückkosten von rund 0,6 DM zuzüglich den erforderlichen Pflanz- und Pflegeaufwendungen; Zinssatz 4 %; Abschreibungsdauer 10 Jahre
[2] Variable Maschinenkosten aller Arbeitsgänge in Anlehnung an die Getreideganzpflanzenerzeugung
[3] U.a. Versicherung
[4] U.a. Berufsgenossenschaft, Heizstoffe
[5] Summe aus Pacht-, Lohn- und Kapitalkosten
[6] Berechnet für einen Feuchtegehalt von ca. 15% und bezogen auf das im Verlauf der Nutzungsdauer der Pflanzung gemittelte Biomasseaufkommen

Die Energieträgerkosten der Biomasse, die aus im Kurzumtrieb bewirtschafteten schnellwachsenden Baumarten gewonnen werden kann, errechnet sich aus dem Aufwand für das Anlegen der Kultur, den Aufwendungen für die Feldvorbereitung, die Pflanzen sowie das Bepflanzen und das Pflegen der jeweiligen Flächen. Aus den daraus resultierenden jährlichen Kosten ermitteln sich mit den mittleren Bewirtschaftungskosten, den durchschnittlichen auf ein Jahr bezogenen Erntekosten und den anzusetzenden Pachtaufwendungen für die benötigte Fläche die gesamten mittleren jährlichen Kosten. Bezogen auf

Tabelle 8.54. Kosten eines Anbaus schnellwachsender Baumarten zur Energieträgerproduktion

Ertragsbereiche		1	2	3	4	5
Feldvorbereitung	in DM/ha	550	550	550	550	550
Stecklingsproduktion	in DM/ha	780	780	780	780	780
Pflanzen	in DM/ha	1300	1300	1300	1300	1300
Pflege	in DM/ha	420	420	420	420	420
Plantagenkosten[1]	in DM/ha	3050	3050	3050	3050	3050
Ant. Kosten[2]	in DM/ha	224	224	224	224	224
Bewirtschaftung	in DM/ha	1300	1300	1300	1300	1300
Ernte	in DM/ha	660	681	702	726	750
Pacht	in DM/ha	320	335	350	360	370
Summe	in DM/ha	2504	2540	2576	2610	2644
Energie	in GJ/ha	161,1	188,0	214,8	241,7	268,5
Energieträgerkosten	in DM/GJ	15,5	13,5	12,0	10,8	9,8
	in Pf/kWh	5,6	4,9	4,3	3,9	3,5

[1] Kosten für das Anlegen der Kultur.
[2] Annuitätische Kosten für das Anlegen der Kultur; Zinssatz 4 %; Abschreibungsdauer 20 Jahre

den mittleren Energieertrag errechnen sich die Energieträgerkosten frei Anbaufläche.

In Tabelle 8.54 wird deutlich, daß für das Anlegen einer Kultur aus Pappeln oder Aspen von rund 3050 DM/ha auszugehen ist. Wird die Pflanzung einer Weidenkultur unterstellt, addieren sich dazu zum Schutz der Pflanzen vor Wildfraß zusätzlich rund 2500 DM/ha für eine Einzäunung. Werden diese Gesamtkosten für die Pflanzung der Plantage umgelegt auf eine mögliche Nutzungsdauer von 20 Jahren und die annuitätischen Kosten errechnet, ergeben sich jährliche mittlere Kapitalbelastungen von rund 225 DM/ha. Dazu addieren sich die durchschnittlichen Jahresaufwendungen für die Bewirtschaftung der Pflanzung, die Pacht der Fläche und die mittleren Ernteaufwendungen sowie ggf. die Wartungsaufwendungen für den Zaun. Unter Berücksichtigung dieser Gesamtkosten betragen die jährlichen Aufwendungen zwischen ca. 2500 und knapp 2650 DM/ha. Bezogen auf den erzielbaren Energieertrag entspricht dies spezifischen Energieträgerkosten zwischen rund 10 und knapp 16 DM/GJ. Wird eine vergleichbare Analyse für die Anlage einer Kurzumtriebsplantage auf der Basis von Weiden duchgeführt, ergeben sich aufgrund der höheren Kosten für die Einzäunung durchschnittliche Energieträgerkosten zwischen etwa 14 und 23 DM/GJ.

8.8.2.5.2
Wärmegestehungskosten

Für eine vergleichende Bewertung der Kosten, durch die bestimmte Energieträger gekennzeichnet sind, sind letztlich die Nutzenergiebereitstellungskosten entscheidend. Für den Verbraucher zählen primär nicht die Aufwendungen für den eigentlichen Brennstoff, sondern die Kosten, die er für die Nutzenergie aufzubringen hat. Unter der Voraussetzung, daß die Verteilungs- und damit zusammenhängenden Kosten für die Wärme ab Kesselanlage für die verschiedenen zu vergleichenden Systeme nicht grundsätzlich unterschiedlich sind, kann dieser Vergleich auch auf der Ebene der Wärmekosten frei Kesselanlage durchgeführt werden. Deshalb werden im folgenden für die betrachteten Optionen einer Energiegewinnung aus Biomasse die Wärmegestehungskosten frei Konversionsanlage für unterschiedliche Anwendungsfälle dargestellt.

Vier Fälle zeigen die gesamte Bandbreite auf (Einfamilienhaus mit ca. 150 m² Wohnfläche und 13 kW Kesselleistung; Zweifamilienhaus mit etwa 230 m² und 23 kW Kesselleistung; Zehnfamilienhaus mit rund 600 m² und 64 kW Kesselleistung; Produktionshalle mit Bürogebäude von zusammen etwa 1200 m² Nutzfläche und 110 kW Kesselleistung). Der jeweilige Wärmebedarf wurde aus der Gebäudekonstruktion und den mittleren meteorologischen Gegebenheiten im Durchschnitt verschiedener typischer Standorte in Deutschland abgeleitet (Wärmedämmung von k < 0,8; vgl. [11]).

Nutzung von Abfällen und Nebenprodukten. Aktuelle Angebote von stroh-, gas- und holzgefeuerten Heizungsanlagen zeigen einen deutlichen Rückgang der spezifischen Investitionen von der installierten Anlagenleistung. Darauf aufbauend können, zusammen mit den Aufwendungen für das Gebäude, das u.U. benötigte Lager und die entsprechenden Planungs- und Installationsaufwendungen, für die betrachteten vier Fälle die Wärmegestehungskosten frei Anlage berechnet werden. Das Wärmeverteilsystem und die Kaminkosten werden dabei nicht berücksichtigt.

Ausgehend von den in Kap. 8.8.2.5.1 dargestellten spezifischen Strohkosten errechnen sich unter Berücksichtigung der zusätzlichen Kosten für Transport, ggf. Verdichtung und u.U. Lagerung spezifische Wärmegestehungskosten von rund 55,4 DM/GJ (19,9 Pf/kWh) für das Einfamilienhaus, von ca. 43,2 DM/GJ (15,6 Pf/kWh) für das Zweifamilienhaus, von etwa 37,0 DM/GJ (13,3 Pf/kWh) für das Zehnfamilienhaus und von ca. 30,8 DM/GJ (11,1 Pf/kWh) für den Gewerbebetrieb. Werden unter vergleichbaren Rahmenannahmen die spezifischen Kosten frei Konversionsanlage auf der Basis von Biogas ermittelt, ergibt sich eine mittlere Bandbreite zwischen etwa 130 DM/GJ (47,8 Pf/kWh) für das Einfamilienhaus und rund 94 DM/GJ (33,8 Pf/kWh) für den Gewerbebetrieb. Für den Brennstoff Restholz liegen die entsprechenden Wärmegestehungskosten zwischen 57,2 DM/GJ (20,6 Pf/kWh) beim Einfamilienhaus und bei 32,5 DM/GJ (11,7 Pf/kWh) beim Gewerbebetrieb.

Dabei muß jedoch beachtet werden, daß es sich bei den dargestellten Kostenbandbreiten um eine mittlere Größenordnung handelt. Dies gilt insbesondere für die Wärmegestehungskosten aus Biogas, da hier schon die Aufwendungen für das Gas in einer sehr großen Bandbreite schwanken [2]. Aber auch bei stroh- und holzgefeuerten Anlagen kann es zu größeren Abweichungen kommen, da insbesondere die zu überbrückenden Transportentfernungen und die damit verbundenen Aufwendungen größere Unterschieden bedingen. Insgesamt ist aber eine Wärmebereitstellung aus Stroh und Restholz etwa mit vergleichbaren Kosten verbunden; die aufgezeigten Abweichungen resultieren aus den sehr einzelfallabhängigen Aufwendungen für Transport und ggf. Brennstoffverdichtung. Im Gegensatz dazu ist eine Wärmebereitstellung aus Biogas vergleichsweise teuer, da die Biogasanlagentechnologie noch am Anfang ihrer Entwicklung steht.

Energiepflanzenanbau. Entsprechend können auch die spezifischen Wärmegestehungskosten auf der Basis der bei einem Energiepflanzenanbau gewinnbaren Biomasse der betrachteten Konzepte für die vier diskutierten Fälle abgeschätzt werden.

Daraus errechnen sich für einen Brennstoff aus Getreideganzpflanzen mittlere Gestehungskosten von ca. 64,2 DM/GJ (23,1 Pf/kWh) für das Einfamilienhaus, von ca. 52,0 DM/GJ (18,7 Pf/kWh) für das Zweifamilienhaus, von etwa 45,2 DM/GJ (16,3 Pf/kWh) für das Zehnfamilienhaus und von ca. 39,1 DM/GJ (14,1 Pf/kWh) für den Gewerbebetrieb. Die durchschnittlichen Kosten frei Konversionsanlage für einen aus der Biomasse schnellwachsender Gräser gewonnenen Brennstoff liegen zwischen etwa 60,4 DM/GJ (21,7 Pf/kWh) für das Einfamilienhaus und rund 35,5 DM/GJ (12,8 Pf/kWh) für den Gewerbebetrieb. Aus in Kurzumtriebsplantagen schnellwachsender Baumarten produzierten Hackschnitzeln errechnen sich Kosten zwischen 62,4 DM/GJ (22,5 Pf/kWh) beim Einfamilienhaus und 37,4 DM/GJ (13,5 Pf/kWh) beim Gewerbebetrieb.

Die Wärmegestehungskosten auf der Basis der betrachteten Konzepte liegen damit in einer vergleichbaren Größenordnung. Grundsätzlich sind aber die Aufwendungen aus dem Anbau von mehrjährigen Gräsern gewonnener Biomasse vergleichsweise günstiger und die auf der Grundlage von Getreideganzpflanzen relativ ungünstiger. Die Kosten, wie sie sich ausgehend von Hackschnitzeln errechnen, die in Kurzumtriebsplantagen produziert wurden, liegen demgegenüber etwa dazwischen.

8.8.2.5.3
Vermiedene Kosten

Würden die analysierten regenerativen Energieträger im Energiesystem der Bundesrepublik Deutschland genutzt, könnten die korrespondierenden Aufwendungen der gegenwärtig verwendeten fossilen Energieträger bzw. der entsprechenden Konversionstechnologien vermieden werden. Ziel der folgenden Ausführungen ist die Analyse dieser vermiedenen Kosten. Sie werden anschließend den in Abschn. 8.8.2.5.1 und 8.8.2.5.2 aufgezeigten Bandbreiten gegenübergestellt.

Energieträgerkosten. Die Aufwendungen für die fossilen Energieträger, wie sie gegenwärtig im Energiesystem der Bundesrepublik Deutschland hauptsächlich zum Einsatz kommen, sind sehr starken Unterschieden unterworfen. Für industrielle Nachfrager und damit Großkunden liegen sie bei ca. 9,3 DM/GJ für Steinkohle, bei rund 5,5 DM/GJ für schweres Heizöl und bei etwa 8,6 DM/GJ für Erdgas. Für Haushaltskunden und damit Kleinabnehmer bewegen sie sich bei ca. 12,1 DM/GJ für leichtes Heizöl, rund 16,4 DM/GJ bei Erdgas und etwa 21,6 DM/GJ für Brechkoks (Basis 1991).

Die Energieträgerkosten von Restholz und Stroh nehmen innerhalb dieser Bandbreite liegende Werte an, die bei relativ günstigen Randbedingungen am unteren Rand dieser Variationsbreite und u.U. auch noch darunter liegen können. Im Gegensatz dazu ist das aus den Exkrementen der Nutztierhaltung gewinnbare Biogas durch höhere bis deutlich höhere Energieträgerkosten gekennzeichnet. Die Energieträgerkosten eines Energiepflanzenanbaus bewegen sich ebenfalls innerhalb der Bandbreite, in der gegenwärtig auch das Energieträgerpreisniveau der fossilen Energieträger liegt. Hierbei decken die Getreideganzpflanzen eher die obere und mehrjährige Gräser tendenziell den unteren Bereich ab.

Bei dieser Gegenüberstellung muß aber beachtet werden, daß hier etablierte Energieträger mit Optionen verglichen werden, die noch am Anfang ihrer Entwicklung stehen. Außerdem ist die Qualität der Brennstoffe unterschiedlich (z.B. ist der volumenbezogenen Energieinhalt biogener Energieträger meist geringer als der der fossilen Energieträger). Deshalb kann dieser Vergleich nur der groben Einordnung in die energiewirtschaftlichen Gegebenheiten der Bundesrepublik Deutschland dienen.

Wärmegestehungskosten. Zusätzlich können die Wärmegestehungskosten auf der Basis fossil und regenerativ gefeuerter Systeme miteinander verglichen werden.

Werden deshalb unter vergleichbaren Rahmenannahmen die Kosten einer Wärmebereitstellung auf der Basis von leichtem Heizöl ermittelt, ergeben sich für das unterstellte Einfamilienhaus Aufwendungen von rund 47,8 DM/GJ (17,2 Pf/kWh) und für das Zweifamilienhaus von etwa 38,1 DM/GJ (13,7 Pf/kWh). Diese Wärmekosten bewegen sich aufgrund einer deutlichen Kostendegression mit steigender Anlagenleistung bei dem Zehnfamilienhaus noch bei 27,4 DM/GJ (9,9 Pf/kWh) und bei dem Gewerbebetrieb bei 24,3 DM/GJ (8,7 Pf/kWh).

Diese Kosten können den Wärmegestehungskosten auf der Basis der betrachteten biogenen Energieträger gegenübergestellt werden. Demnach ist eine Wärmebereitstellung aus den fossilen Energieträgern grundsätzlich z.T. deutlich kostengünstiger als auf der Grundlage der betrachteten Möglichkeiten einer Energiegewinnung aus Biomasse. Selbst bei einer Nutzung von Abfällen und Nebenprodukten kann unter den gegenwärtigen Umständen nur bei sehr optimalen Randbedingungen das Kostenniveau einer Wärmebereitstellung auf der Basis fossiler Brennstoffe erreicht werden.

8.8.2.6
Zusammenfassung und Schlußbetrachtung

Ziel der Ausführungen dieses Kapitels ist es, eine energetische Nutzung der Biomasse mit Hilfe von Ansätzen der Ganzheitlichen Bilanzierung zu analysieren. Dabei wurde exemplarisch das Energieaufkommen, ausgewählte Stofffreisetzungen und die entsprechenden Kosten analysiert und den jeweils vergleichbaren konventionellen Optionen gegenübergestellt.

Eine Nutzung von organischen Abfällen und Nebenprodukten ist mit einem Bruttoenergieträgerpotential von rund 306 PJ/a und einem daraus resultierenden Nettoenergieträgerpotential von ca. 274 PJ/a gekennzeichnet; dies entspricht einem Endenergieäquivalent von etwa 279 PJ/a und einem Primär-

Tabelle 8.55. Zusammenfassender Überblick

	Nebenprodukte und Abfälle[1]	Energiepflanzen[2]		
		Getreideganzpflanzen	Mehrjährige Gräser	Schnellwachsende Baumarten
Energieaufkommen [PJ/a]				
Bruttoenergie	306,4	133,7–685,9	164,0–841,1	156,4–802,0
Nettoenergie	274,1	111,0–569,3	141,0–723,3	139,2–713,8
Endenergie-äquivalent	278,7	118,2–606,4	144,4–743,7	138,3–709,1
Primärenergie-äquivalent	351,1	149,6–767,5	182,8–941,2	175,0–897,4
Emissionen [1000 t/a] Gesamtemissionen				
– SO_2	15,5	11,0–56,6	11,2–57,8	9,0–46,3
– NO_x	58,1	27,9–143,0	22,2–114,3	31,0–158,8
– NMVOC	36,4	19,9–102,0	19,3–99,6	25,4–130,1
– CO_2	5 075,7	1 670,3–8 566,5	634,2–3 266,1	1 592,9–8 168,4
Vermiedene Emissionen				
– SO_2	30,8	14,0–71,9	17,1–88,2	16,4–84,1
– NO_x	25,8	11,3–57,7	13,8–70,8	13,2–67,5
– NMVOC	18,3	7,8–40,2	9,6–49,2	9,2–49,2
– CO_2	22 258,8	9 610,7–49 289,4	11 737,9–60 447,6	11 239,6–57 635,3
Kosten [DM/GJ]				
Energieträgerkosten	0–50[4]	13–15	8–21	10–23
Wärmekosten[3]	31–130	39–64	36–60	37–62
Preise fossiler Brennstoffe			6–22	
Wärmekosten[5]			24–48	

[1] Jeweils für Stroh aus der landwirtschaftlichen Pflanzenproduktion, Biogas aus den Exkrementen der Nutztierhaltung und Restholz aus der Waldbewirtschaftung

[2] Bandbreite resultiert aus den unterschiedlichen Anbauflächen, die den Berechnungen zugrunde gelegt wurden (0,78 bis 4,0 Mio. ha)

[3] Berechnet auf der Basis mittlerer Energieträgerkosten für unterschiedliche Anwendungsfälle (Einfamilienhaus, Zweifamilienhaus, Zehnfamilienhaus und Gewerbebetrieb)

[4] Die Bandbreite resultiert aus den sehr unterschiedlichen Optionen zur Nutzung von Abfällen und Nebenprodukten und den jeweils diskutierten Berechnungsansätzen

[5] Berechnet auf der Basis von Preisen für leichtes Heizöl für Haushaltskunden für unterschiedliche Anwendungsfälle (Einfamilienhaus, Zweifamilienhaus, Zehnfamilienhaus) bzw. für Industriekunden (Gewerbebetrieb)

energieäquivalent von ca. 351 PJ/a (Tabelle 8.55). Das Bruttoenergieträgerpotential entspricht bezogen auf den Endenergieverbrauch im Energiesystem der Bundesrepublik Deutschland (9423 PJ in 1991) einem Anteil von knapp 3,3% und das Primärenergieäquivalent bezogen auf dem Primärenergieverbrauch (14434 PJ/a in 1991) rund 2,4%. Vergleichbare Zusammenhänge ergeben sich auch für die untersuchten Konzepte eines Energiepflanzenanbaus; hier werden die Ergebnisse jedoch sehr von den verfügbaren Anbauflächen beeinflußt.

Für die betrachteten Möglichkeiten einer Energiegewinnung aus Biomasse zeigt Tabelle 8.55 außerdem das gesamte Aufkommen an ausgewählten Stoffen, die bei der energetischen Nutzung im Verlauf der gesamten Prozeßkette freigesetzt werden. Demnach werden beispielsweise bei der thermischen Nutzung der analysierten Reststoffe (d.h. Stroh, Biogas und Restholz) rund 58 000 t/a an Stickoxiden und etwa 5,1 Mio. t/a an CO_2 fossilen Ursprungs emittiert. Diesen Stofffreisetzungen stehen vermiedene Emissionen vergleichbarer Prozesse auf der Basis fossiler Brennstoffe gegenüber, die für NO_x bei ca. 26 000 t/a und für Kohlendioxid bei rund 22,3 Mio. t/a liegen. Somit ist eine Reststoffnutzung mit höheren Stickoxidemissionen, aber deutlich geringeren CO_2-Emissionen verbunden. Die untersuchten Konzepte eines Energiepflanzenanbaus sind – trotz der unterschiedlichen Pflanzen und verschiedener verfügbarer Flächen – durch ähnliche Zusammenhänge gekennzeichnet. Auch hier sind die durch die Nutzung von Energiepflanzen verursachten durchschnittlichen NO_x- und NMVOC-Emissionen höher und die Freisetzungen an SO_2 und CO_2 z.T. deutlich niedriger.

Die Kosten sind eine weitere bilanzierbare Größe. In Tabelle 8.55 wird deutlich, daß die Energieträgerkosten einer Nutzung von Abfällen und Nebenprodukten innerhalb einer sehr großen Bandbreite variieren; dies liegt in den sehr unterschiedlichen Nutzungsmöglichkeiten dieses Energieangebots und dem sehr verschiedenartigen Aufwand begründet, der für die Energieträgerbereitstellung notwendig ist. Dies gilt nicht im gleichen Maße für die dargestellten Energieträgerkosten eines Energiepflanzenanbaus; die dargestellten Bandbreiten der Aufwendungen schwanken hier innerhalb einer deutlich engeren Bandbreite. Entsprechend variieren auch die Wärmekosten frei Konversionsanlage. Bei einem Vergleich dieser Kosten mit den entsprechenden Aufwendungen auf fossiler Basis wird deutlich, daß eine Energiebereitstellung auf biogener Basis sich gegenwärtig auf einem durchschnittlich höheren bis sehr viel höheren Niveau bewegt; in Ausnahmefällen bei sehr optimalen Randbedingungen sind jedoch auch geringere Kosten und damit bereits heute ein wirtschaftlicher Betrieb möglich.

Aus der dargestellten Analyse der Möglichkeiten einer Energiegewinnung aus Biomasse mit Ansätzen der Ganzheitlichen Bilanzierung können die folgenden Schlüsse gezogen werden.

- Eine Ganzheitliche Bilanzierung kann wertvolle zusätzliche Erkenntnisse liefern, die zum besseren Verständnis der Möglichkeiten und Grenzen des biogenen Energieangebots beitragen. Insbesondere wurde deutlich, daß durch eine Analyse der gesamten Prozeßkette sehr differenzierte Aussagen möglich sind, die letztlich auch eine umfassende Bewertung ermöglichen. Die Ganzheitliche Bilanzierung ist damit ein Werkzeug, das im Gegensatz zu den gegenwärtig oft üblichen pauschalen und globalen Aussagen deutlich fundiertere und exaktere Stellungnahmen erlaubt.
- Die Erstellung ganzheitlicher Bilanzen von der Quelle bis zur Senke des Energieaufkommens und der damit verbundenen Emissionen bzw. der Kosten stellt weniger ein methodisches, als vielmehr ein Datenproblem dar. Bezogen auf die grundsätzliche Vorgehensweise ist das anzuwendende Ver-

fahren der vergleichenden Bilanzierung weitgehend bekannt und nur wenig umstritten (vgl. [12]), wenn man von wenigen Detailproblemen absieht (z.B. Behandlung der Nebenprozeßketten, Berücksichtigung von Koppel- bzw. Nebenprodukten, s. Abschn. 5.2.2.3.1.2). Im Gegensatz dazu sind die zugrunde zu legenden spezifischen Daten (z.B. Emissionsfaktoren) z.T. sehr gut (z.B. gesetzlich festgelegte Grenzwerte), teilweise nur bruchstückhaft (z.B. Emissionen von Kohlenwasserstoffen) und oft überhaupt nicht vorhanden (z.B. nichtenergetische Emissionen aus dem Energiepflanzenanbau, Schwermetallemissionen); dies bedingt einen enormen Aufwand für die Erstellung derartiger Bilanzen bzw. bei möglichen Analogieschlüssen entsprechende Unsicherheiten.

– Neben den hier betrachteten Energie- und Emissionsbilanzen und der Kostenanalyse wäre eine Reihe weiterer Kenngrößen zu bilanzieren, um eine abschließende umfassende Bewertung der verschiedenen Möglichkeiten vornehmen zu können; dies gilt beispielsweise für die Frage, ob ein Energiepflanzenanbau mit einer Be- oder Entlastung der Gewässer z.B. mit Nitraten oder mit Pflanzenschutz- und -behandlungsmitteln verbunden ist, ob sich durch den Anbau von Energiepflanzen die Biodiversität der Kulturlandschaft verändert oder inwiefern sich durch solche, im großtechnischen Stil angebauten, Pflanzen das Erscheinungsbild der Kulturlandschaft umgestaltet. Derartige Analysen sind gegenwärtig aufgrund der nur sehr eingeschränkt bzw. nicht erarbeiteten methodischen Vorgehensweise nicht möglich.

Die Ganzheitliche Bilanzierung stellt damit ein wertvolles Instrument dar, verschiedene Möglichkeiten nach einheitlichen Kriterien miteinander vergleichbar zu machen. Dazu sind die methodischen Grundlagen für die üblicherweise bilanzierten Größen bekannt. Jedoch müssen – bevor eine wirklich *ganzheitliche* Analyse möglich wird – noch verschiedene Bilanzierungsverfahren erarbeitet und vor allem die benötigten Daten erhoben werden. Aufbauend auf dem hier vorgestellten ersten Ansatz ist dies die Aufgabe weiterführender Untersuchungen.

8.9
Ganzheitliche Bilanzierung von Verkehrssystemen für konkrete Transportaufgaben im Güterverkehr

Voss, A.; Liebscher, P., Stuttgart

8.9.1
Einführung

Aus heutiger Sicht erscheint eine moderne arbeitsteilige Industriegesellschaft ohne schnelle und kostengünstige Verkehrssysteme nicht denkbar. Ebenso stellt die Möglichkeit, beliebige Orte in relativ kurzer Zeit zu erreichen, ein Stück Lebensqualität dar. Die erhebliche Zunahme der Fahrleistung vor allem auf den Straßen, die Erkenntnisse über die durch den Verkehr verursachten Umweltbelastungen sowie die zunehmende Sensibilisierung der Bevölkerung für diese Belastungen führen zu der Meinung, daß die heutigen Verkehrssysteme den Anforderungen der Gesellschaft nicht mehr gerecht werden.

Die derzeitigen Transportmittel belasten den Menschen und die Umwelt in vielfacher Weise, z.B. durch die Emission von Luftschadstoffen, die Nutzung von Landflächen, die Zerschneidung von Landschaften, durch Lärm und durch Unfälle. Die Belastungen durch den Schadstoffausstoß führen zu lokalen (z.B. Benzol- oder CO-Immissionen), regionalen (z.B. Ozonbildung aus NO_x- und Kohlenwasserstoffemissionen) und globalen Störungen (Anstieg der Treibhausgaskonzentration in der Atmosphäre).

Durch die Senkung des Energieeinsatzes und der damit verbundenen Emissionen im Verkehr könnte ein wichtiger Beitrag zur Verbesserung der Umweltsituation geleistet werden. Neben der Verbesserung einzelner Verkehrsmittel, z.B. durch Minderung des fahrleistungsspezifischen Kraftstoffverbrauchs der Fahrzeuge, wird die Verlagerung der im motorisierten Straßenverkehr erbrachten Verkehrsleistung auf die Bahn und auf das Binnenschiff als eine wichtige Strategie zur Reduktion der Umweltbelastung durch den Verkehr diskutiert. Geht man dabei von dem durchschnittlichen, auf die Verkehrsleistung (Personenkilometer bzw. Tonnenkilometer) bezogenen Primärenergieeinsatz für den Antrieb der Fahrzeuge (antriebsbedingter Primärenergieeinsatz[1]) aus, so führt diese Strategie ohne Zweifel rechnerisch zu einer Verbesserung gegenüber der derzeitigen Situation. Gegen einen Vergleich der Umweltauswirkungen verschiedener Verkehrsmittel anhand solcher durchschnittlicher auf die Verkehrsleistung bezogener Werte gibt es jedoch zwei wesentliche Einwände. Zum einen bleibt hierbei unberücksichtigt, daß

- die Herstellung, Wartung und Entsorgung der Verkehrsmittel,
- der Bau, Unterhalt und Abbau der Verkehrswege sowie
- weitere, für die Funktionsfähigkeit der Verkehrssysteme notwendige Einrichtungen und Dienstleistungen

einen zusätzlichen, den einzelnen Verkehrssystemen zuzurechnenden Energieeinsatz erfordern und zu weiteren Umweltbelastungen führen. Dieser Energieeinsatz bzw. diese Umweltbelastungen werden im folgenden als nichtantriebsbedingter Energieeinsatz bzw. Umweltbelastungen bezeichnet.

Zum anderen ist der Ausgangspunkt des Verkehrs eine Nachfrage nach einem Transport von Gütern oder Personen von einem Ort A zu einem Zielort B. Ein Vergleich verschiedener Verkehrssysteme sollte daher sinnvollerweise anhand konkreter Transportaufgaben erfolgen. Dies erfordert insbesondere die Berücksichtigung

---

[1] Mit dem antriebsbedingten Energieeinsatz wird die Energie zusammengefaßt, die aus den Lagerstätten gewonnen werden muß, um die in den Fahrzeugen eingesetzten Energieträger (z.B. Diesel oder elektrischem Strom) bereitzustellen. Hierin ist neben dem Energieinhalt der Energieträger auch der Energieeinsatz für die Gewinnung der Primärenergieträger (z.B. bei der Rohölförderung), ihr Transport zu den Umwandlungsanlagen (z.B. Raffinerien oder Kraftwerken), ihre Umwandlung zu den Antriebsenergieträgern sowie deren Verteilung (z.B. zu den Tankstellen) enthalten.

- unterschiedlicher Transportentfernungen für die einzelnen Verkehrsmittel (Umwege, Sammelfahrten),
- von Vor- und Nachläufen bei gebrochenen Verkehren (z. B. Transport vom Güterbahnhof zum Empfänger),
- unterschiedlicher Auslastungsgrade der Verkehrsmittel,
- streckenabhängiger Fahrwiderstände und -geschwindigkeiten (z. B. Berg- bzw. Talfahrten beim Binnenschiff) sowie
- verschiedener Fahrzeugklassen (z. B. Nah- oder Fernverkehrs-Lkw).

Bezieht man diese Einwände in einen Vergleich verschiedener Verkehrssysteme ein, so ergibt sich ein Bilanzierungsansatz, wie er z. B. in Bild 8.163 dargestellt ist. Für eine bestimmte Transportaufgabe – z. B. Beförderung von Stückgütern – erfolgt zunächst die Auswahl eines einzelnen Verkehrssystems (z. B. Straßentransport) oder eines Verkehrssystemes mit verschiedenen Verkehrsmitteln (z. B. Straße/Schiene). Nach der Auswahl der Verkehrsmittel (z. B. Stückgut-Lkw oder Hochgeschwindigkeitsgüterzug) und der Fahrstrecken können die eigentlichen Bilanzen erstellt werden.

Im folgenden wird anhand ausgewählter Beispiele aus dem Güterverkehr eine erste Bilanz des Primärenergieeinsatzes sowie der CO_2, CO, NO_x, SO_2 und VOC[2]-Emissionen für konkrete Transportaufgaben erstellt. Hierzu wird zunächst eine Methode zur Ermittlung des nichtantriebsbedingten Energieeinsatzes und der damit verbundenen Emissionen vorgestellt (vgl. Abschn. 8.9.2). Anschließend werden der antriebsbedingte Energieeinsatz und die Luftschadstoffemissionen durch die Nutzung unterschiedlicher Güterverkehrsmittel untersucht (vgl. Abschn. 8.9.3). Dabei werden sowohl die direkten Emissionen an den Fahrzeugen als auch der mit der Endenergiebereitstellung verbundene Energieeinsatz bzw. Schadstoffausstoß berücksichtigt. In einem weiteren Schritt wird eine erste grobe Abschätzung des nichtantriebsbedingten Energieeinsatzes und der Emissionen durchgeführt. Neben der Herstellung und Wartung der Verkehrsmittel (vgl. Abschn. 8.9.4) wird der Bau und der Unterhalt der Verkehrswege (vgl. Abschn. 8.9.5) und der Umschlaganlagen (vgl. Abschn. 8.9.6) betrachtet. Schließlich wird für eine ausgewählte Transportaufgabe eine Gesamtbilanz (vgl. Abschn. 8.9.7) erstellt.

8.9.2
Methoden zur Ermittlung des nichtantriebsbedingten Energie-einsatzes und der damit verbundenen Emissionen

Die beiden wichtigsten Methoden zur Analyse des kumulierten Energieeinsatzes (KEA) sind die Input-Output-Analyse (I-O-Analyse) und die Prozeßkettenanalyse. Bei der I-O-Analyse handelt es sich um ein wirtschaftswissenschaftliches Verfahren zur Analyse der Verflechtungen in einer Volkswirtschaft während bei einer Prozeßkettenanalyse die konkreten technischen Anlagen analysiert werden. Bei einer energetischen Prozeßkettenanalyse werden

---

[2]   VOC (*engl.*: volatile organic compounds), flüchtige organische Verbindungen

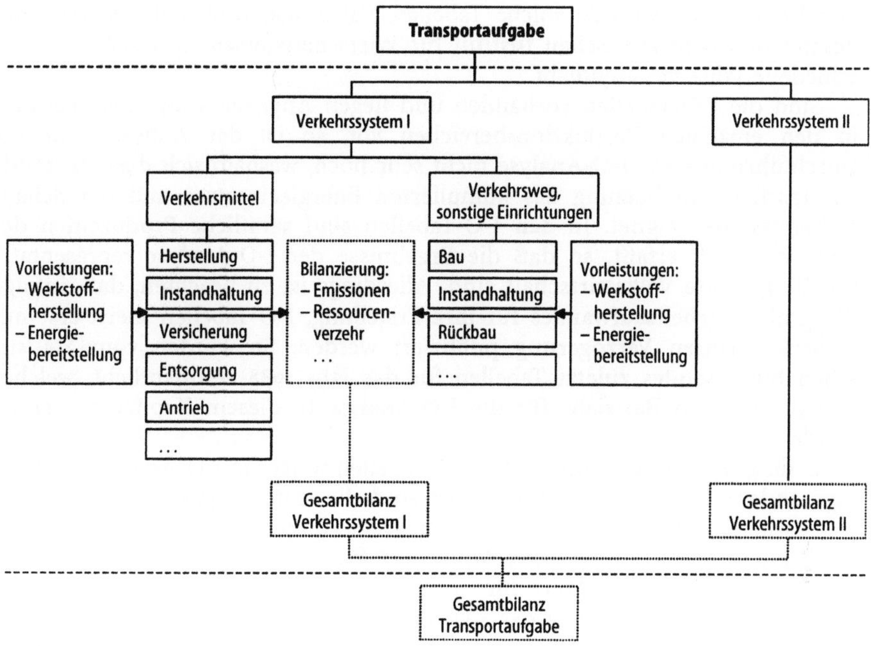

Bild 8.163. Schema zur Ganzheitlichen Bilanzierung von Verkehrssystemen für konkrete Transportaufgaben

die einzelnen vorgelagerten Produktionsschritte schrittweise zurückverfolgt und sämtliche Energieanteile, die zur Herstellung eines Produktes bzw. für die Erbringung einer Dienstleistung aufgewendet wurden, aufsummiert.

Für die Durchführung einer Prozeßkettenanalyse für alle hier betrachteten Komponenten im Güterverkehr liegen bisher nicht alle benötigten Daten vor. Den Berechnungen des nichtantriebsbedingten Energieeinsatzes und der damit verbundenen Emissionen ausgewählter Transportaufgaben im Güterverkehr werden daher mit Hilfe der I-O-Analyse ermittelte gütergruppenspezifische Energie- und Emissionsfaktoren zugrunde gelegt. Auf die Grundgedanken der Input-Output-Analyse soll im folgenden näher eingegangen werden.

Methodik der Input-Output-Analyse

Die I-O-Analyse wurde ursprünglich als Verflechtungsanalyse der Volkswirtschaft insbesondere von W. LEONTIEF entwickelt [1]. Die hieraus abgeleitete energetische I-O-Analyse wurde seit Anfang der siebziger Jahre zur Bestimmung des kumulierten Energieeinsatzes zur Herstellung von Gütern eingesetzt [2, 3]. In den letzten Jahren wurde die Input-Output-Analyse auch für die Bestimmung von Emissionsverflechtungen vorgeschlagen und angewandt [4–6].

Grundlage für die I-O-Analyse sind Input-Output-Tabellen (I-O-Tabellen), in denen die Lieferungen der Güter (z.B. Eisenerz) an die einzelnen Produktionsbereiche (z.B. Stahlindustrie) wertmäßig erfaßt sind. In der Bundesrepublik Deutschland wurden solche Tabellen bisher u.a. vom Statistischen Bundesamt und dem Deutschen Institut für Wirtschaftsforschung (DIW) für verschiedene Jahre veröffentlicht.

Sind die I-O-Tabellen vorhanden und liegen Angaben zum Energieeinsatz in den einzelnen Produktionsbereichen vor, so ist der Aufwand für die Durchführung einer I-O-Analyse nicht sehr hoch, weshalb sich diese Methode zur raschen Abschätzung des kumulierten Energieeinsatzes und der Schadstoffemissionen eignet. In den I-O-Tabellen sind sämtliche Produzenten der Volkswirtschaft erfaßt, so daß die Ergebnisse der I-O-Analyse repräsentativ für die gesamte Volkswirtschaft sind. Allerdings ist zu beachten, daß, infolge des großen Arbeitsaufwandes für ihre Erstellung, I-O-Tabellen meist erst mit mehreren Jahren Verzögerung publiziert werden. So wurden vom Statistischen Bundesamtes zuletzt Tabellen für das Jahr 1988 veröffentlicht, welches deshalb auch als Basisjahr für die I-O-Analyse in diesem Kapitel verwendet wurde.

Bedingt durch den Aufbau der I-O-Tabellen weist die I-O-Analyse noch einige andere Nachteile auf: zum einen sind die Gütergruppen und Produktionsbereiche in den I-O-Tabellen stark aggregiert, so daß der ermittelte kumulierte Energieeinsatz nur einen Mittelwert für alle Güter einer Gütergruppe darstellt, von dem der Wert für einzelne Güter erheblich abweichen kann. Deshalb ist bei Verwendung der I-O-Analyse grundsätzlich zu prüfen, ob das betrachtete Gut repräsentativ für die entsprechende Gütergruppe ist. So ist ein Personenkraftwagen sicherlich repräsentativer für die Gütergruppe „Straßenfahrzeuge" als ein Fahrrad, da die Pkw einen größeren Anteil des Produktionswertes dieser Gütergruppe ausmachen. Zu anderen ist ein weiterer Nachteil darin zu sehen, daß die I-O-Tabellen im allgemeinen nur die wertmäßigen Verflechtungen zwischen den Produktionsbereichen darstellen. Dadurch können z.T. erhebliche Verzerrungen gegenüber einer mengenmäßigen Betrachtung der Verflechtungen (z.B. bei Energieträgern oder anderen Grundstoffen) entstehen.

Im folgenden wird auf die Daten des Statistischen Bundesamtes für das Jahr 1988 zurückgegriffen. In diesen Tabellen sind die Produktionsbereiche funktionell, d.h. streng nach produzierten Gütergruppen abgegrenzt. In den Spalten dieser Tabellen werden 58 Produktionsbereiche sowie verschiedene Kategorien der letzten Verwendung aufgeführt, während die Zeilen die Gütergruppen (entsprechend den Produktionsbereichen) sowie die Komponenten der Bruttowertschöpfung (d.h. der primären Inputs) enthalten (vgl. Bild 8.164).

Im ersten Quadranten, der Vorleistungsmatrix X (vgl. Bild 8.164), sind die Lieferungen von Gütern nach Gütergruppen (in den Zeilen) an die verschiedenen Produktionsbereiche (in den Spalten) dargestellt. Zusätzlich sind im zweiten Quadranten (Matrix Y) die Lieferungen von Gütern an die letzte Verwendung, unterteilt in die Kategorien Privater Verbrauch, Staatsverbrauch, Investitionen, Vorratsveränderungen und Ausfuhr, aufgeführt. Im dritten Quadranten (Matrix Z) schließlich sind die primären Inputs (Arbeit und Kapital) nach Produktionsbereichen dargestellt, bewertet mit den bezahlten Entgelten (Einkommen bzw. Abschreibungen). Die Importe können dabei entweder als pri-

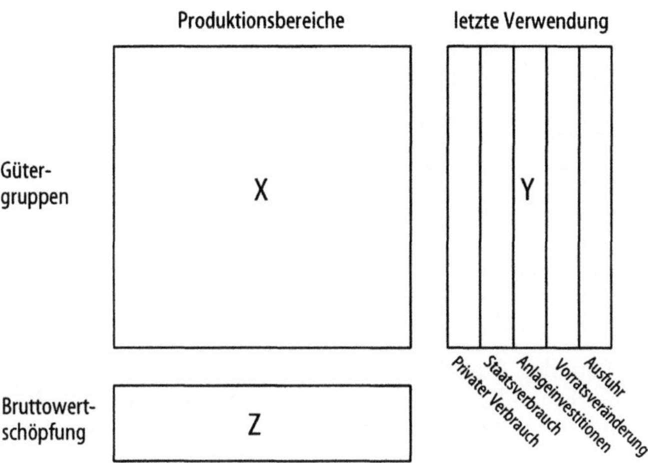

Bild 8.164. Aufbau der Input-Output-Analyse

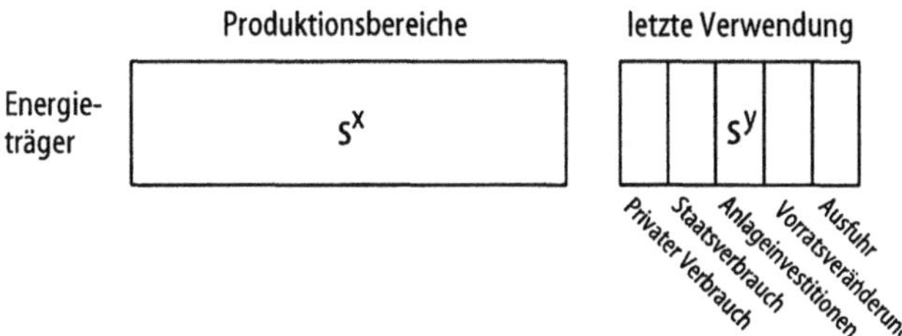

Bild 8.165. Aufbau der Input-Output-Tabellen der Energieströme

märe Inputs aufgeführt werden oder in die Vorleistungsmatrix integriert werden. In diesem Fall wird bei den Vorleistungen nicht unterschieden, ob sie aus dem In- oder Ausland bezogen werden.

Erstellung der Input-Output-Tabellen der Energieströme und der Emissionen

Für energetische Input-Output-Analysen werden zusätzlich I-O-Tabellen der Energieströme benötigt, in denen für die Produktionsbereiche der I-O-Tabellen und die Kategorien der letzten Verwendung die Nutzung von Energie nachgewiesen wird (vgl. Bild 8.165). Diese Tabellen können als 3. und 4. Quadrant einer klassischen Input-Output-Tabelle angesehen werden. Dabei wird im 3. Quadranten (Matrix S^x) der Einsatz verschiedener Energieträger in den Produktionsbereichen nachgewiesen, während im 4. Quadranten (Matrix S^y) die Direktlieferungen entsprechend den Kategorien der letzten Verwendung (vor allem Haushalte) verbucht sind. Den folgenden Berechnungen liegen die von [23] erweiterten I-O-Tabellen der Energieströme des Statistischen Bundesamt für das Jahr 1988 zugrunde.

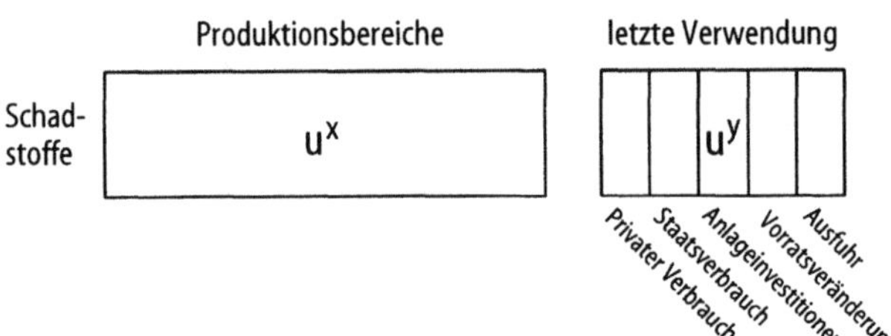

Bild 8.166. Aufbau der Input-Output-Tabellen der Emissionen

Input-Output-Tabellen der Emissionen (vgl. Bild 8.166), in der Struktur vergleichbar den Input-Output-Tabellen der Energieströme, wurden vom Statistischen Bundesamt bisher für CO_2 (1980, 1986, 1988), SO_2 (1980, 1986, 1988) und NO_x (1980, 1986) [7] erstellt. Die Werte beziehen sich ausschließlich auf die im Zusammenhang mit der Nutzung von Energie freigesetzten Emissionen. Hierdurch werden mehr als 90% der gesamten SO_2-, NO_x-, CO_2- und CO-Emissionen in der Bundesrepublik Deutschland erfaßt. Für die Abschätzung des nichtantriebsbedingten Schadstoffausstoßes im Bezugsjahr 1988 liegen solche Emissionstabellen nicht für alle betrachteten Schadstoffe vor. Daher werden hierzu eigene Emissionstabellen erstellt. VOC-Emissionen werden in der BRD nur zu rd. 50% durch den Energieeinsatz freigesetzt. Daher werden zusätzlich zum energiebedingten VOC-Ausstoß auch die Emissionen durch eine Vielzahl weiterer Emissionsquellen, wie z.B. Lösemittel- oder Betankungsemission, berücksichtigt. Ausgangspunkt für die Erstellung der Emissionstabellen sind die von [23] modifizierten, nach Energieträgern unterteilten I-O-Tabellen der Energieströme des Statistischen Bundesamtes für das Jahr 1988. Aus dem emissionsrelevanten Energieeinsatz, den jeweiligen Verwendungszwecken der Energieträger (z.B. Heizung, Prozeßfeuerung) und den entsprechenden Emissionsfaktoren des Umweltbundesamtes [8] werden für jeden Produktionsbereich die Gesamtemissionen bestimmt. Für die anthropogenen VOC werden neben den feuerungsbedingten Emissionen auch Verdunstungsemissionen für eine Vielzahl von Prozessen und Anwendungen berücksichtigt. Nicht enthalten sind jedoch die Methanemissionen des Bergbaus, der Landwirtschaft und der Deponien. Leider kann hier nicht auf die Detaillierung der Verwendungszwecke der Energieträger zurückgegriffen werden, die den Tabellen des Statistischen Bundesamtes zugrunde liegt. Kontrollrechnungen zeigen jedoch eine recht gute Übereinstimmung mit den Tabellen des Statistischen Bundesamtes. Die Abweichung der so berechneten Gesamtemissionen von den Angaben des Umweltbundesamtes [9] beträgt weniger als 12%.

Ermittlung der kumulierten Emissionen (KSE) und des kumulierten Energieeinsatzes (KEA)

Liegen die I-O-Tabellen der Emissionen bzw. der Energieströme vor, so können die mit einer gegebenen Nachfrage verknüpften kumulierten Emissionen bzw. der KEA wie folgt ermittelt werden. Aus der Vorleistungsmatrix X wird zunächst durch Division der einzelnen Elemente durch den Produktionswert des entsprechenden Sektors die Input-Koeffizienten-Matrix A gebildet. Dann läßt sich der Zusammenhang der Produktionswerte (Vektor x) mit der Endnachfrage (Vektor y) wie folgt angeben:

$$x = Ax + y \tag{8.37}$$

oder als Funktion der Endnachfrage:

$$x = Cy \tag{8.38}$$

mit der Leontief-Inversen $C = (I - A)^{-1}$

Aus der Matrix S^x des Energieeinsatzes der einzelnen Produktionsbereiche erhält man durch Division durch die jeweiligen Produktionswerte die Energieinput-Koeffizienten-Matrix E^x und der gesamte Energieverbrauch e kann damit geschrieben als:

$$e = E^x x + s^y = E^x Cy + s^y \tag{8.39}$$

mit s^y : Aggregation von S^y zu einem Spaltenvektor

Für die gesamten Emissionen gilt analog:

$$p = P^x x + u^y = P^x Cy + u^y \tag{8.40}$$

Diese Beziehungen können unmittelbar zur Bestimmung des mit einer gegebenen Endnachfrage y verbundenen KEA bzw. KSE verwendet werden. Der KEA bzw. der kumulierte Schadstoffausstoß bei der Produktion eines Gutes ist unabhängig davon, ob das Gut in einem Produktionsbereich oder von den Endverbrauchern verwendet wird. Folglich können mit Hilfe dieser Beziehung unmittelbar die bei der Produktion eines bestimmten Gutes (z.B. eines Pkw) insgesamt auftretenden Energieeinsätze und Emissionen ermittelt werden, sofern der Wert des Gutes (auf der Basis von Ab-Werk-Preisen) bekannt ist. Die erzielten Ergebnisse werden umso genauer sein, je eher die Produktionsstruktur für das betrachtete Gut (Pkw) der durchschnittlichen Produktionsstruktur des jeweiligen Produktionsbereichs (Straßenfahrzeuge) entspricht.

Spezielle Aspekte der verwendeten Methode

Da die Emission von Luftschadstoffen überwiegend mit der Energieumwandlung und -nutzung verbunden ist, kommt bei der Ermittlung der kumulierten Schadstoffemissionen ebenso wie bei der Ermittlung des KEA einer korrekten Abbildung der Energiesektoren und ihrer Verflechtung mit der übrigen Volkswirtschaft eine besondere Bedeutung zu. Die in den Input-Output-Tabellen des Statistischen Bundesamtes vorgenommene *Gliederung des gesamten Energieumwandlungsbereichs* in nur fünf Produktionsbereiche erscheint hierfür unzureichend. Deshalb wurden mit Hilfe von Angaben der AG Energiebilanzen und Statistiken der Energiewirtschaft die Produktionsbereiche Elektrizitäts- und Fernwärmeerzeugung sowie Kohlegewinnung und -veredelung jeweils zweigeteilt und vom Produktionsbereich Eisen und Stahl die Gichtgasproduktion abgespalten [23].

Bei der Verwendung herkömmlicher Input-Output-Tabellen mit wertmäßiger Verbuchung der Güterströme entstehen Verzerrungen in der Zuordnung der Primärenergieverbräuche und Emissionen des Energieumwandlungssektors, wenn unterschiedliche Abnehmer unterschiedliche Preise für die Energieträger bezahlen. Um solche Fehler zu vermeiden, wird auf ein *Modell der gemischten Input-Output-Rechnung* zurückgegriffen, wie es von [10] vorgeschlagen wurde. Dabei werden Produktion und Lieferungen der Energiesektoren in Mengeneinheiten erfaßt, während die Outputs der übrigen Produktionsbereiche weiterhin in Werten angegeben werden.

Zu beachten ist ferner, daß bei der Produktion von Gütern nicht nur Vorleistungen aus dem Inland, sondern auch aus dem Ausland verwendet werden. Der mit der Produktion der *Importe* verbundene Energieeinsatz und Schadstoffausstoß im Ausland muß bei einer Bilanzierung ebenfalls berücksichtigt werden. Die vorliegenden Daten lassen jedoch eine detaillierte Bestimmung dieses Energieeinsatzes bzw. dieser Emissionen nicht zu. Deshalb wird angenommen, daß die Produktions-, Energieeinsatz- und Emissionsstruktur im Ausland mit der inländischen übereinstimmt. Somit gehen in die kumulierten Emissionen die durch die Importe im Inland vermiedenen Emissionen ein.

Zur Produktion von Gütern sind neben den direkten und indirekten Vorleistungsgütern auch *Produktionsanlagen und -gebäude* notwendig, deren Abnutzung in den Input-Output-Tabellen über die Abschreibungen als Teil der Bruttowertschöpfung erfaßt wird. Die Erstellung neuer Anlagen und Gebäude ist als Kategorie Anlageinvestitionen (unterteilt in Ausrüstungen und Bauten) Teil der letzten Verwendung (vgl. Bild 8.166). Da die Investitionsgüter nicht als Vorleistungen erfaßt werden, sind die bei ihrer Herstellung eingesetzte Energie sowie die entstandenen Emissionen nicht Teil des KEA bzw. der kumulierten Emissionen, wie sie hier ermittelt werden. Um die Effekte bei der Erstellung der Produktionsanlagen mitberücksichtigen zu können, müßten die Anlageinvestitionen ähnlich den Vorleistungen auf die Produktionsbereiche aufgeteilt werden, statt als Teil der Endnachfrage ausgewiesen zu werden.[3]

Die in Bild 8.167 für nichtenergetische Güter dargestellten spezifischen kumulierten Energieeinsätze im Jahr 1988 zeigen große Unterschiede zwischen den Gütergruppen. Im allgemeinen gilt jedoch, je höher der Verarbeitungsgrad ist, desto niedriger ist der kumulierte Energieeinsatz je Werteinheit. Bild 8.168 zeigt die kumulierten Emissionen für ausgewählte Gütergruppen. Der in den hier aufgeführten Sektoren für alle Schadstoffe weit über 50% liegende indirekte Anteil enthält neben den Vorleistungen aus den anderen Sektoren der Volkswirtschaft auch die Emissionen durch die sektorinternen Vorleistungslieferungen.

---

[3]   Dies entspricht auch dem Vorgehen in vielen prozeßanalytischen Studien. Abschätzungen an anderer Stelle (Schulze u.a., 1992) ergaben, daß der kumulierte Energieeinsatz bei der Erstellung der Produktionsanlagen ca. 15% des gesamten Energieeinsatzes entspricht. Da Energieeinsatz und Emissionen meist verknüpft sind, gelten für die kumulierten Emissionen vermutlich ähnliche Werte.

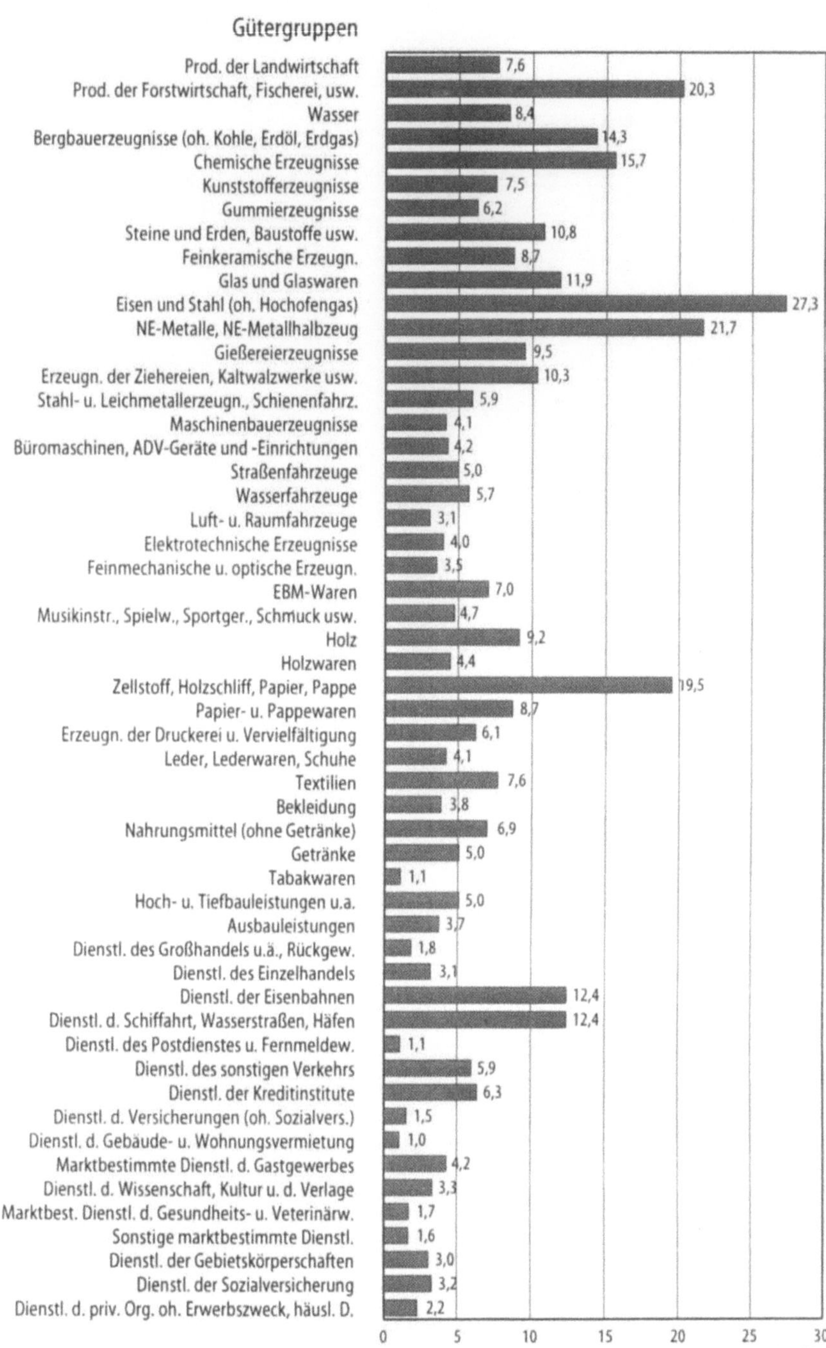

Bild 8.167. Spezifischer kumulierter Primärenergieeinsatz je Produkteinheit fürnichtenergetische Güter im Jahr 1988 [1]

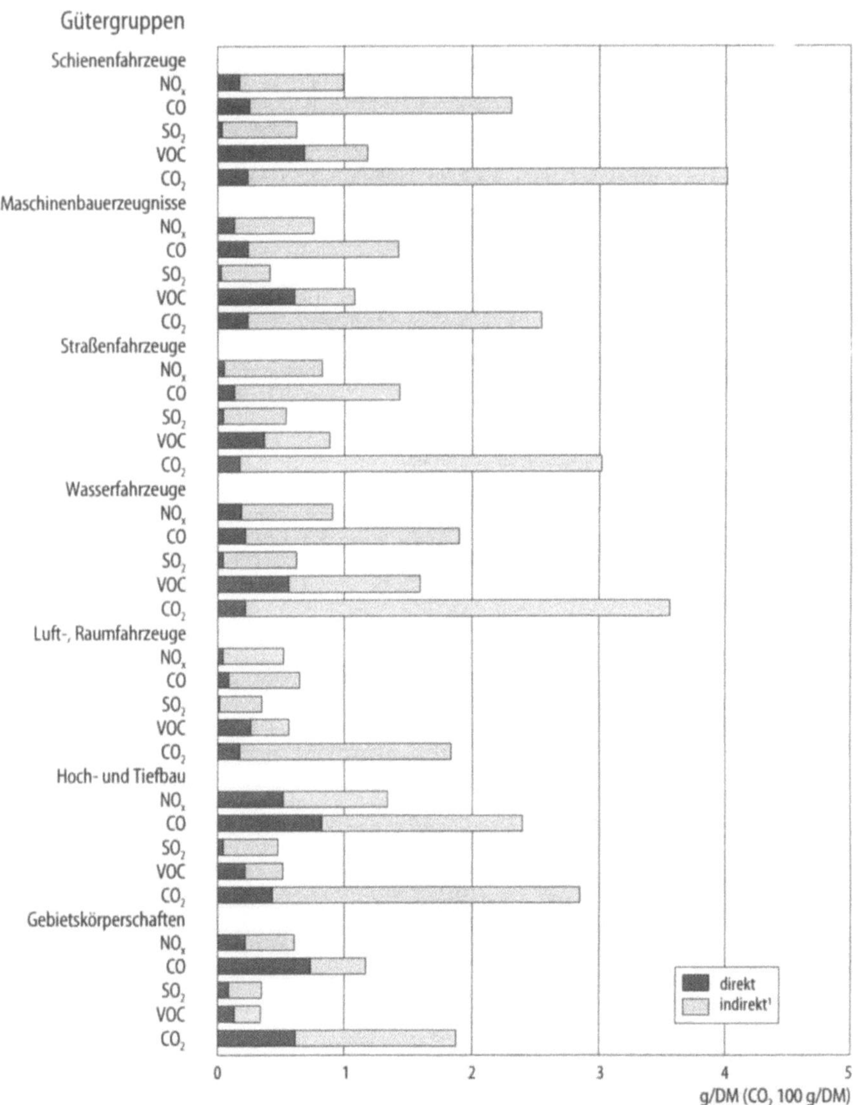

Bild 8.168. Spezifische kumulierte Emissionen je Produkteinheit für ausgewählte Gütergruppen im Jahr 1988 [2]

Die mit Hilfe der Input-Output-Analyse ermittelten gütergruppenspezifi-
schen Energie- und Emissionsfaktoren bilden die Grundlage der Berechnungen des nichtantriebsbedingten Primärenergieeinsatzes und des Schadstoff-
fausstoßes (vgl. Abschn. 8.9.4–8.9.7).

8.9.3
Antriebsbedingter Primärenergieeinsatz und Schadstoffausstoß

In diesem Kapitel erfolgt eine Bilanzierung des antriebsbedingten Primärenergieeinsatzes und der Emissionen für konkrete Transportaufgaben im Güterverkehr. Hierzu wird zunächst die Bereitstellung von Antriebsenergieträgern unter Berücksichtigung der gesamten Kette, d.h. von der Energieträgerlagerstätte bis zum Fahrzeug, am Beispiel von Dieselkraftstoff und elektrischem Strom untersucht (vgl. Abschn. 8.9.3.1). Anschließend wird anhand ausgewählter Transportaufgaben im Güterverkehr beispielhaft die Bedeutung einzelner Parameter (Auslastungsgrad der Fahrzeuge, Transportweite etc.) für den antriebsbedingten Energieeinsatz aufgezeigt und schließlich eine Gesamtbilanz erstellt.

8.9.3.1
Bereitstellung der Antriebsenergien für Verkehrsmittel

Die Analyse der Bereitstellung der Antriebsenergieträger für Verkehrsmittel ist mit einer Reihe von Abgrenzungsproblemen verbunden. Ein *räumliches* Abgrenzungsproblem ergibt sich daraus, daß die Primärenergieträger für die in der Bundesrepublik erzeugten Endenergieträger für den Verkehr aus unterschiedlichen Ländern und Regionen der Welt stammen. Ebenso wird ein bedeutender Anteil der im Verkehr eingesetzten Mineralölprodukte und ein geringer Teil des Stroms aus dem Ausland importiert. Die im Verkehr eingesetzten Endenergieträger lassen sich nicht ohne weiteres bestimmten Herkunftsländern bzw. den damit verbundenen Transportweiten oder Produktionstechniken (z.B. Steinkohle- und Rohölförderungstechniken, Raffinerietechniken etc.) zuordnen.

Ein *zeitliches* Abgrenzungsproblem entsteht durch die Zeitdifferenz zwischen Produktion und Verbrauch der Energieträger sowie durch die Änderung der Produktionsstrukturen oder der Bezugsquellen für die eingesetzten Rohstoffe während des Betrachtungszeitraumes. Treten innerhalb des Betrachtungszeitraumes keine wesentlichen Änderungen ein, so kann unterstellt werden, daß alle zu betrachtenden Produktionsschritte während eines Bezugszeitraumes ablaufen.

Darüber hinaus wird ein Teil der hier betrachteten Endenergieträger zusammen mit anderen energetisch und nichtenergetisch genutzten Produkten erzeugt. Der Produktionsaufwand kann dabei nicht immer eindeutig bestimmten *Produkten* zugeordnet werden.

Bereitstellung von Dieselkraftstoff

Im Zusammenhang mit der Bereitstellung von Dieselkraftstoff muß Energie eingesetzt werden für die Exploration, die Förderung und den Transport von Rohöl, für die Aufbereitung des Rohöls in den Raffinerien sowie für die Verteilung des Kraftstoffes. Bei diesem Energieeinsatz werden Treibhausgase und Luftschadstoffe freigesetzt.

Tabelle 8.56 zeigt den Energieeinsatz und die Emissionen für einen in der Bundesrepublik Deutschland im Jahr 1990 bereitgestellten Dieselkraftstoff [11].

Tabelle 8.56. Primärenergieeinsatz und Emissionen durch die Dieselkraftstoffbereitstellung in der BRD im Jahr 1990 (einschließlich Energieinhalt des Kraftstoffes) [11]

	Primärenergie TJ/TJ Kraftstoff	CO	NO_x	SO_2	VOC	CO_2
		kg/TJ Kraftstoff				
Rohölbereitstellung	1,03[1]	4,2[1]	12,5[1]	13,1[1]	15,8[1]	1960[1]
Raffinerien	0,09	1,8	9,5	30,0	10	5460
Kraftstoffverteilung	0,006	1,9	7,4	0,4	1,5	400
Gesamt[2]	1,13	8,2	30,2	44,3	28,4	7950

[1] TJ/TJ Rohöl bzw. kg/TJ Rohöl
[2] entspricht wegen [1] nicht der Summe der Zeilenwerte

Hierbei wird ein Aufwand für die Förderung und den Transport des Rohöls unterstellt, wie er sich aus dem gewichteten Durchschnitt aller Lieferländer ergibt. Für die Aufbereitung wird von den Produktionsverhältnissen in den bundesdeutschen Raffinerien im Jahr 1990 ausgegangen. Die Aufteilung des Energieeinsatzes und der Emissionen in den Raffinerien auf die verschiedenen Mineralölerzeugnisse (Benzin, Diesel, Bitumen etc.) erfolgt entsprechend ihrem Energieinhalt. Im Vergleich zur Rohölförderung bzw. -nutzung ist die Exploration nur mit einem geringen Energieeinsatz bzw. geringen Schadstoffemissionen verbunden [12]. Die Exploration wird daher vernachlässigt. Der ermittelte Primärenergiebedarf beträgt 1,13 TJ/TJ Kraftstoff. Darin ist der Energieinhalt des Kraftstoffs enthalten. Mit rd. 5,5 t/TJ Kraftstoff wird ein Großteil der CO_2-Emissionen durch die Aufbereitung des Rohöls in den Raffinerien verursacht. Hohe VOC- und NO_x-Emissionen entstehen durch die Rohölbereitstellung (ca. 16 kg/TJ Rohöl bzw. 13 kg/TJ Rohöl). Die Verteilung von Dieselkraftstoff ist für die Gesamtemissionen von geringerer Bedeutung. Insgesamt werden für die Endenergiebereitstellung pro TJ Kraftstoff rd. 8 t CO_2, 8,2 kg CO, 30 kg NO_x, 44 kg SO_2 sowie rd. 28 kg VOC emittiert.

Strombereitstellung

Die Bereitstellung des Fahrstroms für die mit 16 2/3 Hertz und 15 kV Wechselspannung betriebenen Schienenfahrzeuge der Deutschen Bundesbahn erfolgt in bahneigenen Stromerzeugungsanlagen, durch Bezug aus dem öffentlichen Netz sowie im Stromaustausch mit den Österreichischen und den Schweizer Bundesbahnen. Von den Stromerzeugungs- und umwandlungssystemen wird der Strom über das 110 kV-Fernleitungsnetz der DB zu den sogenannten Unterwerken weitergeleitet. In den Unterwerken wird der Strom auf die 15 kV-Fahrstromspannung transformiert, mit der schließlich die Oberleitungen versorgt werden.

In den in Tabelle 8.57 dargestellen spezifischen Primärenergieeinsatz- bzw. Emissionsfaktoren ist neben dem Brennstoffeinsatz in den öffentlichen und bahneigenen Anlagen auch die Bereitstellung der Primärenergieträger berücksichtigt. Der hohe VOC-Emissionsfaktor der Bahnstrombereitstellung ergibt sich vor allem aus den Methanemissionen, die heute noch bei der im Untertagebau geförderten heimischen Steinkohle freigesetzt werden. Unter diesen Annahmen mußten im Jahr 1990 für die Bereitstellung einer Kilowattstunde

Tabelle 8.57. Primärenergieeinsatz und spezifische Emissionen der öffentlichen Versorgung sowie der Fahrstrombereitstellung für die Deutsche Bundesbahn im Jahr 1990 [11] (Werte gerundet)

spezifische Gesamtemissionen	Primärenergie kWh pro kWh Endenergie	CO [g/kWh]	NO_x [g/kWh]	SO_2 [g/kWh]	VOC [g/kWh]	CO_2 [g/kWh]
Fahrstrom DB [1,2]	3,1	0,59	0,84	0,95	2,9	580
Öffentliche Stromerzeugung[3]	3,09	0,47	0,81	0,77	1,8	620

[1] für das im Kraftwerk Bremen eingesetzte Gichtgas werden die Emissionen entsprechend einer energieäquivalenten Steinkohlenutzung unterstellt
[2] ohne Fahrleitungsverluste
[3] einschließlich Verteilungsverluste

(kWh) elektrischer Energie ab Ausgang Unterwerk 3,1 kWh an Primärenergie aufgewandt werden und es wurden rd. 580 g CO_2, 0,84 g NO_x, 0,59 g CO, 0,95 g SO_2 sowie 2,9 g VOC emittiert.

Der Betrieb von Anlagen für den Güterumschlag, z.B. zwischen Lkw und Güterzug, sowie der Schleusenanlagen im Binnenschiffverkehr erfordert ebenfalls einen Einsatz von Energie. Für den dabei eingesetzten elektrischen Strom wird unterstellt, daß er aus dem Netz der öffentlichen Stromversorgung entnommen wird. Die spezifischen Energie- und Emissionsfaktoren der öffentlichen Stromversorgung im Jahr 1990 sind ebenfalls in Tabelle 8.57 dargestellt.

8.9.3.2
Betrieb der Verkehrsmittel

Zu den spezifischen antriebsbedingten Energieverbräuchen der Güterverkehrsmittel und den damit verbundenen Schadstoffemissionen liegen für die Bundesrepublik eine Reihe von Untersuchungen vor. Sie lassen sich in zwei Kategorien unterteilen. Zur ersten Kategorie gehört die Untersuchung einzelner Fahrzeugklassen. So ermittelten z.B. [25] den direkt mit der Transportarbeit verbundenen spezifischen Primärenergieeinsatz der Güterverkehrsmittel (in Wh/Nettotonnenkilometer) als Funktion des Auslastungsgrades, der Beladung oder der mittleren Beförderungsgeschwindigkeit. Dabei wurde der spezifische Endenergieeinsatz für bestimmte Betriebsmodi (Verkehrssituation bzw. Einsatzweise) ermittelt, indem die über dem Fahrtverlauf auftretenden physikalischen Bewegungswiderstände schrittweise berechnet und mit den korrespondierenden Wirkungsgraden der Antriebsaggregate und der Kraftübertragung überlagert werden (vgl. Bild 8.169). In der zweiten Kategorie der Untersuchungen werden spezifische, auf die Verkehrsleistung bezogene Primärenergieverbrauchs- und Emissionsfaktoren für den Durchschnitt aller Fahrzeuge einer Kategorie in der Bundesrepublik Deutschland in einem Bezugjahr berechnet (vgl. Tabelle 8.58, [13]).

In beiden Untersuchungen zeigen die Schienenverkehrsmittel und das Binnenschiff geringere auf die Verkehrsleistung bezogene, Verbrauchs- und Emissionswerte als der Lkw. Hieraus könnte gefolgert werden, daß Güterzüge und

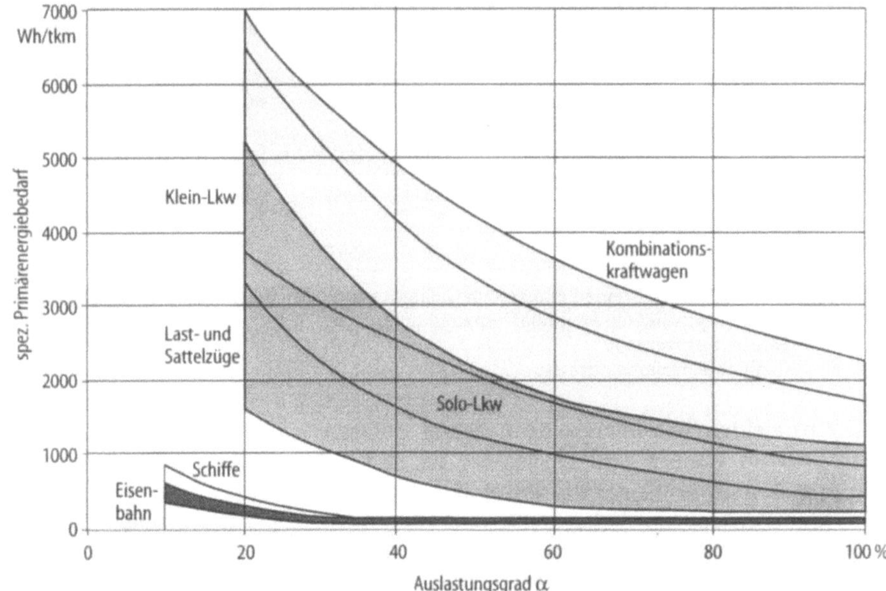

Bild 8.169. Spezifischer Primärenergieeinsatz im Güterverkehr im Jahr 1987 [3]

Tabelle 8.58. Spezifischer Primärenergieeinsatz und spezifische Emissionsfaktoren im Güterverkehr in der BRD im Jahr 1987 [13]

	CO_2	NO_x	VOC	CO	Primärenergie g/tkm
Güterzug	41 (20%)	0,2 (6%)	0,08 (7%)	0,05 (2%)	677 (23%)
Schiff[1]	30 (15%)	0,4 (11%)	0,1 (9%)	0,12 (5%)	423 (15%)
Lkw	207 (100%)	3,6 (100%)	1,1 (100%)	2,4 (100%)	2890 (100%)
Rohrfernleitung	10 (5%)	0,02 (<1%)	0,02 (2%)	0,00 (<1%)	168 (6%)
Flugzeug	1206 (580%)	5,5 (152%)	3,0 (2,7%)	1,4 (58%)	15839 (550%)

[1] Binnenschiffe und Seeschiffe der BRD

Binnenschiffe die unter ökologischen Gesichtspunkten günstigeren Verkehrsmittel darstellen. Diese Aussage läßt sich zunächst jedoch nicht auf konkrete Transportaufgaben übertragen.

In [14] werden deswegen konkrete Transportaufgaben unter Berücksichtigung von Art und Gewicht des Transportgutes (z.B. Massengut, Stückgut, Wagenladung), Zeitpunkt des Transports, Auslastung der Verkehrsmittel, Transportweiten, Vor- und Nachläufen sowie Umladevorgängen untersucht. Bei der

Ermittlung des Endenergieverbrauchs und der direkten Schadstoffemissionen sind die speziellen Verhältnisse auf den ausgewählten Relationen weitestgehend berücksichtigt. So werden der Kraftstoffeinsatz und die direkten Emissionen der Lkw und Binnenschiffe anhand streckenabhängiger Fahrmodi bestimmt und der Antriebsenergieeinsatz in den Güterzügen aus der Simulation des Fahrtverlaufes ermittelt. Schließlich wird der gesamte Primärenergieeinsatz unter Berücksichtigung der in Abschn. 8.9.3.1 ermittelten Werte für die Bereitstellung der Antriebsenergieträger berechnet. Aus den ausgewählten Transportaufgaben lassen sich jedoch aufgrund der Vielfältigkeit des Transportgeschehens keine allgemeingültigen Aussagen für das gesamte Güterverkehrsgeschehen ableiten.

Tabelle 9.59 zeigt die Ergebnisse dieser Untersuchung für einen Transport von 25 t Dieselkraftstoff zwischen Karlsruhe (Raffinerie) und Tankstellen in der Region Stuttgart bzw. Frankfurt einschließlich einer leeren Rückfahrt der Güterfahrzeuge. Aufgrund des ungünstigen Verlaufs der Wasserstraßen ist für das Fallbeispiel Stuttgart der Transportweg mit dem Binnenschiff erheblich länger als mit dem Lkw oder der Bahn. Für diese konkrete Transportaufgabe erweist sich das Binnenschiff als das unter energetischen Gesichtspunkten ungünstigste Verkehrsmittel.

Beim Transport eines Stückgutes (500 kg) aus der Region Stuttgart (Esslingen) in den Raum Frankfurt bzw. Bremen ergeben sich unter Berücksichtigung eines Vor- und Nachlaufs auf der Straße von jeweils rd. 50 km sowie der Umladevorgänge für die Bahn zwar deutliche Vorteile (vgl. Tabelle 8.60). Die Unterschiede sind jedoch wesentlich niedriger als die Unterschiede der von [13] ermittelten Durchschnittswerte (vgl. Tabelle 8.58).

Das aus [14] ausgewählte Beispiel für einen Wagenladungstransport (15 t) von Stuttgart nach Bremen bzw. in umgekehrter Richtung verdeutlicht insbesondere, wie stark die Fahrtrichtung (Berg- oder Talfahrt) den Energieeinsatz beim Binnenschiff beeinflußt (vgl. Tabelle 8.61). So ist in diesem konkreten Fall der Einsatz eines Schiffes in Richtung Bremen trotz des längeren Transportweges günstiger als der Lkw, die Bergfahrt von Bremen nach Stuttgart führt jedoch zu einem höheren Primärenergieeinsatz. Die Bahn benötigt für beide Richtungen mehr Primärenergie als der Lkw. Dies ist zum einen auf die real geringe Zugauslastung, zum anderen auf die auf dieser Strecke gefahrenen hohen Zuggeschwindigkeiten zurückzuführen. Da im Vergleich zur Kraftstoffnutzung die Stromerzeugung mit geringeren spezifischen Emissionen verbunden ist, bleibt der Ausstoß an CO_2, CO und NO_x unter dem des Lkw. Die hohen VOC-Emissionen bei der Bahn sind auf die CH_4-Emissionen bei der Förderung der heimischen Steinkohle zurückzuführen.

Die Bilanz des antriebsbedingten Primärenergieeinsatzes und der Emissionen für die Transportgüter „Stückgut", „Wagenladung", „Massengut" und die gewählten Transportrelationen zeigen, daß bei einer ganzheitlichen Bilanzierung eines Einsatzes unterschiedlicher Verkehrsmittel für konkrete Transportaufgaben nicht ohne weiteres von durchschnittlichen antriebsbedingten Energie- und Emissionsfaktoren ausgegangen werden kann. Vielmehr müssen die konkreten Rahmenbedingungen, wie z.B. Fahrzeugauslastung oder Wegstreckenlänge, berücksichtigt werden.

Tabelle 8.59. Primärenergieeinsatz und Emissionen für den Transport von 25 t Dieselkraftstoff unter Berücksichtigung eines Vor- und Nachlaufs sowie der Umladevorgänge [14]

		Lkw		Bahn[1]		Schiff[1]	
Karlsruhe – Stuttgart – Karlsruhe							
Transportentfernung	(km)	104	(100%)	106	(102%)	258	(248%)
Primärenergieeinsatz	(GJ)	3,1	(100%)	1,6	(52%)	4,4	(140%)
CO_2	(kg)	223	(100%)	93	(42%)	310	(139%)
CO	(g)	1100	(100%)	192	(18%)	1083	(98%)
NO_x	(g)	3827	(100%)	471	(12%)	5079	(133%)
SO_2	(g)	310	(100%)	140	(45%)	429	(138%)
VOC	(g)	425	(100%)	371	87%)	580	(136%)
Karlsruhe – Frankfurt – Karlsruhe							
Transportentfernung	(km)	163	(100%)	145	(89%)	169	(104%)
Primärenergieeinsatz	(GJ)	4,8	(100%)	1,7	(36%)	3,2	(66%)
CO_2	(kg)	346	(100%)	99	(29%)	226	(65%)
CO	(g)	1610	(100%)	199	(12%)	802	(50%)
NO_x	(g)	5976	(100%)	480	(8%)	3695	(62%)
SO_2	(g)	481	(100%)	150	(31%)	313	(65%)
VOC	(g)	638	(100%)	402	(63%)	429	(67%)

Die Angaben beziehen sich nur auf die ausgewählten Transportaufgaben unter den speziellen Randbedingungen der Studie

[1] Vor- und Nachlauf mit dem Lkw

Tabelle 8.60. Primärenergieeinsatz und Emissionen für den Transport eines Stückgutes (500 kg) unter Berücksichtigung eines Vor- und Nachlaufs sowie der Umladevorgänge [14]

		Lkw		Bahn[1]	
Stuttgart – Frankfurt					
Transportentfernung	(km)	308	(100%)	238	(77%)
Primärenergieeinsatz	(MJ)	269	(100%)	104	(39%)
CO_2	(kg)	19,9	(100%)	6,4	(32%)
CO	(g)	120	(100%)	19	(16%)
NO_x	(g)	333	(100%)	46	(14%)
SO_2	(g)	27	(100%)	9	(33%)
VOC	(g)	44	(100%)	23	(52%)
Stuttgart – Bremen					
Transportentfernung	(km)	745	(100%)	684	(92%)
Primärenergieeinsatz	(MJ)	496	(100%)	387	(78%)
CO_2	(kg)	36,2	(100%)	21,4	(59%)
CO	(g)	193	(100%)	34	(18%)
NO_x	(g)	619	(100%)	67	(11%)
SO_2	(g)	50	(100%)	34	(68%)
VOC	(g)	73	(100%)	98	(134%)

Die Angaben beziehen sich nur auf die ausgewählten Transportaufgaben unter den speziellen Randbedingungen der Studie

[1] einschließlich Vor- und Nachlauf mit dem Lkw

Tabelle 8.61. Primärenergieeinsatz und Emissionen für den Transport einer Wagenladung (15 t) unter Berücksichtigung eines Vor- und Nachlaufs [14]

		Lkw		Bahn[1]		Schiff	
Stuttgart – Bremen							
Transportentfernung	(km)	662	(100%)	680	(103%)	947	(143%)
Primärenergieeinsatz	(GJ)	10,5	(100%)	12,2	(116%)	9,3	(88%)
CO_2	(kg)	763	(100%)	659	(86%)	667	(88%)
CO	(kg)	3,5	(100%)	0,9	(25%)	2,4	(68%)
NO_x	(kg)	13,4	(100%)	1,6	(12%)	11,5	(86%)
SO_2	(kg)	1,1	(100%)	1,1	(100%)	0,9	(88%)
VOC	(kg)	1,4	(100%)	3,1	(228%)	1,2	(87%)
Bremen – Stuttgart							
Transportentfernung	(km)	662	(100%)	680	(103%)	947	(143%)
Primärenergieeinsatz	(GJ)	10,5	(100%)	12,6	(119%)	4,0	(133%)
CO_2	(kg)	763	(100%)	677	(89%)	1014	(133%)
CO	(kg)	3,5	(100%)	0,9	(25%)	4,5	(129%)
NO_x	(kg)	13,4	(100%)	1,7	(12%)	17,8	(133%)
SO_2	(kg)	1,1	(100%)	1,1	(102%)	1,4	(133%)
VOC	(kg)	1,4	(100%)	3,2	(234%)	1,8	(131%)

Die Angaben beziehen sich nur auf die ausgewählten Transportaufgaben unter den speziellen Randbedingungen der Studie

[1] Einzelwagen, 20% Zugauslastung

8.9.4
Herstellung, Instandhaltung und Entsorgung der Güterverkehrs-mittel

Im folgenden werden der Energieeinsatz und die Emissionen für den Bau und die Instandhaltung von Güterfahrzeugen anhand der in Abschn. 8.9.2 ermittelten produktspezifischen Faktoren abgeschätzt. Hierbei handelt es sich um eine grobe Abschätzung auf der Basis der Energie- und Emissionsstruktur in der BRD (alt) im Jahr 1988.

Neben den Aufwendungen für den *Bau und die Instandhaltung* entstehen z.B. im Zusammenhang mit den Leistungen der Versicherungen, durch den Verwaltungsaufwand, die Bereitstellung von Fahrzeugstellplätzen etc. ein zusätzlicher Energieeinsatz bzw. weitere Emissionen. Auf der Kostenseite spielen diese Aufwendungen z.T. eine erhebliche Rolle, so daß sie im Rahmen einer Gesamtbilanz nicht ohne weiteres vernachlässigt werden können. Für diese Bereiche konnten nur unvollständige Angaben ermittelt werden und in einigen Fällen ist ohne detailliertere Untersuchungen eine Umlegung dieser Effekte auf die einzelnen Fahrzeuge nicht möglich. Daher beschränken sich die folgenden Angaben auf den Bau und die Instandhaltung der Fahrzeuge.

Die *Entsorgung* von Fahrzeugen ist in der I-O-Tabelle im Sektor „Großhandel Rückgewinnung" enthalten, stellt dort aufgrund des geringen Aufkommens jedoch kein „typisches" Gut dar, so daß sie sich nicht mittels der I-O-Analyse abschätzen läßt. Ebenso ist wegen der zur Zeit stattfindenden Umstrukturierung im Entsorgungsbereich mit Änderungen der gegenwärtigen

Tabelle 8.62. Technische Angaben sowie Herstellungs- und Instandhaltungskosten zu Ab-Werk-Preisen eines Lastzuges (Werte gerundet)

Gesamtgewicht [t]	Nutzlast [t]	Jahresfahrleistung (Motorwagen) [km]	Fahrzeug-herstellung [Pf/Fzkm]	Fahrzeug-instandhaltung [Pf/Fzkm]
40	26,5	150 000	17	39

Tabelle 8.63. Technische Daten eines Güterzuges (Werte gerundet)

Fahrzeugart	Eigengewicht je Fahrzeug [t]	Anzahl	Fahr-leistung [Mio. km]	Herstellungs-kosten [Pf/Fzkm]	Instandhaltungs-kosten [Pf/Fzkm]
Lokomotive	118	1	6	53	11
Container-tragwagen	23	3	5,4	2	<1
Schiebewand-wagen	14	21	3,9	3	<1
Gesamtzug	480	24+1	6	125	16

Tabelle 8.64. Technische Daten sowie Herstellungs- und Instandhaltungskosten zu Ab-Werk-Preisen eines Binnnenschiffs im Jahr 1988 (Werte gerundet)

Tragfähigkeit [t]	Nutzungs-dauer [a]	Verkehrs-leistung [Mio. tkm/a]	Herstellungs-kosten [Pf/tkm]	Instandhaltungs-kosten [Pf/tkm]
1350	50	10	1	1

Tabelle 8.65. Primärenergieeinsatz (PE) und Emissionen durch den Bau und die Instandhaltung von Güterverkehrsmitteln während der gesamten Nutzungsdauer (Werte gerundet)

	CO [t]	NO$_x$ [t]	SO$_2$ [t]	VOC [t]	CO$_2$ [kt]	PE [TJ]
Lastzug	0,72	0,41	0,28	0,45	0,15	2,5
Güterzug mit 24 Güterwagen	20	8	5	10	3	50
Binnenschiff	15	7	5	12	3	42

Entsorgungspfade bei den Verkehrsmitteln zu rechnen. Die Entsorgung von Verkehrsmitteln wird hier nicht weiter betrachtet.

Die Angaben zu den technischen Daten, Fahrleistungen und Ab-Werk-Preisen der hier unterstellten Güterverkehrsmittel sind in den Tabellen 8.62, 8.63, 8.64 dargestellt. Für den Lastzug beinhalten die Aufwendungen für die Fahrzeuginstandhaltung auch die Kosten für die Bereifung der Fahrzeuge sowie den Schmierstoffeinsatz. Bei den Preisen ist der Restwert des Fahrzeuges nach der angenommenen Nutzungsdauer von 6 Jahren bereits berücksichtigt. Bei den in Abschn. 8.9.3 dargestellten Transportaufgaben im Schienengüterverkehr kommen verschiedene Lokomotiven und Güterwagen in unterschiedlichen Kombinationen zum Einsatz. Für die Abschätzung der nichtantriebsbedingten Emissionen wird eine Zugkonfiguration mit 24 Güterwagen ausgewählt. Zu den Kosten bzw. den Ab-Werk-Preisen konnten nur grobe Anhaltswerte ermittelt werden [15]. Insbesondere liegen zu den Instandhaltungskosten der Lokomotiven bzw. der Güterwagen nur Durchschnittswerte über die gesamte Fahrzeugflotte der Deutschen Bundesbahn vor. In der Bundesrepublik Deutschland werden für Binnenschiffe keine detaillierten Kostenrechnungen veröffentlicht. Daher mußte hier auf Erfahrungs- und Schätzwerte zurückgegriffen werden [16].

Tabelle 8.65 zeigt die für diese Fahrzeugkonfigurationen ermittelten Energieeinsätze und Schadstoffemissionen.

8.9.5
Bau und Instandhaltung von Verkehrswegen

Der Aufwand für den Bau von *Straßen* ist aufgrund topographischer und geologischer Gegebenheiten, der Vorgaben des Landschafts-, Natur- und Lärmschutzes sowie weiterer orstabhängiger Anforderungen starken Schwankungen unterworfen. Für die Berechnung des KEA wird im folgenden von durchschnittlichen Kosten für den Erdbau, den Straßenoberbau und den Kunstbau (z.B. Tunnel und Brücken) von rd. 10 Mio. DM/km für Autobahnen sowie rd. 6 Mio. DM/km für Bundesstraßen (jeweils zu Ab-Werk-Preisen im Jahr 1988) ausgegangen [17]. Die Werte für die Instandsetzung sowie den Straßenbetrieb, in dem auch kleinere Ausbesserungsarbeiten enthalten sind, sind in Tabelle 8.66 dargestellt. Der unterstellten Straßennutzungsdauer (118 Jahre) liegen die Angaben von [18] zugrunde.

Von [18] wurden die Ersatzinvestionsausgaben für die Bundesverkehrswege für die Jahre 1980 bis 1989 ermittelt und der Ersatzinvestitionsbedarf für die Jahre 1990 bis 2010 prognostiziert. Diese Angaben sind Grundlage der folgenden Berechnungen des Energieeinsatzes und der Emissionen durch den *Schienenverkehrswegebau*. Bezieht man die Investitionsaggregate, die getrennt nach Erdbau, Fahrbahn, Kunstbauten und Ausrüstungen vorliegen, auf das Streckennetz der Deutschen Bundesbahn, zeigen die Ausgaben pro Streckenkilometer im Betrachtungszeitraum (1980 bis 1989) nur geringe Schwankungen. Ebenso wird der von [18] ermittelte Wert in der Praxis bestätigt. Tabelle 8.66 zeigt die aus den Angaben zum Ersatzinvestionsbedarf ermittelten Bau-, Instandhaltungs- und Betriebskosten zu Ab-Werk-Preisen im Jahr 1988. Die Angaben zu den Betriebskosten beruhen auf Schätzungen.

Für die Bestimmung der Energie- und Umwelteffekte durch Bau und Instandhaltung der *Wasserwege* wurde das gleiche Vorgehen wie bei den Schienenverkehrswegen gewählt.

Tabelle 8.67 zeigt die für einen durchschnittlichen Streckenkilometer berechneten Werte zum KEA und zum kumulierten Schadstoffausstoß. Die Werte für die Wasserwege entsprechen in etwa denen der Bundesstraßen, die der Schiene liegen zwischen den entsprechenden Werten für Autobahnen und denen für Bundesstraßen.

Tabelle 8.66. Annahmen zur Nutzungsdauer sowie Bau-, Instandhaltungs- und Betriebsaufwendungen zu Ab-Werk-Preisen von Verkehrswegen im Jahr 1988 (Werte gerundet)

	Nutzungs-dauer [a]	Bau [Mio. DM/km]	Instand-haltung [DM/(km*a)]	Betrieb [DM/(km*a)]
Straßen				
– Bundesstraße	118	6	8000	18000
– Autobahn	118	11	38000	38000
Schienenverkehrswege	118		81000	7500
Wasserstraßen	118		68000	7000

Tabelle 8.67. Primärenergieaufwand (PE) und Gesamtemissionen durch Bau, Instandhaltung und Betrieb von Verkehrswegen (Werte gerundet)

	CO kg/(km*a)	NO_x kg/(km*a)	SO_2 kg/(km*a)	VOC kg/(km*a)	CO_2 t/(km*a)	PE GJ/(km*a)
Straßen						
– Bundesstraße	160	90	30	40	20	340
– Autobahn	340	190	70	90	40	740
Schienen-verkehrswege	210	120	42	50	26	430
Wasserwege	170	94	34	46	21	349

8.9.6
Bau und Instandhaltung von sonstigen Einrichtungen

Neben den Verkehrsmitteln und -wegen werden für die Abwicklung des Gütertransports auch Güterumschlaganlagen benötigt. Eine grobe Abschätzung des Energieeinsatzes und des Schadstoffausstoßes durch den Bau und die Instandhaltung solcher Anlagen wird für ein Güterverteilzentrum und eine Containerumschlaganlage vorgenommen.

Für den Güterumschlag im Stückgutverkehr (*Güterverteilzentrum*) wird von einer unbeheizte Umschlagshalle mit Unterflurförderanlage ausgegangen. Berücksichtigt man durchschnittliche Bau- und Instandhaltungskosten in Höhe von rd. 1,8 DM pro umgeschlagener Tonne Stückgut, so ergeben sich für den Energieeinsatz und die Emissionen die in Tabelle 8.68 dargestellten Werte. Für den *Containerumschlag* Schiene/Straße wird ein Kran, wie er auch im Mannheimer Hafen eingesetzt wird [19], unterstellt. Einschließlich der Infrastruktur werden Umschlagskosten zu Ab-Werk-Preisen von rd. 0,3 DM pro umgeschlagener Tonne angenommen. Die unter diesen Rahmenannahmen bestimmten Energie- und Emissionswerte liegen deutlich unter denen des Stückgutumschlags (vgl. Tabelle 8.68).

Tabelle 8.68. Primärenergieaufwand (PE) und Gesamtemissionen pro umgeschlagener Tonne Stückgut durch Bau und Instandhaltung von Anlagen für den Güterumschlag (Werte gerundet)

	CO [g/t]	NO_x [g/t]	SO_2 [g/t]	VOC [g/t]	CO_2 [kg/t]	PE [MJ/t]
Güter- verteilzentrum	4	2	1	1	0,5	9
Container- umschlaganlage	0,5	0,2	0,1	0,3	0,08	1,2

8.9.7
Gesamtbilanz des Energieeinsatzes und der Emissionen für eine konkrete Gütertransportaufgabe

Für den Transport eines Stückgutes (500 kg) aus der Region Stuttgart (Esslingen) in den Raum Bremen wird im folgenden eine erste Gesamtbilanz des antriebs- und des nichtantriebsbedingten Energieeinsatzes und der Emissionen erstellt. Der nichtantriebsbedingte Primärenergieeinsatz und der Schadstoffausstoß unterscheiden sich jedoch in zweierlei Hinsicht von den ermittelten antriebsbedingten Energie- und Emissionswerten. Zum einen beruhen die Angaben auf einer groben Abschätzung, während für den Antrieb detailliertere Berechnungsmethoden angewandt werden konnten. Zum anderen ist ein Großteil des nichtantriebsbedingten Primärenergieeinsatzes bereits unabhängig von der Verkehrsleistung entstanden (z.B. bei der Herstellung der Verkehrsmittel).

Der antriebsbedingte Energieeinsatz und der damit verbundene Schadstoffausstoß wurde unter Berücksichtigung der Umladevorgänge bereits in Abschn. 8.9.3.2 untersucht (vgl. Tabelle 8.60). Der Energieeinsatz und die Emissionen durch den Bau und die Instandhaltung der genutzten Verkehrsmittel und der Verkehrsinfrastruktur (Verkehrswege, Umschlaganlagen) wird der betrachteten Transportaufgabe entsprechend der erbrachten Verkehrsleistung anteilig zugeordnet. Hierfür ist im Straßen- und Schienenverkehr eine Aufteilung der Verkehrsbelastung zwischen dem Güter- und dem Personenverkehr notwendig. Diese Aufteilung erfolgt hier anhand der für die Bestimmung der Wegekostendeckungsgrade im Straßenverkehr durchgeführten Berechnungen zur Beanspruchung des Straßenraums. Von [20] wurden hierzu für Güter- und Personenfahrzeuge raum- und geschwindigkeitsabhängige Umrechnungsfaktoren ermittelt. Diese Umrechnungsfaktoren beruhen auf den Ergebnissen des AASHO-Road-Tests, nach dem die Schädigung einer Straße mit der vierten Potenz der Achslast zunimmt. Mit Hilfe dieser Umrechnungsfaktoren und den durchschnittlichen Verkehrsstärken können für die einzelnen Transportaufgaben der Energieeinsatz und der Schadstoffausstoß durch den Straßenbau abgeschätzt werden.

Die Aufteilung der Belastung des Schienennetzes durch den Personen- bzw. Güterverkehr erfolgt anhand der Angaben der Deutschen Bundesbahn

Tabelle 8.69. Kumulierter Energieaufwand (KEA) und Emissionen für eine Transportaufgabe im Stückgutverkehr (500 kg) (Werte gerundet)

	Einheit	CO	NO_x	SO_2	VOC	CO_2	KEA
Lkw							
antriebsbedingt	g bzw. MJ	193	619	50	73[1]	36200	496
nicht antriebsbedingt	g bzw. MJ	34	19	12	19[2]	6700	111
gesamt	g bzw. MJ	227	638	62	[3]	42900	607
Anteil nicht antriebsbedingt	%	16	3	20	[3]	16	18
Bahn							
antriebsbedingt	g bzw. MJ	34	67	34	98[1]	21400	387
nicht antriebsbedingt	g bzw. MJ	27	14	6	9[2]	3700	62
gesamt	g bzw. MJ	61	81	40	[3]	25100	449
Anteil nicht antriebsbedingt	%	44	17	16	[3]	15	14

[1] einschließlich der Methanemissionen durch die Förderung der heimischen Steinkohle
[2] ohne Methanemissionen durch die Förderung der heimischen Steinkohle
[3] Werte wg. [1] und [2] nicht vergleichbar

zu den Bruttotonnenkilometern, die neben den Verkehrsleistungen (Pkm bzw. tkm) sowohl für den Güter- als auch für den Personenverkehr ausgewiesen werden [21].

Für den Hauptlauf der betrachteten Transportaufgabe wird der Einsatz der in Abschn. 8.9.4 beschriebenen Güterverkehrsmittel und der in Tabelle 8.65 dargestellten Primärenergieeinsatz bzw. Schadstoffausstoß unterstellt. Die Sammlung bzw. die Verteilung des Transportgutes erfolgt mit kleineren Lkw, die Umladung in dem in Abschn. 8.9.6 beschriebenen Umschlaganlagen.

Tabelle 8.69 zeigt den kumulierten Energieaufwand (KEA) und die kumulierten Emissionen für die betrachtete Transportaufgabe im Stückgutverkehr auf der Stracke Stuttgart–Bremen. Unter „antriebsbedingt" sind der gesamte Primärenergieeinsatz und die Emissionen durch den Einsatz und die Bereitstellung der Kraftstoffe sowie durch den Umschlag der Güter zusammengefaßt. In der Zeile „nicht antriebsbedingt" sind die entsprechenden Werte für die Herstellung und die Wartung der Verkehrsmittel sowie den Bau und die Instandhaltung der Verkehrswege und der Umschlaganlagen angegeben.

Der Anteil des nicht antriebsbedingten Energieverbrauchs am kumulierten Primärenergieeinsatz (KEA) schwankt zwischen 14% bei der Bahn und 18% beim Lkw. Bei den CO_2-Emissionen zeigt sich bei den elektrisch betriebenen Zügen eine gegenüber dem KEA größere Bedeutung der nicht antriebsbedingten CO_2-Emissionen. Dies kann auf den CO_2-freien Anteil der Bahnstromerzeugung zurückgeführt werden. Bei den CO-Emissionen wird durch die geringeren Emissionen bei der Bahnstromerzeugung ebenfalls die Bedeutung der Fahrzeuge und der Infrastruktur erhöht. Bei den Fahrzeugen mit verbrennungsmotorischem Antrieb werden die gesamten NO_x-Emissionen wesentlich durch diesen Verbrennungsprozeß bestimmt. Aufgrund des hohen Anteils der SO_2-Emissionen durch die Stromerzeugung stellt sich bei diesem Schadstoff die umgekehrte Situation ein: höherer Anteil der nicht antriebsbedingten Effekte beim Lkw, geringerer Anteil beim Schienenverkehr. Allerdings muß bei der Interpretation der Luftschadstoffemissionen berücksichtigt werden, daß sich die Werte auf das Jahr 1988 beziehen und insbesondere bei der Stromerzeugung heute bereits eine wesentliche Reduktion der Schadstoffemissionen erreicht wurde [9]. Insofern ist auch noch kein abschließender Vergleich der Bedeutung der nicht antriebsbedingten Effekte zwischen den einzelnen Verkehrssystemen möglich.

8.9.8
Zusammenfassung und Ausblick

Eine Strategie zur Minderung des verkehrsbedingten Ressourcenverzehrs und zur Verringerung der Umweltbelastungen durch eine verstärkte Nutzung bestimmter Verkehrsmittel erfordert eine umfassende Analyse dieser Verkehrssysteme sowie der hierzu zur Verfügung stehenden Alternativen. Eine Ganzheitliche Bilanzierung von Verkehrssystemen und Transportaufgaben steht sowohl hinsichtlich des methodischen Ansatzes als auch hinsichtlich der bisher zur Verfügung stehenden Datenbasis noch am Anfang.

Anhand ausgewählter Beispiele aus dem Güterverkehr konnte jedoch gezeigt werden, daß für einen Vergleich verschiedener Verkehrssysteme die alleinige Betrachtung der verkehrsleistungsspezifischen Energie- und Emissionsfaktoren nicht ausreicht. Vielmehr folgt aus den betrachteten Transportaufgaben für die Transportgüter „Stückgut", „Wagenladung" und „Massengut", daß die Bewertung unterschiedlicher Verkehrsmittel unter Primärenergie- und Emissionsgesichtspunkten jeweils nur für konkrete Transporte von einem Ausgangspunkt A nach einem Punkt B erfolgen kann. Hierbei müssen eine Vielzahl von Parametern, wie z.B. Transportweiten, Fahrzeugauslastungen, Vor- und Nachläufe oder Umladevorgänge, berücksichtigt werden. Die Analyse des nichtantriebsbedingten Energieeinsatzes und des Schadstoffausstoßes, wie z.B. durch die Herstellung der Fahrzeuge oder den Bau und Unterhalt der Verkehrswege erfolgte mittels einer volkswirtschaftlichen Methode und stellt nur eine erste grobe Abschätzung dar. Die unterschiedlichen Ergebnisse für die einzelnen Schadstoffemissionen zeigen jedoch, daß dieser Bereich bei einem vollständigen Vergleich von Verkehrssystemen nicht vernachlässigt werden kann.

Die ermittelten Zahlen ermöglichen noch keinen umfassenden Vergleich der betrachteten Güterverkehrssysteme. Hierzu müssen sowohl die angewandten Methoden weiterentwickelt als auch die Datenbasis weiter detailliert werden. Die ermittelten Ergebnisse lassen jedoch erkennen, daß durch die Ganzheitliche Bilanzierung von Verkehrssystemen wichtige Erkenntnisse für eine Beurteilung von Verkehrsystemen gewonnen werden können, die in die Überlegungen für eine umwelt- und ressourcenschonende Gestaltung des Verkehrssystems einfließen sollten.

8.10
Kumulierter Energieaufwand von Entsorgungspfaden

MAUCH, W.; SCHAEFER, H., München

Fragen der Abfallvermeidung, -verwertung und -beseitigung werden in der Öffentlichkeit zunehmend diskutiert. Es mangelt an Deponieraum und die Erstellung neuer Deponien und Müllverbrennungsanlagen stößt in weiten Teilen der Bevölkerung auf Ablehnung. Der Müllexport wird immer stärker eingeschränkt. Dennoch wird der Müll weiterhin auf nahezu gleichbleibendem Niveau produziert.

Um konkrete und fundiertere Aussagen über die energetische und ökologische Bedeutung der Müllentsorgung treffen zu können, werden für verschiedene Wege der Erfassung, Wiederverwertung und Entsorgung von Müll und Wertstoffen der Energie- und Materialeinsatz nach Bild 8.170 untersucht.

Abhängig von der Art der Sortierung und Sammlung von Müll und Wertstoffen im Haushalt wird die Müll- bzw. Wertstoffabfuhr durch

- herkömmliche Müllsammlung,
- getrenntes Sammeln von Müll (und Biomüll) und Wertstoffen im Holsystem,
- getrenntes Sammeln von Müll (und Biomüll) und Wertstoffen im Bringsystem oder
- Kombination von Hol- und Bringsystem

bewerkstelligt.

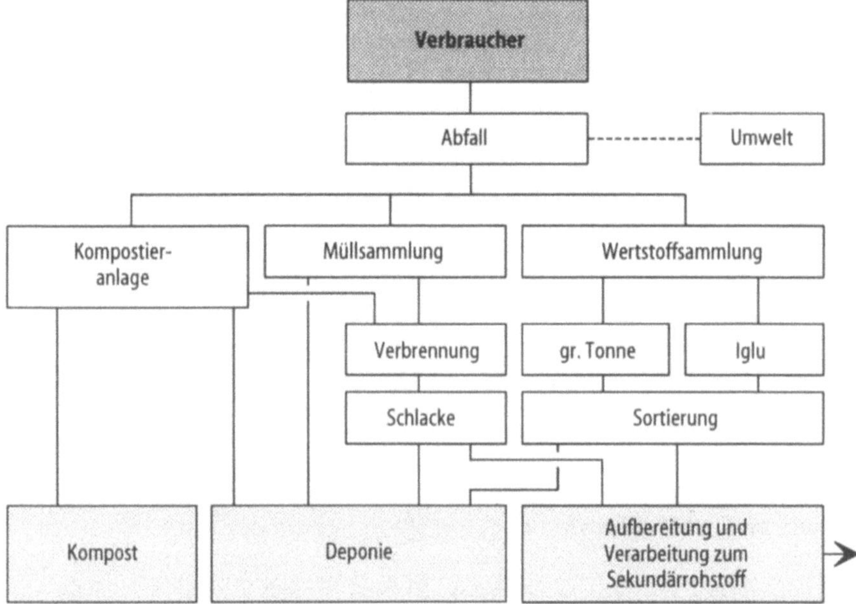

Bild 8.170. Entsorgungswege des Hausmülls und seiner Wertstoffe

Im Holsystem werden die Wertstoffe und die Reststoffe in Behältern (Zwei-Tonnen- bzw. Drei-Tonnensystem) oder Säcken erfaßt und direkt bei den Haushalten abgeholt.

Das Bringsystem umfaßt zentral aufgestellte Sammelbehälter, die von den anliefernden Haushalten beschickt werden; die Restmüllsammlung erfolgt analog zur herkömmlichen Müllsammlung.

Der Müll bzw. Restmüll wird durch

- Deponierung,
- thermische Verwertung und Deponierung der Schlacke oder
- einer Kombination aus Kompostierung, thermischer Verwertung und Deponierung

entsorgt.

Neben der Ermittlung des spezifischen Prozeßenergieverbrauchs, wie z.B. des Kraftstoffverbrauchs für den Transport des Mülls, wird auch die Bedeutung des spezifischen Energieaufwands für die Bereitstellung der Betriebsmittel und Hilfsstoffe aufgezeigt.

8.10.1
Entsorgungslogistik

Zwischen allen Stationen der Müllentsorgung, ob vom Haushalt zur Sammelstelle oder von der Müllverbrennungsanlage zur Deponie, ist der Transportaufwand ein wesentlicher Faktor. Insbesondere der durch den KEA von Lastkraftwagen bedingte Aufwand hat dabei dominierenden Einfluß. Aus diesem Grund werden diese Transportmittel einer besonderen Betrachtung unterzogen.

KEA von Lastkraftwagen

Stellvertretend für die Vielfalt der auf dem Markt gängigen Lkw, wurden folgende drei Fahrzeugtypen untersucht:

- Sattelzugmaschine mit einem zulässigen Gesamtgewicht von 18 t,
- Lkw mit Kipper mit einem zulässigen Gesamtgewicht von 26 t und
- Lkw mit Pritsche mit einem zulässigen Gesamtgewicht von 18 t.

Den Umfang und die Detailtiefe der Untersuchungen zeigt Bild 8.171 am Beispiel der Sattelzugmaschine. Hierbei wurden neben dem Herstellungsaufwand für die Halbzeuge auch der Fertigungsaufwand für die Montage untersucht. Der Lkw ist in fünf Baugruppen gegliedert, von denen der Fahrgestellbau knapp ein Drittel des Primärenergieaufwands einnimmt. Der zweitgrößte Posten mit rd. 17% ist durch die Herstellung der sieben Räder bedingt. Getriebe und Motor haben zusammen einen Anteil von 21,5%, das Fahrerhaus von 12%. Die restlichen rd. 19% entfallen auf Kleinteile und Endmontage.

Als Aufwendungen während der Nutzungsdauer ist für den Fern- und den Baustellenverkehr der durchschnittliche Bedarf an Betriebsmitteln und Verschleißteilen von Lastkraftwagen in Tabelle 8.70 aufgeführt.

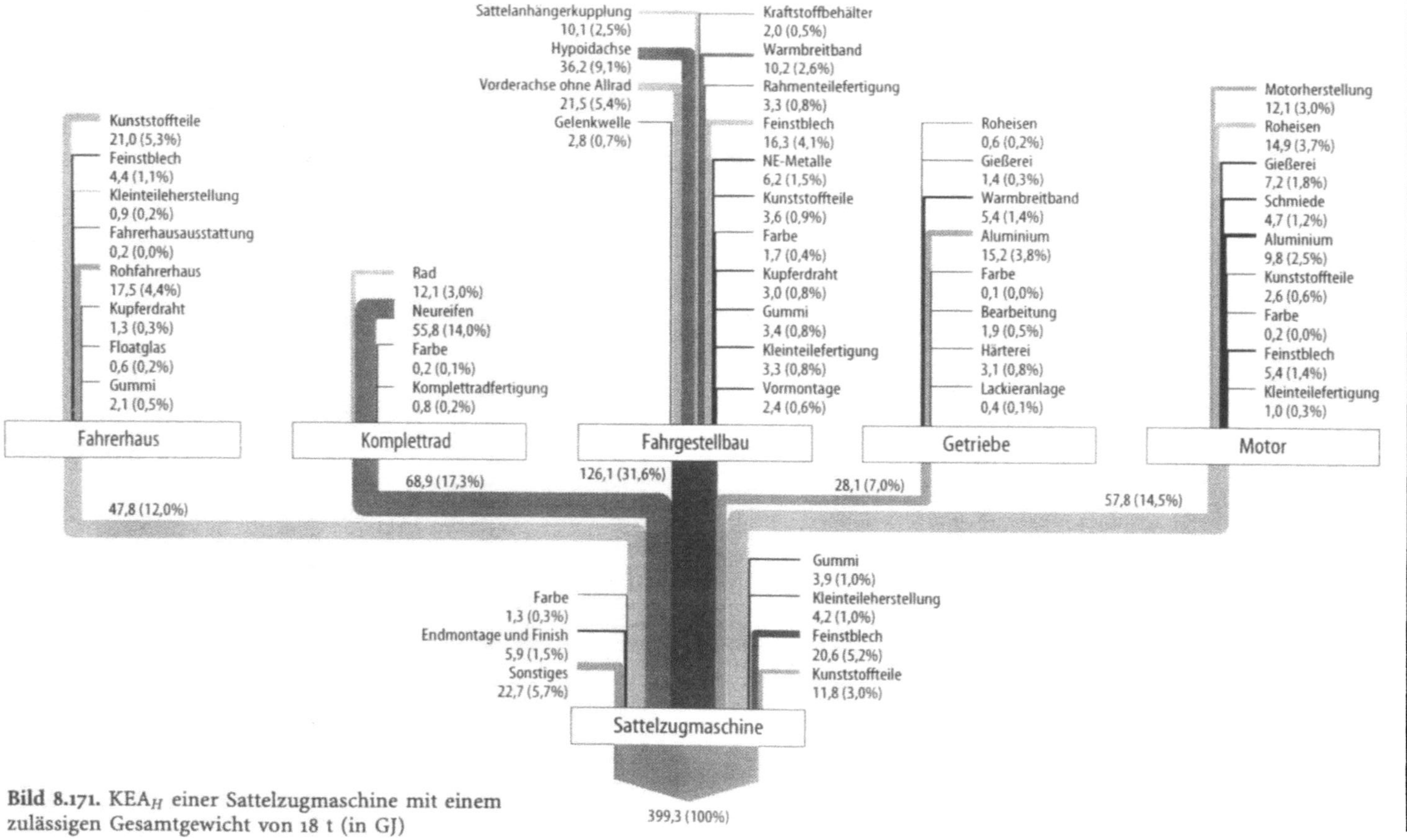

Bild 8.171. KEA$_H$ einer Sattelzugmaschine mit einem zulässigen Gesamtgewicht von 18 t (in GJ)

Tabelle 8.70. KEA_N für LKW im Fern- und Baustellenverkehr in GJ

	Material	KEA_N Fernverkehr	KEA_N Baustellenverkehr
Schmiermittel	Öl	116	129
Reifen	Stahl, Gummi	311	245
Ersatzteile	Stahl, Gummi, usw.	66	66
Wartung		4	5
Summe		497	445
Kraftstoff	Diesel	14400	10200
gesamt		14900[1]	10600[1]

[1] Werte gerundet

Eine Sattelzugmaschine mit Anhänger und einem Gesamtgewicht von 40 Tonnen verbraucht im Fernverkehr durchschnittlich 34 l Dieselkraftstoff pro 100 km. Ihre Laufleistung beträgt bei einer Auslastung von 50% etwa eine Million Kilometer. Dagegen wird für ein Baustellenfahrzeug mit Anhänger bei einem Gesamtgewicht von 40 t ein Verbrauch von 40 l pro 100 km angegeben. Die Laufleistung beträgt, bei einem Anteil an Leerkilometern von 50% ca. 600 000 km. Damit errechnet sich über die Nutzungsdauer für den Fernverkehr ein Primärenergieverbrauch von 14 400 GJ und für den Baustellenverkehr von 10 200 GJ. Der Schmierstoffverbrauch beträgt im Schnitt für den Fernverkehr 0,2%, für den Baustellenbetrieb 0,3% des Kraftstoffdurchsatzes. Der KEA_N beträgt somit 116 GJ bzw. 129 GJ.

Der Reifenverschleiß ist neben dem Kraftstoffverbrauch der größte Einzelposten des KEA_N. Um Ausfallzeiten zu verringern, werden im Fernverkehr hauptsächlich Neureifen eingesetzt. Die Laufleistungen betragen für Vorderreifen 120 000 km und für Hinterreifen 150 000 km. Der Primärenergieverbrauch für die Herstellung liegt bei 311 GJ. Im Baustelleneinsatz verwendet man für die Vorderachse Neureifen, die Hinterreifen werden runderneuert. Bei einer Laufleistung von 70 000 km errechnet sich für die gesamte Nutzungsdauer ein Primärenergieverbrauch von 245 GJ.

Der Verbrauch an Flüssigkeiten wird vornehmlich durch das Wasser für die Scheibenwaschanlage und die Lkw-Waschanlage sowie die Kühlflüssigkeit verursacht. Trotz eines Verbrauchs von insgesamt 2400 l ist der energetische Aufwand vernachlässigbar klein und wird in Tabelle 8.70 nicht berücksichtigt.

Die Gesamtmasse der Ersatzteile, die zur Erhaltung der Betriebssicherheit und der Funktionsfähigkeit über die gesamte Lebensdauer notwendig ist, beläuft sich auf 1321 t; dies entspricht einem KEA_N von 66,4 GJ für beide Betriebsarten.

An Wartungsaufwendungen fallen für einen unfallfreien Betrieb im Fernverkehr rd. 4 GJ und im Baustelleneinsatz rd. 5 GJ an. Der Unterschied wird durch höhere Belastungen, z.B. Überladen und starke Lastwechsel, im Baustellenverkehr hervorgerufen.

Den KEA unterschiedlicher Lkw-Typen zeigt Tabelle 8.71. Bemerkenswert ist, daß der KEA_H von Fahrgestell und Aufbau in etwa dem KEA_H des Anhängers entspricht. Der KEA_H besitzt am gesamten Kumulierten Energieaufwand

Tabelle 8.71. KEA verschiedener Lastkraftwagen in GJ

		Sattelzug- maschine	LKW mit Kipper	LKW mit Pritsche
KEA_H	Fahrgestell	389	563	408
	Aufbau	10	97	115
	Anhänger	429	342	342
	gesamt	828	1000	865
KEA_N	Kraftstoffverbrauch	14400	10200	14400
	Wartung u. Verschleiß	497	445	497
	Anhänger	231	151	151
	gesamt	15100	10750	15100
KEA_E	gesamt	2	2	2
KEA	Lastzug[1]	15900	11800	16000

[1] Werte gerundet

bei der Sattelzugmaschine einen Anteil von 5,2%, 8,5% beim Lkw mit Kipper und 5,4% beim Lkw mit Pritsche. Der Aufwand für Wartung und Verschleiß während der Nutzungsphase des Lkw ist in etwa gleich groß wie sein Herstellungsaufwand. Der Aufwand für die Entsorgung fällt kaum ins Gewicht, jedoch ist bei einer Rückführung aller heizwertenthaltender Stoffe, eine Gutschrift von jeweils rd. 170 GJ zu erteilen.

Müllsammlung

Der Hausmüll wird von den Entsorgungsbetrieben i.a. mit 120 l bzw. 240 l Kunststoffbehältern und in 770 l bzw. 1100 l Stahlbehältern gesammelt. Teilweise werden auch Container und Preßcontainer eingesetzt. In Tabelle 8.72 ist der Aufwand für die Bereitstellung von Sammelbehältern dargestellt.

Der spezifische Primärenergieaufwand für die Bereitstellung der Sammelbehälter errechnet sich aus dem Produkt des jeweiligen Fertiggewichts und des entsprechenden kumulierten Energieaufwands der Einsatzstoffe, bezogen auf die Lebensdauer des Sammelbehälters und den jeweiligen Jahresdurchsatz an Müll. Der bei der Fertigung anfallende Produktionsabfall ist durch einen Zuschlag von 10% berücksichtigt. Als Anhaltswert für den im Mittel erforderlichen Herstellungsaufwand von Müllbehältern wird in Tabelle 8.72 ein über die Entsorgungsanteile der Behälter gewichteter Mittelwert angegeben. Im Durchschnitt errechnet sich für die Bereitstellung der Sammelbehälter in der Stadt München ein KEA_H von rund 48 MJ/t. Der Mittelwert aus mehreren Entsorgungsgebieten liegt bei 45 MJ/t.

Die in der Müllabfuhr verwendeten Fahrzeuge unterscheiden sich vom Lkw mit Kipper durch einen Preßmüllaufbau und durch die nicht angetriebene Vorderachse. Der KEA_H für den Preßmüllwagen errechnet sich mit den Daten der Lkw-Herstellung zu 819 GJ. Der Fahrzeugverschleiß für die Abfuhr des Mülls errechnet sich aus dem KEA_H des Lkw und dem Durchsatz während der Lebensdauer. Die Daten über den Einsatz der Müllfahrzeuge in Tabelle 8.73 stammen aus Angaben des Amtes für Abfallwirtschaft der Stadt

Tabelle 8.72. KEA_H zur Bereitstellung von Sammelbehältern in München

Behälter/ Inhalt	Material- zusammen- setzung	Gewicht [t]	Lebens- dauer [a]	Anzahl Behälter	KEA_H Werk- stoff [MJ/t]	Durch- satz/Jahr [t/a]	Anteil am Durchsatz [%]	KEA_H [MJ/t$_{Müll}$]
110 l	Kunststoff	0,010	15	143270	72000	0,58	17,0	91
120 l	Kunststoff	0,011	15	710	72000	0,61	0,1	95
240 l	Kunststoff	0,017	15	2390	72000	1,26	0,6	71
770 l	Stahl	0,090	15	4490	26000	3,95	3,6	43
1100 l	Stahl	0,119	15	58350	26000	5,66	67,6	40
Container	Stahl	1,500	20	110	26000	56,49	1,2	38
Preßcont.	Stahl	2,800	20	320	26000	147,66	9,9	27
Mittelwert							100,0	48

Tabelle 8.73. Spezifischer KEA der Müllabfuhr in München

		Wartung [kg]	KEA_H Werkstoff [MJ/kg]	KEA [MJ/t$_{Müll}$]
KEA_H	Müllfahrzeug			22,2
KEA_N	Kraftstoff			102
	Motoröl	675	53,8	1,0
	Getriebeöl	225	53,8	0,3
	Hydrauliköl	1380	53,8	2,0
	Gummi	600	159,7	2,6
	KEA_N gesamt			107,9
KEA				130,1

München [1]. Entsprechend dem jährlichen Mülldurchsatz errechnet sich ein spezifischer KEA_H von 21 MJ/t. Für die Müllentsorgung im Landkreis Rosenheim liegt aufgrund des geringeren Mülldurchsatzes der KEA_H bei 52 MJ/t.

Der Kraftstoffverbrauch bei Müllfahrzeugen liegt wegen der besonderen Gegebenheiten höher als beim üblichen Lkw-Einsatz. Der Fahrzyklus ist gekennzeichnet durch häufiges „Stop-and-Go", aufgrund der kurzen Fahrstrekken zwischen den einzelnen Mülltonnenleerungen. Außerdem muß der Aufwand für das Heben und Senken der Tonnen, sowie für das hydraulische Pressen des Mülls, durch den Kraftstoff gedeckt werden. Für die Stadt München errechnet sich ein spezifischer Kraftstoffverbrauch von rd. 134 MJ/t. Der Unterschied der Transportaufwendungen in städtischem und ländlichem Gebiet wird beim Kraftstoffverbrauch besonders deutlich. Mit 309 MJ/t ist der KEA_N beim Einsatz in ländlichen Gebieten mehr als doppelt so hoch als beim Einsatz im Stadtgebiet, da die durchschnittliche Sammeltour auf dem Land bedeutend länger ist.

Als mittlerer spezifischer Verbrauch bei der Müllabfuhr kann ein KEA_N für den Dieselkraftstoff von 240 MJ/t und ein spezifischer KEA_H für die eingesetzten Fahrzeuge von 40 MJ/t festgelegt werden.

Wertstoffsammlung

In der Diskussion über die Möglichkeiten zur Minderung des Abfallaufkommens werden Einwegverpackungen als Hauptverursacher für die steigenden Müllmengen angeführt. Die Arbeitsgemeinschaft für Verpackung und Umwelt (AGVU) hat ein Konzept für die Materialrückführung von Einwegverpackungen erarbeitet [2]. Da dieses System die gesamte bisherige Entsorgungsstruktur verändert, werden hier die Sammelsysteme des „Dualen Konzepts" näher untersucht. Grundlage des Dualen Systems ist die Trennung des Hausmülls, d.h.:

- die Erfassung von Verpackungswertstoffen, wie Glas, Metall, Papier/Pappe und Kunststoff durch ein vom Handel getragenes System
- die restliche Hausmüllfraktion wird wie bisher von den entsorgungspflichtigen Körperschaften erfaßt und entsorgt.

Die Erfassung der gebrauchten Verpackungen soll zu einem standortspezifisch angepaßten und damit örtlich verschiedenen Einsatz der Behältertypen und Sammelsysteme führen:

- Das Holsystem soll die einheitliche Erfassung mehrerer oder aller Verpackungen in
+ materialspezifisch unterteilte Behälter, bzw. in
+ mehreren materialspezifischen Behältern (Säcke, Tonnen),

die bei den Haushalten abgeholt werden, realisieren.

- Das Bringsystem umfaßt zentral aufgestellte
+ Mehrkammercontainer und
+ Container für einzelne Wertstoffe,

die von den anliefernden Haushalten beschickt werden.

Zusätzlich zur herkömmlichen Müllabfuhr, muß für das Holsystem ein zweiter Sammelbehälter zur Verfügung gestellt werden. Da der Müll- und Wertstoffdurchsatz unabhängig von der Art der Sammlung konstant bleibt und sich die Nutzungsdauer der Sammelbehälter nicht zwangsläufig durch den geringeren Durchsatz erhöht, muß eine Verdoppelung des Bereitstellungsaufwandes für Sammelbehälter angesetzt werden.

Um die Wertstoffe nach der Sammlung sortieren zu können, dürfen sie nicht, wie bei der Sammlung im Müllfahrzeug üblich, auf ein Drittel ihres Volumens verdichtet werden. Deshalb kann ein Müllfahrzeug nur ein Drittel der Sammelmenge bei konventioneller Müllsammlung abführen. Unter der Annahme, daß Wertstoffe und Restmüllmenge etwa gleiche Anteile aufweisen, errechnet sich für das Holsystem etwa der doppelte Aufwand gegenüber der herkömmlichen Müllabfuhr.

Beim Bringsystem ist der Aufwand für die Anlieferung der Wertstoffe zur Sammelstelle, die Bereitstellung der Sammelbehälter und die Abfuhr zu analysieren.

Der spezifische Transportenergieverbrauch für die Anlieferung der Wertstoffe vom Haushalt zur Sammelstelle konnte durch Befragung einzelner Personen an verschiedenen, zentral und dezentral gelegenen, Sammelstellen ermittelt werden. Hierbei dienten die Transportentfernung (z.B. Umweg zur

Tabelle 8.74. KEA für die Müll- und die Wertstoffsammlung im Hol- und Bringsystem in MJ/t Durchsatz

		Müllsammlung	Holsystem	Bringsystem
KEA_H	Sammelbehälter	45	90	80
KEA_H	LKW	40	80	60
KEA_N	LKW	240	440	290
	PKW	–	–	160
KEA		325	610	590

Sammelstelle), die Fahrzeugart, das Gewicht und die Art der angelieferten Wertstoffmenge sowie die Anzahl der jährlichen Anlieferungen als Berechnungsgrundlagen. Die Umfrage über mehrere hundert Personen ergab eine Spannweite für den spezifischen Energieaufwand von 200 bis über 10000 MJ/t$_{Wertstoff}$. Für Städte mit einer hohen Aufstelldichte und kurzen Wegen zu den Containern ist ein spezifischer Wert von 300 MJ/t$_{Wertstoff}$ typisch. Darin sind auch die zu Fuß und mit dem Rad antransportierten Mengen berücksichtigt. Für das Gesamtsystem aus Wertstoff- und Restmüllabfuhr errechnet sich ein Mittelwert zu 160 MJ/t.

Je nach Behältertyp (Iglu bzw. Stahlcontainer), Volumen, Auslastung und Lebensdauer, differiert der spezifische Aufwand für die Behälterbereitstellung stark. Er erstreckt sich von 22 MJ/t$_{Wertstoff}$ für ein Iglu aus GfK mit 3 m³ Fassungsvermögen für die Sammlung von Glas bis zu 254 MJ/t$_{Wertstoff}$ für einen Umleerbehälter mit 1,1 m³ Fassungsvermögen für die Sammlung von Leichtverpackungen. Da der spezifische Aufwand sehr stark von der Schüttdichte der Wertstoffe abhängt, die bei Glas und Papier um den Faktor drei größer ist als bei Weißblech und Kunststoffen, wird für den KEA_H ein relativ niedriger Wert von 84 MJ/t$_{Wertstoff}$ angesetzt. Zusätzlich ist bei diesem Sammelsystem ein herkömmlicher Sammelbehälter für die Rest- und Biomüllfraktion notwendig. Für das Gesamtsystem errechnet sich ein Mittelwert von 80 MJ/t.

Der Aufwand für den Abtransport der Wertstoffe ist zum einen vom Fahrzeugtyp und der zurückzulegenden Wegstrecke und zum anderen vom beförderbaren Volumen abhängig. Werden die Wertstoffe in Containern abgefahren, ist deren Volumen der begrenzende Faktor. Werden die Wertstoffe umgeladen, ist die Sammelmenge durch das Ladevolumen des Lkw begrenzt. Da das Schüttgewicht der Wertstoffe sehr gering ist, versucht man durch großvolumige Aufbauten die Transportkapazität zu erhöhen. In Tabelle 8.74 sind die Aufwendungen für die Sammlung zusammengefaßt.

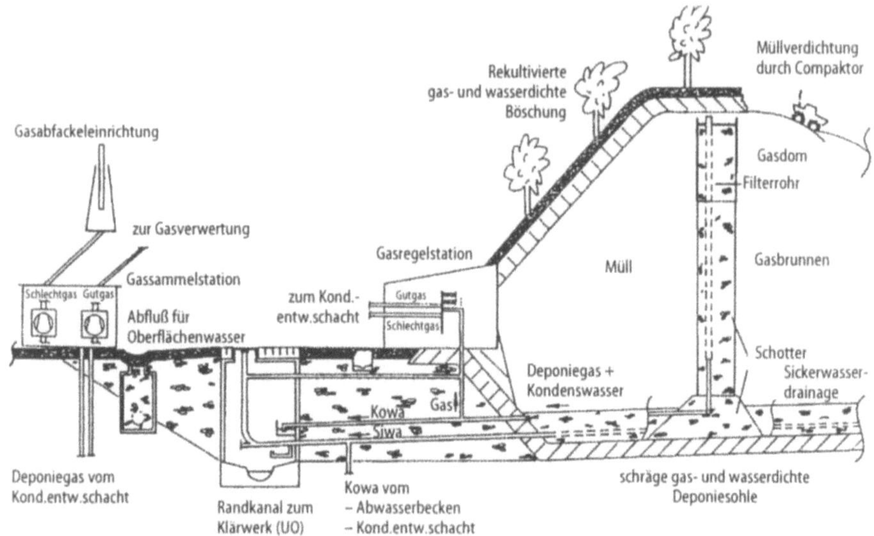

Bild 8.172. Deponie im Querschnitt

8.10.2
Entsorgungsanlagen

8.10.2.1
Deponie

Unter dem Begriff „Deponie" versteht man allgemein eine Ablagerungsstätte für die endgültige, geordnete und schichtweise Einbringung von Abfällen. Bei der Ermittlung des kumulierten Energieaufwands einer Mülldeponie differenziert man zwischen der Deponieerstellung, dem Deponiebetrieb und der Rekultivierung.

Es ist grundsätzlich recht schwierig, Deponien in bezug auf ihren KEA untereinander zu vergleichen. Der Erstellungsaufwand hängt sehr stark von den örtlichen Gegebenheiten und der Deponiegröße ab. Auch unterscheiden sich Deponien in ihren Ausführungen – z.B. in der jeweiligen Deponieform, der Deponiebasisabdichtung, der Rekultivierungsschicht und Gaserfassung – oft erheblich voneinander. Der grundsätzliche schematische Aufbau einer neuzeitlichen Mülldeponie ist jedoch in der Regel immer der gleiche. Bild 8.172 zeigt den Querschnitt einer Hausmülldeponie mit den wichtigsten Baukomponenten.

In der ersten Baustufe muß der gesamte Oberboden von der Baufläche gelöst und abtransportiert werden. Abhängig von der späteren Deponieform wird dann das Deponieprofil erstellt. Um den Boden und das Grundwasser vor eindringendem giftigen Sickerwasser zu bewahren, ist eine Kombinationsdichtung notwendig. Stand der Technik sind heute Dichtungssysteme aus mineralischen Dichtungsschichten und Kunststoffdichtungsbahnen. Zusätzlich schützen Geotextilien die Dichtungsschicht vor möglichen mechanischen Be-schädigungen. Das gesamte aus dem Müll abfließende Sickerwasser wird über die Entwässerungsschicht den Dränrohren (geschlitzte HD-PE Rohre) zugelei-tet. Das gefaßte Sickerwasser fließt selbständig zum Randkanal und von dort aus zur deponieeigenen Umkehrosmoseanlage, in der es behandelt wird.

Wegen möglicher Umweltschäden, die das Deponiegas hervorrufen kann, und wegen der Geruchsbelästigungen der Anwohner wird grundsätzlich eine aktive Entgasung gefordert. Hierzu werden im Inneren des Müllkörpers mit Anwachsen des Müllberges Entgasungsschächte, sog. Gasbrunnen, hochgezo-gen. Ein Fördergebläse in der Gassammelstation sorgt dafür, daß das entstan-dene Gas über die Filterrohre aus dem Müllkörper abgesaugt wird. Die Min-destvoraussetzung für eine wirkungsvolle Deponieentgasung ist die Verbren-nung des Gases in einer Abfackeleinrichtung. Aufgrund seines relativ hohen Energieinhaltes ist aber auch eine Gasverwertung des Gutgases (CH_4-Anteil >50%) z.B. in einem Blockheizkraftwerk (BHKW) möglich. Um eine gas- und wasserdichte Abdeckung zu erreichen, werden im Laufe der Deponieverfül-lung verschiedene Erdmaterialien in die sog. Rekultivierungsschicht eingebaut. Dieses Oberflächenabdichtungssystem weist, abhängig von der späteren Be-pflanzung, eine Dicke von bis zu 4,5 m auf.

Bild 8.173 zeigt den kumulierten Primärenergieaufwand der Deponie Mün-chen Nord-West mit einem Fassungsvermögen von 6,2 Mio. Tonnen. Bei der Ermittlung des Kumulierten Energieaufwands einer Mülldeponie differenziert man zwischen der Deponieerstellung, dem Deponiebetrieb und der Rekulti-vierung. Im KEA_H werden neben den Bauwerken, wie z.B. den Sozialgebäu-den und der Umladestation, auch die Zufahrtstraßen zum Deponiestandort berücksichtigt. Bemerkenswert ist der hohe energetische Verbrauch durch das Bitumen zum Straßenbau. Sein Anteil am Herstellungsaufwand beträgt 15%. Bei der Gaserfassung ist der Einsatz von Kunststoffrohren eine wesentliche Einflußgröße. Durch die Basisabdichtung werden aufgrund der Erdarbeiten und -transporte und des hohen Kunststoffeinsatzes knapp 55% der gesamten Herstellungsaufwendungen verursacht.

Der Energieaufwand für den Deponiebetrieb erstreckt sich neben dem Kraftstoffverbrauch der Deponiefahrzeuge (Compaktoren und Muldenkipper) auf den Stromverbrauch für Beleuchtung, Pumpen etc. und den Brennstoffver-brauch für die Raumheizung. Das Verfahren der Umkehrosmose zur Behand-lung der Sickerwässer nimmt beim Deponiebetrieb mit ca. 82% den Hauptan-teil des KEA_N von 630 TJ ein.

In die Rekultivierungsschicht der Deponie München Nord-West werden ca. 3,5 Mio. Tonnen Erdmaterialien eingebaut. Für deren Abbau bzw. Transport fällt ein Kraftstoffverbrauch von 6,2 Mio. l an, der einem KEA_N von 240 TJ entspricht. Für den Erdtransport (ca. 10 Mio. km) und die Erdeinarbeitung er-gibt sich für den Fahrzeugverschleiß ein KEA von 70 TJ, der immerhin einem Anteil von ca. 5% des gesamten KEA der Deponie entspricht. Für die Depo-nierung einer Tonne Müll werden knapp eine Tonne Erdmaterial bewegt und 1,9 l Dieselkraftstoff verbraucht.

Je größer die Ablagerungsfläche einer Deponie ist, umso höher ist auch ih-re auf die Grundfläche bezogene Aufnahmekapazität, da mit der Verfüllfläche

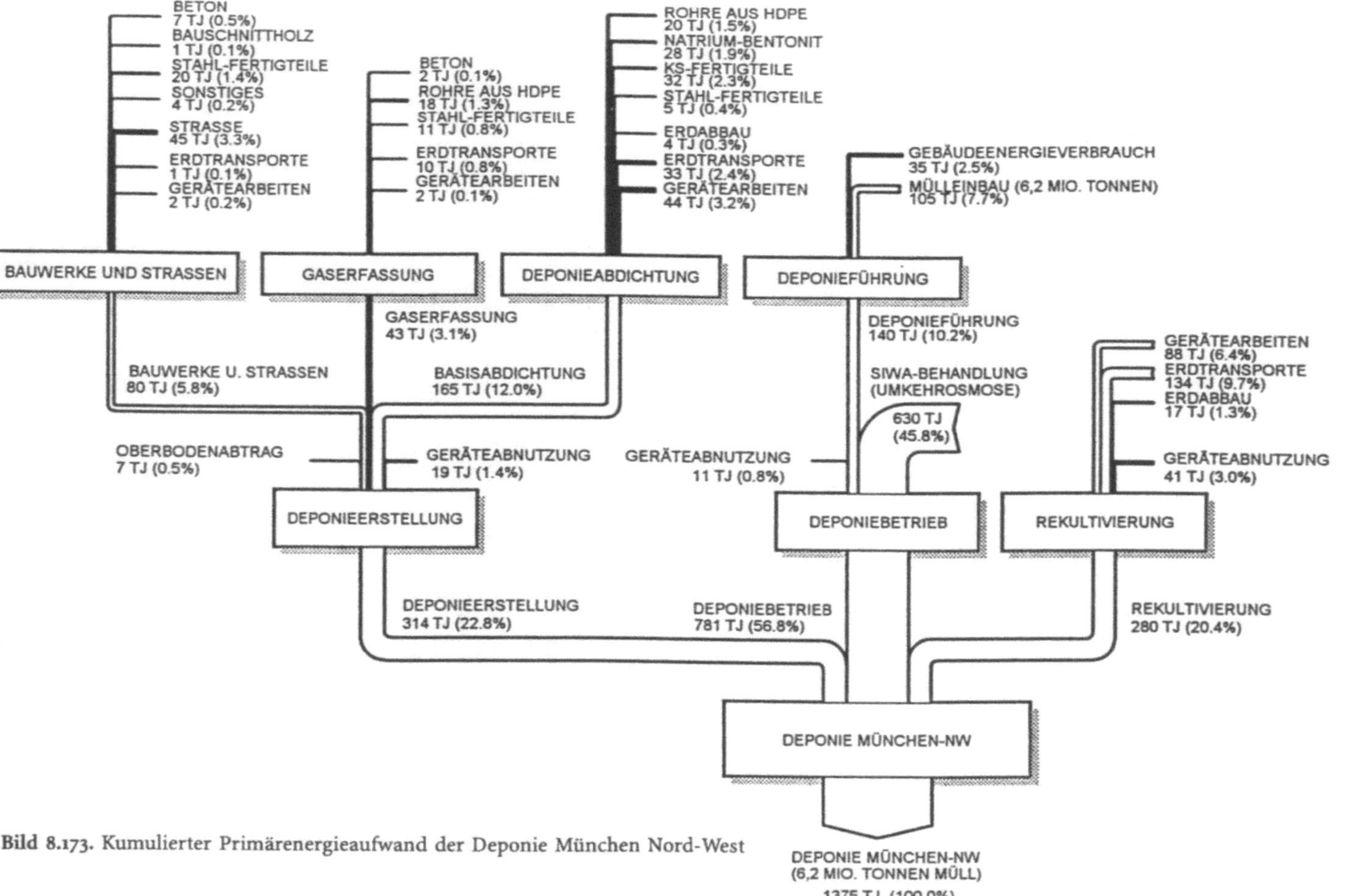

Bild 8.173. Kumulierter Primärenergieaufwand der Deponie München Nord-West

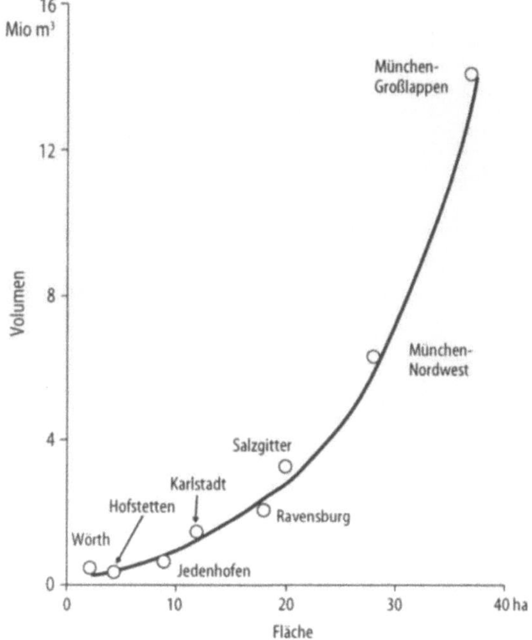

Bild 8.174. Ablagerbares Müllvolumen abhängig von der Deponiefläche

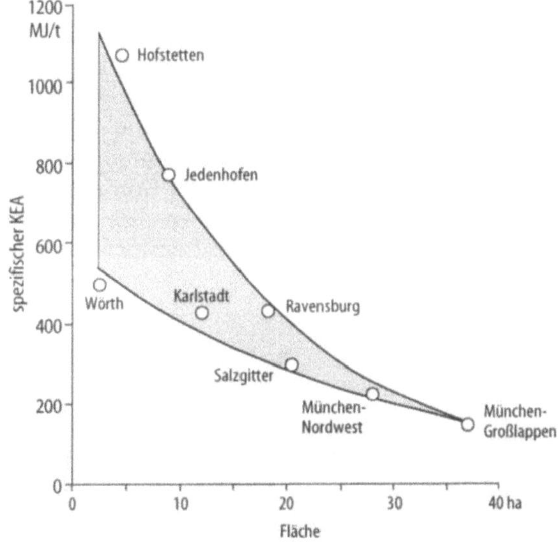

Bild 8.175. Spezifischer KEA der Deponierung abhängig von der Deponiefläche

auch die Deponieberghöhe und somit das Volumen ansteigt. Beim Vergleich unterschiedlich großer Deponien in Bild 8.174, erkennt man einen etwa exponentiellen Zusammenhang zwischen dem Verfüllvolumen und der Ablagerungsfläche. Bei der Analyse des KEA von Deponien, läßt sich dieser in einen flächenabhängigen Anteil (z.B. Basisabdichtung) und einen volumenabhängi-

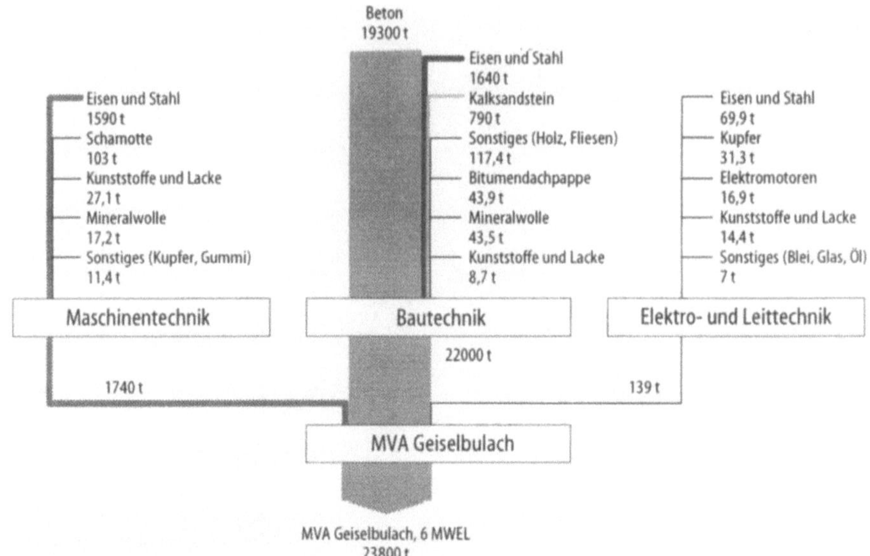

Bild 8.176. Massenbedarf für den Bau der MVA Geiselbullach.

gen Anteil (z.B. Mülleinbau) zerlegen. Mit diesen spezifischen Aufwendungen kann der Mindestaufwand für die Erstellung anderer Deponien mit ähnlichen Bauvoraussetzungen hochgerechnet werden. I.d.R. wird sich dieser, auf Grund des progressiv steigenden spezifischen Aufwands für die Bearbeitung kleinerer Einheiten, noch verstärken. Der spezifische Aufwand steigt, wie Bild 8.175 zeigt, bei kleineren Deponien überproportional an. Wenn Kommunen auf Grund des steigenden Widerstands in der Bevölkerung gegen Großmülldeponien, mehrere Standorte mit kleineren Flächen ausweisen, ist dies nicht nur aus energetischer, sondern auch aus ökologischer Sicht ein fragwürdiger Weg.

8.10.2.2
Müllverbrennungsanlage und Pyrolyseanlage

Müllverbrennungsanlage (MVA)

Um den Einfluß der Baugröße und der installierten Leistung auf den KEA der Müllverbrennung ausreichend genau abzuschätzen, wurden zwei, von der Anlage her, unterschiedliche Systeme – ein relativ altes Müllkraftwerk in der Nähe von Geiselbullach und der neue Block 1 des Müllheizkraftwerks (MHKW) München Nord – gewählt. Die standortspezifischen Aufwendungen, z.B. für das Beseitigen der Geruchs- und Schallemissionen, differieren naturgemäß stark und geben damit eine Bandbreite an, in welcher der KEA für Anlagen ähnlicher Bauart liegen dürfte.

Im Müllkraftwerk Geiselbullach sind drei Verbrennungslinien mit einem Durchsatz von jeweils 6 $t_{Müll}$/h und einer thermischen Bruttowärmeleistung

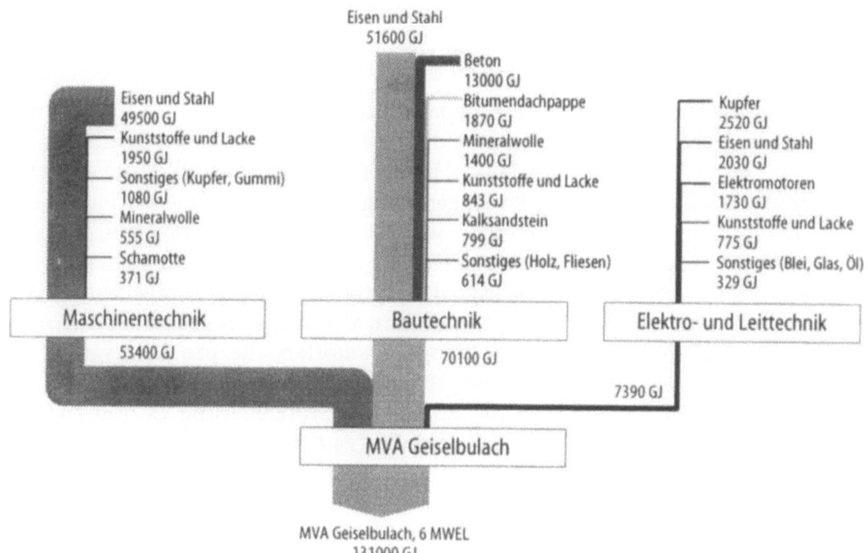

Bild 8.177. KEA$_H$ für den Bau des Müllkraftwerks Geiselbullach (Werkstoff- und Halbzeugebene)

von jeweils 17,5 MW installiert. Insgesamt steht eine elektrische Bruttoleistung von max. 7 MW zur Verfügung, wovon ca. 1 MW für den Eigenbedarf benötigt wird. Eine Wärmeauskopplung findet nicht statt. Im Jahre 1989 wurden fast 107 000 Tonnen Müll verbrannt und 38 000 MWh elektrische Energie an das öffentliche Netz abgegeben.

Das Massenflußbild (Bild 8.176) der MVA ist in die Bereiche, Maschinentechnik, Bautechnik und Elektro- und Leittechnik untergliedert. Herausragend ist der bautechnische Teil mit dem größten Massenanteil (92,1%), bedingt durch den Beton (81%). An zweiter Stelle folgt der Eisen- und Stahlanteil aus allen drei Bereichen mit insgesamt 13,8%. Außer den Kalksandsteinen (3,3%) sind alle anderen Stoffe, wie Blei, Glas, Öl, Gummi, Fliesen und auch Kupfer, von ihrer Masse her, für das Materialgerüst von untergeordneter Bedeutung. Auch die Kunststoffe und Lacke sind mit einem Gesamtanteil von 50,2 Tonnen (0,2%) vernachlässigbar klein. Die gesamte Elektro- und Leittechnik spielt mit 0,6% des Gesamtgewichts in der Massenbilanz nur eine geringe Rolle.

Der KEA$_H$ ergibt sich direkt aus dem KEA$_H$ der einzelnen Werkstoffe und ihren Einsatzgewichten aus dem Materialgerüst. Bild 8.177 zeigt die Zusammensetzung des KEA$_H$ des MKW Geiselbullach als Energieflußbild. Deutlich zu erkennen ist der große Energieanteil des Stahls (78,8%), während Beton, aufgrund seines niedrigen spezifischen Energieaufwands, trotz seines großen Massenanteils nur rd. 10% des gesamten KEA$_H$ ausmacht. Die Elektro- und Leittechnik hingegen gewinnt mit 5,6% am gesamten KEA$_H$ an Bedeutung. Die relativ geringe Kupfermasse stellt wegen ihres hohen Herstellungsaufwands 2,1%. Alle anderen Materialien haben nur geringen Einfluß auf den

KEA_H. Die Aufwendungen für den Transport der Baustoffe und für die Erdbewegungen liegen unter einem Prozent des KEA_H der MVA und werden deshalb nicht näher betrachtet.

Der KEA_N ergibt sich aus dem Reparaturaufwand und den Betriebsmitteln. Der größte Materialaufwand entsteht durch den Verschleiß der Ofenroste, mit insgesamt 11,7 t Metallguß pro Jahr. Weiterhin müssen etwa alle drei Jahre die 840 Filterschläuche der beiden Rauchgasreinigungslinien ersetzt werden. Es entsteht dadurch ein Materialverbrauch von 0,6 t Teflonnadelfilz pro Jahr. Der weitere Materialverbrauch bei Reparaturen fällt unregelmäßig an und war in der bisherigen Betriebszeit vernachlässigbar. Insgesamt ergibt der aufgeführte Materialverbrauch einen KEA_N von 355 GJ pro Jahr, also 0,3% des gesamten KEA_H.

Zu den wichtigsten Betriebsmitteln und -stoffen, die pro Jahr verbraucht werden, zählen 5,3 t Schmier- und Hydrauliköl, 34,5 t Dieselkraftstoff und 2650 t Kalk. Zusätzlich sind für die Zünd- und Stützfeuerung ca. 100 t Heizöl pro Jahr nötig. Chemikalien wie Salzsäure (29,6 t/a), Natronlauge (15,6 t/a) und Enthärtersalz (15 t/a), zur Frisch- und Abwasseraufbereitung, bleiben energetisch unberücksichtigt.

Der spezifischer Materialverbrauch von 11 $kg/t_{Müll}$ für die MVA Geiselbullach bzw. von 26 $kg/t_{Müll}$ für die MVA München-Nord errechnet sich aus der gesamten verbauten Masse bezüglich der insgesamt während der Lebensdauer von 20 Jahren durchgesetzten Müllmenge. Die Aufwendungen für Wartung, Verschleiß und Betrieb liegen bei 26 $kg/t_{Müll}$ bzw. bei 41 $kg/t_{Müll}$. Insgesamt ergibt sich ein spezifischer KEA für die Erstellung von 61 $MJ/t_{Müll}$ bzw. 101 $MJ/t_{Müll}$ und von 196 $MJ/t_{Müll}$ bzw. 1091 $MJ/t_{Müll}$ für den Betrieb dieser Anlagen. Der KEA der beiden Anlagen, ohne Berücksichtigung einer Energiegutschrift, errechnet sich insgesamt zu 257 $MJ/t_{Müll}$ bzw. 1230 $MJ/t_{Müll}$, wobei der Stromeigenbedarf nicht einbezogen ist, weil er aus der Differenz zwischen Brutto- und Netto- als Eigenerzeugung ausgewiesen wird. Tabelle 8.75 faßt die Untersuchungsergebnisse für die beiden Anlagen zusammen [3].

Pyrolyseanlage

Pyrolyseanlagen sind nicht mit herkömmlichen MVA vergleichbar, da sich deren Einsatzgebiet auf Sondermüll bzw. Problemmüll beschränkt. Sie konkurieren eher mit Sondermüllverbrennungsanlagen. Die Sondermüllpyrolyse dient in erster Linie der Inertisierung von Sonderabfällen und deren Massen- und Volumenreduzierung.

Die Pyrolyseanlage Salzgitter wurde für die Entsorgung von 6 t Sondermüll/h konzipiert unter der Zielsetzung der Gewinnung von Rohstoffen und Energie und starker Massen- und Volumenreduzierung. Bei einer jährlichen Betriebszeit von 7000 Stunden sollen 42 000 t Abfall pyrolysiert werden.

Das Herz der Anlage ist der Reaktor, ein 20 m langes indirekt beheiztes Drehrohr mit 2,8 Metern im Durchmesser. Um den Ausschluß von Sauerstoff zu gewährleisten, wird der Abfall über eine Schleuse, die vor und nach dem Befüllen mit Stickstoff inertisiert wird, mittels einer hydraulischen Schnecke in den Reaktor geführt. Während des Pyrolysevorgangs entsteht bei einer Temperatur von ca. 700 °C ein Rohgas, aus dem durch anschließende Kühlung verschiedene Pyrolyseöle gewonnen werden. Nach der Reinigung des Gases

Tabelle 8.75. Materialaufwand und KEA von Müllverbrennungs- und Pyrolyseanlagen

	MVA Geiselbullach		MVA München Nord		Pyrolyseanlage	
	$kg/t_{Müll}$	$MJ/t_{Müll}$	$kg/t_{Müll}$	$MJ/t_{Müll}$	$kg/t_{SM}{}^{1}$	$MJ/t_{Müll}{}^{1}$
KEA_H	11	61	96	139	24	97
KEA_N	26	96	41	1091	158	1948
KEA_E	–	2	–	4	–	2
KEA	317	259	47	1234	182	2047

[1] Sondermüll

wird durch Tiefkühlung ein hochangereichertes Benzol-Toluol-Xylol-Gemisch auskondensiert. Das Restpyrolysegas besitzt einen Heizwert von 30–40 MJ/m³, das in einer Hochtemperaturverbrennung bei 1200 °C zur Stromerzeugung genutzt wird. Der verbleibende Pyrolysekoks besitzt einen Heizwert von ca. 8 MJ/t und kann in der Zementindustrie weiterverwendet werden.

Der KEA der Pyrolyseanlage ist in Tabelle 8.75 dargestellt. Während der Erstellungsaufwand mit dem der MVA vergleichbar ist, liegen die Nutzungsaufwendungen aufgrund der besonderen Anforderungen zur Schadstoffentfrachtung um ein Vielfaches über denen einer MVA. Zum Beispiel werden für die Rauchgasreinigung und Schadstoffentsorgung pro Tonne Sondermüll durchschnittlich knapp 60 kg Kalk und Kalkstein, rd. 30 kg Natronlauge und Salzsäure, 21 m³ Stickstoff und 40 m³ Erdgas eingesetzt. Entsprechend errechnet sich für die Nutzung ein vergleichsweise hoher Wert von knapp 2000 $MJ/t_{Sondermüll}$.

Durch das Pyrolyseverfahren ist eine umweltvertägliche und gleichzeitig energie- und ressourcenschonende Entsorgungsmöglichkeit besonders kritischer Sonderabfälle gegeben. Trotz der relativ hohen Aufwendungen ist diesem thermischen Entsorgungskonzept der Vorzug vor der mittlerweile in mancherlei Hinsicht (Gefahr der Leckagen und Grundwasserbelastung) bedenklich eingestuften Deponierung unbehandelten Abfalls zu geben.

8.10.2.3
Kompostieranlage und Restmüllaufbereitungsanlage

Kompostieranlage

Vorraussetzung für den Betrieb einer Kompostieranlage ist die getrennte Sammlung von Wertstoffen und Restmüll. In der Kompostieranlage Quarzbichel werden in einem zweistufigen Rotteprozeß aus den festen Abfallstoffen des vorsortierten Hausmülls und den pflanzlichen Abfällen Müllkomposte unterschiedlicher Qualität erzeugt.

Entsprechend dem verfahrenstechnischen Ablauf und der bautechnischen Konzeption ist die Anlage in folgende Verfahrensgruppen unterteilt:

– Restmüllanlieferung und -aufbereitung,
– Vorrotte,
– Kompostfeinaufbereitung und
– Nachrotte und Ablufterfassungssystem.

Tabelle 8.76. KEA einer Kompostieranlage und einer Restmüllaufbereitungsanlage in MJ/t$_{Müll}$

	Kompostieranlage	Restmüllaufbereitungsanlage	
		Verrottung	Vergärung
KEA$_H$	39	186	180
KEA$_N$	1038	619	78
KEA	1077	805	258

Der angelieferte Restmüll wird in einer Rotationsschere dekompaktiert und
durch den Magnetabscheider von eisenhaltigen Materialien befreit. Zur Einhaltung eines bestimmten Feuchtigkeitsgehalts und zur Einstellung des geforderten Kohlenstoff-Stickstoffverhältnisses wird Papier beigemengt. Die Rottetrommel dient zur Zerkleinerung, Homogenisierung und Hygienisierung des
Mülls. Das die Trommel verlassende Rottegemisch wird über zwei Förderbän-
der zu einer Siebstation transportiert, die den Kompost in eine Grob-, Mittel-
und Feinfraktion trennt. Grob- und Mittelfraktion werden deponiert. Die
Feinfraktion (<8 mm) wird mit Radladern auf die Nachrottefilterplatte aufgegeben, durch die der Kompost von unten gezielt belüftet wird. Dazu wird aus
der Anlieferhalle, der Vorrottetrommel und der Kompostierhalle die Abluft
abgesaugt und den Plattensegmenten der Nachrottefilterplatte zugeführt, um
sie gleichzeitig in der Nachrotte zu desodorieren. Der Roh- oder Frischkom-
post wird ca. 4 Wochen lang einer Schnellreifung unterzogen.

Der Durchsatz der Anlage betrug 1991 13500 t Restmüll, zusätzlich wurden
5500 t Papier, Biomüll und Zuschlagstoffe aufgegeben. Davon wurden 8000 t
kompostiert, 7500 t deponiert und 3500 t gingen als Gas bzw. Wasser verloren.

Den spezifischen KEA für die Herstellung und den Betrieb der Kompostieranlage zeigt Tabelle 8.76. Die Aufwendungen für die Gebäude betreffen
den Stahlbau, die Fundamente der Hallen und das Verwaltungsgebäude. Die
Anlagenteile umfassen die Fördereinrichtungen, die Rottetrommel und die
Siebanlage. Beim Betrieb wird Kraftstoff durch den Fuhrpark, die Restmüllabfuhr und die Sikerwasseraufbereitungsanlage, Heizöl durch die Beheizung der
Rottetrommel sowie der Büro- und Sozialgebäude verbraucht. Der Stromverbrauch fällt für die Antriebsaggregate, die Beleuchtung und die Sickerwasser-
anlage an. Insgesamt werden für die Verarbeitung einer Tonne Hausmüll rd.
1077 MJ Primärenergie benötigt.

Restmüllaufbereitungsanlage

Im Gegensatz zur Kompostierung ist die Zielsetzung der biologisch-mechani-
schen Restmüllaufbereitung nicht die Erzeugung von verwertbarem Kompost,
sondern die größtmögliche Verringerung des Restmülls und die Verbesserung
der Deponierungseigenschaften. Im Vordergrund steht folglich der weitestge-
hende Abbau der organischen Substanz und die Verringerung des Wassergehalts.

Für die biologisch-mechanische Behandlung der Restabfälle können zwei
prinzipiell unterschiedliche Behandlungsverfahren zum Einsatz kommen, die

Restmüllverrottung und die Restmüllvergärung, bzw. eine Kombination beider Verfahren. Beiden Verfahren wird eine Aufbereitung der Restabfälle vorgeschaltet. Neben verwertbaren Komponenten sollen in einer Restmüllaufbereitungsanlage auch Störstoffe aussortiert werden, die die nachgeschalteten Aufbereitungsschritte (z.B. Zerkleinerung) behindern.

Die für den Abfall-Zweckverband-Donauwald projektierte Restmüllaufbereitungsanlage soll eine jährliche Müllmenge von 23000 t bewältigen. Als Alternative zur Müllverbrennung muß diese die Restmüllmenge möglichst stark verringern und weitestgehend inertisieren. Der Müll wird nach der Zerkleinerung im Wasser gelöst und durch Schwerstoffabscheidung und Fest-Flüssigtrennung in organische, inerte und andere Fraktionen separiert. In Hydrolyse- und Methanreaktoren werden die organischen Bestandteile abgebaut. Anschließend wird der Rest in Rotteboxen aerob nachbehandelt. Um an dem Standort Geruchsemissionen zu vermeiden, müssen sämtliche Müllfraktionen innerhalb geschlossener Hallen angeliefert und aufbereitet werden. Außerdem ist für den gesamten Abluftstrom eine Desodorierung erforderlich.

In Tabelle 8.76 ist neben dem Kumulierten Energieaufwand einer Kompostieranlage der Herstellungs- und Nutzungsaufwand für die Verfahrenstechnik der Verrottung und der Vergärung dargestellt. Sie zeigt, daß der spezifische KEA_H für die Kompostierung und die Restmüllaufbereitung stark differieren. Dies ist v.a. auf die unterschiedlich angesetzten Nutzungsdauern zurückzuführen. Während die Nutzungsdauer der Kompostieranlage mit 25 Jahren angesetzt wurde, wird die Restmüllaufbereitungsanlage für eine Lebensdauer von 10 Jahren konzipiert. Weiterhin wird ein erheblicher Mehraufwand durch die Rotteboxentechnik verursacht, deren Herstellungsaufwand immerhin 30% beträgt.

Im KEA_N der Reststoffaufbereitung schlägt in beiden Fällen der Strombedarf für den Betrieb der Maschinen, der Rotteboxen und der Lüftung mit ca. 67% zu Buche. Der Kraftstoffbedarf beträgt bei der Verrottung ca. 10% bzw. 4% bei der Vergärung. Bei der Vergärung ist zusätzlich der Wärmebedarf zu decken, dessen Einfluß ca. 20% des KEA_N ausmacht.

Ein Vergleich der einzelnen Entsorgungsverfahren zeigt, daß die Kompostierung bzw. die Restmüllaufbereitung durch Verrottung bei lediglich 40–60% der Restmüllaufbereitung durch Vergärung liegt. Eine ganzheitliche Betrachtung zeigt jedoch, daß die Version der Vergärung unter Einbezug der Biogaserzeugung mit einer nutzbaren Energiemenge von ca. 1200 $MJ/t_{Müll}$ die energetisch günstigere Lösung darstellt [4].

8.10.3
Vergleichende Betrachtung der Entsorgung

Im folgenden werden einige Aspekte der Entsorgung von Hausmüll und seiner Wertstoffe vergleichend dargestellt.

Bild 8.178 zeigt den KEA je Tonne Müll bzw. Wertstoff für einzelne Entsorgungskomponenten.

- Anlieferung der Wertstoffe vom Haushalt zur Sammelstelle
- Bereitstellung der Sammelbehälter

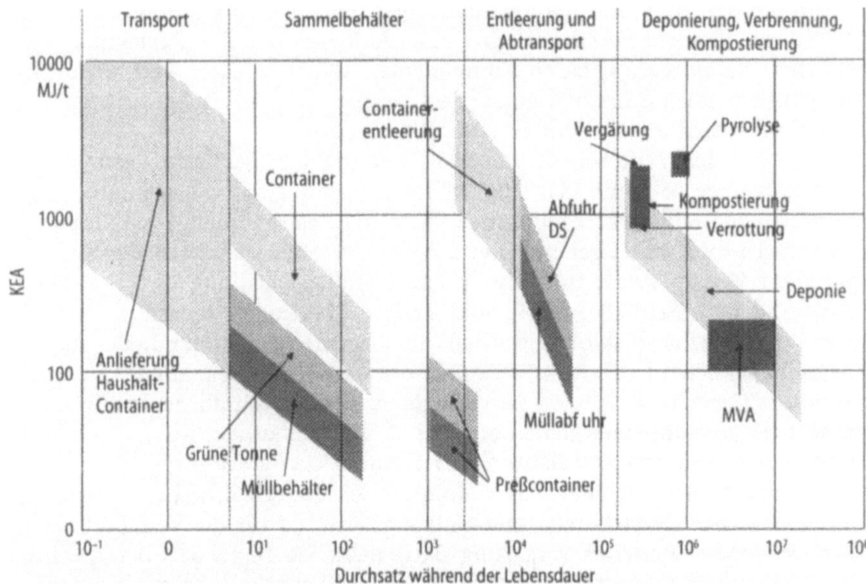

Bild 8.178. KEA einzelner Entsorgungskomponenten

- Entfernung und Abtransport des Mülls und der Wertstoffe
- Deponierung, thermische Verwertung, Kompostierung

Dem privaten Transport von Wertstoffen zu den Sammelstellen bei Bringsystemen kann – in Abhängigkeit vom Sammelverhalten – der bei weitem größte Energieverbrauch zufallen.

Der Aufwand für die Behälterbereitstellung beim Holsystem, also dem System der grünen Tonne bzw. dem Dualen System (DS) liegt im Vergleich zur herkömmlichen Müllsammlung doppelt so hoch. Im Bringsystem werden großvolumige Behälter bereitgestellt, die während ihrer Lebensdauer einen relativ geringen Wertstoffdurchsatz haben und daher ebenfalls zu einem hohen spezifischen Energieaufwand führen.

Der Einfluß der geringen Auslastung verstärkt sich noch bei der Wertstoffabfuhr. Während durch die Möglichkeit der Müllverpressung die Abfuhrmengen pro Fahrzyklus um den Faktor 3 erhöht werden können, ist dies bei der Wertstoffsammlung nicht möglich, da anschließend sortiert werden soll.

Vergleicht man den Einfluß der einzelnen Schritte auf dem Weg zur Entsorgung, wird klar, daß alleine der spezifische KEA für die Bereitstellung von Sammelbehältern in der gleichen Größenordnung liegt, wie der einer sehr komplexen Anlage z.B. einer Müllverbrennungsanlage oder einer Deponie. Der KEA einer Pyrolyseanlage liegt aufgrund seines hohen Nutzungsaufwandes (z.B. Gasreinigung) um den Faktor 10 bis 20 über dem KEA von Müllverbrennungsanlagen. Der Energieverbrauch für die Kompostierung wird u.a. durch den Stromverbrauch für den Betrieb der Maschinen und den Brennstoffverbrauch verursacht.

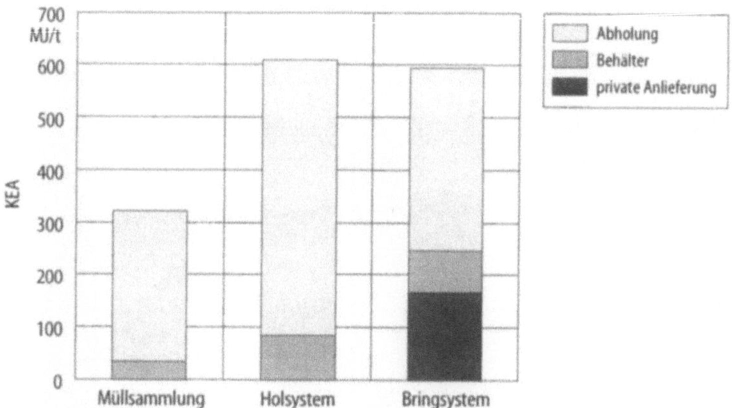

Bild 8.179. Energetischer Vergleich der Hausmüllentsorgung mit dem Hol- und Bringsystem

Einen Vergleich der herkömmlichen Hausmüllentsorgung mit der Müll- und Wertstoffsammlung per Hol- bzw. Bringsystem zeigt Bild 8.179. Der spezifische Aufwand für die Bereitstellung der Sammelbehälter und die Abholung des Mülls bzw. der Wertstoffe nimmt im Hol- bzw. Bringsystem aufgrund geringerer Durchsatzmengen zu. Die Entsorgungsaufwendungen sind rund doppelt so hoch wie bei der Müllsammlung. Allerdings ist beim Hol- und Bringsystem der Müll vorsortiert, sodaß sich die Aufwendungen für die stoffliche Wiederverwertung reduzieren

Bild 8.180 zeigt den Materialaufwand für die Herstellung und den Betrieb verschiedener Entsorgungsanlagen. Während die spez. Materialaufwendungen für die Herstellung der Anlagen alle in der gleichen Größenordnung liegen, unterscheiden sich die Aufwendungen für die Nutzung stark. Bei der Müllverbrennungsanlage (MVA), dem Müllheizkraftwerk (MHKW) und der Pyrolyse werden die Aufwendungen v.a. durch den Kalkbedarf für die Rauchgasreinigung verursacht. Der relativ hohe Aufwand für die Deponie wird zum Großteil durch die Rekultivierungsmaßnahmen hervorgerufen.

Bild 8.181 zeigt den Vergleich des KEA für verschiedene Wege der Müllentsorgung. Die Angaben sind Mittelwerte, die sich auf die Entsorgung einer Tonne Hausmüll beziehen.

Für die *klassische Müllentsorgung* entstehen folgende Aufwendungen:

Bereitstellung der Sammelbehälter	45 MJ/t
Verschleiß und Kraftstoffverbrauch der Lastkraftwagen	280 MJ/t
Deponiebau, Deponieführung und Rekultivierung	223 MJ/t

Die Entsorgung durch Deponierung des häuslichen Abfalls verursacht 548 MJ/t, zusätzlich werden 8500 MJ, die als stoffgebundener Energieaufwand (Heizwert) bereits in einer Tonne Müll enthalten sind, dem Stoffkreislauf entzogen. Bei einer Deponiegasnutzung können über Gasmotoren, bei einem Nutzungsgrad von 80%, 1156 MJ/t zurückgewonnen werden.

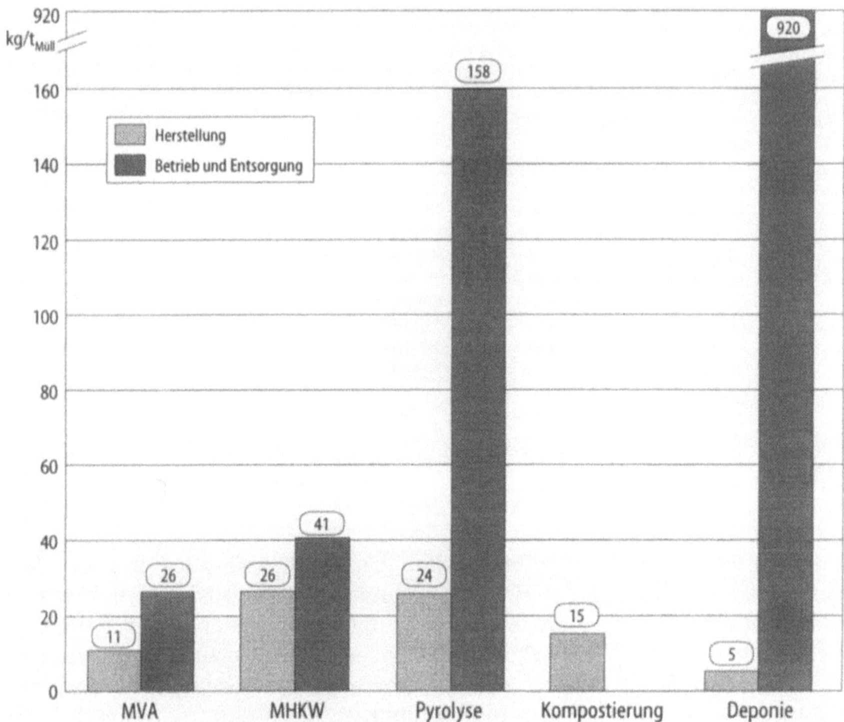

Bild 8.180. Vergleich der spezifischen Materialaufwendungen verschiedener Entsorgungsanlagen

Eine aus ganzheitlich energetischer Sicht günstigere Müllentsorgung führt über die *Müllverbrennungsanlage*. Hier sind folgende Aufwendungen zu bilanzieren:

Bereitstellung der Sammelbehälter	45 MJ/t
Verschleiß und Kraftstoffverbrauch der Lastkraftwagen	280 MJ/t
Deponiebau, Deponieführung und Rekultivierung	74 MJ/t
Bau und Betrieb der MVA	257 MJ/t

Insgesamt entstehen energetische Aufwendungen von 656 MJ/t$_{Müll}$. Bei Nutzung des Müllheizwerts zur Wärme- und Stromerzeugung kann mit einem durchschnittlichen Kraftwerksnutzungsgrad von 55% eine Gutschrift von 4675 MJ/t$_{Müll}$ erteilt werden.

Eine weitere Möglichkeit der Entsorgung von Hausmüll ist ·die *Kompostierung* der organischen Abfälle, die *Verbrennung* des Restmülls und die *Deponierung* der Schlacke. Dabei werden folgende Aufwendungen verursacht:

Bereitstellung der Sammelbehälter	45 MJ/t
Verschleiß und Kraftstoffverbrauch der Lastkraftwagen	280 MJ/t
Bau und Betrieb der Kompostieranlage	540 MJ/t

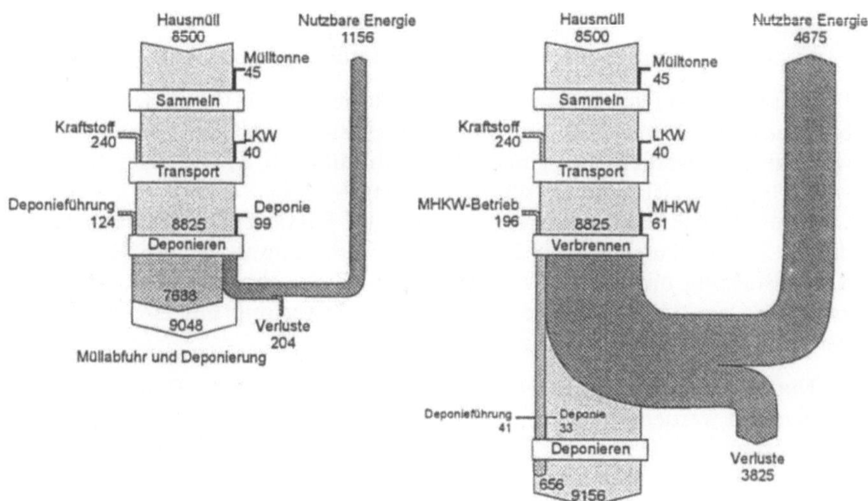

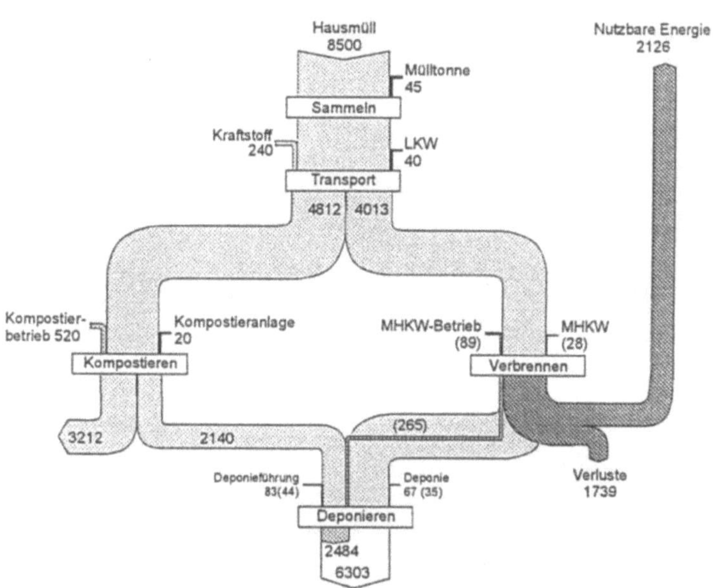

Bild 8.181. KEA der Müllentsorgung über verschiedene Wege

Bau und Betrieb der Müllverbrennungsanlage   117 MJ/t
Deponierung der Schlacke und des Restmülls   79 MJ/t

Die gesamten Aufwendungen belaufen sich auf 1061 MJ/t$_{Müll}$. Durch die Verbrennung des Restmülls kann knapp die Hälfte des Müllheizwertes im Kraftwerk genutzt werden. Bei einem durchschnittlichen Kraftwerksnutzungsgrad von 55% ergibt sich eine Gutschrift von 2126 MJ/t$_{Müll}$.

Ohne Berücksichtigung von Heizwert und Energierückgewinnung liegt die direkte Deponierung mit 548 MJ/t vor der Verbrennung mit 656 MJ/t und der Kompostierung mit 1061 MJ/t am günstigsten. Bezieht man die Nettoenergieerzeugung aus Müll und Deponiegas in die Bewertung mit ein, dann verändert sich das Bild der Energiebilanz völlig:

- Nur ca. 13% des Müllheizwertes (1156 MJ/t) können in der Deponie nutzbar gemacht werden,
- der energetische Aufwand läßt sich durch die Energierückgewinnung in der Müllverbrennungsanlage minimieren,
- durch eine Kombination von Kompostierung und Verbrennung kann der Deponierungsaufwand minimiert und knapp ein Viertel des Energieinhalts zurückgewonnen werden.

Mit dieser Gegenüberstellung werden Anhaltswerte zum Energieaufwand bei der Müllentsorgung gegeben, die sich im Einzelfall je nach Art und Qualität der Energiewandlung verändern können [5].

8.10.4
Fazit

Die Lösung von Rohstoff- und Energieproblemen ist in den letzten Jahren weltweit zu einer zentralen Aufgabe der Politik geworden. Vor dem Hintergrund der begrenzten Rohstoffvorräte der Erde sind Verbraucher und Produzenten angehalten, zur Schonung von Ressourcen beizutragen.

Zur Senkung des KEA von Produkten und damit zur Einsparung von Rohstoffen können beitragen:

- ein verringerter Materialeinsatz durch stoffeinsparende Produktion,
- die Rückführung wiederverwendbarer Teile,
- die Rückführung gebrauchter Rohstoffe in den Wirtschaftskreislauf und
- die Substitution von Werkstoffen aus seltenen Rohstoffen bzw. mit energieintensiven Produktionsverfahren.

Unter diesen Gesichtspunkten muß die energetische Bewertung eines Produkts nach einer ganzheitlichen Betrachtung erfolgen, d.h. es sind alle Prozesse inklusive Materialrücklauf und Wiederverwertung einzubeziehen [6].

Abschließend ist folgendes festzuhalten:

- Die Entsorgung und Stoffrückführung hat natürliche Grenzen. Eine 100%ige Stoffrückführung ist ebenso wie eine 100%ige Energierückgewinnung nicht möglich.

- Je größer die Rückführquote ist, desto höher sind die dafür benötigten Energieaufwendungen und die damit verbundenen Emissionen.
- Eine Kombination aus Stoffrückführung und Verbrennung ist sinnvoll. So könnten z.B. aus der Wertstoffsammlung die relativ leicht sortierbaren großflächigen und großvolumigen Teile selektiert und der Rest thermisch verwertet werden.

Eine Kosten-Nutzen-Analyse aus energetischer Sicht, insbesondere zur Beurteilung komplexerer Entsorgungstechniken ist erforderlich. Wie die oben dargestellten Ergebnisse zeigen, gehört eine ganzheitliche energetische Bilanzierung zu einer politischen Meinungsbildung über die optimale Gestaltung der Entsorgung. Die daraus resultierenden Erkenntnisse sollten mit in die Entscheidungsfindung einfließen.

9 Stärken und Schwächen einer Ganzheitlichen Bilanzierung am Praxisfall

Eyerer, P.; Schuckert, M., Stuttgart

9.1
Schwächen und Grenzen der Ganzheitlichen Bilanzierung

Neben vielen Chancen und Möglichkeiten, die Ganzheitliche Bilanzierungen eröffnen, verbergen sich aber auch in ihnen Risiken, denen sich Leser, aber auch Entscheidungsträger bewußt sein müssen.

Im folgenden werden einige Argumente aufgeführt, die für die Beurteilung der jeweils vorliegenden Sachbilanz als Teil einer Ganzheitlichen Bilanzierung heranzuziehen sind.

- Bilanzierungen gelten im Rahmen ihres jeweils gewählten Systems, der zugrundeliegenden Methodik und der verwendeten Datenbasis.
  Sind dem Leser diese Punkte jeweils bis ins Detail bekannt, kann er eine umfassende Beurteilung (nicht Bewertung) wagen. Häufig fehlt jedoch aus Wettbewerbsgründen oder auch aus Kostengründen (die Schilderung jeder einzelnen Systemgrenze und jeder Berechnungsgrundlage würde bei großen Bilanzen einen erheblichen Zeitbedarf in Anspruch nehmen) diese Hintergrundinformation zum Teil oder auch ganz.

- Bei einem Vergleich verschiedener Produkte etc., ist auf eine sinnvolle Wahl der Abbruchkriterien zu achten.
  Häufig werden noch viele Abbruchkriterien hauptsächlich nach dem sich darunter verbergenden Energieverbrauch abgeschätzt. Berücksichtigt man daher, daß z.B. einige NE-Metalle zwar einen relativ geringen Energieverbrauch zu ihrer Herstellung benötigen, jedoch im Bereich von Schwefeldioxidemissionen bzw. Abraum und Erzaufbereitungsrückständen weit überproportional hohe Werte aufweisen, so ist zu fordern, daß für jedes Abbruchkriterium eine fundierte Abschätzung mittels eines vollständigen Ökoprofils erfolgen muß.

- Ganzheitliche Bilanzierungen sind Momentaufnahmen. Sie verändern sich zeit- und ortsbezogen laufend.
  Grundlage für die verwendeten Daten sind häufig über ein Jahr gemessene Verbrauchs- und Emissionsdaten, die dann auf das zu bilanzierende Produkt umgelegt werden. Daneben werden in allen Bilanzen Hilfsgrößen wie Strom aus einem Ländermix etc. verwendet, die ebenfalls zeitabhängig sind.

Wie in Kap. 8 gezeigt wird, gelten weiterhin wichtige ortsbezogene Randbedingungen, die ebenso bei Ortswechsel zu veränderten Aussagen führen.

- Je nach Zielsetzung einer Ganzheitlichen Bilanzierung sind großräumig gemittelte Daten für lokal definierte oder spezifische produkt-/bauteilbezogene Aussagen wenig geeignet. Demnach ist die Datenqualität von zentraler Bedeutung für die Aussagekraft der Bilanz.

  Will man für ein definiertes Produkt eine Bilanz erstellen, führt die Einbeziehung von z.B. europaweit gemittelten Daten zu einer unzulässigen Verfälschung des Ergebnisses. Häufig beliefern ein bis drei Werkstofflieferanten einen Bauteilhersteller. Die heutige Beschaffungspolitik wählt diese Lieferanten im wesentlichen nach dem Preis, in seltenen Fällen auch nach weiteren Gesichtspunkten, wie Partnerschaft während der Entwicklung o.ä. aus. Demnach sind nur diese Werkstofflieferanten für das Umweltprofil mitverantwortlich und nicht die gesamte gemittelte Branche. Das Ergebnis wäre bei deren Wahl stark verfälscht, die produktspezifischen Aussagen kaum möglich.

- Häufig werden Bilanzen erstellt, deren Datengrundlage aus verschiedenen Studien entstanden ist.

  Es ist darauf zu achten, daß präsentierte Ergebnisse auf der gleichen Berechnungsgrundlage beruhen. So verwendet z.B. das PWMI [1] für die Ermittlung des Energieverbrauches für verschiedene Kunststoffe den oberen Heizwert, während die z.B. von PHILIPP et al. [2]. veröffentlichten Daten zur Stahlherstellung im wesentlichen auf dem unteren Heizwert beruhen. Es ist leicht verständlich, daß die Gegenüberstellung eines Stahlproduktes mit einem Kunststoffprodukt auf der Basis der gesamten Studien zu einem falschen Ergebnis führen muß.

  Da nicht erwartet werden kann, daß dieser Streit unter den Fachleuten beigelegt werden kann, scheint eine Lösung dieses Problemfeldes (wie auch der Verteilungsproblemanteil bei Koppelproduktion) nur durch Normierung sowie durch die gekoppelte Erstellung von Sensitivitätsanalysen möglich.

Der Auftraggeber einer Ganzheitlichen Bilanzierung wünscht im Sinne einer allgemeingültigen Akzeptanz des Ergebnisses eine transparente, nachvollziehbare und vor allem eine allgemein anerkannte Bewertungsmethode. Aufgrund des subjektiven Charakters einer Bewertung ist aber genau diese Verständigung zu einer universell geltenden Gewichtung eventueller Wirkbilanzen in den nächsten Jahren, auch vor dem Hintergrund internationaler Aktivitäten, nicht zu erwarten. Dementsprechend sind weitere Grenzen besonders im Bewertungsbereich einschließlich der Wirkkriterien zu erwarten:

- Die derzeit in den nationalen wie internationalen Gremien diskutierten Bewertungsansätze, in denen die wesentlichen Umweltkategorien über Wirkbilanzen erfaßt und gewichtet wurden, basieren auf z.T. noch nicht allgemein wissenschaftlich abgesicherten Gewichtungsfaktoren (siehe Greenhouse Warming Potential- Faktoren im Bereich wichtiger Spurenfaktoren wie CF_4, C_2F_6, SF_6 etc.) oder auf überhaupt kaum wissenschaftlich erfaßbaren Gewichtungskriterien wie Human- oder Ökotoxizitäten. Wenn aber eine öffentliche Anerkennung einer Bilanzbewertung versagt, wird zumindest der Marketingzweck der Arbeit in Frage gestellt.

– Es besteht heute national wie international kein Konsens über die Art und Weise der auszuwählenden Wirkkriterien. Wird dieser aber auf der Basis der heute diskutierten Ansätze gefunden, so ist davon auszugehen, daß viele Bereiche einer Sachbilanz im Rahmen der Wirkbilanz unkommentiert bleiben.

Die Erstellung einer Ganzheitlichen Bilanzierung kann aus vielen Beweggründen heraus erfolgen: Marketing, Erfassung von Umweltbelastungen oder auch Optimierung eines Produktes etc.. Vor allem aus dem letzten Punkt resultieren wirtschaftliche Interessenkonflikte. Führt man z.B. einen Lieferantenvergleich durch, so kann dies das Ausscheiden des einen oder anderen Zulieferanten zur Konsequenz haben und zielt damit wirtschaftliche Nachteile nach sich. Da aber zur Erstellung einer Bilanz immer Informationen aus den jeweiligen Industrieunternehmen notwendig sind, unterliegt das Industrieunternehmen der Versuchung, geschönte Daten weiterzuleiten und damit eine den tatsächlichen Gegebenheiten nicht entsprechende Sachbilanz zu ermöglichen. Damit wird die Aussagekraft der Bilanzierung geschmälert.

9.2 Manipulationsmöglichkeiten innerhalb von Ganzheitlichen Bilanzierungen

Politiker und Entscheidungsträger wünschen sich als Ergebnisse von Bilanzierungen verallgemeinernde Aussage für oder wider den einen oder anderen Werkstoff bzw. eine Empfehlung wie bestimmte Bauteile in Zukunft herzustellen sind. Wie aber immer betont, wird gerade vor pauschalen Antworten gewarnt. Die getroffenen Aussagen gelten normalerweise nur für die beschriebenen Bauteile, es sei denn, es konnten zu Beginn allgemeingültige Aussagen zu den zu untersuchenden Werkstoffen, Bauteilen oder Verfahren gefunden werden. Allerdings muß hierbei gefordert werden, daß methodisch gleichbleibende Vorgehensweisen beschritten werden. Es ist zum Beispiel unzulässig, daß auf der einen Seite europäische Mittelwerte eines Materials einfließen, auf der anderen Seite nur Sachbilanzdaten einiger weniger Hersteller eines Landes. Derartige Verzerrungen führen zu großen Mißverständnissen bzgl. der Bilanz-Aussagekraft.

Im allgemeinen muß jedoch betont werden, daß andere Werkstoffbereitstellungsketten bzw. neue Konstruktionen (bereits zwei Jahre Zeitunterschied können eine große Wirkung im Ergebnis zeigen) mit veränderten Randbedingungen zu vollständig neuen Resultaten führen können. So verursacht bereits die Wahl eines anderen Verarbeitungslandes (z.B. England) wesentlich höhere Abfälle, wie am Beispiel eines Automobil-Ansaugrohres im folgenden gezeigt wird. (vgl. Abschn. 8.2.1). Es konnte bei diesem Bauteil ein direkter Lieferanten-Vergleich durchgeführt werden, wobei neben unterschiedlichen Verbrauchsdaten (vor allem Strom) auch der differierende Länder-Energiemix (Großbritannien, Bundesrepublik Deutschland) zu berücksichtigen war. Die Werkstoffzulieferung wurde in diesem Fall als konstant betrachtet.

Die Bilder 9.1, 9.2 und 9.3 zeigen am Beispiel des genannten Ansaugrohres aus PA 6.6 GF 35 die realen unterschiedlichen Energieverbräuche, atm. Emissionen und Abfälle in der Bundesrepublik Deutschland und in England.

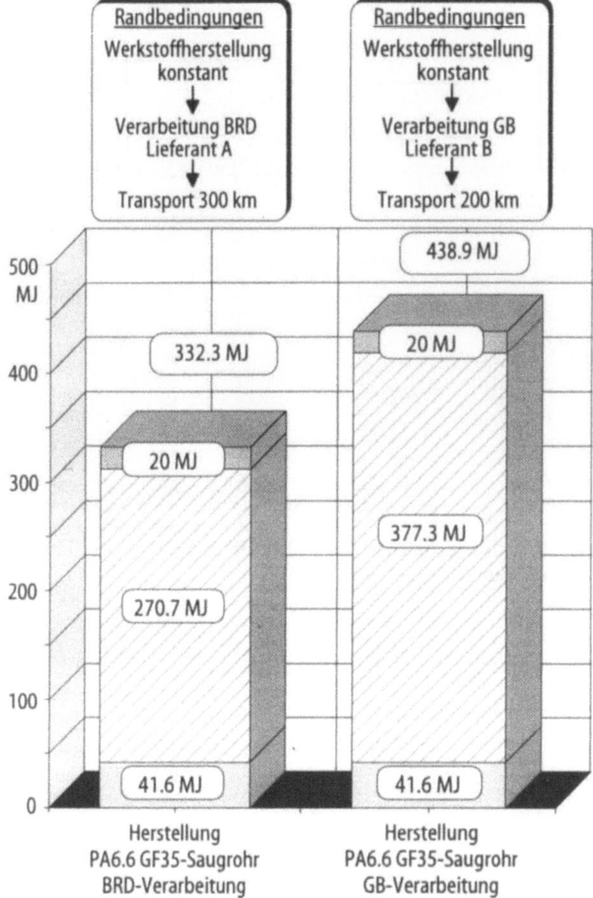

Bild 9.1. Energieverbrauch zur Herstellung gleicher Saugrohre (PA 6.6 GF 35) bei Veränderung des Lieferanten und dessen Produktionsort (BRD, GB)

Ganzheitliche Bilanzierungen sind somit auch ein Instrument zur Beurteilung von Standortentscheidungen.

Faßt man alle Argumente zusammen, so bleibt festzuhalten, daß an einer werkstoff-, verfahrens- und bauteildifferenzierenden Betrachtungsweise im Sinne von Schwachstellenanalysen kein Weg vorbeiführt.

9.3
Möglichkeiten der Fehlerabschätzung am Beispiel einer Pkw-Bilanz

Aufgrund der umfangreichen Prozeßketten und ihren erheblichen Verflechtungen sowie Unsicherheiten bei Einzelprozeßmessungen bestehen signifikante Unsicherheiten bzgl. der Endergebnisse. Deshalb ist es notwendig, Berechnungen über den möglichen Fehler einer Bilanz zu erstellen.

Nachfolgend soll wieder der Lebenszyklus eines Pkw betrachtet werden, wobei auf eine Beschreibung der Verwertungsphase verzichtet werden soll.

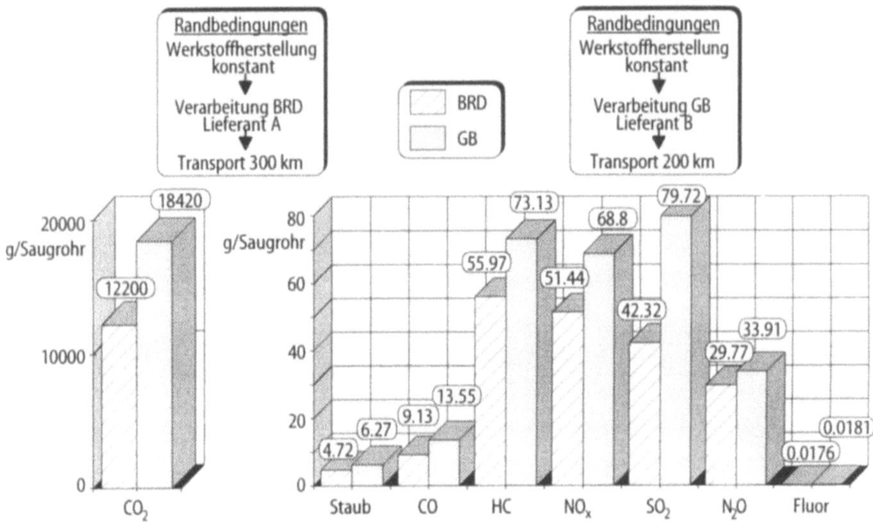

Bild 9.2. Atm. Emissionen zur Herstellung gleicher Saugrohre (PA 6.6 GF 35) bei Veränderung des Lieferanten und dessen Produktionsort (BRD, GB)

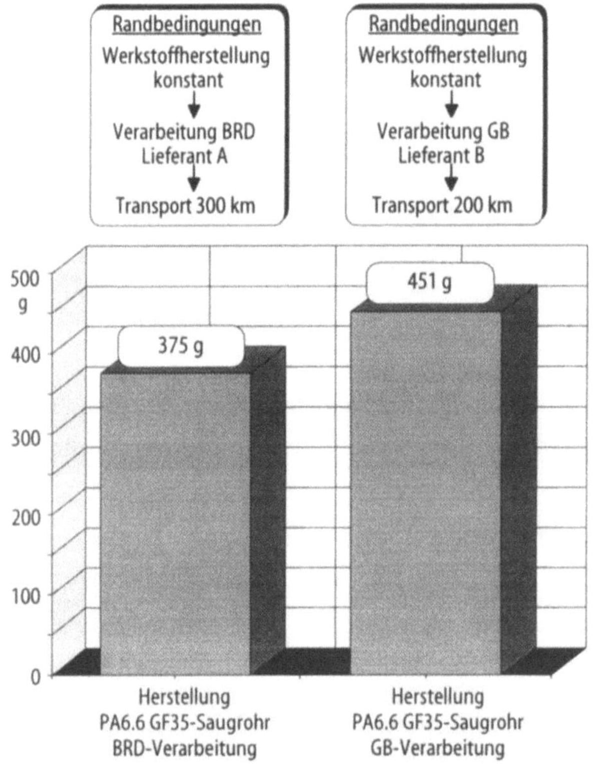

Bild 9.3. Zu deponierende Abfälle bei der Herstellung gleicher Saugrohre (PA 6.6 GF 35) bei Veränderung des Lieferanten und dessen Produktionsort (BRD, GB)

Herstellphase

Im Bereich der Produktion von Materialien etc. sowie in der Verarbeitung sind eine Vielzahl von Messungen durchzuführen. Sie erfassen Prozesse, die aufgrund von jahreszeitlichen Schwankungen, evtl. An- und Abfahrvorgängen usw. einen repräsentativen Meßpunkt zu erkennen geben. Da Messungen mit Fehlern (systematische bzw. zufällige) aufgrund von Unvollkommenheit des Meßgegenstandes, der jeweiligen Vergleichseinheit, der Geräte, der benutzten Verfahren oder auch einfach Ergebnisbewertung verbunden sind, entstehen hier bereits Risiken der Ergebnisbewertung [3].

Ähnlich der Bilanzerstellung ist es unmöglich, eine systematische Fehlerrechnung für das gesamte System durchzuführen, wie sie z.B. in einer FMEA (Failure Mode and Effects Analysis[1]) erstellt wird.

Dementsprechend werden Abschätzungen für die Werkstoffherstellung, für Verarbeitungsverfahren der Bauteilproduktion sowie für bilanzentscheidende Prozesse wie z.B. im Falle einer Pkw-Bilanz für Montage, Lackierung oder Rohbau vorgenommen. Es existiert aber eine Reihe von Möglichkeiten, das Ergebnis zu verifizieren (Die Aussagen beziehen sich wieder auf den Fall einer Pkw-Bilanz.):

- Nicht untersuchte Bauteile werden weggelassen und ausgewiesen.
- Man kann eine Restgliedabschätzung durchführen, indem die nicht analysierten Bauteile mit den höchsten Umwelteinwirkungen eines in der Studie verwendeten Bauteils belastet werden. Diese Ergebnisse werden mit den durch die Methodik dieser Arbeit erhaltenen Daten verglichen.
- Extrapolierte Zahlen werden mit Summenparametern anderer Institutionen verifiziert. Beispiel: Das Umweltbundesamt weist jedes Jahr die Gesamtemissionen des Verkehrs aus. Die in dieser Studie ermittelten Emissionen der Einzelfahrzeuge können mittels der Gesamtzahl der Fahrzeuge einander gegenübergestellt werden.
- Durch Feststellung von gemittelten Werkstoff-Datensätzen, wie sie z.B. zur Zeit vom Plastic Waste Management Institute (PWMI) für verschiedene Kunststoffe [4, 5] erstellt werden, kann ein Abgleich zu den eigenen Werkstoffprofilen erfolgen. Voraussetzung hierfür ist, daß gleiche oder ähnliche Randbedingungen gelten.
Im vorliegenden Fall der Pkw-Bilanz zeigt sich z.B., daß die ermittelten Werkstoffdaten im Bereich der Energie am unteren Ende der Durchschnittsdaten des PWMI, für verschiedene Emissionen z.T. sogar um den Faktor 3 tiefer liegen. Dies ist nicht nur von Lieferanten mit optimierten Prozessen abhängig; vielmehr ist zu vermuten, daß auch methodische Unterschiede in der Datenaufnahme und -verarbreitung vorliegen.

Da normalerweise jährliche Durchschnittsangaben für aus Emissionsmessungen bzw. aus allgemein gültig ermittelten Emissionsfaktoren [6] herangezogen werden, fallen Einzelmeßfehler kaum ins Gewicht. Müssen jedoch Einzelmessungen vorgenommen werden, sollte auch hier eine Fehlerrechnung erfolgen.

---

[1] Eine „bottom up"-Methode, wo auf der Ebene der einzelnen Komponenten Fehlerabschätzungen und die Fehlerfortpflanzung auf höheren Ebenen untersucht wird [8].

Nutzungsphase

Fehler in der Erfassung von Daten für die Nutzungsphase schlagen sich in vielen Bereichen erheblich stärker nieder als solche der Herstellphase.

Dementsprechend sind besonders folgende Faktoren genauer zu hinterfragen:

- Treibstoffverbrauch
  Bereits Kap. 5 beschreibt ausführlich die Ermittlung des Treibstoffbedarfes. Demnach liegt eine besondere Unsicherheit in dessen Festlegung, wenn nicht der Drittel-Mix des Fahrzeugherstellers verwendet wird. Da aber Praxiserfahrungen die Anwendung desselben eigentlich verbieten, gleichzeitig aber die Verwendung eines auf einen Pkw beruhenden Datensatzes ausgeschlossen werden muß (dies ist hauptsächlich bei Testberichten der Fall), gilt es, eine breitere Datenbasis zu finden.
  Fuhrparks, wie sie die Automobilhersteller selbst betreiben oder Unternehmen wie Telecom, ADAC etc., können statt dessen herangezogen werden. Um allein die Bedeutung des Treibstoffverbrauches nochmals hervorzuheben, sei folgende Fehlerabschätzung gemacht:
  Eine Senkung des Benzinverbrauchs des Oberklassen-Pkw um 20% würde den Lebenszyklusverbrauch von ca. 1520 GJ auf etwa 1240 GJ und bezogen auf den Vergleich mit dem Schienenverkehr, von 892 GJ/200 000 Pkm auf ca. 730 GJ/200 000 Pkm reduzieren.
- Emissionen durch den Betrieb des Fahrzeuges
  Auch die Kalkulation der limitierten Abgaskomponenten NO_x, HC und CO ist vom Bezug auf einen gesetzlich festgelegten Fahrzyklus abhängig.
  Aufgrund der Methodik der Sachbilanz muß eine getrennte Erfassung der Einzelemissionen erfolgen, die aber zur Zeit nur der US-FTP75-Zyklus ermöglicht. Da dieser aber eher auf amerikanischen Verhältnissen beruht und nur sehr eingeschränkt auf BRD-Randbedingungen anwendbar ist (im FTP-75 Zyklus beträgt die Höchstgeschwindigkeit 91,2 km/h), muß man hier mit einer weiteren Fehlerquelle rechnen.
  Aufgrund fehlender Gegenüberstellungsmöglichkeiten (andere Testzyklen, Abbildung des Emissionsverhaltens auf den realen Fahrbetrieb) kann eine Fehlerabschätzung bzgl. eines Pkw nicht erfolgen. Auch die von Metz [7] ermittelten Abgasemissionen, die verschiedene Fahrzustände berücksichtigen, basieren auf einer Reihe von Annahmen (z.B. Wichtung von Autobahn-, Landstraßen- und Stadtverkehrsanteil bzgl. des Fahrbetriebes).

Zusammenfassend läßt sich festhalten, daß eine Fehlerberechnung einer Pkw-System-Bilanz zum heutigen Zeitpunkt unmöglich ist. Eine mögliche Fehlerabschätzung kann auf der Ebene der Werkstoff- und Verfahrensbilanzen mittels Gegenüberstellung gemittelter Daten erfolgen.

Der somit mögliche Fehler liegt z.B. für den Primärenergieverbrauch der Herstellphase in der Größenordnung von 40–60% nach oben, nach unten nur bei ca. 10–20% bzgl. der Herstellbilanz.

Eine Fehlerabschätzung für die Bilanz der Nutzungsphase beruht ebenfalls auf einem Vergleich mit allgemein erhobenen Daten (z.B. Emissionsbilanz des Verkehrs in der BRD). Relativ genau läßt sich wiederum die Schwankungsbreite des Primärenergieverbrauches während der Nutzungsphase beziffern. Sie liegt für das Minimum auf dem Energie-Wert des Drittel-Mix-Verbrauches und für das Maximum ca. 30–40% darüber.

10 Vision und Ausblick

Eyerer, P., Stuttgart

Eigentlich hat Helmut Hubeny im Kap. 2 „Ingenieurverantwortung bei Ganzheitlicher Bilanzierung" die Vision bereits gegeben.

Nach 6 Jahren Forschungs-, Entwicklungs- und Praxisarbeit mit Ganzheitlicher Bilanzierung bilanzieren wir heute die Sache ganz ordentlich, wenngleich täglich unverändert Teillücken geschlossen werden, also viele Fragen noch offen sind. Wir bewegen uns in der Welt 1 der Materie (Produkte), wir haben begonnen, und dies ist nun der Ausblick, mit personaltangierenden Fragestellungen wie Wirkung und Bewertung in die Welt 2 hinein zu arbeiten. Die zentralen Themen der Welt 2 – der Mensch, die Lebewesen allgemein – sind bisher in der Ganzheitlichen Bilanzierung ausgesperrt: soziale Aspekte, das Wohlergehen physisch und psychisch von Mensch, Tier, Pflanze ist unberücksichtigt. Wie sind die Motivationsebenen der Bedürfnisse der Welt 2 nämlich Anerkennung, Zuwendung, Sicherheit zu bilanzieren, in ihrer Wirkung zu erfassen und zu bewerten?

An die Welt 3, die des Geistes, wagen wir in diesem Augenblick gar nicht zu denken. Der Vorwurf der Spinnerei, des „Abgehoben Habens" wäre sicher schnell zur Hand.

Und dennoch, lassen sich im Bewußtsein der Ingenieurverantwortung solcherart Gedanken ausklammern? Läßt sich die Ganzheitliche Bilanzierung, die ihre Ursprünge in Entscheidungshilfen für den Produktentwickler bei der Werkstoff- und Verfahrensentwicklung hatte, konsequent, ganzheitlich weitergedacht, von sozialen Aspekten, von menschlichen Motivationsfaktoren, von Grund- und Integrativwissenschaften (H. Hubeny) ausgrenzen? Je länger wir mit dem Instrument Ganzheitliche Bilanzierung arbeiten, um so deutlicher sagen wir: NEIN! Im wahren Sinne des Wortes „ganzheitlich" sind die Welten 1, 2 und 3 zu integrieren. Dies ist unsere Vision. Nur durch interdisziplinäre, internationale Zusammenarbeit wird sie, vermutlich nur ansatzweise, realisierbar sein.

Als Ingenieure haben wir jedoch das Gespür für das Machbare nicht verlernt und sehen folgende Ziele für die kommenden 3 bis 5 Jahre als umsetzbar an:

In der Methodik:
- Methodenfortentwicklung der Sachbilanzierung vor dem Hintergrund der Bewertungsanforderung
- Methodenfortentwicklung bei der Wirkungsanalyse; zum heutigen Zeitpunkt fehlt eine „endgültige" Liste möglicher Wirkungen und geeigneter

Modelle zur Wirkungsbetrachtung (z.B. Ausbreitung toxischer Substanzen und deren Wirkungen sind zu betrachten)
- Entwicklung von Methodiken die standortspezifische und zeitliche Aspekte in der Wirkungsanalyse berücksichtigen
- Methodenfortentwicklung bei der Bewertung der technischen, wirtschaftlichen und umweltlichen Parameter
- Grundlagen zur Wirtschaftlichkeitsbetrachtung sind zu erweitern und im Modell der Ganzheitlichen Bilanzierung zu integrieren. Life Cycle Cost-Analysis muß möglich sein
- Erweiterung der Dimensionen technisch, wirtschaftlich, umweltlich auf sozio-ökonomische Aspekte
- Verteilungsansätze der Umweltbelastungen auf Neben- und Koppelprodukte
- Modellfortentwicklung zur Schwachstellenanalyse und Optimierung
- Umsetzung von den Methodiken der Optimierung
- Methodische Weiterentwicklung der Ganzheitliche Bilanzierung zu einem Planungswerkzeug für die Industrie

Neue Gebiete:
- Bilanzierung der Ressourcengewinnung
- Ganzheitliches Vorplanungsinstrument für Beschichtungsprozesse
- Weiße und braune Ware
- Life Cycle Cost für Bauteile
- Luftfahrtindustrie
- Elektro- und Elektronikindustrie

Literaturverzeichnis

Literatur zu Kapitel 1

1. Eyerer P, Dekorsy Th, Schuckert M (1991) Produkte – Werkstoffe – Umwelt. Die Ganzheitliche Bilanzierung von Bauteilen und Systemen. Vortrag: 1. Colloquium International Salzburg (CIS) 9/1990 und 12. Stuttgarter Kunststoffkolloquium, Stuttgart, 6./7. März 1991
2. Eyerer P, Saur K (1994) Bewertung zur Ganzheitlichen Bilanzierung. Interner Forschungsbericht am IKP, Universität Stuttgart
3. Carson, Rachel (1962) Silent Spring. Houghton Mifflin, Boston
4. Meadows D (1972) Die Grenzen des Wachstums. Deutsche Verlags-Anstalt, Stuttgart
5. Schäfer H (1974) Fundamentals and methodology of investigating specific energy consumption. EG-Auftrag Nr. 145-74-ECIC, Brüssel
6. Müller-Wenk R (1994) Ein Vorschlag zur einzelwirtschaftlichen Sicht zur Realisierung einer umweltkonformen Wirtschaft. Wirtschaftspolitik in der Umweltkrise, Deutsche Verlags-Anstalt, Stuttgart, S 268–286
7. Hunt R et al (1974) Resource and environmental profile analysis of nine beverage container alternatives. Midwest Research Institute
8. Fink P (1992) Ökobilanzen: Grenzen und Möglichkeiten. GDI-Fachtagung Ökobilanzen, Gottlieb Duttweiler Institut, Rüschlikon/Zürich
9. Boustead I, Hancock GF (1979) Handbook of Industrial Energy Analysis. Horwood and Wiley, Chichester
10. Boustead I (1981) Energy and Packaging. Horwood and Wiley, Chichester
11. Sundström G (1993) Investigation of the energy requirements from raw materials to garbage treatment for four Swedish beer packaging alternatives. Bericht an die Rigello Pak AB 1993
12. Baccini P et al (1985) Die Steuerung anthropogener Stoffflüsse als interdisziplinäre Aufgabe. Müll und Abfall Nr. 4:99–108
13. Baumgartner Th (1988) Die Produktlinienanalyse als neue Form der Informationserhebung und -darstellung. Gesellschaftliche Folgekosten, Campe Verlag, Frankfurt
14. Habersatter K (1991) Ökobilanz von Packstoffen 1990. Schweizerisches Bundesamt für Umwelt, Wald und Landschaft (BUWAL), Bern
16. Society of Environmental Toxicology and Chemistry (Hrsg) (1991) A Technical Framework for Life Cycle Assessment. SETAC Washington DC, Januar 1991
17. Society of Environmental Toxicology and Chemistry (Hrsg) (1993) Guidelines for Life Cycle Assessment: A Code of Practice. SETAC Europe, Brüssel
18. Boustead I (1993) Eco-Balance, Methodology for commodity thermoplastics. Technical papers for the Association of Plastics Manufacuterers in Europe, Brüssel
19. ENQUETE-Kommission „Schutz des Menschen und Umwelt" des Bundestages (Hrsg) (1993) Verantwortung für die Zukunft – Wege zum nachhaltigen Umgang mit Stoff- und Materialströmen. Economica Verlag, Bonn
20. Eyerer P et al (1994) Ganzheitliche Bilanzierung von Automobilbauteilen aus Stahl, Aluminium und Kunststoffen am Beispiel Ölfilter für PKW-Motoren. Kunststoffe im Automobilbau. VDI-Verlag, S 5–42

21. Domke K (1989) Ökobilanz verschiedener Verpackungsstoffe. Vortrag: 3. Juli 1989, Universität Stuttgart

22. NN (1993) The LCA Sourcebook, A European Business Guide to Life Cycle Assessment. Society for the Promition of LCA Development (SPOLD), SustainAbility Ltd., London

23. NN (1995) Produktbezogene Ökobilanzen, methodische Fortschritte, aktuelle Ökobilanzen. Tagungsband zum Seminar im Rahmen der Utech Berlin

24. Braunschweig A, Förster R, Hofstetter P, Müller-Wenk R (1994) Evaluation und Weiterentwicklung von Bewertungsmethoden für Ökobilanzen. IWÖ-Diskussionsbeitrag Nr. 19, Hochschule St. Gallen

25. Marsmann M, Hulpke H (1994) Ökobilanzen und Ökovergleiche. Nachr. Chem. Tech. Lab 42/1:11–27

26. Eyerer P (Hrsg) (1992) Ganzheitliche Bilanzierung von Bauteilen. Tagungsband zum Fachkongreß Ganzheitlichen Bilanzierung, Bad Nauheim, 15./16. Juni 1992

27. Eyerer P (Hrsg) (1993) Ganzheitliche Bilanzierung von Industrieprodukten. Tagungsband zum Fachkongreß Ganzheitliche Bilanzierung, Frankfurt, 6./7. Dezember 1993

28. Thalmann WR, Humbel V (1985) Herstellung der Kunststoffe LD-PE, HD-PE, PVC und HI-PS. Ökologische Bilanzbetrachtungen, Zürich: EMPA 1985

29. Thalmann WR, Humbel V (1985) Herstellung der Aluminium. Ökologische Bilanzbetrachtungen, Zürich: EMPA 1985

30. Thalmann WR, Humbel V (1985) Herstellung von Stahl und Weissblech. Ökologische Bilanzbetrachtungen, Zürich: EMPA 1985

31. Habersatter K (1991) Ökobilanz von Packstoffen 1990. Schweizerisches Bundesamt für Umwelt, Wald und Landschaft (BUWAL), Bern

32. Projektgemeinschaft „Lebenswegbilanzen" (1992) Methode für Lebenswegbilanzen von Verpak-kungssystemen. Verpackungs-Rundschau 34/12:83–96

33. Franklin Associates, Ltd (1990) Energy and environmental profile analysis at children's disposable and cloth diapers, Kansas

34. Franklin Associates, Ltd (1990) Comparative energy evulation of plastic products and their alternatives for the building and construction and transportation industries, Kansas

35. Franklin Associates, Ltd. (1989) Comparative and environmental impacts for soft drink delivery systems, Kansas

36. Kohler N et al (1983) Ökobilanzierung im Bauwesen. IKB Bau-Fachtagung 171 am 24./25. November 1993

37. Suter P et al (1993) Ökoinventare für Energiesysteme. Laboratorium für Energiesysteme, ETH Zürich 1993

38. Ankele K, Steinfeldt P (1993) Ökobilanz für typische Ytong-Produktanwendungen. Im Auftrag der Ytong AG

39. NN (1993) Lebenswegbilanz von EPS-Dämmstoffen. Interdisziplinäre Forschungsgemeinschaft Kunststoffe e.V., Berlin

Literatur zu Kapitel 2

1. NN (1963) Der große Duden. Band 7: Etymologie. Bibliographisches Institut, Dudenverlag, Mannheim, S 287

2. Gaspari Ch (1993) Private Mitteilung, Wien, 23. September 1993

3. Weinert FE (1993) Kommunikationsprobleme zwischen Wissenschaft und Öffentlichkeit. Physikalische Blätter 49/4:277–282, VCH Weinheim

4. Gaspari Ch (1991) Verantwortung und Wertesystem (Manuskript). Vortrag beim Seminar Ingenieurverantwortung, Altmünster, 12. Juli 1991

5. Guardini R (1950) Das Ende der Neuzeit: ein Versuch zur Orientierung, 11. Aufl.

6. Capra F (1986) Wendezeit. Bausteine für ein neues Weltbild. Scherz, 11. Aufl., Bern, München, Wien, S 11

7. Pietschmann H (1980) Das Ende des naturwissenschaftlichen Zeitalters. Zsolnay,.Wien, Hamburg, S 35f

8. Thürkauf M (1987) Endzeit des Marxismus. Christiana, Stein am Rhein, S 213

9. Vecernik P, Wailzer F: Betriebswirtschaftlehre 1 – Kostenrechnung. Vorlesungsskript, 2. Aufl., IBAB, TU Wien

10. Hay DA (1989) Economics today, A Christian critique. Apollos, Leicester, S 155

11. Hubeny H (1988) Belastungen bei der PVC-Produktion. Magistrat der Stadt Linz, Amt für Umweltschutz: Tagungsband zum PVC-Hearing Linz 1988

12. Hubeny H – a.a.O. Tabelle 1

13. Popper KR, Eccles JC (1989) Das Ich und sein Gehirn. 8. Aufl., Piper, München, S 38, Tabelle 1

14. Pechtl W (1989) Zwischen Organismus und Organisation, Wegweiser und Modelle für Berater und Führungskräfte. Veritas, Linz, S 38ff

15. Lulli-Seppälä M (1992) Grundfragen zur Verantwortlichkeit . Kursbericht Finnland zum Seminar Ingenieurverantwortung, Altmünster, 8.-12. Juli 1991

16. NN (1993) Universitätsdirektion der Universität Wien: Vorlesungsverzeichnis Wintersemester 1993/94, Wien

17. NN (1993) Universitätsdirektion der Technischen Universität Wien: Vorlesungsverzeichnis Wintersemester 1993/94, Wien

18. Watzlawick P (1991) Wie wirklich ist die Wirklichkeit? Wahn, Täuschung, Verstehen. Serie Piper 174, 19. Aufl., München, S 8

19. Watzlawick P – a.a.O. S 143

20. Hastedt H (1991) Aufklärung und Technik, Grundprobleme einer Ethik der Technik. Suhrkamp, Frankfurt/Main, S 225

21. Popper KR, Eccles, JC – a.a.O. S 74

22. NN (1992) FORUM K: Gespräche über Ingenieurverantwortung. (Moderation Hubeny H), Wien

23. Jonas H (1984) Das Prinzip Verantwortung – Versuch einer Ethik für die technologische Zivilisation. Suhrkamp Taschenbuch Verlag, Frankfurt/Main, S 184

24. Sachsse H (1972) Technik und Verantwortung – Probleme der Ethik im technischen Zeitalter. Verlag Rombach, Freiburg, S 8

25. Hausner HH (1981) Die Verantwortung des Technikers. Der Sachverständige 1:12–18, Wien

26. Pöppel J, Laffitte P (1991) Mehr Technik bringt mehr Verantwortung. VDI-Nachrichten 20, 17. Mai 1991

27. Jonas H – a.a.O. S 20

28. Jonas H – a.a.O. S 251

29. Hastedt H – a.a.O. S 225

30. Sachsse H – a.a.O. S 148

31. Kreeb KH (1973) Ökosysteme – Stabilität durch Spezialisierung. Bild der Wissenschaft 10/7:750 -755

32. Schurz J (1987) Kunststoffe aus nachwachsenden Rohstoffen (Manuskript). Vortrag beim VI. H. F. Mark-Symposium, Wien, 16. Oktober 1987

33. Hubeny H, Siegele B (1994) „Umweltschutzrechnung in der Kunststofftechnik. Österreichische Kunststoff Z. 25/1–2:9–14, Verlag Lorenz, Wien

34. Öko-Institut Freiburg, Projektgruppe Ökologische Wirtschaft (Hrsg) (1987) Produktlinienanalyse. Bedürfnisse, Produkte und ihre Folgen. Kölner Volksblatt Verlag; Köln, S 17

35. Umweltbundesamt Berlin, Arbeitsgruppe Ökobilanzen(1992) Ökobilanzen für Produkte. Bedeutung – Sachstand – Perspektiven. Texte 38/92, Berlin, S 23f

36. Umweltbundesamt Berlin, Arbeitsgruppe Ökobilanzen. – a.a.O. S 24, 30, 38f, 65

37. Virt G (1991) Bausteine einer ökologischen Ethik im christlichen Kontext (Manuskript). Vortrag beim Seminar 113 des Religionspädagogischen Instituts, Vorau, 20. März 1991

38. Hastedt H – a.a.O. S 257
39. Virt G – a.a.O.
40. Noethlichs KL (1989) Einige Bemerkungen zu Fortschrittsvorstellungen. Gatzemeier M (Hrsg) Verantwortung in Wissenschaft und Technik, BI-Wissenschaftsverlag, Mannheim, Wien, Zürich, S 177
41. Das Alte Testament. Genesis 1
42. Das Neue Testament. Johannes 1,1
43. Lötsch B (1987) Ökologie, Denken in Zusammenhängen (Flugblatt). Österreichisches Ökologie Institut, Wien
44. Das Neue Testament. Johannes 15,5

Literatur zu Kapitel 3

1. Boulding KE (1971) Environment and Economics. Murdoch WW (Ed) Environment – Resources, Polution & Society, Starnford, S 359–367
2. Phillipovich E von (1905) Lehrbuch der Nationalökonomie I, Freiburg, S 22
3. Zahn E (1973) Wachstumsbegrenzung als Voraussetzung einer wirksamen Umweltpolitik. Horn CH, Walterskirchen MP von, Wolff J, Frauenfeld (Hrsg) Umweltpolitik in Europa, Stuttgart, S 73–109
4. Boulding KE (1970) Economics as a Science, New York et al
5. Bonus H, Oehl TP (1993) Die Stoffwirtschaft des Raumschiffs Erde, FAZ 235, 9. Oktober 1993, S 13
6. Dolan EG (1971) TANSTAAFL – The Economic Strategy for Environmental Crisis, New York
7. Georgescu-Roegen N (1971) The Entropy Law and the Economic Process, Cambridge
8. Georgescu-Roegen N (1974) Was geschieht mit der Materie im Wirtschaftsprozeß?. Brennpunkt (gdi-topics) 5, S 17–28
9. Zahn E (1972) Wachstum – ein schmutziger Lorbeer?. Plus-Zeitschrift für Unternehmensführung 5, S 2–8
10. Meadows D, Meadows D, Zahn E, Milling PC (1972) Die Grenzen des Wachstums, Stuttgart
11. Meadows D, Behrens W, Meadows D, Nail R, Randers J, Zahn E (1974) Dynamics of Exponential Growth in a Finite World, Cambridge
12. Meadows D, Meadows D, Randers J (1992) Die neuen Grenzen des Wachstums, Stuttgart
13. Zahn E, Schmid U (1992) Wettbewerbsvorteile durch umweltschutzorientiertes Management. Zahn E, Gassert H (Hrsg) Umweltschutzorientiertes Management, Stuttgart, S 39–93
14. Schaltegger S, Sturm H (1990) Ökologische Rationalität. Die Unternehmung 44/4:273–290
15. NN (1991) Konstruieren recyclinggerechter Produkte. Entwurf zur VDI-Richtlinie 2243. VDI, Düsseldorf
16. Maier-Rothe C (1987) Logistik als kritischer Erfolgsfaktor. A D Little International (Hrsg) Management der Geschäfte von morgen, 2. Aufl., Wiesbaden, S 29–142
17. Groothius U (1993) Mauern in den Köpfen. Wirtschaftswoche 41:54–58
18. Pfohl H-Ch (1990) Logistiksysteme – Betriebswirtschaftliche Grundlagen. 4. Aufl., Berlin/Heidelberg
19. Ihde GB (1984) Transport, Verkehr, Logistik. München
20. Gärtner S, Dogan D (1993) The way we do business. Logistik Heute 10:44–49 und 11:46–49
21. Ihde GB (1991) Transport, Verkehr, Logistik. 2. Aufl., München
22. Stahlman V (1991) Materialwirtschaft angesichts der Grenzen des Wachstums. Econova – Ökologie und Ökonomie 1991, S 15–21

23. Stölze W (1993) Umweltschutz und Entsorgungslogistik, Berlin
24. Pfohl H-Ch, Hofmann A, Stölzle W (1992) Umweltschutz und Logistik – Eine Analyse der Wechselbeziehungen aus betriebswirtschaftlicher Sicht. Journal für Betriebswirtschaft 42:86–103
25. Zahn E, Steimle V (1993) Umweltinformationssysteme und umweltbezogene Strategieunterstützungssysteme. Wagner GR (Hrsg) Betriebswirtschaft undUmweltschutz, Stuttgart, S 225–249
26. Eyerer P (1991) Ganzheitliche Bilanzierung bei der Werkstoff- und Verfahrensauswahl. VDI Berichte 839, Düsseldorf
27. Müller-Witt H (1993) Öko-Logistik und betriebliche Umweltinformatik – Geschäftsfeldabsicherung unter den Bedingungen von Europa´93. Pfohl H-Ch (Hrsg) Ökologische Herausforderungen an die Logistik in den 90er Jahren, Berlin, S 155–192
28. Massow H von (1991) Logistik-Strategie – umweltbezogen. io Management Zeitschrift 55/7–8:96–98
29. Dogan D (1993): Strategisches Management der Logistik. Dissertation, Universität Stuttgart

Literatur zu Kapitel 4

1. Kuba R (1986) Kultur wohin? Recycling langfristig gedacht. io Management Zeitschrift 55/7–8:329–332
2. Koll W (1990) Die ökologischen Rahmenbedingungen der Marktwirtschaft. Klawitter J, Kümmel R, Maier-Rigaud G (Hrsg) Natur und Industriegesellschaft. Beiträge aus interdisziplinärer Sicht, Berlin et al, S 11–27
3. Frey B S (1992) Umweltökonomie. 3. Aufl., Göttingen
4. Prognos AG (1992) Identifizierung und Internalisierung externer Kosten der Energieversorgung, Basel
5. Simonis UE (1988) Ökologische Orientierungen. 2. erw. Aufl., Berlin
6. Wicke L (1993) Umweltökonomie. 4. Aufl., München
7. Wegehenkel L (1992) Die Internalisierung mehrdimensionaler Effekte im Spannungsfeld zwischen Zentralisierung und Dezentralisierung. Wagner GR (Hrsg) Ökonomische Risiken und Umweltschutz, München, S 319–335
8. Bundesminister des Innern (Hrsg) (1972) Umweltschutz. Das Umweltprogramm der Bundesregierung, Stuttgart et al
9. Meckel H (1993) Noch mehr Gesetze für die Natur? Erwartungen und Prognosen. Prognos AG (Hrsg) Umwelt 2000 – Globale Herausforderungen und unternehmerische Antworten, Stuttgart, S 27–44
10. Weizsäcker, EU von (1992) Erdpolitik – Ökologische Realpolitik an der Schwelle zum Jahrhundert der Umwelt. 3. Aufl., Darmstadt
11. Kirchgeorg M (1990) Ökologieorientiertes Unternehmensverhalten. Typologien und Erklärungsansätze auf empirischer Grundlage, Wiesbaden
12. Zahn E, Schmid U (1992) Wettbewerbsvorteile durch umweltschutzorientiertes Management. Zahn E, Gassert H (Hrsg) Umweltschutzorientiertes Management – Die unternehmerische Herausforderung von Morgen, Stuttgart, S 39–93
13. Gröne A (1993) Wettbewerbsvorteile durch umweltschutzorientiertes ,Management. Prognos AG (Hrsg) Umwelt 2000 – Globale Herausforderungen und unternehmerische Antworten, Stuttgart, S 93–114
14. Schmid U (1989) Wettbewerbsvorteile durch umweltschutzorientiertes Marketing. Marktforschung & Management 33/4:128–134
15. Meffert H (1991) Umwelt als Markt – 12 Thesen. Absatzwirtschaft 34/7:93–96
16. Schmid U (1989) Umweltschutz – Eine strategische Herausforderung für das Management, Frankfurt/Main et al

17. NN (1992) Verordnung über die Vermeidung, Verringerung und Verwertung von Abfällen gebrauchter elektrischer und elektronischer Geräte (Elektronikschrottverordnung). Entwurf vom 15. Oktober 1992

18. NN (1994) Verordnung über die Vermeidung, Verringerung und Verwertung von Abfällen aus der Altautoentsorgung (Altautoverordnung). 1. Entwurf August 1992, 2. Fassung, 27. Januar 1994

19. Zahn E, Steimle V (1993) Umweltinformationssysteme und umweltbezogene Strategieunterstützungssysteme. Wagner GR (Hrsg) Betriebswirtschaft und Umweltschutz, Stuttgart, S 225–249

20. Porter ME (1986) Wettbewerbsvorteile: Spitzenleistungen erreichen und behaupten, Frankfurt/ Main

21. Ulrich (1970), S 105; ähnlich auch Malik (1992) oder Ulrich/Probst (1991)

22. Adams HW (1993) Die Organisation des Umweltschutzes. zfo 62/2:74–84

23. Ulrich H, Krieg W (1974) Das St. Galler Management-Modell. 3. verb. Aufl., Bern

24. Boulding KE (1968) Economics as a Science, New York

25. Strebel H (1980) Umwelt und Betriebswirtschaft, Berlin

26. Kreikebaum H (1993) Personelle Voraussetzungen des integrierten Umweltschutzes. zfo 62/2: 85–90

27. Töpfer A (1992) Betriebliches Umweltschutz-Auditing. io Management Zeitschrift 61/6:81–86

28. Wagner GR (1993) Das Ökologische Controlling als Konzeption interner Unternehmensrechnungen. Wagner GR (Hrsg) Betriebswirtschaft und Umweltschutz, Stuttgart, S 207–222

29. Müller-Wenk R (1978) Die ökologische Buchhaltung, Frankfurt, New York

30. Schaltegger S, Sturm A (1994) Ökologieorientierte Entscheidungen in Unternehmen. Ökologisches Rechnungswesen statt Ökobilanzierung, 2. Aufl., Stuttgart, Bern

31. Hofmeister S, Schultz S (1986) Stofflich energetische Bilanzierung als Instrument der Umweltschutzplanung. Tutzinger Materialien 33:24–29

32. Wicke L, Haasis HD, Schafhausen F, Schulz W (1992) Betriebliche Umweltökonomie. Eine praxisnahe Einführung, München

33. Corsten H, Götzelmann F (1993) Anforderungen an betriebliche Umweltinformationssysteme -Problemfelder und Ansatzpunkte zu ihrer Bewältigung. ZAU 6:22–34

34. Corsten H, Götzelmann F (1994) Betriebliche Umweltinformationssysteme. Corsten H (Hrsg) Handbuch Produktionsmanagement. Strategie – Führung – Technologie – Schnittstellen, Wiesbaden, S 1051–1067

35. Müller-Witt H (1985) Produktfolgeabschätzung als kollektiver Lernprozeß. Öko-Institut – Projektgruppe Ökologische Wirtschaft (Hrsg) Arbeiten im Einklang mit der Natur, Freiburg, S 282–307

36. Öko-Institut – Projektgruppe Ökologische Wirtschaft (Hrsg) (1987) Produktlininenanalyse. Bedürfnisse, Produkte und ihre Folgen, Köln

37. Rubik F, Teichert V (1995) Ökologische Produktpolitik. Chancen, Grenzen und Perspektiven der Produktlinienanalyse, Stuttgart

38. Türck R (1991) Das ökologische Produkt. 2. Aufl., Ludwigsburg

39. Sturm A (1993) Öko-Controlling – Von der Ökobilanz zum Führungsinstrument. GAIA 2/2:107–120

40. Ulrich H, Probst GJB (1991) Anleitung zum ganzheitlichen Denken und Handeln: ein Brevier für Führungskräfte. 3. Aufl., Bern, Stuttgart

41. Vester F (1990) Ausfahrt Zukunft – Strategien für den Verkehr von morgen. Eine Systemuntersuchung, München

42. Forrester JW (1961) Industrial Dynamics, Cambridge

43. Meadows D, Meadows D, Milling P, Zahn E (1972) Die Grenzen des Wachstums, Stuttgart

44. Reibnitz U von (1987) Szenarien – Optionen für die Zukunft, Hamburg, New York

45. Günther E, Wagner B (1993) Ökologieorientierung des Controlling (Öko-Controlling). DBW 53/2: 143–166
46. Hallay H (Hrsg) (1989) Die Ökobilanz – Ein betriebliches Informationssystem. Schriftenreihe des IÖW, Heft 27, Berlin
47. Hauff M von, Schmid U (Hrsg) (1992) Ökonomie und Ökologie. Ansätze zu einer ökologisch verpflichteten Marktwirtschaft, Stuttgart
48. Malik F (1992) Strategie des Managements komplexer Systeme. 4. Aufl., Bern, Stuttgart
49. Meffert H, Kirchgeorg M (1993) Marktorientiertes Umweltmanagement. Grundlagen und Fallstudien. 2. Aufl., Stuttgart
50. Reibnitz U von (1992) Szenario-Technik. Instrumente für die unternehmerische und persönliche Erfolgsplanung, 2. Aufl., Wiesbaden
51. Schmid U (1992) Unternehmerische Rationalität im Lichte der ökologischen Frage. Hauff M von, Schmid U (Hrsg) Ökonomie und Ökologie. Ansätze zu einer ökologisch verpflichteten Marktwirtschaft, Stuttgart, S 163–194
52. Ulrich H (1970) Die Unternehmung als produktives soziales System. 2. Aufl., Bern, Stuttgart
53. Zahn E, Gassert H (Hrsg): Umweltschutzorientiertes Management – Die unternehmerische Herausforderung von Morgen, Stuttgart
54. Seebach A (1992) Eine dynamische Modellierung des Wertschöpfungsrings als Instrument umweltschutzorientierter Unternehmensplanung. Diplomarbeit, Universität Karlsruhe

Literatur zu Kapitel 5

Abschnitt 5.1

1. Dekorsy Th (1993) Ganzheitliche Bilanzierung als Instrument zur bauteilspezifischen Werkstoff- und Verfahrensauswahl. Dissertation, Universität Stuttgart
2. Senn JF (1986) Ökologische Unternehmensführung. Lang Verlag, Frankfurt
3. Steger U (1988) Umweltmanagement. Gabler Verlag, Wiesbaden
4. NN (1989) VDI-Richtlinie „Empfehlung zur Technikbewertung". VDI Verlag, Düsseldorf
5. Marsmann M, Hulpke H (1994) Ökobilanzen und Ökovergleiche. Nachr. Chem. Tech. Lab 42/1: 11–27
6. NN (1995) ISO TC 207 Working Draft 14041, Arbeitsentwurf zur Norm ISO 14041, Januar 1995

Abschnitt 5.2

1. Holley W (1992) Methode für Lebenswegbilanzen von Verpackungssystemen. Technisch-wissenschaftliche Beilage, Verpackungs-Rundschau 43/12
2. Hausmann K (1993) Bundes-Immissionsschutzgesetz. Textausgabe mit Einführen und Anmerkungen, Nomos Verlagsgesellschaft, Baden-Baden
3. NN (1989) Rahmenverwaltungsvorschrift über Mindestanforderungen an das Einleiten von Abwasser in Gewässer. Anhang 40 Metallbearbeitung, Metallverarbeitung, Bundesgesetzblatt Bonn, Rahmen-Abwasser-Verwaltungsvorschrift, September 1989
4. Schmeken, W (1993) TA Abfall. TA Siedlungsabfall. 3. neub. Aufl., Dt. Gemeindeverlag Köln
5. Umweltbundesamt (1989) Luftreinhaltung ´88: Tendenzen – Probleme – Lösungen. Erich Schmidt Verlag, Berlin
6. Saur, K (1994) Neue Ansätze zur Bewertung von Ganzheitlichen Bilanzierungen. Interner Forschungsbericht, IKP, Universität Stuttgart, April 1994

7. Dekorsy Th (1993) Ganzheitliche Bilanzierung als Instrument zur bauteilspezifischen Werkstoff- und Verfahrensauswahl. Dissertation, Universität Stuttgart

8. Birnbaum KU, Wagner H-F (1991) Einheitliche Berechnung von CO_2-Emissionen. Energiewirtschaftliche Tagesfragen 42/1–2:78–80

9. NN (1993) Zahlen aus der Mineralölwirtschaft 1993. BP Oil Deutschland GmbH, Hamburg

10. OECD IIEA (1993) Coal Information 1992. Organisation for Economic Co-Operation and Development (OECD), Paris, S 39

11. OECD IIEA (1993) Oil and Gas Information 1992. Organisation for Economic Co-Operation and Development (OECD), Paris, S 29

12. UCPTE (1992) Jahresbericht 1991. Halbjahresbericht 1992. Union für die Koordination der Erzeugung und des Transportes elektrischer Energie, Madrid

13. VIK (Hrsg) (1992) Statistik der Energiewirtschaft 1991/1992. Verlag Energieberatung GmbH, Essen

14. NN (1980) Ullmansche Enzyklopädie der technischen Chemie. 4. Aufl., Bd 19, Verlag Chemie, Weinheim

15. Zabel (1994) Persönliche Mitteilung zu ausgewählten Rohstoffpreisen der Firma Hoechst, Frankfurt am Main, Juli 1994

16. NN (1992) Metallstatistik 1981-1991. 79. Jahrgang, Metallgesellschaft AG, Frankfurt am Main

17. VDI 2243 (1991) Konstruieren recyclinggerechter technischer Produkte. VDI-Verlag, Düsseldorf

18. Klaus G (1968) Wörterbuch der Kybernetik. Dietz-Verlag, Berlin

19. Voß A (1993) Systemtechnische Planungsmethoden in der Energiewirtschaft. Vorlesungsmanuskript, Universität Stuttgart

20. Kornwachs K (1994) Systemtheorie als Instrument der Interdisziplinarität. Spektrum der Wissenschaft, Weinheim, S 117–121

21. Bertalanthy L von (1968) General System Theory. George Braziller, New York

22. Meadows D, Meadows D (1993) Die neuen Grenzen des Wachstums. Deutsche Verlags-Anstalt, Stuttgart

Abschnitt 5.3

1. Mauch W (1993) Kumulierter Energieaufwand für Güter und Dienstleistungen – Basis für Ökobilanzen. Dissertation, TU München. IfE Schriftenreihe Heft 26, Techn. Verlag Resch KG, Gräfelfing

2. Müller HF (1952) Kosten, Werte und Preise in der Energiewirtschaft. Praktische Energiekunde 1/3:239–267

3. Müller HF (1963) Energieverbrauch als Betriebswirtschaftliches Problem. Praktische Energiekunde 11/2:27–30

4. Schäfer H et al (1964) Kostenfaktor Energie und die Problematik seiner Erfassung. Technik und Wirtschaft, VDI-Z. 106/12:483–486

5. Schäfer H et al (1965) Einzeluntersuchung zur Energiekostenbelastung industrieller Produkte. PEK 13/2–3:56–61

6. Schäfer H et al (1975) Grundlagen und Methoden zur Ermittlung des spezifischen Energieverbrauchs. Teilabschnitt des Studienauftrags Nr. 145-74-ECIC der Kommission der Europäischen Gemeinschaft

7. Flaschar W (1979) Mikro- und Makroanalytische Methoden zur Ermittlung des spezifischen kumulierten Energieverbrauchs zum Herstellen von Verbrauchsgütern. Dissertation, TU München. Techn. Verlag Resch, Gräfelfing

8. Schäfer H (1980) Grundbegriffe der Energiewirtschaft und Energietechnik. BWK 32/8:334–338

9. Schäfer H, Hartmann D (1984) Kumulierter Energieverbrauch von Produkten. RWE – 5. Hochschultage Energie, Essen, 26./27. September 1984

10. Hartmann D (1986) Simulation des kumulierten Energieverbrauchs industrieller Produkte. Dissertation, TU München. Techn. Verlag Resch, Gräfelfing

11. Chapman P (1973) The Energy Costs of Producing Copper and Aluminium from Primary and Secondary Sources. Open University, Energy Research Group, Rep. No. ERG 001 and 002

12. Chapman P (1974) Energy Costs: a Review of Methods. Energy Policy, June 1974

13. Schäfer H (1989) Neue Wege der rationellen Energieverwendung. Universität Köln (Hrsg) Tagungsberichte des Energiewirtschaftlichen Instituts, München, Oldenburg, S 199–234

14. Geiger B (1991) Aspekte zum kumulierten Energieaufwand bei Gebäuden, Energiehaushalt von Bauten. R. Müller Verlag, (arcus 14)

15. Mauch W (1990) Kumulierter spezifischer Energieverbrauch von Getränkedosen. Abfallwirtschafts-Journal 1/2

16. Mauch W (1991) Kumulierter Energieeinsatz bei der Müllentsorgung. VDI Tagungsbericht 895

17. Hagedorn G (1990) CO_2-Reduktion, Potential photovoltaischer Systeme. Sonnenenergie 1/1990, DGS Verlag München

18. Schäfer H (1982) Kumulierter Energieverbrauch von Produkten, Methoden der Ermittlung -Probleme der Bewertung. BWK 34/7:37–344

19. Geiger B (1985) Energetische Systemvergleiche zur zentralen und dezentralen Versorgung mit Heizwärme und Warmwasser. Lehrstuhl für Energiewirtschaft und Kraftwerkstechnik, München Dezember 1985

20. NN (1990) Energiebilanz der BRD für das Jahr 1990. Band III, Arbeitsgemeinschaft Energiebilanzen, Essen (Gebietsstand vor dem 3.10.1990)

21. NN (1992) Die Elektrizitätswirtschaft in der BRD 1990. VWEW-Verlag, Frankfurt am Main

22. Jensch W (1988) Vergleich von Energieversorgungssystemen unterschiedlicher Zentralisierung unter Berücksichtigung von energetischen, ökonomischen und ökologischen Parametern. Dissertation, IfE-Schriftenreihe Heft 22, Resch-Verlag, Gräfelfing

23. Hagedorn G (1990) Kumulierter Energieaufwand von Photovoltaik- und Windkraftanlagen. Forschungsstelle für Energiewirtschaft

24. NN (1991) Energy Statistic Yearbook 1989. United Nations, New York

25. Statistik der Europäischen Gemeinschaft

26. Fecker, I

27. Gromow A (1991) Herstellung von Aluminium – Ökologische Bilanz-Betrachtungen – Aktualisierte Daten. EMPA-Studie, Eidgenössische Materialprüfungs- und Forschungsanstalt, Siemens-Zeitschrift 5/91,St. Gallen, Februar 1989

28. NN (1995) VDI 4600: Entwurf zur VDI-Richtlinie „Kumulierter Energieaufwand – Begriffe, Definitionen, Berechnungsmethoden", Januar 1995

Literatur zu Kapitel 6

1. Eyerer P, Pfleiderer I, Saur K, Schuckert M, Parr O, Hesselbach J (1994) Ganzheitliche Bilanzierung von Automobilteilen aus Stahl, Aluminium und Kunststoffen am Beispiel Ölfilter für PKW-Motoren. Kunststoffe im Automobilbau, Rohstoffe, Bauteile, Systeme, VDI Verlag GmbH, Düsseldorf

2. Pfleiderer I, Eyerer P, Dekorsy Th, Schuckert M, Saur K (1994) GaBi Basis 1.2 – Software zur Ganzheitlichen Bilanzierung. Informatik für den Umweltschutz, 8. Symposium, Hamburg/Metropolis-Verlag, Marburg

3. Kreeb M, Dold G, Krcmar H (1994) Fallstudien zur Computerunterstützung in der betrieblichen Ökobilanzierung. Krcmar H Prof. Dr. (Hrsg), Universität Hohenheim, Stuttgart,

4. NN (1993) The LCA Sourcebook. Sustain Ability, SPOLD and Business in the Environment

5. Page B, Hilty LM (Hrsg) (1994) Umweltinformatik. Handbuch der Informatik HDI 13.3, Oldenbourg Verlag, München, Wien

6. NN (1994) USIS, Handbuch der Umweltsoftware 1994. INTACT Umwelt- und Management-Beratung, Bertelsmann Fachzeitschriften, Gütersloh, Freiburg

7. Fritsche U, Rausch L (1993) NutzerInnen-Handbuch zu GEMIS Version 2.0. Auftraggeber: Hessisches Ministerium für Umwelt, Energie und Bundesangelegenheiten, März 1993

8. Fritsche U, Leuchtner J, Matthis FC, Rausch L, Simon KH (1993) Gesamt-Emissions-Modell integrierte Systeme (GEMIS) Version 2.0. Auftraggeber: Hessisches Ministerium für Umwelt, Energie und Bundesangelegenheiten

9. Siegenthaler CP, Noppeney C, Pagliani F (1995) Marktübersicht Ökobilanz-Software 1995. Ö.B.U. Schweizerische Vereinigung für ökologisch bewußte Unternehmensführung, April 1995

10. NN (1994) EMPA, Beschreibung des Programms EcoPro. Eidgenössische Materialprüfungs- und Forschungsanstalt, St. Gallen

11. NN (1993) Umperto, Ein interaktives Programm zur Erstellung von Ökobilanzen. Institut für Umweltinformatik, Hamburg

12. Pedersen B, Luthje B, Sørensen M, Christiansen E (1992) PLA Education Tool, A PC-program for education and training in environmental assessment of products. Visionik ApS and interdisciplinary centre, Technical University of Denmark

13. NN (1994) SimaPro, SimaPro 3.0 Demo Version. PréConsultants, Amersfoort, Niederlande

14. NN (1994) Sinum GmbH: REGIS für Windows 1.1, Demoversion Fallbeispiel Sparbank Tg, Sinum GmbH. Softwareunterstützte Instrumente für ein umweltbewusstes Management, St. Gallen

15. NN (1993) TME: Profile of TME. Institute for Applied Environmental Economics (TME), The Hague, Netherlands

16. NN (1995) Tagungsband: Betriebliche Umweltinformationssysteme – Projekte und Perspektiven. Institut für Wirtschaftsinformatik, Universität Innsbruck

17. Pedersen B, Krüger I, Leskinen A (1993) Two Fictional Life Cycle Assessments. UETP-EEE, The Finish Association of Graduate Engineers TEK, Helsinki

18. NN (1994) Procter and Gamble, European Technical Centre: Life cycle inventory for consumer goods packages. The LCA-94 spreadsheet

19. Pfleiderer I, Eyerer P, Saur K, Schuckert M (1993) Konzept und Machbarkeitsstudie Datenbank Ökobilanz. Studie des IKP, Universität Stuttgart im Auftrag des Umweltbundesamtes

Literatur zu Kapitel 7

Abschnitte 7.1–7.3

1. Eyerer P, Dekorsy Th, Schuckert M (1991) Ganzheitliche Bilanzierung von Produkten und Verfahren. Kunststoffe 81/4:268–273

2. Society of Environmental Toxicology and Chemistry (Hrsg) (1991) A Technical Framework for Life Cycle Assessment. SETAC Washington DC, Januar 1991

3. Eyerer P, Saur K (1995) Interner Forschungsbericht. IKP, Universität Stuttgart

4. Ahbe S, Braunschweig A, Müller-Wenk R (1990) Methodik für Ökobilanzen auf der Basis der ökologischen Optimierung. Schriftenreihe Umwelt Nr. 139, Bern

5. Braunschweig A, Förster R, Hofstetter P, Müller-Wenk R (1994) Evaluation und Weiterentwicklung von Bewertungsmethoden für Ökobilanzen. IWÖ-Diskussionsbeitrag Nr. 19, Hochschule St. Gallen

6. Heijungs R et al (1992) Environmental Life Cycle Assessment of Products, Oktober 1992
7. Swedish Environmental Research Institute (1991) A System for calculating environmental impact
8. Bossel H: Umweltwissen, Daten, Fakten, Zusammenhänge. Verbrauch nicht-erneuerbarer Ressourcen, 2.Aufl., Springer Verlag, S 101ff
9. Bossel H: Umweltwissen, Daten, Fakten, Zusammenhänge. Nutzung erneuerbarer Ressourcen, 2.Aufl., Springer Verlag, S 81ff
10. Hesselbach J: Vorlesungsmanuskript Kunststoffe in der Anwendung, Kap. 15 Kunststoffe und Umwelt, 1.1 und 1.2
11 Enquete-Kommission „Schutz der Erdatmosphäre" des deutschen Bundestages
12. IPCC (Intergovernmental Panel on Climatic Change) (1994): 1994 IPCC supplement. IPPC Secretariat, World Meteorological Organization, Genf 1995
13. WMO (World Meteorological Organisation) (1992): Scientific Assessment of Ozone Depletion 1991. WMO, Global ozone Research and Monitoring Project-Report No. 25
14. Bossel H: Umweltwissen, Daten, Fakten, Zusammenhänge. C3 Luftbelastungen, 2.Aufl., Springer Verlag, S 125 ff
15. Leeuw F de (1993) Assessment of the atmospheric Hazards and risks of new chemicals: Procedures to estimate „hazard potentials". National Institute of Public Health and Environmental Protection, S 1324ff
16. Leeuw F de (1993) Assessment of the atmospheric Hazards and risks of new chemicals: Procedures to estimate „hazard potentials". National Institute of Public Health and Environmental Protection
17. Sattler K, Emberger J: Behandlung fester Abfälle. Umweltschutz, Entsorgungstechnik, 2. Aufl., Vogel Buchverlag, Würzburg
18. Bossel, H: Umweltwissen, Daten, Fakten, Zusammenhänge. C2 Schadwirkungen (allgemein), 2.Aufl., Springer Verlag, S 122ff
19. Baumbach G (1990) Luftreinhaltung 1990. 3.2 Chemische Umwandlungen von Schadstoffen in der Atmosphäre, Springer-Verlag, S 82ff
20. VCI Projektgruppe „Ökologische Bewertung" (1994) VNCI-Modell: Ergebnisprotokoll vom 23. März 1994. NAGUS AA3/UA2
21. Eyerer P, Hesselbach J, Saur K, Schuckert M, Pfleiderer I: Bewertungsmethode für die praktische Anwendung ganzheitlicher Bilanzierungen. Praxis Forum, S 59–78

Abschnitt 7.4

1. Schwartz J, Dockery DW (1992) Increased mortality in Philadelphia associated with daily air pollution concentrations. American Review of Respiratory Diseases 145:600–604
2. BMELF (Bundesminister für Ernährung, Landwirtschaft und Forsten) (1992) Waldzustandsbericht der Bundesregierung
3. Zangemeister C (1971) Nutzwertanalyse in der Systemtechnik. Wittemannsche Buchhandlung, München
4. Keeney R, Raiffa H (1976) Decisions with Multiple Objectives. Wiley, New York
5. Debreu G (1959) Topological Methods in Cardinal Utility Theory. Arrow KJ, Karlin S, Suppes P (Hrsg) Mathematical Methods in the Social Sciences, Stanford University Press, Stanford
6. Masuhr KP, Wolff H, Keppler J (1992) Identifizierung und Internalisierung externer Kosten der Energieversorgung. prognos (Hrsg) Endbericht, prognos AG, Basel
7. Viscusi WK (1986) The Valuation of Risks to Life and Health: Guidelines for Policy Analysis. Beuthover JD et al (Hrsg) Benefits Assessment. The State of the Art, Dordrecht, S 193–210
8. Endres A, Querner I (1993) Die Ökonomie natürlicher Ressourcen. Wissenschaftlicher Verlag, Darmstadt

9. Friedrich R (1993) Ansatz zur Ermittlung optimaler Strategien zur Minderung von Luftschadstoffemissionen aus Energieumwandlungsprozessen. Forschungsberichte des IER, Band 13, Stuttgart, Juni 1993

10. Commission of the European Communities (Hrsg) (1993) Assessment of the External Costs of the Coal Fuel Cycle, Brüssel

11. Friedrich R (1992) Darstellung und Effizienz verschiedener Internalisierungsmaßnahmen. Prognos-Schriftenreihe ‚Identifizierung und Internalisierung externer Kosten der Energieversorgung', Band 5, prognos AG, Basel, Juni 1992

12. Friedrich R (1993) Externe Kosten der Stromerzeugung – Probleme bei ihrer Quantifizierung. VWEW-Verlag, Frankfurt

13. Friedrich R (1993) Umweltpolitische Maßnahmen zur Luftreinhaltung – Analyse und Bewertung. Springer Verlag, Berlin, Heidelberg

14. Friedrich R, Krewitt W, Staiger B (1991) Die Quantifizierung externer Effekte und deren Grenzen am Beispiel der Stromerzeugung aus Kohle. Soziale Kosten der Energienutzung, VDI-Bericht 927, VDI-Verlag, S 101–116

15. Friedrich R, Voß A (1993) External Costs of Electricity Generation. Energy Policy, S 114–122

16. Enquête-Kommission „Schutz der Erdatmosphäre" des Deutschen Bundestages (Hrsg) (1995) Mehr Zukunft für die Erde. Economica Verlag, Bonn

Literatur zu Kapitel 8

Abschnitt 8.1

1. Philipp J, Eyerer P et al (1994) Ökobilanzen für Stahlprodukte – Sachstand und Perspektiven. Stahl und Eisen 114/11:71–78, Düsseldorf

2. BUWAL, Bundesamt für Umwelt (1991) Ökobilanz von Packstoffen, Stand 1990. Schweitzer (Hrsg) Schriftreihe UMWELT Nr. 132, Bern

Abschnitt 8.2

1. Eyerer P (1994) Vortrag CIS (Colloquium International Salzburg), Salzburg

2. Hildebrand M (1991) Emissionsentwicklung im EVU-Bereich der alten Bundesländer in den Jahren 1989 und 1990. Elektrizitätswirtschaft 10/12:691–706

3. NN (1993) OECD: Environmental Data Compendium 1993. Organisation for Economic Co-Operation and Development (OECD), Paris

4. ATZ (1994) Auswertung der Testberichte von 1/1990 bis 8/1994. Automobiltechnische Zeitschrift (ATZ), Franck-Kosmos Verlags-GmbH & Co., Stuttgart

5. May Th (1994) Persönliche Mitteilung der Firma Herberts GmbH, Dezember 1994

6. NN (1991) Energiereport Europa. S. Fischer Verlag GmbH, Frankfurt am Main

7. Philipp J A, Eyerer P, Erve S, Schuckert M, Theobald W, Volkhausen W (1994) Ökobilanzen für Stahlprodukte – Sachverstand und Perspektiven. Stahl und Eisen 114/11

8. Feichtinger H: Metallurgie und Ökologie. Metallische Werkstoffe für eine umweltschonende Technik der Zukunft. Ergebnisse der Werkstoff-Forschung, Band 5,Thubal Kain Verlag, Zürich

9. Schuckert M (1994) Life Cycle Analysis of Automobiles. Vortrag auf dem „Ecomaterials Forum", Tokio

10. Braess HH (1991) Werkstoffe im Automobil – eine systemtechnische Betrachtung. VDI-Verlag, Düsseldorf, Mannheim, S 1–24

11. HaldenwangerHG, Schäper S (1991) Die „Energiekette" im Lebenszyklus eines PKW. Vortrag zur 11. VDI-VW Gemeinschaftstagung „Neue Konzepte für die Autoverwertung", Wolfsburg 28. Novmber 1991, VDI-Berichte 934

12. Haldenwanger HG, Schäper S (1994) Öko-/Energiebilanzierung im PKW-Bau mit verschiedensten Werkstoffen. Kunststoffe im Automobilbau: Rohstoffe, Bauteile, Systeme. VDI-Verlag, Düsseldorf
13. Wimmer A: Anforderungen an moderne metallische Werkstoffe im Automobilbau. Metallische Werkstoffe für eine umweltschonende Technik der Zukunft. Ergebnisse der Werkstoff-Forschung, Band 5, Thubal-Kain-Verlag, Zürich
14. Stauber R, Hainy F(1994) Kunststoffe im Innenraum von BMW-Fahrzeugen – Neue Konzepte und Anwendungen. Kunststoffe im Automobilbau: Rohstoffe, Bauteile, Systeme. VDI-Verlag, Düsseldorf
15. NN (1992) Was übrigbleibt, wenn Mercedes einen Mercedes verwertet. Firmenzeitschrift, Mercedes Benz, Stuttgart
16. Eyerer P, Pfleiderer I, Saur K, Schuckert M, Parr O, Hesselbach J (1994) Ganzheitliche Bilanzierung von Automobilteilen aus Stahl, Aluminium und Kunststoffen am Beispiel Ölfilter für PKW-Motoren. Kunststoffe Im Automobilbau, Rohstoffe – Bauteile – Systeme, VDI-Verlag, Düsseldorf
17. Seiffert U (1991) Verkehr 2000. ATZ 93/9:552–560
18. Schulz W, Willers YP (1994) Deutsche Strompreise im internationalen Vergleich. Energieanwendung, Energie- und Umwelttechnik 43/7:250–254
19. Kreißig J (1993) Bilanzierung der Nutzungsphase eines PKW am Beispiel eines VW Golf III als Teil einer Ganzheitlichen Bilanzierung eines Automobils. Studienarbeit, Universität Stuttgart
20. NN (1987) Kraftfahrtechnisches Taschenbuch. 20. Aufl., Robert Bosch GmbH, Düsseldorf
21. ADAC (1994) Auswertung der Testberichte von 1/1990 bis 8/1994. Allgemeiner Deutscher Automobil-Club e.V. (ADAC), München
22. Auto Motor und Sport (1994) Auswertung der Testberichte von 1/1990 bis 8/1994. Vereinigte Motor-Verlage GmbH & Co. KG, Stuttgart
23. Metz N (1984) PKW-Abgasemissionen im Spurenbereich. ATZ 86/10:425 ff, Franckh-Kosmos-Verlags-GmbH & Co., Stuttgart
24. NN (1988) Nicht limitierte Automobil-Abgaskomponente. Volkswagen AG, Forschung und Entwicklung, Wolfsburg
25. NN (1994) Emissions-Typprüfwerte von Kraftfahrzeugen „Limitierte Schadstoffe". 4. Ausgabe, Kraftfahrbundesamt, Flensburg, März 1994
26. Pischinger FF (1992) Die Position des PKW-Dieselmotors als umweltverträglicher Antrieb. Forschungsvereinigung Verbrennungskraftmaschinen e.V., Frankfurt
27. Mayer J (1994) Persönliche Mitteilungen der Deutschen Bundesbahn AG, Juni 1994
28. Hassel D, Weber F-J (1991) Ermittlung des Abgas-Emissionsverhalten von PKW in der BRD im Bezugsjahr 1988. Zwischenbericht, UBA-Texte 21/91, Berlin
29. Birnbaum KU, Wagner H-F (1991) Einheitliche Berechnung von CO_2-Emissionen. Energiewirtschaftliche Tagesfragen 42/1–2:78–80
30. NN (1994) Bundesweites Autorecycling in drei Jahren. VDI-Nachrichten 48/48:1
31. Heinisch R (1993) Öffentliche Anhörung der Enquête Kommission, „Mobilität – Darstellung, Bewertung und Optimierung von Stoffströmen". Stellungnahme der Sachverständigen, KDdrs 12/10, Bonn, 6./7. Mai 1993
32. Fichtner (1991) Beispielorientierte Aufarbeitung des Bedürfnisfeldes Mobilität für eine stoffstromorientierte Diskussion zur Entwicklung stofflicher und politischer Handlungsperspektiven – Stofffluß bei Produktion, Betrieb und Entsorgung verschiedener Fahrzeuge. Umweltverträgliches Stoffstrommanagement – Konzepte, Instrumente, Bewertung. Studie im Auftrag der Enquête-Kommission des Deutschen Bundestages „Schutz des Menschen und der Umwelt" (Hrsg), Band 5, Bonn
33. NN (1993) Öffentliche Anhörung zum Thema „Mobilität – Darstellung, Bewertung und Optimierung von Stoffströmen". Stellungnahme der Sachverständigen Bundesanstalt für Straßenwesen, Enquête Kommission, Potsdam, 6./7. Mai 1993

34. NN (1993) Öffentliche Anhörung zum Thema „Mobilität – Darstellung, Bewertung und Optimierung von Stoffströmen". Stellungnahme der Sachverständigen Bundesanstalt für Statistisches Bundesamt Wiesbaden, Enquête Kommission, Potsdam, 6./7. Mai 1993

35. NN (1994) Workshop: Ökobilanzen des Bundesministers für Umwelt, Naturschutz und Reaktorsicherheit, Bonn, November 1984

36. Metz N (1990) Entwicklung der Abgasemissionen des Personenwagen-Verkehrs in der Bundesrepublik Deutschland von 1970 bis 2010. Automobiltechnische Zeitschrift (ATZ) 92/4, Franckh-Kosmos Verlags-GmbH & Co., Stuttgart

37. Vester F (1990) Ausfahrt Zukunft: Strategien für den Verkehr von morgen – Eine Systemuntersuchung. Wilhelm Heyne Verlag, München

38. Hoffmann F (1993) Schockierende Auto-Biographie. Stern 23:174–176

39. VDA (1992) Tatsachen und Zahlen aus der Kraftverkehrswirtschaft. Verband der Automobilindustrie e.V., 56. Folge, Frankfurt

40. Simmons IG (1993) Ressourcen und Umweltmanagement. Spektrum Akademischer Verlag, Heidelberg

41. U.S. Bureau of Mines (1990) Mineral Yearbook 1988, Washington D.C.

42. NN (1992) Metallstatistik 1981-1991. 79. Jahrgang, Metallgesellschaft AG, Frankfurt am Main

43. Sporkmann, B (1990) Elektrofahrzeuge als Luftschadstoffbremse. Energiewirtschaftliche Tagesfragen 40/6:418–423

44. Schuckert M (1993) Ganzheitliche Bilanzierung eines PKW-Ansaugrohrs. Kunststoffe 83/3, Carl Hanser Verlag, München

45. NN (1987) Bosch Kraftfahrtechnisches Taschenbuch 20. VDI-Verlag, Düsseldorf

Abschnitt 8.3

1. Projektgemeinschaft (Fraunhofer-Institut München, Gesellschaft für Verpackungsmarktforschung mbH Wiesbaden, Institut für Energie- und Umweltforschung Heidelberg) (1992) Methode für Lebenswegbilanzen von Verpackungssystemen. Bericht an das Umweltbundesamt, Berlin, September 1992. Verpackungsrundschau, Wiss. Techn. Beilage, (VR) 43/12:83–96

2. Möller F-J (1992) Entwicklung eines Untersuchungsmodells für die Umweltverträglichkeit von Verpackungen. Dissertation, Fraunhofer-Institut München, Techn. Universität Hamburg-Harburg

3. Goldhan G, Holley W et al (1994) Schlußberichte zu UBA Vorhaben Nr. 10303220-04 „Ökobilanzen für Verpackungen" und UBA Vorhaben Nr. 10310611 „Entwicklung eines Datenprogramms zur Berechnung von Ökobilanzen für Verpackungen", einschl. Anlage des IFEU Heidelberg und der GVM Wiesbaden, Vorlage Juni 1994

Abschnitt 8.4

1. Die Grünen (1990) Baustoffauswahl nach Kriterien der Umweltverträglichkeit, Bonn

2. Kohler N (1993) Ökobilanzierung im Bauwesen. Vortrag und Aufsatz zur IKB-Bau-Fachtagung 171, November 1993

3. NN (1990) Honorarordnung für Architekten und Ingenieure HOAI in der vom 1. Januar 1991 an geltenden Fassung. Bundesanzeiger Verlagsgesellschaft, Köln

4. Schlaich J (1986) Zur Gestaltung der Ingenieurbauten oder Die Baukunst ist unteilbar. Bauingenieur 61:49–61

5. Kohler N (1991) Gesamtenergetische Bewertungen von Bauteilen und Gebäuden. Beiträge zur Tagung Energie- und Schadstoffbilanzen im Bauwesen, ETH Zürich, 7. März 1991

6. Ankele K, Steinfeldt M (1993) Ökobilanz für typische YTONG-Produktanwendungen. YTONG AG, Entwicklungszentrum, Schrobenhausen

7. NN (1988) Richtlinie des Rates vom 21.12.1988 zur Angleichung der Rechts- und Verwaltungsvorschriften der Mitgliedsstaaten über Bauprodukte (89/106/EWG)

8. NN (1985) Richtlinie des Rates vom 27. Juni 1985 über die Umweltverträglichkeitsprüfung bei bestimmten öffentlichen und privaten Projekten (85/337/EWG)

9. NN (1992) Gesetz über das Inverkehrbringen von und den freien Warenverkehr mit Bauprodukten zur Umsetzung der Richtlinie des Rates vom 21.12.1988 zur Angleichung der Rechts- und Verwaltungsvorschriften der Mitgliedsstaaten über Bauprodukte (89/106/EWG). Bundesgesetzblatt Jahrgang 1992 – Teil I, S 1495

10. NN (1990) Gesetz zur Umsetzung der Richtlinie des Rates vom 27. Juni 1985 über die Umweltverträglichkeitsprüfung bei bestimmten öffentlichen und privaten Projekten (85/337/EWG). Bundesgesetzblatt, 20. Februar 1990

11. Baader P, Moll G (1992) Umweltverträglichkeitsuntersuchung am Beispiel der NBS Köln-Rhein/Main. ETR 41/12:817–824

12. Philipp Holzmann AG (1994) Umweltbericht 92/93. Frankfurt am Main

13. Umweltbundesamt (1992) Ökobilanzen für Produkte, Bedeutung – Sachstand – Perspektiven. UBA-Texte 38/92

14. Wischers G, Kuhlmann K (1991) Ökobilanz von Zement und Beton. Betonwerk + Fertigteil-Technik 11:33–40

15. Bundesverband der deutschen Zementindustrie (1994) Zement Jahresbericht 93-94

16. Lünser H (1994) Methodische Ansätze zur Beurteilung der werkstoffbedingten Auswirkungen von Ingenieurbauwerken auf die Umwelt. Arbeitsbericht an die DFG, Institut für Werkstoffe im Bauwesen, Universität Stuttgart

17. Forschergruppe Ingenieurbauten (1994) Bewertung von zwölf Brückenentwürfen des Wettbewerbs „Südbrücke Oberhavel" Berlin-Spandau. Bericht, Universität Stuttgart

18. Rubik F, Stölting P (1992) Übersicht über ökologische Produktbilanzen. IÖW Heidelberg

19. Ingenieurbüro für Umwelt Zürich (1991) Energie- und Schadstoffbilanz von ISOFLOC, Zürich

20. Kohler N et al (1994) Energie- und Stoffflussbilanzen von Gebäuden während ihrer Lebensdauer. Schlussbericht des Forschungsprojektes des Bundesamtes für Energiewirtschaft, Lausanne/ Karlsruhe

21. Bundesamt für Konjunkturfragen (1990) Ökoprofil von Holz – Untersuchungen zur Ökobilanz von Holz als Baustoff. Schlußbericht Januar 1989/Mai 1990, Bern

22. Schmitz K (1977) Die Entwicklungsmöglichkeiten der Energiewirtschaft in der Bundesrepublik Deutschland. KFA Jülich GmbH

23. Bundesministerium für Bauten und Technik (1981) Straßenbau und Energie, Verwendung energiesparender Bindemittel. Straßenforschung 291/81

24. Marmé W, Seeberger J (1986) Energieinhalt von Baustoffen. Beckert J et al (Hrsg) Gesundes Wohnen, Beton-Verlag, Düsseldorf

25. Schmitz K (1982) Möglichkeiten des Energiesparens durch Fertigteilbau. Baumarkt 3:119–124

26. Drinkgern G (1981) Energieinhalt von Betonfertigteilen. Betonwerk + Fertigteil-Technik 1:50–56

27. Drinkgern G (1983) Energieinhalte beim Beton und bei Beton-Bauteilen. Betonwerk + Fertigteil-Technik 9:588–591 und 10:638–642

28. Drinkgern G, Willma-Höse RA (1995) Ökologische und energetische Betrachtung für Rohre aus Beton. Betonwerk + Fertigteil-Technik 12(94):64–69 und 1(95):119–128

29. Pohle G, Beyert J (1986) Aufstellung einer Energiebilanz für verschiedene Oberbauarten im Straßenbau. Forschung Straßenbau und Straßenverkehrstechnik 485

30. Baier B (1982) Energetische Bewertung luftgetragener Membranhallen im Vergleich mit Holz-, Stahl- und Stahlbetonhallen. Rudolf Müller GmbH, Köln

31. Rahlwes K (1991) Recycling von Stahlbeton- und Stahlverbundkonstruktionen – Ansätze zu einer umweltökonomischen Bewertung. Vorträge Betontag 1991

32. Kreijger PC (1987) Ecological properties of building materials. Materials and Structures 20:248–254

33. Kroner H (1970) Über den Baustoffaufwand von Plattenbrücken aus Stahlbeton und Spannbeton. Straße Brücke Tunnel 22/11:281–291

34. Bundesamt für Umwelt, Wald und Landschaft (1991) Ökobilanz von Packstoffen Stand 1990. Schriftenreihe Umwelt Nr. 132, Bern

35. NN (1992) Gesamt-Emissionsmodell Integrierter Systeme (GEMIS), Version 2.0. Endbericht, Hessisches Ministerium für Umwelt, Energie und Bundesangelegenheiten

36. Boustead I (1994) Eco-balance methodology for commodity thermoplastics. Association of Plastics Manufacturers in Europe

37. Bundesamt für Energiewirtschaft (1994) Ökoinventare zur Beurteilung von Energiesystemen, Bern

38. Lützkendorf T, Kohler N, Holliger M (1992) Handbuch: Methodische Grundlagen für Energie- und Stoffflussanalysen. Bundesamt für Energiewirtschaft, Bern

39. CML (Centrum voor Milieukunde Leiden) (1992) Milieugerichte levenscyclusanalyses van produkten – Handleiding, Leiden

40. NN Projekt „Ganzheitliche Bilanzierung von Baustoffen und Gebäuden", Institut für Kunststoffprüfung und Kunststoffkunde, Institut für Werkstoffe im Bauwesen, Universität Stuttgart

41. Bertram D (1994) Stahl im Bauwesen. Betonkalender 94/I, Verlag Ernst und Sohn, Berlin, S 139ff

42. Hilsdorf HK (1994) Beton. Betonkalender 94/I, Verlag Ernst und Sohn, Berlin, S 1ff

43. Philipp JA, Eyerer P et al (1994) Ökobilanzen für Stahlprodukte – Sachstand und Perspektiven. Stahl und Eisen 114/11:71–78

44. Lünser H (1994) Sachbilanzen für verschiedene Betone. Eine Zusammenstellung umweltrelevanter Daten auf der Basis einer Literaturauswertung. Institut für Werkstoffe im Bauwesen, Universität Stuttgart

45. Schumm M (1994) Bilanzierung und Auswertung umweltrelevanter Daten während des Baus der Schornbachtalbrücke im Zuge der B 29. Diplomarbeit, Institut für Werkstoffe im Bauwesen, Universität Stuttgart

46. Drees G (1993) Kalkulation von Baupreisen. Bauverlag Wiesbaden Berlin

47. Schellenberg K (1992) Asphalt und Umwelt – ein Widerspruch? Bitumen 3/92

48. Bundesamt für Umwelt, Wald und Landschaft (1992) Vergleichende ökologische Bewertung von Anstrichstoffen im Baubereich, Band 1, Bern

49. Kohler N et al (1992) Ökobilanzen und Elementkostengliederung. Schweizer Ingenieur und Architekt 9

50. König G et al (1986) Spannbeton: Bewährung im Brückenbau – Analyse von Bauwerksdaten, Schäden und Erhaltungskosten. Springer Verlag

51. Ernst Basler & Partner (1992) Instandhaltungskonzept Brücken. DB/Bundesbahndirektion Saarbrücken

52. Ablöserichtlinien des Bundes und der Länder

53. Vollrath F, Tathoff H (1990) Handbuch der Brückeninstandhaltung. Beton-Verlag, Düsseldorf

54. Dietz J (1995) Erarbeitung von Vorschlägen zur Abschätzung der Umweltauswirkungen von Ingenieurbauwerken während der Lebensphasen Nutzung, Abbruch und Entsorgung. Diplomarbeit, Institut für Werkstoffe im Bauwesen, Universität Stuttgart

55. Reinhardt HW (Hrsg) (1985) Demountable Concrete Structures – A challenge for precast concrete. Delft University Press, Delft, S 351ff

56. Hiersche E-U, Wörner T (1990) Alternative Baustoffe im Bauwesen. Verlag Ernst & Sohn, Berlin

57. Willkomm W (1990) Recyclinggerechtes Konstruieren im Hochbau. Verlag TÜV Rheinland GmbH

58. Lünser H (1995) Bilanzierung und Auswertung umweltrelevanter Daten zweier Brückenentwürfe über das Schornbachtal. Bericht in Vorbereitung, Institut für Werkstoffe im Bauwesen, Universität Stuttgart

59. Sohn K (1989) Der Ingenieurwettbewerb für die Straßenbrücke über das Schornbachtal. Beton- und Stahlbetonbau 84/12:303–309

60. NN (1992) Information vom Verein Deutscher Eisenhüttenleute, Ausschuß für Energiewirtschaft und Wärmetechnik. Stand 1992

61. Schulz E (1993) Die Zukunft des Stahls im Spannungsfeld zwischen Ökonomie und Ökologie. Stahl und Eisen 113/2:25–33

62. Institut für Stahlbetonbewehrung e.V (Hrsg) (1993) Betonstähle für den Stahlbetonbau. Bauverlag Wiesbaden Berlin

63. Lützkendorf T (1986) Die Einordnung ökologischer Aspekte in den Planungsprozeß. Vortrag und Aufsatz zur IKB-Bau-Fachtagung „Bauen und Umwelt – heute und morgen", September 1994

64. Menn C (1986) Stahlbetonbrücken. Springer-Verlag

65. NN (1995) Forschergruppe Ingenieurbauten – Wege zu einer ganzheitlichen Betrachtung, Universität Stuttgart, Fortsetzungsantrag an die DFG 1995-96

66. NN (1993) Statistisches Jahrbuch für die Bundesrepublick Deutschland 1993

67. Furler G (1992) Energie und Bauen. Tagungsband zum 5. interdisziplinären Symposium Baukultur – Wohnkultur – Ökologie, Universität Zürich

68. Held M (1995) Sinn und Notwendigkeit der Verwertung von Baurestmassen, Mengen- und Schadstoffproblematik. Umwelttechnologieforum Berlin, Seminar 27, Abfallverwertung im Bauwesen

69. Schwarz J (1992) Ökologie in der Baupraxis – Wege vom Wissen zum Handeln. Tagungsband zum 5. interdisziplinären Symposium Baukultur – Wohnkultur – Ökologie, Universität Zürich

70. Vogel M (1992) Bauherren in Clinch mit ökologischen Forderungen. Tagungsband zum 5. interdisziplinären Symposium Baukultur – Wohnkultur – Ökologie, Universität Zürich

71. Deutscher Bundestag (Hrsg) (1990) Vorsorge zum Schutz der Edrdatmosphäre. Dritter Bericht der Enquete-Kommission zum Thema Schutz der Erde, Drucksache 11/8030

72. Geiger B (1993) Energetische Lebenszyklusanalyse von Gebäuden. VDI Bericht Nr. 1093

73. Erhorn H, Gertis K (1990) Entwicklung und Tendenzen der wichtigsten baulichen Einflußgrößen auf den Heizwärmeverbrauch von Wohnungen und den damit verbundenen Umweltbelastungen in der Bundesrepublik Deutschland und in Baden-Württemberg. Bericht, Fraunhofer-Institut für Bauphysik WB 60

74. Ast H (1990) Einsparpotential bei der Wärmeübergabe: energetische Beurteilung von Warmwasserheizanlagen durch rechnerische Betriebssimulation. HLH 41/8

75. Kabelitz KR (1994) CO_2-/Energiesteuer – die richtige Weichenstellung für effizienten Klimaschutz? Energiewirtschaftliche Tagesfragen 44/5

76. Baehr HD (1980) Zur Thermodynamik des Heizens. Teil 1: Der zweite Hauptsatz und die konventionellen Heizsysteme, BWK 32/1

77. Riedle K et al (1990) Umweltfreundliche Kraftwerkstechnik. Energiewirtschaftliche Tagesfragen 40/5

78. Ahnger A (1994) Applying diesel technology to combined-cycle power plant needs. Energy in Finland

79. Brunk M (1984) Optimierung der Betriebsführung von Kälteanlagen für die Raumlufttechnik. Dissertation, TU Berlin

80. Groscurth H-M (1991) Rationelle Energieverwendung durch Wärmerückgewinnung. Physika-Verlag, Heidelberg

81. Bundesministerium für Forschung und Technologie (1977) Gesamtstudie über die Möglichkeiten der Fernwärmeversorgung aus Heizkraftwerken in der Bundesrepublik Deutschland, Bonn

82. Baehr HD (1980) Zur Thermodynamik des Heizens. Teil 2: Primärenergieeinsparung durch Anergienutzung, BWK 32/2

Abschnitt 8.5

1. Ondratschek D (1991) Taschenbuch der Lackierbetriebe 1991. Vincentz Verlag, Hannover
2. Broß M (1995) Persönliche Mitteilung zu Lösemittelemissionen. Deutsches Lackinstitut, Frankfurt/Main
3. NN (1993) Jahresbericht 1993. Verband der Lackindustrie e.V., Frankfurt/Main
4. Zöllner W (1990) Merkblatt zur TA Luft. Verband der Lackindustrie e.V., Frankfurt/Main
5. Vesper H, Stange V (1991) Erfassung der Mengen und Arten von Lackresten aus industriellen Lackieranlagen als Grundlage für Forschungs- und Entwicklungsaktivitäten zur Verwertung der Reststoffe. DFO-Studie, Düsseldorf
6. Schuckert M, Dekorsy Th, Grießer S (1992) Ganzheitliche Bilanzierung von Verwertungs- und Entsorgungstechniken bei Lackschlämmen. Studie im Auftrag der DFO, Düsseldorf
7. May Th (1994) Ökobilanz für industrielle Lacksysteme. farbe+lack, 100/4:281

Abschnitt 8.6

1. NN (1994) Zink, die Welt der Metalle. Metallgesellschaft AG, Frankfurt/Main
2. NN (1990) WL 3.4364T7351, Teil 1, S 6
3. NN (1992) Ullmann's Encyclopedia of Industrial Chemistry, 5. Aufl., Verlag Chemie, A20:271ff
4. NN (1992) Ullmanns Encyklopädie der technischen Chemie, 4. neubearb. Aufl., Verlag Chemie, 18:577
5. Weast RC (1982) CRC Handbook of Chemistry. 62nd edition, CRC Press, Inc., Boca Raton
6. Kirk-Othmer Encyclopedia of Chemical Technology. John Wiley & Sons, Third Edition, 23:115
7. Kirk-Othmer Encyclopedia of Chemical Technology. John Wiley & Sons, Third Edition, 23:114 ff
8. NN (1992) „Carbon and Graphite Fibers". Ullman's Encyclopedia of Industrial Chemistry; 5. Aufl., Verlag Chemie, Weinheim, A5:1–17
9. NN (1993) Emissions- und Verbrauchsdaten der Deutschen Lufthansa eines A 340-200 im Jahr 1993. Abteilung Flugbetriebstechnik, Frankfurt/Main
10. NN (1986) Gesetz zum Schutz vor schädlichen Umwelteinwirkungen durch Luftverunreinigungen, Geräusche, Erschütterungen und ähnliche Vorgänge (Bundes-Immissionsschutzgesetz-BImSchG) vom 15. März 1974, BGBl. I, S 1193, in der Fassung vom 29. November 1986, BGBl. I, S 2089
11. Vandersee W, Wege K, Weigl E, Claude H (1992) Ozonstudie am Hohenpreißenberg. Berichte des Deutschen Weteerdienstes 184, Offenbach/Main
12. Wurzel D (1994) Schadstoffe in der Luftfahrt, Wirkung und Prävention. Ein Verbundprogramm von Forschung und Industrie, DLR, Köln
13. NN (1991) dtv-Atlas zur Ökologie. 2. Aufl., Mai 1991

Abschnitt 8.7

1. Bundesregierung (1993) Verordnung über einen energiesparenden Wärmeschutz bei Gebäuden (Wärmeschutzverordnung). Verlag Dr. Hans Heger, Bonn
2. Bundesregierung (1991) FCKW-Halon-Verbots-Verordnung, Bonn
3. Umweltbundesamt (Hrsg) (1993) Daten zur Umwelt 1992/93. Erich Schmidt Verlag, Berlin
4. Erhorn H, Gertis K (1990) Entwicklung und Tendenzen der wichtigsten baulichen Einflußgrößen auf den Heizwärmeverbrauch von Wohnungen und den damit verbun-

denen Umweltbelastungen in der Bundesrepublik Deutschland und in Baden-Württemberg. Fraunhofer-Institut für Bauphysik, IBP-Bericht WB 60/1990 im Auftrag des Innenministeriums des Landes Baden-Württemberg, Stuttgart

5. Gesamtverband der Dämmstoffindustrie (1994) GDI-Baumarktstatistik, Hamburg
6. Umweltinstitut München (Hrsg) (1994) Wärmedämmstoffe im Vergleich, München
7. Hesselbach J (1991) FCKW-Ersatz bei der PUR-Herstellung. 12. Stuttgarter Kunststoffkolloquium, IKP, IKT, Universität Stuttgart
8. Eyerer P, Fritz H-G (Hrsg) (1993) Schwerpunktthema: PUR-Werkstoffe. 13. Stuttgarter Kunststoffkolloquium, Hüthig, Heidelberg
9. Hesselbach J (1985) Mehrraummodell. Studienarbeit, Universität Stuttgart
10. Feist W, Zolper M (1985) STATBIL-Handbuch, Tübingen
11. Källblad K (1986) Julotta – Datorprogram för beräkning av värmebalans i rum och byggnader. Lund (Schweden) BKL 1986:26
12. Ebel W (1991) Rechenverfahren für den Wärmeschutznachweis auf der Basis von Energiekennwerten. Institut für Wohnen und Umwelt, Darmstadt
13. Ebel W, Loga T, Gabler W, Hatteh R (1993) Validierung des Leitfadens Energiebewußte Gebäudeplanung (LEG). Institut für Wohnen und Umwelt, Darmstadt
14. Hessisches Ministerium für Umwelt, Energie- und Bundesangelegenheiten (Hrsg) (1993) Energie im Hochbau: Leitfaden Energiebewußte Gebäudeplanung. Institut für Wohnen und Umwelt, Wiesbaden, Darmstadt
15. NN (1983) DIN 4701: Regeln für die Berechnung des Wärmebedarfs von Gebäuden. Beuth Verlag, Berlin
16. Bomberg MT (1990) Scaling Factors in Ageing of Gasfilled Cellular Plastics. Journal of Thermal Insulation 1:149 ff
17. Scholten W (1993) Das TEWI-Konzept. Die Kälte und Klimatechnik 1:6 ff
18. Houghton JT, Callander BA, Varney SK (1992) Climate Change 1992 – The supplementary report to the IPCC scientific assessment. Cambridge University Press, Cambridge
19. WMO (World Meteorological Organisation) (1992) Scientific Assessment of Ozone Depletion 1991. WMO, Global Ozone Research and Monitoring Project-Report No. 25, Genf
20. NN (1983) VDI-Richtlinie 2067: Berechnung von Kosten von Wärmeversorgungsanlagen. VDI-Gesellschaft Technische Gebäudeausrüstung, Düsseldorf
21. Verein Deutscher Ingenieure (1993) VDI-Gesellschaft Kunststofftechnik: PUR-Technik – heute und morgen. VDI Verlag, Düsseldorf
22. Cannon Viking (1993) CarDio Technology, Manchester
23. NN (1994) Halogenfreier PUR-Hartschaum. Abschlußbericht zum Forschungsvorhaben 01 ZH 90 D2/1, IKP, Universität Stuttgart
24. NN (1995) Institut für Kunststoffprüfung und Kunststoffkunde: Datenbank GaBi . Universität Stuttgart
25. NN (1979) DIN 18164: Schaumkunststoffe als Dämmstoffe für das Bauwesen. Beuth Verlag, Berlin
26. NN (1979) DIN 4102: Brandverhalten von Baustoffen und Bauteilen. Beuth Verlag, Berlin
27. NN (1979) DIN 52612: Wärmeschutztechnische Prüfungen: Bestimmung der Wärmeleitfähigkeit mit dem Plattengerät. Beuth Verlag, Berlin
28. NN (1981) DIN 4108: Wärmeschutz im Hochbau. Beuth Verlag, Berlin

Abschnitt 8.8

1. Kaltschmitt M (1992) Ländliche Energiequellen. Landtechnik 47/12:601–605
2. Kaltschmitt M (1992) Potentiale und Kosten einer Biogasgewinnung aus der Tierhaltung in der Bundesrepublik Deuschland. Energiewirtschaftliche Tagesfragen 43/4:242–251

3. Kaltschmitt M, Wiese A (Hrsg) (1993) Erneuerbare Energieträger in Deutschland – Potentiale und Kosten. Springer, Berlin, Heidelberg
4. Kaltschmitt M (1994) The Benefits and Costs of Energy from Biomass. Biomass & Bioenergy 6/5:329–337
5. Wintzer D et al (1993) Technikfolgenabschätzung zum Thema Nachwachsende Rohstoffe. Landwirtschaftsverlag, Münster
6. Fritsche U et al (1992) Gesamt-Emissions-Modell Integrierter Systeme (GEMIS) Version 2.0. Öko-Institut und GH Kassel – Forschungsgruppe Umweltsystemanalyse, Darmstadt , Kassel
7. Sauer N, Reymann D (1993) Standarddeckungsbeiträge 1991/92. KTBL-Arbeitspapier 181, KTBL, Darmstadt
8. Ahlgrimm H-J (1992) Möglichkeiten der energetischen Nutzung von Biomasse. Vortrag, Frühjahrstagung der Deutschen Physikalischen Gesellschaft, Berlin
9. Leuchtner J (1992) Emissionsdaten von Nachwachsenden Rohstoffen. Arbeitspapier 3: Energiebilanz und Emissionsdaten bei der Nutzung von Miscanthus sinensis („Chinaschilf"), Öko-Institut, Freiburg
10. Leuchtner J (1992) Emissionsdaten von Nachwachsenden Rohstoffen. Arbeitspapier 4: Energiebilanz und Emissionsdaten bei der Nutzung von schnellwachsenden Hölzern, Öko-Institut, Freiburg
11. Kaltschmitt M, Sauer N (1993) Ökonomischer Vergleich zwischen öl- und holzgefeuerten Heizungsanlagen. HLH 44/11:641–645
12. Reinhardt GA (1993) Energie- und CO_2-Bilanzierung nachwachsender Rohstoffe. Vieweg, Braunschweig/Wiesbaden
13. Kächele H (1992) Nachwachsende Rohstoffe. BUND, Bonn

Abschnitt 8.9

1. Leontief W (1966) Input-Output-Analysis. Oxford University Press, New York
2. Herendeen RA (1974) Use of Input-Output Analysis to determine the energy cost of goods and services. Macrakis MS (Hrsg) Energy: demand, conservation and institutional problems, Cambridge, MIT-Press, S 148–158
3. Beutel J, Beutel C (1982) Input-Output-Analyse der Energieströme. Allgemeines Statistisches Archiv, S 209–239
4. Breuil J-M (1992) Input-Output Analysis and Pollutant Emissions in France. The Energy journal, 13/3:173–184
5. Hohmeyer O et al (1992) Methodenstudie zur Emittentenstruktur in der Bundesrepublik Deutschland – Verknüpfung von Wirtschaftsstruktur und Umweltbelastungsdaten. Umweltforschungsplan des Bundesministeriums für Umwelt, Naturschutz und Reaktorsicherheit, 92 – 101 05 014, Frauenhofer Institut für Systemtechnik und Innovationsforschung (FhG ISI), Karlsruhe
6. Hayami H et al (1993) Estimations of air pollutions and evaluating CO_2-emissions from production activities: based on Japanese 1985 Input-Output Tables. Paper, presented at the tenth international Conference on input-output techniques, Sevilla, Spain, March 29 – April 2
7. StaBu (Statistisches Bundesamt) (1991) Ausgewählte Ergebnisse zur Umweltökonomischen Gesamtrechnung 1975 bis 1990. Schriftenreihe Ausgewählte Arbeitsunterlagen zur Bundesstatistik, 18, Statistisches Bundesamt, Wiesbaden
8. UBA (Umweltbundesamt) (1993) Persönliche Mitteilung
9. UBA (Umweltbundesamt) (1992) Daten zur Umwelt 1990/9. Erich Schmidt Verlag, Berlin
10. Beutel J. Mürdter H (1980) Input-Output-Analyse der Energieströme. ifo-schnelldienst, S 17/18
11. Liebscher P, Fahl U (1993) Primärenergieaufwand und Emissionen durch die Endenergiebereitstellung – Energieverbrauch und Emissionen. Systemvergleich für unter-

schiedliche verkehrliche Prozeßabläufe und Transportketten hinsichtlich des Energieeinsatzes und klimarelevanter Emissionen im Güterverkehr. Studie im Auftrag der Enquête-Kommission „Schutz der Erdatmosphäre" des Deutschen Bundestages, Bonn, S 108–123

12. Fritsche U et al (1993) Gesamt-Emissions-Modell Integrieter Systeme (GEMIS), Version 2.0. Endbericht, Hessisches Ministerium für Umwelt, Energie und Bundesangelegenheiten, Wiesbaden

13. Waldeyer H, Brosthaus J (1990) Emissionsminderung durch rationelle Energienutzung und emissionsmindernde Maßnahmen im Verkehrssektor – Güterverkehr -, Studie A.1.4. Enquête-Kommission „Schutz der Erdatmosphäre" des Deutschen Bundestages (Hrsg) Energie und Klima, Studienprogramm „Internationale Konvention zum Schutz der Erdatmosphäre sowie Vermeidung und Reduktion energiebedingter klimarelevanter Spurengase", Energieeinsparung sowie rationelle Energienutzung und -umwandlung, Economica Verlag, Bonn, Band 2:409–545

14. IER (Institut für Energiewirtschaft und Rationelle Energieandwendung), ISV (Institut für Straßen- und Verkehrswesen) et al (1993) Systemvergleich für unterschiedliche verkehrliche Prozeßabläufe und Transportketten hinsichtlich des Energieeinsatzes und klimarelevanter Emissionen im Güterverkehr. Studie im Auftrag der Enquête-Kommission „Schutz der Erdatmosphäre" des Deutschen Bundestages, Stuttgart

15. DB (Deutsche Bundesbahn) (1993) Persönliche Mitteilung, Berlin

16. Spitzer (1993) Bundesverband der Deutschen Binnenschiffahrt e.V., persönliche Mitteilung, Duisburg

17. BMV (Bundesministerium für Verkehr) (1993) Persönliche Mitteilung, Bonn

18. Enderlein H, Kunert U (1992) Ermittlung des Ersatzinvestitionsbedarfs für die Bundesverkehrswege. Beiträge zur Strukturforschung 134, Duncker & Humblot, Berlin

19. Baumüller U (1993) Größter Container-Portalkran der Europäischen Bahnen für den Umschlagbahnhof Basel. Die Deutsche Bahn 3:419–422

20. Enderlein H, Link H (1992) Berechnung der Wegekosten und Ausgaben für den Straßenverkehr in den alten Ländern der Bundesrepublik Deutschland für das Jahr 1991. Gutachten des Deutschen Instituts für Wirtschaftsforschung im Auftrage des Bundesministers für Verkehr, Berlin

21. DB (Deutsche Bundesbahn) (1989) Bahn in Zahlen. Deutsche Bundesbahn Zentrale, Presse und Öffentlichkeitsarbeit, Frankfurt

22. Jergas E (1992) Energieverteilung und Lastverteilung. Eisenbahningenieur 43/2:62–66

23. Schulze T et al (1992) Grundlagenuntersuchungen zum Energiebedarf und seinen Bestimmungsfaktoren. Erster Zwischenbericht zum Forschungsbereich III, Rationelle Energieanwendung und Energiebedarfsanalysen, Institut für Energiewirtschaft und Rationelle Energieanwendung, Universität Stuttgart

24. Liebscher P, Fahl U (1993) Kumulierter Energieaufwand und Emissionen von Verkehrswegen, Umschlaganlagen und Fahrzeugen. Systemvergleich für unterschiedliche verkehrliche Prozeßabläufe und Transportketten hinsichtlich des Energieeinsatzes und klimarelevanter Emissionen im Güterverkehr. Studie im Auftrag der Enquête-Kommission „Schutz der Erdatmosphäre" des Deutschen Bundestages, Bonn, S 156–180

25. Schwanhäußer W et al (1981) Spezifischer Energieeinsatz im Verkehr – Ermittlung und Vergleich der spezifischen Energieverbräuche. Studie im Auftrag des Bundesministers für Verkehr, Fortschreibung 1986 und 1990, Aachen

Literatur zu Kapitel 9

1. NN (1993) Eco-profiles of the European plastics industry. A series of reports, Brüssel
2. Philipp JA, Eyerer P, Erve S, Schuckert M, Theobald W, Volkhausen W (1994) Ökobilanzen für Stahlprodukte – Sachverstand und Perspektiven. Stahl und Eisen 114/11

3. Busch M (1982) Meßtechnik I. Vorlesungsmanuskript, Universität Stuttgart
4. APME (1994) Eco-Profiles of the European Polymer Industry. Report 2: Polyolefine Chloride. Association of Plastics Manufactures in Europe (APME), Brüssel
5. APME (1994) Eco-Profiles of the European Polymer Industry. Report 6: Polyvinyl Chloride. Association of Plastics Manufactures in Europe (APME), Brüssel
6. Eyerer P, Schuckert M, Saur K et al (1994) Ganzheitliche Bilanzierung von Automobilen – Überlegungen aus Erfahrungen. Vortrag auf dem Colloquium International Salzburg (CIS)
7. Meier E, Plaßmann E, Wolff C et al (1989) Abgasgroßversuch. TÜV, BMV, Verlag TÜV Rheinland, Köln
8. NN (1987) Kraftfahrttechnisches Taschenbuch. 20. Aufl., Robert Bosch GmbH, Düsseldorf

Sachverzeichnis

Springer-Verlag und Umwelt

MIX
Papier aus verantwortungsvollen Quellen
Paper from responsible sources
FSC® C105338

If you have any concerns about our products,
you can contact us on
ProductSafety@springernature.com

In case Publisher is established outside the EU,
the EU authorized representative is:
Springer Nature Customer Service Center GmbH
Europaplatz 3, 69115 Heidelberg, Germany

Printed by Libri Plureos GmbH
in Hamburg, Germany